第03章 熟悉Photoshop的常用工具

案例 1
利用多边形套索工具绘制立体盒子

案例 2
使用渐变工具填充图像颜色

案例 3
调整图层的不透明度

案例 4
创建矢量蒙版

第04章 制作平面图标

案例 1
制作 Home 图标

案例 2
制作日历图标

案例 3
制作录音机图标

案例 4
制作文件夹图标

案例 5
制作徽章图形

案例 6
制作秒表图形

案例 7
制作桃心图形

案例 8
制作可回收资源图标

4.4
课后练习——制作闹钟图标

第05章 制作立体图标

案例 1
制作 Dribbble 图标

案例 2
制作天气图标

案例 3
制作 Chrome 图标

案例 4
制作 twieet 图标

案例 5
制作照相机图标

案例 6
制作摄像头图标

5.3
课后练习——制作短信图标

第06章 制作按钮

案例 1

制作发光按钮

案例 2

制作控制键按钮

案例 3

制作播放器按钮

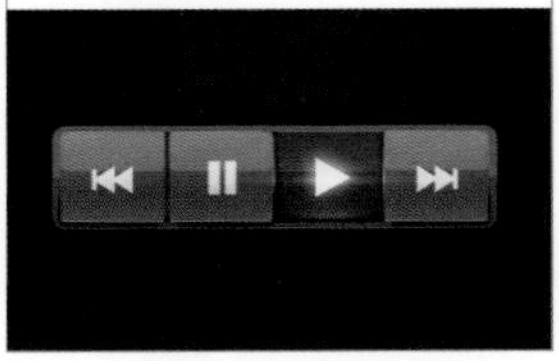

案例 4

制作清新开关按钮

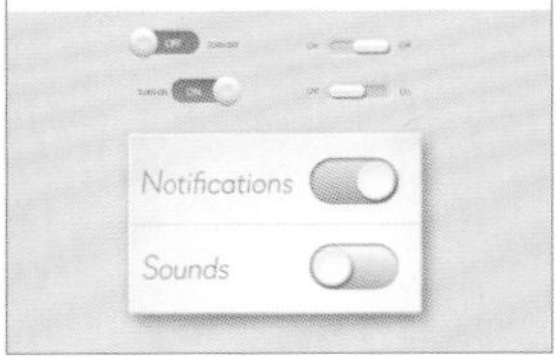

案例 5

制作高调旋钮

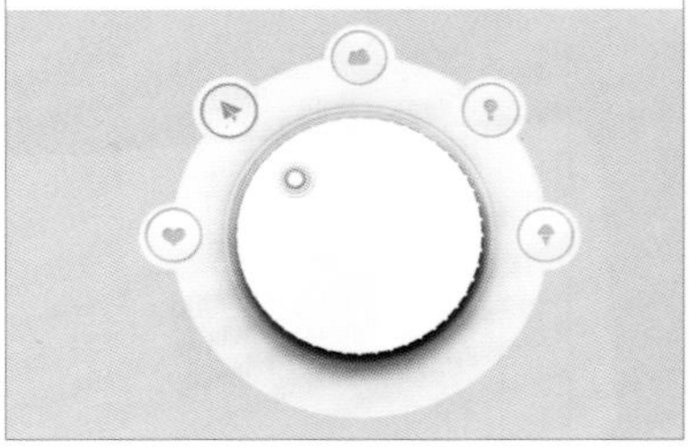

案例 6

制作电源风格按钮

6.3

课后练习——制作糖果按钮

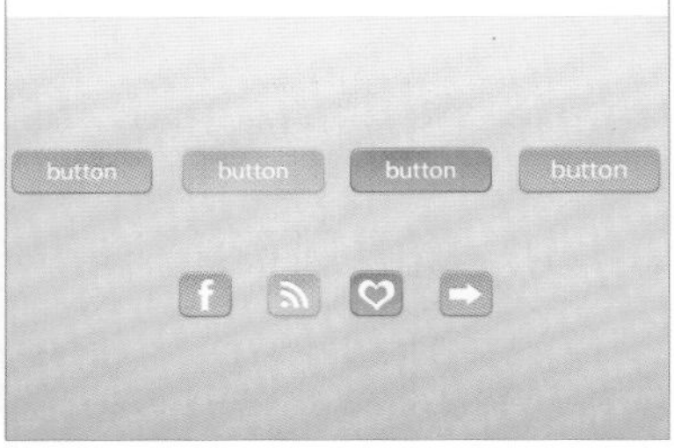

第07章 制作局部界面元素

案例 1

登录界面

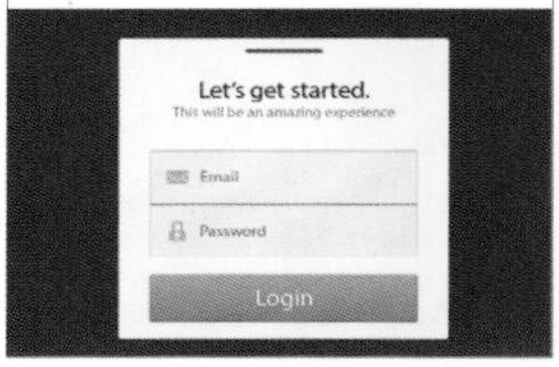

案例 2

设置界面开关

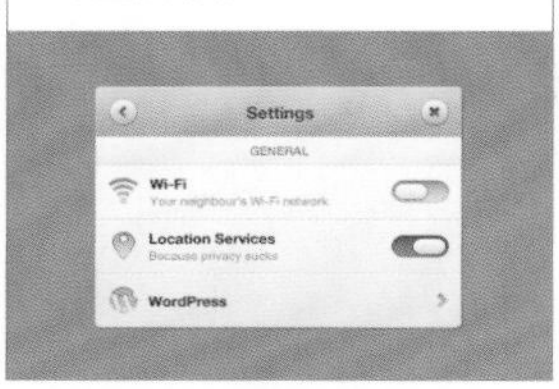

案例 3

通知列表界面

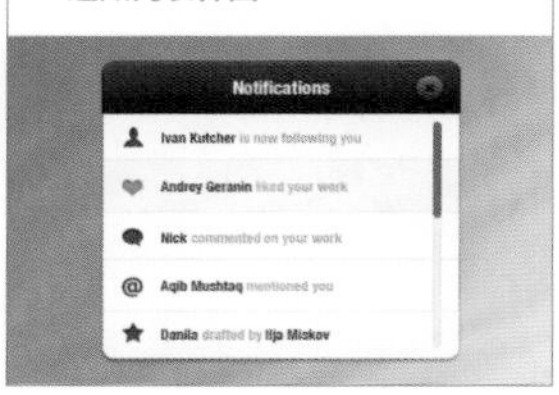

案例 4

日历界面

案例 5

对话框界面

案例 6

调整面板

7.3

课后练习——制作搜索界面

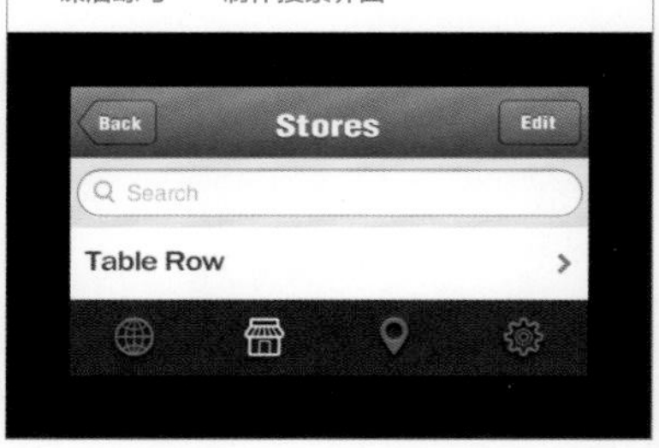

第08章 设计手机UI控件

案例 1

进度条

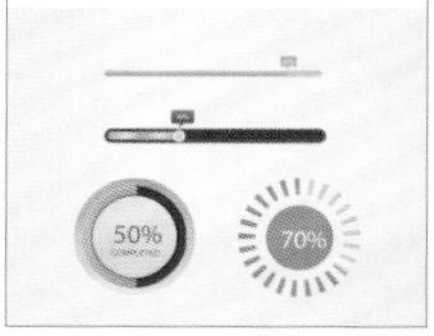

案例 2

音量设置图标

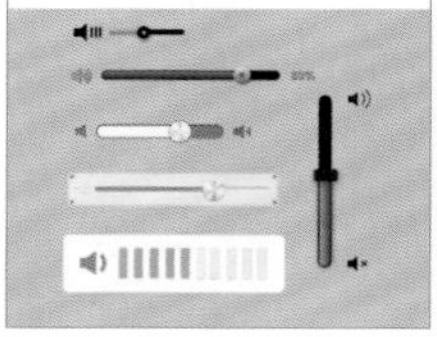

案例 3

选项按钮

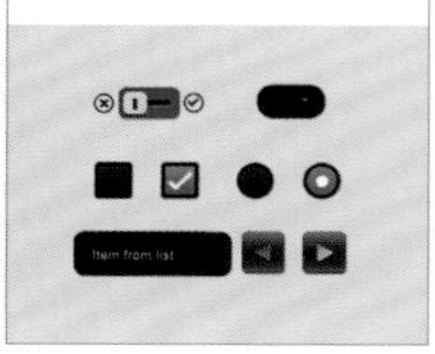

案例 4

Wi-Fi 标志

案例 5

蓝牙标志

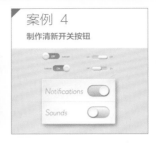

案例 6

上传界面

案例 7

菜单界面按钮

案例 8

通知列表界面

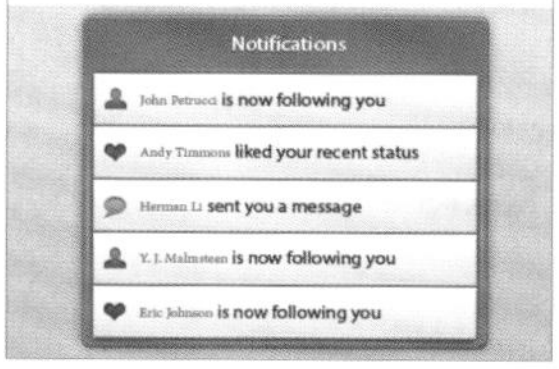

8.2

课后练习——制作导航界面

第09章 制作手机软件界面

案例 1

制作美拍界面

案例 2

制作我爱记单词界面

案例 3

制作计算器界面

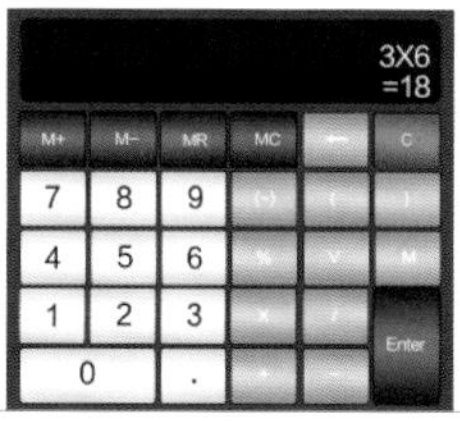

9.3

课后练习——制作天气预报界面

第10章 制作播放器界面

案例 1

制作视频播放器图标

案例 2

制作震撼的金属质感的播放器图标

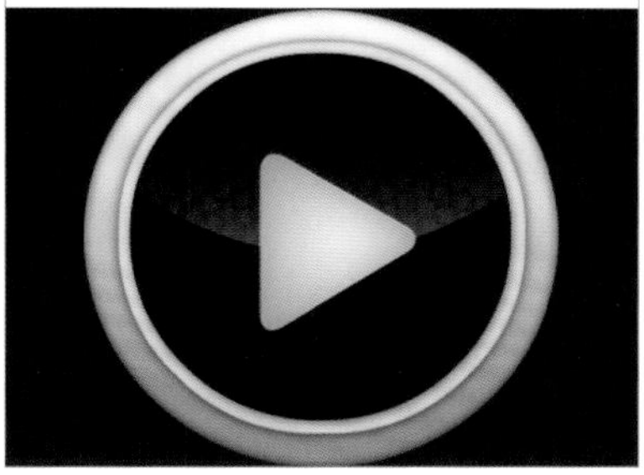

10.6

课后练习——制作播放器皮肤

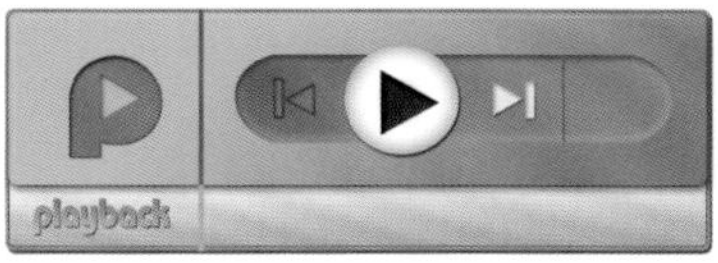

第11章 制作手机游戏界面

实例

制作威龙战士游戏界面

11.3

课后练习——制作大鱼吃小鱼游戏界面

第12章 制作智能手机UI整体界面

案例 1

苹果手机界面总体设计

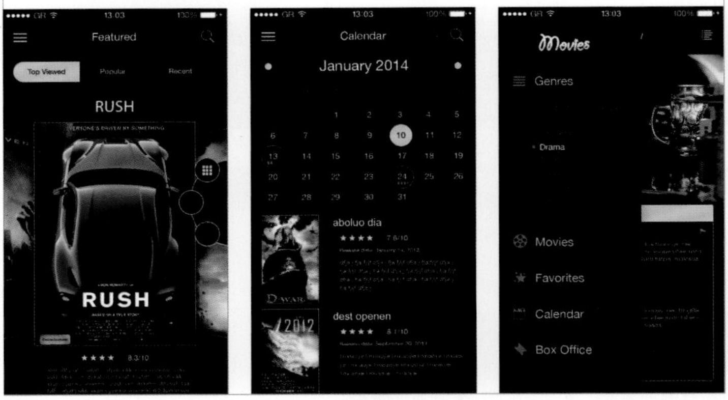

案例 2

Android 手机界面总体设计

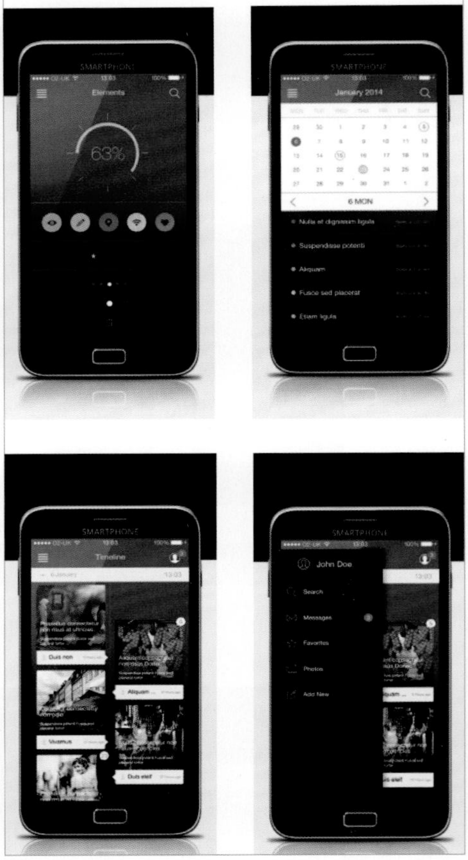

案例 3

Windows Phone 手机界面总体设计

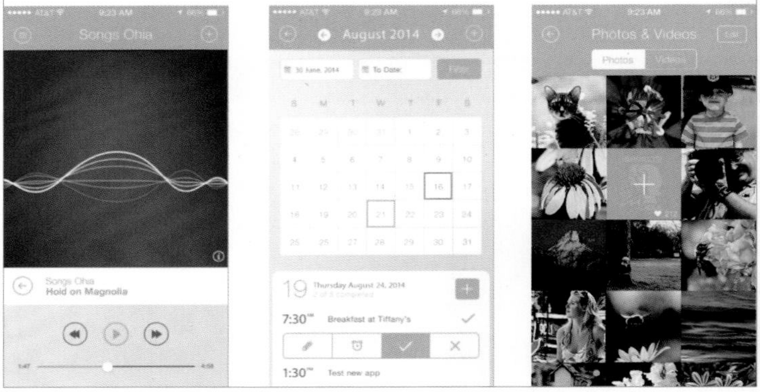

12.4

课后练习——制作一组清新的界面设计

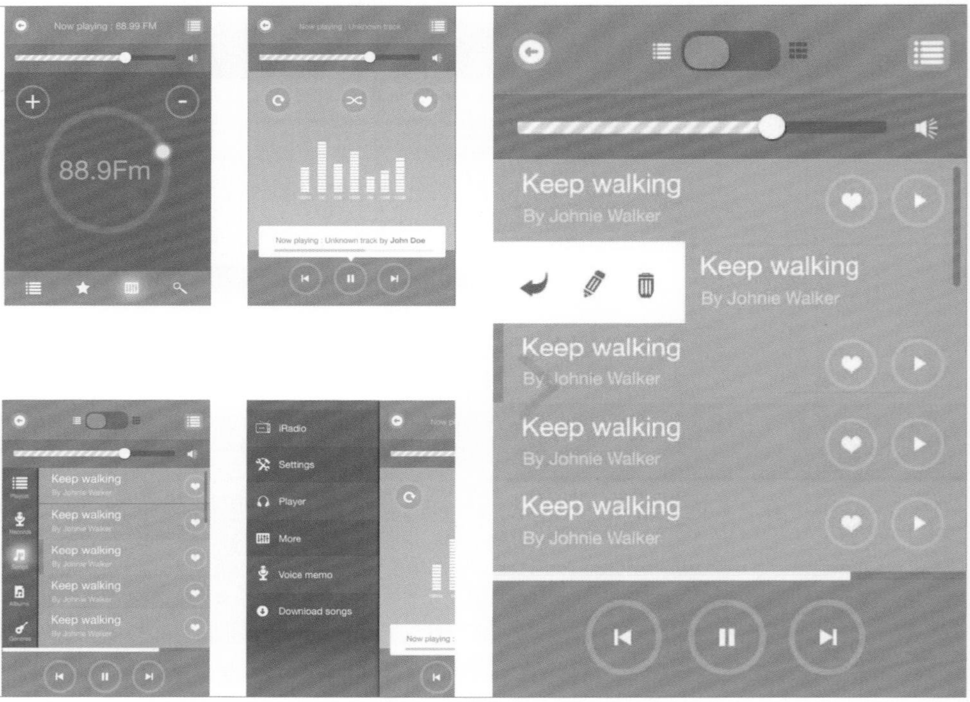

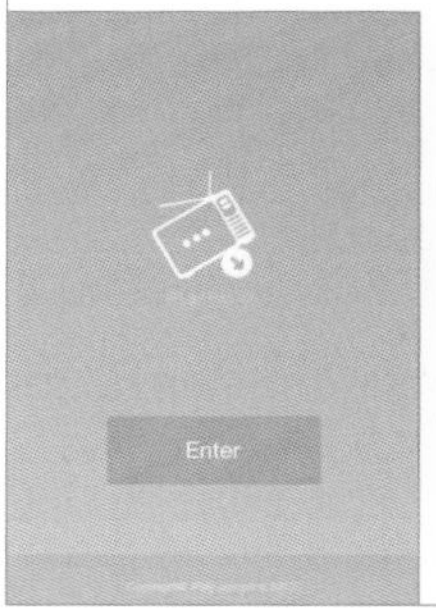

Photoshop
手机APP界面设计从入门到精通

葛俊杰◎编著

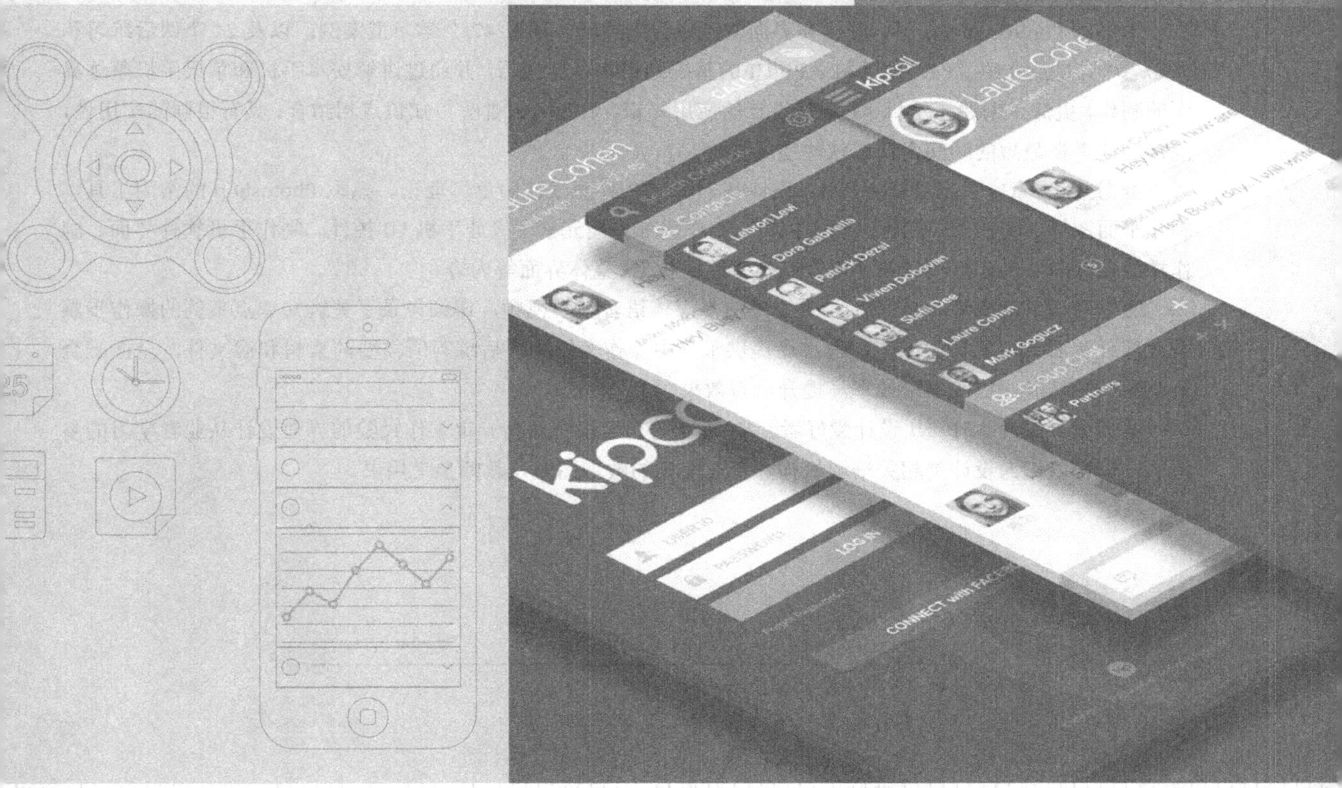

人民邮电出版社
北京

图书在版编目（CIP）数据

Photoshop手机APP界面设计从入门到精通 / 葛俊杰编著. -- 北京 : 人民邮电出版社, 2017.4（2022.2重印）
ISBN 978-7-115-44376-2

Ⅰ. ①P… Ⅱ. ①葛… Ⅲ. ①移动电话机—应用程序—程序设计 Ⅳ. ①TN929.53

中国版本图书馆CIP数据核字(2016)第319042号

内容提要

本书以 Photoshop UI 图标制作和界面交互设计为基础，通过 47 个学习型案例，以及 24 个课后练习和课后思考，重点介绍了热门的手机 APP UI 的基础知识和设计技巧，并通过讲解安卓手机和苹果手机整体界面的制作，更深入阐述了手机 APP UI 设计的应用知识。全书案例讲解与知识点相结合，具有很强的实用性，能帮助读者在最短的时间内精通软件使用方法。

全书共 12 章，包括智能手机 UI 设计基础、APP 界面设计的色彩理论、熟悉 Photoshop 的常用工具、制作平面图标、制作立体图标、制作按钮、制作局部界面元素、设计手机 UI 控件、制作手机软件界面、制作播放器界面、制作手机游戏界面及制作智能手机 UI 整体界面等内容。

随书附赠下载资源，包括近 6 个小时的多媒体语音教学视频，详细记录了关键知识点案例的操作步骤及大部分课后练习的具体操作过程，还提供了书中操作案例和课后练习所需要的素材和源文件，全面配合所讲知识与技能，提高学习效率，提升学习效果。

本书适合作为 APP UI 设计爱好者、UI 设计的初级读者及有一定工作经验的界面设计从业者学习的参考书，也可以作为设计类相关培训机构、专业院校的教辅图书及教师参考用书。

◆ 编　　著　葛俊杰
责任编辑　杨　璐
责任印制　陈　犇

◆ 人民邮电出版社出版发行　　北京市丰台区成寿寺路 11 号
邮编　100164　　电子邮件　315@ptpress.com.cn
网址　http://www.ptpress.com.cn
北京天宇星印刷厂印刷

◆ 开本：787×1092　1/16　　彩插：2
印张：25.5　　2017 年 4 月第 1 版
字数：760 千字　　2022 年 2 月北京第 6 次印刷

定价：69.90 元

读者服务热线：(010)81055410　印装质量热线：(010)81055316
反盗版热线：(010)81055315

前言

PREFACE

本书以Photoshop UI图标制作和界面交互设计为基础，通过47个学习型案例，以及24个课后练习和课后思考，重点讲解了热门的手机APP UI的设计技巧，如平面图标制作、立体图标的制作、按钮的制作、局部界面元素的制作、手机UI控件的设计、手机软件界面的设计、播放器界面的制作和手机游戏界面的制作等，以及安卓手机和苹果手机整体界面的制作，帮助读者在最短的时间内精通软件使用方法，从新手成为UI界面、APP界面设计高手。

本书特点

· 完善的学习模式

“案例分析+技巧分析+步骤演练+案例总结”4大环节保障了可学习性。详细讲解操作步骤，力求让读者即学即会。47个学习型案例，24个课后练习和课后思考，重点知识点搭配案例做辅助，章章配合练习与思考做巩固和提升。

· 进阶式知识讲解

全书共12章，每一章都是一个技术专题，从基础入手，逐步进阶到灵活应用。基础讲解与操作紧密结合，方法全面，技巧丰富，不但能学习到专业的制作方法与技巧，还能提高实际应用的能力。

配套资源

· 完全同步的教学视频

近6个小时的多媒体语音教学视频，详细记录了关键知识点案例的操作步骤讲解及大部分课后练习的具体操作过程，是书中知识点和案例的有力补充。

· 配套的素材和案例源文件

提供书中操作案例和课后练习所需要的素材和源文件，全面配合所讲知识与技能，提高学习效率，提升学习效果。

资源下载及其使用说明

本书所述的资源文件已作为学习资料提供下载，扫描右侧二维码即可获得文件下载方式。如果大家在阅读或使用过程中遇到任何与本书相关的技术问题或者需要什么帮助，请发邮件至szys@ptpress.com.cn，我们会尽力为大家解答。

本书读者对象

本书适合作为APP UI设计爱好者、UI设计的初级读者及有一定工作经验的界面设计从业者学习参考书，也可以作为设计类相关培训机构、专业院校的教辅图书及教师参考用书。

虽然编者已对本书仔细检查多遍，力求无误，但由于时间仓促、水平有限，书中欠妥之处在所难免，恳请广大读者批评、指正。

目录

CONTENTS

第 01 章 智能手机UI设计基础

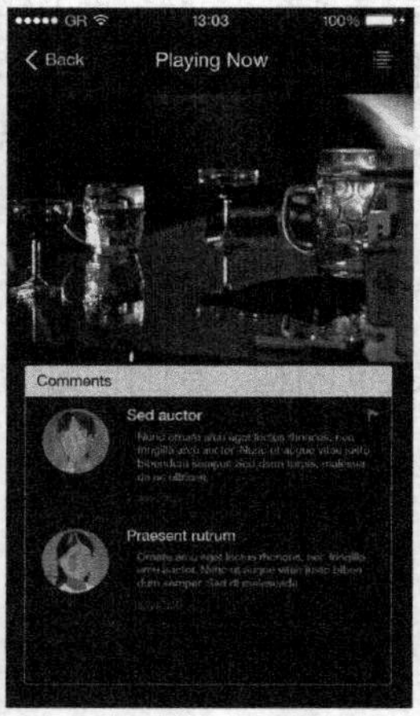

第 02 章 APP界面设计的色彩理论

第 03 章 熟悉Photoshop的常用工具

第 04 章 制作平面图标

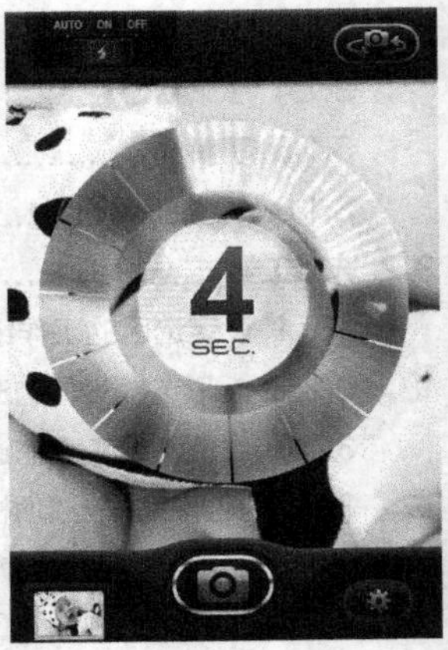

Play-Toh

第 09 章 制作手机软件界面

第 10 章 制作播放器界面

第 11 章 制作手机游戏界面

第 12 章 制作智能手机UI整体界面

第 01 章

智能手机UI设计基础

本章介绍

本章主要讲解智能手机UI设计的基础知识，其中包括对于APP UI设计的初步认识、设计的相关原则及智能手机的介绍等。通过对本章的学习使读者对UI 设计有一个宏观上的认识。

教学目标

- 了解APP UI相关的设计知识
- 掌握UI设计的基本原则
- 更为详尽地了解智能手机
- 掌握APP UI设计中最重要的元素
- 了解平面UI和手机UI的不同
- 掌握在界面处理中需要遵循的基本原则
- 了解智能手机操作系统的分类、分辨率以及屏幕的色彩等

1.1 APP UI设计相关知识

1.1.1 什么是APP UI设计

UI可以直译为用户界面。UI设计不仅是指界面美化设计，其实从字面上还能够看出UI有与“用户与界面”直接的交互关系。所以，UI设计不仅是为了美化界面，它还需要研究用户，让界面变得更简洁、易用、舒适。

用户界面在智能设备中随处可见，它可以是软件界面，也可以是登录界面，不论是手机上还是PC上都有它的存在，如下图所示。

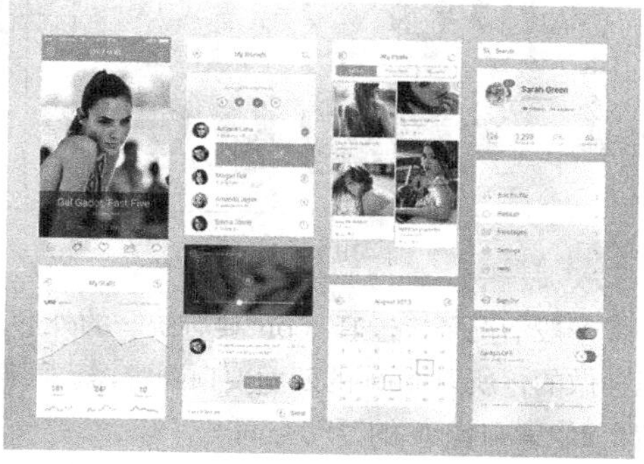

1.1.2 做APP UI设计的目的和重要性

UI设计包括美化和交互两个方面。为了使读者直观地了解到UI设计的重要性，下面笔者将用UI设计前和UI设计后的界面来做对比分析，如右图所示。

通过观察可以发现，未经过UI设计的界面特点是：

（1）界面过于简单；

（2）“登录”没有体现出按钮的立体感，看起来就像是单纯的文字，而不会引导用户单击；

（3）在没有其他说明的情况看下，无法确认登录界面是哪款软件。

经过UI设计后的界面特点是：

（1）画面内容丰富，具有时尚感和立体感；

（2）“登录”和“注册”按钮具有立体感，使用户明确知道通过单击它们就可以进入“登录”或“注册”的界面中；

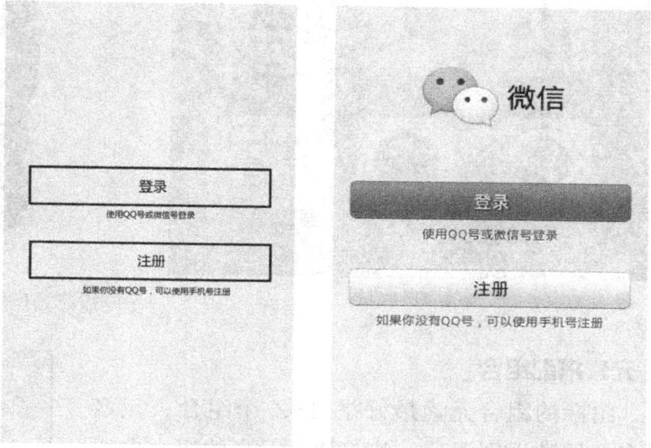

UI设计前后对比图

（3）通过界面上的微信图标就能让用户知道这是一个微信的登录界面。

从对比图中就可以看到没有经过UI设计的界面是非常简陋的，因此对于智能手机APP来说，UI的设计非常值得人们重视的。

1.1.3 APP UI设计中的重要元素

1. 图样设计

因为icon 最重要的是对形状的把握，所以在定稿之前，不仅要多画草图，还要考虑形的表现形式。早在2008年和2009年，icon 的设计就趋向于三维样式，自从 iPhone 上市后，它的终端 icon 和 iPhone 一样，还以二维形式展现。但不管是哪种形式（三维、二维、文字和像素）都要表现得简洁易懂。好的设计源自对生活细节的提炼，在当今时代的大趋势下，只有设计出更人性化的作品，才能立于不败之地。如下面的这个作品是800×400 分辨率的屏幕，我们可以从像素、颜色和细节等方面再下些工夫。

二维图标

三维图标

一般情况下，一套 icon 要有统一的外形，这样才能统一 UI 设计风格，如下面的图标都是在一个方形的容器里面做的，所以icon 的四面要顶到容器。同样的，你的容器定位是三角、正三角、梯形，也是如此。通常作者会留出2像素~4像素 的浮动空间。

其次还要有素描关系，一套 icon 的透视角度和光源角度必须保持一致，不然就会显得很凌乱。如果光源角度是50° ，还要考虑 icon 的高光、反光和阴影。

不同投影方向的三维图标

2. 元素搭配组合

图标的组合元素最好是 1~2 个组合，元素过多会导致识别混乱。就算两个元素的组合也要有主次（大小区分或颜色轻重区分）。要是一套图标里面含有共同的元素，只需要在元素之间进行相互组合即可，没必要重新设计。需要注意的是，如果在同一界面上，一个元素的应用次数很多，就会导致识别性不高，这时就需要做一些小小的调整。

通常一个图标由不同元素组合而成

3. 配色方案

一个 icon 的色彩在3个颜色以内是最好的，控制在 0~2 （黑白灰不算）也不错。因为颜色要是超出3个，icon就会和界面的设计一样，显得很花。

整套 icon 的颜色灰度和基调应该保持一致。当然，并不是说要完全一致，它是有左右浮动的空间的，设计师可以凭着感觉取色。

icon 和背景明暗距离以及icon 的明暗反差都要调整好，需要注意的是要突出主次关系。

颜色过于复杂，影响识别效果

简单的配色更适合图标

4. 视觉体验

主要体现在了质感的呈现上。首先谈一下质感的确定，对于 icon 设计对用户的视觉体验来说，质感非常重要。一般情况下，在开始设计的时候，就要考虑到 icon 的质感效果（如金属质感、水晶玻璃、纸质和亚光质感等）和质感定型（如好几种体现剔透的水晶质感，只选取体现高光的）。而在质感的表现方面，一套 icon 在草稿纸上画好后，就用其中最容易表现的一个图标进行质感的尝试。这时候，可以将能想到的质感表现方式，都进行尝试。只要做完一个 icon，就可以仿照着做其他 icon。

水晶玻璃效果

木质效果

皮革效果

金属效果

1.1.4 平面UI与手机UI的不同

手机UI的范围基本被锁定在手机的APP/客户端上。而平面UI的范围就非常广。手机UI独特的尺寸要求、空间和组件类型使很多平面UI设计者对手机UI设计的了解不够到位。

通过PC端和手机印象笔记登录界面下面4幅画的比较，我们可以直观地了解到手机UI与一般网页UI的区别，即使是在同样功能的页面上，内容也是相差很远的。

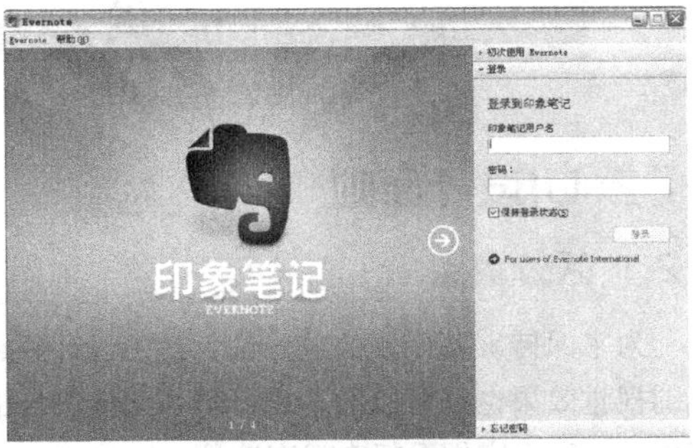

PC端印象笔记登录界面

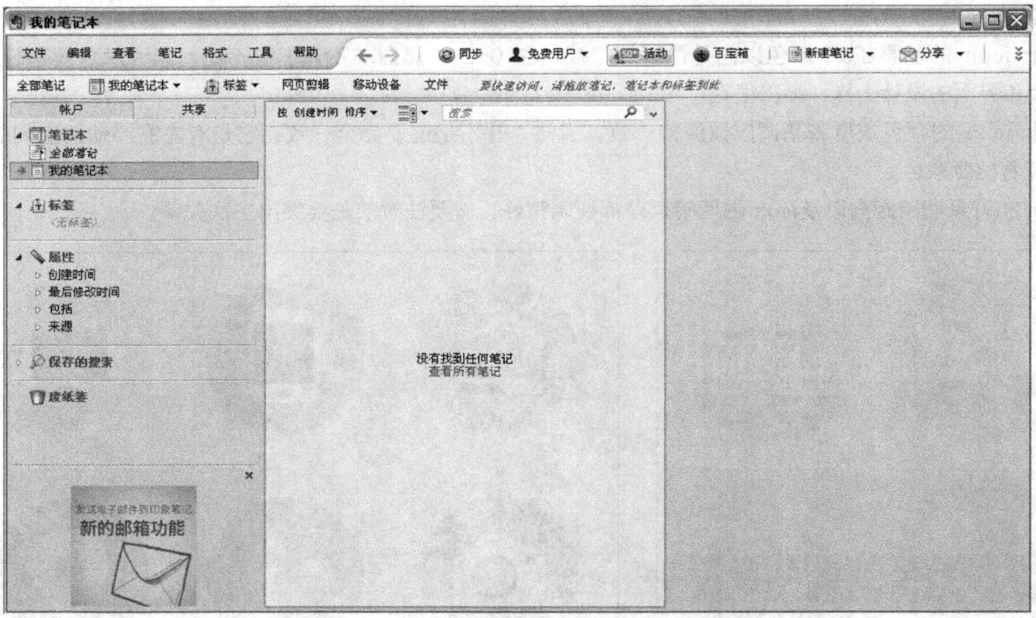

PC端印象笔记主页

手机印象笔记登录界面

手机印象笔记主页

1.2 UI设计原则

1.2.1 区分重点

为了保持屏幕元素的统一性，初级设计师经常对需要加以区分的元素采用相同的视觉处理效果，其实采用不同的视觉效果也是可以的。由于屏幕元素各自的功能不同，所以它们的外观也不同。也就是说，要是功能相同或者相近，那么它们看起来就应该是一样的。

美团（左）和大众点评（右）UI的设计风格布局较为接近

旅行网站又是另一种界面布局

1.2.2 界面统一性

为了保持界面的统一性，应该把一样的功能放在同样的位置。一个页面是由一些基本模块组成的，而每一种基本模块在UI设计的时候，应将字形、字号、颜色、按钮颜色、按钮形状、按钮功能、提示文字、行距等元素排列一致。很多设计师在执行的时候会有一些想法，有些想法可能是比较好的，但还是要遵循统一的界面标准。如在 Windows 里面，不同的窗口关闭按钮不仅处于不同的位置，颜色还不一样，这样就会显得非常凌乱。

天猫商城风格一致的界面设计

1.2.3 清晰度是重中之重

在界面设计中，清晰度是最基本的，也是最重要的工作。如果你想要用户认可并喜欢你设计的界面，首先必须能让用户识别出它，再让用户知道使用它的目的，如用户使用时，不仅能预料到发生什么，还能成功地和它进行交互。清晰的界面能够长期吸引用户不断地重复使用，如果界面设计得不太清晰，那么只能满足用户一时的需求。

购物和游戏网站宜采用清晰的产品图片和文字

1.2.4 界面存在的意义

界面的存在，主要是为了促进用户和运营商之间的互动。一个优秀的界面，不仅能够让工作有效率，还能够激发和加强与世界的联系。

1.2.5 让界面处在用户的掌握之中

大家可能会有这样一种感觉，即对自己能够掌控的事物感到很舒心。而那些不考虑用户感受的软件，就不会带给用户这种舒适感。所以设计师应该保证界面时刻处于用户的掌控之中，让用户自己决定系统状态，只需要稍加引导，就会使用户达到所希望的目标。

美图秀秀的人性化功能界面，只看图表也能进行操作

1.2.6 界面的存在必须有所用途

在设计领域，衡量一个界面设计的成功与否，就是有用户使用它。如一件漂亮的衣服，虽然做工精细，材质细腻，但是如果穿着不合适，客户就不会选择它，它也是一个失败的设计。所以，界面设计只能满足其设计者的虚荣

心是远远不够的，它必须有实用的价值，即界面设计是先设计一个使用环境，再创造一个值得使用的艺术品。

百度地图的界面设计让人使用起来感觉非常方便

1.2.7 强烈的视觉层次感

想要让屏幕的视觉元素具有清晰的浏览次序，需要通过强烈的视觉层次感来实现。换言之，要是视觉层次感不明显的话，每次都按照相同的顺序浏览同样的东西，那么用户就不知道哪里才是目光停留的重点，最终只会感到一片茫然。可是在设计不断变更的情况下，要保持明确的层次关系，就显得十分困难。如果想要把所有的元素都突出显示，那么就会没有重点可言，因为所有的元素层次关系都是相对的。为了实现明确的视觉层次，就需要设计师添加一个需要特别突出的元素，这是增强视觉层次最简单、最有效的办法。

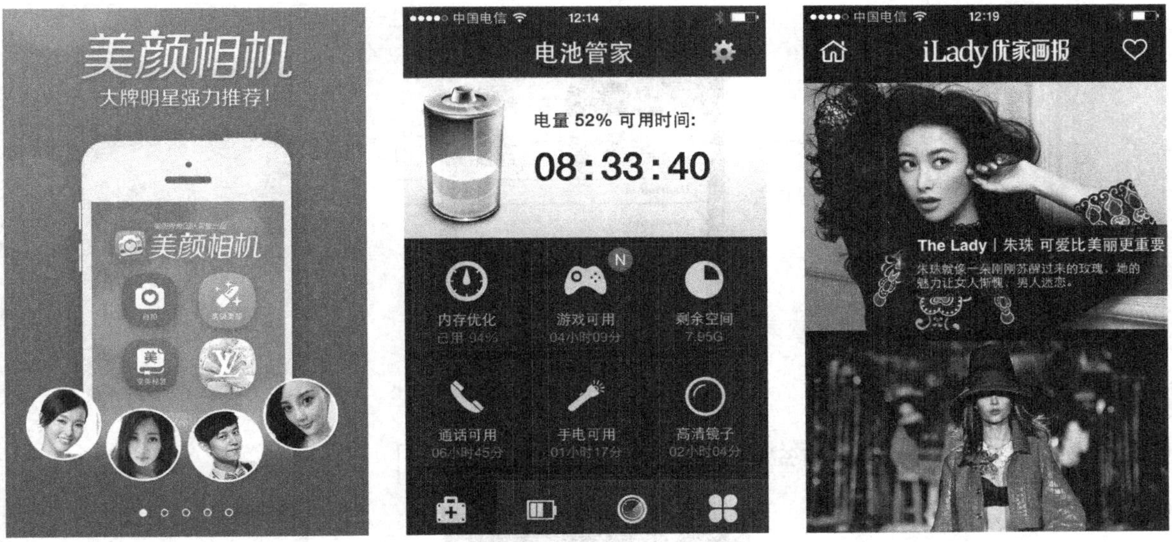

几个具有强烈视觉冲击力的界面设计

1.2.8 UI设计师如何展示他的价值

1. 给力的工作经验

（1）要求从业人员精通Photoshop、Illustrator和Flash等图形软件，以及html和Dreamweaver等网页制作工具，并且能够独立完成静态网页设计工作；熟练操作常用办公软件，且具备其他软件应用能力；熟悉html、CSS、javascript和Ajax。

（2）对通用类软件或互联网应用产品的人机交互方面有自己的理解和认识。

（3）具备良好的审美能力、深厚的美术功底，有较强的平面设计和网页设计能力。

（4）具有敏锐的用户体验观察力，富有创新精神。此外，有人机交互设计的学习和工作经历者优先。

2. 展示很细节的视觉UI

设计师这个行业具有一定的特殊性，面试的时候必须提供自己的作品展示，这是衡量设计师能力的一个前提，也是区分于其他设计师的一个最重要的标准，因此一定要有作品,而且一定要挑选个人认为最好的作品来展示，切忌把所有的作品都放上去展示，因为有可能筛选简历的人打开的就是你的那幅设计一般或者很差的作品，直接把你淘汰，从而使你失去一次宝贵的面试机会。

3. 作品的展现形式

如果有自己的网站或者博客（整理平时的作品或者发表一些文章，谈谈设计思路）那是最佳的，因为这本身也是你专业水平的一种体现，会让HR觉得你是个很有规划很有想法的人。当然如果没有条件，也可以在一些设计网站上，如68design上创建自己的设计空间，把自己的设计作品上传上去，只要有链接，HR一般都会看的。

4. 与实力均衡的工资

你的工资应该和你的实力相均衡。如果你工作了10年，工资还只要求平均工资以下，那只能说明你能力差，不自信。而如果你刚刚工作两三年，工资要求又太离谱，那么用人公司一般也不可能录用你。每个公司都会有内部的一个工资体系，超过一个度，就不会考虑。

所以各位求职者只有正确地衡量自己的价值，才能提高面试成功的概率，调整好心态，才能在众多设计师中脱颖而出。

1.3 关于智能手机

1.3.1 智能手机操作系统的分类

下面将对iPhone、Android、Windows Phone的APP界面布局进行对比剖析，从而使读者了解不同的系统在APP设计时的重点。

iPhone系统的布局界面元素一般分为3个部分：状态栏、导航栏（标题）和工具栏/标签栏。

iPhone系统的布局界面图

状态栏：显示应用运行状态。

导航栏：文本居中显示当前APP的标题名称。左侧为返回按钮，右侧为当前APP内容操作按钮。

工具栏/标签栏：工具栏和标签栏共用一个位置，在iPhone界面的最下方，根据APP的需要选择一个。工具栏按钮不超过5个。

Android系统的布局界面元素一般分为4个部分：状态栏、标题栏、标签栏和工具栏。

状态栏：位于界面的最上方。当有短信、通知、应用更新和连接状态变更时，会在左侧显示。而右侧则是电量、闹钟、信号和时间等常规手机信息。按住状态栏往下拉，可以查看信息、通知和应用更新等详细情况。

标题栏：文本在左方显示当前的APP名称。

标签栏：标签栏中放置的是APP的导航菜单。标签栏可以在APP主体的上方，也可以在下方，标签的项目不宜超过5个。

工具栏：针对当前的APP页面，是否有相应的操作，若有的话，会放置在工具栏中。

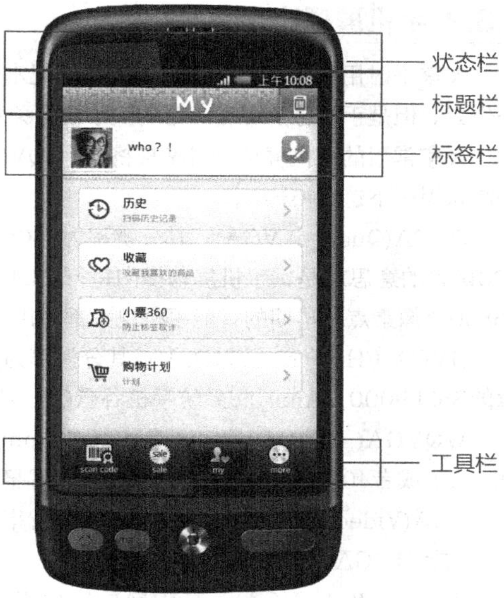

Android系统的布局界面图

Windows Phone布局界面元素一般分为4个部分：状态栏、标题栏、枢轴和工具栏。

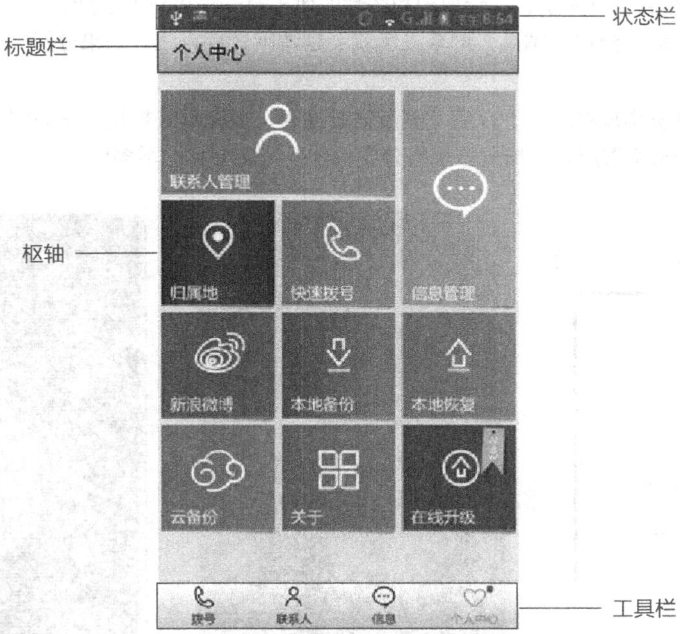

Windows Phone系统的布局界面图

状态栏：显示时间和电量等信息。

标题栏：显示当前APP的名称或应用程序等主要标题。

枢轴：枢轴的表现形式较为特别，它是由枢轴组件组成，类似于Android中的标签栏，可用于APP中的各个功能和选项间的切换。

工具栏：单击Windows Phone手机上的开始键，就可以弹出相应的工具栏。工具栏中包含当前APP界面操作的相应功能按钮。

1.3.2 手机屏幕的分辨率

大家平时用的手机屏幕采用的是和笔记本一样的液晶屏，液晶屏幕的分辨率都是固定的，一个点就代表着一个像素。但是手机分辨率和屏幕的大小没有关系，因为手机分辨率并不是指屏幕大小。

大家常用的手机屏幕分辨率规格共有 QVGA、HVGA、WQVGA、VGA和WVGA5种形式，接下来，我们就一起认识一下这5种分辨率。

QVGA(Quarter VGA)：其分辨率为240像素× 320像素，是当下智能手机最常用的分辨率级别。240像素×320像素的意思就是，手机屏幕横向每行有240个像素点，纵向每列有 320 个像素点，乘起来就是320 × 240 = 76800个像素点。早期的智能手机也大都采用这一显示级别的屏幕。

HVGA（Half-size VGA）：其分辨率为480像素×320像素，宽高比为3 ：2。一直都很热销的iPhone和黑莓的Bold 9000，Android系统手机谷歌G1、G2和G3都采用了这一显示级别的屏幕。

WQVGA(Wide Quarter Video Graphics Array)：数码产品屏幕分辨率的一种，代表480X272（宽高比16：9）或者400X240（宽高比5：3）的屏幕分辨率，代表作三星2008年机皇I908。

VGA(Video Graphics Array)：其分辨率为640像素×480像素，宽高比为5 ：4。昔日的HTC机皇Diamond采用的就是VGA分辨率。

WVGA(Wide VGA)：是VGA的宽屏模式，分辨率更是达到了800像素×480像素和854像素×480像素两种，HTC后来生产的Diamond 2和Touch HD就是WVGA的代表作，而MOTO 的里程碑的分辨率是854×480。

iPhone 5的视网膜显示屏具有1136像素×640像素的分辨率,326像素/英寸，对比度800 ：1，细腻程度比iPhone 4S高很多，因而用它浏览文字、观看视频和图片的效果有一种极致的感受。

如果屏幕大小一定，那么分辨率越高，屏幕显示就会越清晰；反言之，如果分辨率一定，屏幕越小，显示图像也就越清晰。

在了解了手机屏幕分辨率规格之后，以后下载所需软件时，要先看好规格。随着科技的发展和时代的进步，手机正在向着大屏幕高分辨率发展，根据屏幕规格分类的软件肯定会日益增多!

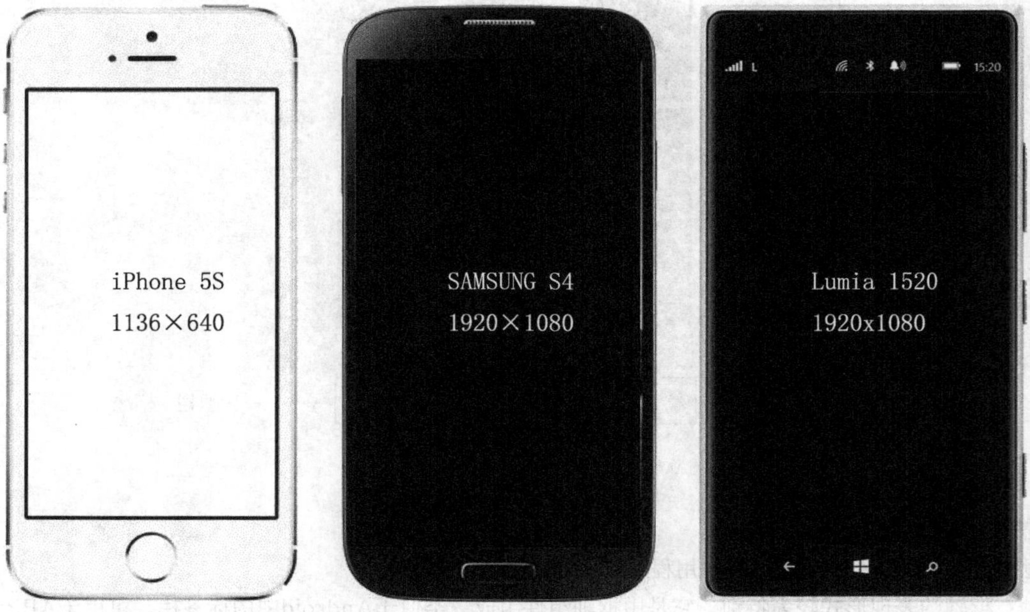

ios系统　　Android系统　　Windows Phone系统

1.3.3 屏幕的色彩

在谈到屏幕色彩之前，先了解一下色阶，色阶就是手机屏幕的颜色。屏幕色彩和色阶两者相辅相成，主要指的是液晶显示屏亮度强弱的指数标准。一般情况下，现阶段手机屏幕色彩有 65536 色、26 万色和 1600 万色3

种，其显示效果也不相同。色彩越高，显示效果就会越好。对于我们来说，高色彩通常意味着画面更逼真。但有时候，我们通过实际体验，发现有的1600 万色的显示能力还比不上 26 万色。就像诺基亚的 1600 万色的 N86 屏幕还不如 HTC G3 的 26 万色屏幕显示效果好。

总而言之，我们在选购手机的时候，要进行有效的科学对比，不能单看手机屏幕色彩或者分辨率，不然就会在选购手机、评测手机时出现很多差错。我们要将屏幕色彩和屏幕分辨率两者结合，合理分析手机的优劣。

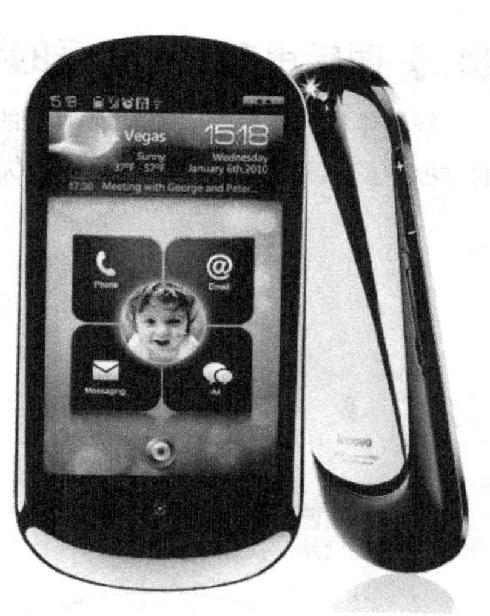

1.4 课后练习——UI设计的流程

可把UI设计流程分为3个出发点和4个阶段，如下图所示。

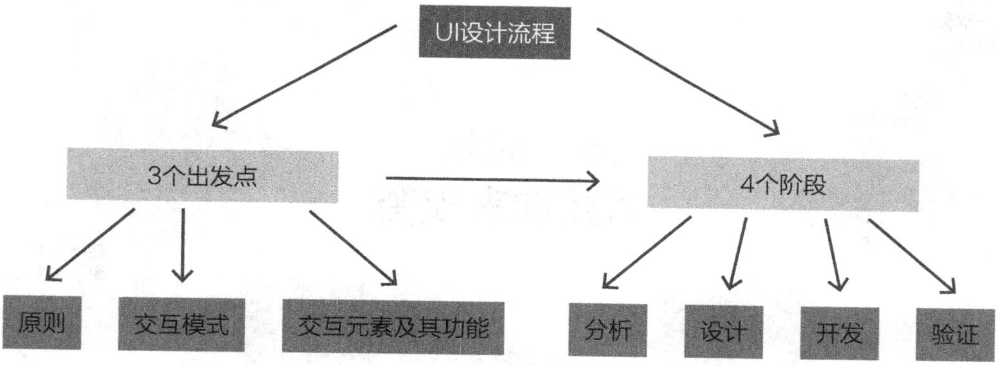

UI设计流程图

1. 出发点

（1）了解设计的原则。没有原则，就丧失了设计的立足点。

（2）了解交互模式。在做UI设计时，不了解模式就会对设计原则的实施产生影响。

（3）了解交互元素及其功能。如果对基本交互元素及其功能都不了解，如何设计呢？

2. 阶段

（1）用户需求分析。

（2）用户交互场景分析。

（3） 竞争产品分析。

（4） 产品验证。

出发点与分析阶段可以说是相辅相成的。一个较为正规的UI项目必然会对用户的需求进行分析，如果说设计原则是设计的出发点，那么用户需求就是本次设计的出发点。

要想做出好的UI设计，就必须要对用户进行深刻的了解，因此用户交互场景分析很重要。对于大部分项目组来说也许没有时间和精力去实际勘查用户的现有交互、制作完善的交互模型考察，但是设计人员在分析的时候一定要站在用户的角度去思考——如果我是用户，这里我会需要什么。

竞争产品能够上市并且被UI设计者知道，必然有其长处。所谓三人行必有我师，每个设计者的思维都有局限性，看别人的设计会有触类旁通的作用。

当然有时可以参考的并不一定是竞争产品。

1.5 课后思考——优秀的手机UI界面有哪些特点

智能手机的软件五花八门，界面的美观程度和友善程度也是良莠不齐，质量差的界面设计常常让用户在使用的过程中摸不着头脑。下面就来看看优秀的界面都具有哪些特点。

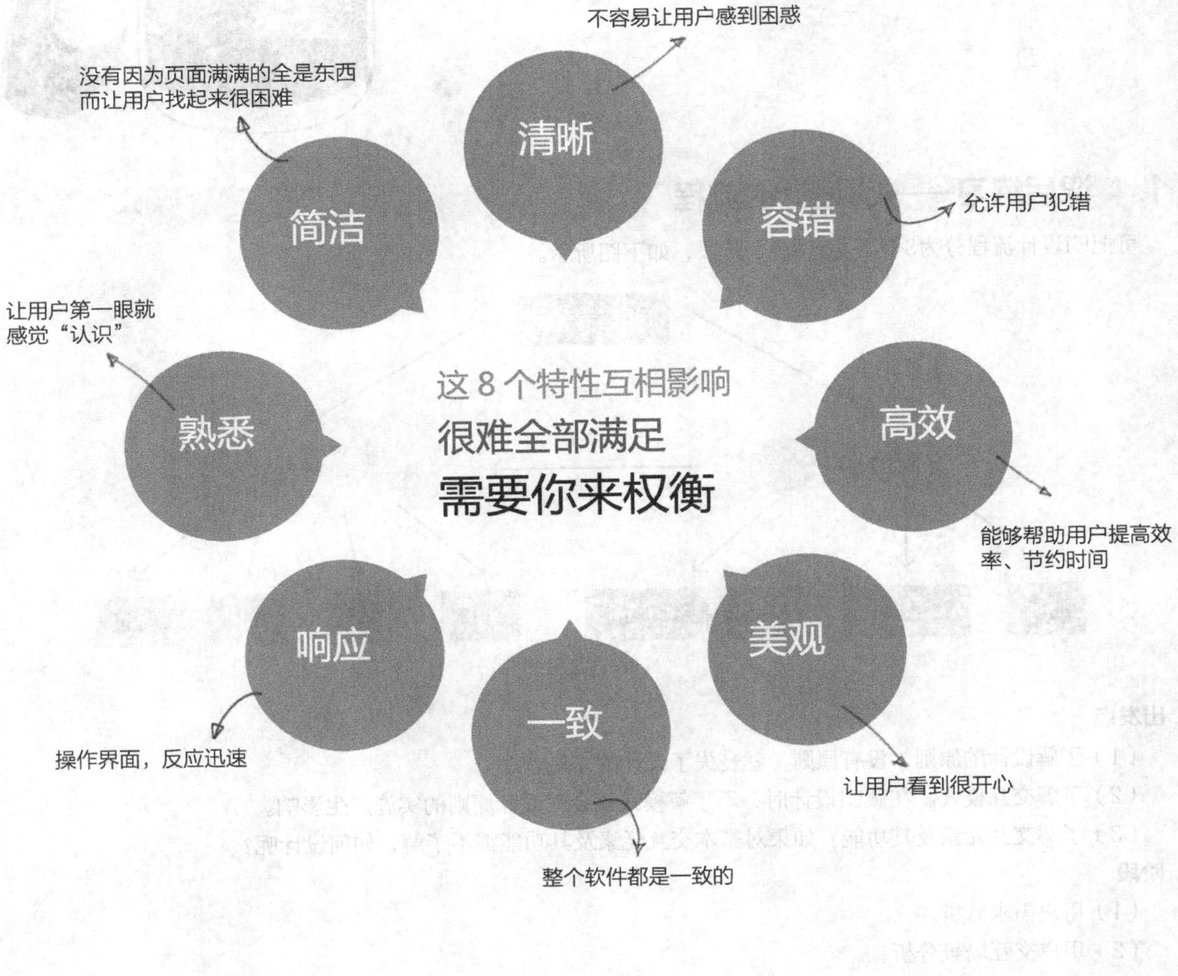

第 02 章

APP界面设计的色彩理论

本章介绍

本章主要讲解了APP 界面设计相关的色彩理论知识，其中主要涉及了色彩的意象和重要性、色彩的属性以及配色原则等。在具体的讲解中采用了图文并茂的方式，使原本无味的理论知识增添了几分乐趣。

教学目标

- 了解色彩意象相关的知识
- 认识到色彩的重要性
- 对色彩的属性有了较为系统的认知
- 了解一些常用的配色原则

2.1 色彩的意象

我们在生活当中看到色彩时，不仅会感觉到其在物理方面的影响，还会在心理方面产生一种用言语难以形容的感觉，可以把这种感觉称为印象，即色彩意象。

2.1.1 红色的色彩意象

因为红色容易引起人们的注意，因此红色在各种媒体中被广泛地运用。红色不仅具有较佳的明视效果，还可以被用来传达有活力、积极进取、热诚温暖等企业形象与精神。为警告、危险、禁止和防火等标志选择用色时，人们首先考虑的也是红色。这样，人们在一些场合和物品上，只要看到红色标示，不必仔细看内容，就能知道这是警告危险的意思。另外，在工业安全用色中，红色是警告、危险、禁止和防火等标志的指定色。如右图所示。

例如，正红、桃红、玫瑰红。

2.1.2 橙色的色彩意象

因为橙色明视度高，所以在工业安全用色中，橙色就被赋予了警戒色的含义，用作火车头、登山服装、背包和救生衣等的专用色。可是正因为橙色过于明亮刺眼，所以它给人一种低俗的意象，尤其在服饰的运用上，显得更加明显。所以在运用橙色的时候，要想把橙色的明亮、活泼、具有口感的特性发挥出来，必须选择合适的搭配色彩和恰当的表现方式。

例如，鲜橙、橘橙、朱橙。

2.1.3 黄色的色彩意象

因为黄色明视度高，所以在工业安全用色中，黄色就是警告危险色，被用来警告危险和提醒注意。黄色的使用非常普遍，如交通提示灯上的黄灯、工程用的大型机器、学生用的雨衣和雨鞋等使用的都是黄色。

例如，正黄、柠檬黄、柳丁黄、米黄。

2.1.4 绿色的色彩意象

因为绿色代表着生命和健康。所以在商业设计中，绿色符合服务业、卫生保健业的诉求，因为它所传达的清爽、理想、希望和生长的意象与这些行业不谋而合。工厂里许多机械采用的也是绿色，就是为了避免操作时眼睛疲劳，还有一般的医疗机构场所，也采用绿色来作为空间色彩和标示医疗用品。

例如，正绿、翠绿、橄榄绿、墨绿。

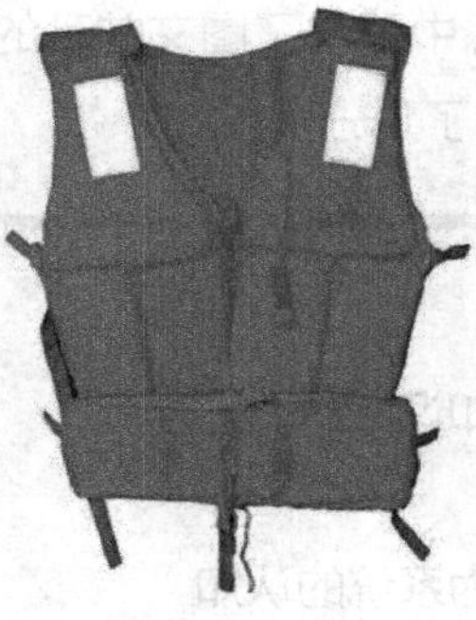

2.1.5 蓝色的色彩意象

因为蓝色比较沉稳，具有理智、准确的意象，所以在商业设计中，许多强调科技、效率的商品和企业，都选用蓝色作为标准色和企业色。像计算机、汽车、影印机、摄影器材等选用的都是蓝色。受西方文化的影响，蓝色也代表忧郁，经常被运用在感性诉求的商业设计和文学作品中。

例如，正蓝、天蓝、水蓝、深蓝 。

2.1.6 紫色的色彩意象

因为具有强烈的女性化性格，所以在商业设计用色中，紫色只能作为和女性有关的商品以及企业形象的主色，其他类的设计一般情况下都不考虑紫色。

例如，大紫、贵族紫、葡萄酒紫、深紫。

2.1.7 褐色的色彩意象

由于褐色的独特意象，所以在商业设计中，褐色用来强调格调古典优雅的企业形象或商品。它不仅被用来表现像麻、木材、竹片、软木等原始材料的质感，还被用来传达像咖啡、茶、麦类等这些饮品原料的色泽。

例如，茶色、可可色、麦芽色、原木色。

2.1.8 黑色的色彩意象

因为黑色具有高贵、稳重和科技的意象，所以在商业设计中，大多数科技产品的用色都采用的是黑色，像电视、跑车、摄影机、音响和仪器的色彩都是黑色。另外，黑色也有庄严的意象，经常用在一些特殊场合的空间设计、生活用品和服饰设计等方面，从而塑造出高贵的形象。值得一提的是，黑色适合与许多色彩进行搭配，是一种永远流行的主要颜色。

2.1.9 白色的色彩意象

因为白色具有高级、科技的意象，所以在商业设计中，经常需要和其他色彩搭配使用。由于纯白色会带给别人寒冷、严峻的感觉，所以在使用白色时，通常都会掺一些像米白、象牙白、乳白、苹果白等色彩。由于白色可以和任何颜色搭配，所以在生活用品和服饰用色上，白色是永远流行的主要颜色之一。

2.1.10 灰色的色彩意象

因为灰色具有柔和、高雅的意象，所以在商业设计中，大多数高科技产品，特别是和金属材料有关的，几乎都采用灰色来传达高级、科技的产品形象。另外，灰色属于中性色，男女都能接受，因此灰色也是永远流行的主要颜色之一。需要注意的是，我们在使用灰色时，为了避免过于沉闷而产生呆板僵硬的感觉，应该利用不同的层次变化组合或搭配其他色彩。

例如，正灰、蓝灰、深灰 。

2.2 色彩的重要性

在设计中，表现力和感染力是色彩最重要的两个表达因素。色彩通过人们的视觉感受产生的生理、心理的反应，从而形成丰富的联想、深刻的寓意和象征。在室内环境中，为了使人们感到舒适，色彩应满足其功能和精神要求，如果我们在室内设计中能充分发挥和利用色彩本身具有的一些特性，将赋予设计独特的美感。

2.2.1 色彩的物理效应

色彩使人产生的视觉反应主要表现在冷暖、远近、轻重、大小等物理性质方面，即温度感、距离感、重量感和尺度感4个方面。

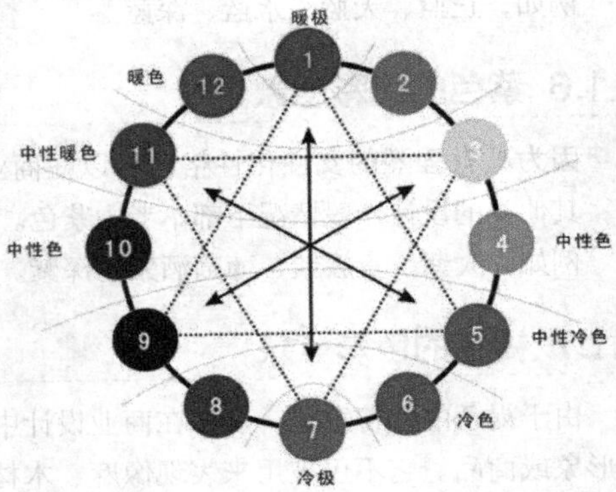

1. 温度感

在色彩学中，按照色相的不同把色彩分为热色、冷色和温色3个色系。热色是从红紫色、红色、橙色、黄色到黄绿色，其中橙色最热。冷色是从青紫色、青色至青绿色，其中青色最冷。温色是紫色和绿色，紫色是红色与青色混合而成的，绿色是黄色与青色混合而成的。这些色系的划分和人类长期的感觉经验是一致的，如当人们看到红色和黄色时，就好像看到了太阳、火和炼钢炉，感觉很热；看到青色和绿色时，就好像看到了江河湖海、绿色的田野和森林，感觉特别凉爽。

2. 距离感

色彩不仅可以使人感觉到冷暖，还可以使人感觉到进退、凹凸和远近。一般来说，暖色系和明度高的色彩能让人产生前进、凸出和接近的感觉，冷色系和明度较低的色彩则让人产生后退、凹进和远离的感觉。所以在室内设计中，人们经常利用色彩的这些特点去改变空间的大小和高低。如墙面过大时，采用收缩色；柱子过细时，采用浅色，淡化纤细感；柱子过粗时，采用深色，减弱粗笨之感；居室空间过高时，可采用近感色，减弱空旷感，提高亲切感。

3. 重量感

色彩的明度和纯度决定着色彩的重量感。像桃红色和浅黄色这些明度和纯度高的色彩就显得轻盈，而黑色和蓝色这些明度和纯度低的色彩就显得厚重。在室内设计的构图中，我们经常用不同的色彩来表现如轻盈、厚重等性格，并以此达到平衡和稳定的需要。

4. 尺度感

色相和明度两个因素决定物体的大小。要想使物体显得高大，就要用暖色和明度高的色彩，因为这些色彩具有扩散作用。反言之，要想使物体显得矮小，就要用冷色和暗色，因为这些色彩具有内聚作用。有时候，通过对比也能把不同的明度和冷暖表现出来。由于室内家具的大小、形状和整个室内空间的色彩处理之间有着非常密切的关系，所以我们可以利用色彩来改变物体的尺度、体积和空间感，使室内各部分之间的关系更加协调和统一。

2.2.2 色彩的心理反应

色彩不仅有着许多物理性质，还有着丰富的含义和象征。人们往往因为自己的生活经验以及由色彩引起的联想而对不同的色彩表现出不同的好恶。这种对颜色的好恶之感也和人的年龄、性格、素养、习惯分不开。如人们一看到红色，就能联想到太阳，联想到万物生命之源，从而感到崇敬和伟大，也能联想到血，从而感到不安和野蛮。要是看到黄色，就能联想到阳光普照大地，从而感到明朗、活跃和兴奋。要是看到黄绿色，就能联想到植物发芽生长，感觉到春天的来临。于是就用黄绿色代表青春、活力、希望、发展、和平等。色彩在心理上也有如冷热、远近、轻重、大小等物理效应，色彩不仅可以表现如兴奋、消沉、开朗、抑郁、动乱、镇静等情绪；也可以表现如庄严、轻快、刚、柔、富丽、简朴等感觉。不同的颜色就好像被人们施了不同的魔法一样，它们可以随心所欲地创造心理空间，表现内心情绪和反映思想感情。

2.3 色彩的属性

色彩的应用很早就已经有了，但是色彩的科学，直到牛顿发现太阳光通过棱镜片发生分解而产生光谱之后才迈入新纪元，在16世纪和17世纪出现了很多光线与色彩的研究，直到20世纪美国Munsell的出现，才为色彩的研究奠定了基础。

2.3.1 色彩的分类

在千变万化的色彩世界中，人们视觉感受到的色彩非常丰富，现代色彩学按照全面、系统的观点，将色彩分为有彩色和无彩色两大类。

有彩色是指红、橙、黄、绿、蓝、紫这6个基本色相以及由它们混合所得到的所有色彩。

无彩色是指黑色、白色和各种纯度的灰色。从物理学的角度看，无彩色不包括在可见光谱之中，因此不能称为色彩。但是从视觉生理学和心理学上来说，无彩色具有完整的色彩性，应该包括在色彩体系之中。

有彩色

无彩色

2.3.2 色相

色彩的色相是色彩的最大特征。色相是指能够比较确切地表示某种颜色色别的名称，如红色、黄色、蓝色等，色彩的成分越多，色彩的色相越不鲜明。光谱中的红、橙、黄、绿、蓝、紫为基本色相，色彩学家将它们以环形排列，再加上光谱中没有的红紫色，形成一个封闭的圆环，就构成了色相环。由色彩间的不同混合，可分别做出10、12、16、18、24色色相环。

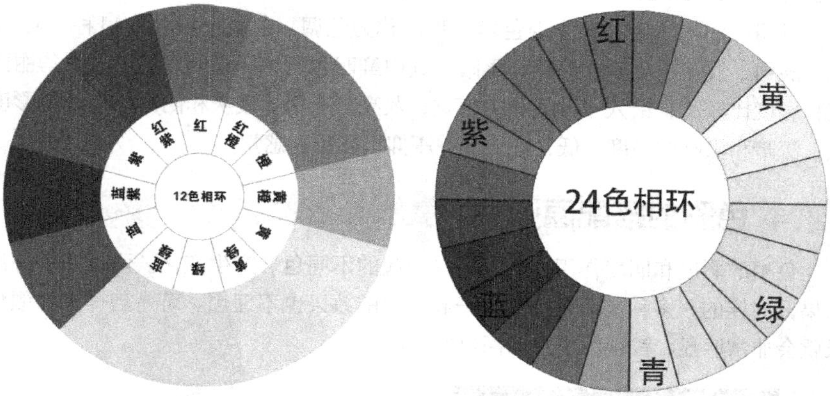

12色相环和24色相环

2.3.3 明度

明度是指色彩的亮度。颜色有深浅、明暗的变化。如深黄、中黄、淡黄、柠檬黄等黄颜色在明度上就不一样，这些颜色在明暗、深浅上的不同变化，就是色彩的明度变化。

色彩的明度变化

有彩色加入白色后会提高明度，加入黑色后则降低明度。如右图所示，上方色阶为不断加入白色、明度变亮的过程，下方为不断加入黑色、明度变暗的过程。

无彩色明度色阶

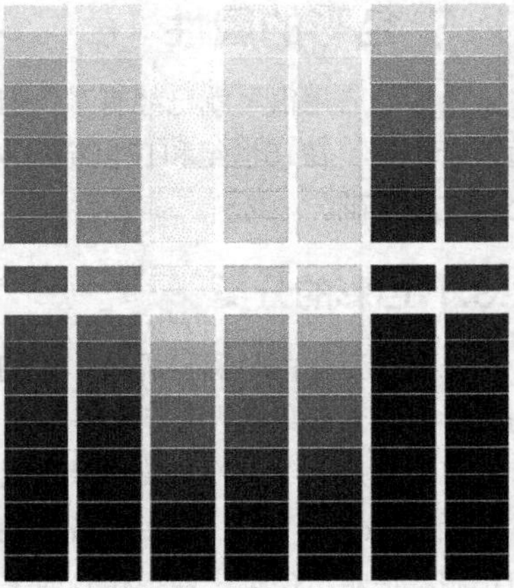

有彩色明度色阶

2.3.4 饱和度

饱和度是指色彩的鲜艳程度，也称色彩的纯度。人眼能够辨认的有色相的色彩都具有一定的鲜艳度。饱和度取决于该色相中含色成分和消色成分（灰色）的比例。含色成分越大，饱和度越大；消色成分越大，饱和度越小。如绿色，当它加入白色时，鲜艳度就会降低，但明度增强，变为淡绿色；当它加入黑色时，鲜艳度降低，明度也会降低，变为暗绿色。

饱和度降低，明度降低　　饱和度变化　　饱和度降低，明度增强

2.3.5 色调

以明度和饱和度共同表现色彩的程度称为色调。色调一般分为11种：鲜明、高亮、清澈、明亮、灰亮、苍白、隐约、浅灰、阴暗、深暗、黑暗。其中鲜明和高亮的彩度很高，给人华丽而又强烈的感觉；清澈和明亮的亮度和彩度比较高，给人一种柔和的感觉；灰亮、苍白、浅灰和阴暗的亮度和彩度比较低，给人一种冷静朴素的感觉；深暗和黑暗的亮度很低，给人一种压抑、凝重的感觉。

2.4 色彩的搭配原则

色相的彩度和明度作用会使搭配在一起的不同色彩产生变化。两种和多种深颜色搭配在一起不会产生对比的效果，同样的，多种浅颜色搭配在一起产生的效果也不理想。可是当一种深颜色和一种浅颜色搭配在一起时，效果就会非常明显，浅色的更浅，深色的更深。

多种深色搭配

多种浅色搭配

深色和浅色搭配

2.4.1 色相配色

以色相为基础的配色就是以色相环为基础的配色。我们运用色相环上比较相似的颜色进行配色，能让人产生一种稳定和统一的感觉。若是想达到强烈的对比效果，就要用差别比较大的颜色进行配色。

使用类似的色相进行配色，是比较容易取得配色平衡的手法。就像黄色、橙黄色和橙色的组合以及群青色、青紫色和紫罗兰色的组合等都是使用类似的色相进行配色。但是使用类似的色相进行配色，容易让人产生单调的感觉，所以有的时候，我们也可以使用一些对比色调进行配色。这种中差配色的对比效果，既不呆板也不冲突，深受人们的喜爱。

CCS色相环

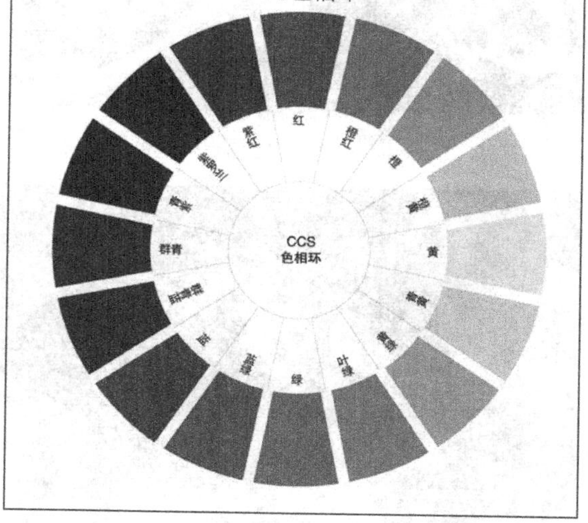

在色相环中，用对比色相配色指的是位于色相环圆心直径两端的色彩以及较远位置的色彩组合。主要有中差色相配色、对照色相配色和补色色相配色3种色相配色方法。由于对比色相的色温比较冷，因此经常被用来调配色彩的平衡，常用在色调上和面积上。

同一色相配色是指色相配色在16色相环中、角度是0° 或接近的配色。

邻近色相配色是指角度是在22.5° 的两色间、色相差是1的配色。

类似色相配色是指角度在45° 的两色间、色相差是2的配色。

对照色相配色是指角度在67.5° ~112.5° 、色相差是6~7的配色。

补色色相配色是指角度在180° 左右、色相差是8的配色。

2.4.2 色调配色

1. 同一色调配色

同一色调配色就是把相同色调的不同颜色搭配在一起形成的一种配色关系。同一色调除了色调明度有些变化外，颜色和色彩的纯度都是一样的。同一色调会产生相同的色彩印象，而不同的色调也会产生不同的色彩印象。要想表现出活泼感，只需把纯色调全部放在一起即可，如婴儿服饰或玩具大多都是以淡色调为主。在中差色相和对比色相的配色中，采用同一色调的配色方法，色彩就显得很协调。

同一色调配色

2. 类似色调配色

将色调图中相邻或接近的两种或两种以上的色调搭配在一起的配色就是刚才提过的类似色调配色。与同一色调相比，类似色调配色在色调与色调之间有细微的差异，不会产生呆滞感。要想表现出昏暗的感觉，就要把深色调和暗色调搭配在一起。

3. 对照色配色

将相隔较远的两种或两种以上的色调搭配在一起的配色就是对照色调配色。对比色调存在的色彩特征差异，能造成强烈的视觉对比，产生一种“相映”或“相拒”的力量。如浅色调和深色调搭配，就是深和浅的明暗对比；鲜艳色调和灰浊色调搭配，在纯度上就会存在差异。 也就是说，在配色选择时，对比色调配色会因横向或纵向而形成明度和纯度上的差异。若是采用同一色调的配色手法，则更容易进行色彩调和。

类似色调配色

补色对照色调配色

深浅明暗对照色调配色

2.4.3 明度配色

配色的一个重要因素就是明度。明度的变化能表现出事物的远近感和立体感。如希腊的雕刻艺术就是通过光影的作用呈现黑、白、灰的相互关系，从而形成立体感国画也经常使用无彩色的明度搭配，以用来表现空间的关系。不仅如此，彩色的物体也能通过光影的影响产生明暗效果，如黄色和紫色就存在着明显的明度差。

雕塑素描的黑白灰立体关系

水墨画的浓淡色调配色

黄色和紫色的色调配色

明度可以分为高明度、中明度和低明度3类，我们在给明度配色的时候，有高明度配高明度、高明度配中明度、高明度配低明度、中明度配中明度、中明度配低明度、低明度配低明度6种搭配方式。其中，高明度配高明度、中明度配中明度、低明度配低明度这3种方法属于相同明度配色；高明度配中明度、中明度配低明度这两种方法属于略微不同的明度配色；高明度配低明度属于对照明度配色。我们经常使用的就是明度相同，而色相和纯度有变化的配色方式。

明度相同，色相有变化的配色

2.5 课后练习——制作配色卡

在设计中，色彩一直是永恒讨论的话题。在一个作品中，视觉冲击力至少要占70%的比例。关于色彩构成和基本原理的书籍有很多，讲解得也很详细，所以这方面的内容作者不进行讲解。在这里，作者主要讲解如何制作配色色卡。

初学设计的人经常为使用什么样的颜色而烦恼。他们的作品不是颜色用得太多显得太过花哨和俗气，就是只用同一种色相使画面显得既单调又没有活力。

乱用色和不敢用色是初学者的一个通病。我们大可不必纠结这个问题，可以向真实世界中的配色学习，多看看大自然的美丽景致，然后归纳总结出一套自己的配色色卡，以供自己所用。

大家或许都知道，黑、白、灰这3种无彩色可以调和各种无彩色。我们也知道，大自然的美是千变万化的，这就要求设计师必须拥有一颗捕捉美的心。就拿天空来举例子，要是有人问你天空是什么颜色的，很多人都回答蓝色，可是你要仔细观察的话，会发现天空的颜色是千变万化、色彩斑斓的。艺术来源于生活又高于生活，所以设计师要经常总结。因为设计是一个“理解 分解 再构成”的艺术。

大自然的色彩是丰富的，很多人造物在自然光线下也会呈现出很和谐的色彩搭配。如蔚蓝的大海、红色的瓷器、黄色的花朵等，在自然光的照射下，它们都表现出了丰富的色彩细节。

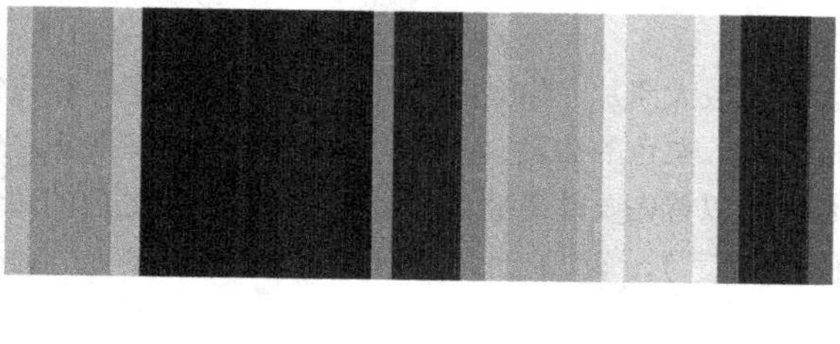

2.6 课后思考——如何找到完美的色彩搭配

没有一种单一的设计元素会比颜色效果更能够吸引人。颜色能吸引人的注意力，表达一种情绪，能传达一种潜在的信息。那么什么样的色彩搭配才是最合适的呢？关键是颜色之间的关系。色彩总不会凭空存在的，它总是和周围其他颜色一起出现。因此，你可以在页面中通过基色设计一个色板文件。下面我们将介绍这种色板文件的建立方法。

下面我们要制作一幅具有浪漫色彩的电影海报，画面中模特的面部表情比较放松，面色比较白净。我们的目的是让设计效果看起来耳目一新、充满活力、个性十足，同时又要传达一种商业气息。客户还要求整个设计效果要时尚些。这些要求全部都和颜色有关。

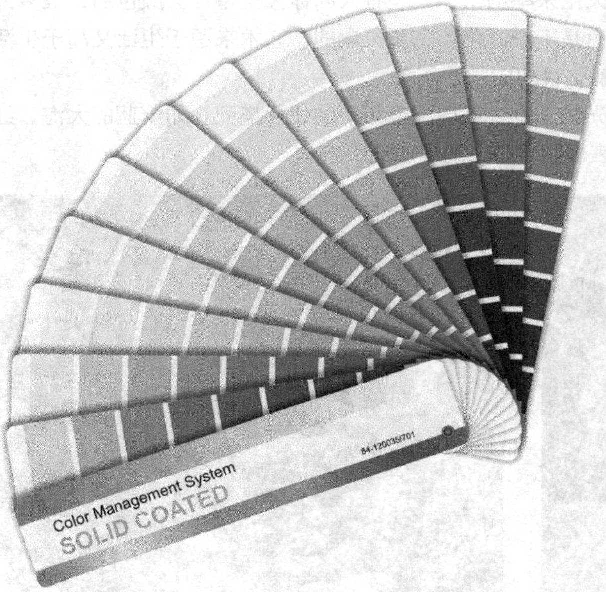

1. 将照片中的颜色精简出来

首先找出这个自然的色板，并把它组织成调色板文件。尽量放大照片，你会发现照片中有很多颜色。在正常的视图中（左图）我们只会看到很少的一些颜色，如皮肤的色调、栗色的头发、蓝色的衣服、粉红的花朵等。但是把图片放大看时，你会发现这里面有着数以百万计的颜色。所以首先要精简颜色，让它成为一个易处理的颜色版本。在Photoshop中复制一个图层（这样就不会丢失原始图片了），然后选择“滤镜>像素化>马赛克”命令

（中图），一个颜色被精简过的图片就出现了（右图）。假如你不满意默认值，需要更多一点的颜色，可以减少“马赛克”命令中的单元格大小值。

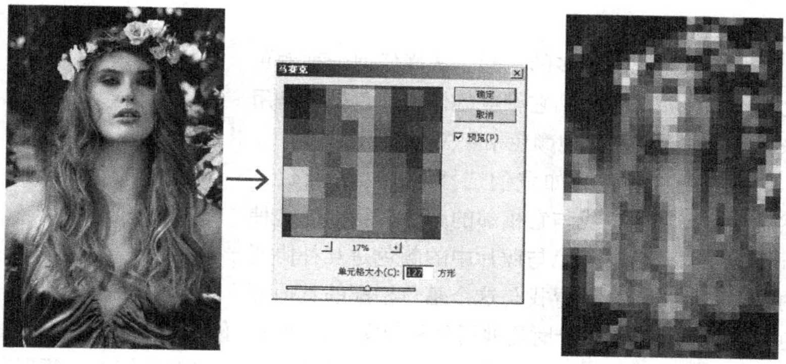

2. 提取颜色成为色板

使用吸管工具将颜色提取出来放到色板中，从最明显的颜色开始（你看到的最多的颜色）到最少的颜色。为了对比效果，可选择一些暗调、中调及浅调的颜色。从最多的颜色开始处理，你一眼就可以看到的皮肤、头发和上衣的颜色，然后处理较少的颜色，即眼睛、嘴唇、头发较亮部分及一些阴影，这些都是非常细小的颜色，所以需要非常专心，从而分好每一部分的颜色。对颜色进行仔细观察，然后将你选取的颜色重新排序，丢弃那些相似的颜色。

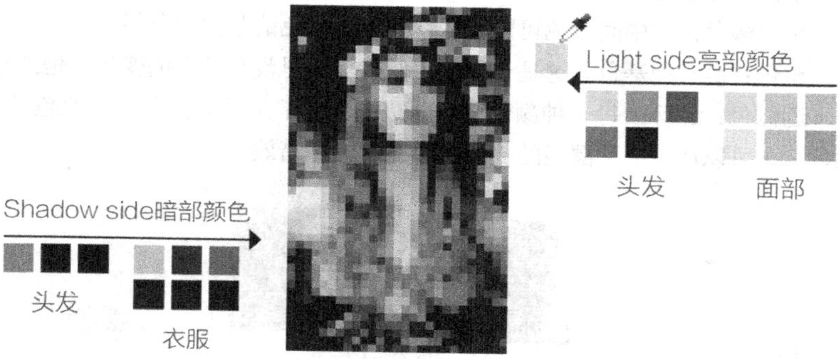

3. 逐个将颜色进行尝试

将照片放到颜色样板上面，结果都是很漂亮的，不是吗？这是一件非常有趣的事，无论你怎么做，它都是不错的搭配。奥秘就在于你使用的颜色其实是照片中已经存在的某一种颜色。

暖色调：粉红、棕色、红褐色、橙红色。这些颜色来自模特的头发和面部。暖色调使照片中的女孩显得更温和、更娇柔，营造出温馨的画面氛围。

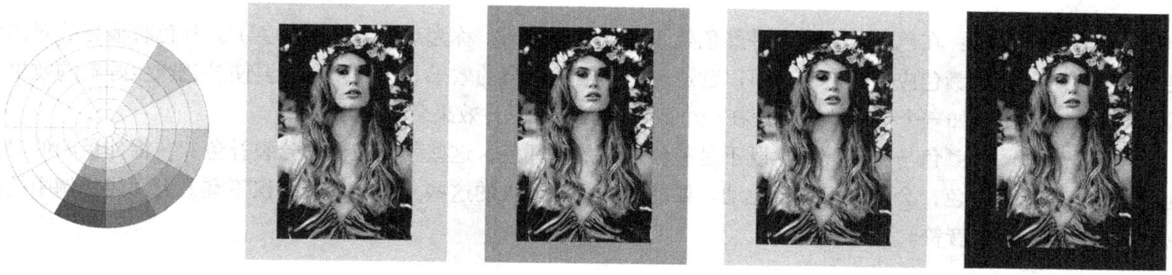

冷色调：冷色调主要是蓝色，能比较直接地产生一种严肃、商业的气氛。注意：使用数值越暗的颜色，照片中女孩的面孔就越有一种凸出页面向你靠近的感觉。

4. 利用色相环

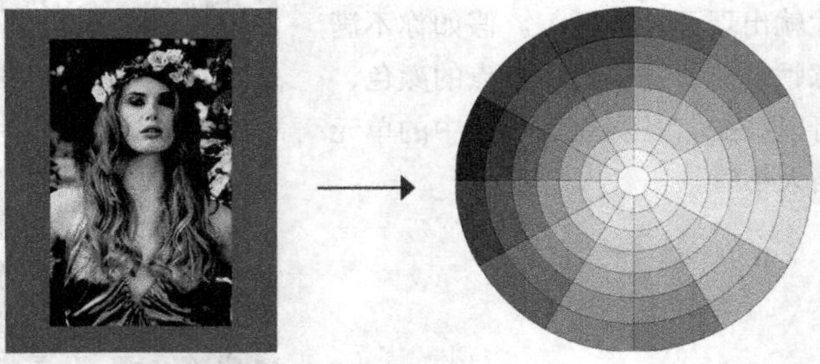

接下来是添加更多的色彩。选择任何一种颜色之后，在色相环上找到它相应的位置。色相环是用来反应一种颜色和其他颜色相互关系的工具。

任何一种颜色，如我们选择了图中的蓝色，然后在色相环上查找与它相邻的颜色。我们把这种颜色称之为基色。基色与照片中的颜色是互补协调的，现在要做的就是寻找与这个基色相配的其他颜色。要记住如果在设计时需要用到其他文字和图形，你需要选择暗色调及浅色调来与画面形成对比。

由于色相环中的颜色是基于基色的（并不包含所有颜色值），所以其实在配色时，并不能做到百分之百精确，这只是一个方法指南。

5. 创建调色板

下面开始创建协调色的调色板。

组合颜色：如中间蓝色可以和深蓝色以及深色的紫罗兰色相协调。

单色：是一种基色。这是一种单色调板。这里没有色相的变化，但通过明暗对比可以产生非常好的效果。

近似色：色环上每一种颜色任意两边的颜色都是其近似色。近似色共享同一种色相（如湖蓝色、蓝色和紫罗兰色），可以产生一种漂亮的、低于对比度的和谐效果。

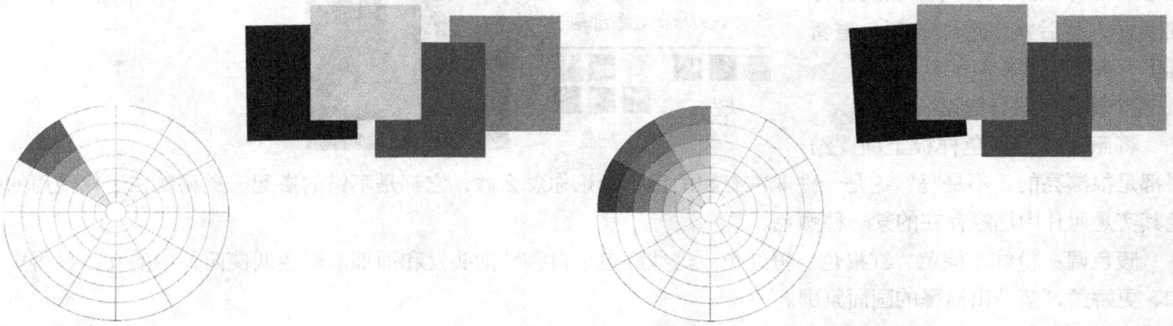

对比色（补色）：在色相环上与一种颜色处于完全的对立面，称为对比色（如橙色）。补色有很强的对比效果，两种互为补色的颜色应用在一起，可以营造出一种活力兴奋的效果。一般来说，要使补色产生好看的效果，需要一个大一个小，如一个橙色的圆点用在一个蓝色的区域中时，效果会非常好。

分裂补色：一种颜色与另一种颜色既不是补色也不是相邻色，这些颜色被称为分裂补色。在相邻色的低对比度搭配中加入这些颜色，会使效果变得生动。要注意的是，加入的这些分裂补色的面积不宜太大，如本例中的蓝色看起来更像一个重音符。

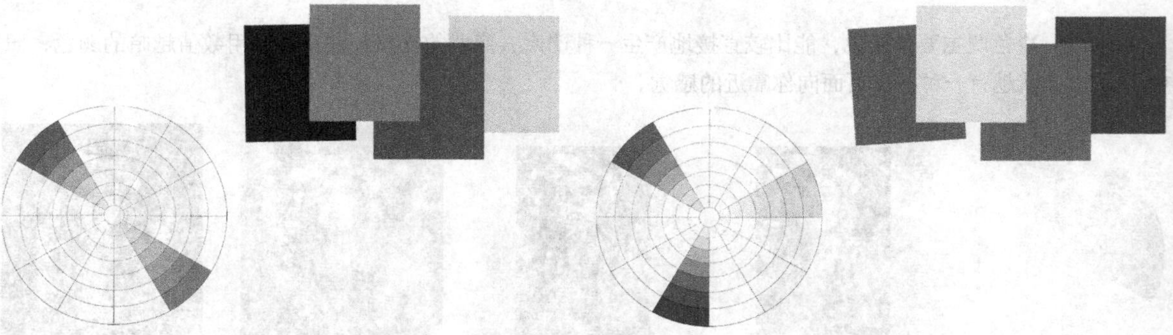

但要注意的是，对比色比例一大一小，主色是一个零，而其对比色是一个点。还有配色上明度的变换，如果同在一个明度上，颜色是会“打架”的。

对比色/近似色：这个混合调色板看起来很像分裂补色调色板，但它色含了更多的颜色。暖色调部分色彩柔和，但在对比色方面又可以产生强烈的对比，这种调色板会让人产生强烈的兴奋感。

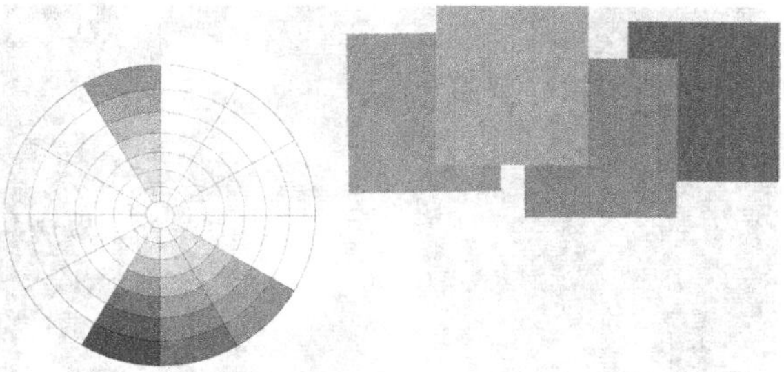

近似色/对比色：用冷色调创建相似色，然后再加上一点暖色进行对比。记住不同的明度值会产生不同的对比效果，如果明度值相同，那么在视觉上就会相互打架，争夺人们的视觉；但如果明度值不同的话，就不会有这种感觉了。所以要用吸管工具去提取颜色的不同明度值来搭配使用。

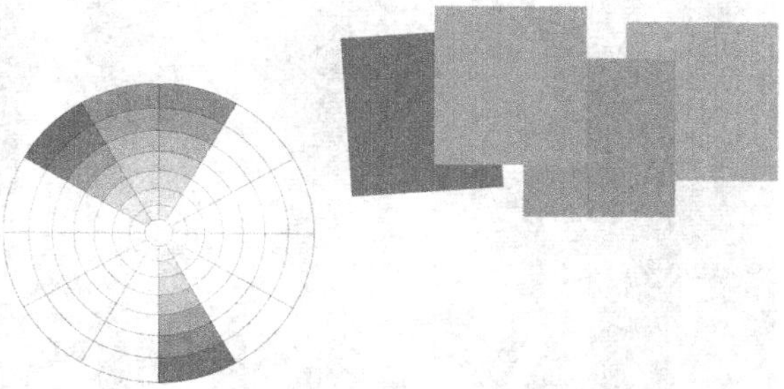

相反的颜色：相同的亮度

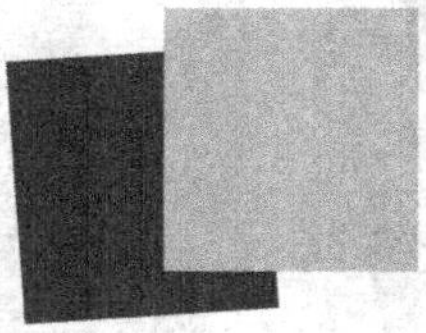

相反的颜色：不同的亮度

6. 校对及应用

讲了这么多，现在是时候使用颜色进行搭配了。该怎样选择颜色进行搭配和呢？关键是要看你想传达什么样的信息。回忆一下刚开始提出的设计要求，然后再来选择配色。

商业气息：蓝色是大多数人喜欢的颜色。有趣的是这里的蓝色和橙色是从照片中提取出来的，这样就产生了一种自然的对比效果。蓝色的背景与照片中女孩的蓝色衣服混为一体，使女孩的目光更容易吸引人的注意，画面既漂亮又有商业气息。

如果你忘记了设计要求，那就回到本例刚开始的部分看一下：我们的目的是让设计效果看起来耳目一新、充满活力、个性十足，同时又要传达一种商业气息。客户还要求整个设计效果要时尚些。

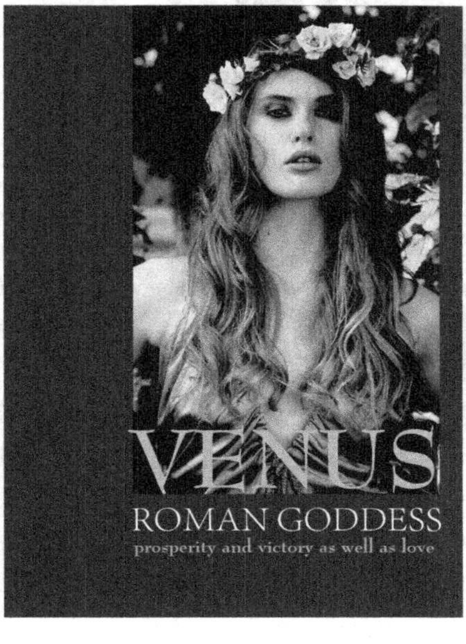

权威气息：这个调色板中的深红色来自照片中女孩的头发，从色环中我们知道，这个颜色与橙色是一种近似色。蓝色的眼睛和衣服显得不再重要，而是成为了一种点缀性的对比。

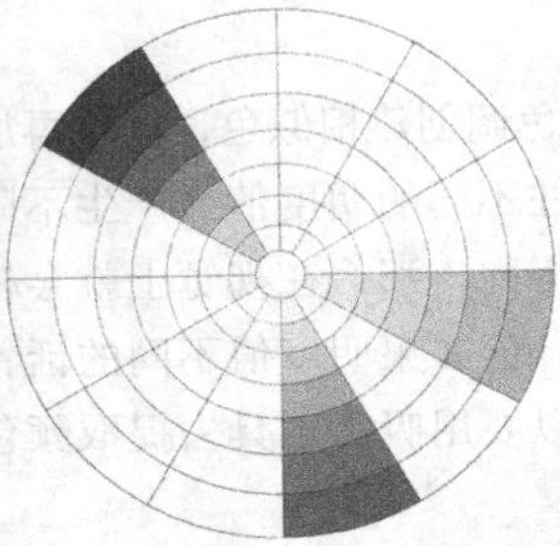

注意：原照片中头发的红色只有轻微的高光，在整个画面中填充红色后，就有了非常重的分量。整个设计给人一种认真、热情、权威的感觉。

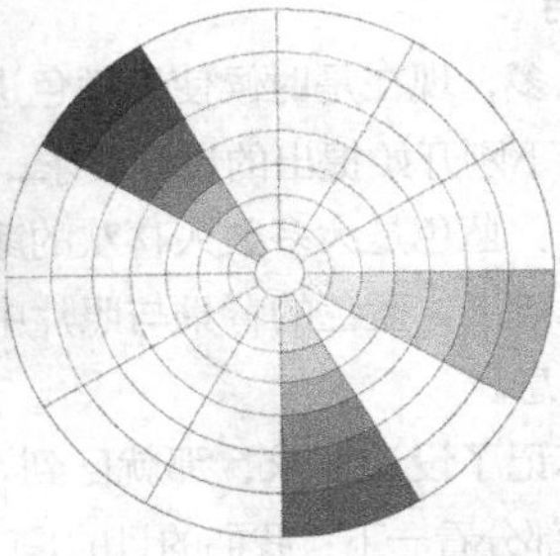

热情气息：人物头发的亮色在页面中显得更加突出，而蓝色衣服使画面产生了对比和层次感。另一个焦点是黄色的标题，给人的感觉像是从照片中剪出来的一样。整个空间显得比较平淡，这种颜色搭配能产生一种热情迷人的效果（如果是在设计比赛中，这个设计可能会胜出，因为它比较特立独行），但只有那些大胆的客户才会选择这种设计。

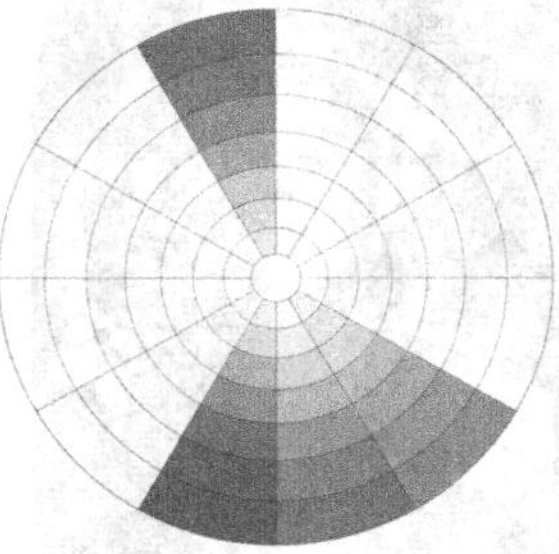

休闲气息：采用了蓝色的相邻色——青色，这种青色在照片中并不存在，使整个设计融入了一种轻松、活泼的感觉。画面整体效果既时尚又平易近人。而字体仍采用了橙色，是一种较温和的对比。

注意：不同的明度组合。任何颜色都可以使用它的不同明度。这里的青色是中间值和浅色的，而蓝色是暗色的。

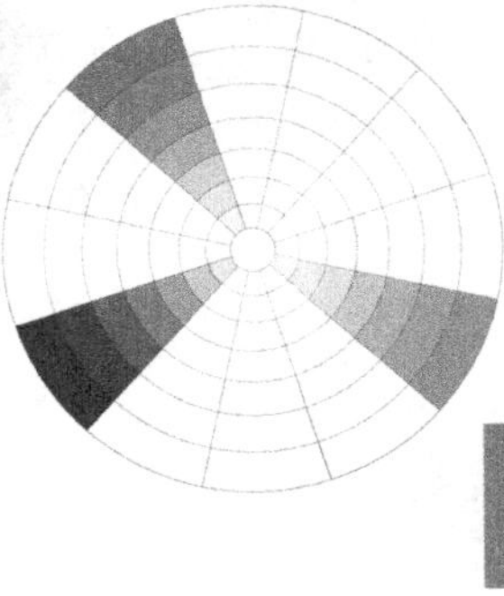

浪漫气息：同样是蓝色的另一种近似色，紫罗兰色在照片中也是不存在的。从色相环中我们知道，紫色与红色靠得较近，而画面的整体效果显得有点夸张，因为照片中的人物的面孔以及头发与背景的颜色显得比较接近。紫罗兰色是一种冷色，通常与温柔、女性联系在一起（也具有清新和精神饱满的感觉）。

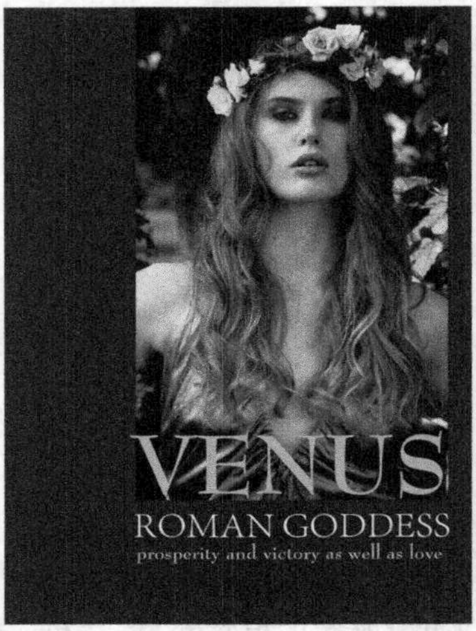
VENUS
ROMAN GODDESS
prosperity and victory as well as love
商业

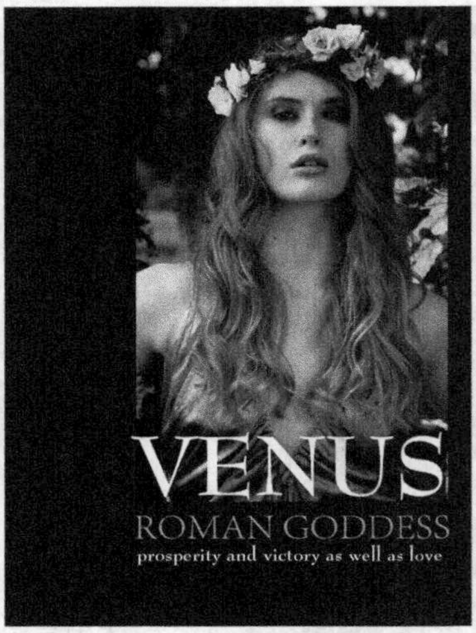
VENUS
ROMAN GODDESS
prosperity and victory as well as love
权威

VENUS
ROMAN GODDESS
prosperity and victory as well as love
浪漫

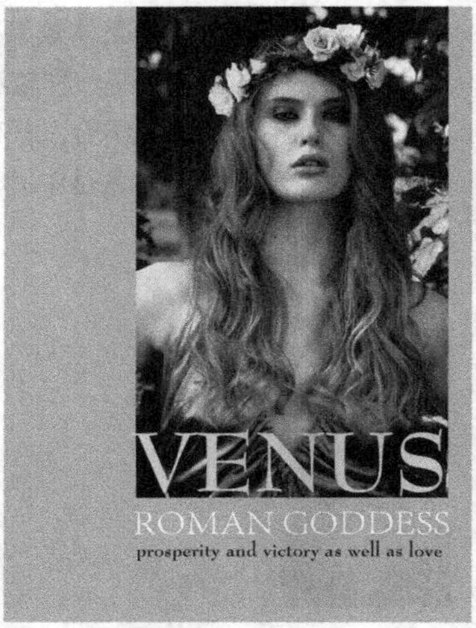
VENUS
ROMAN GODDESS
prosperity and victory as well as love
休闲

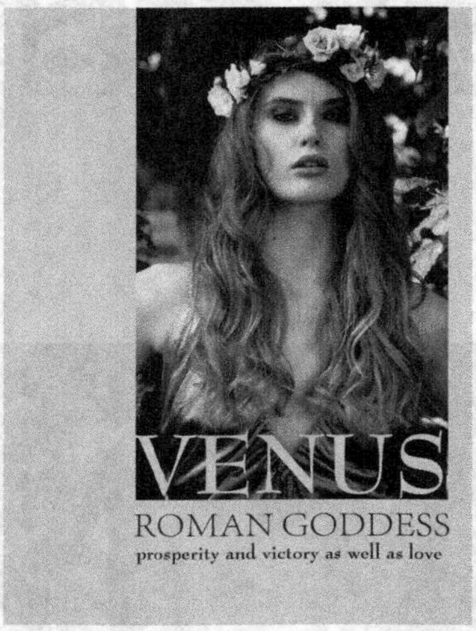
VENUS
ROMAN GODDESS
prosperity and victory as well as love
热情

第03章

熟悉Photoshop的常用工具

本章介绍

Photoshop软件的最大功能就是对图像进行处理。当我们在Photoshop软件中对图像进行编辑时，经常会用到移动工具（移动图像）、绘制选区的工具（设定图像的选区）、填充工具（填充图像的色彩或图案）和裁剪工具（将不需要的图像删除）等，利用这些常用的工具，就可以很自如地编辑图像。本章主要讲解Phtoshop的一些常用工具，帮助大家掌握软件的基本操作方法。

教学目标

- 理解如何让图标更具吸引力的规律
- 掌握理解立体图标的设计原则
- 掌握立体图标的设计与制作方法
- 理解立体图标质感的表达

3.1 Photoshop CC的工作界面

运行Photoshop CC以后，就可以看到由工作区、工具和面板构成的工作界面。

3.1.1 了解工作界面的工作组件

Photoshop CC的界面主要由工具箱、菜单栏和面板等组成。熟练掌握各组成部分的基本名称和功能，有助于轻松自如地对图形图像进行操作，如下图所示。

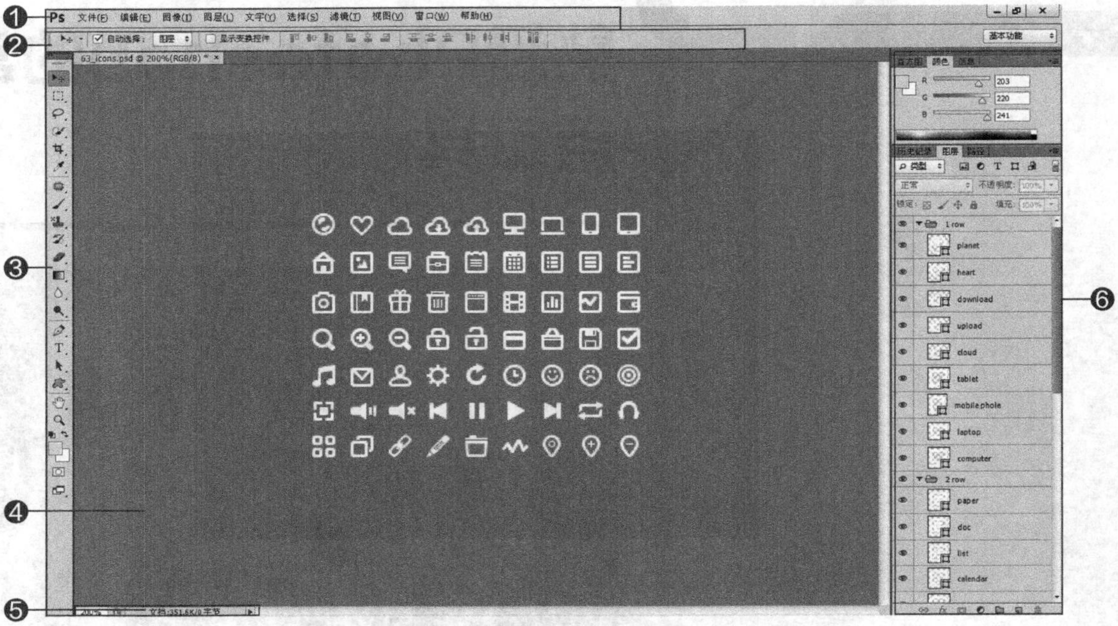

Photoshop CC的工作界面

❶ 菜单栏：所有Photoshop命令。

❷ 选项栏：可设置所选工具。所选工具不同，提供的选项也有所区别。

❸ 工具箱：工具箱中包含了用于创建和编辑图像、图稿、页面元素的工具，默认情况下，工具箱停放在窗口左侧。

❹ 图像窗口：这是显示图像的窗口。在标题栏中显示文件名称、文件格式、缩放比率和颜色模式等。

❺ 状态栏：位于图像窗口下端，显示当前图像文件的大小和各种信息的说明，单击右三角按钮，在弹出的列表中可以自定义文档的显示信息。

❻ 面板：为了更方便地使用软件的各项功能，Photoshop将大量功能以面板的形式提供给用户。

不同颜色界面的外观：在Photoshop CC中，我们可以利用新增的功能来设置不同界面的颜色，使界面的外观表现出不同的风格，如下图所示。

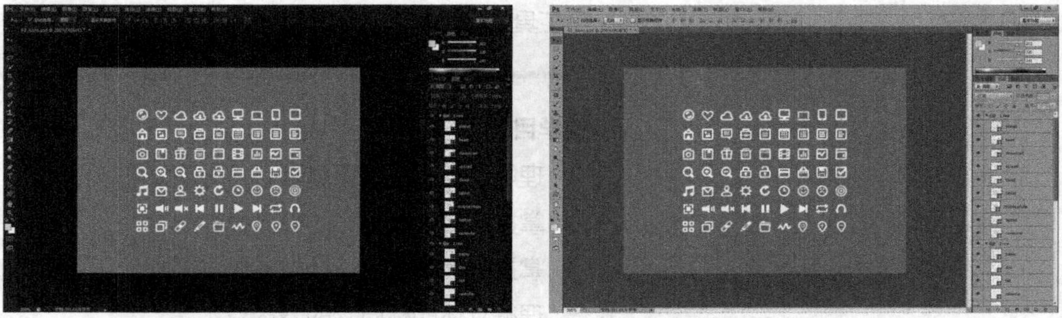

不同颜色界面的外观

3.1.2 了解工具箱

Photoshop CC的工具箱可以以两种形式显示，一种是单排式，另一种是双排式。当工具箱呈双排式时，单击工具箱上方的◀◀按钮，即可转换为单排式。Photoshop中的工具以图标形式聚集在一起，从图标的形态就可以了解该工具的功能。在键盘中按相应的快捷键，即可选择相应的工具。用鼠标右键单击右下角有三角形符号的图标，或者按住工具按钮不放，即可显示其他有相似功能的隐藏工具。

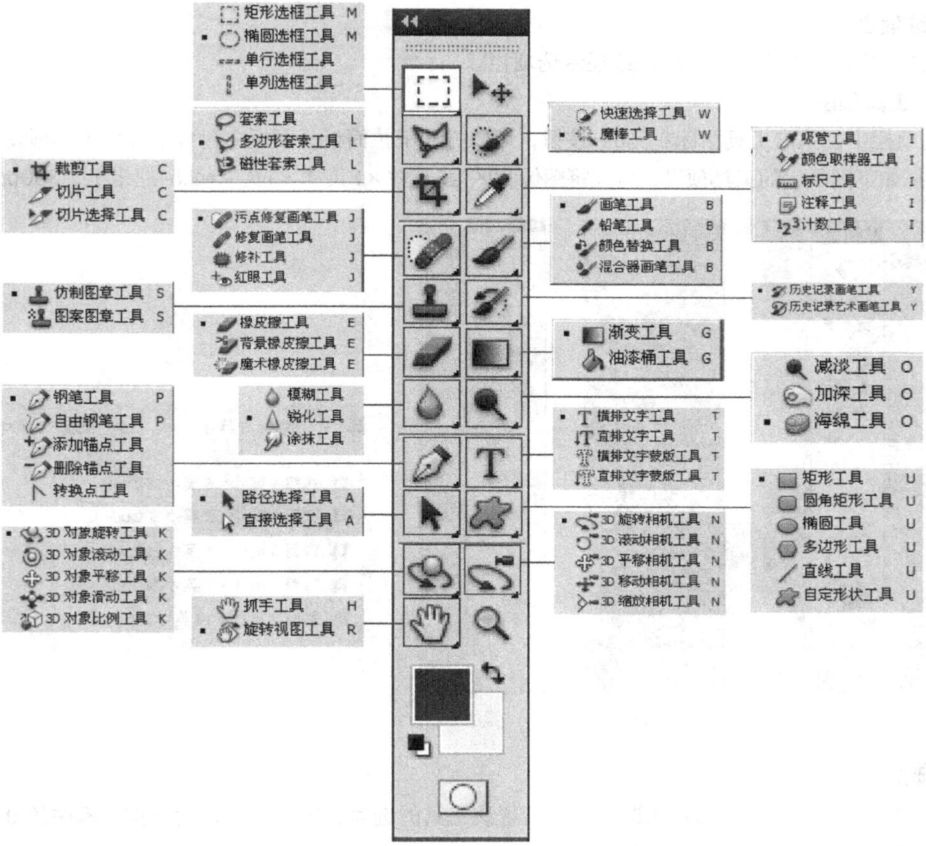

工具箱

3.1.3 了解选项栏

选项栏是用来设置工具的选项，它会随着所选工具的不同而变换选项内容。下图所示为选择画笔工具时显示的选项栏。选项栏中的一些设置对于许多工具都是通用的，但有些设置（如铅笔工具的“自动抹除”选项）却专用于某个工具。

画笔工具选项栏

1. 下拉按钮

单击该按钮，即可打开一个下拉列表。

2. 文本框

在文本框中单击，输入新数值并按下Enter键即可调整数值。如果文本框旁边有▸按钮，则单击该按钮，会弹出一个滑块，拖动滑块也可以调整数值。

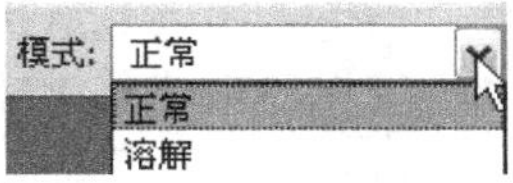

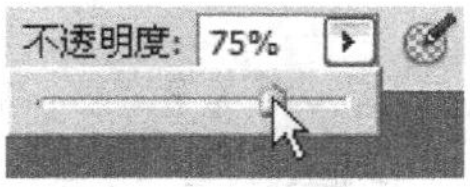

3. 滑块

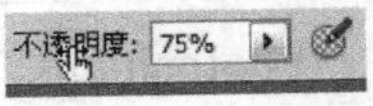

在包含文本框的选项中，将光标放在选项名称上，光标的状态会发生改变，单击并向左右两侧拖动鼠标，可以调整数值。

4. 移动选项栏

单击并拖动选项栏最左侧的图标，可以将其从停放处拖出，成为浮动的工具箱。将其拖回菜单栏下面，当出现蓝色条时放开鼠标，即可重新停放到原处。

5. 隐藏/显示选项栏

执行“窗口>选项”命令，可以隐藏或显示选项栏。

6. 创建和使用工具预设

在工具选项栏中，单击工具图标右侧的▾按钮，可以打开下拉面板，面板中包含了各种工具预设。如使用裁剪工具时，选择如下图所示的工具预设，可以将图像裁剪为5英寸×3英寸（1英寸=2.54厘米）、300ppi的大小。

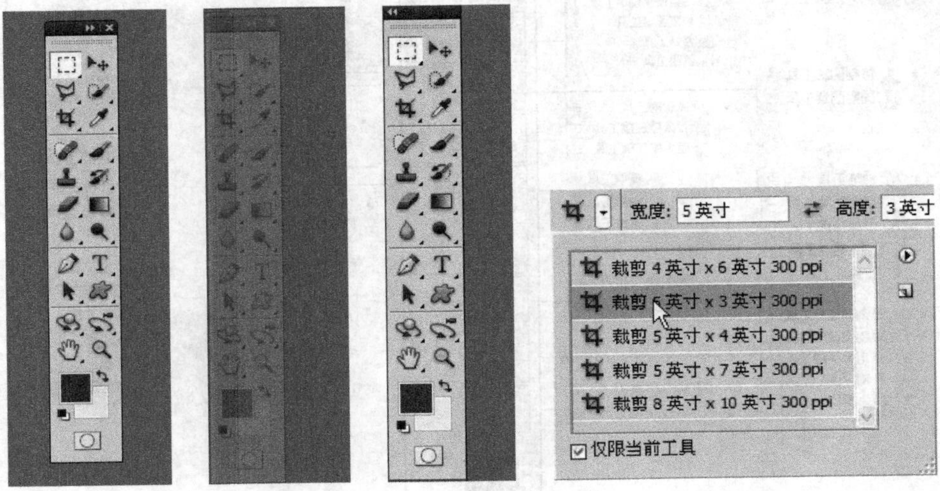

移动工具箱　　拖动　　复原

7. 新建工具预设

在工具箱中选择一个工具，然后在选项栏中设置该工具的选项，单击工具预设下拉面板中的按钮，可以基于当前设置的工具选项创建一个工具预设。

8. 仅限当前工具

勾选该复选框时，只显示工具箱中所选工具的各种预设；取消勾选时，会显示所有工具的预设。

9. 使用“工具预设”面板

“工具预设”面板用来存储工具的各项设置，载入、编辑和创建工具预设库，它与选项栏中的工具预设下拉面板的用途基本相同。

单击“工具预设”面板中的一个预设工具即可选择并使用该预设。单击面板中的创建新的工具预设按钮，可以将当前工具的设置状态保存为一个预设。选择一个预设后，单击删除工具预设按钮可将其删除。

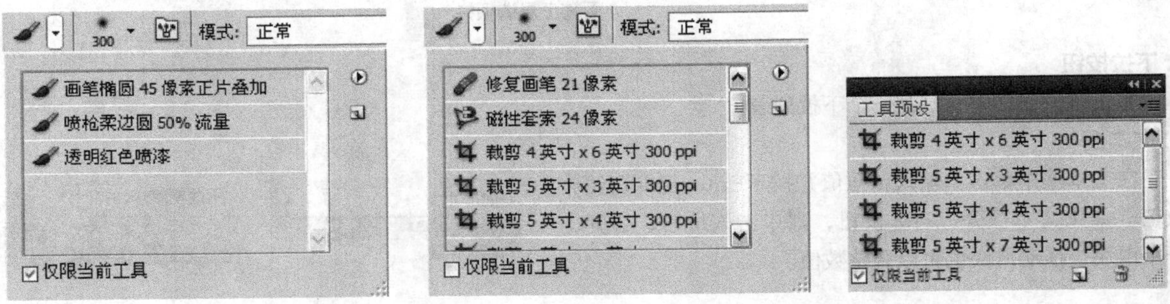

10. 重命名和删除工具预设

在一个工具预设上单击鼠标右键，可以在打开的快捷菜单中选择重命名或者删除该工具预设。

11. 复位工具预设

选择一个工具预设后，以后每次选择该工具时，都会应用这一预设。如果要清除预设，可单击面板右上角的按钮，执行菜单中的“复位工具”命令。

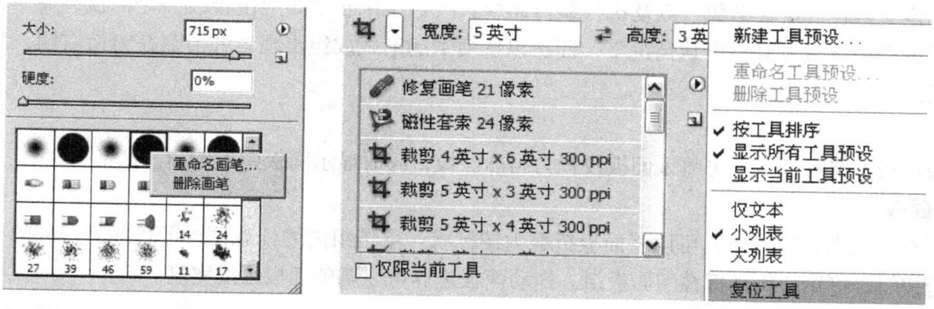

3.1.4 了解状态栏

状态栏位于文档窗口底部，它可以显示文档窗口的缩放比例、文档大小、当前使用的工具等信息。单击状态栏中的按钮，可在打开的菜单中选择状态栏的显示内容；如果单击状态栏并按住鼠标左键不放，则可以显示图像的宽度、高度、通道等信息。

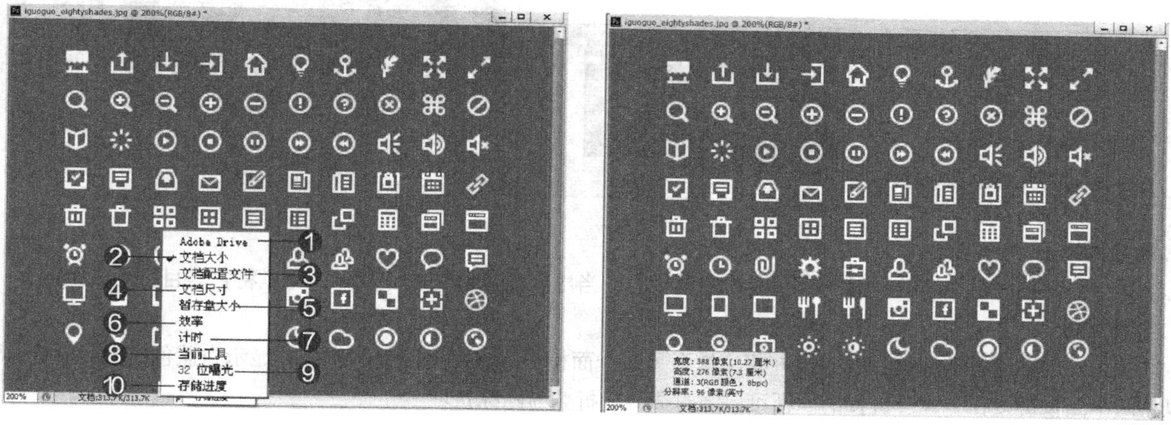

状态栏

❶ Adobe Drive：显示文档的Version Cue工作组状态。Adobe Drive使我们能连接到Version Cue CS5服务器。连接后，我们可以在Windows资源管理器或Mac OS Finder中查看服务器的项目文件。

❷ 文档大小：显示图像的数据量信息。选择该选项后，状态栏中会出现两组数字。左边的数字显示了拼合图层并存储文件后的大小，右边的数字显示了包含图层和通道的近似大小。

❸ 文档配置文件：显示图像所使用的颜色配置文件的名称。

❹ 文档尺寸：显示图像的尺寸。

❺ 暂存盘大小：显示正在处理图像的内存和Photoshop暂存盘的信息。选择该选项后，状态栏中会出现两组数字。左边的数字表示程序用来显示所有打开的图像时所用的内存量，右边的数字表示可用于处理图像的总内存量。如果左边的数字大于右边的数字，Photoshop将会启用暂存盘作为虚拟内存。

❻ 效率：显示执行操作时实际花费时间的百分比。当效率为100%时，表示当前处理的图像在内存中生成；如果该值低于100%，则表示Photoshop正在使用暂存盘，操作速度也会变慢。

❼ 计时：显示完成上一次操作所用的时间。

❽ 当前工具：显示当前使用的工具的名称。

⑨ 32位曝光：用于调整预览图像，以便在计算机显示器上查看32位/通道高动态范围（HDR）图像的选项。只有文档窗口显示HDR图像时，该选项才可用。

⑩ 存储进度：显示当前存储文档的进度。

3.1.5 了解面板

面板用来设置颜色、工具参数，以及执行编辑命令。Photoshop CS5中包含20多个面板，在“窗口”菜单中可以选择需要的面板将其打开。默认情况下，面板以选项卡的形式成组出现，并停靠在窗口右侧，我们可根据需要打开、关闭或是自由组合面板。

1. 选择面板

单击相应面板的名称标签即可将该面板设置为当前面板，同时显示面板中的选项。

2. 折叠/展开面板

单击面板组右上角的按钮，可以将面板折叠为图标状。单击组内的任意图标即可显示相应的面板，单击面板右上角的按钮，可重新将其折叠回面板组。拖动面板边界可以调整面板组的宽度。

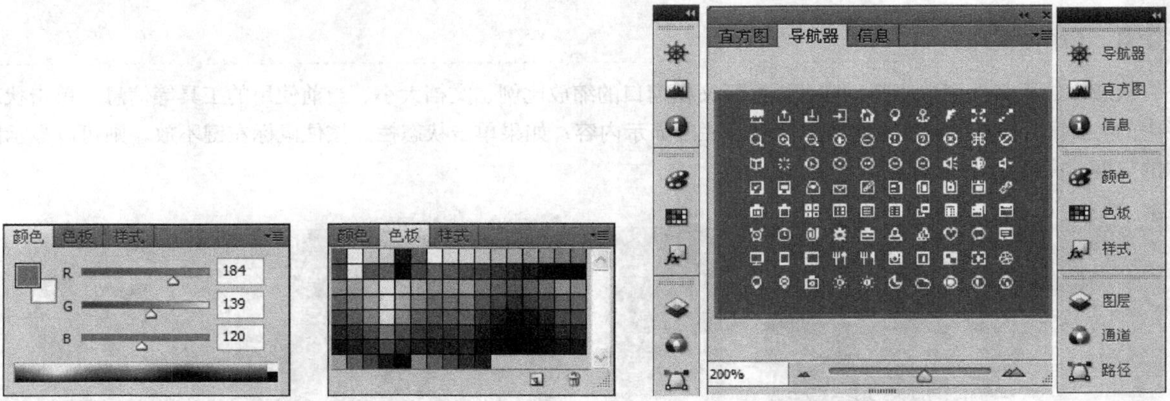

3. 组合面板

将一个面板的标签拖动到另一个面板的标题栏上，当出现蓝色框时放开鼠标，可以将它与目标面板组合。

4. 链接面板

将光标放在面板的标签上，单击并将其拖至另一个面板下，当两个面板的连接处显示为蓝色时放开鼠标，可以将两个面板链接在一起。链接的面板可以同时移动或折叠为图标状。

5. 移动面板

将光标放在面板的名称上，单击并向外拖动该面板到窗口的空白处，即可将其从面板组或链接的面板组中分离出来，成为浮动面板。拖动浮动面板的名称，可以将它放在窗口中任意位置。

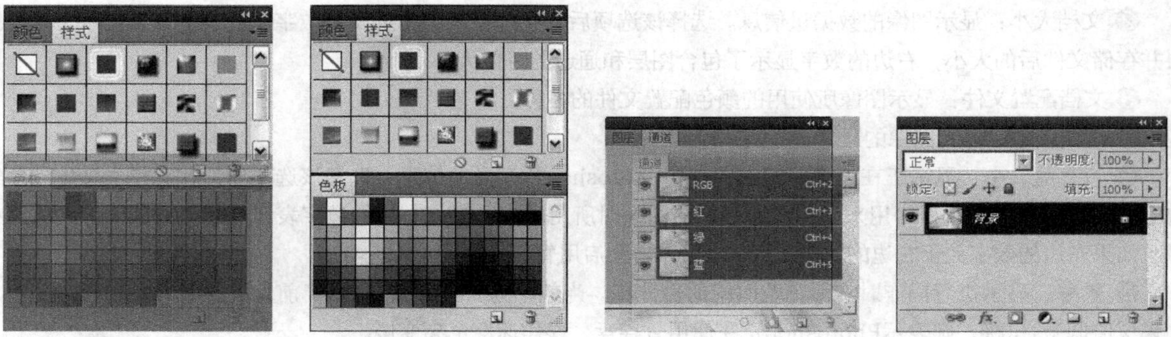

6. 调整面板大小

如果一个面板的右下角有状图标，则可以拖动该图标调整面板大小。

7. 关闭面板

在一个面板中单击鼠标右键，选择“关闭”命令，就可关闭，对于浮动面板，单击右上角按钮，可将其关闭。

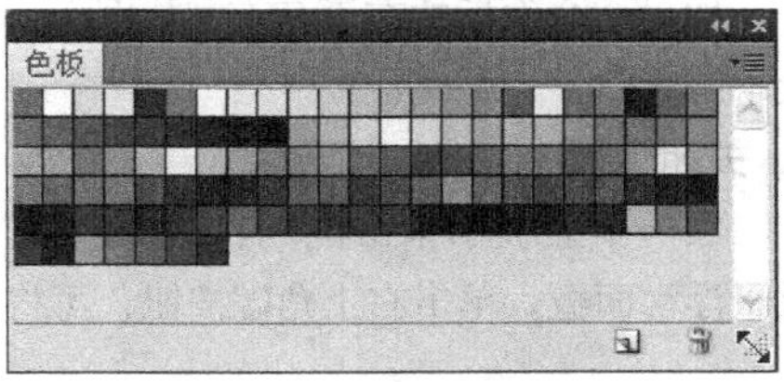

3.1.6 调整面板

面板用来设置颜色、工具参数，以及执行编辑命令。Photoshop CS5中包含20多个面板，在“窗口”菜单中可以选择需要的面板将其打开。默认情况下，面板以选项卡的形式成组出现，并停靠在窗口右侧，我们可根据需要打开、关闭或是自由组合面板。

1. 选择面板

单击相应面板的名称标签即可将该面板设置为当前面板，同时显示面板中的选项。

2. 折叠/展开面板

单击面板组右上角的按钮，可以将面板折叠为图标状。单击组内的任意图标即可显示相应的面板，单击面板右上角的按钮，可重新将其折叠回面板组。拖动面板边界可以调整面板组的宽度。

3. 组合面板

将一个面板的标签拖动到另一个面板的标题栏上，当出现蓝色框时放开鼠标，可以将它与目标面板组合。

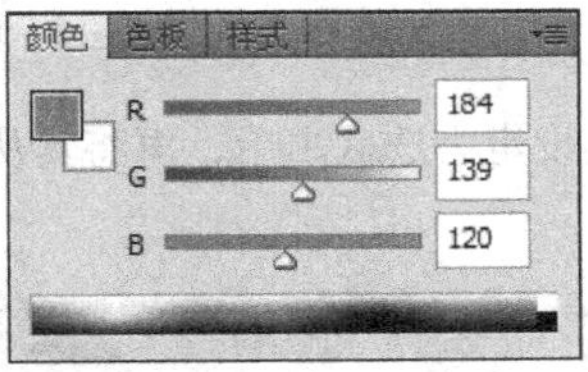

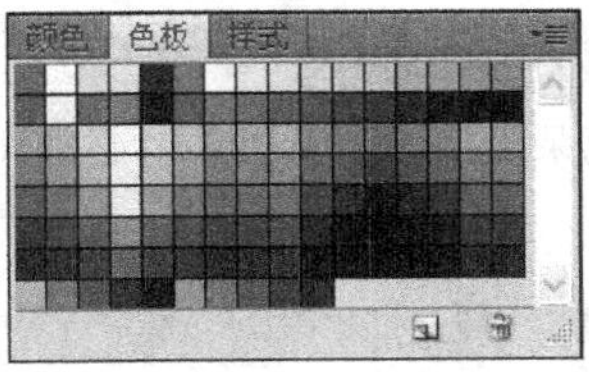

4. 链接面板

将光标放在面板的标签上，单击并将其拖至另一个面板下，当两个面板的连接处显示为蓝色时放开鼠标，可以将两个面板链接在一起。链接的面板可以同时移动或折叠为图标状。

5. 移动面板

将光标放在面板的名称上，单击并向外拖动该面板到窗口的空白处，即可将其从面板组或链接的面板组中分离出来，成为浮动面板。拖动浮动面板的名称，可以将它放在窗口中任意位置。

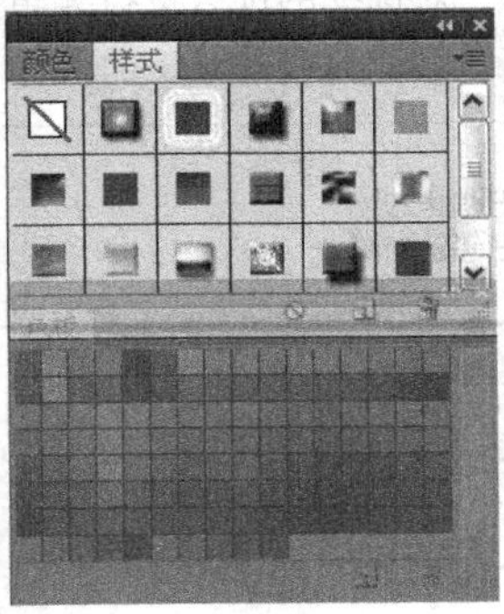

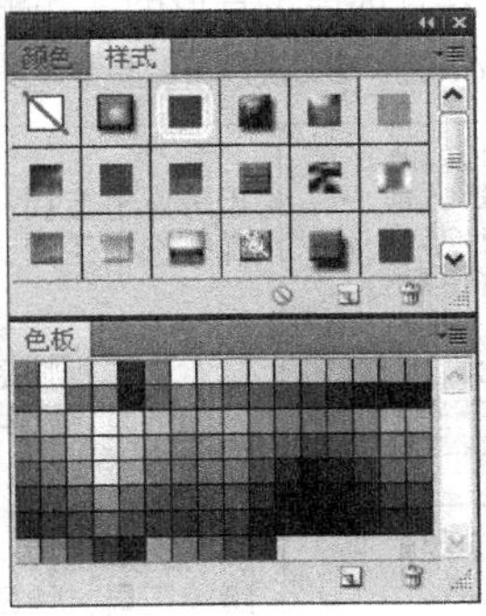

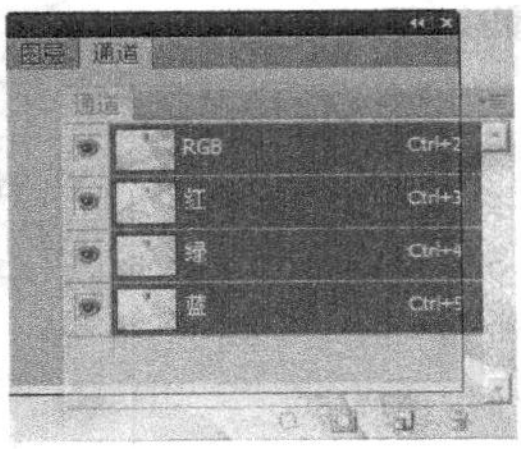

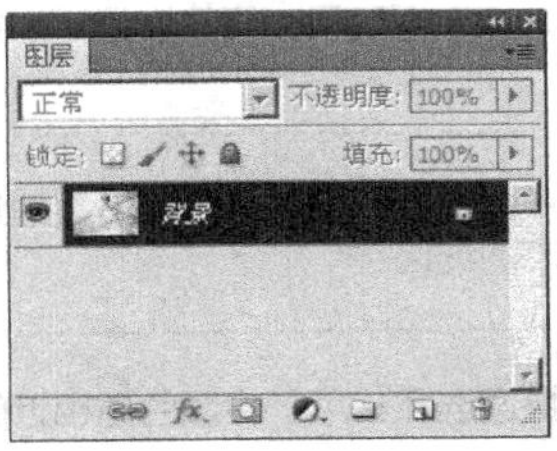

6．调整面板大小

如果一个面板的右下角有▨状图标，则拖动该图标可以调整面板大小。

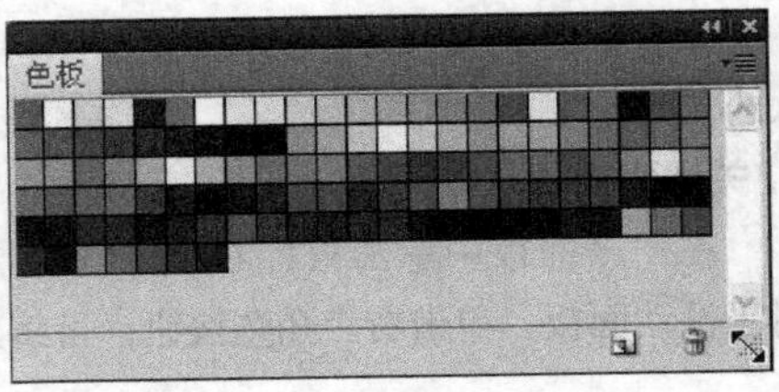

7．关闭面板

在一个面板中单击鼠标右键，选择“关闭”按钮，就可关闭，对于浮动面板，单击右上角☒按钮，可将其关闭。

3.2 选择工具

在Photoshop中编辑部分图像时，首先要选择指定编辑的图像，即创建选区，之后才能对其进行各种编辑。在选取图像时，可根据图像的具体形状应用不同的选择工具，也可将多重选区工具结合应用，例如，矩形选框工具可以设定矩形选区和正方形选区，椭圆选框工具可设定椭圆选区和正圆选区，而套索工具等可以绘制任意选区。

选区主要有两大用途。

（1）选区可以将编辑限定在一定的区域内，这样处理局部图像时就不会影响其他内容了。如果没有创建选区，则会修改整张照片，如下图所示。

原图

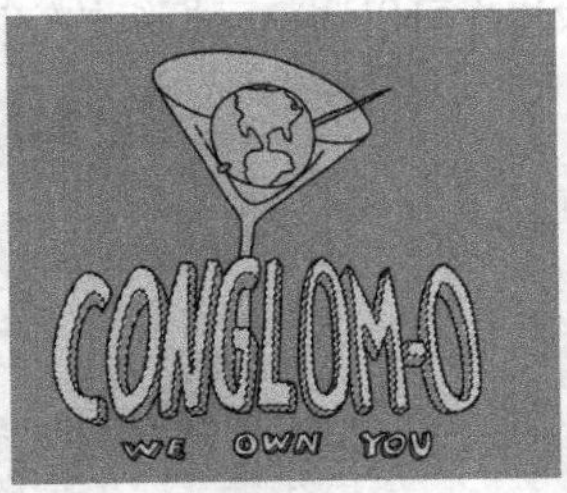

设定选区

调整选区内的图像

未选择选区，调整整个图像

（2）选区可以分离图像。例如，如果要为花朵更换一个背景，就必须将其设定为选区之后，再将其从背景中分离出来，置入新的背景中，如下图所示。

原图

设定选区

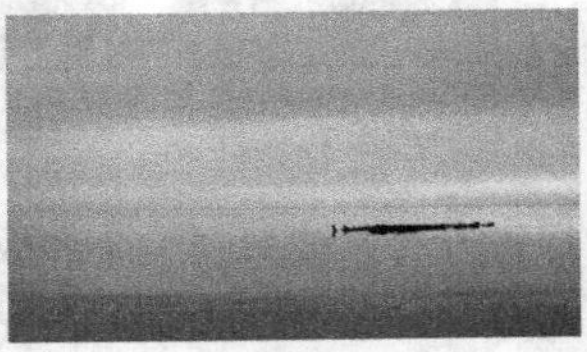
新的背景图像

为大鸟更换背景

3.2.1 设定选区的工作组

如果要对图片进行操作，首先必须对图片进行选择，只有选择了合适的操作范围，对选择的选区进行编辑，才能达到我们想要的结果。接下来，我们来简单学习Photoshop CC提供的选择工具。

几何选框工具：用于设置矩形或圆形选区	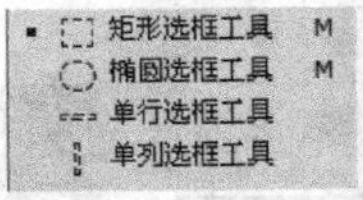	矩形选框工具：快捷键为M 椭圆选框工具：快捷键为M
不规则选框工具：用于设置曲线、多边形或不规则形态的选区	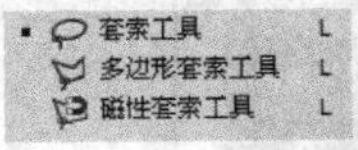	套索工具：快捷键为L 多边形套索工具：快捷键为L 磁性套索工具：快捷键为L
快速选择：用于将颜色值相近的区域指定为选区	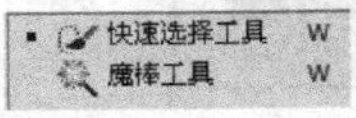	快速选择工具：快捷键为W 魔棒工具：快捷键为W

3.2.2 矩形选框工具的选项栏

在工具箱中选择矩形选框工具，画面上端将显示如下图所示的选项栏。在矩形选框工具的选项栏中，可以设置羽化值、样式和形态（椭圆选框工具的选项栏和矩形选框工具的选项栏相同）。

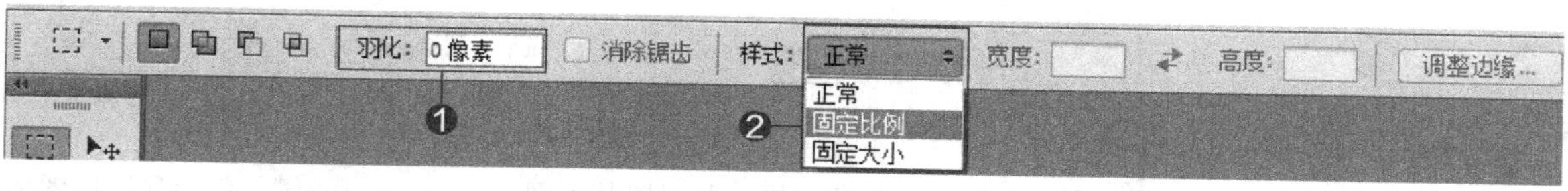

❶ 羽化

该选项用来设置羽化值，以柔和表现选区的边框，羽化值越大，选区边角越圆。

Q：为什么羽化时会弹出一个提示？

A：如果选区较小而羽化半径设置得较大，就会弹出一个羽化警告。单击"确定"按钮，表示确认当前设置的羽化半径。

羽化：0px

羽化：50px

羽化：100px

❷ 样式

该下拉列表中包含3个选项，分别为正常、固定比例和固定大小。

● 正常：随鼠标的拖动轨迹指定矩形选区。

● 固定比例：指定宽高比例一定的矩形选区。例如，将宽度和高度值分别设置为1和1，然后拖动鼠标即可制作出宽高比为1:1的正方形选区。

● 固定大小：输入宽度和高度值后，拖动鼠标可以绘制指定大小的选区。例如，将宽度值设置为40像素，高度值设置为64像素，就可以绘制出一个矩形。

3.2.3 磁性套索工具的选项栏

利用磁性套索工具可以快速地指定颜色差别较大的图像选区。下图所示为磁性套索工具的选项栏。

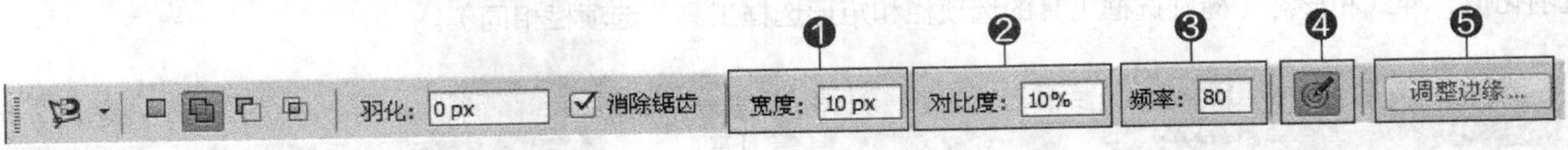

❶ 宽度

选择磁性套索工具以后，拖动鼠标自动找到颜色边界，并设置其范围。按CapsLock键，就会显示出图标的大小。宽度值越大，图标就越大，其值越小，图标也越小，从而可以方便指定细致程度不同的选区。

宽度:10px

宽度：20px

宽度:40px

❷ 对比度

用于设置选区边界对比度的选项。该值越大，颜色范围越广，从而可以设置更柔和的选区。相反，该值越小，选区越精确，可以设置出更精确的选区。

对比度:1%

对比度：50%

对比度:100%

❸ 频率

用于设置生成锚点密度的选项。拖动颜色边界就可以生成方形的描点，频率值越大，生成的锚点越多，选择的区域也就越细致。

频率：5

频率：50

频率：100

❹ 使用数位压力以更改钢笔宽度

提供给数位板使用者进行设置的选项。使用数位板的画笔，就可以感知其压力的大小，压力越大，指定出的选区就越精细。

❺ 调整边缘

该功能用于调整选区的大小、边缘平滑和羽化量、选区边缘扩展和收缩的量等。

3.2.4 魔棒工具的选项栏

在工具箱中选择魔棒工具，图像窗口上端将显示下图所示的选项栏。在该选项栏中，可以设置选区的大小、形态以及样式。

❶ 取样大小

单击“取样大小”选项右边的三角按钮，会弹出可供选择的列表，共有7个选项可供选择，在这里可以设置工具采样的像素数。

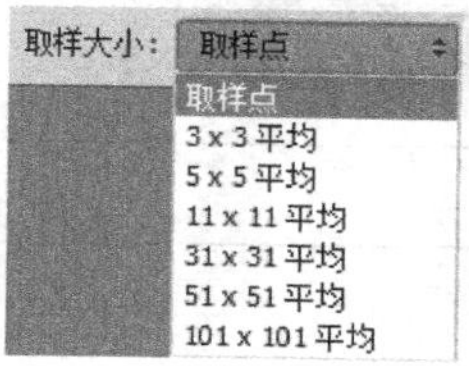

❷ 容差

用特定数值来指定选区的颜色范围，其取值范围为0~255，该值越大，选取范围就越广。

容差值：20

容差值：50

❸ 连续

选择该选项，以单击部位为基准，将连接的区域作为选区。相反，如果取消该选项，则与图像上的单击部位无关，将没有连接的区域也并入选区范围内。

勾选“连续”选项时

取消“连续”选项时

❹ 对所有图层取样

在一个文件由若干个图层组成的图像上，利用魔棒工具对所有图层取样。

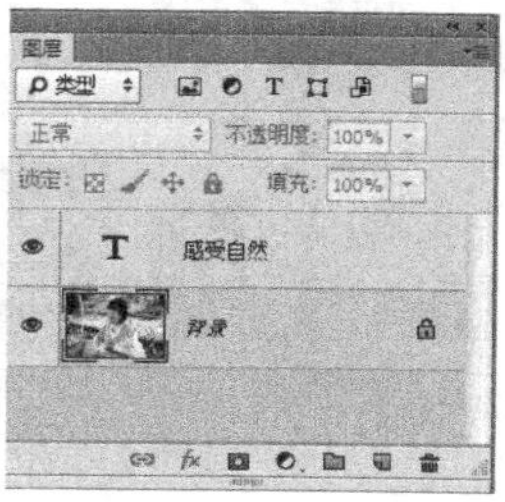

案例 1 利用多边形套索工具绘制立体盒子

案例分析

在使用多边形套索工具时，可以通过拖动鼠标，指定直线形的多边形选区，它虽不像磁性套索工具那样紧紧地依附在图像的边缘那样方便地制作出选区，但只要轻轻拖动鼠标，也可以绘制出多边形选区。本例最终效果如图所示。

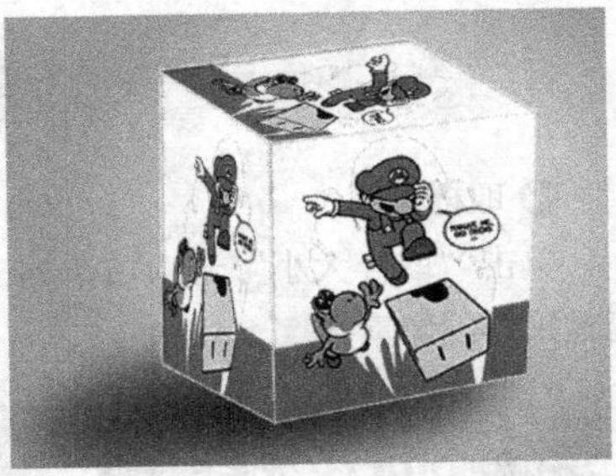

技巧分析

用多边形套索工具绘制出盒子的轮廓。

对图像进行斜切变形，使图像与盒子形成透视的效果。

步骤演练

01 按快捷键Ctrl+N，打开“新建”对话框，设置相关参数，单击“确定”按钮，新建一个空白文档，将“背景”图层填充为从粉色到白色的径向渐变效果。

02 单击“图层”面板底部的创建新图层按钮，新建一个图层，将其命名为“正面”；选择多边形套索工具，在该图层中单击鼠标左键，确定起始点，将鼠标移至下一处，依次绘制其他转折点，最后将鼠标移至起始点处，会出现一个小圆圈，单击鼠标左键将其闭合，就可绘制一个矩形。

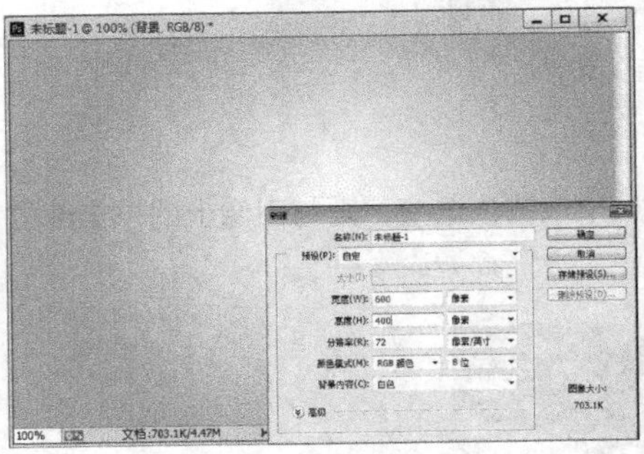

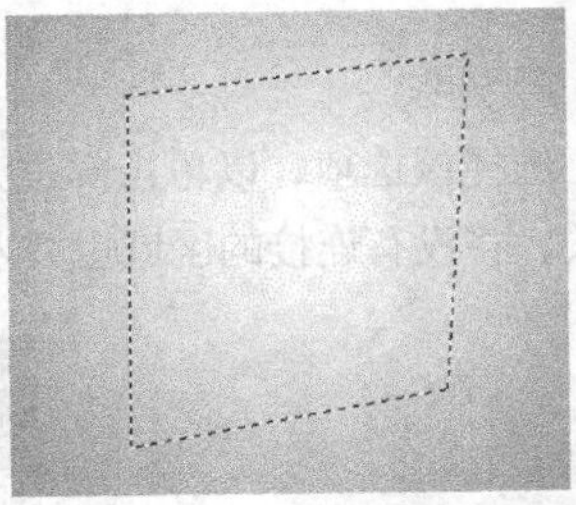

03 设置前景色为R:251 G:255 B:202，按快捷键Alt+Delete填充选区，并取消选区；执行“文件>置入”命令，将3-1.psd文件置入该文档中。

04 按住Shift键等比例调整图像的大小并且将其移至合适位置，按Enter键确认操作，并在“图层”面板中单击鼠标右键，在弹出的快捷菜单中选择“栅格化图层”命令，将智能图层转换为普通图层。

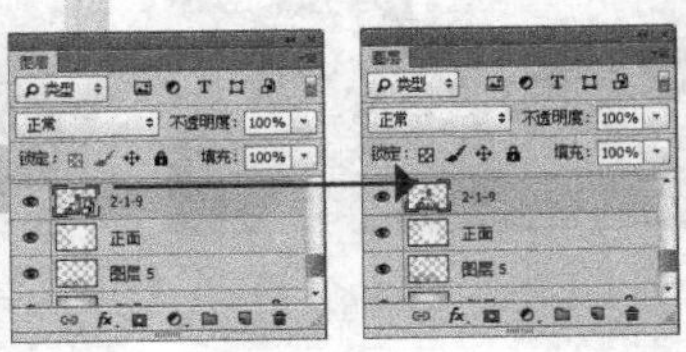

05 按快捷键Ctrl+Alt+G创建剪贴蒙版，按快捷键Ctrl+T显示图像的定界框，按住Ctrl键拖动图像四周的节点，将其与“正面”图层的边角相对应，按Enter键确认操作。

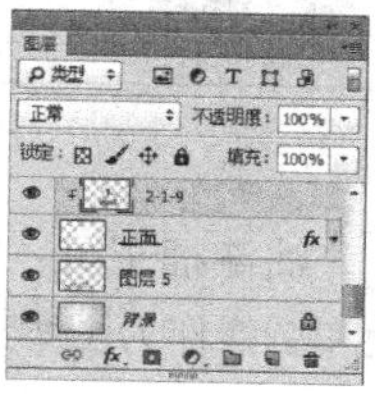

06 选择“正面”图层，利用减淡工具和加深工具在图像上涂抹，表现出明暗的效果；再执行“图层>图层样式>内阴影”和“描边”命令，为图像添加内阴影和描边效果。

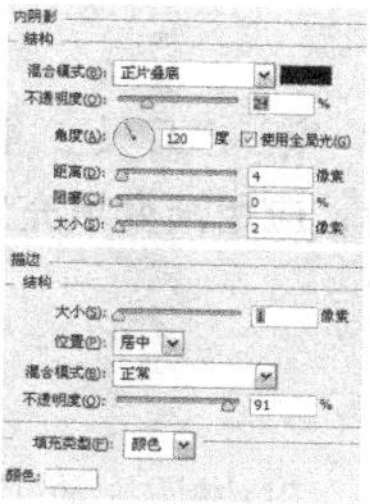

07 在“图层”面板中将“2-1-9”和“正面”图层选中，单击链接图层按钮。然后按照同样的方法制作立方体的其他面，并且为其添加同样的贴图。

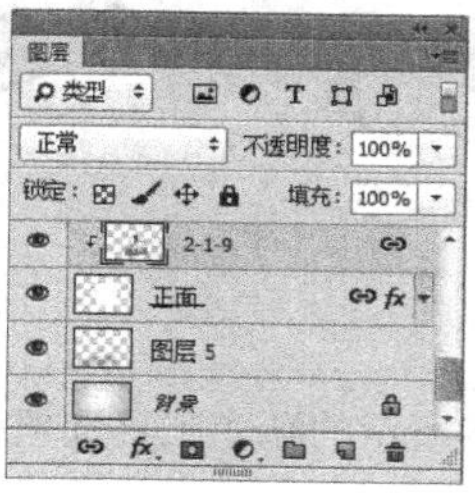
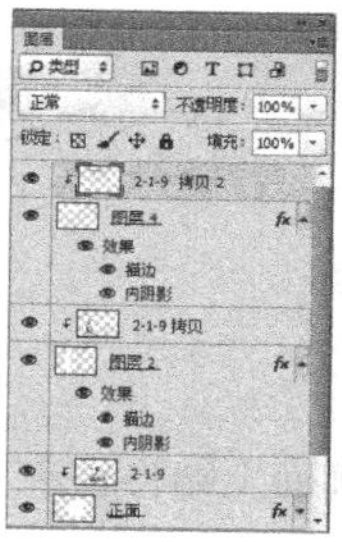

08 在“背景”图层上方新建一个图层，将其命名为“倒影”；选择画笔工具，在选项栏中设置相关参数，在该图层中涂抹，绘制出盒子的倒影效果，一幅逼真的卡通立体盒子效果制作完成。

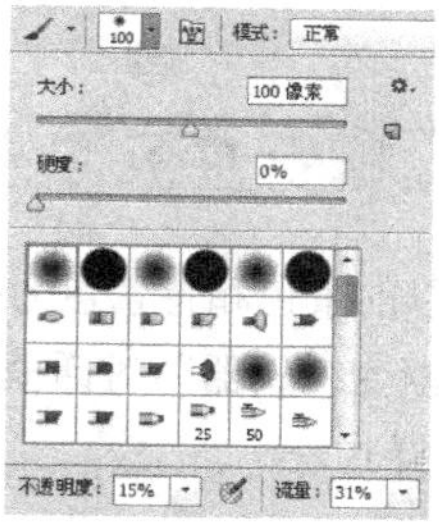

案例总结

本案例的重点在于，利用多边形套索工具绘制盒子的外观，绘制的时候，一定要注意盒子正面与侧面的绘制，必须表现出盒子的透视效果。

3.3 填充工具

如果需要修饰选区内的图像，或者简单地合成图像和背景图像，都可以使用颜色填充工具，对其进行简单的合成操作。我们只需要设置填充的颜色或者图案，然后单击鼠标，就可以制作出美丽的照片。下面来学习填充颜色和粘贴图案的方法。

填充工具组

只要掌握了“填充工具组”中工具的使用技巧，便可以对图像的颜色进行丰富的变化。下面来学习这3种工具在填充颜色时的使用方法。

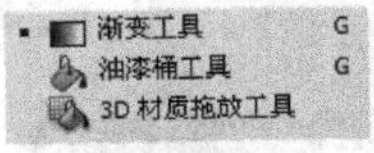	渐变工具：快捷键为G 油漆桶工具：快捷键为G

油漆桶工具：能够将需要的颜色和图像作为图案进行填充。

渐变工具：能够丰富色带颜色，应用渐变填充。

3D材质拖放工具：为3D图层添加材质。

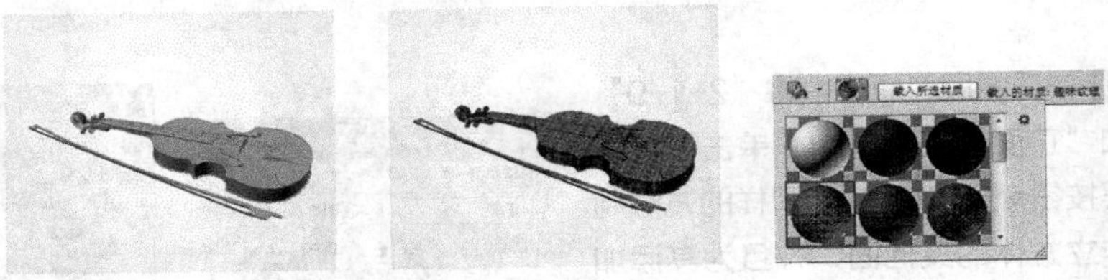

3.3.1 渐变工具的选项栏

在工具箱中选择渐变工具，画面上端将显示下图所示的渐变工具选项栏。渐变工具可以填充色带，经常作为背景图像使用。

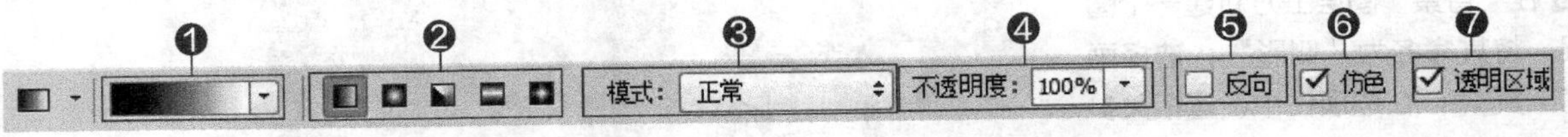

❶ 渐变条：在以前景色和背景色为基准显示或者保存渐变颜色的渐变样式中，显示选定的渐变颜色。单击渐变条后，会显示“渐变编辑器”对话框，单击“扩展”按钮，就会显示出渐变样式列表，这里包含了Photoshop CC提供的基本渐变样式。

渐变样式列表

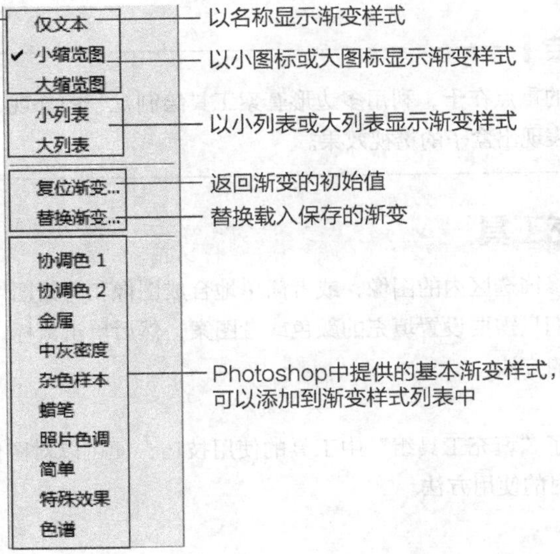

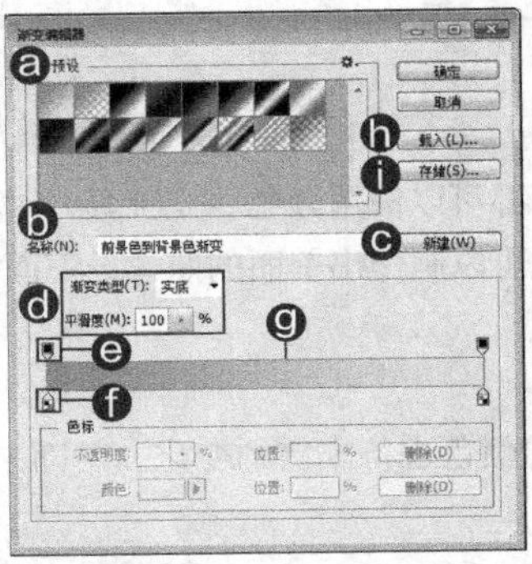

“渐变编辑器”对话框

ⓐ 预设：以图标形式显示Photoshop CC中提供的基本渐变样式，单击图标后，可以设置该样式的渐变。单击“扩展”按钮后，还可以打开保存的其他渐变样式。

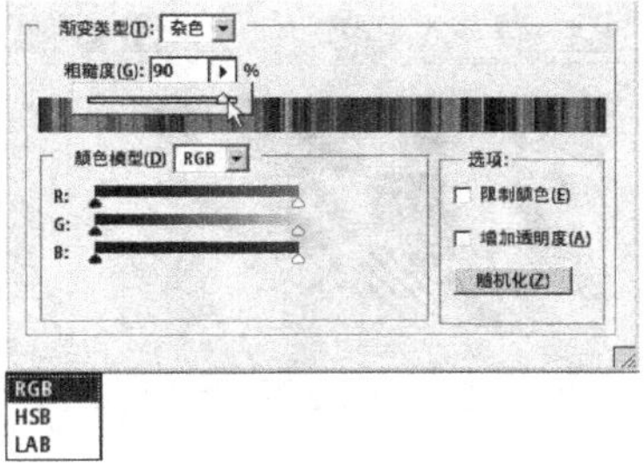

ⓑ 名称：显示选定渐变的名称，或者输入新建渐变的名称。

ⓒ 新建：创建新渐变。

ⓓ 渐变类型：有显示为单色形态的实底和显示为多种色带形态的杂色两种渐变类型。

- 平滑度：调整渐变颜色阶段的柔和程度，数值越大，效果越柔和。
- 粗糙度：该选项可以设置渐变颜色的柔和程度，数值越大，颜色阶段越鲜明。
- 颜色模型：该选项可以确定构成渐变的颜色基准，可以选择使用RGB、HSB或LAB颜色模式。

限制颜色：用来显示渐变的颜色数，勾选以后，可以简化表现出来的颜色阶段。

增加透明度：勾选“增加透明度”以后，可以在杂色渐变上添加透明度。

随机化：每单击一次，可以任意改变渐变的颜色组合。

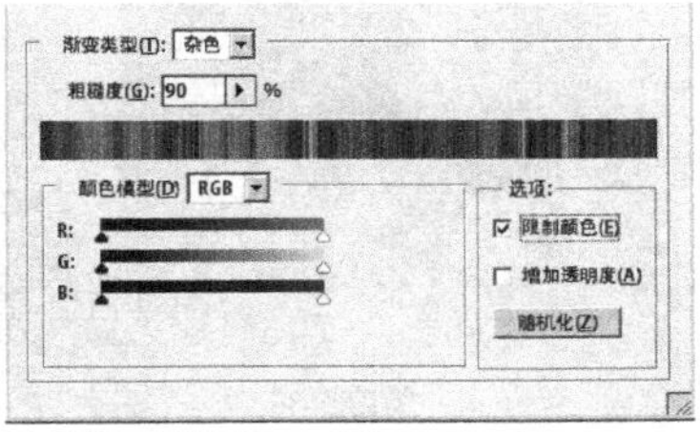
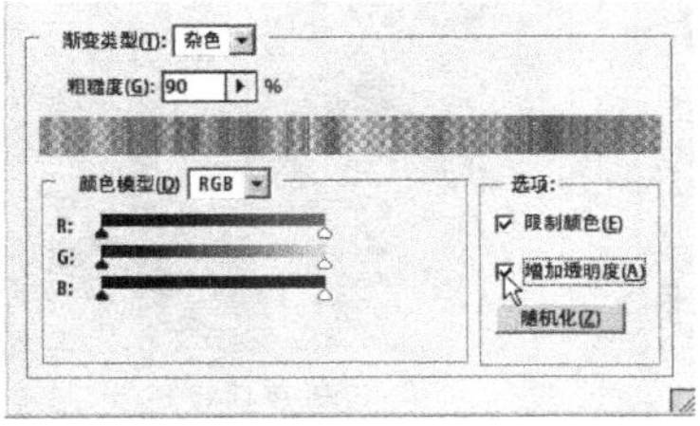
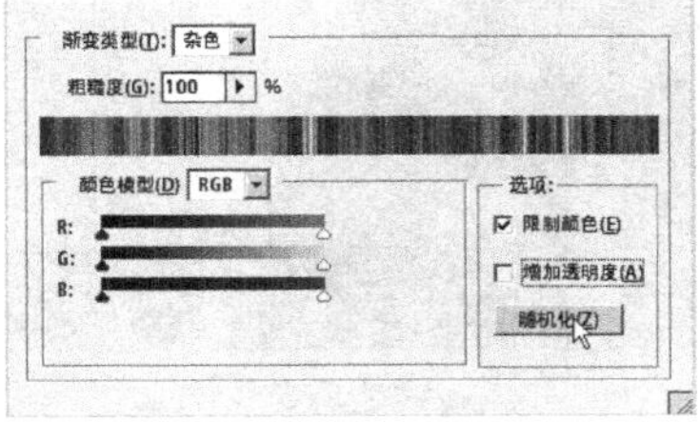

ⓔ 不透明度色标：调整应用在渐变上的颜色的不透明度值。默认值是100，数值越小，渐变的颜色越透明。

单击渐变条上端左侧的滑块，可以激活“色标”选区的“不透明度”和“位置”选项。将色标选项的“不透明度”设置为50%，则透明部分会显示为格子的形态。

单击渐变条上端左侧的滑块，然后拖动鼠标移动滑块，可以显示位置值。

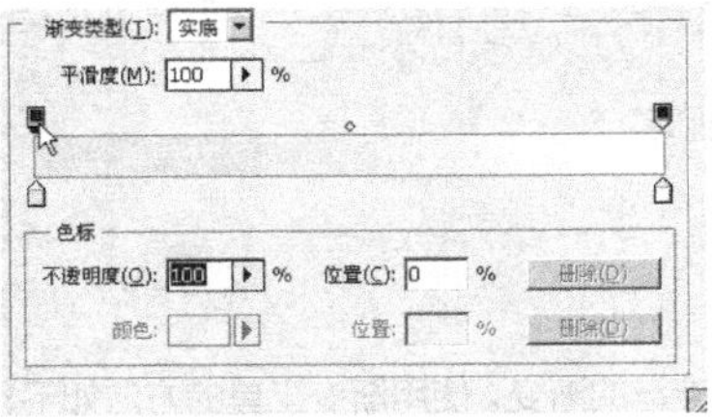
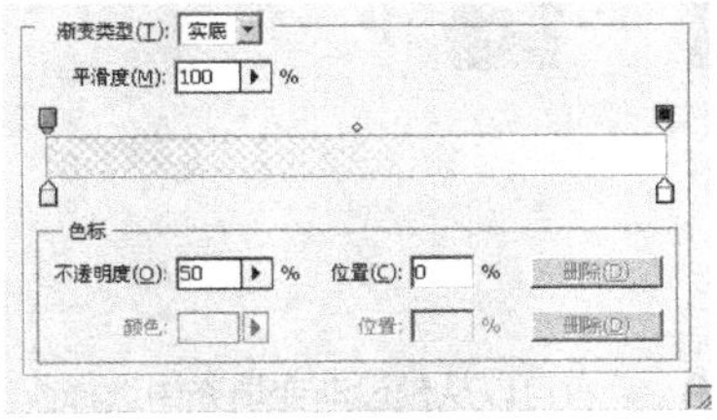
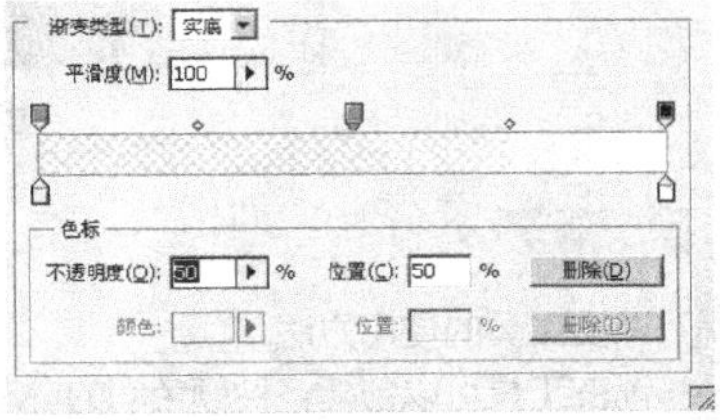

ⓕ 色标：调整渐变中应用的颜色或颜色范围。通过拖动调整滑块的方式更改渐变。

单击渐变条下端的左侧调整滑块，激活色标选区的颜色和位置。显示出当前单击点的颜色值和位置值。

单击渐变条下端的调整滑块，并向右拖动，可以在位置中显示出数值。

双击调整滑块，显示出“拾色器”对话框，在这里，可以选择需要的渐变颜色。

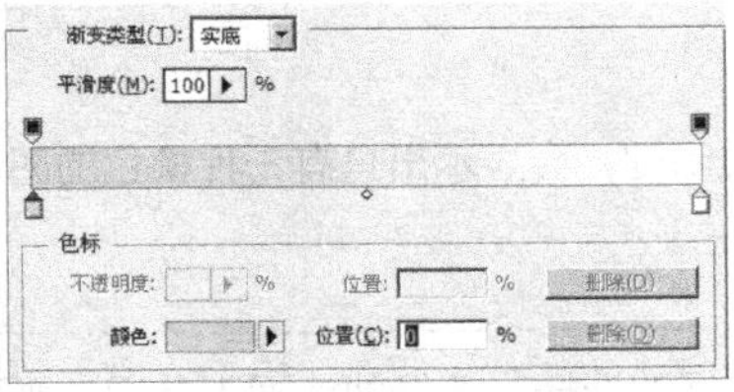
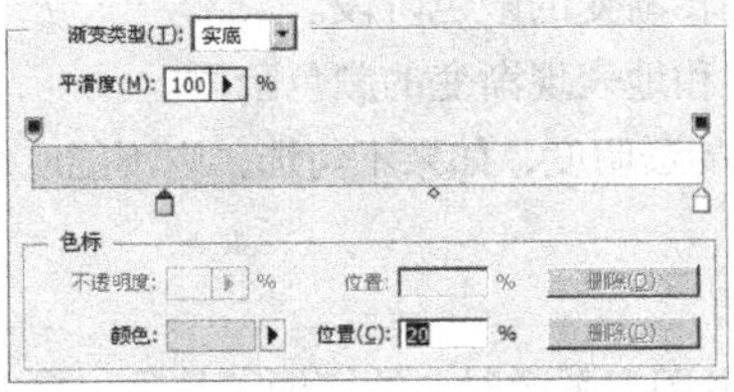
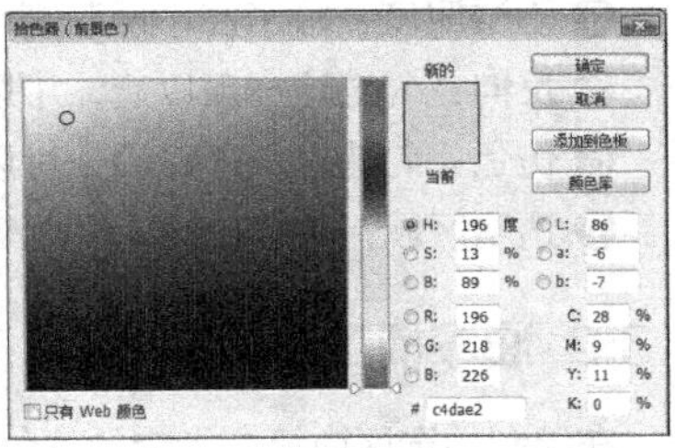

单击“新建”按钮之后，单击“确定”按钮，就会在渐变工具的选项栏中显示所设置的渐变颜色。

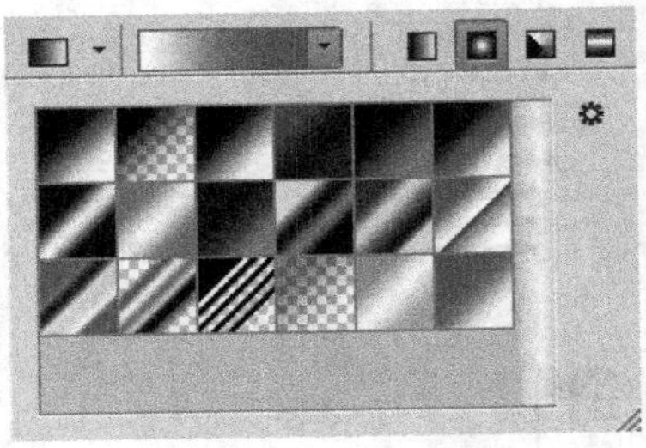

提示

重新设置渐变类型

我们只需要单击下拉按钮，便可以选择我们需要的渐变颜色以及类型。在Photoshop画面的上端，单击渐变颜色条，在弹出的“渐变编辑器”对话框中，可以设置“渐变类型”“渐变颜色”和“平滑度”等。

ⓖ 渐变条：显示当前选定的渐变的颜色，可以改变渐变的颜色或者范围。

ⓗ 载入：打开保存的渐变。

ⓘ 存储：保存新制作的渐变。

❷ 渐变类型：将线性、径向、角度、对称、菱形形态的渐变工具制作为图标。随着拖动方向的不同，颜色的顺序或位置都会发生改变。下面是在人物的背景部分上各种渐变类型的不同效果。

线性渐变

径向渐变

角度渐变

对称渐变

菱形渐变

提示

渐变工具的使用方法

渐变工具可以创建多种颜色间的逐渐混合。读者可以从预设渐变填充中选择或创建自己的渐变。使用渐变工具的方法如下：（1）如果要填充图像的一部分，请选择要填充的区域，否则，渐变填充将应用于整个现用图层。（2）选择渐变工具，然后在选项栏中选取渐变样式。（3）在选项栏中选择一种渐变类型，包括“线性渐变”“径向渐变”“角度渐变”“对称渐变”“菱形渐变”。（4）将指针定位在图像中要设置为渐变起点的位置，然后拖移以定义终点。

❸ 模式：设置原图像的背景颜色和渐变颜色的混合模式。

❹ 不透明度：除了在不透明度色标上设置的不透明度外，还可以调整整个渐变的不透明度。

❺ 反向：勾选这一项以后，可以翻转渐变的颜色阶段。

❻ 仿色：勾选这一项以后，可以柔和地表现渐变的颜色阶段。

❼ 透明区域：该选项可以设置渐变的透明度，如果不勾选，则不能应用透明度，会显示出只有一种颜色的图。

3.3.2 油漆桶工具的选项栏

在绘制的选区内填充指定的颜色或者图案图像时，油漆桶工具是一个非常好的选择。选择油漆桶工具后，画面上端会显示出一个选项栏。

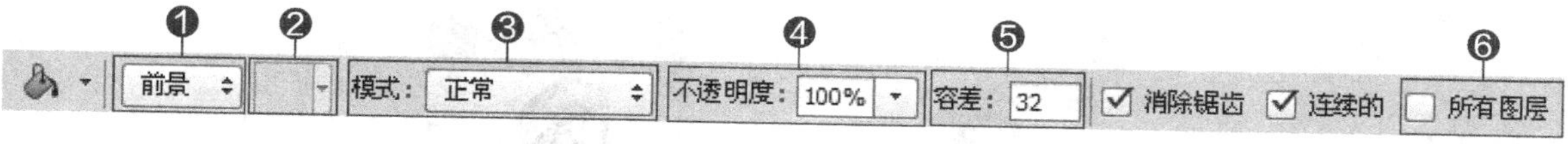

❶ 填充：从设置为前景色的颜色和载入为图案的图像中选择填充对象。

❷ 图案：当选项1设置为“图案”时，则选项2为可用状态，并载入了图案图像，此时可以将图案图像填充到特定区域上。

❸ 模式：该选项可以设置混合模式，填充颜色或图案图像的时候，设置与原图像的混合形态。

❹ 不透明度：该选项可以设置颜色或图案的不透明度，数值越小，画面效果越透明。

原图像

不透明度：100%

不透明度：70%

不透明度：20%

❺ 容差：该选项可以设置颜色的应用范围，数值越大，类似颜色的选区就越大。

❻ 所有图层：勾选该项后，对于由几个图层构成的图像，与图层无关，可以按照画面显示应用颜色或图案。

案例 2　使用渐变工具填充图像颜色

案例分析

渐变工具的作用是阶段性地填充颜色。渐变类型分为线性、径向、角度、对称、菱形等多种形态。在下面的范例中，我们使用多种渐变工具填充图像背景颜色。本例最终效果如图所示。

步骤演练

01 执行“文件>打开”命令，打开3-2.jpg文件。

02 将图像背景建立为选区，选择魔棒工具，在选项栏中单击“添加到选区”按钮，然后单击背景部分，建立选区。按住Alt键双击“背景”图层，将其转换为普通图层，按Delete键将选区内的图像删除。

03 在工具箱中选择渐变工具。选择属性栏的径向渐变，然后单击“渐变样式”按钮，设置渐变参数，如图所示。

04 单击并拖动渐变工具，就会对背景应用线性渐变。

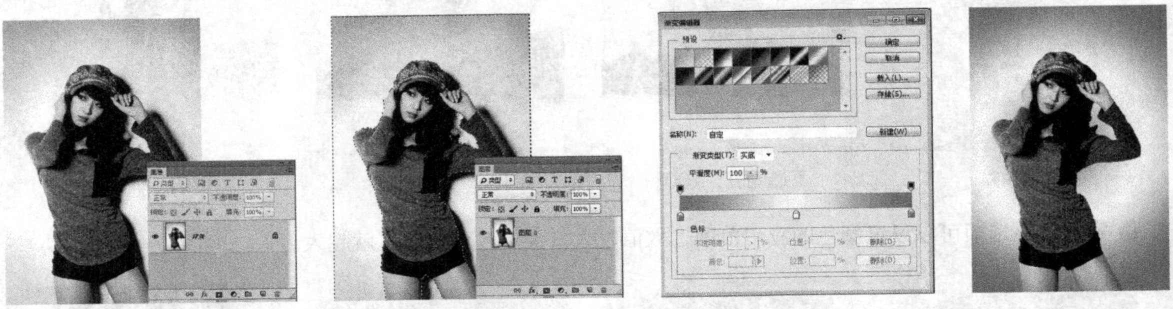

3.4 图层的编辑

Photoshop软件中的图层功能是处理图像时的基本功能，也是Photoshop中很重要的一部分。图层就像一张张透明纸，每张透明纸上有不同的图像，将这些透明纸重叠起来，就会组成一幅完整的图像，而当我们要对图像的某一部分进行修改时，不会影响到其他透明纸上的图像，也就是说，它们是互相独立的。本节将介绍图层的初级操作。

3.4.1 理解图层的概念

图层是Photoshop中的一个核心功能，使用“图层”可以对图像进行单独的操作，而不影响其余图像，它可以对图像进行合成操作或者移动、复制和删除图层等操作。下面来介绍它的基本原理以及各种功能。

使用图层可以同时操作几个不同的图像，对不同的图像进行合成，并从画面中隐藏或删除不需要的图像和图层。使用图层，可以获得画面统一的图像，达到我们需要的效果。

打开素材文件，我们可以看到这是一幅由背景、文字图案构成的可爱的卡通画，图像由4个图层组成。

第03章

如果不制作图层，在创作一个较复杂的图片时，假如有一小部分绘制错误，那么就必须重新绘制。其实只需要修改图像的一小部分即可，却要连同所有图像一起重新制作，这样是非常麻烦的。但是，如果我们事先分别单独创建了构成整体的图像，那么只需要更改不满意的图层图像即可，这样既提高了效率，又缩短了工作时间。

在编辑图层前，首先需要在“图层”面板中单击需要的图层，将其选择，所选的图层称为“当前图层”。绘画、颜色和色调修正都只在一个图层中进行，而移动、对齐、变化或应用“样式”面板中的样式时，可以一次处理多个图层。

3.4.2 图层编组命令

“图层编组”命令用来创建图层组，如果当前选择了多个图层，则可以执行“图层>图层编组”命令（也可通过快捷键Ctrl+G来执行此命令），将选择的图层变为一个图层组。

如果要将组外的某个图层添加到该组中，只需将被添加的图层选中，拖曳到组中即可，具体操作方法如下。

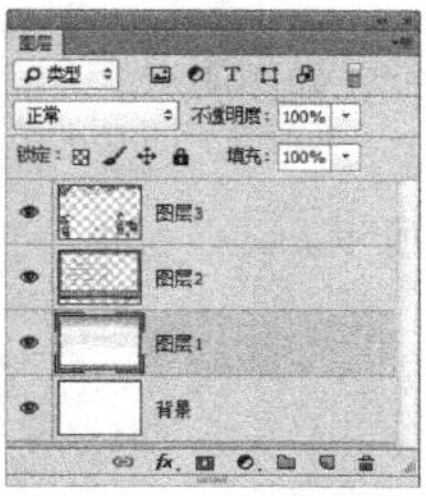

选择“图层2”图层

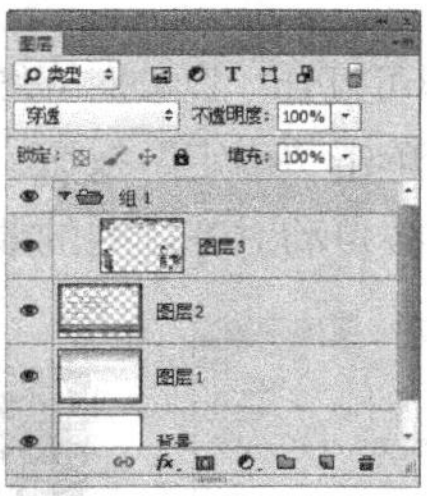

执行“图层>图层编组”命令

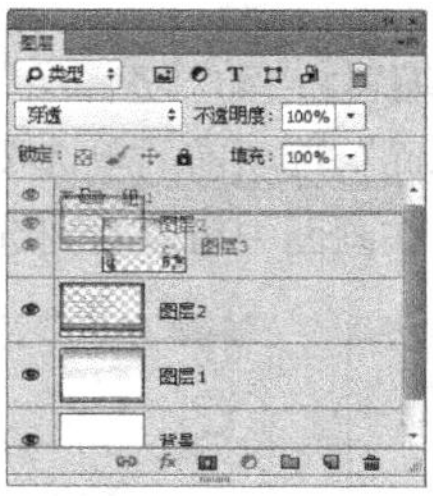

选中“图层1”并将其拖曳至“组1”中

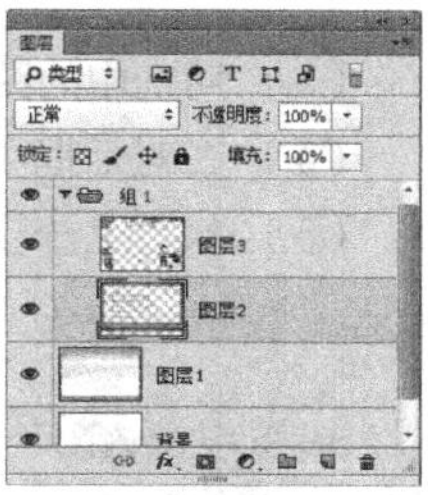

将“图层1”添加到“组1”中

选择“图层1”“图层2”图层

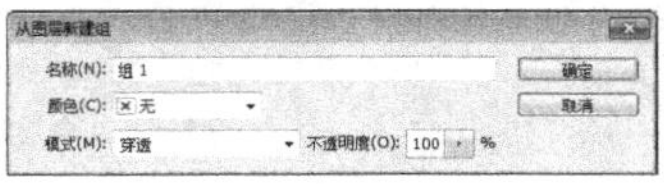

执行“图层>新建>从图层建立组”命令，并在该对话框中设置相应的参数

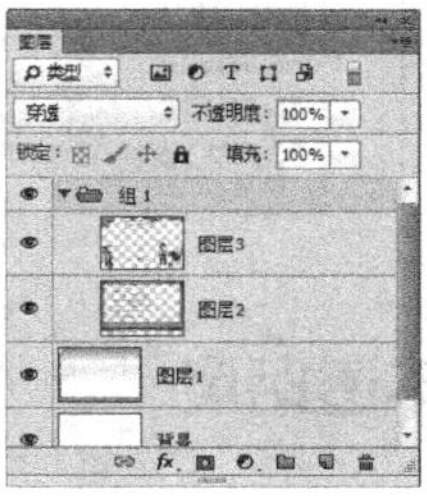

单击“确定”按钮之后的图层编组状态

提示

取消图层编组的方法
如果当前文件中创建了图层编组，执行“图层>取消图层编组”命令可以取消选择的图层组的编组。

3.4.3 排列命令

“排列”命令是Photoshop软件中用于调整图层顺序的命令，如果要将某一图层向下移动一层，则可以执行“图层>顺序>后移一层”命令（也可通过快捷键Ctrl+[来执行此命令），在调整的过程中，图层对应的图像也随之改变顺序。

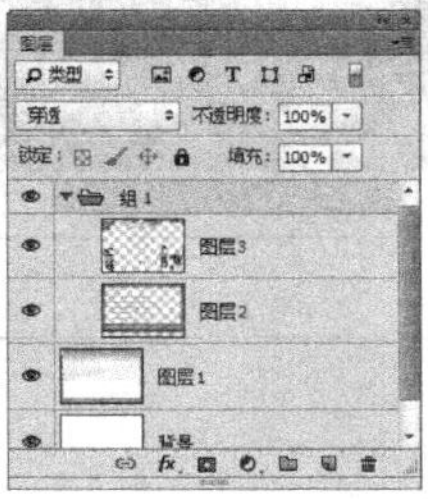

选中“图层2”图层

按快捷键Ctrl+[，将该图层向下移动一层

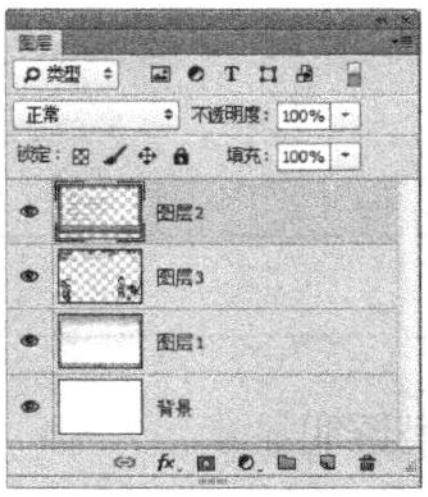

按快捷键Shift+Ctrl+[，将该图层移至最顶层

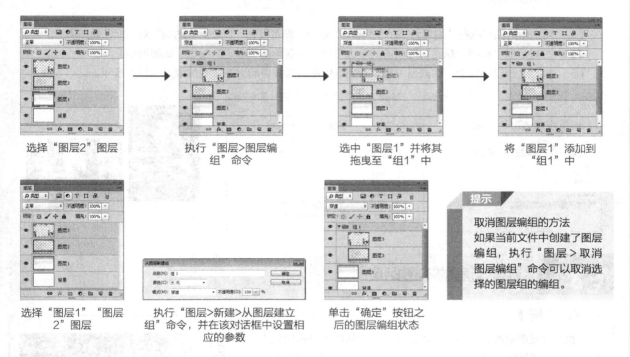

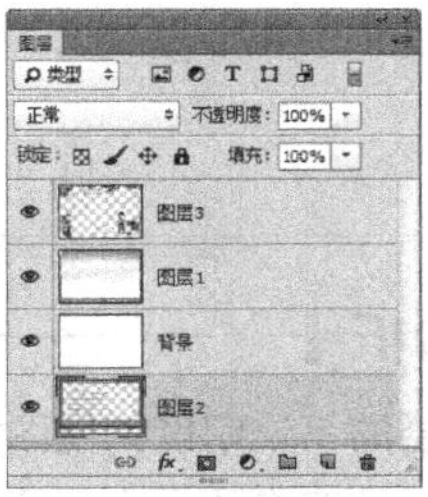

按快捷键Shift+Ctrl+]，将该图层移至最底层

3.4.4 自动对齐图层命令

“自动对齐图层”命令可以根据不同图层中的相似内容自动对齐图层。通过使用“自动对齐图层”命令可以替换或删除具有相同背景的图像部分，或将其共享重叠内容的图像拼接在一起，具体的操作步骤如下。

（1）按快捷键Ctrl+O，打开本书附带光盘的素材3-2-4.psd文件，如图所示。

（2）在“图层”面板中按住Shift键的同时，单击图层，将图层全部选中，如图所示。

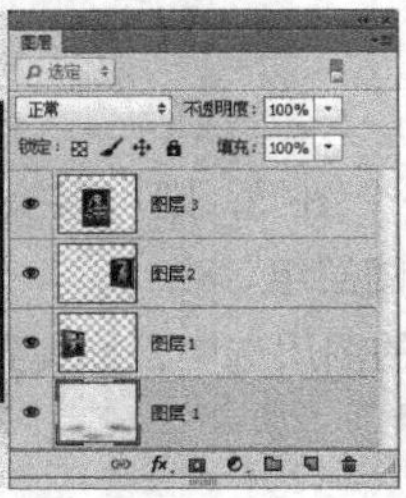

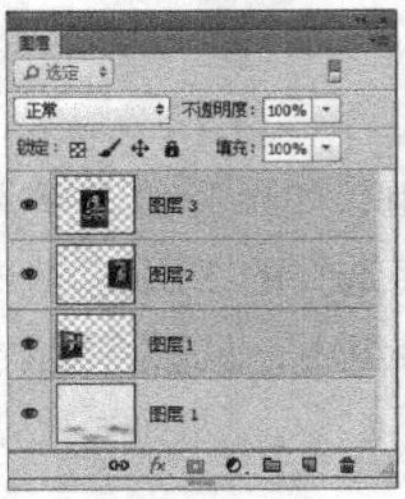

提示

自动对齐图层

要对图像进行“自动对齐图层”命令的操作，首先应该选中多个图层，然后在对话框中选择相应的选项即可。

（3）对选中的图层执行“编辑>自动对齐图层”命令，即可打开“自动对齐图层”对话框，如图所示。

（4）在对话框中选择“球面”选项前的单选按钮，然后单击“确定”按钮，如图所示。

（5）执行上一步操作后，在画面中可以看到选中的图层被自动对齐排列的效果，如图所示。

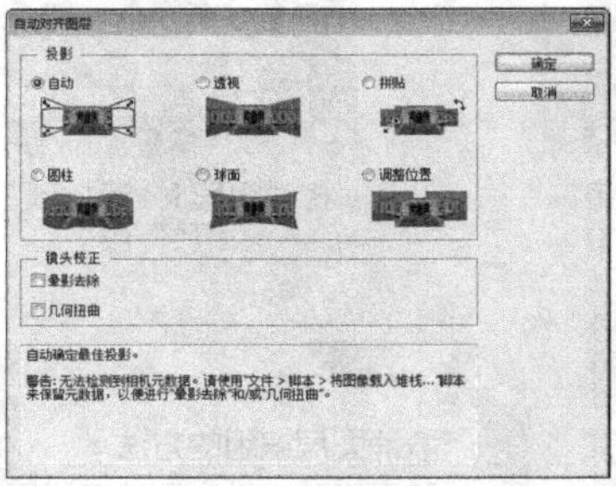

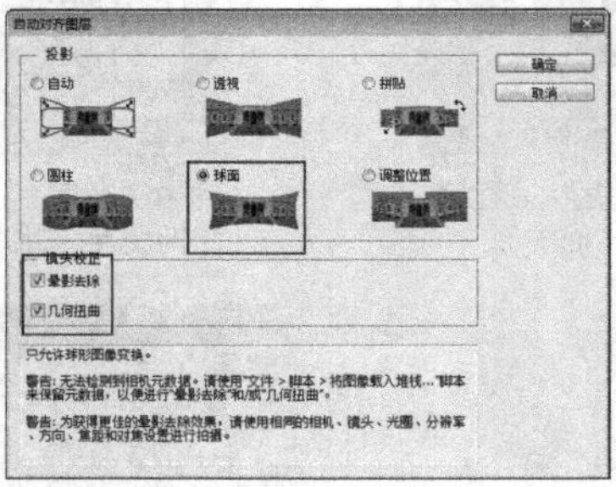

案例 3 调整图层的不透明度

案例分析

通过设置图层的不透明度，可以使图层中的图像呈透明状态显示。随着不透明度数值的增大或减小，图像的透明程度也会随之产生变化，从而制作出若隐若现的图像效果。

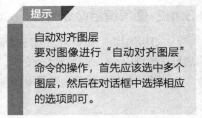

技巧分析

设置图层的不透明度，使图像呈透明显示。

等比例调整图像的大小与位置。

利用“色相/饱和度”命令调整图像的色彩。

步骤演练

01 执行“文件>打开”命令，打开素材3-3.jpg文件。在工具箱中选择快速选择工具，在树叶上连续单击，为树叶创建选区。

02 按快捷键Ctrl+C、Ctrl+V，将选区中的图像复制，得到“图层1”图层，如图所示。

03 将“图层1”拖曳到新建按钮上进行复制，得到“图层1 副本”图层；按照同样的方法，复制叶子图像。

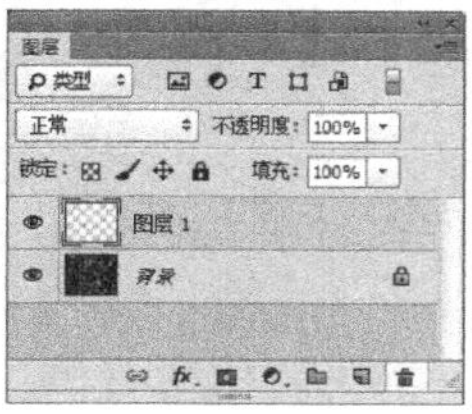

04 将“图层1”图层选中，按快捷键Ctrl+T，调整图像的大小、旋转角度、位置等属性，然后按Enter键确认操作，在“图层”面板中，设置“图层1”的不透明度为70%，然后按快捷键Ctrl+U,调整图像的色相。

05 按照同样的方法，调整其他图层位置等属性，并且设置“图层1副本”“图层1副本2”的透明度为50%，“图层1副本3”的透明度为30%，还可对图像进行其他修饰，最终效果如图所示。

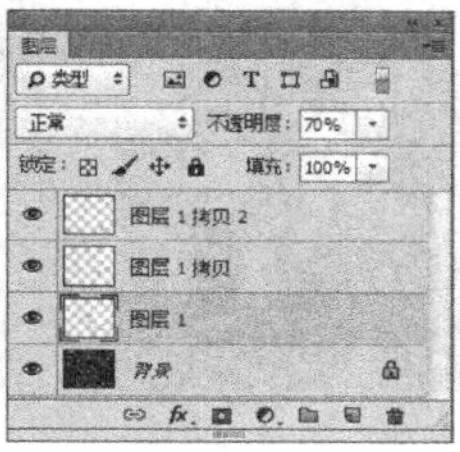

案例总结

本实例主要利用快速选择工具将图像中的叶子作为选区，然后合理设置选区内图像的不透明度与大小，使图像表现出远近不同的效果；还可设置图像的色相和饱和度，使图像颜色更丰富。

3.5 蒙版的应用

蒙版，就是蒙在上面的一块板，保护某一部分不被操作，从而使用户更精准地抠图，得到更真实的边缘和效果。使用蒙版，可以将Photoshop的功能发挥到极致，并且可以在不改变图层中原有图像的基础上制作出各种特殊的效果。应用蒙版可以使这些更改永久生效，或者删除蒙版而不应用更改。

蒙版是用于合成图像的重要功能，它可以隐藏图像内容，但不会将其删除，因此，用蒙版处理图像是一种非破坏性的编辑方式。下图所示为蒙版合成图像的精彩案例。

Photoshop提供了3种蒙版：图层蒙版、剪贴蒙版和矢量蒙版。图层蒙版通过蒙版中的灰度信息来控制图像的显示区域；剪贴蒙版通过一个对象的形状来控制其他图层的显示区域；矢量蒙版则通过路径和矢量形状来控制图像的显示区域。

3.5.1 “属性”面板

“属性”面板用于调整所选图层中的图层蒙版和矢量蒙版的不透明度和羽化范围，如图所示。

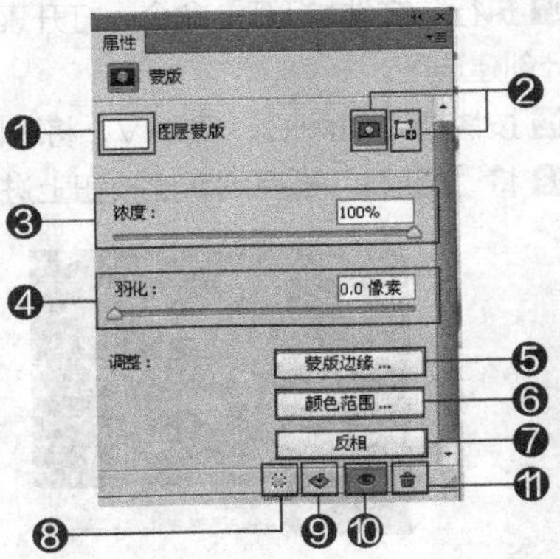

❶ 当前选择的蒙版：显示了在“图层”面板中选择的蒙版的类型，如图所示，此时可在“属性”面板中对其进行编辑。

❷ 添加像素蒙版/添加矢量蒙版：单击按钮，可以为当前图层添加图层蒙版；单击按钮则添加矢量蒙版。

❸ 浓度：拖动滑块可以控制蒙版的不透明度和蒙版的遮盖强度。

❹ 羽化：拖动滑块可以柔滑蒙版的边缘，如图所示。

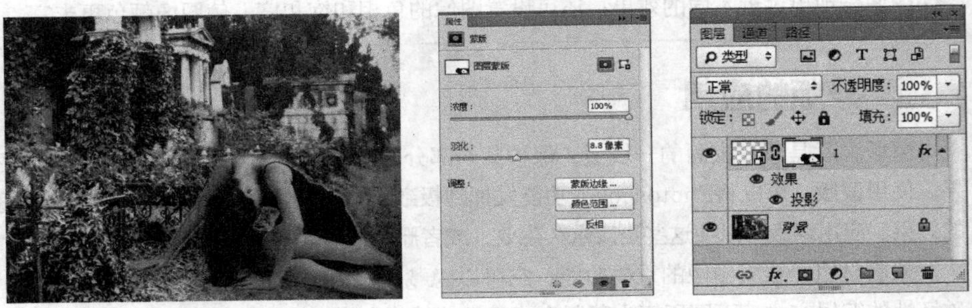

❺ 蒙版边缘：单击该按钮，可以打开“调整蒙版”对话框修改蒙版边缘，并针对不同的背景查看蒙版。这些操作与调整选区边缘基本相同，如图所示。

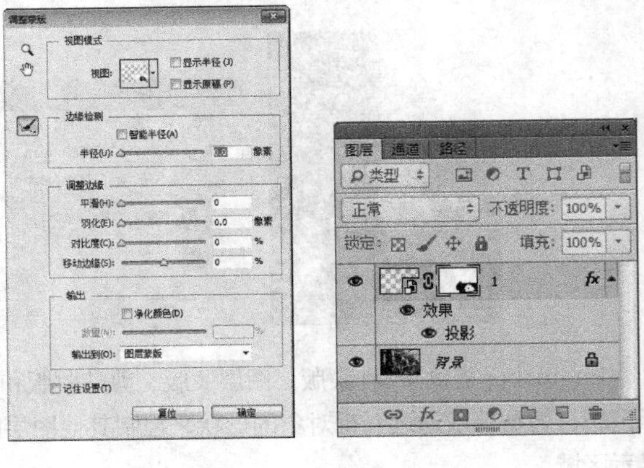

❻ 颜色范围：单击该按钮，可以打开“色彩范围”对话框，通过在图像中取样并调整颜色容差可修改蒙版范围，如图所示。

❼ 反相：可反转蒙版的遮盖区域。

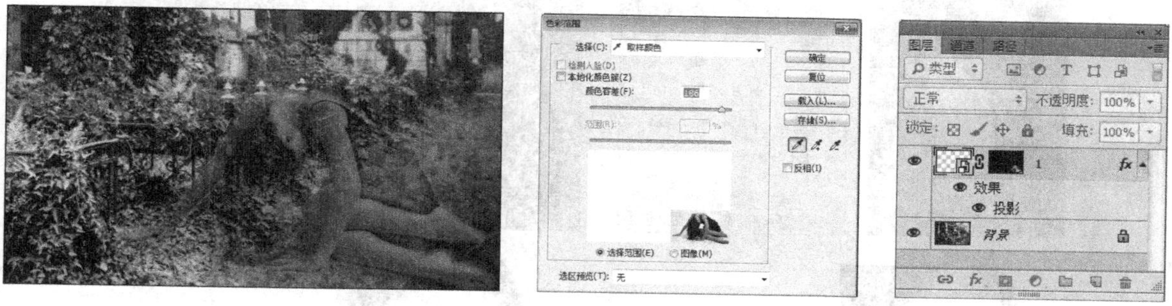

❽ 从蒙版中载入选区：单击该按钮，可以载入蒙版中包含的选区，如图所示。

❾ 应用蒙版：单击该按钮，可以将蒙版应用到图像中，同时删除被蒙版遮盖的图像。

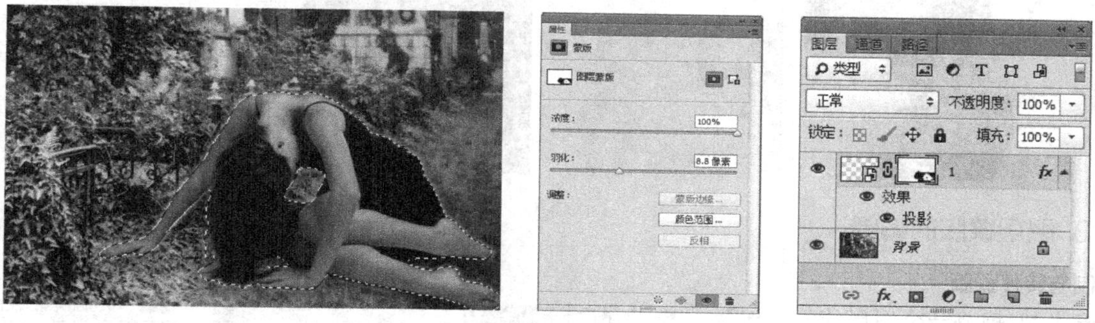

❿ 停用/启用蒙版：单击该按钮，或按住Shift键单击蒙版的缩略图，可以停用（或者重新启用）蒙版。停用蒙版时，蒙版缩览图上会出现一个红色的叉号，如图所示。

⓫ 删除蒙版：单击该按钮，将所选图层中的蒙版删除。

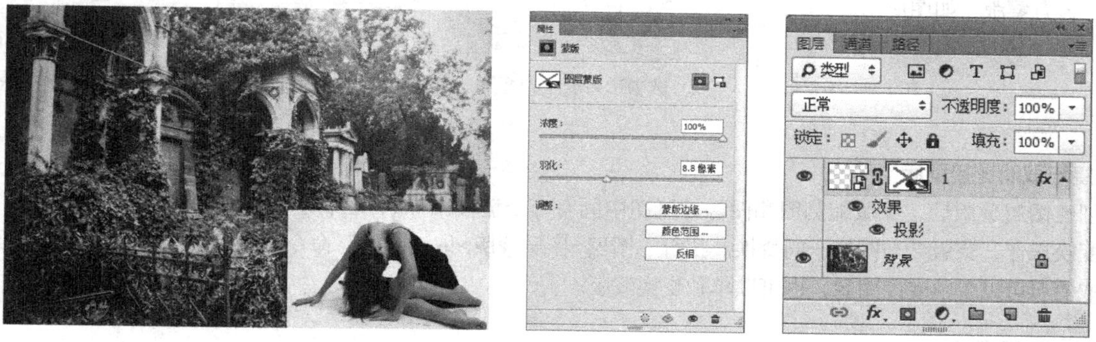

3.5.2 图层蒙版的原理

图层蒙版是与文档具有相同分辨率的256级色阶灰度图像。蒙版中的纯白色区域可以遮盖下面图层中的内容，只显示当前图层中的图像；蒙版中的纯黑色区域可以遮盖当前图层中的图像，显示出下面图层中的内容；蒙版中的灰色区域会根据其灰度值使当前图层中的图像呈现出不同层次的透明效果。

基于以上原理，如果要隐藏当前图层中的图像，可以使用黑色涂抹蒙版；如果要显示当前图层中的图像，可以使用白色涂抹蒙版；如果要使当前图层中的图像呈现半透明效果，则使用灰色涂抹蒙版，或者在蒙版中填充渐变，如图所示。

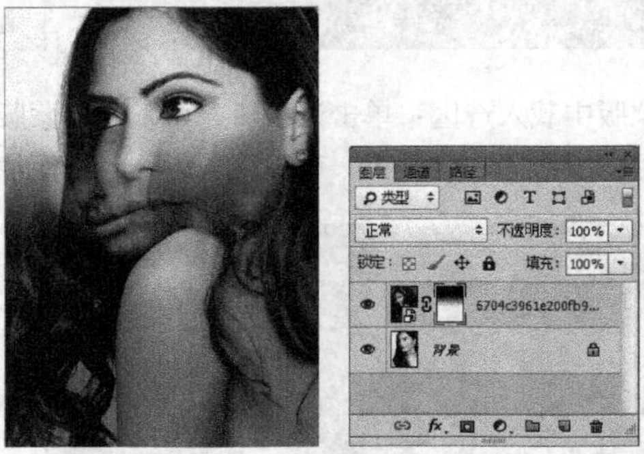

3.5.3 图层蒙版的编辑

1. 复制与转移蒙版

按住Alt键将一个图层的蒙版拖至另外的图层，可以将蒙版复制到目标图层。如果直接将蒙版拖至另外的图层，则可以将该蒙版转移到目标图层，原图层将不再有蒙版，如图所示。

选中带有蒙版的图层

按住Alt键拖曳，复制蒙版

直接拖曳，移动蒙版

2. 链接与取消链接蒙版

创建图层蒙版后，蒙版缩览图和图像缩览图中间有一个链接图标，它表示蒙版与图像处于链接状态，此时进行变换操作，蒙版会与图像一同变换。执行“图层>图层蒙版>取消链接”命令，或者单击该图标，可以取消链接，取消后可以单独变换图像，也可以单独变换蒙版。

3.5.4 矢量蒙版

矢量蒙版是由钢笔、自定形状等矢量工具创建的蒙版（图层蒙版和剪贴蒙版都是基于像素的蒙版），它与分辨率无关，常用来制作Logo、按钮或其他Web设计元素。无论图像自身的分辨率是多少，只要使用了该蒙版，都可以得到平滑的轮廓。

3.5.5 剪贴蒙版

剪贴蒙版可以用一个图层中包含像素的区域来限制它上层图像的显示范围。它的最大优点是可以通过一个图层来控制多个图层的可见内容，而图层蒙版和矢量蒙版都只能用于控制一个图层。

3.5.6 快速创建与释放剪贴蒙版

在“图层”面板中，将光标放在分隔两个图层的线上，按住Alt键，光标会变为状，单击即可创建剪贴蒙版；按住Alt键再次单击鼠标则释放剪贴蒙版。

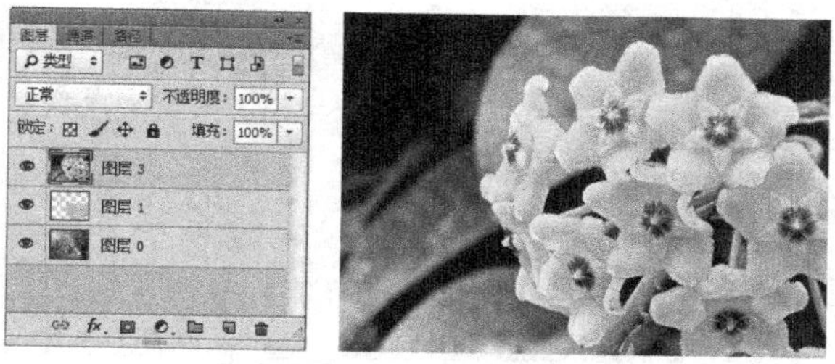

选择要创建剪贴蒙版的图层

按住Alt键，当光标变为状时，单击创建剪贴蒙版

可以对蒙版中的内容进行位置移动

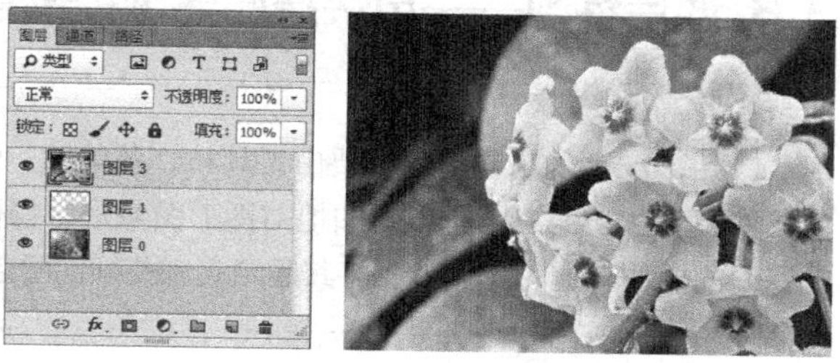

再次按住Alt键，当光标变为状时，单击释放剪贴蒙版

案例 4　创建矢量蒙版

案例分析

本实例使用椭圆工具绘制路径，然后执行“矢量蒙版>当前路径”命令，为该椭圆路径创建矢量蒙版。

步骤演练

01 打开素材3-4.psd文件。

02 选择椭圆工具，在选项栏中单击右边的小三角，在弹出的下拉列表中选择“路径”，然后在画面中单击并拖动鼠标绘制椭圆路径，如图所示。

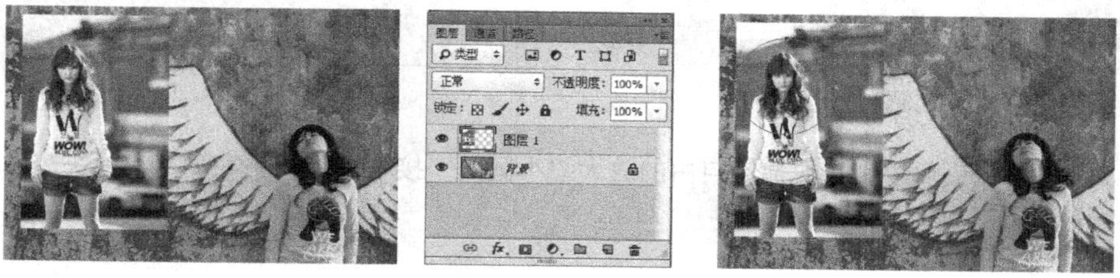

03 执行“图层>矢量蒙版>当前路径”命令，或者按住Ctrl键单击“添加蒙版”按钮，即可基于当前路径创建矢量蒙版，路径区域外的图像会被蒙版遮盖，如图所示。

04 按快捷键Ctrl+Enter将路径转换为选区，然后按快捷键Ctrl+D，取消选区，改变选区的大小，调整到合适的位置，效果如图所示。

3.6 课后练习——用快捷键熟练控制视图以提高工作效率

案例分析

Photoshop 的工作界面主要由工具箱、菜单栏、面板和编辑区等组成。如果我们熟练掌握了各组成部分的基本名称和功能，就可以自如地对图形图像进行操作。我们在Photoshop中制作时，往往太多的面板会影响我们的操作，这时我们就要将其隐藏起来使画面看起来更加简洁明了。

步骤演练

01 按Tab键可切换显示或隐藏所有的控制板（包括工具箱）。

02 如果按快捷键Shift+Tab则工具箱不受影响，只显示或隐藏其他的控制板。

原始状态

按Tab键后

按快捷键Shift+Tab后

在Photoshop中，我们可以利用快捷键自由的放大缩小画面，接下来我们就来学习几种快捷键放大缩小画面的方法。

（1）缩放工具的快捷键为Z键，此外Ctrl＋空格键组合键为放大工具，Alt＋空格键组合键为缩小工具，但是要配合鼠标点击才可以缩放。

（2）按Ctrl++组合键以及Ctrl+-组合键也可以放大和缩小图像。

3.7 课后思考——怎样更好地应用图层样式

在Photoshop中含有大量的内置图层样式效果，当我们制作某个按钮、选项框或者界面时，都会用到图层样式效果，但是如果每次都得把参数记下来再重新去设置一遍，就会浪费大量的时间，而Photoshop的图层样式中的复制功能则很好地解决了这一问题。

在含有图层样式的图层中单击鼠标右键，选择“复制图层样式”命令，在选择想应用该样式的图层上单击鼠标右键，选择“粘贴图层样式”命令，会将该图层样式应用快速地应用到其他图层，如下图所示。

含有图层样式图形

未添加任何图层样式效果

复制粘贴后的图形效果

有人会问，虽然这样的方法比自己重新设置方便了许多，但是若脱离了PSD文件后还能应用这种图层样式效果吗？答案是，当然可以！打开“样式”面板，将想要备份的图层样式选中，单击“样式”面板右下角的第二个按钮新建样式。在弹出的“新建样式”对话框输入名称，单击“确定”按钮，可将该样式保存。

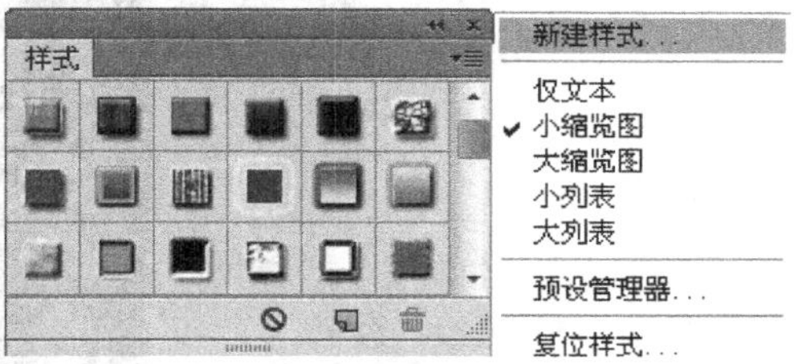

新建样式

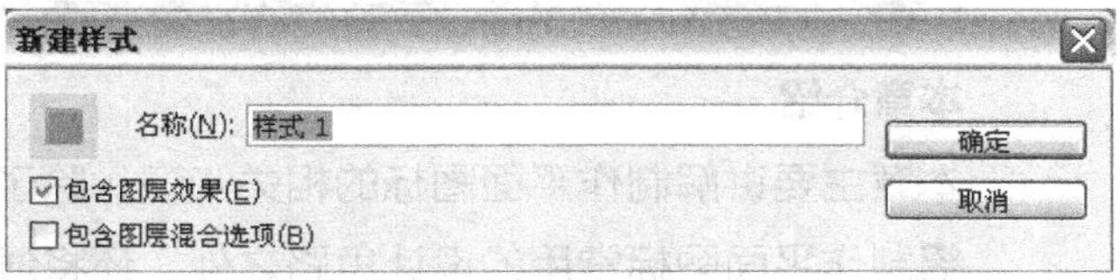

保存图层样式

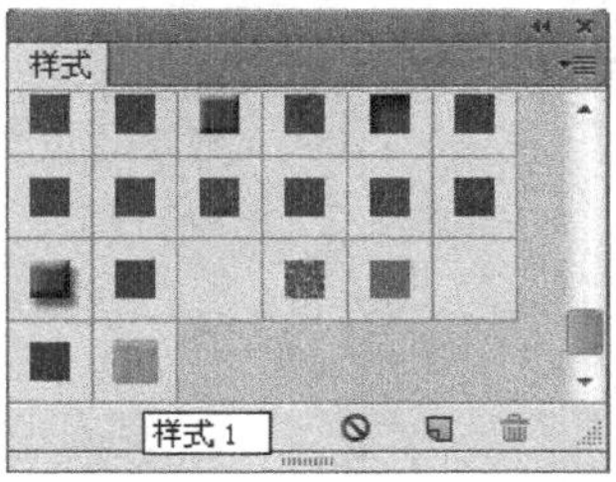

保存后显示在样式列表中

以后想要对某个图层使用这种样式时，只需要打开“样式”面板，从样式列表中单击这个样式的小图标即可。

若想在不同的计算机上加载这些效果，可在“样式”面板的右上角单击向下的箭头，展开箭头，选择“存储”或“载入”相应的效果文件。

第 04 章

制作平面图标

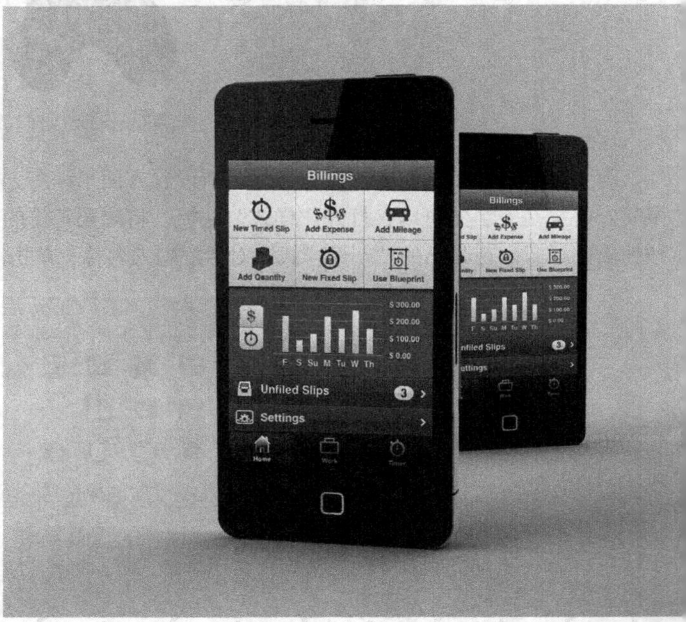

本章介绍

本章主要讲解制作平面图标的相关知识，除了向读者介绍制作平面图标常用的设计思路之外，还将通过大量的实战练习展示Home图标、日历图标等图标的具体制作方法。

教学目标

- 了解了平面图标制作的思路和过程
- 掌握简单的平面图标的制作方法
- 掌握了如何快速地制作出平面图标的方法

4.1 图标尺寸大小

APP的图标（ICON）不仅指的是应用程序的启动图标，还包括菜单栏、状态栏和切换导航栏等位置出现的其他标示性图标，所以ICON是指这些图标的集合。

ICON也受屏幕密度的制约，屏幕密度分为idpi（低）、mdpi（中等）、hdpi（高）、xhdpi（特高）4种。Android系统屏幕密度标准尺寸如下。

ICON类型	屏幕密度标准尺寸			
Android	低密度idpi	中密度mdpi	高密度hdpi	特高密度xhdpi
Launcher	36像素×36像素	48像素×48像素	72像素×72像素	96像素×96像素
Menu	36像素×36像素	48像素×48像素	72像素×72像素	96像素×96像素
Status Bar	24像素×24像素	32像素×32像素	48像素×48像素	72像素×72像素
List View	24像素×24像素	32像素×32像素	48像素×48像素	72像素×72像素
Tab	24像素×24像素	32像素×32像素	48像素×48像素	72像素×72像素
Dialog	24像素×24像素	32像素×32像素	48像素×48像素	72px×72像素

Android系统屏幕密度标准尺寸

注：Launche为程序主界面、启动图标；Menu为菜单栏；Status Bar为状态栏；List View为列表显示；Tab为切换、标签；Dialog为对话框。

iphone的屏幕密度默认为mdpi，没有Android分得那么详细，是按照手机、设备版本的类型进行划分的。如下所示

ICON类型	屏幕标准尺寸			
版本	iphone3	iphone4	ipod touch	ipad
Launcher	57像素×57像素	114像素×114像素	57像素×57像素	72像素×72像素
APP Store建议	512像素×512像素	512像素×512像素	512像素×512像素	512像素×512像素
设置	29像素×29像素	29像素×29像素	29像素×29像素	29像素×29像素
spotlighe搜索	29像素×29像素	29像素×29像素	29像素×29像素	50像素×50像素

iphone系统屏幕密度标准尺寸

Windows Phone的图标标准非常简单和统一，对于设计师来说是最容易上手的，如下所示。

ICON类型	屏幕标准尺寸
应用工具栏	48像素×48像素
主菜单图标	173像素×173像素

Windows Phone系统屏幕密度标准尺寸

4.2 如何设计一组图标

通过上面小节的学习，我们掌握了Photoshop的基本操作以及图标制作的原则和技巧。下面我们设计一组图标。

1. 准备工作

在制作图标之前，我们需要做好准备工具，打开Photoshop软件，执行“新建”命令，新建一个50厘米×50厘米、300像素的文档。

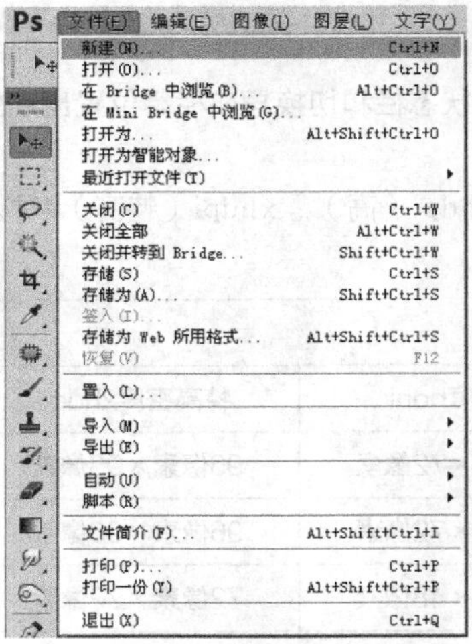

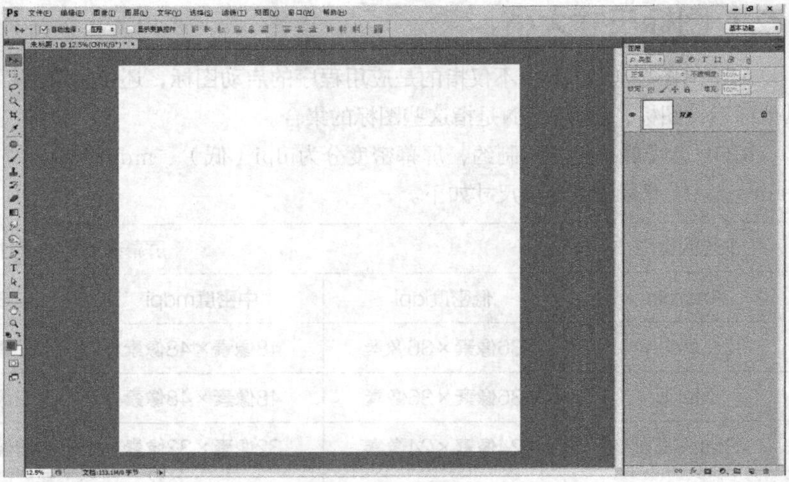

2. 构思、草图

现在我们抛开计算机，闭上眼睛思考，在脑子里形成一个构思，确定想法后，就开始动手绘画，用笔快速将创意呈现在纸上，先大致画一部分有代表性的示例，避免灵感丢失。

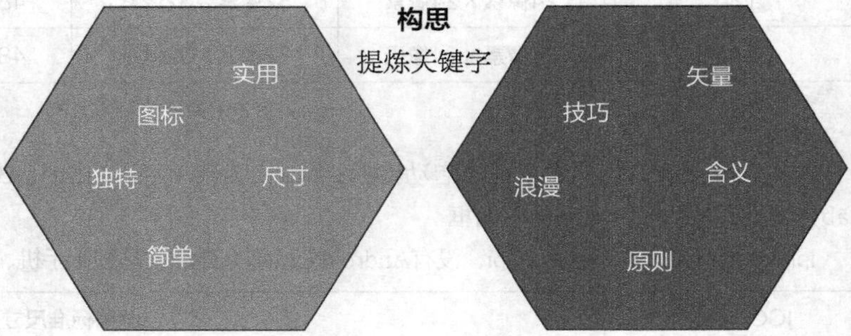

缺失灵感怎么办？

草图

画出代表性的示例

草图看起来很难看，不过没关系，后期会进行改善。

3. 制作辅助背景

绘制图标限制，统一视觉大小。使用矩形选框工具，绘制8厘米×8厘米大小的正方形选区，填充灰色，按住Alt键移动并进行复制，水平方向复制3个副本，再将第一排4个正方形全部选中，按住Alt键进行移动复制，复制3次，最终得到垂直和水平方向共16个正方形，得到辅助背景。

为了避免背景干扰，为其填充较淡的颜色。

绘制完成后，新建组，将其拖入到组1中，进行锁定。

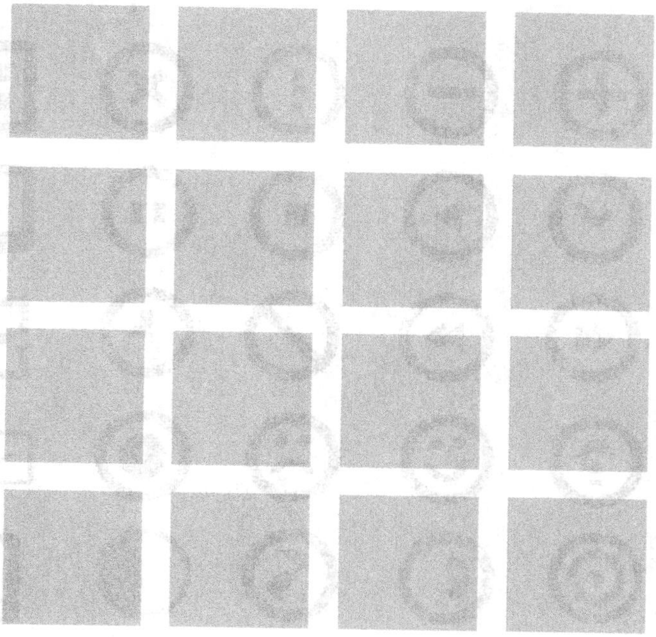

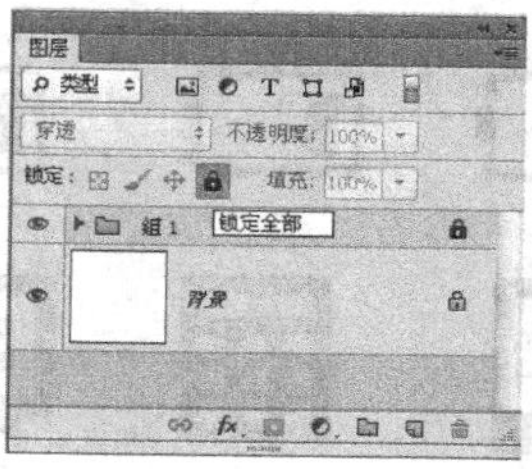

4. 基本图形、放大

在辅助背景上绘制基本图形，将其放大，可以观察到像素点。

灰色背景辅助的定界框，此处设定为常用的16像素×16像素，用眼睛衡量，注意视觉均衡，比如尺寸一致的情况下，矩形会显得偏大。

按快捷键Ctrl++，将画布放大到600%，注意调节不要太过，这样就看到了像素点和网格粗线了。

消除锯齿通常是为了清晰，而不是锐利，不要为了消灭而消灭，我们需要保留一些杂边，图标才能平滑。

基本图形

放大

5. 创作过程

一切准备就绪，现在就开始创作吧！许多人创作的时候，画完一个就缺少灵感了，可以试试举一反三的方法。

常用方法

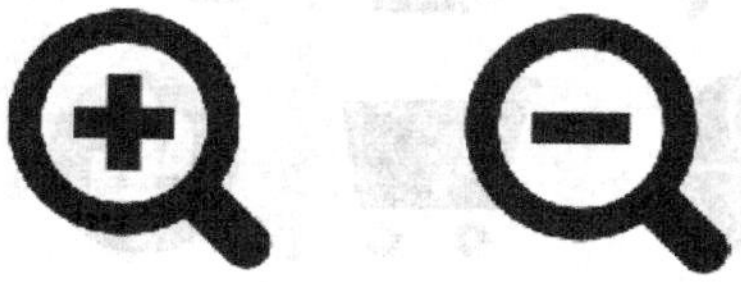

加减法

对称

旋转

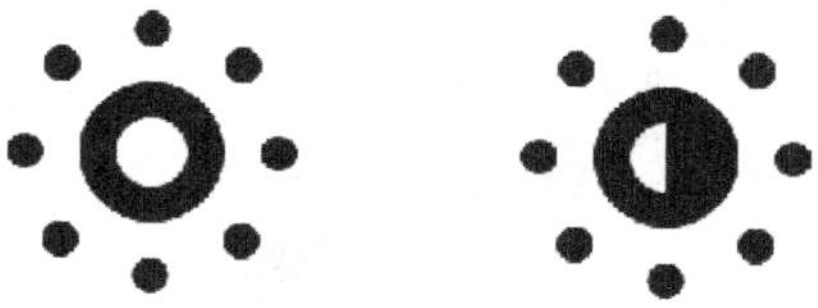

微调整

基本形的演变

圆的演变

规则矩形的演变

不规则常用形状

不矩形其他形状

6. 常用方法——变形

创作图标的时候，最常使用的方法就是变形，可以将其他基本形状进行组合，自由发挥，遵循“整体到局部”的原则，先造型，再修饰细节。

形状组合

椭圆和长方形组合形成箭头形状

三角形和长方形组合形成房屋形状

圆形和长方形组合形成电话形状

圆角矩形和圆形组合形成设置图标

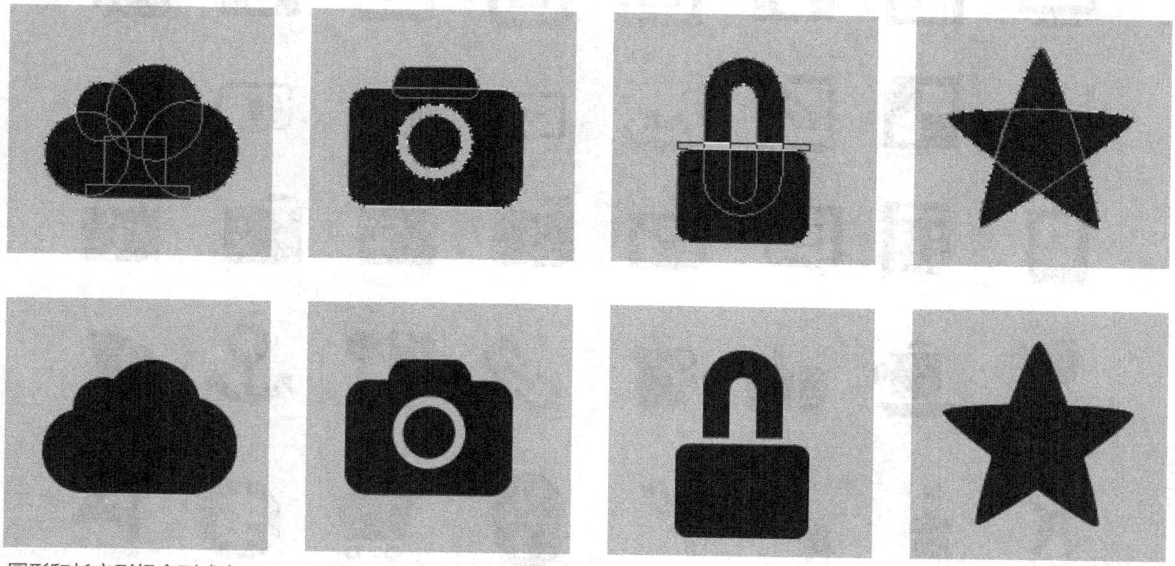

圆形和长方形组合形成白云形状

圆形和长方形组合形成照相机形状

椭圆和圆角矩形组合形成锁形状

三角形和五边形组合形成五角星形状

7. 成品

为图标加上背景，完成设计。

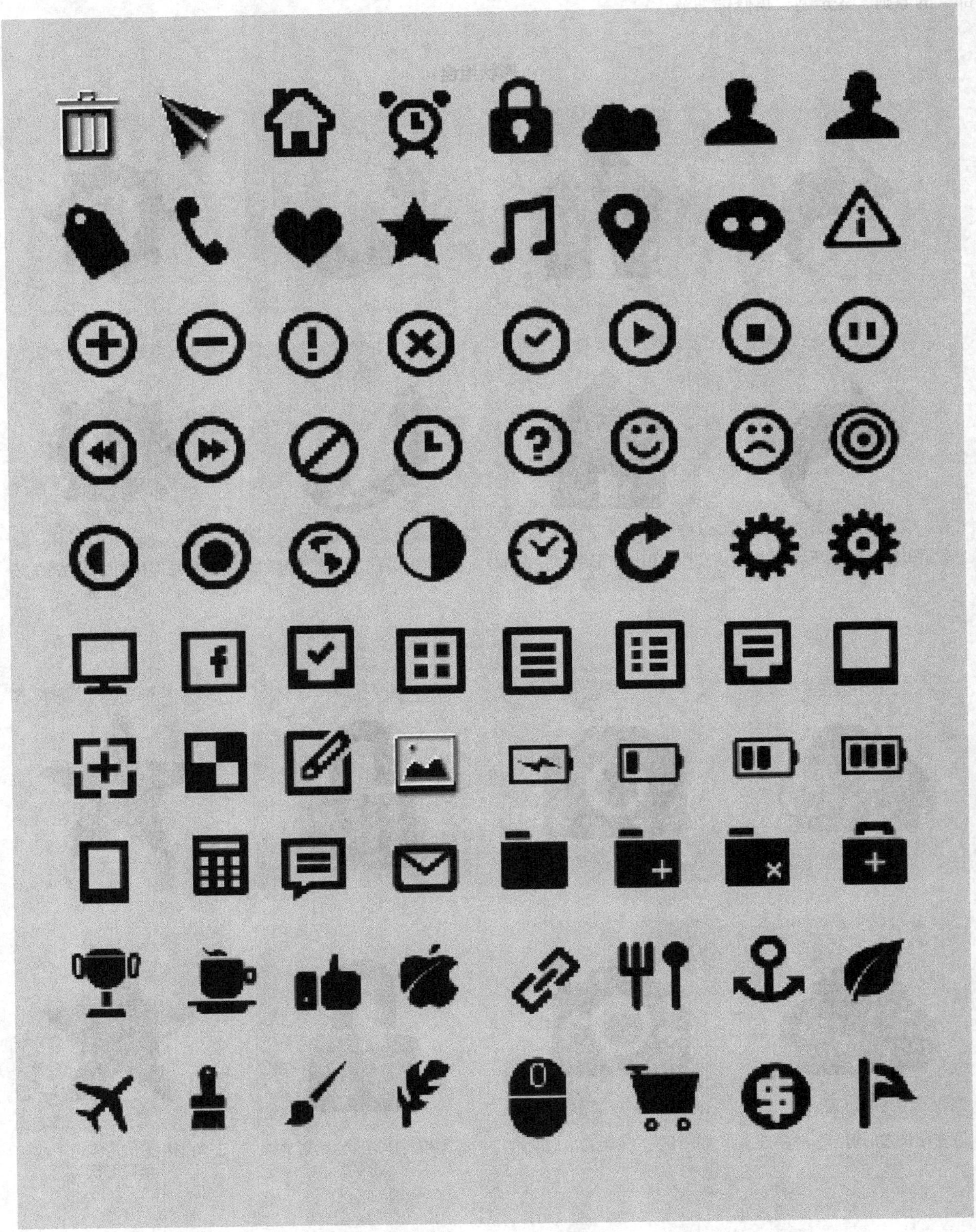

4.3 图标设计的格式和大小

文件格式决定了图像数据的存储方式、压缩方法、支持什么样的Photoshop 功能，以及文件是否与一些应用程序兼容。使用“存储”“存储为”命令保存图像时，可以在打开的对话框中选择文件的保存格式。

对图标格式的选择，应该将实际情况纳入考虑的范围中。如果要保持图片的色泽、质量、饱和度等，而且不需要进行透明背景处理，JPEG是最好的选择；如果APP不涉及网上下载，需要进行图片透明处理，就可以选择PNG格式。如果不要求背景透明和图片质量，可以选择GIF格式，GIF格式占空间是最小的。

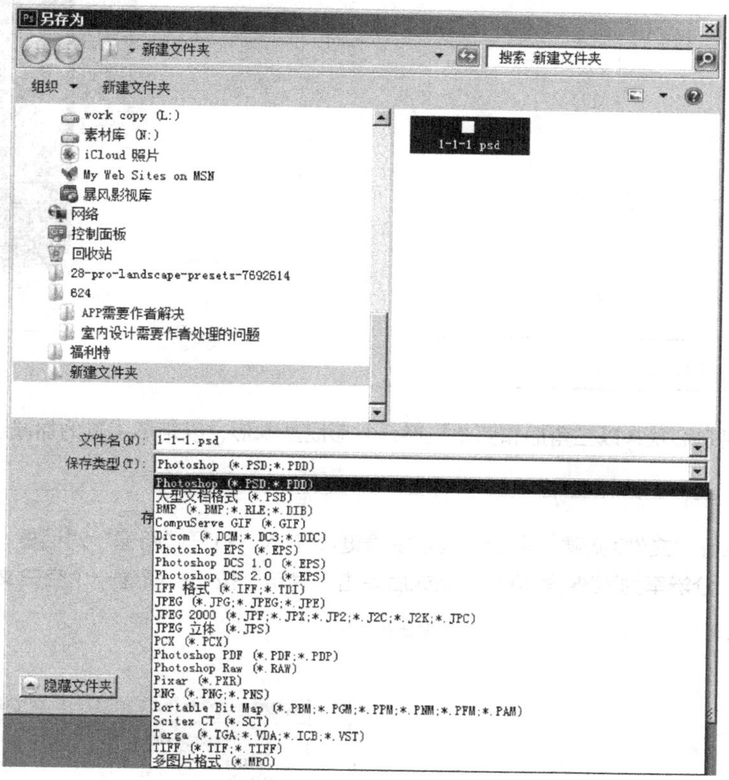

4.3.1 JPEG格式

JPEG格式采取的是一种有损压缩的存储方式，压缩效果较好，不过一旦将压缩品质的数值设定得比较大，就会失掉图像的一些细节。这种文件格式是由联合图像专家组开发的。该格式还支持GMYK、RGB以及灰度模式，但不支持Alpha通道。

4.3.2 PNG格式

该格式是被作为GIF的无专利替代品而开发的，它可以用于存储无损压缩图像以及在Web上显示的图像。但与GIF不同，它可以支持244位的图像并能产生没有锯齿状的透明背景，但是该格式与一些早期的浏览器不兼容（即有些早期浏览器不支持此种格式的图像）。

4.3.3 GIF格式

GIF 是基于在网络上传输图像而创建的文件格式，它支持透明背景和动画，被广泛地应用于网页制作，可存储连续帧画面。

案例 1 制作Home图标

案例分析

本案例是制作单色Home图标，主要运用“钢笔工具”“圆角矩形工具”和“矩形工具”3种工具来完成Home图标的制作。

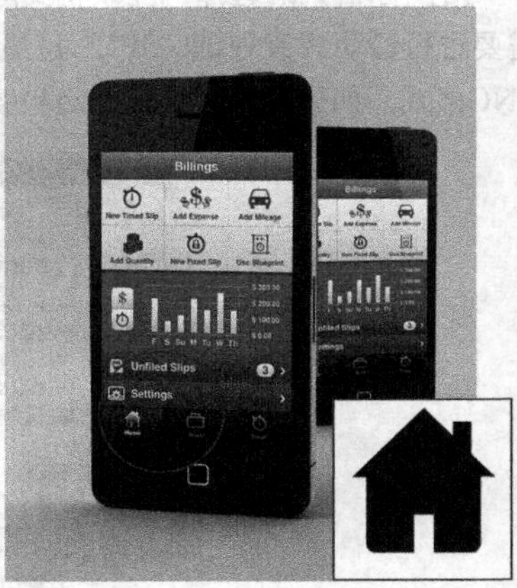

技巧分析

Home图标为不规则形状，以三角形和圆角矩形合并形成基本形，以矩形工具的加减运算完成效果。

步骤演练

01 新建空白页面。执行“文件>新建”命令，或按快捷键Ctrl+N，打开“新建”对话框，设置宽度和高度分别为800像素和600像素，分辨率为72像素/英寸，完成后单击“确定”按钮，新建一个空白文档。

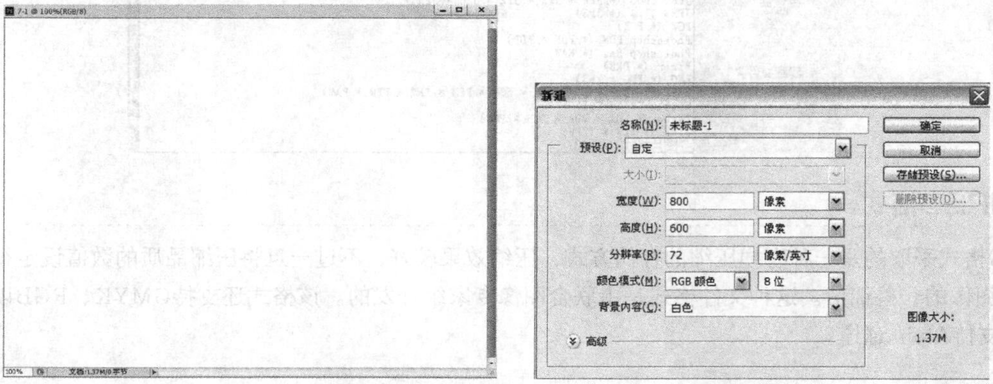

02 参考网格的设置。执行“编辑>首选项>参考线、网格和切片”命令，在打开的“首选项”对话框中，设置网格线间隔为80像素，子网格为4，单击“确定”按钮。执行“视图>显示网格”命令，在制作图标的过程中，可以使用网格作为参考，使每个图标大小一致。

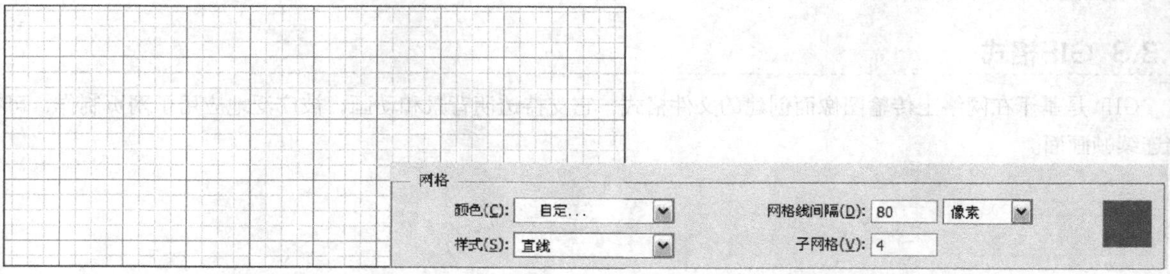

03 三角形色块的制作。选择“钢笔工具”，在选项栏中选择“形状”选项，在网格上进行绘制，得到三角形。

04 矩形色块的制作。选择“矩形工具”，在选项栏中选择“合并形状”选项，在三角形的右边绘制矩形。

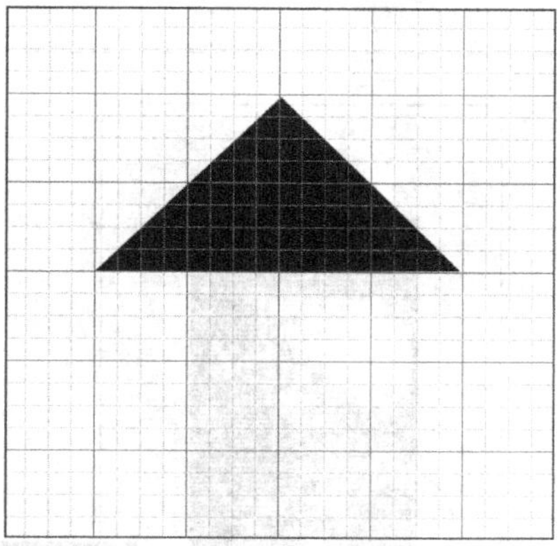

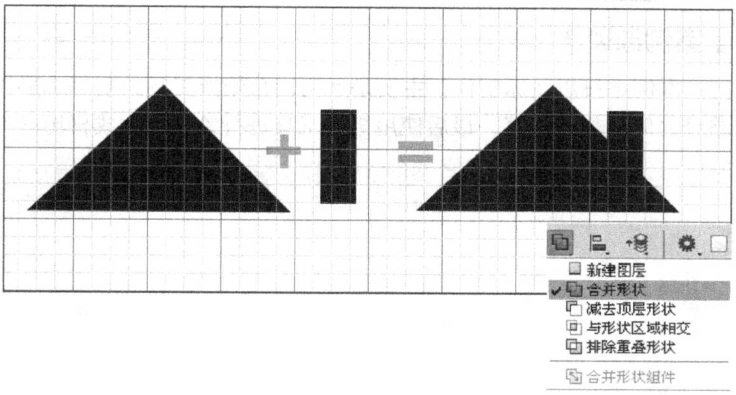

05 圆角矩形色块的制作。选择“圆角工具”，在选项栏中设置半径为20像素，选择“合并形状”选项，在三角形的下方绘制圆角矩形。

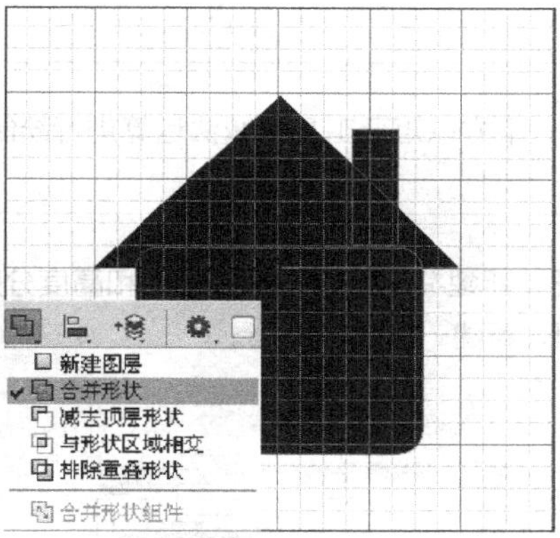

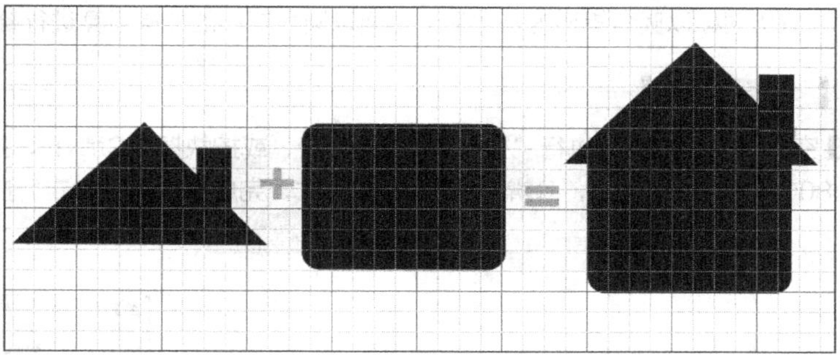

06 形状的修剪。选择“矩形工具”，在选项栏中选择“减去顶层形状”选项，在圆角矩形的下方绘制矩形，将需要减去的部分从形状中减去，完成Home图标的制作。

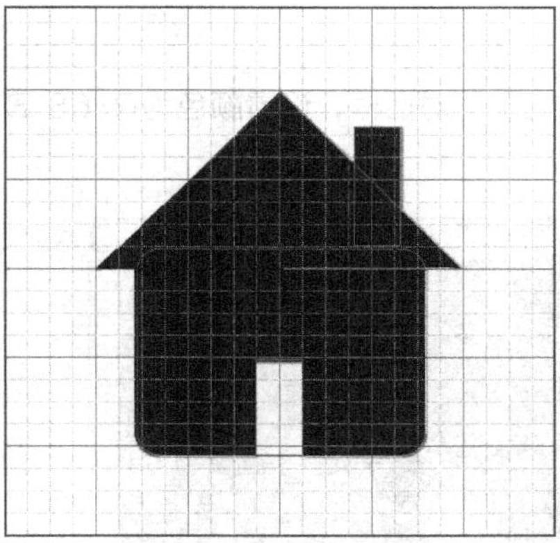

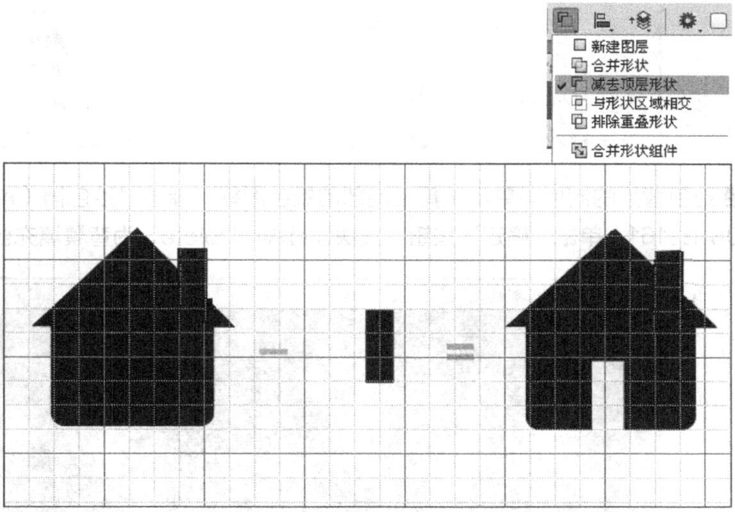

案 例 2

制作日历图标

案例综述

本例是日历图标制作，主要是运用圆角矩形工具绘制基本形以及路径之间的加减运算，最后使用矩形工具进行绘制，完成日历图标的制作。

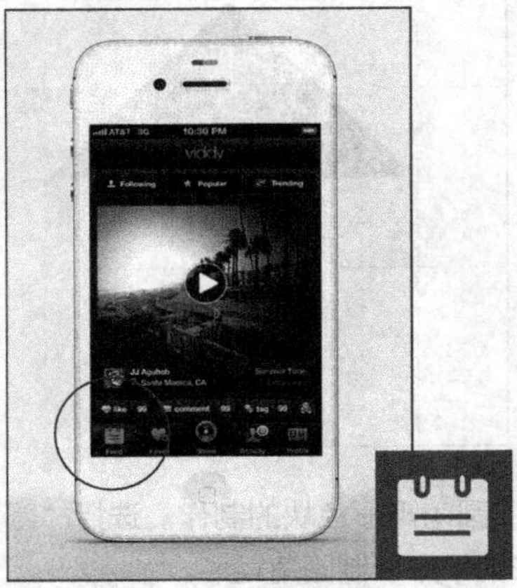

技巧分析

日历图标以圆角矩形为基本形，上面以圆角矩形的加减运算进行绘制，下方以矩形工具的减法运算进行绘制。

步骤演练

01 空白文档的建立。执行“文件>新建”命令，或按快捷键Ctrl+N，打开“新建”对话框，设置宽度和高度分别为800像素和600像素，分辨率为72像素/英寸，完成后单击“确定”按钮，新建一个空白文档。

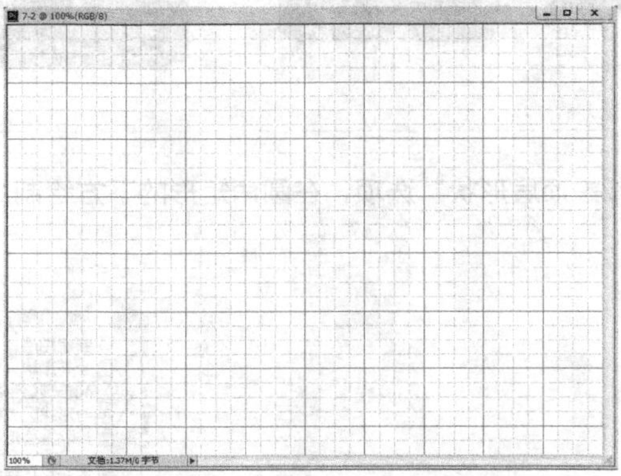

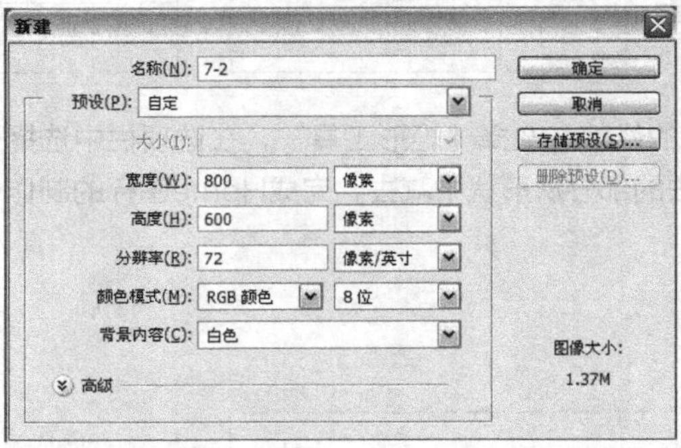

02 纯色背景的制作。单击工具箱底部前景色图标，弹出“拾色器（前景色）”对话框，设置颜色为R:68 B:108 B:161，单击“确定”按钮，按快捷键Alt+Delete，为背景填充蓝色。

03 圆角矩形色块的制作。设置前景为R：238 G：238 B：238，单击“确定”按钮，选择“圆角矩形工具”，在选项栏中设置半径为20像素，在图像上绘制圆角矩形。

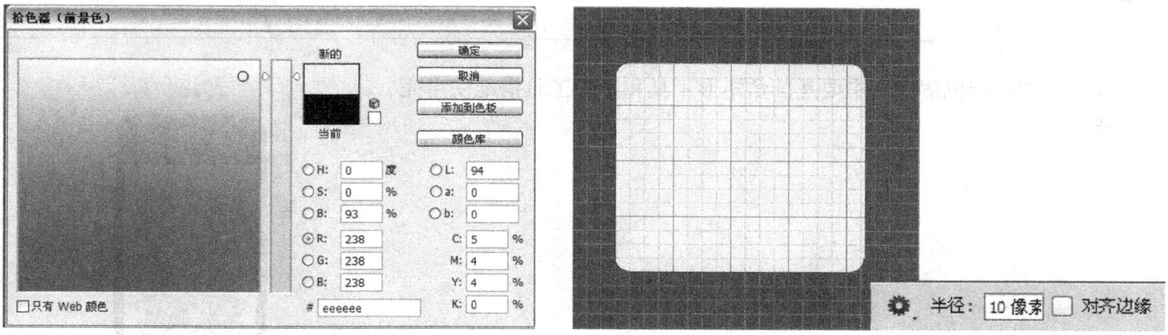

04 形状的修剪。从形状中减去选择“圆角矩形工具”，在选项栏中设置半径为100像素，选择“减去顶层形状”选项，将图像上方绘制圆角矩形。

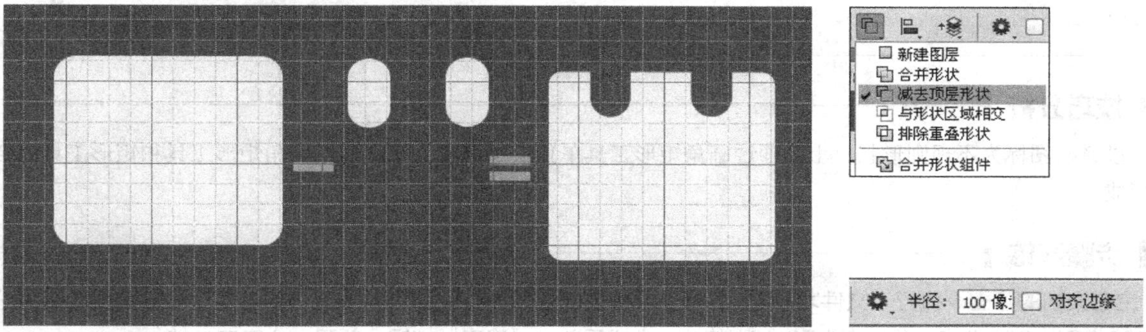

05 形状的合并。选择“圆角矩形工具”，在选项栏中选择“合并形状”选项，在图像上绘制圆角矩形，绘制后的形状将与原来的形状合并。

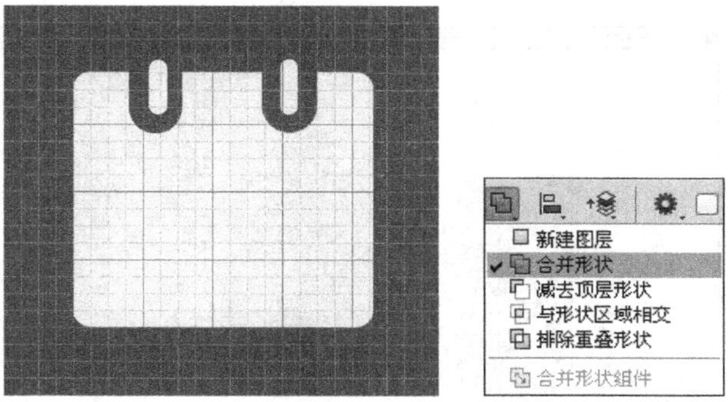

06 形状的修剪。选择“矩形工具”，在选项栏中选择“减去顶层形状”选项，在图像上绘制矩形，绘制后的形状区域将从原来的区域中减去。

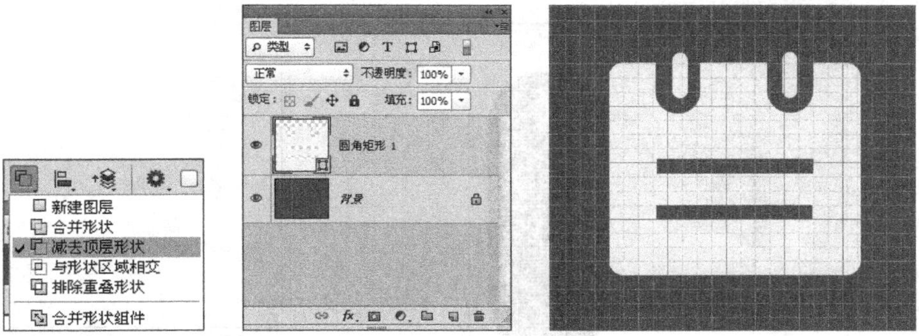

案例 3 制作录音机图标

案例分析

本例制作录音机图标，主要是圆角矩形工具和矩形工具搭配使用完成形状。

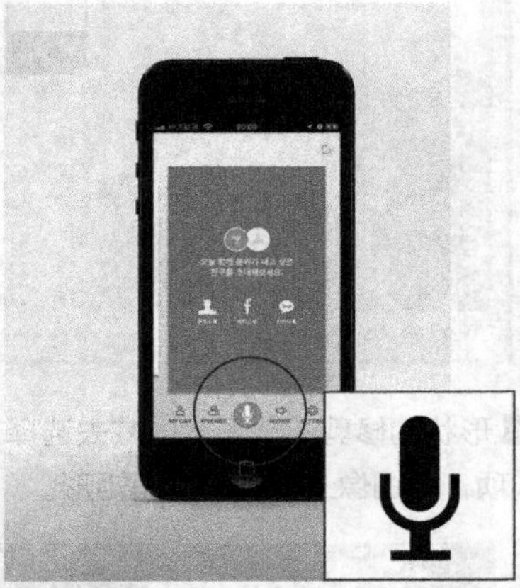

技巧分析

录音机图标为不规则形状，上面通过圆角矩形工具单独绘制而成，下面通过圆角矩形工具和矩形工具混合制作形成。

步骤演练

01 空白文档的建立。执行“文件>新建”命令，或按快捷键Ctrl+N，打开“新建”对话框，设置宽度和高度分别为800像素×600像素，分辨率为72像素/英寸，完成后单击“确定”按钮，新建一个空白文档。

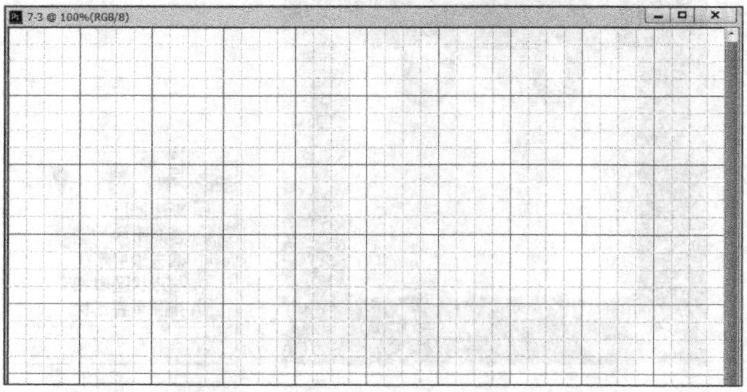

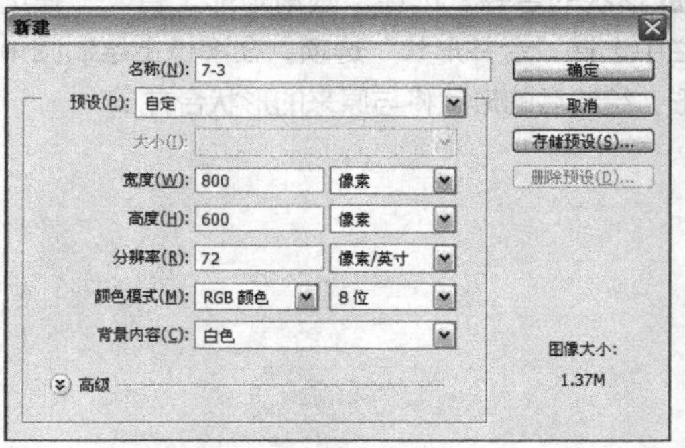

02 圆角矩形色块的制作。选择“圆角矩形工具”，在选项栏中设置半径为100像素，设置前景色为黑色，在图像上绘制圆角矩形。

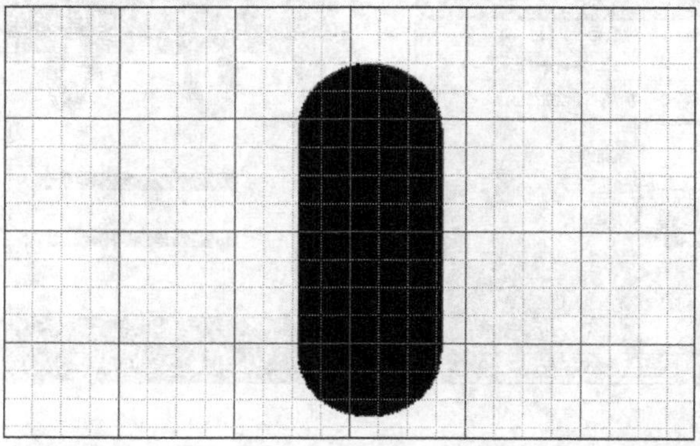

03 圆角矩形色块的制作。为了方便操作，我们使用参考线来进行衡量，按快捷键Ctrl+R，打开“标尺工具”，从垂直和水平方向拉出参考线，然后再次选择“圆角矩形工具”，以红色的外围参考线为基准建立圆角矩形。

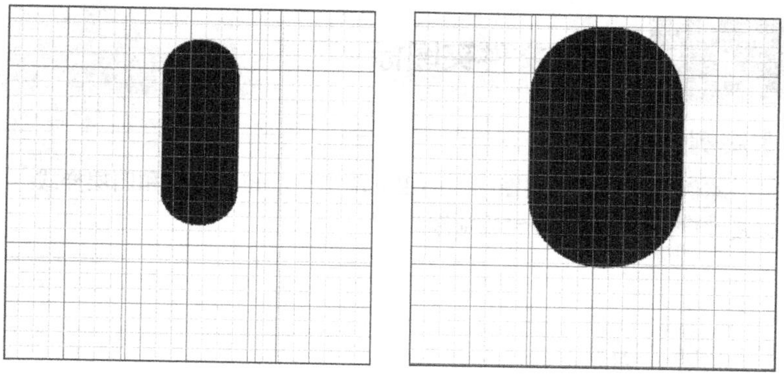

04 形状的修剪。选择“圆角矩形工具”，在选项栏中选择“减去顶层形状”选项，以红色的内围参考线为基准建立圆角矩形，可将建立的选区从原始的形状上进行减去。选择“矩形工具”，建立选区，减去多余的形状。

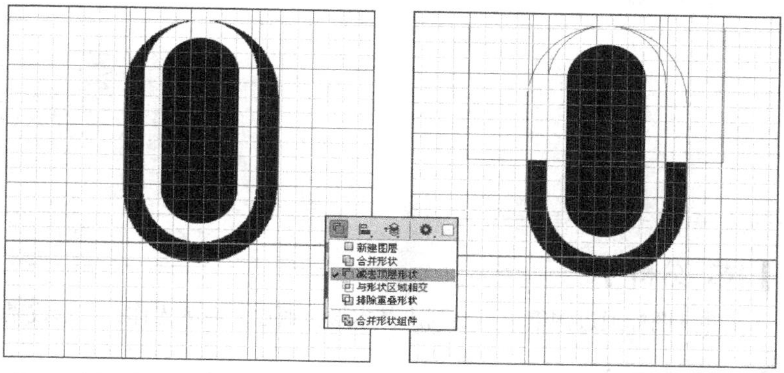

05 矩形色块的制作。选择“矩形工具”，在选项栏中选择“新建图层”选项，在形状下方建立矩形框，完成效果。

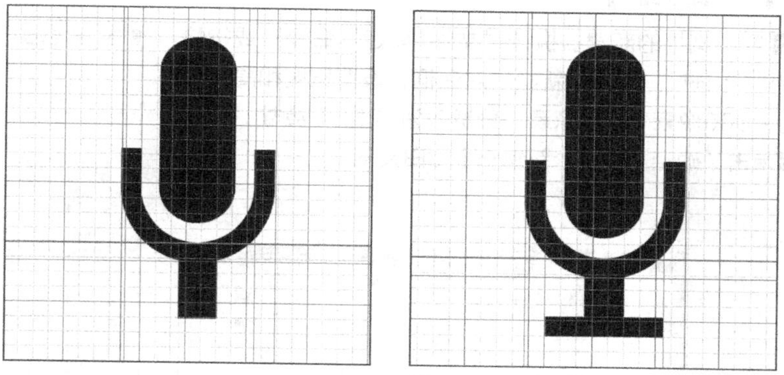

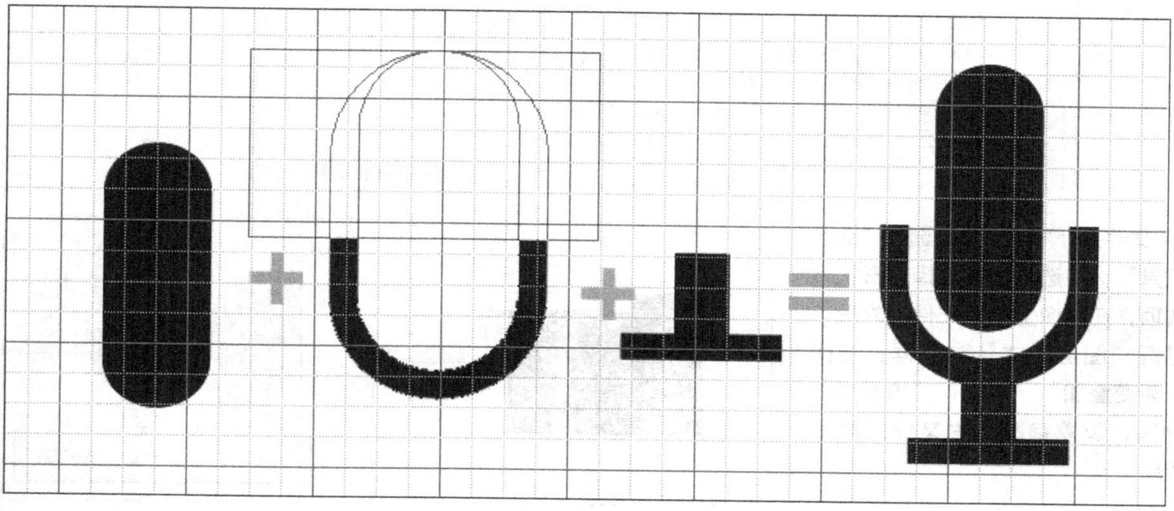

步骤拆解示意图

案例 4 制作文件夹图标

案例分析

本例是制作文件夹图标，使用钢笔工具、矩形工具和图层样式以及“自由变换”命令完成制作。

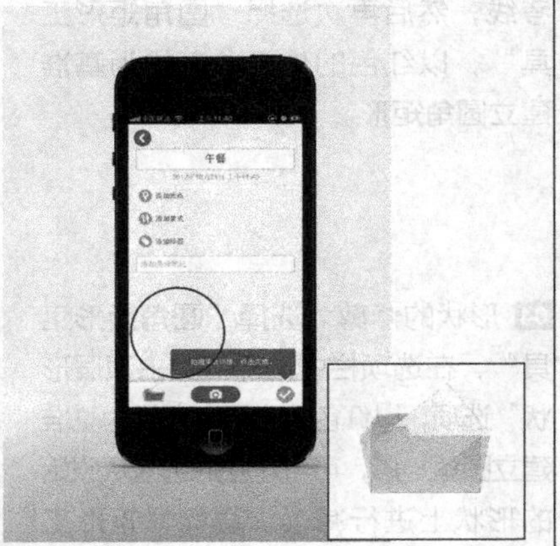

技巧分析

文件夹图标通过钢笔工具绘制出基本形，通过一系列操作，可形成基本形，最后添加纸张，表现质感。

步骤演练

01 空白文档的新建。执行“文件>新建”命令，或按快捷键Ctrl+N，打开“新建”对话框，设置宽度和高度分别为600像素×600像素，分辨率为72像素/英寸，完成后单击“确定”按钮，新建一个空白文档。

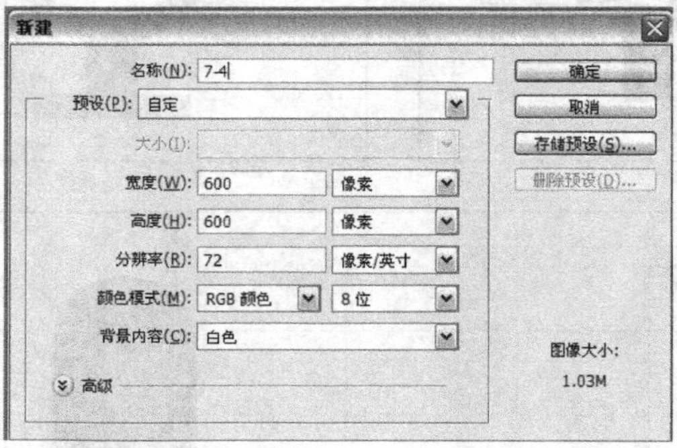

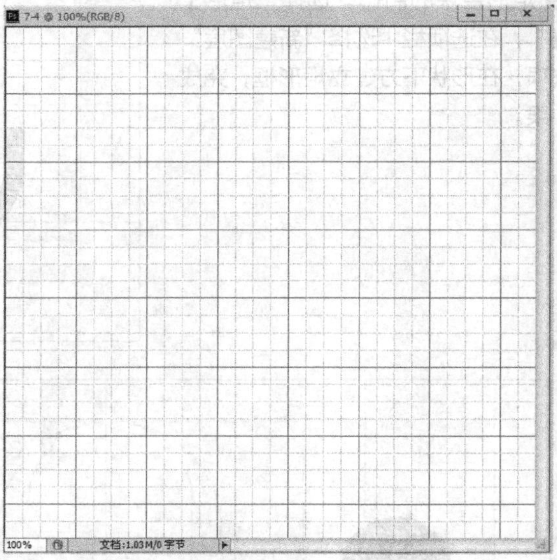

02 文件夹外形的制作。选择“钢笔工具”，在选项栏中选择“形状”选项，在图像上绘制文件夹外形，打开“图层样式”对话框，选择“渐变叠加”“描边”“内发光”效果，设置参数，为文件夹添加效果。

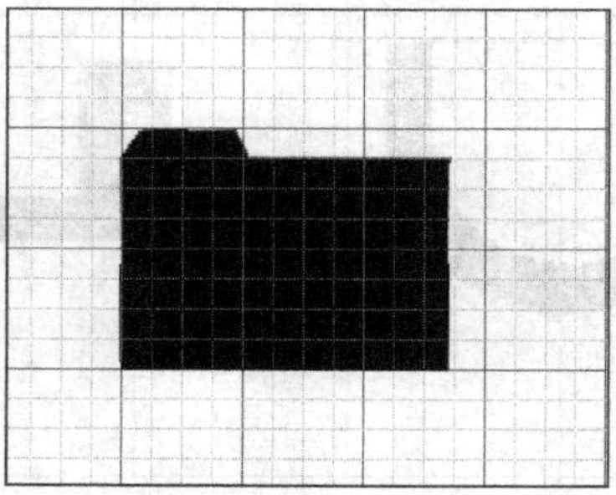

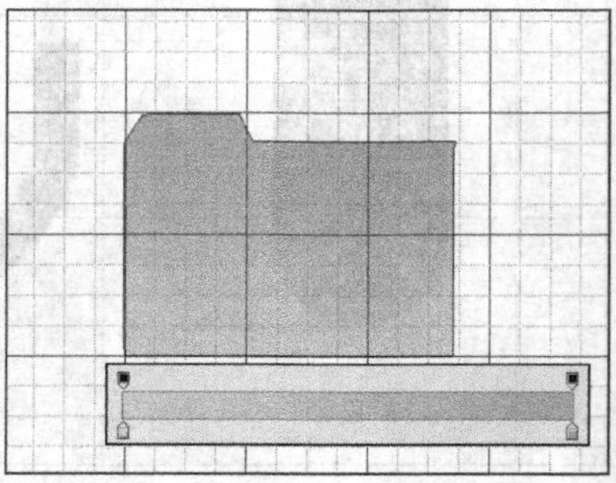

第04章

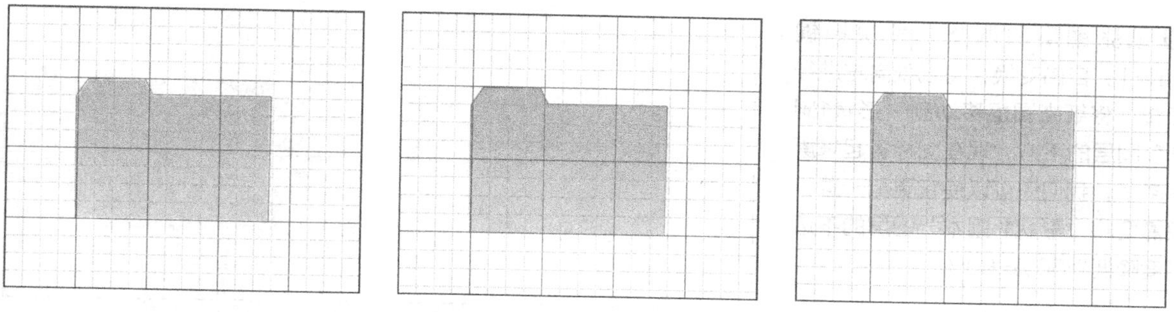

03 透视效果的展示。将文件夹图层进行复制，选择复制后的图层，按快捷键Ctrl+T，自由变换，单击鼠标右键，选择“透视”命令，将鼠标确定在右上角的节点上，向右轻轻拖动节点，使文件夹外形向两边扩张，按Enter键确认。

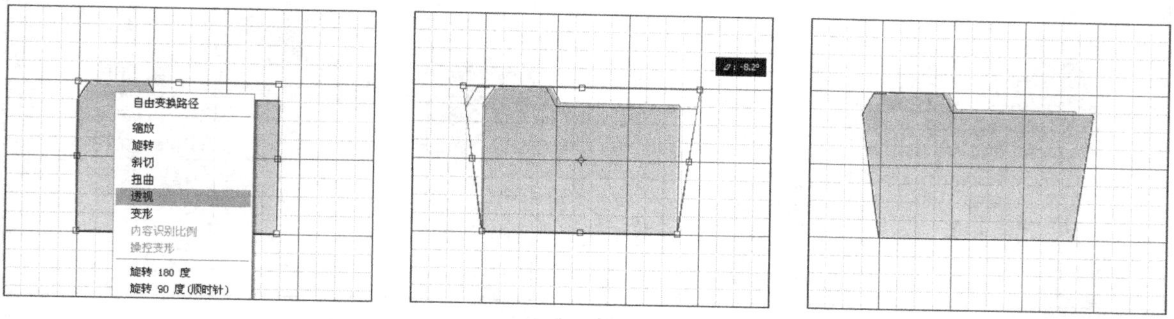

04 形状的变换。再次按快捷键Ctrl+T，自由变换，选择控制框最上层中间的节点，向下拖动使其缩小一点，让它看起来像3D的打开文件夹，完成后，按Enter键确认操作。

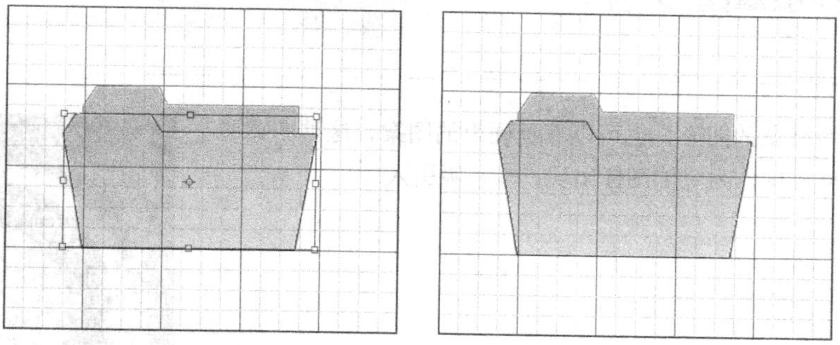

05 纸张效果的制作。选择“矩形工具”，在文件夹上绘制一张纸，打开该图层的“图层样式”对话框，选择“渐变叠加”和“描边”选项，设置参数，为纸片添加质感。

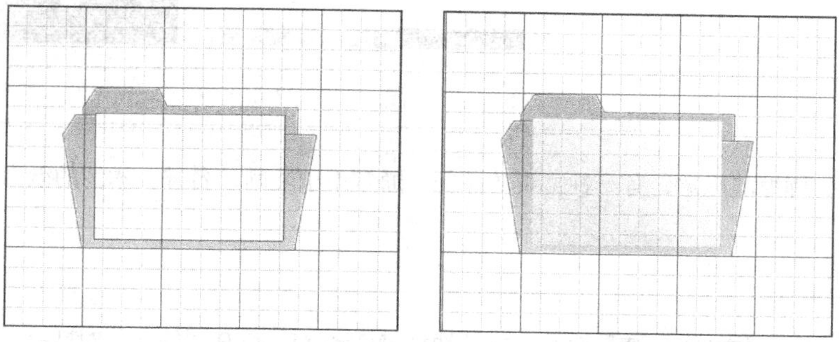

06 纸张图层的调整。按快捷键Ctrl+T，自由变换，将纸张向左进行旋转，将纸张图层移动到“形状1副本”图层的下方，现在图标看起来漂亮多了，我们还可以使它更酷一些，只需要将“形状1 副本”图层的不透明度降低到50%~60%。

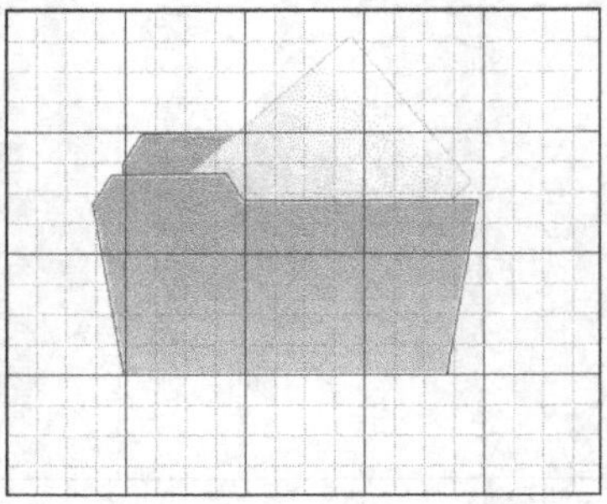

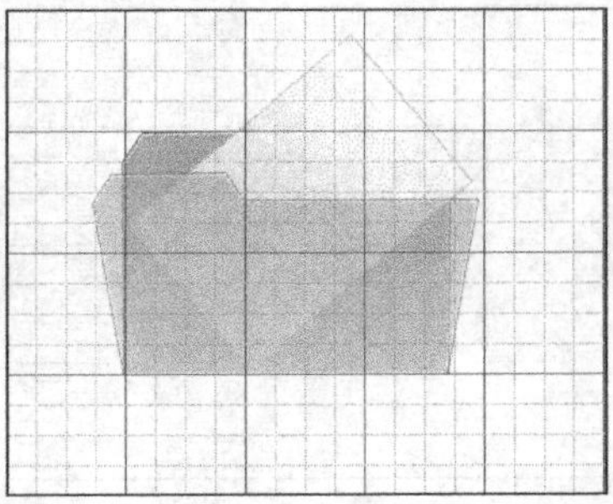

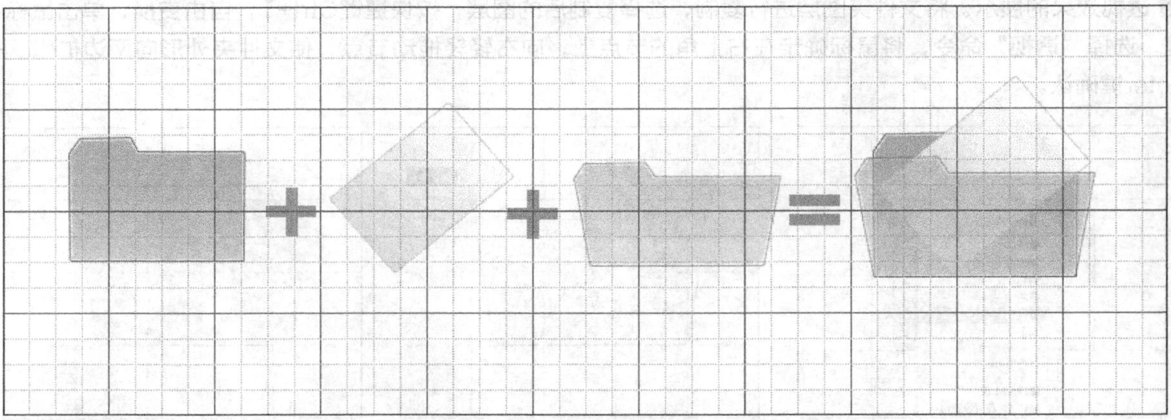

步骤拆解示意图

案例 5 制作徽章图形

案例分析

本例将制作一个徽章的图形，也可以算是硬币的图案，这种图案通常在APP页面或者网站中作为宣传图标出现，非常吸引人。

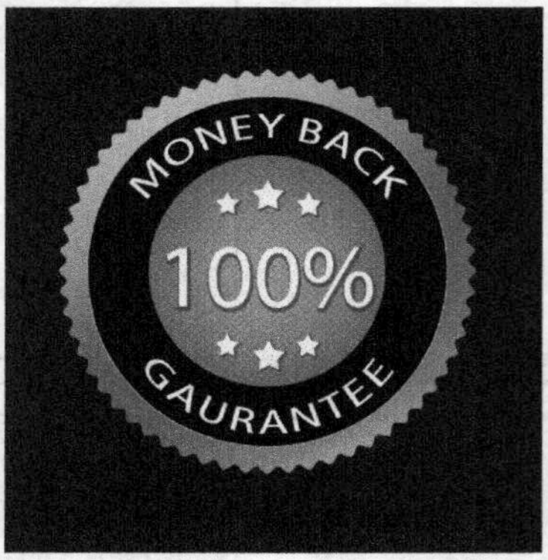

技巧分析

金色给人以热烈、辉煌的感觉，有一种富贵的象征，通常用于奖励、名誉。本例的徽章可以使用在品质保证或者信誉标牌上。

步骤演练

01 空白文档的建立。执行“文件>新建”命令，或按快捷键Ctrl+N，打开“新建”对话框，设置宽度和高度分别为650像素×560像素，分辨率为72像素/英寸，完成后单击“确定”按钮，新建一个空白文档，如图所示。

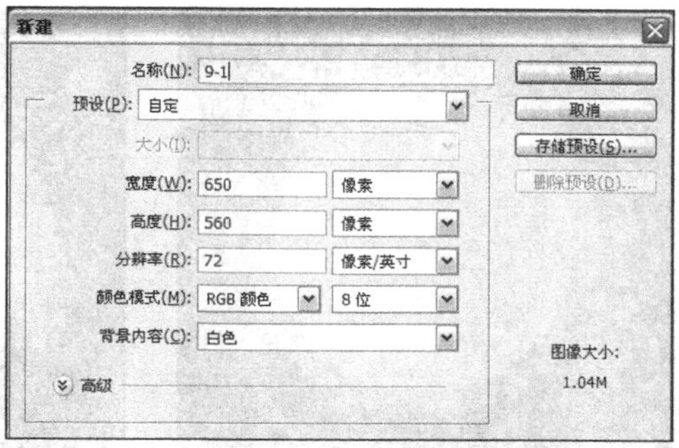

02 纯色背景的制作。单击前景色图标，在弹出的“拾色器（前景色）”对话框中设置参数，改变前景色，按快捷键Alt+Delete为背景填充前景色。

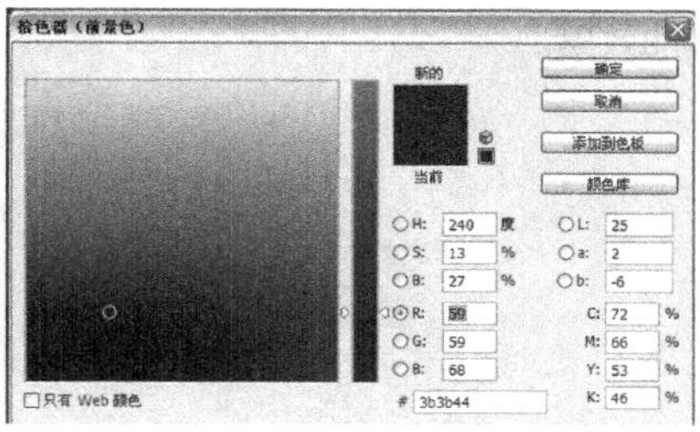

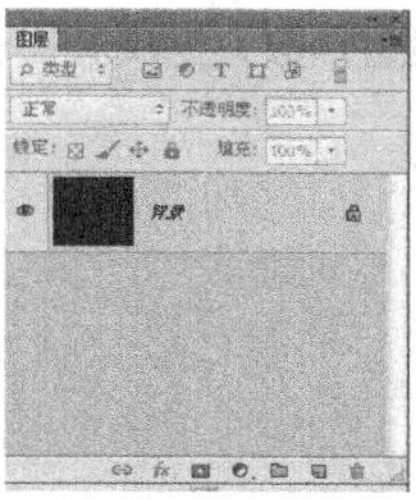

03 特殊效果的添加。选择“多边形工具”，在选项栏中设置边为60，单击设置按钮，在弹出的面板中设置参数，然后设置前景色为白色，绘制徽章的外部轮廓，得到“形状1”图层，打开“图层样式”对话框，选择“渐变叠加”选项，设置参数，为形状添加渐变效果。

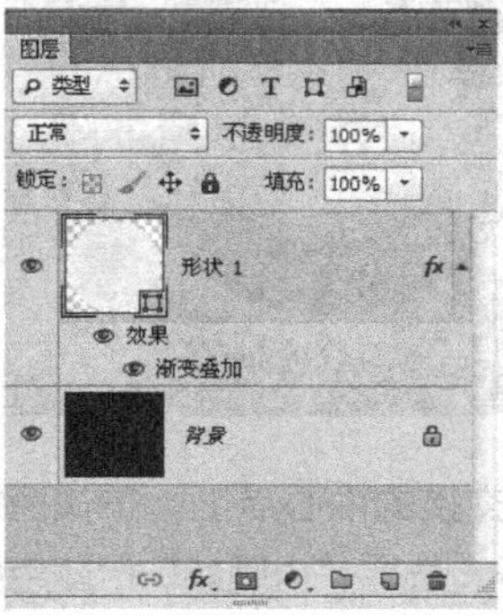

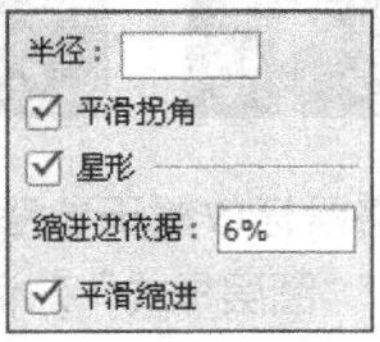

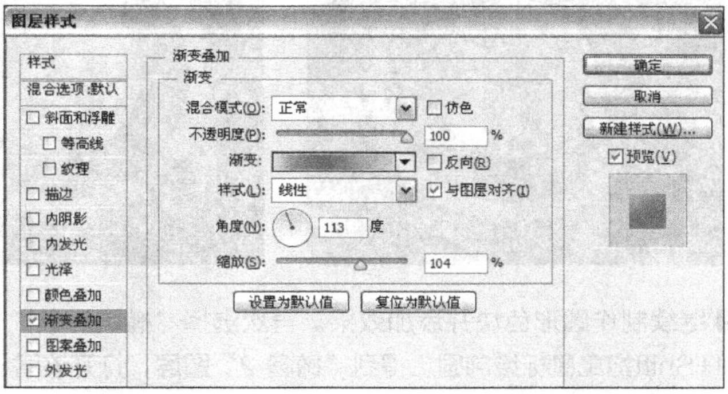

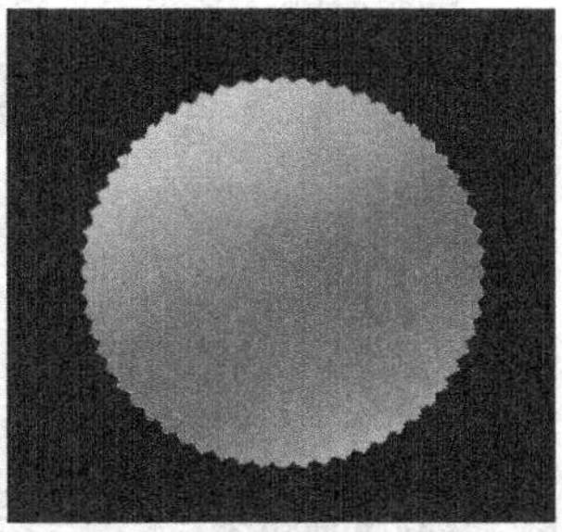

04 圆形色块的制作。按快捷键Ctrl+R，打开“标尺工具”，从标尺中拉出参考线，使其水平和垂直方向都位于外形轮廓的中央位置，然后选择“椭圆工具”，按下快捷键Alt+Shift从参考线交接的地方拖曳开始绘制圆，得到“椭圆1”图层，为该图层添加图层蒙版，设置前景色为黑色，绘制圆，可显示底部形状的颜色。

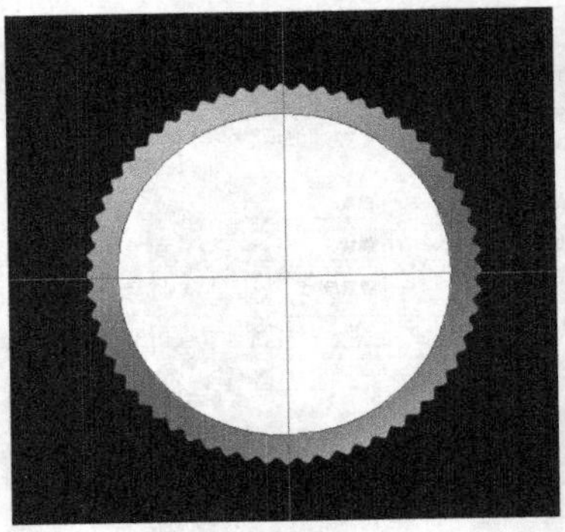
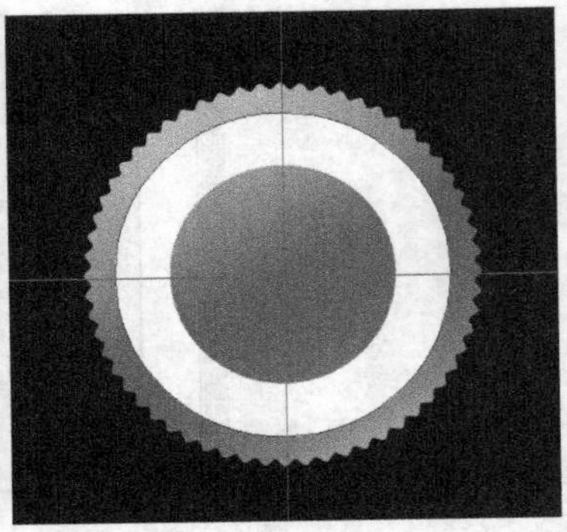
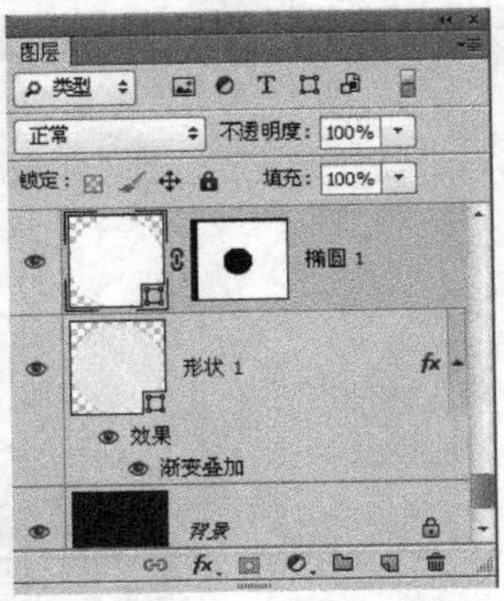

05 特殊效果的添加。打开“椭圆 1”图层的“图层样式”对话框，在左侧列表中分别选择“描边”“颜色叠加”“图案叠加”“投影”等选项，设置参数，为椭圆形状添加效果。

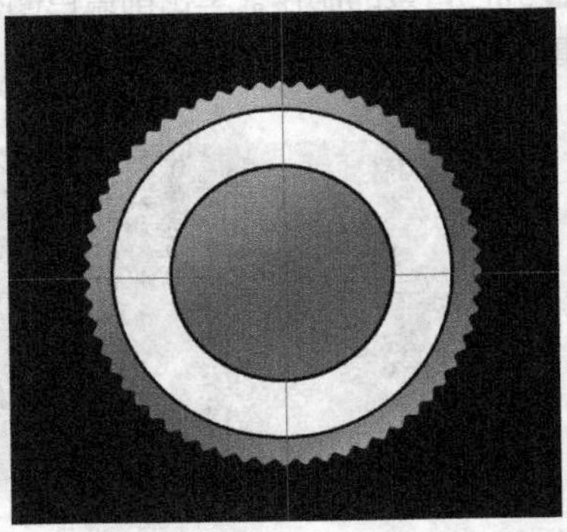

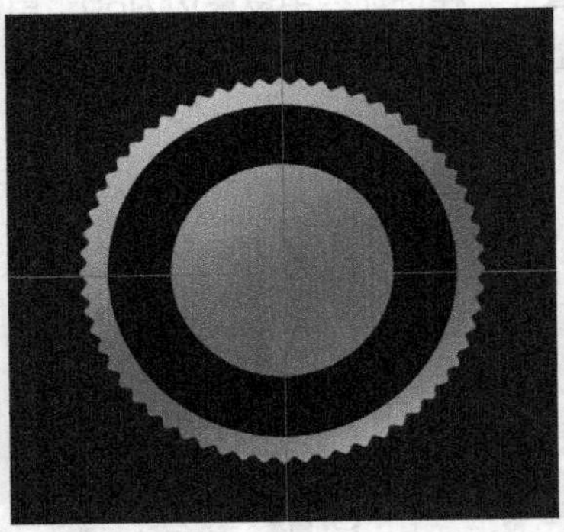

06 继续制作圆形色块并添加效果。再次选择“椭圆工具”，将鼠标放置于参考线交接的中心点上，按快捷键Alt+Shift拖曳鼠标绘制圆，得到“椭圆 2”图层，打开该图层的“图层样式”对话框，选择“内阴影”“颜色叠加”“图案叠加”等选项，设置参数，为圆添加效果。

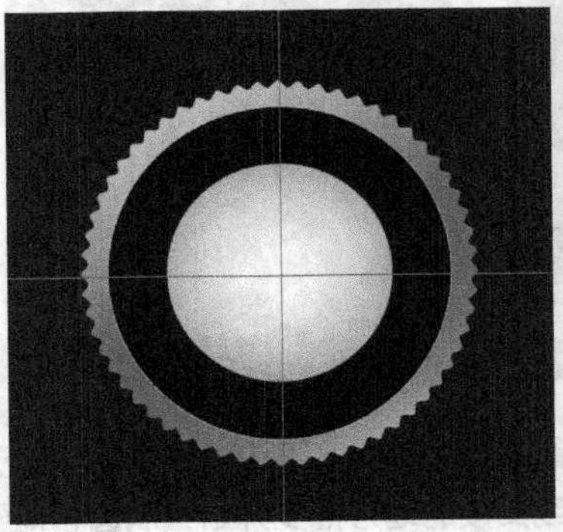
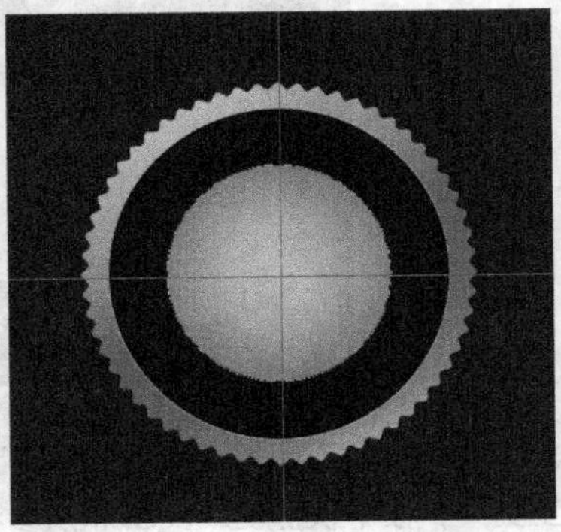
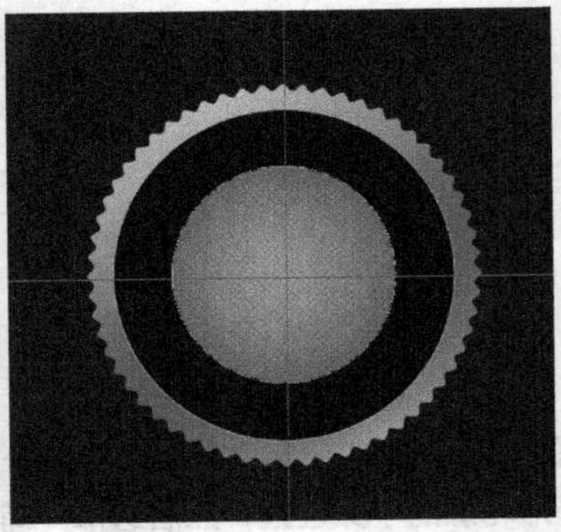

07 星星的制作以及特效的添加。选择“钢笔工具”,绘制星星形状，打开“图层样式”对话框，选择“渐变叠加”和“投影”选项，设置参数，为星星添加渐变、投影效果。

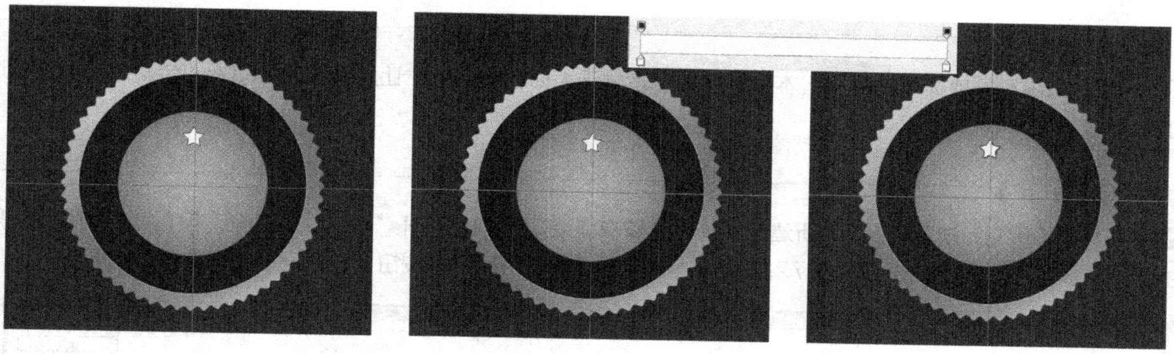

08 复制星星形状。将星星图层进行复制，按快捷键Ctrl+T，自由变换，将其缩小，移动位置，按Alt键的同时选中星星形状，移动位置，可将其进行复制，得到多个星星形状。

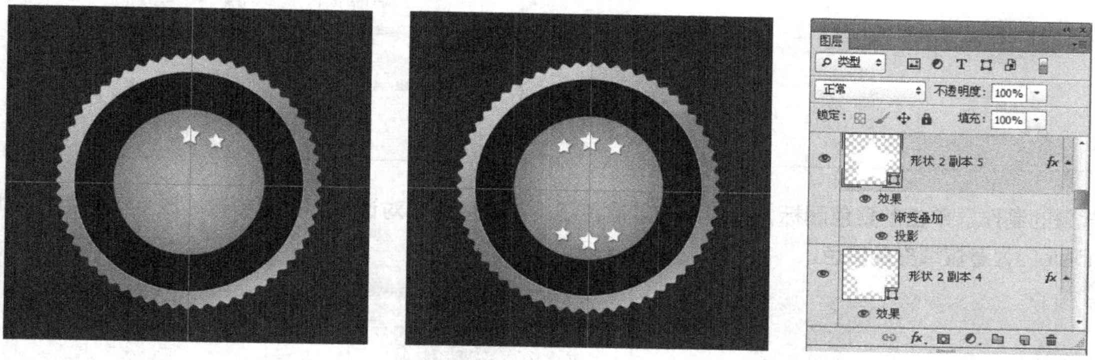

09 文字的制作。选择“横排文字工具”，在选项栏中设置文字的颜色、大小、字体等属性，在图像上输入文字，完成效果。

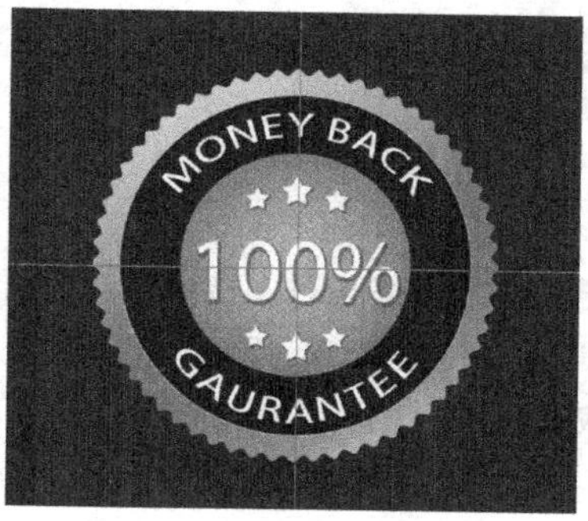

案例 6　制作秒表图形

案例分析

本例将制作一个秒表图形，这个图形设计参考了简约风格的表盘，配上醒目的红色警示指针，让人感觉到平静中有些不安。

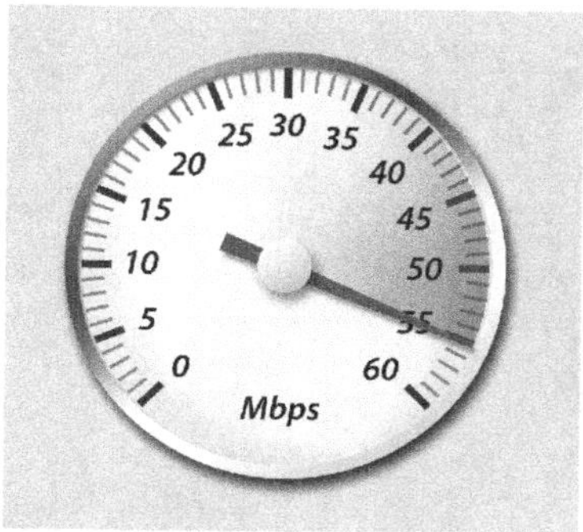

技巧分析

灰色给人以冷酷或简约的象征，本例将红色元素融于大面积灰色中，让人感觉到Mbit/s（传输速率）是极速的。

步骤演练

01 空白文档的建立。执行“文件>新建”命令，或按快捷键Ctrl+N，打开“新建”对话框，设置宽度和高度分别为1280像素×1024像素，分辨率为72像素/英寸，完成后单击“确定”按钮，新建一个空白文档，如图所示。

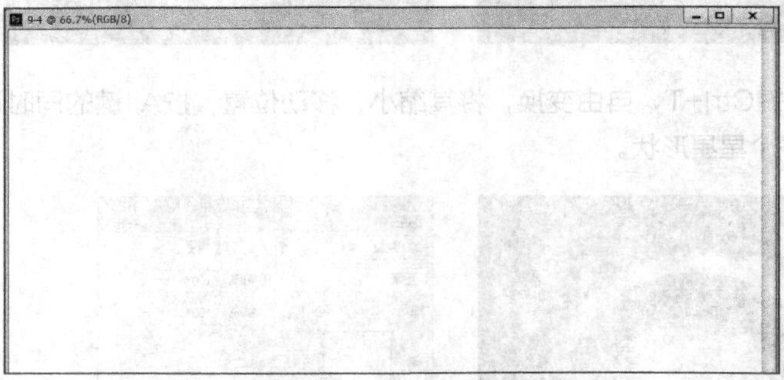

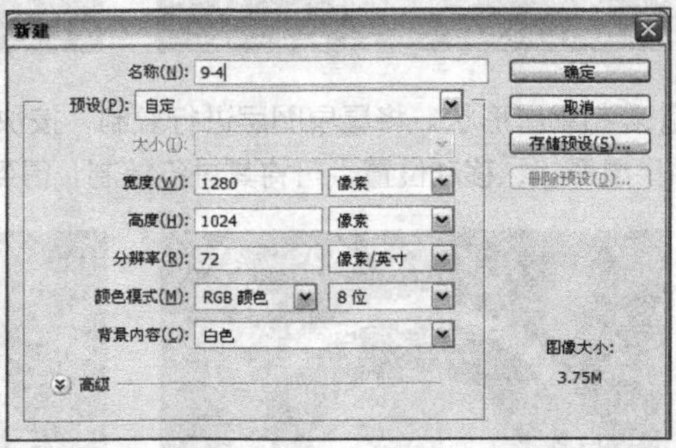

02 纯色背景的制作。单击前景色图标，在弹出的“拾色器（前景色）”对话框中设置参数，改变前景色，按快捷键Alt+Delete为背景填充前景色。

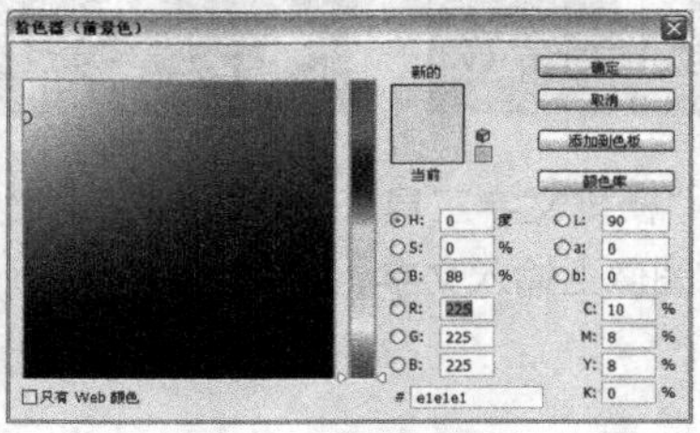

03 圆形色块的制作。选择“椭圆选框工具”，按Shift键绘制圆，设置前景色为白色，新建“图层 1”图层，为选区填充白色，按快捷键Ctrl+D，取消选区。

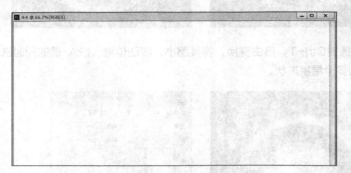

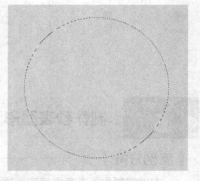

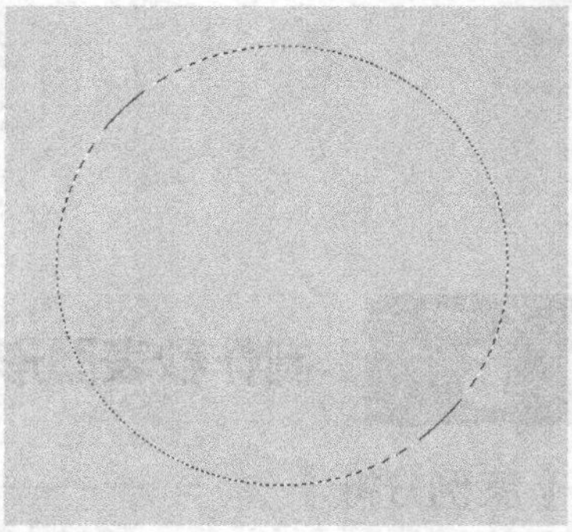

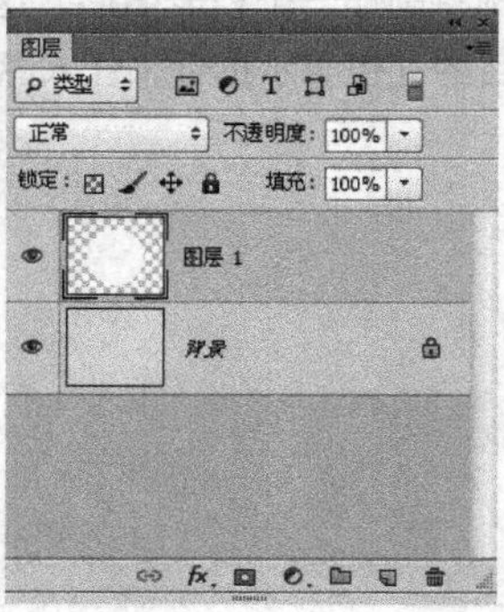

04 特效的添加。打开“图层样式”对话框，选择“渐变叠加”和“投影”选项，设置参数，单击“确定”按钮，为圆添加质感。

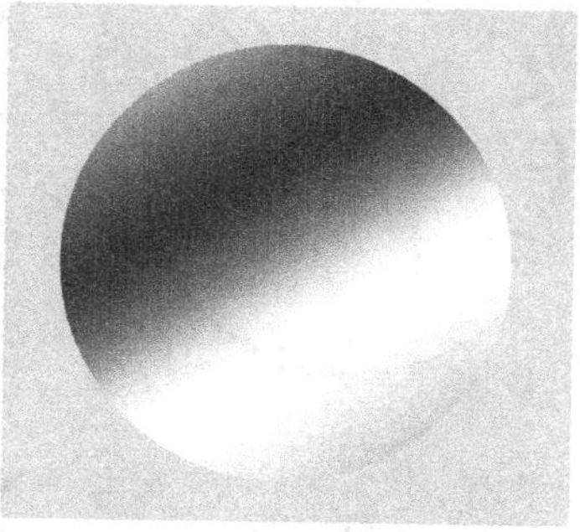

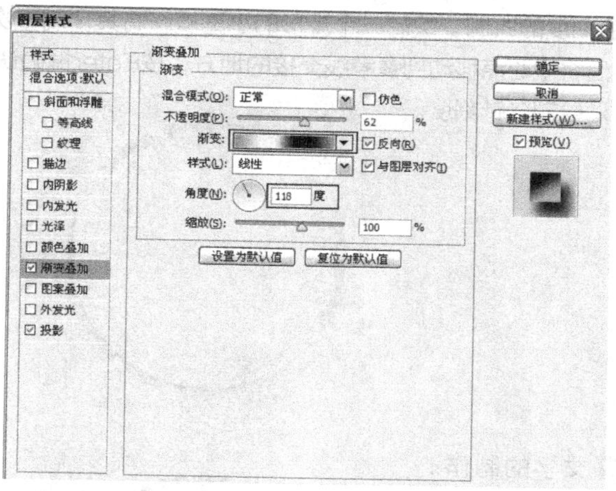

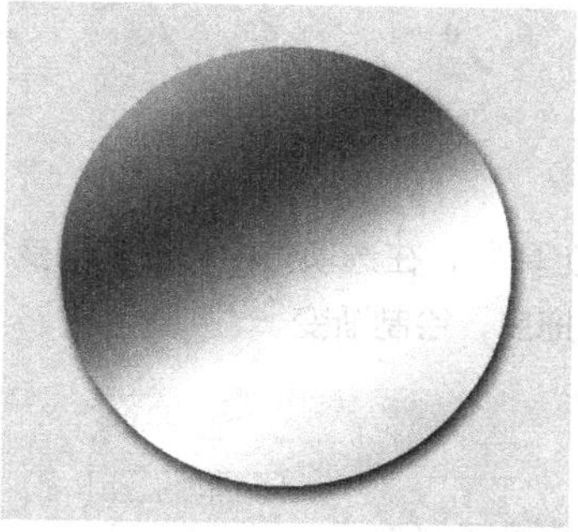

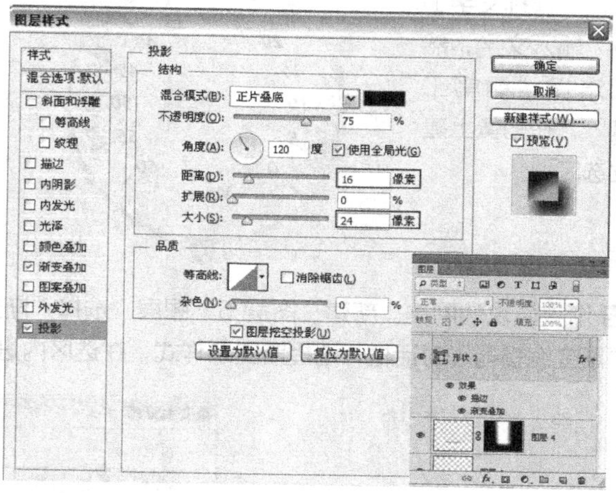

05 继续制作圆形色块并添加特效。打开“标尺工具”，拉出参考线，使其位于圆的中央，再次选择“椭圆选框工具”，从参考线交接的地方开始，按快捷键Alt+Shift绘制同心圆，新建“图层 2”图层，填充白色，打开“图层样式”对话框，选择“渐变叠加”“内阴影”“光泽”选项，设置参数。

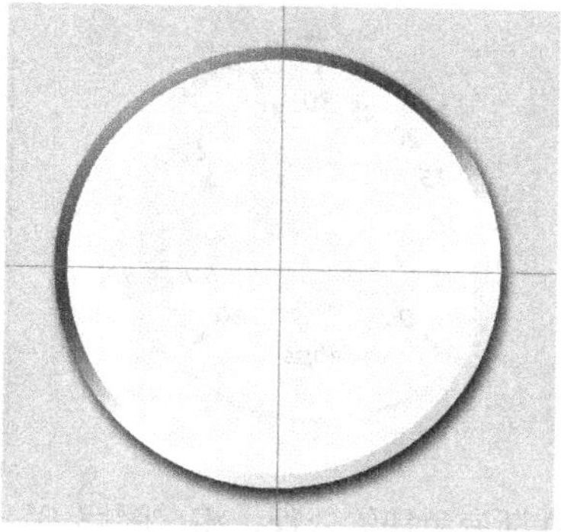

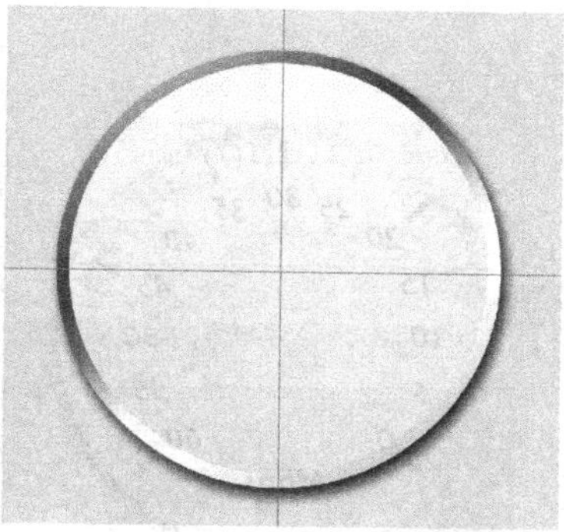

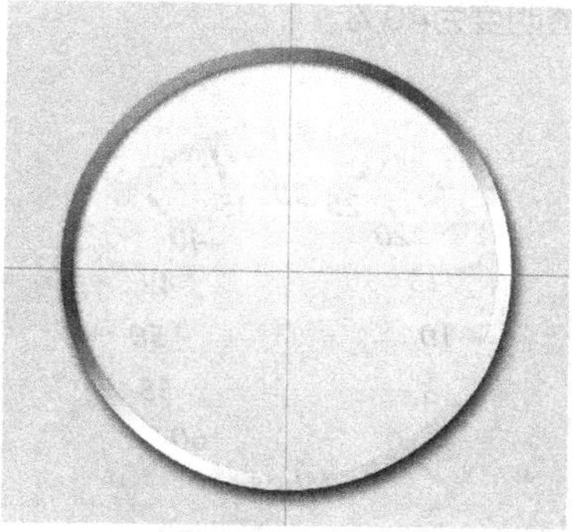

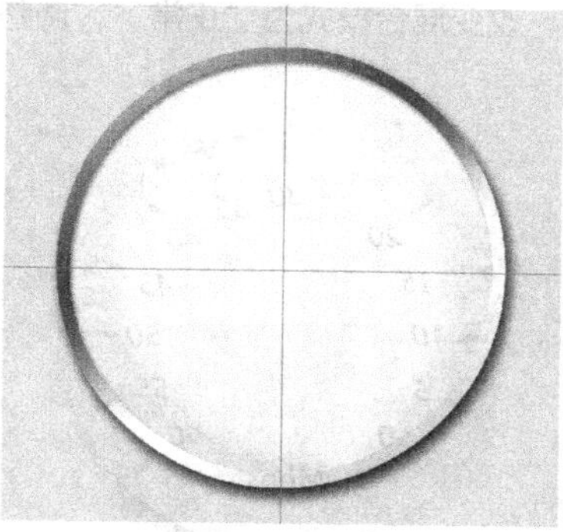

06 刻度的绘制。绘制一个矩形的小刻度，将其复制一次，执行“自由变换”命令移动旁边的位置，并将其旋转，然后将中心点移动到参考线交接的地方，按Enter键确认，多次按快捷键Ctrl+Alt+Shift+T可得到刻度，并以同样的方法绘制分针刻度。

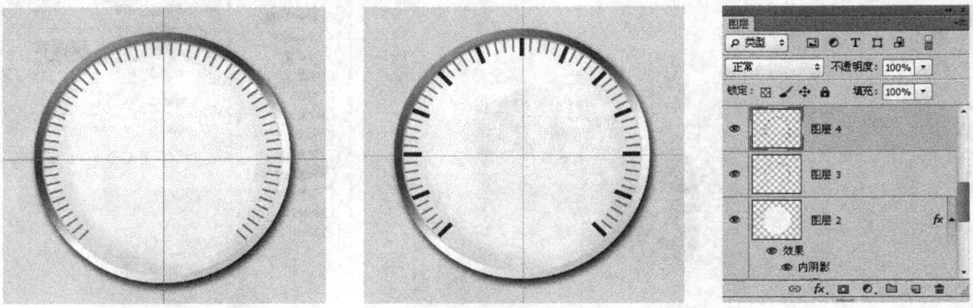

07 文字的制作。选择“横排文字工具”输入文字，然后选择“钢笔工具”，在图像上建立选区。

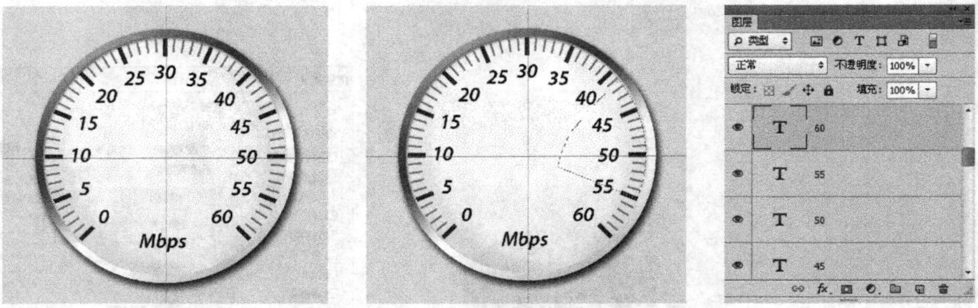

08 渐变色块的制作。新建“图层 5”图层，选择“渐变工具”，在选项栏中单击“渐变”按钮，弹出“渐变编辑器”对话框，选择渐变条样式，在选区内进行拖曳，绘制渐变。

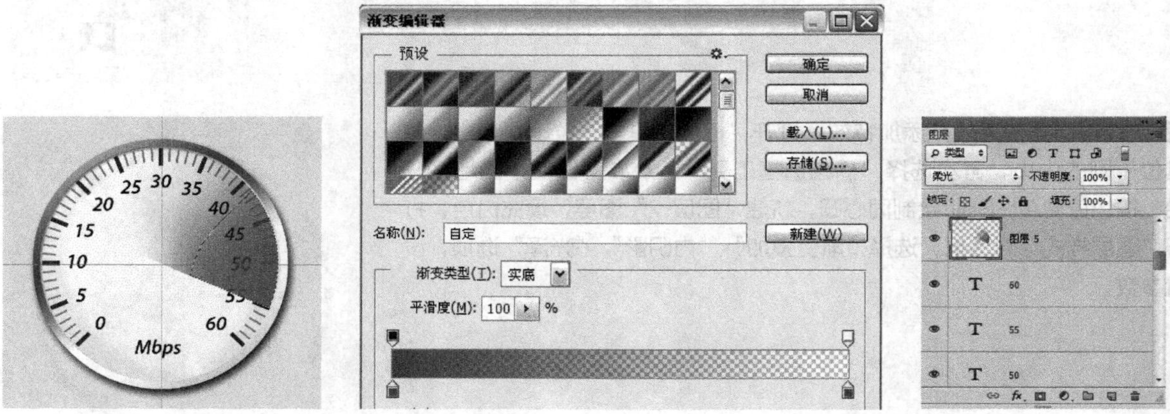

09 渐变色块的处理。将“图层 5”图层的混合模式设置为“柔光”，将其复制两次，选择“图层 5 副本2”图层，改变混合模式为“正常”，调整不透明度为40%。

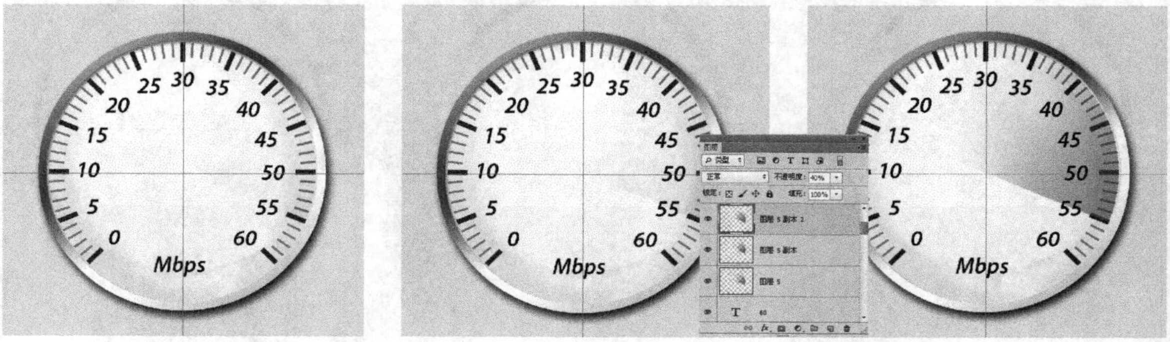

10 指针的绘制。选择“钢笔工具”，绘制指针形状，打开该图层的“图层样式”对话框，选择“投影”选项，设置参数，为其添加投影效果。

11 圆形色块的制作以及特效的添加。选择“椭圆选框工具”，绘制圆，新建图层，填充白色，打开“图层样式”对话框，选择“渐变叠加”和“投影”选项，设置参数，单击“确定”按钮，为其增加立体感，完成效果。

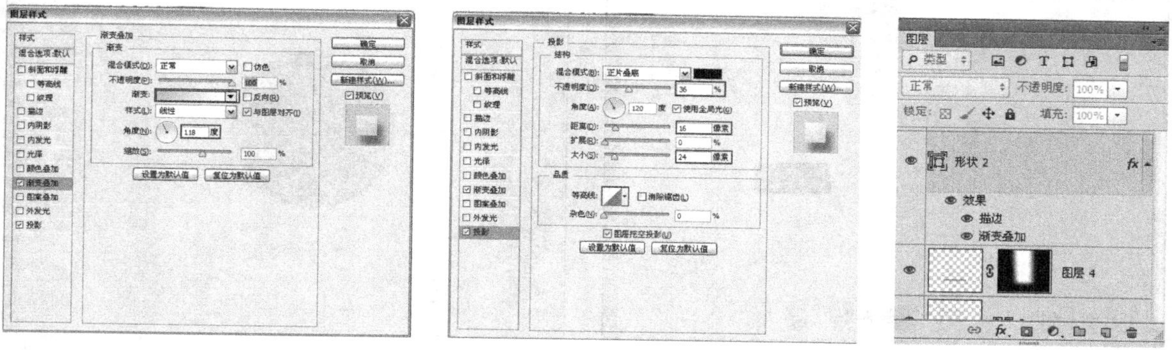

案例 7 制作桃心图形

案例分析

本例制作桃心图标，以椭圆工具和矩形工具为主，利用路径的运算方法，将路径进行合并或减去，从而绘制出桃心图标。

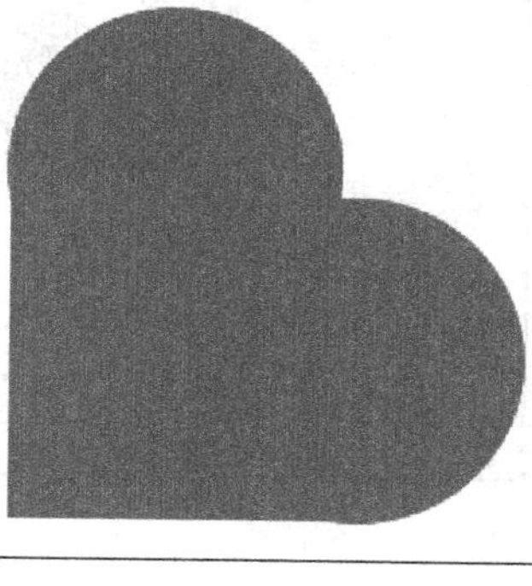

技巧分析

使用两椭圆相交的方法，算出桃心的弧度，然后使用矩形合并，绘制出精准的桃心。

步骤演练

01 空白文档的建立。执行“文件>新建”命令，创建尺寸为567像素×425像素、分辨率为300像素/英寸的文档，在这里使用像素为单位，可以使读者更好地看清图标的细节。

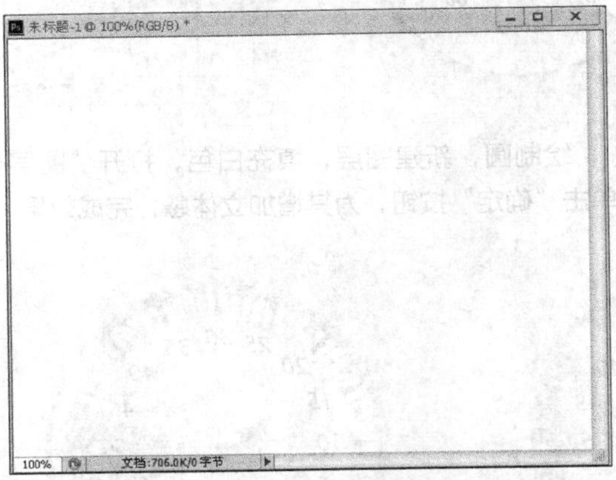

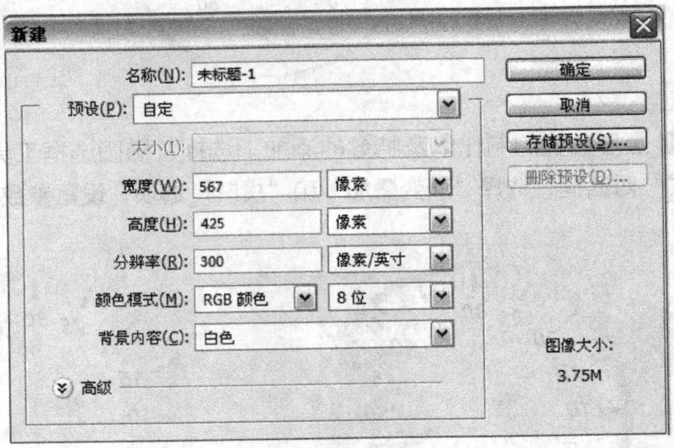

02 圆形色块的制作。选择“椭圆工具”，在图像上方显示的选项栏中设置填充色为红色，按Shift键的同时在图像上拖曳，绘制6厘米×6厘米的圆，松开鼠标，画布上会画出一个填充色为红色的圆。

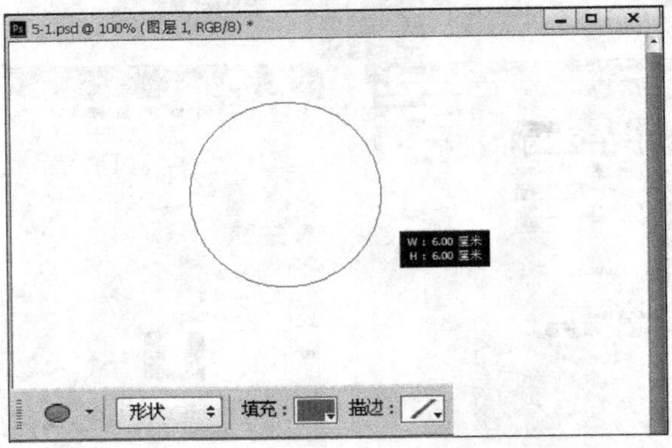

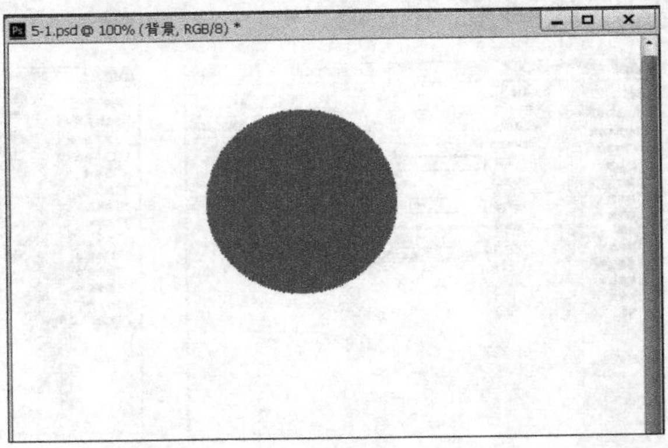

03 圆形色块的制作以及形状的合并。继续使用“椭圆工具”绘制，在选项栏中选择“合并形状”选项，按Shift键绘制6厘米×6厘米的圆，此时绘制出来的圆会与刚才的圆进行相交合并。

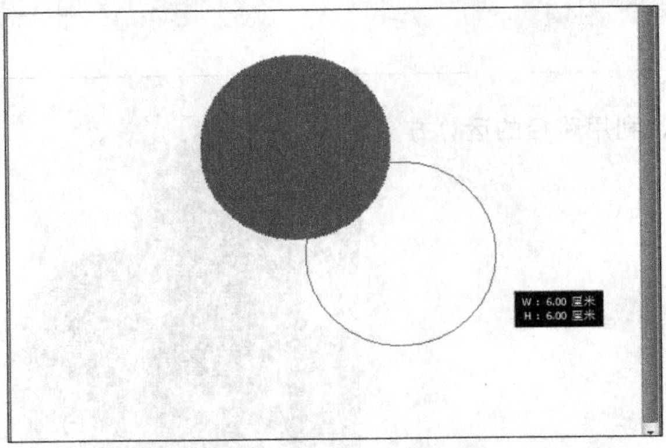

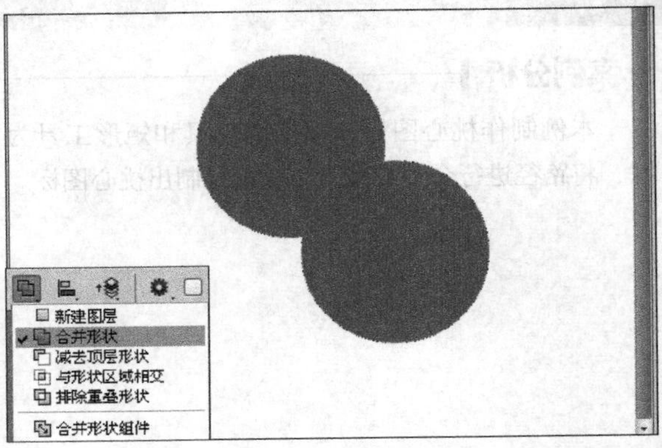

04 矩形色块的制作以及形状的合并。选择“矩形工具”，在选项栏中选择“合并形状”选项，从两圆交接的地方开始拖曳，绘制正方形，松开鼠标，心形图标制作完成。

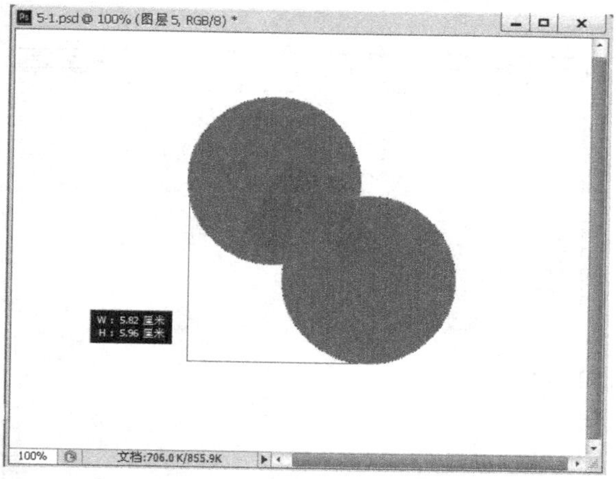

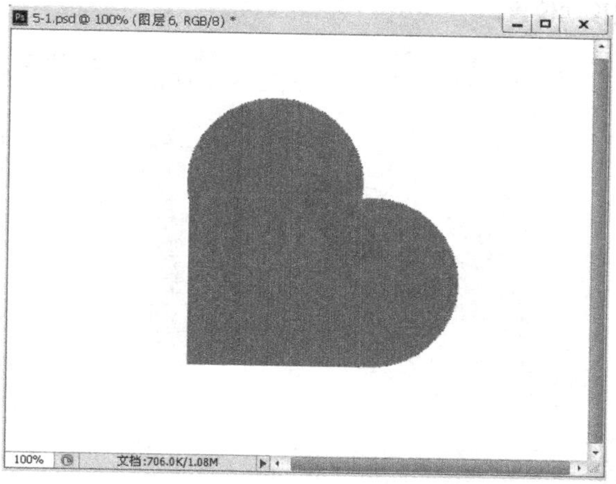

案例 8 制作可回收资源图标

案例分析

本例制作可回收资源图标，从这个例子中可以学到合并形状、自由变换、钢笔工具的基本使用方法。

技巧分析

通过“自由变换”命令，改变形状的角度，合并形状后使用路径的减法进行计算，最后使用钢笔工具绘制箭头，完成基本造型。

步骤演练

01 空白文档的建立。执行“文件>新建”命令，设置宽度和高度分别为567像素×425像素，设置分辨率为300像素/英寸，选择“矩形工具”，设置前景色为黑色，按住鼠标左键不放在画布上拖曳绘制矩形形状。

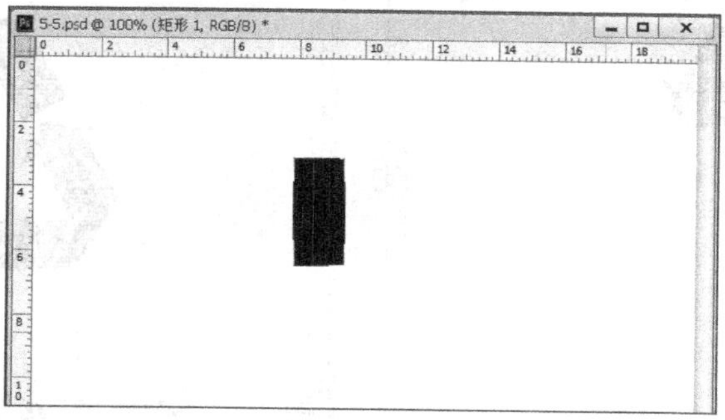

02 矩形色块的制作。按快捷键Ctrl+T，自由变换，旋转矩形形状的角度，按Enter键，确认操作，将该图层进行复制，执行“自由变换”命令，在矩形框内单击鼠标右键，执行“水平翻转”命令，将其进行翻转，使用移动工具移动位置。

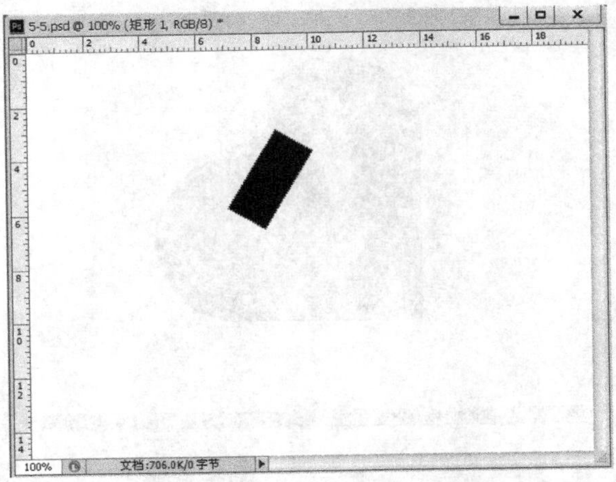

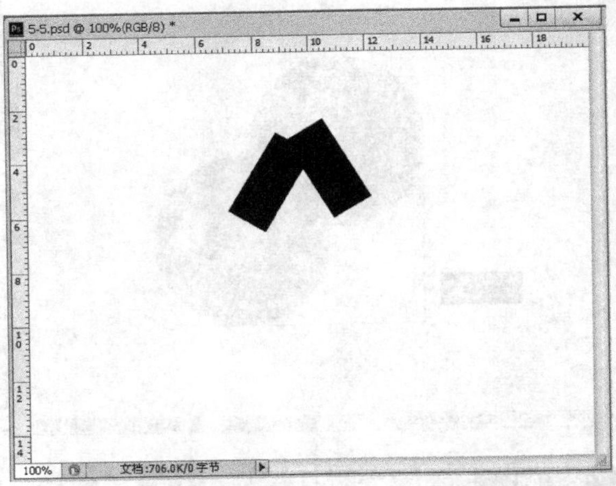

03 形状的修剪。从标尺中拉出3条辅助线，将该图层及其副本图层的形状进行合并，选择矩形工具，在选项栏中选择“减去顶层形状”选项，在辅助线内绘制矩形框。

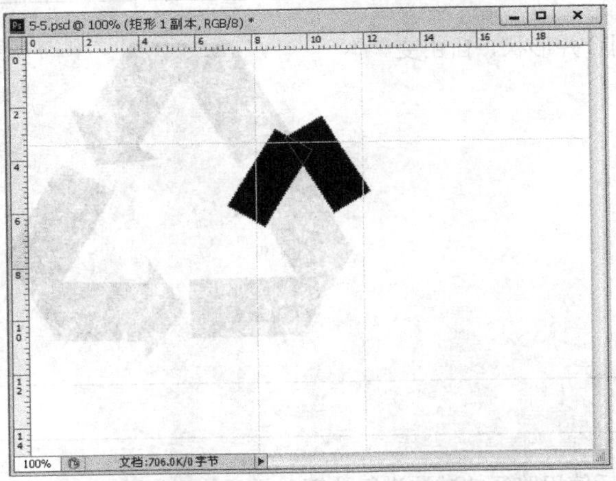

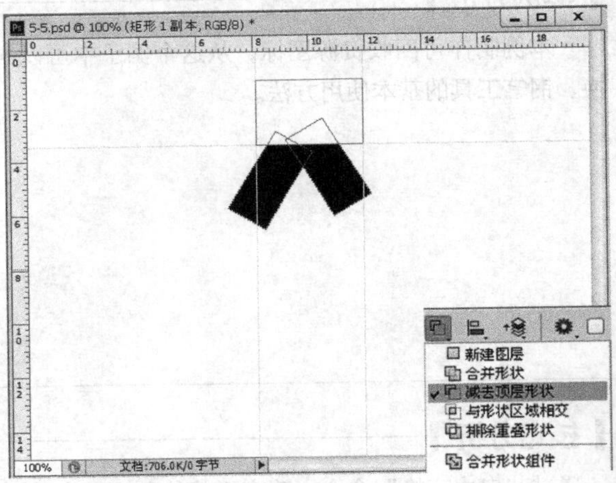

04 箭头形状的制作以及形状的合并。选择钢笔工具，在选项栏中选择“合并形状”选项，然后在图像上绘制箭头形状，完成后，将该图层进行复制、旋转，再复制、再旋转，制作可回收图标，完成效果。

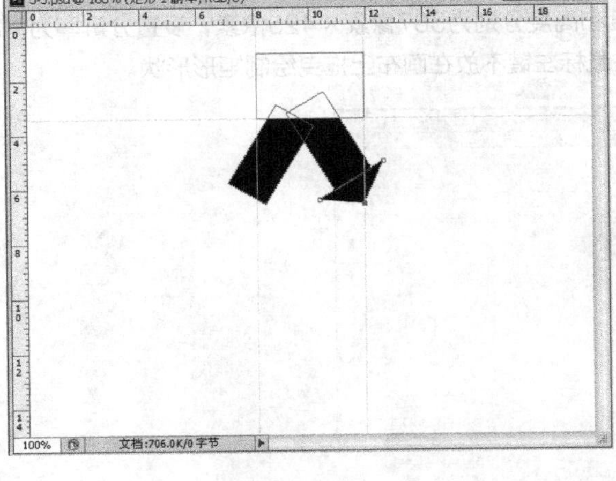

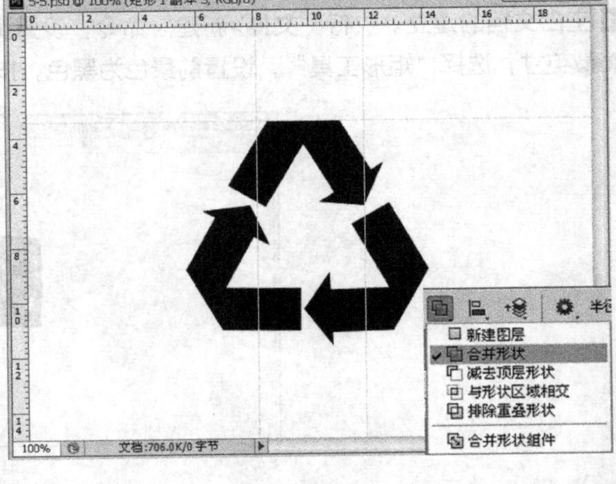

4.4 课后练习——制作闹钟图标

案例分析

本例是闹钟图标制作，设计师采用渐变叠加和投影来制作闹钟底座，用光影表现出闹钟底座的塑料质感，通过白色金属质感的闹钟圆盘来衬托立体感，精细的刻度和指针营造出精准的氛围。

步骤演练

01 背景素材的添加。执行“文件>打开”命令，在弹出的“打开”对话框中，选择素材文件打开 。

02 圆角矩形色块的制作。单击工具栏中的“圆角矩形工具”按钮，在选项栏中选择工具的模式为“形状”，设置填充色为浅黄色（R：237 G：235 B：222），半径为10像素，绘制圆角矩形 。

03 渐变叠加效果的添加。单击图层面板下方的“添加图层样式”按钮，在弹出的下拉菜单中勾选“渐变叠加”，设置参数，添加渐变叠加。

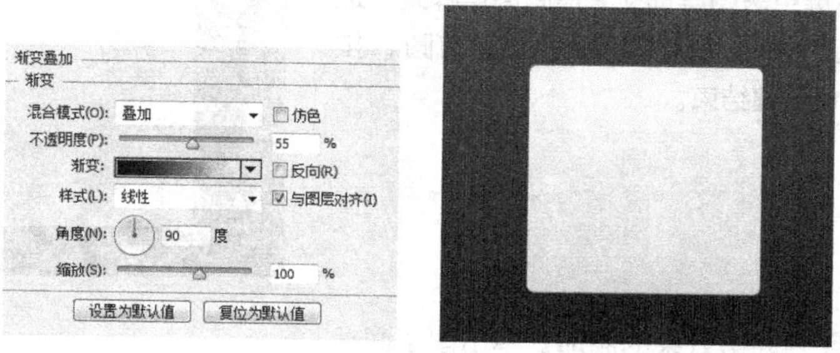

04 投影效果的添加。单击图层面板下方的“添加图层样式”按钮，在弹出的下拉菜单中勾选“投影”，设置参数，添加投影。

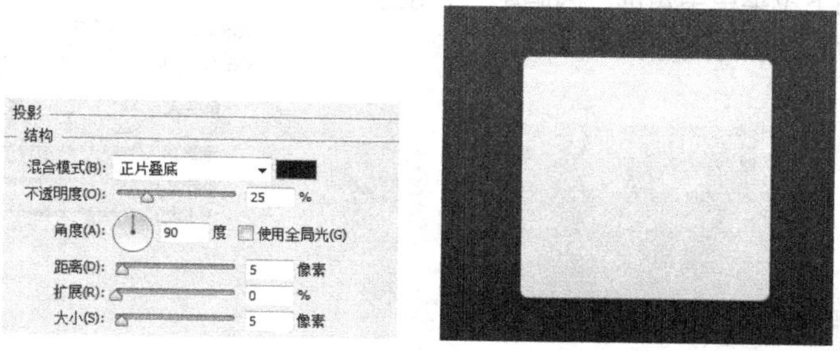

05 圆形色块的制作。单击工具栏中的“椭圆工具”按钮，在选项栏中选择工具的模式为“形状”，设置填充色为米黄色（R：245 G：245 B：245），绘制椭圆。

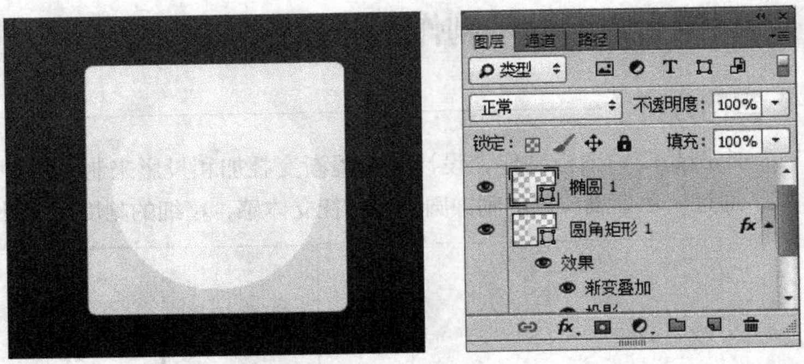

06 渐变叠加效果的添加。单击图层面板下方的“添加图层样式”按钮，在弹出的下拉菜单中勾选“渐变叠加”，设置参数，添加渐变叠加。

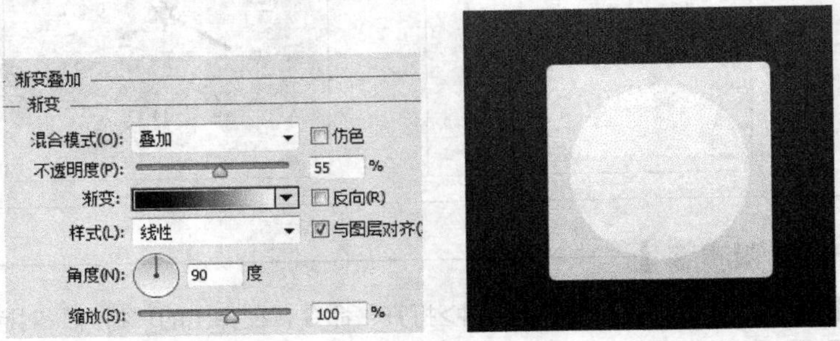

07 投影效果的添加。单击图层面板下方的“添加图层样式”按钮，在弹出的下拉菜单中勾选“投影”，设置参数，添加投影。

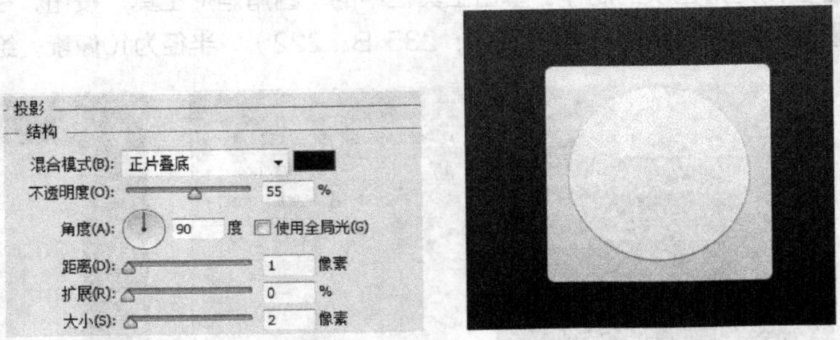

08 复制圆形色块。单击“椭圆1”图层，按快捷键Ctrl+J将图层复制一层，右键单击图层选择“清除图层样式”选项，按快捷键Ctrl+T缩放椭圆，按Enter键结束。

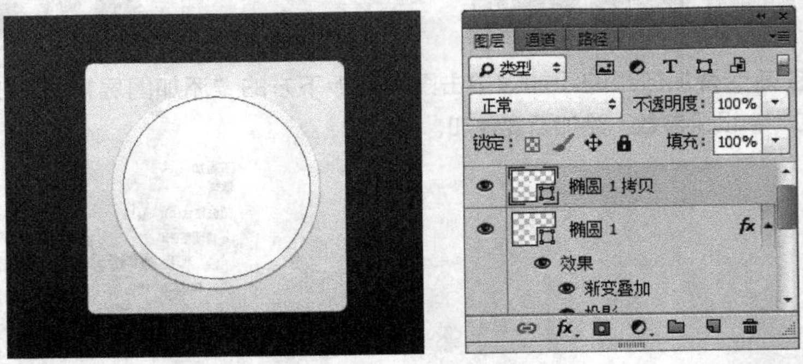

09 内阴影效果的添加。单击图层面板下方的“添加图层样式”按钮，在弹出的下拉菜单中勾选“内阴影”，设置参数，添加内阴影。

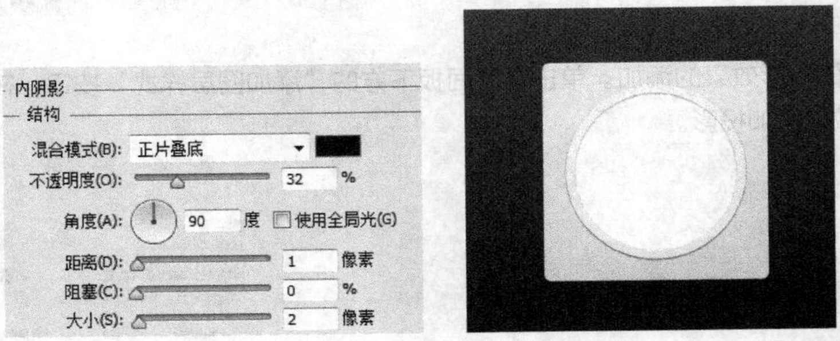

10 渐变叠加效果。单击图层面板下方的“添加图层样式”按钮，在弹出的下拉菜单中勾选“渐变叠加”，设置参数，添加渐变叠加。

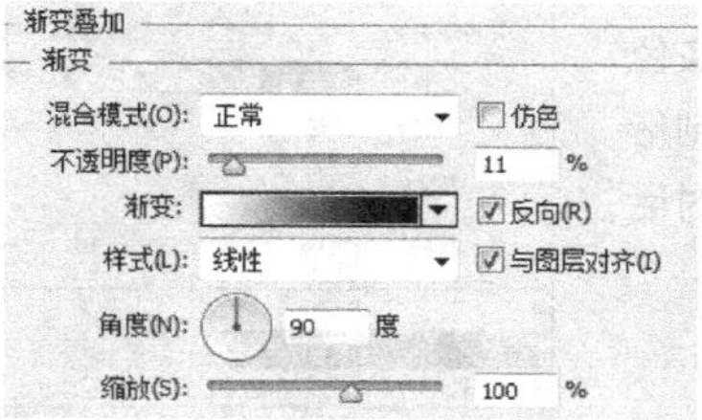

11 复制圆形色块。单击“椭圆1”图层，按快捷键Ctrl+J将图层复制一层，右键单击图层选择“清除图层样式”选项，按快捷键Ctrl+T缩放椭圆，按Enter键结束。

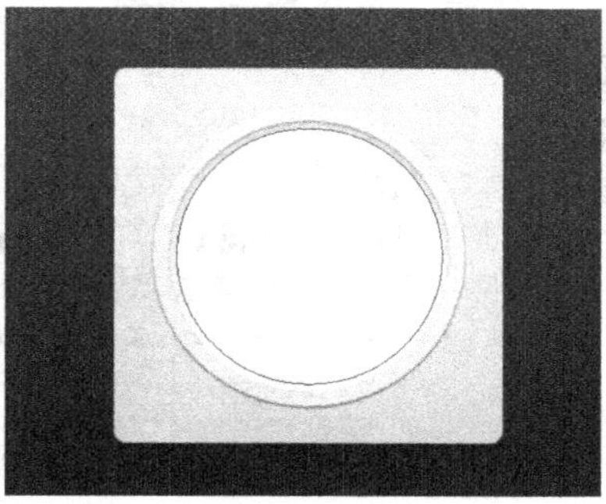

12 描边效果的制作。单击图层面板下方的“添加图层样式”按钮，在弹出的下拉菜单中勾选“描边”，设置参数，添加描边。

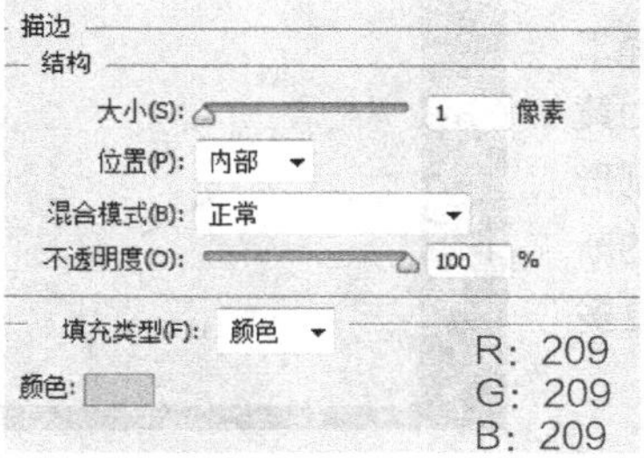

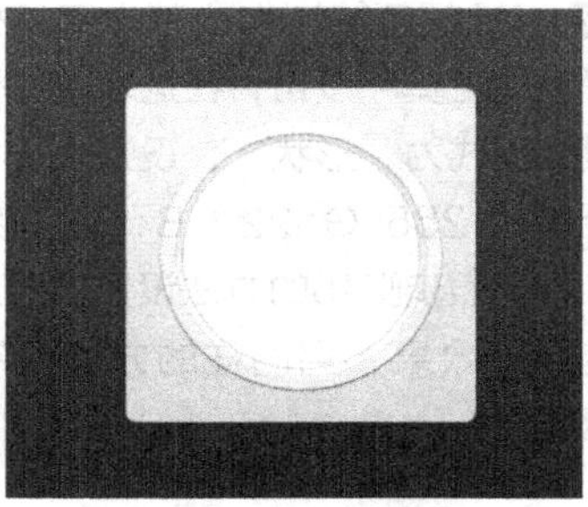

13 矩形色块的制作。单击工具栏中的“矩形工具”按钮，在选项栏中选择工具的模式为“形状”，设置填充色为深灰色（R：51 G：51 B：51），绘制矩形。

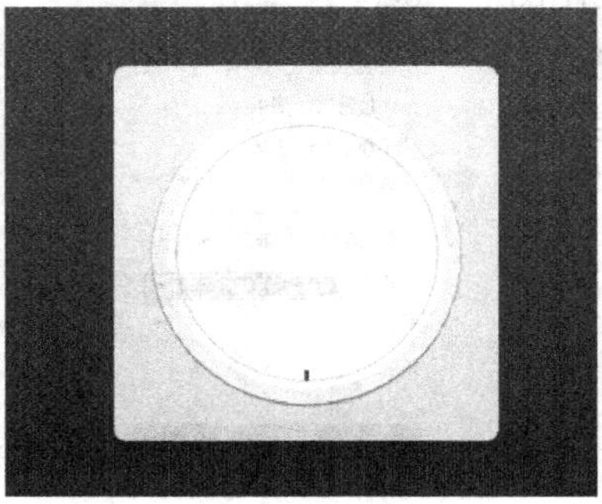

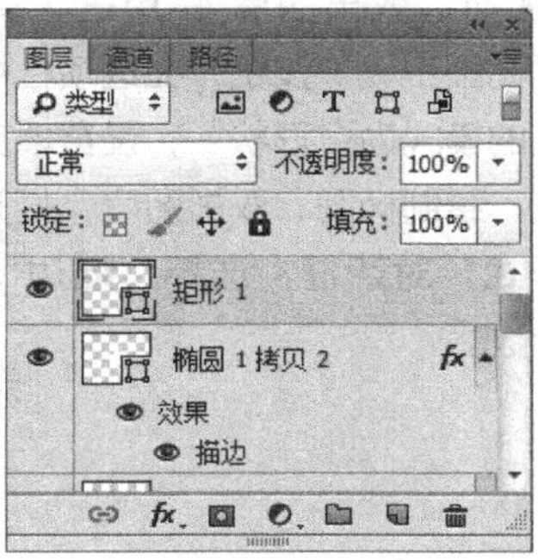

14 刻度的制作。按快捷键Ctrl+C，再按快捷键Ctrl+V复制矩形，按快捷键Ctrl+T旋转矩形，按快捷键Enter键结束，按快捷键Shift+Ctrl+Alt+T，旋转并复制矩形，最后用同样的方法绘制分针刻度。

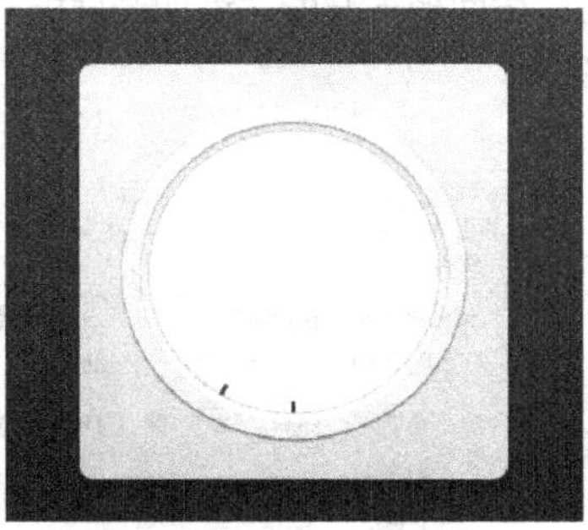

15 指针的制作。单击工具栏中的“钢笔工具”按钮，在选项栏中选择工具的模式为“形状”，设置填充色为深灰色（R:102 G:102 B:102），绘制形状，双击图层，打开“图层样式”对话框，选择“渐变叠加”，设置参数。

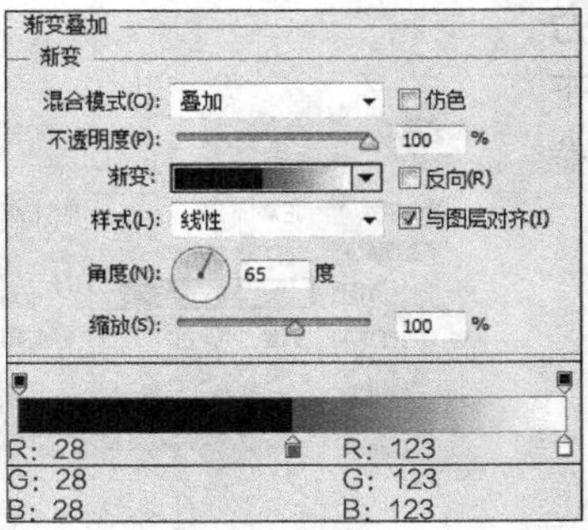

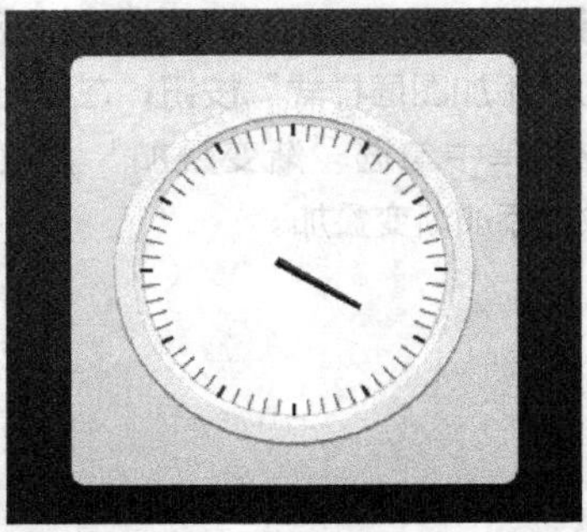

16 投影效果的添加。单击图层面板下方的“添加图层样式”按钮，在弹出的下拉菜单中勾选“投影”，设置参数，添加投影。

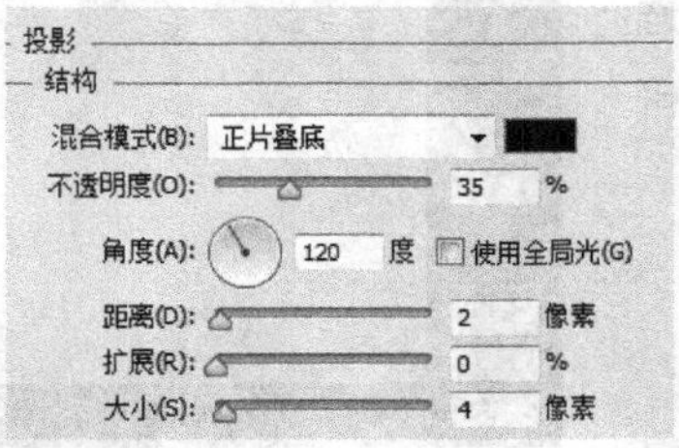

17 指针颜色的制作。单击工具栏中的“钢笔工具”按钮，在选项栏中选择工具的模式为“形状”，设置填充色为黄色（R:255 G:222 B:0），绘制形状，参照步骤15的方法设置该图层的渐变叠加效果，用同样的方法绘制更多效果。

18 描边效果的添加.单击工具栏中的“椭圆工具”按钮，在选项栏中选择工具的模式为“形状”，设置填充色为黑色，绘制椭圆，双击图层，打开“图层样式”对话框，选择“描边”，设置参数。

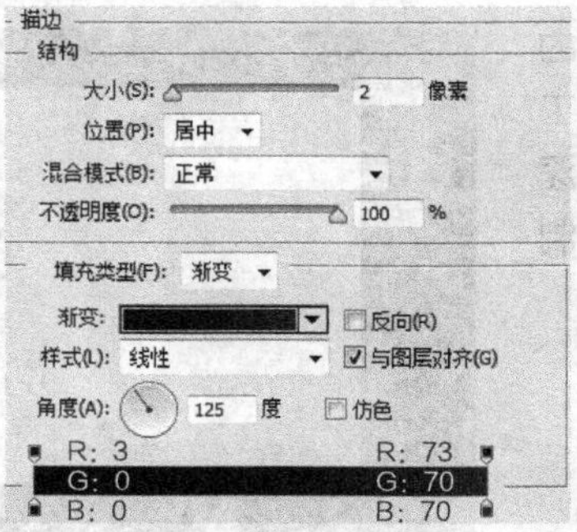

19 渐变叠加及投影效果的添加。单击图层面板下方的“添加图层样式”按钮，在弹出的下拉菜单中勾选“渐变叠加”和“投影”，设置参数，添加投影。

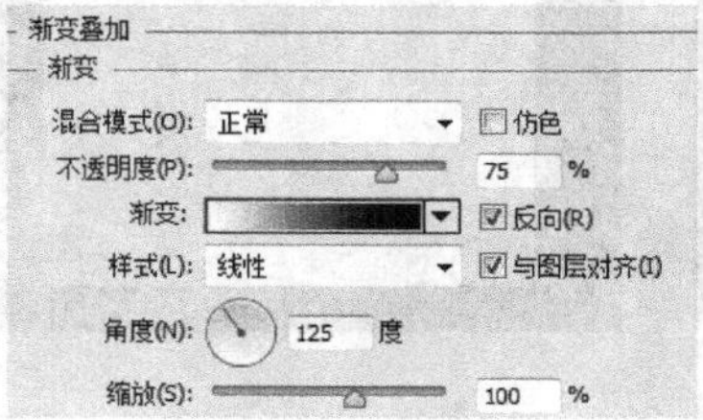

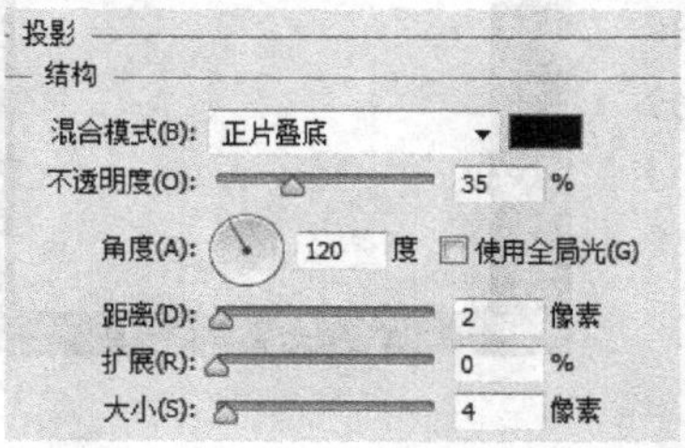

20 描边效果的添加。单击工具栏中的“椭圆工具”按钮，在选项栏中选择工具的模式为“形状”，设置填充色为黄色（R：255 G：222 B：0），绘制椭圆，双击图层，打开“图层样式”对话框，选择“描边”，设置参数。

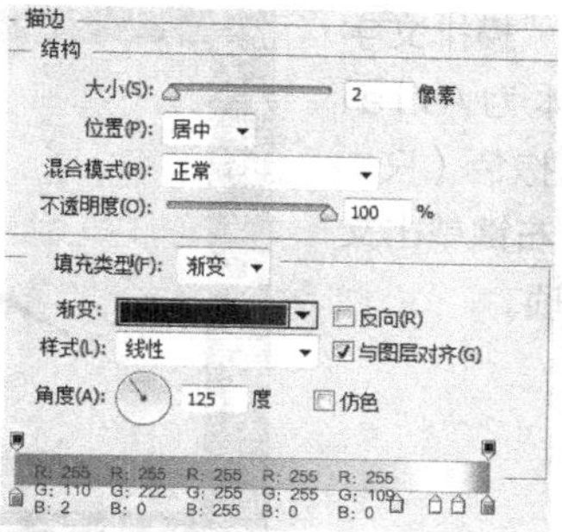

21 扇形的制作。单击工具栏中的“钢笔工具”按钮，在选项栏中选择工具的模式为“形状”，绘制形状，设置图层的填充为0。

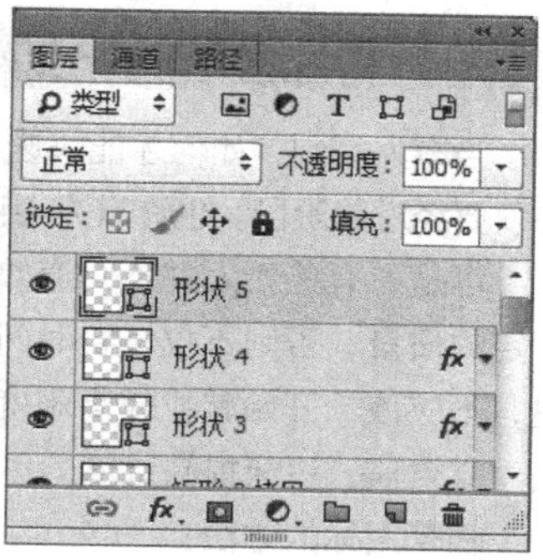

22 描边效果的添加。单击图层面板下方的“添加图层样式”按钮，在弹出的下拉菜单中勾选“描边”，设置参数，添加描边。

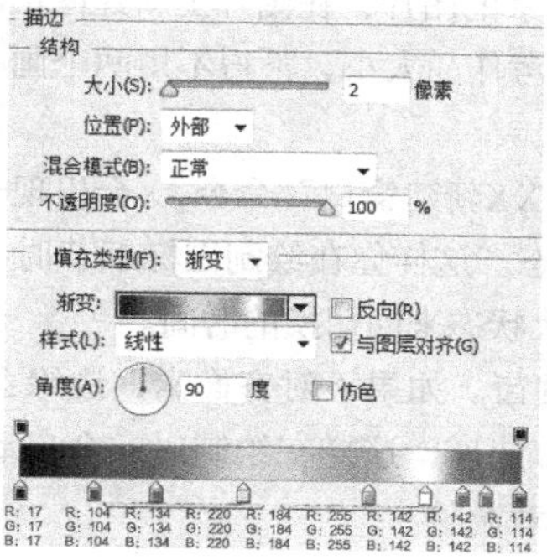

23 内阴影效果的添加。单击图层面板下方的“添加图层样式”按钮，在弹出的下拉菜单中勾选“内阴影”，设置参数，添加内阴影。

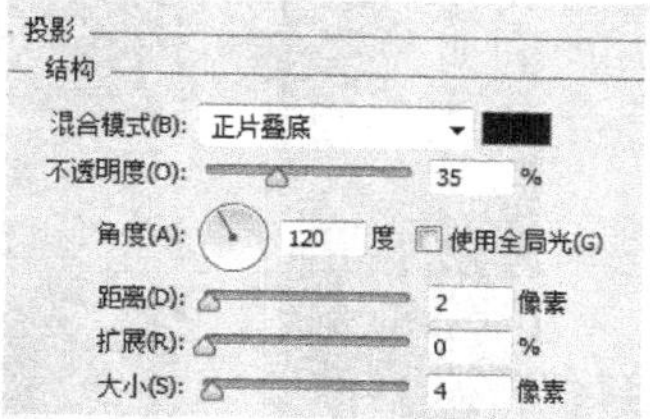

24 投影效果的添加。单击图层面板下方的“添加图层样式”按钮，在弹出的下拉菜单中勾选“投影”，设置参数，添加投影。

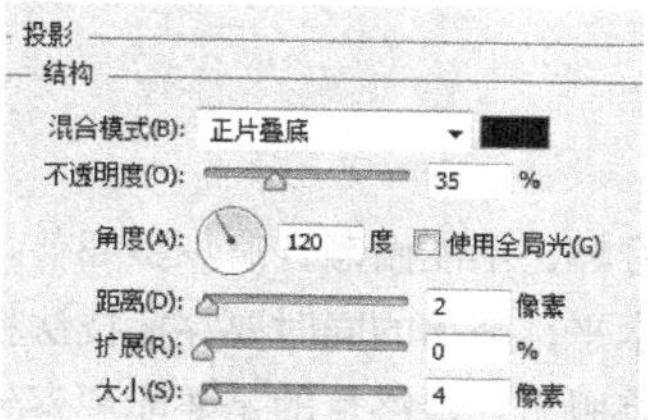

25 文字的制作。单击工具箱中的“横排文字工具”，在选项栏中设置字体为Arial Regular，字号为18点，颜色为棕色（R：91 G：60 B：0），输入文字，右键单击文字图层，选择“创建剪贴蒙版”选项。

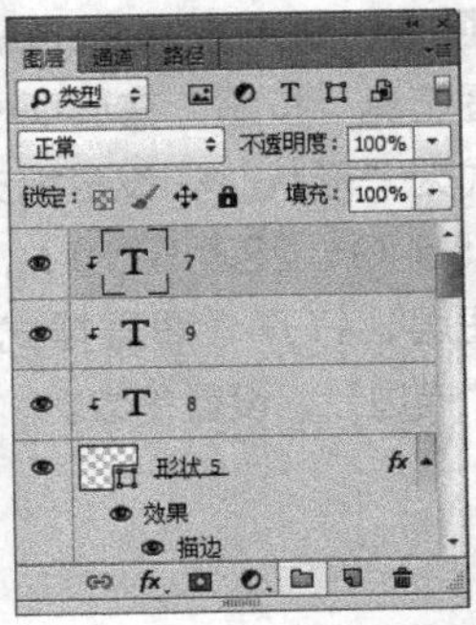

4.5 课后思考——如何快速制作一组图标

当有人问到，如何才能快速上手制作图标呢？回答是：临摹。无论是纯粹的艺术修炼还是设计学习，临摹都是必须要经过的阶段。也许有人会说，临摹不就是找张作品，然后对照着画出一样的就行了。

可是，有些新人并不知道如何有效地临摹。首先，自然是寻找参照物。值得注意的是，要参照的作品必须有一定的质量，否则不仅浪费时间，而且影响你的审美。其次，参照作品应符合你当前的水平，特别是对于新人来说，不应该一开始就找较高难度的作品，这样容易遭受挫折，丧失学习的激情。应该从简单的开始循序渐进，慢慢建立自信，逐渐提高难度。

临摹图标的方法：

（1） 建议用PS直接打开需要临摹的图片，在图片上新建图层临摹。这样容易对比观察，能很直接地判断图标各个元素之间的比例关系。如果参考作品太小，不得不用两个画布时，也要务必保证新画布的大小、图标比例与原作一致。

小技巧：选择“窗口>排列>为XXX新建窗口”命令， 会出现一个与当前画布一模一样的新窗口。将此窗口拉到合适比例，并保持100%可视状态。这样你在绘制图标细节时，无论放到多大，进行任何操作，新窗口都会同步。如此，大大减少了100%与放大状态来回切换的时间。

（2） 像素是否对齐，是否无锯齿。如果不对齐像素，边缘会出现虚边。当选择矩形工具或圆角矩形工具时，要在选项栏中勾选“对齐像素”选项，这样在绘制时，会自动对齐，如果你之后又进行了放大、缩小或移动，还是有可能会产生虚边的，要注意调整。

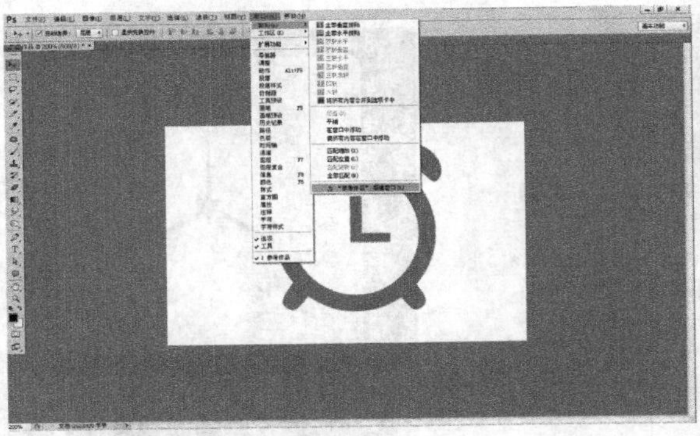

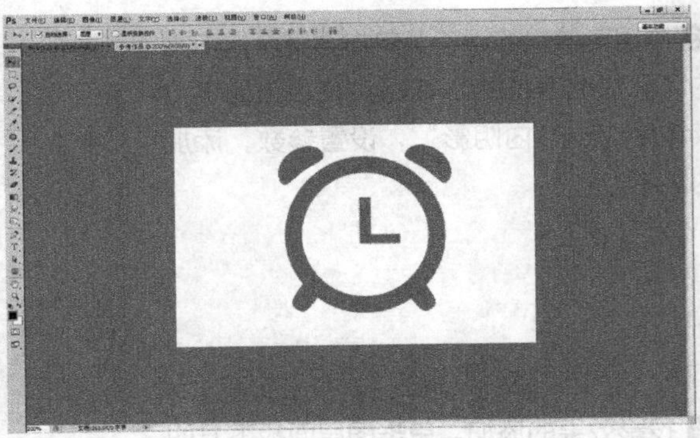

临摹图标的注意事项：

（1） 集中精力。

（2） 不要有惰性，细节决定好坏，不能偷懒省略步骤细节。

（3） 临摹的目的是提高技术水平，临摹的同时要穿插技法教程学习。

（4） 眼力，临摹的同时要锻炼眼力，最终目的是要能观察到1像素级别的细微差异。

（5） 直接临摹的同时，穿插一定程度的源文件临摹。

第 05 章

制作立体图标

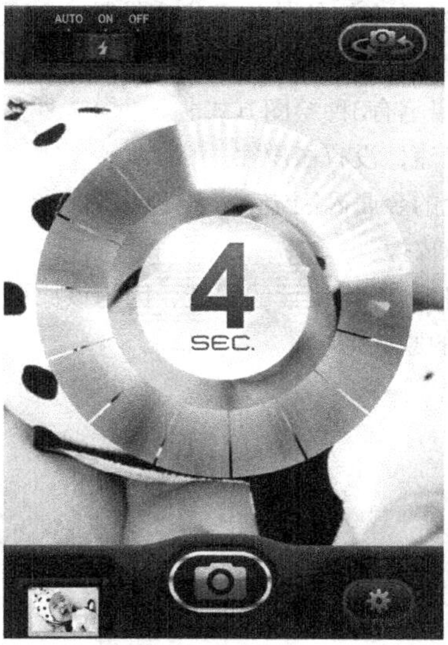

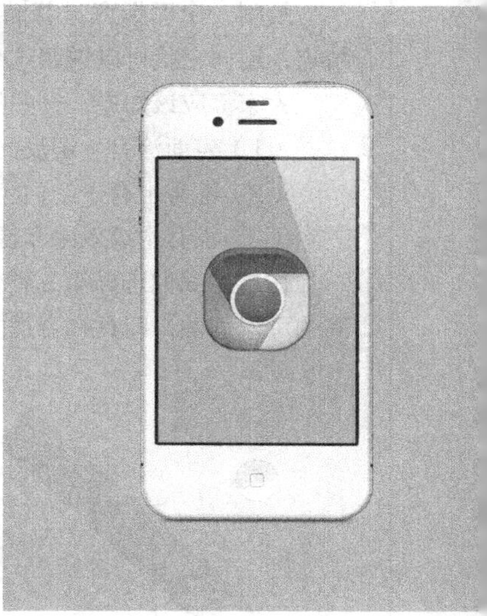

本章介绍

本章主要介绍制作立体图标的相关知识，包括立体图标设计的基本原则、如何让我们制作的图标看起来更有吸引力等。通过大量实例的讲解使读者对具体的制作方法有更为直观、详尽的认识,其中包括天气图标、照相机图标以及摄像头图标等。

教学目标

- 理解立体图标设计的基本原则
- 掌握一系列图标制作的方法
- 掌握具体制作某一主题图标的技能

5.1 如何让图标更具吸引力

设计图标的目的在于能够一下抓住人们的视觉中心，那么该怎样设计才能让图标更具吸引力呢？在这里我们主要讲述3点：同一组图标风格的一致性、正确的透视和阴影、合理的原创隐喻。

1. 同一组图标风格的一致性

几个图标之所以能成为一组，就是因为该组的图标具有一致性的风格。一致性可以通过下面这些方面显示出来：配色、透视、尺寸、绘制技巧或者类似这样属性的组合。如果一组中只有少量的几个图标，设计师可以很容易一直记住这些规则。如果一组里有很多图标，而且有几个设计师同时工作（如一个操作系统的图标），那么，就需要特别的设计规范。这些规范细致地描述了怎样绘制图标能够让其很好地融入整个图标组。

2. 合适的原创隐喻

绘制一个图标意味着描绘一个物体的最具代表性的特点，这样它就可以说明这个图标的功能，或者阐述这个图标的概念。

大家都应该知道，一般铅笔有3种绘图方式。

（1）表面涂有一层反光漆，没有橡皮擦。

（2）笔身上有一个白色的金属圈固定着一个橡皮头。

（3）没有木纹效果和橡皮擦。

在这里我们选择第二种作为图标设计的原型，因为该原型具备所有必要的元素，这样的图标设计出来具有很高的可识别性，即具有合适的原创隐喻。

第一种

第二种

第三种

5.2 立体图标的设计原则

1. 视觉效果

图标设计的视觉效果，很大程度上取决于设计师的天赋、美感和艺术修养。有些设计师做了很多年的设计，作品一堆，拿出来一看，粗糙、刺眼、土气。

追求视觉效果，一定要在保证差异性、可识别性、统一性、协调性的基础上，要先满足基本的功能需求，才可以考虑更高层次的要求——情感需求。

这里作者提供一套迅速提高技能的方法，最原始，但也最管用，那就是多看、多模仿、多创作。当然还少了一个前提，那就是设计师的天赋，勤奋+天赋=成功。

2. 原创性

原创性对图标设计师提出了更高的要求，这是一个挑战，但作者认为，图标设计的原创性并不是必要的，因为目前常用的图标风格种类已经很多，易用性较高的风格也就那么几种，过度追求图标的原创性和艺术效果，会导致图标设计另辟蹊径，这样做往往会降低图标的易用性，也就是所谓的好看、不实用。当然，这里也要看产品的侧重点，如果考虑更多的是情感化的设计、完美的艺术效果，这样做也无可厚非。

3. 尺寸大小和格式

图标的尺寸常有16×16、24×24、32×32、48×48、64×64、128×128、256×256这几种。

图标过大占用界面空间过多，过小又会降低精细度，具体该使用多大尺寸的图标，常常根据界面的需求而定。

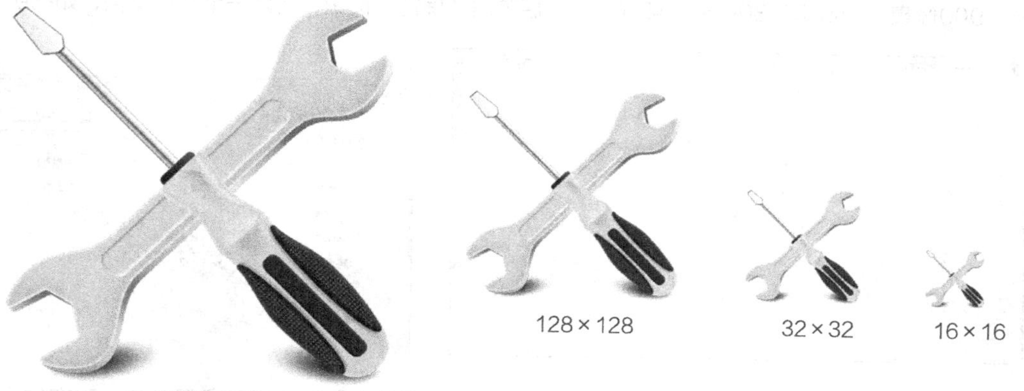

图标的常用格式有以下几种：

PNG：用于无损压缩和在Web上显示图像，支持透明，兼顾图像质量和文件大小，但某些早期的浏览器不支持该格式。

GIF：这是基于在网络上传输图像而创建的文件格式，支持透明，优点是压缩的文件小，支持GIF动画，缺点是不支持半透明，最多只能显示256种颜色，透明图标的边缘会有锯齿，要解决此问题，必须在存成此格式时，添加相同背景色的杂边，比较麻烦。

BMP：这是一种用于Windows操作系统的图像格式，主要用于保存位图文件。该格式可以处理24位颜色的图像，支持RGB、位图、灰度和索引模式，但不支持Alpha通道。

JPG：采用有损压缩方式，具有较好的压缩效果，优点是文件小，图像颜色丰富，缺点是不支持透明和半透明。

案例 1 制作Dribbble图标

案例分析

在本例中，我们将学会使用图层样式工具、钢笔工具、图层蒙版、圆角矩形工具等制作一个Dribbble图标。本例以圆角矩形为基本图形，大量运用了Photoshop内置的图层样式效果，让图标变得有视觉立体感。本例最终效果如图所示。

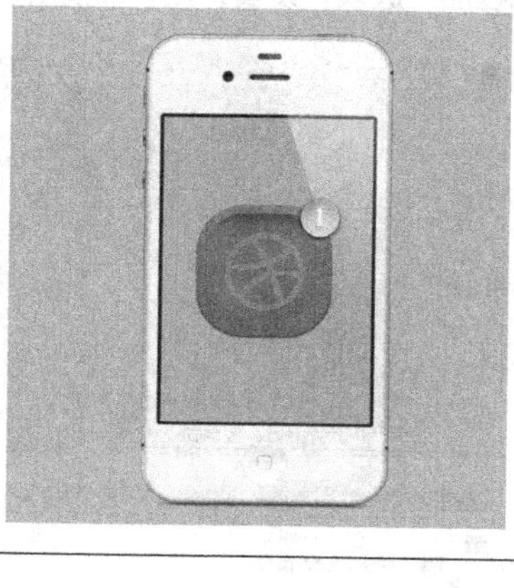

技巧分析

绿色和玫红色给人的印象是生动、激情、浪漫，使人感觉心情愉悦。

步骤演练

01 新建空白文档。执行“文件>新建”命令，或按快捷键Ctrl+N，打开“新建”对话框，设置宽度和高度分别为1200像素×900像素，分辨率为300像素/英寸，完成后单击“确定”按钮，新建一个空白文档，如图所示。

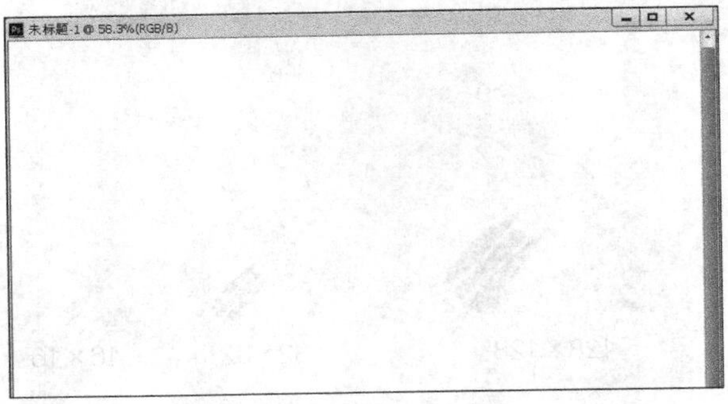

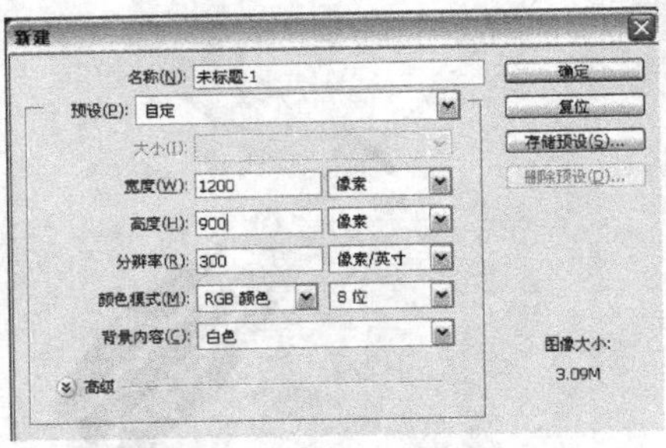

02 纯色背景的制作。单击前景色图标，在弹出的“拾色器（前景色）”对话框中设置参数，改变前景色，按快捷键Alt+Delete为背景填充前景色，在“背景”图层上单击鼠标右键，在弹出的下拉列表中选择“转换为智能滤镜”命令，得到“图层0”图层，如图所示。

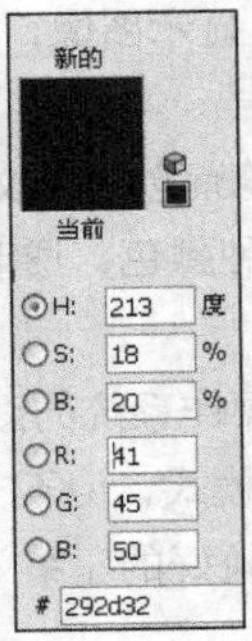

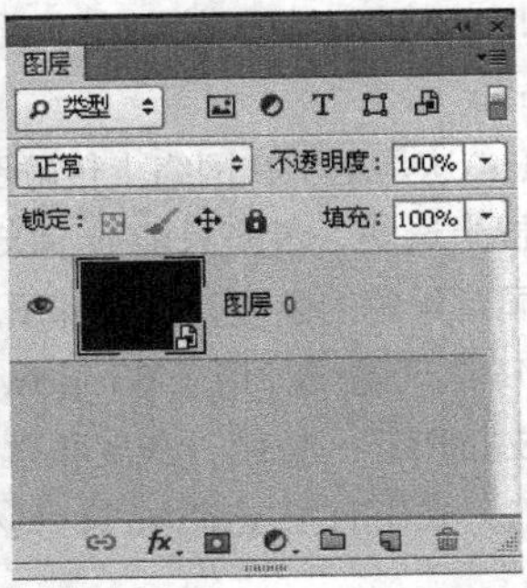

03 背景图案的添加。打开素材“背景图案.psd”文件，执行“编辑>定义图案”命令，弹出“图案名称”对话框，单击“确定”按钮，将打开的背景图案就定义为图案，这一步是便于以后的操作，如图所示。

04 颜色叠加效果的添加。现在我们将定义的图案应用于背景中，双击“图层0”图层，打开“图层样式”对话框，选择“图案叠加”选项，在“图案”下拉列表中选择刚才定义的图案，为背景添加图案效果，然后选择“颜色叠加”选项，设置参数，如图所示。

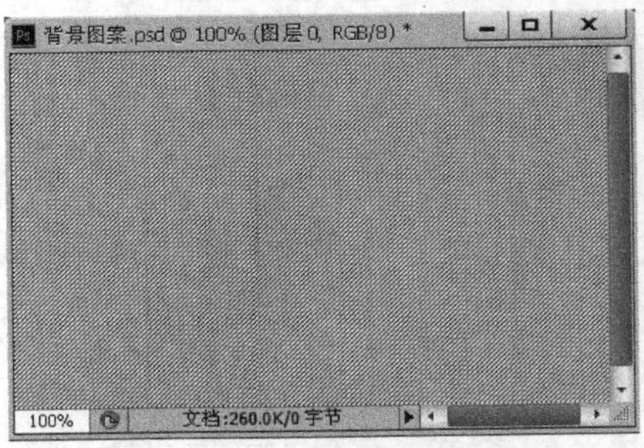

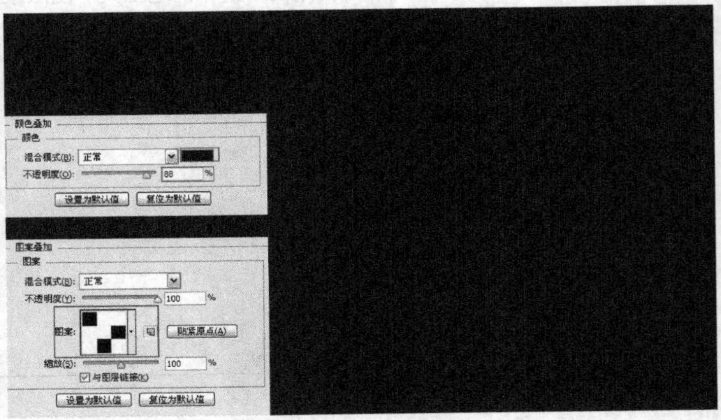

05 增强背景效果。单击“图层”面板下方的“创建新图层”按钮，新建“图层1”图层，按快捷键Alt+Delect键，为该图层填充前景色，填充完成后，将该图层的混合模式设置为“叠加”，降低不透明度为60%，如图所示。

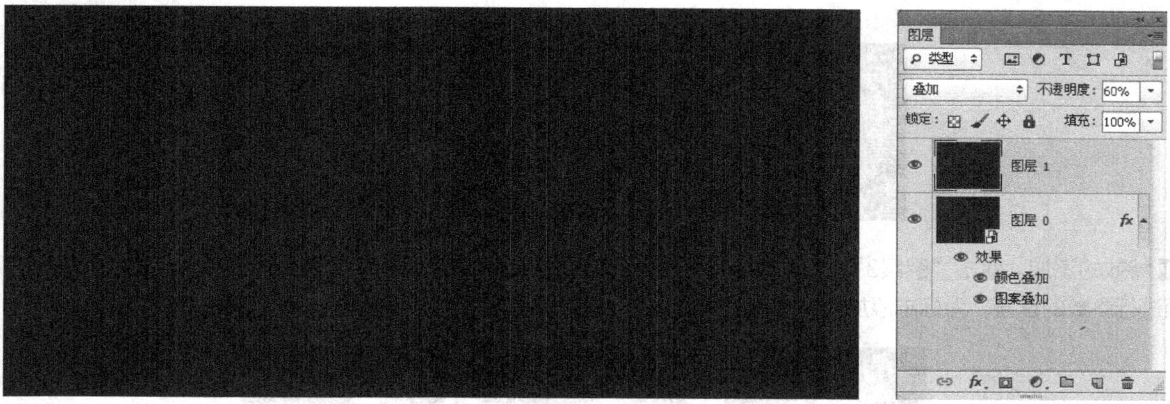

06 建组。单击“图层”面板下方的“创建新组”按钮，新建组，双击“组1”名称，将该组重新命名为“背景”，如图所示。

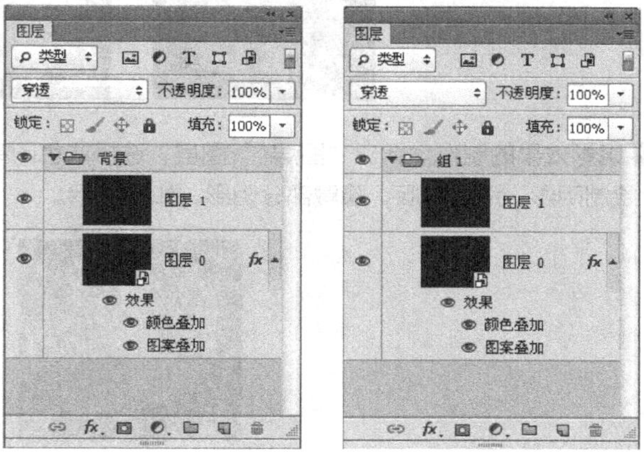

07 圆角矩形色块的制作。选择工具箱中的圆角矩形工具，绘制圆角矩形，打开“图层样式”对话框，分别对“斜面和浮雕”“渐变叠加”“投影”选项的参数进行调节，完成后单击“确定”按钮，如图所示。

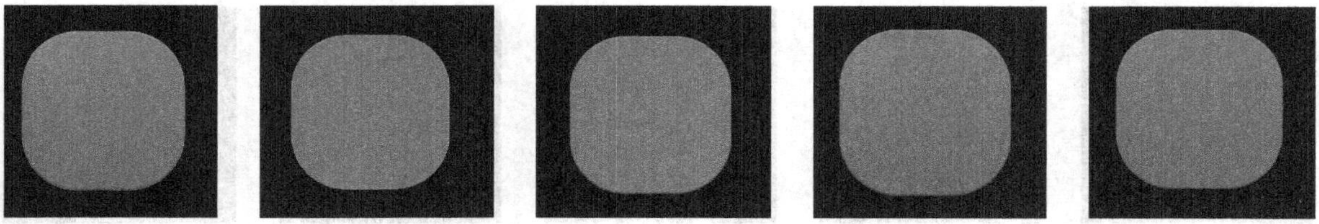

08 高光的制作。单击“图层”面板下方的“创建新图层”按钮，新建“图层2”图层，选择画笔工具，设置前景色为白色，在图像上单击，绘制高光，为该图层添加图层蒙版，使用黑色画笔工具将部分高光进行隐藏，降低该图层的不透明度为20%，如图所示。

09 立体效果的制作。选择圆角矩形工具，在图像上拖曳绘制圆角矩形，添加蒙版，使用黑色画笔将多余的图像

隐藏，调节该图层的不透明度为50%，使图标看起来更具立体感，如图所示。

10 异形色块的制作。选择钢笔工具，在图像上绘制标志，按快捷键Ctrl+Enter，将路径转换为选区，新建“图层3”图层，为选区填充白色，按快捷键Ctrl+D，取消选区，如图所示。

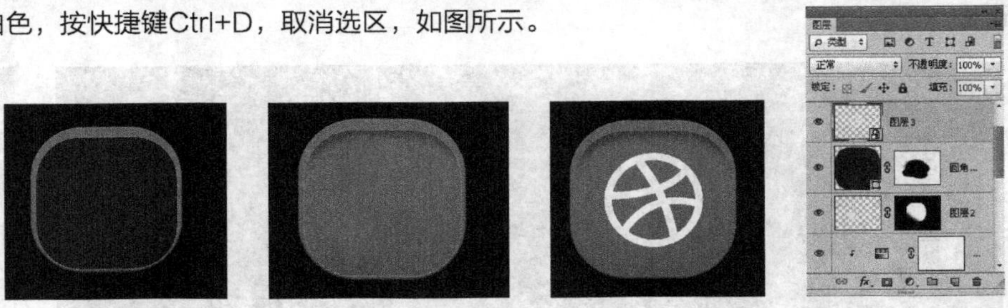

11 特效的添加。双击“图层3”图层，打开“图层样式”对话框，分别选择“颜色叠加”“内阴影”“投影”选项进行参数的设置，为标志添加效果，如图所示。

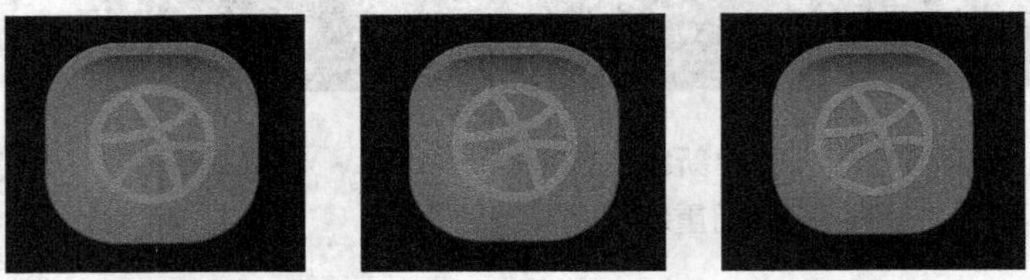

12 阴影效果的制作。新建“图层4”图层，选择黑色画笔工具，在选项栏中降低画笔的不透明度为50%，在图像上绘制阴影，添加蒙版，隐藏部分阴影，如图所示。

13 绿色圆形色块的制作。选择工具箱中的椭圆工具，设置前景色为白色，按Shift键绘制圆，打开“图层样式”对话框，分别选择“斜面和浮雕”“颜色叠加”“渐变叠加”“投影”选项设置参数，为圆添加效果，如图所示。

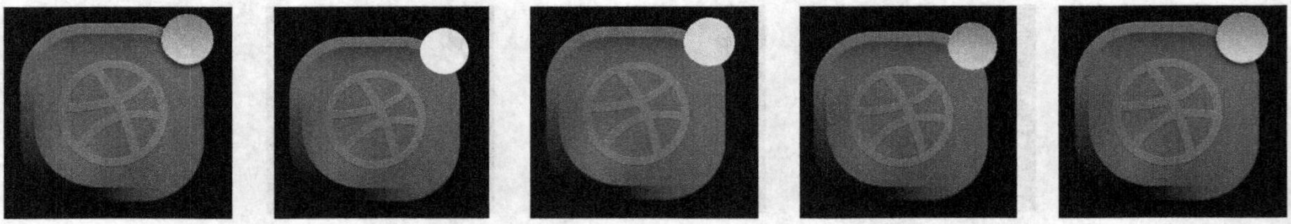

14 高光效果的制作，新建“图层5”图层，选择柔角画笔，设置前景色为白色，在刚才绘制的绿色圆上进行单击涂抹，绘制高光区域，降低该图层的不透明度为50%，使高光效果更加自然，如图所示。

15 文字的制作。选择工具箱中的“横排文字工具”，在选项栏中选择一个稍胖一点的字体，在绿色圆上单击并输入数字1，打开“图层样式”对话框，选择“投影”选项，设置参数，如图所示。

案例 2 制作天气图标

案例分析

在本例中，我们将学会使用图层样式工具、钢笔工具、图层蒙版、圆角矩形工具等制作一个天气图标。本例以圆角矩形为基本图形，大量运用了Photoshop内置的图层样式效果，让图标变得有视觉立体感。本例最终效果如图所示。

技巧分析

图标背景色调偏暗，给人沉稳、庄重的感觉，但内部图标颜色鲜艳，为整体图标注入了新的活力。

步骤演练

01 空白文档的建立。执行“文件>新建”命令，或按快捷键Ctrl+N，打开“新建”对话框，设置宽度和高度分别为800像素×600像素，分辨率为72像素/英寸，完成后单击“确定”按钮，新建一个空白文档。

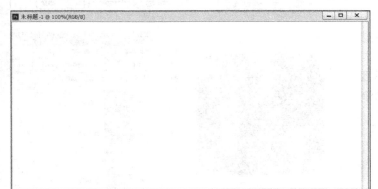

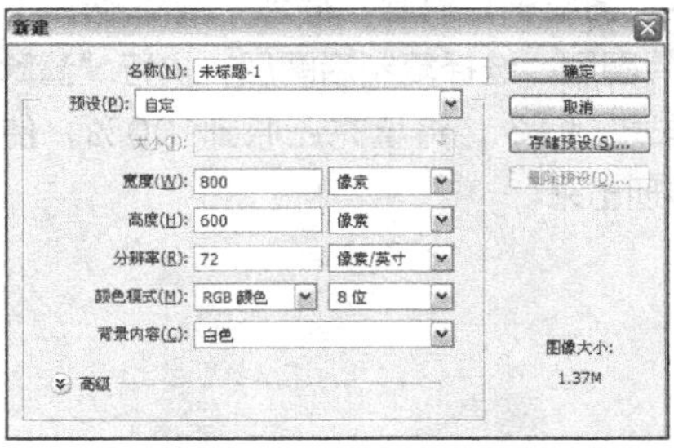

02 纯色背景的制作。设置前景色为淡黄色，按快捷键Alt+Delete为背景填充淡黄色。

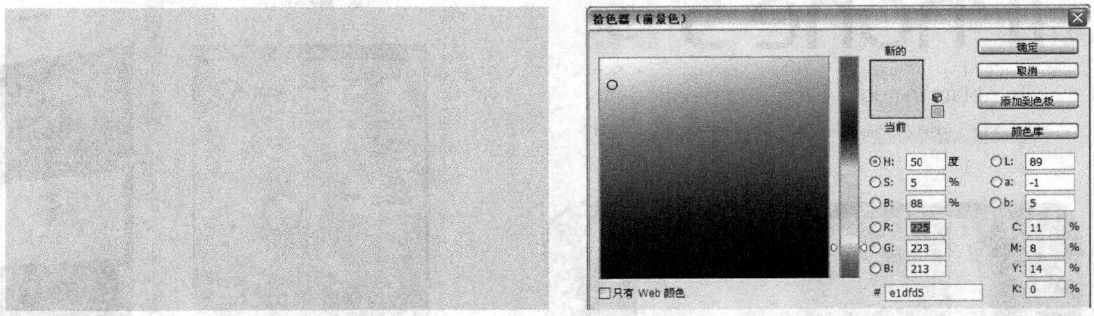

03 圆角矩形色块的制作。选择圆角矩形工具，设置前景色为蓝色，在选项栏中设置半径为60像素，在图像上绘制形状，得到“圆角矩形 1”图层，将该图层的不透明度降低为60%，如图所示。

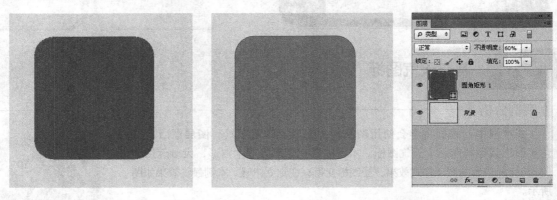

04 立体效果的制作。将该图层进行复制，按快捷键Ctrl+T，将其变大，将复制后图层的填充降低为0%，打开“图层样式”对话框，选择“投影”选项，设置参数，添加投影效果，如图所示。

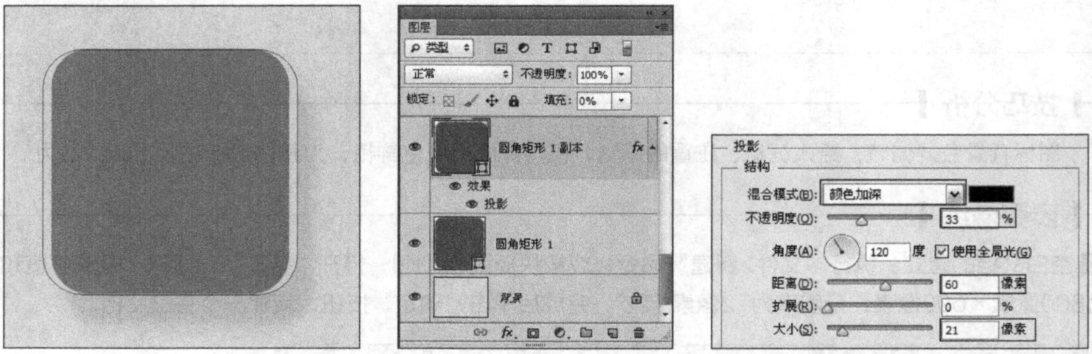

05 复制圆角矩形色块。将“圆角矩形 1副本”图层进行复制，得到“圆角矩形 1 副本2”图层，选择复制后图层，执行“清除图层样式”命令，将填充还原到100%，使图像显现出来。

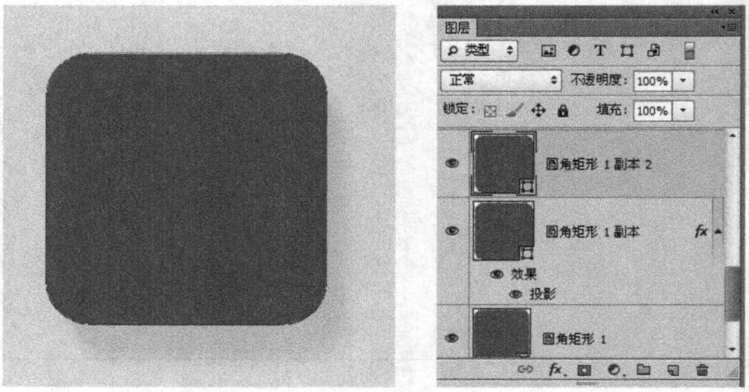

06 高斯模糊的处理。选择“圆角矩形 1 副本2”图层，单击鼠标右键，选择“转换为智能对象”命令，执行“滤镜>模糊>高斯模糊”命令，在弹出的“高斯模糊”对话框中，设置半径为7像素，单击“确定”按钮，模糊图像，如图所示。

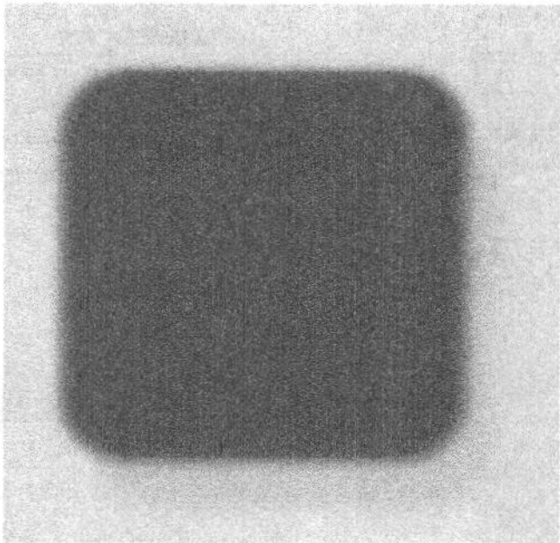

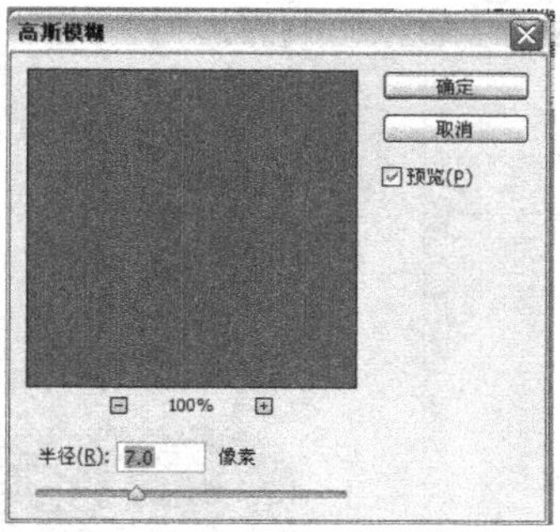

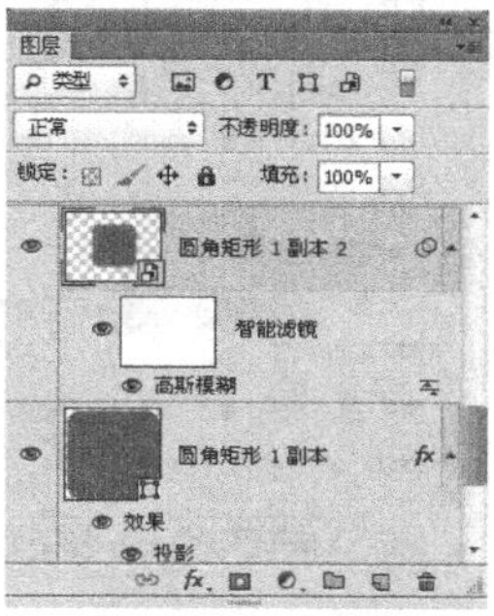

07 不透明度的调整。降低该图层的不透明度为80%，效果如图所示。

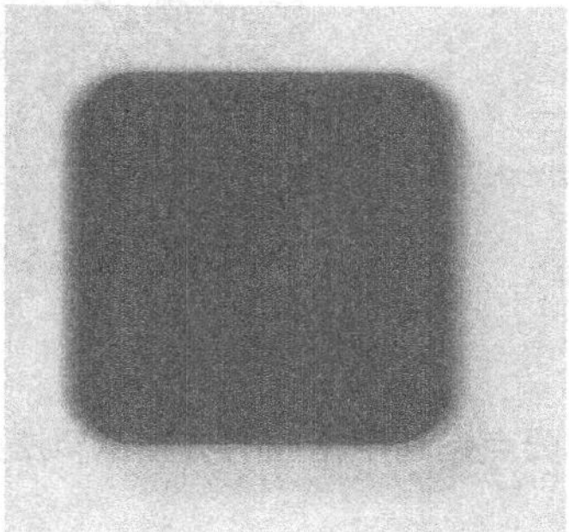

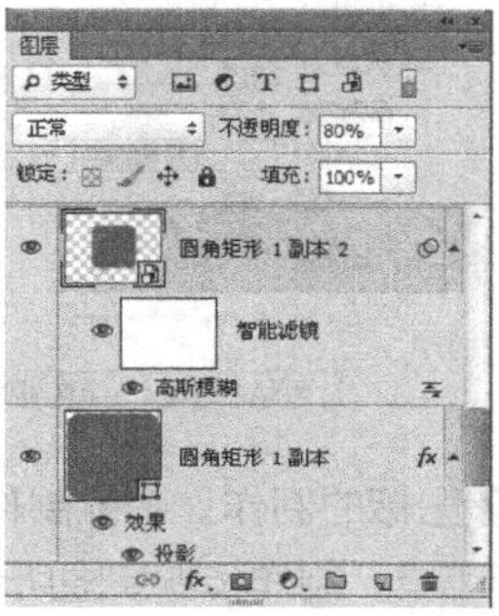

08 投影效果的添加。再次选择圆角矩形工具，绘制圆角矩形，打开“图层样式”对话框，设置参数，添加投影效果，如图所示。

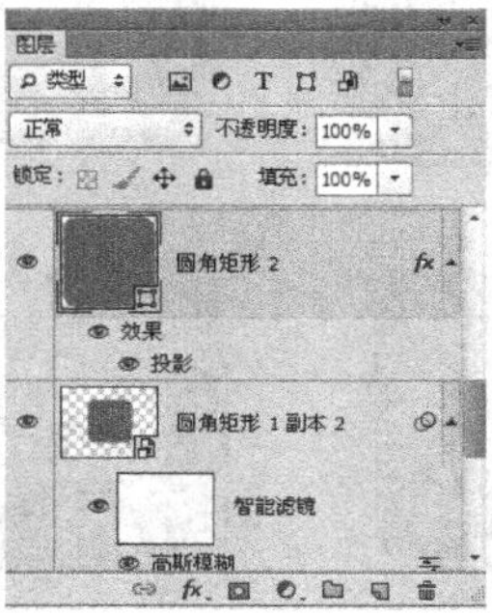

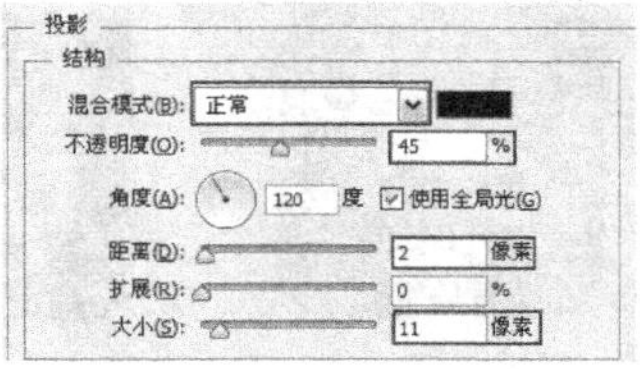

09 圆角矩形色块的复制。复制“圆角矩形 2”图层，得到“圆角矩形 2 副本”图层，设置该形状的颜色，使其变为深蓝色，如图所示。

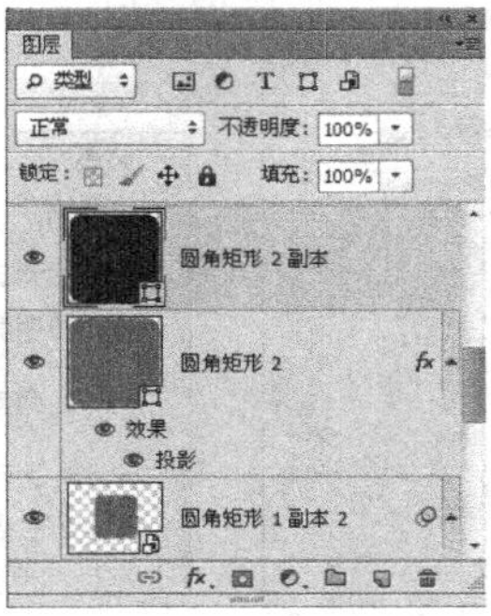

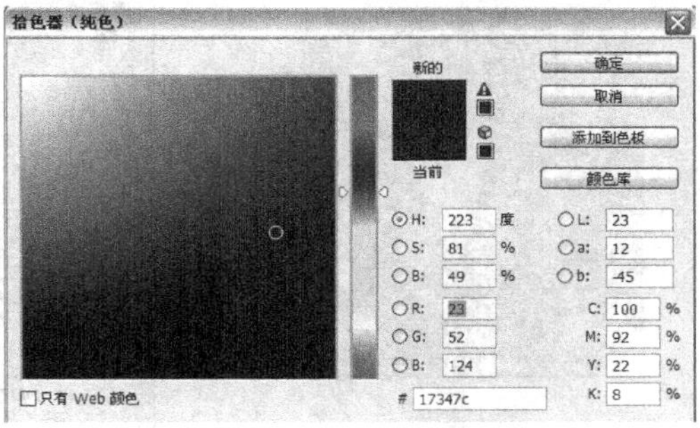

10 特效的添加。复制“圆角矩形 2 副本”图层，得到“圆角矩形 2 副本2”图层，打开“图层样式”对话框，分别选择“描边”“内阴影”“内发光”“渐变叠加”选项，设置参数。效果如图所示。

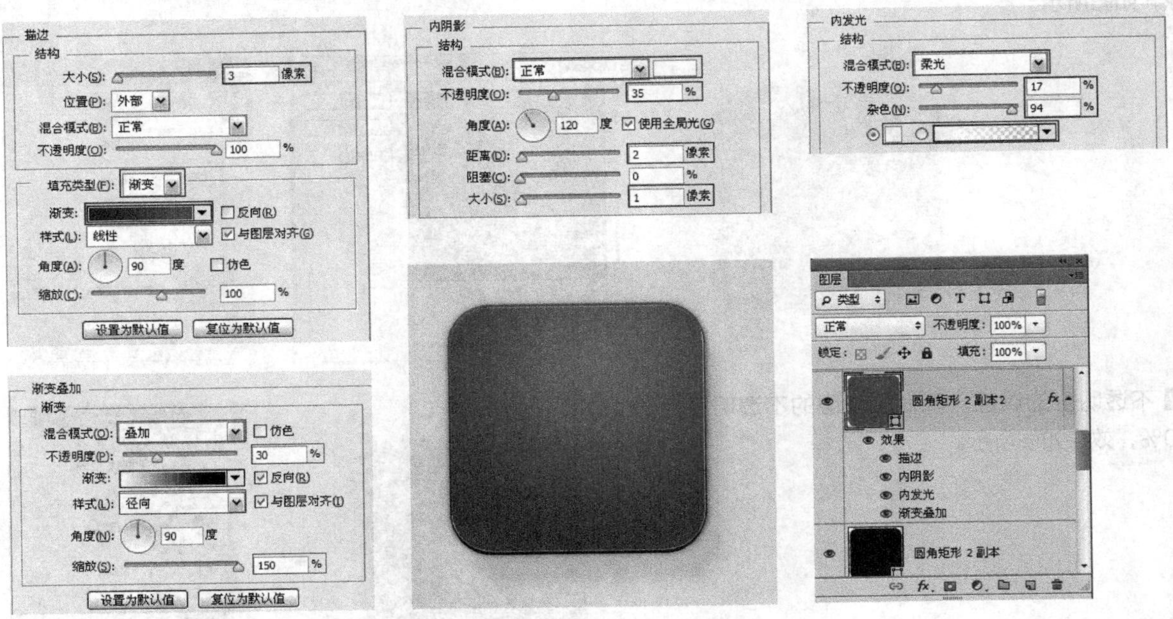

11 图标的制作。图标制作的要点是利用路径的加减运算法则进行制作，使用的工具为椭圆工具、钢笔工具、矩形工具，制作步骤如图所示。

12 特效的添加。图标制作完成后，得到“形状 1”图层，将该图层的填充降低为0%、不透明度降低为80%，打开“图层样式”对话框，选择“投影”选项，设置参数，添加效果，如图所示。

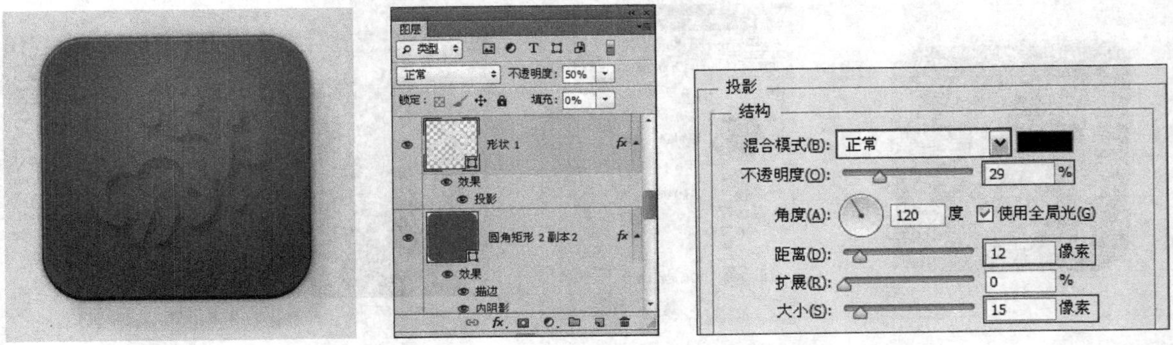

第05章

13 复制图标并做处理。复制“形状 1”图层，得到“形状 1 副本”图层，打开“图层样式”对话框，分别选择“斜面和浮雕”“描边”“内阴影”“内发光”“渐变叠加”“外发光”“投影”选项，设置参数，为图标添加立体效果，如图所示。

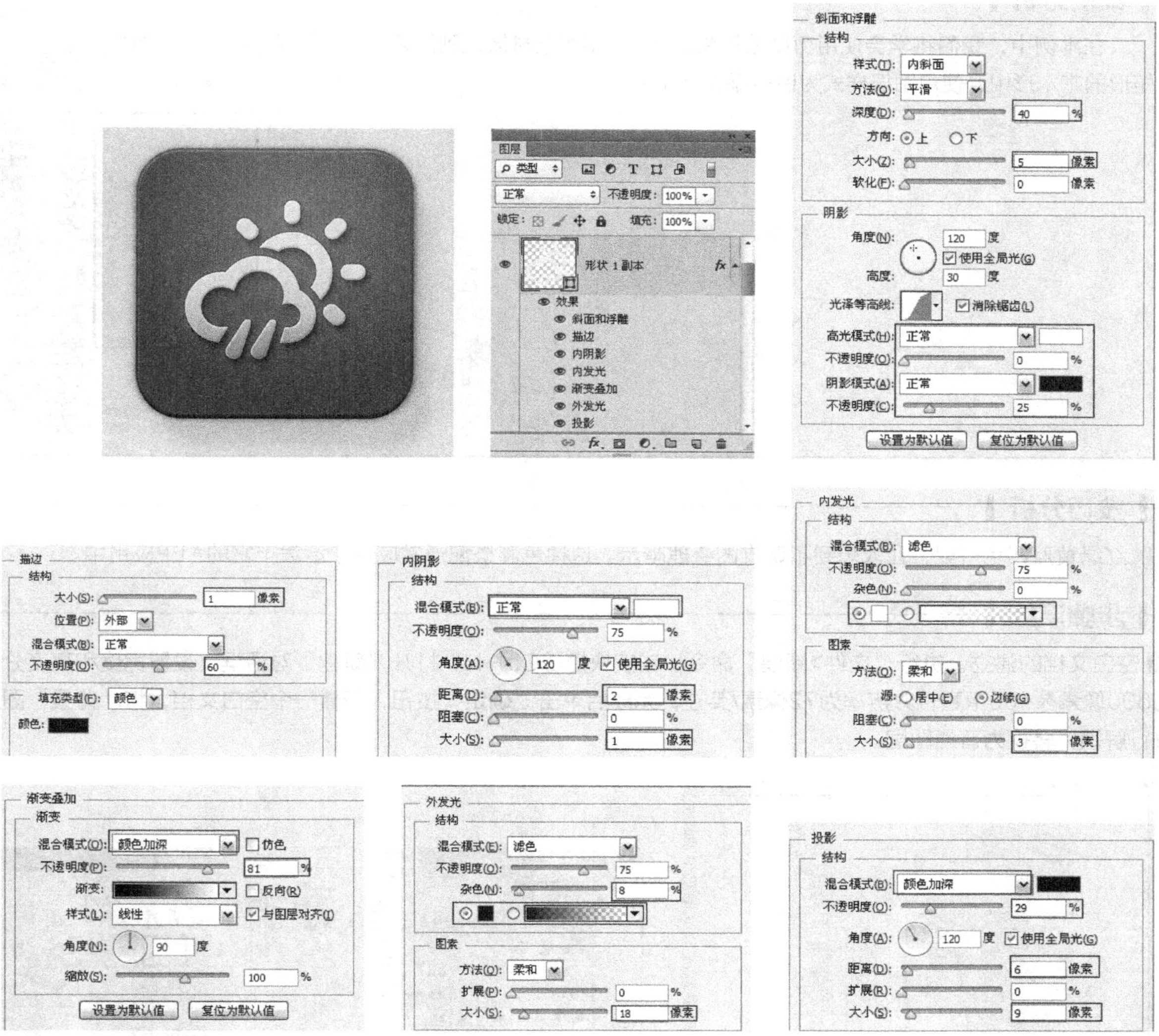

14 环形的制作。选择“椭圆工具”，采用路径的减法运算绘制同心圆，将所在图层的“图层样式”效果进行复制，粘贴到“椭圆 1”图层。最终效果如图所示。

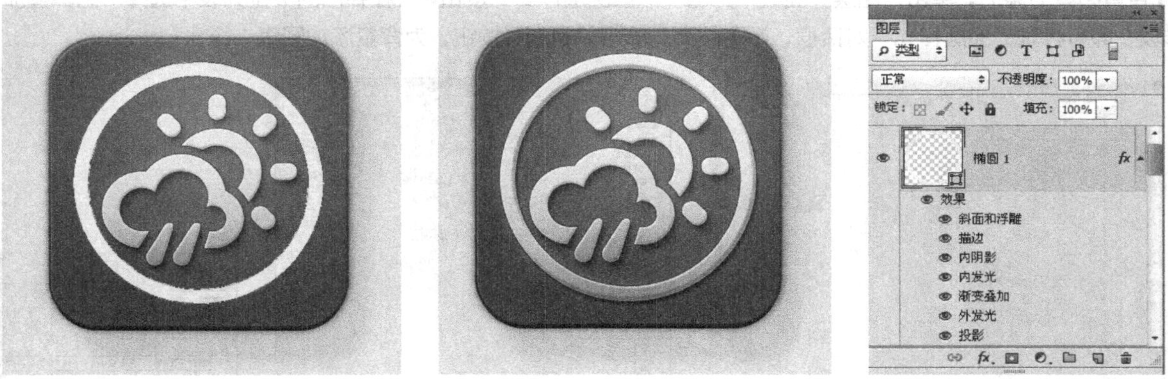

案例 3 制作Chrome图标

案例分析

在本例中，我们将学会使用剪贴蒙版将Chrome图标素材嵌入到圆角矩形的基本形中，使用图层样式为图标添加立体感。

技巧分析

红绿黄蓝四色搭配，让人想到了调皮的心理暗示。这种色彩搭配通常应用于活泼丰富的APP应用中。

步骤演练

01 空白文档的建立。执行“文件>新建”命令，或按快捷键Ctrl+N，打开“新建”对话框，设置宽度和高度分别为600像素×400像素，分辨率为72像素/英寸，完成后单击“确定”按钮，新建一个空白文档，将“背景”图层进行解锁，转换为普通图层。

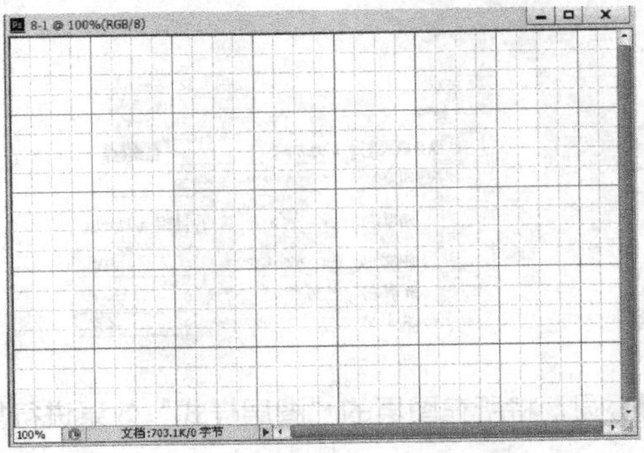

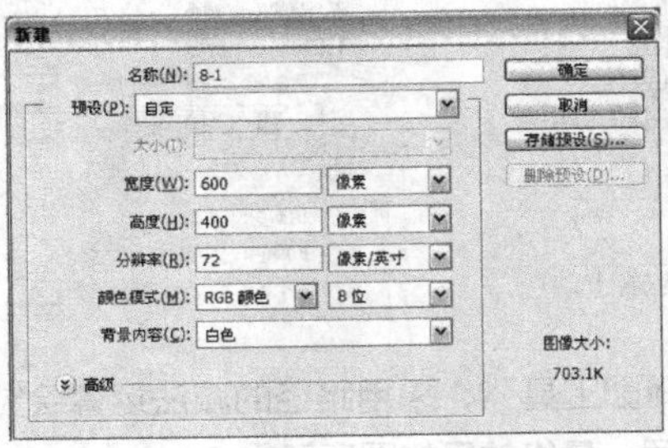

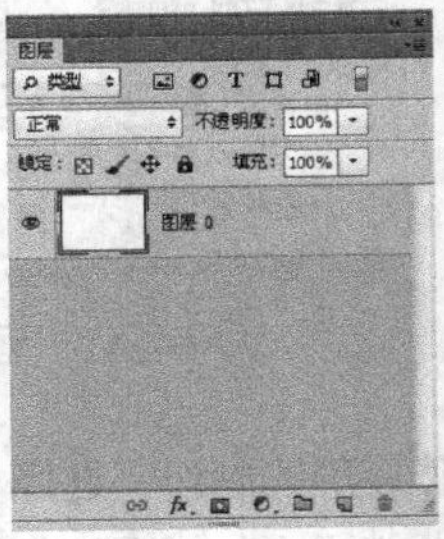

02 背景图案的添加。单击“图层”面板下方的“添加图层样式”按钮fx，在弹出的下拉列表中选择“图案叠加”选项，即可打开“图层样式”对话框，设置图案，单击“确定”按钮，为背景添加图案。

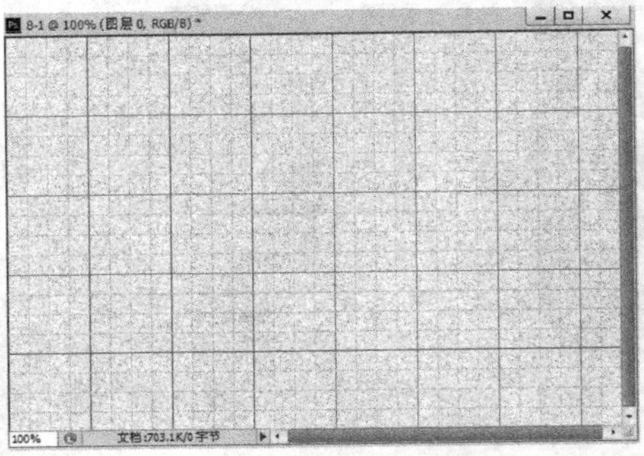

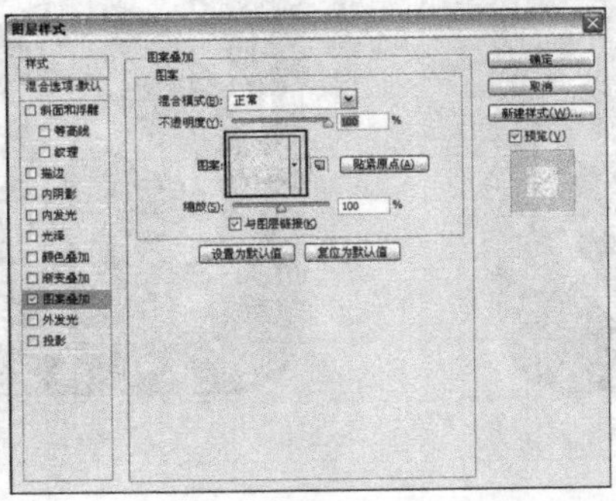

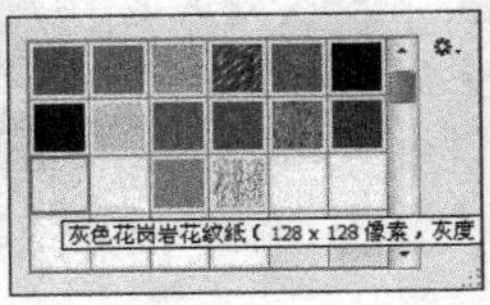

03 圆角矩形色块的制作。选择“圆角矩形工具”，在选项栏中设置半径为80像素，在网格上绘制以12×12个小方格为基准的圆角矩形。

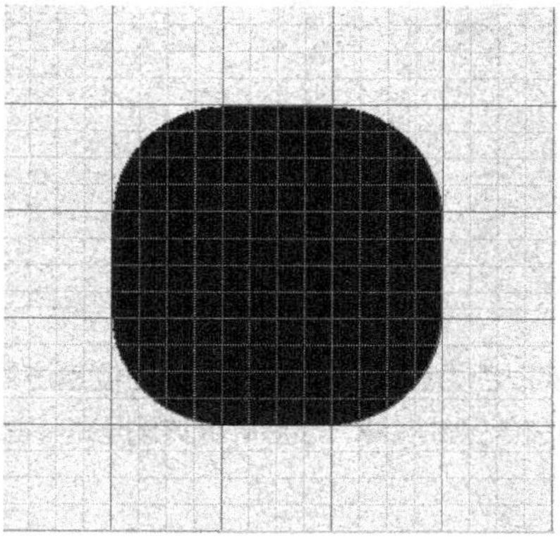

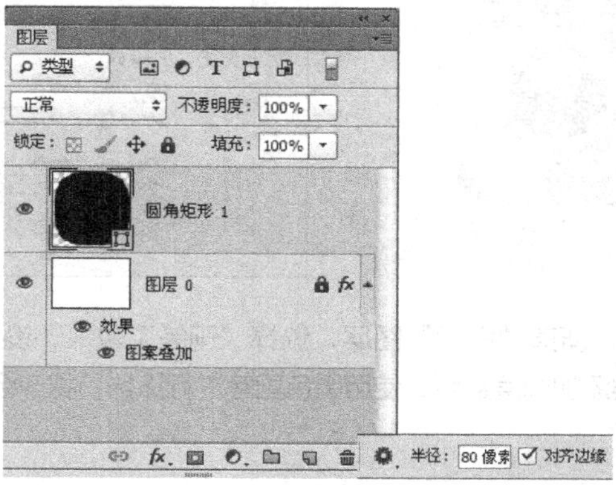

04 添加投影效果。双击该图层打开“图层样式”对话框，在左侧列表框中选择“投影”选项，设置不透明度为45%，角度为90度，取消选择“使用全局光”，距离为3像素，大小为6像素，单击“确定”按钮，为形状添加投影效果。

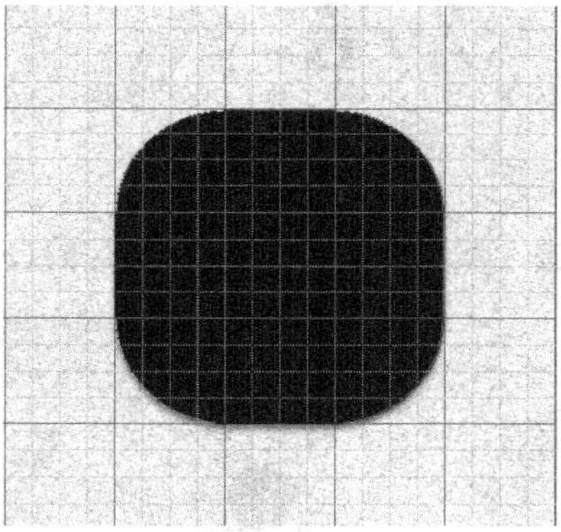

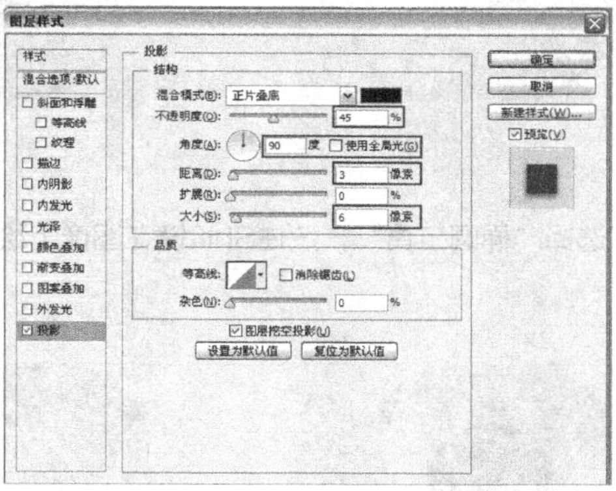

05 添加标志。打开素材文件，将素材文件拖动到当前绘制的文档中，改变位置，使其将圆角矩形全部遮盖，单击右键选择“转换为智能对象”命令，按Ctrl键的同时单击“圆角矩形 1”图层的图层缩览图，选择该图层的选区，单击“图层”面板下方的“创建图层蒙版”按钮，即可将素材遮挡到圆角矩形中。

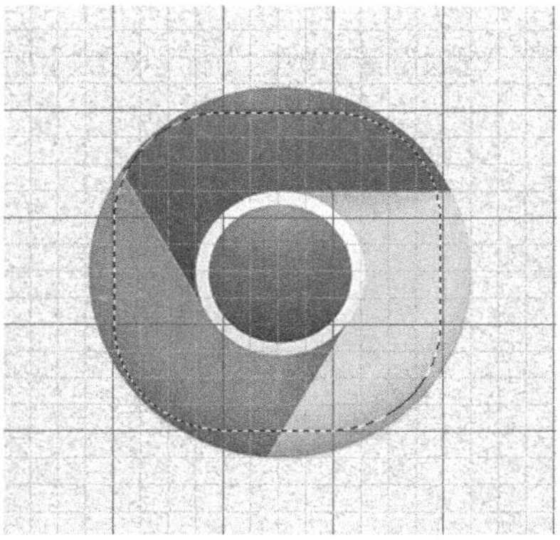

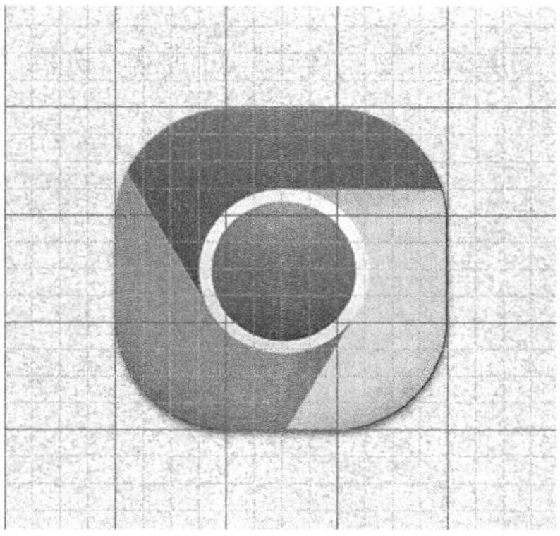

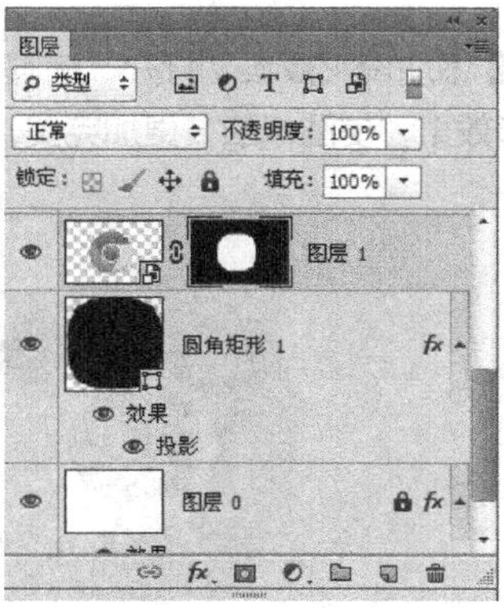

06 添加效果。双击“图层1”图层，打开“图层样式”对话框，选择“内阴影”“内发光”选项设置参数，为标志添加效果。

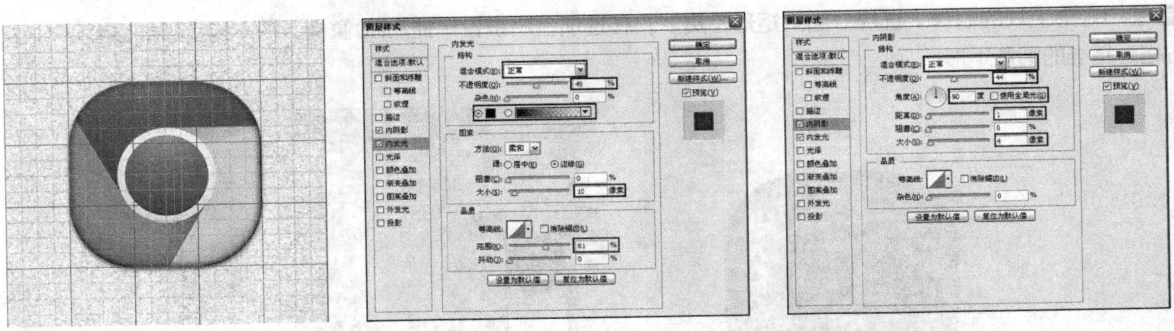

07 绘制高光。新建“图层”图层，选择“画笔工具”，设置前景色为白色，在图标中央的位置进行涂抹，绘制高光，为该图层添加图层蒙版，使用黑色画笔进行涂抹，将多余的白色区域擦掉，最后降低该图层的不透明度为70%。

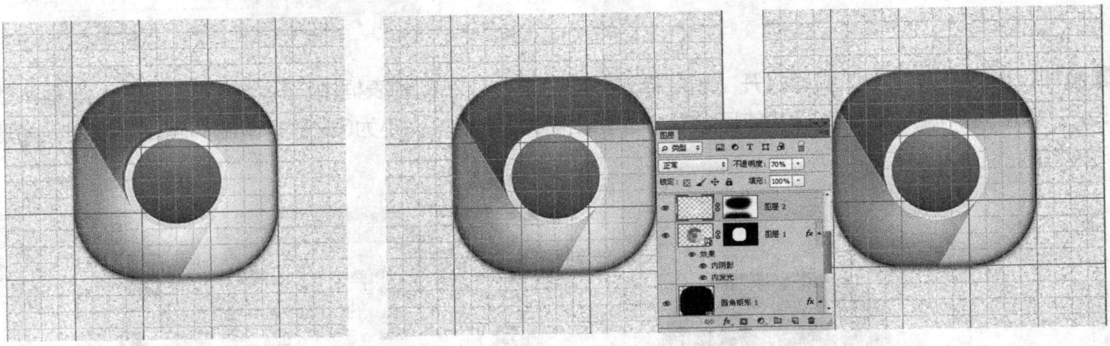

08 新建椭圆。选择“椭圆工具”，按住Shift键在图像上绘制圆，将该“椭圆 1”图层的填充降低为0%。

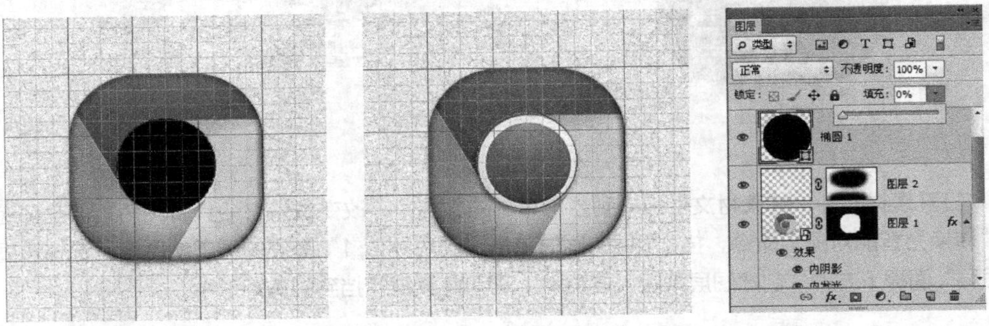

09 添加投影效果。打开“椭圆 1”图层的“图层样式”对话框，选择“投影”选项设置参数，为标志内部添加投影效果，使图标细节更加完美。

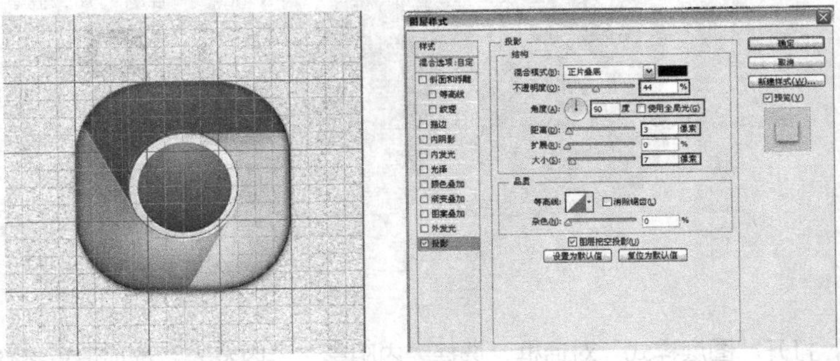

10 表现立体感。将“圆角矩形 1”图层进行复制，得到“圆角矩形 1 副本”图层，将复制后的图层移动到“图层”的上方，按快捷键Alt+Shift将圆角矩形等比例缩小，为其添加图层蒙版，使用画笔进行涂抹，隐藏多余图像，调整不透明度为50%，完成效果。

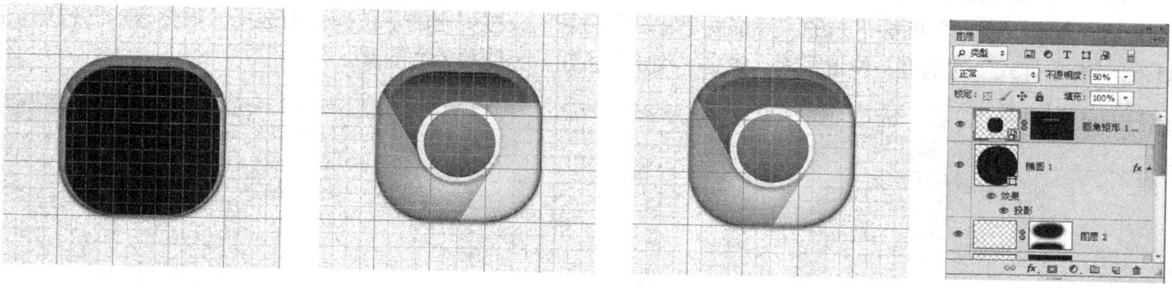

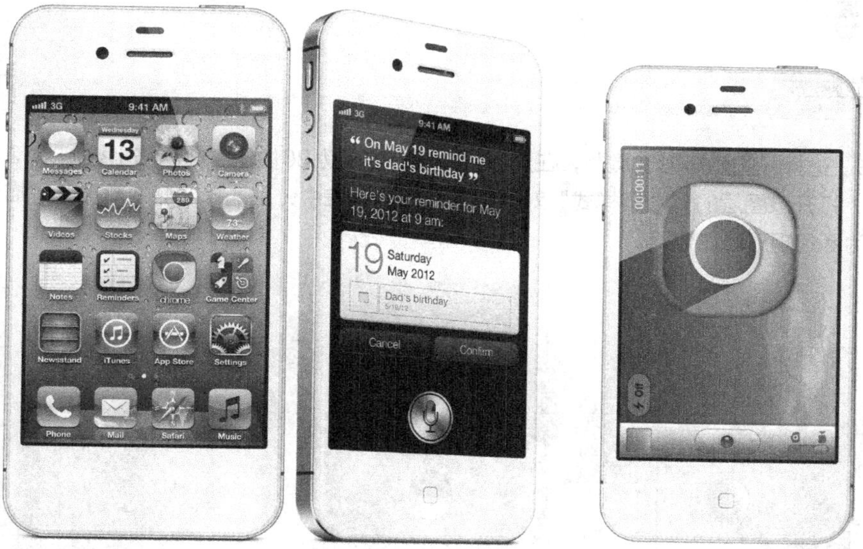

案例 4 制作twieet图标

案例分析

在本例中，使用圆角矩形工具绘制基本形，使用图层样式为图标添加效果，使其表现出强有力的视觉立体感，使用钢笔工具制作飞鸽，完成图标的制作。

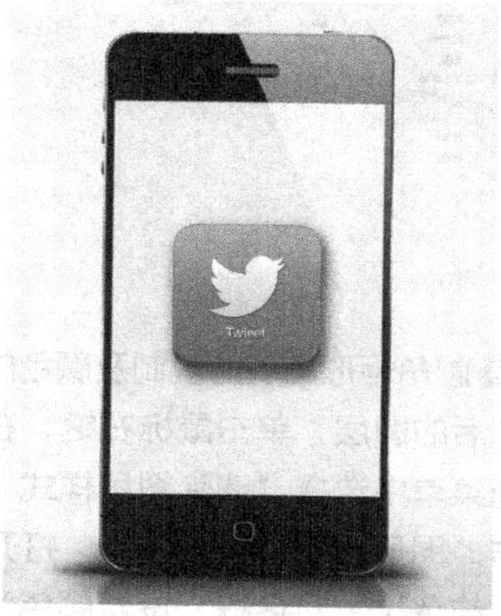

技巧分析

蓝色是天空的色彩，给人空旷、清澈的感觉，白色的飞鸽在蔚蓝的天空飞翔，给人以清新、宽阔的视野。

步骤演练

01 背景的制作。执行“文件>新建”命令，在弹出的“新建”对话框中，设置宽度和高度为600像素×400像素，分辨率为72像素/英寸，单击“确定”按钮，新建一个空白文档，将“背景”图层进行解锁，转换为“图层0”图层，单击“图层”面板下方的“添加图层样式”按钮fx，在弹出的下拉列表中选择“图案叠加”选项，即可打开“图层样式”对话框，设置图案，单击“确定”按钮，为背景添加图案。

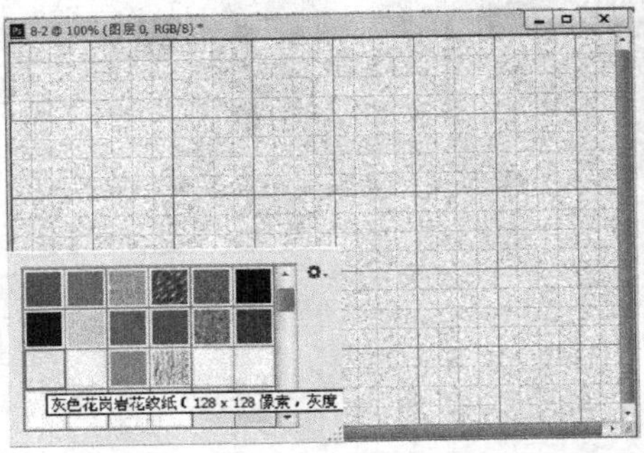
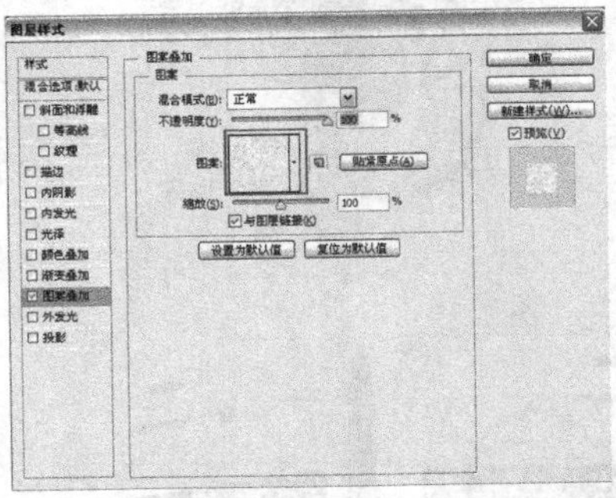
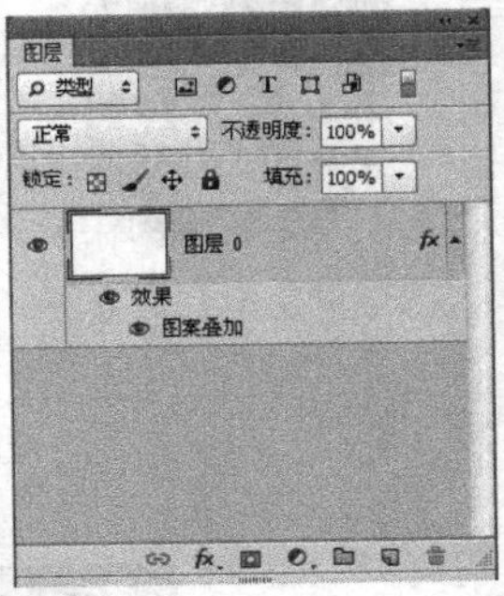

02 绘制基本图形。选择“圆角矩形工具”，在选项栏中设置半径为80像素，在网格上绘制以12×12个小方格为基准的圆角矩形，打开该图层的“图层样式”对话框，在左侧列表中分别选择“渐变叠加”“描边”“投影”选项，设置参数，为圆角矩形添加效果。

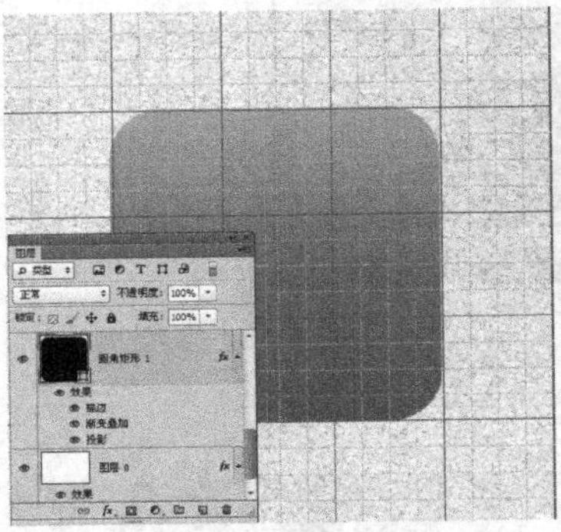
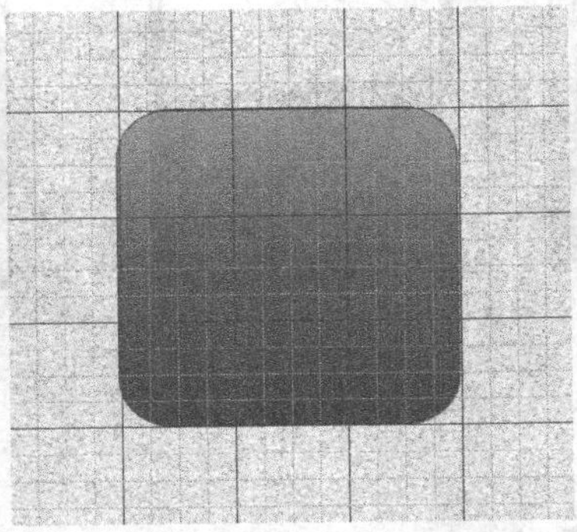
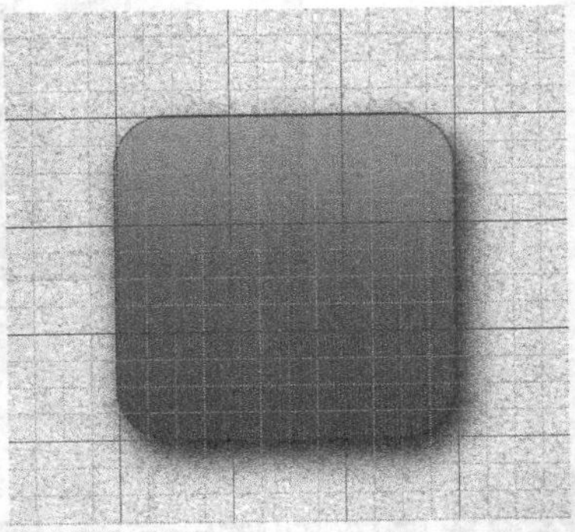
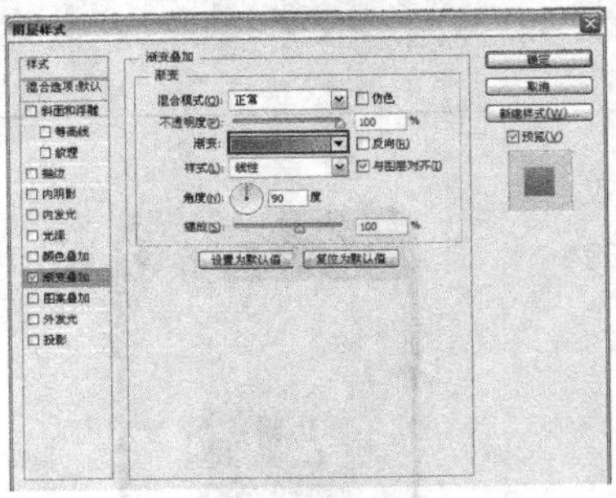
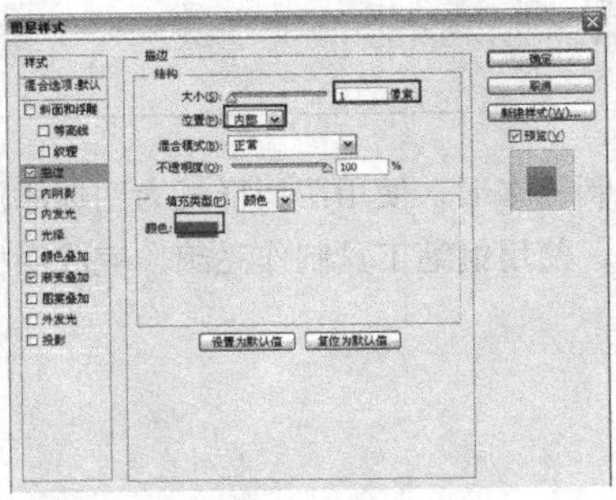
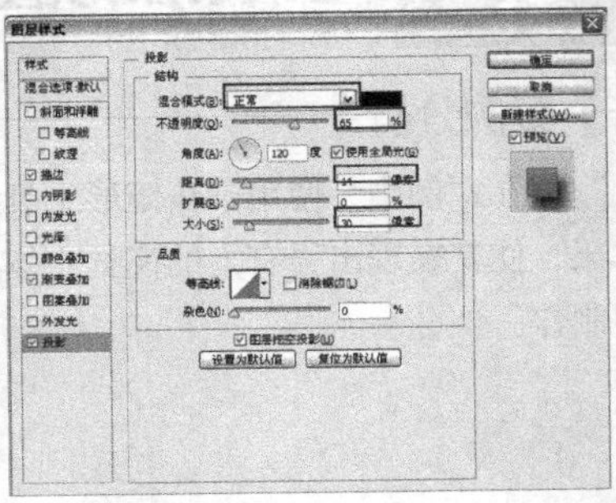

03 圆角矩形色块的复制及颜色的变换。将“圆角矩形 1”图层进行复制，得到“圆角矩形 1 副本”图层，选择复制后的图层，单击鼠标右键，在弹出的快捷菜单中选择“清除图层样式”命令，双击“图层缩览图”按钮，打开“拾色器（纯色）”对话框，设置颜色为白色，单击“确定”按钮，改变形状为白色。

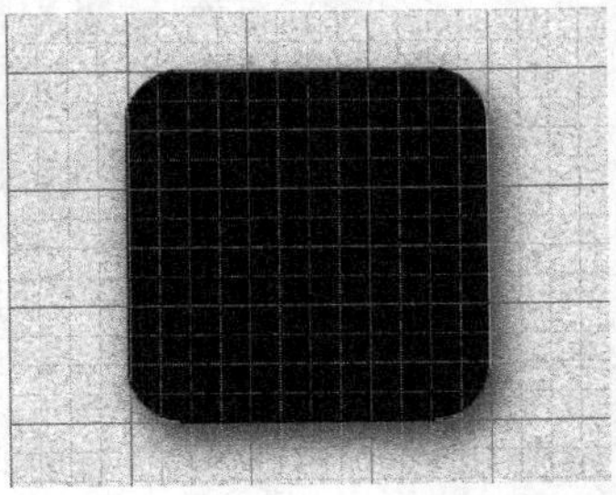
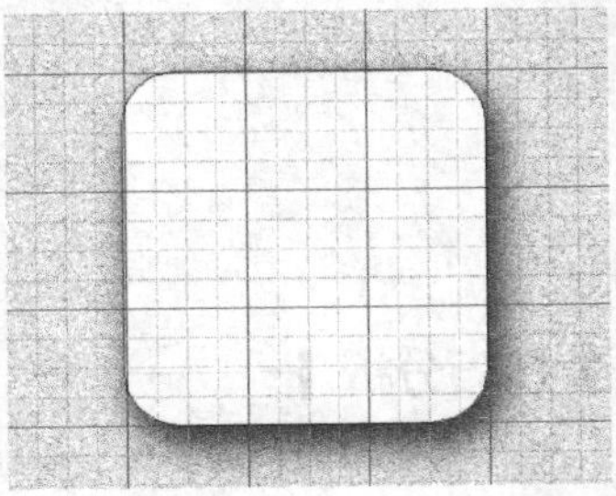

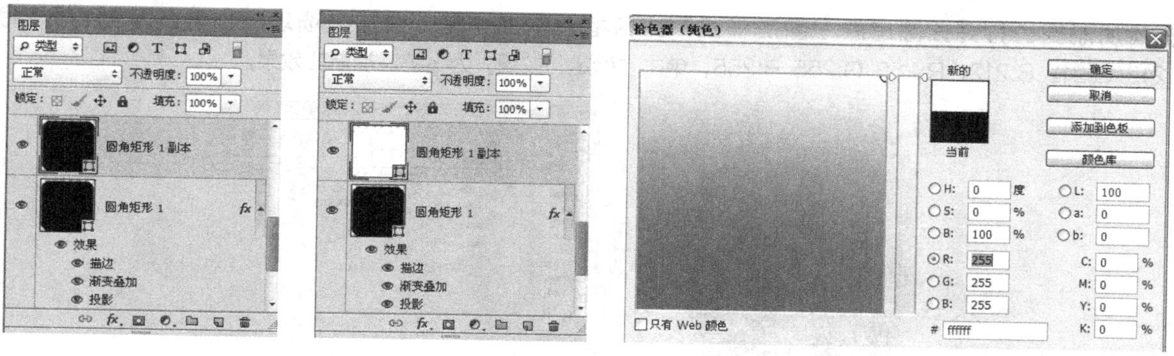

04 添加杂色。选择“圆角矩形 1 副本”图层，执行“滤镜>杂色>添加杂色”命令，在弹出的“添加杂色”对话框中设置数量为10%，分布为高斯分布，勾选“单色”复选框，单击“确定”按钮，为该形状添加杂色效果。

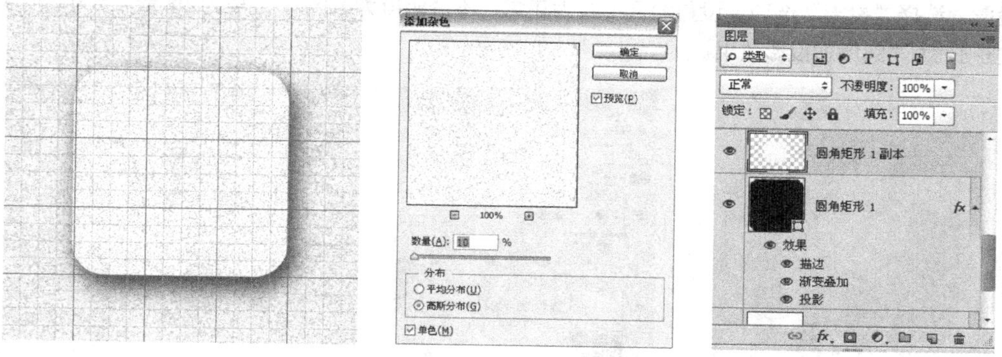

05 改变混合模式　将该图层的混合模式设置为“颜色加深”，降低该图层的不透明度为30%，使杂色效果融入图像中。

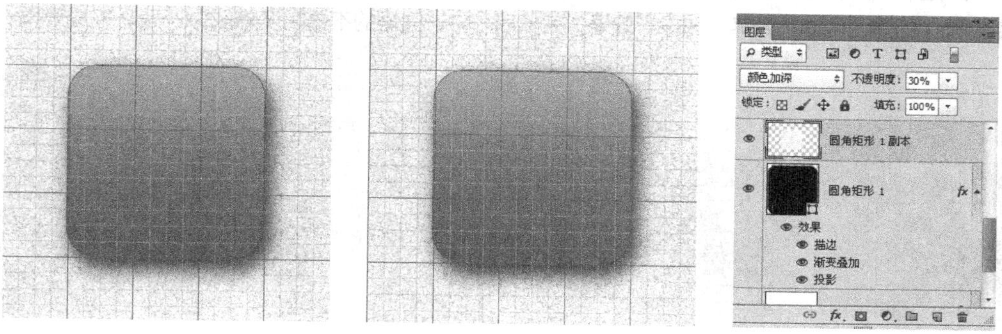

06 绘制飞鸽　选择“钢笔工具”，在选项栏中选择“路径”选项，绘制飞鸽外形，按快捷键Ctrl+Enter将其转换为选区，新建“图层1”图层，为其填充黑色，取消选区。

07 添加渐变。打开该图层的“图层样式”对话框，选择“渐变叠加”选项，设置从左到右分别为R:212 G:212 B:212、R:255 G:255 B:255，单击“确定”按钮，为飞鸽添加渐变效果。

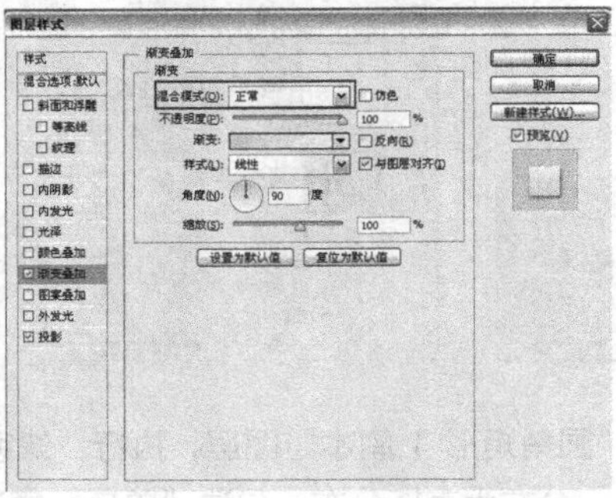

08 添加投影。选择“投影”选项，设置混合模式为正常，不透明度为40%，距离为2像素，大小为4像素，单击“确定”按钮，为飞鸽添加投影效果。

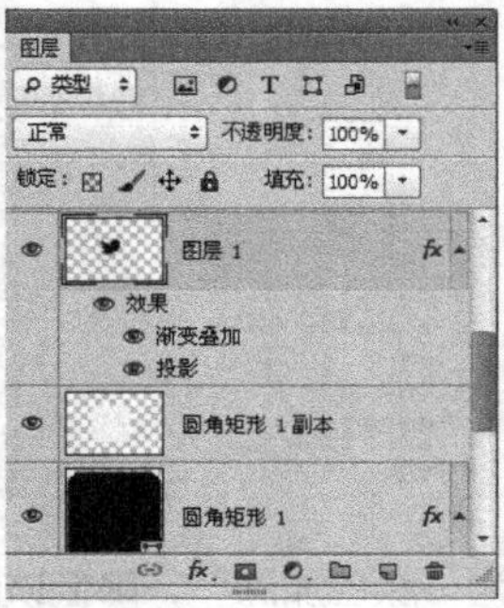

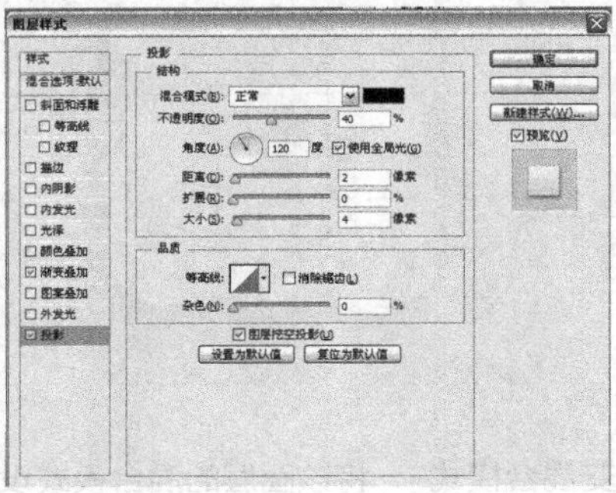

09 输入文字。选择“横排文字工具”输入文字，将飞鸽所在图层的图层样式进行复制，粘贴到文字图层。选择“钢笔工具”绘制图中的黑色区域，为其添加投影效果，完成后，将该图层的不透明度降低为25%，完成效果。

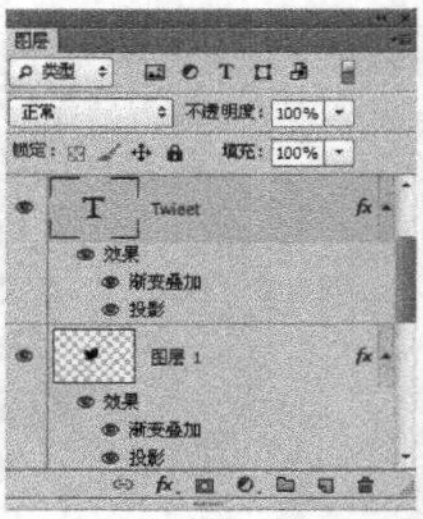

第05章

案例 5 制作照相机图标

案例分析

本例我们将制作一个金属渐变色的照相机图标，这里使用了圆角矩形工具和图形叠加功能，渐变色采用了黑白过渡，模拟出金属的高光反射效果。

技巧分析

黑白灰给人一种高档、整洁和简约的印象，本例使用黑白灰过渡色制作出的金属质感有高科技的感觉。

步骤演练

01 新建文档。执行“文件>新建”命令，或按快捷键Ctrl+N，打开“新建”对话框，设置宽度和高度分别为400像素×400像素，分辨率为72像素/英寸，完成后单击“确定”按钮，新建一个空白文档，如图所示。

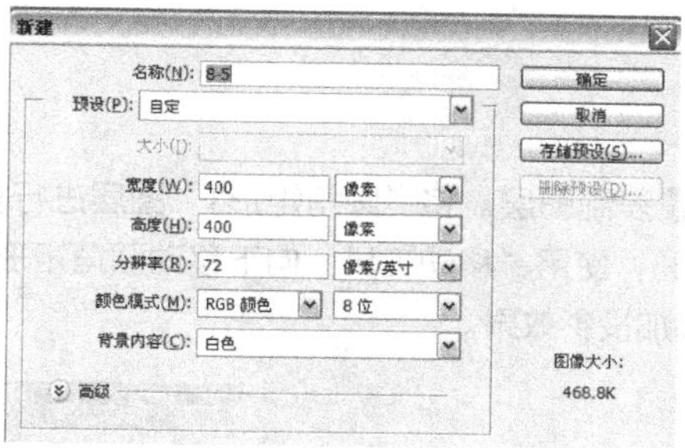

02 填充渐变色。选择“渐变工具”，在选项栏中单击“渐变”按钮，可打开“渐变编辑器”对话框，设置渐变条左右两边的颜色为R：144 G:144 B:144，中间的颜色为R：253 G:253 B:253，单击“确定”按钮，在画布上拉出渐变。

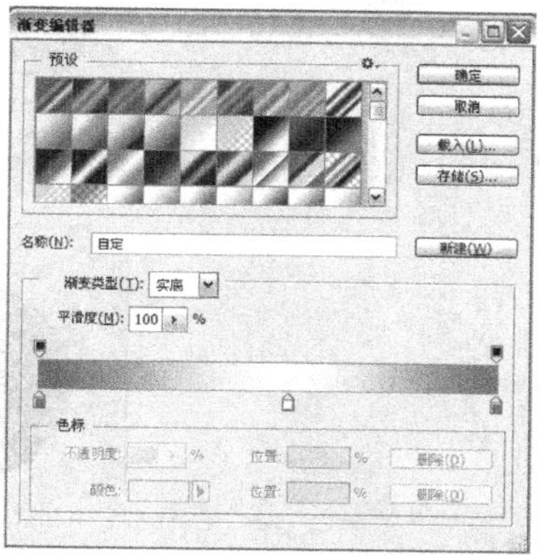

03 绘制基本图形。选择“圆角矩形工具”在选项栏中设置半径为200像素，在画布上拖曳并绘制圆角矩形，在“图层”面板自动生成“圆角矩形 1”图层，打开“图层样式”对话框，选择“渐变叠加”和“投影”选项，设置参数，为其添加效果。

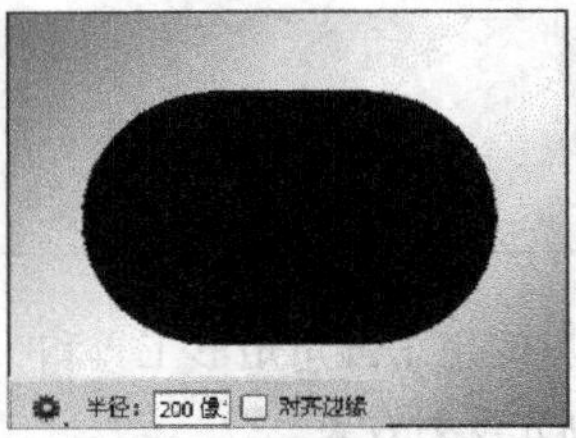
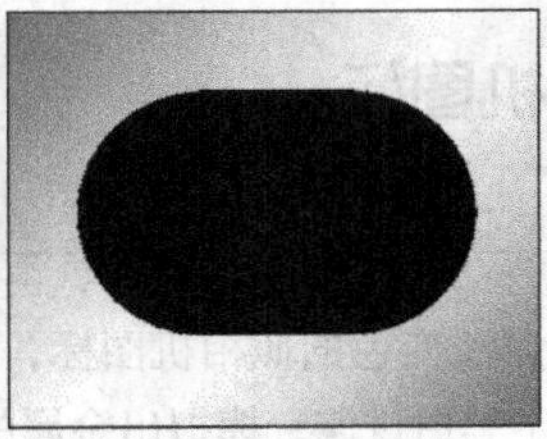

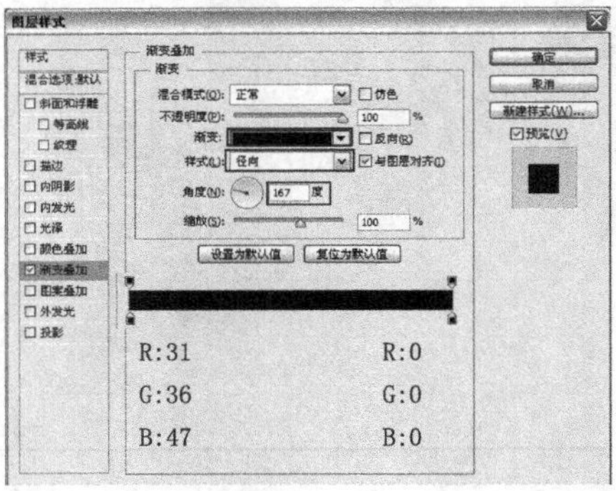

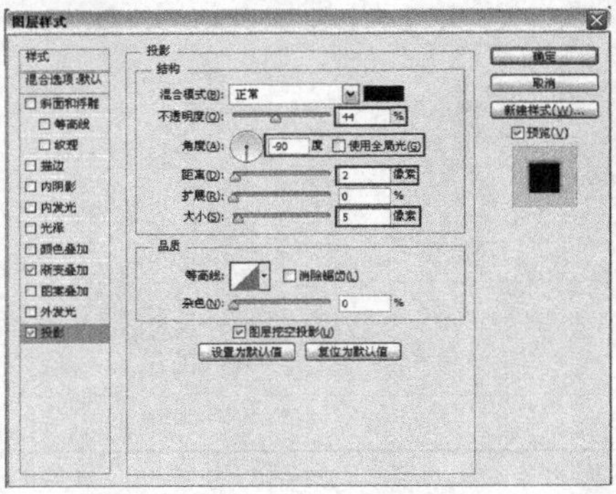

04 降低不透明度和填充。将“图层样式”效果添加完成后，选择该图层，将该图层的不透明度降低为85%，填充降低为0%，使图标颜色变淡一些。

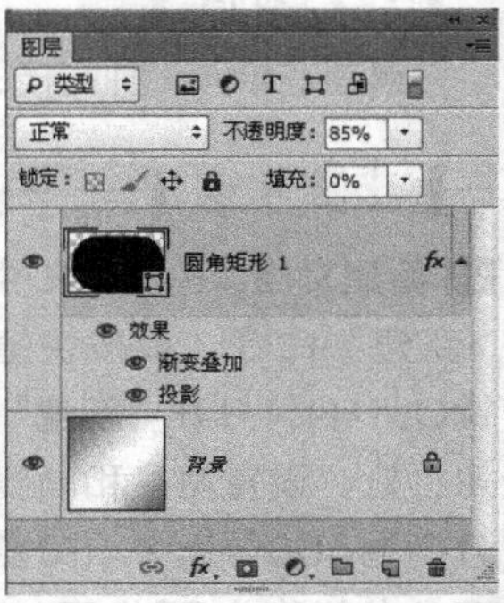

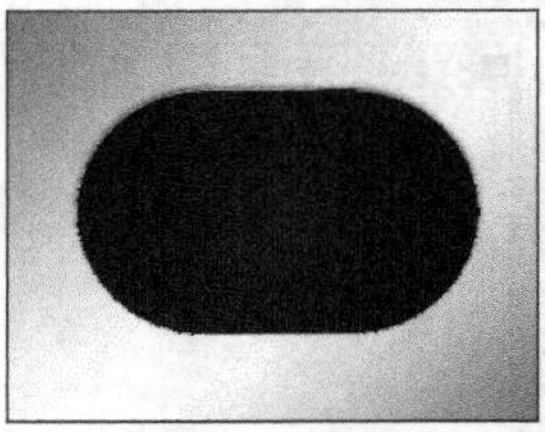

05 复制图层。将“圆角矩形1”图层进行复制，得到“圆角矩形 1 副本”图层，将复制后的图层的填充设置为0%，使用“移动工具”向下移动圆角矩形的位置，打开“图层样式”对话框，选择“投影”选项，设置参数，添加投影效果。

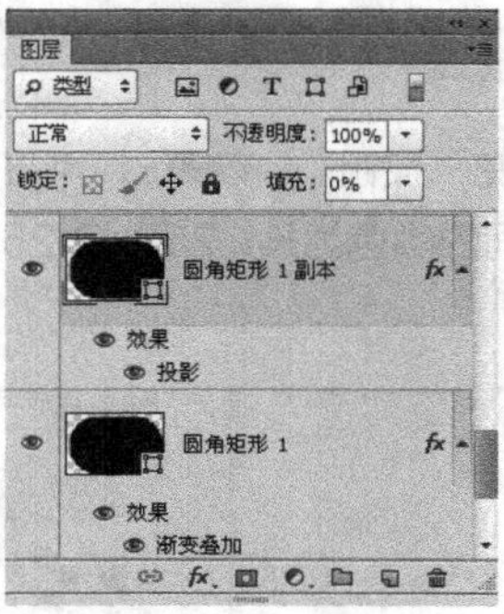

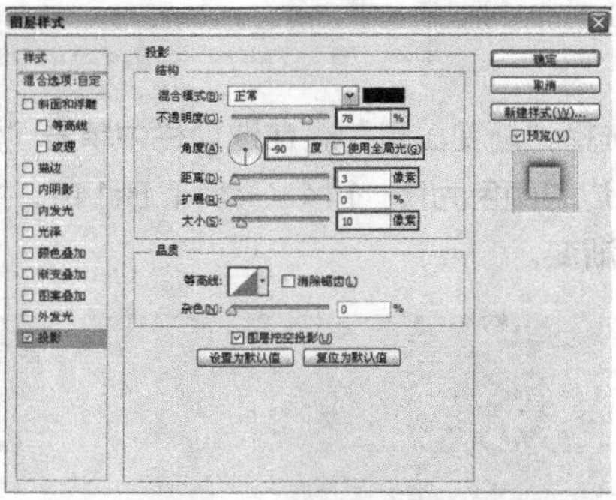

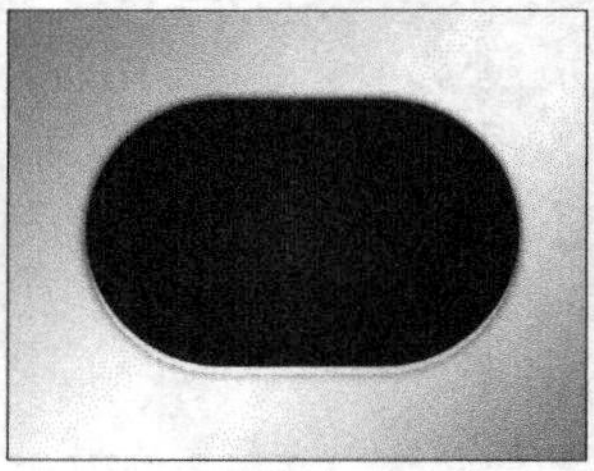

第05章

06 立体感的打造。再次复制“圆角矩形1”图层，得到“圆角矩形 1 副本 2”图层，将复制后的图层的填充设置为0%，按快捷键Ctrl+T，按住快捷键Alt+Shift向内收缩形状，使其变小一点，打开复制后的图层的“图层样式”对话框，在左侧列表中选择“渐变叠加”和“图案叠加”选项，设置参数，为图标添加渐变和图案效果。

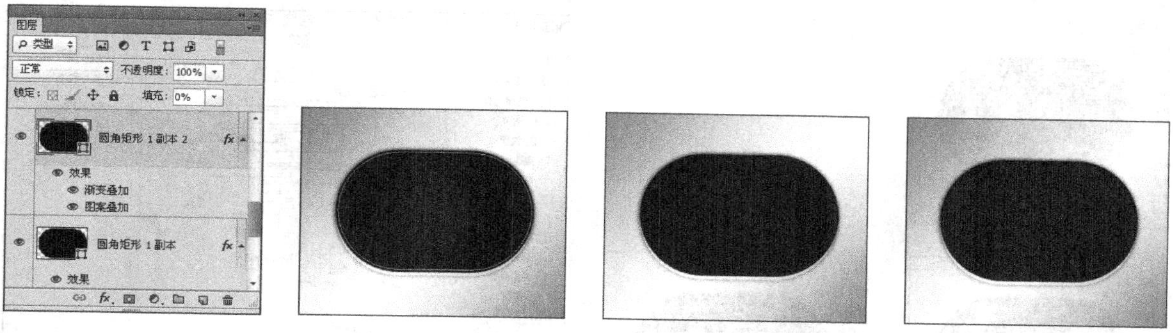

07 圆角矩形的制作及形状的修剪。选择“圆角矩形工具”，在图像上绘制黑色圆角矩形，然后在选项栏中选择“减去顶层形状”选项，再次进行绘制，此时绘制出来的形状会将不需要的部分从刚才绘制的形状上减去，完成后，将该图层的填充降低为0%。

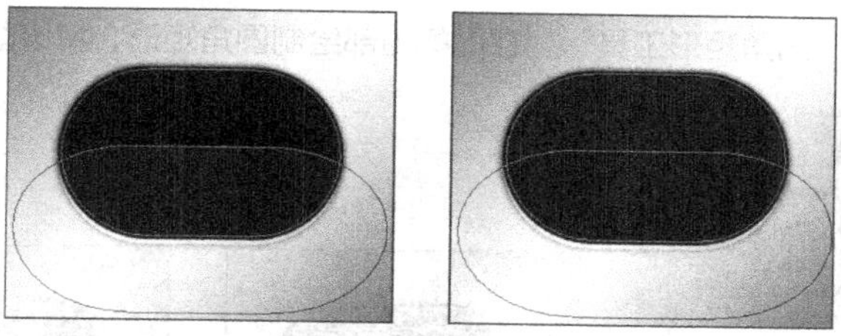

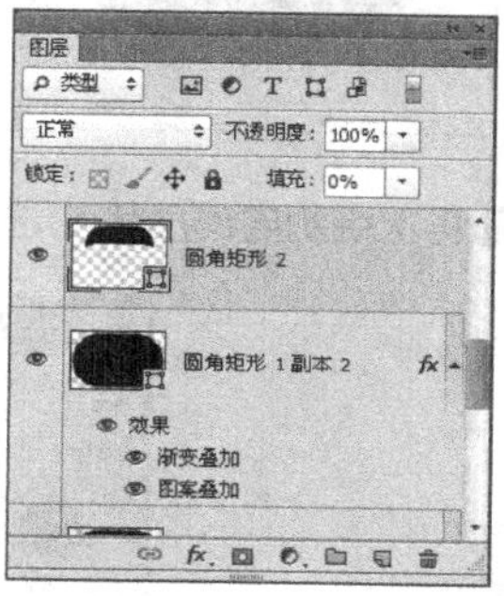

08 添加效果。打开“图层样式”对话框，选择“内阴影”“渐变叠加”“图案叠加”选项，设置参数，添加阴影、渐变、图案等效果。

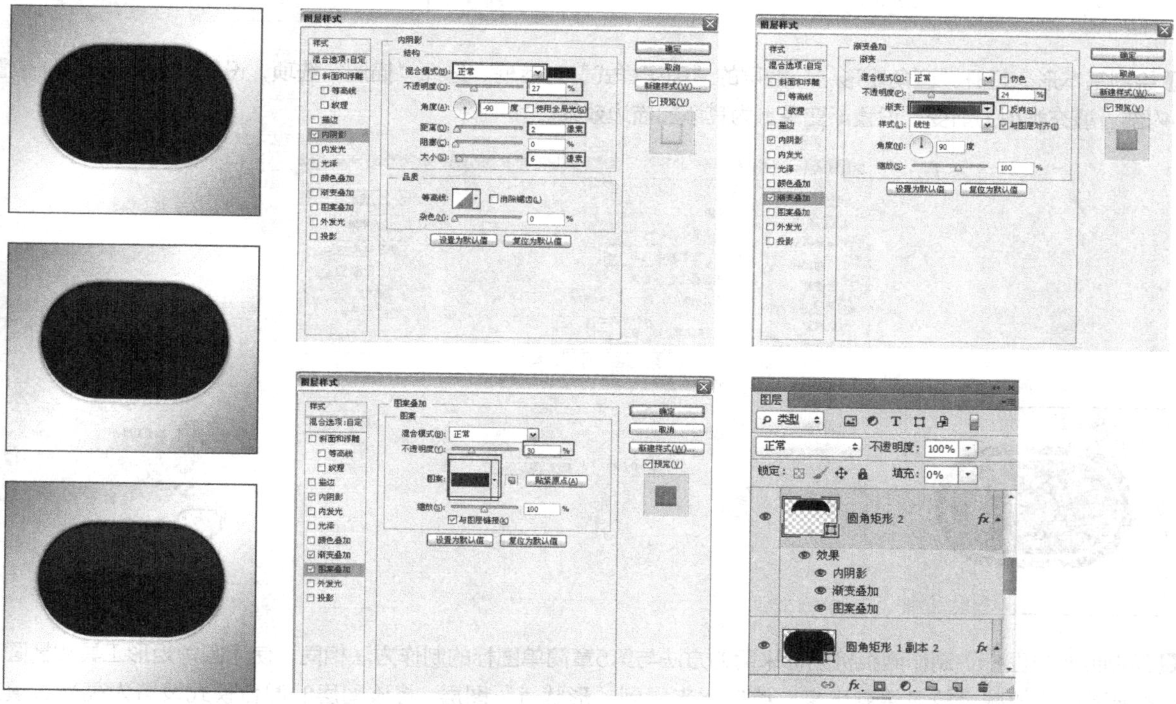

09 绘制内部形状。选择“圆角矩形工具”，在图像上绘制黑色圆角矩形，然后在选项栏中选择“减去顶层形状”选项，再次进行绘制，此时绘制出来的形状会将不需要的部分从刚才绘制的形状上减去，完成后，将该图层的填充设置为0%，打开“图层样式”对话框，选择“投影”选项，设置参数，添加投影效果。

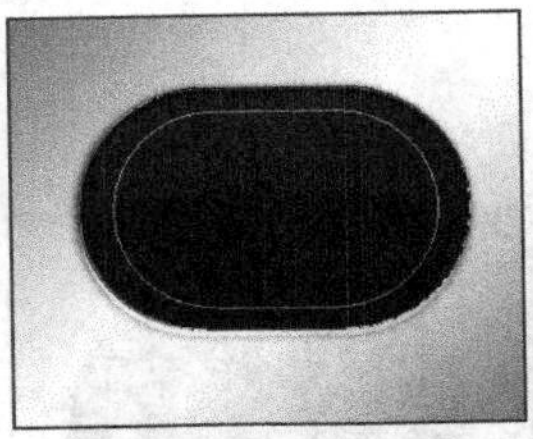

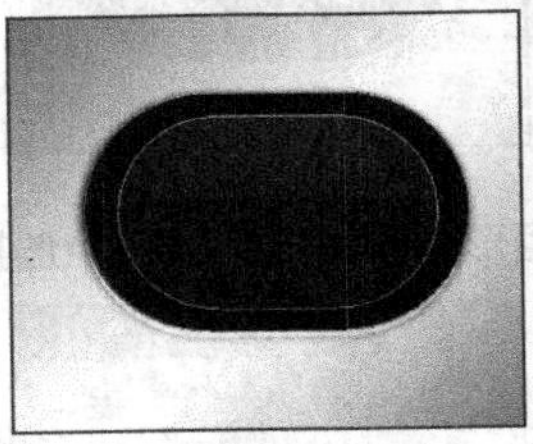

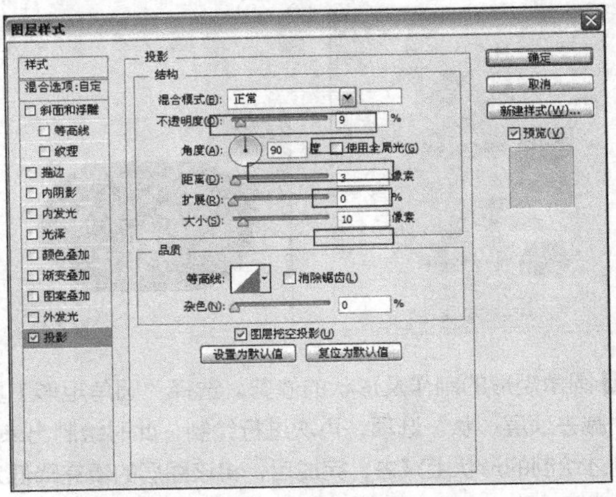

10 再次绘制内部形状 选择“圆角矩形工具”，在图标内部绘制圆角矩形，将该图层的填充设置为0%。

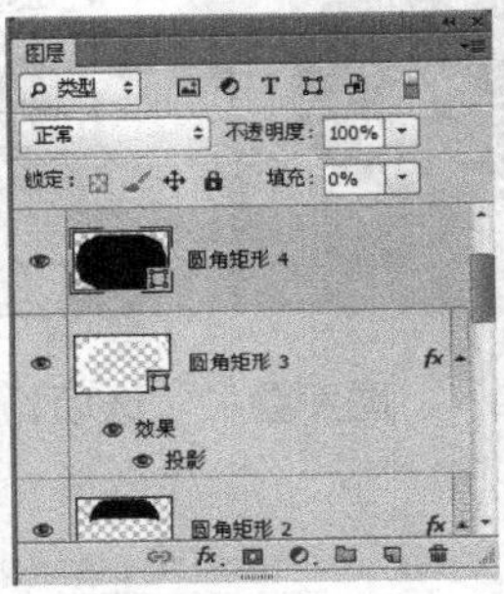

11 绘制基本形。打开“圆角矩形 4”图层的“图层样式”对话框，选择“描边”选项，设置大小为6像素，位置为内部，填充类型为渐变，设置渐变条，为其添加描边效果。

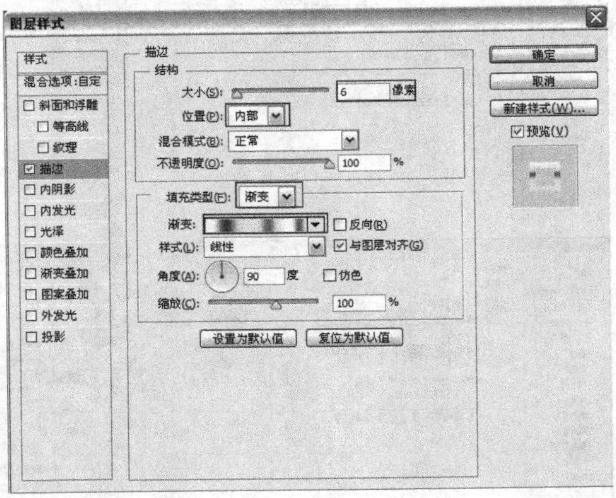

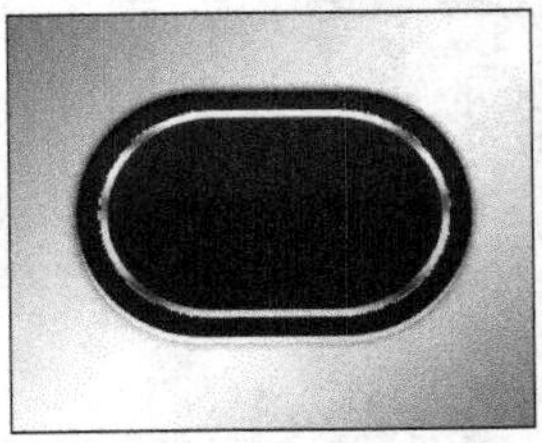

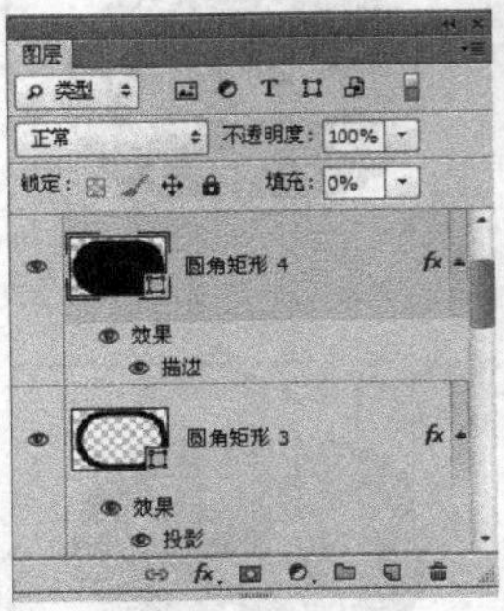

12 绘制照相机图标。制作照相机图标采用的方法与第5章简单图标的制作方法相同，使用圆角矩形工具和椭圆工具搭配路径的加减运算可绘制出来，绘制出来得到“形状 1”图层，将该图层的混合模式设置为亮光、填充70%，为其添加“颜色叠加”效果，最终效果如图所示。

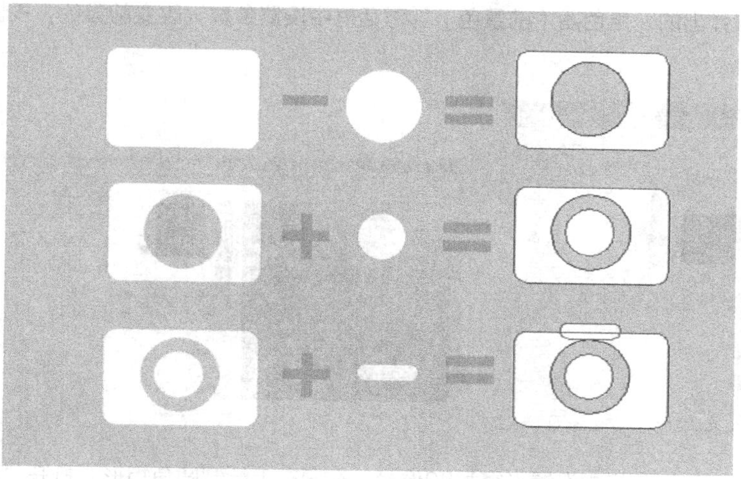

照相机图标分解示意图

案例 6　制作摄像头图标

案例分析

在本例中，我们将使用图层样式工具、图层蒙版、圆角矩形工具、椭圆工具等制作一个摄像头图标。本例以圆角矩形为基本图形，大量运用了Photoshop内置的图层样式效果，让图标变得有视觉立体感。本例最终效果如图所示。

技巧分析

摄像头图标以圆角矩形为基本图形，上面有镜头的空间感。另外，外观采用银白色，给人金属的冰凉感，内部采用绿色，给人深邃的感觉。因此，本例图标具有很强的立体感，给人强有力的视觉冲突。

步骤演练

01 空白文档的建立。执行“文件>新建”命令，或按快捷键Ctrl+N，打开“新建”对话框，设置宽度和高度分别为460像素×440像素，分辨率为72像素/英寸，完成后单击“确定”按钮，新建一个空白文档。

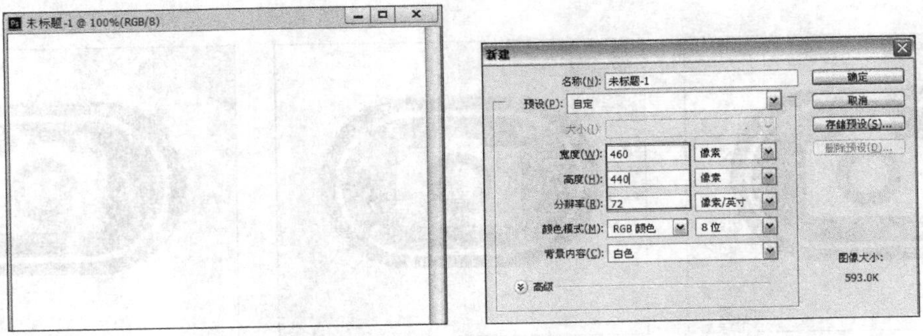

02 纯色背景的制作。单击前景色图标，在弹出的“拾色器（前景色）”对话框中设置参数，改变前景色，按快捷键Alt+Delete为背景填充前景色。

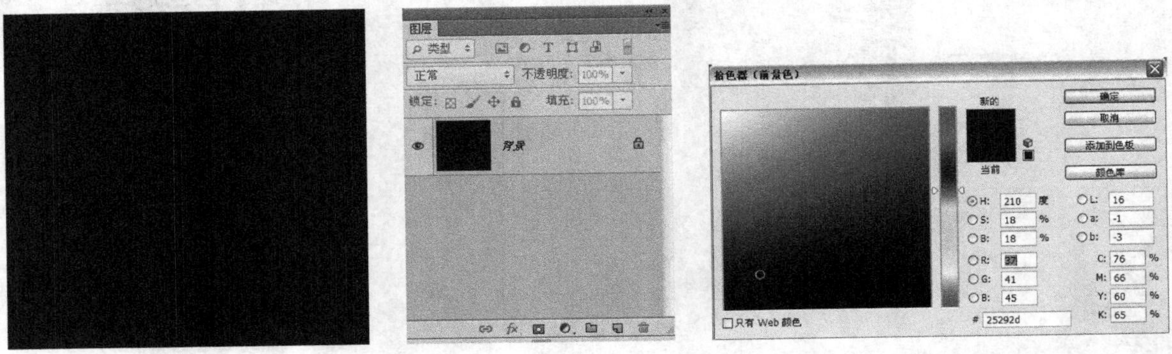

03 圆角矩形色块。选择“圆角矩形工具”，在选项栏中设置半径为80像素，在画布上绘制圆角矩形，打开“图层样式”对话框，选择“渐变叠加”选项，设置参数，单击“确定”按钮，为圆角矩形添加黑白渐变效果。

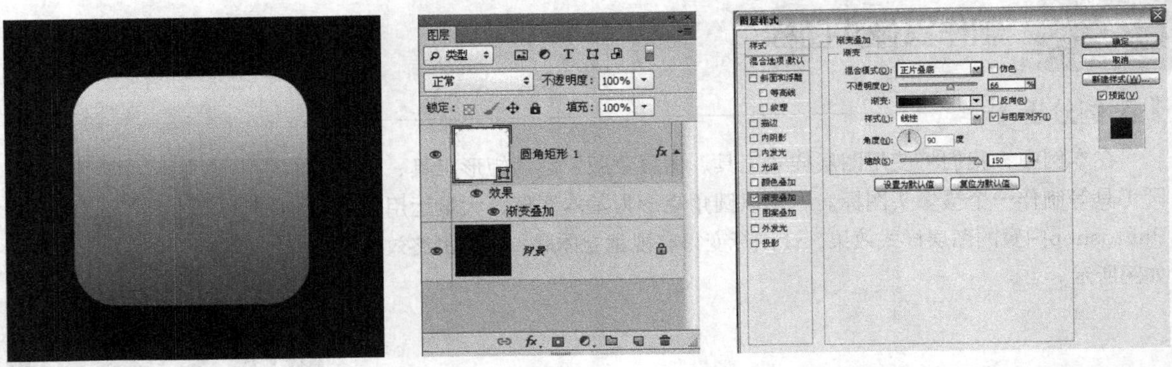

04 矩形色块的制作及形状的合并。选择“矩形工具”绘制黑色矩形，按住Alt键进行复制和移动，在上方绘制3个矩形进行图层合并，左边和右边分别也是3个矩形，进行图层合并。

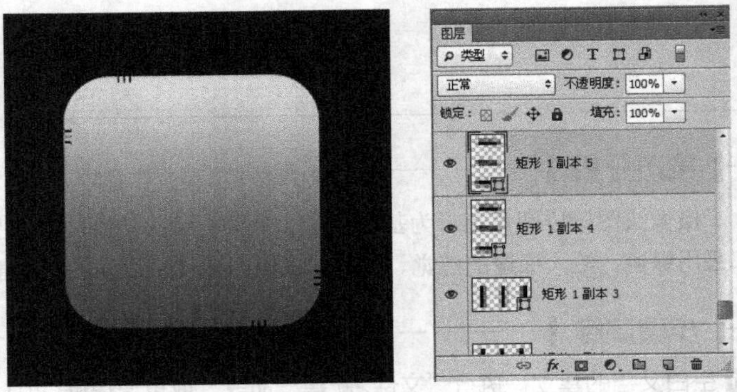

05 特效的添加。复制圆角矩形，按快捷键Alt+Shift键将其缩小，打开“图层样式”对话框，分别选择“斜面和浮雕”“描边”“内阴影”“内发光”“颜色叠加”“渐变叠加”选项，设置参数，添加效果。

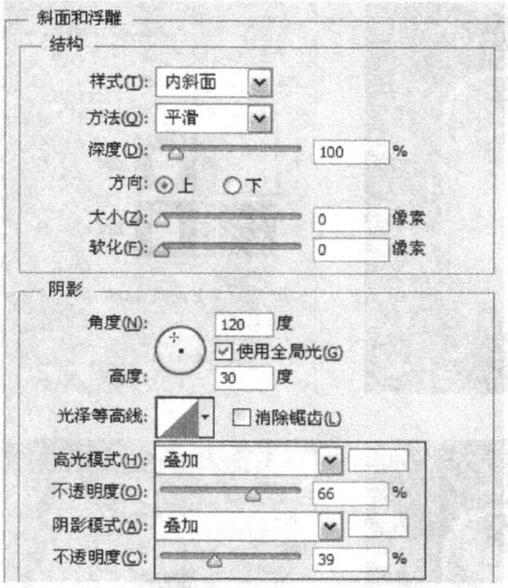

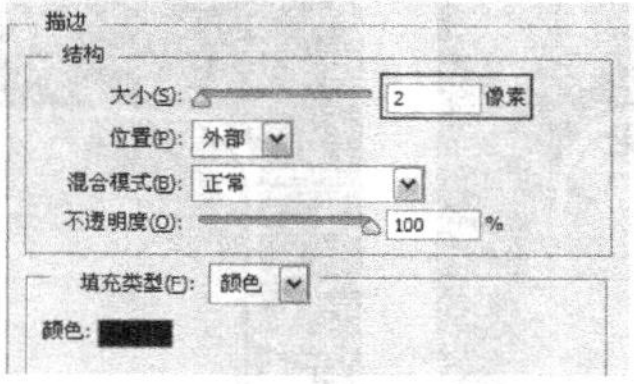

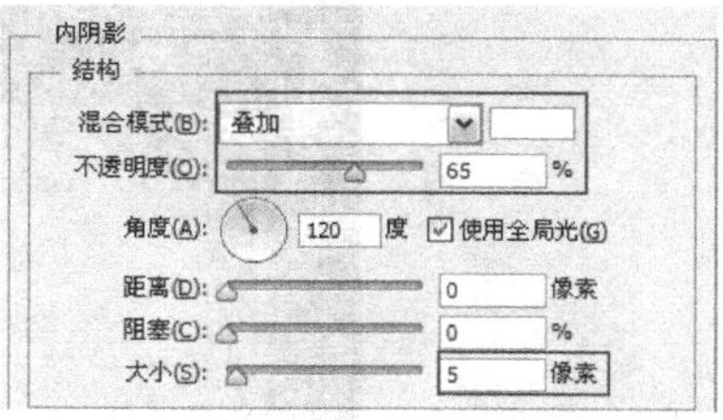

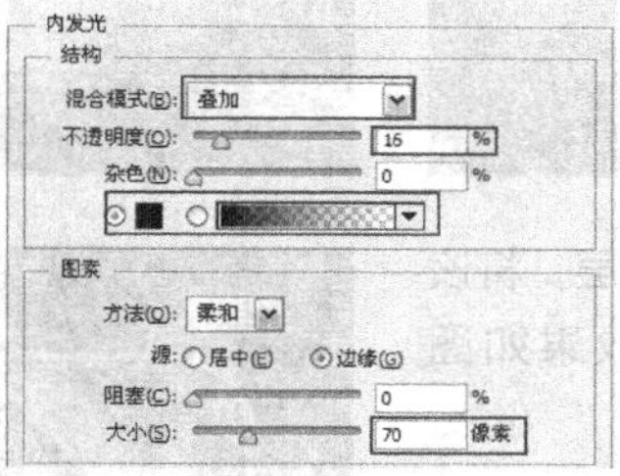

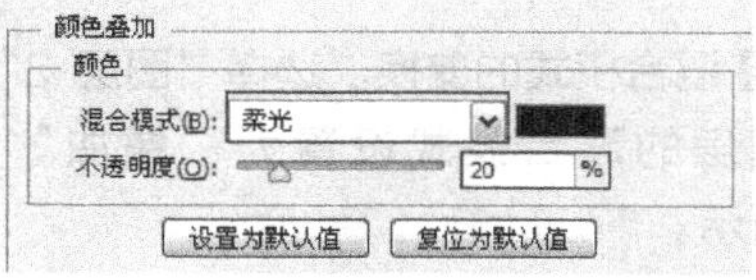

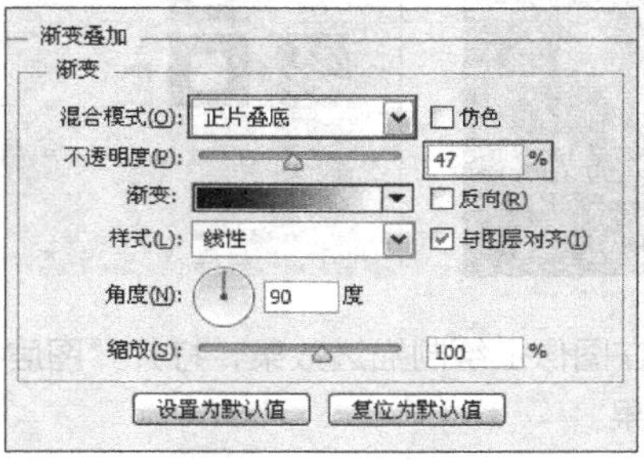

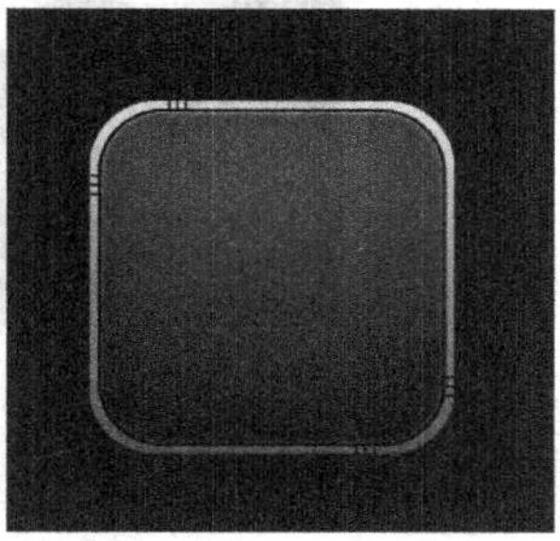

06 底纹素材的添加。打开素材文件，将其拖入到当前绘制的文档中，按住Ctrl键的同时单击“圆角矩形 1 副本”图层的图层缩略图，选择该图层的选区。

07 素材的置入及混合模式的变换。选择“图层 1”图层，单击“图层”面板下方的“添加图层蒙版”按钮，为该图层添加蒙版，然后将该图层的混合模式设置为“叠加”，使效果变暗。

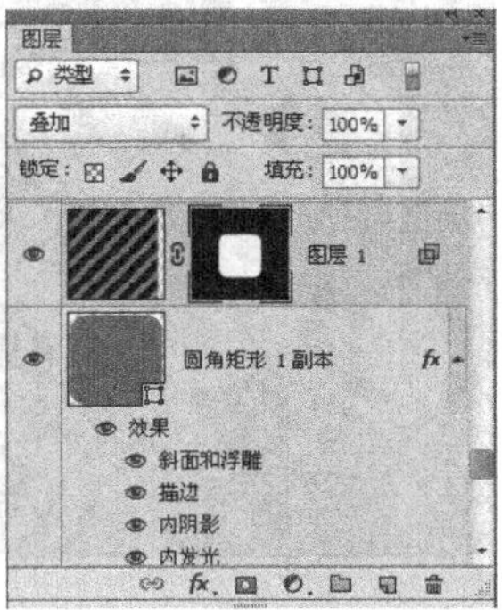

08 高光的绘制。新建“图层 2”图层，选择白色画笔工具，在图标上绘制高光，按Ctrl键的同时单击选区，调出圆角矩形的选区，添加蒙版，将画笔工具涂抹的多余部分隐藏。

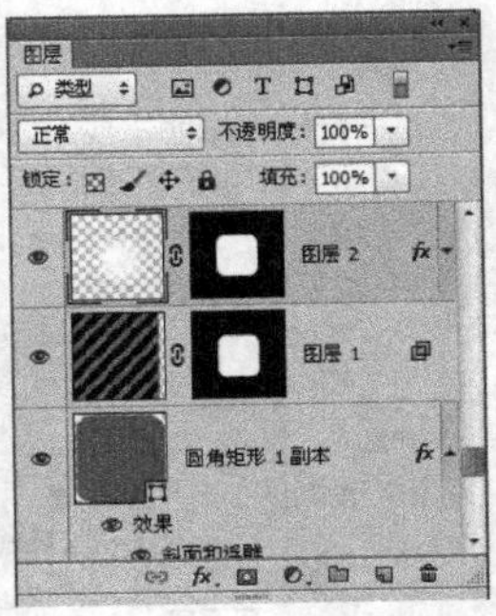

09 混合模式的变换。选择“图层 2”图层，将该图层的混合模式设置为“叠加”，效果如图所示。

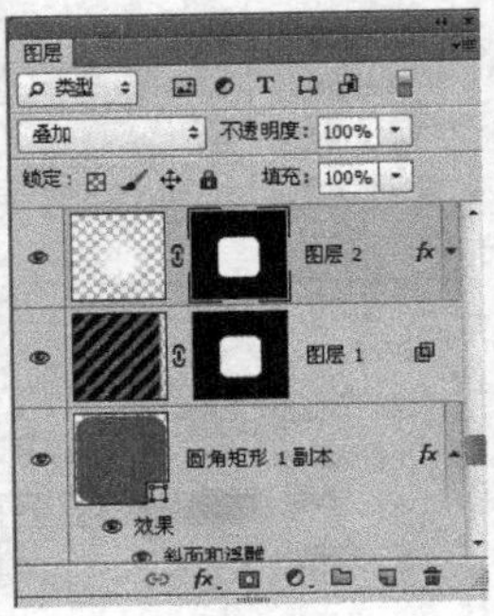

10 描边效果的绘制。选择“圆角矩形工具”， 在选项栏中设置参数，在图像上绘制描边效果，打开“图层样式”对话框，选择“渐变叠加”和“投影”选项，设置参数，为其添加效果。

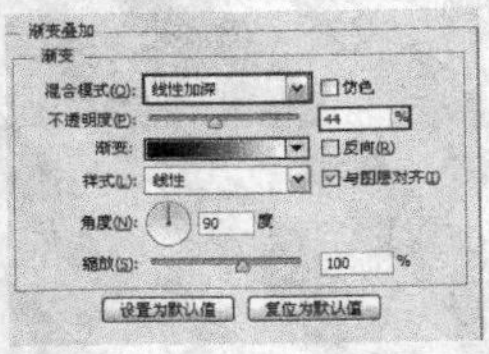

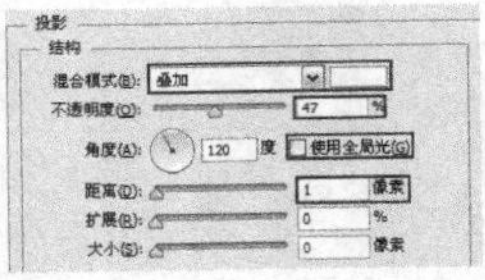

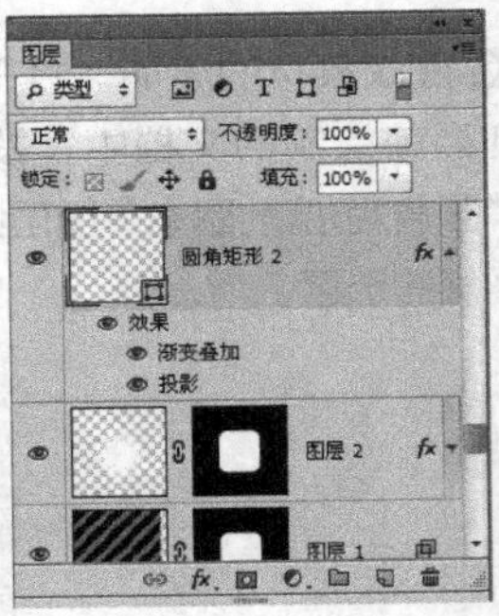

11 圆形色块的制作。设置前景色为灰色，选择“椭圆工具”，在图标上绘制椭圆，得到“椭圆 1”图层。

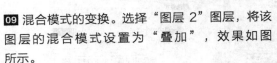

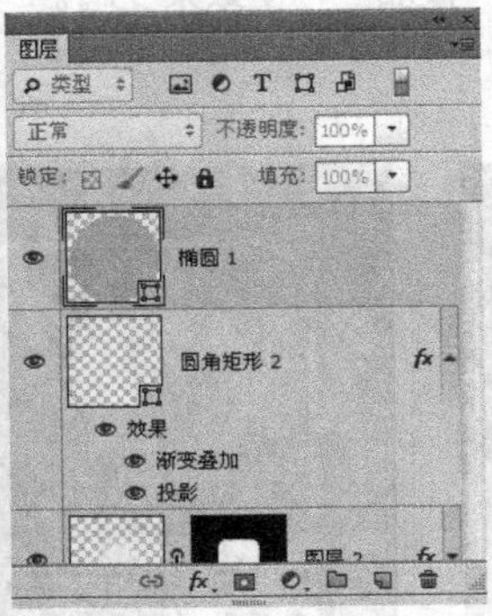

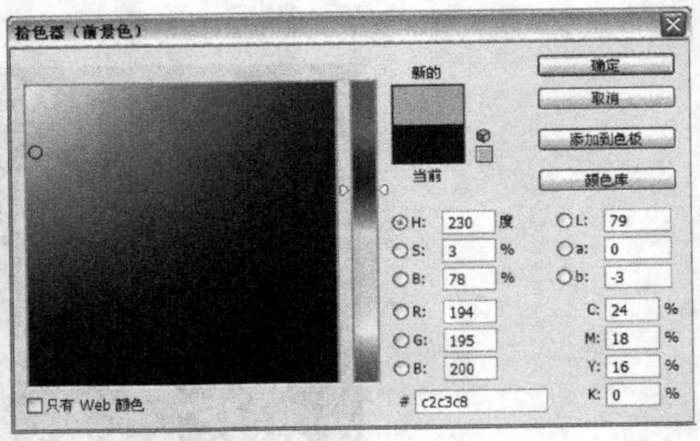

第 05 章

12 特效的添加。双击“椭圆1”图层，打开“图层样式”对话框，在左侧列表中分别选择“描边”“内阴影”“外发光”“渐变叠加”“投影”选项进行参数调节，为椭圆添加效果。

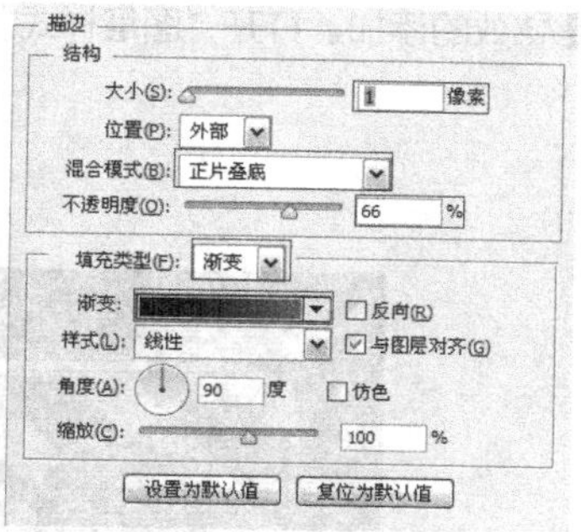
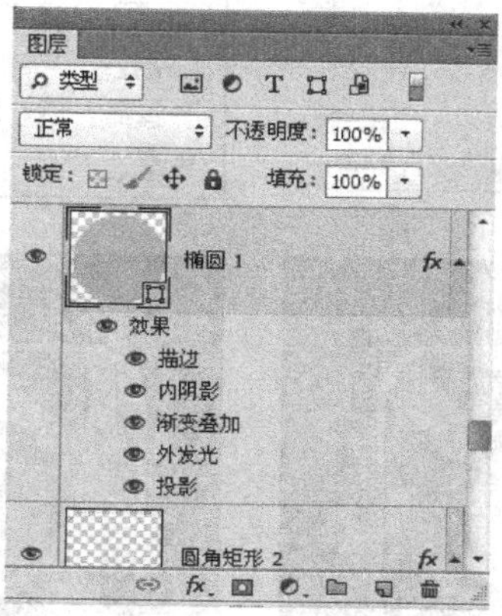
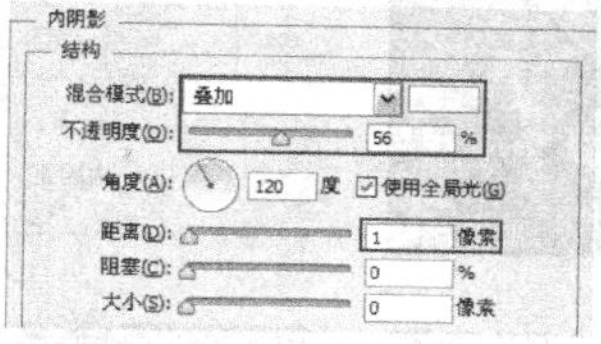
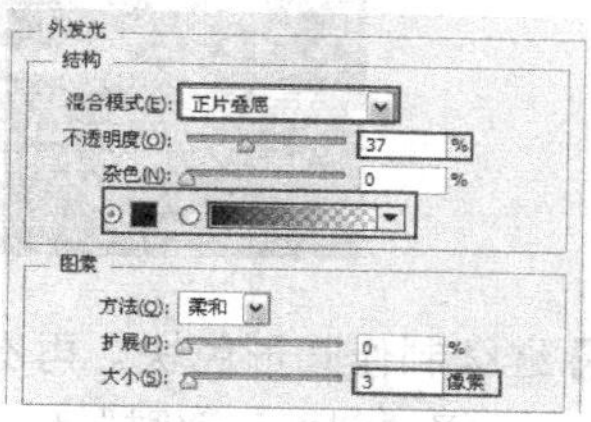
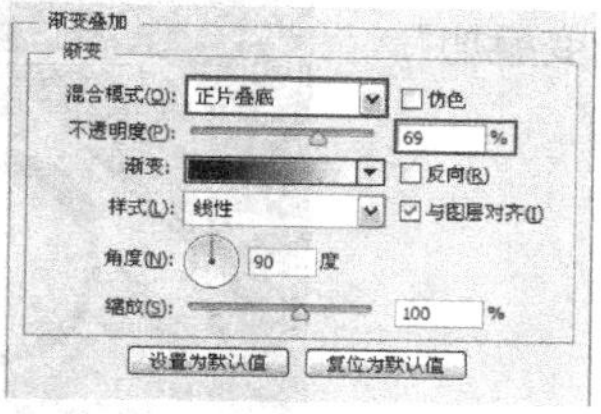
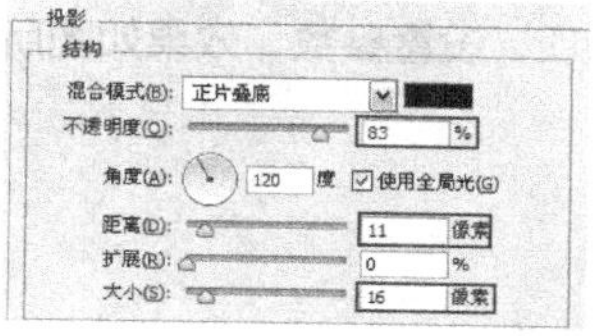

13 复制圆形色块并添加特效。复制“椭圆 1”图层，得到“椭圆 1 副本”图层，将椭圆缩小，打开“图层样式”对话框，选择“内阴影”和“渐变叠加”选项，设置参数，添加效果。

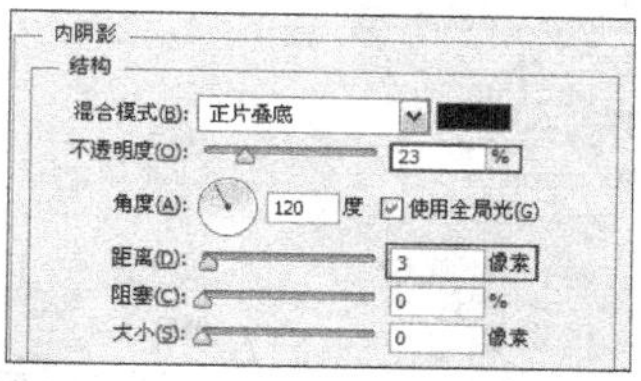

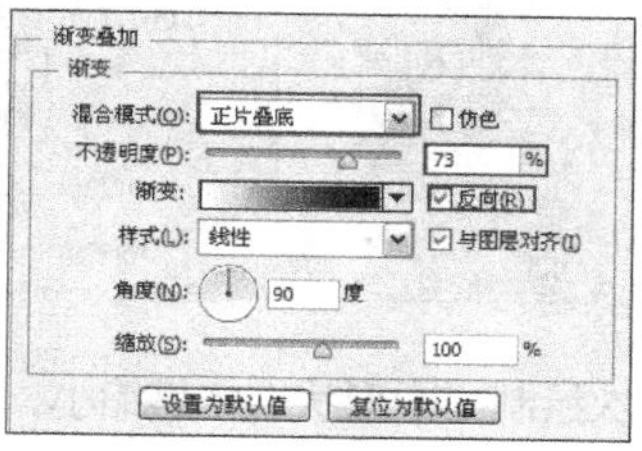
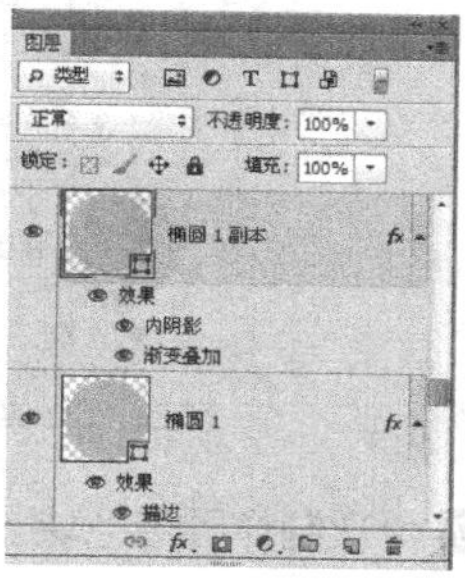

14 再次复制圆形色块。再次绘制“椭圆 1”图层，将其缩小，改变复制后椭圆的颜色，效果如图所示。

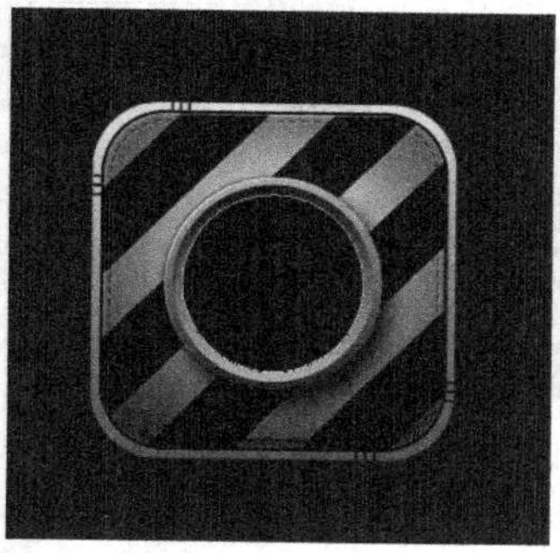
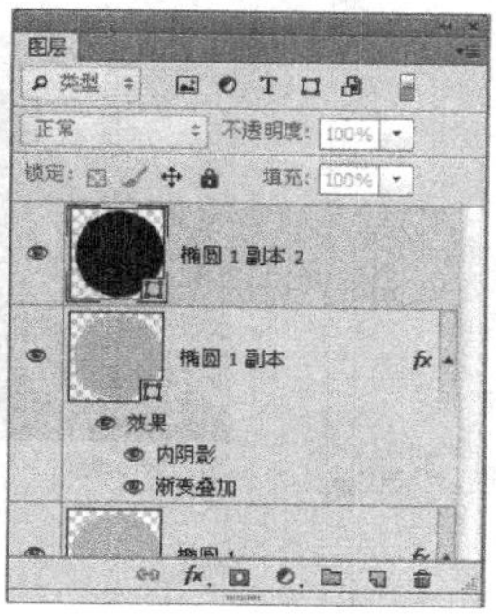
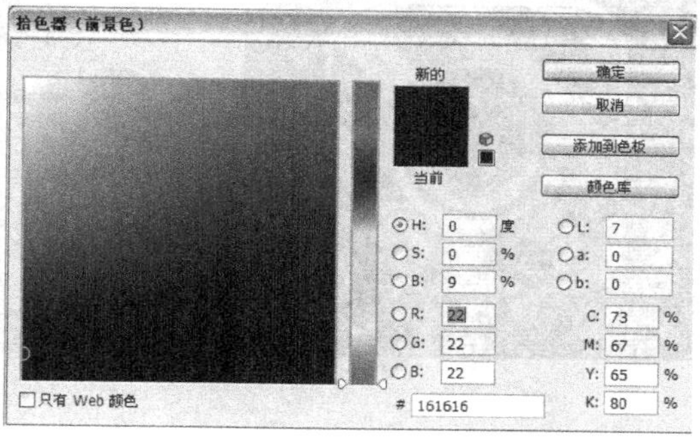

15 特效的添加。打开“图层样式”对话框，选择“描边”和“内阴影”选项，设置参数，添加效果。

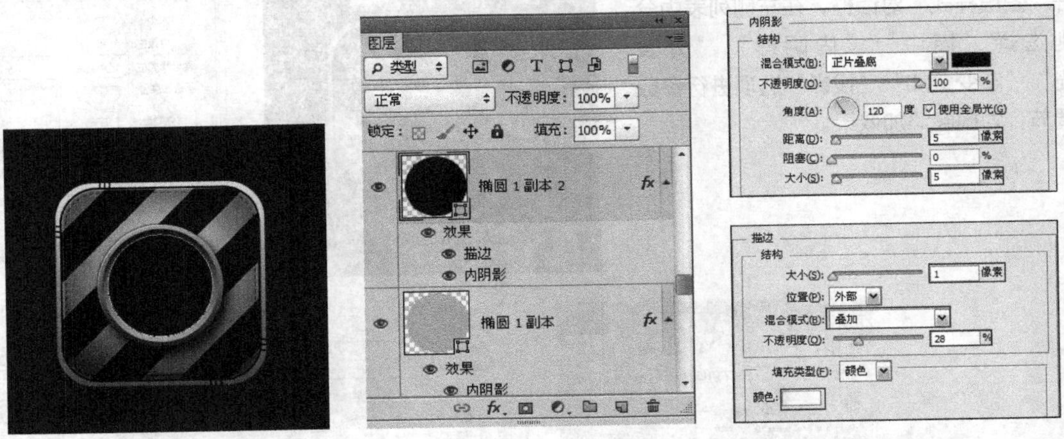

16 继续制作圆形色块。再次绘制椭圆图层，选择“斜面和浮雕”和“渐变叠加”选项，设置参数，效果如图所示。

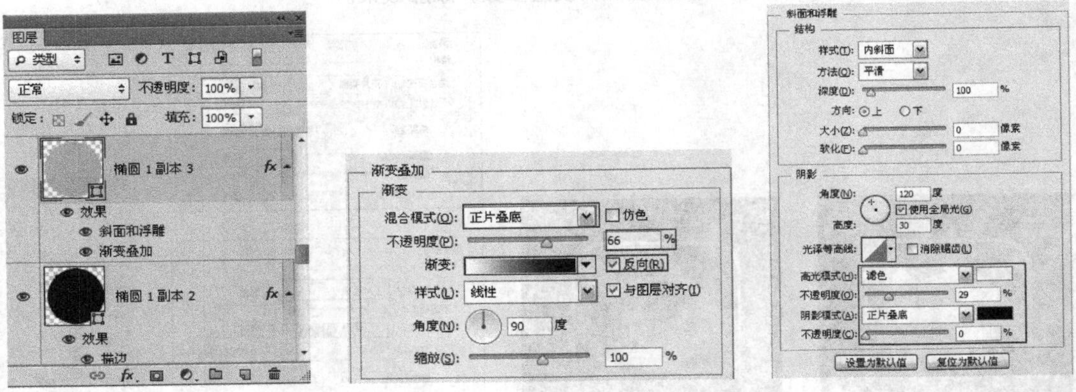

17 再次制作圆形色块。再次绘制椭圆形状，将其缩小，改变颜色，效果如图所示。

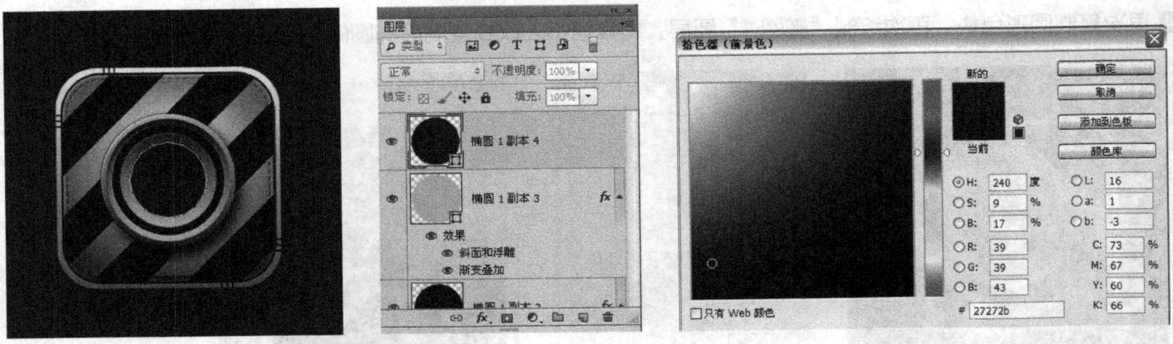

18 再次复制圆形色块。再次复制椭圆形状，将其缩小，改变颜色，效果如图所示。

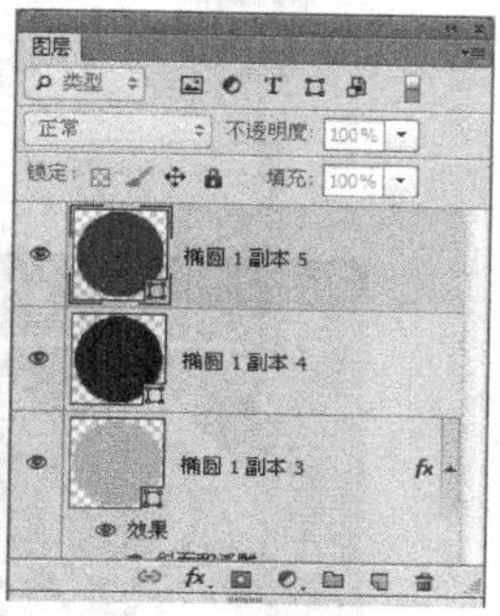

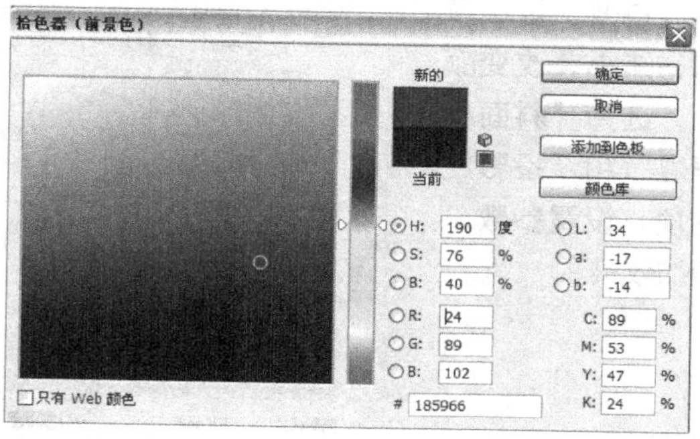

19 内阴影效果的添加。打开“图层样式”对话框，选择“内阴影”选项，设置参数，添加效果。

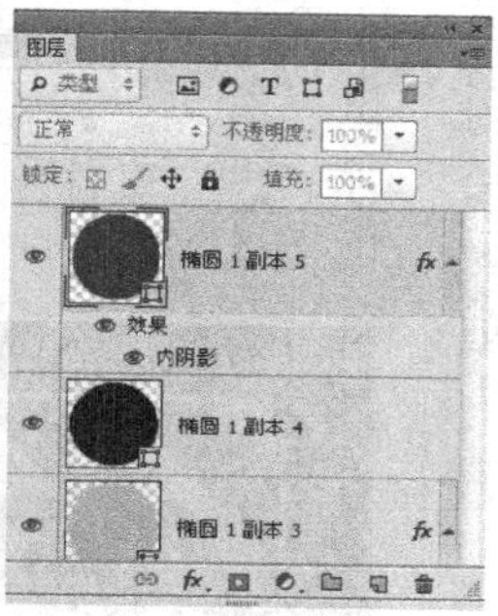

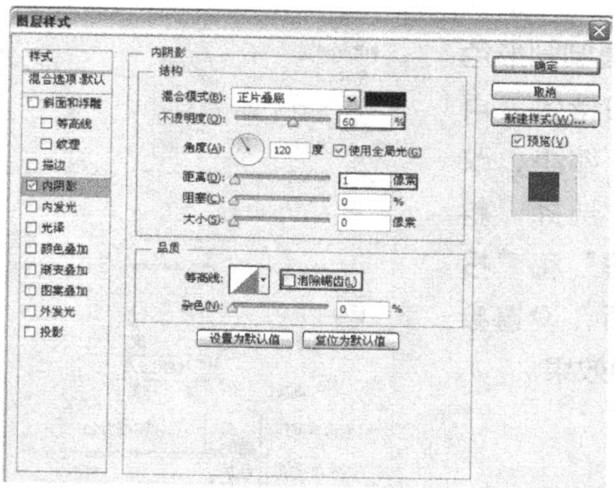

20 复制圆形色块并改变颜色。复制椭圆图层，将其缩小，改变颜色，效果如图所示。

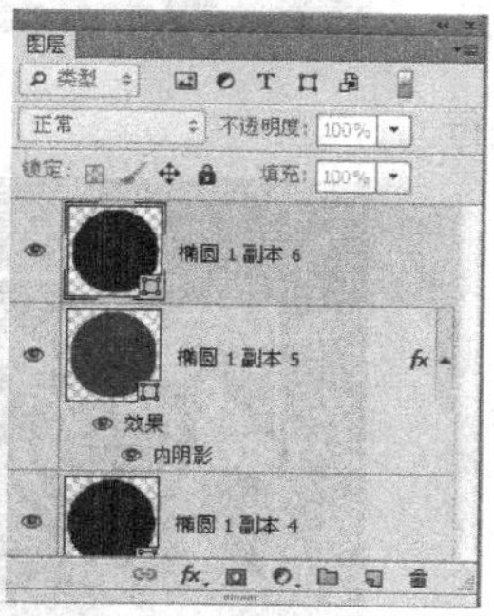

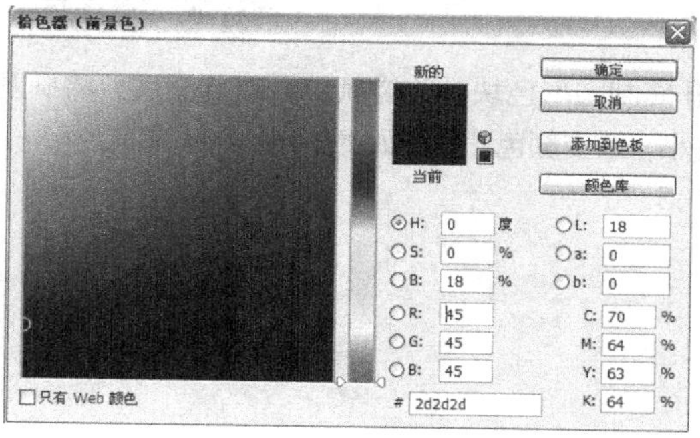

21 特效的添加。打开“图层样式”对话框，选择“斜面和浮雕”和“投影”选项，设置参数，添加效果。

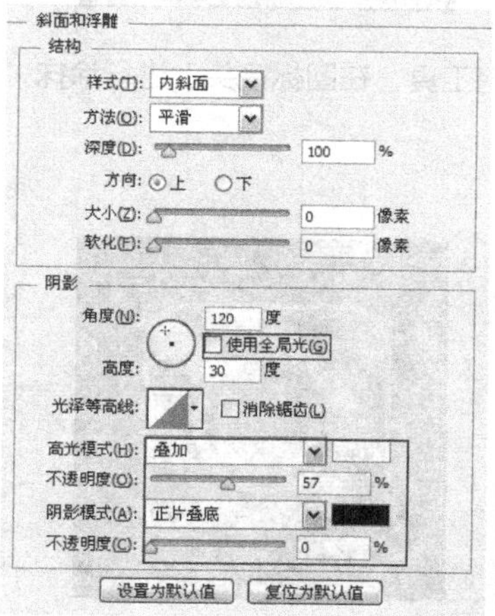

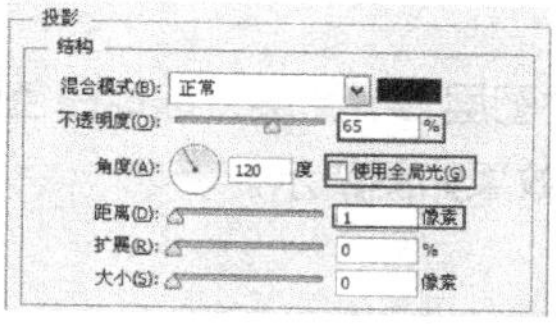

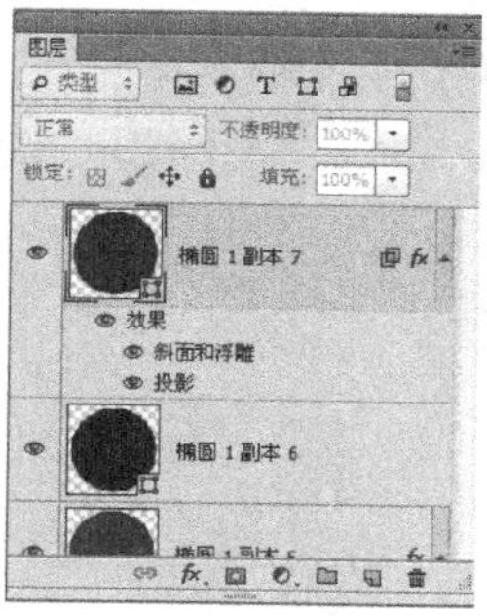

22 复制圆形色块并制作特效。再次复制，缩小，改变颜色，选择“斜面和浮雕”和“投影”选项，设置参数，添加效果。

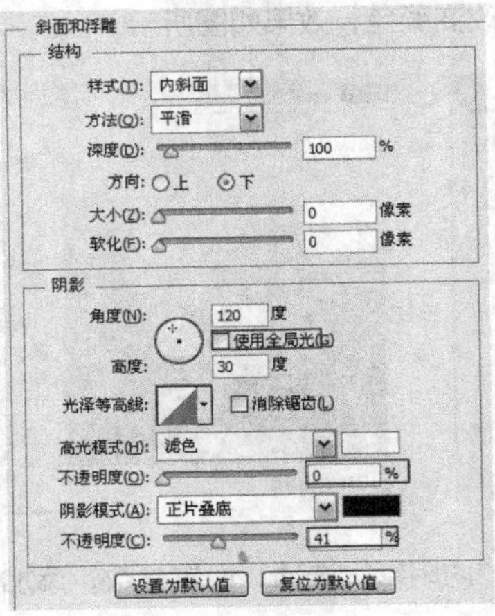

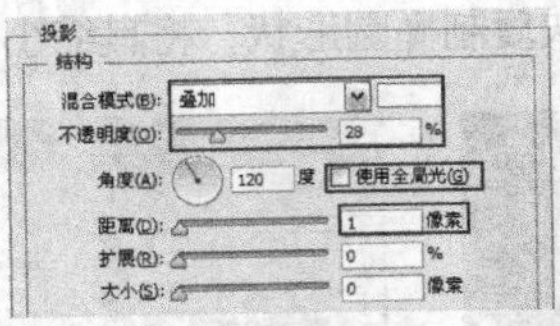

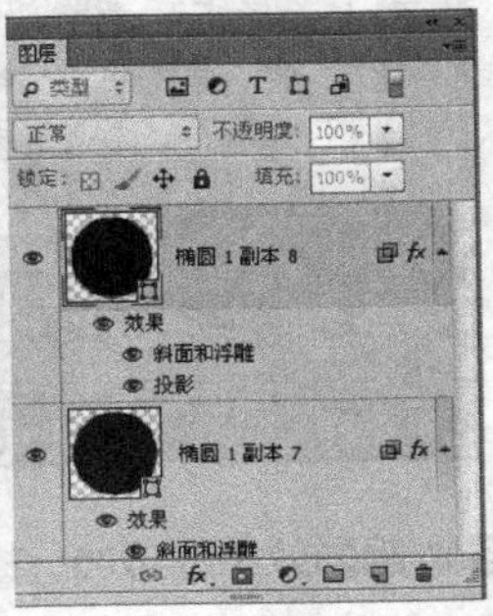

23 再次复制圆形色块并添加特效。再次复制，缩小，改变颜色，选择“斜面和浮雕”和“投影”选项，设置参数，添加效果。

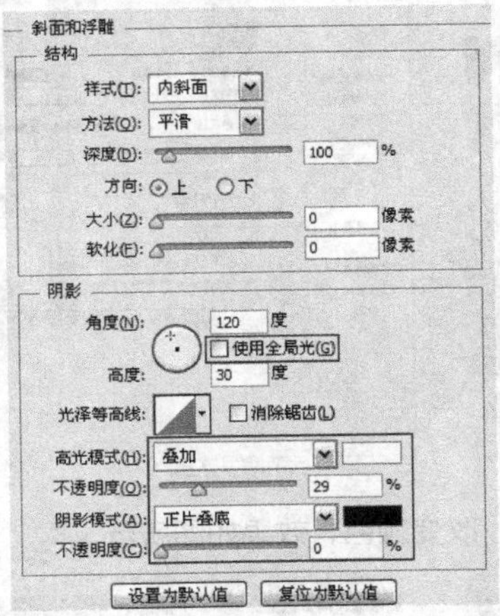

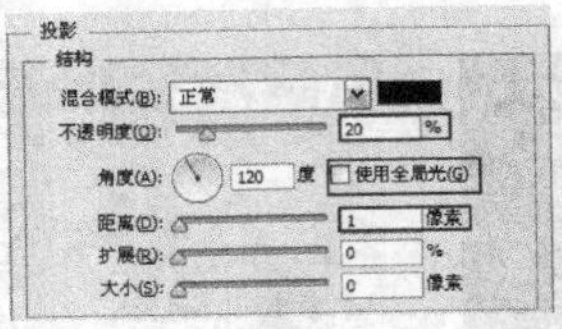

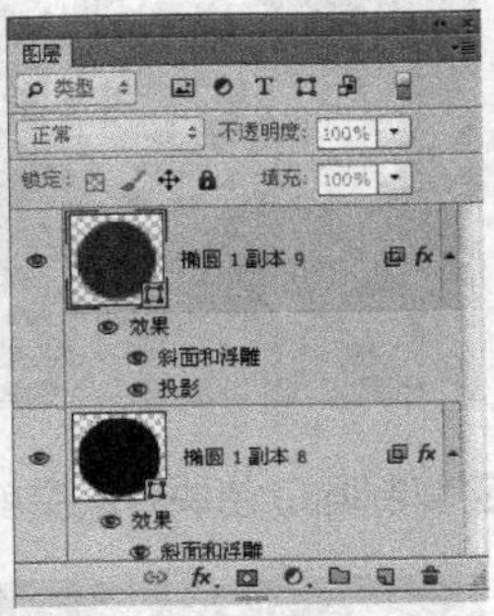

24 复制圆形色块并改变颜色。复制图层，将椭圆进行缩小，改变颜色，效果如图所示。

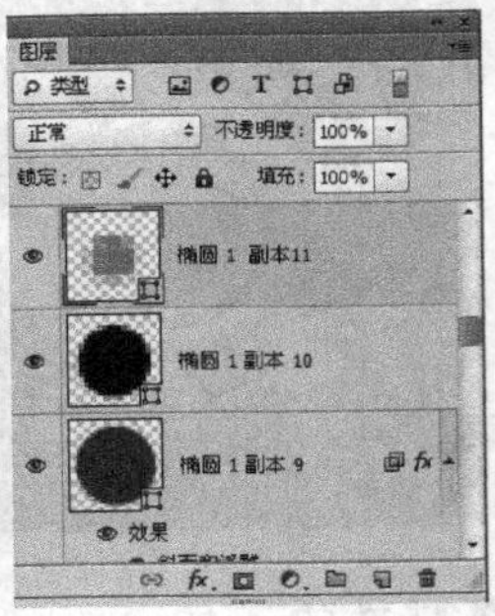

25 高光效果的制作。新建“图层 3”图层，选择白色画笔工具，在图标镜头上进行涂抹，得到高光，将该图层的混合模式设置为“叠加”，效果如图所示。

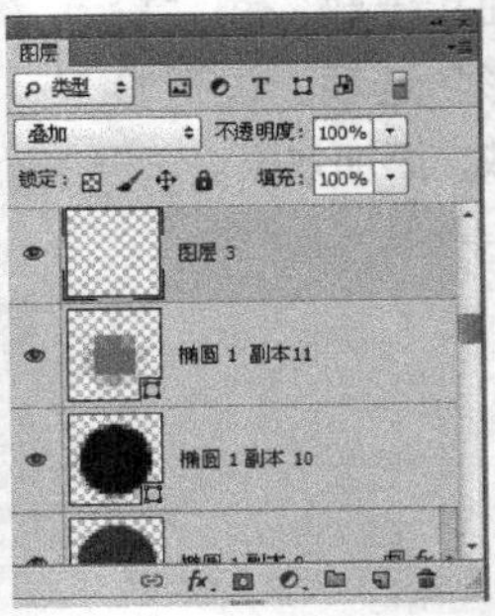

26 高光效果的增强。将“图层3”图层进行复制，得到“图层 3 副本”图层，将复制后的图层的不透明度降低，加强高光效果。

27 光点的绘制。再次选择白色画笔工具，在图像上单击，绘制白点，改变图层混合模式为“叠加”，降低不透明度为30%，效果如图所示。

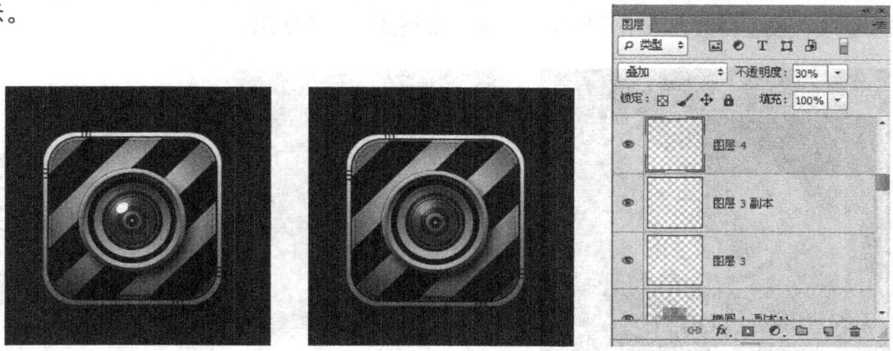

28 光晕效果的制作。使用同样的方法，进行绘制，改变图层混合模式以及降低不透明度，增强图标镜头韵感。效果如图所示。

29 青色光晕的制作。选择“椭圆工具”绘制黑色椭圆，将其进行复制，得到“椭圆 2 副本”图层，将其缩小，改变颜色为青色，打开“图层样式”对话框，选择“外发光”选项，设置参数，添加外发光效果。

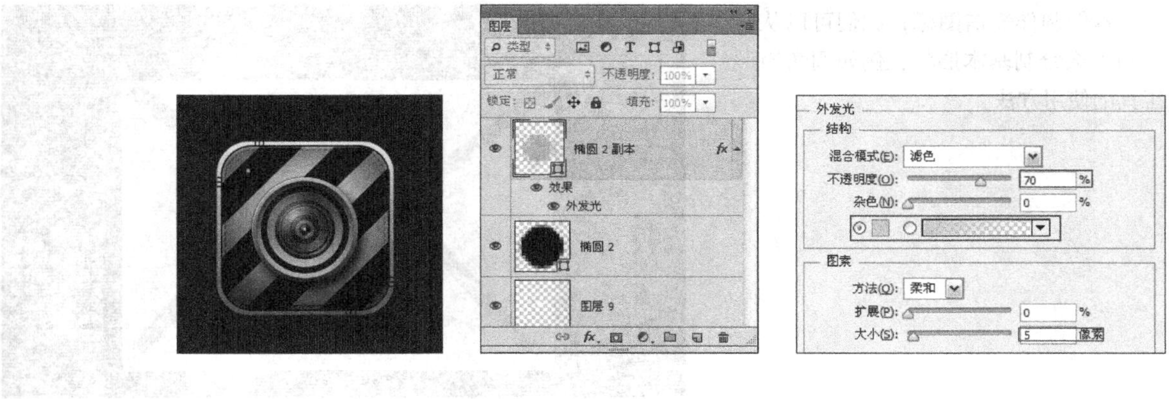

30 绿色光晕的制作。使用同样的方法绘制，添加“外发光”效果，效果如图所示。

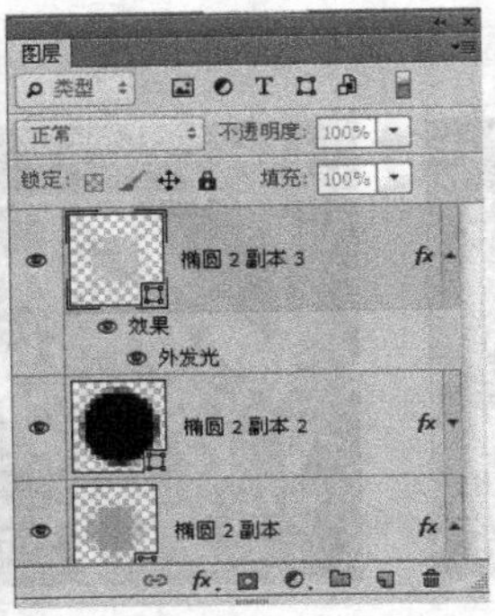

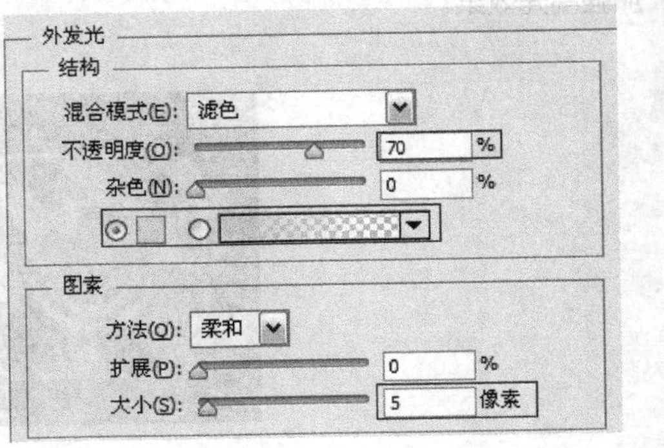

31 旋钮的制作。选择“矩形工具”，绘制矩形，打开“图层样式”对话框，选择“描边”“内阴影”“渐变叠加”选项，设置参数，单击“确定”按钮。最终效果如图所示。

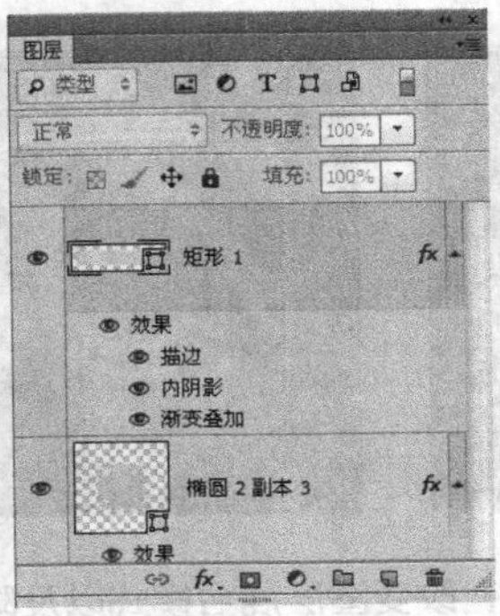

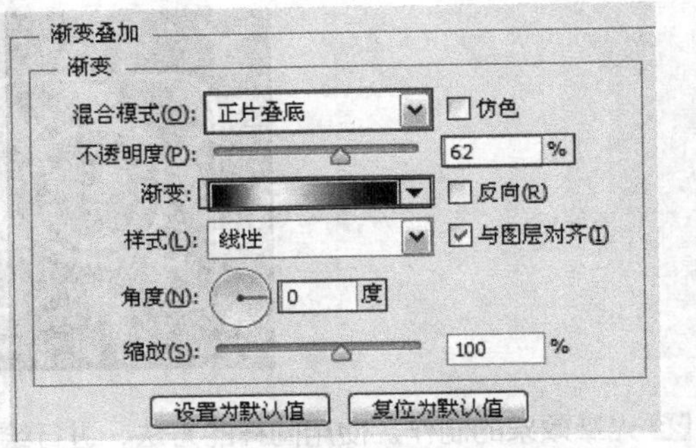

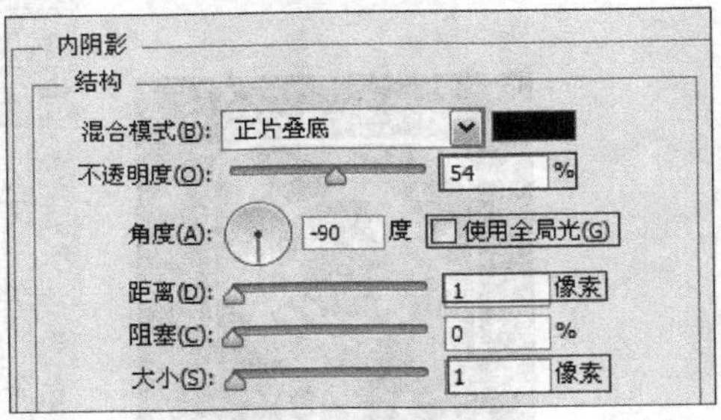

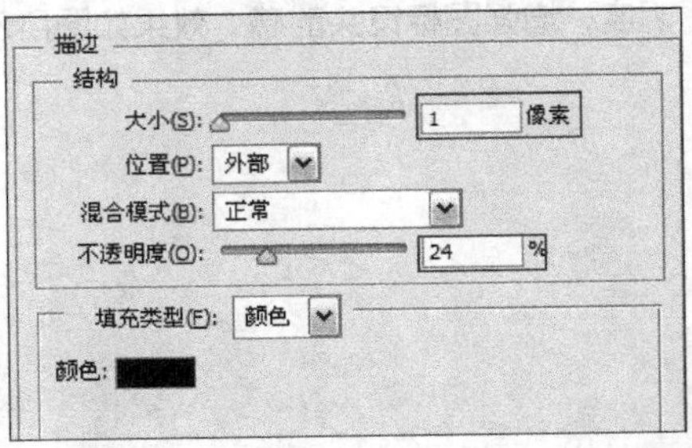

5.3 课后练习——制作短信图标

案例分析

本例制作短信图标，我们可以从中学到怎么绘制基本形状，例如圆角矩形工具的使用方法。

造型分析
使用圆角矩形为短信图标的基本形状，利用圆角的特点给人亲切的感觉，而上面的线条根据信封的表面进行设计，非常符合短信图标的概念。
方法分析
使用圆角矩形绘制底部，选择其他工具绘制线条，进行复制、旋转等操作，完成图标的制作。

第05章

步骤演练

01 圆角矩形的制作。执行“文件>新建”命令，创建567像素×425像素、分辨率为300像素/英寸的文档，为文档填充深灰色，按快捷键Ctrl+R，打开标尺工具，选择圆角矩形工具，设置半径为10像素，在图像上绘制圆角矩形。

02 矩形色块的制作。再次选择圆角矩形工具，在图像上绘制细点的圆角矩形，改变颜色，按快捷键Ctrl+T，旋转角度，确认旋转后，复制该图层，执行“水平翻转”命令。

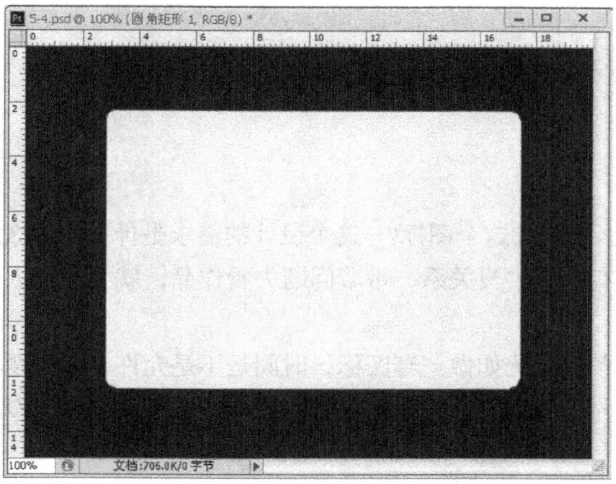

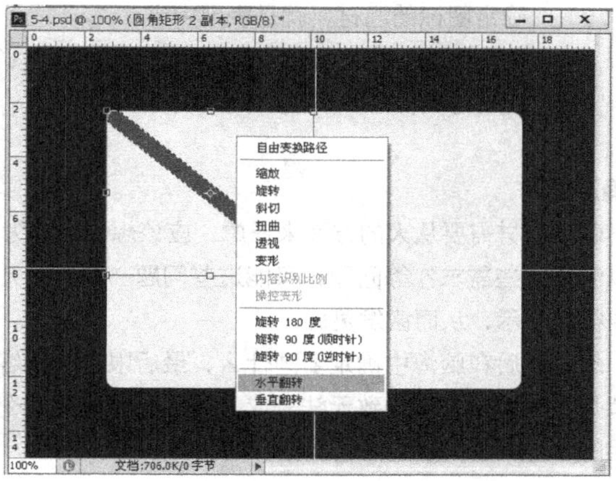

03 移动工具的灵活应用。执行翻转命令后，按Enter键确认操作，按住Shift键使用移动工具将其移动位置。

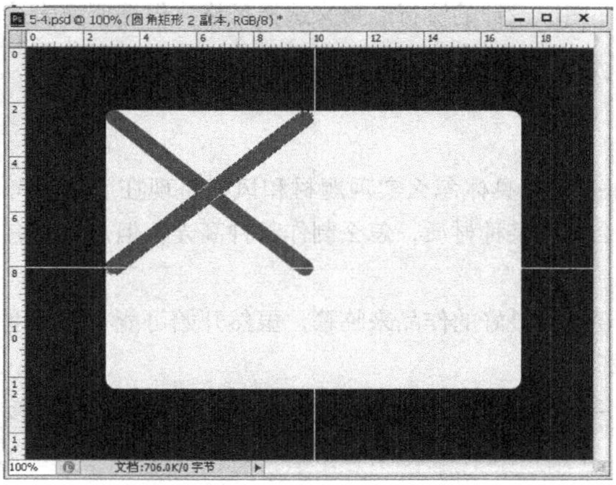

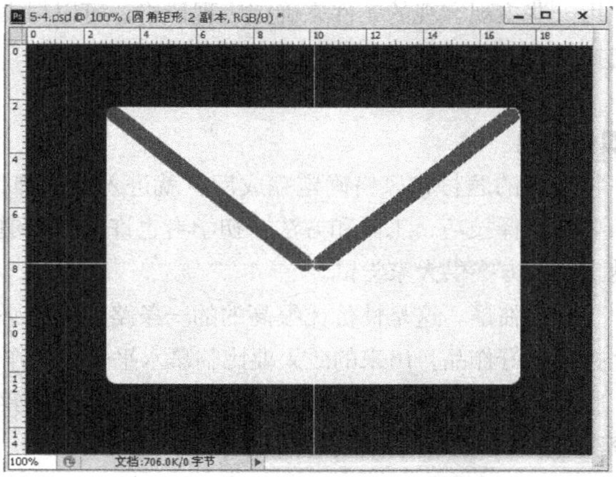

04 其他边线的制作。选择矩形工具，绘制矩形框，使用同样的方法进行旋转、复制、翻转、移动等操作，完成短信图标的制作。

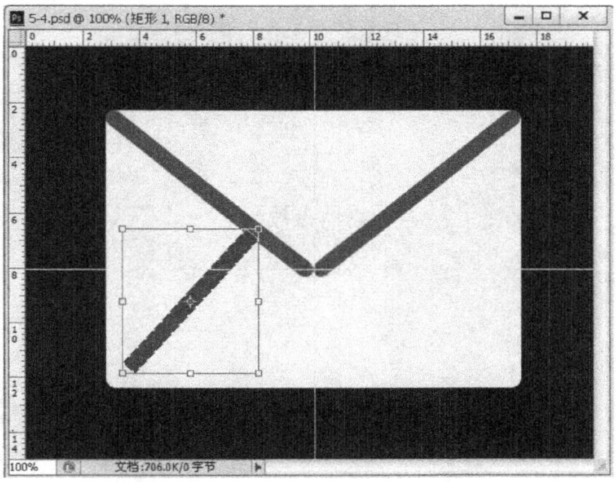

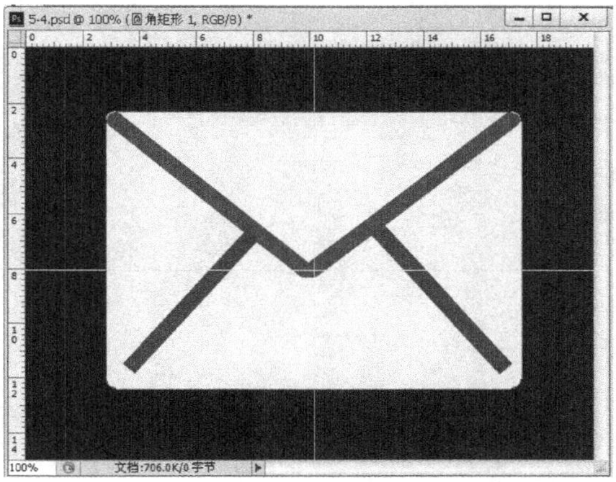

5.4 课后思考——怎样设计一个立体图标

作为一个初学者，在被要求或者想要做一个图标之前，总是热血沸腾地要立即开始。但是当打开软件之后，就迷茫了，不知道该如何下手，导致时间在各种无意义的杂乱思考和“寻找素材”中被消耗掉。作者结合大师们以及自己的经验，总结了一套流程分享给大家——初学者怎么完成一个图标设计。

设计一个图标的过程大致分为3个阶段。

（1）确定图标的题材，就是表现内容。

（2）确定表现风格，如写实、单一物体、小场景等。

（3）再构思具体怎么实现，突出亮点。

1. 确定题材

确定题材需要从大的方面来考虑，应该想一想，为什么要设计这个图标？ 这个设计的需求是什么？什么题材可以满足这些需求？等问题，可能这些问题一时半会儿没有答案，没关系，带着问题去看作品，就会在别人的设计中得到启示，从而激发灵感。

想过之后在脑海中确定要画什么，最后限定一些客观条件（比如做一套图标，时间是不是允许，某个题材的细节是不是太复杂而导致无法完成，等等），选择几个题材作为备选方案。如果并不是商业需求，那么可以从感兴趣的题材入手，这更能激发自己的创作欲望。

2. 确定表现风格

用一些主观客观的条件来确定表现风格，可以根据现在图标设计的流行趋势来选择风格；根据所要表达的主题选择材质；根据色彩的搭配来突出主题等。

3. 具体实现

将图标的题材和风格确定完成后，就进入实战操作部分了。具体怎么实现题材和风格是现在所要思考的问题，要去选择技巧、工具和方法。初学者也许并不知道怎么实现某种材质，怎么制作某种高光，但是下面有几个快速上手的方案供大家尝试。

（1） 临摹。这是性价比很高的的一条路，但是必须要选择最好的作品来临摹，虽然开始可能有些难度，但是坚持临摹好作品，出来的效果要比临摹水平一般的作品好很多。

临摹之前要仔细观察分析，观察光源的位置，观察颜色分布，观察图标的层次。想好了再动手要比直接上手效率高得多。

（2）找到PSD文件学习。分析大师们的PSD文件，看他们怎么用图层样式来实现金属质感或者制作高光、阴影等。

第 06 章

制作按钮

本章介绍

按钮的设计与制作在UI设计中起着至关重要的作用。本章以按钮为主要知识点进行讲解，通过和谐的交互、关于按钮设计的几点建议以及设计的技巧与方法等，对读者在宏观思路上以及具体操作中会起到较好的引导作用。再通过各个生动、具体的实例的解读，读者可以对按钮的制作有更为具体的理解与认识。

教学目标

- 学会和谐交互的设计
- 了解按钮设计的几点重要原则
- 掌握按钮设计的技巧与方法

6.1 如何设计和谐的交互

要想设计和谐的交互，需要注意以下4个方面。

1. 不要强迫用户与产品讨论，让用户直接操作产品

对于用户来说，产品是完成目标所需的工具，而不是一个可对话的对象。他们不希望工具很啰嗦和无知。他们喜欢的工具应该是用最高的效率来帮助他们实现目标。要是工具还能够提供一些贴心的过程服务以及附加的惊喜就更好了。

在用户实现目标的过程中，最理想的交互场景是用户快速使用工具，然后离开。例如强行把用户融入某个对话过程中，或者使用粗暴的对话框形式，用户是非常反感的。

2. 提供非模态的反馈

模态与非模态是一种严谨的表达。关于模态和非模态的使用场景以及在具体的场景下所呈现的固有形态，都是有一定要求的。简单地说，反馈非模态化就是改变了原有的粗暴反馈，用户更容易在情绪上接受。另外一点，非模态不会打断用户任务的“流”。

对于用户来说，反馈是很有必要的，但不是必须的，所以非模态反馈不仅要兼顾必要的存在性，又要给用户提供可以选择的空间。

3. 为可能设计，为可能做好准备

每个设计师都知道，要为了可能性做设计。可是这个可能性有多大呢？可能性和常规操作的比重一样吗？其实不是的，这就像关闭Word文档时弹出的保存提示一样，用户在辛苦编辑了几小时之后，故意选择不保存的几率是接近0的。当系统弹出询问我们是否要保存的对话框，只具有万分之一的存在意义。可是对于用户来说，这种突然出现的提示不仅对任务流进行了强行的突破和打断，还对降低任务失败的可能性有很大的作用。因此，就算是微乎其微的可能，也是很有必要的。

4. 提供选择，而不是提问

在用户看来，不断地提问会让自己感到很厌烦，并不是设计师所想的对用户意愿的尊重。一个不断提问的软件只能说明这个软件的功能很弱小，只会凸显出软件的无知和健忘以及无法自理和过分的要求。

其次，软件要“以用户目标为中心”，而不要“以任务为中心”。因为任务导向会使设计模型向技术模型靠拢，所以就忽略了用户在使用过程中的可用性和易用性。软件应该尽可能地接近用户和心理模型，这样就可以保证用户在最简单的操作中实现目标。如果任务是软件本身赋予的，那么对于用户而来说，就显得有点强制的意思了。

一款只需看图片就能操作的UI设计

6.2 设计师关于按钮设计的几点建议

设计按钮时，除了美观，还要根据它们的用途来进行一些人性化的设计，比如分组、醒目、用词等。下面就简单给出按钮设计的几点重要建议。

1. 关联分组

可以把有关联的按钮放在一起，这样可以表现出亲密的感觉。

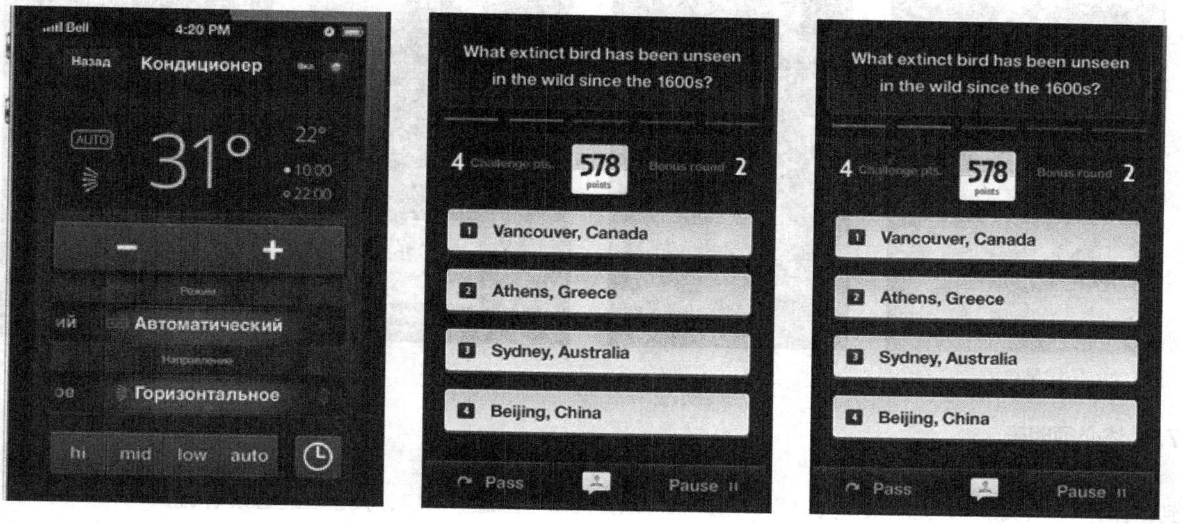

2. 层级关系

把没有关联的按钮拉开一定距离，这样既可以较好地区分，还可以体现出层级关系。

3. 善用阴影

阴影能产生对比，可以引导用户看明亮的地方。

4. 圆角边界

用圆角来定义边界，不仅很清晰，还很明显。而直角通常被用来“分割”内容。

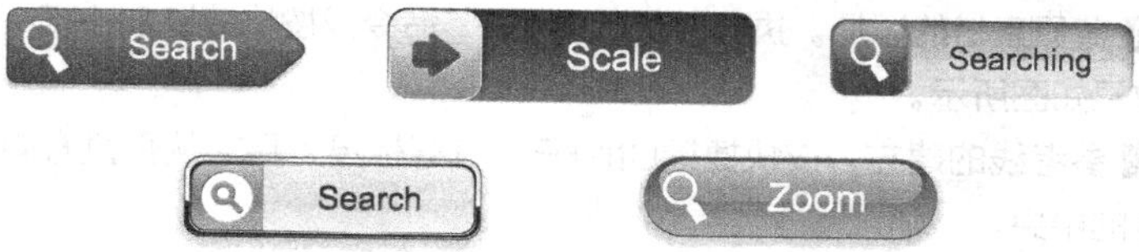

5. 强调重点

同一级别的按钮，我们要强调重要的那个。

6. 按钮尺寸

因为点击面积增大了，所以块状按钮让用户点击更加容易。

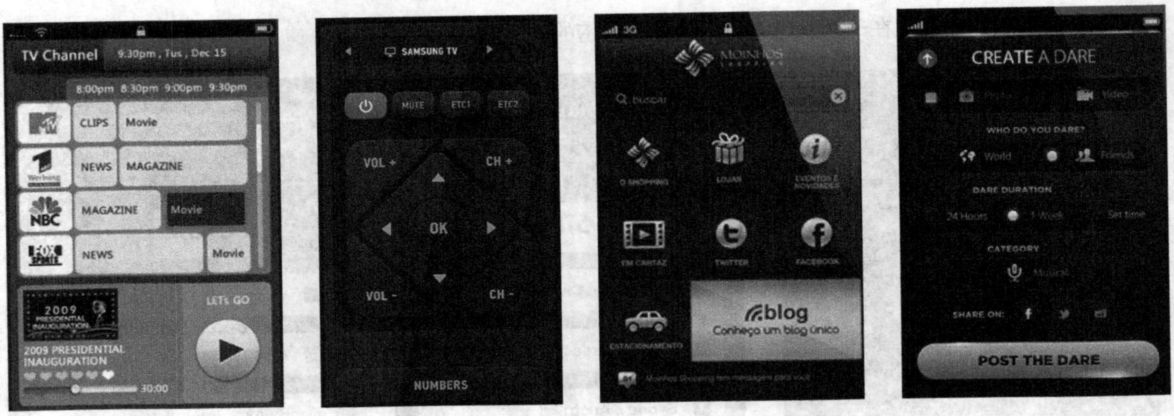

红色的按钮是最重要的一个

7. 表述必须明确

如果用户看到“确定”“取消”“是”和“否”等提示按钮的时候，用户就需要思考2次才能确认。如果看到“保存”“付款”等提示按钮的时候，用户就可以直接拿定主意。所以，按钮表述必须明确。

案例 1 制作发光按钮

案例分析

本例将使用图层样式工具、圆角矩形工具、渐变工具、标尺工具等制作内发光按钮。本例以圆角矩形为基本图形，大量运用了Photoshop内置的图层样式效果，以及横排文字工具，使按钮更具立体感。本例最终效果如图所示。

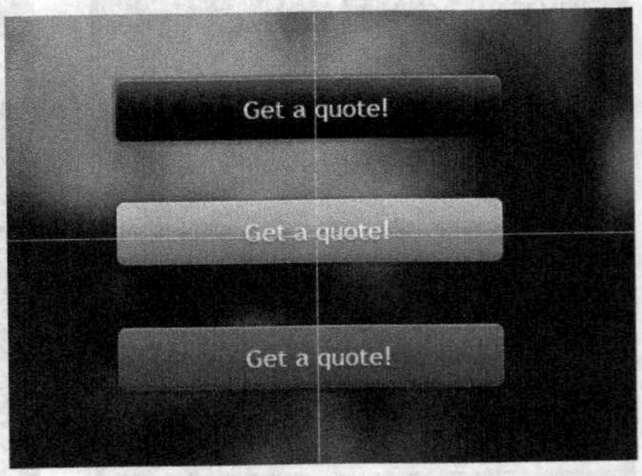

技巧分析

发光按钮以圆角矩形为基本图形，用圆角矩形工具绘制出来的按钮，效果圆滑、柔软，不似矩形那样棱角分明。按钮背景颜色绚丽，给人一种空灵、富有内涵的感觉，而按钮的颜色鲜艳，给人清新亮丽之感。发光按钮的整体效果很好，背景颜色绚丽却不抢眼，按钮颜色鲜艳，却带有活泼的气氛，且按钮整体造型很有质感。

步骤演练

01 背景素材的添加。执行“文件>打开”命令或按快捷键Ctrl+O，在弹出的“打开”对话框中选择需要的文件，效果如图所示。

02 参考线的建立。按快捷键Ctrl+R，打开标尺工具，从垂直方向和水平方向分别拉出参考线，使参考线位于图像的中央。

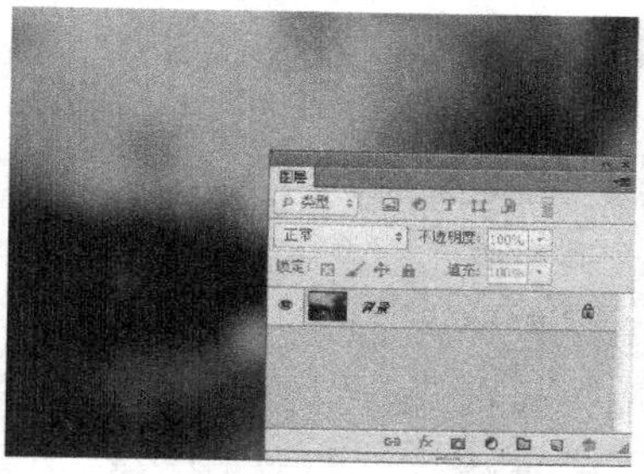

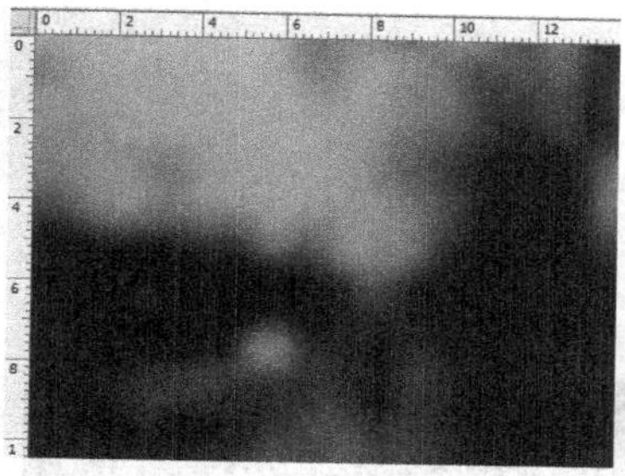

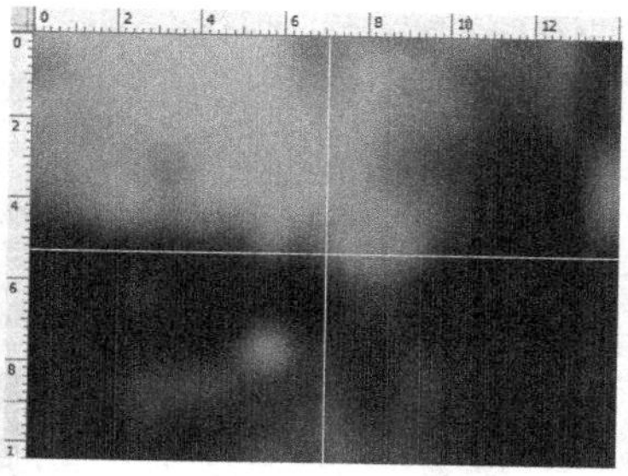

03 圆角矩形色块的制作。选择“圆角矩形工具”，在图像上显示的选项栏中设置参数，在图像上绘制圆角矩形框。

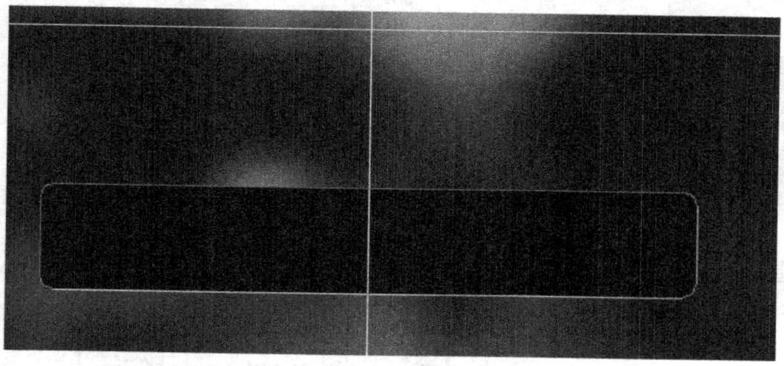

04 特效的添加。将该图层的“图层样式”对话框打开，分别对“斜面和浮雕”“内发光”“渐变叠加”“投影”“描边”设置参数，按钮效果如图所示。

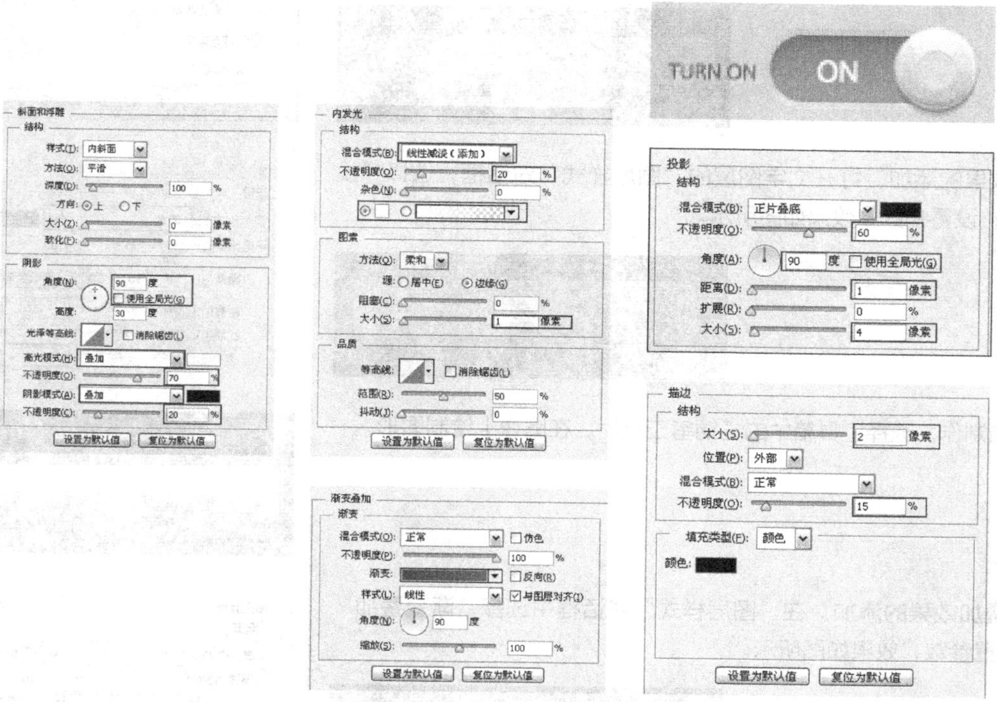

05 圆角矩形边框的绘制。选择“圆角矩形工具”，在图像上显示的选项栏中设置参数，在图像上绘制圆角矩形框，效果如图所示。

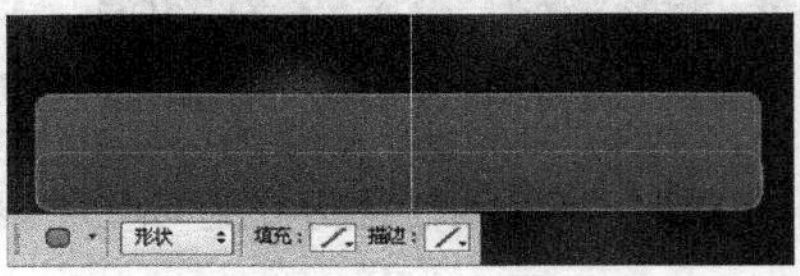

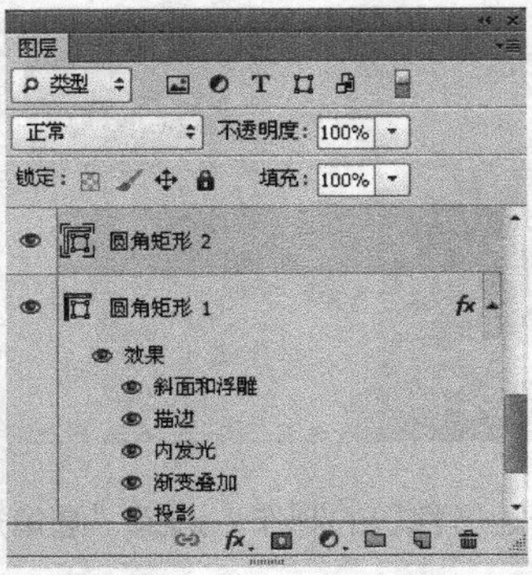

06 内阴影效果的添加。打开“图层样式”对话框，选择“内阴影”选项，设置参数，为该圆角矩形添加效果。

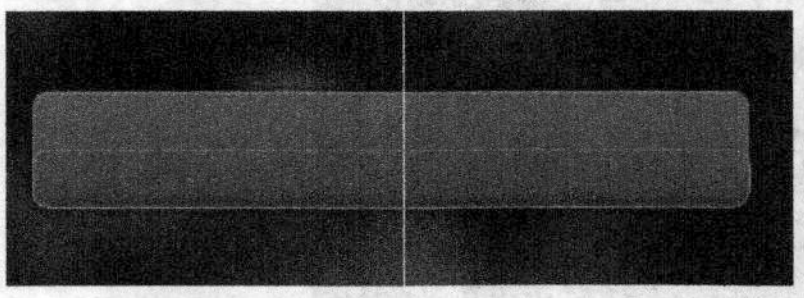

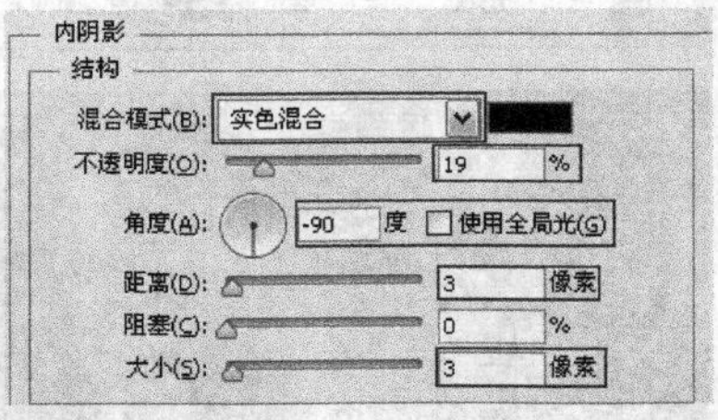

07 文字的制作。选择工具箱中的“横排文字工具”，在图像上输入文字，效果如图所示。

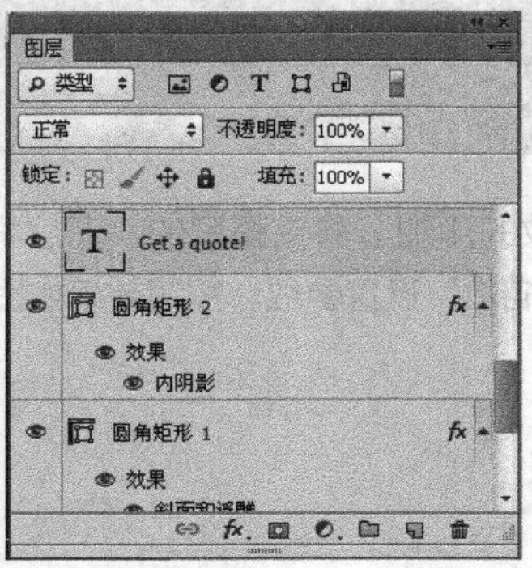

08 投影效果的添加。打开文字图层的“图层样式”对话框，选择“投影”选项，设置参数，效果如图所示。

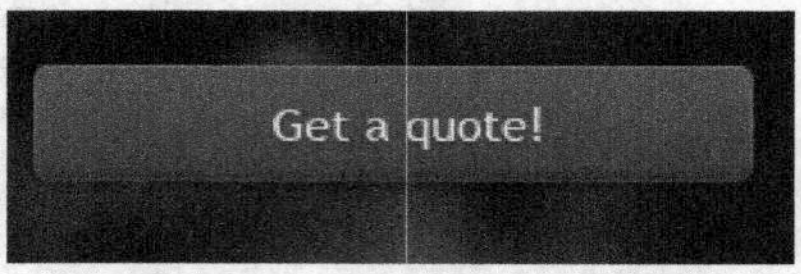

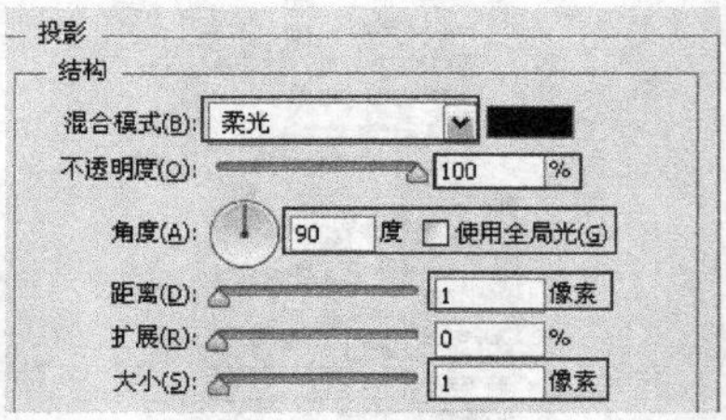

09 高光的制作。选择工具箱中的“钢笔工具”，在图像上绘制图形。

10 渐变叠加效果的添加。在“图层样式”对话框中选择“渐变叠加”选项，设置参数，效果如图所示。

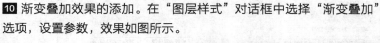

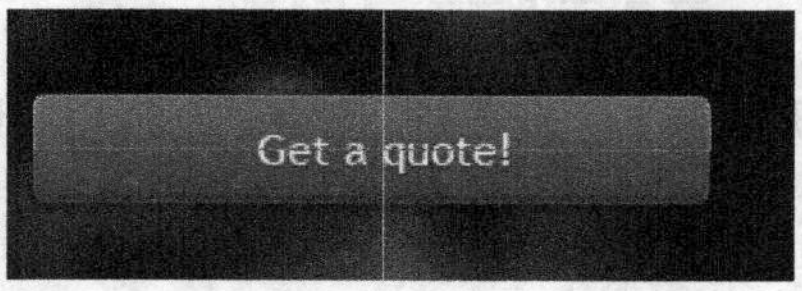

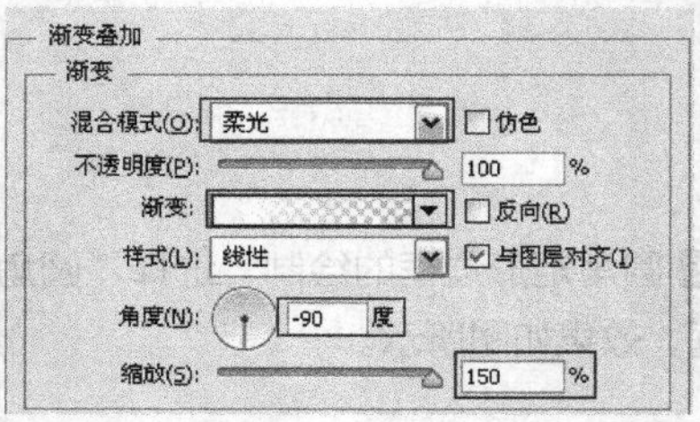

11 建组。单击“图层”面板下方的“创建组”按钮，新建“组 1”，将绘制的图层拖入该组中。

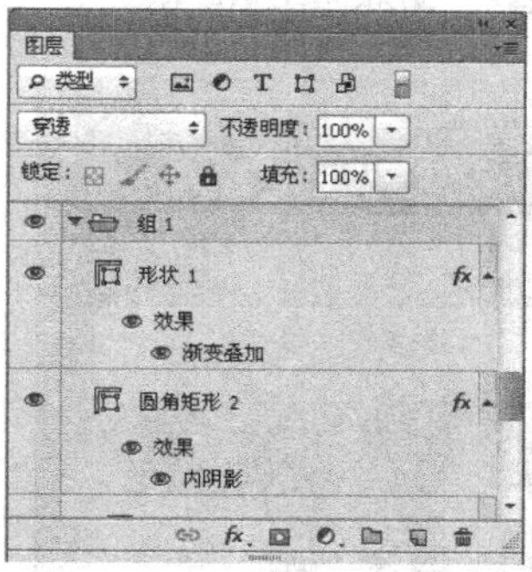

12 组的复制。复制“组1”，将“组 1”拖曳到“图层”面板下方的“创建新图层”按钮上，复制该组，得到“组1 副本”图层，将“组1 副本”图层中的内容选中，进行移动。

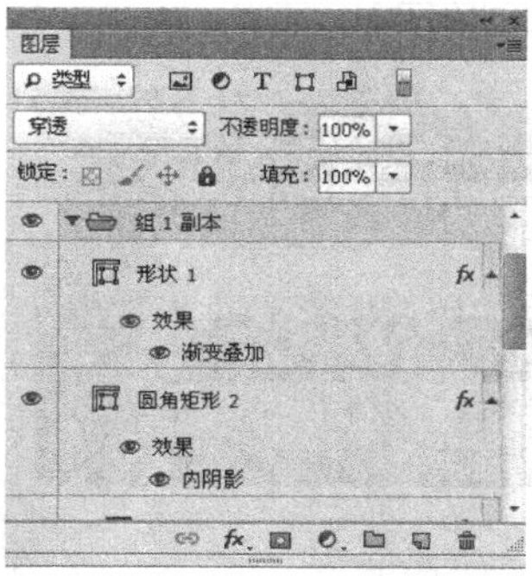

13 按钮颜色的改变。选择“组1 副本”中的“圆角矩形 1”图层，将该图层的“图层样式”对话框打开，选择“渐变叠加”选项，设置参数，改变该按钮为绿色。

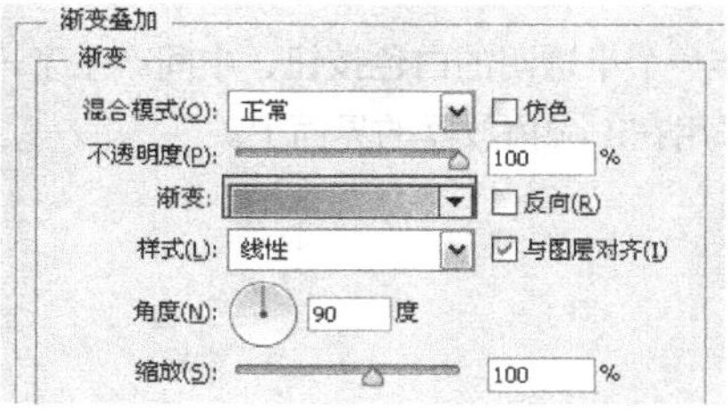

14 再次复制组。将“组 1”拖曳到“图层”面板下方的“创建新图层”按钮上，复制该组，得到“组1 副本2”图层，拖动“组1 副本2”到其他位置。

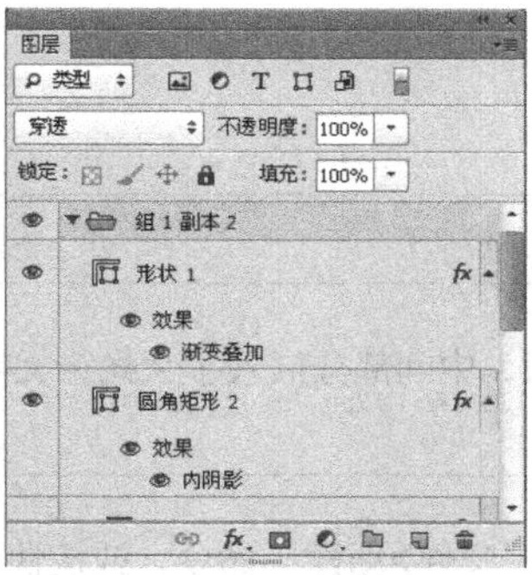

15 按钮颜色的改变。选择“组1 副本2”中的“圆角矩形 1”图层，打开该图层的“图层样式”对话框，选择“渐变叠加”选项，设置参数，改变按钮为黑色。

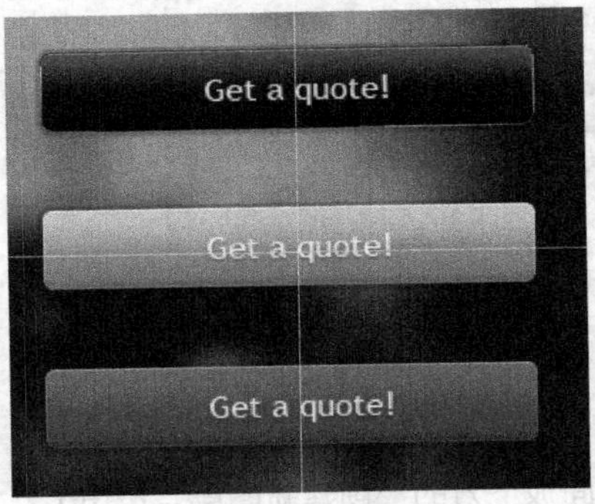

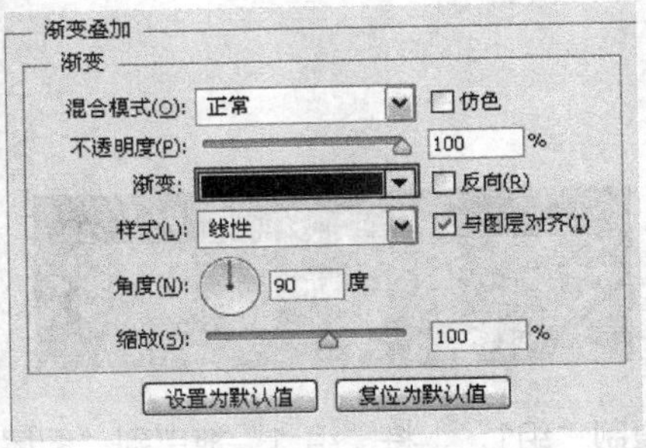

16 改变背景色调。选择“背景”图层，按快捷键Ctrl+B，打开“色彩平衡”对话框，在弹出的对话框中调整参数，改变色调。最终效果如图所示。

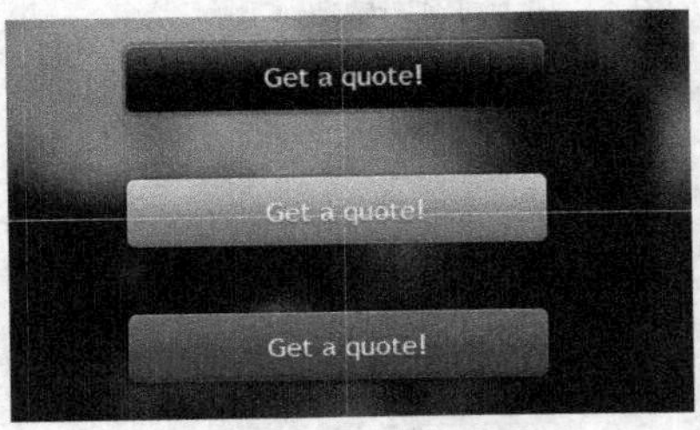

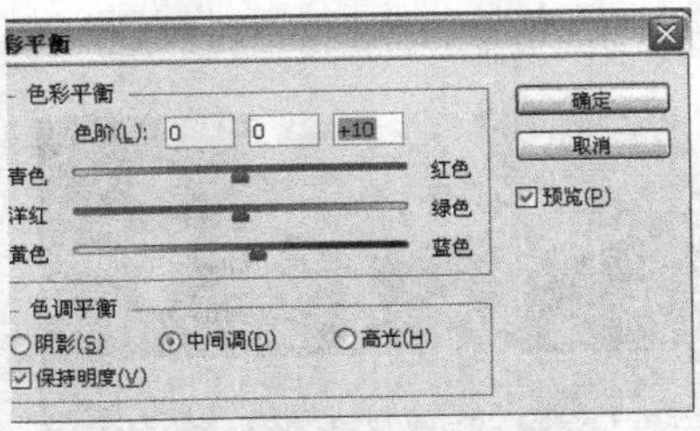

案例 2 制作控制键按钮

案例分析

本例将制作一个半透明的白色按钮，中间产生了一个镂空荧光绿文字。这种效果经常采用在iPod播放器的界面上。

技巧分析

同样是两个同心圆按钮，中间部分嵌入了荧光绿文字，四周被切割成不同大小的长条按钮。

步骤演练

01 空白文档的建立。执行“文件>新建”命令，或按快捷键Ctrl+N，打开“新建”对话框，设置宽度和高度分别为800像素×600像素，分辨率为72像素/英寸，完成后单击“确定”按钮，新建一个空白文档，如图所示。

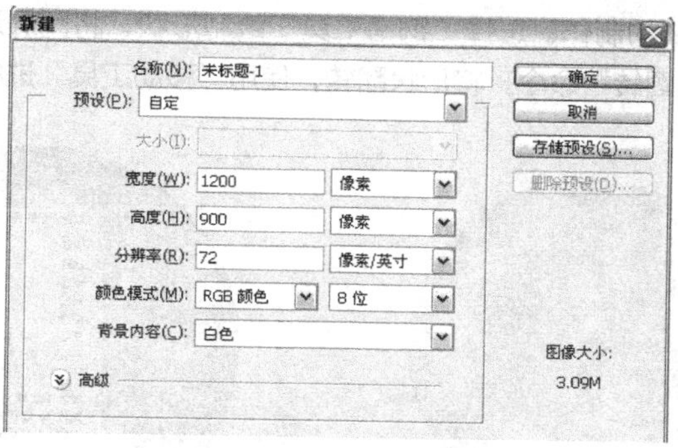

02 纯色背景的添加。单击前景色图标，在弹出的“拾色器（前景色）”对话框中设置参数，改变前景色，按快捷键Alt+Delete为背景填充前景色。

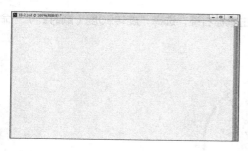

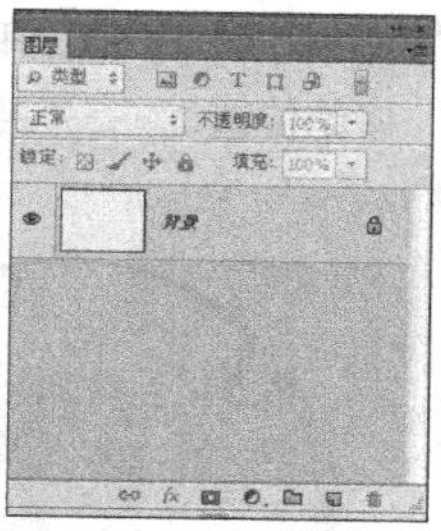

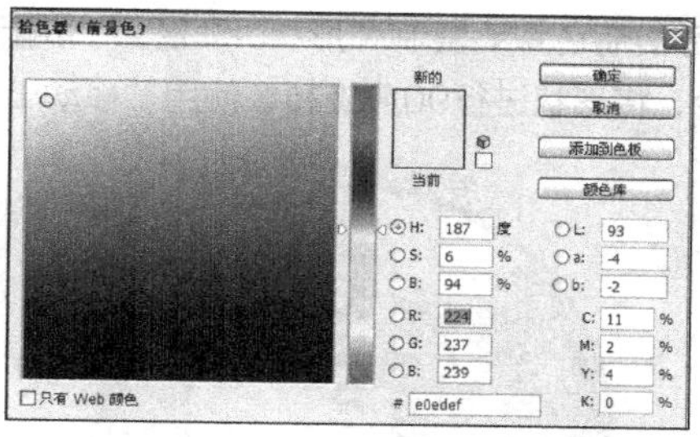

03 圆形色块的制作。单击前景色图标，在弹出的“拾色器（前景色）”对话框中设置参数R:150 G:190 B:194，改变前景色，选择“椭圆工具”，按住Shift键绘制圆，得到“椭圆 1”图层。

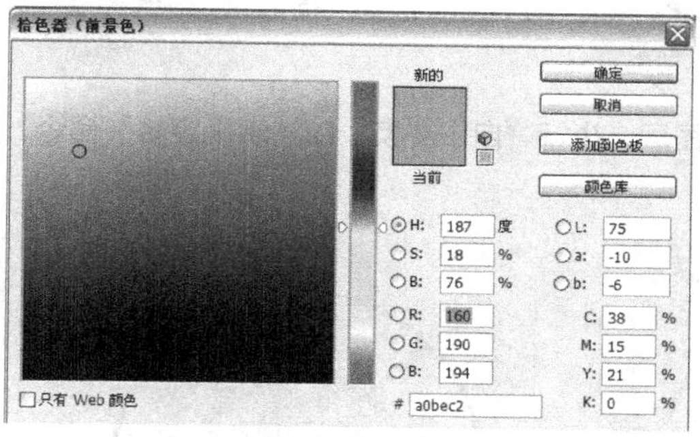

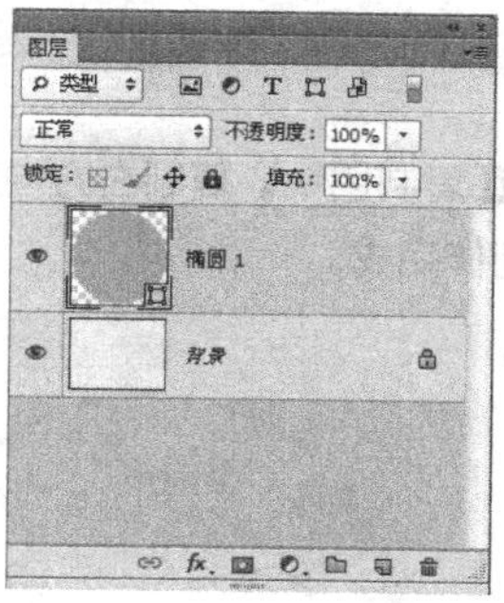

04 内阴影效果的添加。打开“图层样式”对话框，选择“内阴影”选项，设置距离为5像素、大小为49像素，单击“确定”按钮，为圆添加效果。

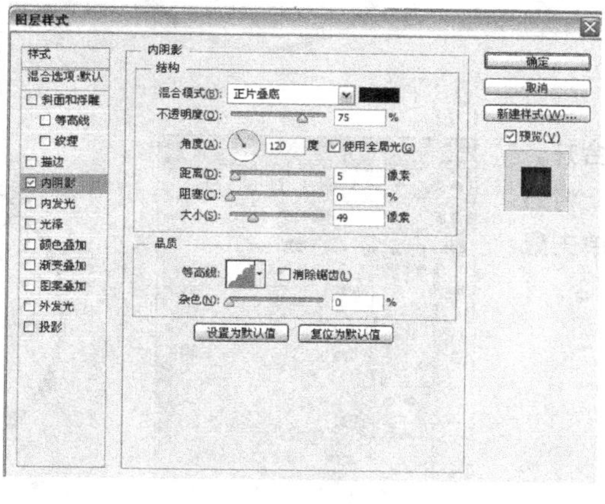

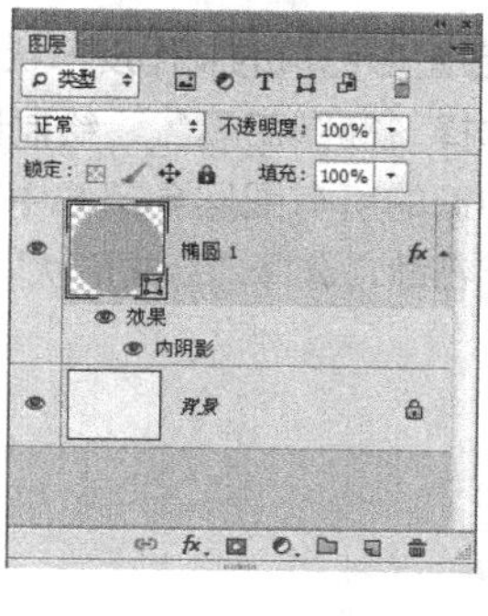

05 异形色块的制作。选择“钢笔工具”绘制形状，将图层进行复制，执行“自由变换”命令，单击鼠标右键，选择“垂直翻转”命令，将形状翻转，使用“移动工具”进行移动。

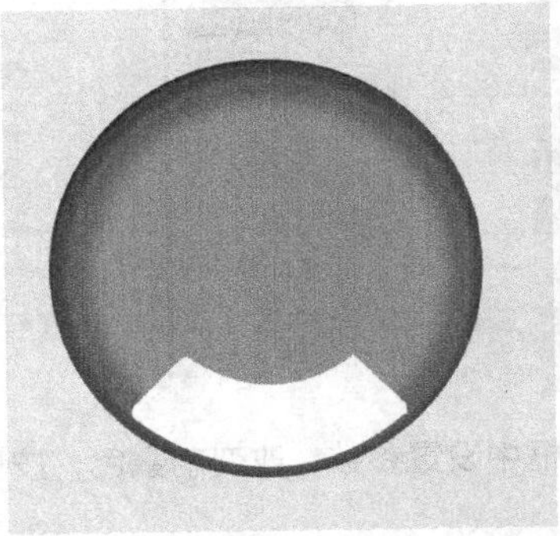

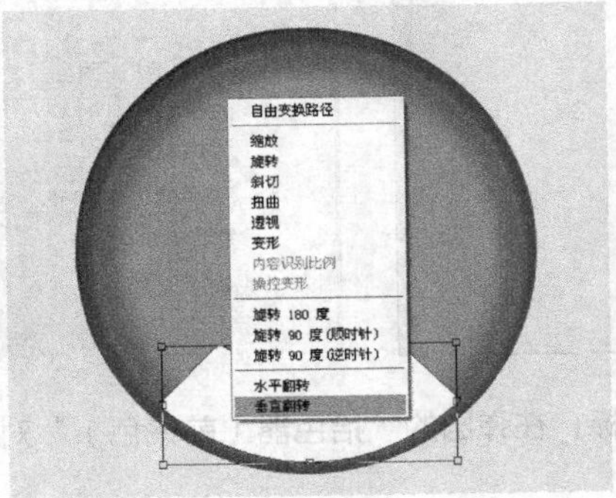

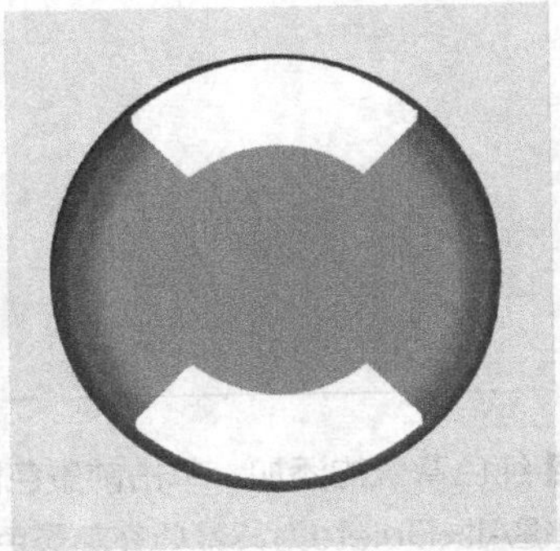

06 复制色块。复制“形状 1”图层，执行“自由变换”命令，单击鼠标右键，选择“旋转90度（顺时针）”命令，将形状进行90度旋转，使用“移动工具”移动位置。

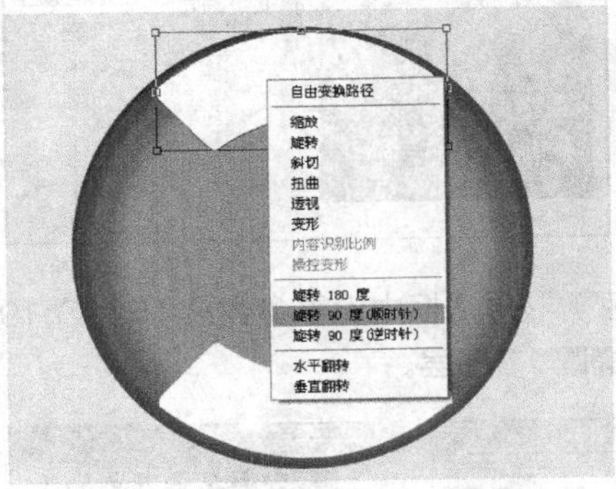

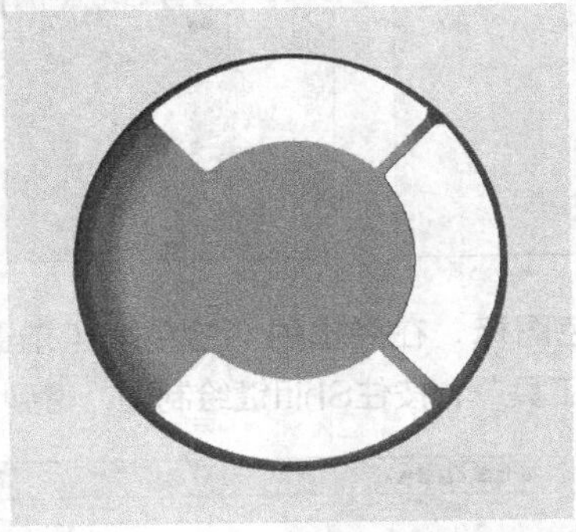

07 复制色块。复制右方向键图层，执行“自由变换”和“水平翻转”命令，按Enter键确认，移动位置，方向键制作完成。

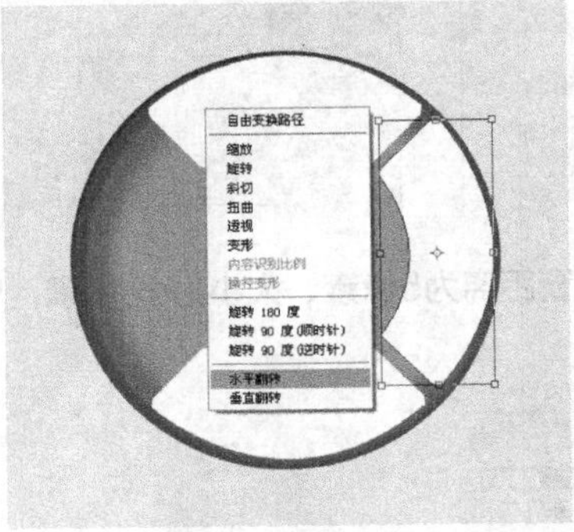

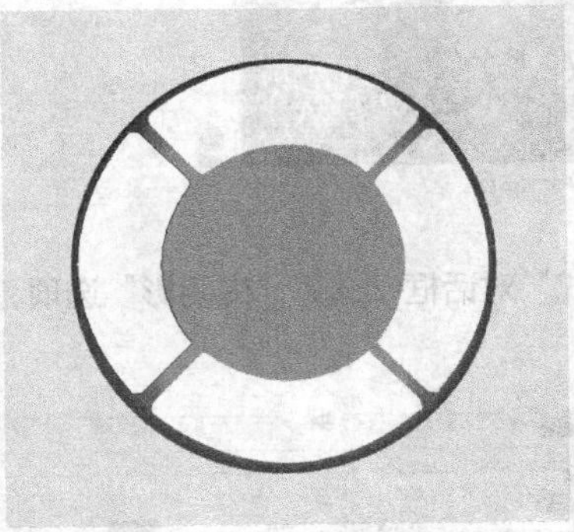

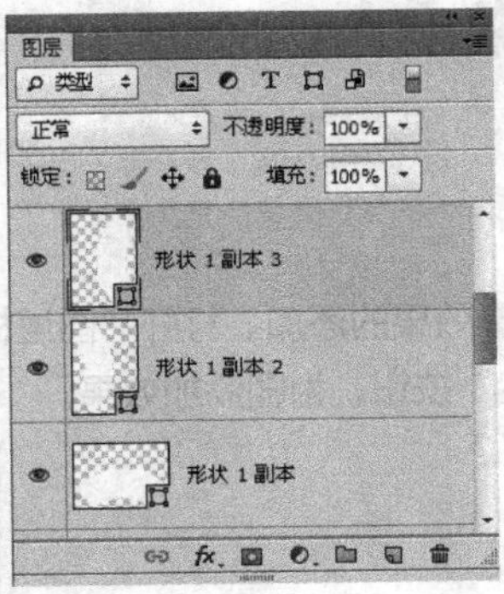

08 圆形色块的制作及形状的合并。选择“椭圆工具”，绘制圆，将方向键的所有图层全部选中，单击鼠标右键，选择“合并形状”命令。

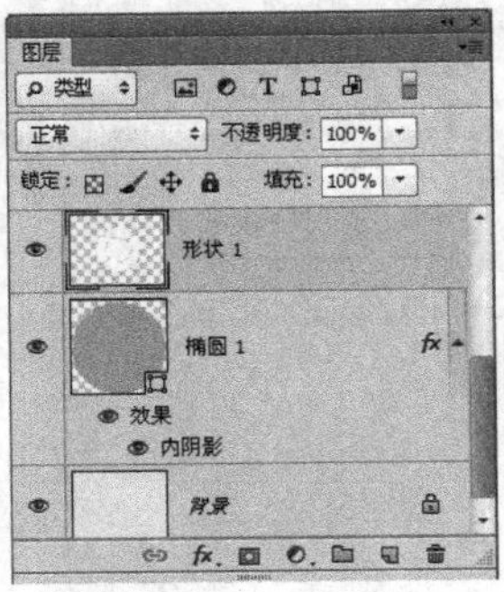

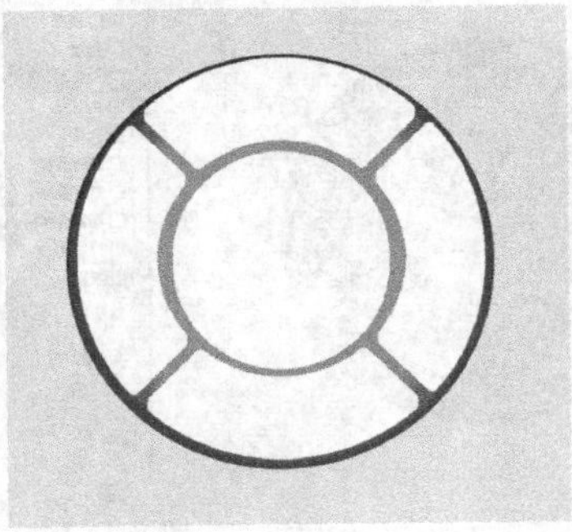

第 06 章

09 特效的添加。打开“形状 1”图层的“图层样式”对话框，选择“渐变叠加”“内发光”“外发光”“投影”选项，设置参数，为图标添加立体效果。

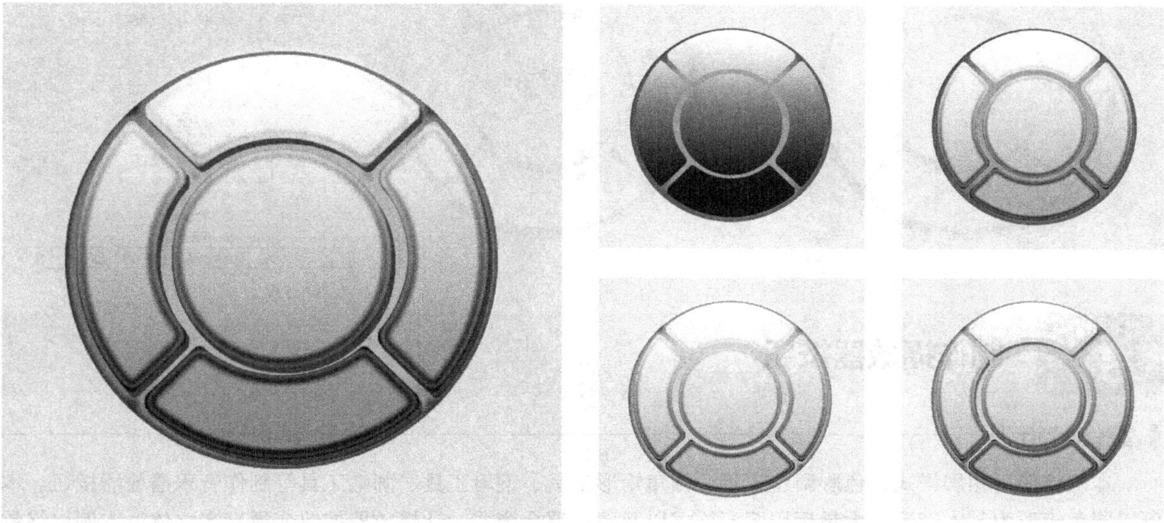

10 复制形状。清除图层样式，复制“形状 1”图层，得到“形状 1 副本”图层，单击鼠标右键，执行“清除图层样式”命令。

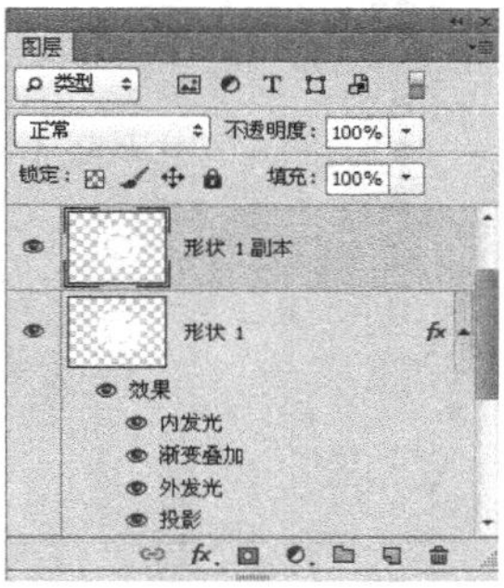

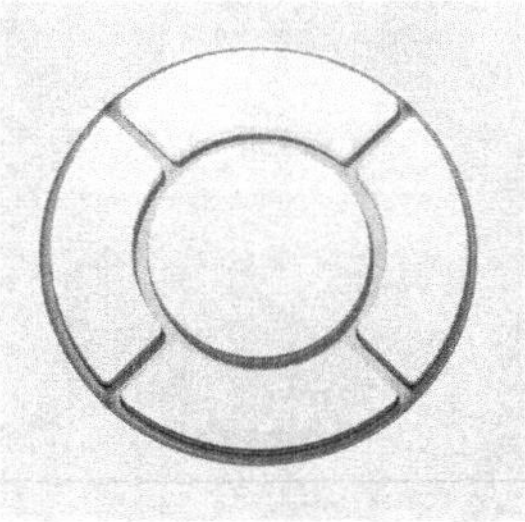

11 特效的添加。打开“图层样式”对话框，选择“渐变叠加”和“内发光”选项，设置参数，添加效果。

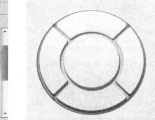

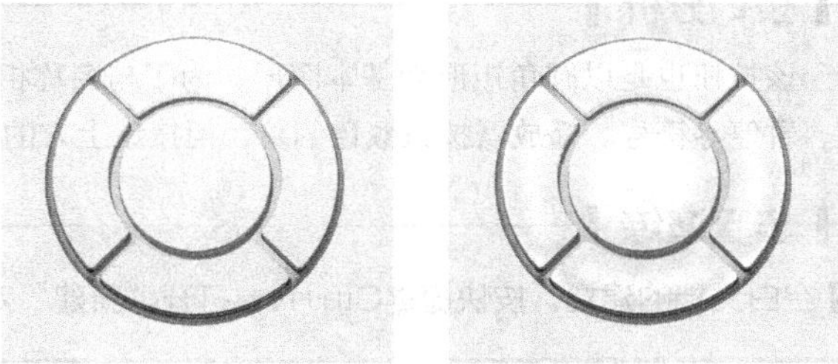

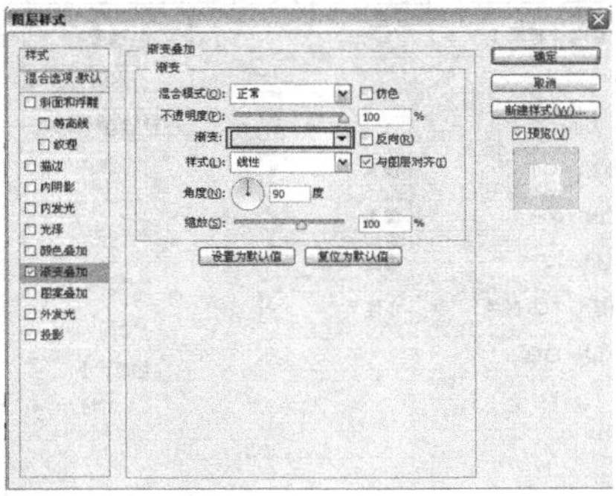

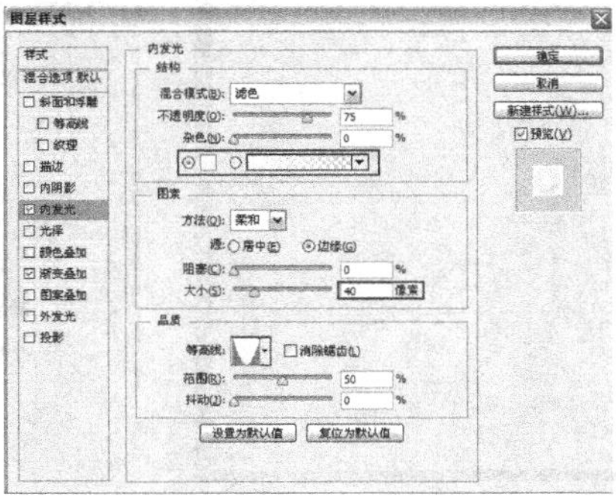

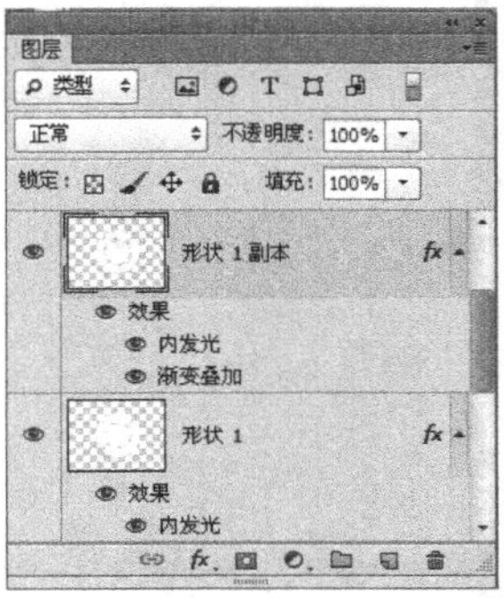

12 文字的制作及特效的添加。选择工具箱中的“横排文字工具”，在选项栏中设置文字的大小、颜色、字体等属性，在图像上单击并输入文字，打开“图层样式”对话框，选择“外发光”选项，设置参数，为文字添加发光效果。最终效果如图所示。

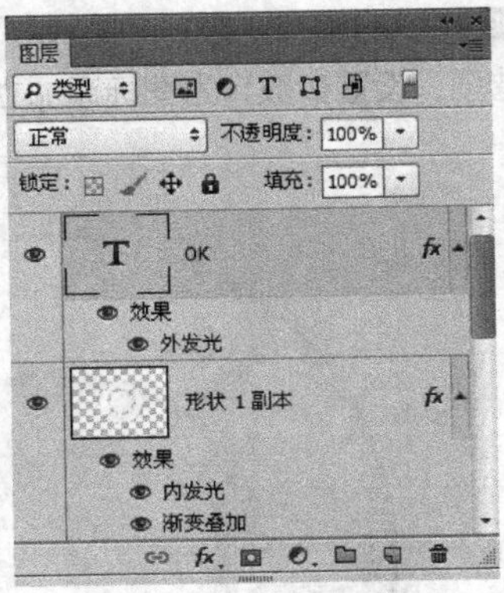

案例 3 制作播放器按钮

案例分析

本例将使用图层样式、色彩调整工具、圆角矩形工具、钢笔工具、画笔工具等制作音乐播放器按钮。本例以圆角矩形为基本图形，大量运用图层样式以及图层混合模式，让播放器按钮变得真实立体。本例最终效果如图所示。

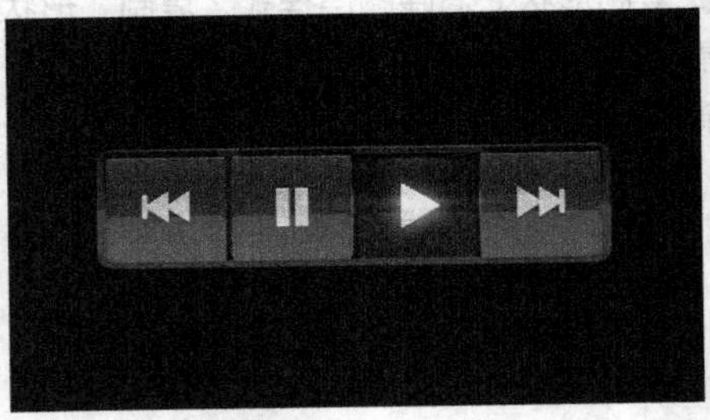

技巧分析

该按钮也是以圆角矩形为基本图形，为了与名称相得益彰，因此需要绘制播放器常见的上一曲、下一曲、播放、暂停等符号。播放器按钮颜色偏暗，但按钮上方的按键则以显眼的白色进行绘制，使播放器效果更加突出。

步骤演练

01 空白文档的建立。按快捷键Ctrl+N，打开“新建”对话框，调节参数，新建一个空白文档。

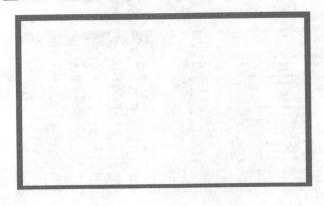

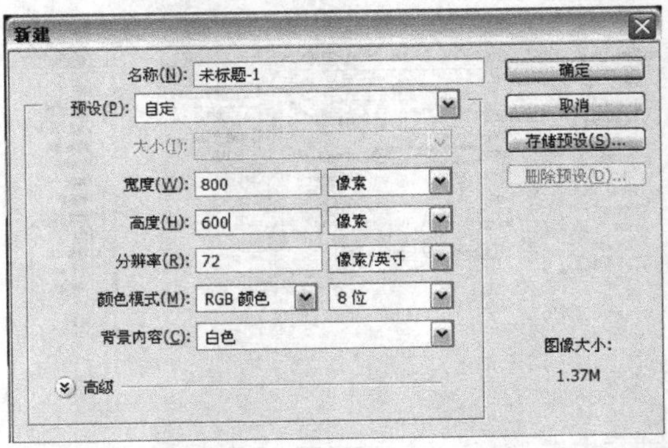

02 纯色背景的制作。按住Alt键的同时双击“背景”图层，将其进行解锁，转换为普通图层，得到“图层0”图层，为其填充黑色。

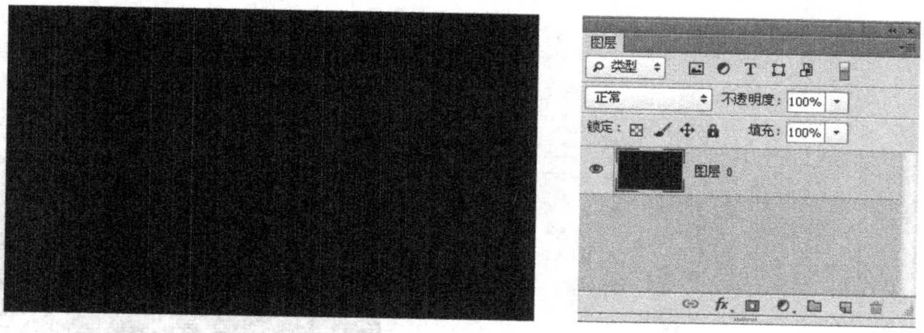

03 特效的添加。打开该图层的“图层样式”对话框，选择“内发光”和“渐变叠加”选项，设置参数，为背景添加效果，如图所示。

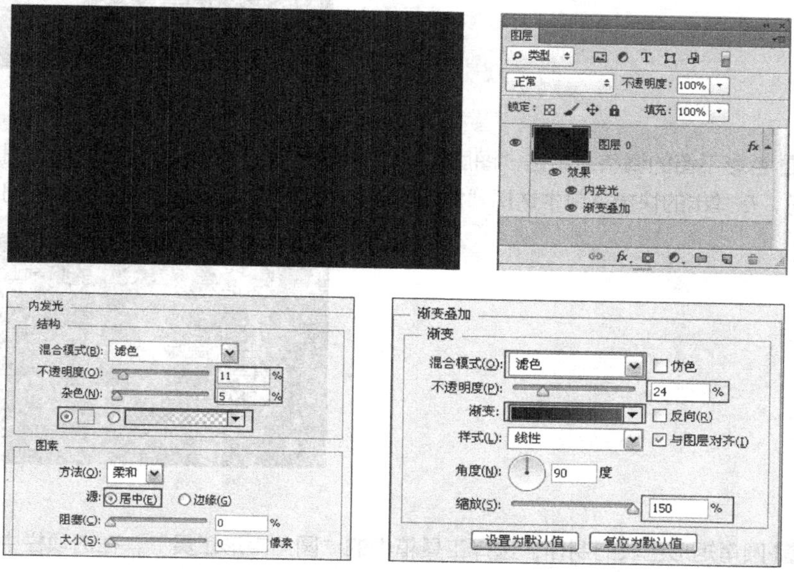

04 特效的添加。新建“图层1”图层，填充黑色，将“填充”参数降低为0%，打开“图层样式”对话框，选择“内阴影”“内发光”“渐变叠加”选项，设置参数，为背景添加效果。

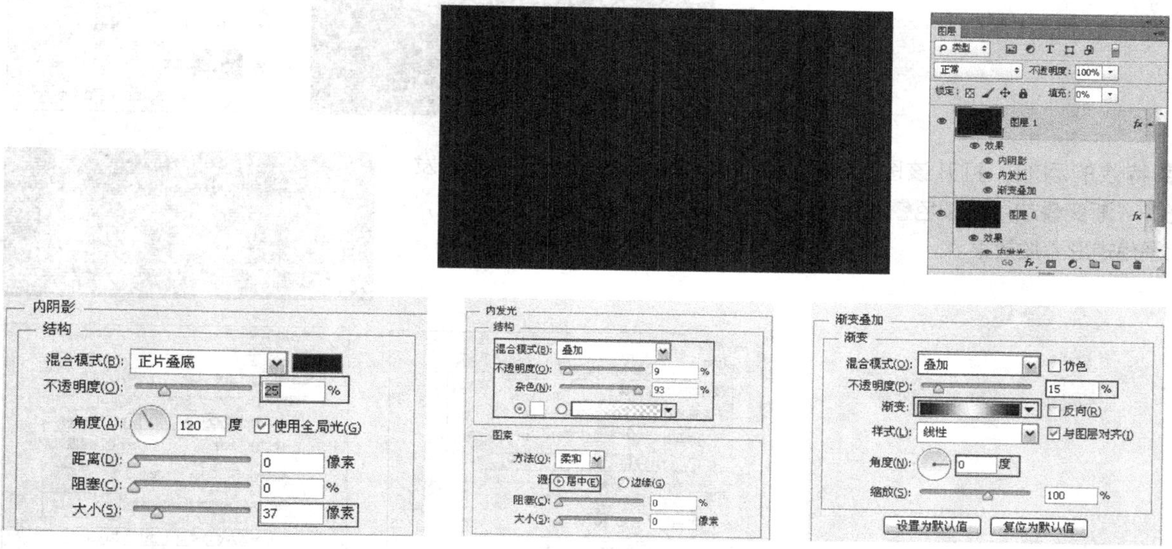

05 照片滤镜的应用。单击“图层”面板下方的“创建新填充”或“调整图层”按钮，在弹出的下拉列表中选择“照片滤镜”命令，设置参数，为画面增加黄色调。

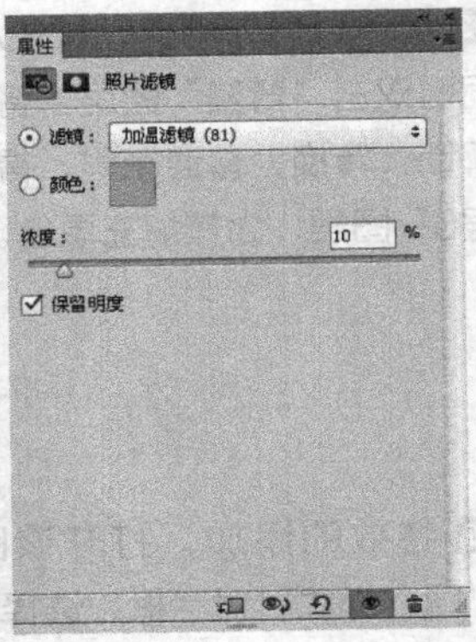

06 色彩平衡的调整。单击“图层”面板下方的“创建新填充”或“调整图层”按钮，在弹出的快捷菜单中选择“色彩平衡”命令，设置参数，改变画面色调。

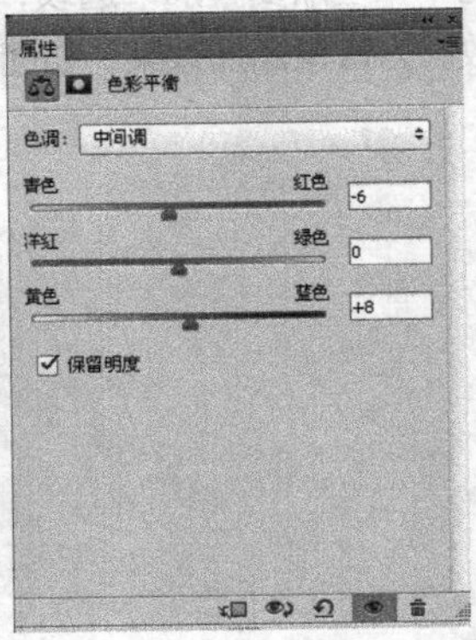

07 圆角矩形色块的制作。选择工具箱中的“圆角矩形工具”，在选项栏中设置半径参数为8像素，在图像上绘制圆角矩形。

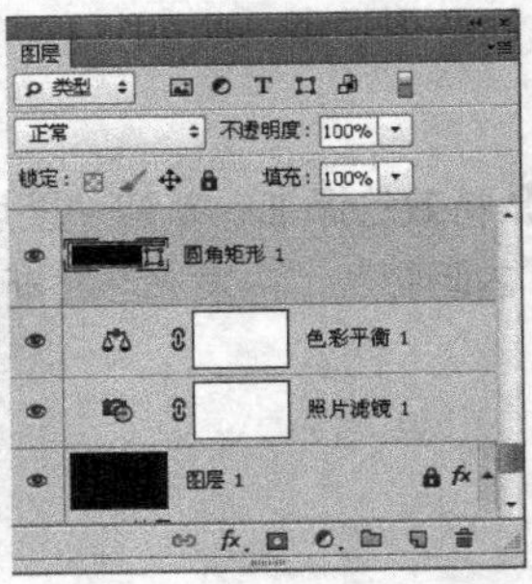

08 特效的添加。打开该图层的“图层样式”对话框，选择“内发光”“渐变叠加”“颜色叠加”“投影”“内阴影”选项，设置参数，为圆角矩形添加效果。

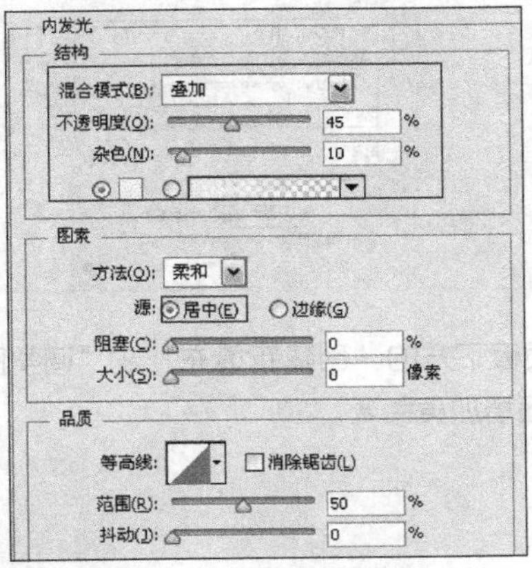

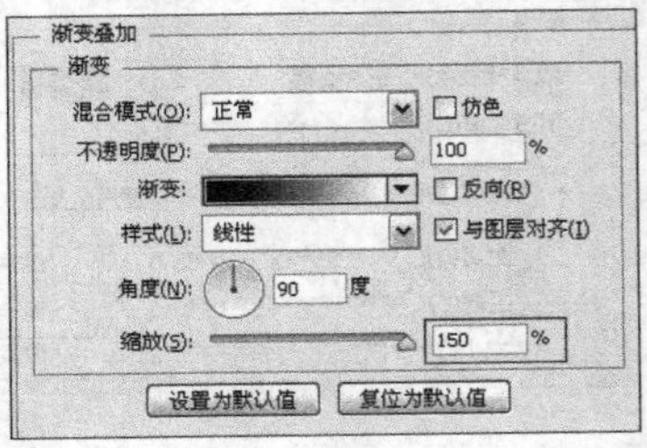

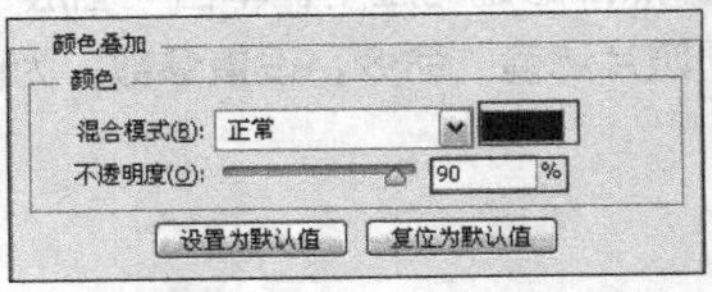

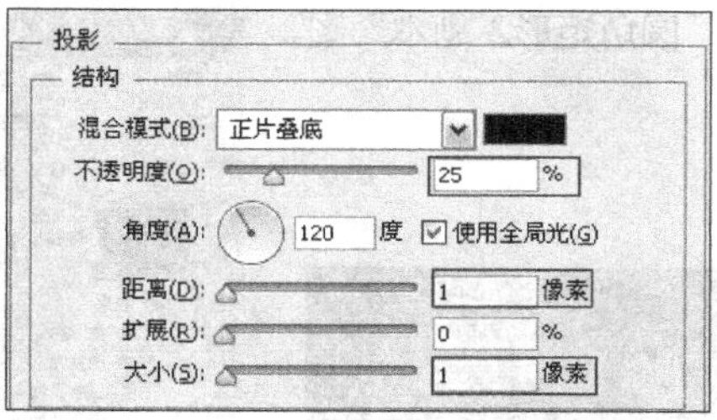

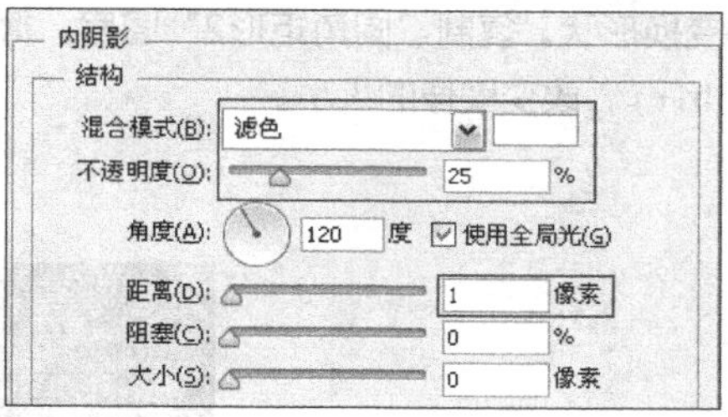

09 复制色块并添加特效　复制“圆角矩形1”图层，得到“圆角矩形1 副本”图层，打开“图层样式”对话框，将“描边”“内阴影”“渐变叠加”和“内发光”选项的对勾去掉，调整“渐变叠加”选项的参数，效果如图所示。

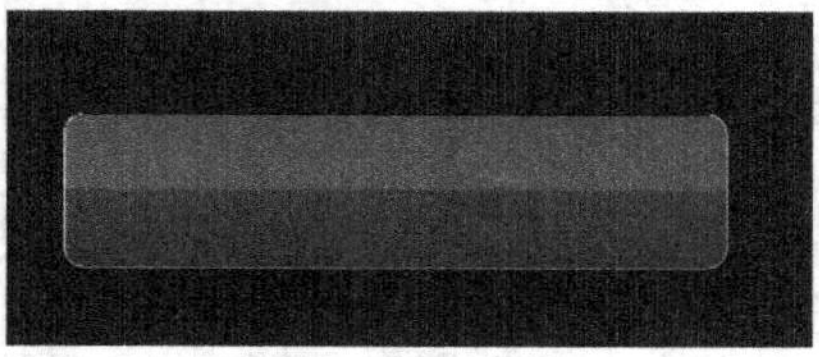

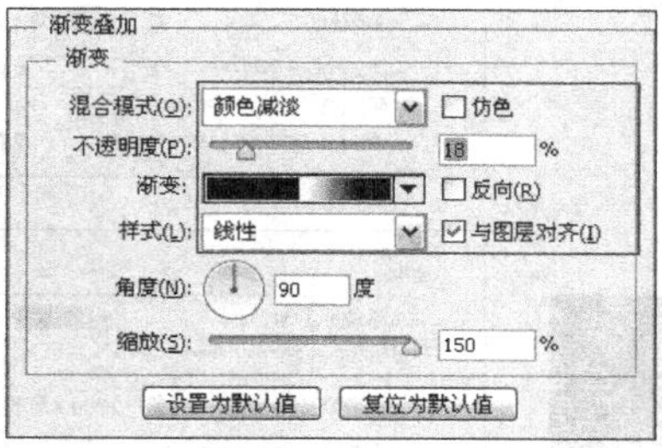

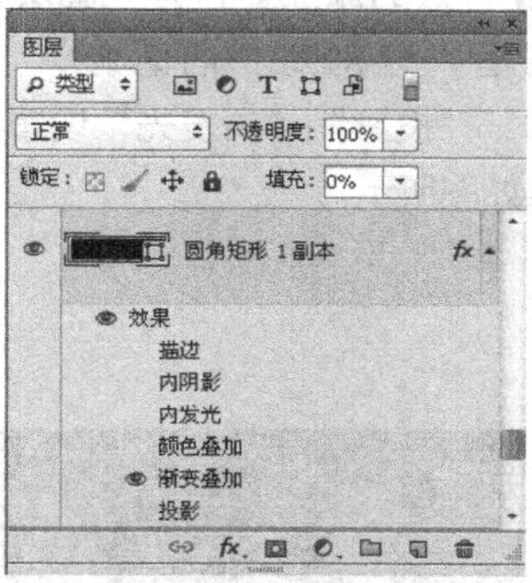

10 继续制作圆角矩形色块。选择“圆角矩形工具”，在选项栏中设置半径参数为6像素，在图像上绘制圆角矩形。

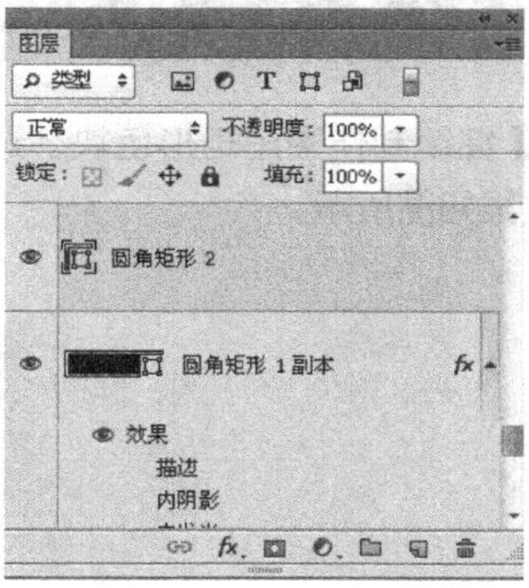

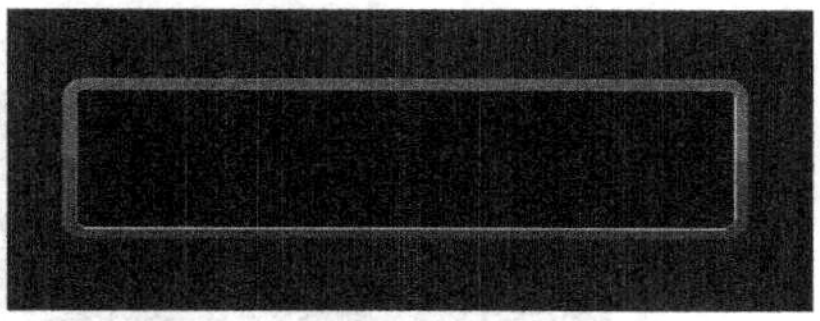

11 特效的添加。打开该图层的“图层样式”对话框，分别对“内阴影”“内发光”“渐变叠加”“颜色叠加”设置参数，效果如图所示。

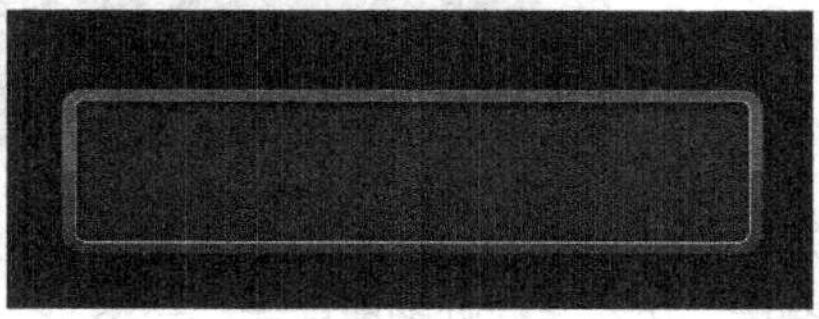

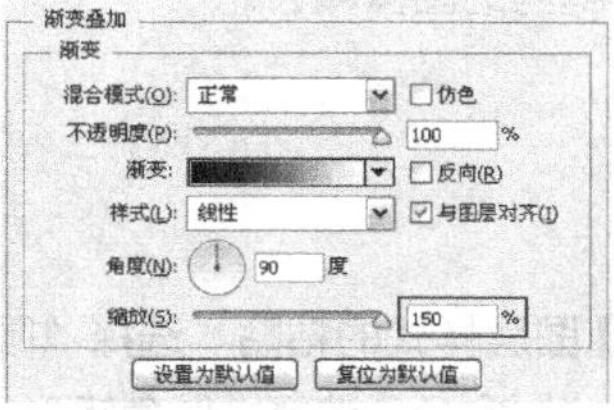

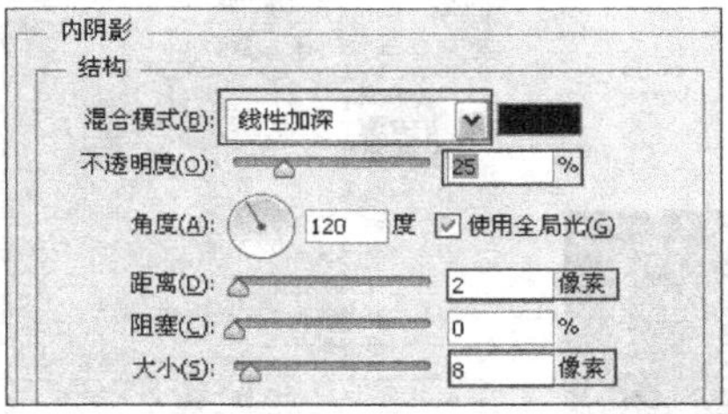

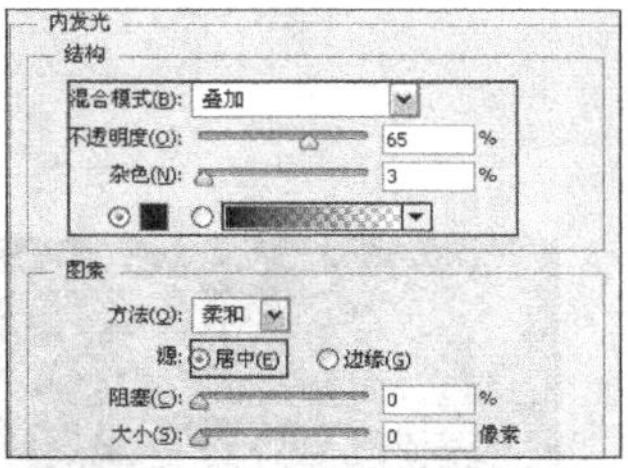

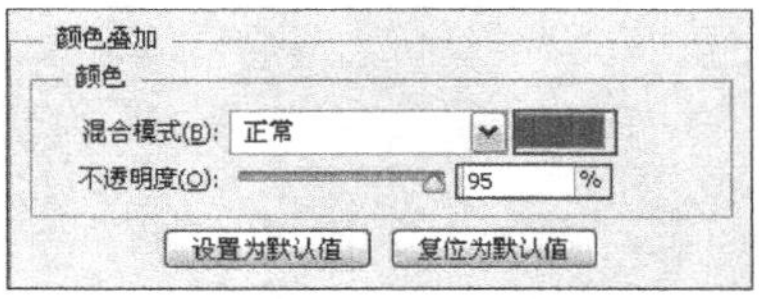

12 复制色块并变换形状。复制“圆角矩形2”图层，得到“圆角矩形2 副本”图层，按快捷键Ctrl+T，改变图像的大小。

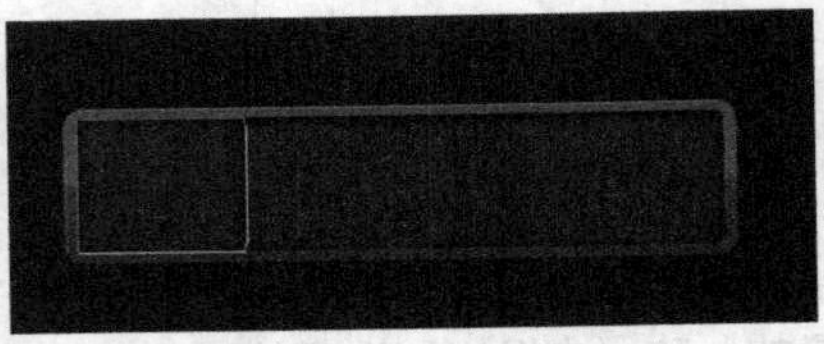

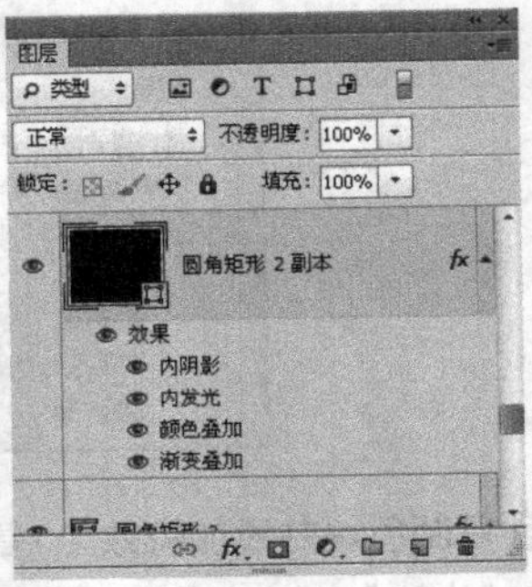

13 特效的添加。打开“图层样式”对话框，分别对“内阴影”“颜色叠加”“投影”“内发光”设置参数，效果如图所示。

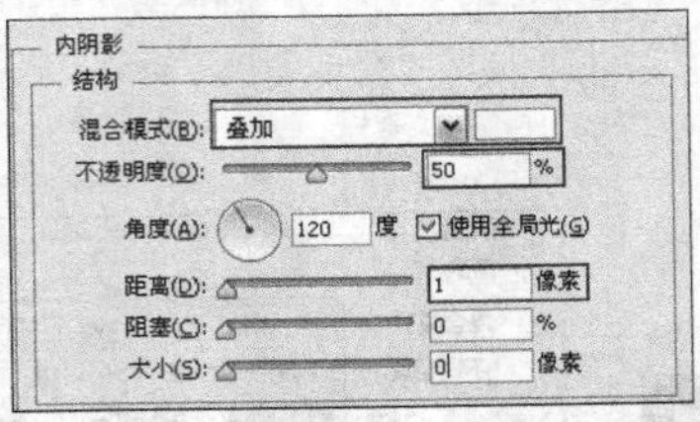

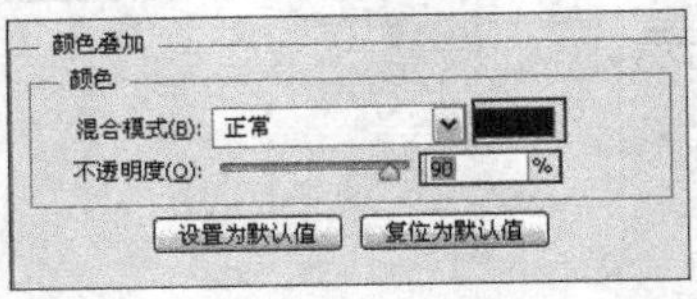

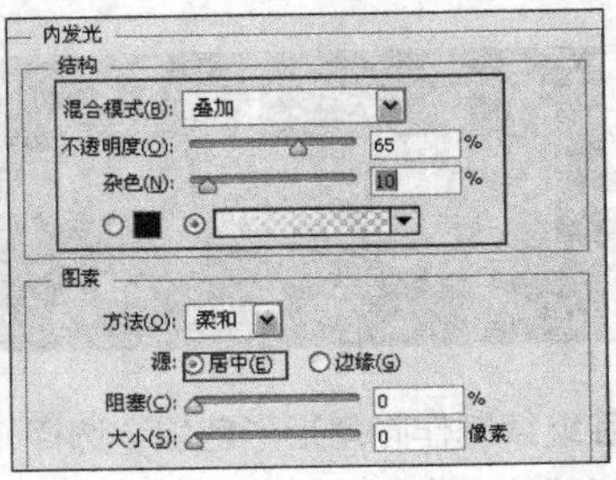

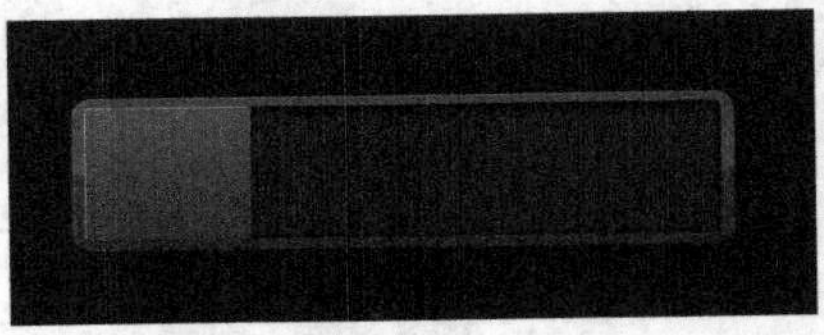

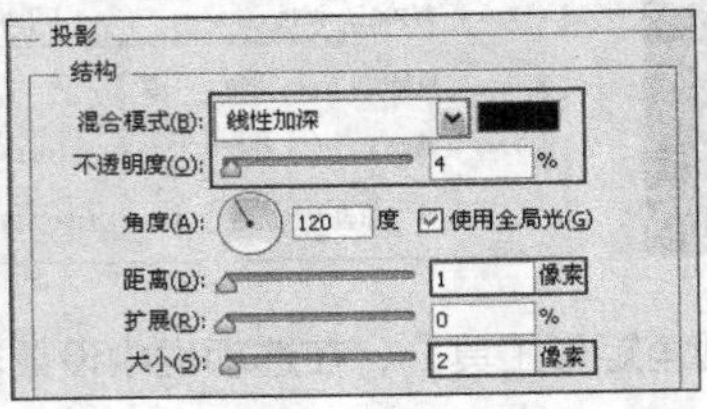

14 继续制作圆角矩形色块。选择“圆角矩形工具”，在图像上绘制圆角矩形，效果如图所示。

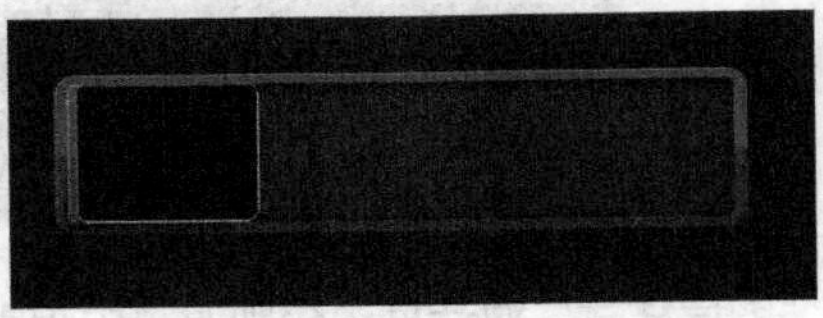

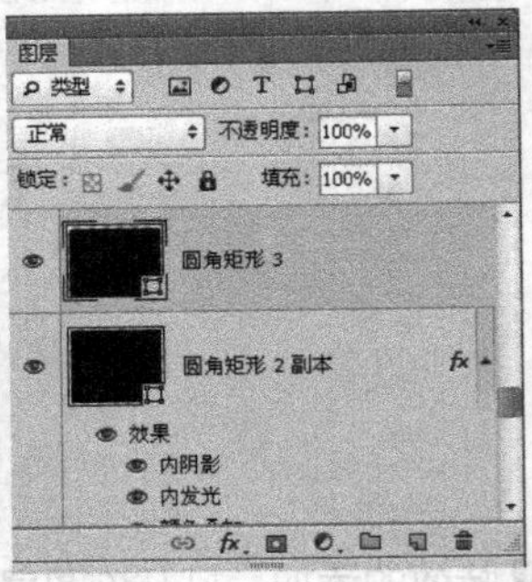

15 形状的修剪。选择“矩形工具”，在选项栏中选择“减去顶层形状”选项，在图像上绘制矩形框，可以将矩形框内的图像减去。

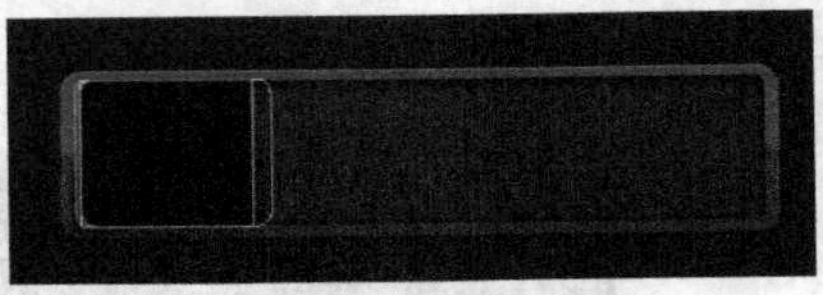

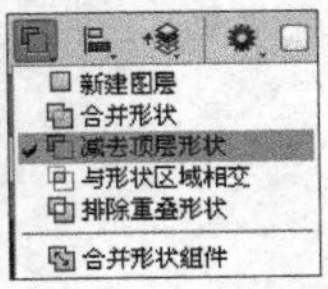

16 图层样式的粘贴。选择“圆角矩形2”图层，单击鼠标右键，选择“复制图层样式”命令，选择“圆角矩形3”图层，执行“粘贴图层样式”命令。

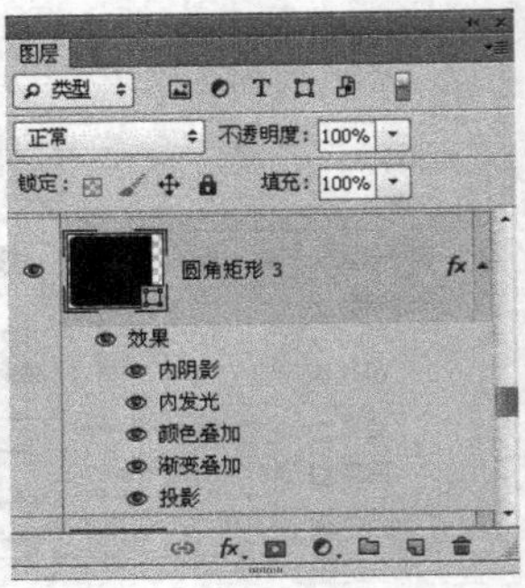

第
06
章

17 色块的复制。复制“圆角矩形3”图层，打开复制后的图层的“图层样式”对话框，将“描边”“内阴影”“渐变叠加”和“内发光”选项的对钩去掉，效果如图所示。

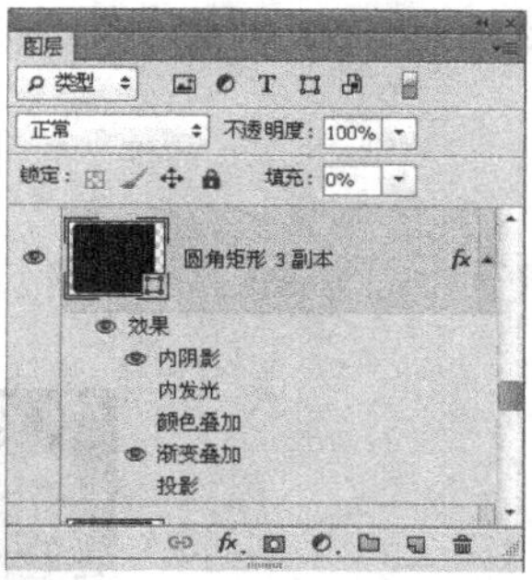

18 继续这种圆角矩形色块。选择“圆角矩形工具”，绘制形状，效果如图所示。

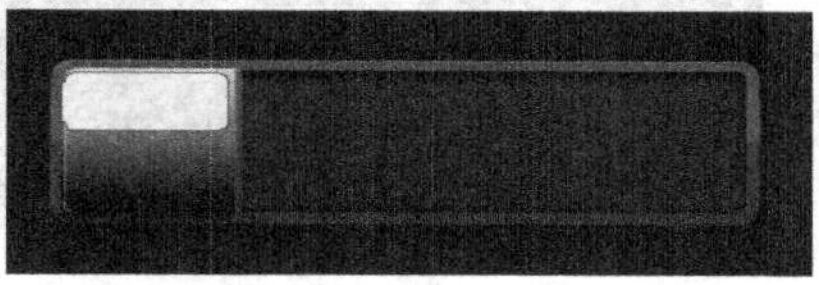

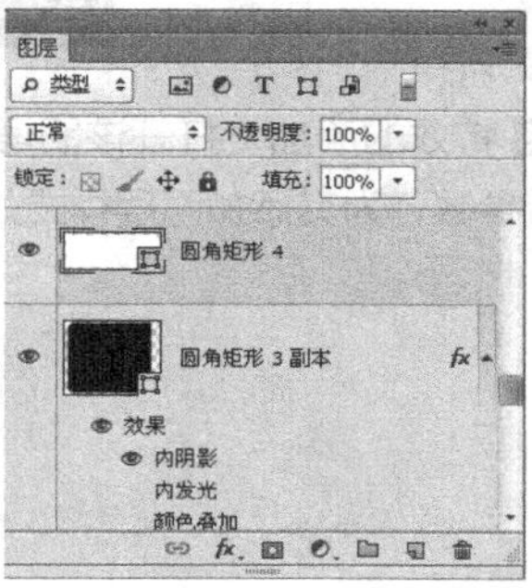

19 填充指数的变换。将该图层的“填充”降低为0%，效果如图所示。

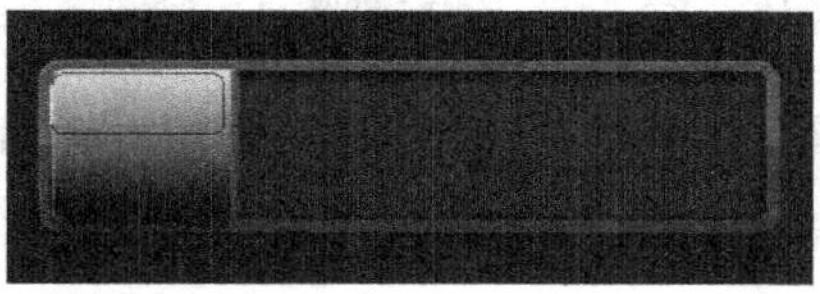

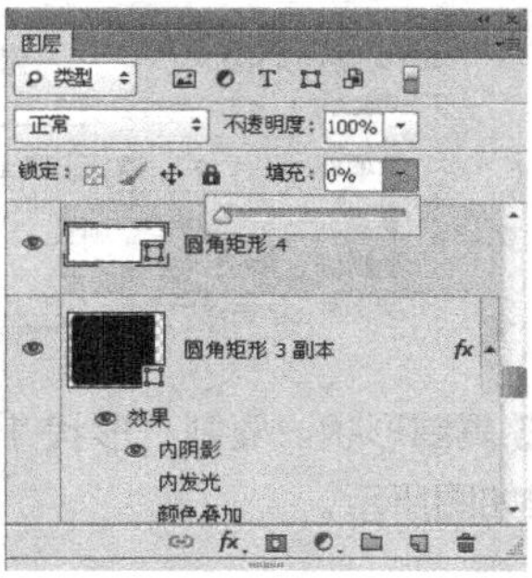

20 渐变叠加效果的添加。打开该图层的“图层样式”对话框，选择“渐变叠加”选项，设置参数，效果如图所示。

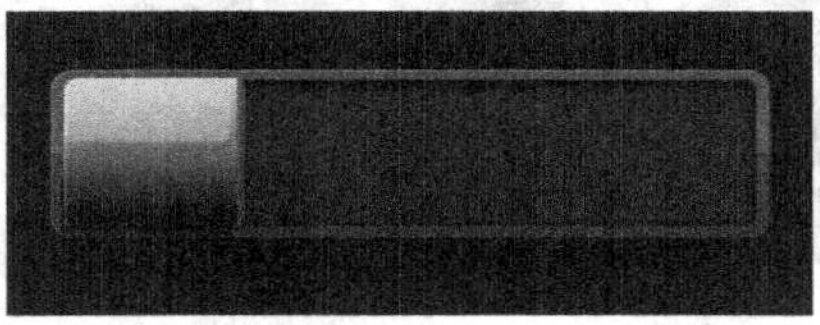

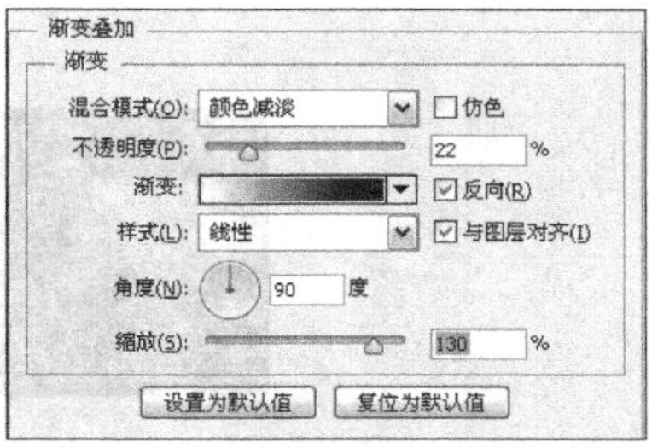

21 箭头形状的绘制。选择“钢笔工具”，绘制出向前播放的箭头图标，效果如图所示。

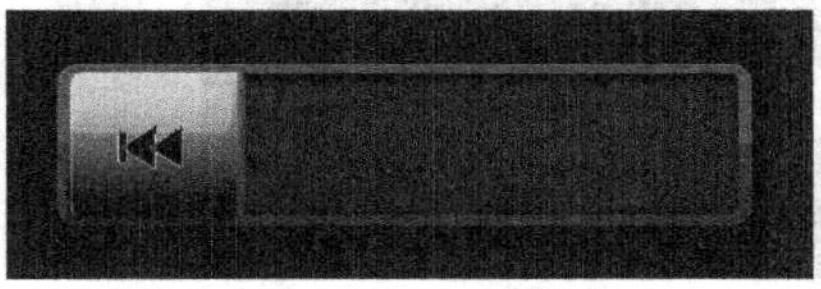

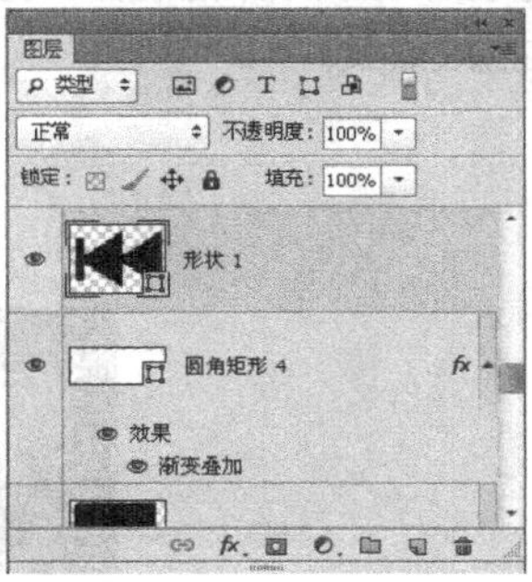

22 填充指数的调整。将“形状 1”图层选中，调节“填充”参数，将其降低为0%，如图所示。

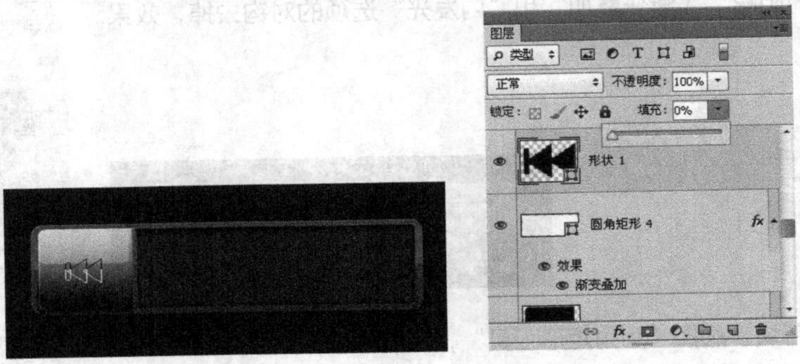

23 特效的添加。打开该图层的“图层样式”对话框，分别对“投影”“渐变叠加”“内阴影”“颜色叠加”设置参数，为其添加图层样式效果。

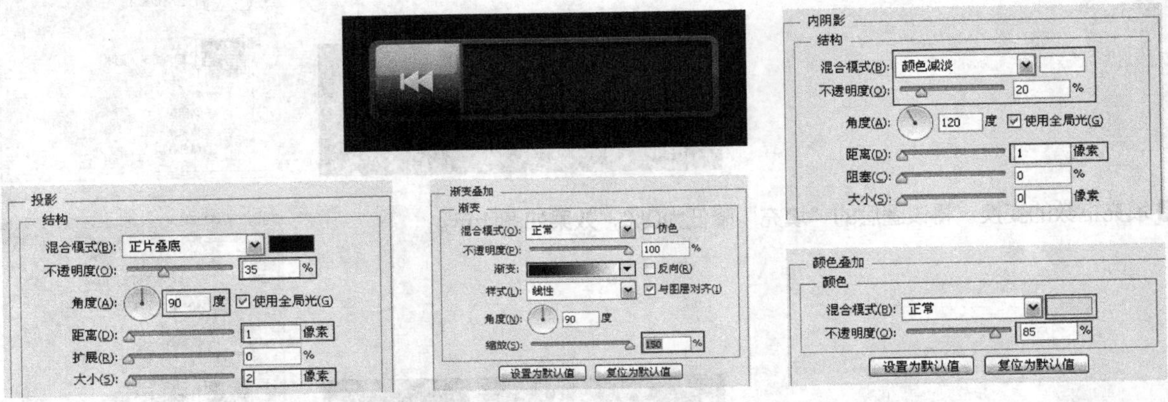

24 复制形状。复制“形状 1”图层，得到“形状 1副本”图层，单击鼠标右键，选择“清除图层样式”命令，效果如图所示。

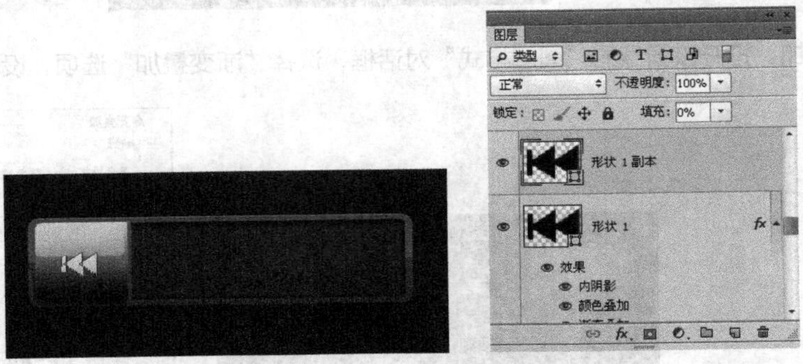

25 图案叠加效果的制作。打开该图层的“图层样式”对话框，选择“图案叠加”选项，设置参数，为该图标添加底纹效果。

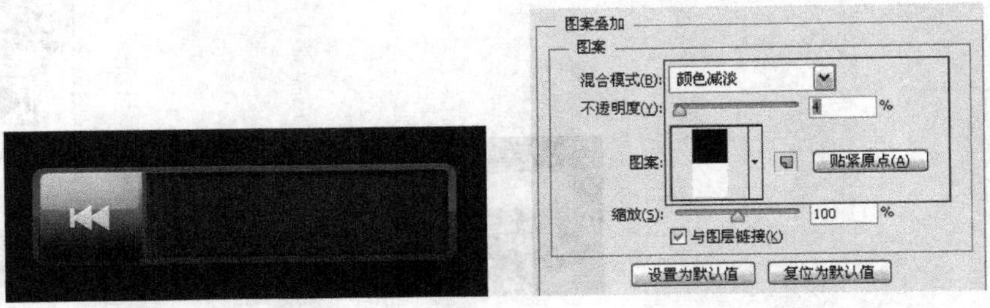

第06章

26 高光的制作。新建“图层1”图层，选择工具箱中的“画笔工具”，在图标按钮上绘制高光部分。

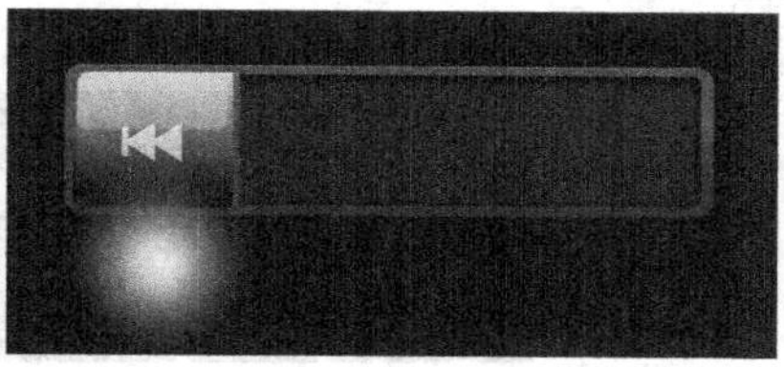
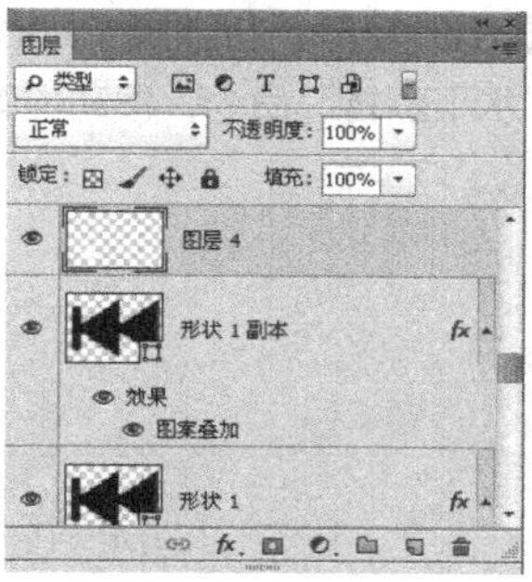

27 高光的调整。为“图层1”图层添加图层蒙版，选择工具箱中的“画笔工具”，设置前景色为黑色，在高光上进行涂抹，擦除多余部分。

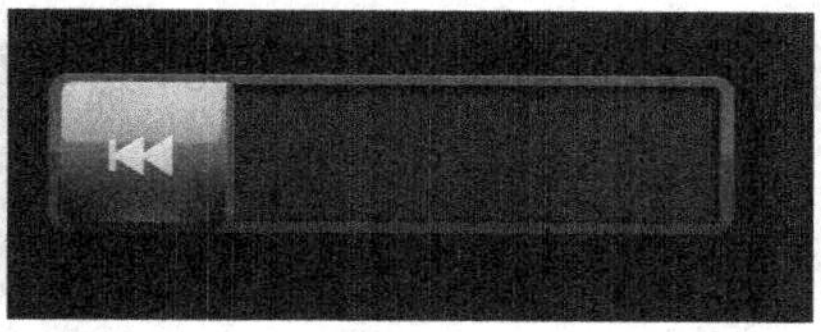
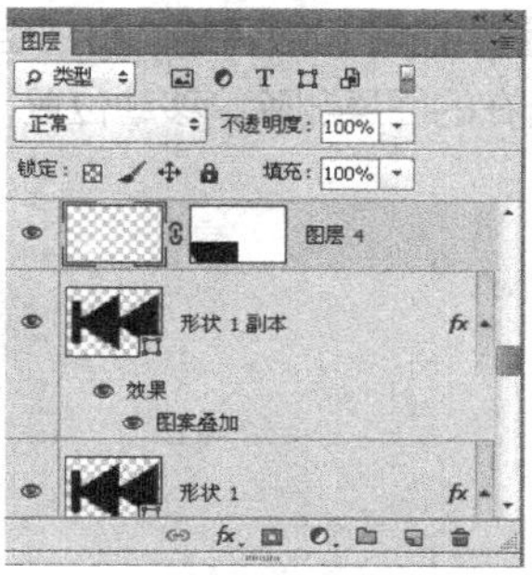

28 图层混合模式的变换。将“图层1”图层的混合模式设置为“叠加”，效果如图所示。

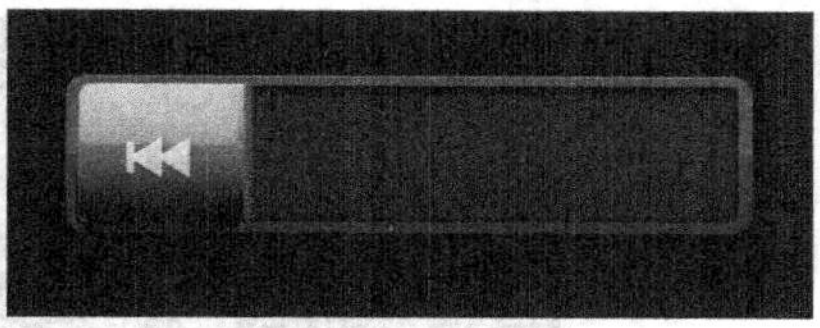

29 特效的添加。选择“圆角矩形3 副本”图层，打开该图层的“图层样式”对话框，选择“内阴影”和“渐变叠加”选项，重新调整参数。

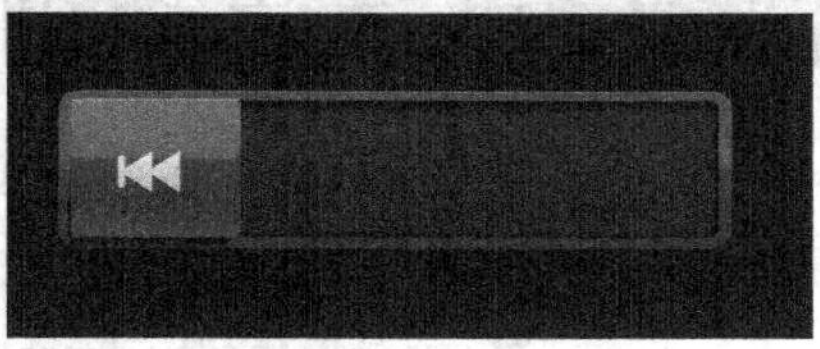
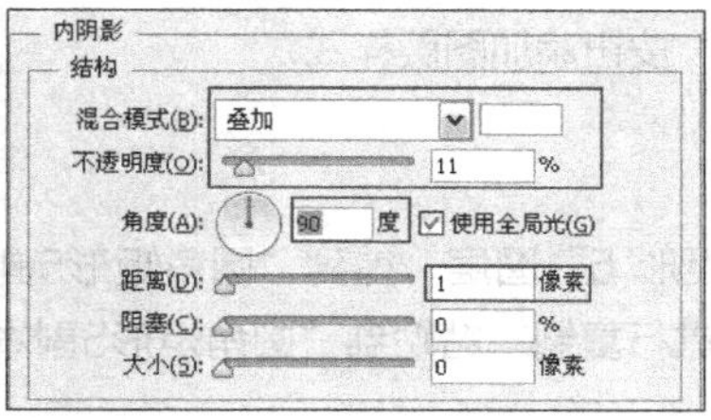

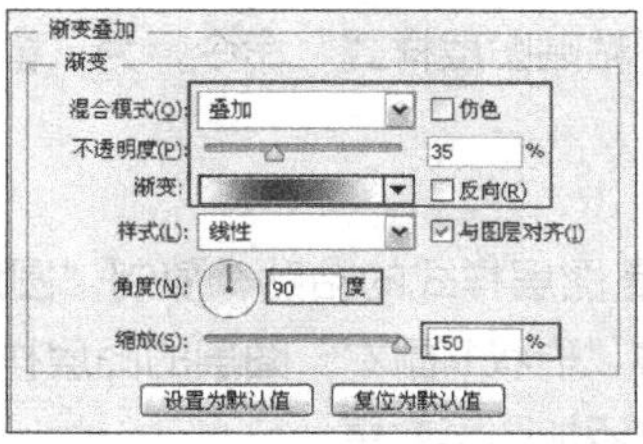

30 建组。单击“图层”面板下方的“创建组”按钮，新建“组1”，将播放按钮移入“组1”中，完成后，可通过“组1”前面的眼睛图标来进行确认。

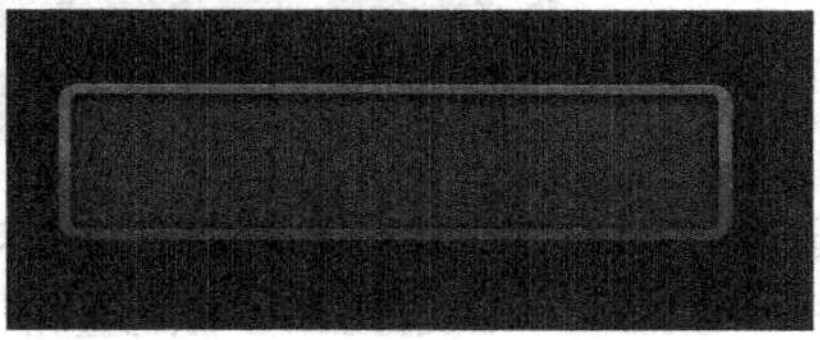
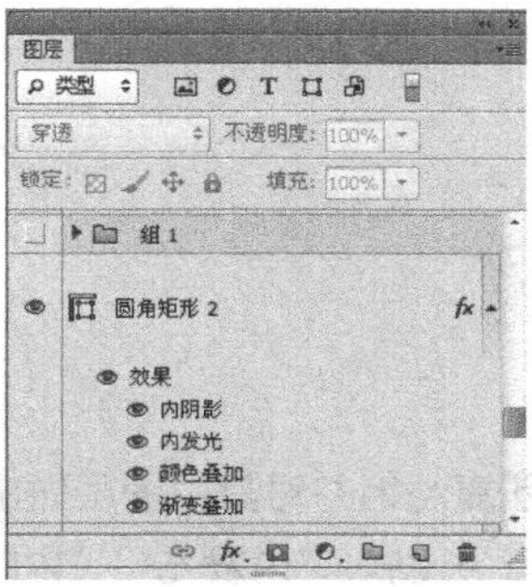

31 组的复制。将“组1”进行复制，得到“组1副本”，按快捷键Ctrl+T，执行“水平翻转”命令，移动位置。

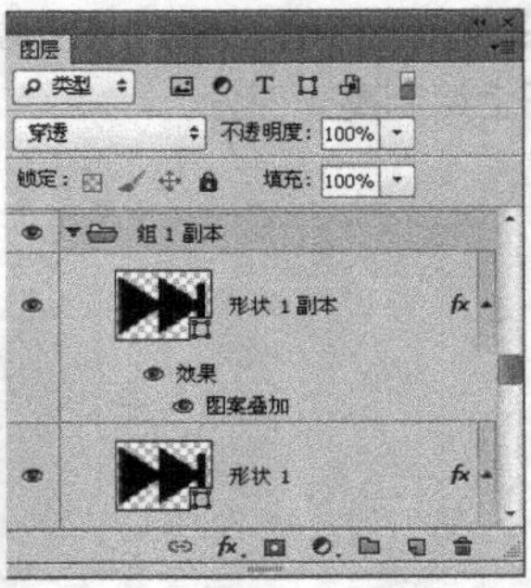

32 组内图层的调整。将“组1”进行复制，得到“组1副本2”图层，将箭头图标所在的图层删除，移动位置。

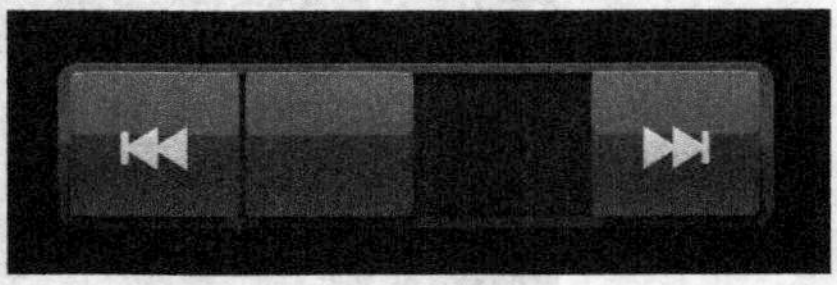

33 暂停图标的制作。选择“圆角矩形工具”，在选项栏中设置半径的参数为2像素，在图像上绘制“暂停”图标，效果如图所示。

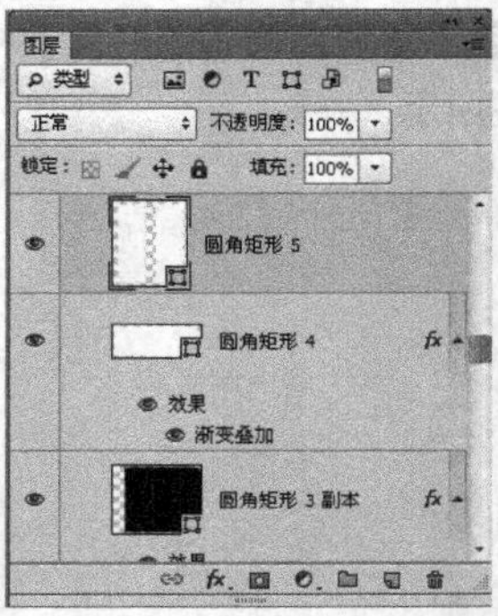

34 图层样式的粘贴。选择“形状1”图层，单击右键，选择“拷贝图层样式”命令，然后再选择“圆角矩形5”图层，单击右键，选择“粘贴图层样式”命令，为“暂停”按钮添加图层样式。

35 图层样式的粘贴。复制“圆角矩形 5”图层，得到“圆角矩形5副本”图层，将“形状1 副本”图层的图层样式进行复制，粘贴到“圆角矩形5副本”图层，为其添加图案效果。

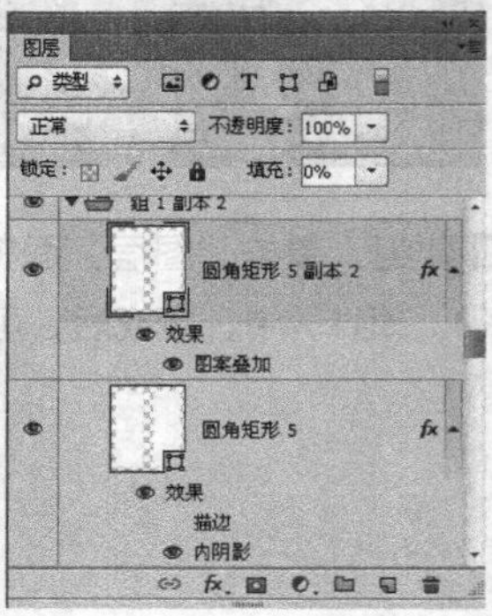

36 复制组并对其中图层做出调整。再次复制“组1”，选择“圆角矩形2副本”图层，打开“图层样式”对话框，分别对“内发光”“内阴影”“投影”“渐变叠加”“颜色叠加”设置参数，效果如图所示。

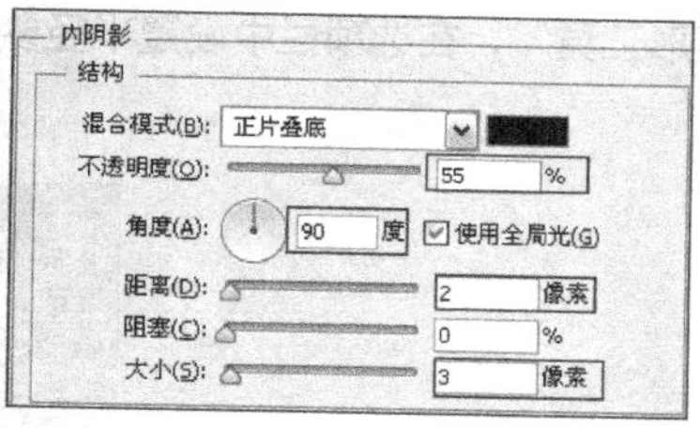

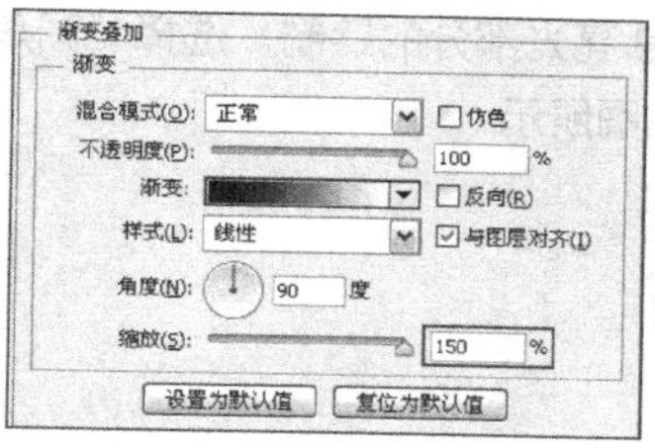

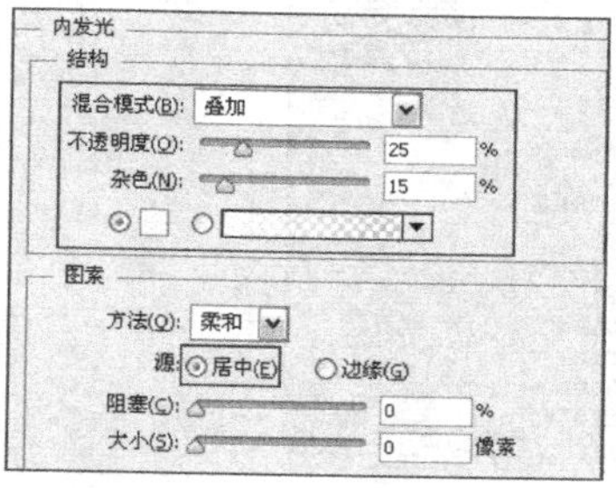

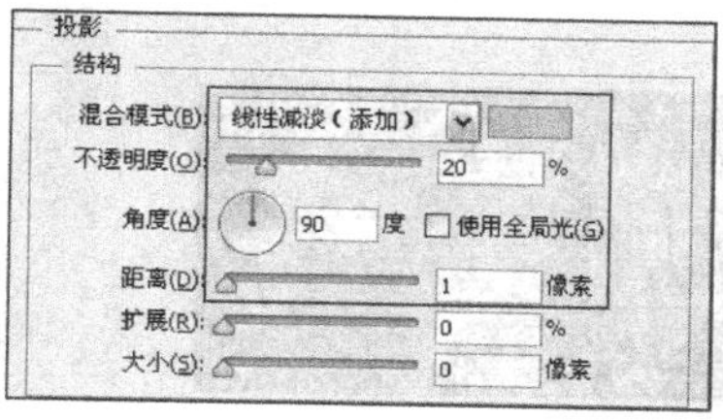

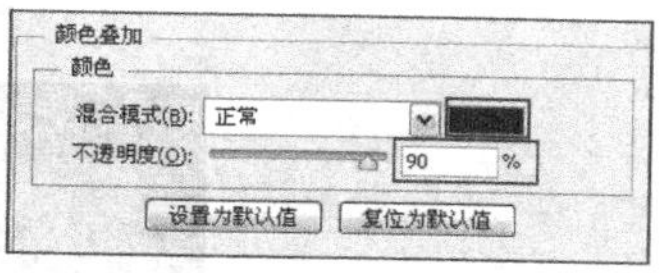

37 特效的添加。选择“圆角矩形3”图层，打开“图层样式”对话框，分别对“内阴影”“投影”“渐变叠加”设置参数的调整，效果如图所示。

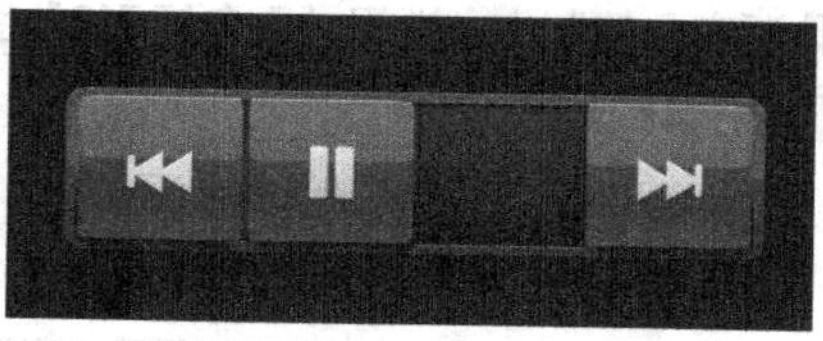

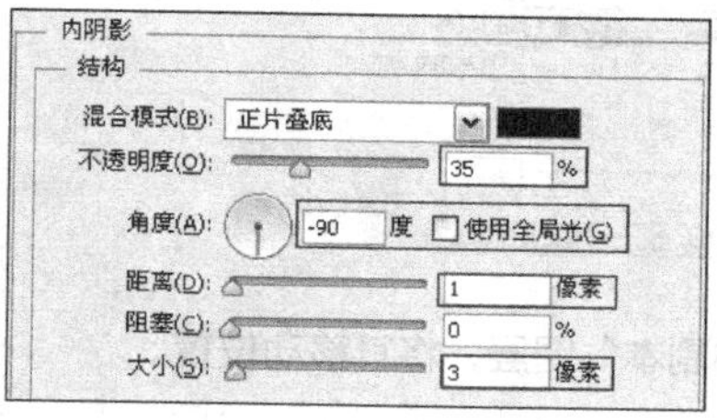

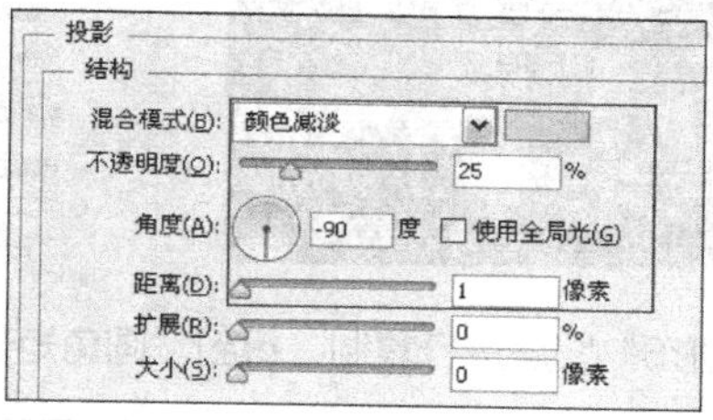

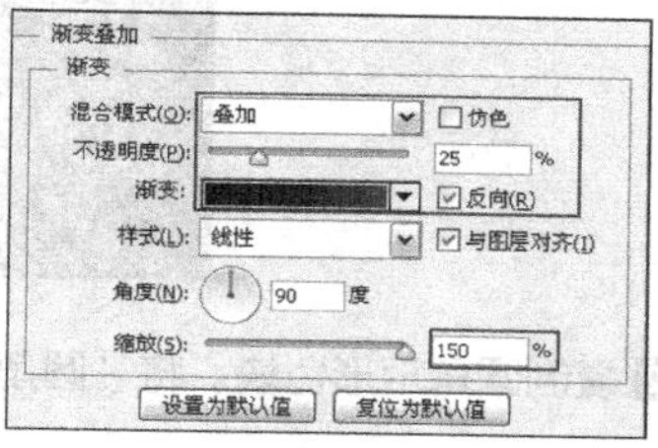

38 图层样式的调整。选择“圆角矩形3副本”图层，打开“图层样式”对话框，取消选择“图案叠加”“渐变叠加”“投影”选项，选择“内阴影”选项，调节参数。

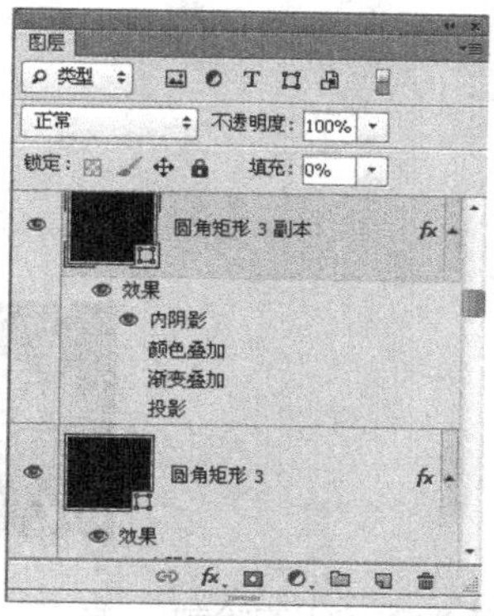

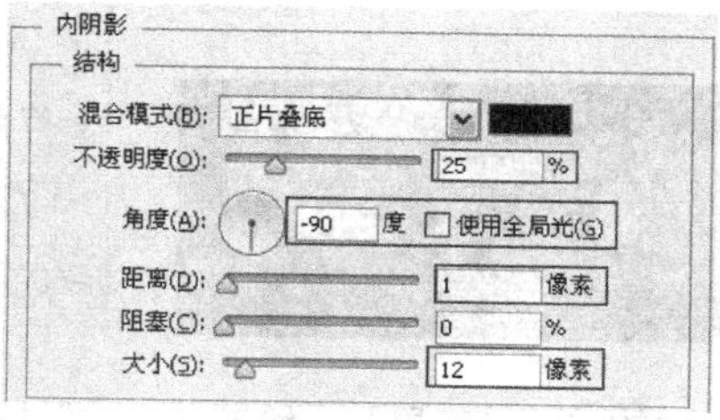

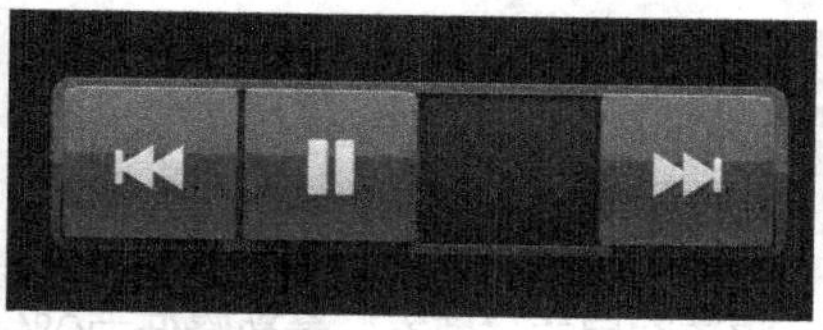

39 图层样式的调整。选择“圆角矩形4”图层，打开“图层样式”对话框，选择“渐变叠加”选项，重新设置参数，取消选择其余效果。

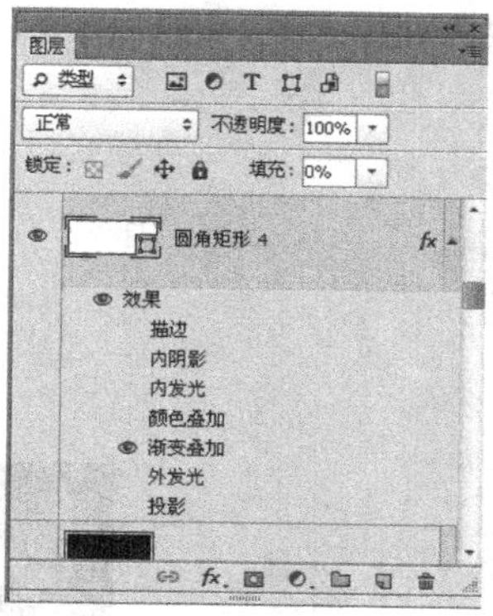

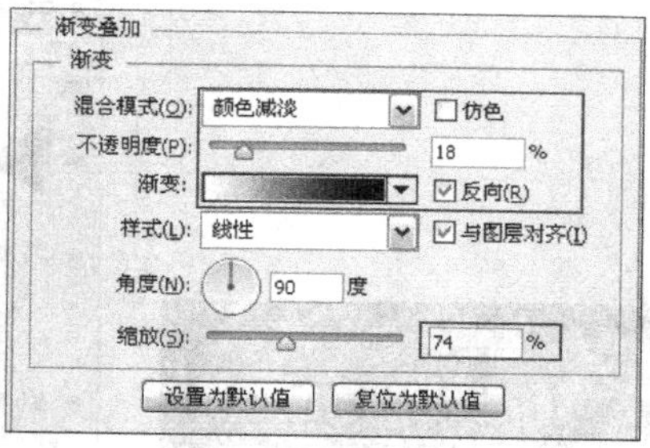

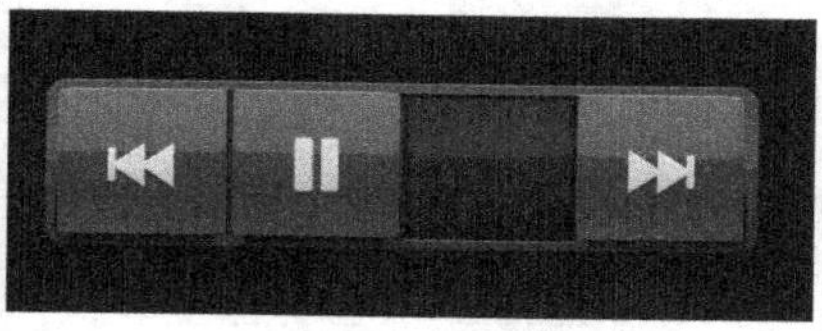

40 亮光部分的绘制。选择“圆角矩形工具”，在选项栏中设置半径参数为2像素，在按钮上绘制亮光部分，效果如图所示。

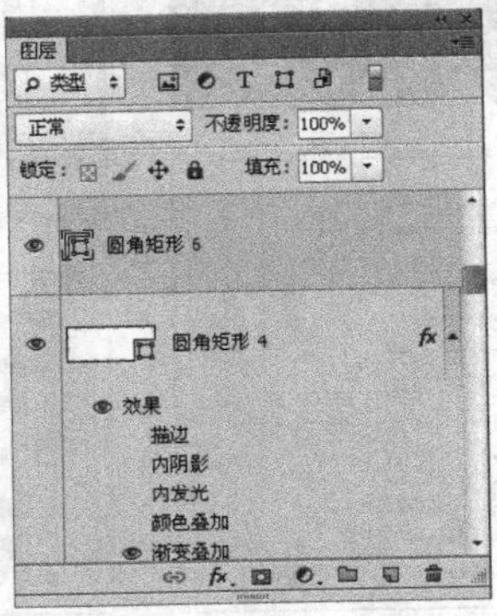

41 渐变色的制作。选择“圆角矩形6”图层，打开“图层样式”对话框，选择“渐变叠加”选项，设置参数，为亮光添加渐变色。

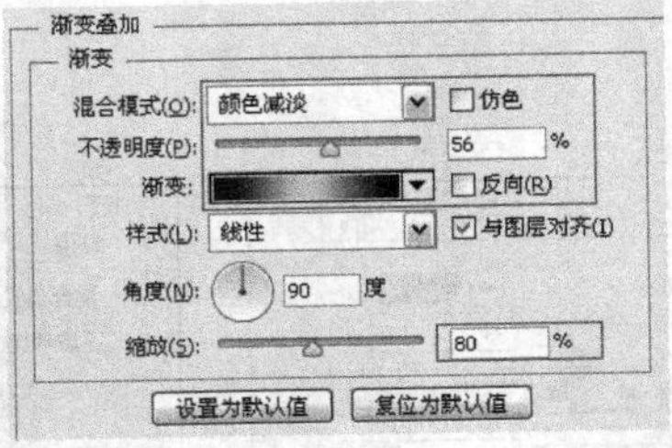

42 复制圆角矩形色块。将“圆角矩形6”图层进行复制，得到“圆角矩形6副本”图层，将其移动位置。

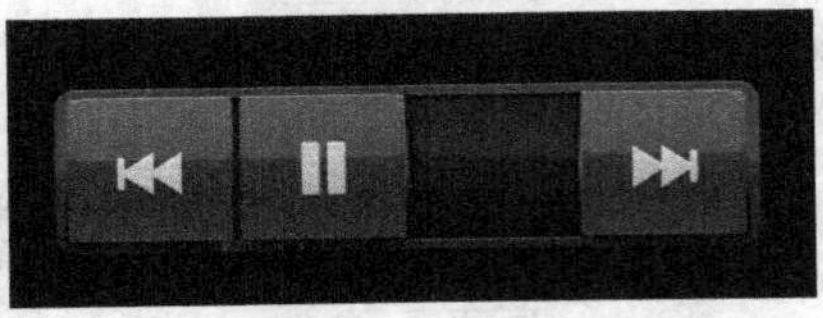
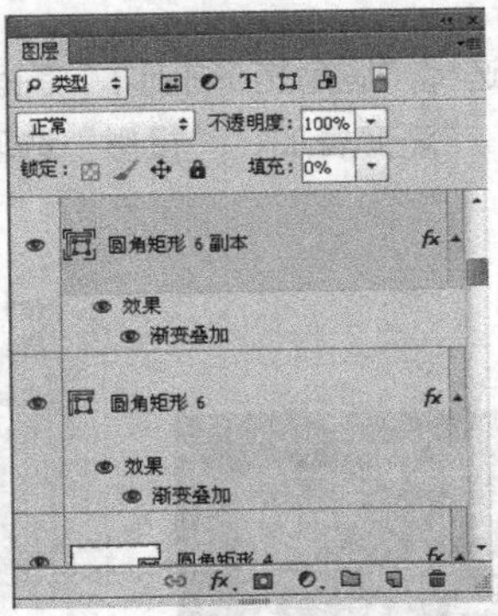

43 播放按钮的绘制。选择工具箱中的“钢笔工具”，绘制“播放”按钮，将该图层的“填充”参数降低为0%，效果如图所示。

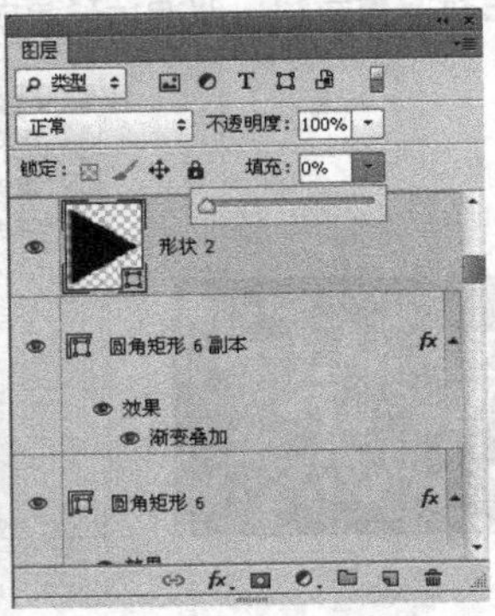

第06章

44 特效的添加。打开“图层样式”对话框，选择“投影”“颜色叠加”“外发光”选项，设置参数，为“播放”按钮添加发光效果，效果如图所示。

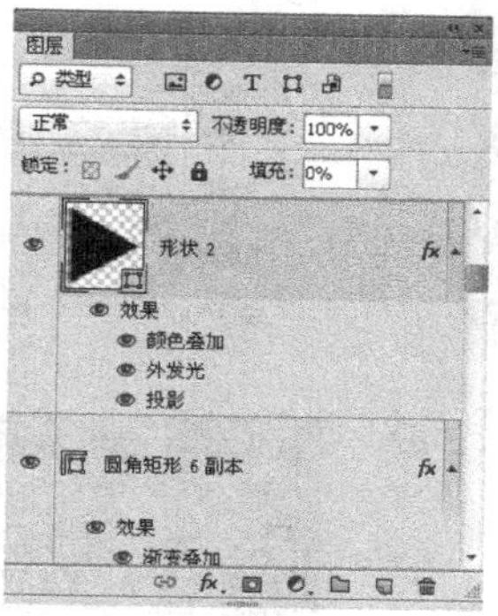

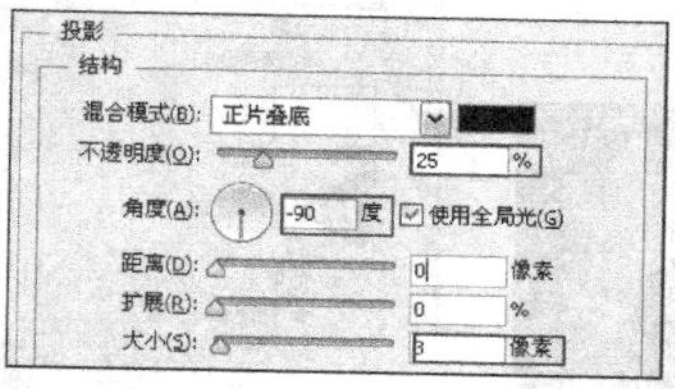

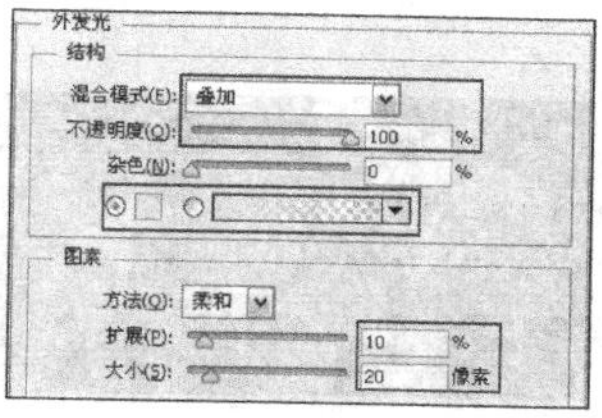

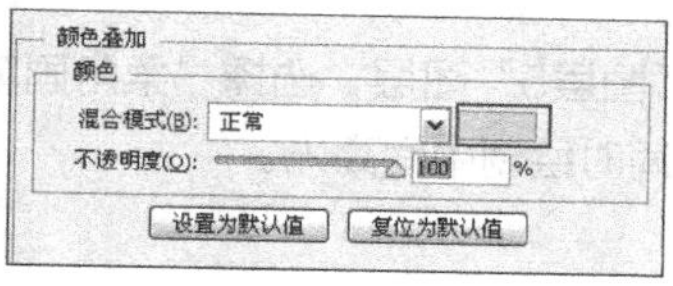

45 复制形状并添加特效。复制“形状2”图层，打开“图层样式”对话框，对“内阴影”和“图案叠加”选项设置参数，为其添加图案效果。

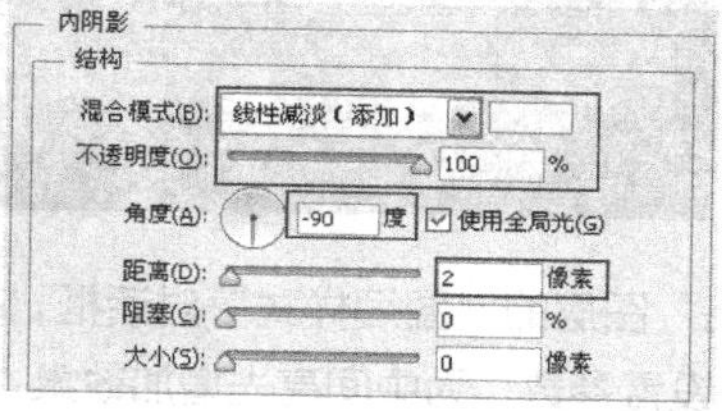

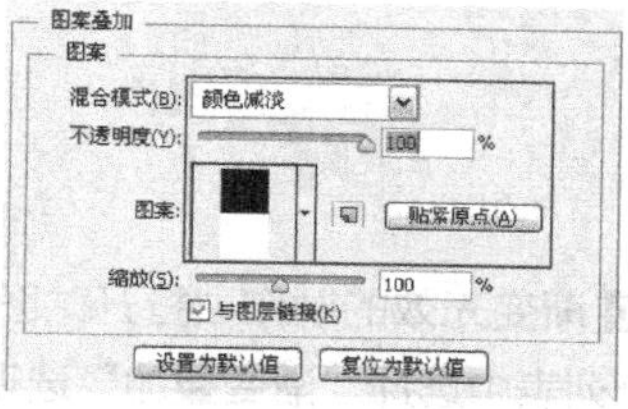

46 亮光部分的制作。新建“图层3”图层，选择“画笔工具”，设置前景色为白色，在“播放”按钮底部绘制亮光，将该图层的混合模式设置为“颜色减淡”，效果如图所示。

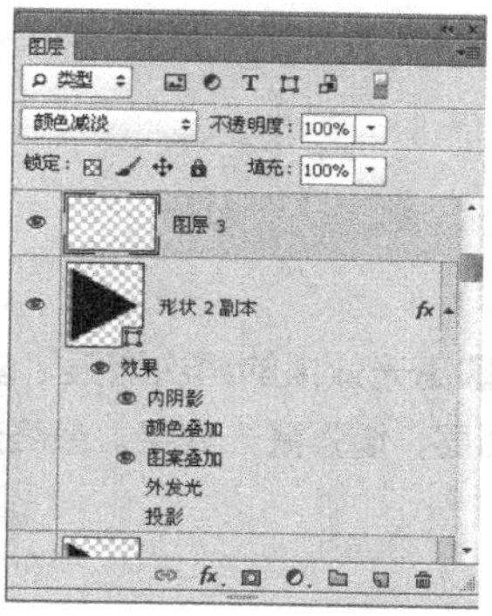

47 高光部分的绘制。新建“图层4”图层，选择“柔角画笔”，设置前景色为白色，按住Shift键的同时绘制中间高光。

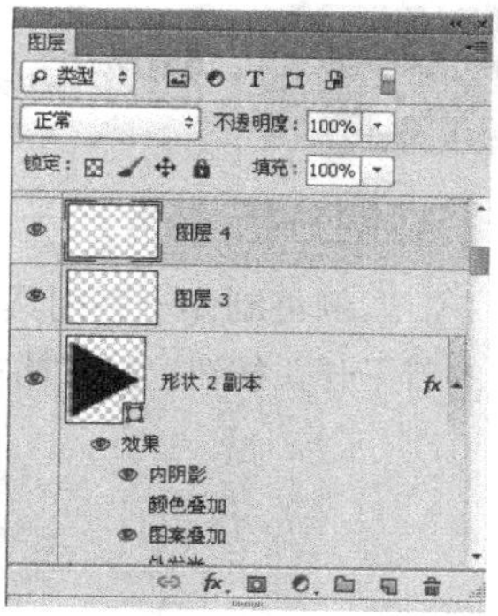

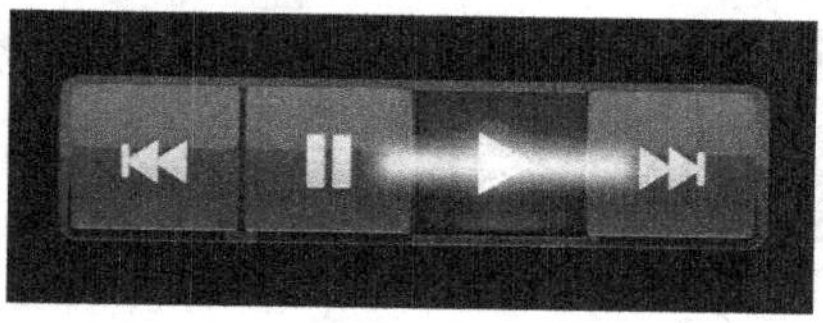

48 高光效果的增加。打开“图层4”图层的“图层样式”对话框，在左侧列表中选择“渐变叠加”选项，设置参数，为中间高光增加效果，效果如图所示。

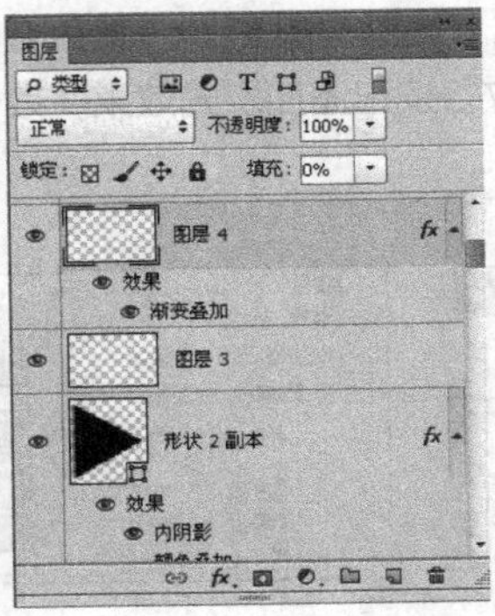

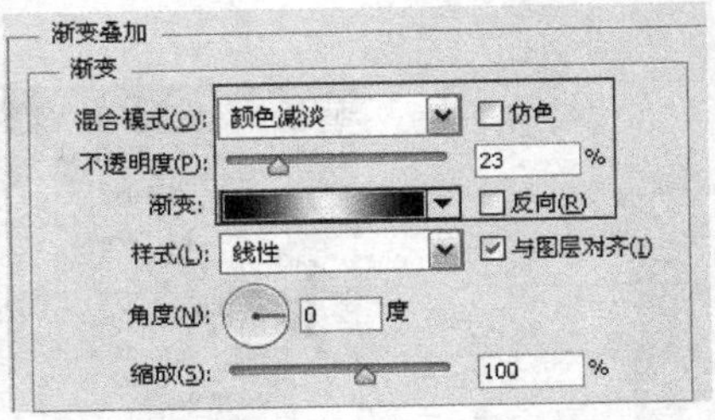

49 中间部分高光的制作。新建“图层5”图层，选择“柔角画笔”，设置前景色为白色，按住Shift键的同时绘制中间高光。

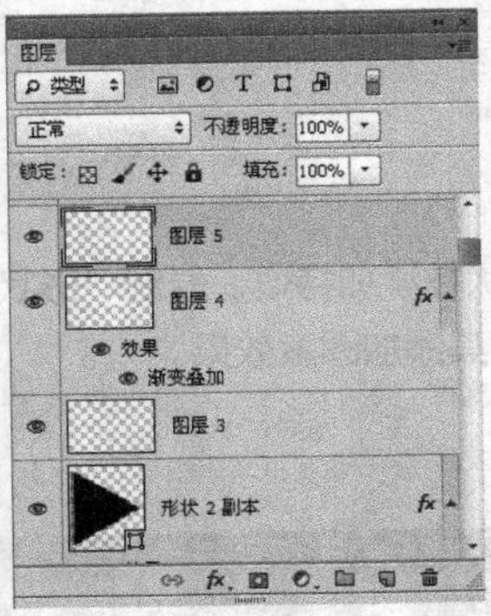

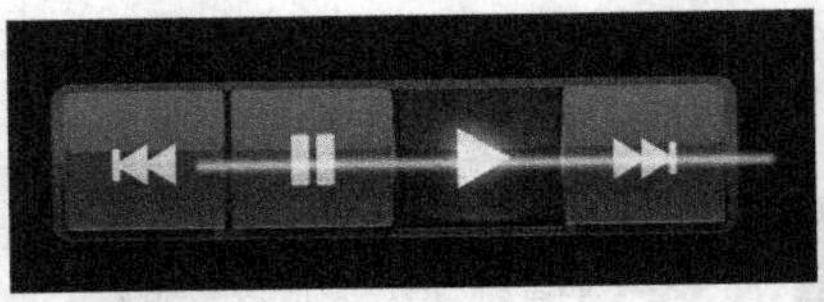

50 渐变光效的制作。打开“图层5”图层的“图层样式”对话框，在左侧列表中选择“渐变叠加”选项，设置参数，为中间高光增加效果。

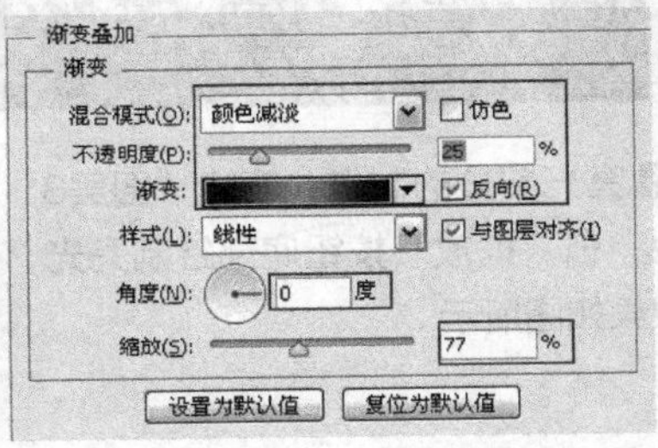

51 高光效果的再次增强。复制“图层5”图层，得到“图层5副本”图层，增强高光效果。最终效果如图所示。

案例 4 制作清新开关按钮

案例分析

本例将制作一系列具有清新风格的开关按钮，这是一整组UI设计中的若干开关按钮，尺寸略有不同，造型也有变化（凹凸方向不同）。

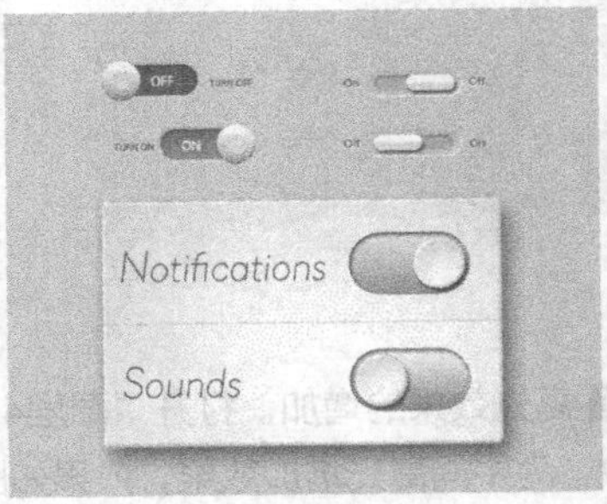

技巧分析

灰色背景有一种干净整洁的视觉效果，上面有嫩绿和浅蓝色作为开关按钮的激活方式，给人一种清新典雅的视觉感受。

步骤演练

效果1

01 空白文档的建立　执行“文件>新建”命令，或按快捷键Ctrl+N，打开“新建”对话框，设置宽度和高度分别为700像素×500像素，分辨率为72像素/英寸，完成后单击“确定”按钮，新建一个空白文档，如图所示。

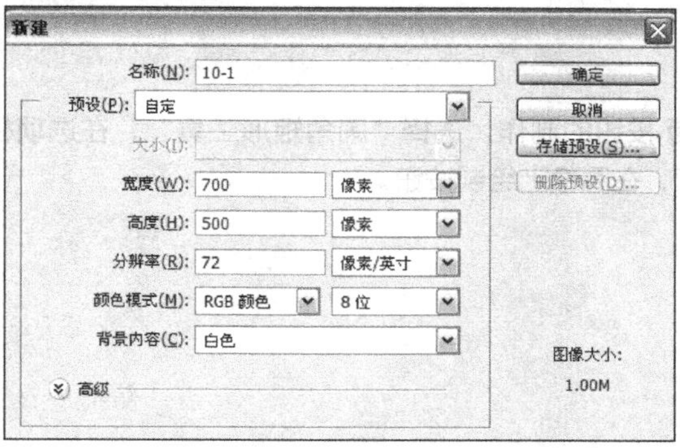

02 纯色背景的制作。单击前景色图标，在弹出的“拾色器（前景色）”对话框中设置参数，改变前景色，按快捷键Alt+Delete为背景填充前景色。

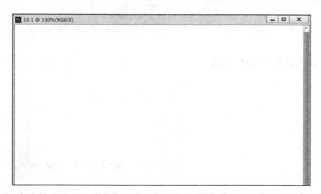

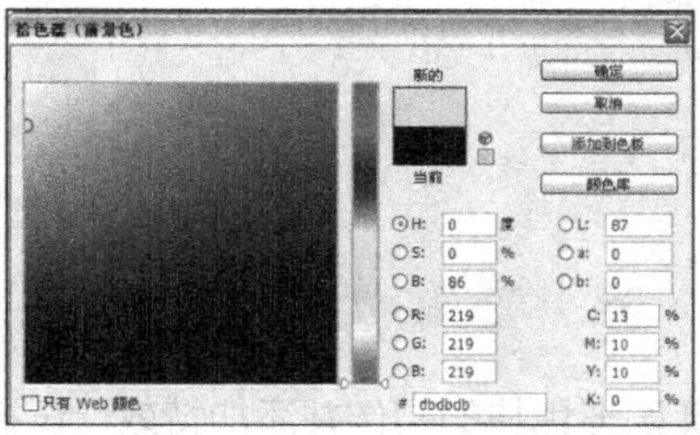

03 圆角矩形色块。选择“圆角矩形工具”，在选项栏中设置半径为10像素，在图像上绘制圆角矩形，得到“圆角矩形 1”图层，打开“图层样式”对话框，选择“斜面和浮雕”“渐变叠加”“投影”选项，设置参数，添加效果。

04 文字的制作。选择“矩形工具”，设置前景色的颜色为R:220 G:220 B:220，在圆角矩形的中央位置绘制矩形，然后选择“横排文字工具”，设置文字的大小、颜色、字体等属性，输入文字。

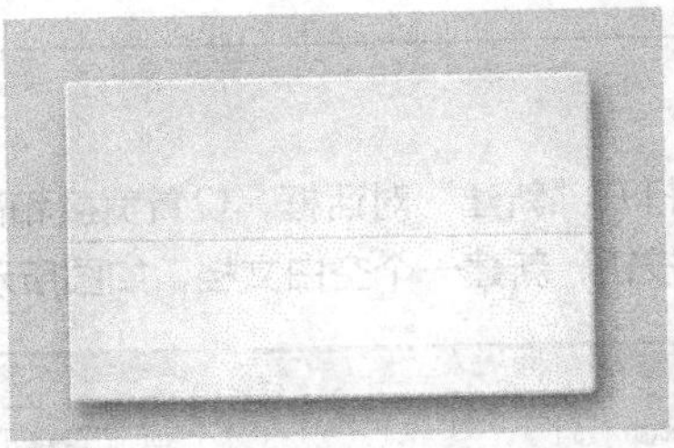

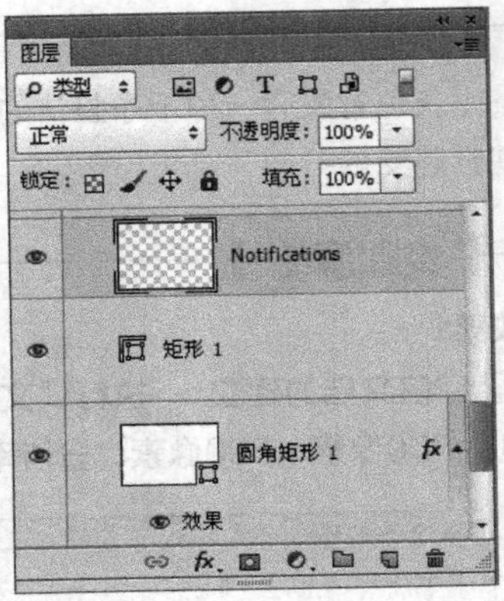

05 按钮的制作。选择“圆角矩形工具”，在选项栏中设置半径为100像素，在图像上绘制按钮。

06 特效的添加。打开“圆角矩形 2”图层的“图层样式”对话框，选择“颜色叠加”“内阴影”“渐变叠加”选项，设置参数，为按钮添加立体感。

07 圆形色块的制作并添加特效。选择“椭圆工具”，在按钮上绘制圆，打开该图层的“图层样式”对话框，在左侧列表中分别选择“渐变叠加”“斜面和浮雕”“投影”等选项，设置参数，为椭圆开关添加效果。

08 文字效果的制作。选择“横排文字工具”，在图像上输入文字。

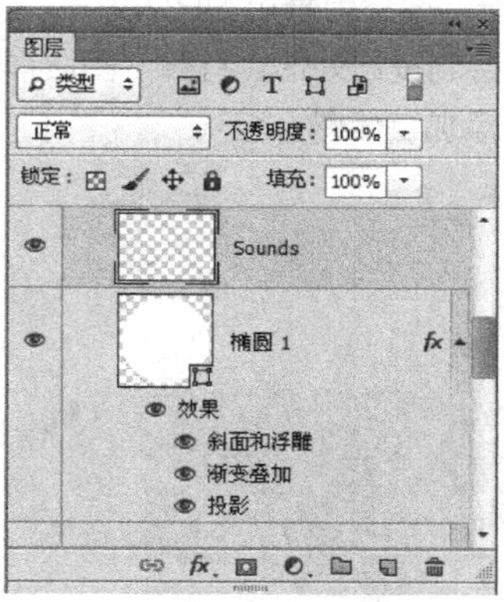

09 色块的复制及图层样式的调整。将“圆角矩形 2”图层进行复制，得到“圆角矩形 2 副本 ”图层，执行“清除图层样式”命令，打开“图层样式”对话框，选择“渐变叠加”和“内阴影”选项，设置参数，添加效果。

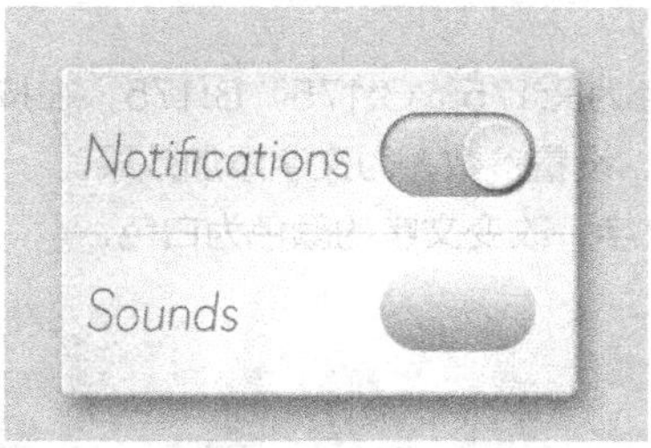

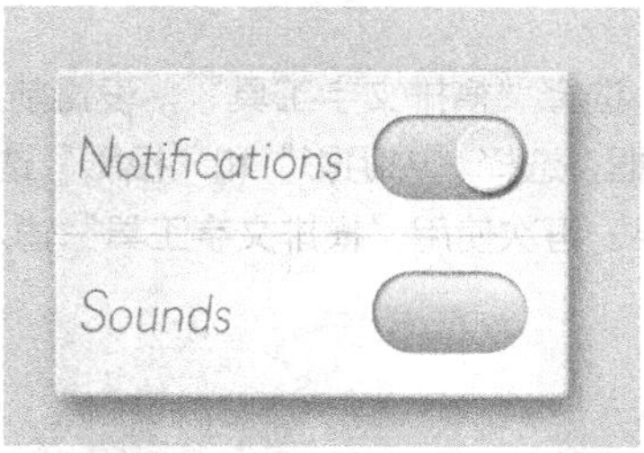

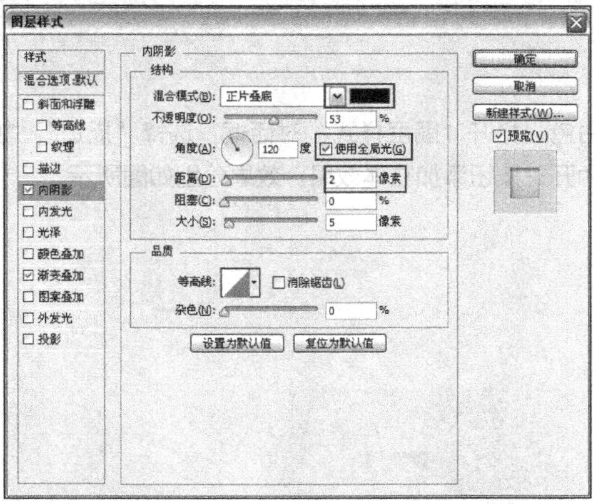

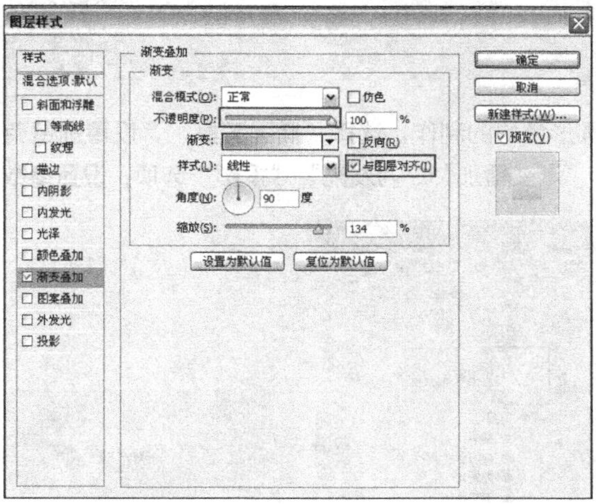

10 形状的复制及调整。将“椭圆 1”图层进行复制，得到“椭圆1副本”图层，移动位置到刚才绘制的按钮上，新建“组 1”，将绘制的图层移动到“组 1”中，完成效果。

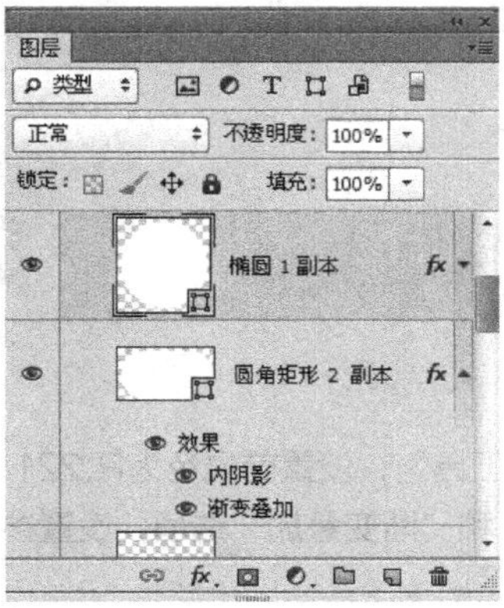

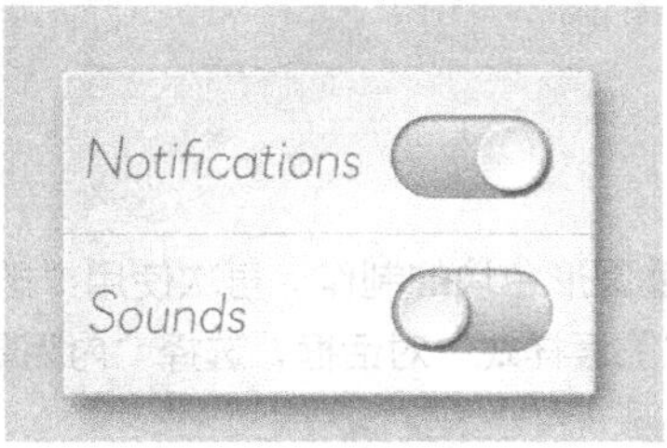

效果2

01 圆角矩形色块的制作。设置前景色为R:156　G:186　B:63，选择“圆角矩形工具”，在选项栏中设置半径为100像素，在图像上绘制按钮外形，打开“图层样式”对话框，选择“描边”“内阴影”“渐变叠加”选项，设置参数，为按钮外形添加立体感。

02 文字效果的制作。选择“横排文字工具”，设置前景色为R:175　G:175　B:175，在按钮左侧输入文字，打开“图层样式”对话框，选择“内阴影”和“投影”选项，设置参数，为文字添加效果。

03 继续制作文字效果。再次使用“横排文字工具”输入文字，改变文字的颜色为白色。

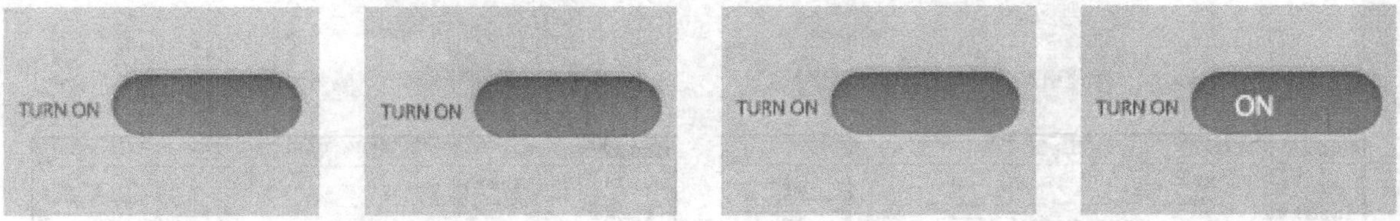

04 圆形色块的制作。选择“椭圆工具”，设置前景色为白色，打开“图层样式”对话框，选择“描边”“内阴影”“渐变叠加”“内发光”“投影”选项，设置参数，为开关按钮添加立体效果。效果分别如图所示。

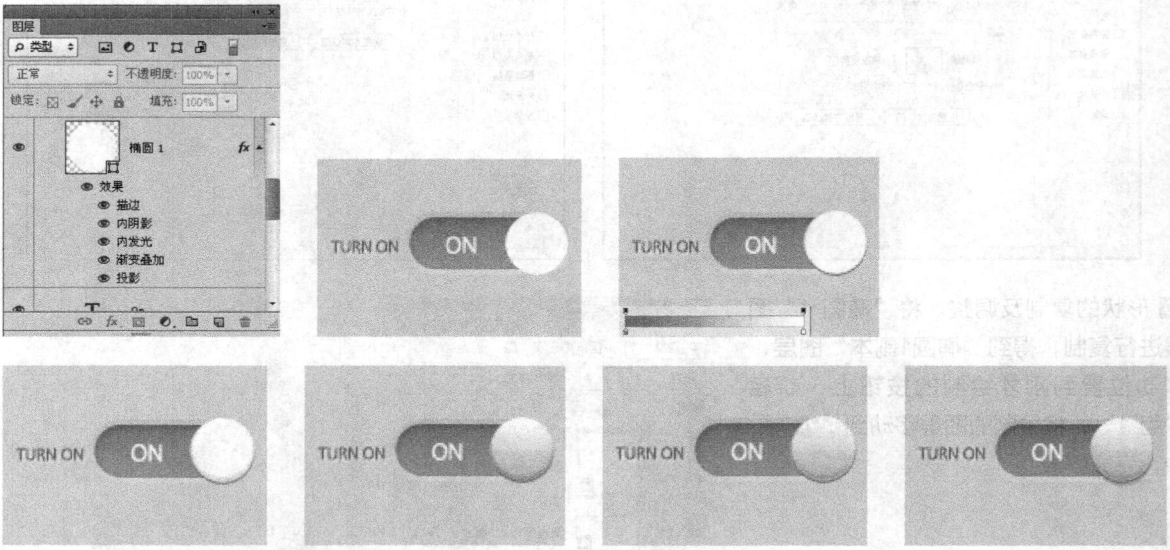

05 圆形色块的制作。再次使用“椭圆工具”，设置前景色为R:221　G:221　B:221在开关按钮上绘制圆，打开“图层样式”对话框，选择“内阴影”和“渐变叠加”选项，设置参数，为开关按钮添加质感。

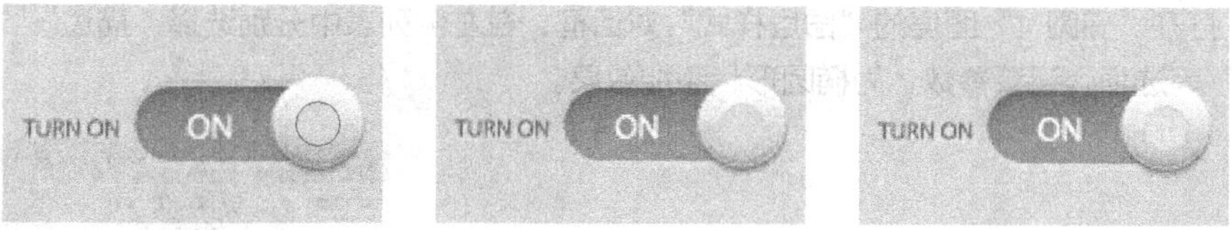

06 组2。新建“组 2”，将刚才绘制的图层拖入到组2中，复制“组 2”，得到“组2 副本”，移动按钮的位置，改变文字。

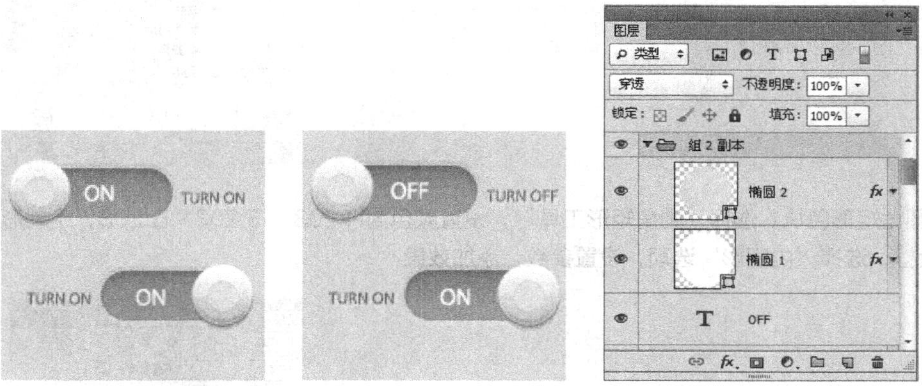

07 OFF颜色及图层样式的变换。将OFF所在的按钮选中，执行“清除图层样式”命令，改变其颜色为R:153 G:153 B:153，打开“图层样式”对话框，选择“描边”和“内阴影”选项设置参数，添加效果。

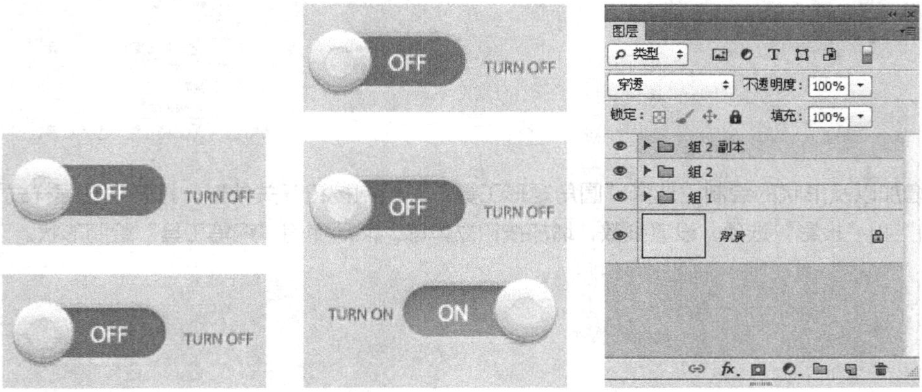

效果3

01 圆角矩形色块。选择“圆角矩形工具”，在选项栏中设置半径为100像素，在图像上绘制圆角矩形，得到“圆角矩形 1”图层，将该图层的填充降低为0%。

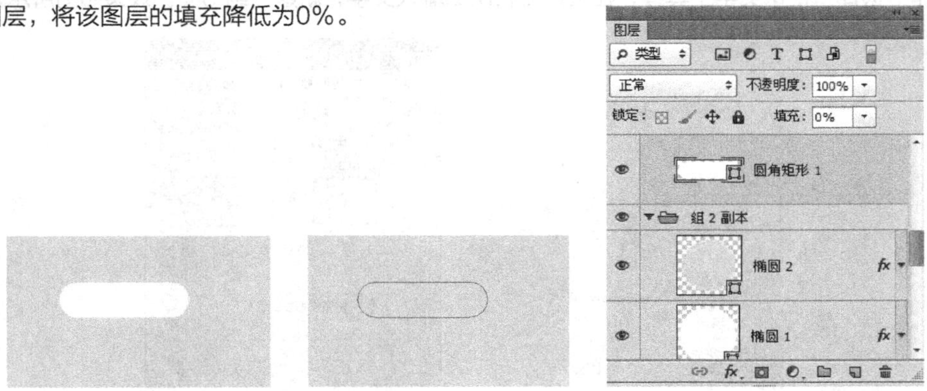

02 特效的添加。打开“椭圆 1”图层的“图层样式”对话框，在左侧列表中分别选择“描边”“颜色叠加”“图案叠加”“投影”等选项，设置参数，为椭圆形状添加效果。

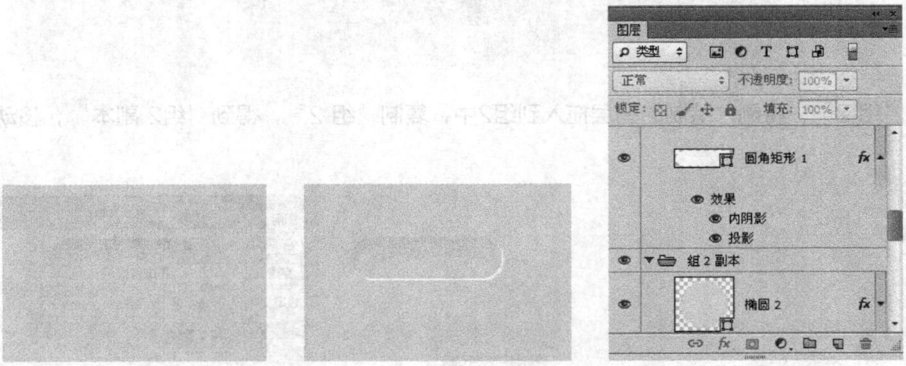

03 继续制作圆角矩形色块。选择“圆角矩形工具”，设置颜色为R:203　G:203　B:203，绘制形状，打开“图层样式”对话框，选择“内阴影”选项，设置参数，添加效果。

04 立体感的增加以及形状的绘制。选择“圆角矩形工具”，绘制按钮开关外形，打开“图层样式”对话框，选择“颜色叠加”和“投影”选项，设置参数，增加按钮立体感，然后使用“钢笔工具”绘制形状。

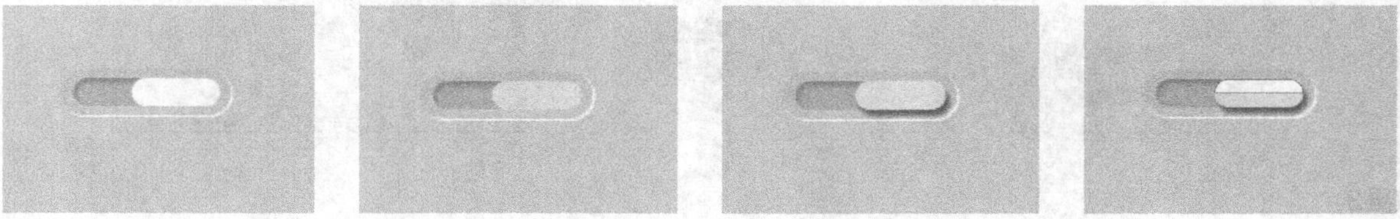

05 文字的制作。选择“横排文字工具”，在按钮左右两侧输入文字，新建“组 3”。效果如图所示。

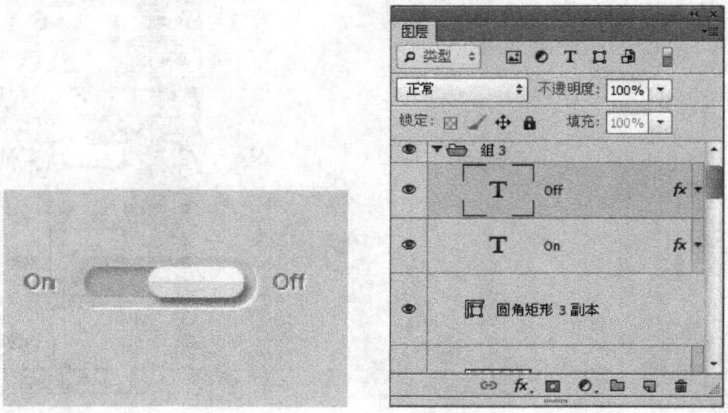

第06章

06 复制组。将其“组 3”进行复制，得到“组 3 副本”，移动组中按钮及位置的位置，完成效果。

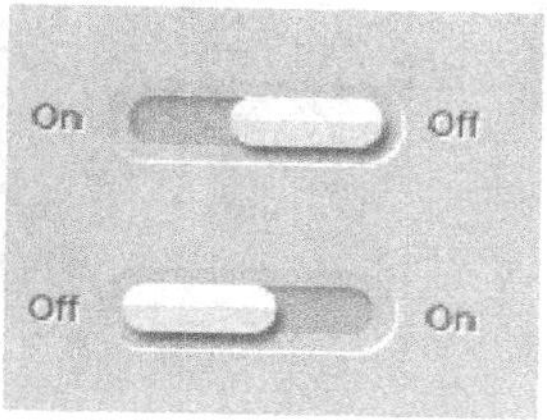

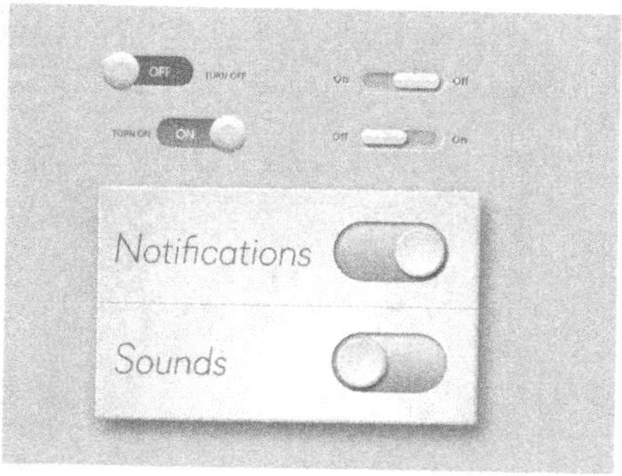

案例 5

制作高调旋钮

案例分析

本例将制作一个高调的乳白色旋钮，这种设计被多次应用在了苹果系统的界面中。简约的造型和色彩搭配无不体现出播放器的清新素雅风格。

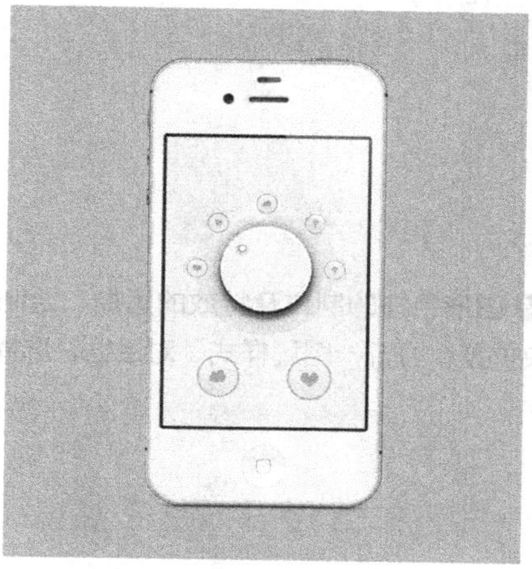

技巧分析

本例使用了清新蓝色和简约灰色的色彩搭配，让整个视觉效果体现出轻松而安静的风格。

步骤演练

01 新建空白文档。执行“文件>新建”命令，或按快捷键Ctrl+N，打开“新建”对话框，设置宽度和高度分别为800像素×600像素，分辨率为72像素/英寸，完成后单击“确定”按钮，新建一个空白文档，如图所示。

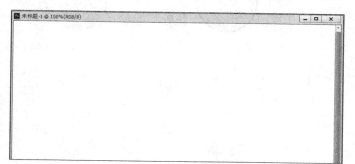

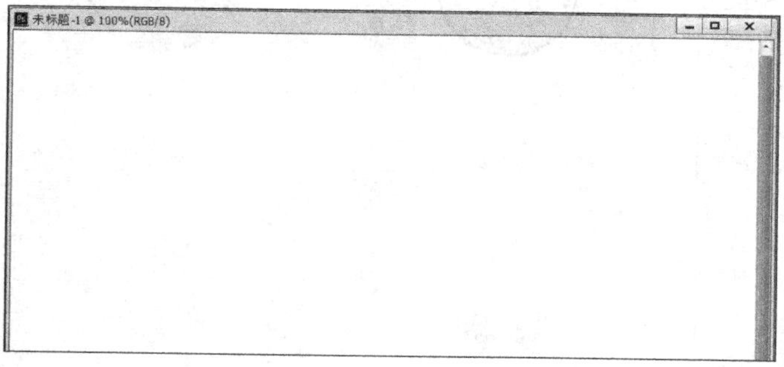

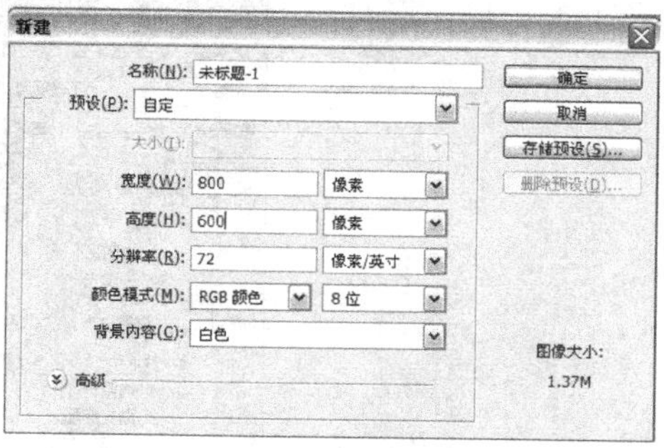

02 纯色背景的制作。单击前景色图标，在弹出的“拾色器（前景色）”对话框中设置参数，改变前景色，按快捷键Alt+Delete为背景填充前景色。

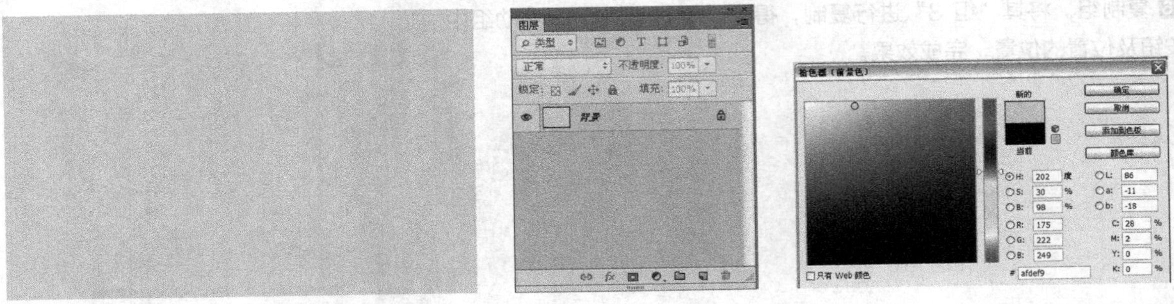

03 色块的制作及特效的添加。绘制基本形 选择“椭圆工具”，在画布上绘制圆，然后在选项栏中选择“合并形状”选项，再次绘制圆，使用同样的方法连续绘制4次，得到基本图形，打开“图层样式”对话框，选择“内阴影”和“渐变叠加”选项，设置参数，添加效果。

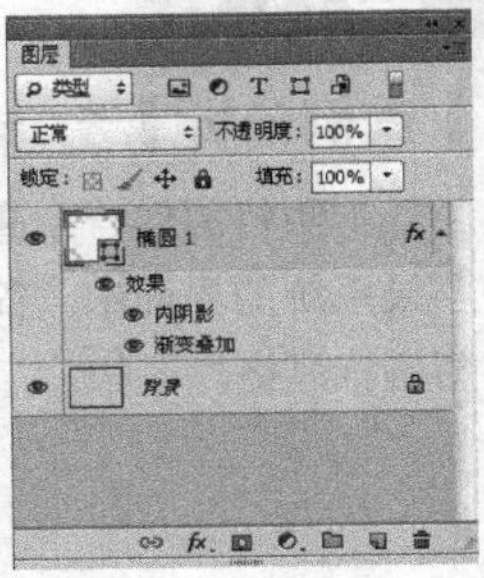

04 圆形色块的制作及特效的添加。绘制内部形状，再次选择“椭圆工具”，绘制正圆，移动位置到基本形的中央位置，打开“图层样式”对话框，选择“内阴影”“渐变叠加”和“投影”选项设置参数，添加效果。

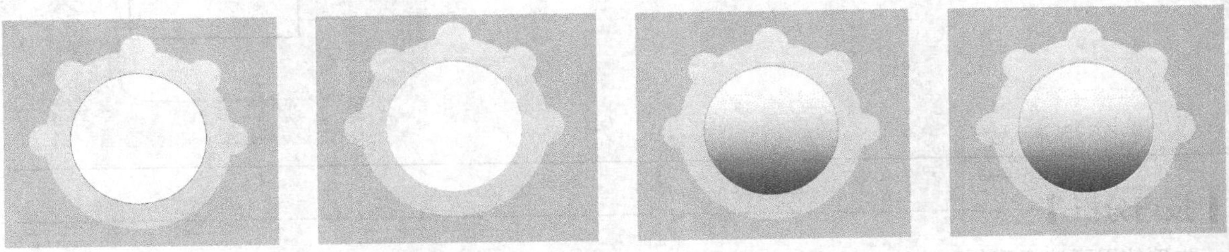

05 增强立体效果。选择“椭圆工具”绘制同心圆，打开“图层样式”对话框，选择“内阴影”和“外发光”选项，设置参数，为按钮添加效果。

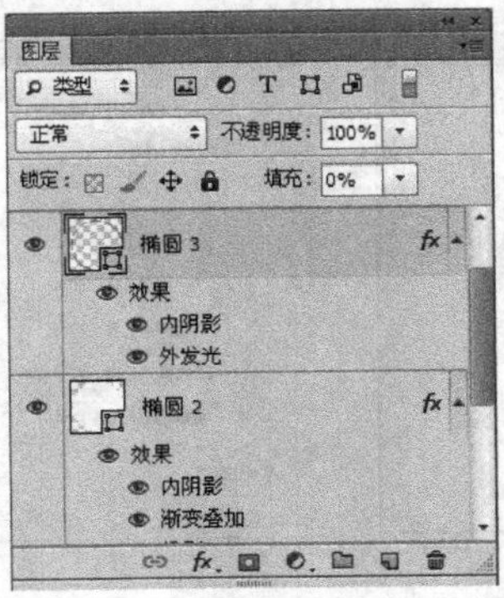

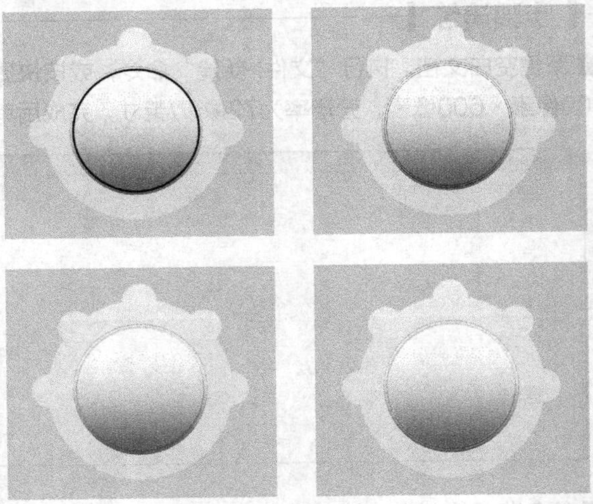

06 模糊效果的处理。绘制阴影，选择“椭圆工具”绘制黑色椭圆，得到“椭圆 4”图层，单击鼠标右键，选择“转换为智能对象”命令，执行“滤镜>模糊>高斯模糊”命令，设置半径为28像素，单击“确定”按钮，模糊图像。

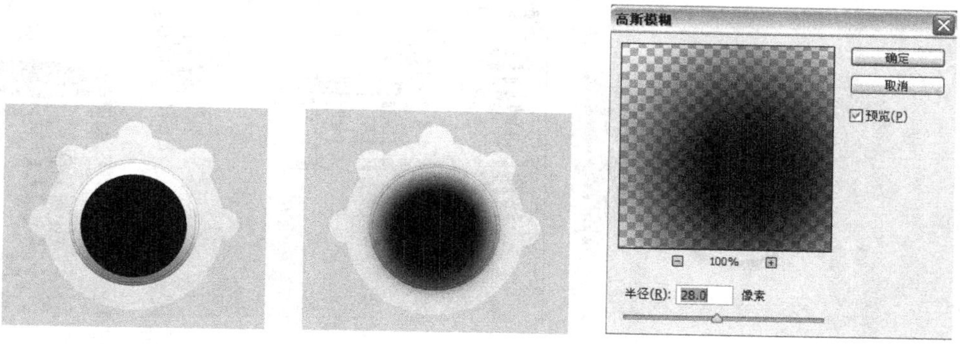

07 阴影效果的添加。再次使用“椭圆工具”，绘制黑色圆，将填充减低为0%，打开“图层样式”对话框，选择“投影”选项，设置参数，添加投影效果。

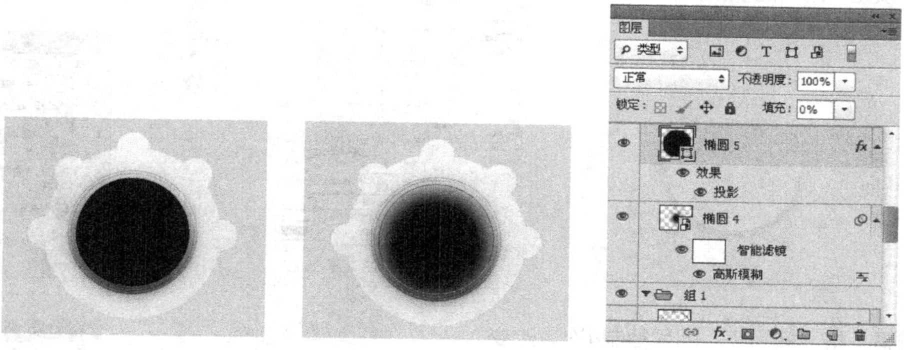

08 旋钮的绘制。选择“矩形工具”，在按钮的中央位置绘制一个细小的矩形框，将其复制，旋转角度，按Enter键确认，然后不断按快捷键Ctrl+Alt+Shift+T，可得到旋转的矩形，完成后，选择“椭圆工具”，在圆盘下方绘制白色圆，得到旋钮。

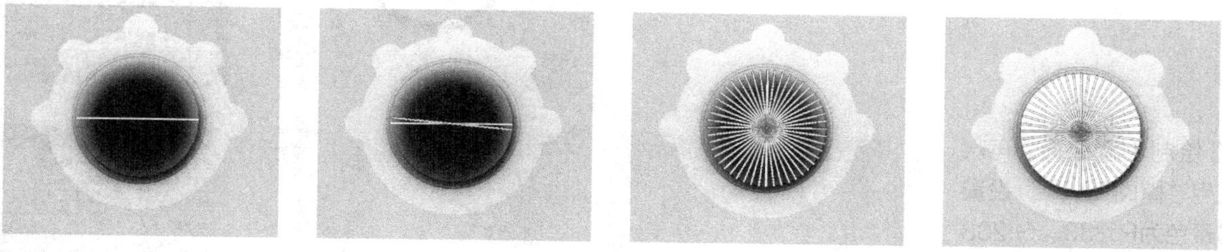

09 质感的增强。将刚才绘制的图层合并，打开“图层样式”对话框，选择“渐变叠加”“外发光”“投影”选项，设置参数，添加效果。

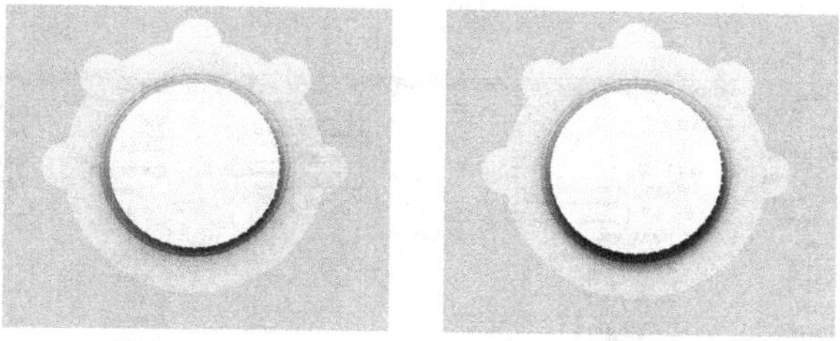

10 厚重感的表现。再次使用“椭圆工具”，绘制圆，将填充度降低为0%，打开“图层样式”对话框，选择“渐变叠加”选项，设置不透明度为12%，设置渐变条，颜色由左到右依次为R:188 G:188 B:188、R:117 G:117 B:117，角度为-90度，单击“确定”按钮，表现旋钮的厚度感。

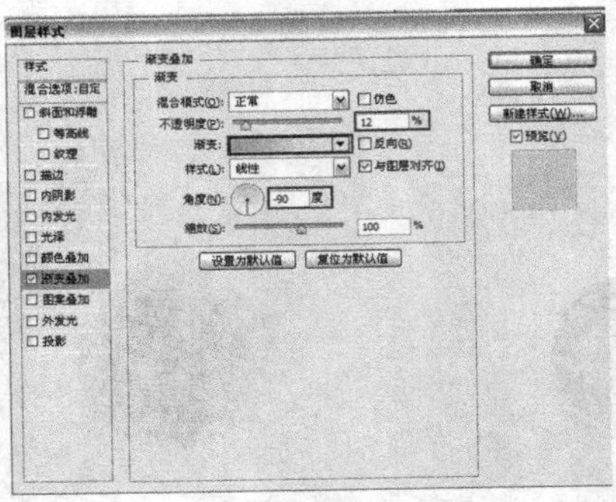
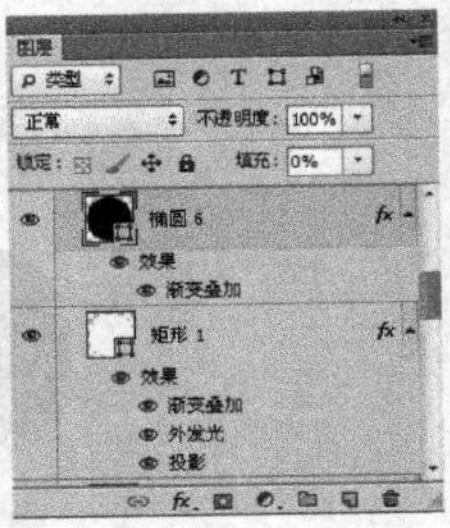

11 按钮的绘制。再次使用“椭圆工具”，设置前景色为R:217 G:235 B:243，在旋钮上绘制圆，打开“图层样式”对话框，选择“斜面和浮雕”选项，设置高光模式为颜色减淡、不透明度33%、阴影模式为正片叠底、不透明度22%，单击“确定”按钮，为按钮添加质感。

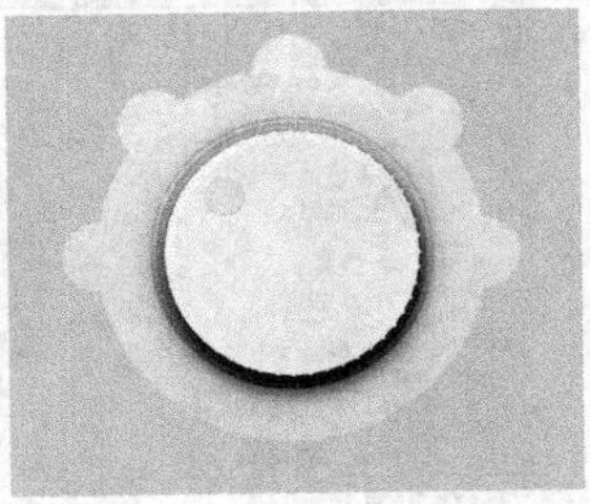
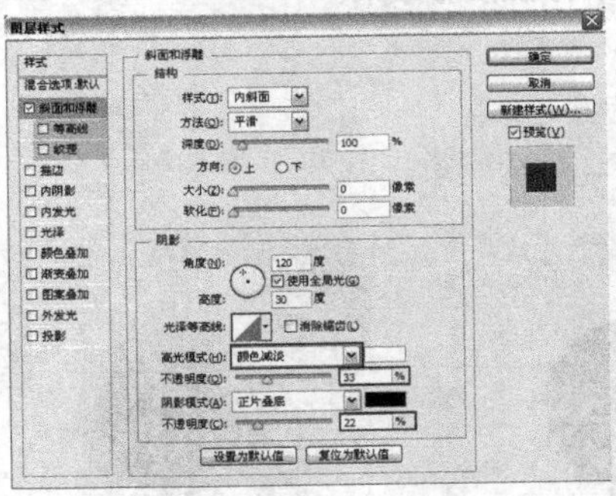
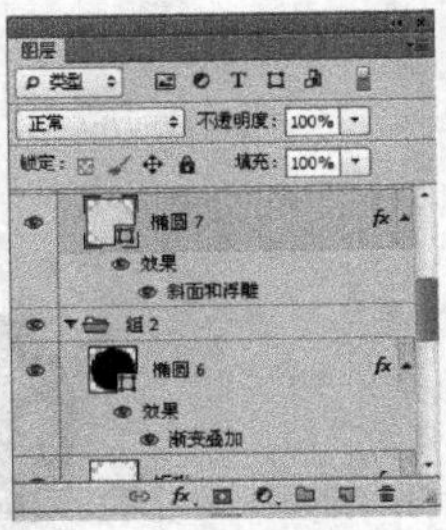

12 立体效果的增强。将“椭圆 7”图层复制4次，改变大小和颜色，从而表现出按钮的立体效果。

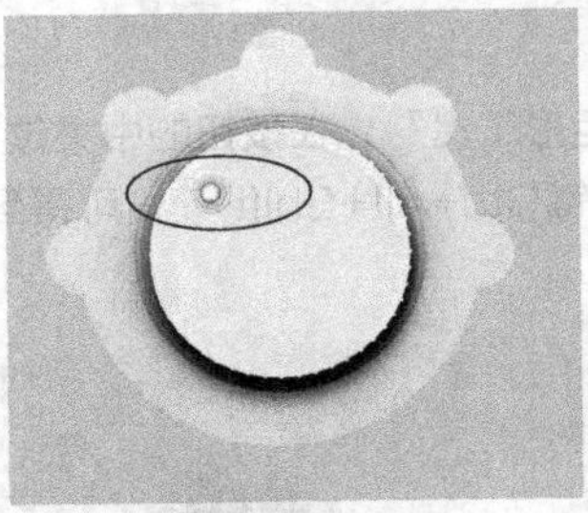
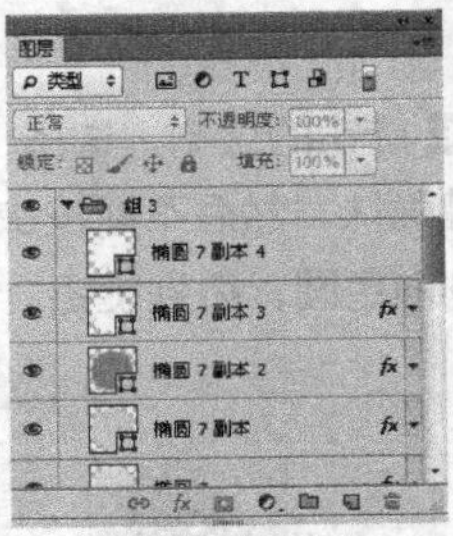

13 绘制收藏图标。再次使用“椭圆工具”，设置前景色为R:233 G:233 B:233，绘制圆，打开“图层样式”对话框，选择“渐变叠加”和“内阴影”选项，设置参数。

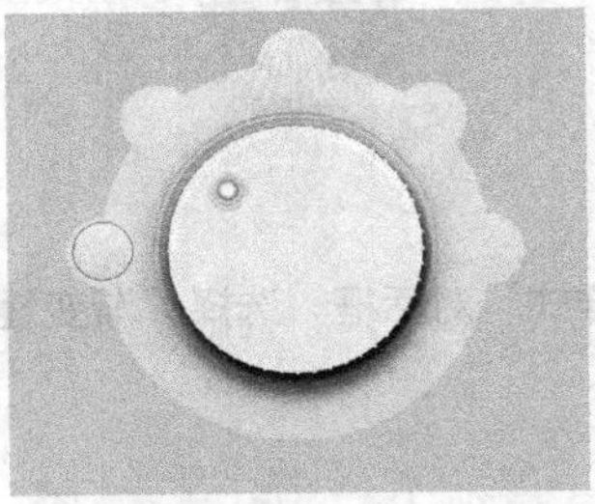

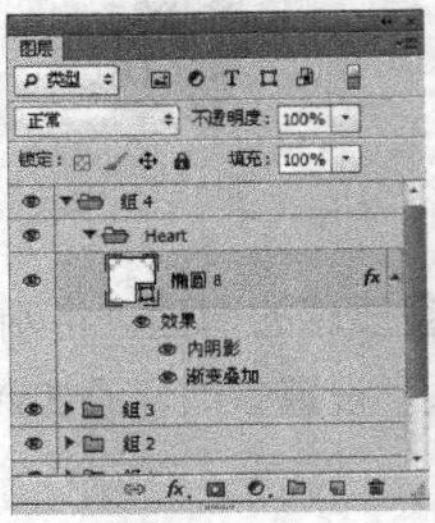
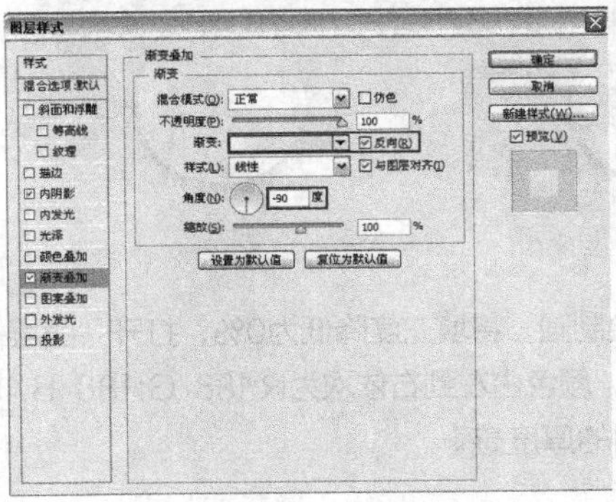
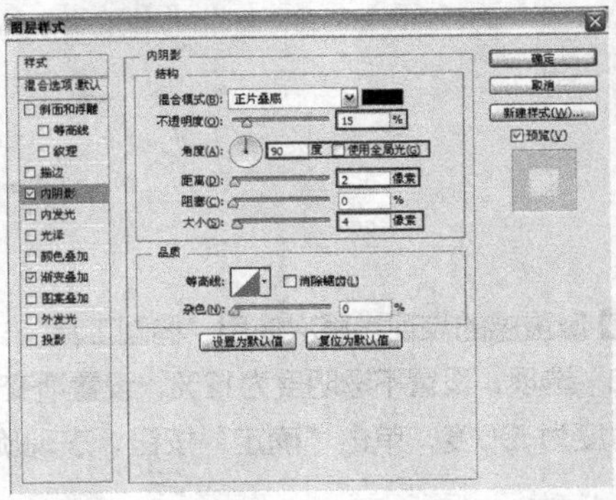

14 心形的绘制。选择“自定义形状”工具，在选项栏中选择心形形状，进行绘制，打开“图层样式”对话框，选择“内阴影”选项，设置不透明度为23%，距离为1像素，大小为2像素，单击“确定”按钮。

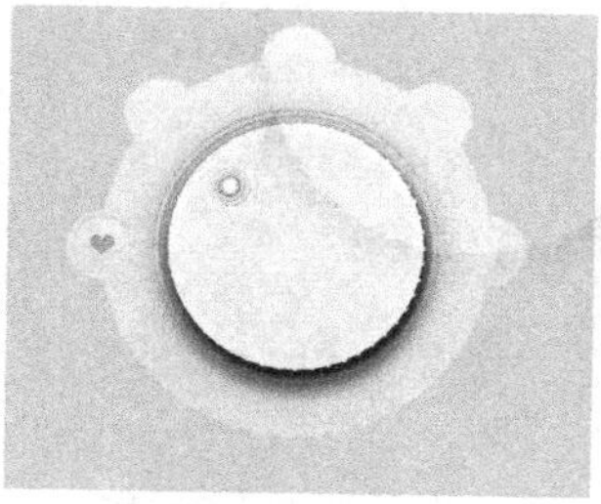

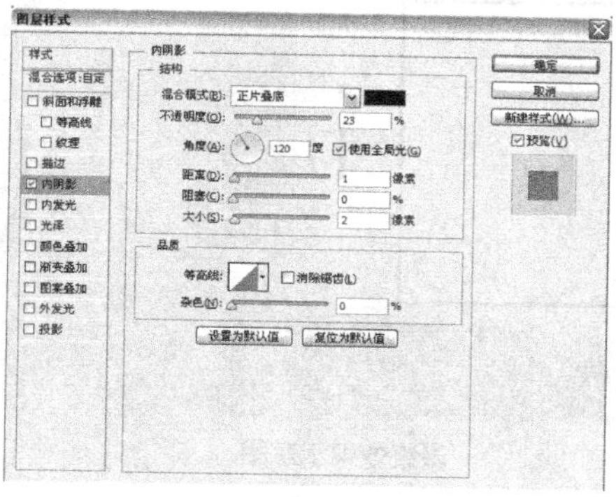

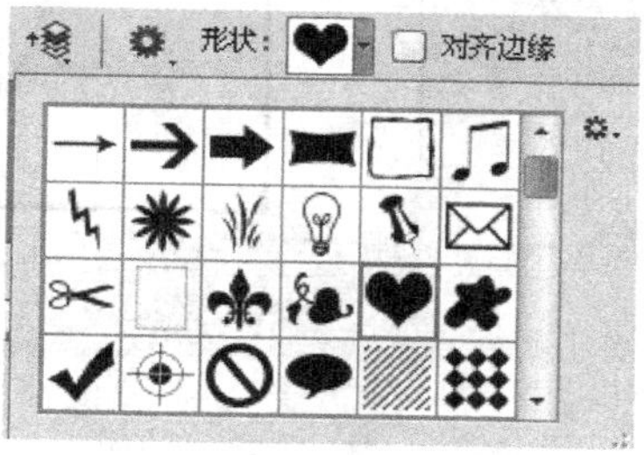

16 绘制图标外围。选择“椭圆工具”，绘制同心圆，设置同心圆的颜色，降低填充为35%。

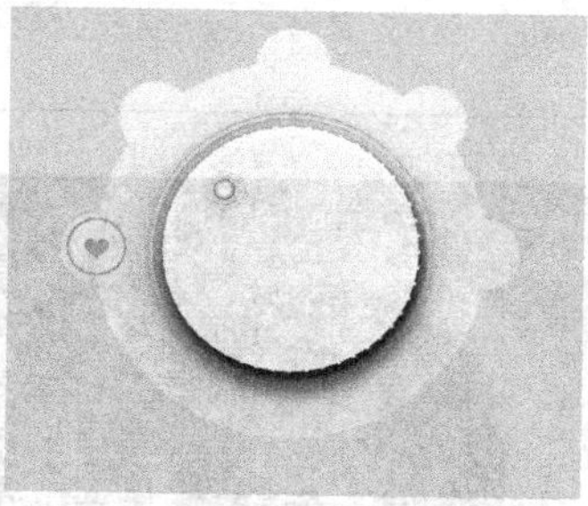

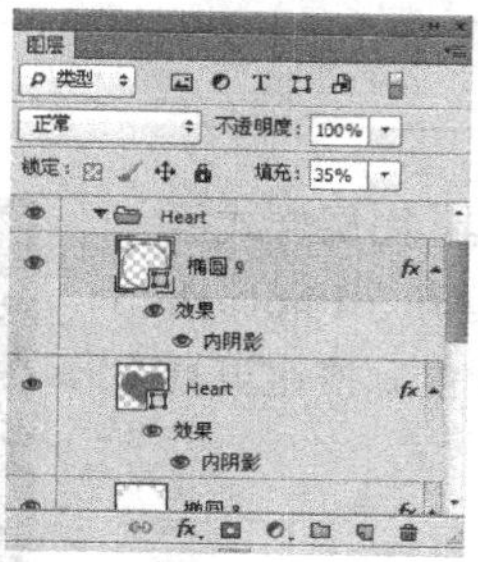

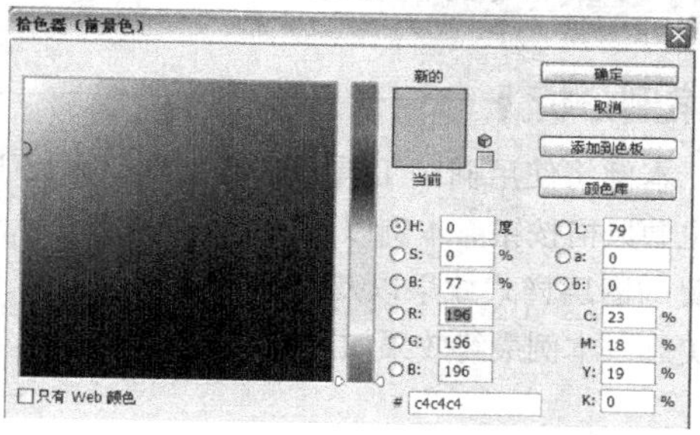

17 绘制其他图标。将刚才绘制图标进行复制，移动位置，将心形所在图层删除，然后绘制其他图标，飞机图标的绘制的颜色改为蓝色，绘制方法相同，完成效果。

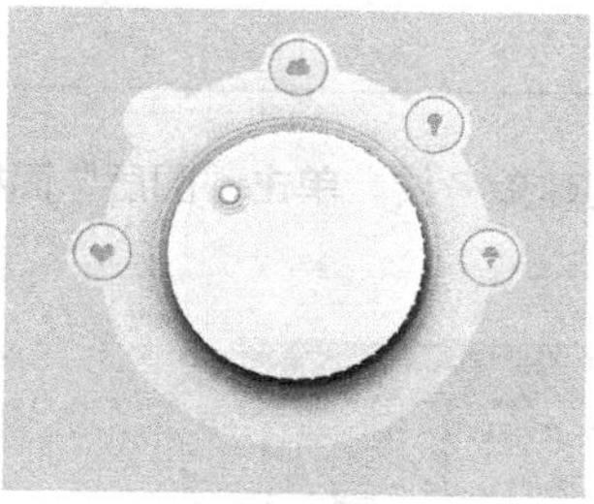

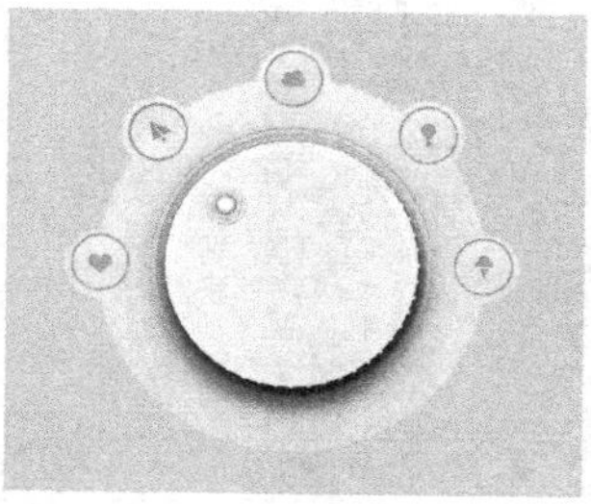

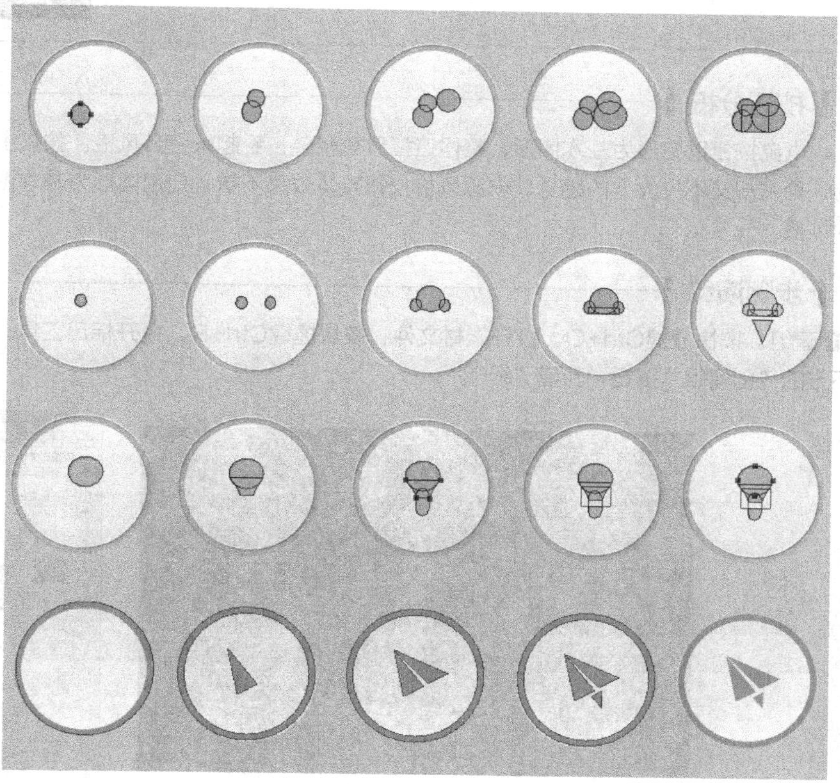

图标分解示意图

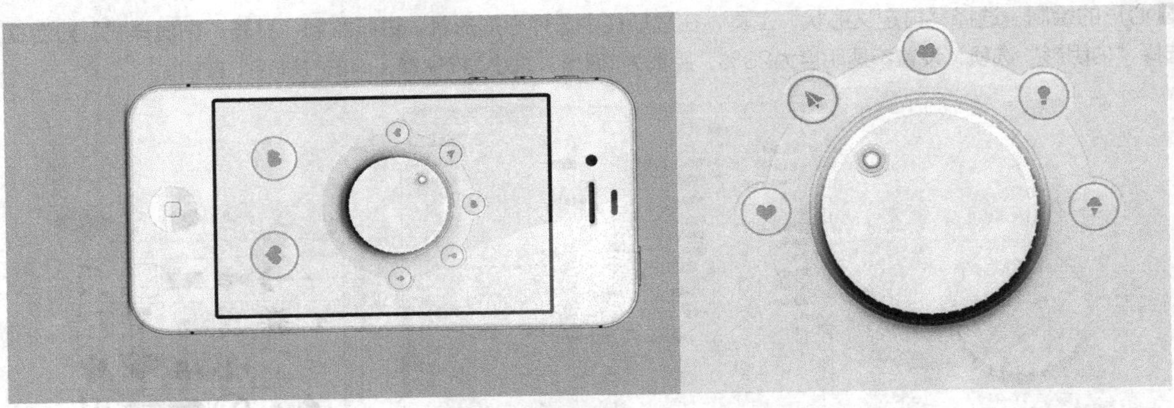

最终效果示意图

案例 6 制作电源风格按钮

案例分析

本例将使用椭圆工具、钢笔工具、标尺工具、图层样式等制作电源风格按钮。本例以圆形为基本图形，大量运用了Photoshop内置的图层样式效果以及滤镜中的杂色效果，让电源按钮更具立体美感。本例最终效果如图所示。

技巧分析

电源按钮以圆形为基本图形，整体造型重重相叠，看起来别具风格。按钮主要以深灰这种暗色为主，给人神秘、稳重却又不失大方的感觉。电源风格按钮整体效果不错，使用圆形为基本图形，使其互相叠加，绘制出不同的风格。

步骤演练

01 建组。按快捷键Ctrl+O，打开素材文件，按快捷键Ctrl+R，打开标尺工具，创建参考线，单击“图层”面板下方的“创建组”按钮，新建“组 1”。

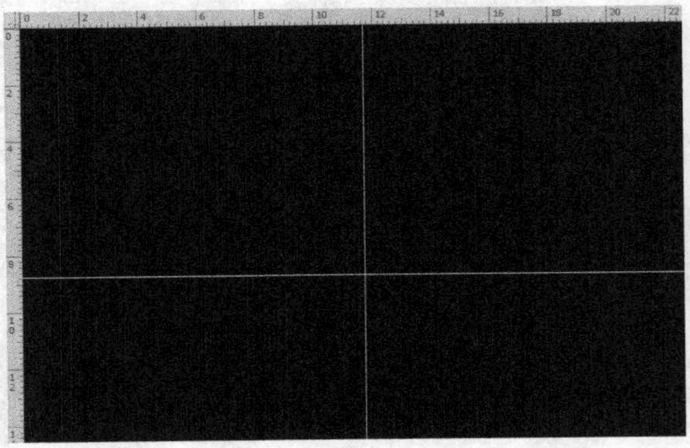

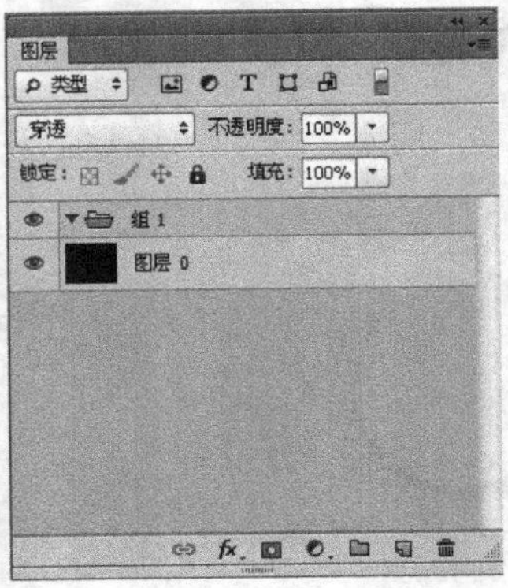

02 环形的绘制。选择工具箱中的“椭圆工具”，按住Shift键绘制椭圆，绘制完成后，再次选择椭圆工具，在选项栏中选择“减去顶层形状”选项，从标尺交接的地方按快捷键Alt+Shift，绘制同心圆。

03 填充数值的调整。将“椭圆1”图层的填充降低到0%，效果如图所示。

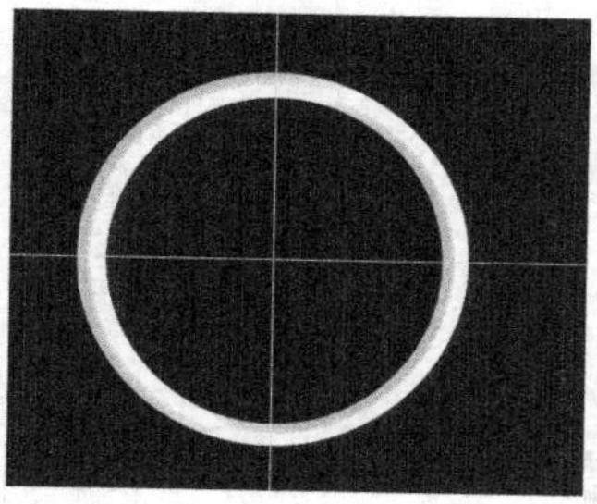

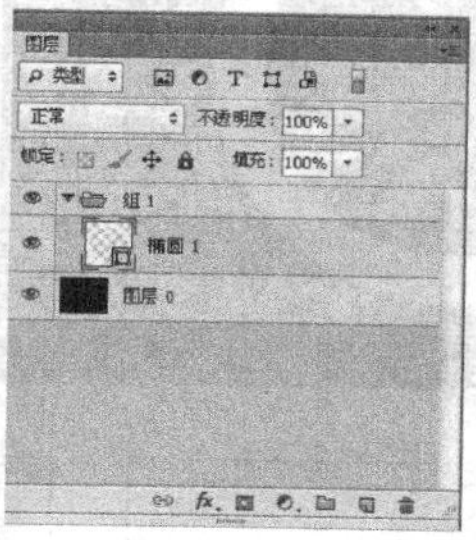

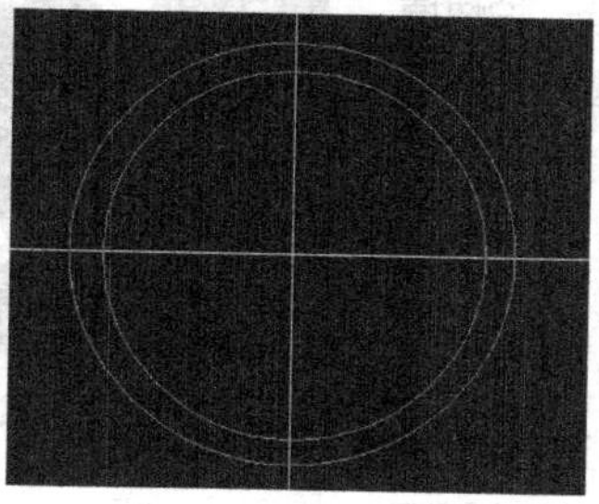

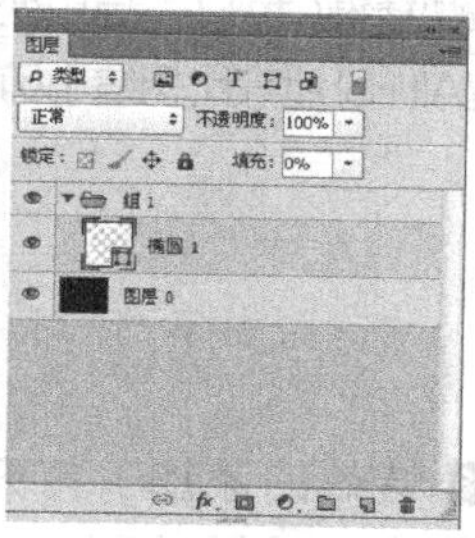

04 特效的添加。打开该图层的“图层样式”对话框，选择“斜面和浮雕”和“渐变叠加”选项，设置参数，效果如图所示。

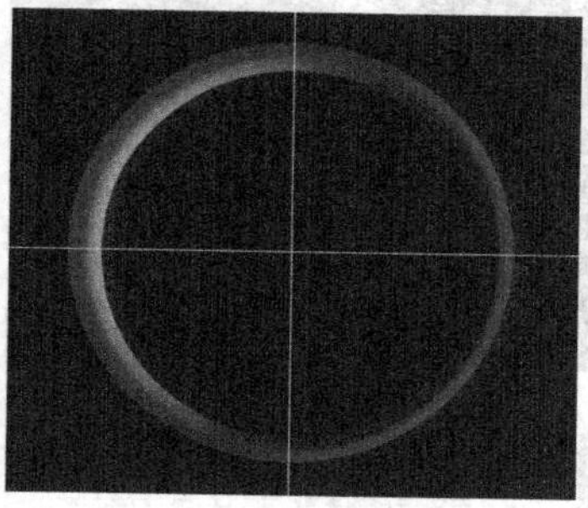

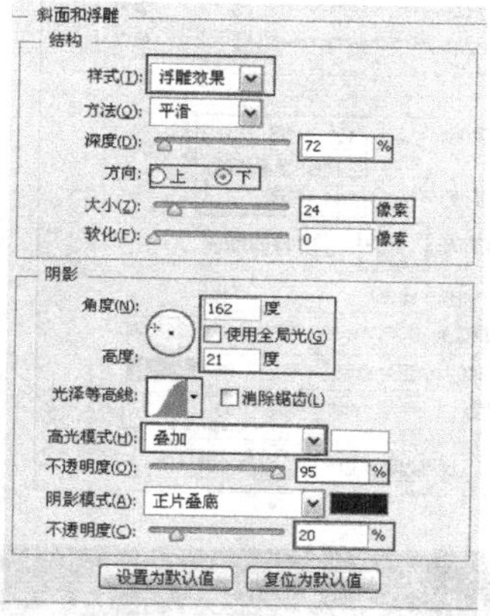

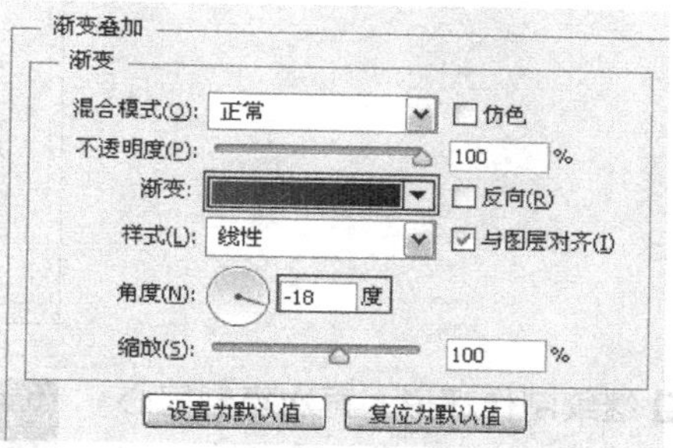

05 光效的制作。新建“图层1”图层，选择工具箱中的“画笔工具”，在圆环边进行涂抹，绘制出发光效果。

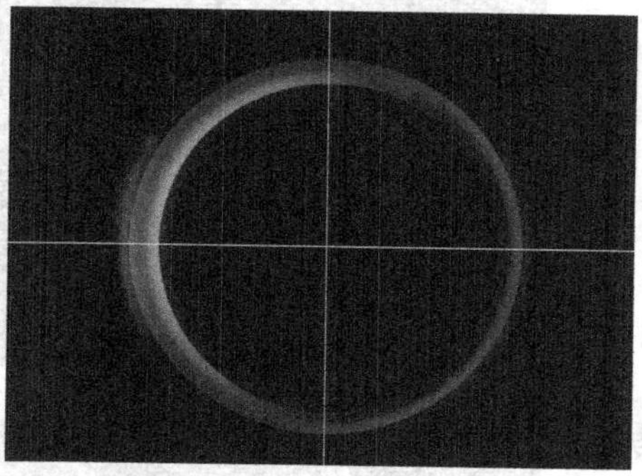

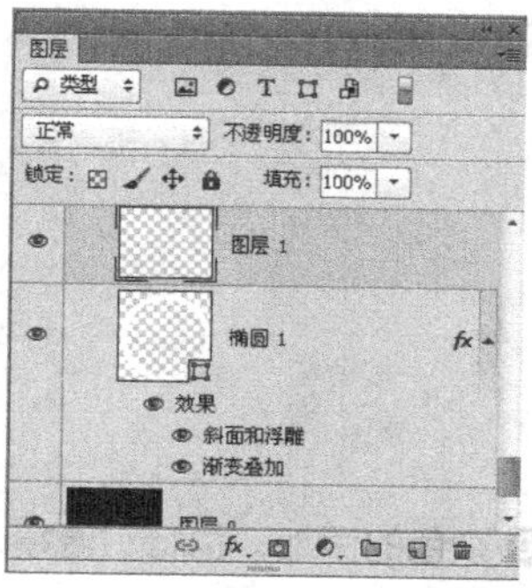

06 阴影效果的制作。新建“图层2”图层，选择工具箱中的“画笔工具”，设置前景色为黑色，在白色发光边进行涂抹，绘制出阴影效果。

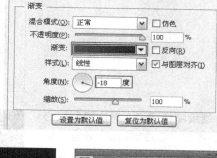

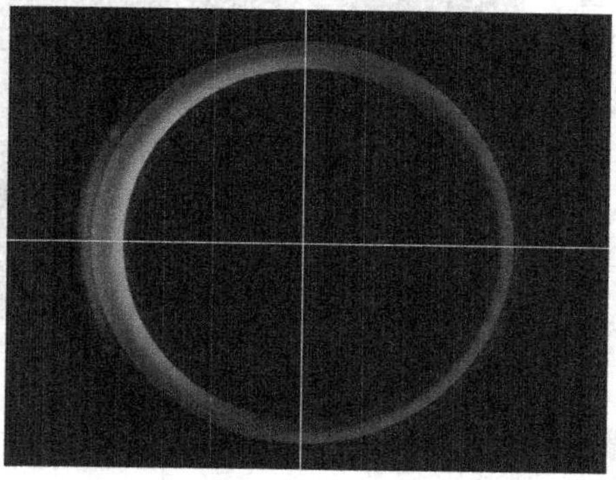

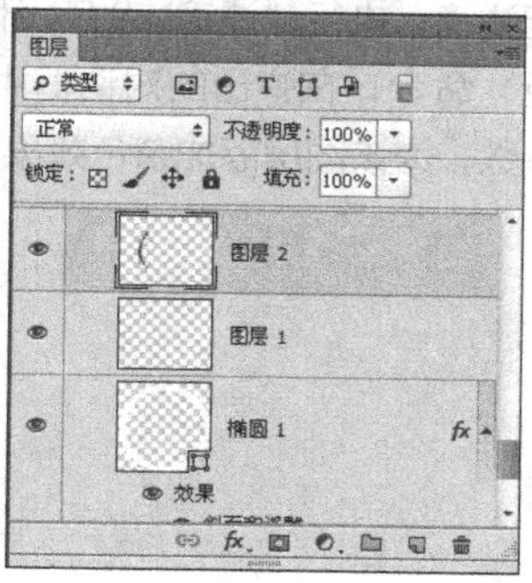

07 环形的制作。将“椭圆1”图层拖曳到“图层”面板下方创建新图层按钮上，得到“椭圆1副本”图层，按快捷键Ctrl+T，自由变换，按快捷键Alt+Shift等比例缩小椭圆。

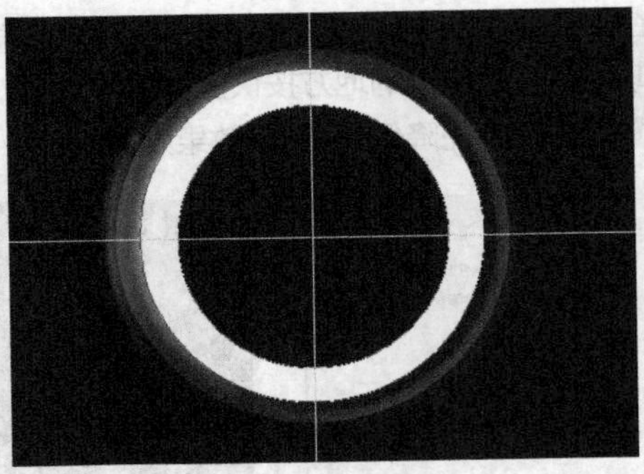

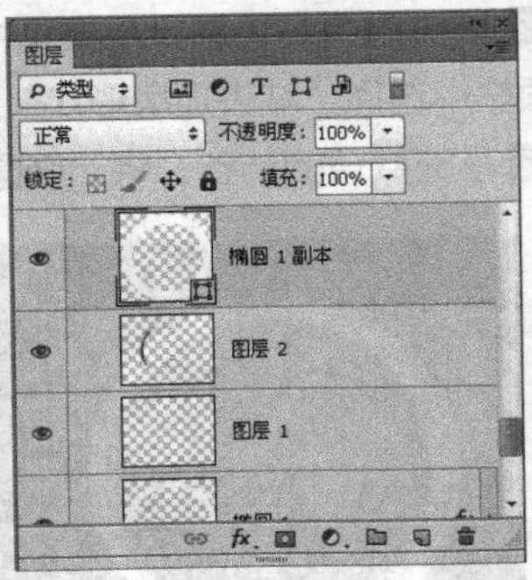

08 特效的添加。打开该图层的“图层样式”对话框，选择“斜面和浮雕”和“渐变叠加”选项，设置参数，效果如图所示。

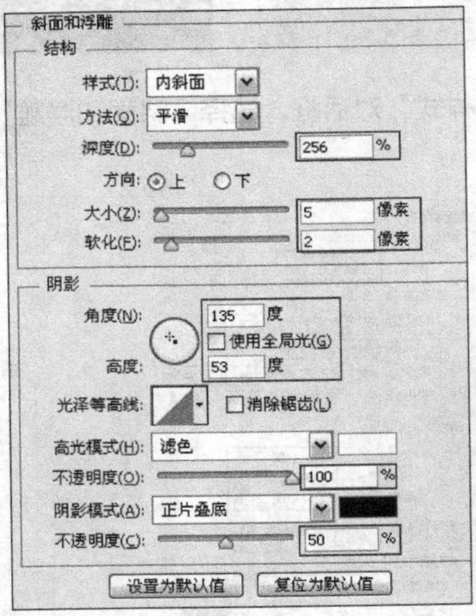

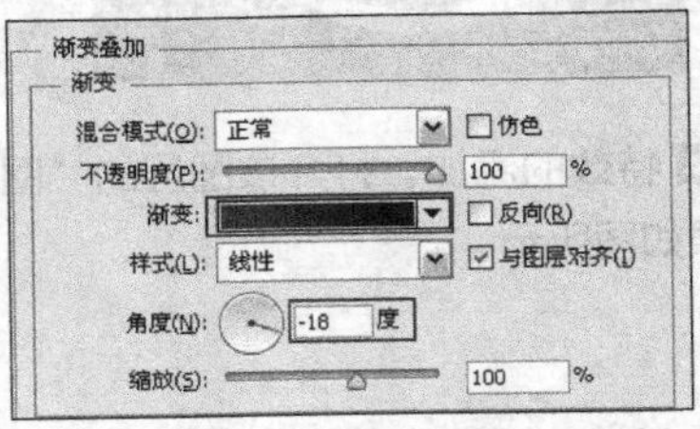

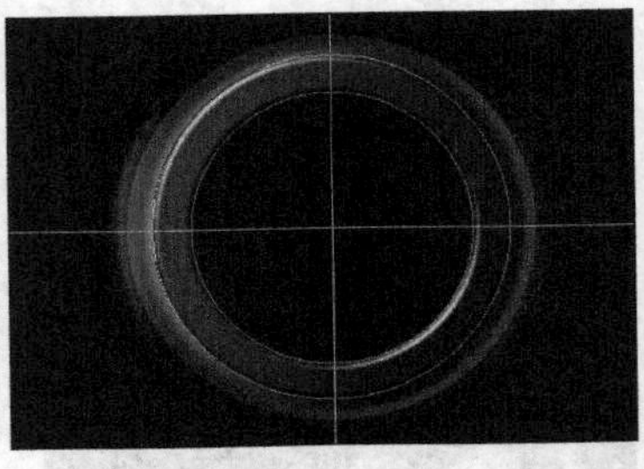

09 继续制作环形。再次复制同心圆，得到“椭圆1副本2”图层，将其等比例缩小。

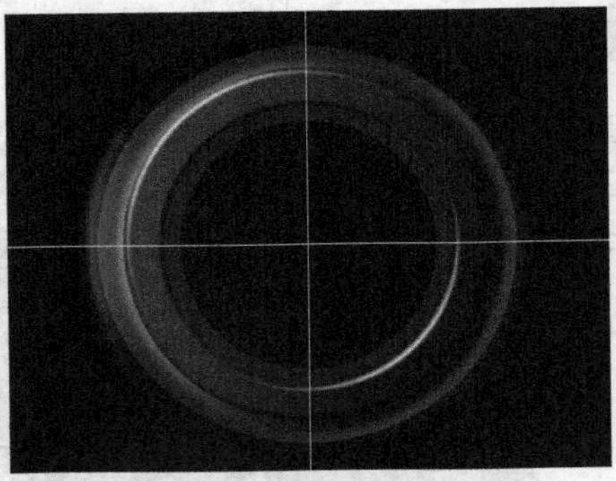

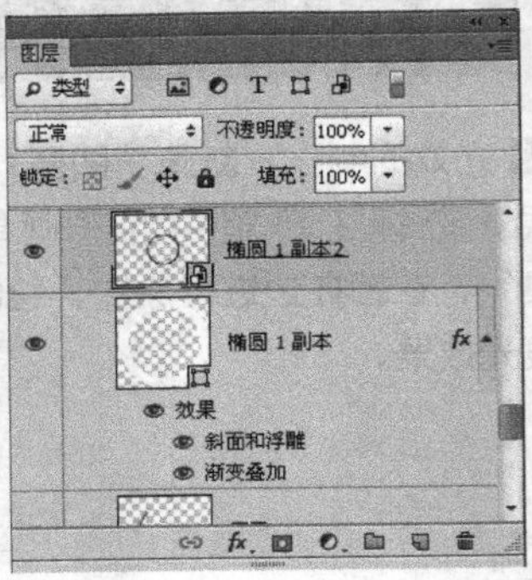

10 杂色的添加。执行“滤镜>转换为智能滤镜”命令，将其转换为智能滤镜，执行“滤镜>杂色>添加杂色”命令，在弹出的对话框中设置参数，为该图层添加杂色效果。

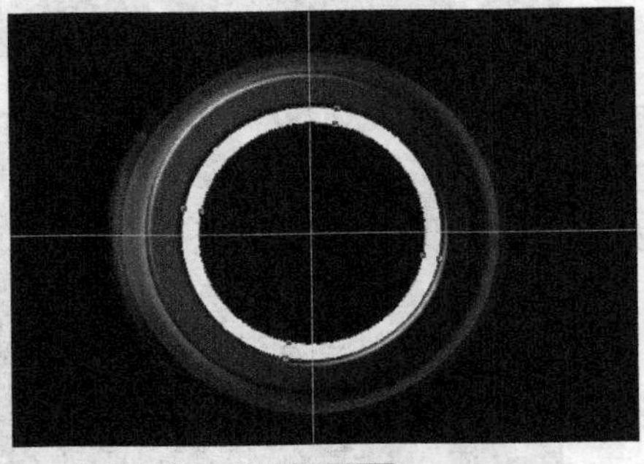

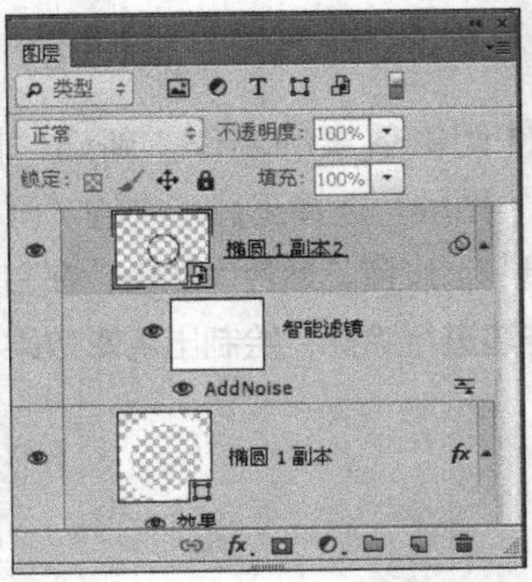

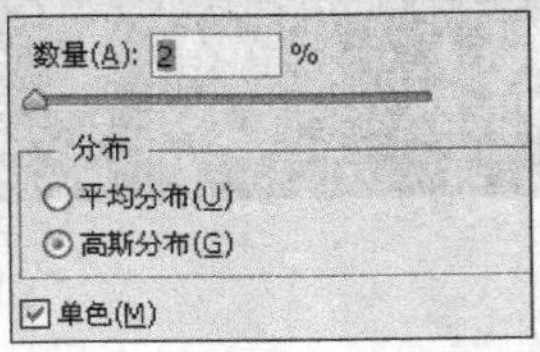

第06章

11 再次复制同心圆，进行等比例缩放。

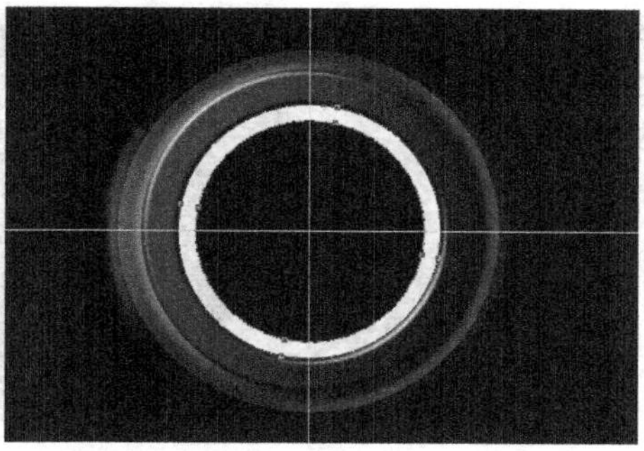

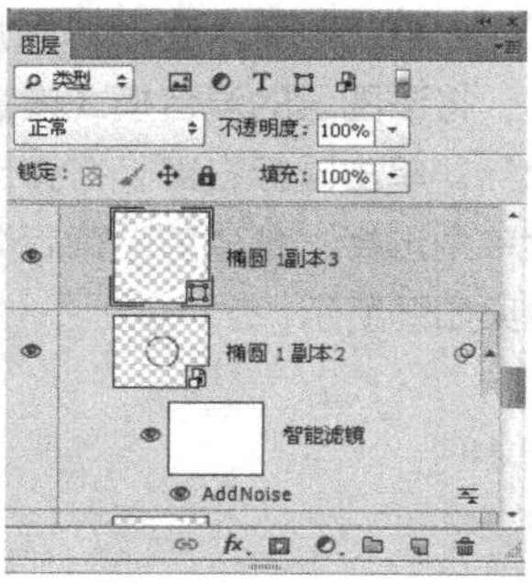

12 特效的添加。打开“图层样式”对话框，选择“斜面和浮雕”“等高线”“渐变叠加”选项，设置参数，添加效果，如图所示。

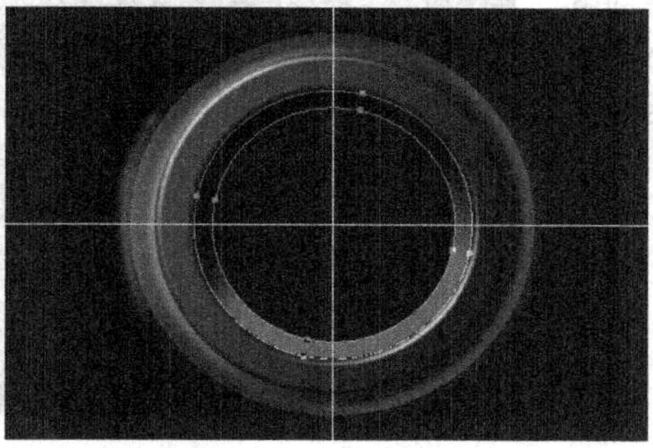

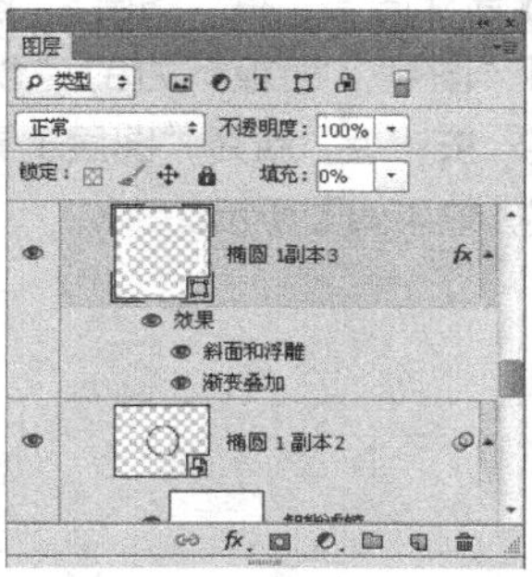

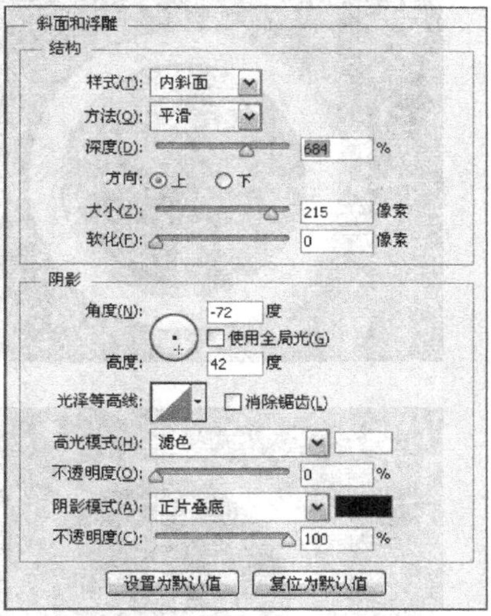

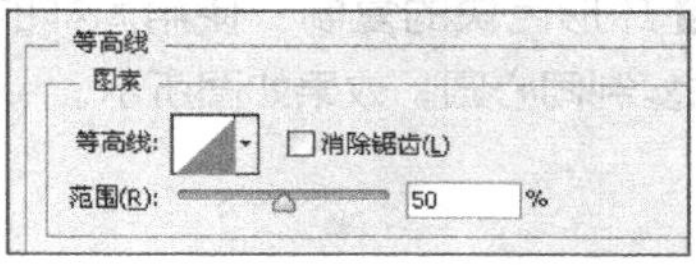

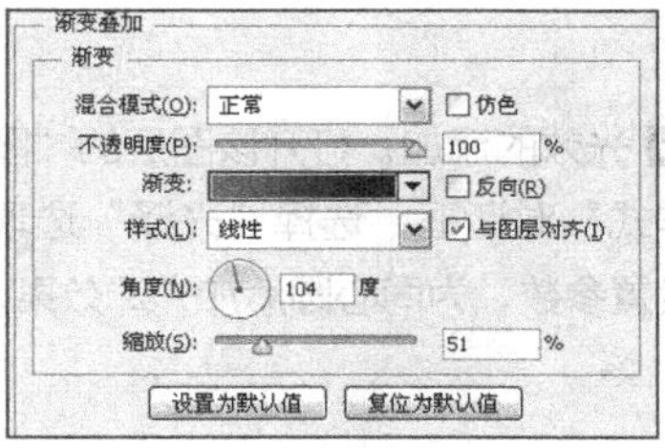

13 高光的制作。新建“图层 3”图层，选择“画笔工具”，设置前景色为白色，在图像上进行涂抹，添加高光效果。

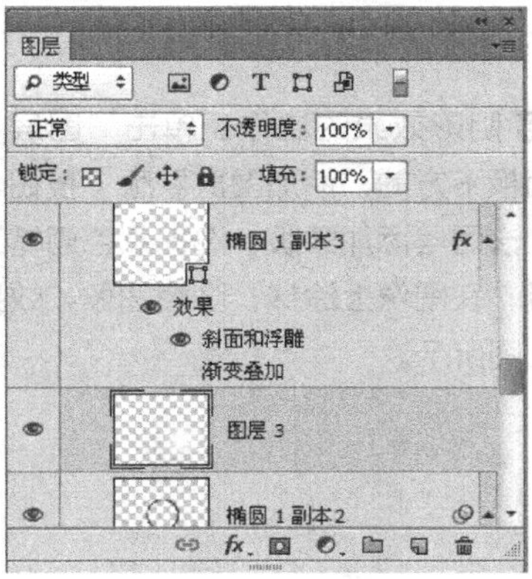

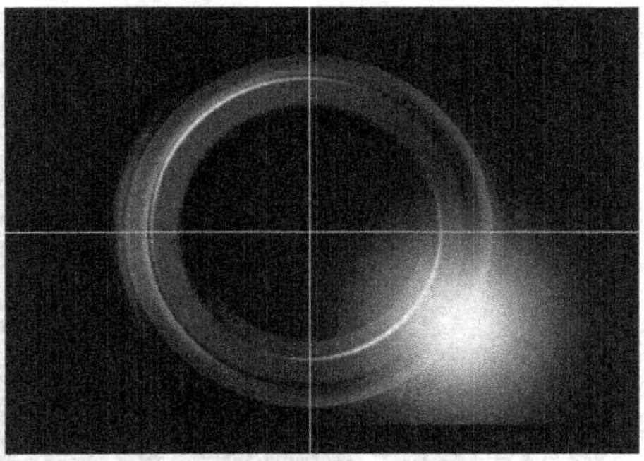

14 图层的变换。选择“图层3”图层，将该图层的混合模式设置为“叠加”，单击鼠标右键，在弹出的快捷菜单中选择“创建剪贴蒙版”命令，效果如图所示。

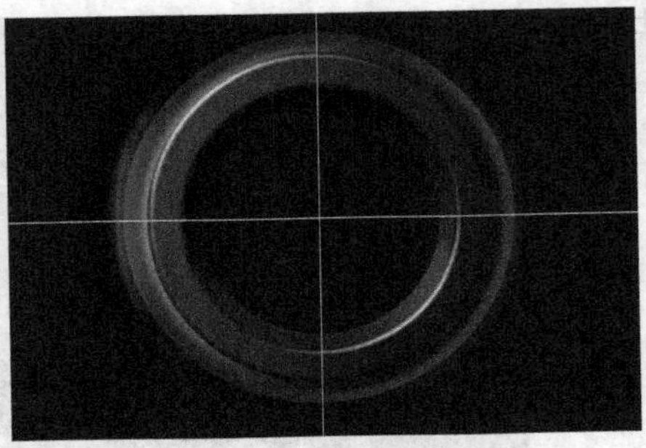

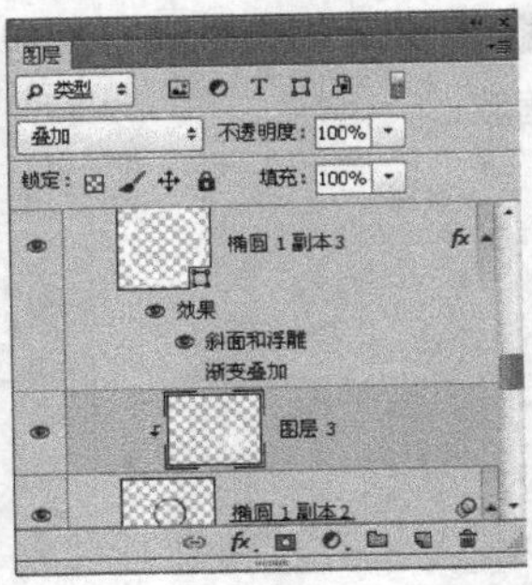

15 新建图层。将“图层3”图层拖曳到“图层”面板下方的“创建新图层”按钮上，新建“图层3 副本”图层，效果如图所示。

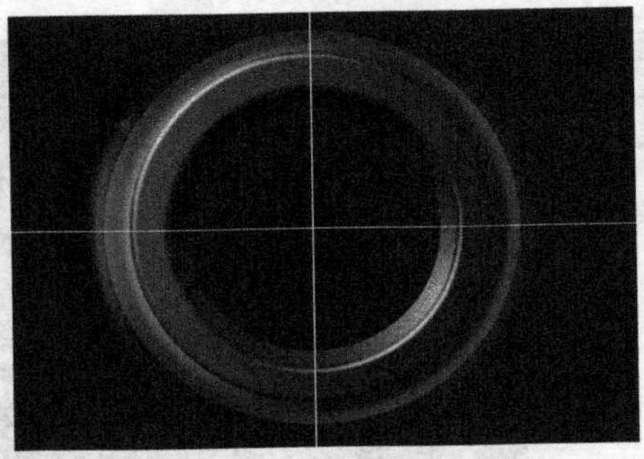

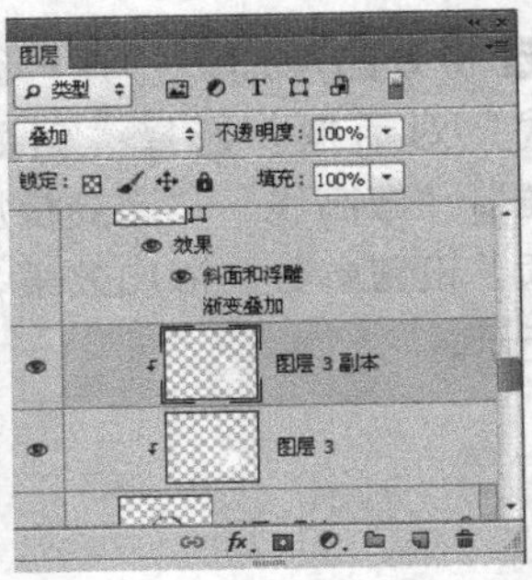

16 环形色块的复制。使用同样的方法复制同心圆，效果如图所示。

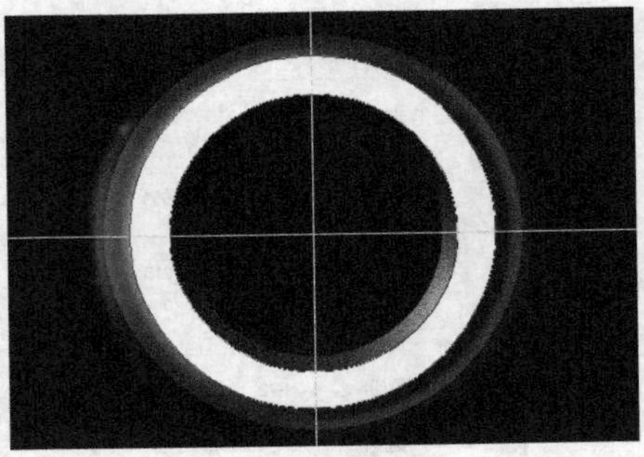

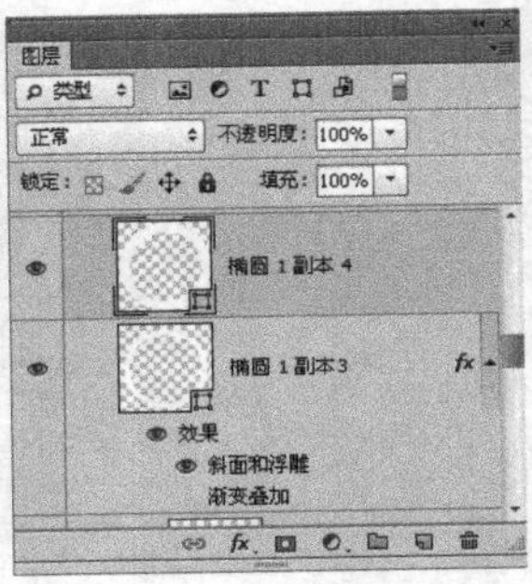

17 光效的添加。打开该图层的“图层样式”对话框，选择“光泽”选项，设置参数，为同心圆添加光泽效果。

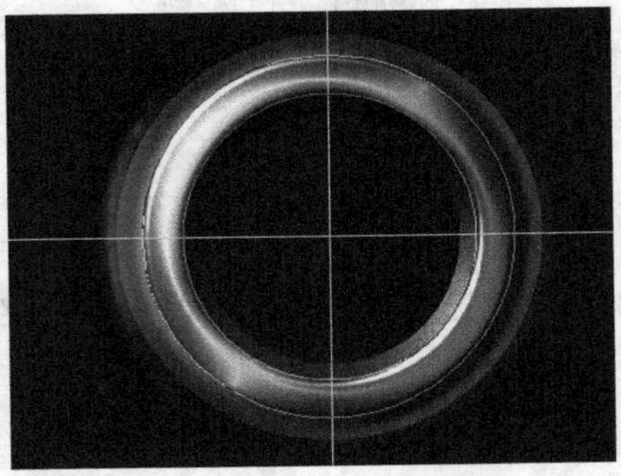

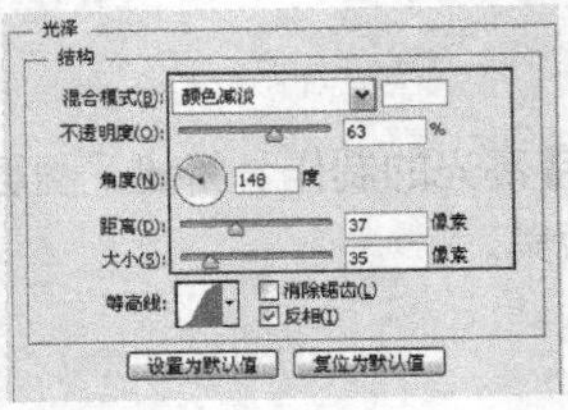

18 阴影效果的制作。单击“图层”面板下方的“添加图层蒙版”按钮，为该图层添加蒙版，选择黑色画笔工具，在图像上涂抹，隐藏图像，效果如图所示。

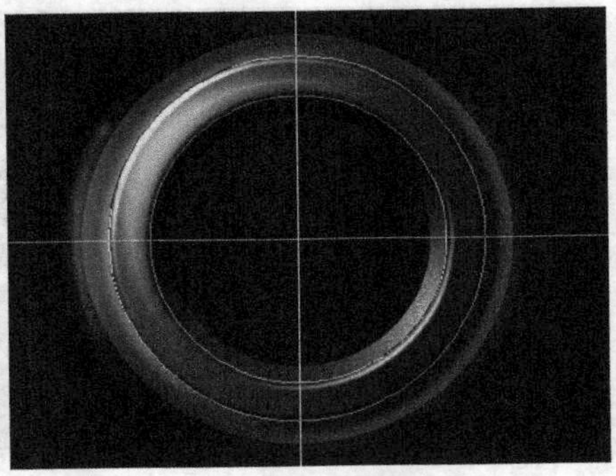

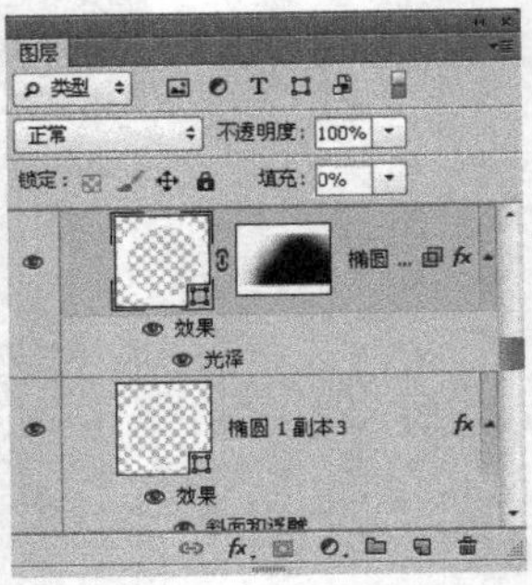

第06章

19 环形色块的复制。使用同样的方法复制同心圆，效果如图所示。

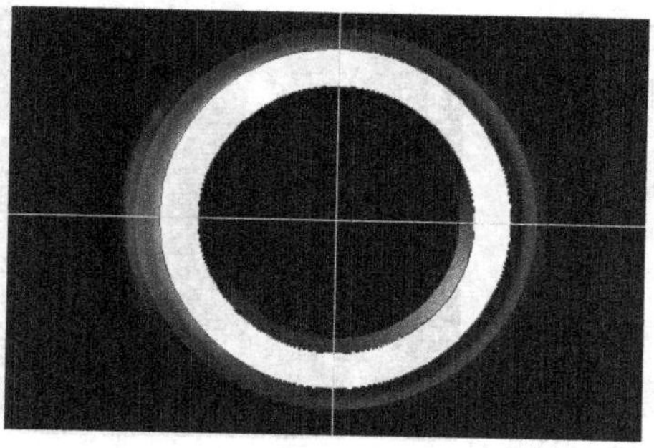

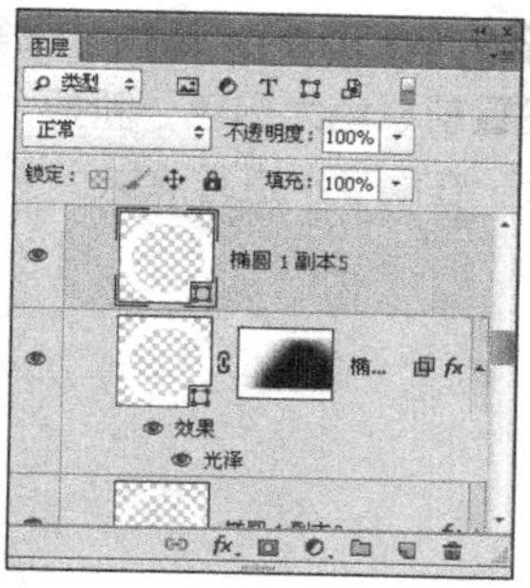

20 光泽效果的添加。打开该图层的“图层样式”对话框，选择“光泽”选项，设置参数，为同心圆添加光泽效果。

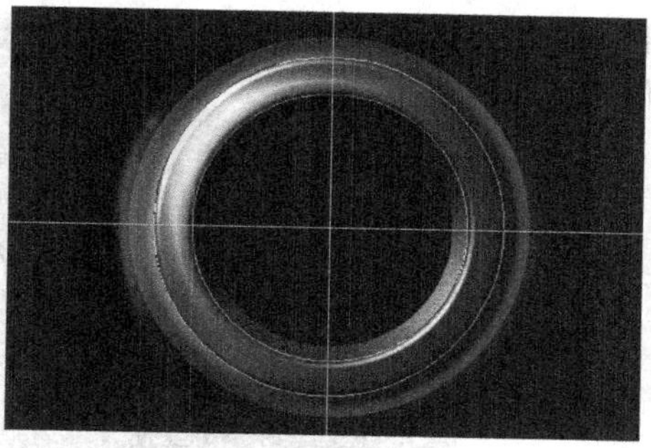

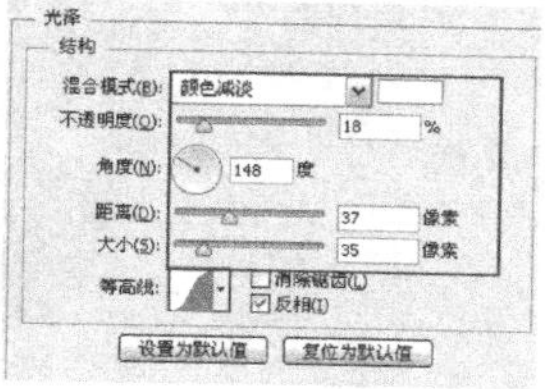

21 阴影效果的制作。单击“图层”面板下方的“添加图层蒙版”按钮，为该图层添加蒙版，选择黑色画笔工具，在图像上涂抹，隐藏图像，效果如图所示。

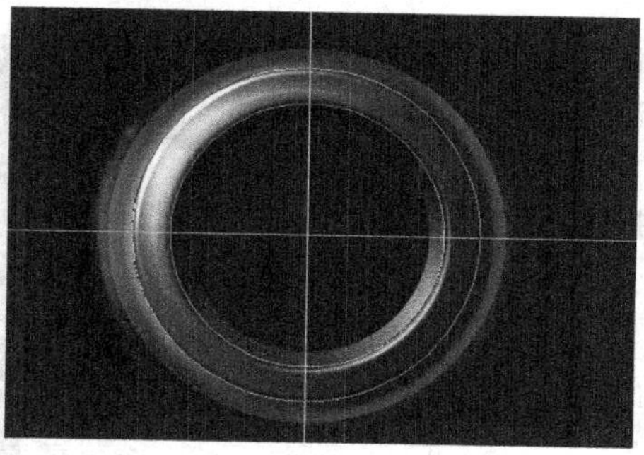

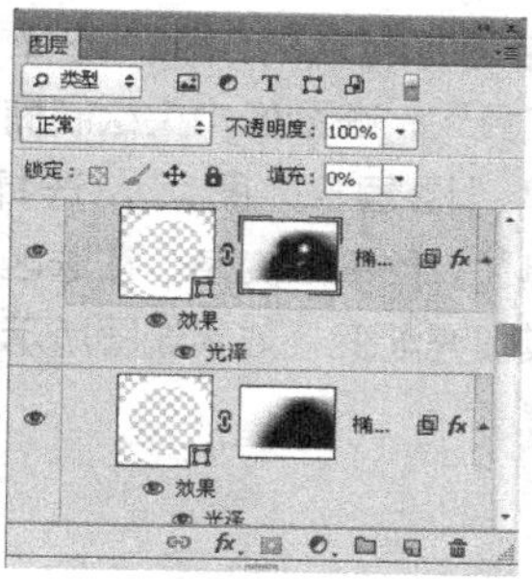

22 圆形色块的制作。选择“椭圆工具”，按住Shift键绘制圆，填充颜色。

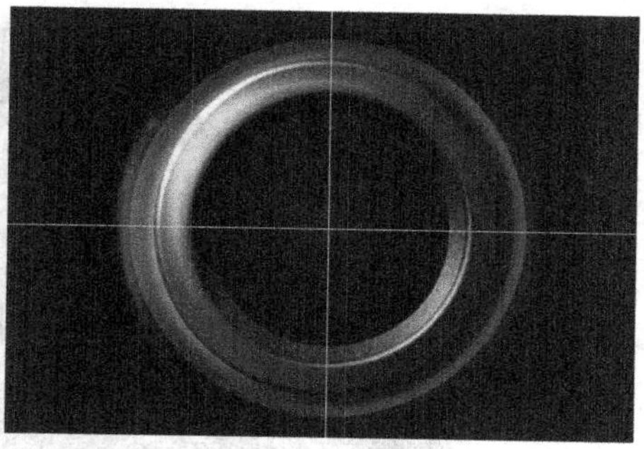

23 杂色的添加。执行“滤镜>转换为智能滤镜”命令，将其转换为智能滤镜，执行“滤镜>杂色>添加杂色”命令，在弹出的对话框中设置参数，为该图层添加杂色效果。

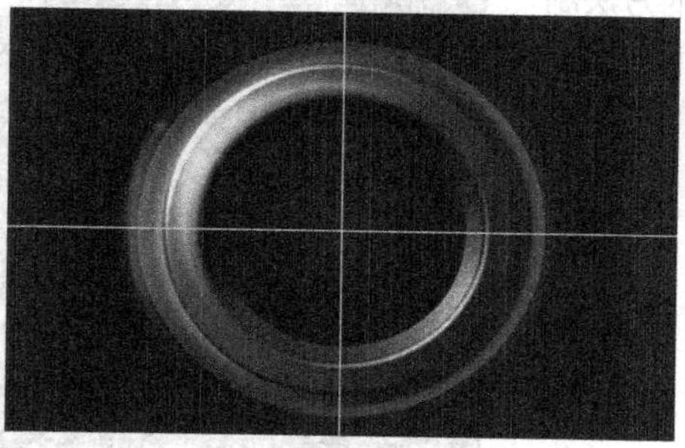

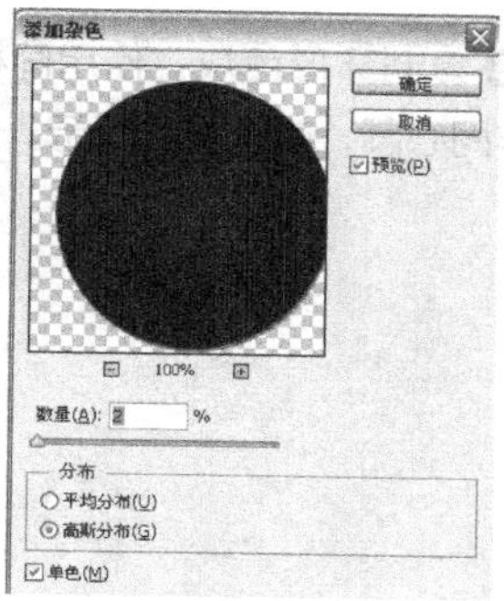

24 光效的制作。选择“画笔工具”，设置前景色为白色，新建“图层4”图层，在图像上进行涂抹。

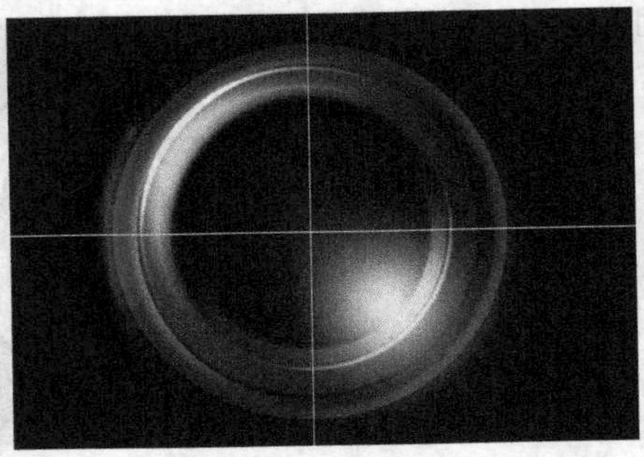

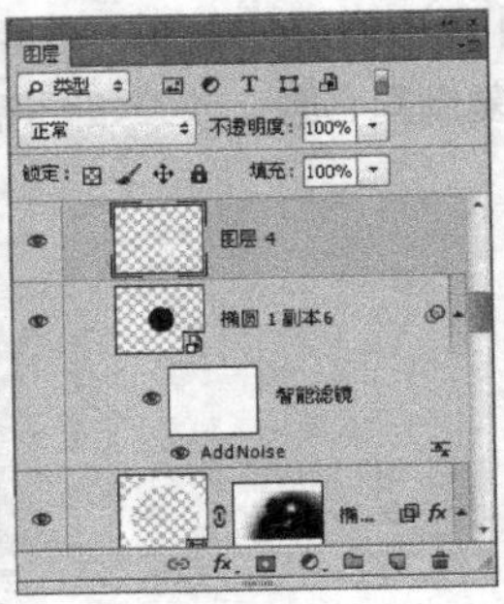

25 图层的调整。将该图层的混合模式设置为“叠加”，将“填充”值降低，效果如图所示。

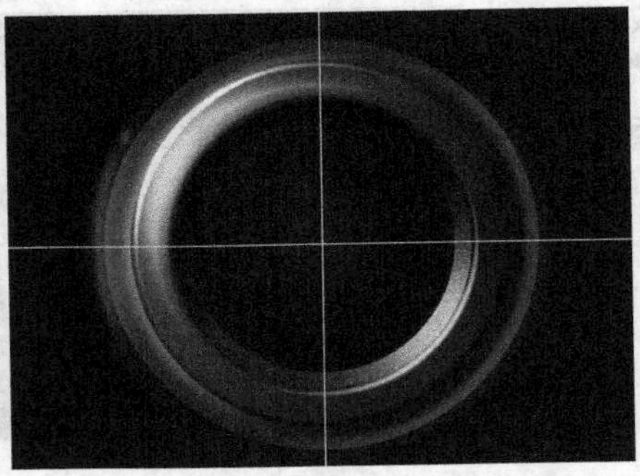

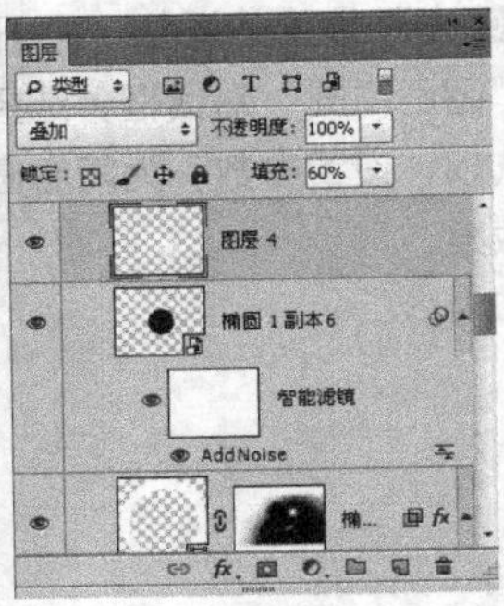

26 圆形色块的制作。选择“椭圆选框工具”，在图像中央绘制椭圆选区，新建“图层5”图层，选择“渐变工具”，绘制渐变条，在选区内拖曳，为其填充渐变，效果如图所示。

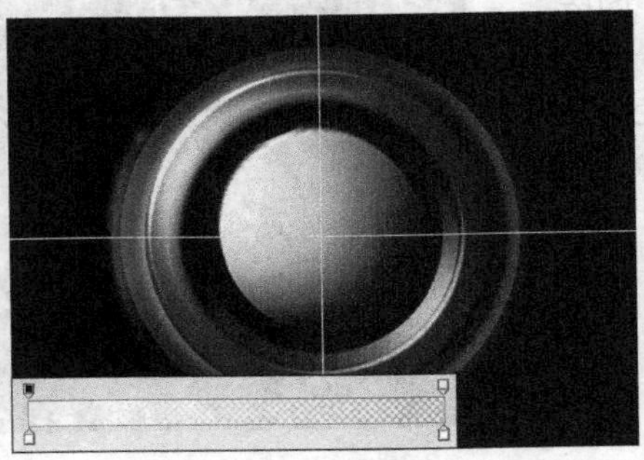

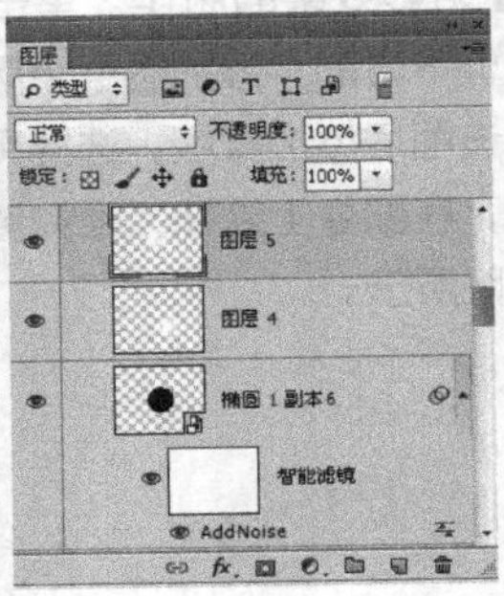

27 图层的调整。将“图层5”图层的混合模式设置为“颜色减淡”，将“填充”值降低，效果如图所示。

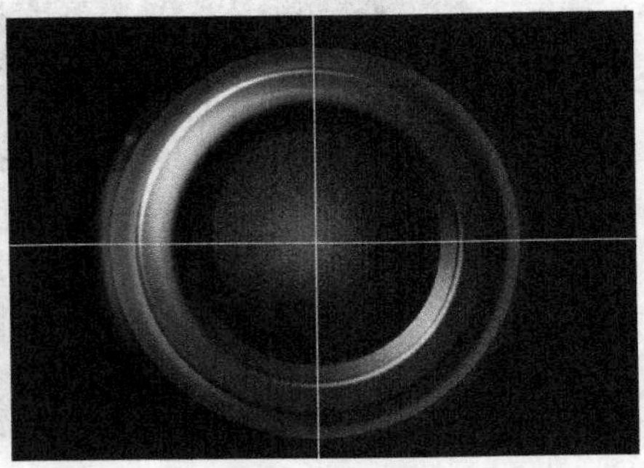

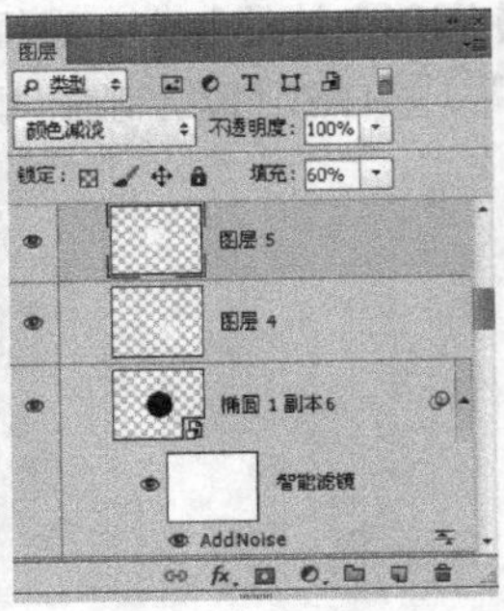

28 复制环形色块。使用同样的方法制作同心圆，效果如图所示。

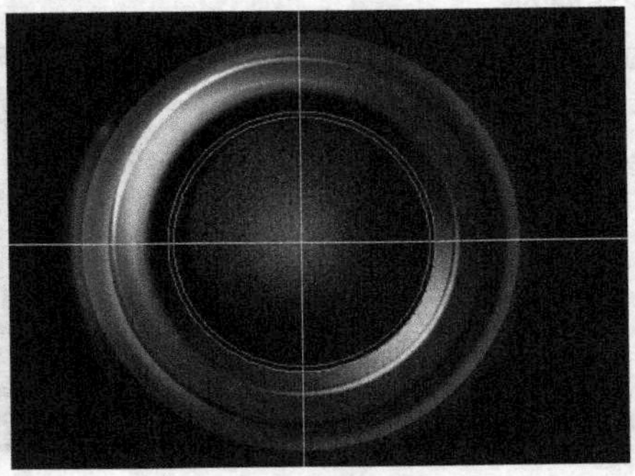

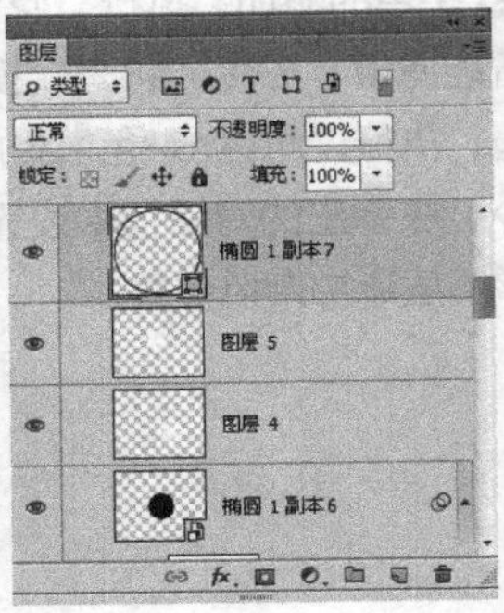

29 特效的添加。打开“图层样式”对话框，选择“斜面和浮雕”和“投影”选项，设置参数，添加效果。

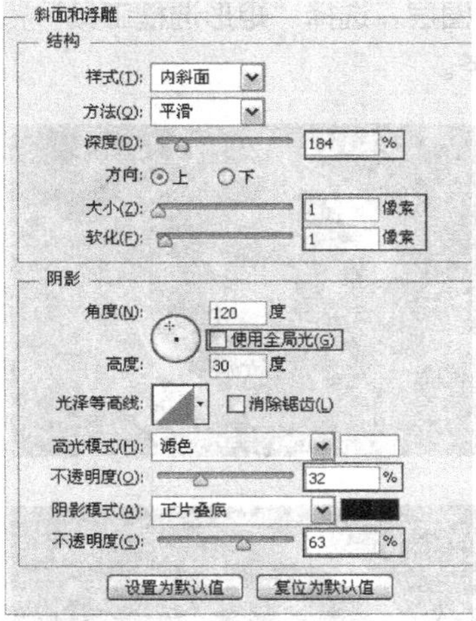

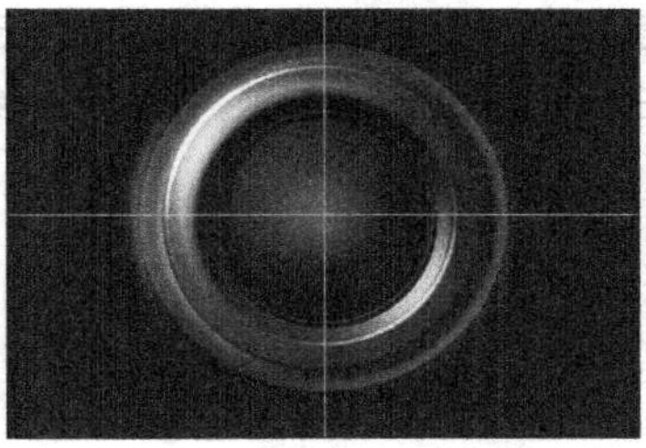

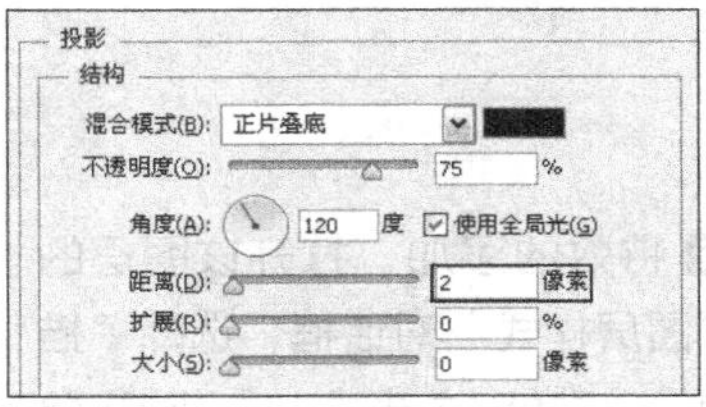

30 文字的制作。选择“横排文字工具”，选择一个稍微粗点的字体，设置文字颜色为白色，在图像上单击输入文字，效果如图所示。

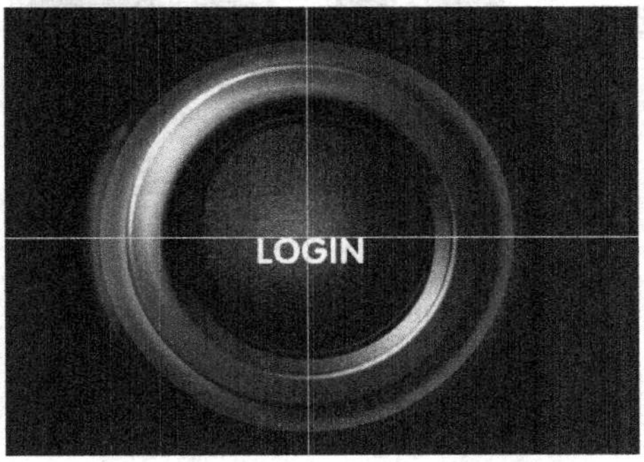

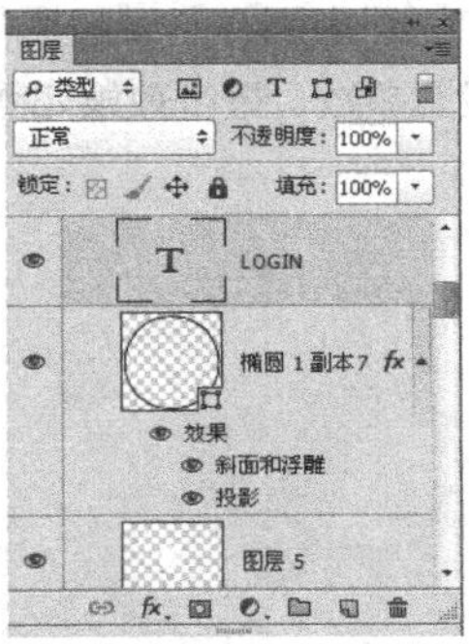

31 特效的添加。打开文字所在图层的“图层样式”对话框，选择“渐变叠加”“投影”“外发光”选项，设置参数，文字效果如图所示。

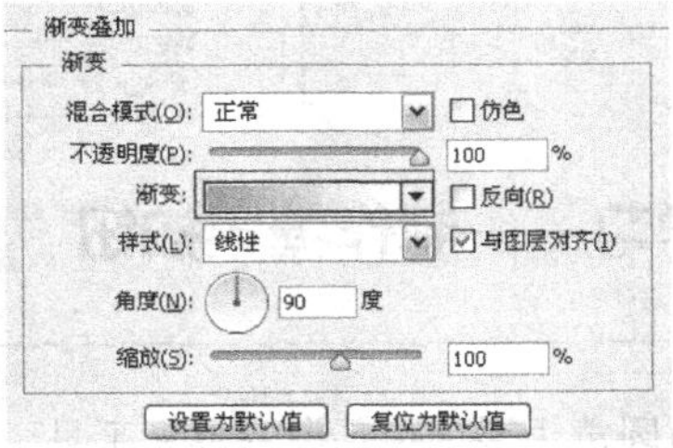

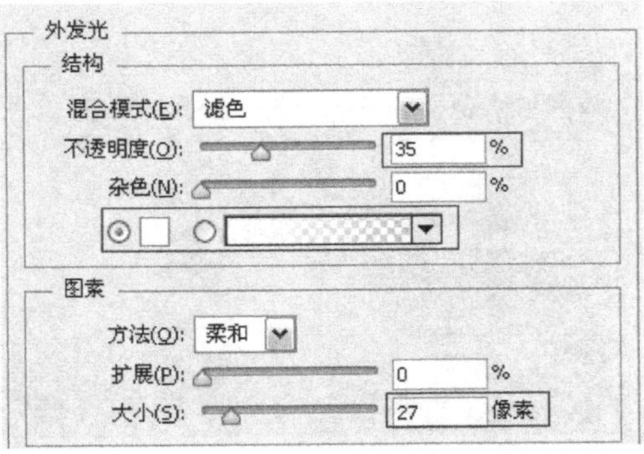

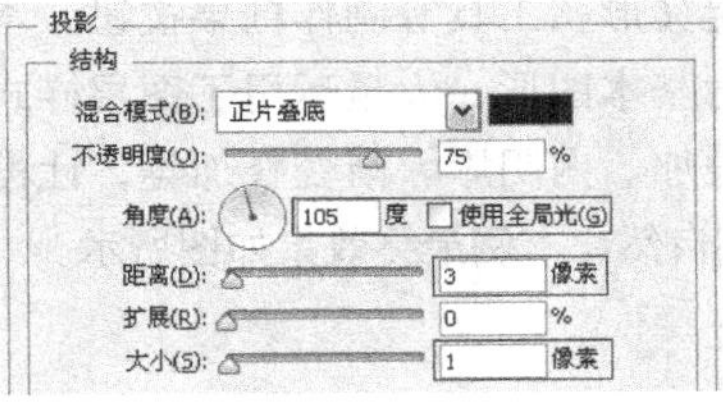

32 矩形色块的制作。新建“图层6”图层，选择“矩形选框工具”，在图像上绘制矩形选区，为其填充红色。

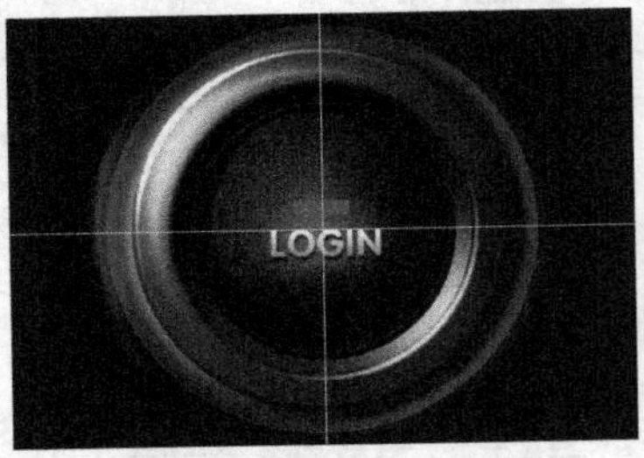

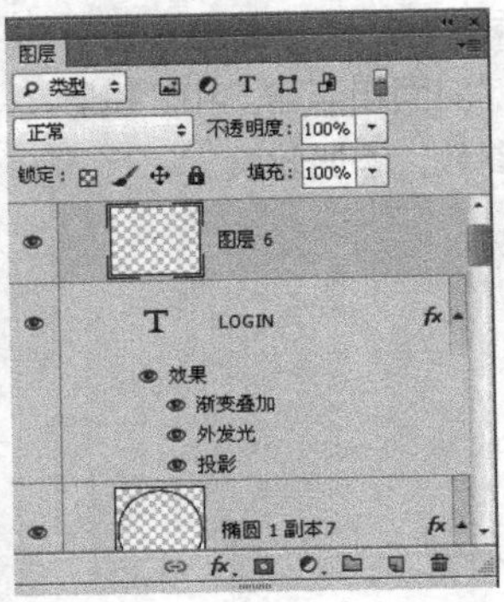

33 特效的添加。打开该图层的“图层样式”对话框，选择“描边”“外发光”“渐变叠加”“内阴影”“投影”选项，设置参数。最终效果如图所示。

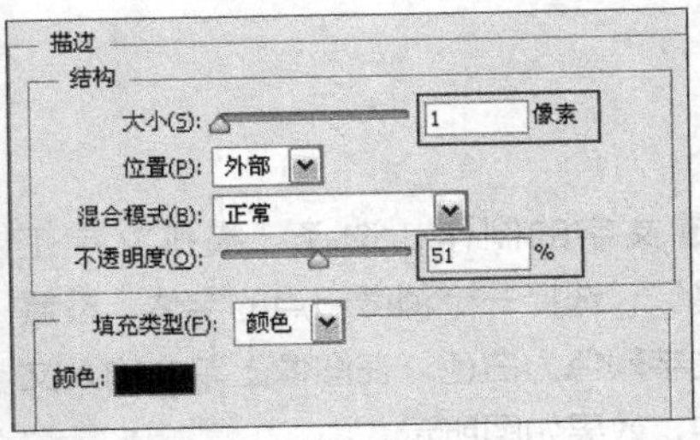

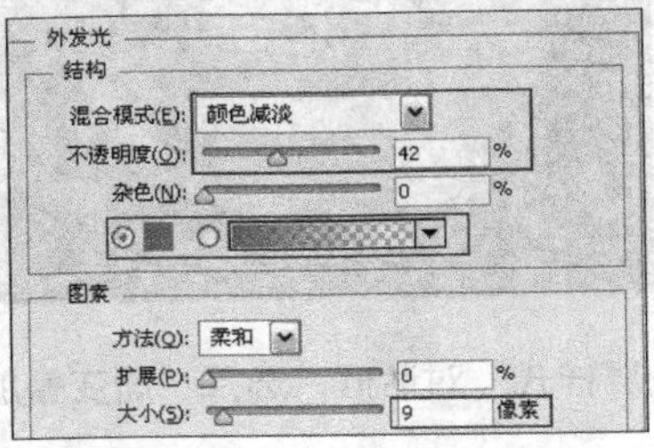

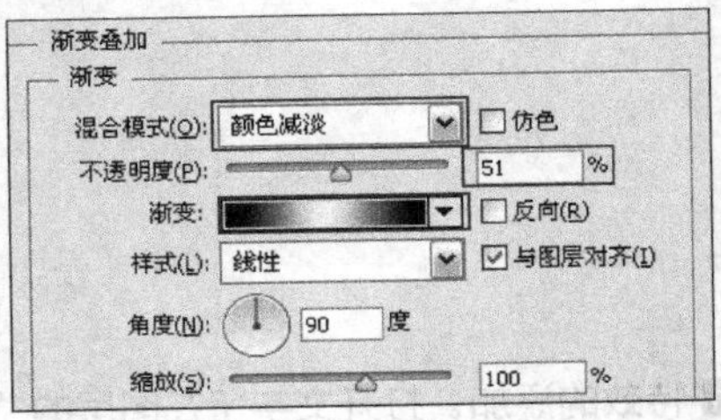

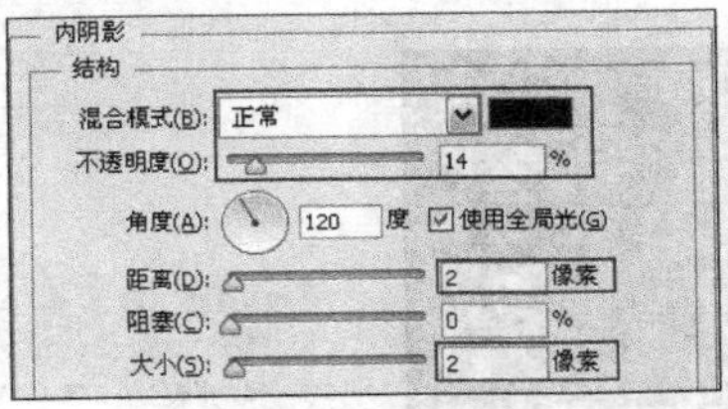

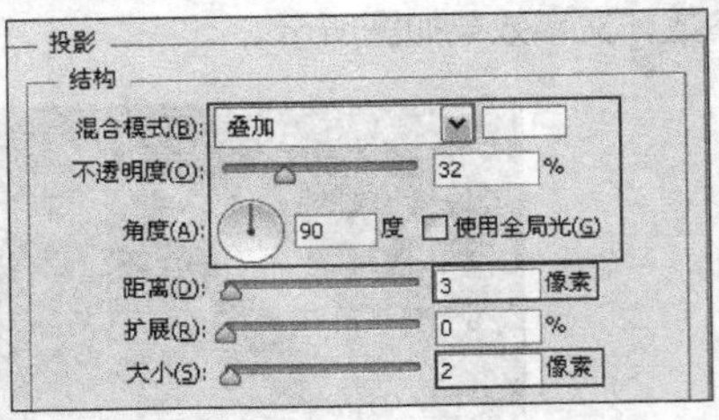

6.3 课后学习——制作糖果按钮

案例分析

本例将使用圆角矩形工具、渐变填充工具、图案叠加、自定义形状工具等制作糖果按钮。本例以圆角矩形为基本图形，大量运用了图层样式效果中的图案叠加、内阴影、渐变叠加等，让糖果图标更加真实自然。本例最终效果如图所示。

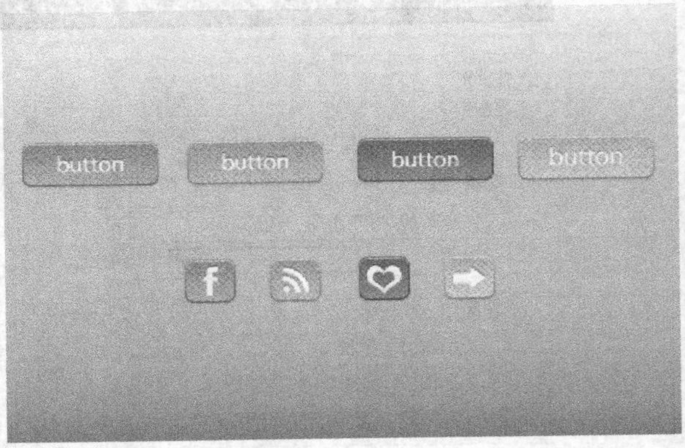

技巧分析

糖果按钮以圆角矩形为基本图形，在按钮上面添加图案效果，可完成造型。糖果按钮，顾名思义，按钮的配色应以糖果色为主，如清新的绿、黄、蓝等。糖果按钮色调以亮为主，与按钮名称相符，且造型图案多变，可用于各种地方。

步骤演练

01 空白文档的建立。按快捷键Ctrl+N，打开“新建”对话框，设置参数，单击“确定”按钮，新建一个空白文档。

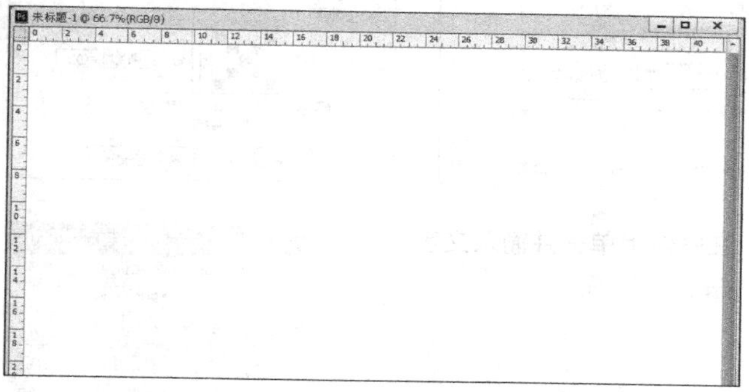

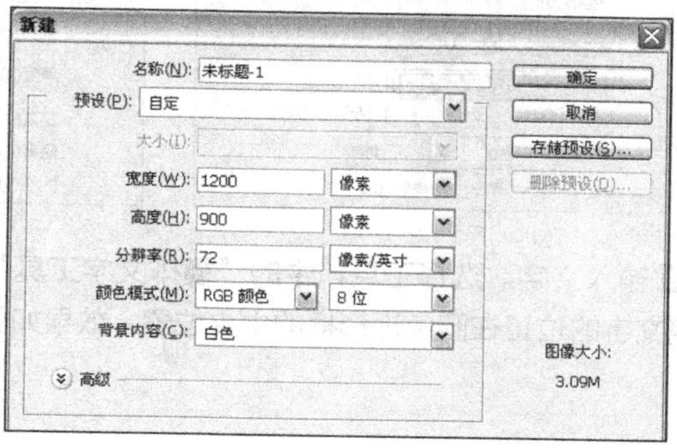

02 渐变背景的制作。单击“图层”面板下方的“添加新的填充”或“调整图层”按钮，选择“渐变填充”命令，选择渐变色，单击“确定”按钮，在图像上拖曳出渐变色，为背景添加渐变填充。

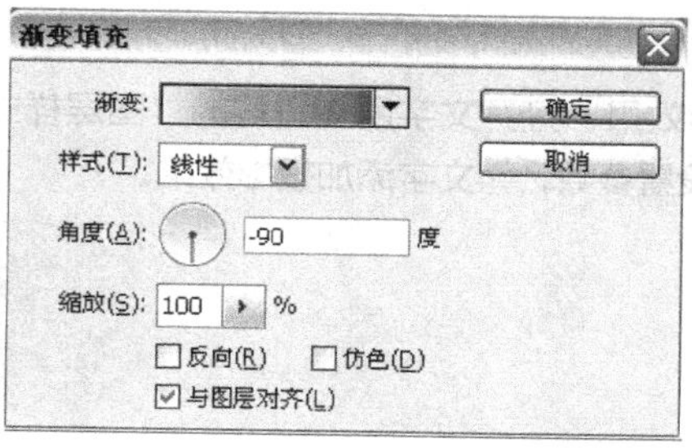

03 绘制圆角矩形。选择工具箱中的“圆角矩形工具”，在图像上显示的选项栏中设置参数，在图像上绘制圆角矩形框，效果如图所示。

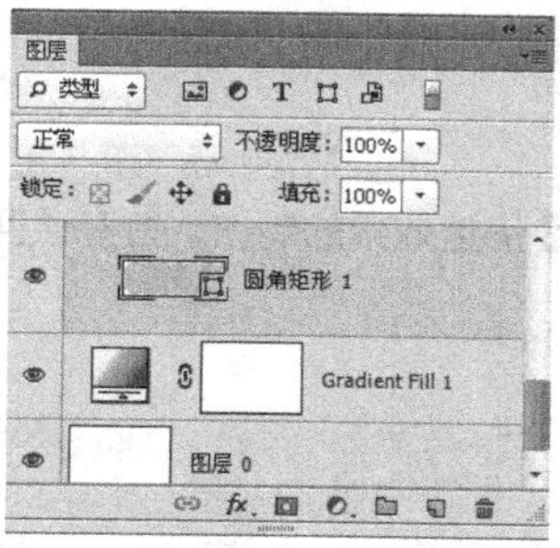

04 圆角矩形添加效果。将该图层的“图层样式”面板打开，在左侧列表中分别选择“投影”“渐变叠加”“描边”“内阴影”“图案叠加”选项，设置参数，为圆角矩形框添加效果。

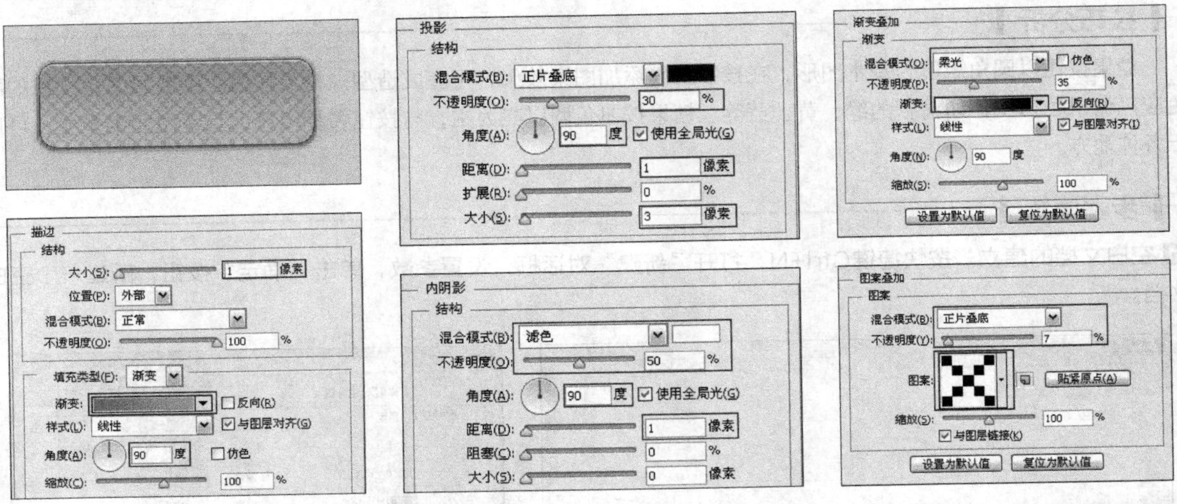

05 输入文字。选择工具箱中的“横排文字工具”，在图像上单击并输入文字，调整文字的位置在圆角矩形框的中央位置，效果如图所示。

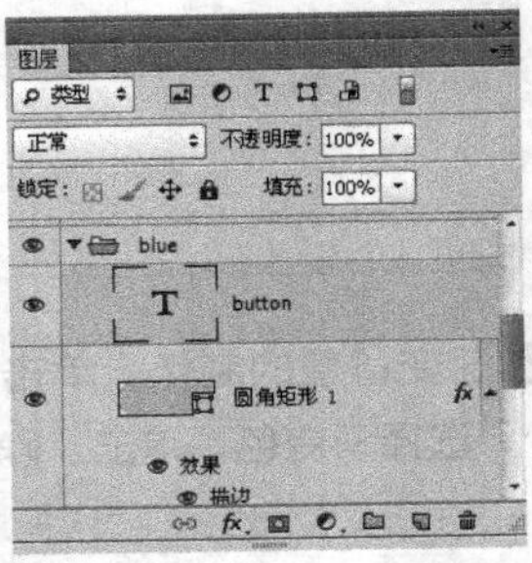

06 文字添加投影效果。打开文字所在图层的“图层样式”对话框，选择“投影”选项，设置参数，为文字添加投影效果。

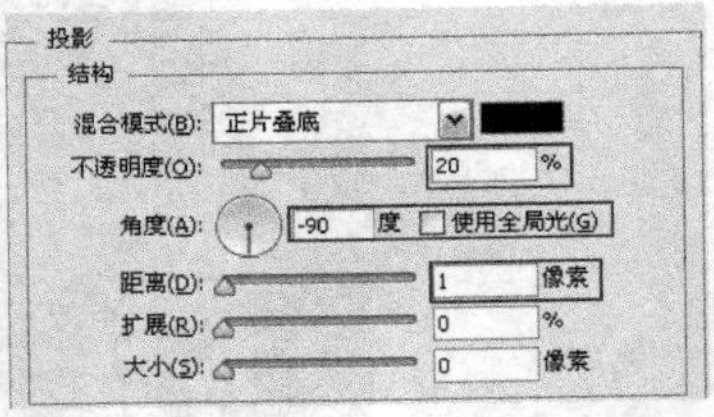

07 图层的复制。复制“圆角矩形1”图层，得到“圆角矩形1副本”图层，移动复制后的圆角矩形框的位置，改变颜色为橘黄色。

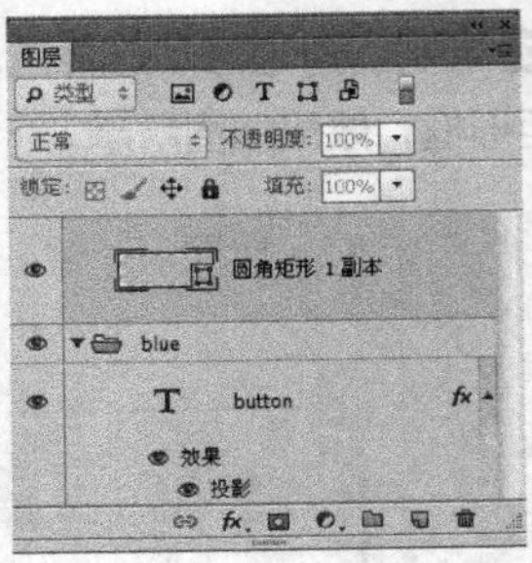

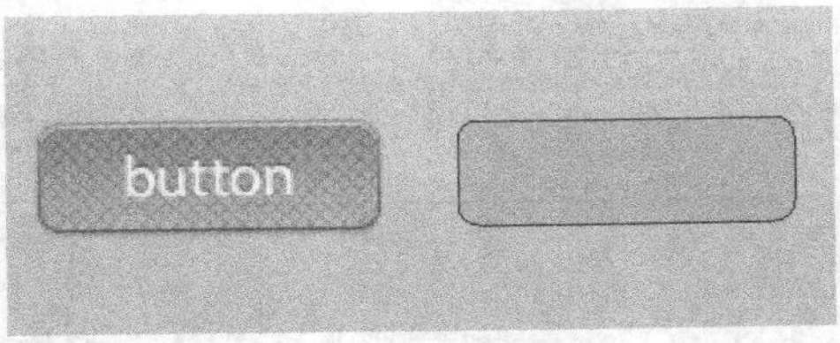

08 描边效果的制作。打开该图层的“图层样式”对话框，选择“描边”选项，重新设置参数，效果如图所示。

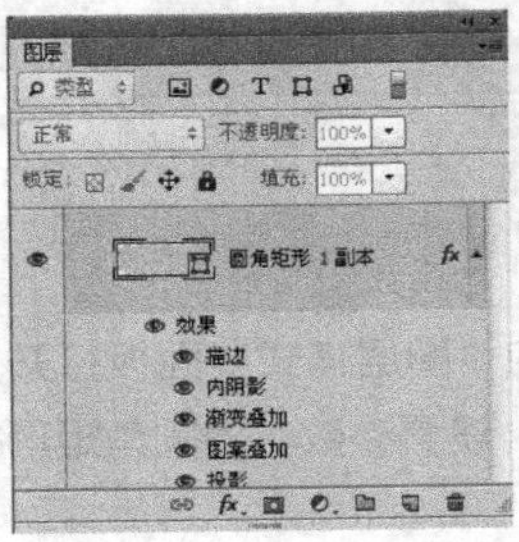

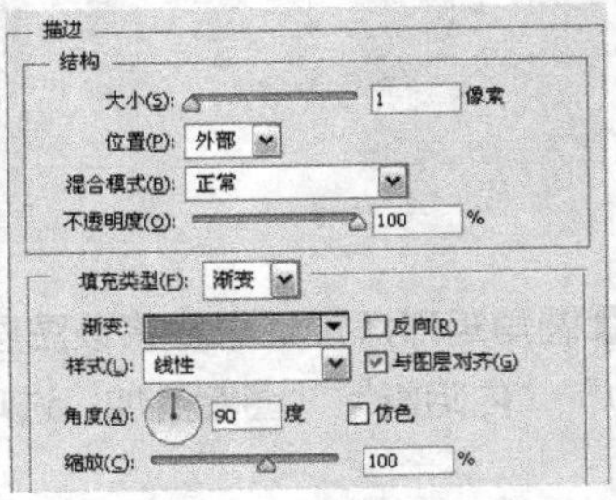

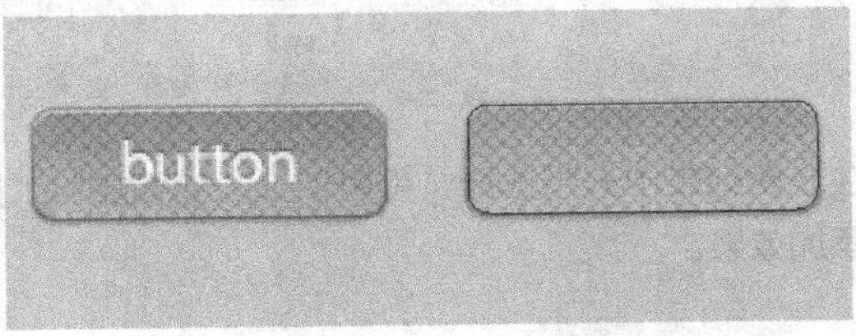

第06章

09 文字的复制。复制文字所在的图层，将文字选中，使用移动工具将其移动到橘黄色按钮中央的位置，效果如图所示。

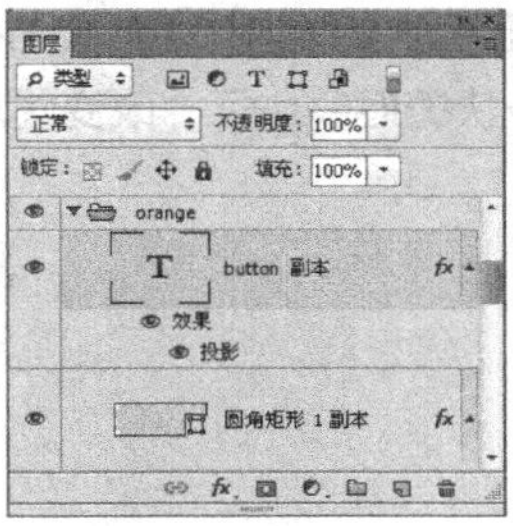

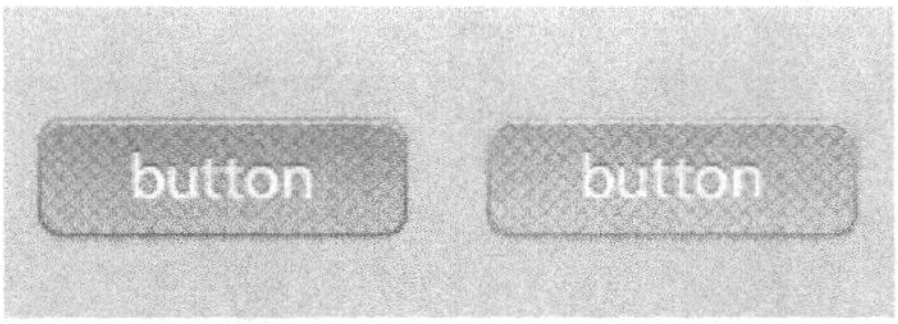

10 圆角矩形的复制与调整。复制“圆角矩形1”图层，得到“圆角矩形1副本2”图层，移动位置，改变颜色为粉红色。

11 描边效果的添加。打开“图层样式”对话框，选择“描边”选项，重新设置参数，效果如图所示。

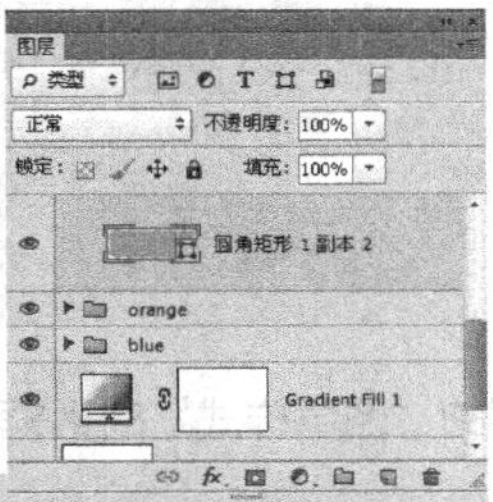

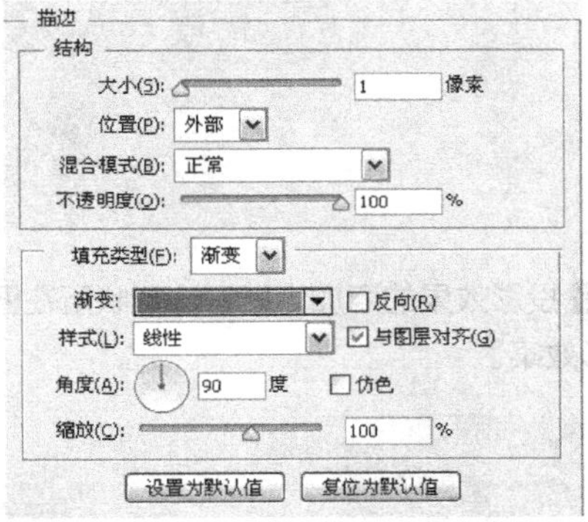

12 文字的复制。将文字所在的图层再次进行复制，使用移动工具将文字移动到粉红色按钮的中央位置，效果如图所示。

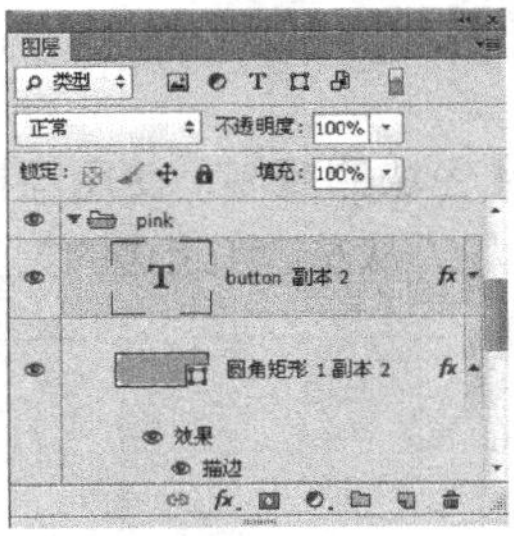

13 圆角矩形色块的复制及调整。使用同样的方法复制圆角矩形框，将颜色改变为绿色，效果如图所示。

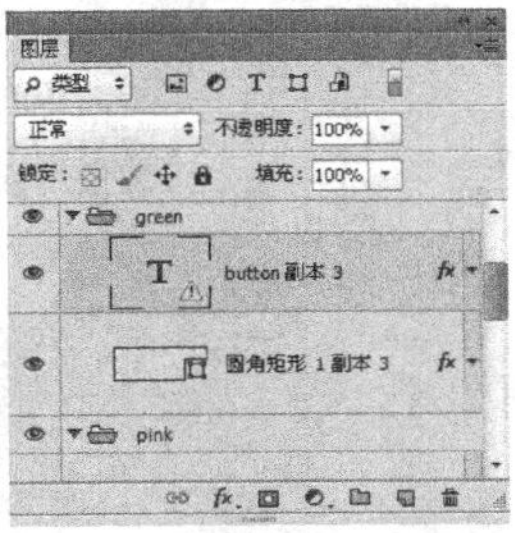

14 色块的复制。将“blue组”拖曳到“图层”面板下方的“创建新图层”按钮上，将其进行复制，删除文字，按快捷键Ctrl+T，改变圆角矩形框的大小。

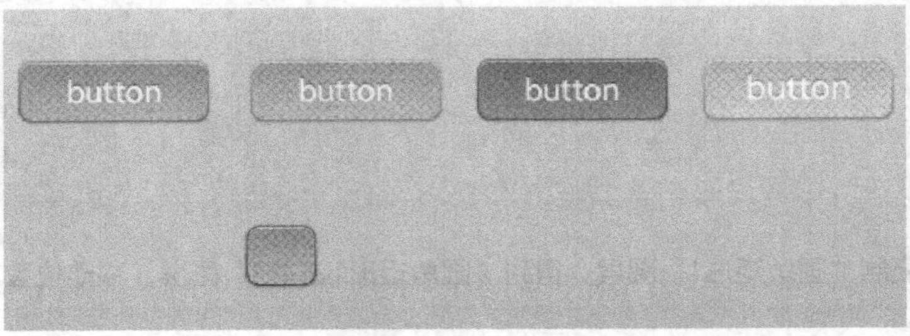

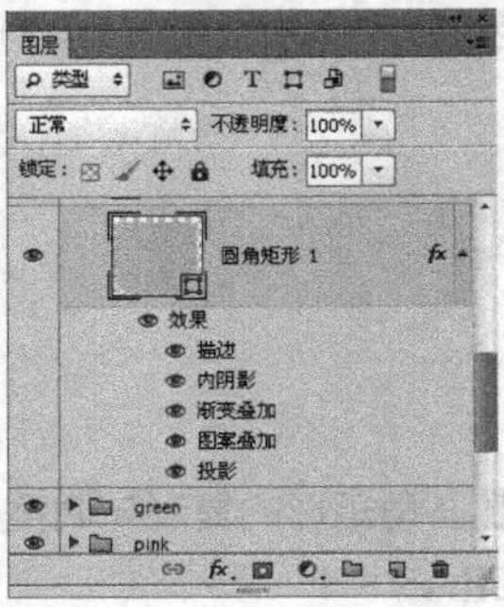

15 字母的绘制。选择工具箱中的“钢笔工具”，在图像上方显示的选项栏中选择“形状”选项，在图像上绘制形状，在“图层”中自动生成“形状1”图层。

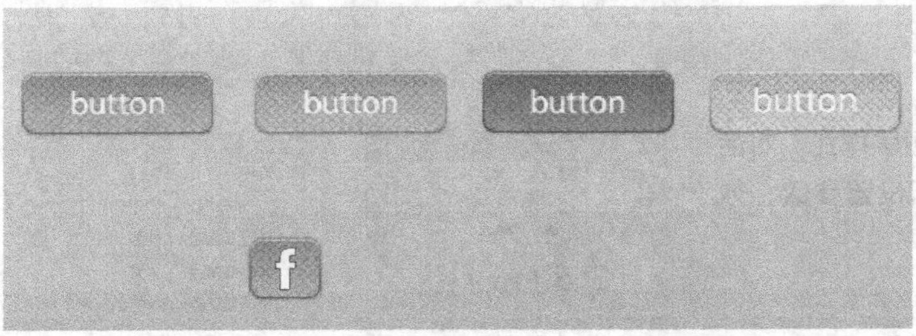

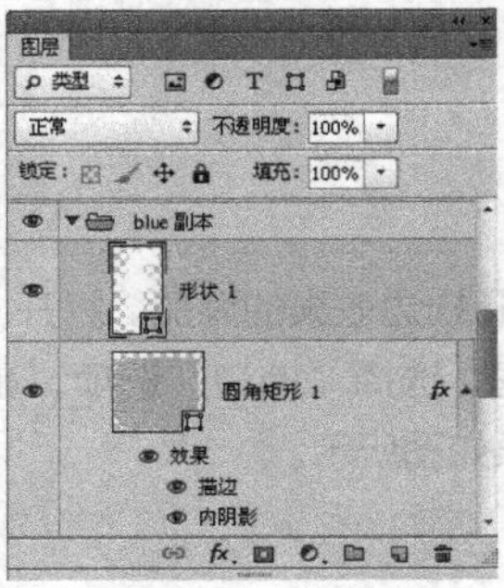

16 投影效果的添加。打开该形状所在图层的“图层样式”对话框，选择“投影”选项，设置参数，为形状添加投影效果。

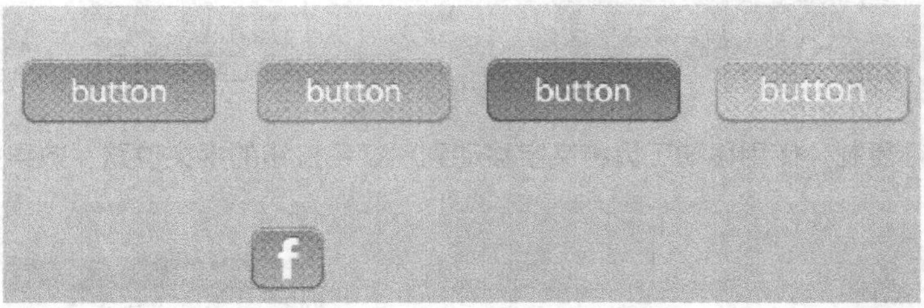

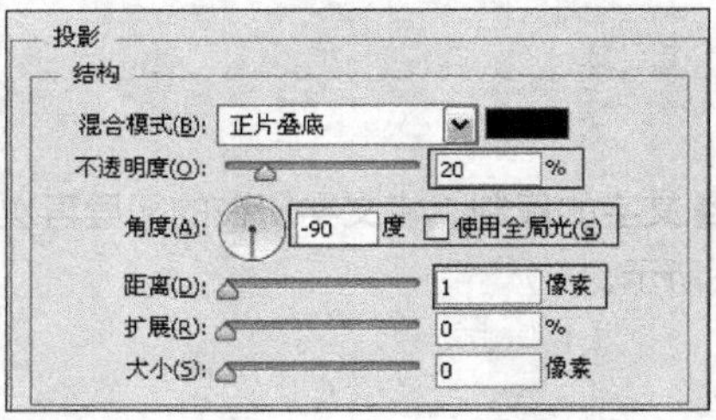

17 色块的复制。使用同样的方法将orange组进行复制，改变大小和位置，按快捷键Ctrl+R，打开“标尺工具”，从左边和上边的刻度尺中拉出辅助线。

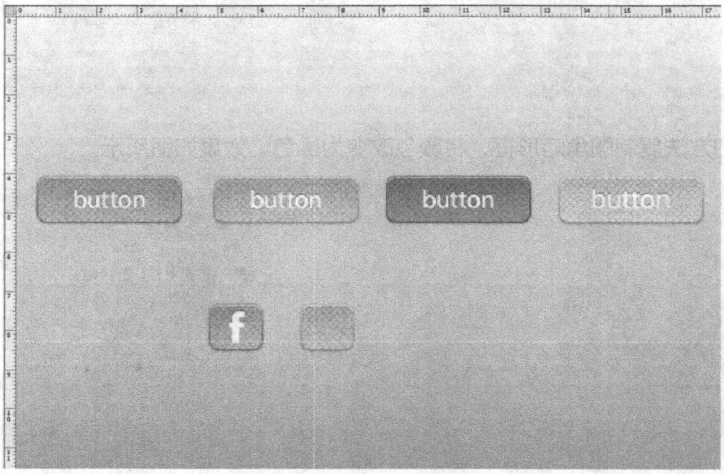

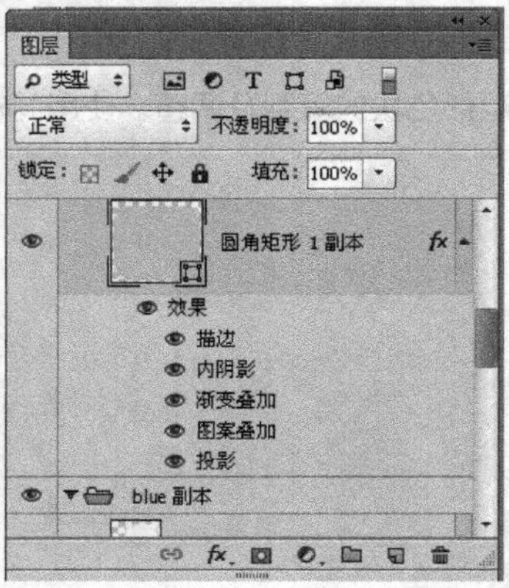

18 形状的绘制。选择工具箱中的“椭圆工具”，在图像上方显示的选项栏中设置“形状”选项，按快捷键Alt+Shift在图像上绘制椭圆形状。效果如图所示。

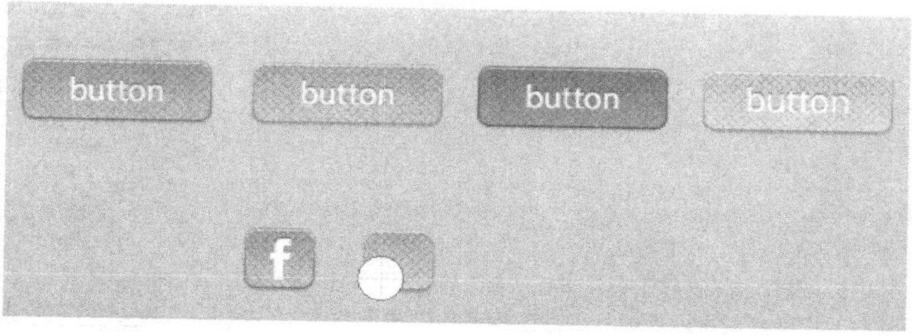

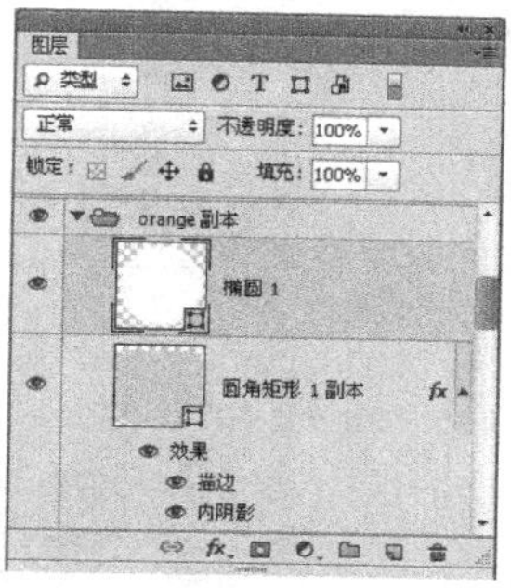

19 环形色块的制作。在椭圆工具的选项中选择“减去顶层形状”选项，按快捷键Alt+Shift绘制同心圆，绘制完成后，将自动减去重叠区域。

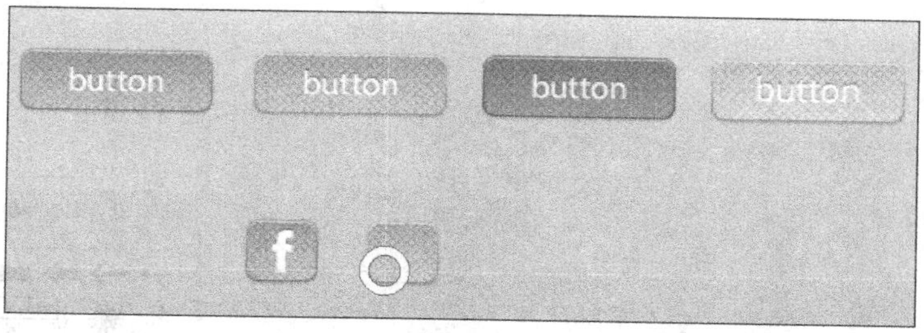

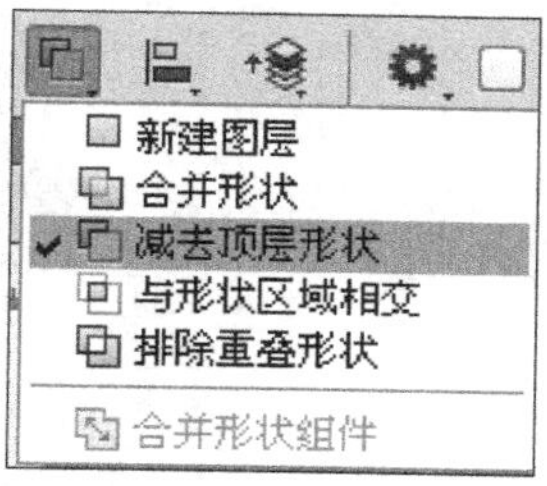

20 无限网络图标的制作。使用同样的方法进行绘制，完成后，使用“矩形选框工具”，在选项栏中选择“减去顶层形状”选项，沿着辅助线绘制矩形选框，可将多余的一部分减去，得到无线网络图标效果。

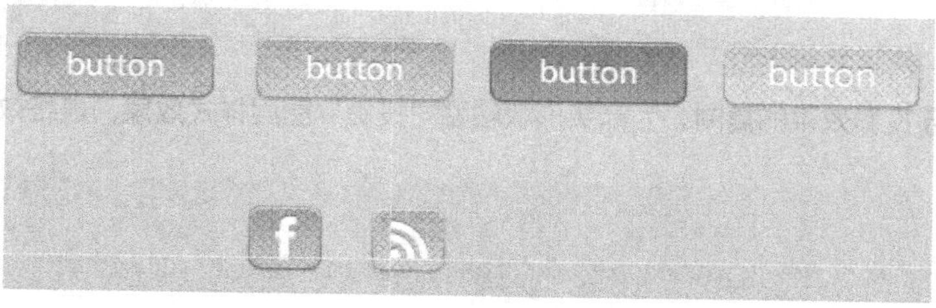

21 投影效果的复制。选择blue副本组中的形状1图层，单击鼠标右键，选择“拷贝图层样式”命令，然后选择orange副本组中的“椭圆1”图层，单击鼠标右键，选择“粘贴图层样式”命令，将投影效果进行复制。

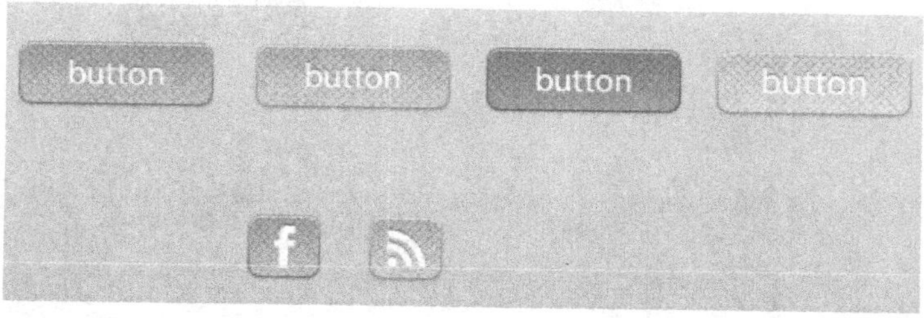

22 空心心形的绘制。使用同样的方法复制pink组，改变大小和位置，选择“自定义形状工具”，在图像上绘制心形，然后在选项栏中选择“减去顶层形状”选项，继续进行绘制，得到空心的心形形状。

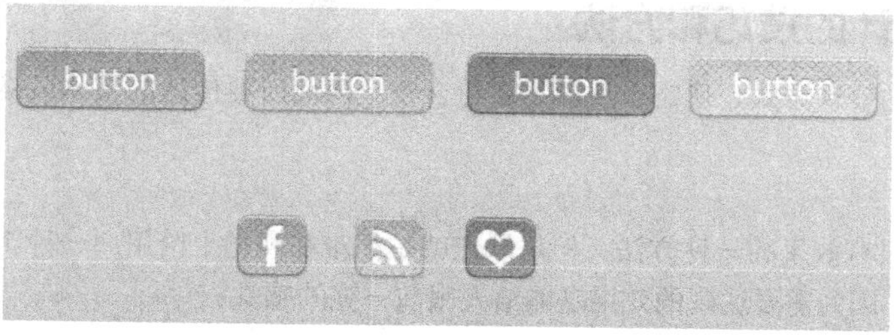

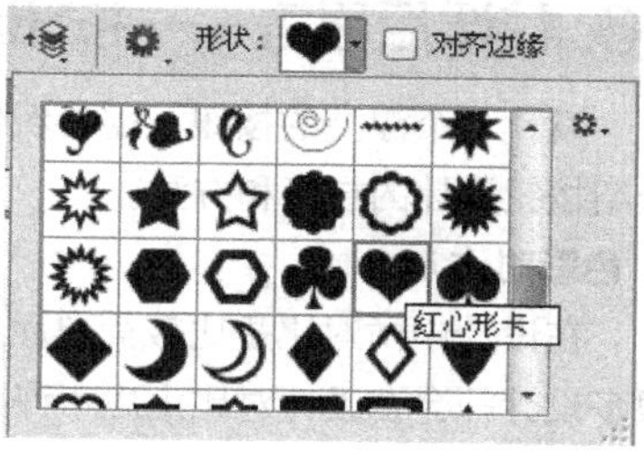

23 投影效果的复制。使用同样的方法，为心形形状粘贴“投影”的图层样式效果。

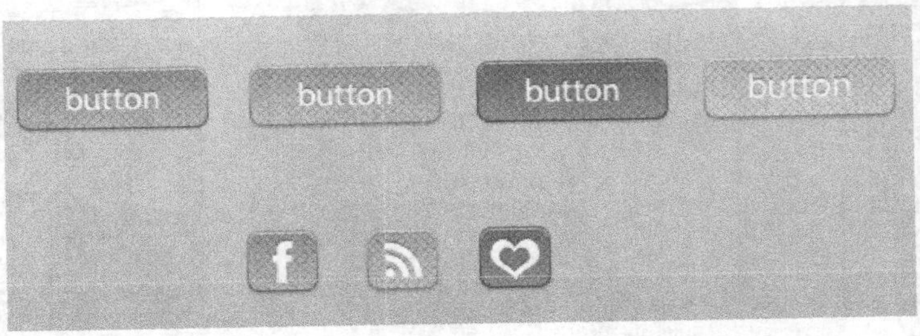

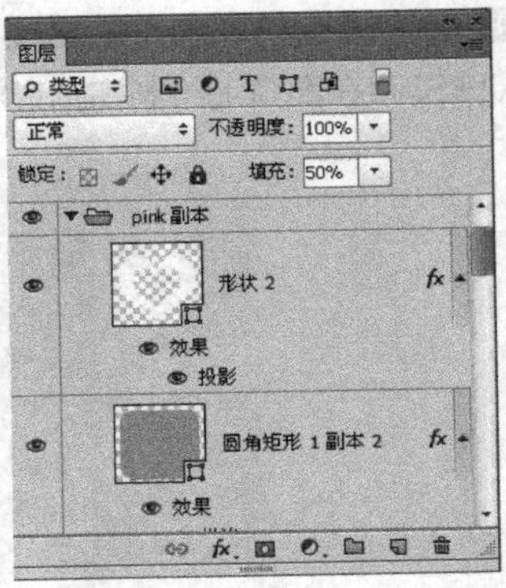

24 箭头图标的绘制。复制green组，得到“green副本”图层，改变大小和位置，选择“自定义形状工具”，选择“箭头9”，在图像上绘制箭头形状。

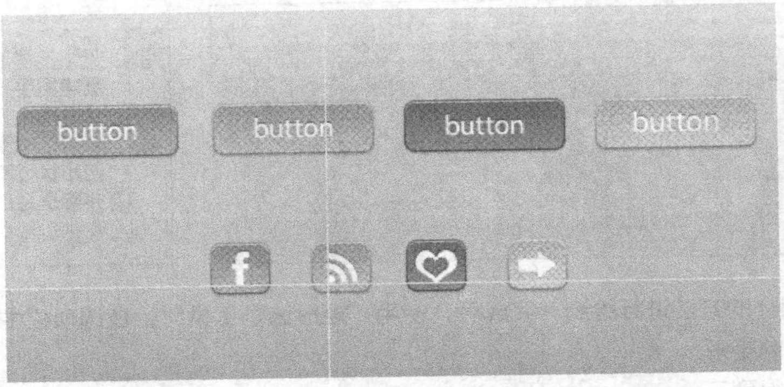

25 投影效果的复制。为箭头形状粘贴“投影”图层样式效果。最终效果如图所示。

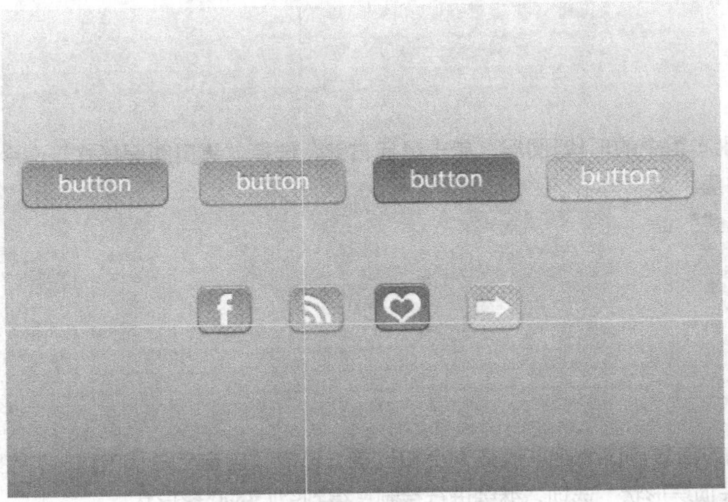

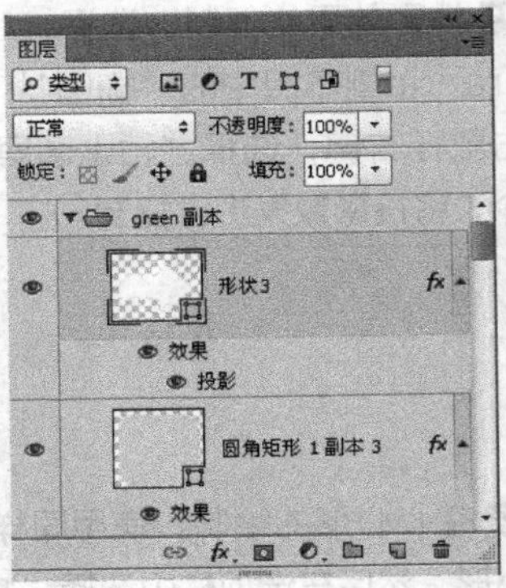

6.4 课后思考——按钮设计的技巧和方法

设计一个漂亮的按钮，需要看他的表现方式、形态、质感是否符合整个界面所要传达的整体风格。接下来就介绍按钮设计的技巧和方法。

1. 色彩对比

在设计中做对比是比较简单而且很有效果的一种方法，但是缺点就是很难在视觉上给用户一种新鲜感，所以很多设计师会在设计对比上思考许久，因为需要达到的效果是能给人眼前一亮的感觉。

说起色彩对比，又将是长篇大论，所以在这里，作者也只是根据按钮设计中的问题点到为止。我们知道色彩最重要的属性之一就是它的冷暖性，所以冷暖对比是设计中运用最多的，但是如果再把色彩对比进行划分的话，还有明度对比、纯度对比、补色对比、冷暖对比、面积对比、黑白灰对比、同时对比、空间效果和空间混合等的对比。

2. 色彩统一

同色系的统一在设计时也是非常重要的，因此在设计时只需要选定几种颜色，然后就在这几种颜色中选择使用，来完成一幅相对完整的作品。色彩是最容易让人识别的，在按钮的设计上，首先要根据整个网站的整体色调来考虑按钮的色彩，这样做的优势在于整个界面的统一性，也是用得最多的一种按钮设计方法。

3. 质感对比

在按钮设计上考虑最多的是质感的搭配，现在来说说质感对比。往往我们看界面设计时，按钮都会有几种状态，那么如何设计这几种状态，才能让按钮有新的亮点，这值得每个界面设计师考虑。在这里思考的质感就会有很多种对比，没有好坏之分，关键看设计师做这种对比想给用户一种什么感觉。

4. 质感统一

对界面中按钮的设计有一定的要求，首先是整个界面的质感统一，不论是图标或按钮。这一点是最基本的要求。

无论是在界面设计中做统一或对比，都要在整个产品的整体性基础上来考虑，这样才能保证产品的完整性。同时在设计按钮的时候千万记住按钮的细节表现，我们应该把握好每一个像素的运用，这样做出来的按钮才会工整、美观。

最后要提醒大家的是，界面设计师在设计界面中的按钮时，应该多观察生活中看到的物品，这些都能给界面设计师很大的启发。

第 07 章

制作局部界面元素

本章介绍

本章主要围绕局部界面元素的制作进行讲解，其中包含对局部界面设计的几点建议、局部界面与整体的关系等一系列重要内容。除此之外，在案例部分的设计中，通过登录界面、设置界面开关、通知列表界面以及对话框界面等一些具有代表意义、实用性较强的案例解析，使读者对本章的内容有更为透彻的理解与认识。

教学目标

- 了解关于局部界面设计的几点建议
- 认识局部界面与整体的关系
- 掌握解决线条锯齿问题的方法

7.1 关于局部界面设计的几点建议

APP UI界面设计中，局部往往是为整体效果服务的，局部只要体现出一种叫“微质感”的效果即可，绝不可以喧宾夺主、自成一体风格。下面给出几点设计建议供读者参考。

7.1.1 尽量控制质感的表现

微意味着尽可能少添加以达到目的，质感具有隐喻的意味，即灵活地运用一点隐喻的手段解决问题，而不是滥用质感。图A和图B的质感就有点强烈，设计感太抢眼，不适合作为局部界面使用。而图C和图D虽然显得简约，但还是保留并强化了来自真实世界的光影材质，它们看上去闪亮簇新。

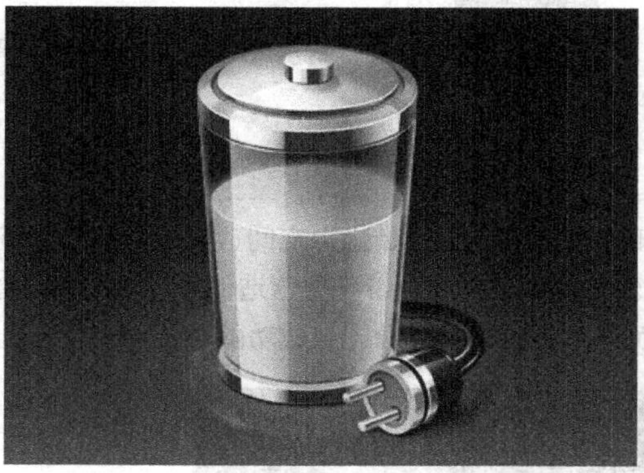

图A

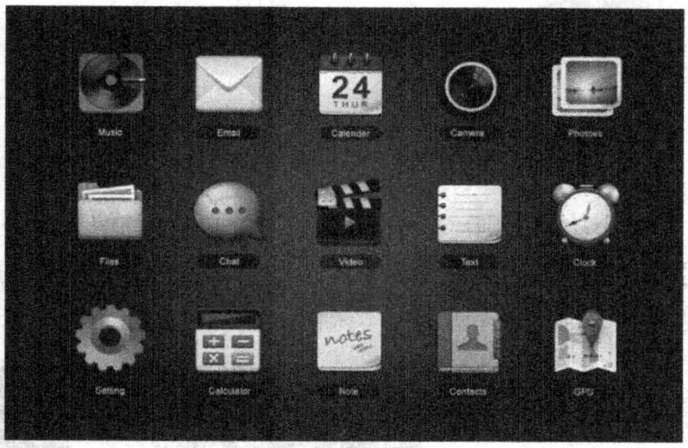

图B

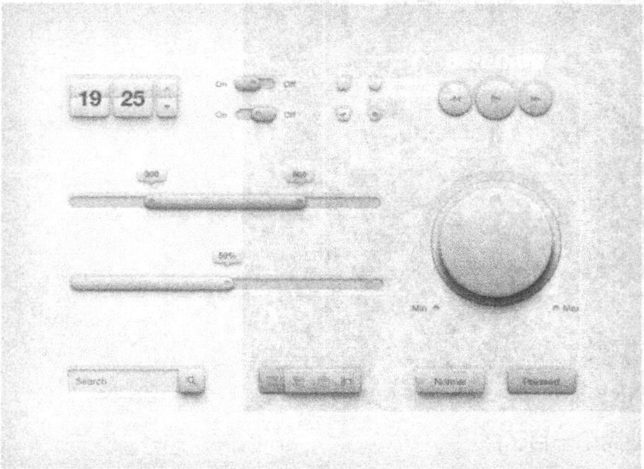

图C

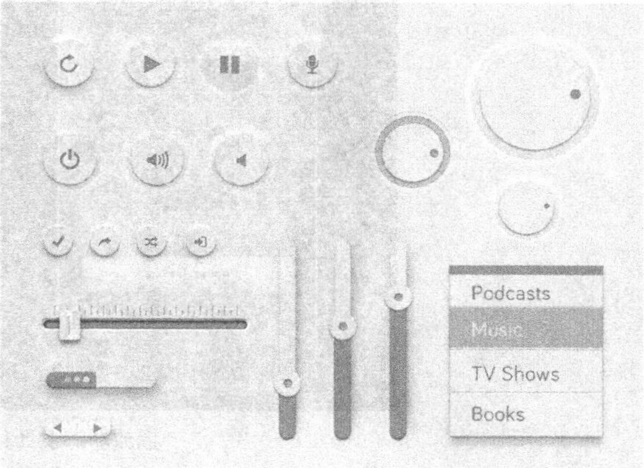

图D

由此可见，微质感具备的这种克制的特点，充满了简约的效果。因为克制要求对大量内容反复进行权衡及取舍，当细节减少到一定程度时，就有充分的时间考虑整体效果。从宏观上看，微质感的简约也是一种视觉上的解脱，让用户不再受到反复设计的拖累。

7.1.2 在繁简之间做选择

微质感的应用需要遵循尽量精简的原则（艺术设计本身就是减法的游戏），在合适和重要的区域添加才能起到点缀的作用（画龙点睛）。这种权衡需要从大局出发。在简约的界面中，让局部元素透出的微量光影、空间层叠而产生的微弱阴影都会凸显而发挥作用；如果整体环境并没有那么轻量，那么相应的控件则需要加重质感才能匹配。层层叠加到一定程度后，也就不显得那么简单了。下面来看两幅比较好的简约风格UI设计。

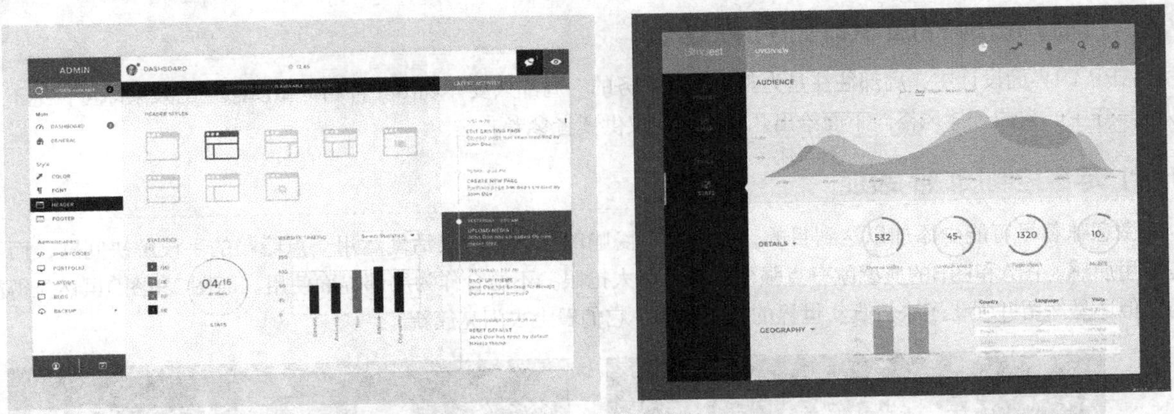

简约大气的界面设计风格

7.1.3 不要忘记功能的表现

关于功能，则可以利用微质感区分不同的信息模块、暗示某种操作、营造虚拟空间、突出当前重点等。 在我们的广告产品界面中，非常适合利用微质感体现数据的优雅和效率的美学。首先要营造信息模块的归属感，还要遵循自然的逻辑，切不可本末倒置，为了设计而设计。下面来看两幅功能划分比较成功的UI界面。

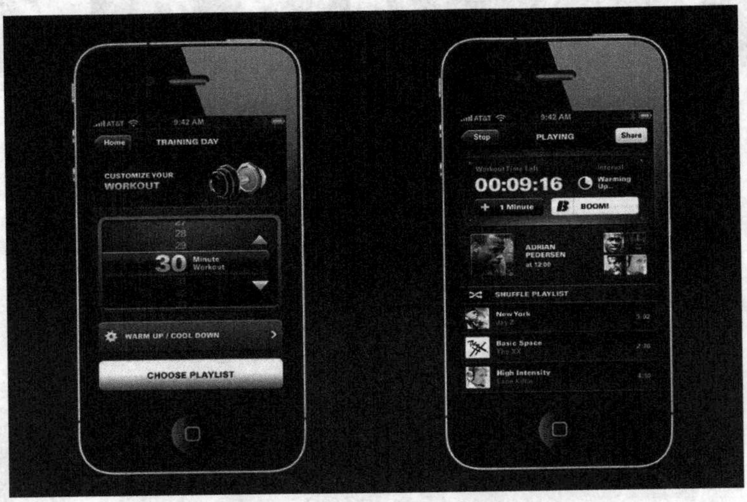

播放器的设计和歌曲清单一目了然

7.2 关于透明元素和透明度使用的艺术

在UI设计中使用透明元素，显得非常美观，可是又十分棘手，为什么呢？因为当你没有把握好某个模块的透明度时，就有可能造成体验失调、字体信息不清晰、主次不分明、色调失调、网页设计中关于透明元素和透明度使用的艺术信息捕获不明确等问题。所以说细节成就美，细节决定成败。只要我们对细节运用恰当，充分发挥透明元素的作用，就可以让我们的网页栩栩如生。

因为国外网站原创性比较高，所以，接下来我们一起来看看国外的一些案例。作者并不是说国内网页不好，事实上国内和国外还是有一定差距的，我们还需要不断学习和创新，才能超过国外的网站。

7.2.1 内容模块和网站框架的对比

运用透明图层，不透明度设置为80%左右，这样就可以让字体清晰可见，避免挫伤用户体验。下面的例子就是对创建对比度、区分内容模块的运用。大家经常见到的灯箱效果，就是一个透明度和背景造成对比的运用，很容易让用户区分。

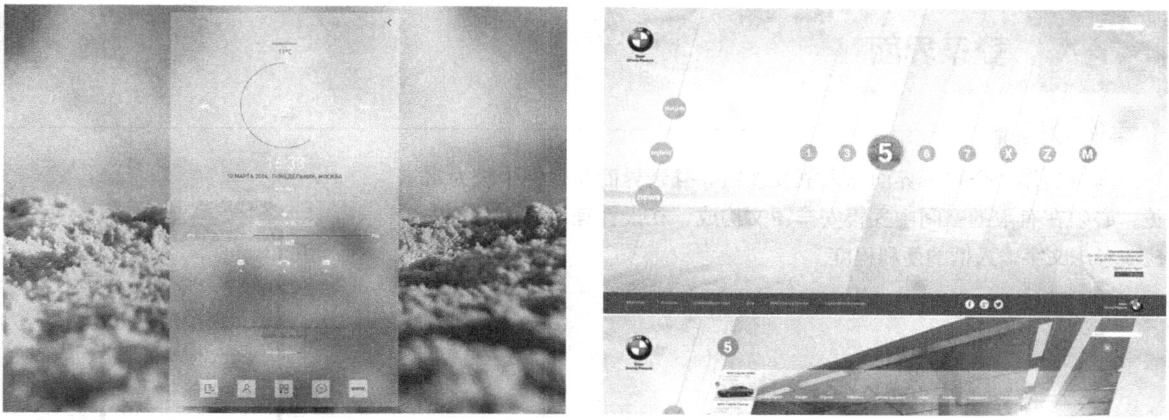

半透明图层的运用

7.2.2 半透明导航的跟踪运用

为方便用户操作主导航，很多产品都做了半透明导航的跟踪，如新浪微博和腾讯微博等，也都是在顶部导航上做了半透明的处理，用来固定浮动以跟踪用户页面的浏览。如今，半透明导航的跟踪运用非常常见。

半透明导航栏的运用

7.2.3 使用较小的透明模块来衬托

根据营销的用户停留的捕获时间，如果用户在7秒内没有对你设计的东西做出需求的反应，那么你的设计就是失败的。因此，网站的封面显得至关重要。如果想要让你的页面不再单调，就要使用合适的文字和透明模块，突出重要信息，从而让页面层级分明，吸引读者的眼球。

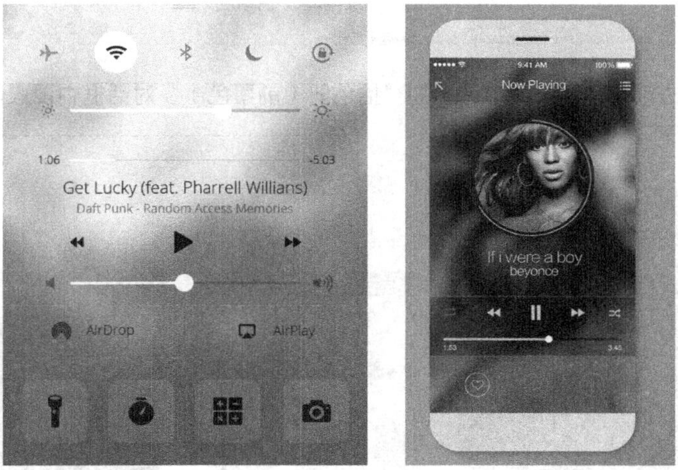

半透明遮挡模块的运用

案例 1 登录界面

案例分析

本例制作一个登录界面输入框及按钮。登录界面在软件中较为常见，必须在有限的空间中妥善安排图文构成，在设计登录界面时首先应该考虑文字输入框的便利程度。

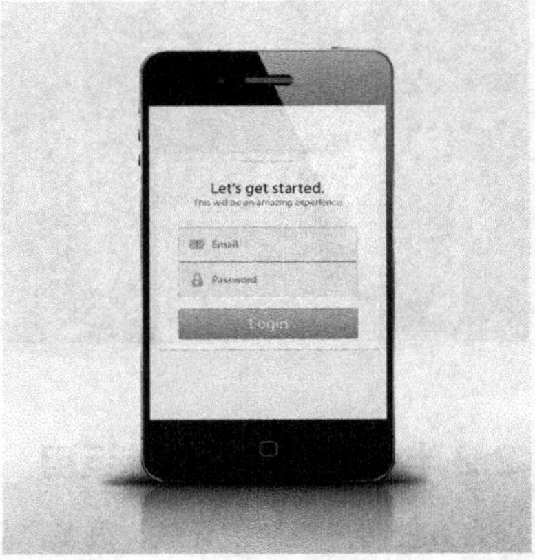

技巧分析

灰色输入框要求用户在其中输入信息，然后单击绿色的登录按钮，整个配色简单清晰。

步骤演练

01 新建空白文档。执行“文件>新建”命令，或按快捷键Ctrl+N，打开“新建”对话框，设置宽度和高度分别为800像素×600像素，分辨率为72像素/英寸，完成后单击“确定”按钮，新建一个空白文档，如图所示。

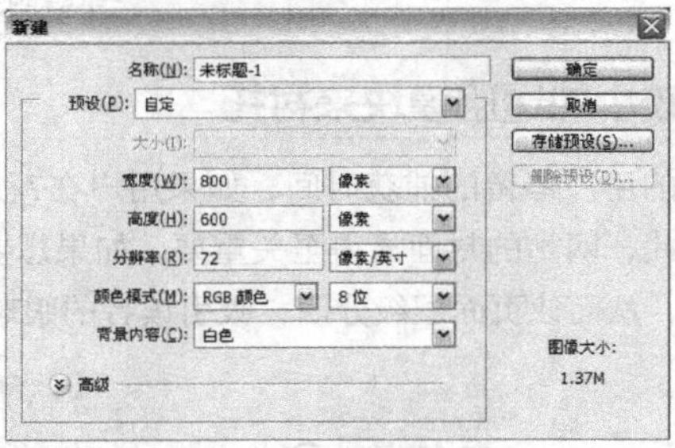

02 纯色背景的制作。单击前景色图标，在弹出的“拾色器（前景色）”对话框中设置前景色为黑色，按快捷键Alt+Delete，为背景填充前景色。

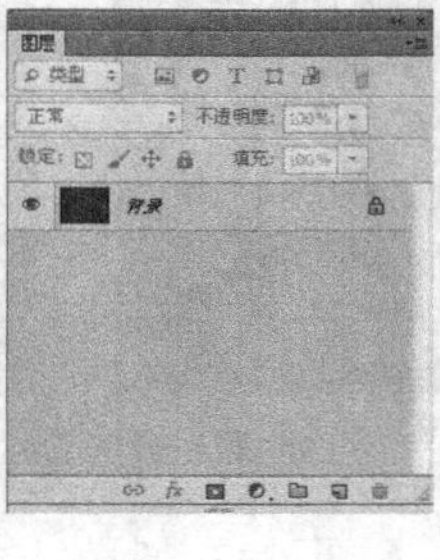

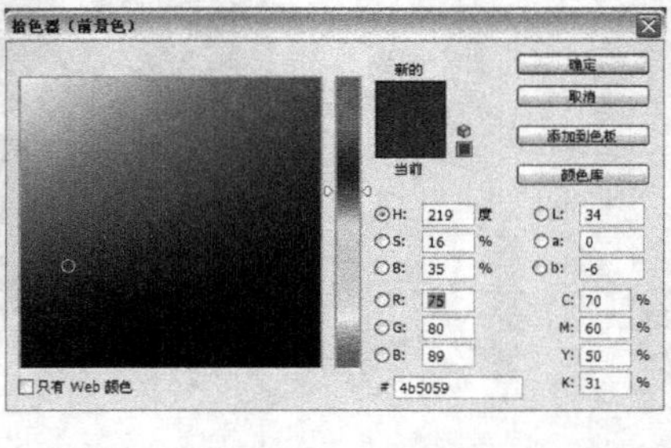

03 绘制基本图形。使用圆角矩形工具绘制半径为5像素的基本图形。减去半径为100像素的形状。选择“内阴影”选项，设置不透明度为20%，角度为-90度，取消选择“使用全局光”，距离为2像素。

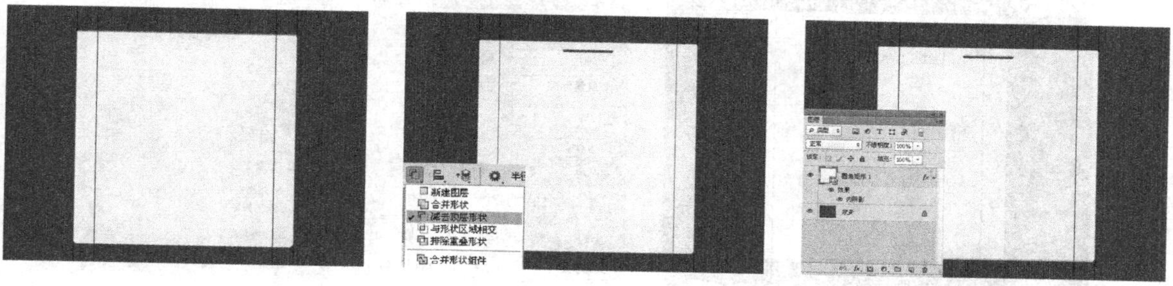

04 绘制输入框。使用矩形工具绘制输入框。选择“描边”选项，设置大小为1像素，位置为内部，填充类型为渐变，设置渐变条，从左到右依次是R:195 G:197 B:199、R:173 G:174 B:176。选择“内阴影”选项，设置不透明度为45%，角度为90度，取消选择“使用全局光”，距离为1像素，大小为3像素。选择“投影”选项，设置混合模式为正常，颜色为白色，角度为90度，取消选择“使用全局光”，距离为2像素。

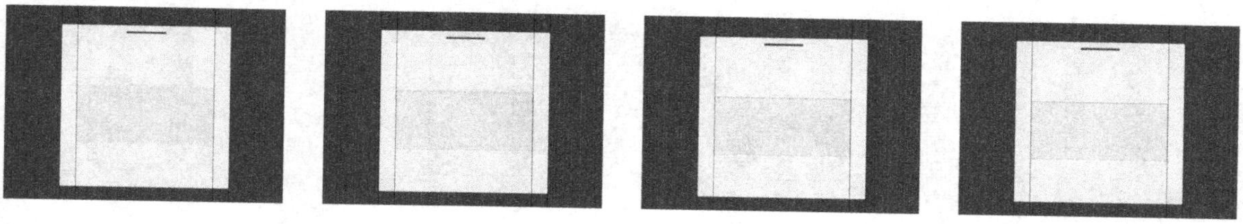

05 绘制分割线。选择“矩形工具”，在输入框中央位置绘制矩形线段，打开“图层样式”对话框，选择“投影”选项，设置混合模式为正常，颜色为白色，角度为90度，取消选择“使用全局光”，不透明度为100%，距离为1像素，扩展为100%，单击“确定”按钮，为分割线添加投影效果。

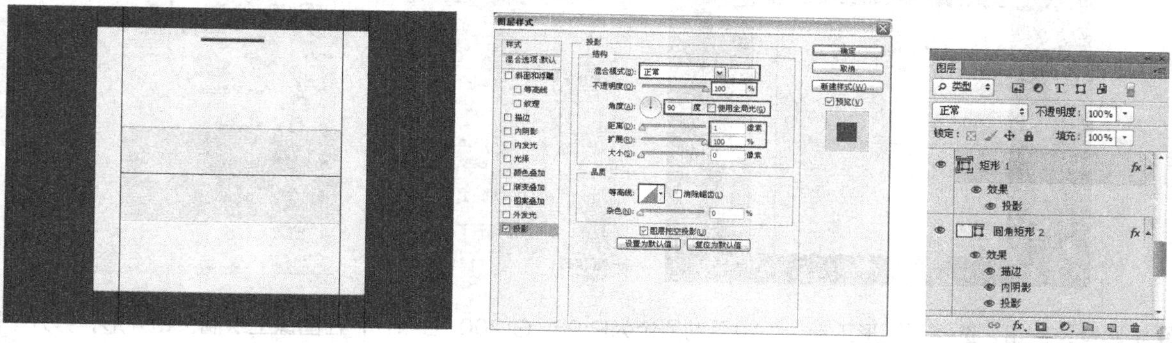

06 绘制信封图标。选择“矩形工具”，设置前景色为R:177 G:179 B:183，在输入框内绘制矩形，然后选择“多边形工具”，在选项栏中设置边数为3，绘制三角形，改变大小和旋转角度，得到信封上部，再次使用“多边形工具”绘制信封的左右两边和下边形状，最后将绘制得到的图层选中，单击鼠标右键，执行“合并形状”命令，得到信封图标。

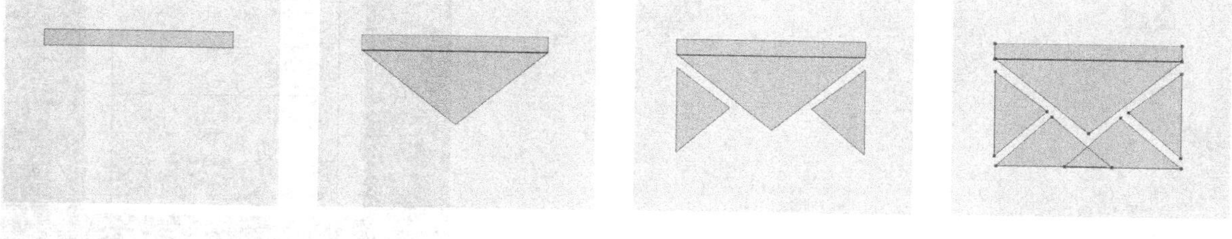

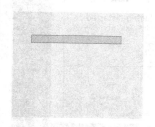

07 输入文字。选择“横排文字工具”，在输入框内输入文字，将其选中，在“字符”面板中设置文字的属性。

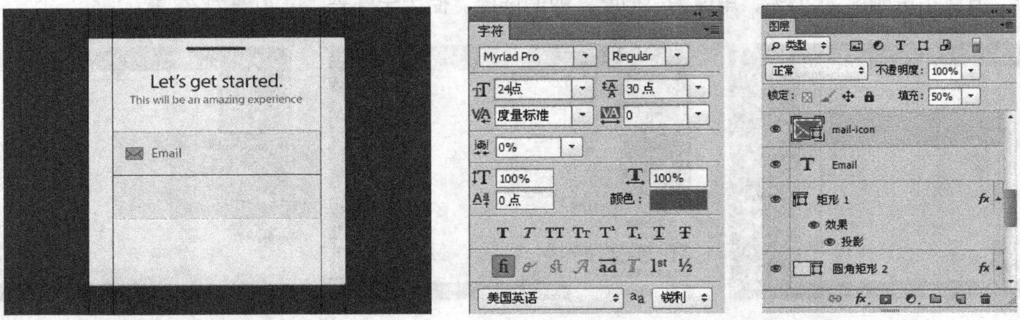

08 绘制密码锁图标。选择“圆角矩形工具”，在选项栏中设置半径为100像素，在图像上绘制圆角矩形，选择“减去顶层形状”选项，减去部分形状，再次选择“圆角矩形工具”，设置半径为3像素，选择“合并形状”选项，绘制锁箱，最后选择“椭圆工具”和“圆角矩形工具”绘制锁箱上的图样，得到密码锁图标。

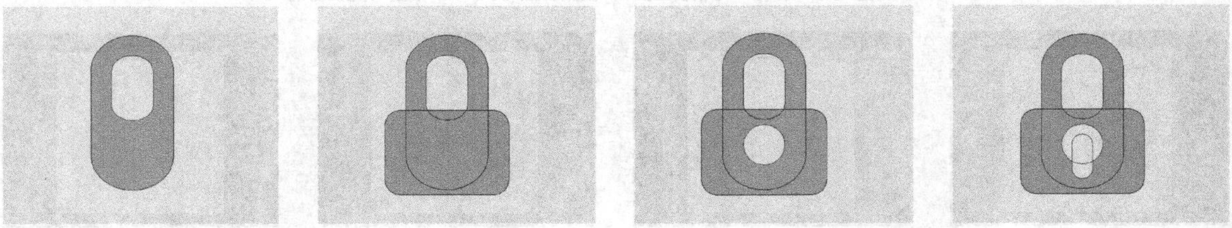

09 输入文字。选择“横排文字工具”，在输入框内输入文字，将其选中，在“字符”面板中设置文字的属性，该文字的属性与E-mail文字属性相同。

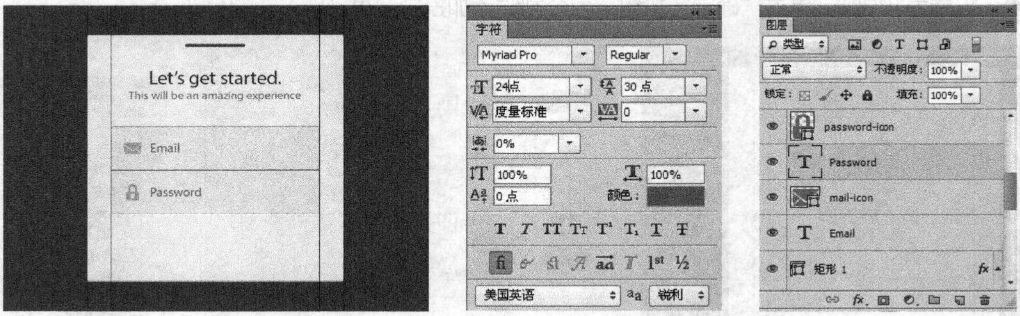

10 绘制登录按钮。选择“矩形工具”，设置前景色为R:96 G:200 B:187，在图像上绘制按钮外形，打开“图层样式”对话框，选择“渐变叠加”“图案叠加”“投影”“描边”选项，设置参数，添加立体效果。选择“渐变叠加”选项，设置混合模式为叠加，不透明度为37%缩放为150%。选择“图案叠加”选项，设置混合模式为滤色，不透明度为100%，图案为黑色编织纸。选择“投影”选项，不透明度为30%，角度为90度，取消选择“使用全局光”，距离为1像素，大小为3像素。选择“描边”选项，大小为1像素，位置为内部，颜色为R:42 G:139 B:123。

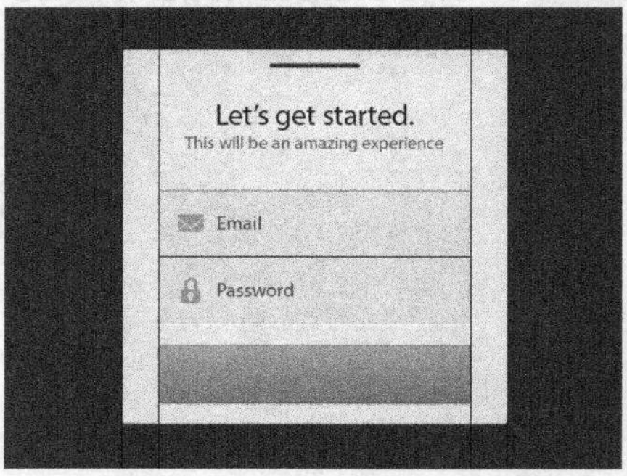

11 输入登录字样。选择“横排文字工具”，在登录按钮上输入文字，打开“图层样式”对话框，选择“投影”选项，设置参数，不透明度为55%，角度为90度，取消选择“使用全局光”，距离为1像素，大小为3像素。

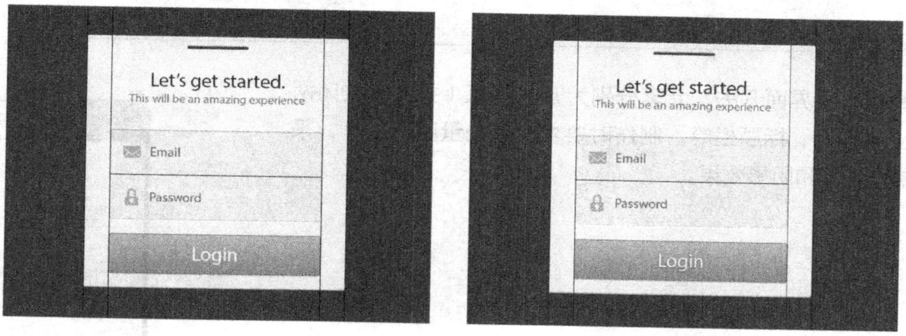

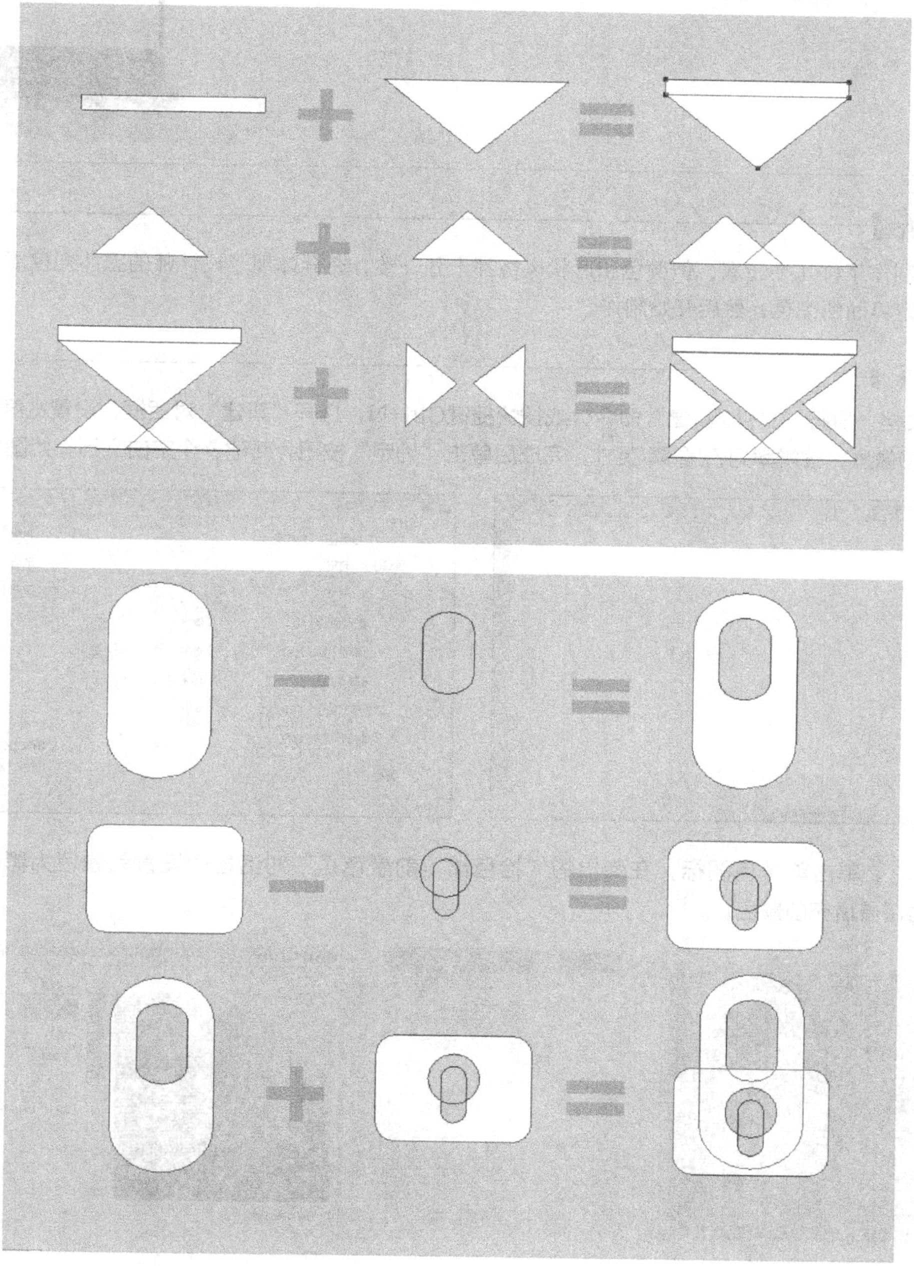

案例 2 设置界面开关

案例分析

本例将制作一组界面开关，元素分别为开关按钮（打开和关闭两种状态）、立体图标、标题栏等。制作时要求使用矢量图形工具，采用图层样式制作立体和阴影效果。

技巧分析

本例虽然制作了好几个元素，但颜色和形状风格都十分一致，充分体现了设计师的整体把控能力，我们在设计时首先要确定界面的配色，然后开始制作。

步骤演练

01 新建空白文档。执行“文件>新建”命令，或按快捷键Ctrl+N，打开“新建”对话框，设置宽度和高度分别为480像素×330像素，分辨率为72像素/英寸，完成后单击“确定”按钮，新建一个空白文档，如图所示。

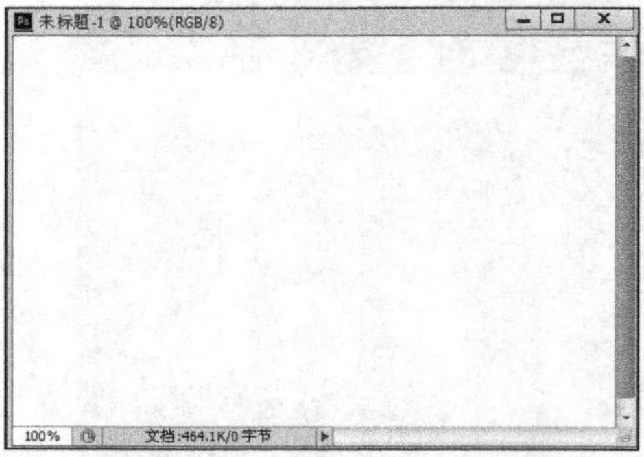

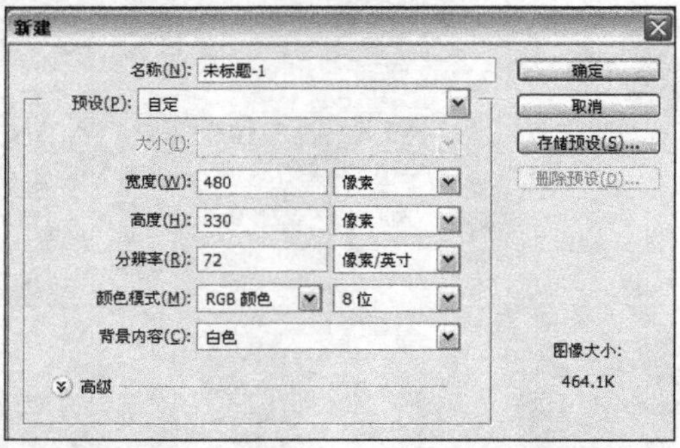

02 填充背景色。单击前景色图标，在弹出的“拾色器（前景色）”对话框中设置前景色为黑色，按快捷键Alt+Delete为背景填充前景色。

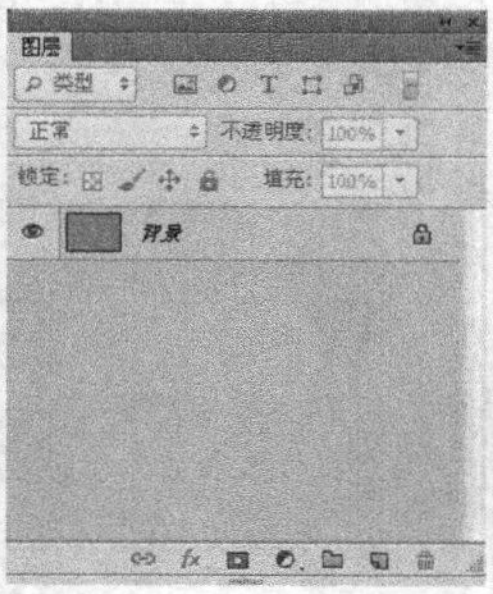

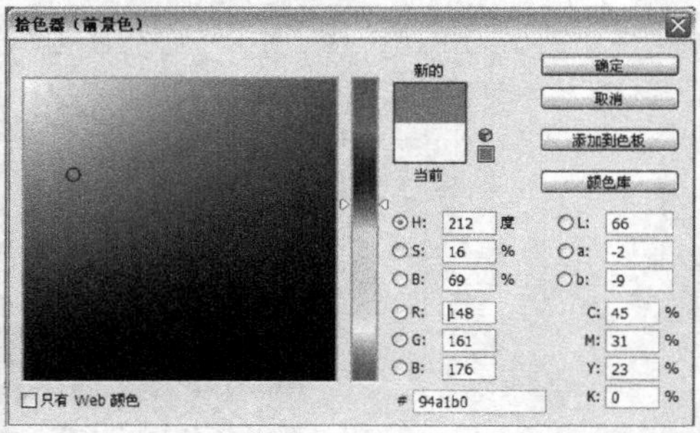

03 绘制基本图形。选择“圆角矩形工具”，在选项栏中设置半径为3像素，在图像上绘制圆角矩形，打开“图层样式”对话框，分别选择“渐变叠加”和“投影”选项，设置参数，添加效果。“渐变叠加”选项中设置渐变条，颜色由左到右依次为R:228　G:228　B:228、R:253　G:253　B:253。选择“投影”选项设置不透明度为30%，距离为1像素，大小为2像素。

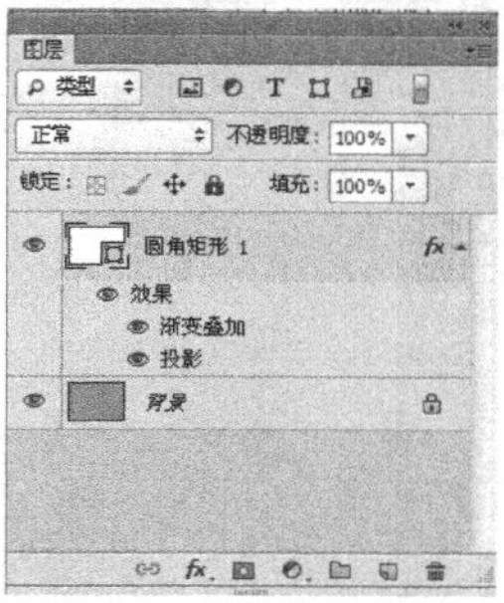

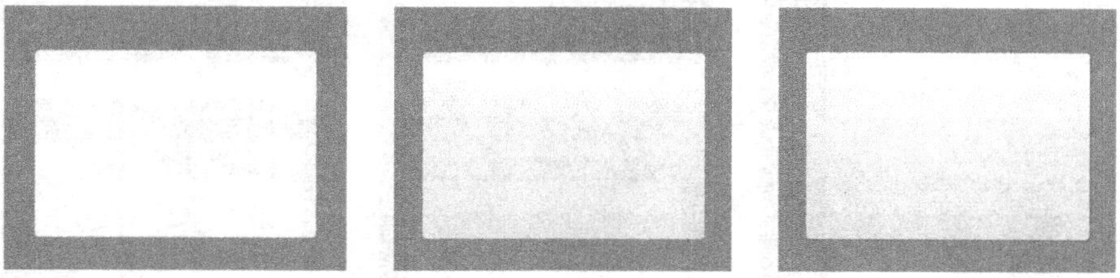

04 制作标题栏。选择“圆角矩形工具”，设置前景色为白色，在基本图形最上方绘制圆角矩形，然后选择“矩形工具”，在选项栏中选择“合并形状”选项，再次绘制标题栏，打开“图层样式”对话框，选择“渐变叠加”和“斜面和浮雕”选项，设置参数，添加立体效果。在“渐变叠加”选项中设置渐变条，颜色由左到右依次为R:176　G:176　B:176、R:214　G:214　B:214。在“斜面和浮雕”选项中设置大小为3像素，高光模式为叠加，高光模式的不透明度为40%、阴影模式的不透明度0%。

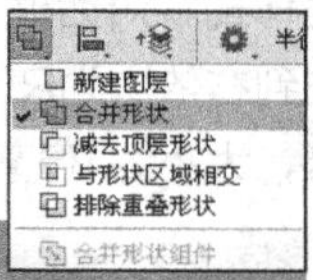

05 添加标题。选择“横排文字工具”，在标题栏输入文字，打开“图层样式”对话框，选择“投影”选项，设置混合模式为叠加，不透明度为40%，角度为120度，距离为1像素，大小为0像素，单击“确定”按钮，为标题文字添加投影效果。

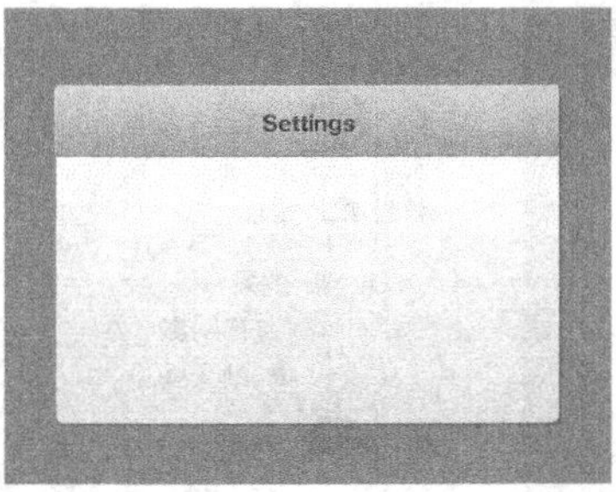

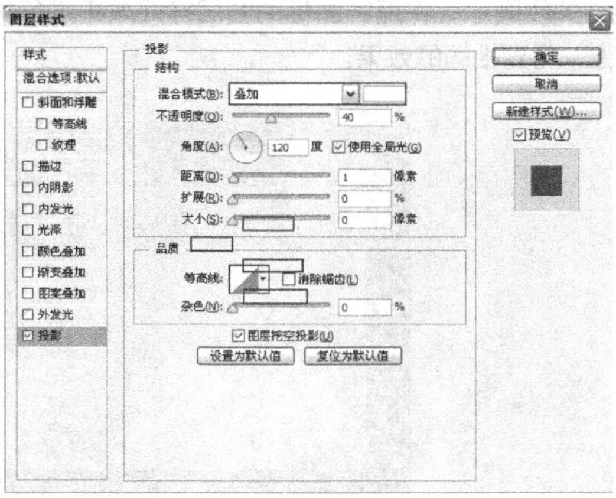

06 制作返回按钮。选择“椭圆工具”，在标题栏左侧绘制正圆，将填充减低为0%，打开该图层“图层样式”对话框，选择“描边”“内阴影”“渐变叠加”选项，设置参数，添加立体按钮效果。描边设置大小为1像素，填充类型为渐变，设置渐变条，从左到右依次是R:125　G:125　B:125、R:186　G:186　B:186。在“内阴影”选项中设置混合模式为叠加，颜色为白色，不透明度为60%，距离为2像素，大小为1像素。在“渐变叠加”选项中设置渐变条，颜色由左到右依次为R:193　G:193　B:193、R:246　G:246　B:246。

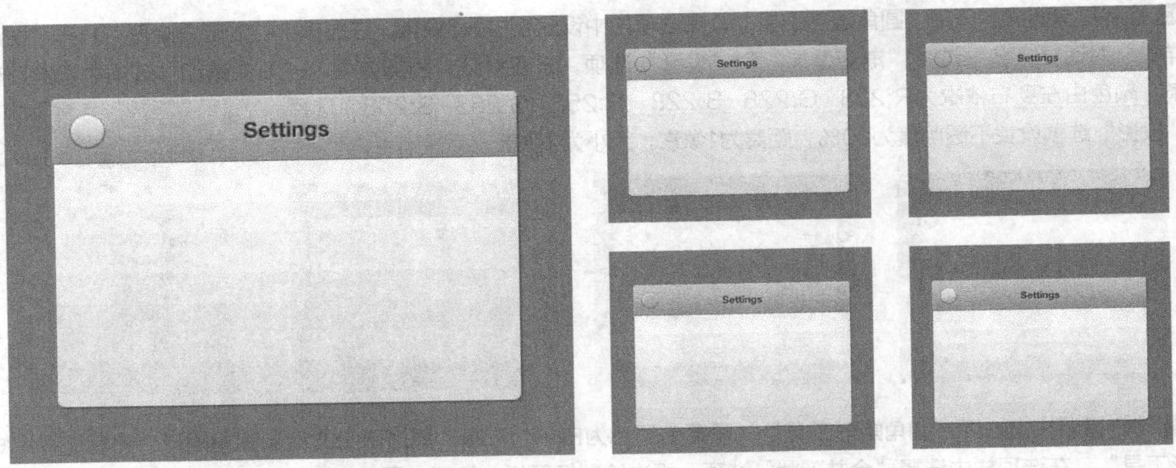

07 绘制返回图标。选择“钢笔工具”在刚才绘制的圆按钮上绘制返回图标，将填充降低为0%，打开该图层“图层样式”对话框，选择“渐变叠加”和“内阴影”选项，设置参数。在“渐变叠加”选项中设置渐变条，颜色由左到右依次为R:138 G:138 B:138、R:91 G:91 B:91。在“内阴影”选项中设置不透明度为60%，距离为1像素，大小为1像素。

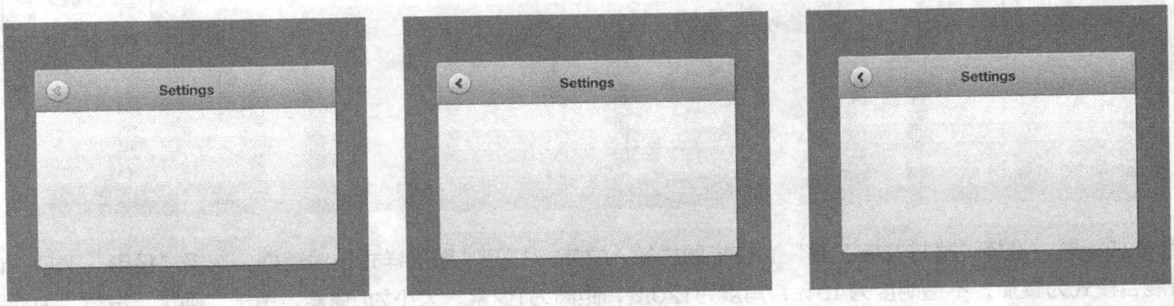

08 制作关闭按钮。将左侧圆按钮进行复制，移动到标题栏的右侧，使用矩形工具绘制关闭图标，将返回图标的图层样式效果进行拷贝，粘贴到关闭图标上，得到相同的效果。

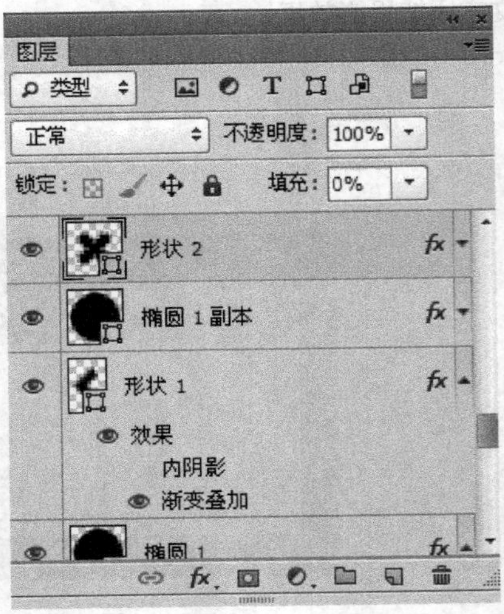

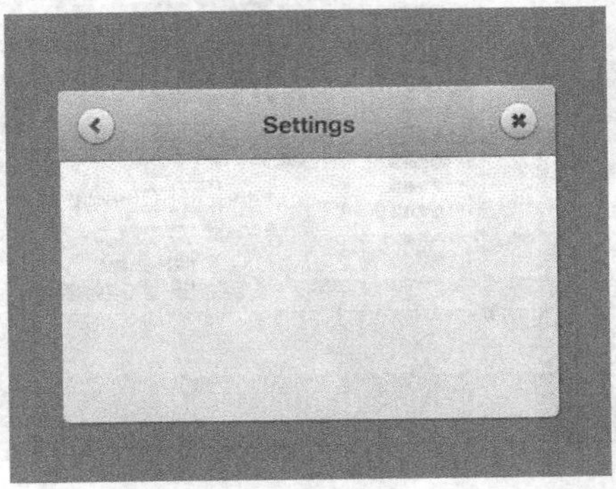

09 绘制标签栏。选择“矩形工具”，在标题栏下方绘制矩形框，打开“图层样式”对话框，选择“内阴影”选项，设置参数，为标签栏添加渐变效果。设置不透明度为15%，角度为90度，取消选择“使用全局光”，距离为2像素，大小为4像素。完成后，再次选择“矩形工具”，在标签栏下方绘制矩形框，将其作为分割线。

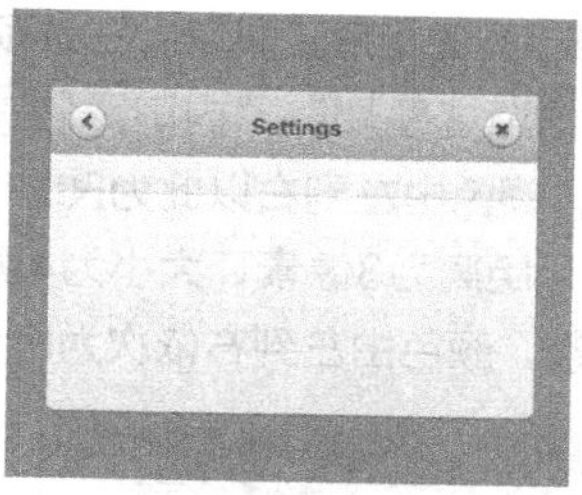

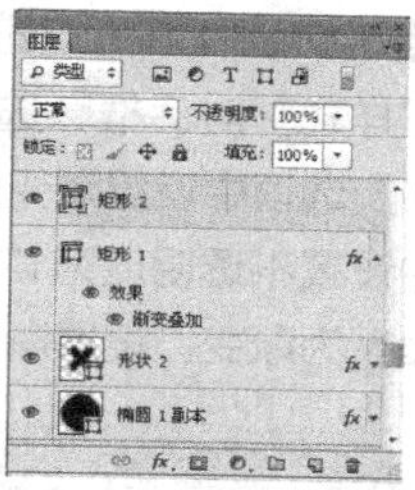

10 添加文字。选择“横排文字工具”，在标签栏上输入文字，打开“图层样式”对话框，选择“投影”选项，设置混合模式为正常，颜色为白色，不透明度为85%，角度为120度，距离为1像素，大小为0像素，单击“确定”按钮，为文字添加投影效果。

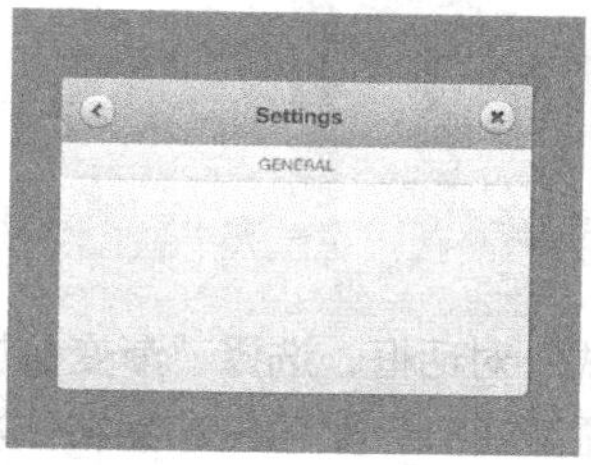

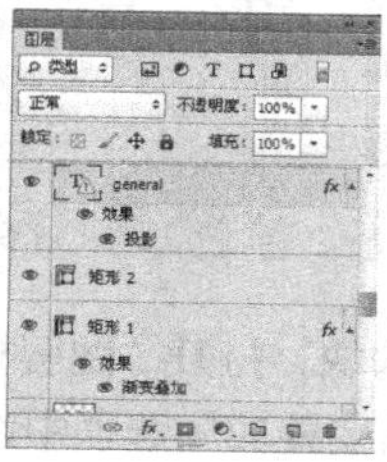
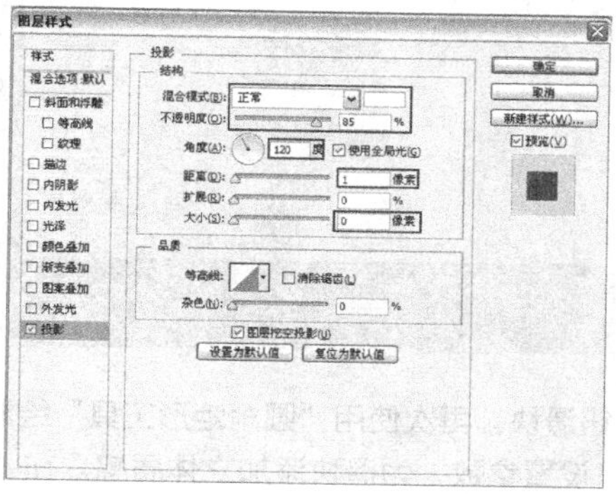

11 绘制无线网图标。使用“椭圆工具”的加减运算法则绘制无线网图标，打开“图层样式”对话框，选择“描边”和“渐变叠加”选项，设置参数，为该图标添加效果。在“描边”选项中设置大小为1像素，位置为内部，填充类型为渐变，设置渐变条，颜色由左到右依次为R:178 G:178 B:178、R:108 G:108 B:108。在“渐变叠加”选项中设置渐变条，颜色由左到右依次为R:219 G:219 B:219、R:178 G:178 B:178。

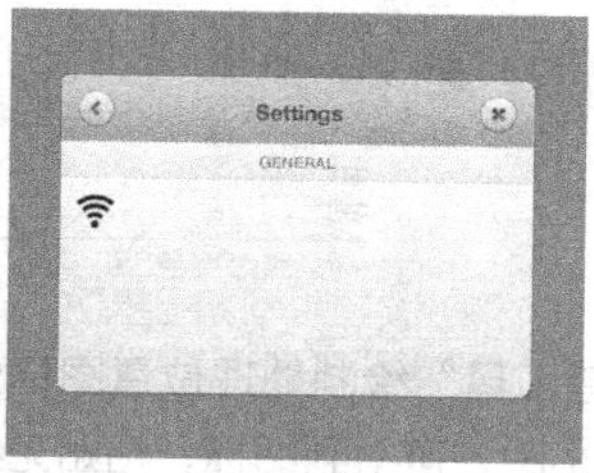

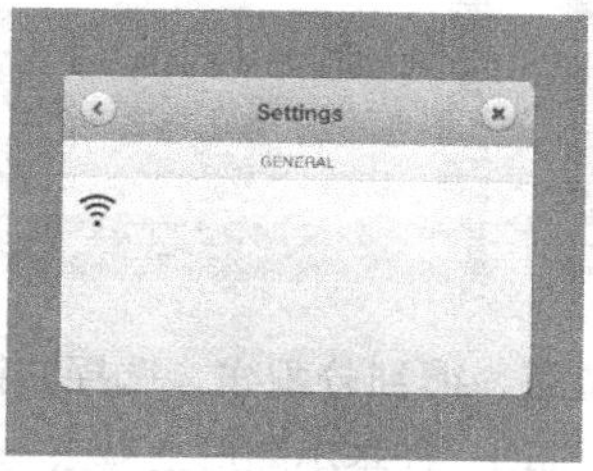

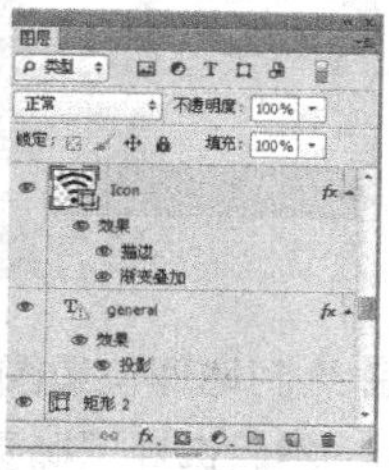

12 添加文字。选择“横排文字工具”，在无线网图标的后面单击输入文字，文字输入完成后，为其添加“投影”效果，设置混合模式为正常，颜色为白色，不透明度为100%，角度为120度，距离为1像素，大小为0像素，单击“确定”按钮，添加效果。

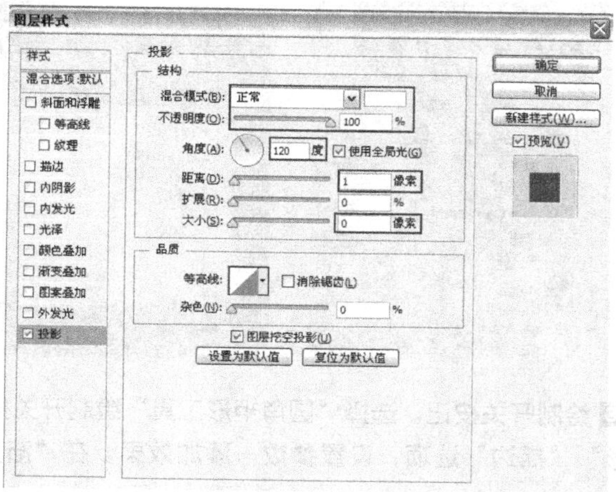

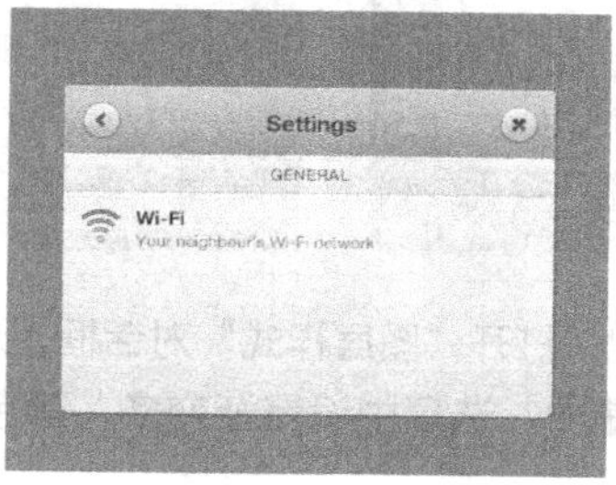

13 绘制开关按钮。选择“圆角矩形工具”，在选项栏中设置半径为100像素，在界面上绘制开关外形，打开“图层样式”对话框，选择“渐变叠加”“内阴影”“描边”选项，设置参数，为开关添加立体效果。在“渐变叠加”选项中设置渐变条，颜色由左到右以此为R:219 G:219 B:219、R:178 G:178 B:178。在“内阴影”选项中设置不透明度为12%，距离为3像素，大小为4像素。在“描边”选项中设置大小为1像素，位置为内部，填充类型为渐变，设置渐变条，颜色由左到右依次为R:178 G:178 B:178、R:108 G:108 B:108。

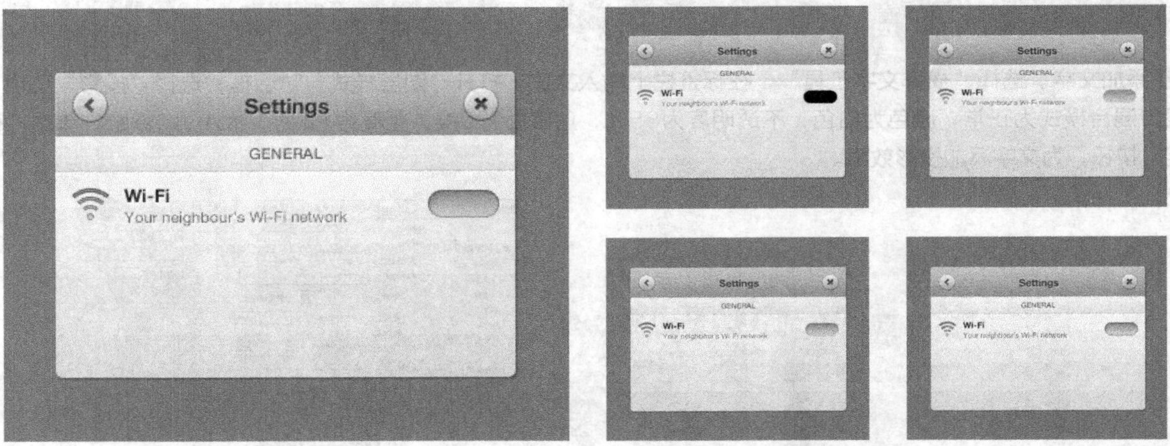

14 绘制按钮滑块。再次使用“圆角矩形工具”绘制滑块，打开“图层样式”对话框，选择“渐变叠加”和“描边”选项，设置参数，为滑块添加立体质感。在“渐变叠加”选项中设置渐变条，颜色由左到右依次为R:216 G:216 B:216、R:235 G:235 B:235、R:246 G:246 B:246。在“描边”选项中设置大小为1像素，填充类型为渐变，设置渐变条，颜色从左到右依次为R:0 G:0 B:0，不透明度为46%，R:0 G:0 B:0，不透明度为18%。

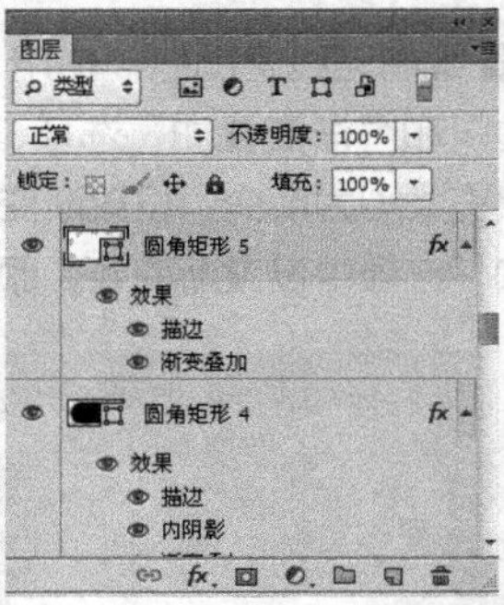

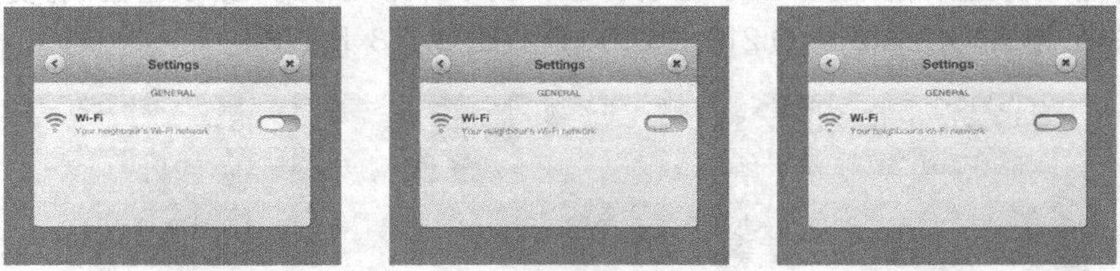

15 绘制地理位置图标。复制“矩形 2 图层”移动位置，得到分割线，选择“钢笔工具”绘制地理位置图标外形，然后选择“椭圆工具”，选择“减去顶层形状”选项，在基本图形上减去一个小圆，可得到图标，粘贴无线网图标的图层样式效果，选择“横排文字工具”输入文字，粘贴文字效果。

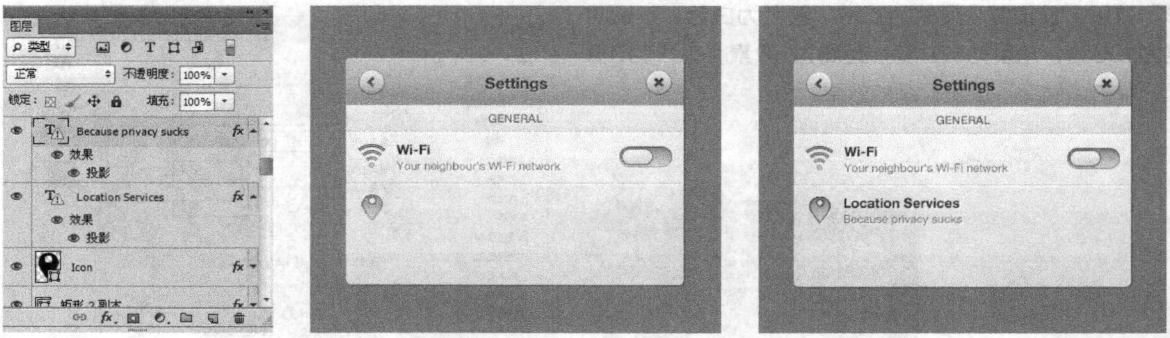

16 绘制开关按钮。选择“圆角矩形工具”绘制开关按钮，打开“图层样式”对话框，选择“渐变叠加”“内阴影”“描边”选项，设置参数，添加效果。在“渐变叠加”选项中设置渐变条，颜色由左到右依次为R:102

G:166 B:235、R:58 G:125 B:212。在“内阴影”选项中设置不透明度为12%，距离为3像素，大小为4像素。描边设置大小为1像素，填充类型为渐变，设置渐变条，颜色从左到右依次为R:74 G:142 B:215、R:28 G:86 B:161。将刚才绘制的滑块图层进行复制，移动到该开关按钮的右侧。

17 绘制系统平台。将分割线图层进行复制，移动位置，将选项进行分割，选择“钢笔工具”绘制系统平台图标，为其粘贴图标的图层样式效果，选择“横排文字工具”输入文字，粘贴文字效果。

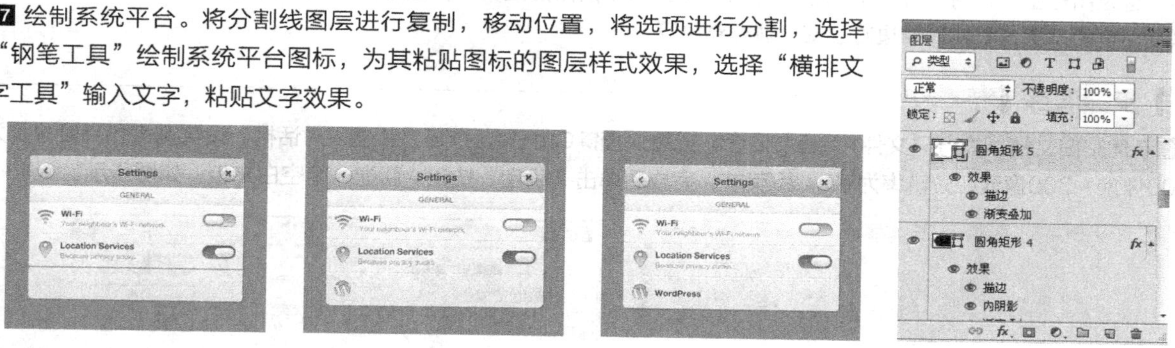

18 绘制翻页箭头。使用“钢笔工具”绘制箭头图标，打开“图层样式”对话框，选择“渐变叠加”“内阴影”“投影”选项，设置参数，完成效果。在“渐变叠加”选项中设置渐变条，颜色由左到右依次为R:201 G:201 B:201、R:165 G:165 B:165。在“内阴影”选项中设置混合模式为叠加，不透明度为50%，距离为1像素，大小为1像素。在“投影”选项中设置混合模式为正常，颜色为白色，不透明度为100%，距离为1像素，大小为0像素。

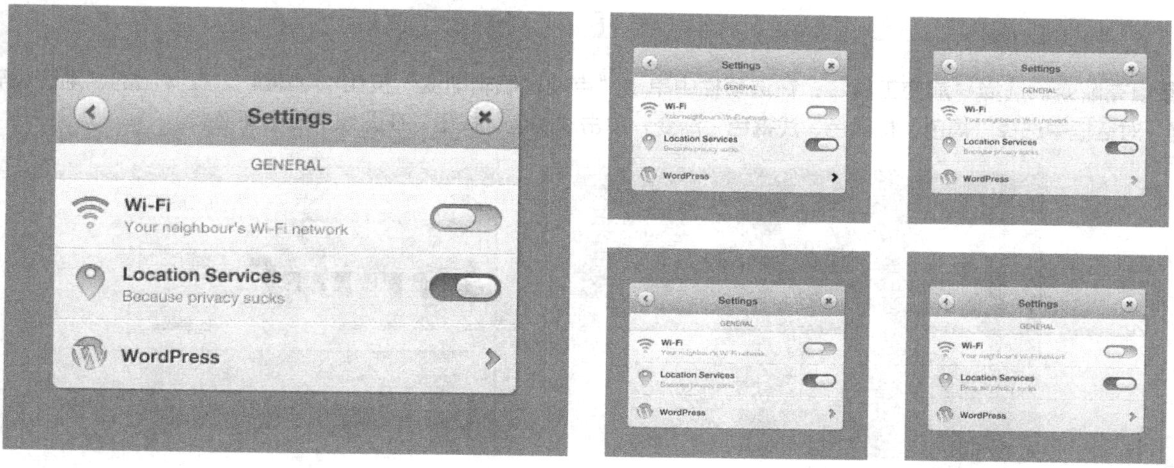

案例 3 通知列表界面

案例分析

本例将制作一个通知列表界面，这是一组拟物化的图标，界面让人感觉是比较平的感觉，仔细观察会发现它的表面会有一些细微的结构变化，而这正是这个练习的目的，运用图层样式做出细微的表面变化，表现细节。

技巧分析

这组图标主要练习各种图形的绘制方法，掌握基本的图形工具，例如矩形工具、圆角矩形工具、钢笔工具，以及描边的设置，如何让描边对象变为填充对象等。

步骤演练

01 新建空白文档。执行“文件>新建”命令，或按快捷键Ctrl+N，打开“新建”对话框，设置宽度和高度分别为400像素×300像素，分辨率为72像素/英寸，完成后单击“确定”按钮，新建一个空白文档，如图所示。

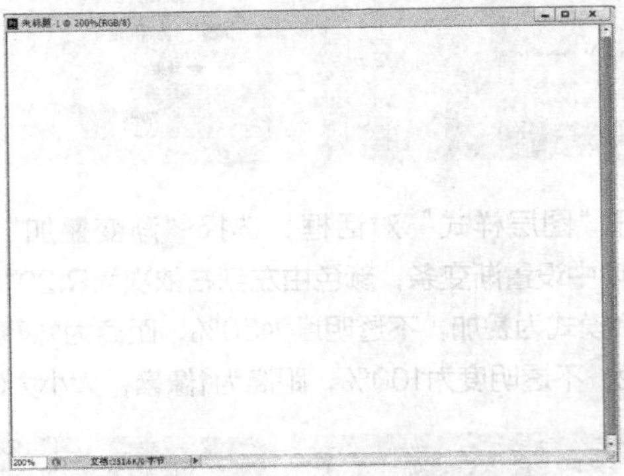

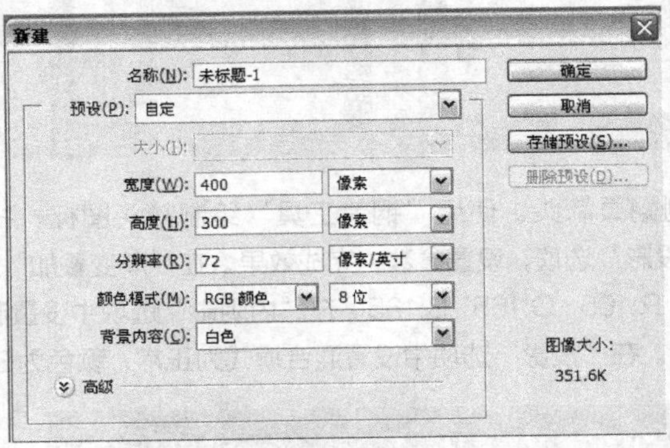

02 填充渐变。选择“渐变工具”，在选项栏中单击“点按可编辑渐变”按钮，在弹出的“渐变编辑器”对话框中选择“褐色、棕褐色、浅褐色”渐变，单击“确定”按钮，在图像上拉出渐变条。

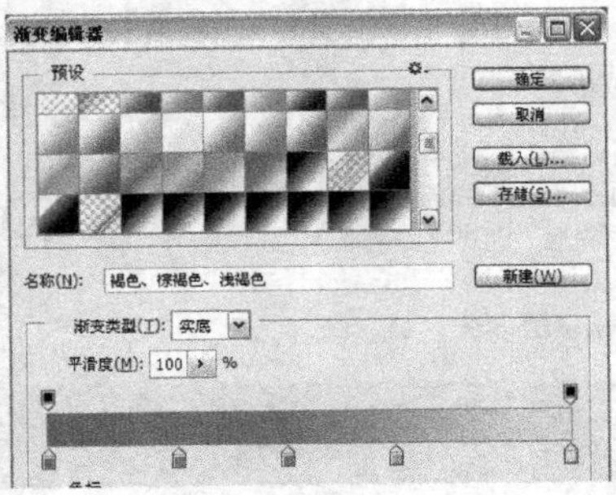

第07章

03 绘制基本图形。选择“圆角矩形工具”，在选项栏中设置半径为8像素，在图像上绘制基本图形，打开“图层样式”对话框，选择“颜色叠加”和“投影”选项，设置参数，单击“确定”按钮，为基本形添加效果。在“颜色叠加”选项中设置颜色为R:248　G:248　B:248。在“投影”选项中设置混合模式为正常、不透明度为35%，角度为90度，取消选择“使用全局光”，距离为2像素，大小为3像素。

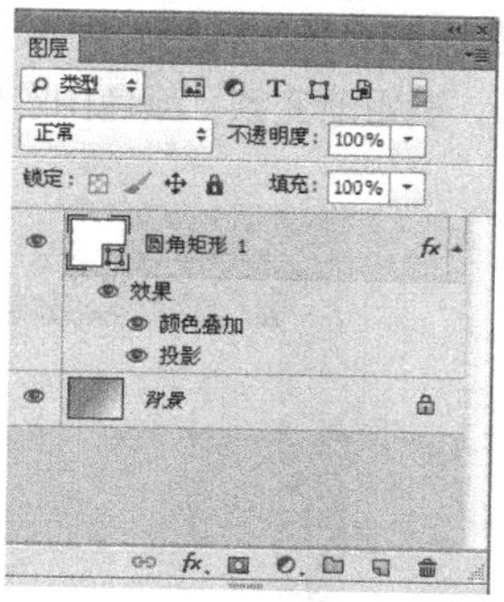

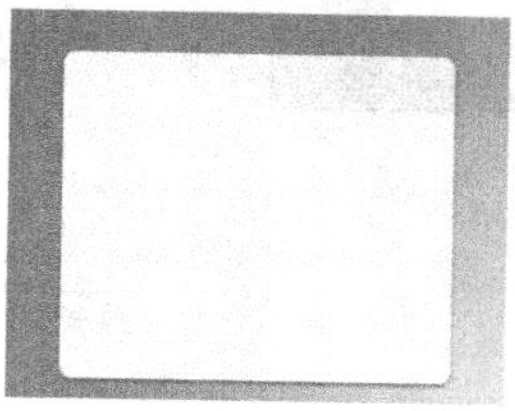

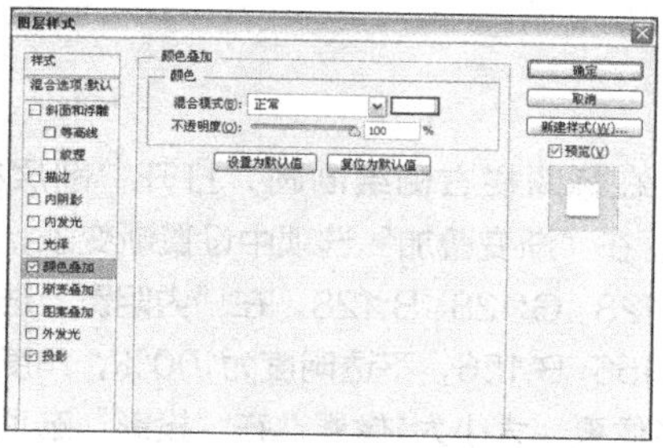

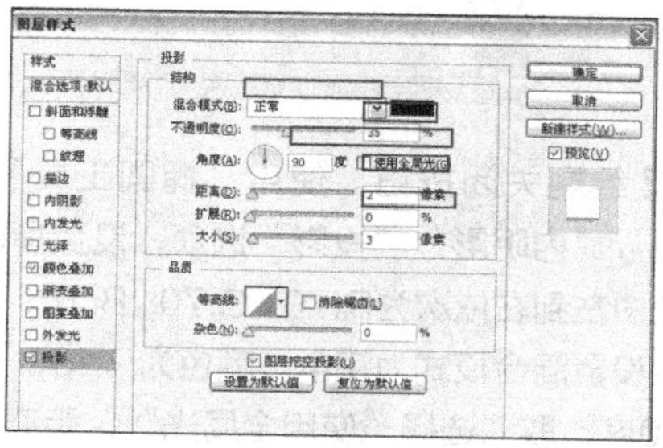

04 制作标题栏。选择“圆角矩形工具”，在基本形上方绘制形状，然后选择“矩形工具”，在选项栏中选择“合并形状”选项，再次进行绘制，得到标题栏。

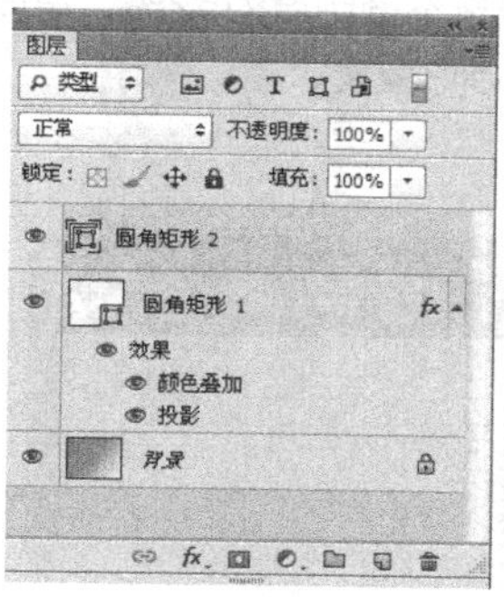

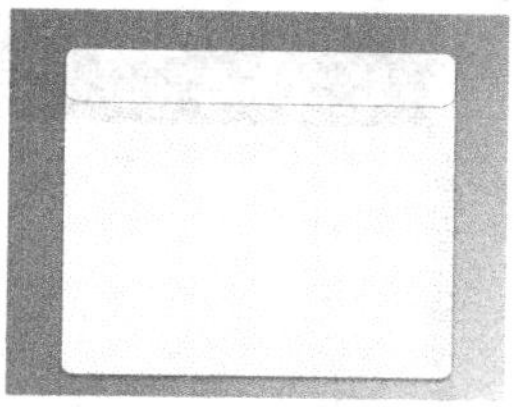

05 添加效果。打开该图层“图层样式”对话框，选择“渐变叠加”“描边”“内阴影”“图案叠加”选项，设置参数，为标题栏添加效果。在“渐变叠加”选项中设置渐变条，颜色由左到右依次为R:47　G:47　B:47、R:86　G:86　B:86。在“描边”选项中设置大小为1像素，填充类型渐变、设置渐变条，颜色由左到右依次为R:18 G:18 B:18、R:58　G:58　B:58。在“内阴影”选项中设置混合模式为正常，颜色为白色，不透明度为20%，角度为90度，取消选择“使用全局光”，距离为1像素，大小为0像素。在“图案叠加”选项中选择“深灰斑纹纸”图案。

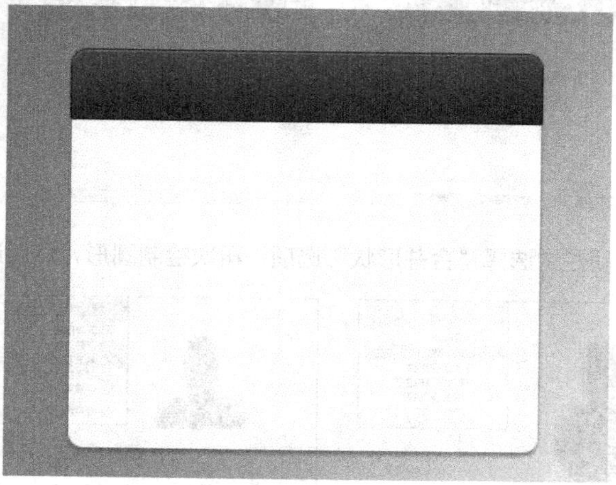

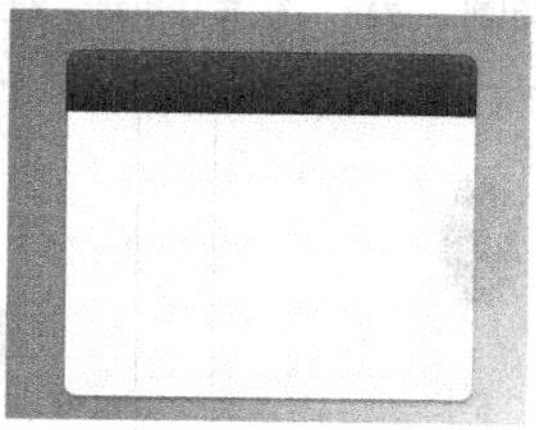

06 添加标题。选择“横排文字工具”，在标题栏上输入文字，打开“图层样式”对话框，选择“渐变叠加”选项，设置渐变条，颜色由左到右依次为R:231 G:231 B:231、R:255 G:255 B:255，单击“确定”按钮。

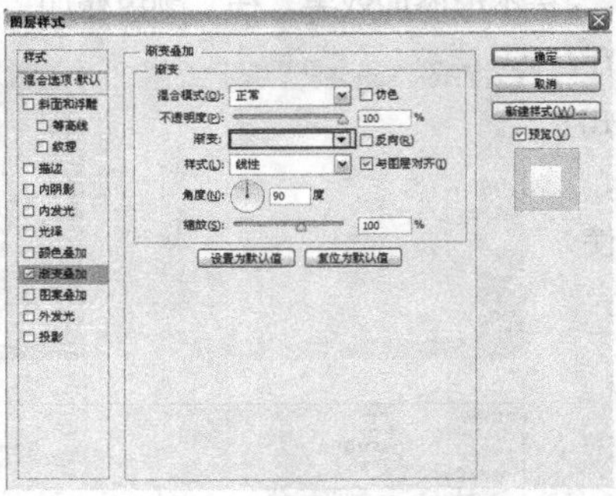

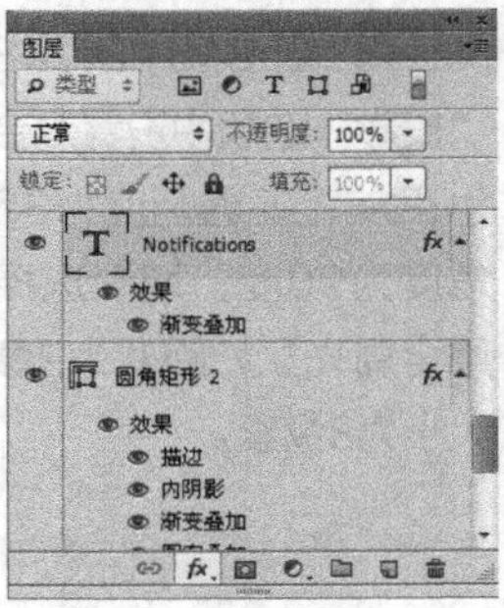

07 绘制关闭按钮。使用“椭圆工具”，在标题栏右侧绘制圆，打开“图层样式”对话框，选择“渐变叠加”“内阴影”“投影”选项，设置参数。在“渐变叠加”选项中设置渐变条，颜色由左到右依次为R:70 G:70 B:70、R:128 G:128 B:128。在“内阴影”选项中设置混合模式为正常，颜色为R:156 G:156 B:156，不透明度为100%，角度为90度，取消选择“使用全局光”，距离为1像素，大小为1像素。在“投影”选项中设置不透明度为52%，角度为90度，取消选择“使用全局光”，距离为1像素，大小为3像素。

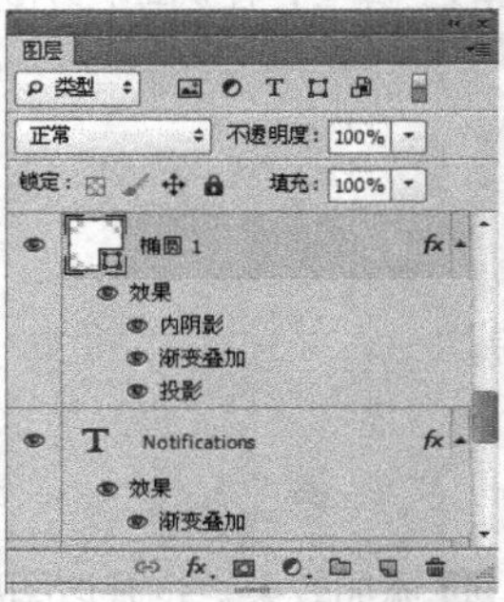

08 绘制关闭图标。选择“矩形工具”，绘制矩形条，按快捷键Ctrl+T，将其旋转，按Enter键确认操作，将该矩形进行复制，执行“水平翻转”命令，得到关闭图标，为其添“颜色叠加”“投影”效果。在“颜色叠加”选项中设置颜色为R:49 G:49 B:49。在“投影”选项中设置混合模式为正常，颜色为白色，不透明度为17%，角度为90度，取消选择“使用全局光”，距离为1像素，大小为0像素。

09 制作联系人图标。选择“椭圆工具”绘制椭圆，在选项栏中选择“合并形状”选项，再次绘制圆形，然后选择“矩形工具”，在选项栏中选择“减去顶层形状”选项，将多余的形状减去，得到联系人图标。

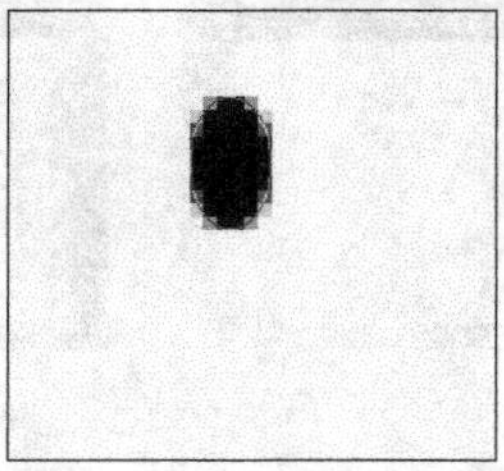

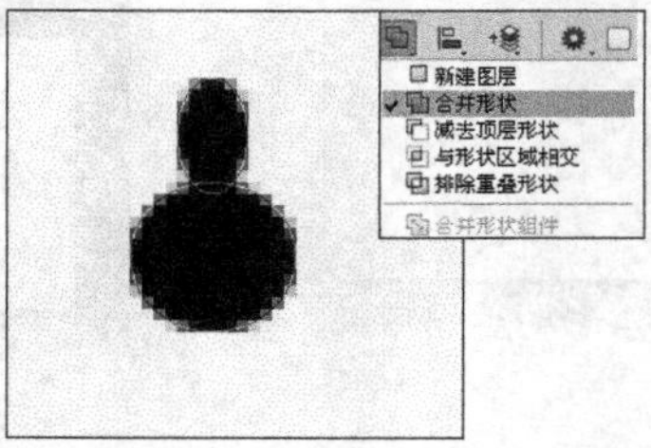

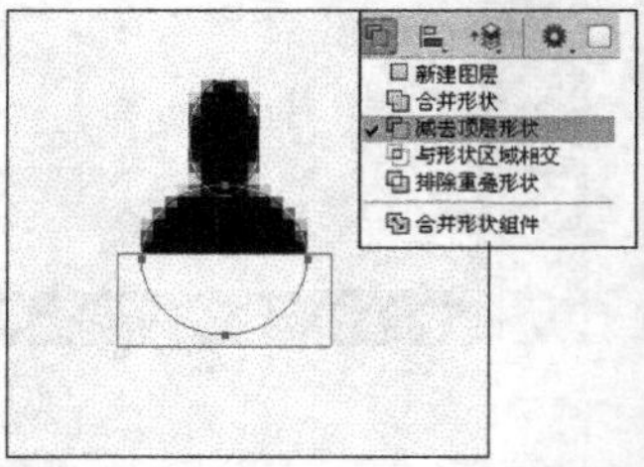

10 添加效果。打开联系人图标所在图层的“图层样式”对话框，选择“颜色叠加”和“内阴影”选项，设置参数，添加效果。在“颜色叠加”选项中设置颜色为R:90　G:90　B:90。在“内阴影”选项中设置不透明度为70%，角度为90度，取消选择“使用全局光”，距离为1像素，大小为3像素。

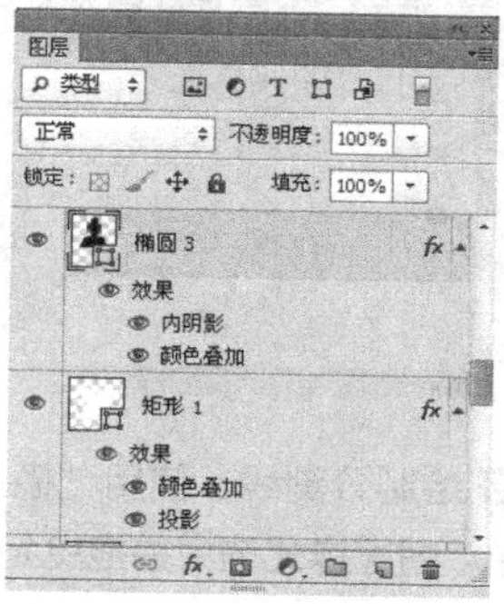

11 输入文字。选择“横排文字工具”在联系人图标的右侧单击并输入文字。

12 绘制选中底纹。选择“矩形工具”，设置前景色为白色，在图像上绘制矩形框，将该图层的填充降低为10%，打开“图层样式”对话框，选择“颜色叠加”和“描边”选项，设置参数。在“颜色叠加”选项中设置颜色为R:67　G:67　B:67，不透明度为5%。在“描边”选项中设置大小为1像素，不透明度为9%。

13 绘制心形图标。选择“自定义形状”工具，在选项栏中选择“心形”形状，在图像上绘制心形，打开“图层样式”对话框，选择“渐变叠加”和“内阴影”选项，设置参数，添加效果。在“渐变叠加”选项中设置渐变条，颜色由左到右依次为R:255　G:85　B:133、R:255　G:119　B:157。在“内阴影”选项中设置不透明度为50%，角度为90度，取消选择“使用全局光”，距离为1像素，大小为3像素。然后选择“横排文字工具”输入文字。

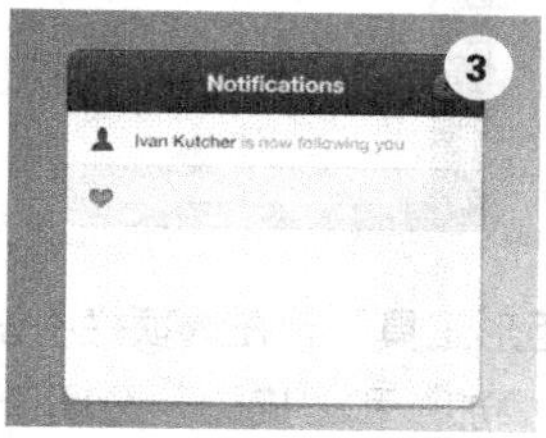

14 绘制图标。选择“椭圆工具”绘制椭圆，然后选择“钢笔工具”，在选项栏中选择“合并形状”选项，在椭圆上绘制形状，得到图标，为该图层添加联系人图标的“图层样式”效果。

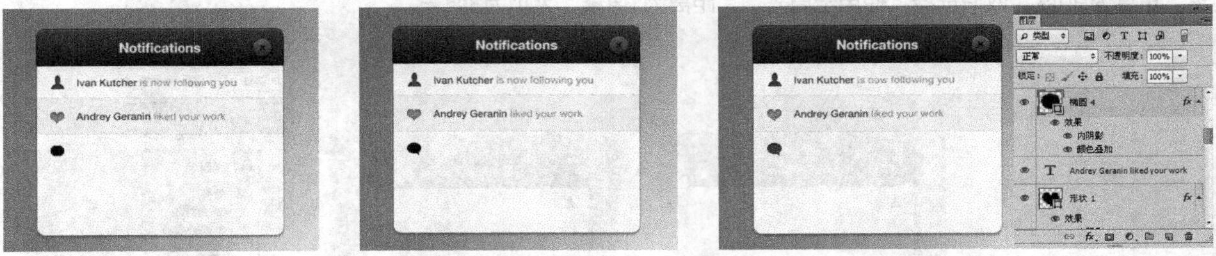

15 绘制分割线。使用“横排文字工具”输入文字，将刚才绘制的底色矩形框进行复制，移动位置，将“颜色叠加”图层样式选中并拖曳到“图层”面板下方的“删除图层”按钮上，可将该样式删除，得到分割线。

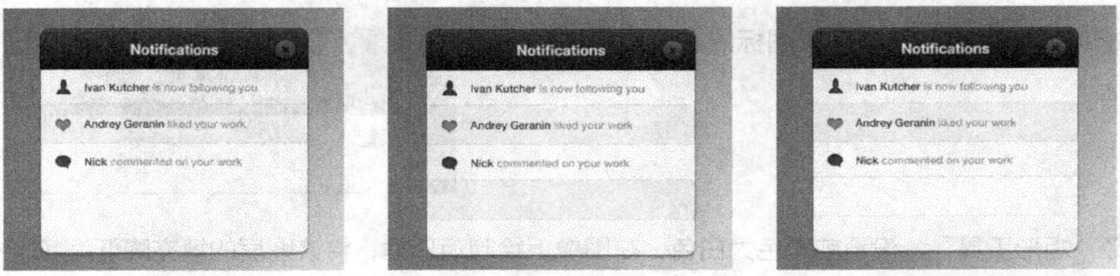

16 绘制虎头符图标。选择“横排文字工具”，在图像上单击，按快捷键Shift+2，可得到虎头符图标，再次选择文字工具输入文字。

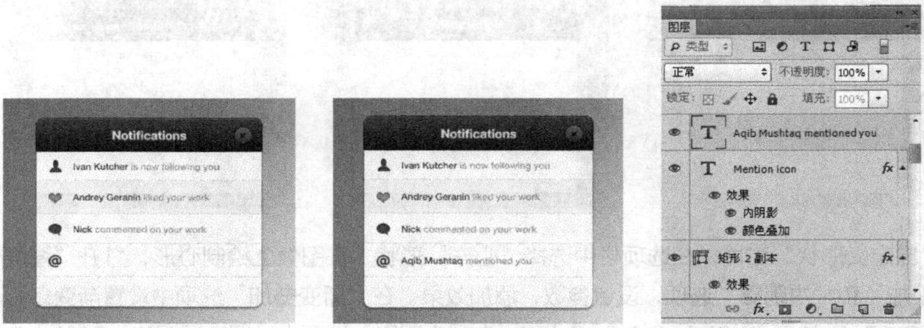

17 绘制星形图标。选择“自定义形状”工具，在选项栏中选择“星形”形状，在图像上绘制星形，为其粘贴图标的图层样式效果，然后选择“横排文字工具”输入文字。

18 绘制拉动条。选择“圆角矩形工具”，在选项栏中设置半径为100像素，在界面的右侧绘制拉动条，打开“图层样式”对话框，选择“颜色叠加”和“描边”选项，设置参数，添加效果。在“颜色叠加”选项中设置颜色为R:232 G:232 B:232。在“描边”选项中设置大小为1像素，位置为内部，颜色设置为R:217 G:217 B:217。

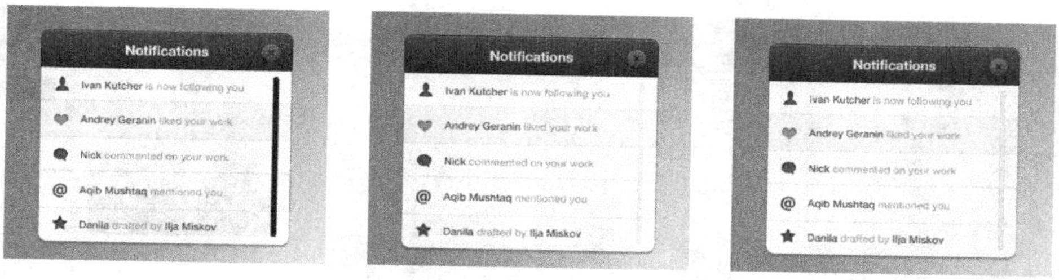

19 绘制拉动进度　再次选择“圆角矩形工具”，在拉动条上继续进行绘制，将填充降低为0%，打开“图层样式”对话框，选择“描边”和“颜色叠加”选项，设置参数，完成效果。在“描边”选项中设置大小为1像素，位置为内部，颜色设置为R:94 G:94 B:94。在“颜色叠加”选项中设置不透明度为50%。

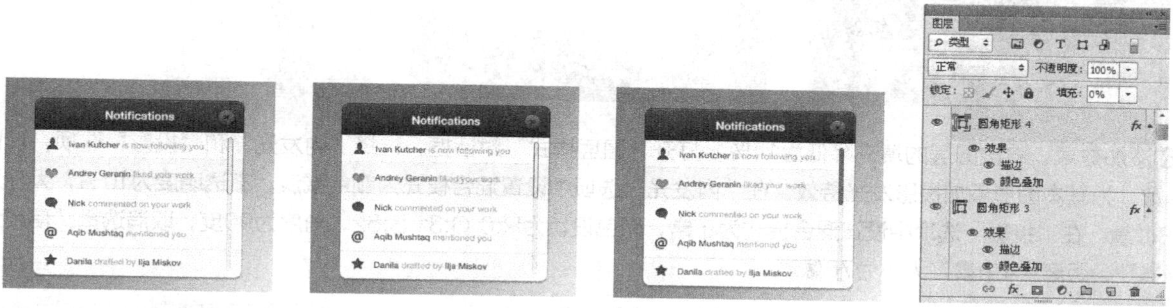

案例 4　日历界面

案例分析

本例将制作一个iOS 7系统下的日历界面。背景是一个磨砂玻璃效果的模糊图像，凸显出iOS 7的界面特性（这种风格偏向于扁平化，扁平化设计也是当下十分流行的设计方法）。

技巧分析

暖紫色是一种神秘的色彩，它给人一种舒适休闲的心理感受，粉色和蓝色标出特殊日子，让人感觉很浪漫。

步骤演练

01 绘制基本图形。执行“文件>打开”命令，或按快捷键Ctrl+O，在弹出的“打开”对话框中，选择背景素材将其打开，选择“圆角矩形工具”，在选项栏中设置半径为5像素，设置前景色为R:140 G:221 B:214，在图像上绘制圆角矩形。

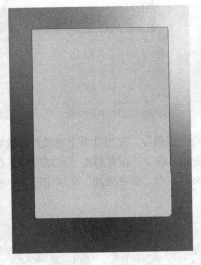

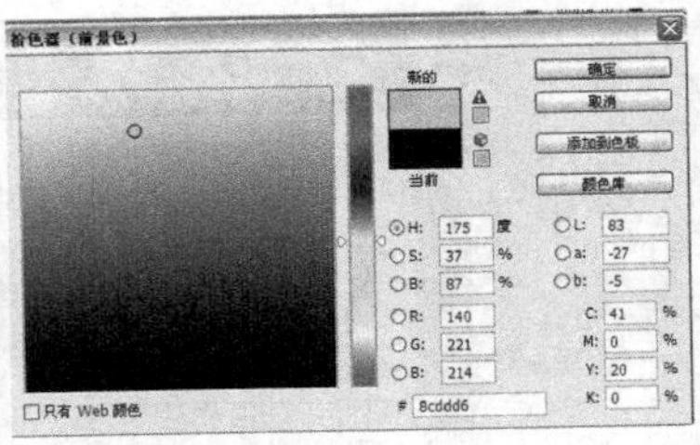

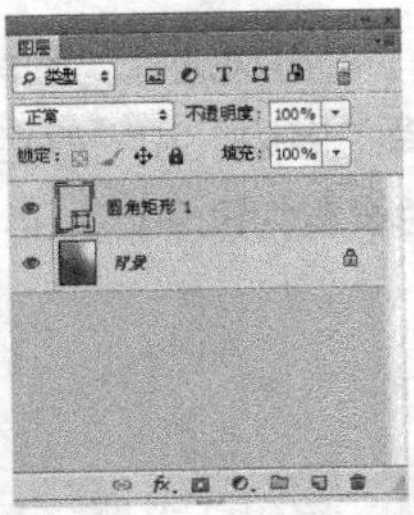

02 添加效果。将该图层的填充降低为14%，打开“图层样式”对话框，选择“内发光”和“投影”选项，设置参数，为基本图形添加投影发光特效。在“内发光”选项中设置混合模式为颜色减淡，不透明度为10%，大小为48像素。在“投影”选项中设置混合模式为正常，颜色设置为R:0 G:31 B:62，角度为90度，取消选择“使用全局光”，距离为4像素，大小为70像素。

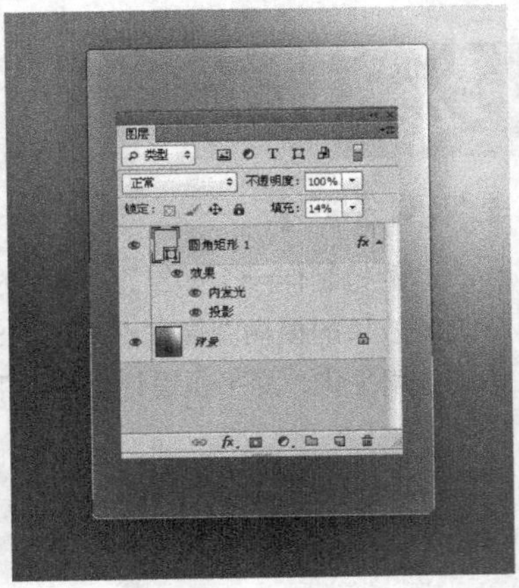

03 绘制标题栏　选择“钢笔工具”，设置前景色为R:39 G:200 B:187，得到“形状1”图层，将该图层的填充降低为10%。

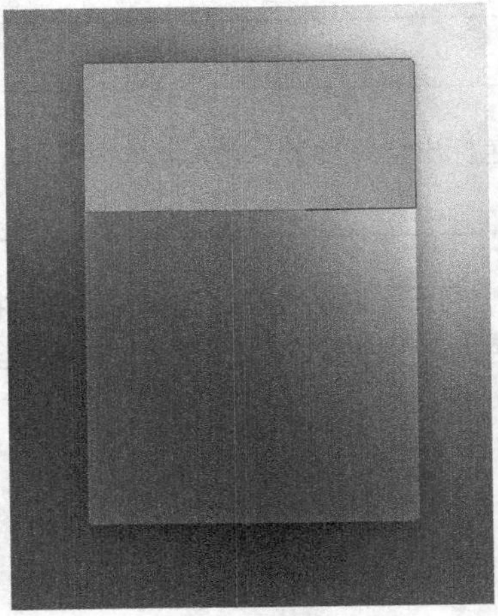

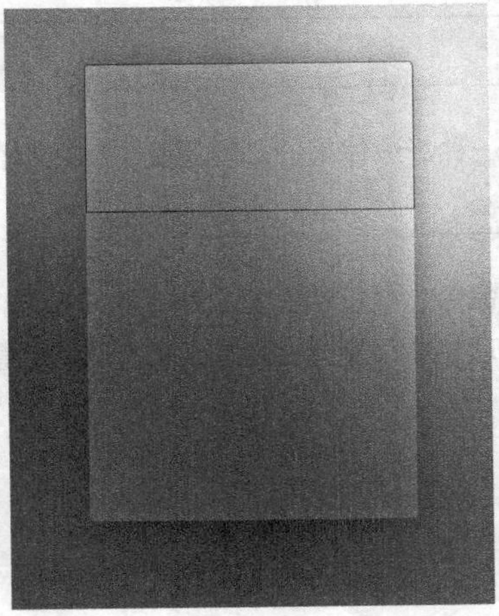

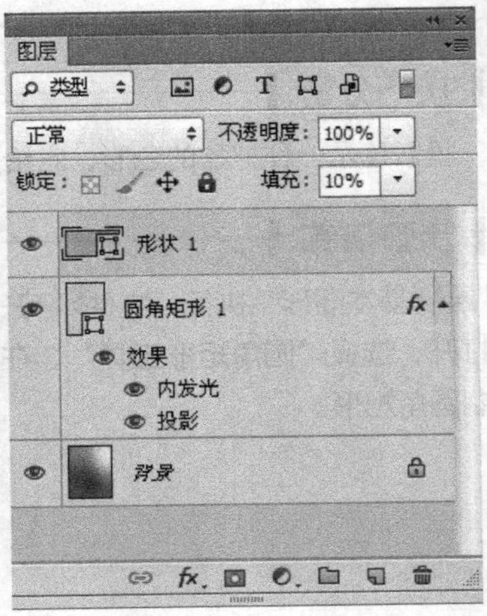

04 绘制选项栏。选择“钢笔工具”，在界面的下方绘制形状，得到“形状 2”图层，将该图层的填充降低为10%，使其呈现半透明状态。

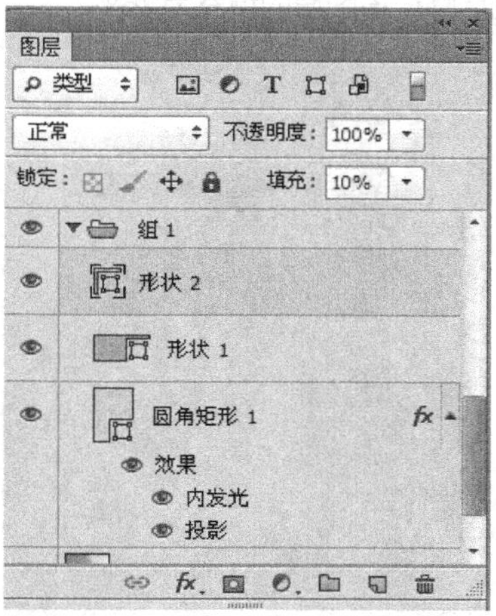

05 绘制形状。选择“钢笔工具”，在界面上面绘制形状，完成后将该图层的填充降低为35%。

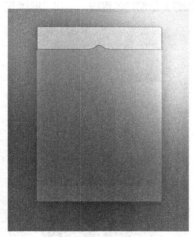

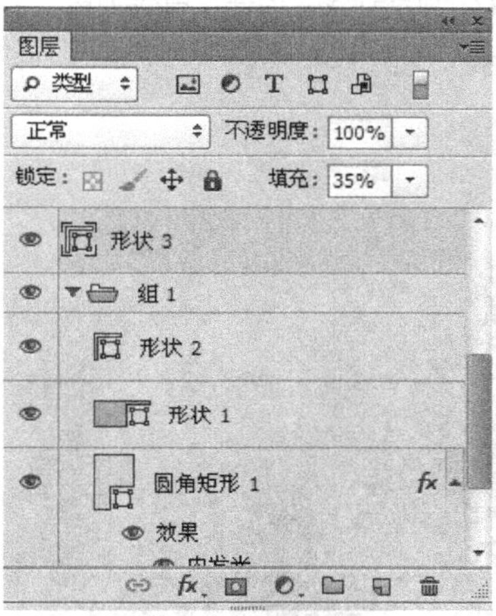

06 添加年份文字。选择“横排文字工具”，在标题栏上单击并输入文字，输入完成后将文字选中，打开“字符”面板，设置文字的属性，将文字所在图层的填充降低为65%。

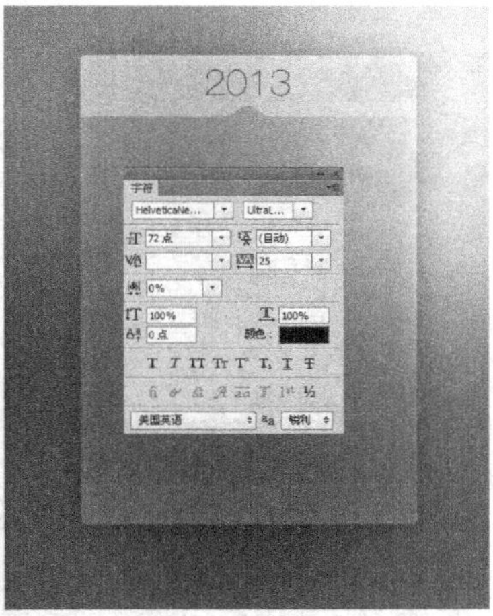

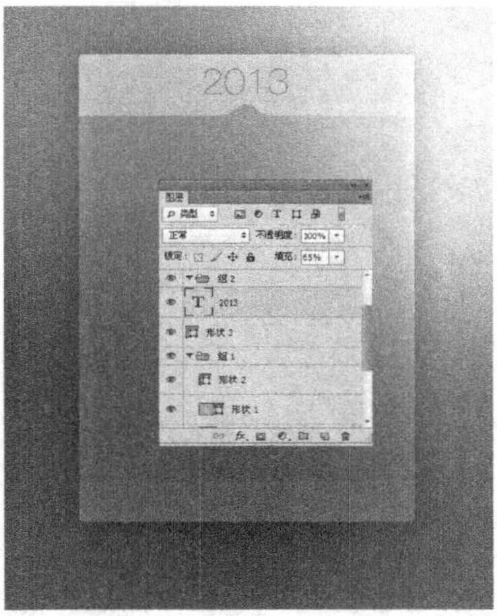

07 绘制形状。再次选择“钢笔工具”，设置前景色为R:68 G:121 B:172，在标题栏下方继续绘制形状，单击“图层”面板下方的“添加图层蒙版”按钮，为该图层添加蒙版，选择黑色画笔工具，在该形状上拉出渐变，完成后降低该图层的填充为25%。

08 绘制分割线。选择“直线工具”，在图像上绘制白色直线，得到“形状 5”图层，将该图层的填充降低为30%。

09 绘制翻页按钮。选择“自定义形状”工具，在选项栏中选择箭头形状，在图像上绘制左右箭头，然后选择“横排文字工具”输入月份文字。

第07章

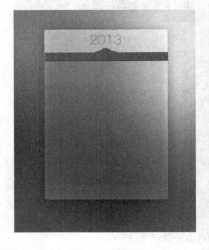

10 输入日历表。选择“横排文字工具”输入文字，按Enter键换行，继续输入文字，保证一竖行为一个图层。

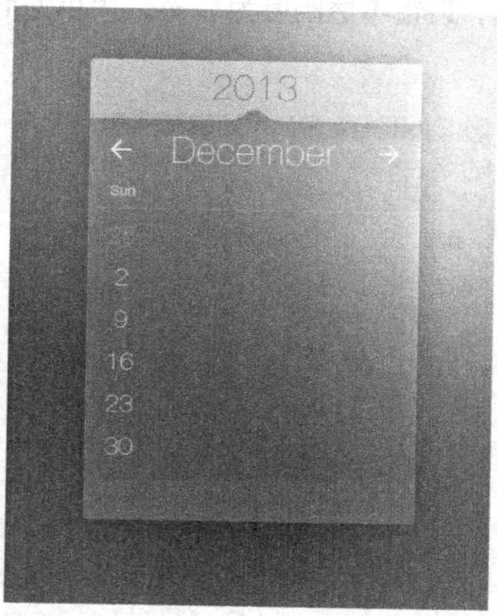

11 绘制圆。选择“椭圆工具”，设置前景色为R:255 G:50 B:50，按Shift键绘制大红色圆，得到“椭圆 1”图层，将该图层的混合模式设置为变亮，降低填充为80%。

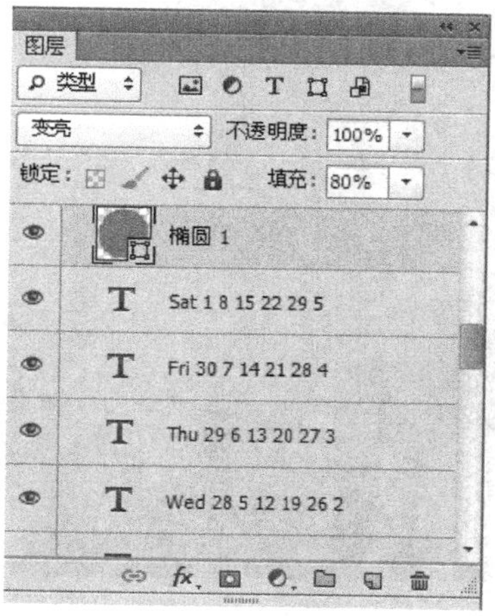

12 添加发光效果。打开“椭圆 1”图层的“图层样式”对话框，选择“外发光”选项，设置不透明度为40%，颜色为R:253 G:14 B:73，大小为75像素，单击“确定”按钮，为圆添加发光效果。

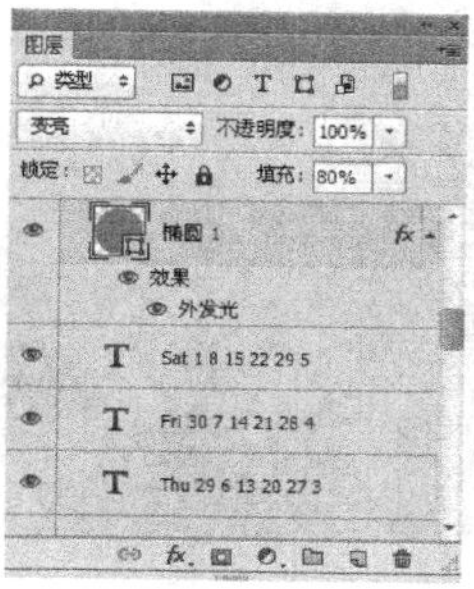

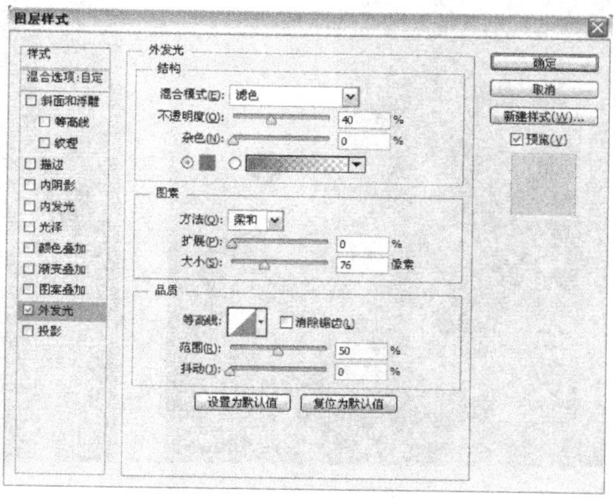

13 绘制蓝色圆点。使用同样的方法绘制蓝色圆，颜色设置为R:56 G:244 B:198，将该图层的混合模式设置为叠加，降低填充为60%，添加“外发光”图层样式效果。选择“外发光”选项，设置不透明度为17%，大小为49像素。完成后，将该圆点进行复制，移动位置。

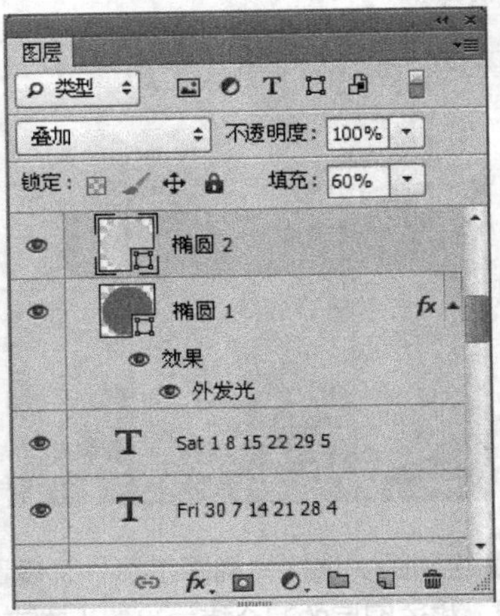

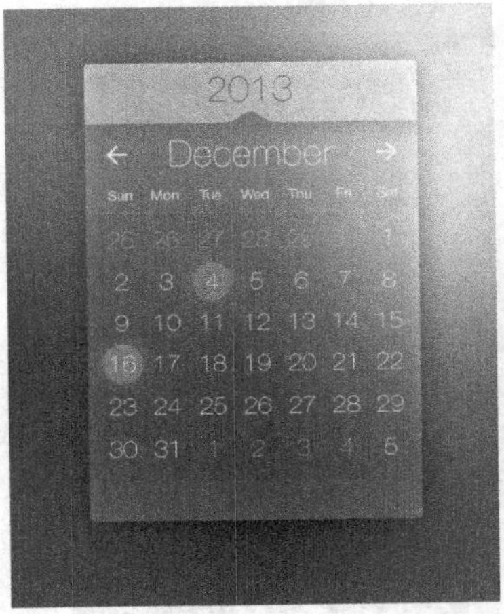

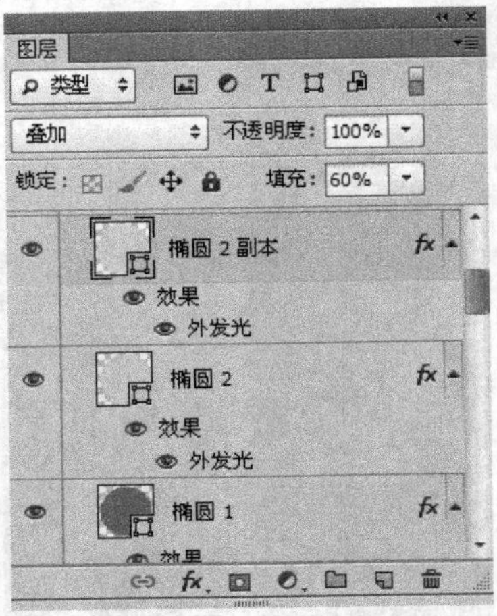

14 绘制灰色圆点。使用“椭圆工具”绘制黑色小圆点，降低填充为10%，打开“图层样式”对话框，选择“描边”选项，设置大小为2像素，位置为内部，颜色设置为R:255 G:255 B:255。填充白色描边效果。

15 复制圆点。将红、蓝、灰色小圆点分别进行复制，改变大小，移动至界面最低端边框中，然后选择“横排文字工具”输入文字，完成制作。

案例 5

对话框界面

案例分析

对话框是人们联络感情、传递信息的工具，短信、QQ等聊天工具中都有对话框的身影。绚丽多彩的聊天对话框可以打造精彩的聊天体验，一个个性化的对话框可以使人心情愉快。

技巧分析

本例制作的是对话框，设计师首先选择蓝色到紫色的清新风格渐变背景，其次对话框线条圆滑，给人以轻松舒适的感觉，半透明立体质地又不失时尚，最后制作出人物头像，清新风格的对话框就制作完成了。

步骤演练

01 打开文件。执行“文件>打开”命令，或按快捷键Ctrl+O，在弹出的“打开”对话框中选择素材文件，完成后单击“确定”按钮。

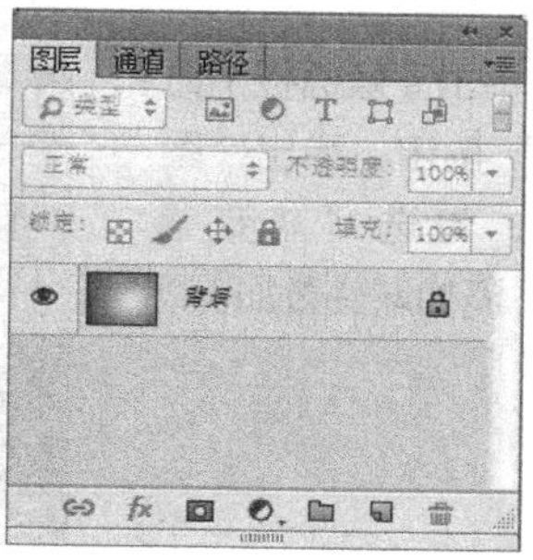

02 绘制形状。单击工具箱中的“钢笔工具”按钮，在选项栏中选择工具的模式为“形状”，设置填充为白色，绘制形状，设置图层的填充为30%。

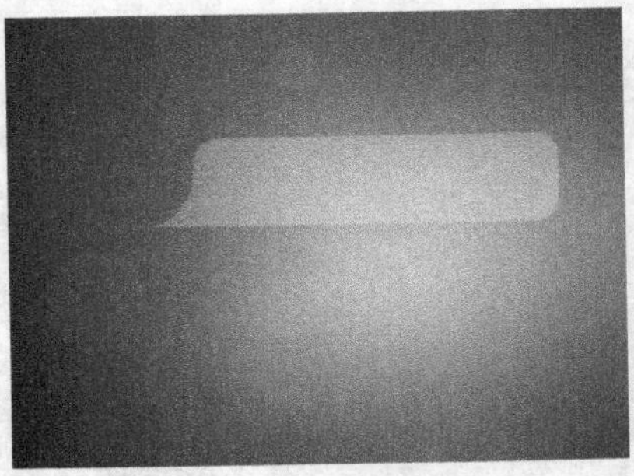

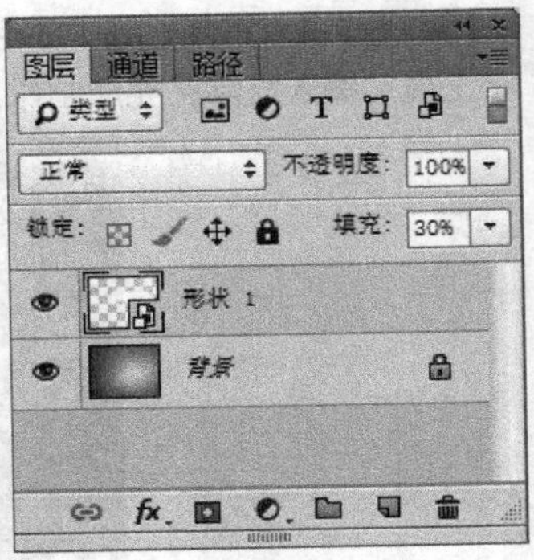

03 绘制斜面和浮雕。单击图层面板下方的“添加图层样式”按钮，弹出“图层样式”对话框，勾选“斜面和浮雕”，设置参数，添加斜面和浮雕。

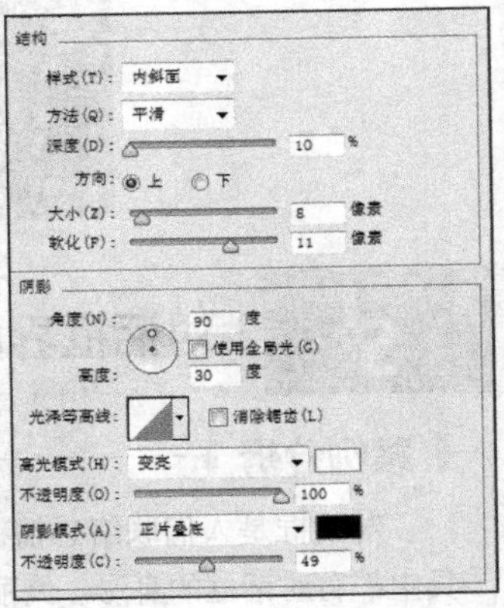

04 添加描边。单击图层面板下方的“添加图层样式”按钮，弹出“图层样式”对话框，勾选“描边”，设置参数，添加灰色描边。

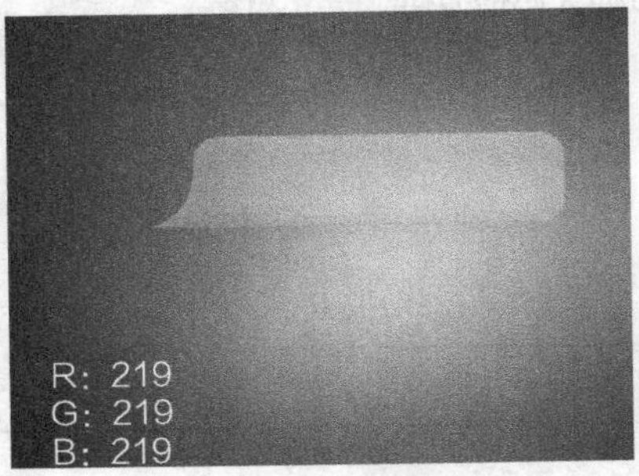

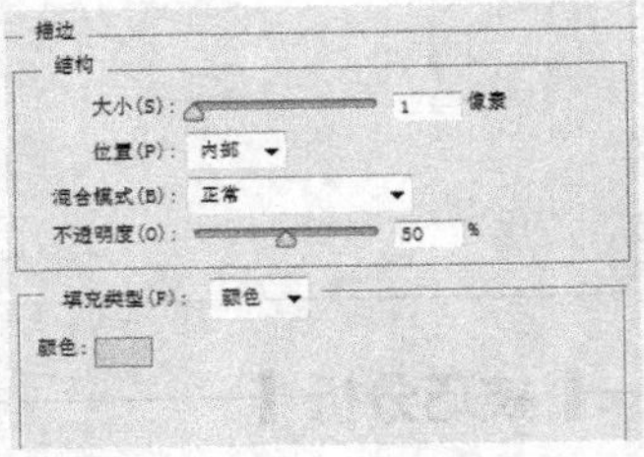

05 添加内阴影。单击图层面板下方的“添加图层样式”按钮，弹出“图层样式”对话框，勾选“内阴影”，设置参数，添加内阴影。

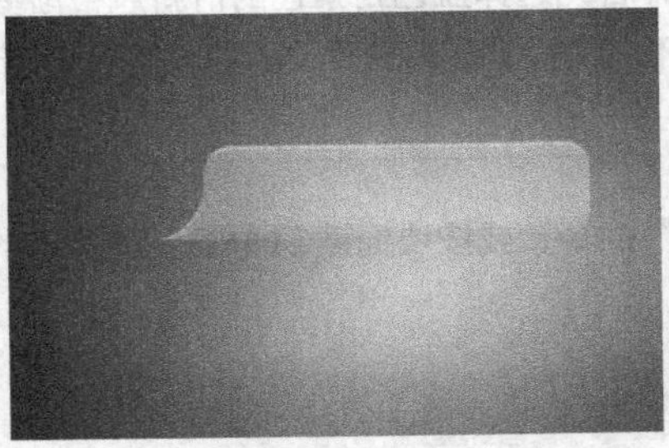

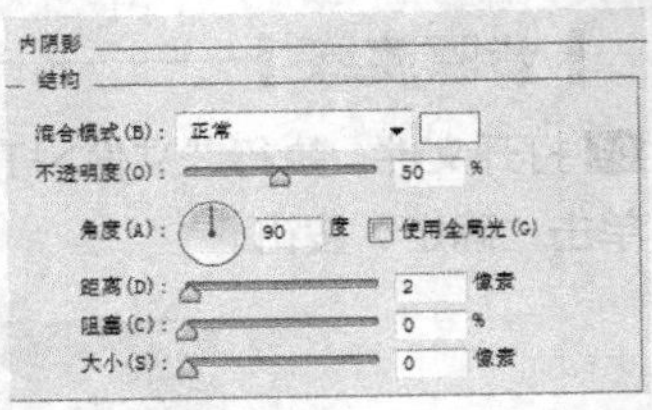

06 绘制渐变叠加。单击图层面板下方的“添加图层样式”按钮，弹出“图层样式”对话框，勾选“渐变叠加”，设置渐变色，添加渐变叠加。

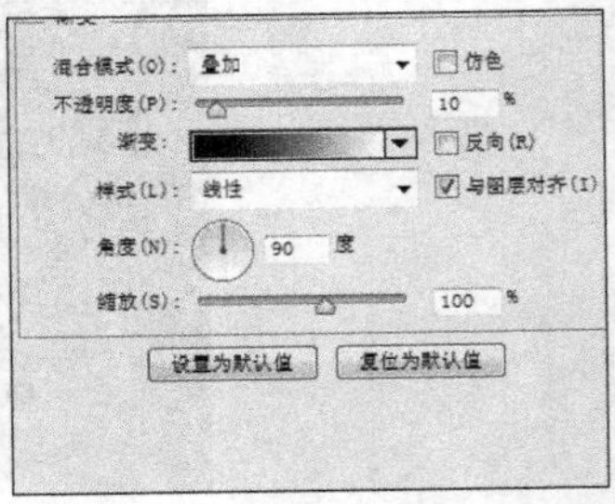

第07章

07 添加投影。单击图层面板下方的“添加图层样式”按钮，弹出“图层样式”对话框，勾选“投影”，设置参数，添加投影。

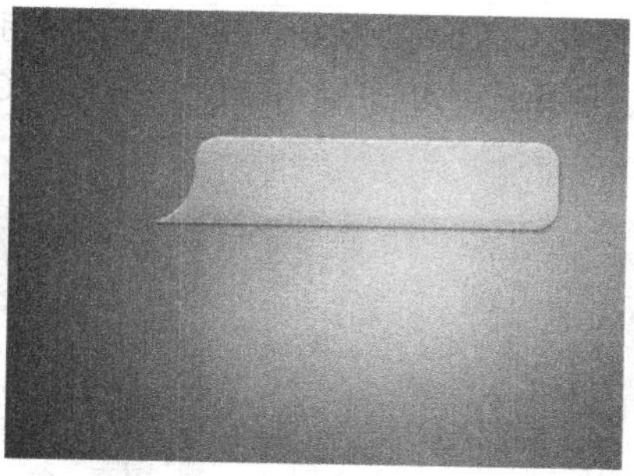

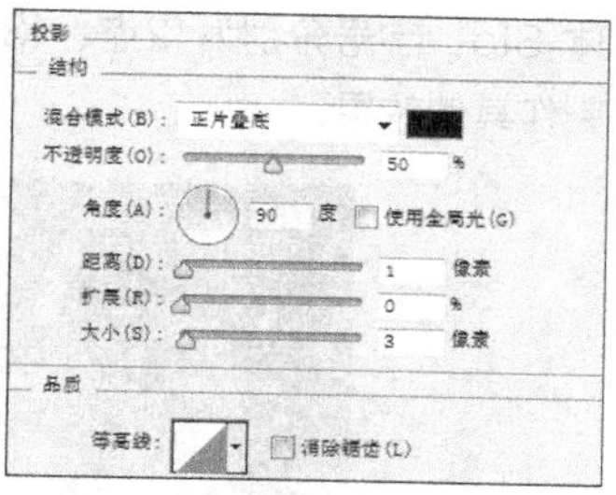

08 添加内发光。单击工具箱中的“椭圆工具”按钮，在选项栏中选择工具的模式为“形状”，设置填充为黑色，绘制形状。

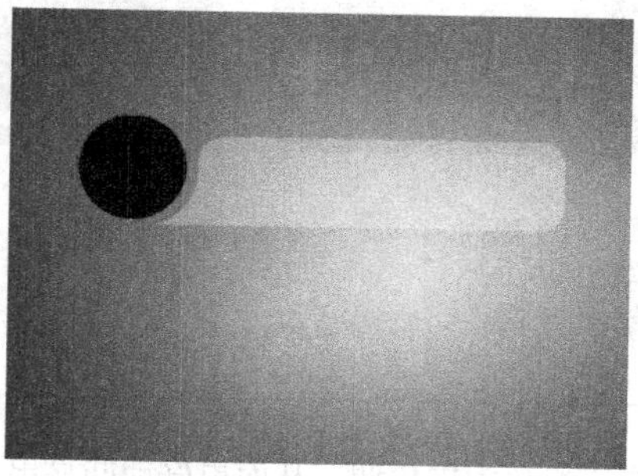

09 添加渐变叠加。单击图层面板下方的“添加图层样式”按钮，弹出“图层样式”对话框，勾选“渐变叠加”，设置渐变色，添加渐变叠加。

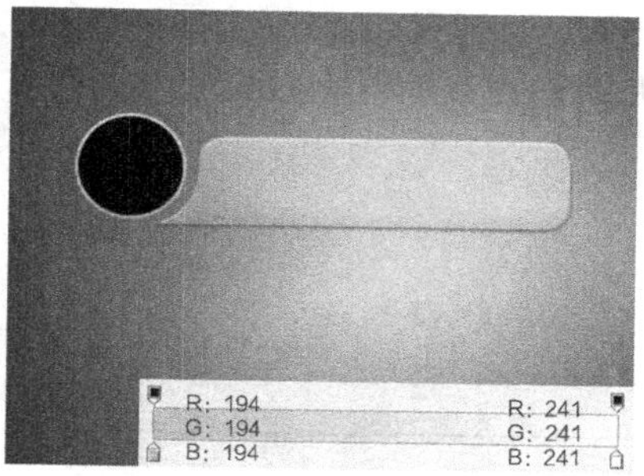

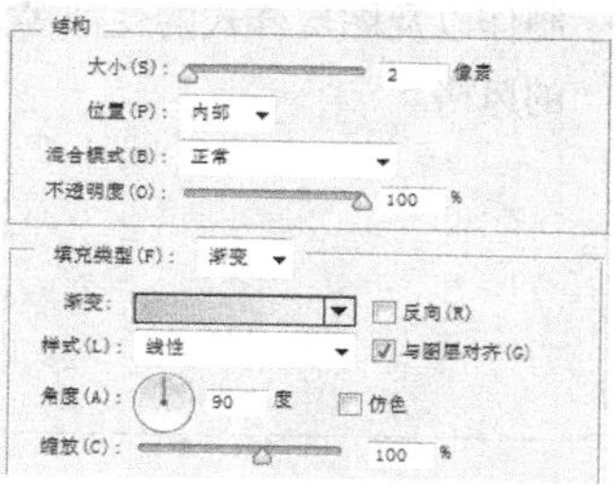

10 绘制椭圆。单击图层面板下方的“添加图层样式”按钮，弹出“图层样式”对话框，勾选“投影”，设置参数，添加投影。

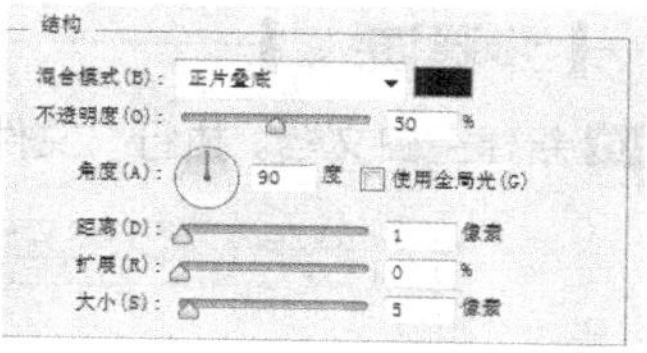

11 打开文件。执行“文件>打开”命令，或按快捷键Ctrl+O，在弹出的“打开”对话框中选择素材文件，完成后单击“确定”按钮，将素材文件拖曳至场景文件中，按快捷键Ctrl+T，将素材自由缩放到合适位置，右键单击图层，选择“创建剪贴蒙版”命令。

12 添加投影。单击工具箱中的“横版文字工具”按钮，在选项栏中分别设置字体为Helvetica Neue、Adobe 黑体 Std，字号分别为12点、13点，颜色分别为白色、深灰色（R：41 G：41 B：41），输入文字。利用相似方法制作其他效果。

案例 6 调整面板

案例分析

该调整面板的制作首先选择以黑色为主色调，从而更好地凸显出面板中各个按钮及图标的质感。在制作过程中主要涉及了不同色块的制作以及图层样式的变换等，使最终的调整面板呈现出了简洁、明快的风格。

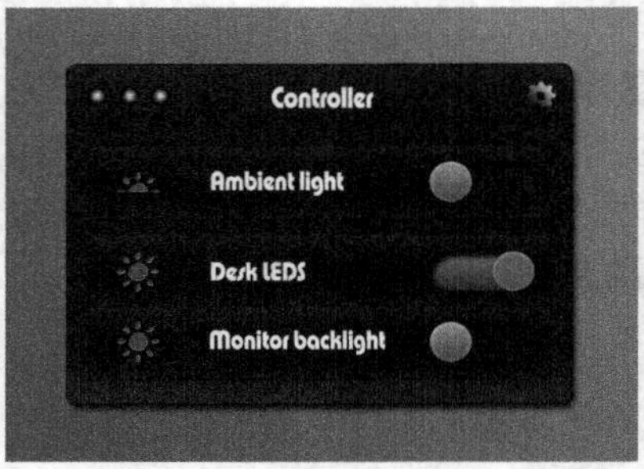

技巧分析

本例制作的是调整面板，在制作中主要应用到了圆形选框工具、钢笔工具等，除此之外，对图层样式的变化也是制作中的一个重要知识点。

步骤演练

01 新建空白文档。执行“文件>新建”命令，在弹出的“新建”对话框中设置参数后单击“确定”按钮。

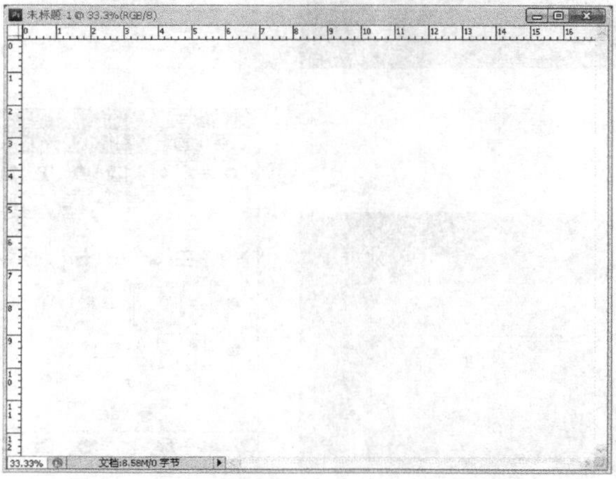

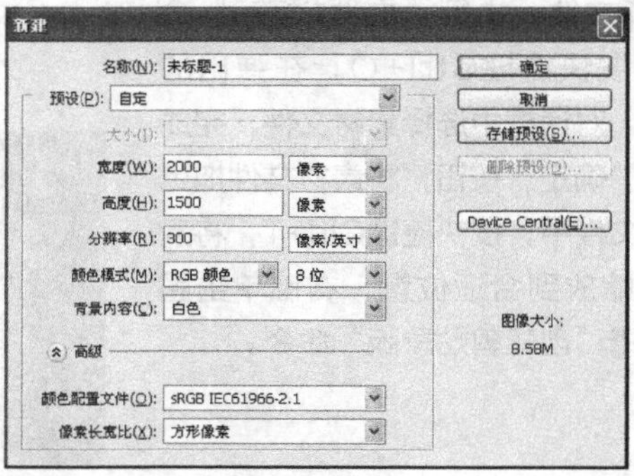

02 制作渐变背景。新建图层后，单击工具箱中“渐变工具”按钮，在属性栏中单击“点按可编辑渐变” 按钮，在弹出的“渐变编辑器”对话框中，设置参数，对图像进行渐变处理。效果如图所示。

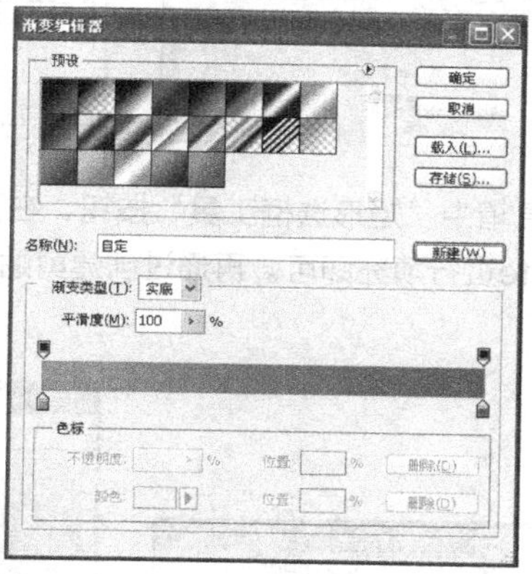

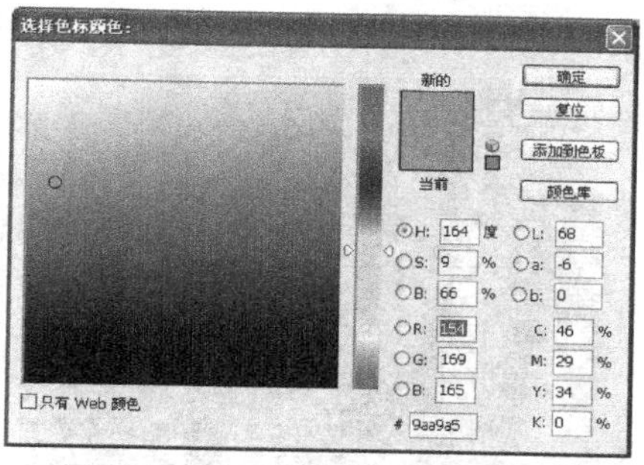

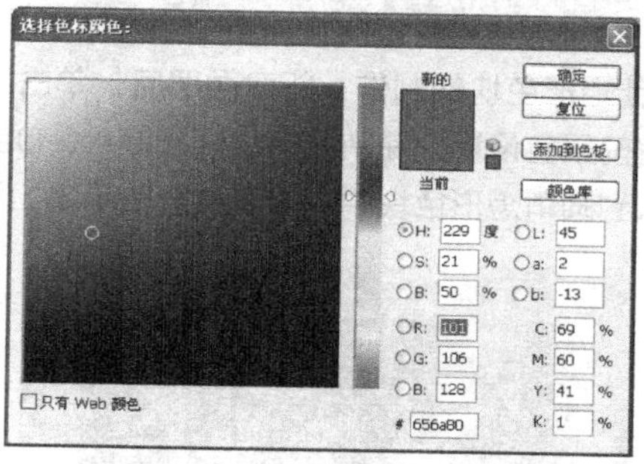

03 圆角矩形色块的制作。新建图层后，单击工具箱中的“圆角矩形工具”，在页面上勾勒出如图所示的闭合路径后转换为选区，将前景色设置为深灰色后按快捷键Alt+Delete填充，然后按快捷键Ctrl+D取消选区。效果如图所示。

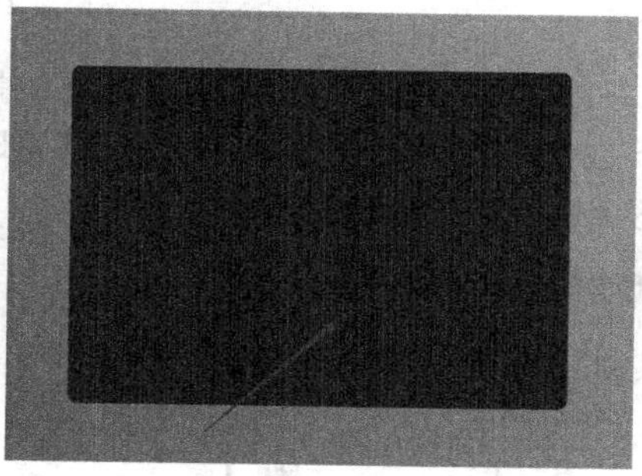

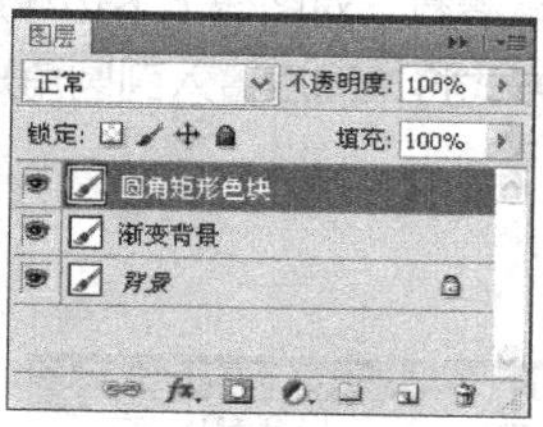

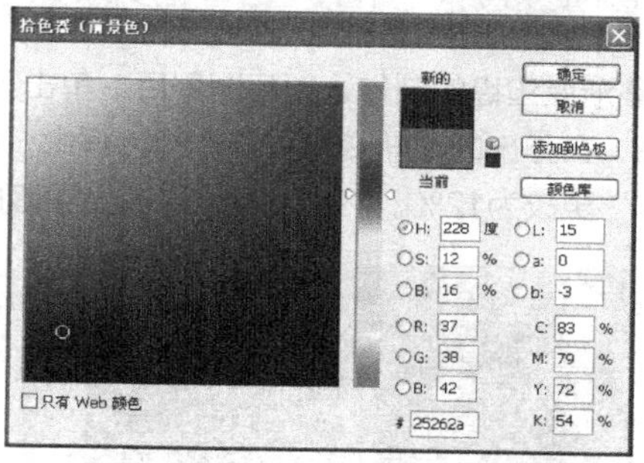

04 投影效果的添加。在图层面板中单击“添加图层样式” 按钮，在弹出的下拉列表中选择“投影”选项，在弹出的“图层样式”对话框中对其参数进行设置后，单击“确定”按钮。效果如图所示。

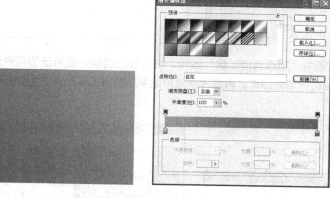

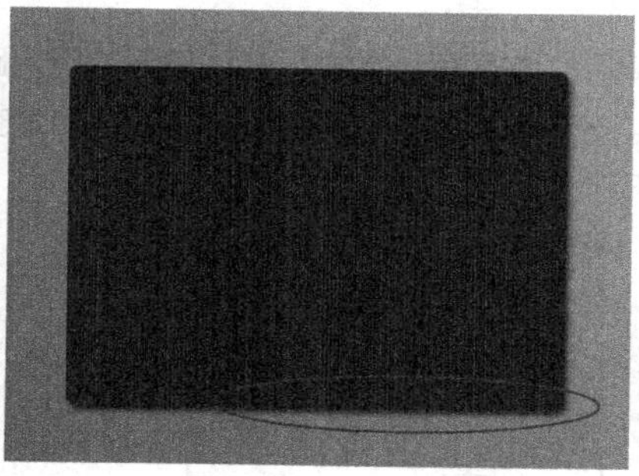

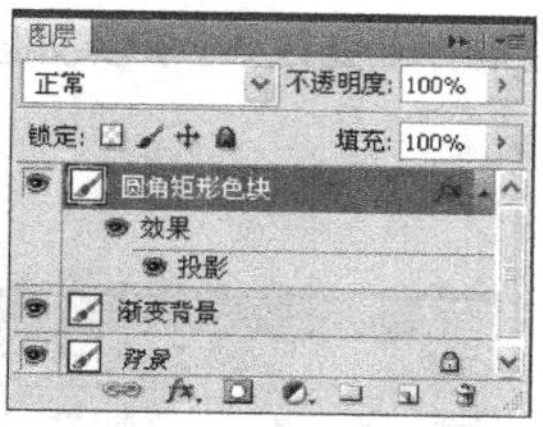

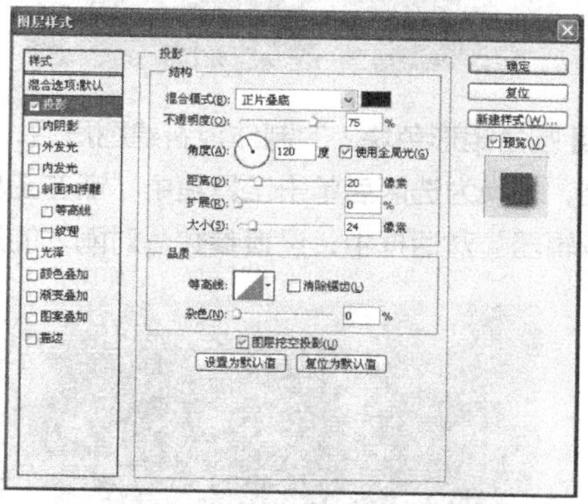

05 描边效果的添加。在图层面板中单击“添加图层样式” 按钮，在弹出的下拉列表中选择“描边”选项，在弹出的“图层样式”对话框中对其参数进行设置后单击“确定”按钮。效果如图所示。

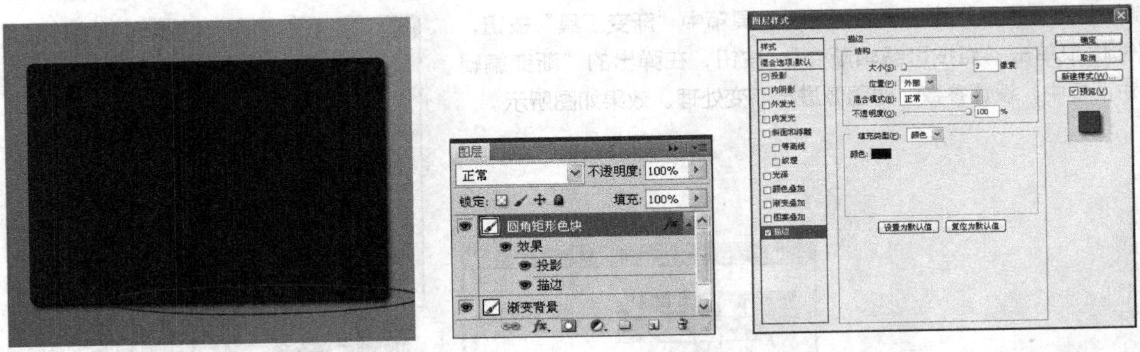

06 矩形色块的制作。新建图层后，单击工具箱中“矩形选框工具”按钮，在页面上绘制如图所示的矩形选区。将前景色设置为深灰色后按快捷键Alt+Delete进行填充即可。再通过创建剪贴蒙版的方式将制作好的矩形色块置入到圆角矩形色块中。效果如图所示。

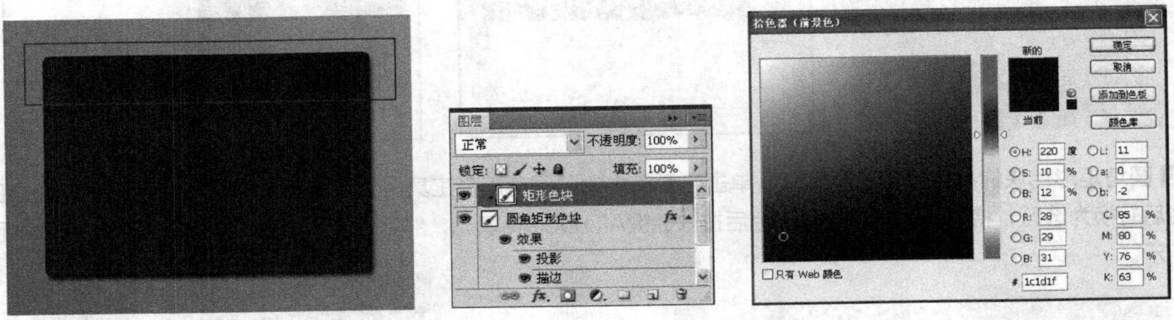

07 渐变边缘的制作。新建图层后，单击工具箱中的“渐变工具”按钮，在属性栏中单击“点按可编辑渐变” 按钮，在弹出的“渐变编辑器”对话框中，设置参数，对图像上下边缘进行白色渐变处理。再将该图层的“不透明度”更改为12%。然后通过创建剪贴蒙版的方式将该图层置入到圆角矩形色块中。效果如图所示。

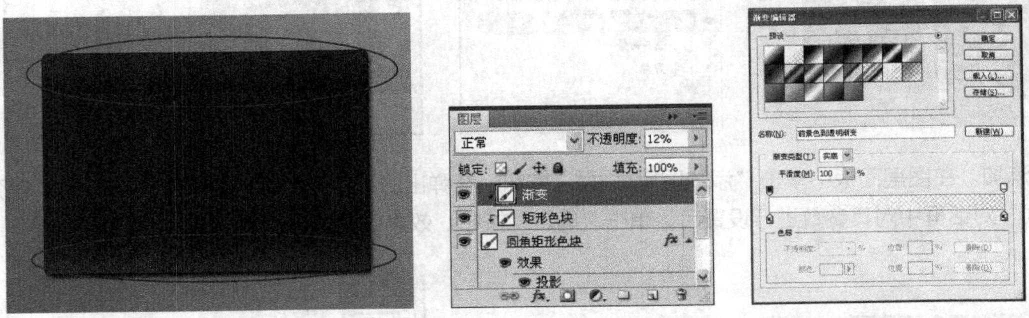

08 圆角矩形色块2 的制作。新建图层后，单击工具箱中的“圆角矩形工具”，在页面上勾勒出如图所示的闭合路径，转换为选区后单击工具箱中“渐变工具”按钮，在属性栏中单击“点按可编辑渐变” 按钮，在弹出的“渐变编辑器”对话框中，设置参数，对刚才的选区制作渐变效果。效果如图所示。

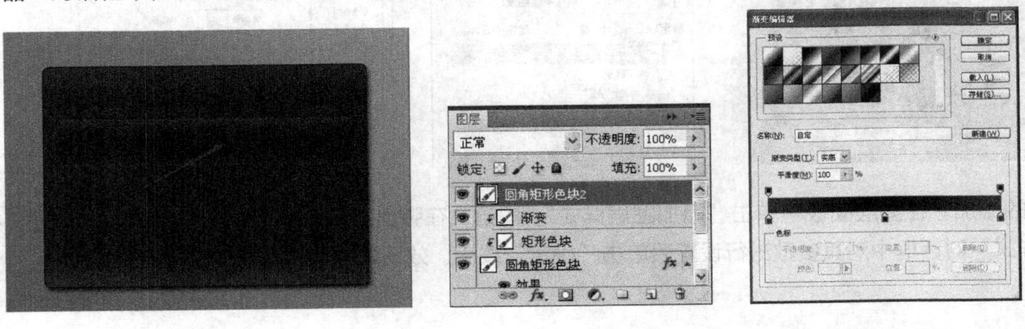

09 投影效果的添加。在图层面板中单击“添加图层样式”按钮，在弹出的下拉列表中选择“投影”选项，在弹出的“图层样式”对话框中对其参数进行设置后单击“确定”按钮。效果如图所示。

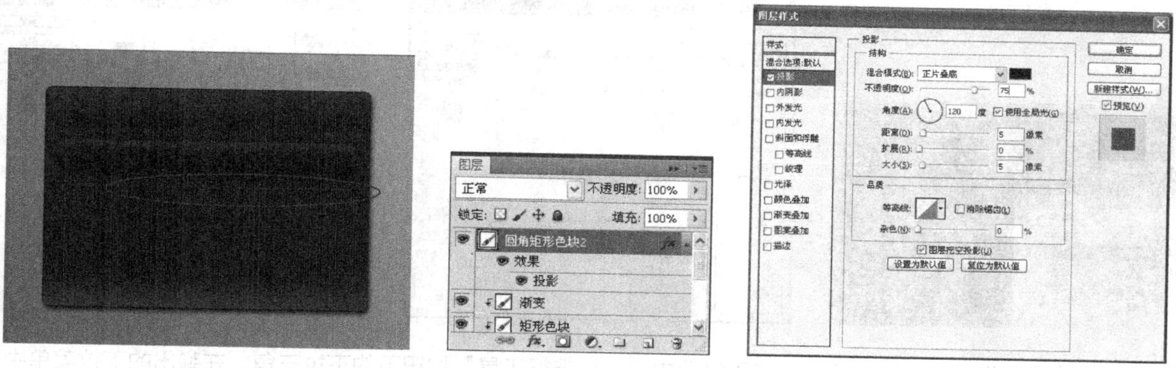

10 线条。按照上述方式制作一个深灰色的线条，然后通过添加图层样式的方式为制作好的线条添加上投影的效果。效果如图所示。

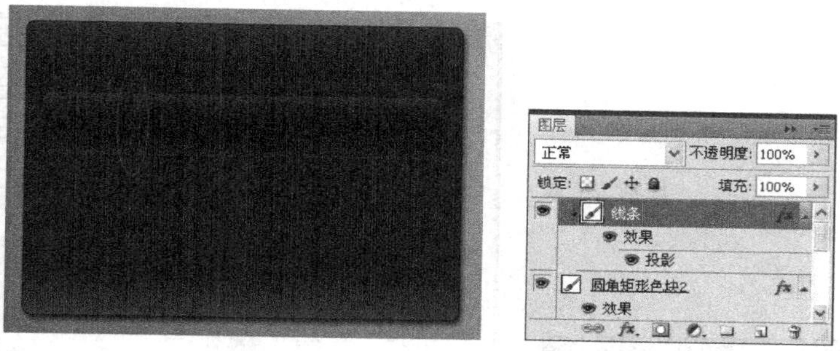

11 继续制作线条与圆角矩形色块。按照上述方式继续制作线条以及圆角矩形色块。效果如图所示。

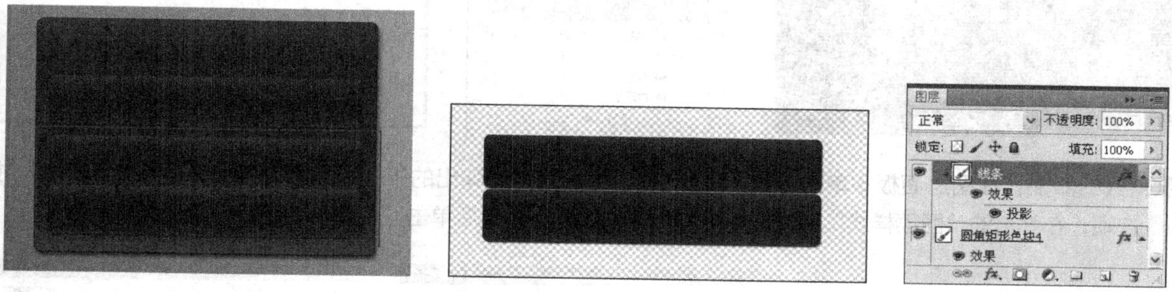

12 异形色块的制作。新建图层后，单击工具箱中的钢笔工具，在页面上勾勒出如图所示的闭合路径。转换为选区后，将前景色设置为深灰色，按快捷键Alt+Delete进行填充即可，效果如图所示。

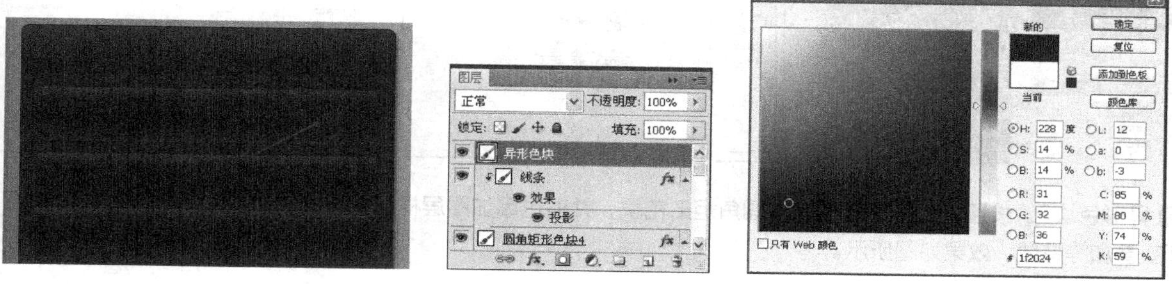

13 特效的添加。在图层面板中单击“添加图层样式” 按钮，在弹出的下拉列表中分别选择“投影”和“内阴影”选项，在弹出的“图层样式”对话框中分别对其参数进行设置后单击“确定”按钮。效果如图所示。

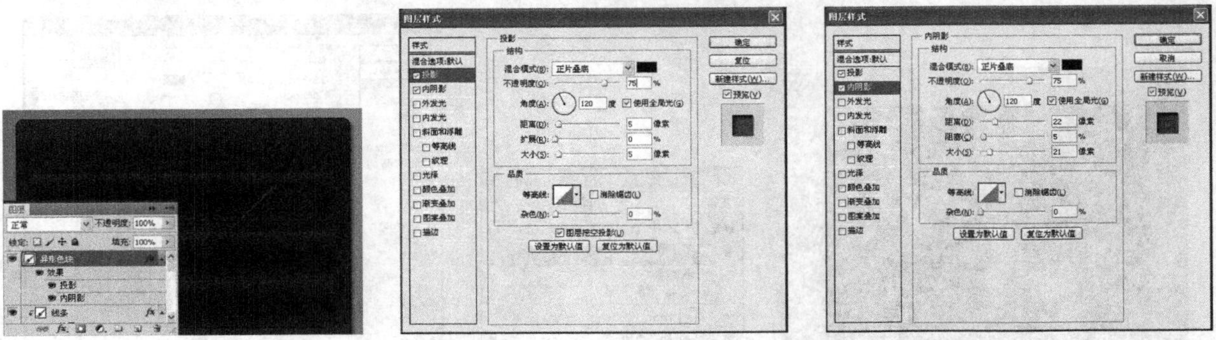

14 圆形色块的制作。新建图层后，单击工具箱中“矩形选框工具”按钮下的下拉三角，在弹出的下拉菜单中选择“椭圆选框工具”选项，在页面上绘制出圆形的选区。然后单击工具箱中的“渐变工具”按钮，在属性栏中单击“点按可编辑渐变” 按钮，在弹出的“渐变编辑器”对话框中，设置参数后单击“确定”按钮。效果如图所示。

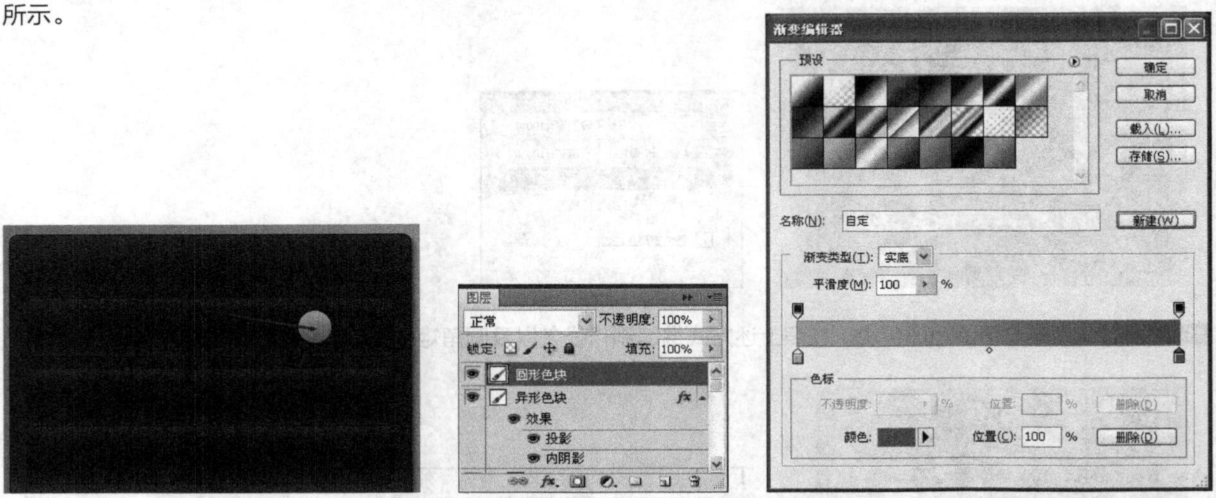

15 特效的添加。在图层面板中单击“添加图层样式” 按钮，在弹出的下拉列表中分别选择“内阴影”和“描边”选项，在弹出的“图层样式”对话框中分别对其参数进行设置后单击“确定”按钮。效果如图所示。

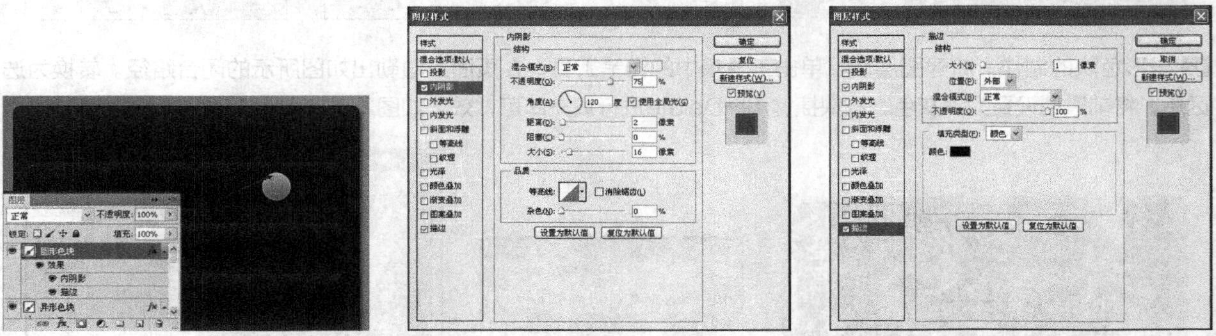

16 异形色块2。按照上述方式继续制作圆角矩形色块，并通过添加图层样式的方式为该色块添加投影、内阴影、渐变叠加等特效。效果如图所示。

第07章

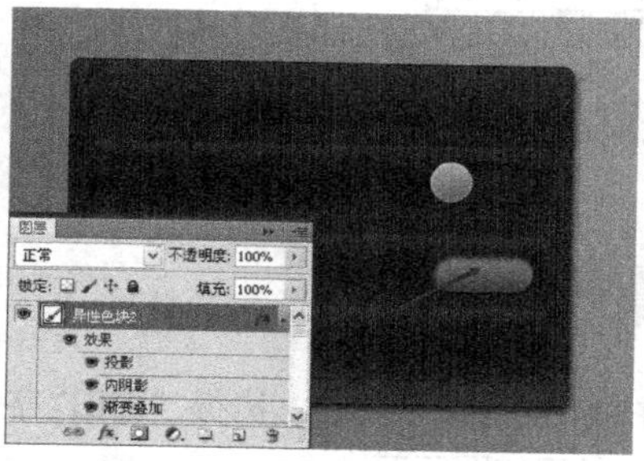

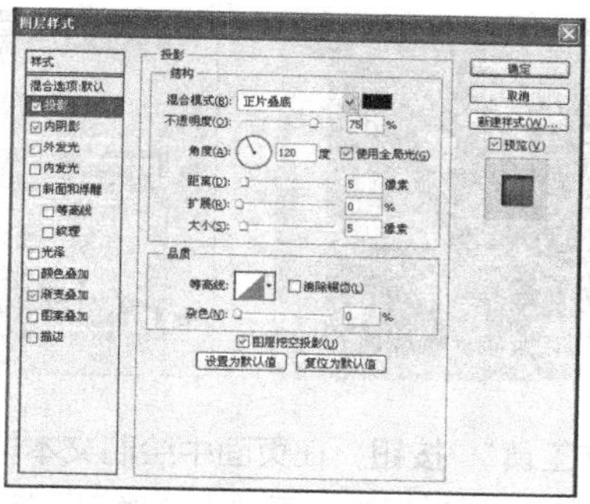

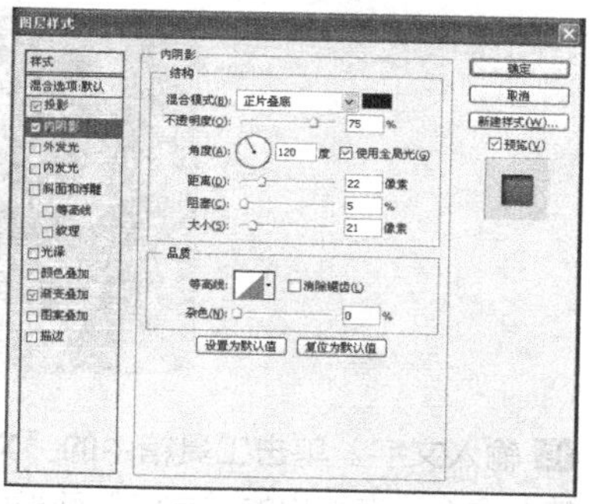

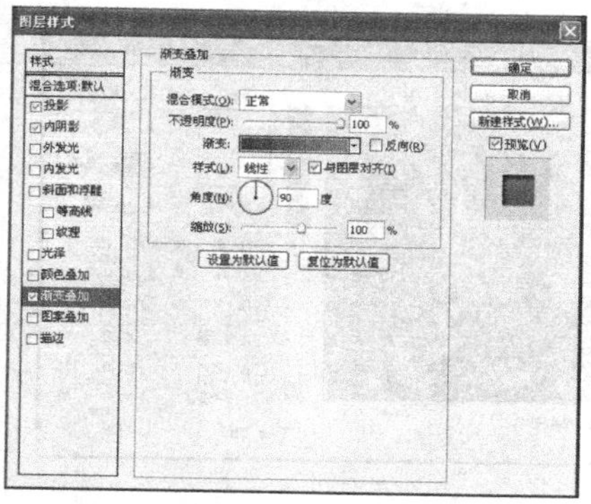

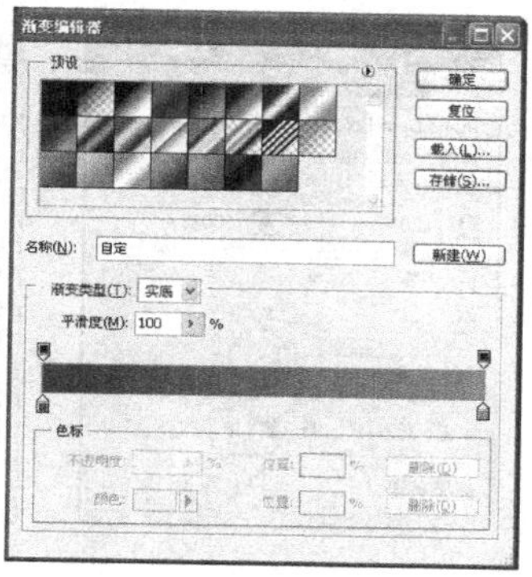

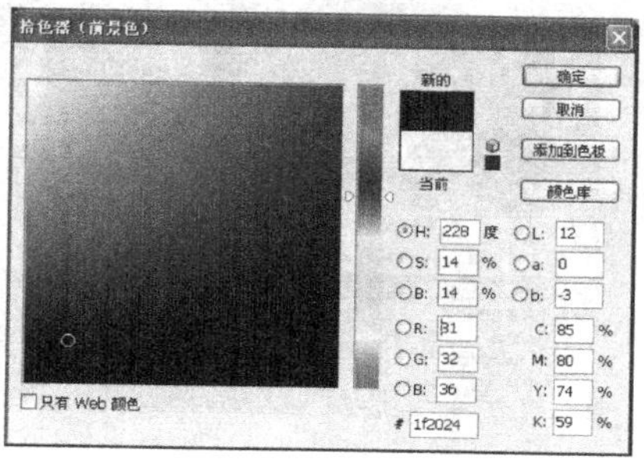

17 圆形色块的制作。新建图层后，用“椭圆选框工具”在页面上绘制出圆形选区，填充为深灰与浅灰色之间的渐变。然后在图层面板中单击“添加图层样式” 按钮，在弹出的下拉列表中分别选择“内阴影”“渐变叠加”和“描边”选项，在弹出的“图层样式”对话框中分别对其参数进行设置后单击“确定”按钮。效果如图所示。

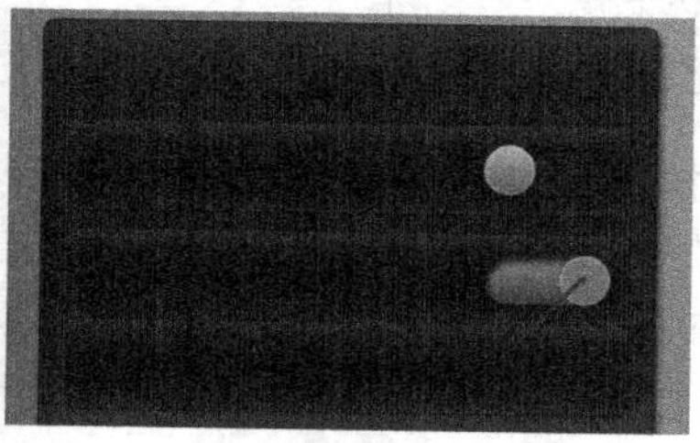

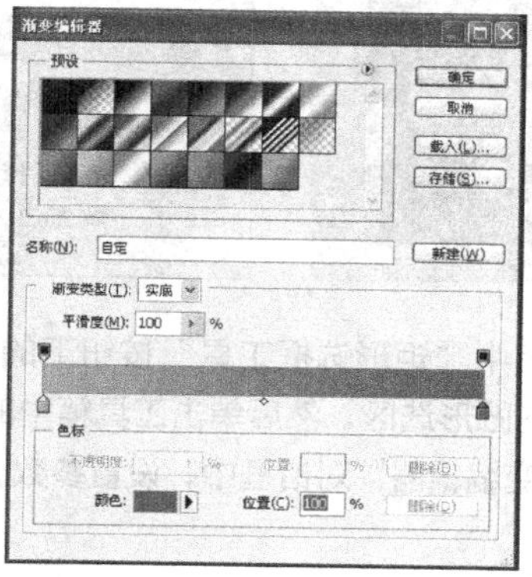

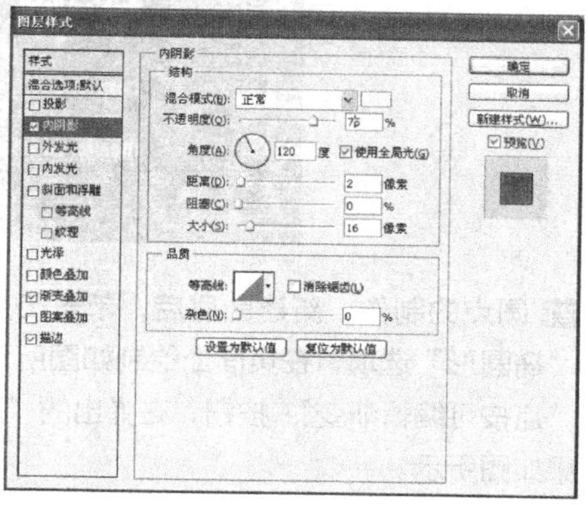

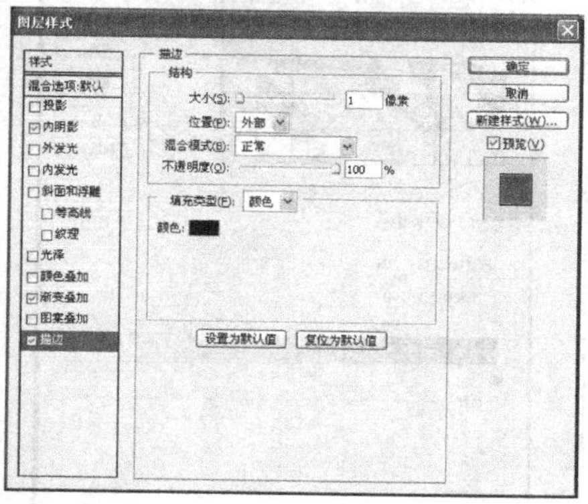

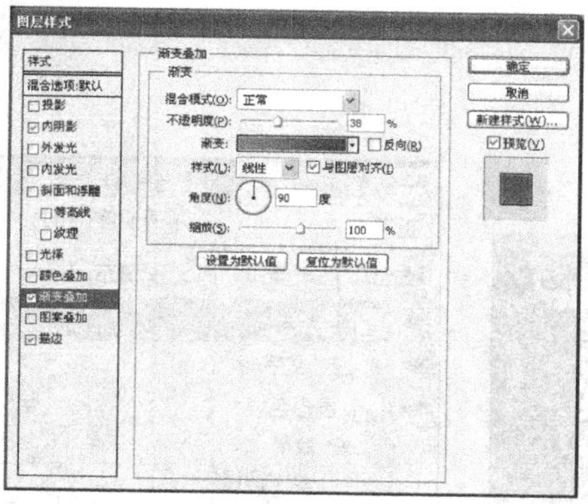

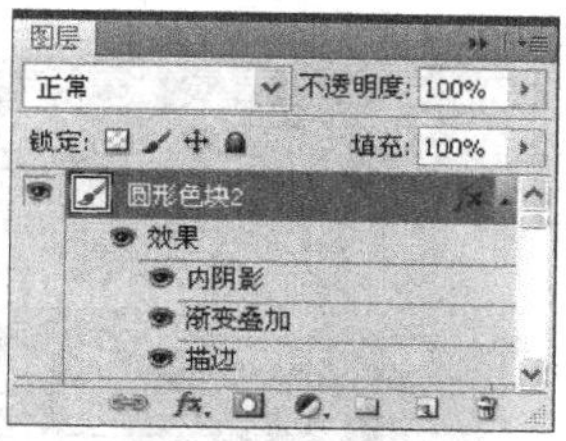

18 异形色块3与圆形色块3的制作。按照上述方式继续进行异形色块3和圆形色块3的制作。效果如图所示。

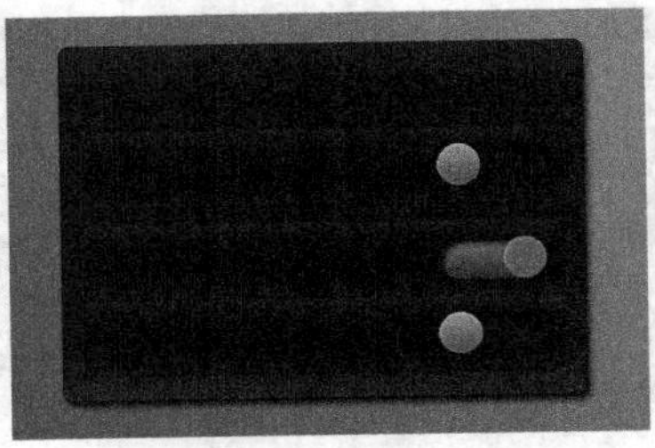

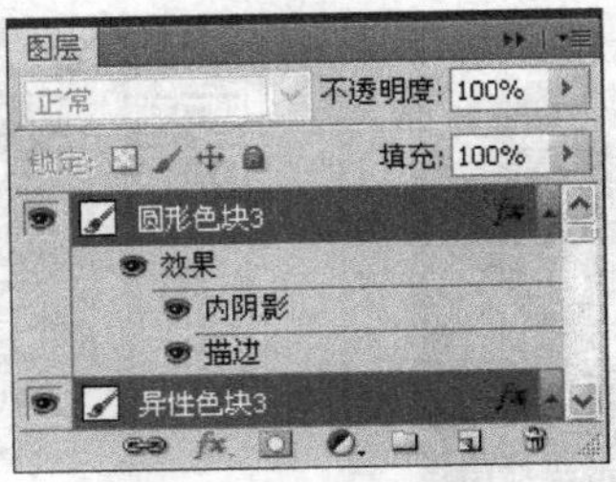

19 输入文字。单击工具箱中的“文字工具” 按钮，在页面中绘制文本框并输入对应文字内容。执行“窗口>字符”命令，在弹出的“字符”面板中对其参数进行设置后单击“确定”按钮。效果如图所示。

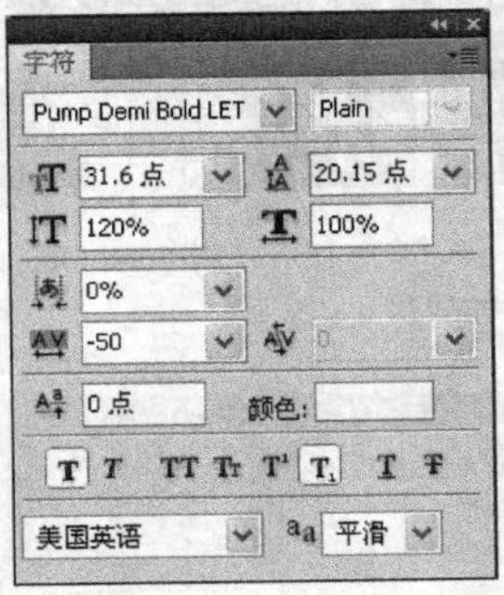

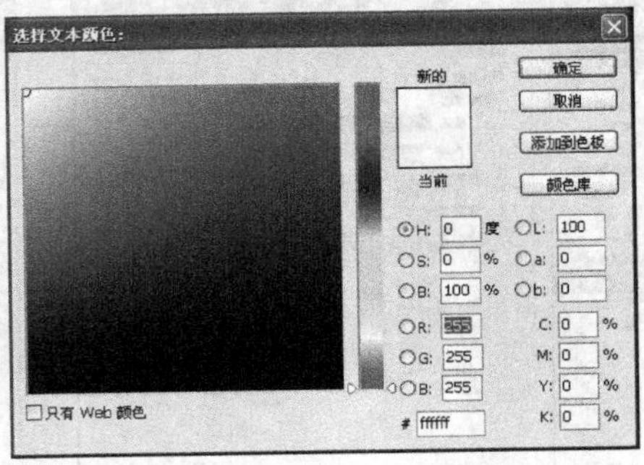

20 其他文字效果的制作。按照上述方式继续进行其他文字效果的制作。效果如图所示。

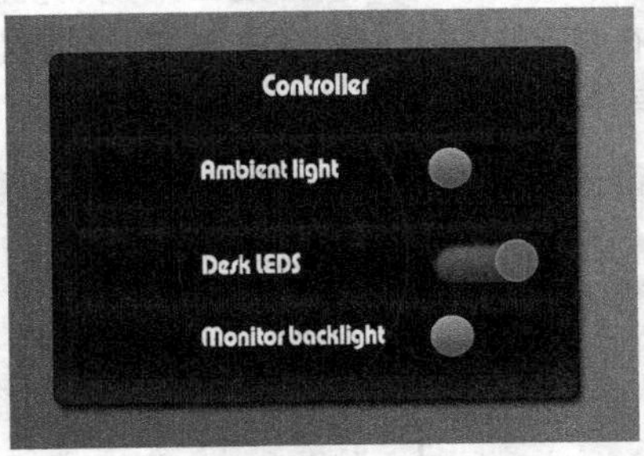

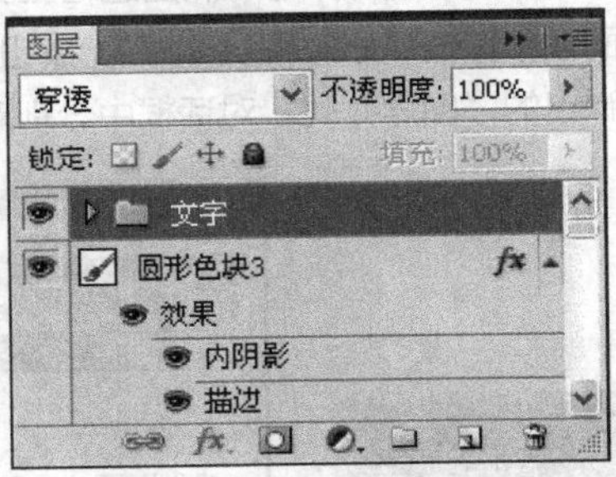

21 圆点的制作。新建图层后，单击工具箱中“矩形选框工具”按钮下的下拉三角，在弹出的下拉菜单中选择“椭圆形”选项，在页面上绘制如图所示的圆形选区。然后单击工具箱中的“渐变工具”按钮，在属性栏中单击“点按可编辑渐变” 按钮，在弹出的“渐变编辑器”对话框中，设置参数，对圆形选区进行渐变效果的处理。效果如图所示。

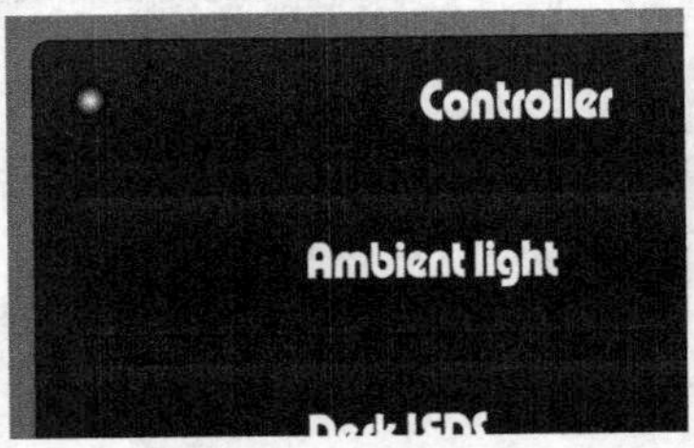

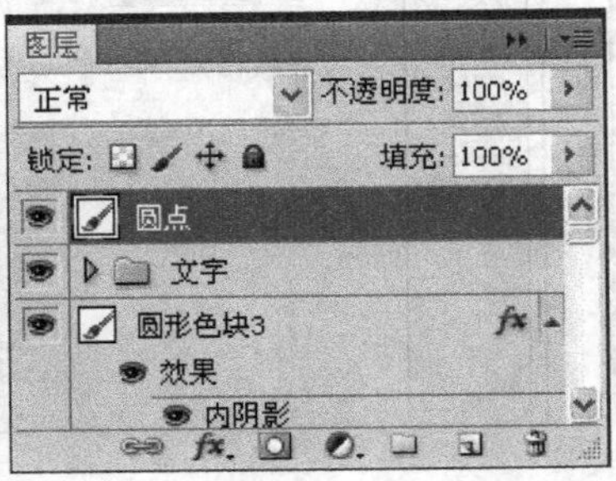

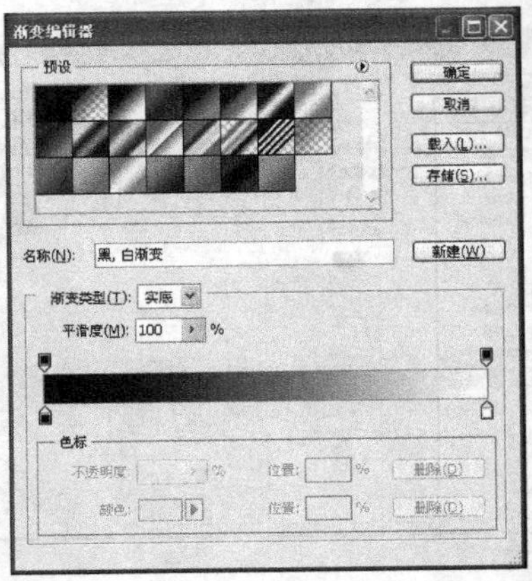

22 复制圆点2。对制作好的圆点进行复制，并将其调整至右侧的位置。效果如图所示。

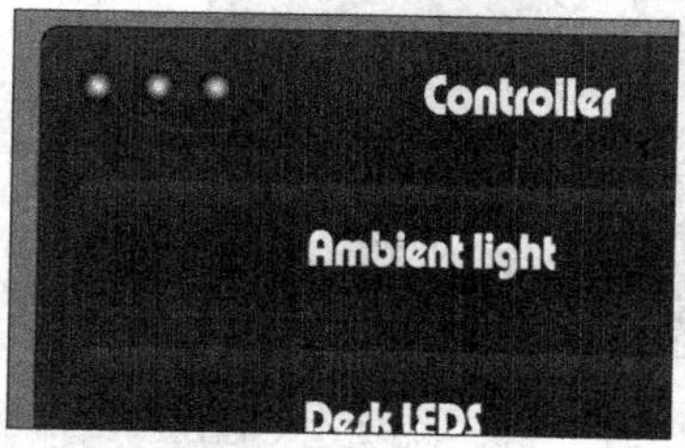

23 绘制路径。新建图层后，单击工具箱中的的“钢笔工具”，在页面上绘制出如图所示的闭合路径后转换为选区。将前景色设置为白色后，按快捷键Alt+Delete进行填充即可。效果如图所示。

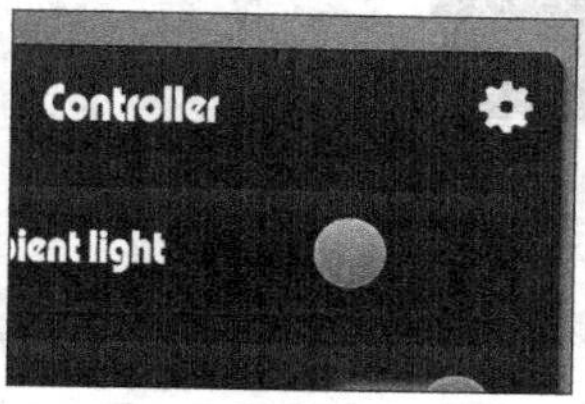

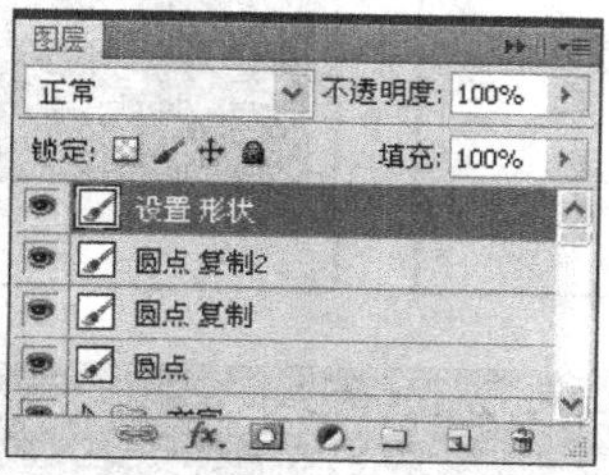

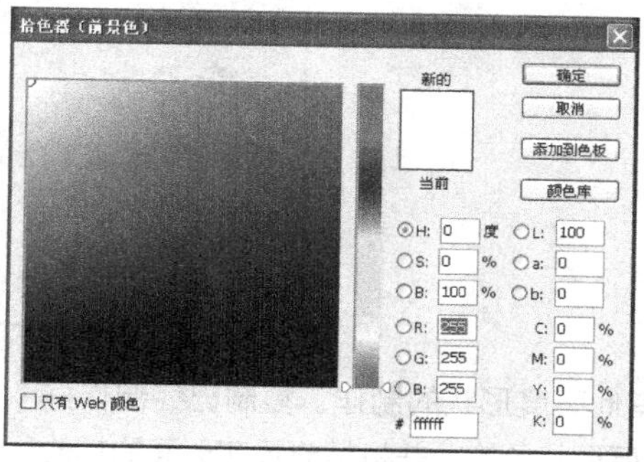

24 特效的添加。在图层面板中单击“添加图层样式”按钮，在弹出的下拉列表中分别选择“投影”“内阴影”和“渐变叠加”选项，在弹出的“图层样式”对话框中分别对其参数进行设置后单击“确定”按钮。效果如图所示。

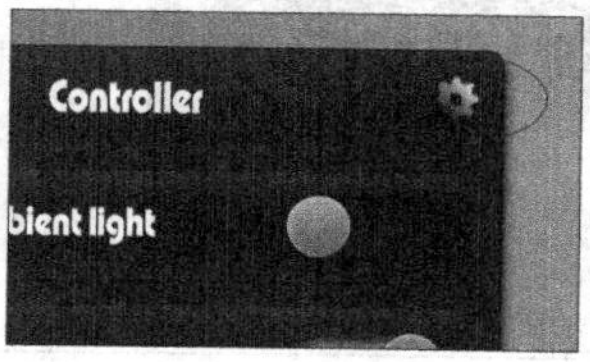

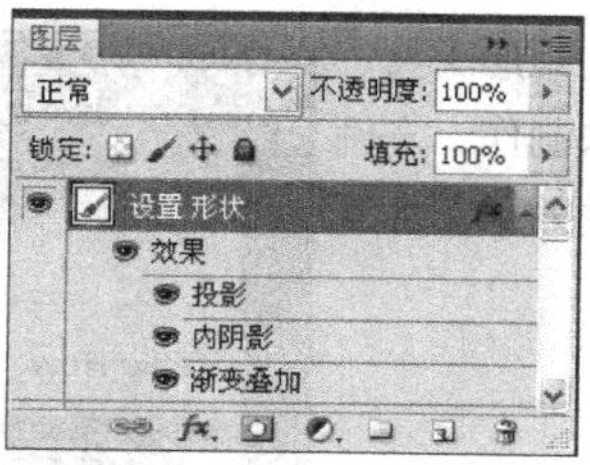

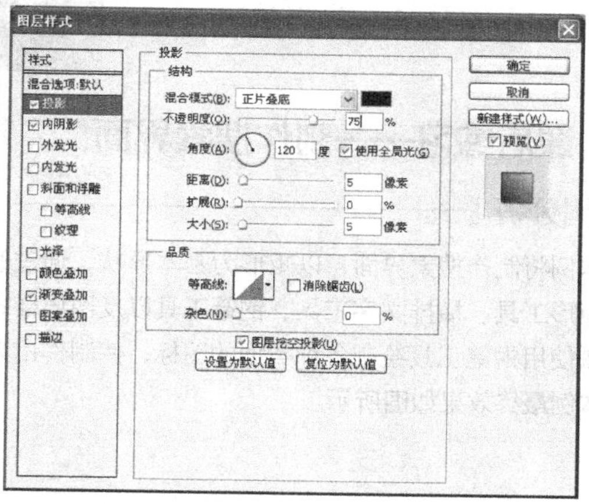

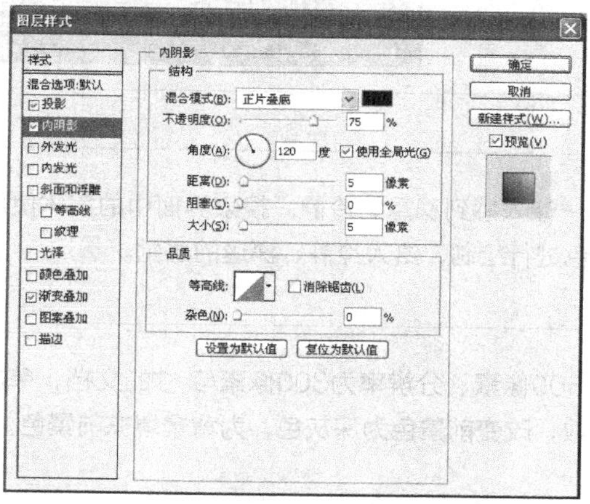

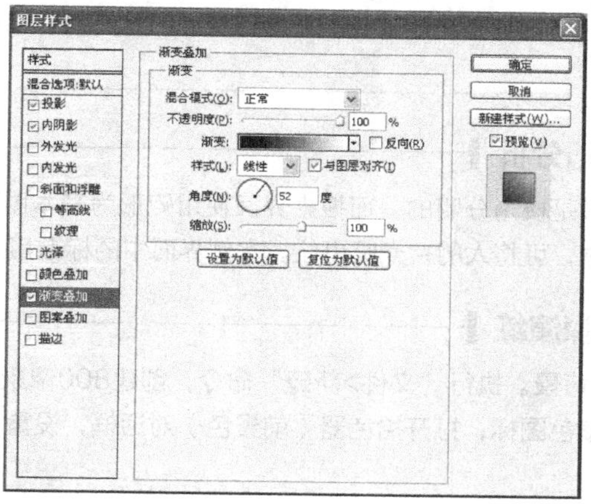

25 亮度形状。按照上述方式首先使用钢笔工具制作出亮度形状色块。然后通过添加图层样式的方式为该色块进行特殊效果的添加。效果如图所示。

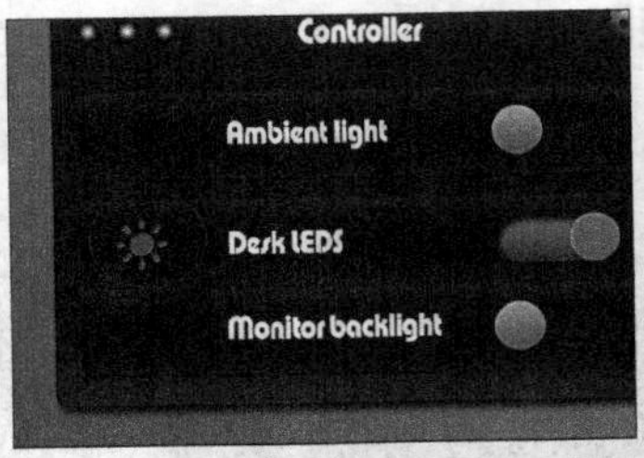

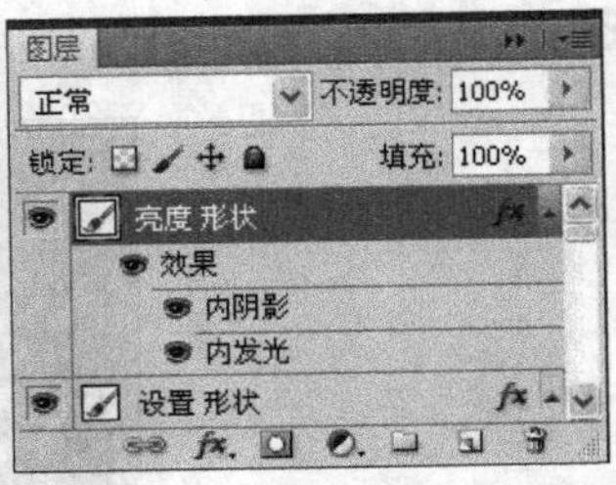

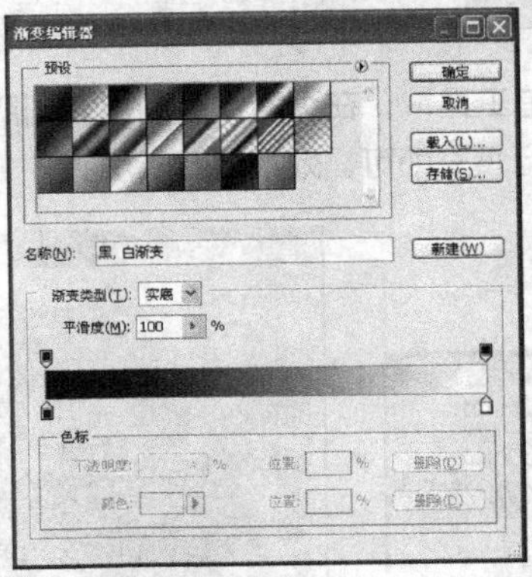

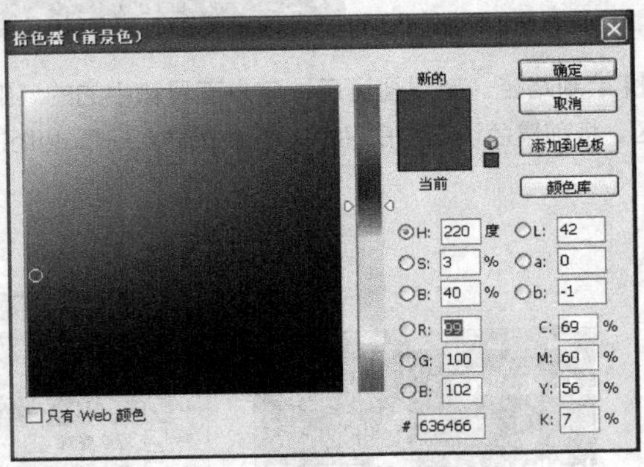

26 其他亮度形状的制作。复制已经制作好的亮度形状色块，并将其放置在页面的其他位置。再通过水平切割的方式将其中的一个做切割处理。最终效果如图所示。

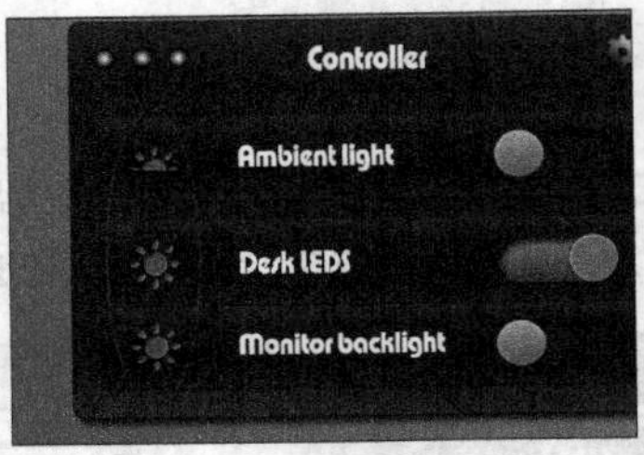

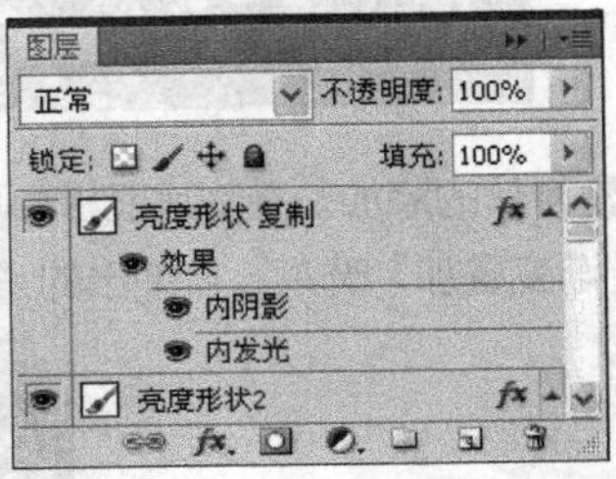

7.3 课后练习——制作搜索界面

案例分析

本例将制作搜索界面，以矩形为基本形状，通过使用矩形工具、圆角矩形工具、横排文字工具、钢笔工具以及图层样式来制作，本例中大量使用钢笔工具绘制各种类型的图标，使制作出来的效果更加逼真，本例最终效果如图所示。

技巧分析

矩形是棱角分明的，而搜索界面使用矩形为基本图形，让人感到稳重、冷静。搜索界面中的字体使用轮廓微胖类字体，可将人的目光吸引住。本例界面中的标题用蓝色进行绘制，给人冷静、深邃的感觉。

步骤演练

01 制作背景。执行“文件>新建”命令，创建800像素×600像素、分辨率为300像素/英寸的文档，单击工具箱中的前景色图标，打开拾色器（前景色）对话框，设置参数，改变前景色为深灰色，为背景填充前景色。

02 新建参考线。按快捷键Ctrl+R，打开“标尺工具”，在垂直刻度尺中拉出参考性。

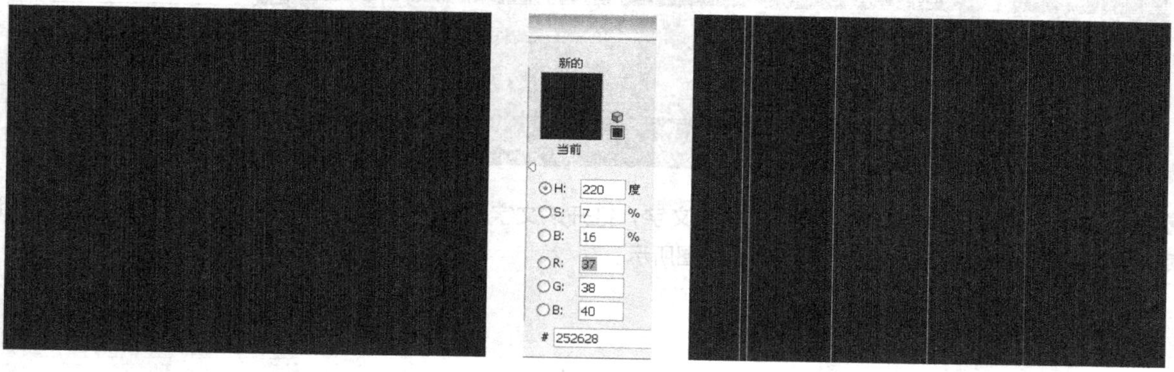

03 应用智能滤镜。选择“图层0”图层，单击鼠标右键，选择“转换为智能对象”命令，执行“滤镜>杂色>添加杂色”命令，在弹出的对话框中设置参数，为背景添加杂色。

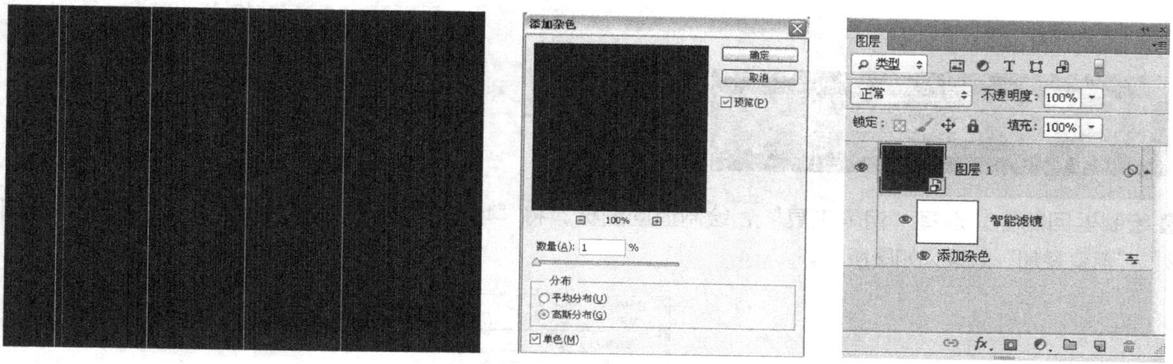

04 建立矩形选框。选择工具箱中的“矩形选框工具”，在图像上拖曳并绘制矩形选区。

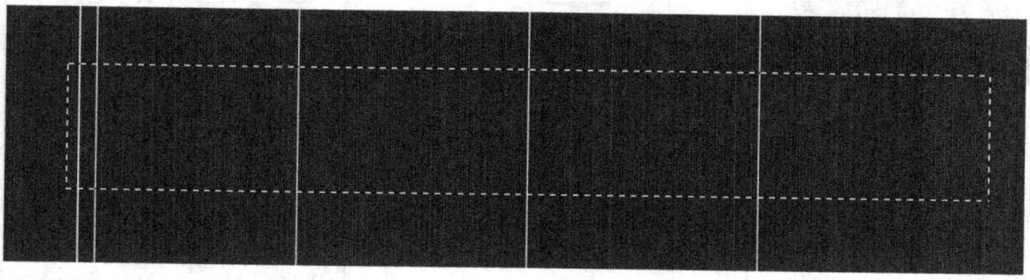

05 填充渐变。新建“图层 1”图层，选择工具箱中的“渐变工具”，在“渐变编辑器”对话框中，设置渐变色，为选区填充该渐变，取消选区。

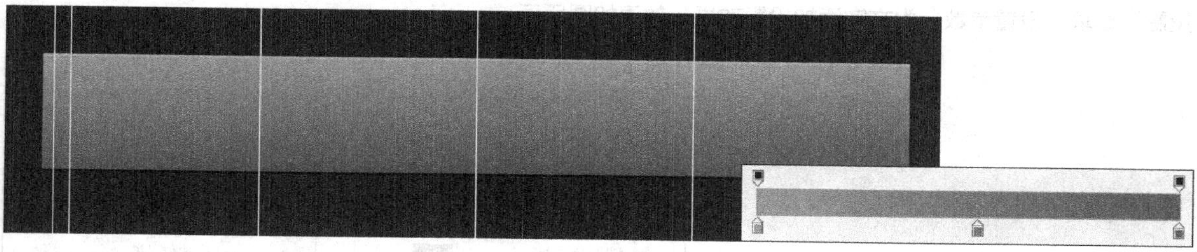

06 添加杂色。选择“图层1”图层，单击鼠标右键，选择“转换为智能对象”命令，执行“滤镜>杂色>添加杂色”命令，设置参数，效果如图所示。

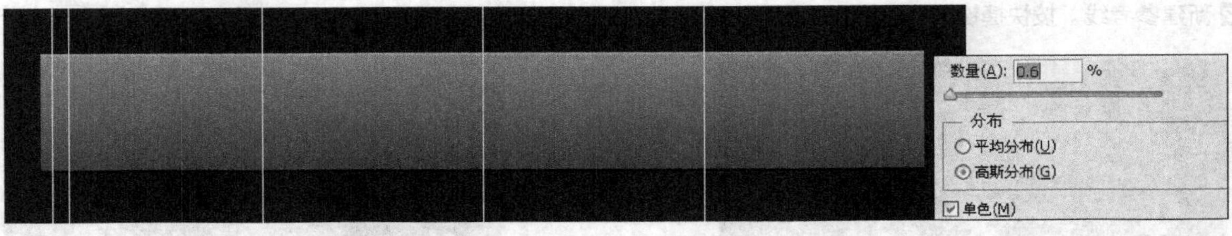

07 输入文字。选择“横排文字工具”，输入文字，打开该文字图层的“图层样式”对话框，选择“投影”选项，设置参数，为文字添加投影效果，效果如图所示。

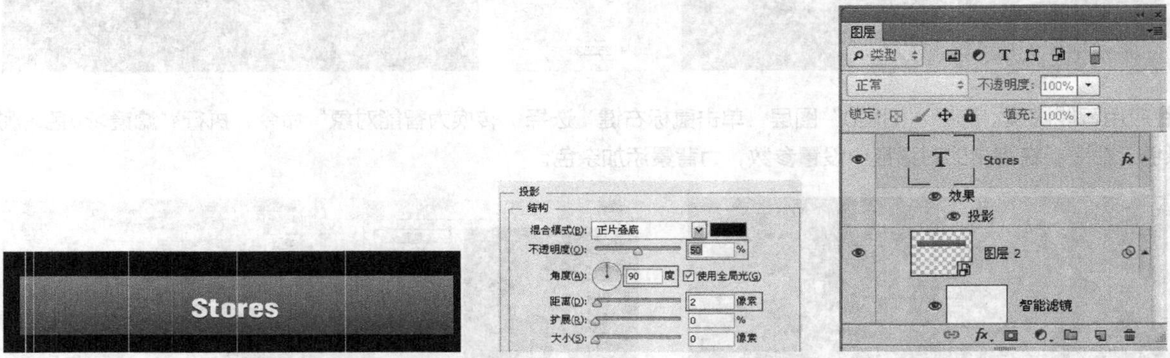

08 绘制返回图标。选择“钢笔工具”，绘制返回图标，将“填充”降低为0%，为其添加“描边”“内阴影”“渐变叠加”效果，如图所示。

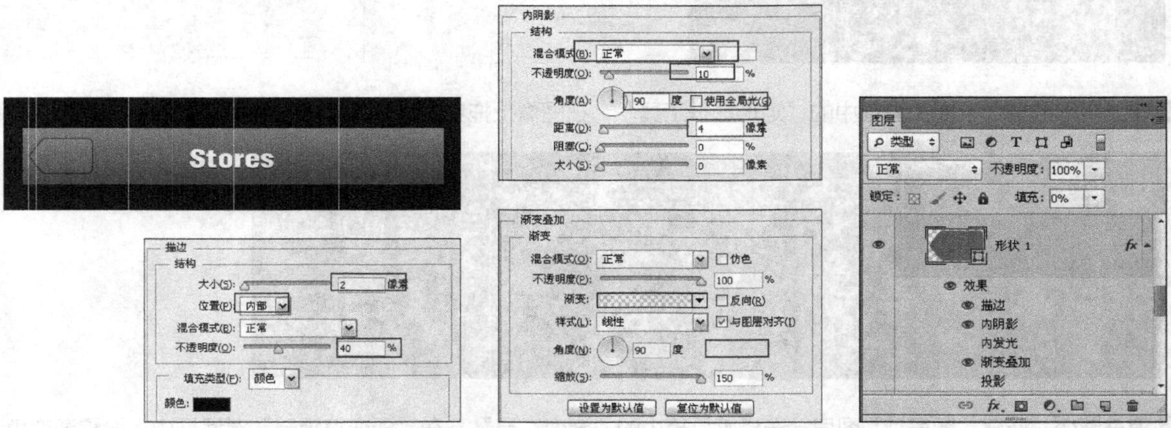

09 输入返回字样。选择工具箱中的“横排文字工具”，在图像上输入文字，打开“图层样式”对话框，选择“投影”选项，设置参数，为文字添加投影效果。效果如图所示。

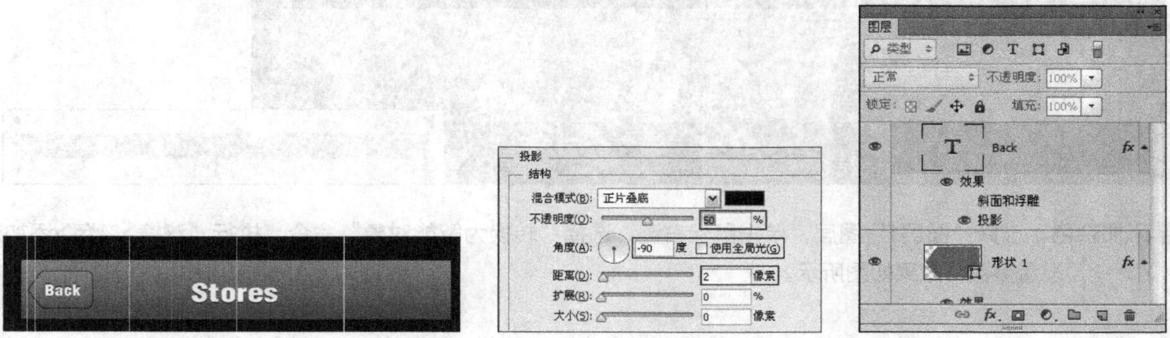

10 绘制主菜单图标。选择“圆角矩形工具”，在选项栏中设置半径为10像素，绘制圆角矩形，将“填充”降低为0%，粘贴返回图标的图层样式效果。

11 输入主菜单字样。使用同样的方法输入文字，为其粘贴返回字样的图层样式效果，为该文字添加投影效果。

12 绘制搜索栏。选择“矩形工具”，在图像上绘制矩形框。

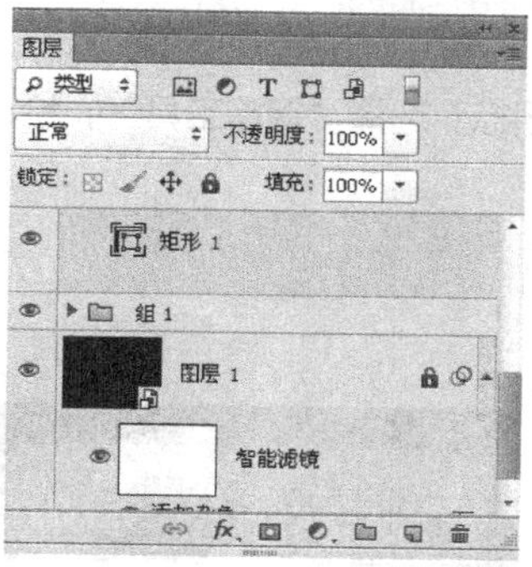

13 添加效果。选择“矩形 1”图层，打开“图层样式”对话框，选择“内阴影”和“渐变叠加”选项，设置参数。效果如图所示。

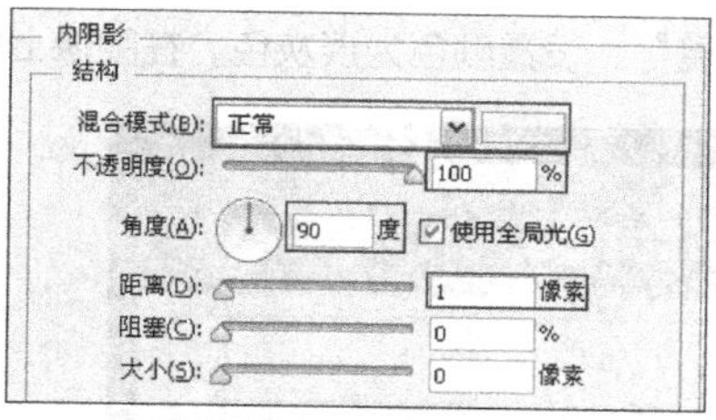

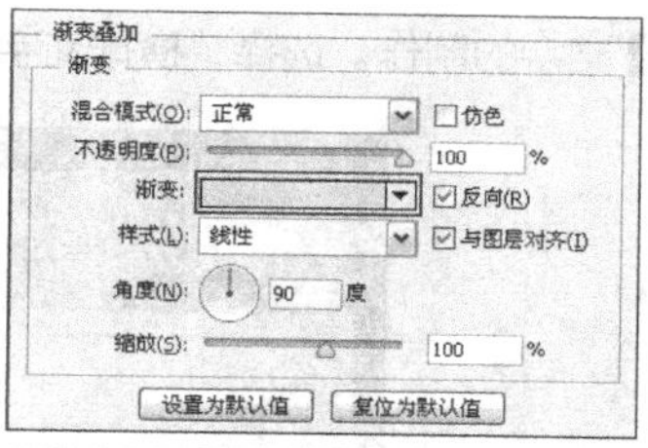

14 圆角矩形色块的制作。选择“圆角矩形工具”，在选项栏中设置半径为20像素，在图像上绘制圆角矩形。效果如图所示。

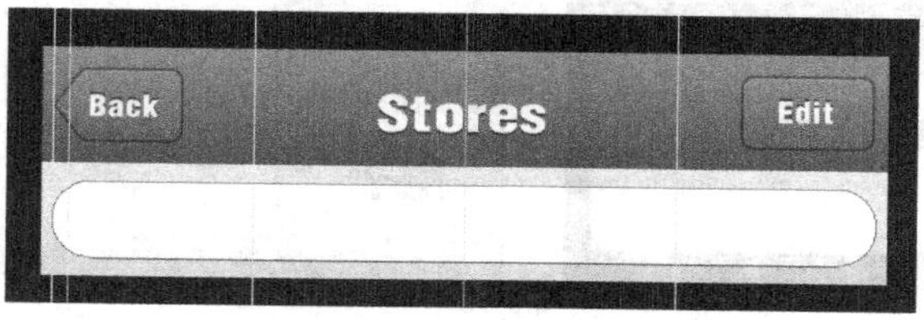

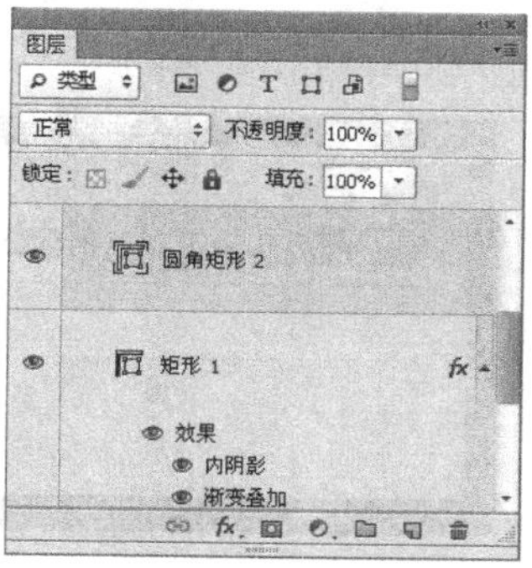

15 添加效果。打开该圆角矩形的“图层样式”对话框，选择“内阴影”“投影”“描边”选项，设置参数，输入框效果如图所示。

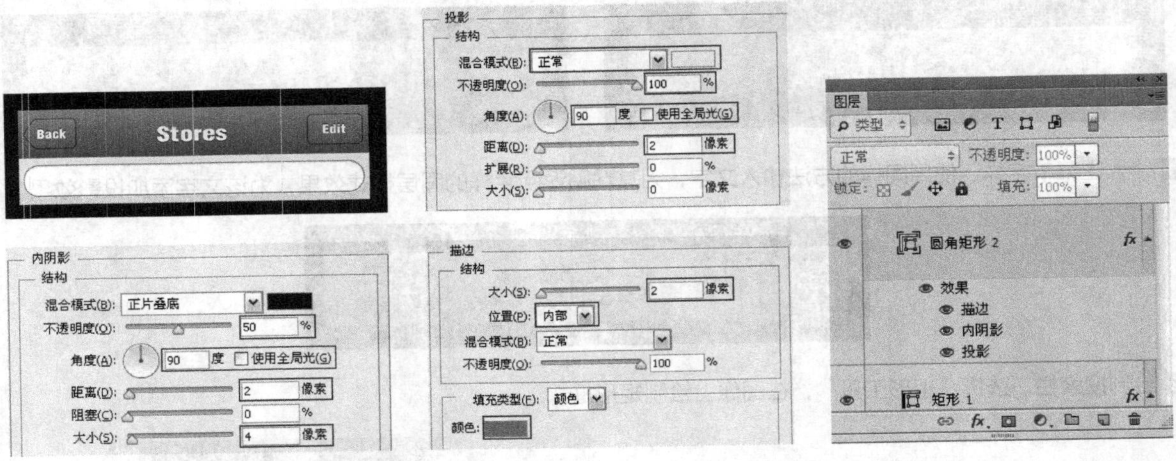

16 绘制搜索图标。选择“钢笔工具”，绘制搜索图标。

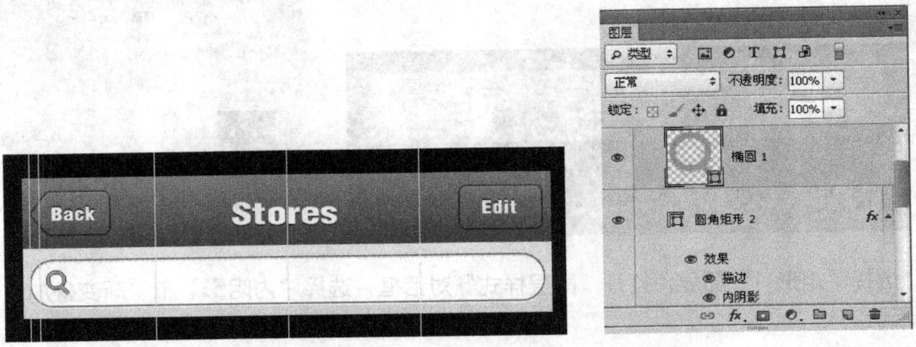

17 文字的制作。选择“横排文字工具”，设置颜色为淡灰色，在图像上单击并输入搜索字样的文字。

18 矩形色块的制作。选择“矩形工具”，在图像上绘制矩形框，在“图层”面板中生成“矩形 2”图层。

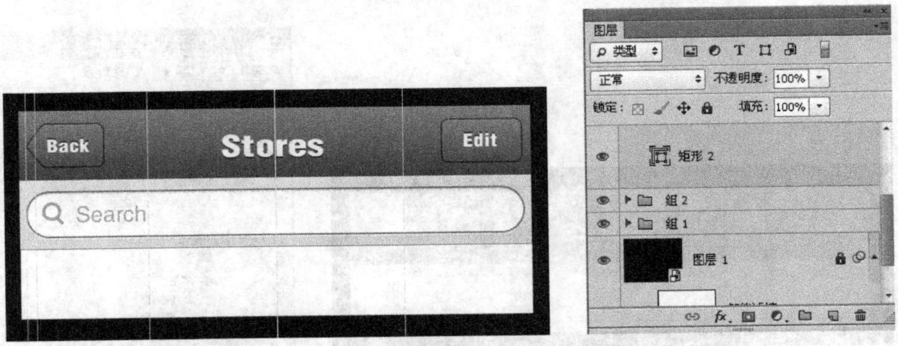

第07章

19 投影效果的添加。打开“图层样式”对话框，选择“投影”选项，设置参数，为该矩形框添加效果。

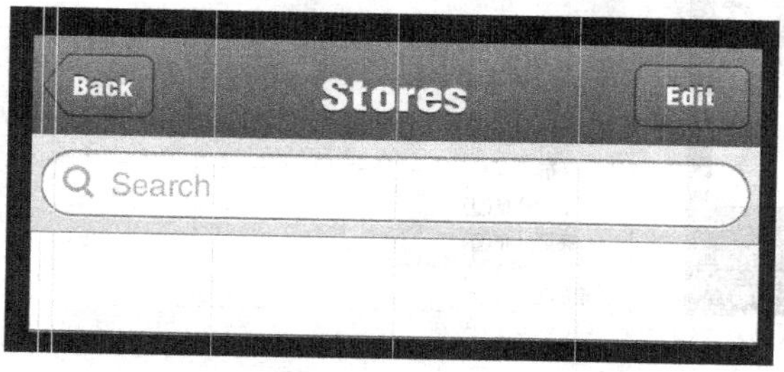

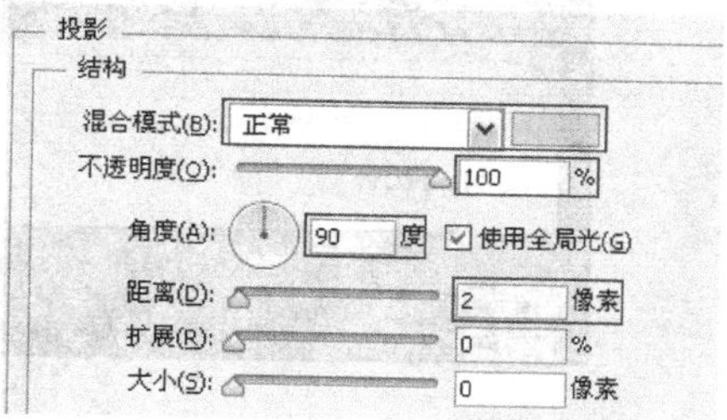

20 输入文字并制作符号。选择“横排文字工具”输入文字，选择钢笔工具绘制符号。

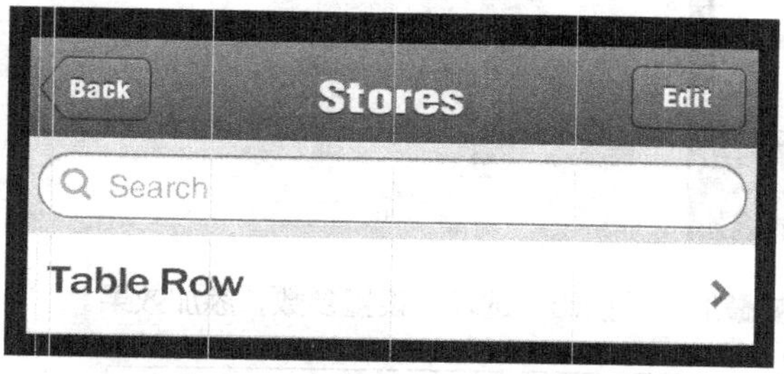

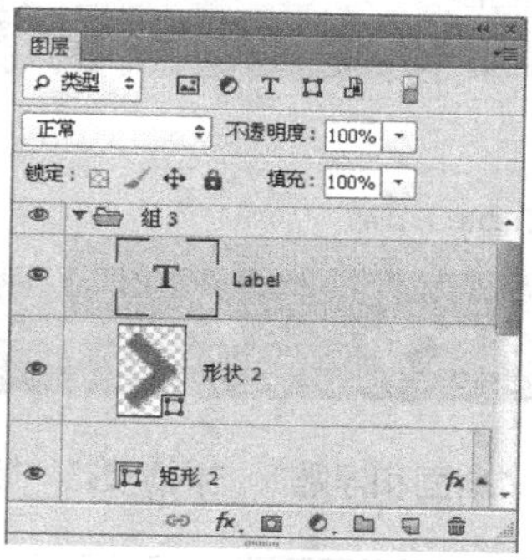

21 菜单栏的绘制。选择“矩形工具”，在图像上绘制菜单栏。

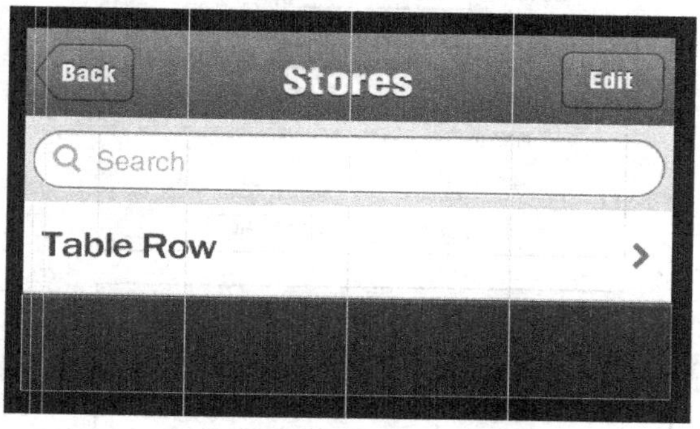

22 投影效果的添加。打开“图层样式”对话框，选择“投影”选项，设置参数，为该矩形框添加效果。

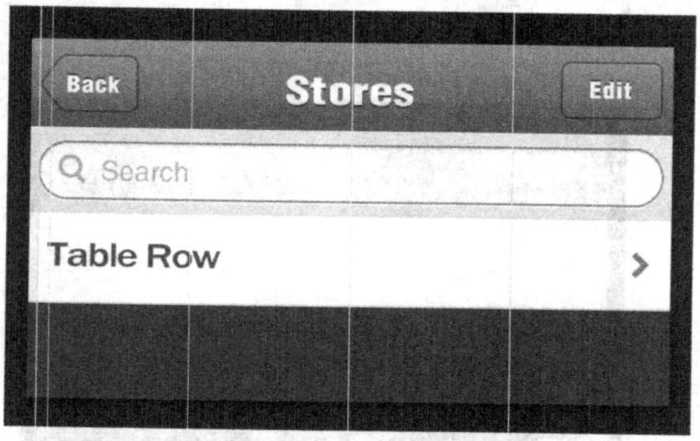

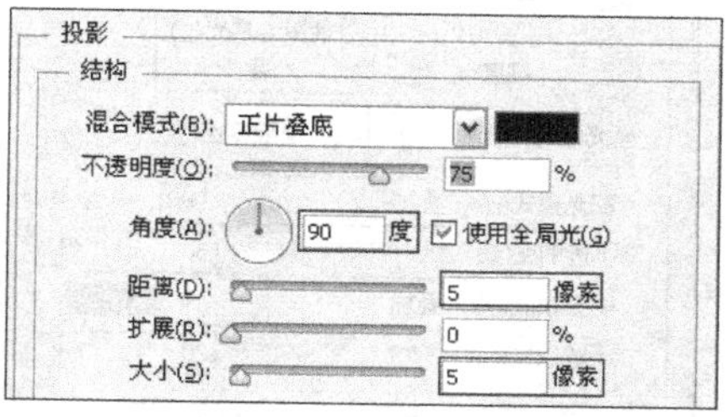

23 添加杂色。选择“图层1”图层，单击鼠标右键，选择“转换为智能对象”命令，执行“滤镜>杂色>添加杂色”命令，设置参数，添加杂色效果。

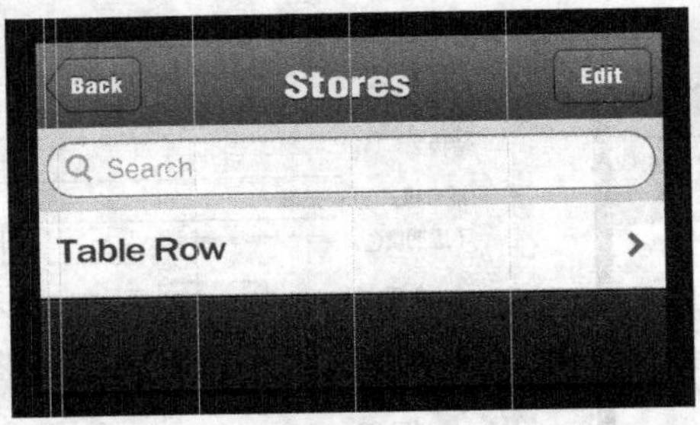

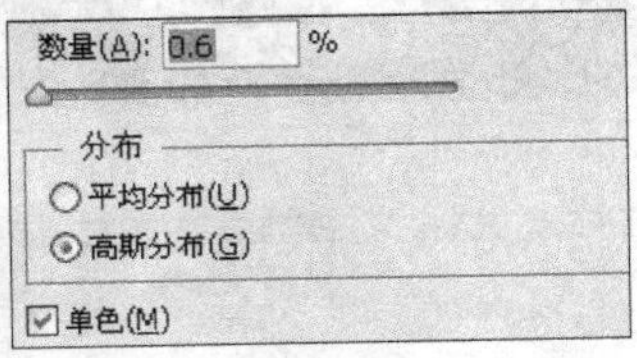

24 绘制世界图标。选择“钢笔工具”，绘制图标。

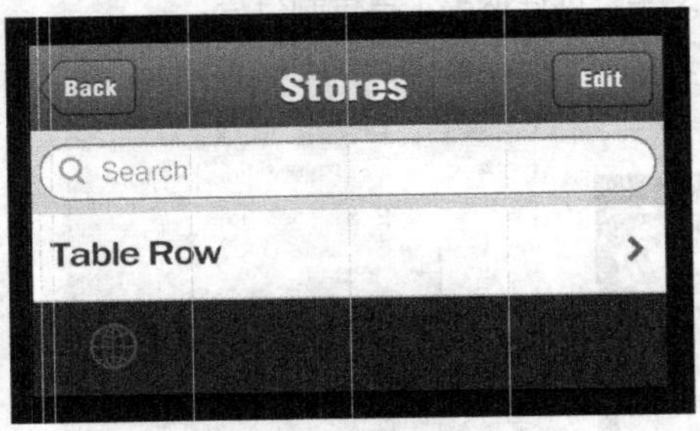

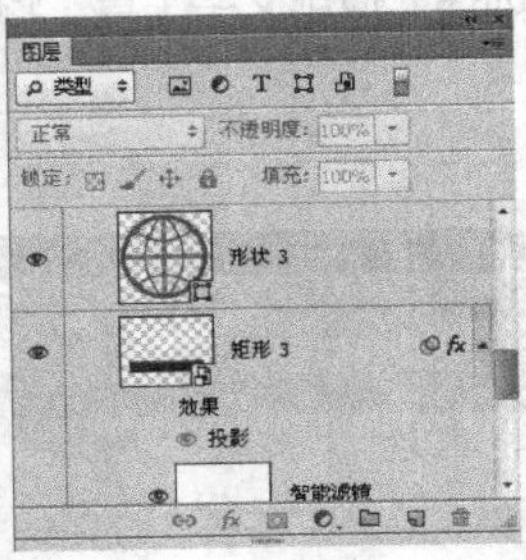

25 添加效果。选择“斜面和浮雕”“内阴影”“渐变叠加”“投影”选项，设置参数，添加效果。

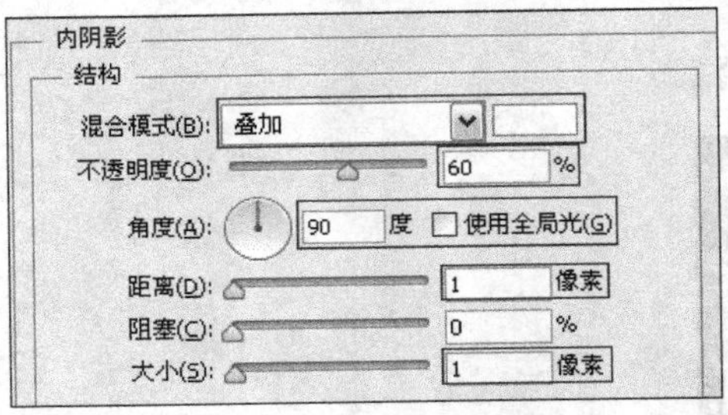

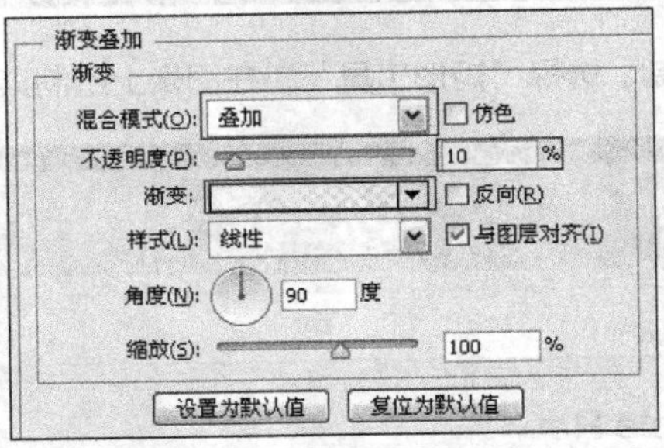

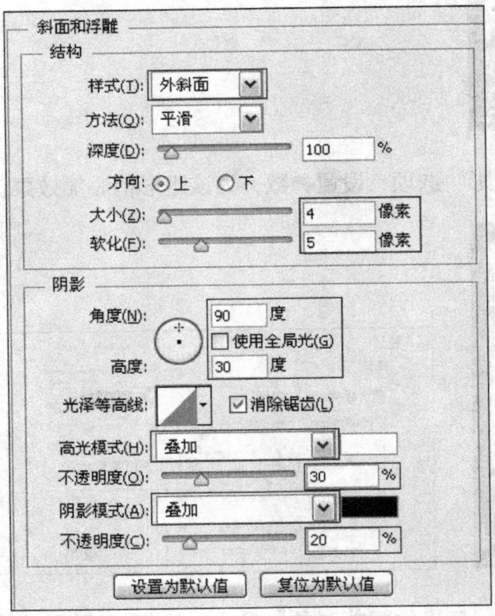

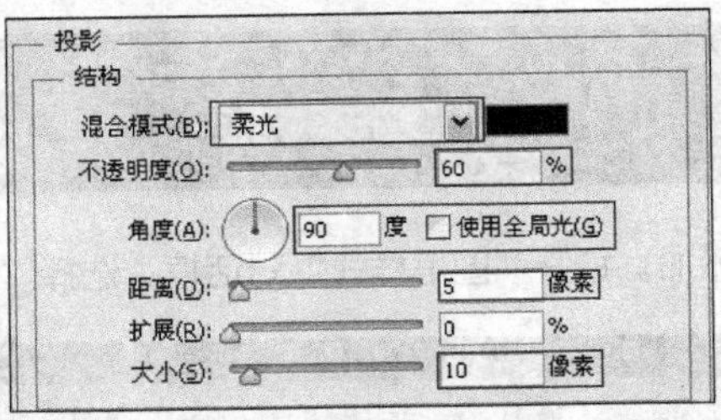

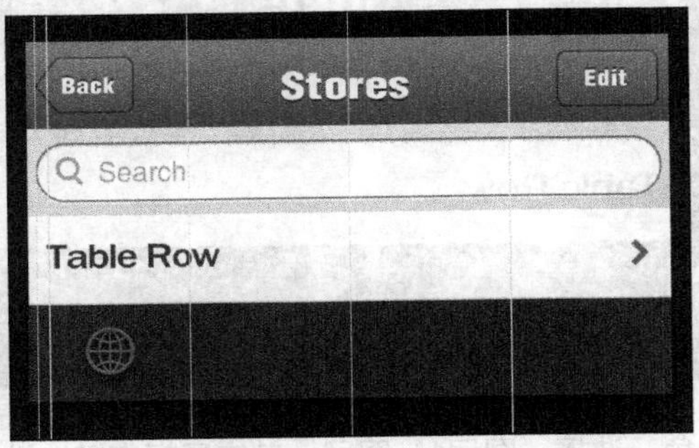

26 绘制其他标志。使用同样的方法分别绘制商店、地理位置、设置图标，并为其粘贴世界图标的图层样式效果，最终效果如图所示。

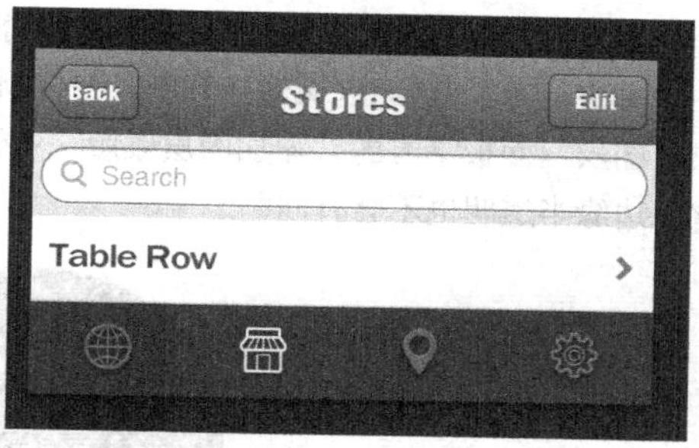

7.4 课后思考——怎样解决线条的锯齿问题

在进行UI设计时，我们常常会因为锯齿问题而烦恼，尤其是软件界面设计这种对精确度要求很高的地方，在细节方面总是受到锯齿的困扰，从而拉低了整体档次。在这里笔者根据自己的经验详细介绍常见的锯齿问题。

1. Ctrl+T类变形导致的锯齿问题

原因1：常规选项设置不当。

解决：在菜单栏中执行“编辑>首选项>常规”命令，确保“图像插值”选项设置为“两次立方（适用于平滑渐变）”。

原因2：旋转与缩小等产生的锯齿与走形。

解决1：先旋转后缩小，分两步走（把Ctrl+T拆分为两次，先旋转再缩小可以减少变形/旋转产生的毛刺）。

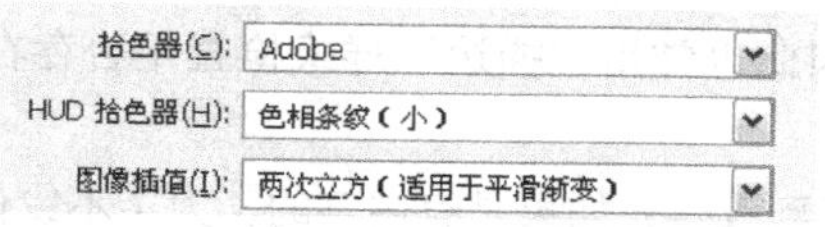

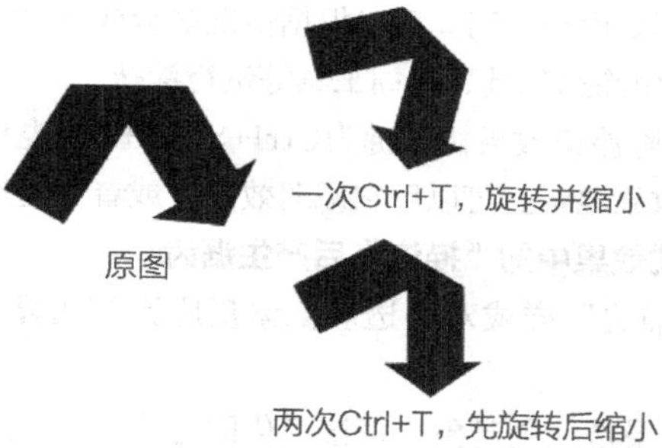

解决2：采用矢量对象。比如常见的文字透视变形，不要选择“栅格化文字”，而选择“转换为形状”。矢量对象在一般情况下变形更保真，另一个显著优点是经得起反复Ctrl+T而不会产生问题。

原因3：旋转90度/180度时，如果用中点定位则会导致重新运算，以致模糊或者产生锯齿。

解决：要想最大程度保持原样，最好在90度（180度）旋转时用角点定位（随便哪个角点），这样可以避免重新运算像素导致的质量损失。

2. 多次填充选区产生的锯齿问题

原因：反复的填充（包括涂画、拉渐变等）导致原本用于平滑边缘的半透明像素叠加，越来越不透明产生实体锯齿。

解决1：首先，将可能需要反复填充的区域放在独立的层。填充一次后，立即锁定图层的透明区域。这样，再怎么填充，边缘都不会变实。

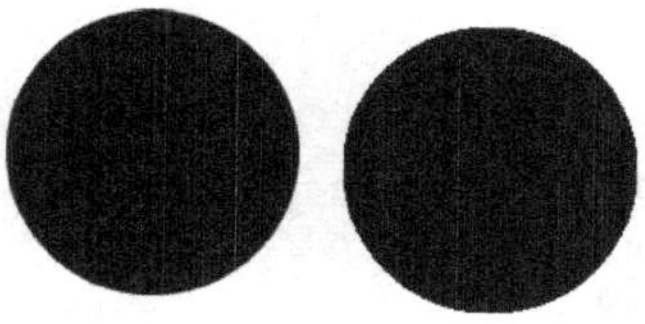

填充1次　　填充10次

解决2：纯色改用Shift键填充。填充前景色或者背景色时，按住Shift键,就会保留透明像素。

解决3：用不透明区域建立蒙版。按住Ctrl键的同时双击图层的图层缩览图，选中图层的不透明区域，然后单击“图层”面板下方的“添加图层蒙版”按钮，为其添加图层蒙版，由于蒙版不再改动，所以透明区域也不会变化，边缘半透明也不会有问题。

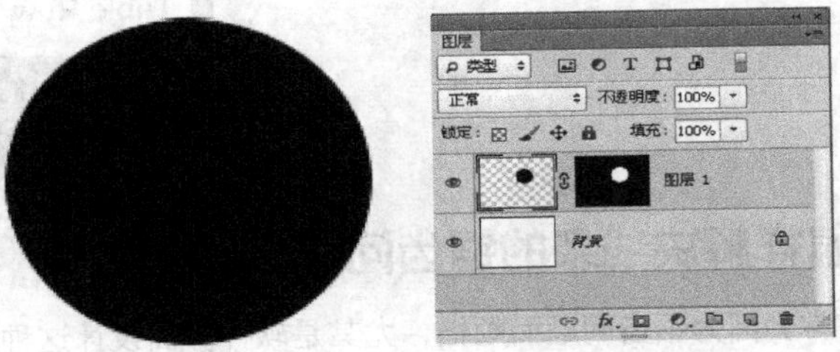

3. 魔棒、磁性套索等选择工具选出的区域有锯齿

原因：由于图片压缩等原因产生的锯齿，或其他原因导致的软件区分、吸附不准确。

解决1：使用路径工具为该类图片建立选区。

解决2：选区完成后适当进行羽化，具体羽化值参考实际用途及锯齿程度。

解决3：单击“调整边缘”按钮，打开“调整边缘”面板调整选区。

4. 锐化过度产生的局部锯齿

解决1：使用历史记录画笔，把还原点设定在锐化前，然后使用恰当的数值（笔刷的硬度、不透明度等），不透明度最好不要设定太高。可以根据情况多涂或者少涂两遍，让锐化前后的图像“中和”一下。

解决2：使用涂抹工具、模糊工具等进行涂抹。

解决3：渐隐滤镜效果快捷键为Ctrl+Shift+F，也称“消退”。单步滤镜产生的效果都可以用消退，令使用后和使用前的效果混合。可以用它减弱效果，或者快速完成一些特殊的用途。

5.应用图层样式效果中的“描边”后产生锯齿

原因：“描边”样式对半透明像素反应比较明显，因此也常用“描边”样式检查是否存在看不见的游离像素。

解决1：如果是纯色对象，直接锐化即可让边缘毛刺得到改善；如果是有内容的，为了不锐化到图像本身，只锐化形状边缘，可以进行如下操作。按住Ctrl键的同时双击图层的缩览图，选中不透明像素，执行“选择>修改>收缩”命令，在弹出的“收缩选区”对话框中设置收缩量为1像素，然后执行“选择>反选”命令，最后执行“滤镜>锐化>锐化”命令即可。

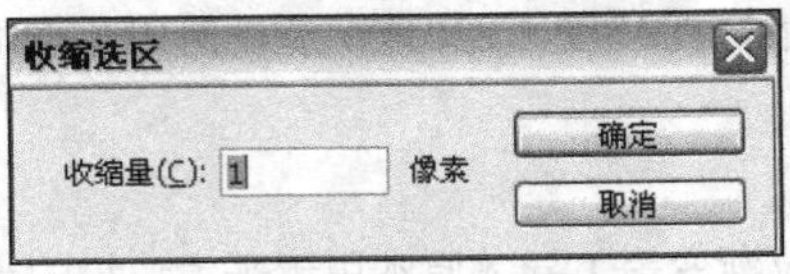

解决2：进行如上处理之后，若还有不平整，就使用橡皮擦工具，选择硬笔头橡皮擦，设置硬度为100%，小心地擦除多余的部分。

第08章

设计手机UI控件

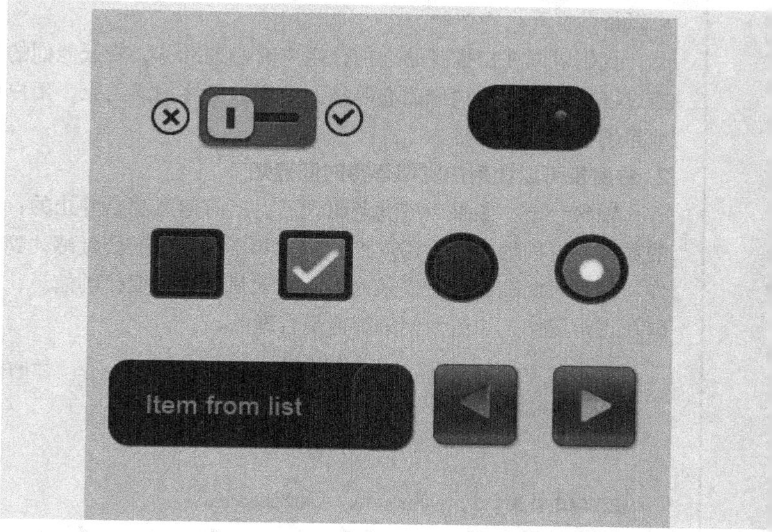

本章介绍

本章主要讲解了手机UI控件设计的相关知识，其中包含UI控件的设计原则、UI控件与整体界面的关系以及如何合理设计进度条等重要的知识点。另外，选择了具有代表性的音量设置、WIFI设置、蓝牙设置以及上传设置等实例进行详尽的讲解，使读者对手机UI控件设计有更为直观、具体的了解。

教学目标

- 掌握手机UI控件的设计原则
- 了解手机UI控件与整体界面的关系
- 掌握如何合理地设计进度条的相关知识

8.1 控件的设计原则

8.1.1 进度条的设计建议

这是一个浮躁的时代，常常会听到“好慢！”“等死了！”这样的抱怨，每次看到加载的进度条转啊转的，或者是“loading…”后面的3个点不停地闪动，却一直还在加载中，心里总是有莫名的烦躁。通过以下几点对进度条进行改造，可以减缓用户烦躁的等待情绪。

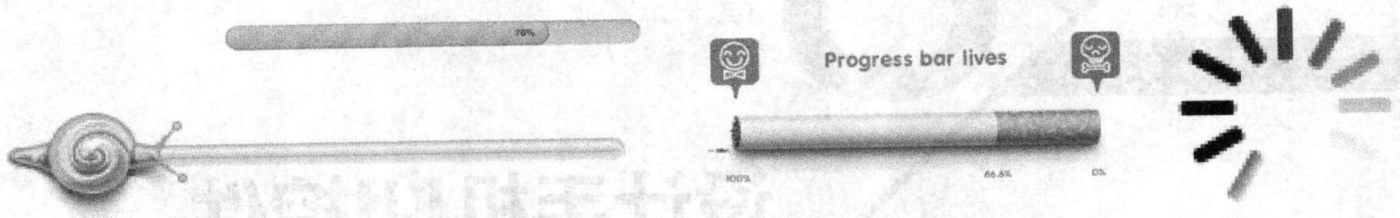

1. 将提示信息放在输入框内，紧凑、有效

我们常常会认为等待会是个漫长的过程。在设计时可以利用这点来做出符合或者超越用户期待的假象，这样可以帮助提升用户体验。

我们可以在扫描开始之前让用户有心理准备，降低他们的期待。例如在扫描前通过弹框的方式提醒用户：扫描过程较为漫长，请您耐心等待。这样到最终扫描结束，用户可能会发觉其实扫描并不是那么漫长，这也就变相地超越了用户的期待。

2. 进度条可以让用户觉得等待时间变短

想象一下，如果当进度条出现后，所有信息都是静止的：进度条没有移动、没有当前扫描的进度、没有变化的数字，这种等待会让用户产生焦虑和不安，他们会疑惑“到底什么时候才会扫描完成？”“电脑是否在正常工作？”。因此在设计进度条时，应该大量地提供变化的信息，给出足够的反馈，让用户了解扫描的进度，明白电脑在正常运作，知道他们的等待是合理的。

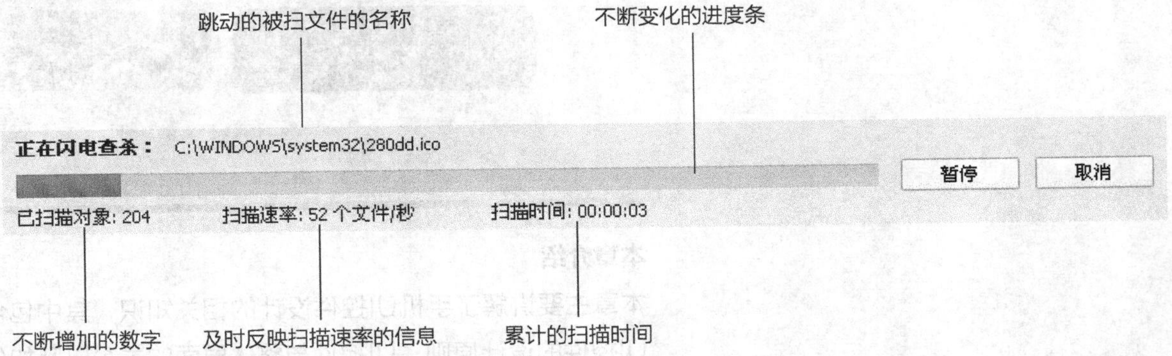

3. 在进度条里可以加入一些有趣的提示和技巧

比如设计进度条时，在等待的过程中穿插一些有趣的事情，分散用户的注意力，来提高用户等待的体验。

比如在七雄争霸这个游戏加载的过程中会出现“打地鼠”小游戏，将用户的注意力吸引到小游戏上，从而不会关注加载的进度。某款安全软件也采用了这种方法，当用户进入较长的扫描等待时，界面上会弹出气泡，提示用户可以进入皮肤中心换换界面的皮肤来玩一玩。从这点出发，很多加载比较慢的软件就可以善以利用，通过这种方式，既提高了等待的体验，也起到了功能宣传的作用。

8.1.2 导航列表的设计建议

对于设计而言，移动UI满足人们高效快速的信息浏览，注重排版和信息整合； 而客户端可以实现更加丰富的交互体验，注重层级关系和操作引导。

iPhone拥有紧致的尺寸，目前有480×320 和 640×960两种分辨率。它包含了完整的Safari浏览器，可以完整显示HTML、XML网页。利用多点触摸可以做到跟桌面平台一样的网页浏览体验。

但受“屏幕小、触屏操作、网速限制”的限制，Web的设计需要考虑精简布局、降低图片加载、减少输入等。具体办法如下。

（1）对原有信息进行整合重组，横向排列、避免分栏。

（2）动作传感器可以感应用户横握手机时自动转为横屏显示，因此信息排版要做到自适应宽度，横屏480（960），竖屏320（640）。

（3）精简、精简、再精简。在小小的显示屏上，所有主元素都要尽量“够大”，因此页面只需展示核心功能，去掉不必要的“设计元素”（使用色块或简单背景图），使页面易操作、浏览顺畅。

（4）功能界面

遵守iOS的交互习惯，功能界面的结构通常自上而下，分别是“导航栏”“标签栏”“工具栏”。

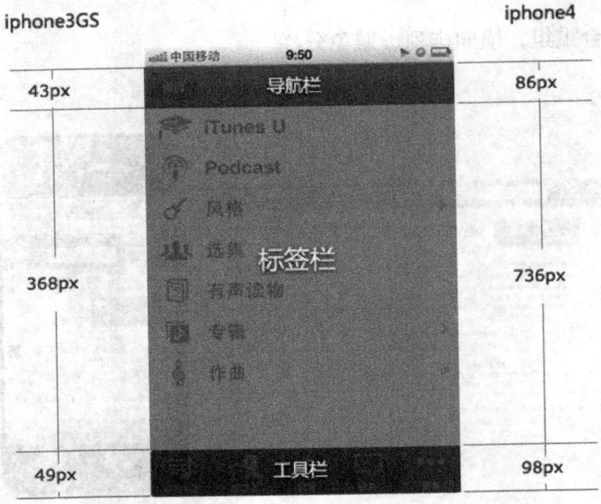

导航栏主要显示“当前状态”“返回”“编辑”“设置”等基本操作。

工具栏作为热点触摸区域，用来展示主菜单。形式可以是：文字、图标、图标+文字（不可超过5栏）。

标签栏是主要展示区，也是设计的重点。根据不同功能的界面，常见的有以下几种设计方式。

列表视图——适合目录、导航等多层级的界面。将信息一级级地收起，最大化地展示分类信息。

分层的界面——利用iPhone本身独有的特性让其固定，或垂直、水平滚动，节省空间。

案例 1 进度条

案例分析

本例将制作简单的Loading加载界面。通过使用椭圆工具、圆角矩形工具、自定义形状工具、横排工具工具以及图层样式等来快速制作大方美观的Loading加载界面。本例最终效果如图所示。

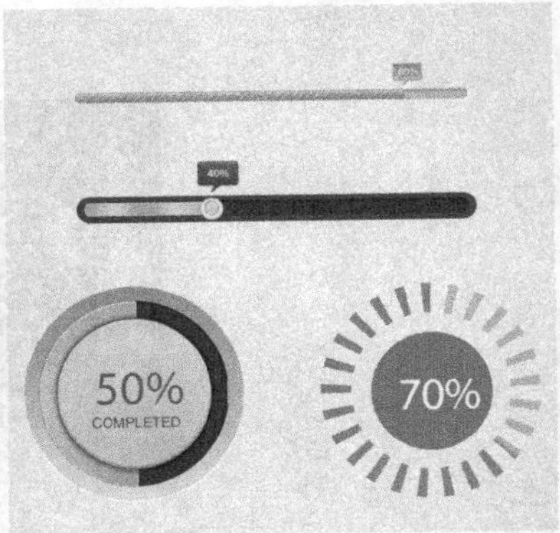

技巧分析

加载进度条造型不定，可以使用圆形、圆角矩形等为基本图形，上面绘制出加载的进度，完成造型。加载进度条的配色比较随意，可选用暗色调，也可用亮色调，本例中选用的是亮色调，给人耳目一新的感觉。本例中列举了4种加载进度条的效果，配色均以亮色为主，造型多变。

步骤演练

01 新建空白文档。执行“文件>新建”命令，创建874像素×653像素的文档，设置前景色的颜色，为背景填充前景色，将“背景”图层解锁。

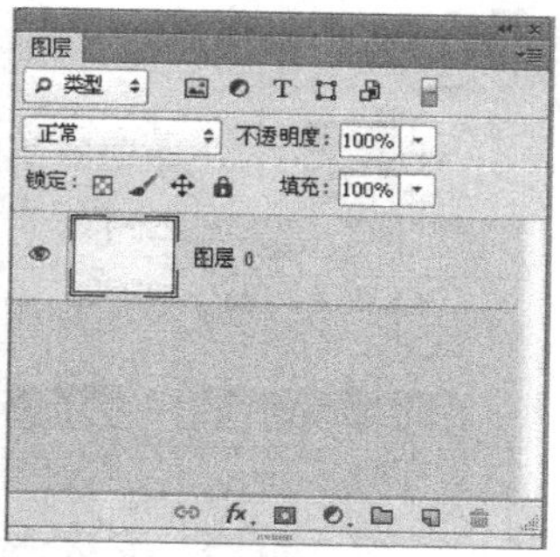

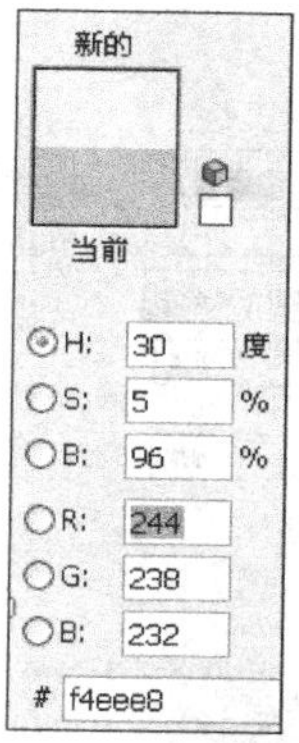

02 绘制正圆。选择工具箱中的“椭圆工具”，按快捷键Alt+Shift的同时在图像上拖曳绘制出圆。

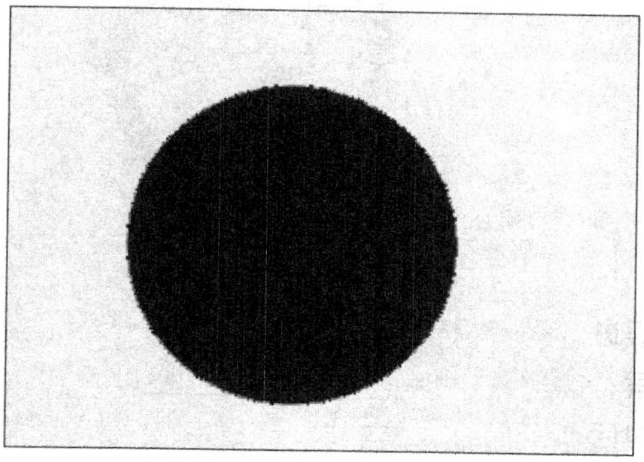

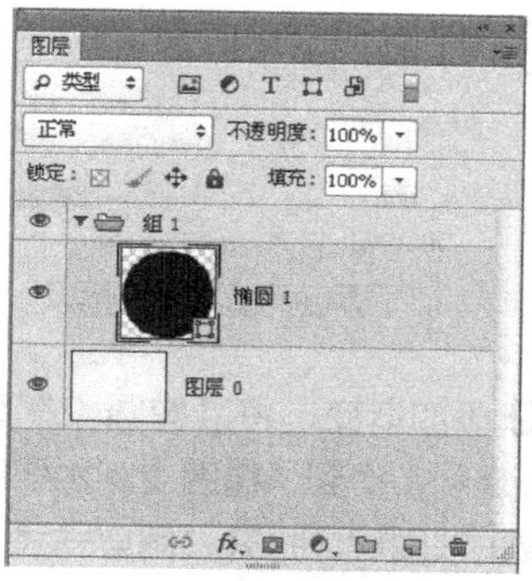

03 为椭圆添加效果。双击该图层，打开“图层样式”对话框，在弹出的对话框中选择“渐变叠加”“外发光”“投影”选项，设置参数，为椭圆添加效果。

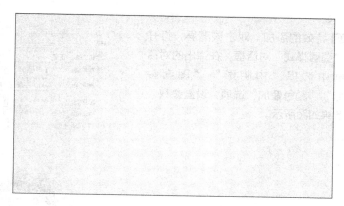

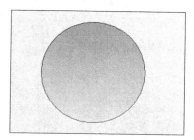

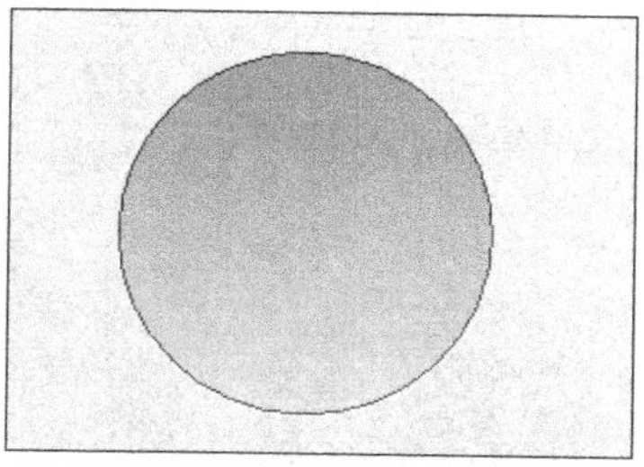

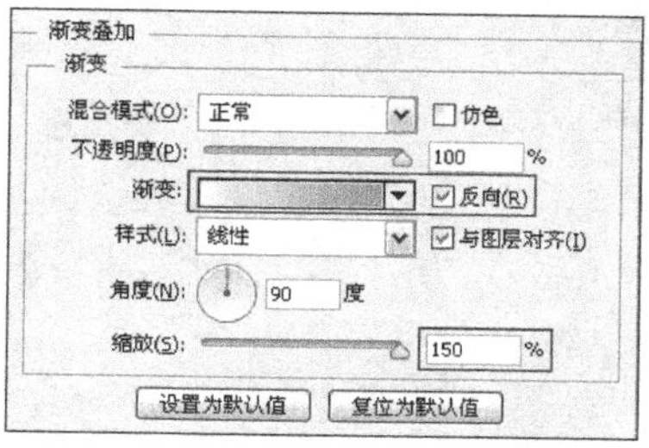

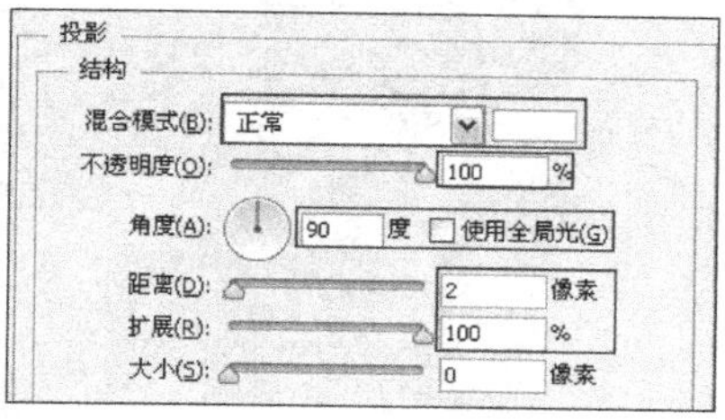

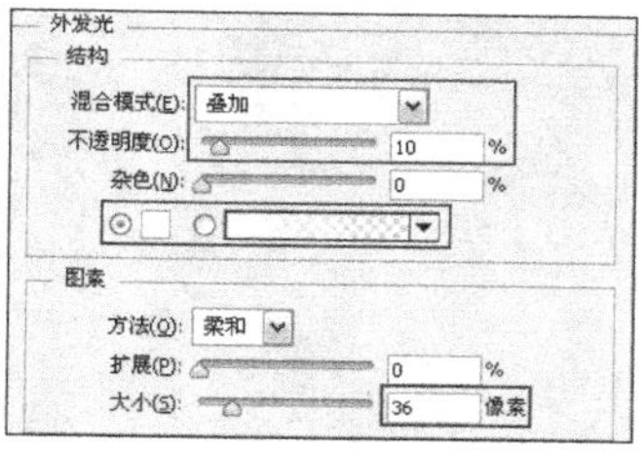

04 环形色块的制作。选择“椭圆工具”，在选项栏中选择“减去顶层形状”选项，在圆的中央位置单击并按快捷键Alt+Shift键拖曳绘制同心圆。效果如图所示。

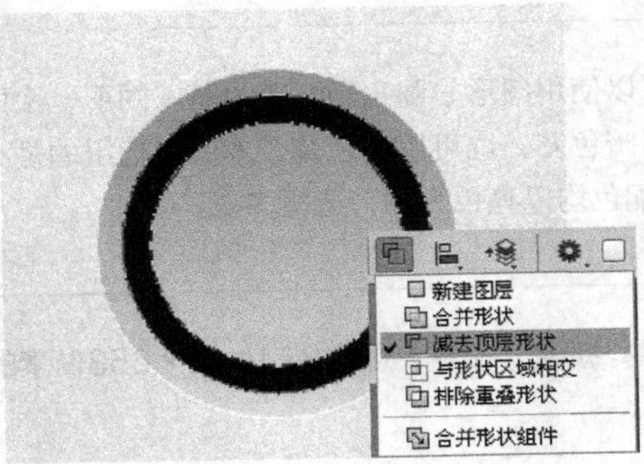

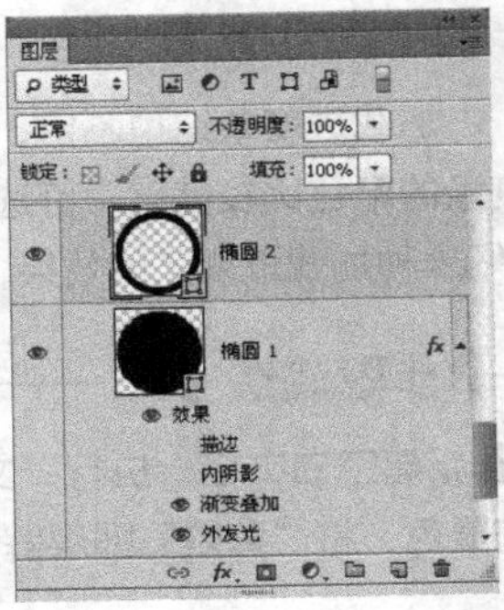

05 特效的添加。双击该图层，打开“图层样式”对话框，在弹出的对话框中选择“内阴影”“图案叠加”“颜色叠加”选项，设置参数。效果如图所示。

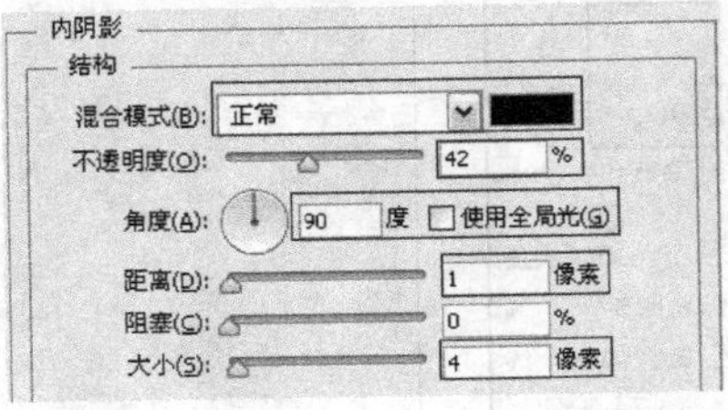

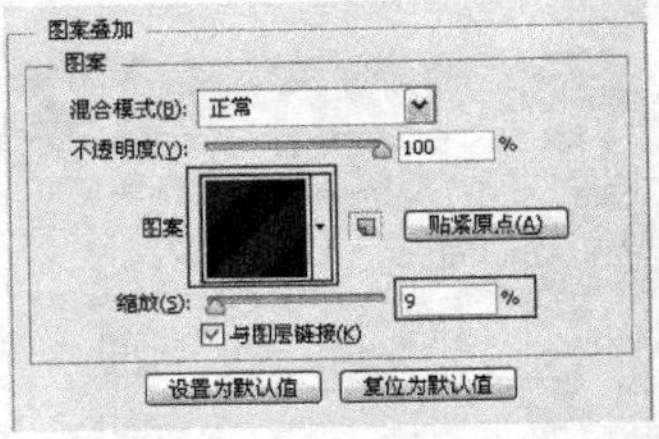

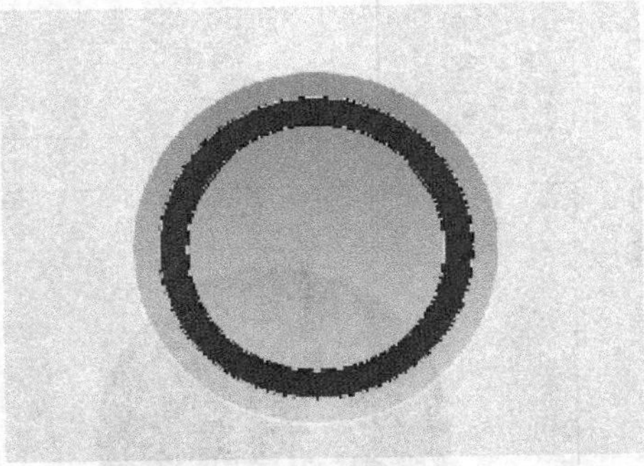

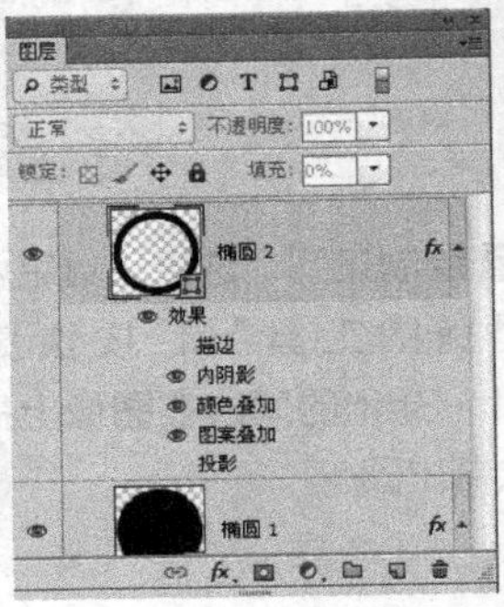

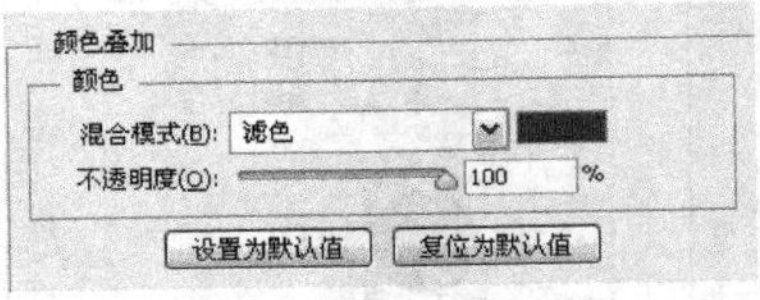

06 添加渐变。将“椭圆 2”图层进行复制，得到“椭圆 2副本”图层，双击该图层，打开“图层样式”对话框，分别选择“描边”“内阴影”“渐变叠加”选项，设置参数，绘制加载进度。

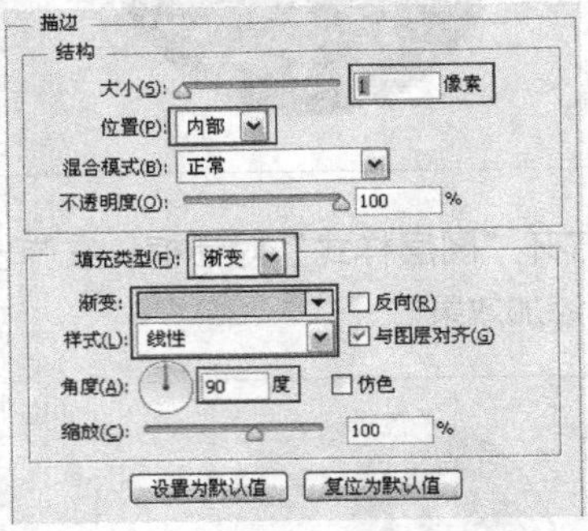

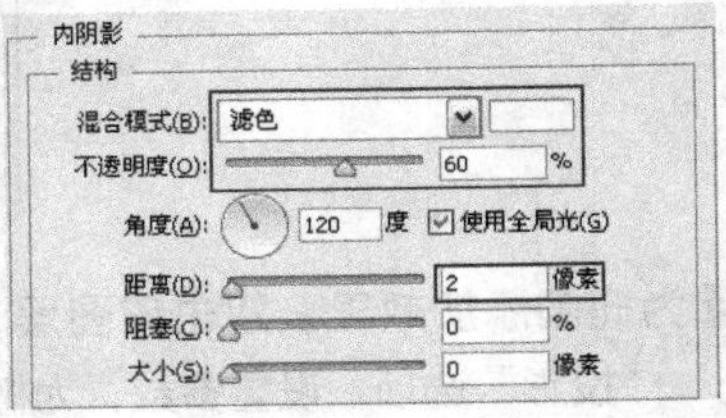

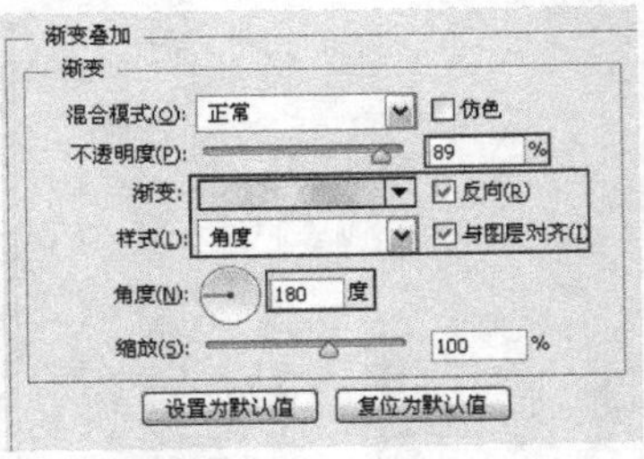

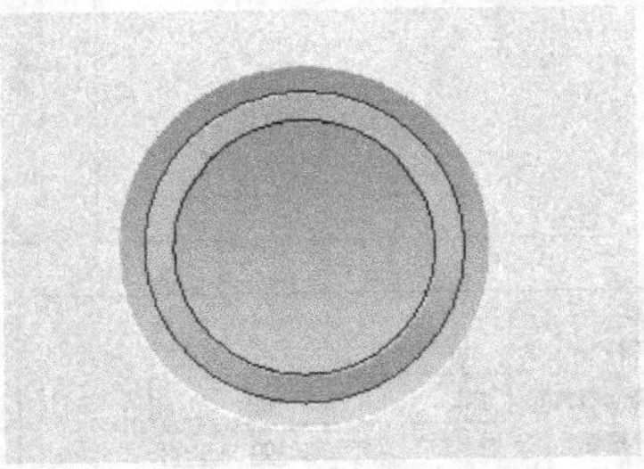

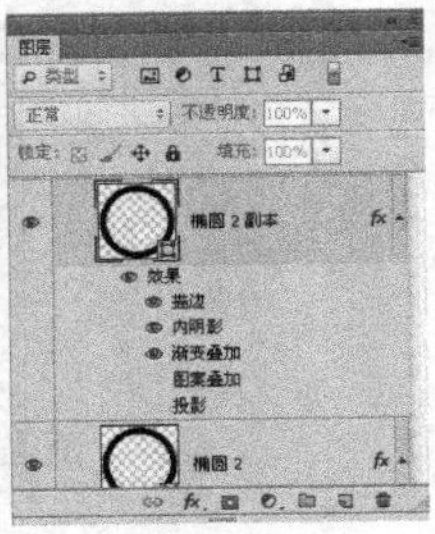

第08章

07 颜色的变换。单击“图层”面板下方的“创建新图层”按钮，为该图层添加图层蒙版，选择“矩形选框工具”，将圆形渐变的右边部分建立为选区，设置前景色为黑色，为选区填充黑色后图像会被隐藏。

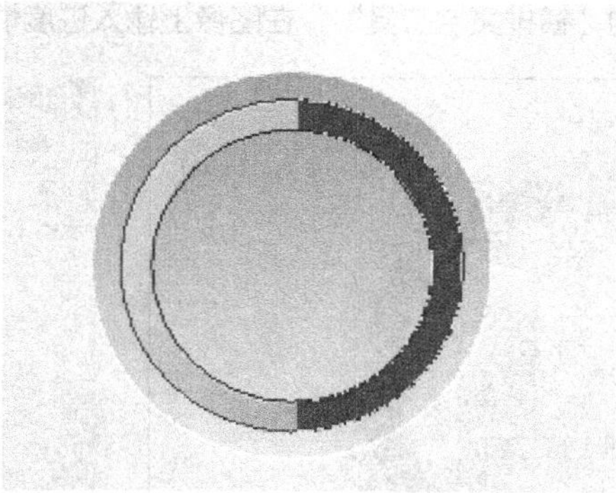

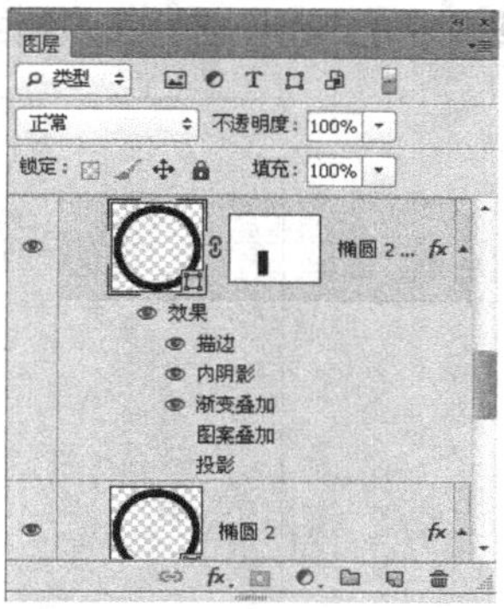

08 圆形色块的制作。将“椭圆1”图层进行复制，得到“椭圆1副本”图层，单击鼠标右键，选择“清除图层样式”命令，按快捷键Ctrl+T，自由变换，按快捷键Alt+Shift改变大小。

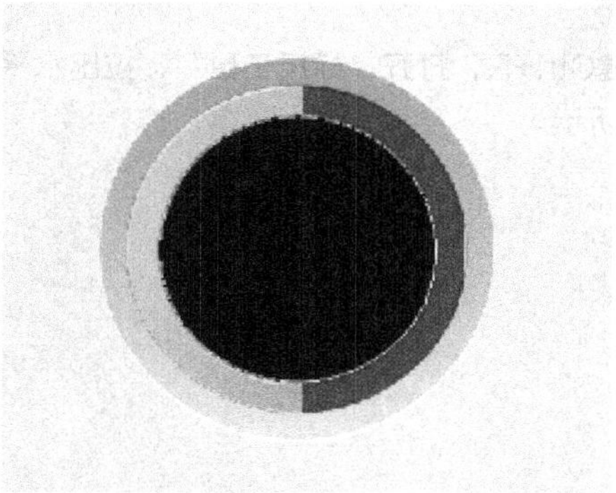

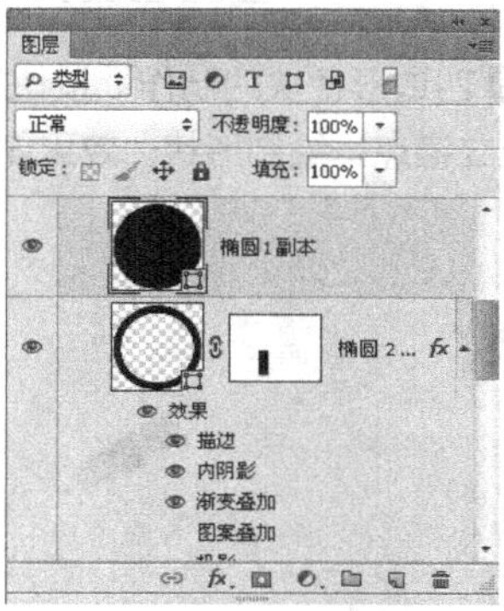

09 特效的添加。双击该图层，打开“图层样式”对话框，分别选择“斜面和浮雕”“渐变叠加”“外发光”“投影”选项，设置参数，为内部界面添加立体效果。

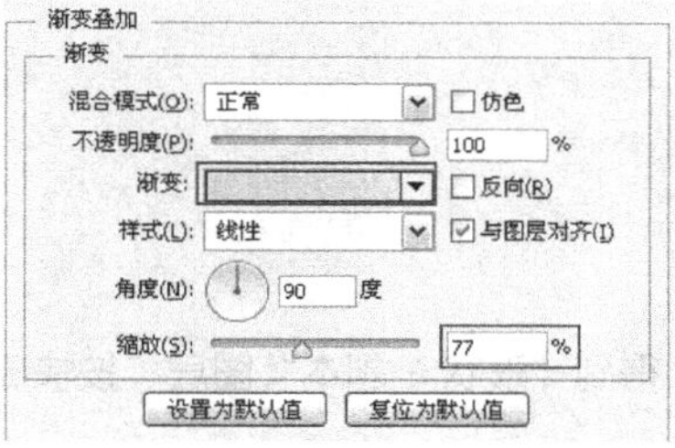

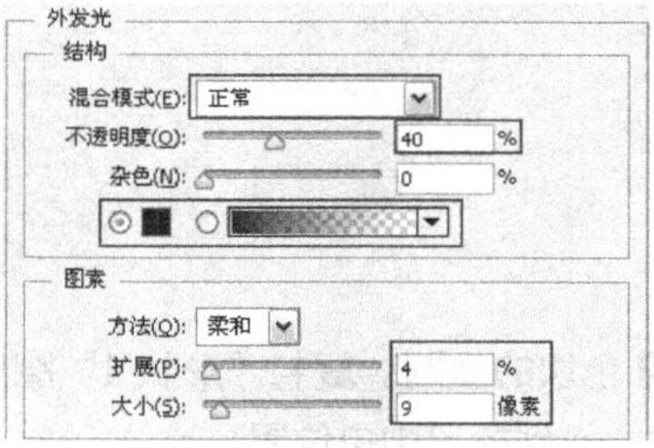

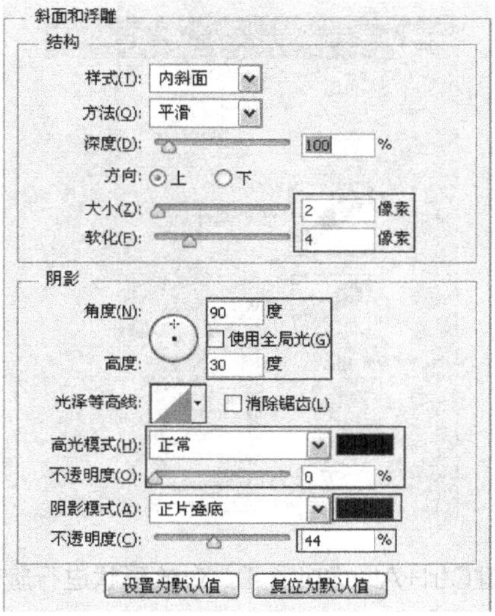

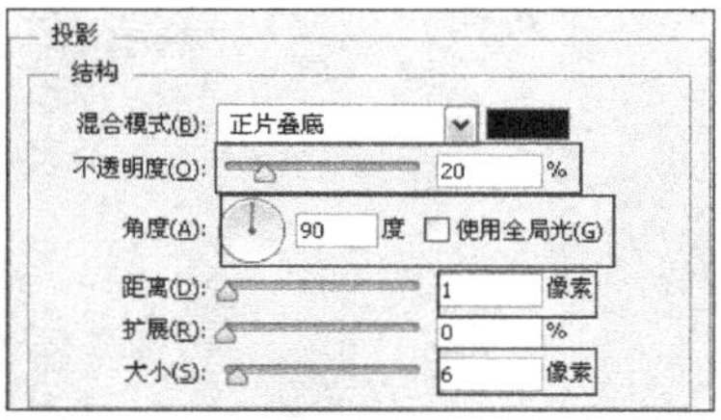

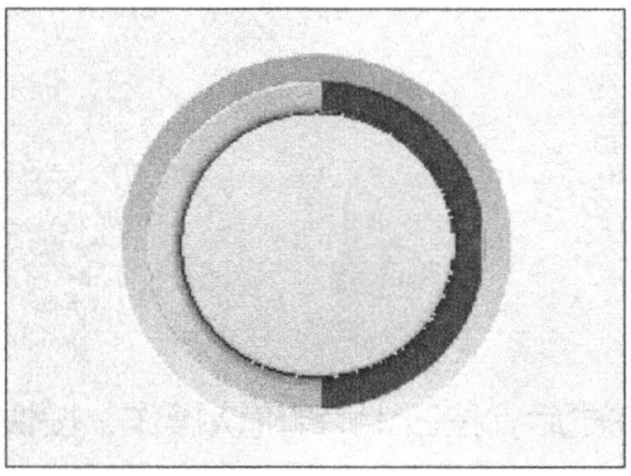

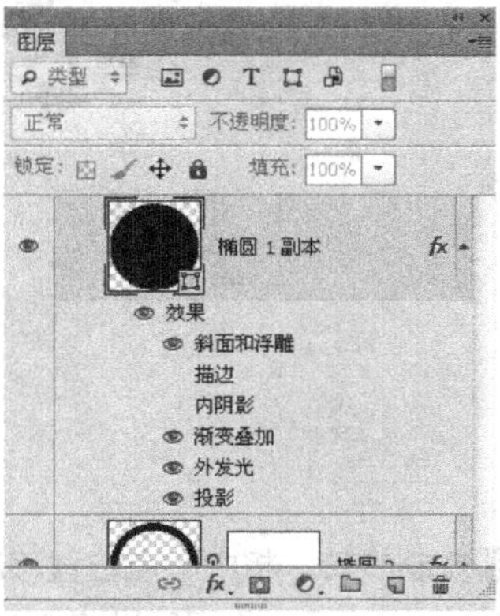

10 文字的制作。选择工具箱中的“横排文字工具”，在图像上输入进度情况的文字。效果如图所示。

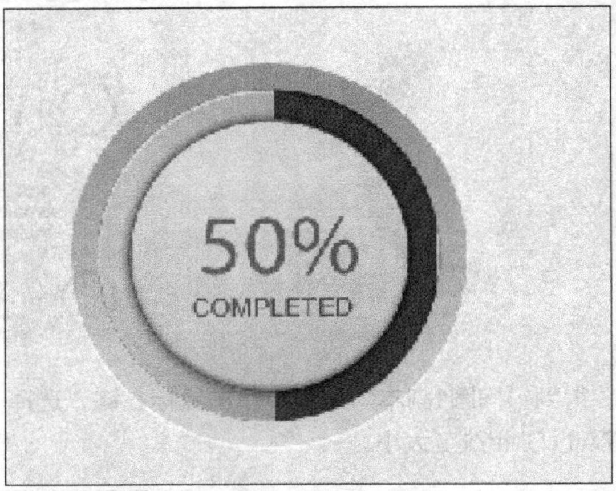

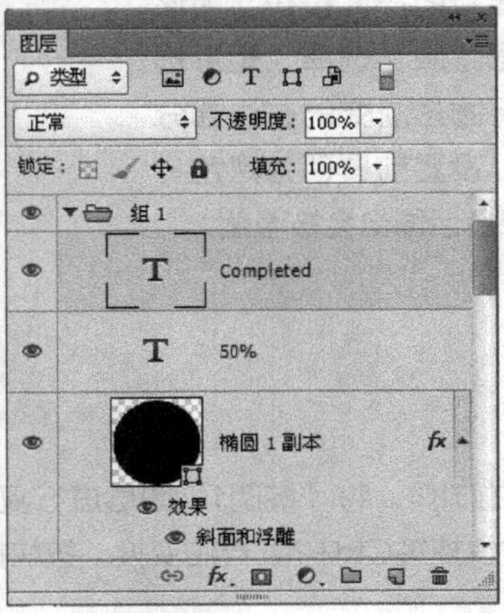

11 四边形色块的制作。按快捷键Ctrl+R，打开“标尺工具”，拉出水平线和垂直线，选择钢笔工具，在图像上建立锚点，绘制形状。效果如图所示。

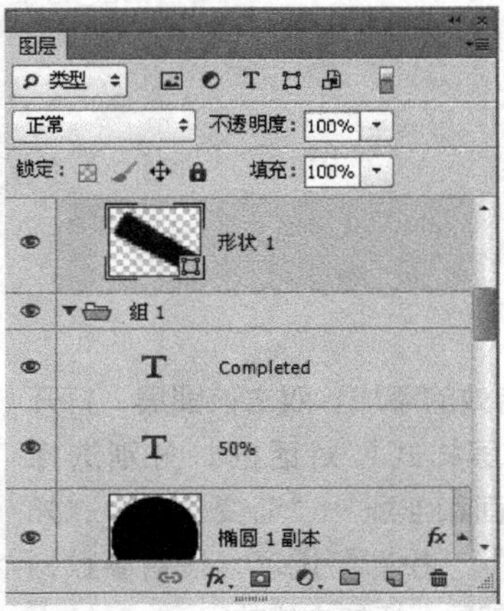

12 色块的复制。复制“形状 1”图层，得到“形状 1 副本”图层，按快捷键Ctrl+T，自由变换，旋转角度，移动中心点到标尺中央位置。

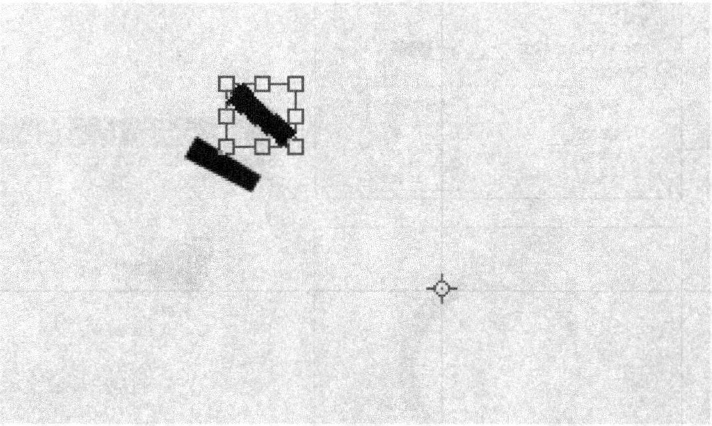

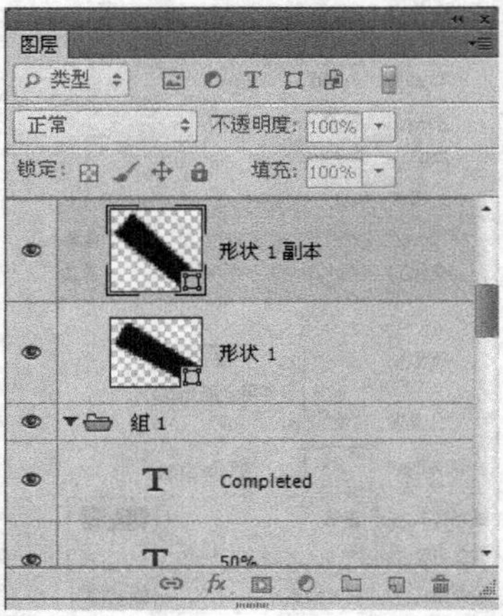

13 复制旋转。将中心点位置移动完成后，按Enter键确认操作，按快捷键Ctrl+Alt+Shift+T，对该形状进行旋转复制，完成后，将图层进行合并。

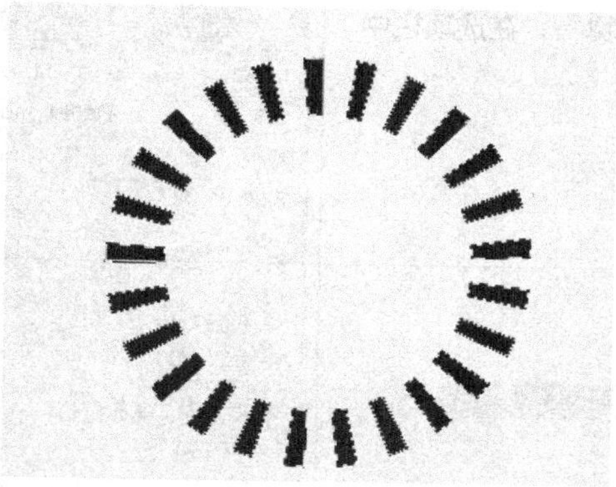

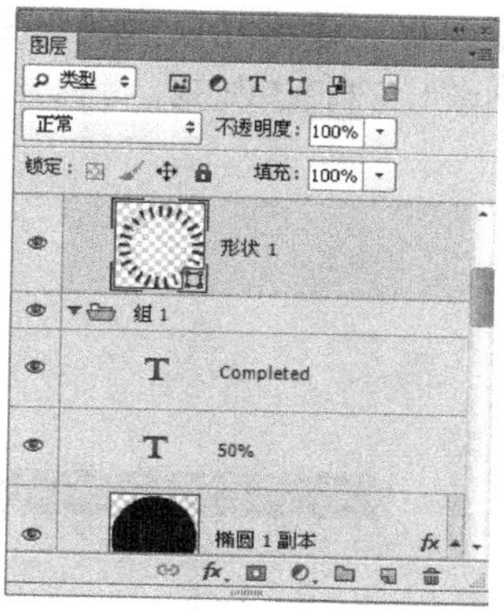

14 为形状添加颜色。双击该图层，打开“图层样式”对话框，选择“渐变叠加”选项，设置参数，绘制加载进度。

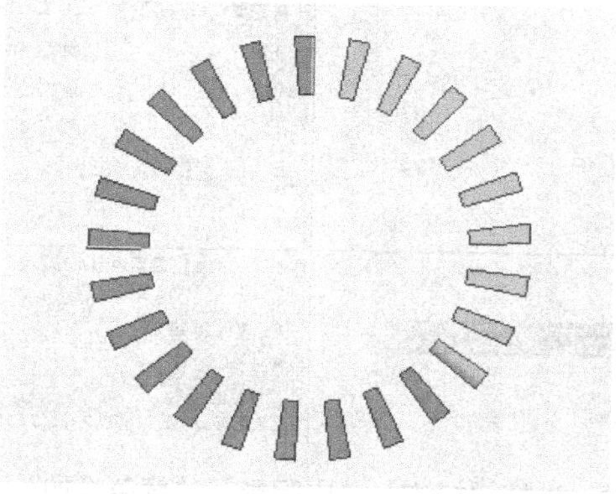

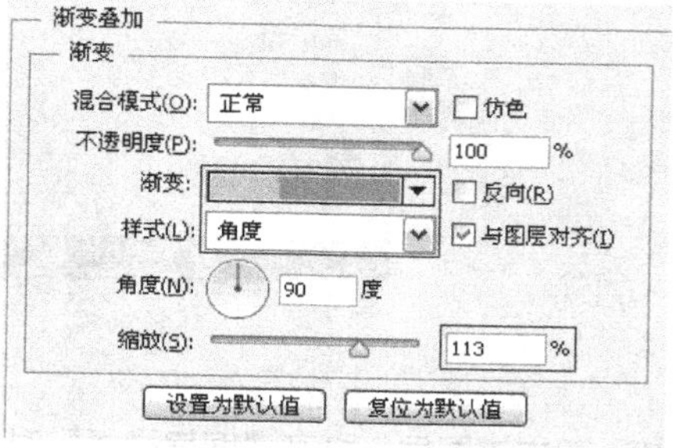

15 圆形色块的制作。选择“椭圆选框工具”，在参考线交接的地方单击并按快捷键Alt+Shift绘制圆，“图层”面板生成“椭圆5”图层。

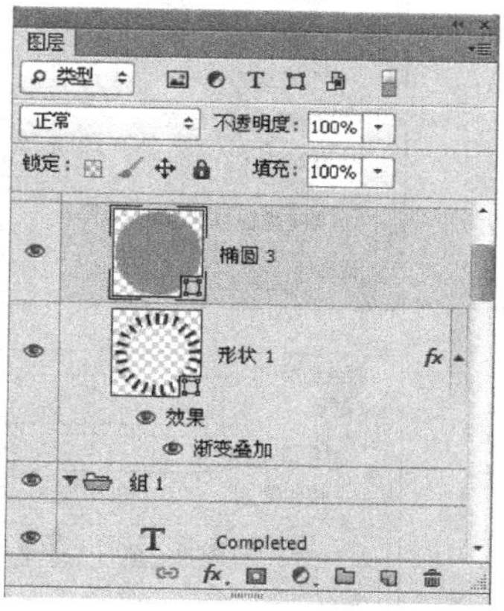

16 文字的制作。选择“横排文字工具”，输入文字。

17 圆角矩形色块的制作。选择工具箱中的“圆角矩形工具”，在选项栏中设置半径为50像素，在图像上绘制圆角矩形。

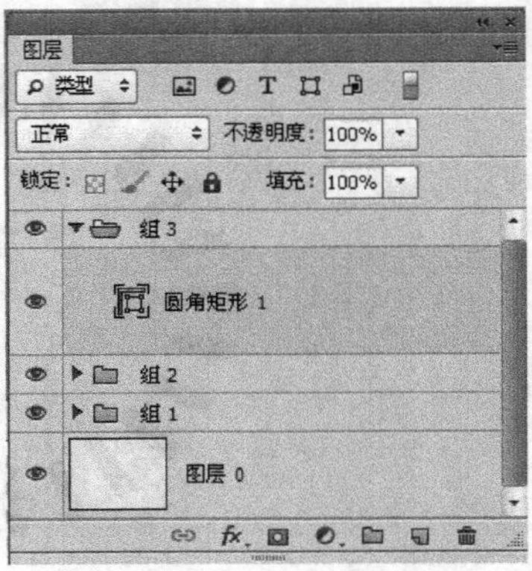

18 继续绘制圆角矩形色块。使用同样的方法，绘制内部圆角矩形，将“填充”降低为0%，效果如图所示。

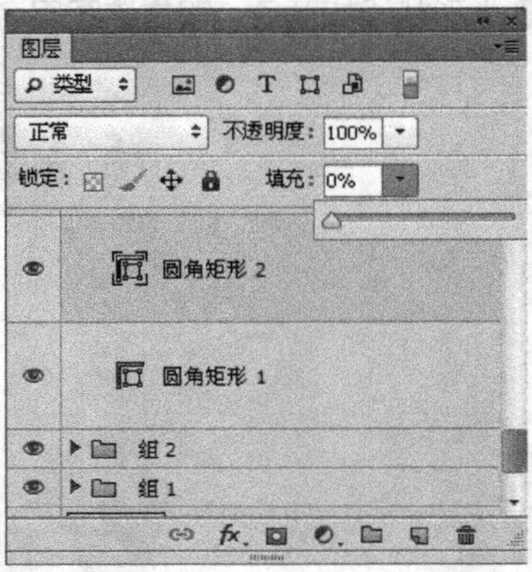

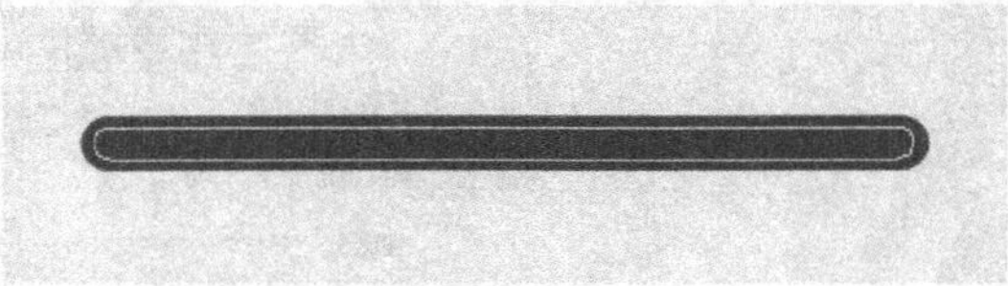

19 特效的添加。双击该图层，打开“图层样式”对话框，选择“描边”“内阴影”“颜色叠加”“图案叠加”选项，设置参数，绘制加载进度。

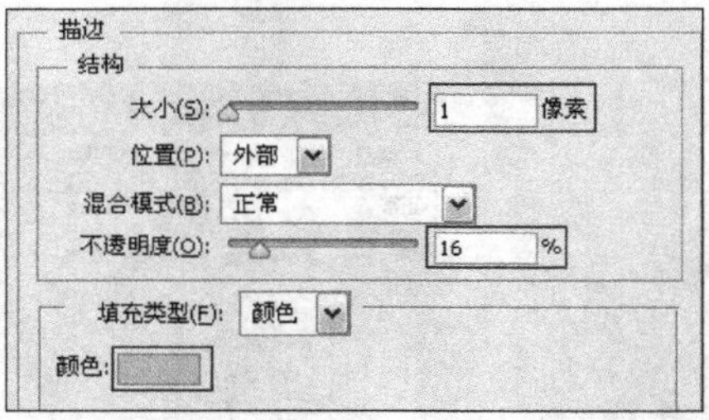

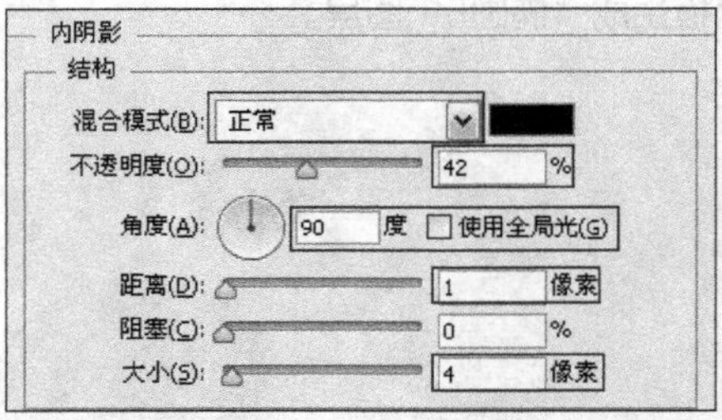

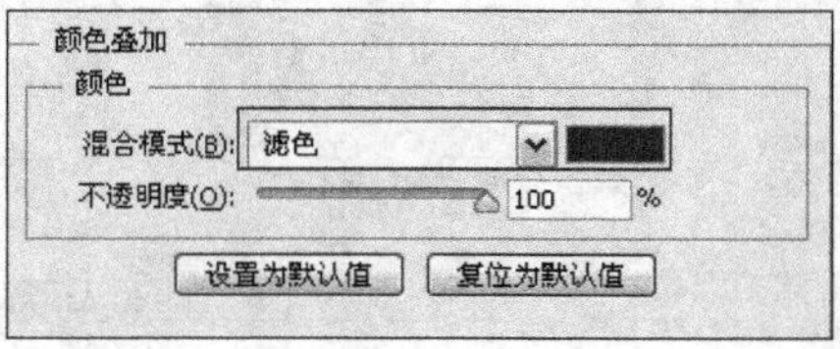

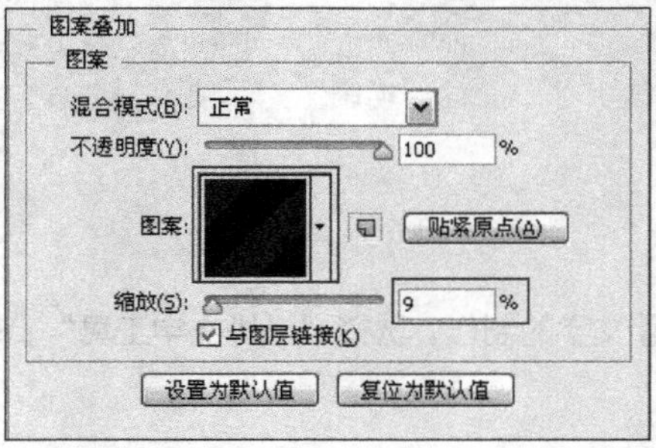

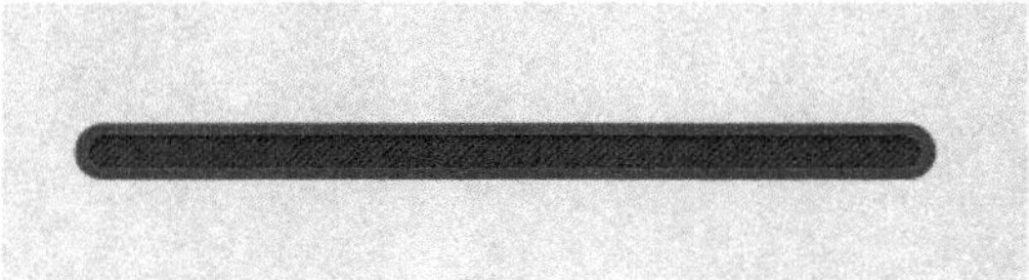

第 08 章

20 继续绘制圆角矩形色块。再次选择“圆角矩形工具”，绘制加载进度。

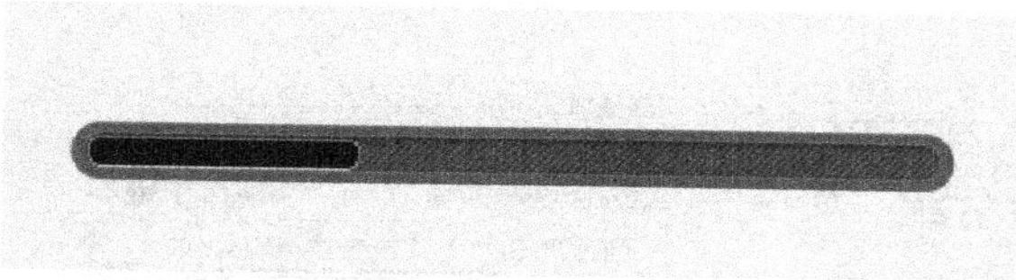

21 特效的添加。双击该图层，打开“图层样式”对话框，选择“描边”和“渐变叠加”选项，设置参数，添加效果。

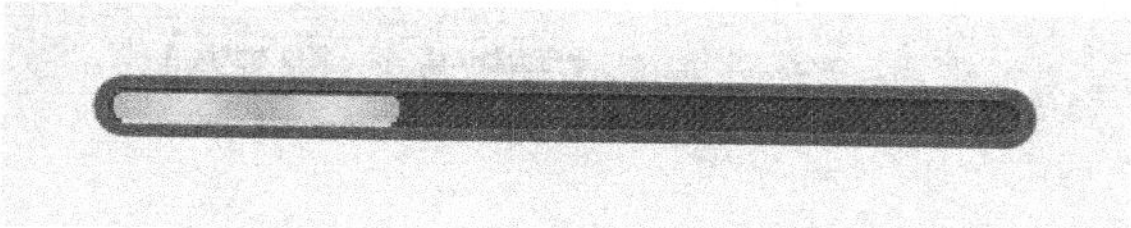

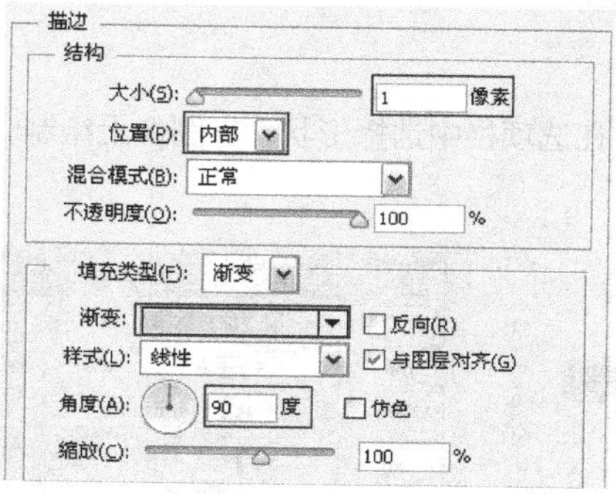

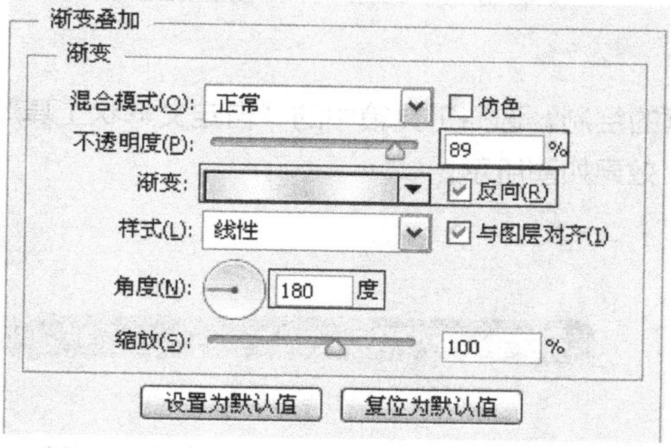

22 圆形色块的制作。选择“椭圆工具”，按Shift键绘制圆。

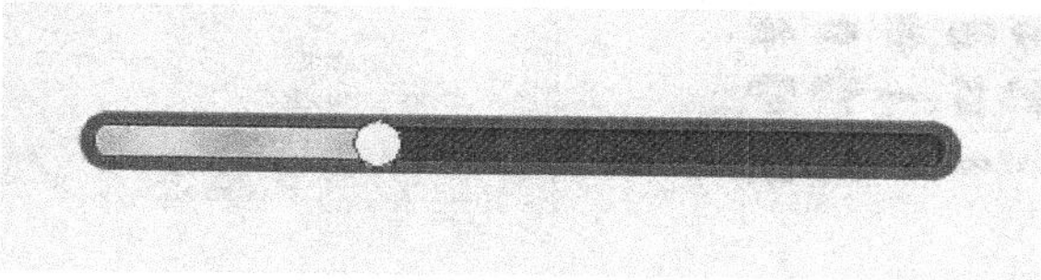

23 特效的添加。双击该图层，打开“图层样式”对话框，选择“渐变叠加”和“外发光”选项，设置参数，为圆添加效果。

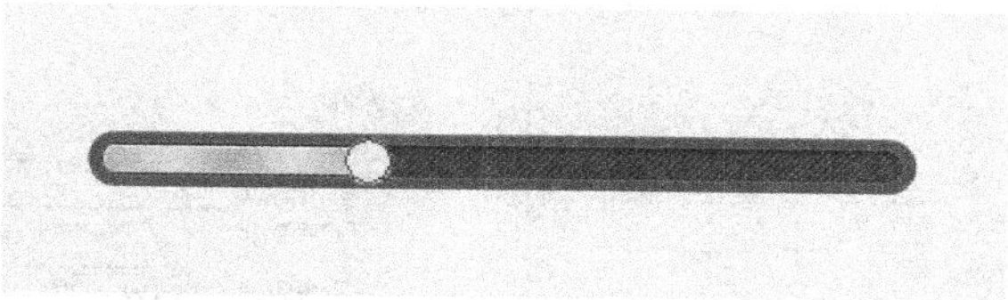

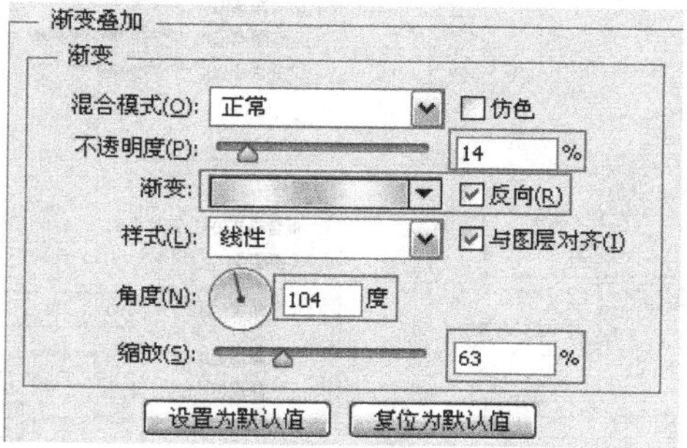

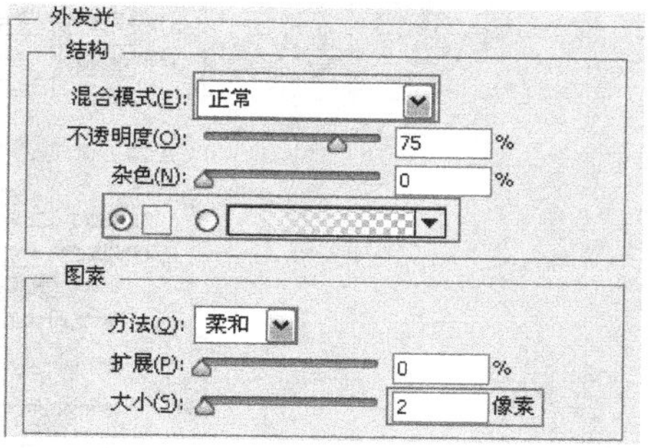

24 特效的添加。双击该图层，打开“图层样式”对话框，选择“描边”和“渐变叠加”、选项，设置参数，效果如图所示。

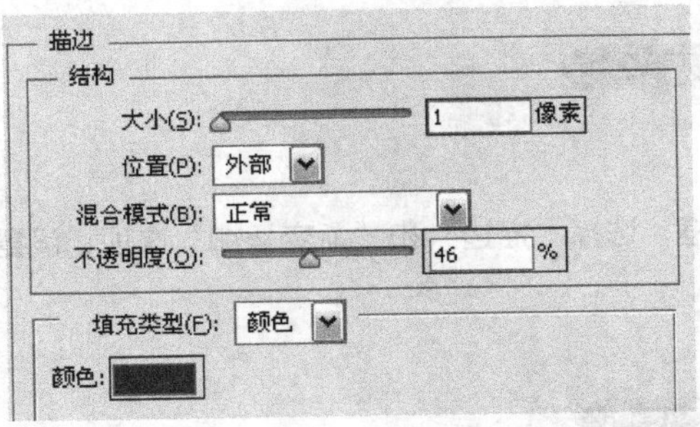

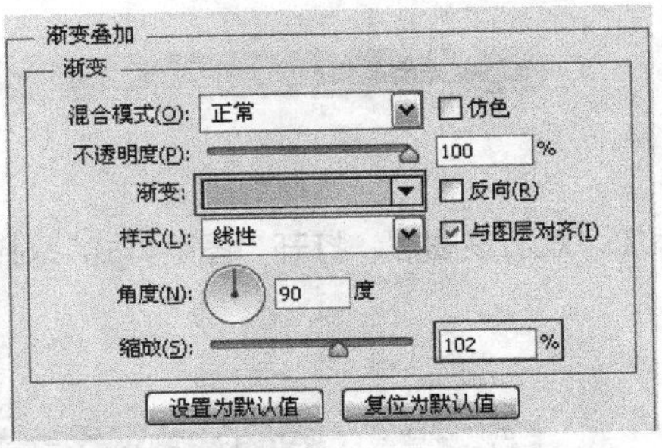

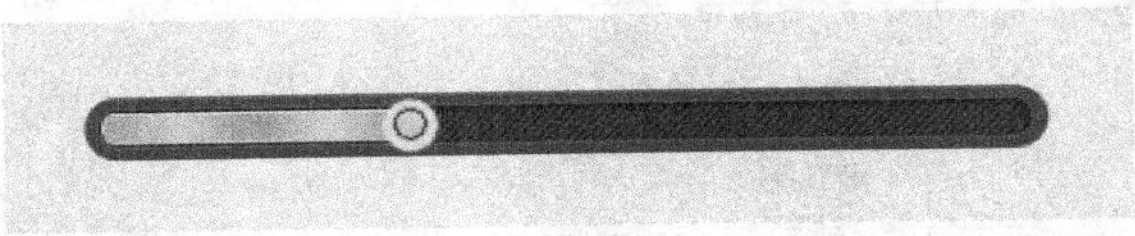

25 对话框的绘制。选择工具箱中的“自定义形状工具”，在选项栏中选择形状，在图像上绘制，将“填充”降低为0%，效果如图所示。

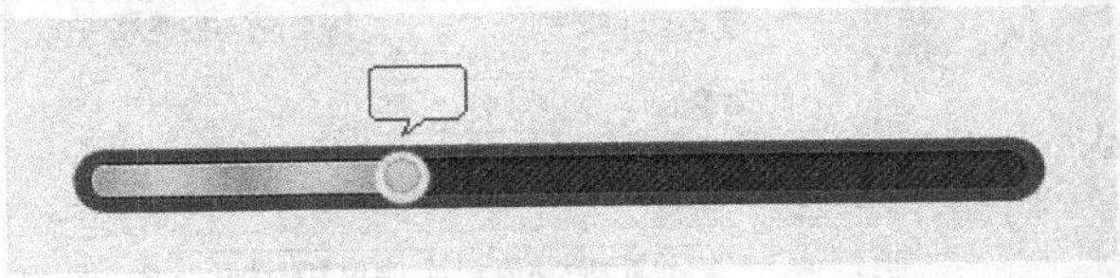

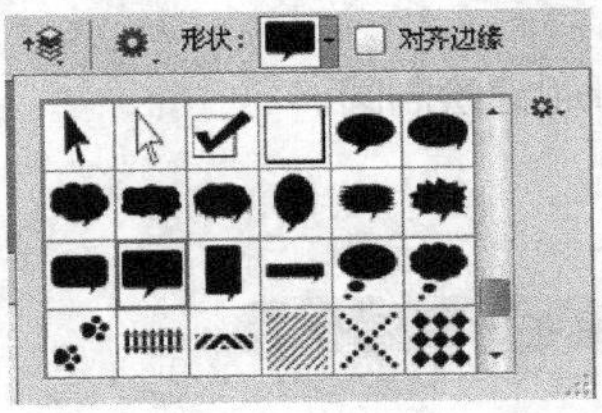

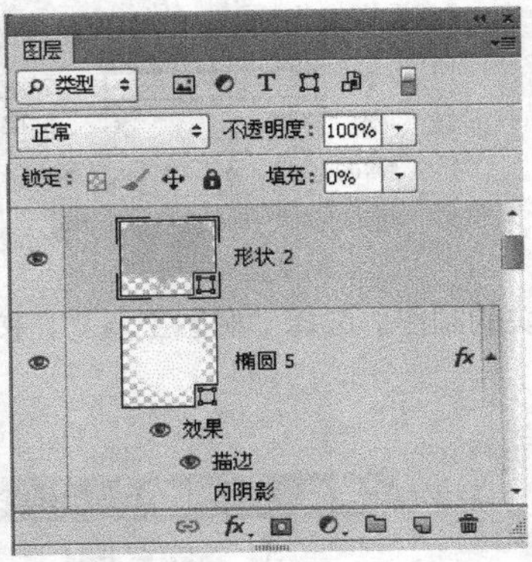

26 特效的添加。双击该图层，打开“图层样式”对话框，选择“描边”“内阴影”“渐变叠加”“投影”选项，设置参数，为形状增加立体效果。

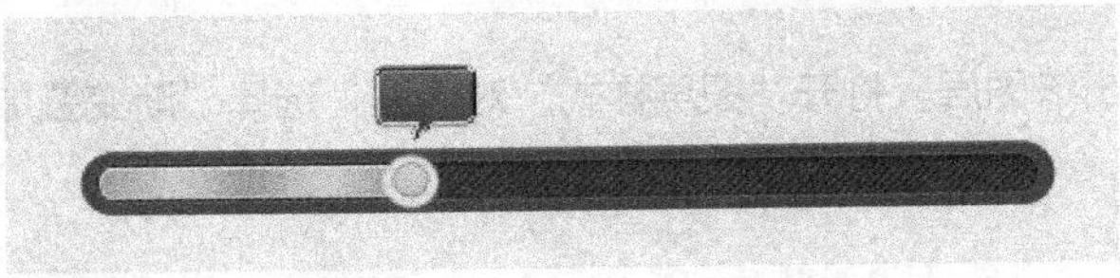

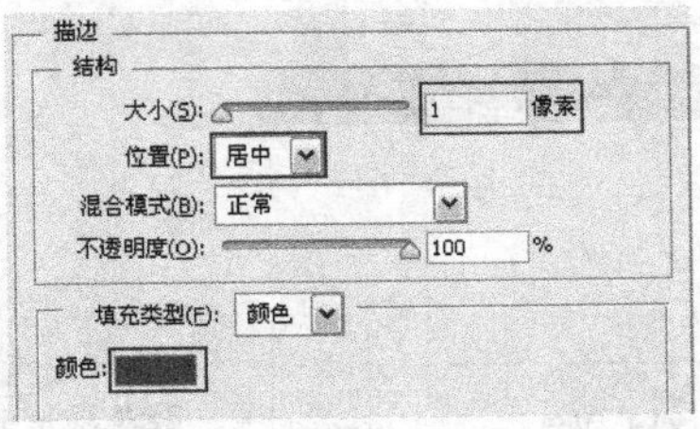

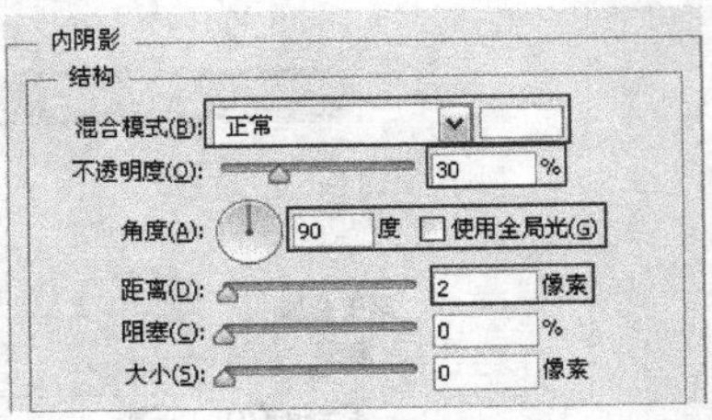

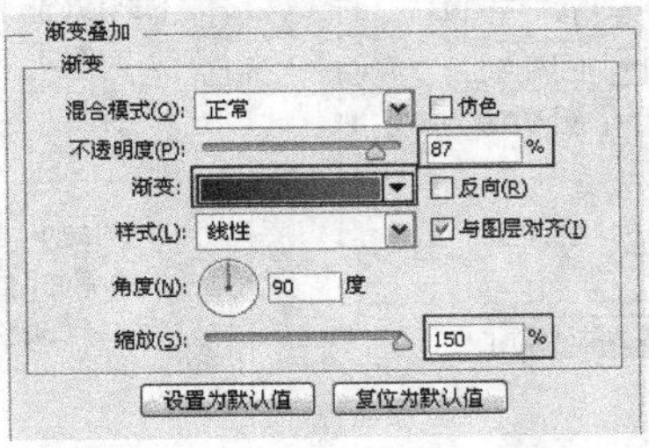

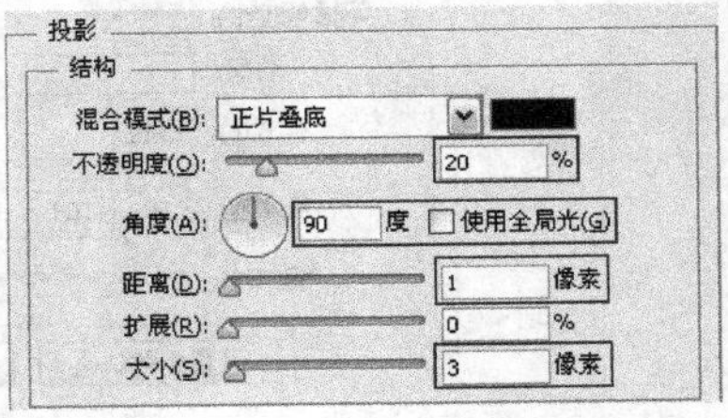

第08章

27 文字的制作。选择工具箱中的“横排文字工具”，在图像上输入进度文字。

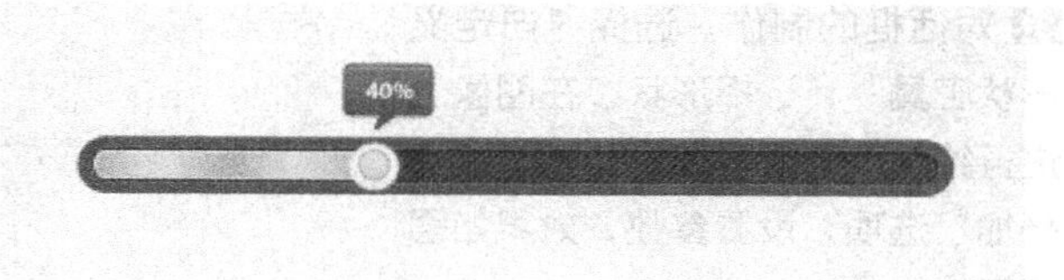

28 圆角矩形色块的制作。选择“圆角矩形工具”，绘制形状，将“填充”降低为0%，效果如图所示。

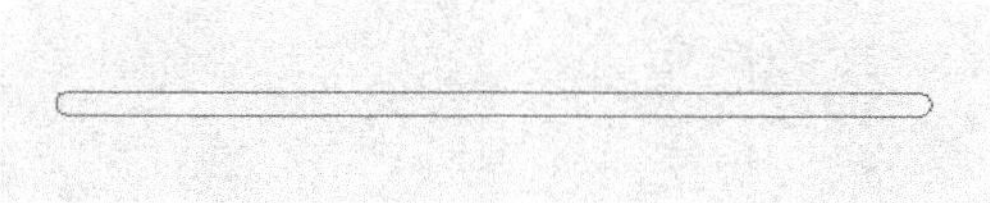

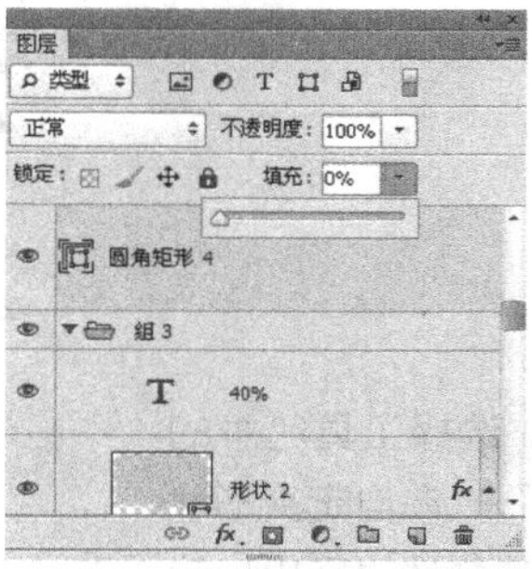

29 特效的添加。双击该图层，打开“图层样式”对话框，选择“内阴影”和“颜色叠加”选项，设置参数，效果如图所示。

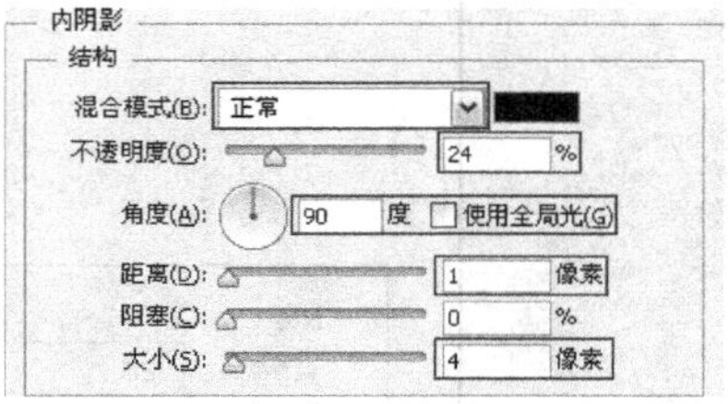

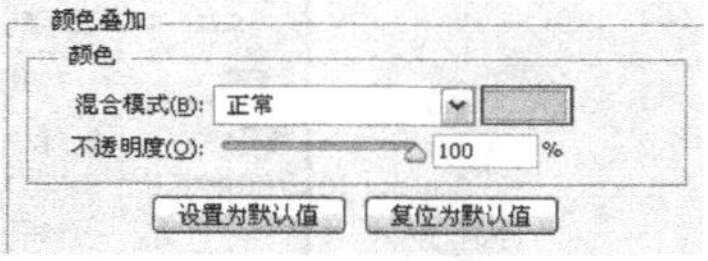

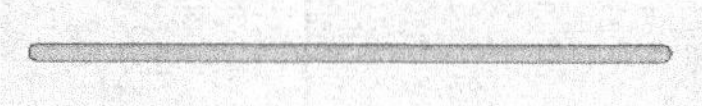

30 继续添加特效。使用同样的方法绘制加载进度，并为其添加“描边”“内阴影”“颜色叠加”“图案叠加”选项。效果如图所示。

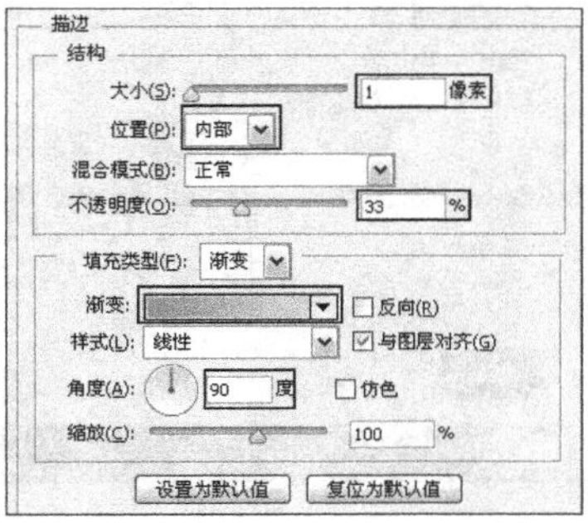

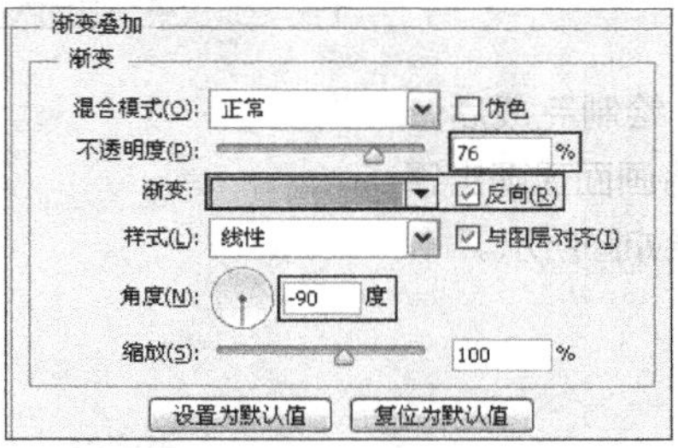

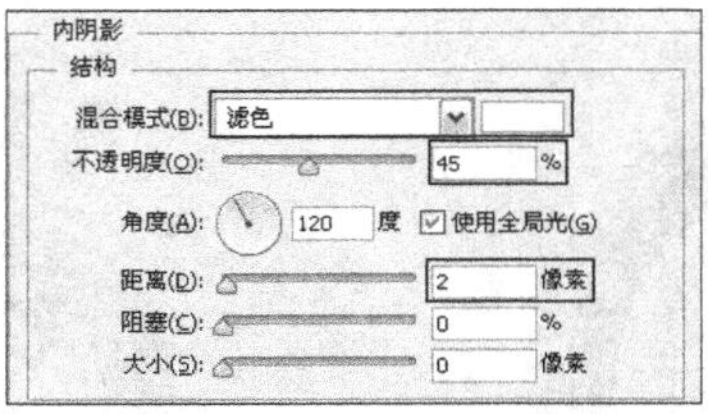

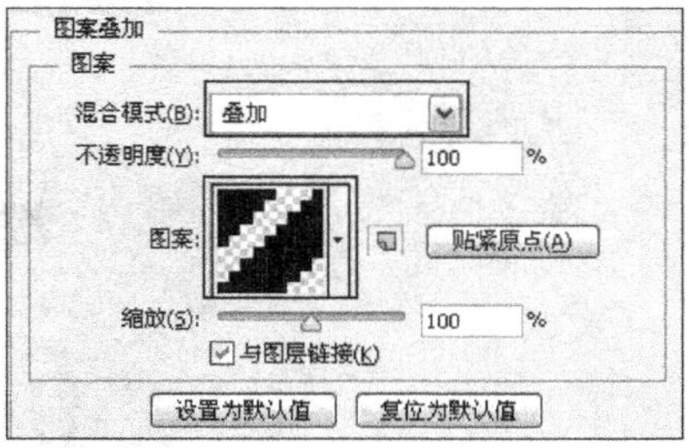

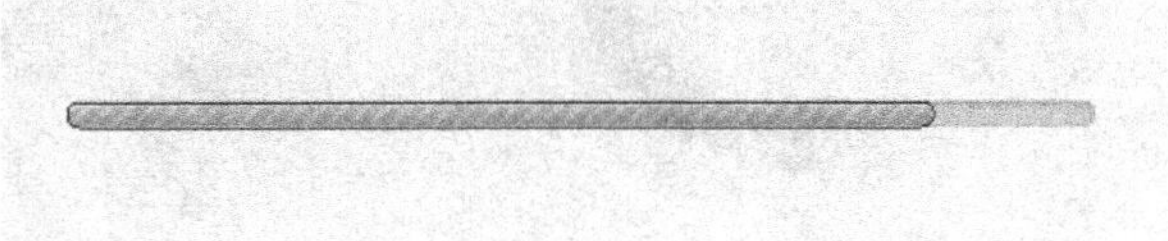

31 对话框的制作。选择“自定义形状工具”，选择形状，在图像上进行绘制，选择“描边”和“渐变叠加”选项，设置参数，效果如图所示。

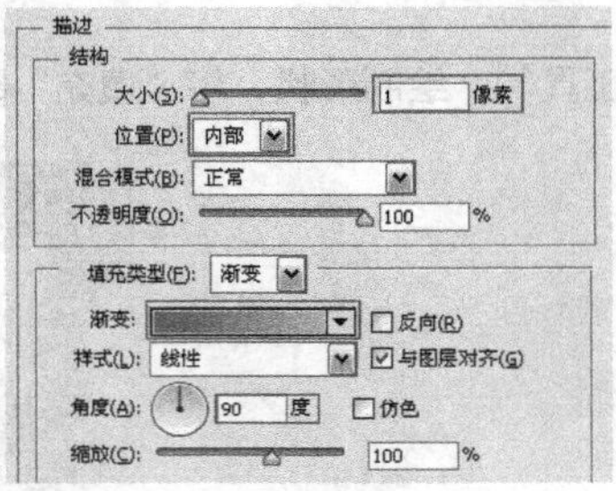

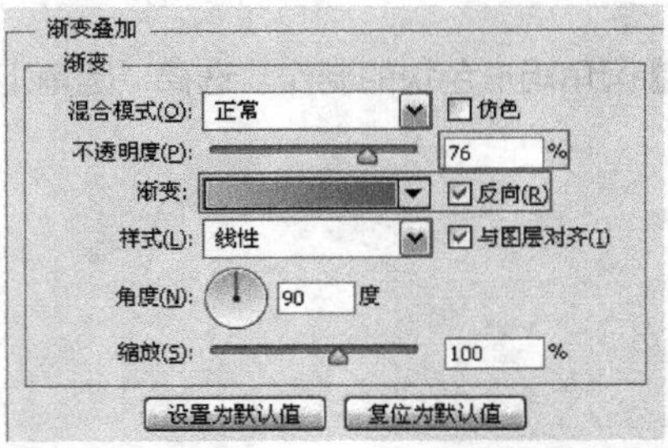

32 文字的制作。选择工具箱中的“横排文字工具”，在自定义形状内输入文字，以清楚地显示出加载的进度，输入完成后，设置“投影”参数，为文字添加“投影”效果。

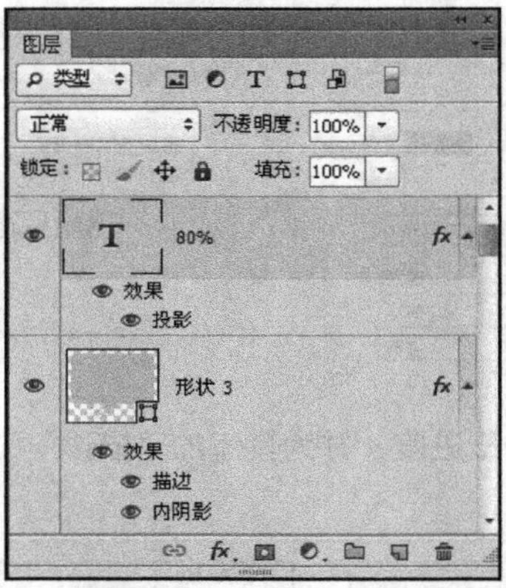

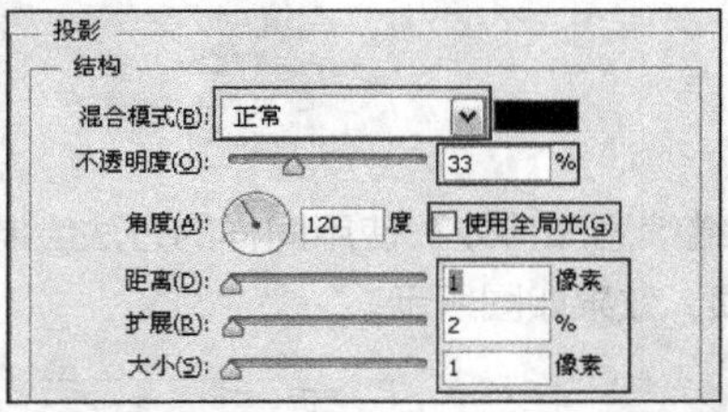

33 完成效果展示。绘制完成后，按快捷键Ctrl+0，将画面显现出原始的尺寸，最终效果如图所示。

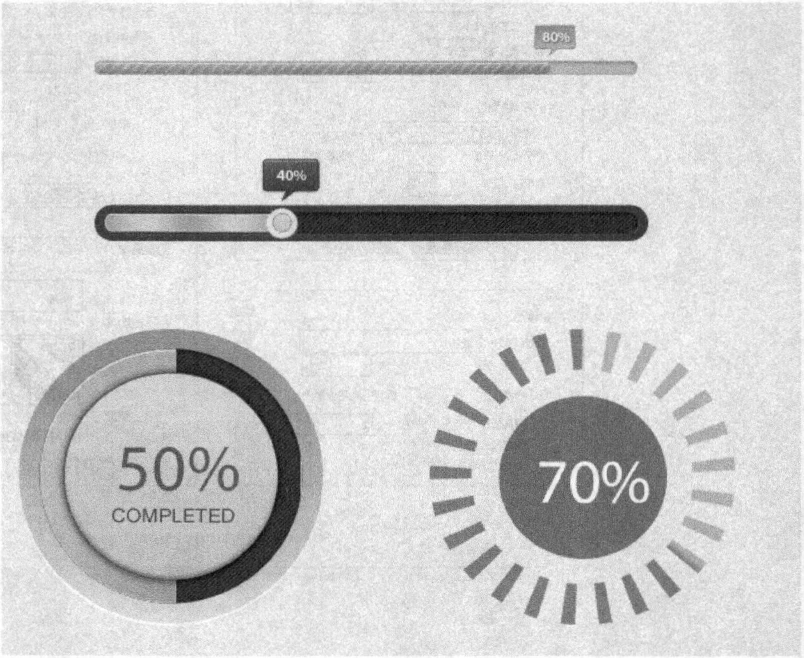

第08章

案例 2 音量设置图标

案例分析

本例制作一系列音量设置图标。音量设置在APP中经常遇到，通常在音乐和视频软件中是不可或缺的控件。

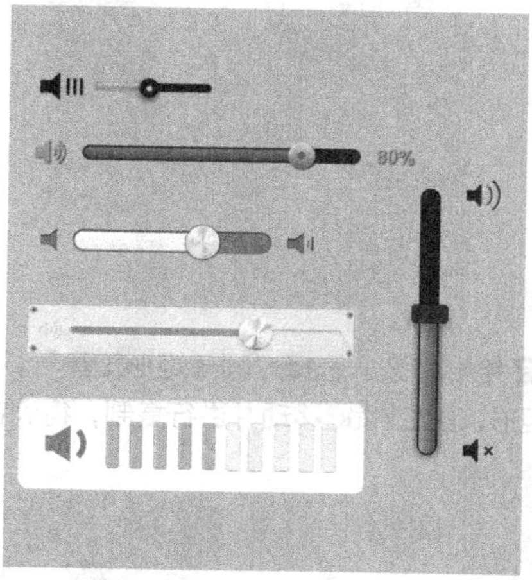

技巧分析

在制作控件的过程中，还要考虑到一些问题，如在触屏上的感应问题，按钮过小会严重影响用户的交互体验，而且在一些恶劣环境下使用会很难操作，比如在颠簸的公车上、在行走的时候。

步骤演练

效果1

01 新建空白文档。执行“文件>新建”命令，在弹出的“新建”对话框中，设置宽度和高度为600像素×800像素，单击“确定”按钮，新建文档，将前景色设置为灰色（R:192 G:192 B:192）进行填充。

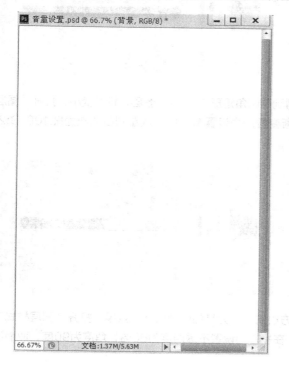

02 绘制音量符号。选择“钢笔工具”，绘制音量符号，打开“图层样式”对话框，选择“描边”和“颜色叠加”选项，设置参数。在“描边”选项中设置大小像素为1，不透明度为20%，颜色为R: 65 G: 63 B: 71。在“颜色叠加”选项中设置颜色为黑色。效果如图所示。

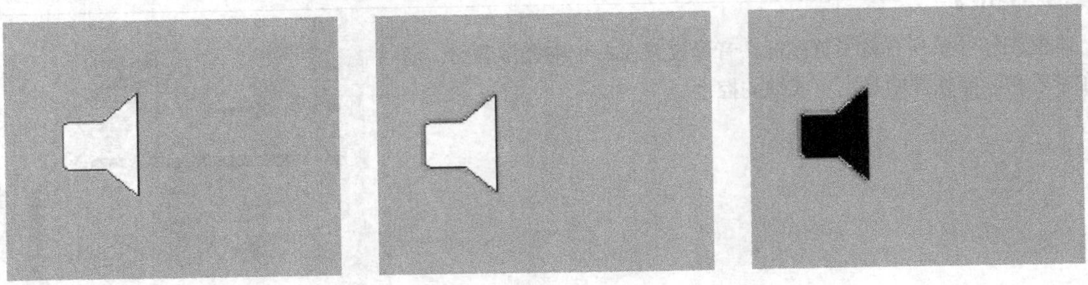

03 绘制音波。选择“圆角矩形工具”，在选项栏中设置半径为100像素，绘制圆角矩形，按住Alt键移动并进行复制，得到音波，粘贴图层样式效果。

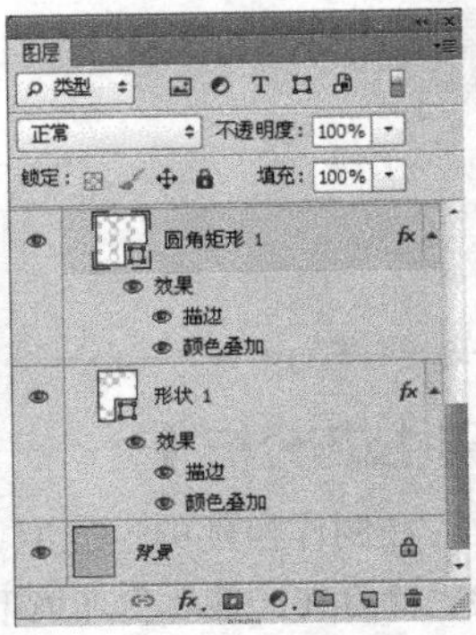

04 绘制音量的基本图形。选择“圆角矩形工具”，绘制基本图形，得到“圆角矩形 2”图层，粘贴图层样式效果。

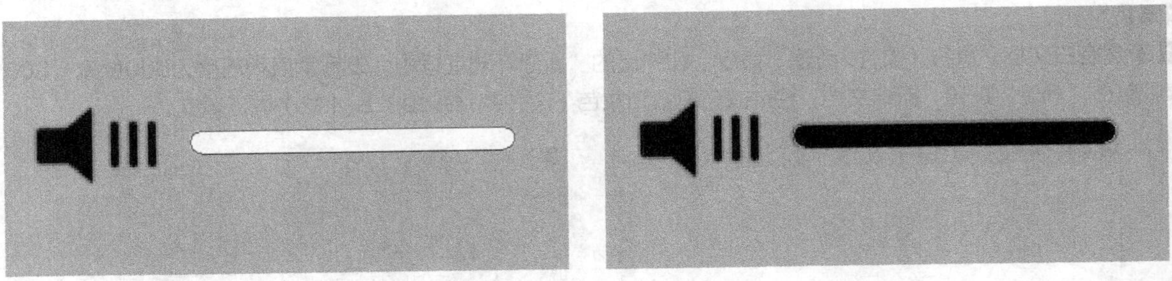

05 绘制音量大小。将“圆角矩形 2”图层进行复制，得到“圆角矩形 2 副本”图层，将其变小，打开“图层样式”对话框，选择“渐变叠加”选项，设置参数。在渐变叠加中设置渐变条，从左到右依次为R:109 G:207 B:246、R:13 G:170 B:237、R:0 G:222 B:255。

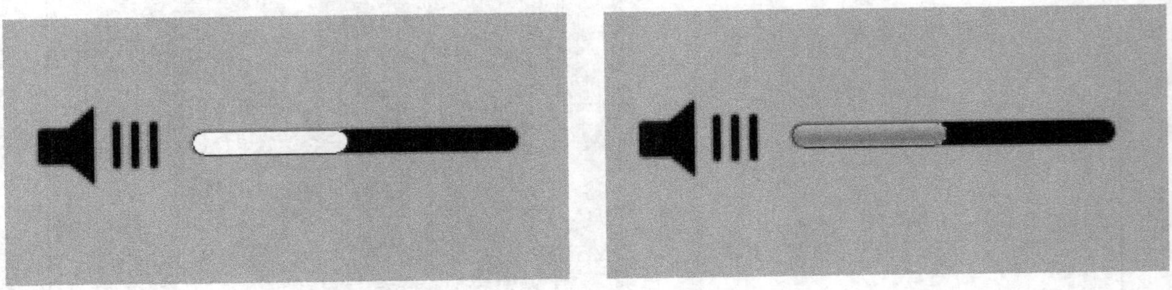

06 绘制调节按钮。选择“椭圆工具”在音量调节的地方绘制圆，为其粘贴图层样式效果，打开“图层样式”对话框，选择“投影”选项，设置参数，添加投影效果。在投影中设置不透明度为60%，角度为90度，取消选择“使用全局光”，距离为3像素，大小为7像素。

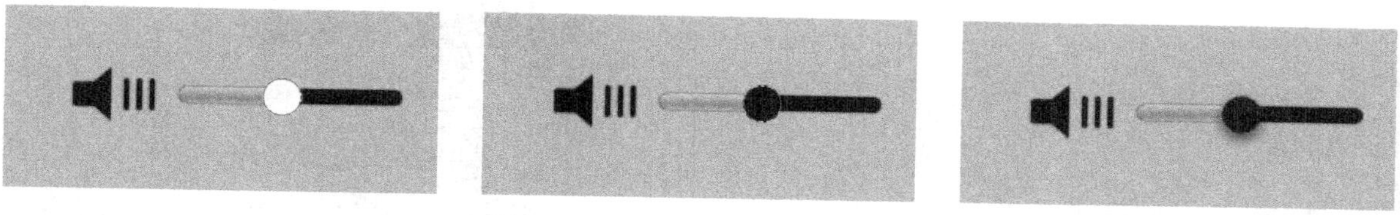

07 绘制圆点。将“椭圆 1”图层进行复制，得到“椭圆 1 副本”图层，将其缩小，改变圆点的颜色为青色（R:76 G:221 B:255），打开“图层样式”对话框，选择“外发光”选项，设置不透明度为33%，颜色为R:0 G:216 B:255，大小为6像素，添加效果。

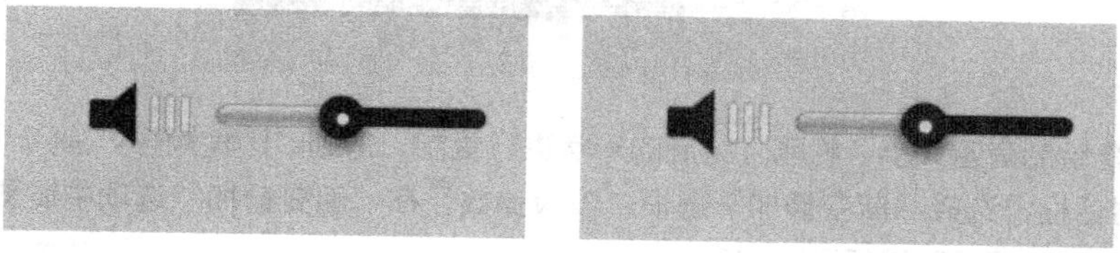

效果2

01 绘制音量符号。选择“钢笔工具”，绘制音量符号，选择“椭圆工具”绘制音波，最后选择“钢笔工具”，在选项栏中选择“减去顶层形状”选项，绘制形状，得到音量符号。

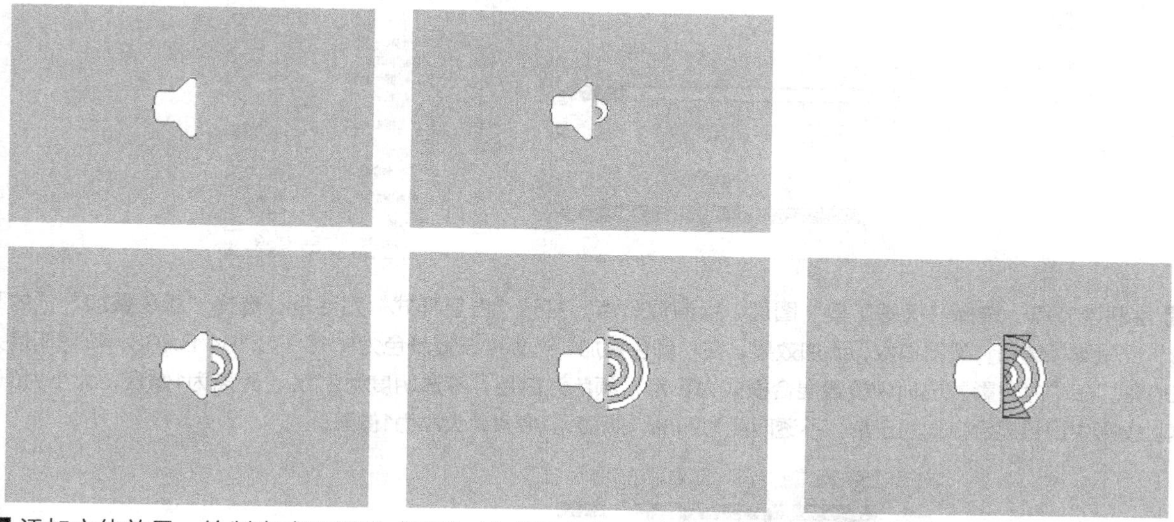

02 添加立体效果。绘制完成后得到“形状 1”图层，打开“图层样式”对话框，选择“颜色叠加”“内阴影”“投影”选项，设置参数，添加立体效果。在“渐变叠加”选项中设置颜色为R:159 G:164 B:168。在“内阴影”选项中设置混合模式为正常，颜色为白色，不透明度为27%，距离为1像素，大小为0像素。投影中设置混合模式为正常，不透明度为71%，距离为1像素，大小为1像素。

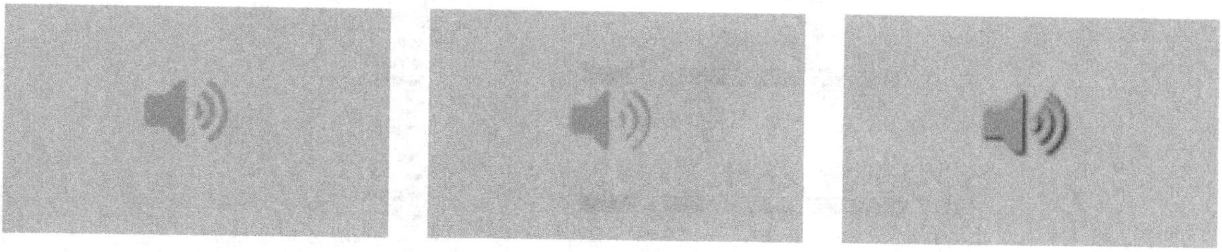

03 绘制音量。选择“圆角矩形工具”，绘制形状，打开“图层样式”对话框，选择“颜色叠加”选项，设置颜色为R:37 G:40 B:42，单击“确定”按钮，添加效果。

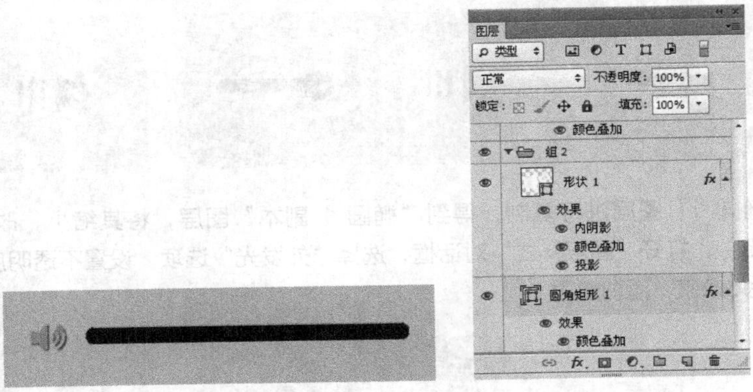

04 绘制音量大小。将刚才绘制的形状进行复制，得到“圆角矩形 1 副本”图层，将其缩小，打开“图层样式”对话框，选择“渐变叠加”选项，设置参数。在“渐变叠加”选项中设置渐变条，从左到右依次为R:32 G:88 B:133、R:70 G:137 B:219。

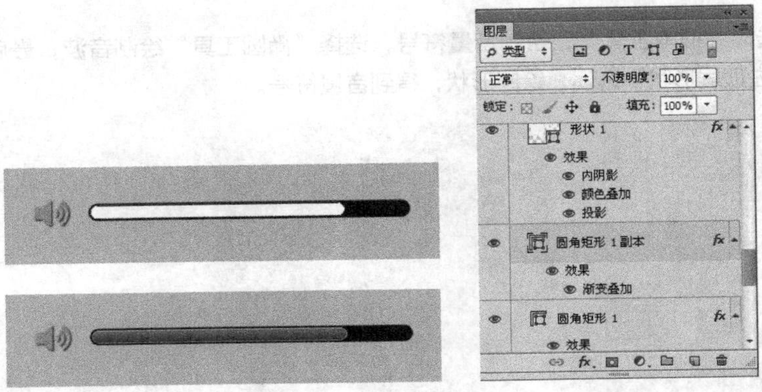

05 绘制调节点。选择“椭圆工具”图层，绘制调节点，打开“图层样式”对话框，选择“颜色叠加”“内阴影”“投影”选项，设置参数，添加效果。在“颜色叠加”选项中设置颜色为R:159 G:164 B:168，不透明度为100%。在“内阴影”选项中设置混合模式为正常，颜色为白色，不透明度为27%，距离为1像素，大小为0像素。投影中设置混合模式为正常，不透明度为71%，距离为1像素，大小为1像素。

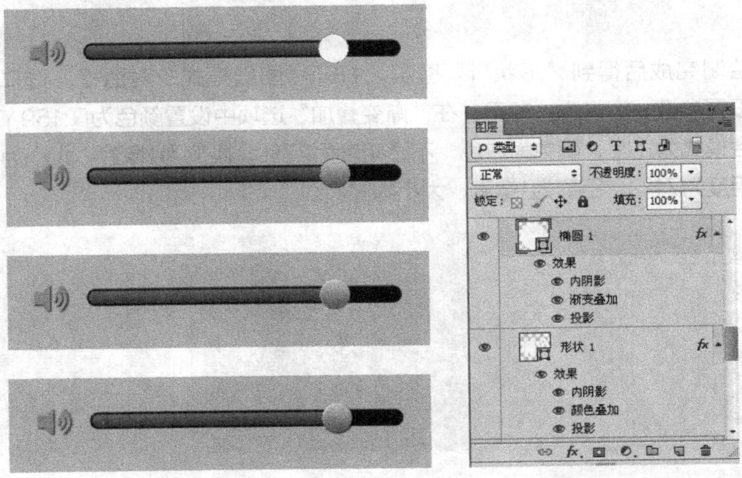

06 绘制小圆点。将“椭圆 1”图层进行复制，得到“椭圆 1副本”图层，打开“图层样式”对话框，选择“颜色叠加”选项，设置颜色为R:109 G:113 B:115，添加效果。

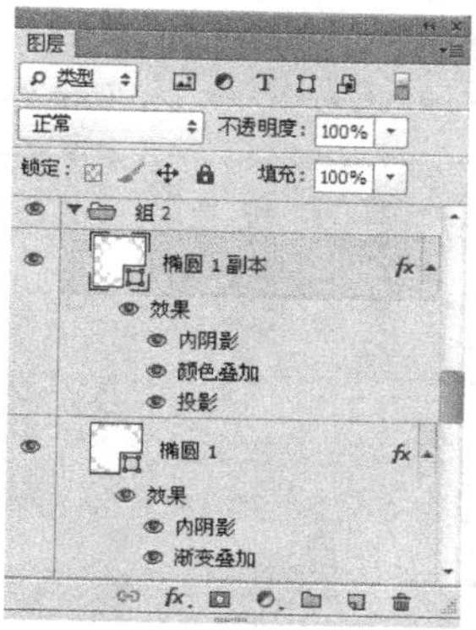

07 输入文字。选择“横排文字工具”，输入文字，粘贴图层样式效果，完成制作。

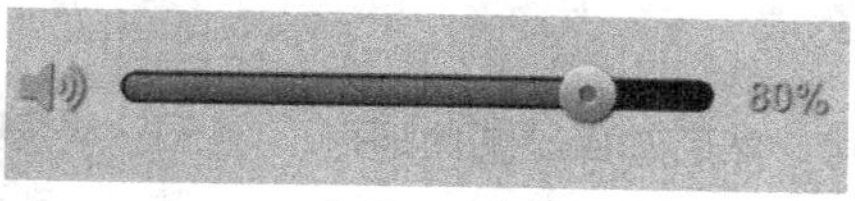

效果3

01 绘制音量符号。选择“钢笔工具”，绘制音量符号，打开“图层样式”对话框，选择“斜面和浮雕”“内阴影”“图案叠加”选项，设置参数，添加效果。在“斜面和浮雕”选项中设置深度为1%，角度为90度，取消选择“使用全局光”，高度为20度，高光模式为正常，颜色为黑色，不透明度为100%，阴影模式为正常，不透明度为38%。在“内阴影”选项中不透明度为58%，角度为90度，取消选择“使用全局光”，距离为1像素，大小为3像素。在“图案叠加”选项中设置混合模式为正片叠加，不透明度为100%，图案为木炭斑纹纸。

02 绘制音量。选择“圆角矩形工具”，设置半径为100像素，绘制圆角矩形，为其粘贴音量符号的图层样式效果，将该圆角矩形进行复制、缩小，添加“渐变叠加”图层样式效果。在“渐变叠加”选项中设置混合模式为叠加，不透明度为100%，缩放为150%。

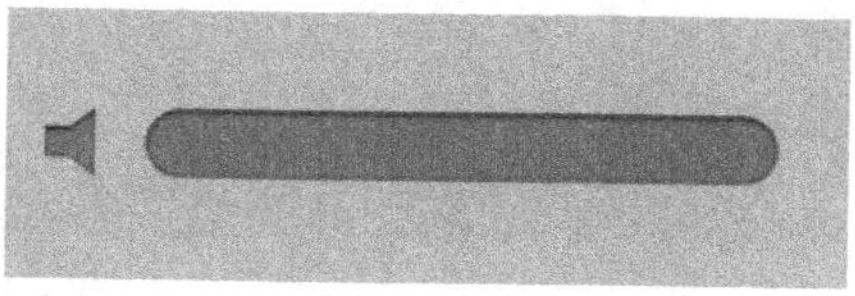

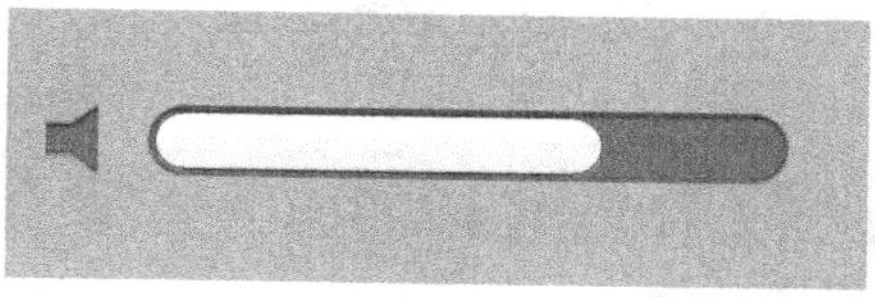

03 绘制可调节点。选择“椭圆工具”，绘制白色圆，打开“图层样式”对话框，选择“渐变叠加”“斜面和浮雕”“描边”“内阴影”“投影”选项，设置参数，添加效果。斜面和浮雕设置方法为雕刻清晰，深度为10%，大小为2像素，角度为90度，取消选择“使用全局光”，高度为30度，高光模式为正常，不透明度为60%和0%。内阴影设置混合模式为正常，颜色为白色，不透明度为80%、角度为90度，取消选择“使用全局光”，距离为0像素，阻塞为100%，大小为1像素。描边设置大小为1像素。位置为外部，混合模式为正片叠加，不透明度为45%。渐变叠加设置样式为角度，设置渐变条，从左到右依次为R:180 G:181 B:184、R:239 G:240 B:242、R:226 G:226 B:226、R:246 G:247 B:249、R:223 G:223 B:223、R:229 G:230 B:231、R:180 G:181 B:184、R:229 G:230 B:231、R:197 G:197 B:199、R:247 G:247 B:247、R:180 G:181 B:184，缩放为150%。内阴影设置不透明度为70%，角度为90度，取消选择“使用全局光”，距离为1像素，大小为3像素。

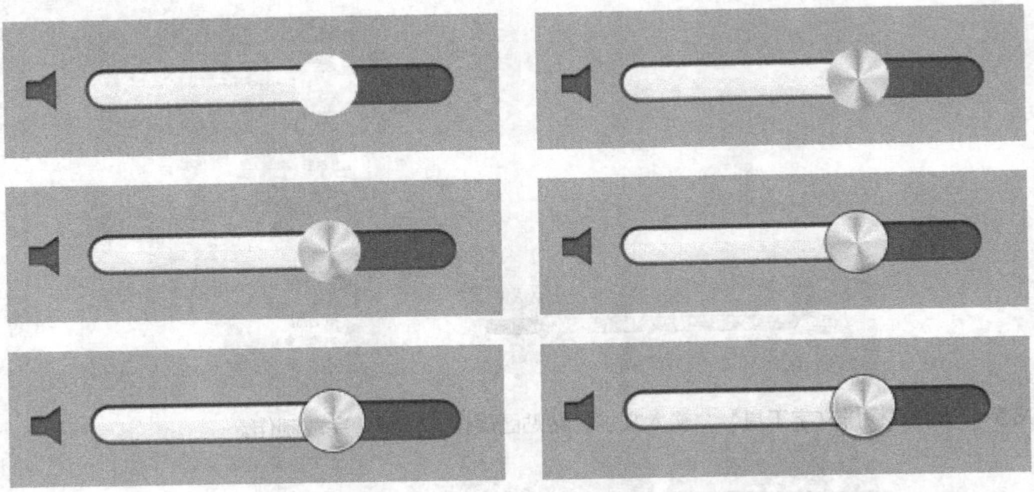

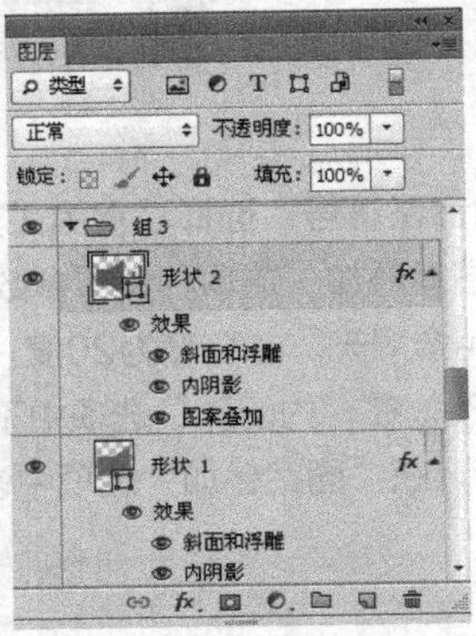

04 绘制静音符号。选择“钢笔工具”绘制音量符号，然后选择“圆角矩形工具”绘制音波，得到静音符号，为其粘贴音量符号的图层样式效果，完成制作。

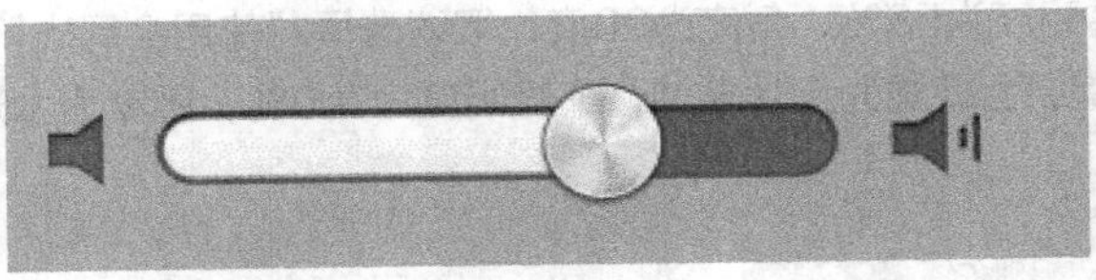

效果4

01 绘制基本形状。选择“圆角矩形工具”，设置半径为10像素，打开“图层样式”对话框，选择“颜色叠加”“描边”“内发光”“外发光”“投影”选项，设置参数，添加效果。在“颜色叠加”选项中设置颜色为R:230 G:230 B:230。描边设置大小为1像素，位置为外部，不透明度为8%。在“内发光”选项中设置混合模式为正常，不透明度为4%，颜色为黑色，大小为16像素。在“外发光”选项中设置混合模式为正常、不透明度为38%、颜色为白色、大小为1像素。投影设置混合模式为正常，颜色为白色，不透明度为37%，距离为1像素，大小为1像素。

02 绘制音量进度条。再次选择“圆角矩形工具”，设置半径为100像素，在基本图形上绘制形状，将填充降低为0%，不透明度降低为30%。

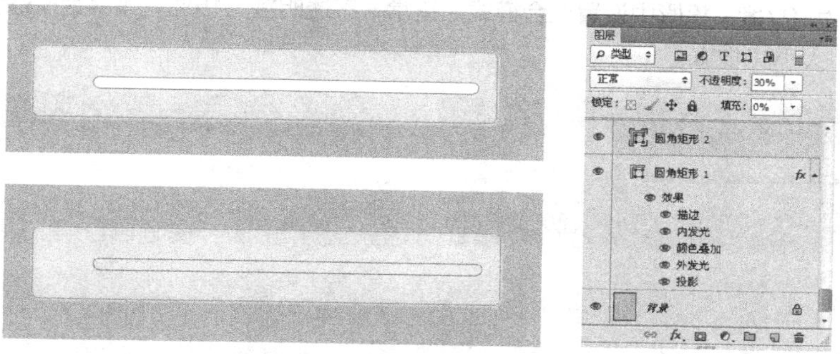

03 添加效果。打开“圆角矩形 2”图层的“图层样式”对话框，选择“内阴影”和“投影”选项，设置参数，添加凹陷效果。内阴影设置混合模式为正常，不透明度为100%、距离为2像素、大小为4像素。投影设置混合模式为正常、颜色为白色、不透明度为82%、距离为1像素、大小为1像素。

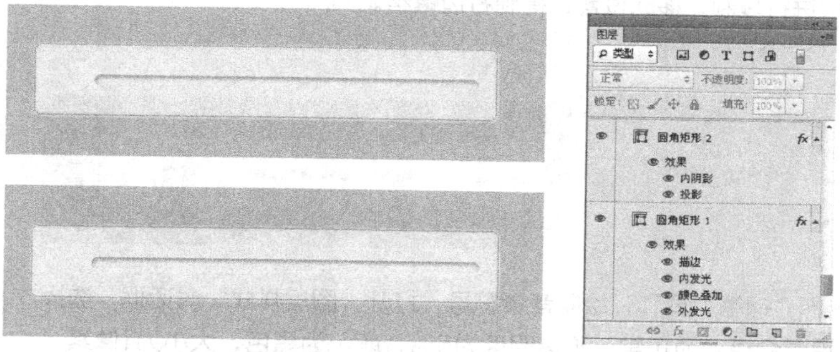

04 绘制音量大小。将“圆角矩形 2”图层进行复制。得到“圆角矩形 2 副本”图层，将其缩小，改变颜色为紫色，将其转换为智能对象，选择“图案叠加”选项，添加图案，执行“滤镜>杂色>添加杂色”命令，在弹出的对话框中，设置参数，添加杂点。图案叠加中设置不透明度为8%，选择自定义图案。添加杂色中设置数量为1%，选择“高斯分布”，勾选“单色”复选框。

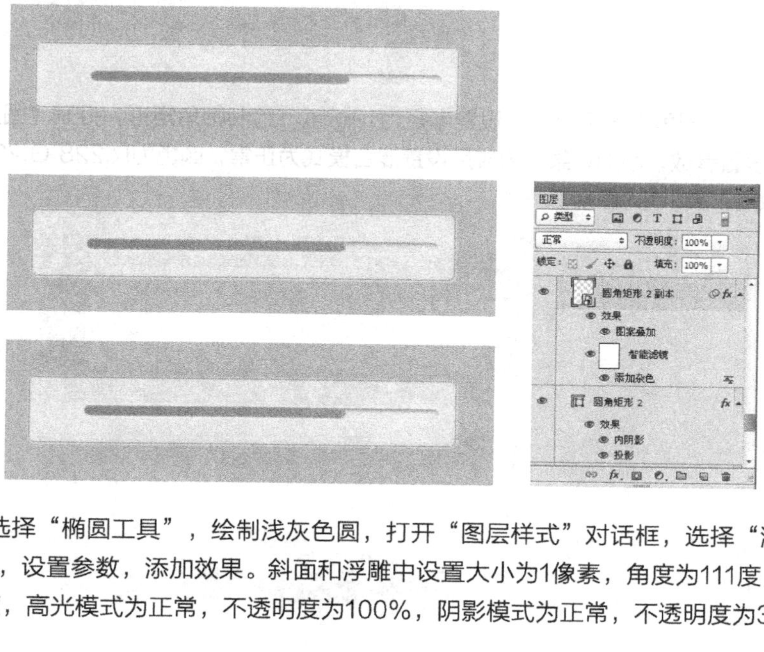

05 绘制可调节点。选择“椭圆工具”，绘制浅灰色圆，打开“图层样式”对话框，选择“渐变叠加”“斜面和浮雕”“投影”选项，设置参数，添加效果。斜面和浮雕中设置大小为1像素，角度为111度，取消选择“使用全局光”，高度为42度，高光模式为正常，不透明度为100%，阴影模式为正常，不透明度为32%。渐变叠加中设置渐变条，从左到右依次为R:170 G:170 B:170、R:247 G:247 B:247、R:200 G:200 B:200、R:247 G:247 B:247、R:197 G:197 B:197、R:255 G:255 B:255、R:187 G:187 B:187、R:242 G:242 B:242、R:170 G:170 B:170，角度为-97度。投影中设置混合模式为正常，不透明度为15%，角度为56度，取消选择“使用全局光”，距离2像素、大小10像素。

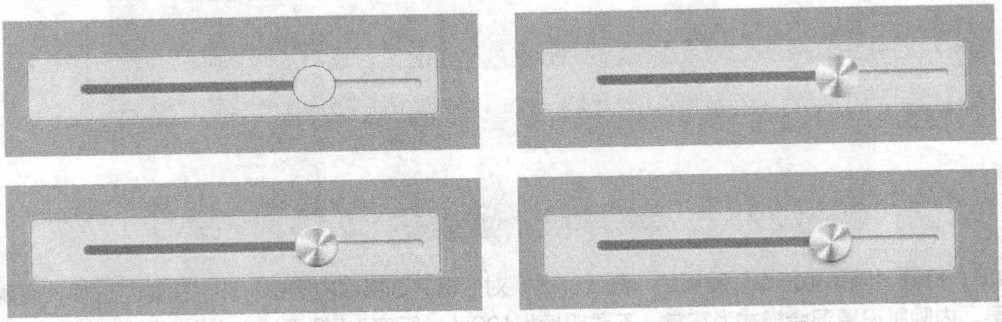

06 添加螺丝。打开素材文件，将螺丝素材拖入当前绘制的文档中，改变大小和位置，得到左边螺丝，将该图层进行复制，移动位置，得到右边螺丝。

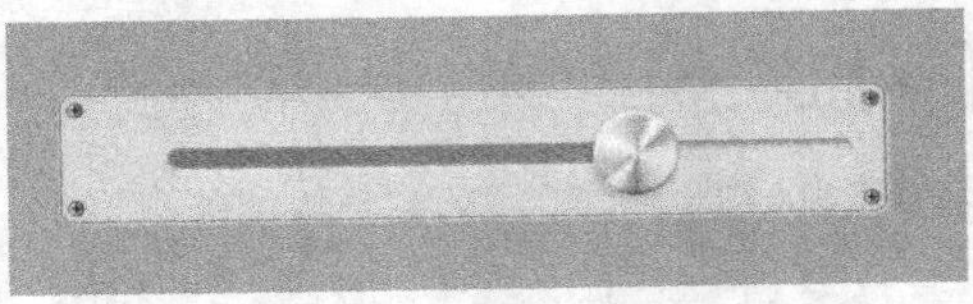

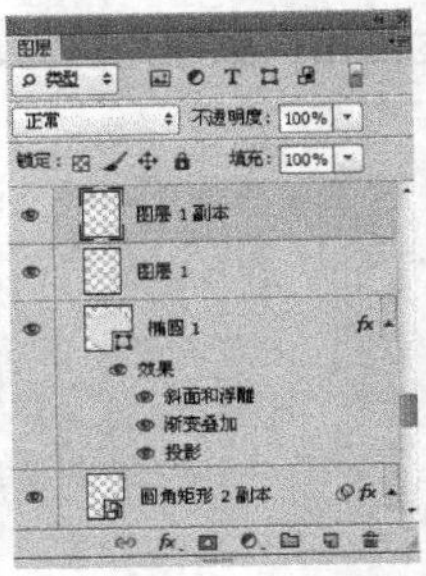

07 绘制音量符号。选择“钢笔工具”，绘制音量符号，打开“图层样式”对话框，选择“内发光”选项，设置混合模式为正常，不透明度为5%，颜色为黑色，大小为1像素，设置完成后，单击“确定”按钮，完成制作。

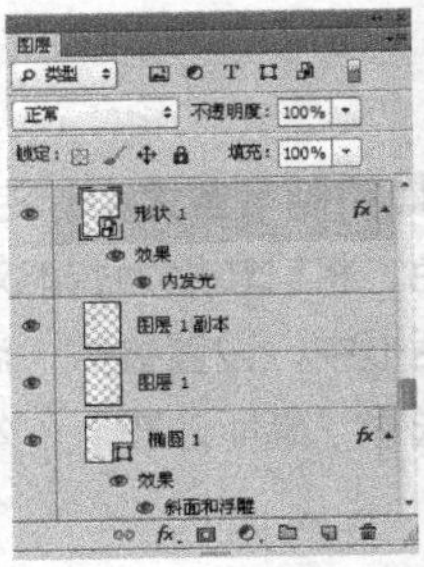

效果5

01 绘制可调节点。选择“圆角矩形工具”，设置半径为10像素，绘制圆角矩形，打开“图层样式”对话框，选择“内阴影”选项，设置参数，添加效果。内应用设置混合模式为正常，颜色为R:228 G:220 B:198，不透明度为100%，距离为2像素，大小为3像素。

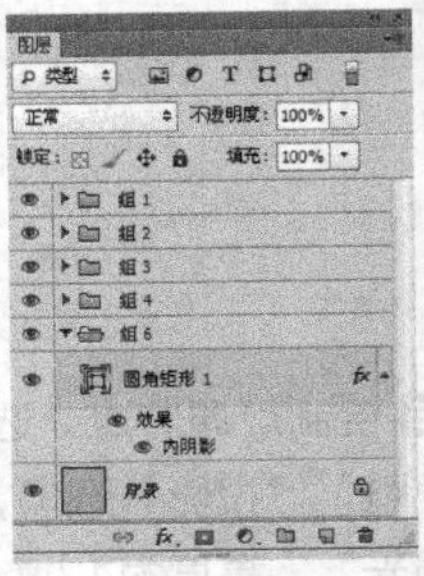

02 绘制音量符号。选择“钢笔工具”，绘制音量符号，打开“图层样式”对话框，选择“颜色叠加”选项，设置参数，添加效果。颜色叠加设置颜色为R:155 G:139 B:128。

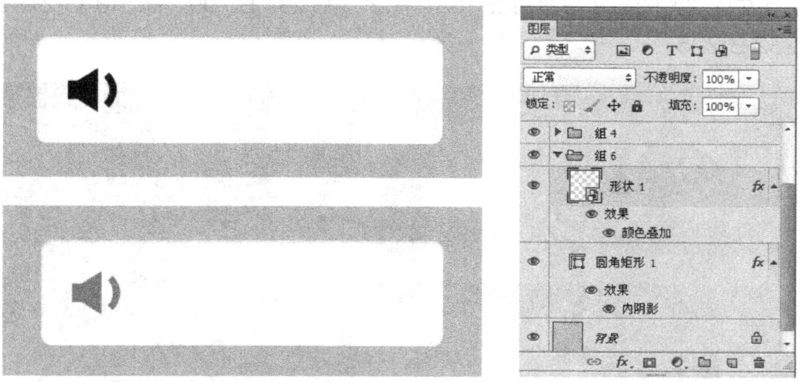

03 绘制音量大小。选择“圆角矩形工具”，设置半径为2像素，打开“图层样式”对话框，选择“描边”“颜色叠加”“内阴影”选项，设置参数，添加效果。描边设置大小1像素、位置外部、颜色设置为R:226 G:146 B:4。内阴影设置混合模式正常、颜色白色、不透明度37%、距离1像素、大小0像素。颜色叠加设置颜色为R:250 G:163 B:9。

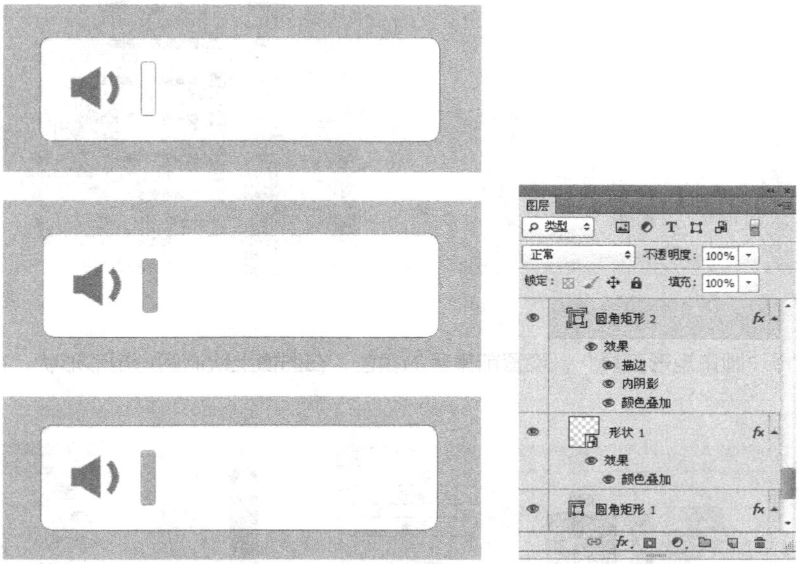

04 复制图层。将“圆角矩形 2”图层进行多次复制，移动位置。

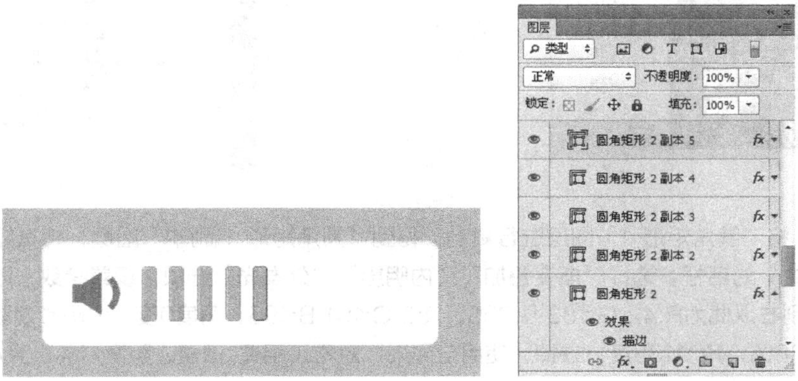

05 绘制音量选项。再次选择“圆角矩形工具”，绘制形状，得到“圆角矩形 3”图层，打开“图层样式”对话框，选择“描边”和“颜色叠加”选项，设置参数，添加效果。描边设置大小1像素、位置外部、填充类型渐变、渐变条设置从左到右依次为R:178 G:168 B:153、R:218 G:211 B:199、R:218 G:211 B:199。颜色叠加设置颜色为R:235 G:232 B:225。

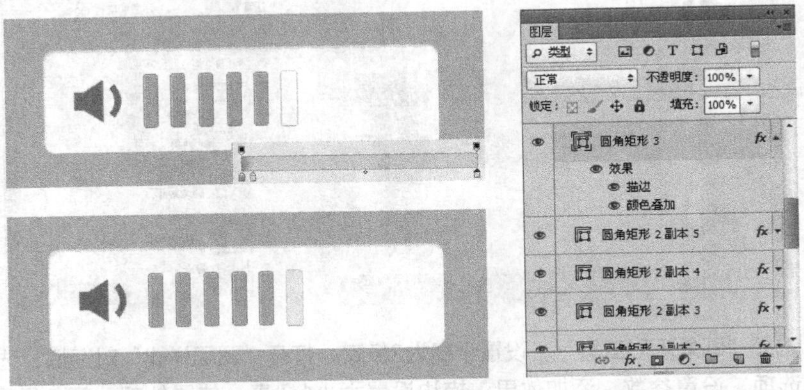

06 复制图层。将“圆角矩形 3”图层进行多次复制，移动位置，完成制作。

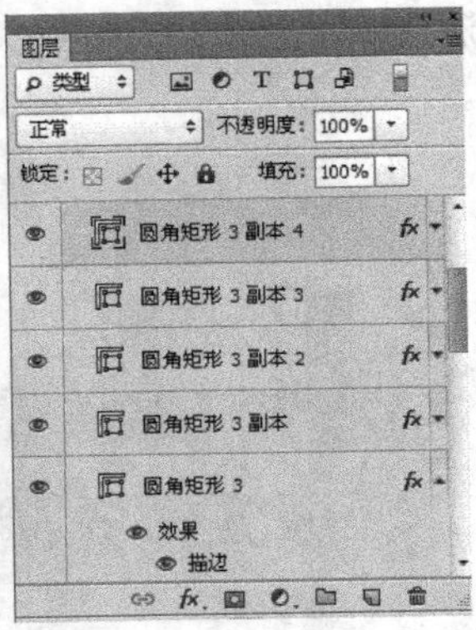

效果6

01 绘制基本形。选择“圆角矩形工具”，设置前景色的颜色，在图像上绘制圆角矩形形状，得到“圆角矩形 1”图层。

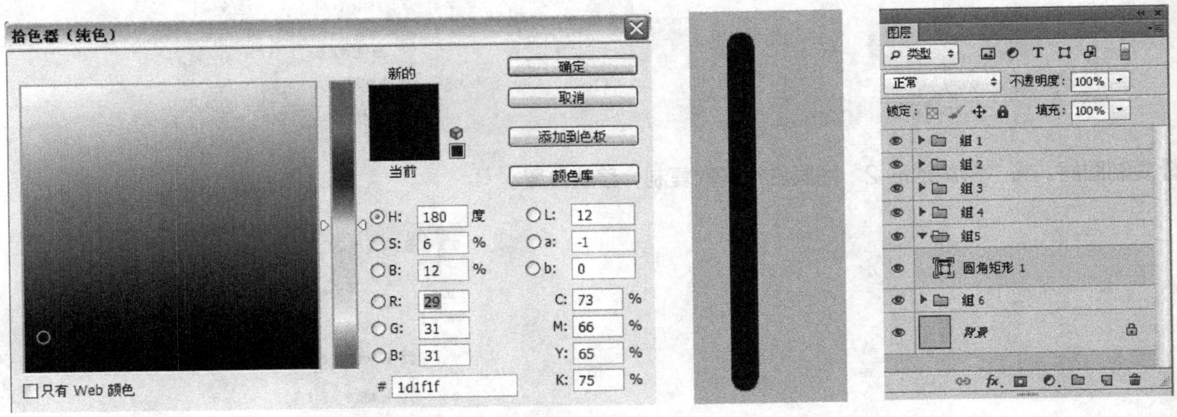

02 绘制音量大小。将“圆角矩形 1”图层进行复制，得到“圆角矩形 1 副本”图层，将其缩小，改变颜色为白色，打开“图层样式”对话框，选择“渐变叠加”“内阴影”“外发光”选项，设置参数，添加效果。颜色叠加设置渐变条，从左到右以此为R:42 G:183 B:255、R:0 G:101 B:196，角度0度。内阴影设置混合模式正常、颜色白色、不透明度38%、角度135度、去掉“使用全局光”对勾、距离1像素、阻塞11%、大小0像素。外发光设置混合模式正常、不透明度70%、颜色R:0 G:52 B:111、大小11像素。

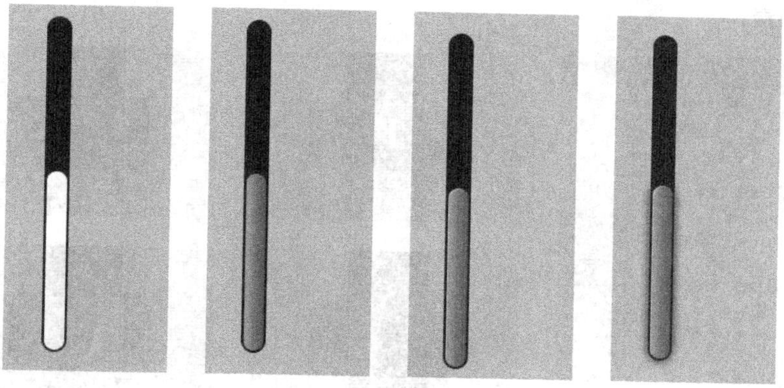

03 绘制音量符号。选择“钢笔工具”，绘制音量符号，打开“图层样式”对话框，选择“描边”和“投影”选项，设置参数，添加效果。描边设置大小1像素、不透明度48%。投影设置混合模式叠加、颜色白色、不透明度53%、角度135度、去掉“使用全局光”对勾、距离1像素、阻塞100%、大小0像素。

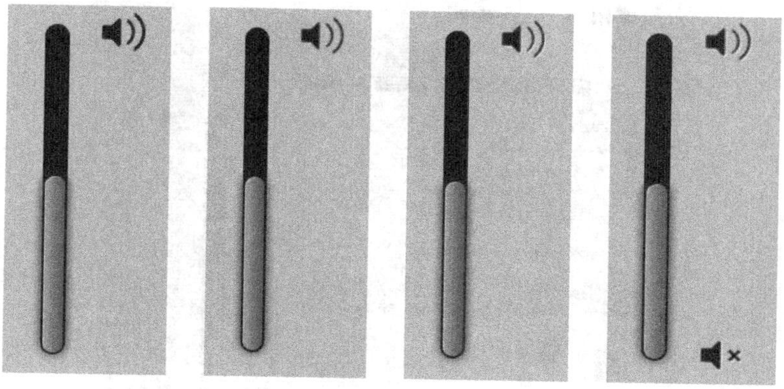

04 绘制可调节点。选择“圆角矩形工具”，设置半径为2像素，绘制圆角矩形，打开“图层样式”对话框，选择“描边”“内阴影”“投影”选项，设置参数，添加效果。描边设置大小1像素、位置外部、不透明度100%。内阴影设置混合模式叠加、颜色白色、不透明度45%、去掉“使用全局光”对勾、距离1像素、阻塞100%、大小0像素。投影设置不透明度30%、角度90度、去掉“使用全局光”对勾、距离5像素、大小12像素。

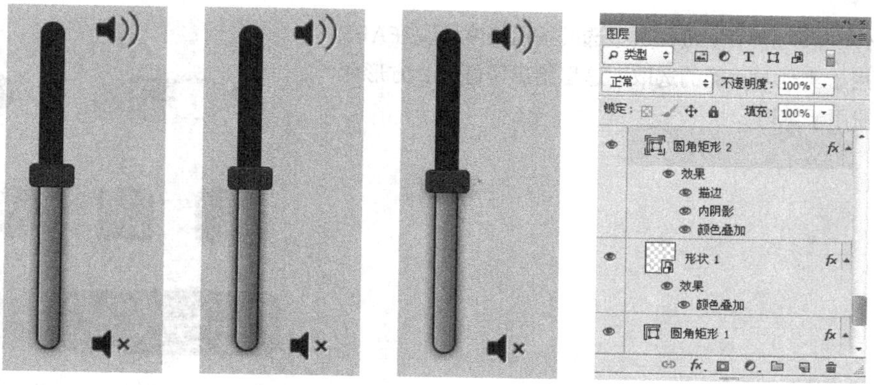

05 绘制矩形。选择“矩形工具”工具，在可调节点上绘制矩形，打开“图层样式”对话框，选择“颜色叠加”和“投影”选项，设置参数，添加效果。颜色叠加设置颜色为R:31 G:35 B:35、不透明度100%。投影设置混合模式正常、颜色设置为R:98 G:106 B:106、不透明度21%、角度0度，去掉“使用全局光”对勾，距离1像素、阻塞100%、大小0像素。

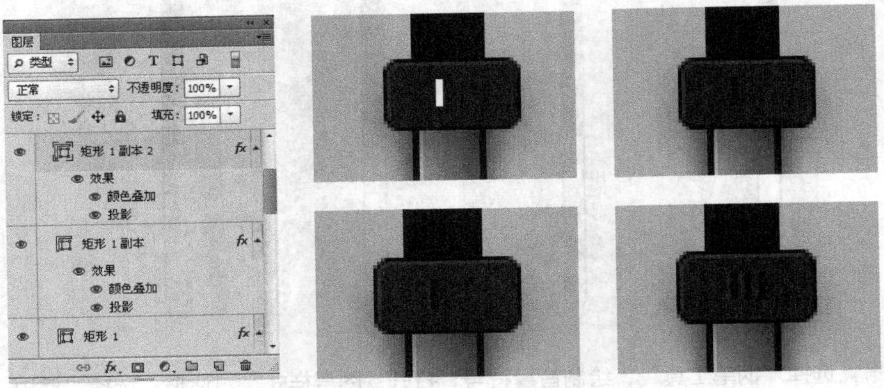

06 最终效果如图所示。

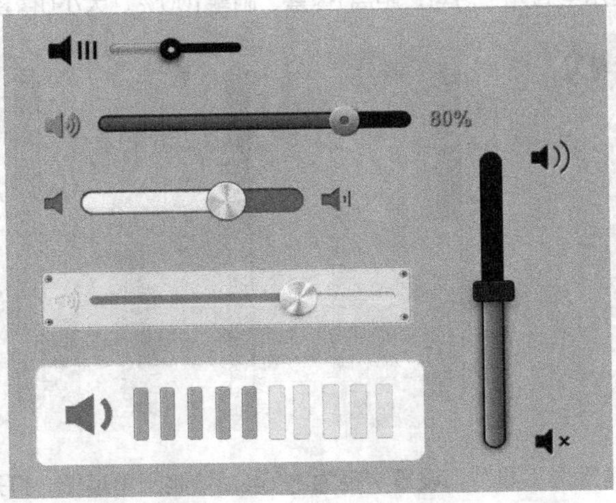

案例 3 选项按钮

案例分析

本例将制作一系列选项按钮，这些选项按钮经常出现在APP设置窗口内，用于实现对功能的选取。这里给出了圆形、方形和椭圆形几种按钮用于练习。

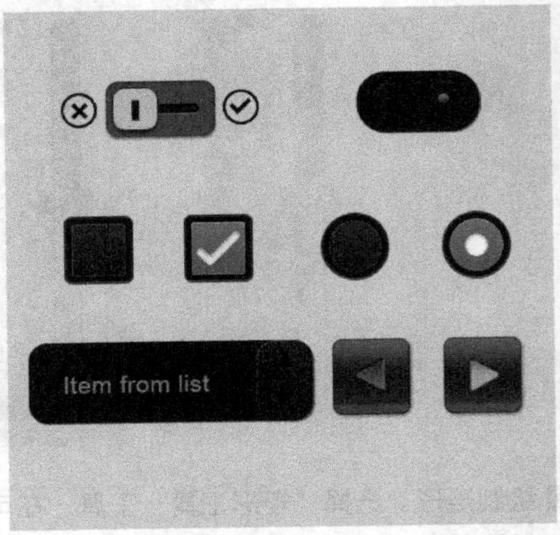

技巧分析

选项按钮在被触击之后要给用户一个图像反馈，告诉用户此时的变化，所以设计时还要考虑按钮被触击时的反馈状态。

步骤演练

效果1

01 绘制基本图形。选择“圆角矩形工具”，设置半径为10像素，在图像上绘制圆角矩形，颜色设置为R:33 G:65 B:110。打开“图层样式”对话框，选择“内阴影”“投影”选项，设置参数，添加效果。内阴影设置混合模式为正常、不透明度100%、角度90度、去掉“使用全局光”对勾、距离1像素、大小4像素。投影设置混合模式为正常、不透明度40%、角度90度、去掉“使用全局光”对勾、距离2像素、大小2像素。

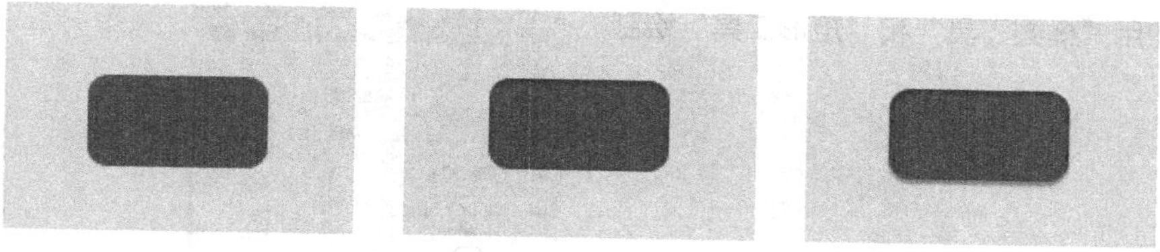

02 绘制选项。再次使用“圆角矩形工具”绘制形状，将颜色设置为R:39 G:44 B:51。打开“图层样式”对话框，选择“描边”“内阴影”“投影”选项，设置参数，添加效果。描边设置大小1像素、位置外部、不透明度100%。内阴影设置不透明度为30%、角度90度，去掉“使用全局光”对勾，距离1像素、大小2像素。投影设置混合模式叠加、不透明度50%、角度90度，去掉“使用全局光”对勾，距离2像素、大小1像素。

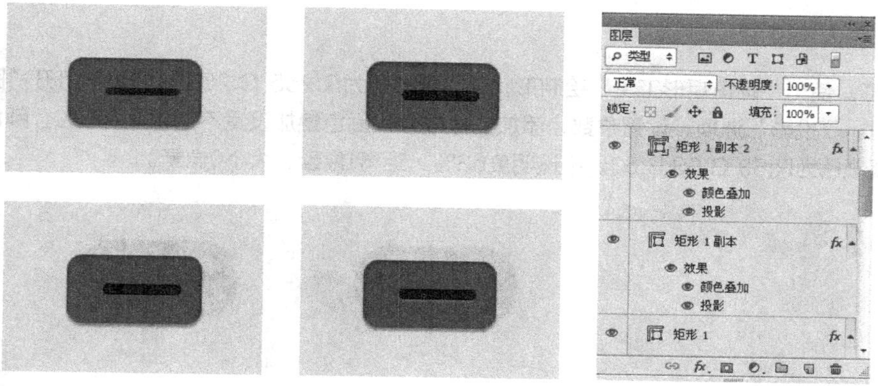

03 绘制可调节点。圆角矩形工具绘制形状，设置颜色为R:200 G:200 B:200。打开“图层样式”对话框，选择“描边”“投影”选项，设置参数，添加立体效果。描边设置大小1像素、不透明度100%，设置颜色为R:51 G:51 B:51。投影设置混合模式为正常、不透明度40%、角度90度，去掉“使用全局光”对勾、距离2像素、大小2像素。

04 绘制矩形。选择矩形工具，设置前景色为黑色，在可调节控制框上绘制黑色矩形，得到“矩形 1”图层。

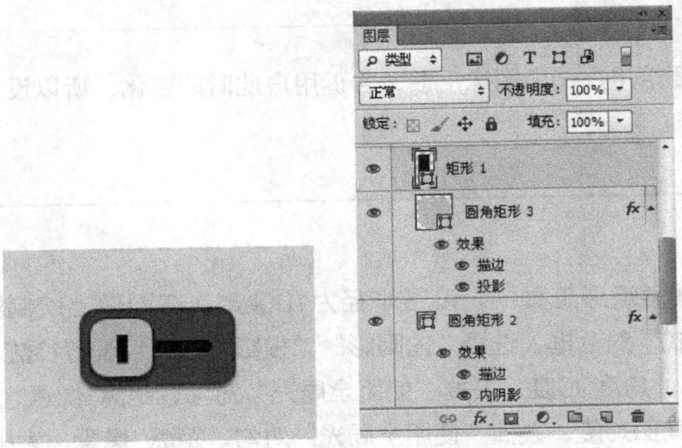

05 绘制选项。使用“椭圆工具”和“矩形工具”绘制开关图标。

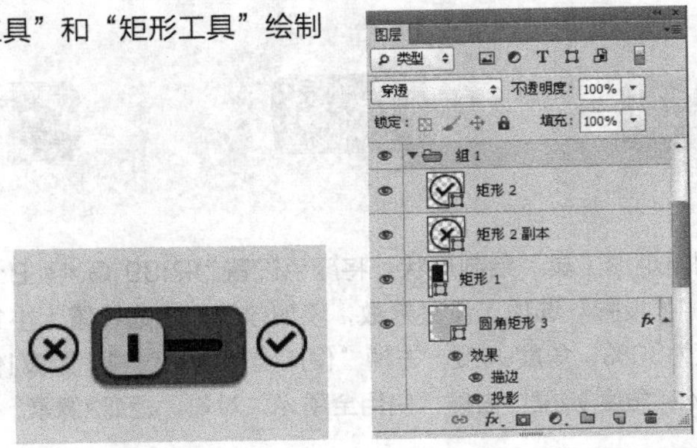

效果2

01 绘制基本图形。使用“圆角矩形工具”绘制形状，设置颜色为R:255 G:255 B:255。打开“图层样式”对话框，选择“描边”“投影”选项，设置参数，添加立体效果。颜色叠加设置不透明度100%，颜色为R:21 G:21 B:21。投影设置颜色为R:63 G:63 B:63、不透明度63%、距离1像素、大小0像素。

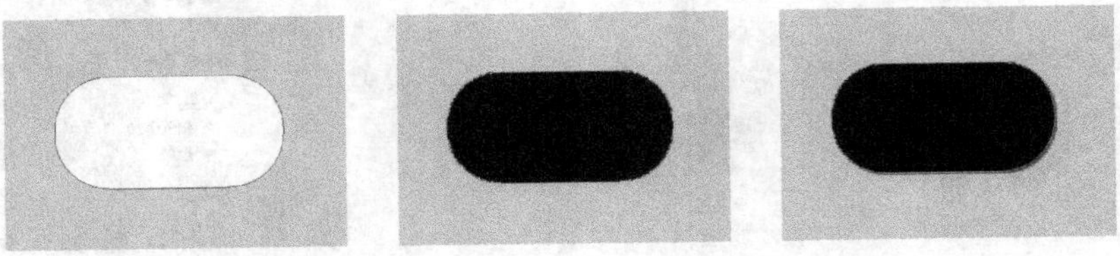

02 绘制按钮。选择“椭圆工具”绘制白色椭圆，将填充减低为0%，打开“图层样式”对话框，选择“投影”选项，设置混合模式为正常、不透明度72%、角度105度、去掉“使用全局光”对勾、距离2像素、大小5像素，单击“确定”按钮，添加投影效果。

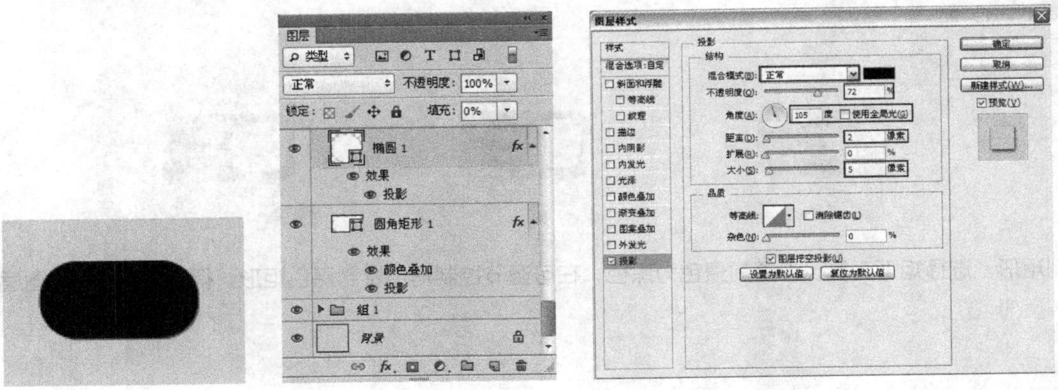

03 复制图层。将“椭圆 1”图层进行复制，得到“椭圆 1 副本”图层，打开“图层样式”对话框，选择“渐变叠加”“内阴影”“投影”选项，设置参数，添加效果。渐变叠加设置渐变条，从左到右依次为R:21 G:21 B:21、R:39 G:39 B:39。内阴影设置混合模式叠加、颜色白色、不透明度72%、距离1像素、大小0像素。投影设置混合模式正常、不透明度69%、距离2像素、大小1像素。

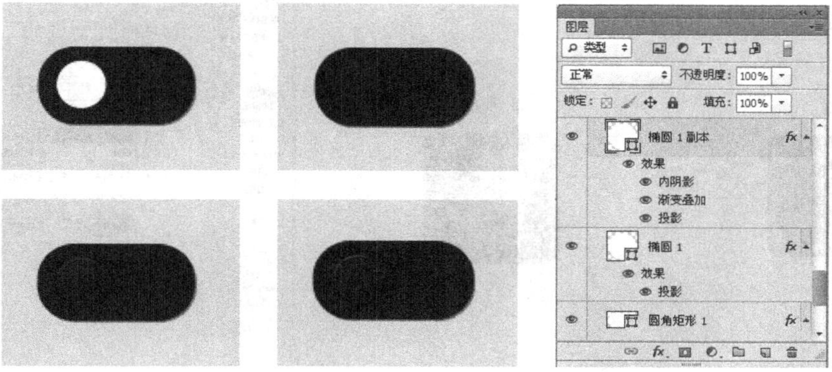

04 绘制选项。再次使用“圆角矩形工具”绘制形状，设置颜色为R:255 G:255 B:255。打开“图层样式”对话框，选择“描边”“内阴影”“投影”选项，设置参数，添加效果。颜色叠加设置颜色为R:21 G:21 B:21。内阴影设置不透明度80%、距离1像素、大小2像素。投影设置混合模式正常、颜色为R:63 G:63 B:63、不透明度53%、距离1像素、大小0像素。

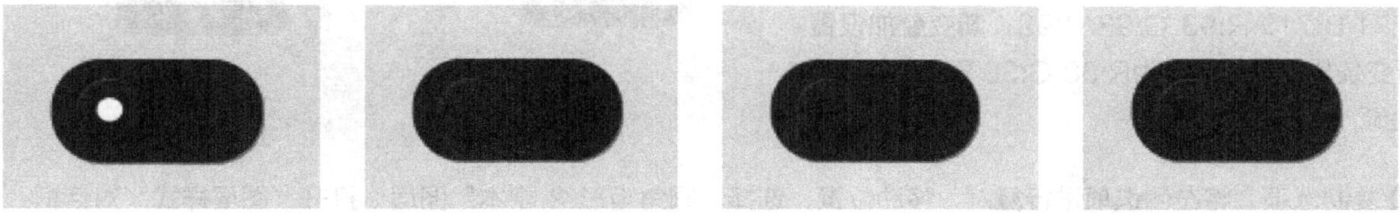

05 绘制可调节点。使用“圆角矩形工具”绘制形状，设置颜色为R:34 G:34 B:34。打开“图层样式”对话框，选择“描边”“投影”选项，设置参数，添加立体效果。内阴影设置混合模式叠加、颜色白色、不透明度72%、距离1像素、大小0像素。投影设置混合模式为正常、不透明度69%、距离2像素、大小1像素。

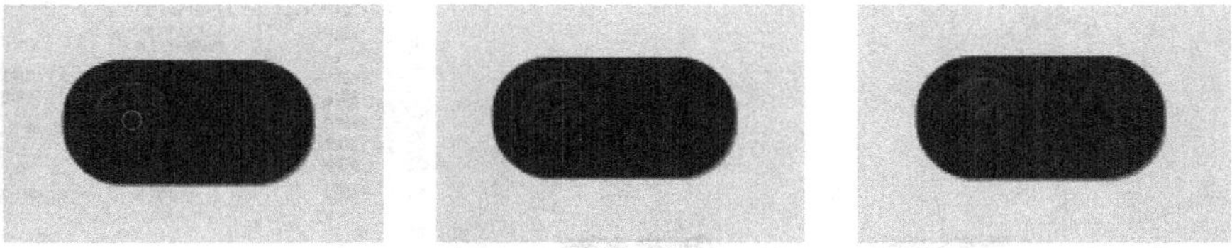

06 复制按钮。将左侧按钮进行复制，移动位置，选择“椭圆 3 副本”图层，打开“图层样式”对话框，选择“渐变叠加”选项，设置渐变条从左到右依次为R:56 G:41 B:35、R:190 G:140 B:120，单击“确定”按钮，添加效果，完成制作。

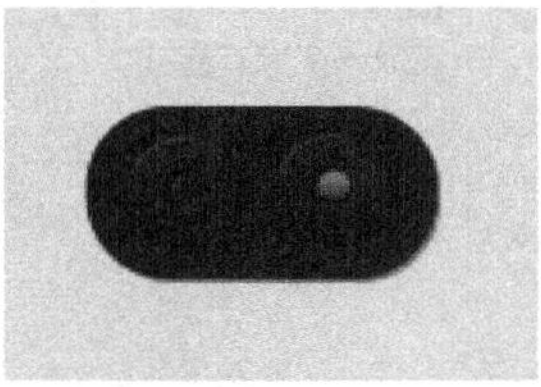

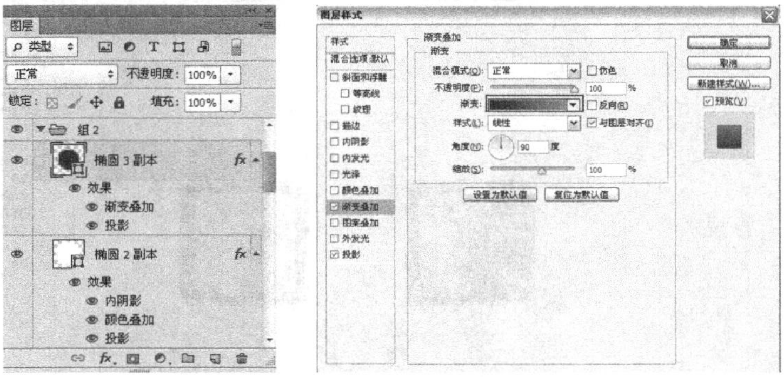

效果3

01 绘制选项。选择“圆角矩形工具”，设置半径为3像素，绘制选项的基本图形，打开“图层样式”对话框，选择“描边”选项，设置大小2像素、位置外部、不透明度100%、填充类型渐变、设置渐变条从左到右依次为R:91 G:91 B:91、R:59 G:59 B:59、R:56 G:56 B:56。

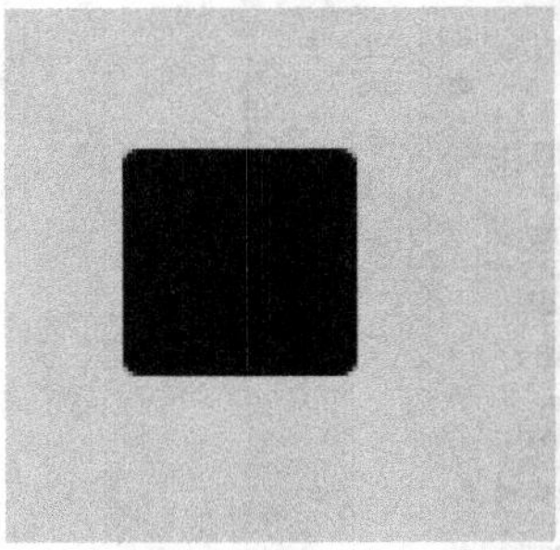

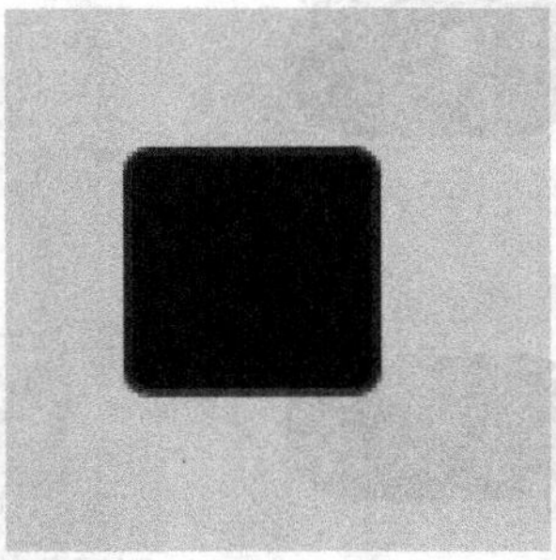

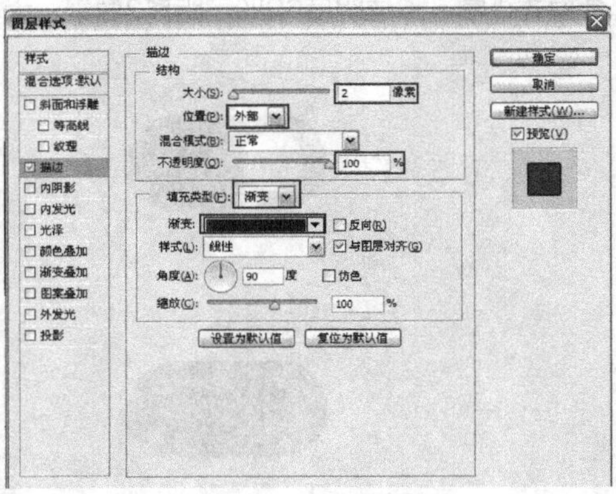

02 绘制选项内部。再次选择“圆角矩形工具”绘制形状，打开“图层样式”对话框，选择“描边”“渐变叠加”选项，设置参数，添加效果。描边设置大小2像素、不透明度100%、填充类型渐变、设置渐变条从左到右依次为R:71 G:71 B:71、R:93 G:93 B:93。渐变叠加设置渐变条从左到右依次为R:38 G:38 B:38、R:63 G:63 B:63。

03 复制选项。将左侧选项进行复制，移动位置，选择“圆角矩形 2 副本”图层，打开“图层样式”对话框，选择“描边”“渐变叠加”选项，设置参数，添加效果。描边设置大小1像素、填充类型渐变，设置渐变条从左到右依次为R:27 G:130 B:194、R:75 G:155 B:105、R:148 G:193 B:222。渐变叠加设置渐变条从左到右依次为R:2 G:116 B:188、R:58 G:146 B:203。

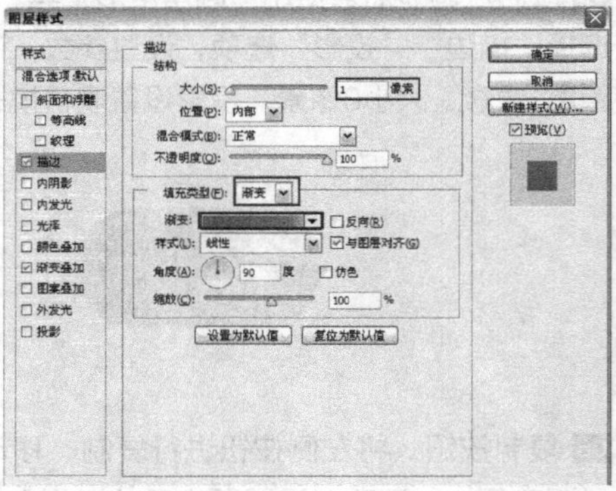

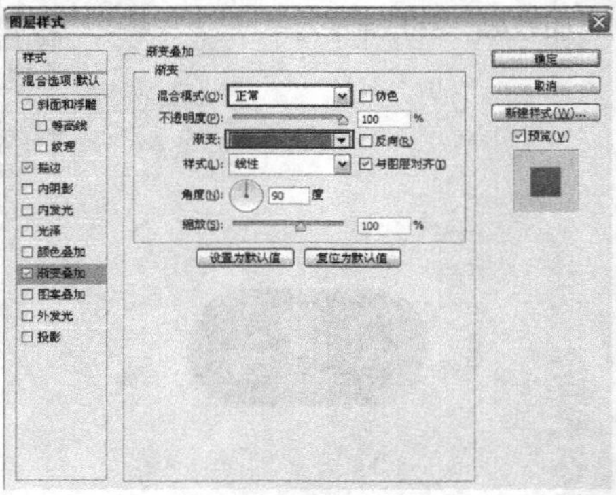

第08章

04 绘制对勾。选择“自定义形状”工具，在选项栏中选择对钩形状，在选项卡中绘制对钩，打开“图层样式”对话框，选择“内阴影”选项，设置参数，添加效果，完成后，使用同样的方法制作圆形选项。内阴影设置不透明度40%、角度90度、去掉“使用全局光”对勾、距离1像素、大小4像素。再使用同样的方法绘制圆形选项。

效果4

01 绘制选项的基本图形。将左侧选项进行复制，移动位置，选择“圆角矩形 2 副本”图层，打开“图层样式”对话框，选择“描边”“渐变叠加”选项，设置参数，添加效果。颜色叠加设置颜色为R:21 G:21 B:21。投影设置混合模式正常、颜色设置为R:63 G:63 B:63、不透明度63%、距离1像素、大小0像素。

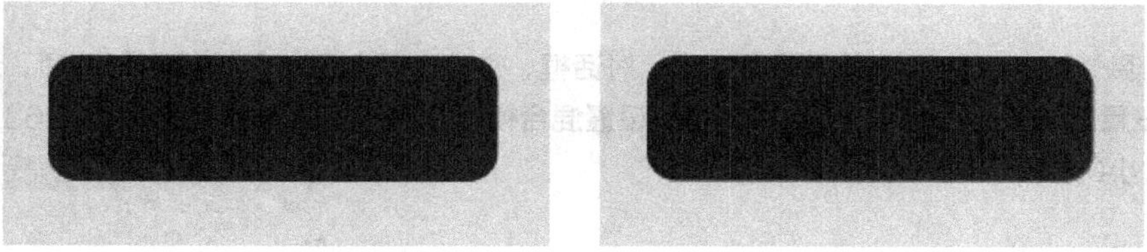

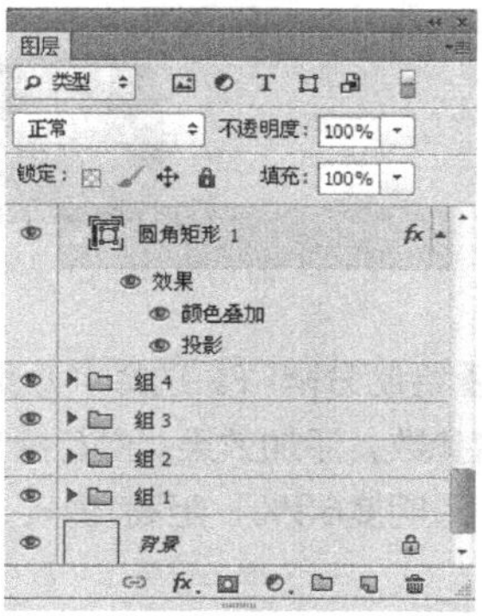

02 输入文字。选择“横排文字工具”输入文字，打开“图层样式”对话框，选择“颜色叠加”选项，设置参数，改变文字的颜色。渐变叠加设置颜色为R:157 G:157 B:157。

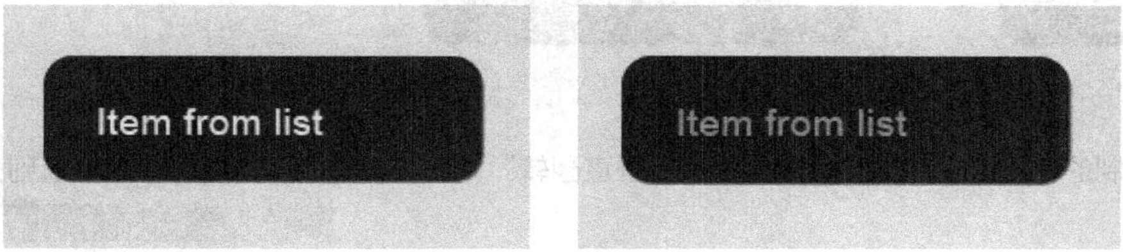

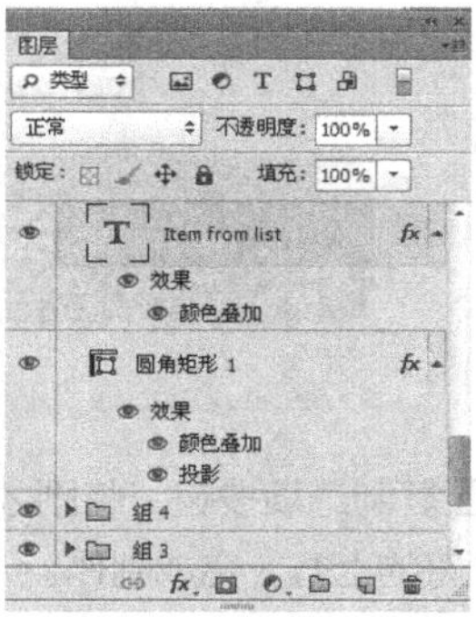

03 绘制选项卡。选择“圆角矩形工具”绘制形状，打开“图层样式”对话框，选择“渐变叠加”“内阴影”“投影”选项，设置参数，添加立体效果。渐变叠加设置渐变条从左到右依次为R:27 G:27 B:27、R:48 G:48 B:48。内阴影设置混合模式正常、颜色白色、不透明度22%、距离1像素、大小0像素。投影设置混合模式正片叠加、不透明度21%、距离4像素、扩展3%。

04 绘制选项按钮。选择“多边形工具”，在选项栏中设置边数为3，绘制三角形，打开“图层样式”对话框，选择“颜色叠加”、“内阴影”、“投影”选项，设置参数，添加效果。颜色叠加设置颜色为R:21 G:21 B:21。内阴影设置不透明度80%、距离2像素、大小5像素。投影设置混合模式正常、颜色设置为R:63 G:63 B:63、不透明度63%、距离1像素、大小0像素。

05 绘制分隔符。选择“矩形工具”绘制形状，打开“图层样式”对话框，选择“颜色叠加”“投影”选项，设置参数，添加效果。颜色叠加设置颜色为R:23 G:23 B:23。投影设置混合模式正常、颜色为R:63 G:63 B:63、不透明度63%、距离1像素、大小0像素3。

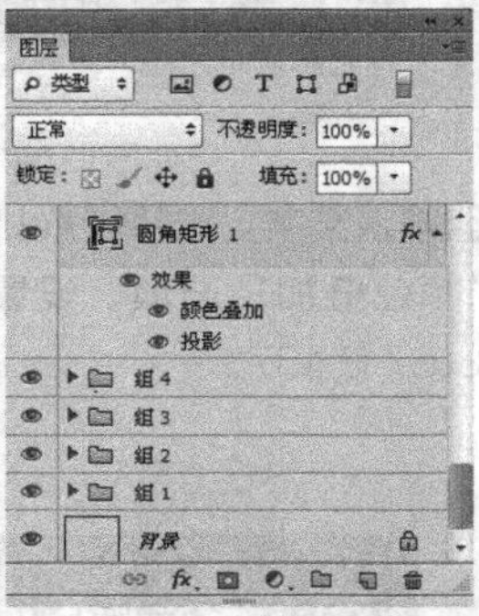

06 复制选项按钮。将刚才绘制的倒三角按钮进行复制，执行“垂直翻转”命令，将其旋转角度，移动位置到分隔符的上方，完成制作。

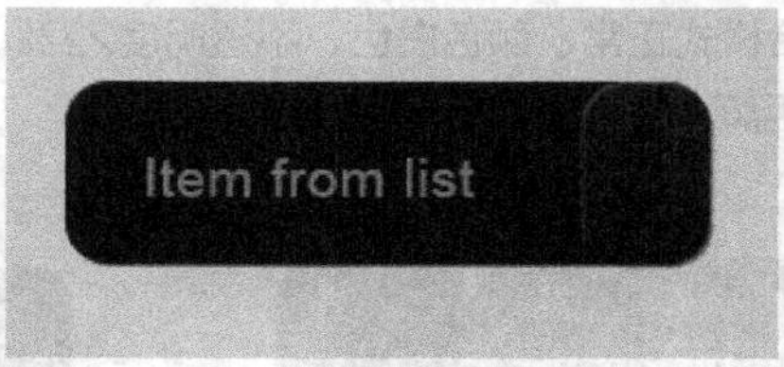

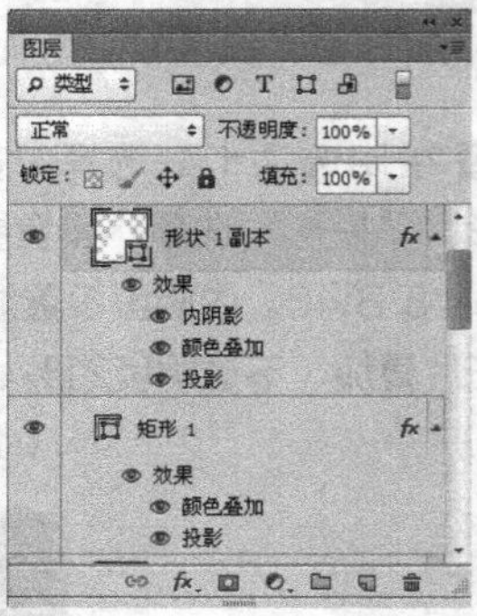

效果5

01 绘制基本图形。选择“圆角矩形工具”，绘制形状，设置颜色为R:86 G:86 B:86。打开“图层样式”对话框，选择“内发光”“渐变叠加”“投影”选项，设置参数，添加效果。内发光设置混合模式正常、颜色黑色、大小1像素。渐变叠加设置混合模式叠加、不透明度40%，设置渐变条从左到右依次为R:149 G:149 B:149、R:1 G:1 B:1、R:255 G:255 B:255。投影设置不透明度50%、距离1像素、大小3像素。

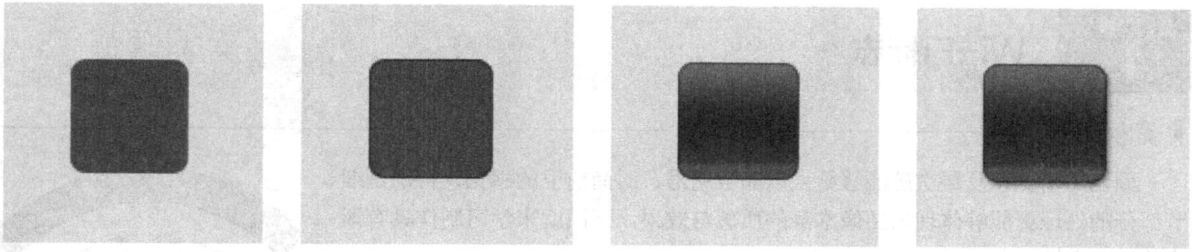

02 绘制选项。再次使用“圆角矩形工具”绘制形状，打开“图层样式”对话框，选择“描边”“内阴影”“投影”选项，设置参数，添加效果。内阴影设置不透明度50%、距离1像素、大小0像素。渐变叠加设置混合模式叠加、不透明度24%、角度-90度。投影设置混合模式正常、颜色白色，不透明度50%、距离1像素、大小0像素。

03 复制选项按钮。将左侧按钮进行复制，移动位置，选择“形状 1 副本”图层，将该形状的颜色设置为R:89 G:171 B:213，完成制作。

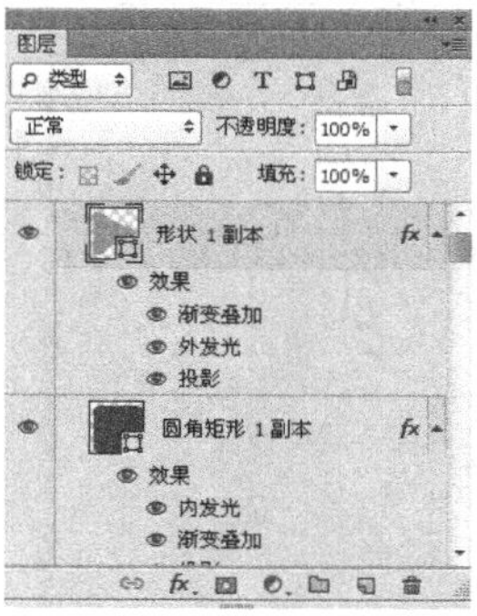

04 最终效果如图所示。

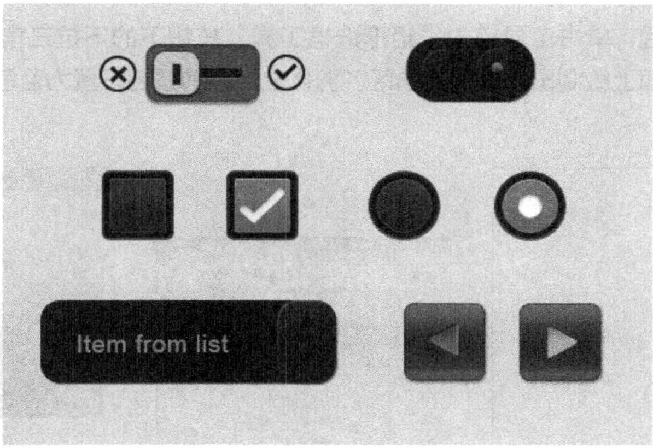

案例 4 Wi-Fi标志

案例分析

颜色的渐变以及层次感能够给人以晶莹剔透、时尚前卫的感觉，特别是细节部分的处理更能够体现出图像本身的质感与效果。下面就来学习制作具有渐变效果、立体感十足的标志。

技巧分析

本例制作的是渐变效果的Wi-Fi标志，在具体操作中主要应用钢笔工具、圆形选框工具等一系列绘图工具。除此之外，在颜色的选择上主要应用蓝色渐变效果的填充，使最终画面呈现出更为精致、优雅的视觉效果。

步骤演练

01 新建空白文档。执行“文件>新建”命令，在弹出的“新建”对话框中设置参数后单击“确定”按钮。

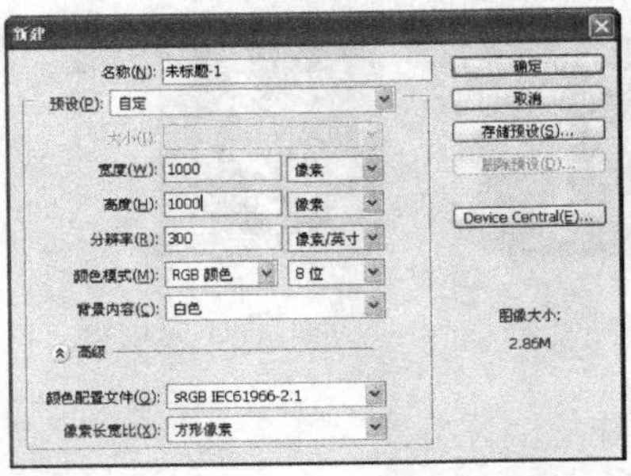

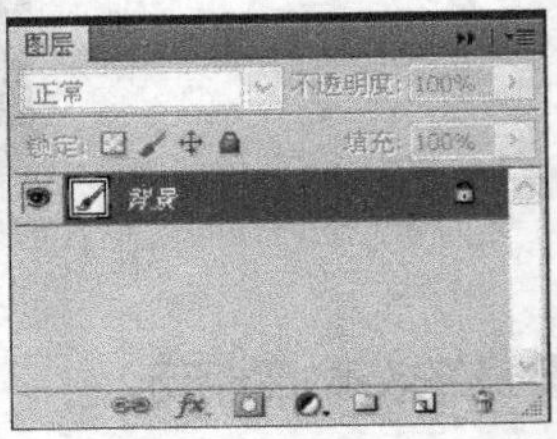

02 阴影的制作。新建图层后，单击工具箱中“矩形选框工具”按钮下的下拉三角，在弹出的下拉菜单中选择“椭圆形选区”选项，在页面上绘制出椭圆形的选区。羽化之后将前景色设置为蓝色后，按快捷键Alt+Delete进行填充即可。效果如图所示。

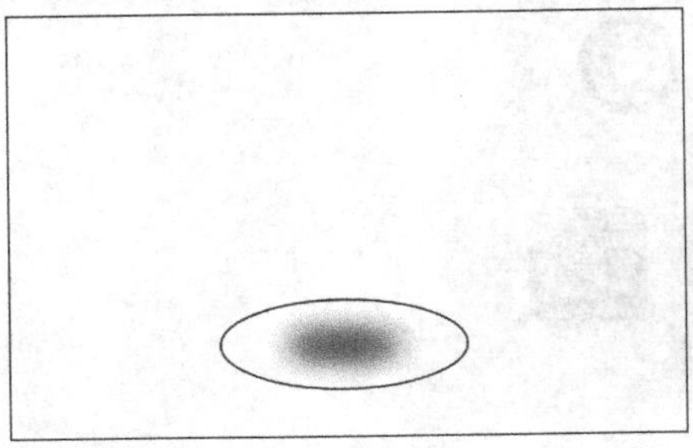

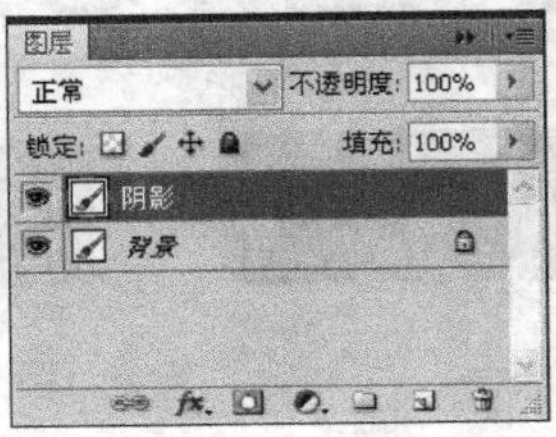

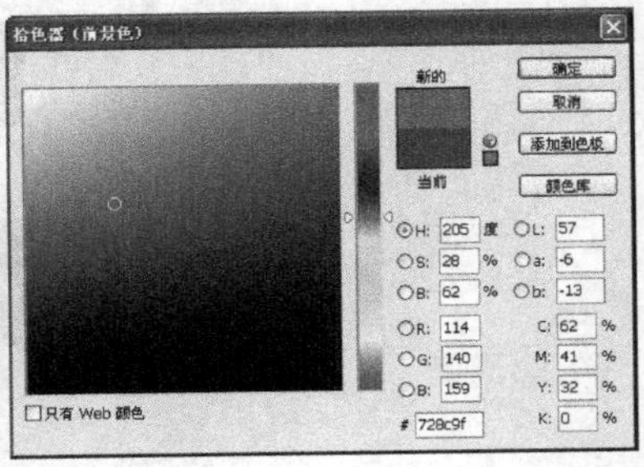

03 圆形色块的制作。新建图层后，单击工具箱中“矩形选框工具”按钮下的下拉三角，在弹出的下拉菜单中选择“椭圆形选区”选项，在页面上绘制出圆形的选区。将前景色设置为天蓝色后按快捷键Alt+Delete进行填充即可。效果如图所示。

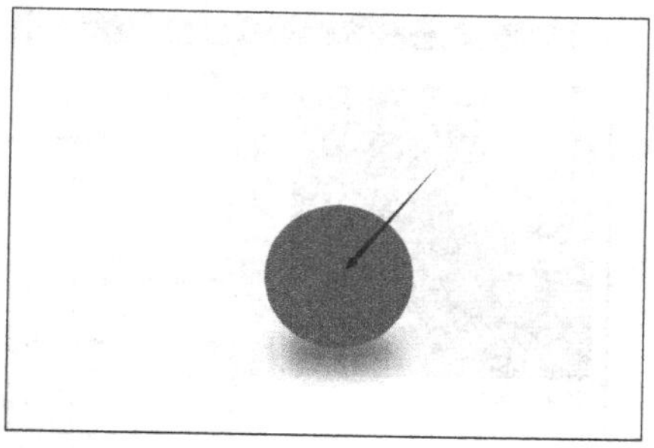

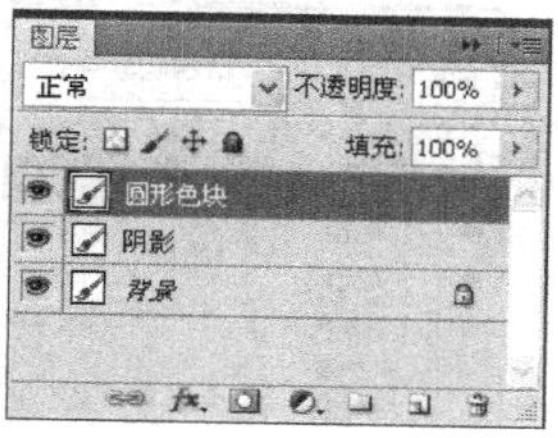

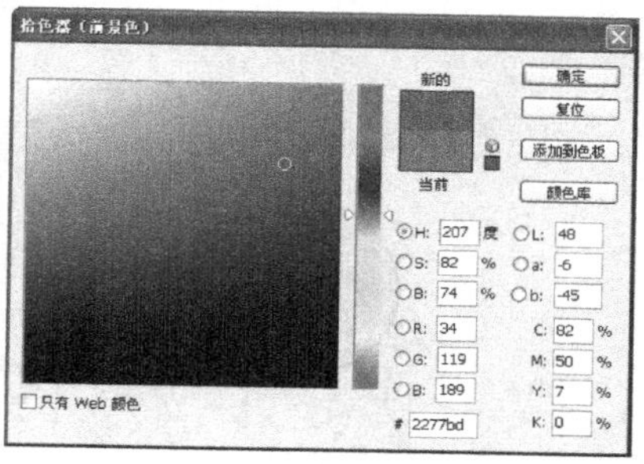

04 描边效果的添加。在图层面板中单击“添加图层样式”按钮，在弹出的下拉列表中选择“描边”选项，在弹出的“图层样式”对话框中对其参数进行设置后单击“确定”按钮。效果如图所示。

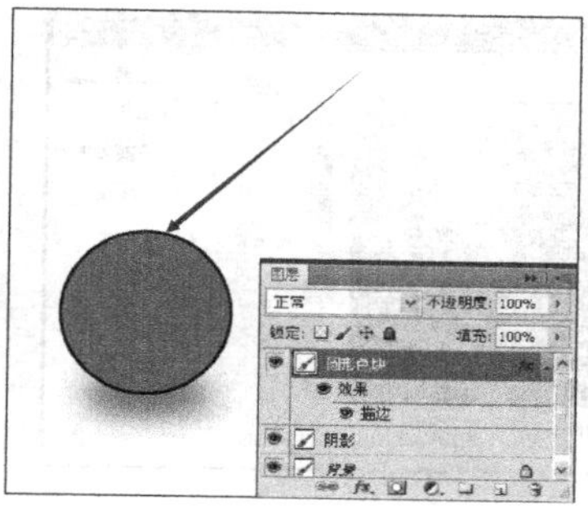

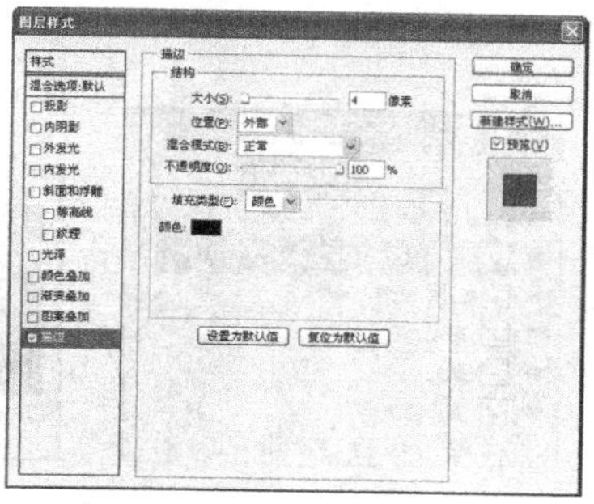

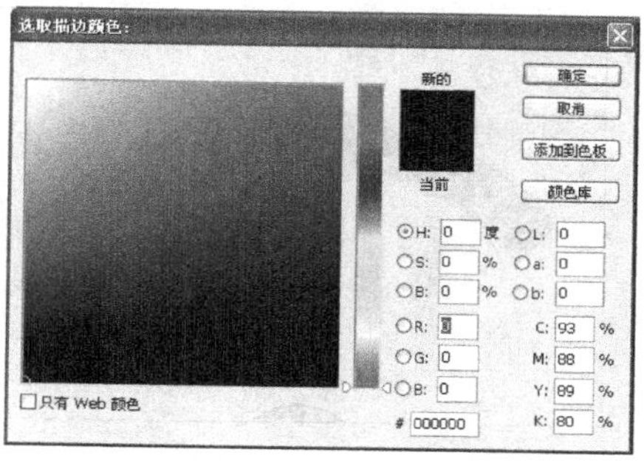

05 高光的制作。新建图层后，单击工具箱中“矩形选框工具”按钮下的下拉三角，在弹出的下拉菜单中选择“椭圆形选区”选项，在页面上绘制出圆形的选区。羽化之后将前景色设置为白色，按快捷键Alt+Delete进行填充即可。完成以上操作后将该图层的“不透明度”调整为89%。效果如图所示。

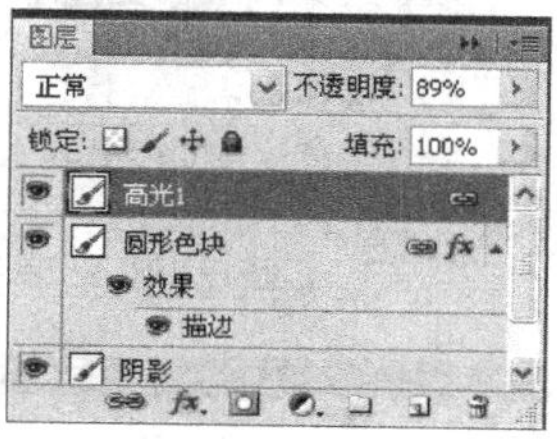

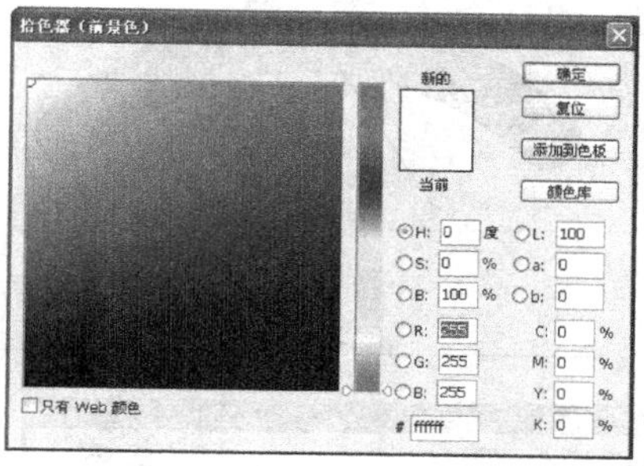

06 高光2的制作。按照上述方式继续制作高光部分，需要注意的是，在这一步中，圆形选区的范围做得更小一些，另外将该图层的“不透明度”设置为58%。效果如图所示。

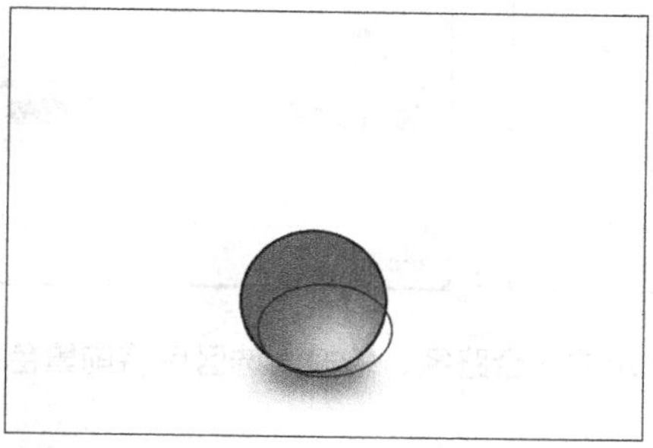

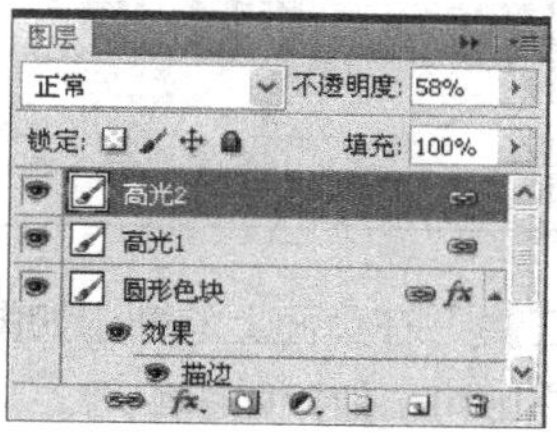

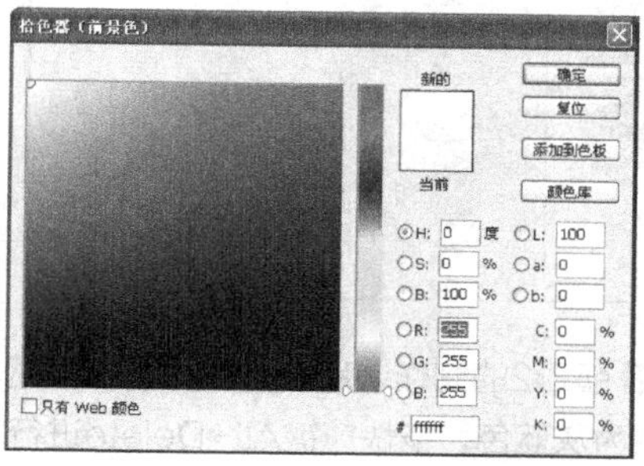

07 光环效果的制作。新建图层后，用“椭圆选框工具”在页面上绘制出如图所示的圆形选区，羽化后将其填充为白色。在此基础上绘制出圆形的选区，适当羽化后进行删除操作，剩下的就是白色光环部分了。将该图层的“不透明度”调整为94%。效果如图所示。

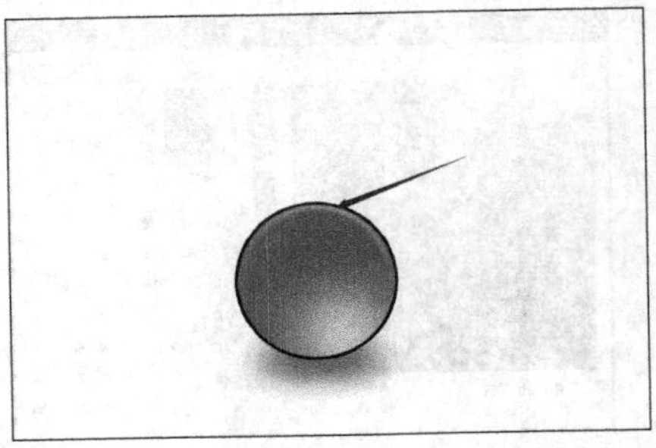

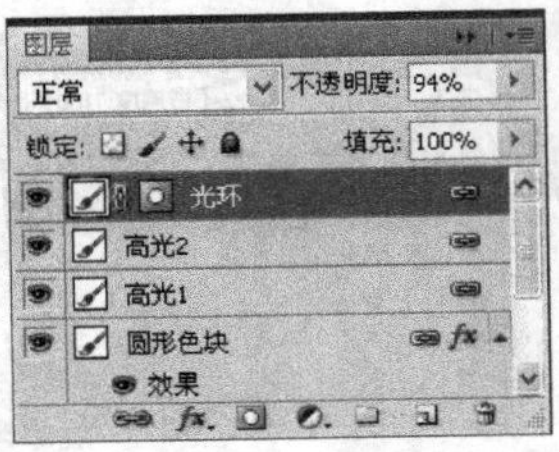

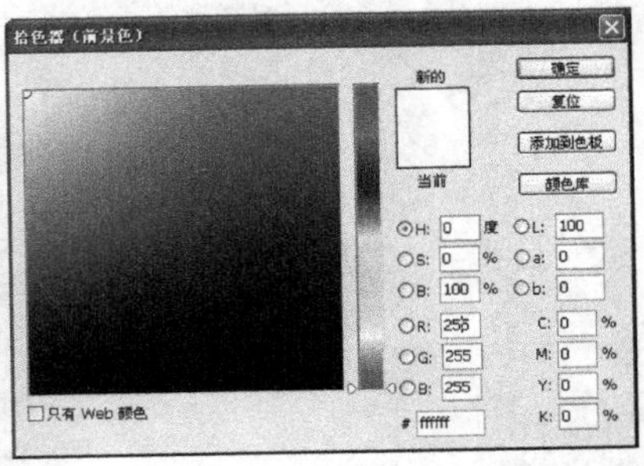

08 弧形1的制作。新建图层后，用“钢笔工具”在页面上勾勒出如图所示的闭合路径，转换为选区后，将前景色设置为灰蓝色，按快捷键Alt+Delete进行填充即可。效果如图所示。

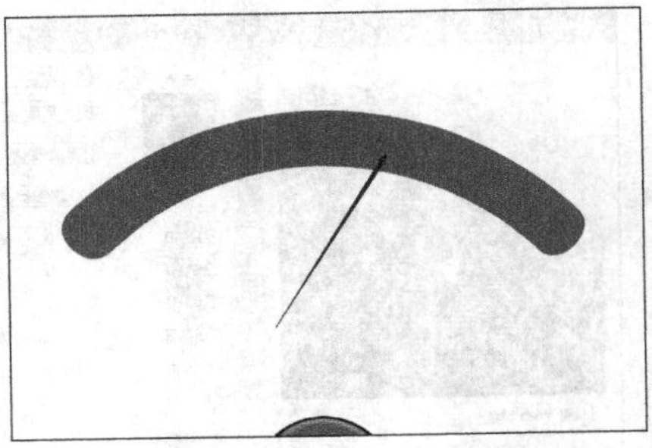

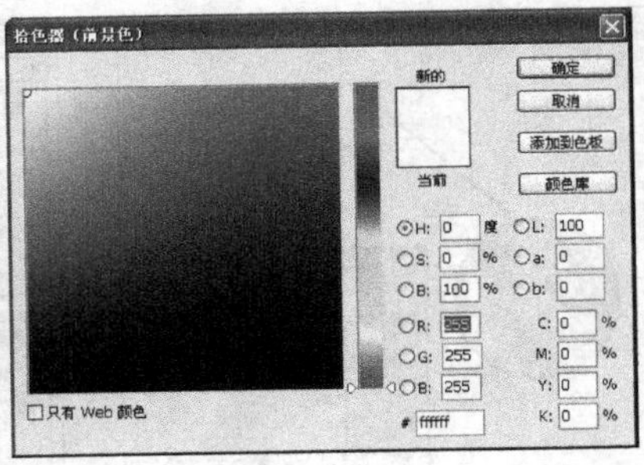

09 特殊效果的添加。在图层面板中单击“添加图层样式”按钮，在弹出的下拉列表中分别选择“渐变叠加”和“描边”选项，在弹出的“图层样式”对话框中分别对其参数进行设置后，单击“确定”按钮。效果如图所示。

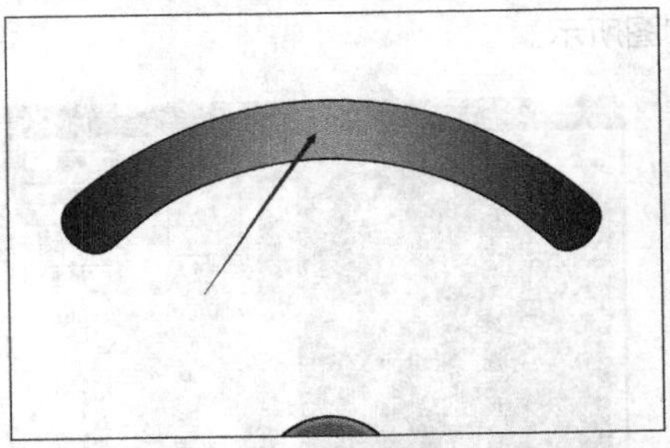

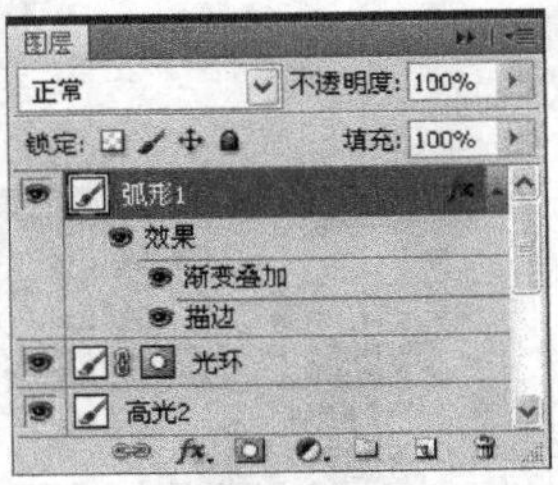

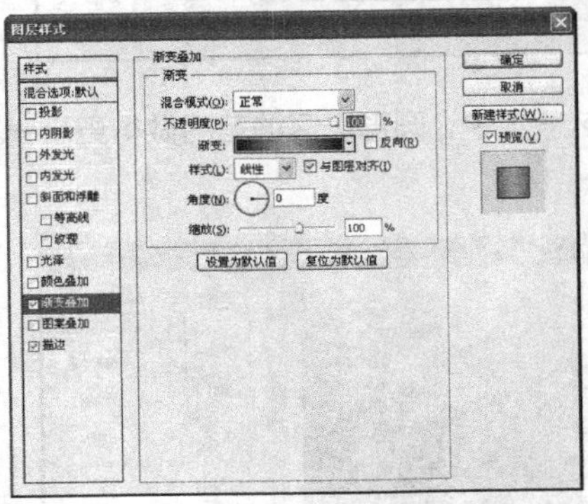

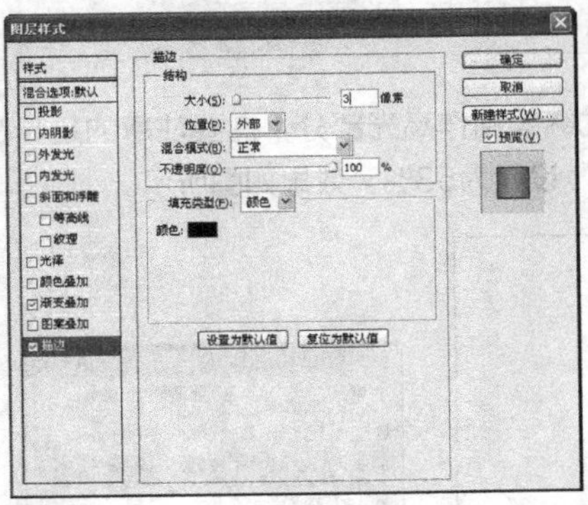

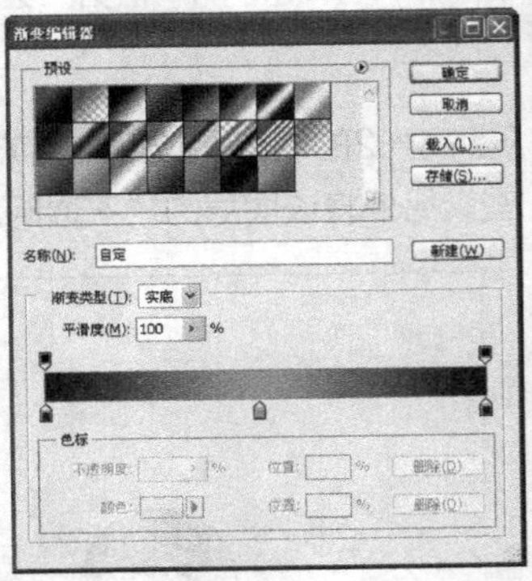

10 弧形2的制作。新建图层后，用“钢笔工具”在页面上勾勒出如图所示的闭合路径，转换为选区后将前景色设置为灰蓝色，按快捷键Alt+Delete进行填充即可。效果如图所示。

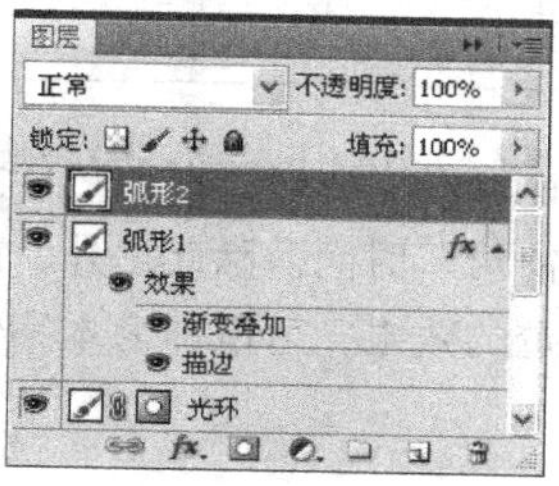

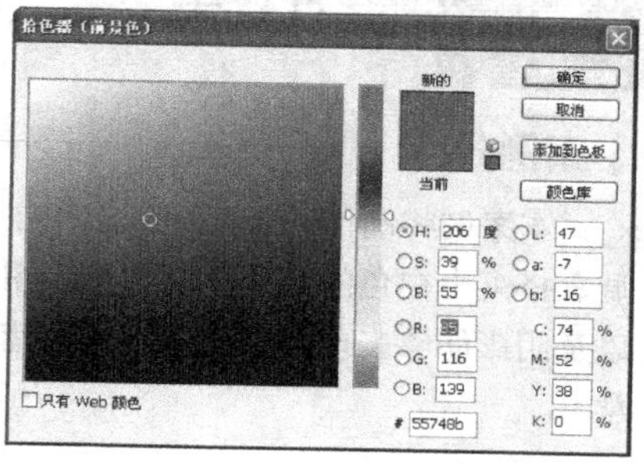

11 特殊效果的添加。在图层面板中单击“添加图层样式” 按钮，在弹出的下拉列表中分别选择“渐变叠加”和“描边”选项，在弹出的“图层样式”对话框中分别对其参数进行设置后，单击“确定”按钮。效果如图所示。

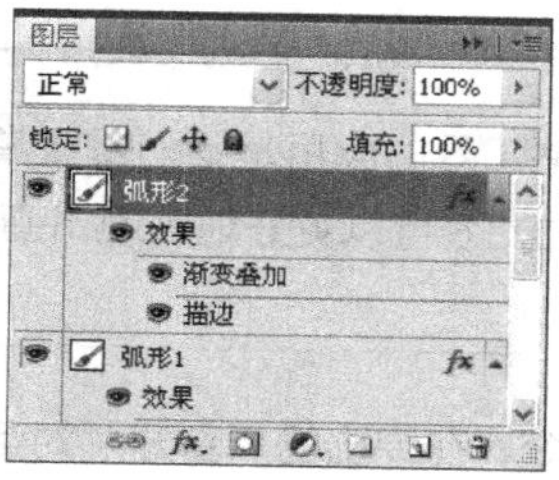

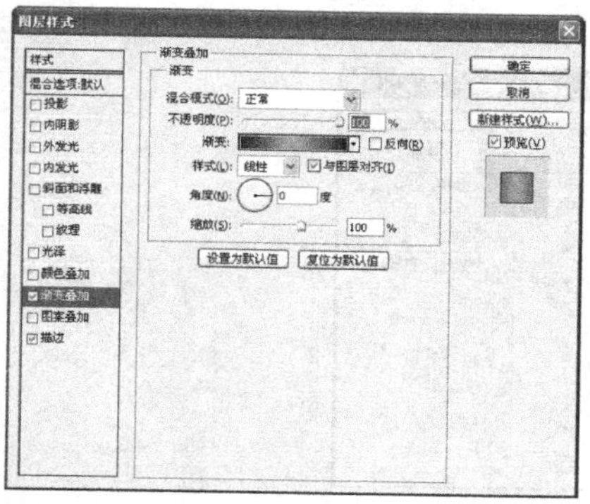

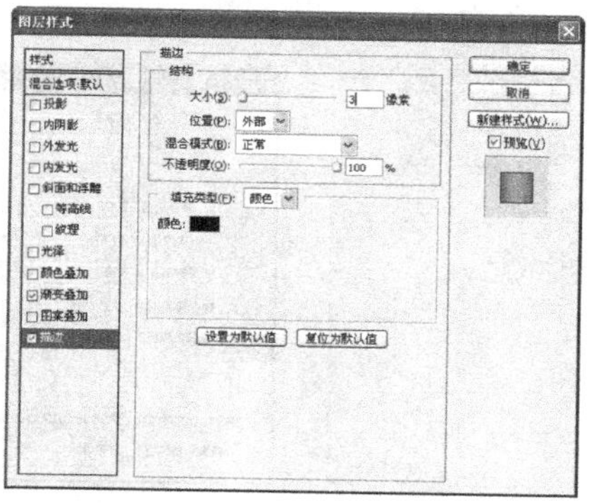

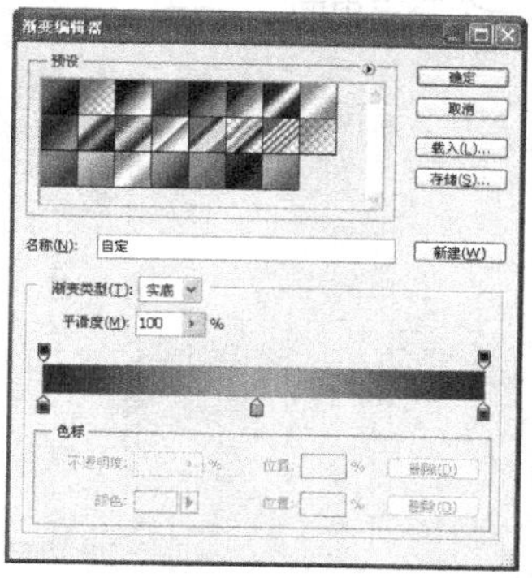

12 弧形3。按照上述方式继续进行弧形3色块的制作，并通过添加图层样式的方式为该色块添加渐变叠加以及描边的效果。最终效果如图所示。

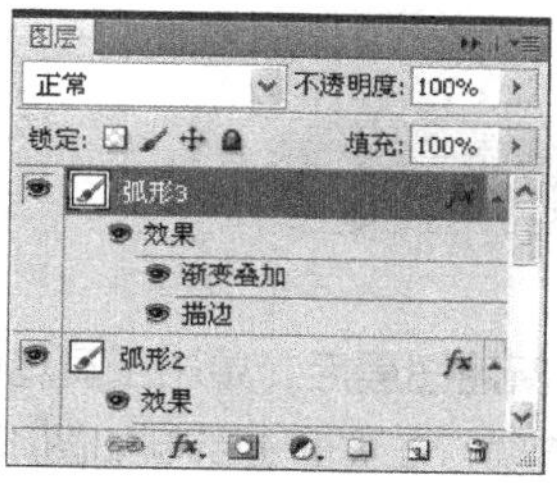

案例 5 蓝牙标志

案例分析

本案例将制作一个蓝牙标志，在具体操作中选择了深蓝色作为主要的色调、搭配上白色的蓝牙标志，整体图像简洁、时尚。除此之外，高光、光效以及阴影能够表现出图像本身的晶莹剔透的效果，可以作为本案例的重点来学习。

技巧分析

在制作过程中，圆形选框工具以及钢笔工具的应用是我们需要掌握的基本知识点。除此之外，光效的绘制思路也是需要了解的一个重要内容，因为通过光效可以更好地表现出画面本身的层次感、立体感以及质感。

步骤演练

01 新建空白文档。执行“文件>新建”命令，在弹出的“新建”对话框中设置参数后，单击“确定”按钮。新建一个空白页面。

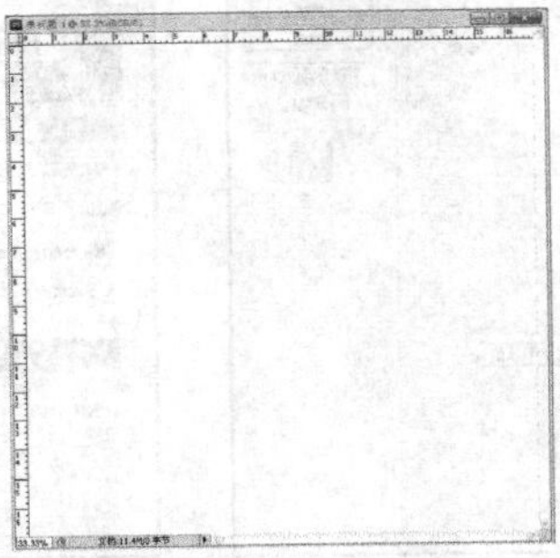

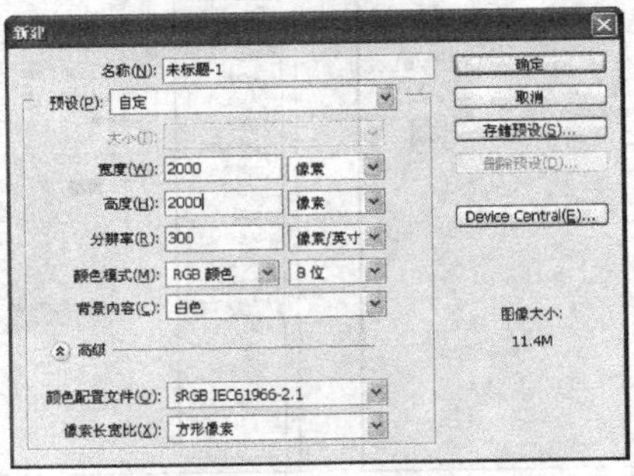

02 阴影效果的制作。新建图层后，单击工具箱中“矩形选框工具”按钮下的下拉三角，在弹出的下拉菜单中选择“椭圆选框工具”选项，在页面上绘制如图所示的椭圆形选区。羽化之后将前景色设置为蓝色，按快捷键Alt+Delete进行填充即可。效果如图所示。

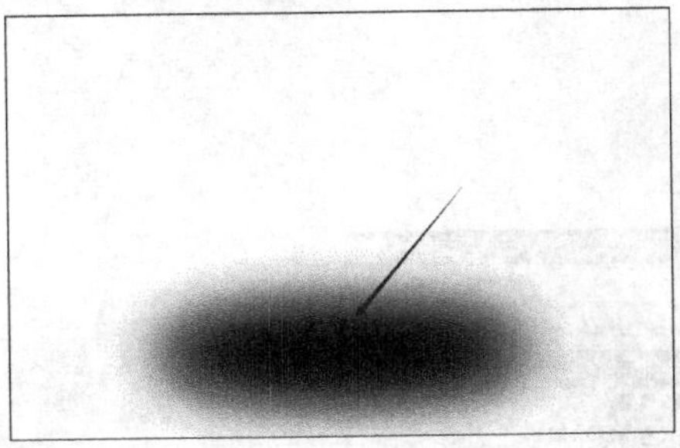

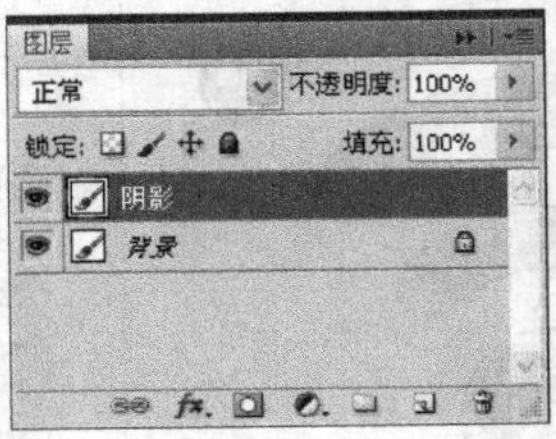

03 圆形色块的制作。新建图层后，单击工具箱中“矩形选框工具”按钮下的下拉三角，在弹出的下拉菜单中选择“椭圆选框工具”选项，在页面上绘制如图所示的圆形选区。将前景色设置为蓝色后按快捷键Alt+Delete键进行填充即可。效果如图所示。

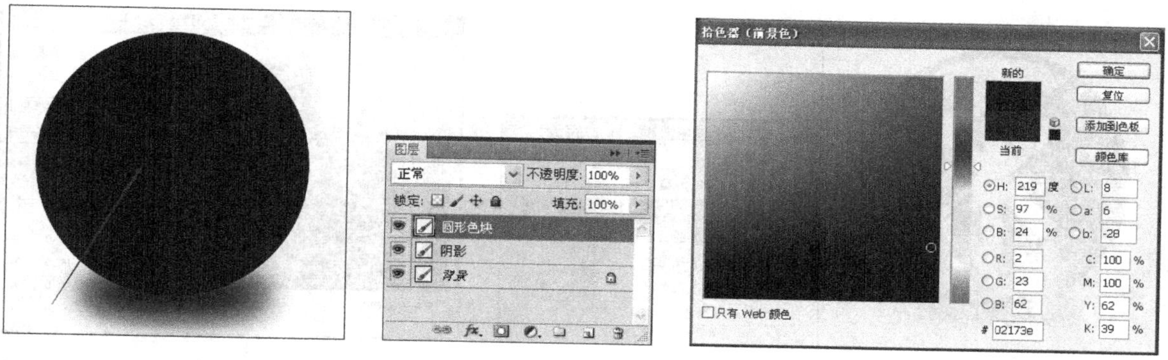

04 高光1的制作。新建图层后绘制椭圆选区，将前景色设置为白色后按快捷键Alt+Delete进行填充。再通过添加图层蒙版并结合渐变工具的使用，制造出渐隐的高光效果。效果如图所示。

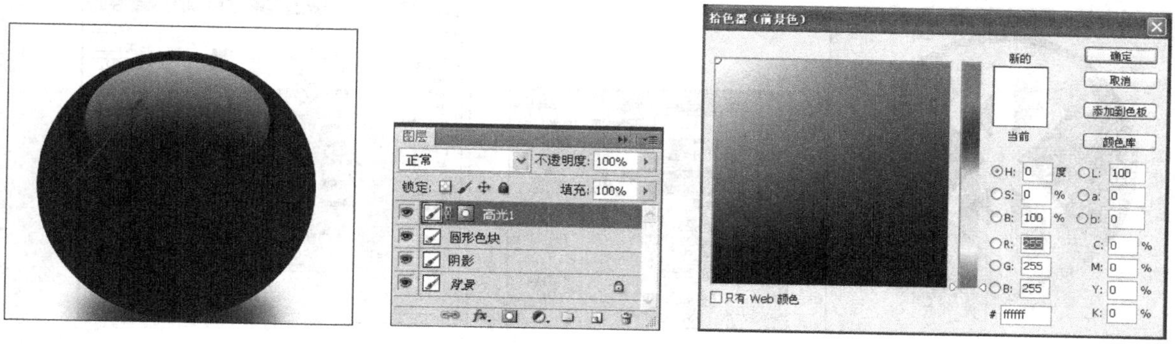

05 高光2的制作。按照上述方式继续制作高光2部分。效果如图所示。

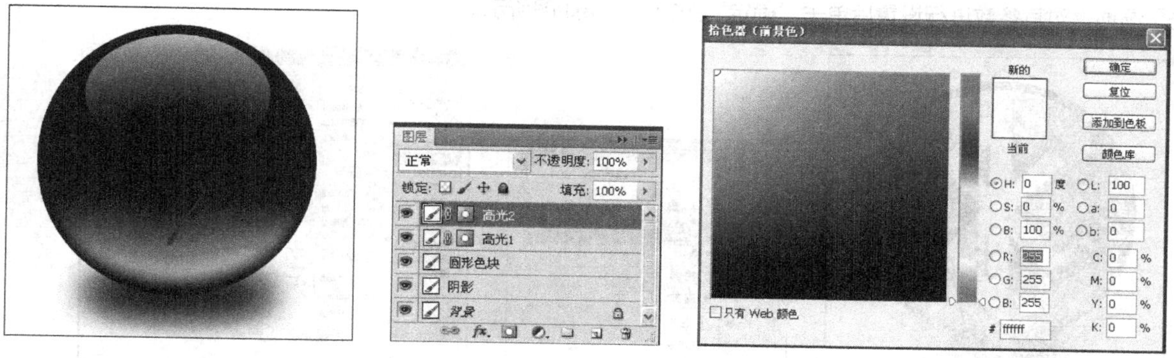

06 曲线的调整。单击图层面板下方的“创建新的填充或者调整图层”按钮下的下拉三角，在弹出的下拉菜单中选择“曲线”选项，对其参数进行设置。效果如图所示。

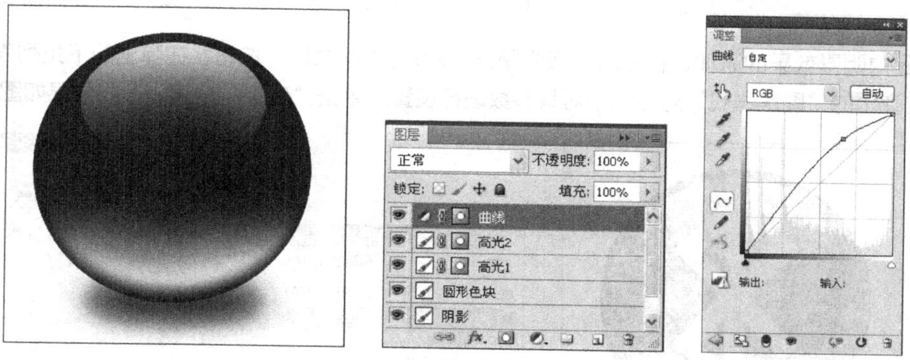

07 异形色块的制作 。新建图层后，用“钢笔工具”在页面上勾勒出如图所示的闭合路径，按快捷键Ctrl+Enter转换为选区，将前景色设置为白色后，按快捷键Alt+Delete进行填充即可。效果如图所示。

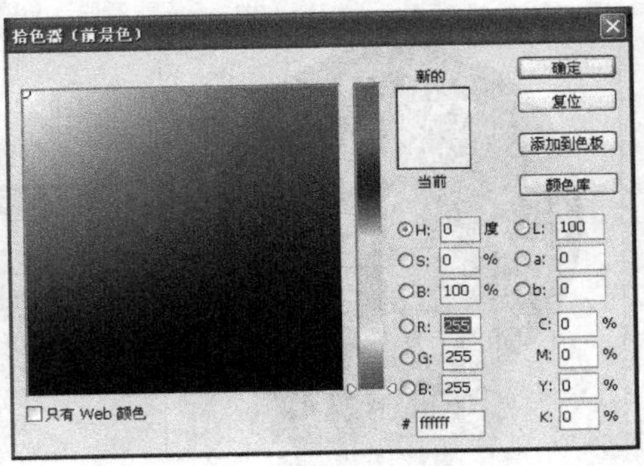

08 投影效果的添加。在图层面板中单击“添加图层样式” 按钮，在弹出的下拉列表中选择“投影”选项，在弹出的“图层样式”对话框中对其参数进行设置后单击“确定”按钮。效果如图所示。

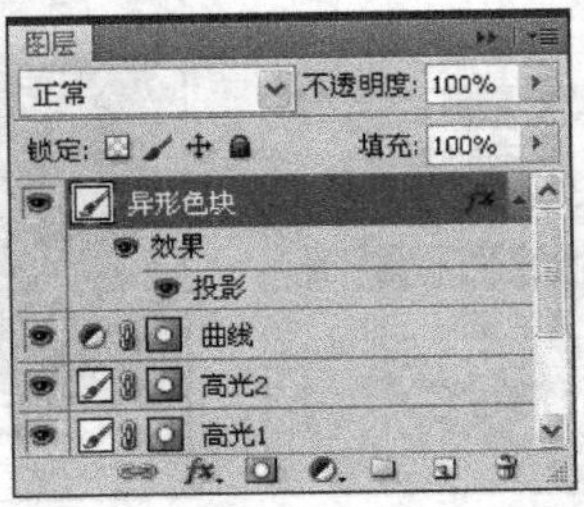

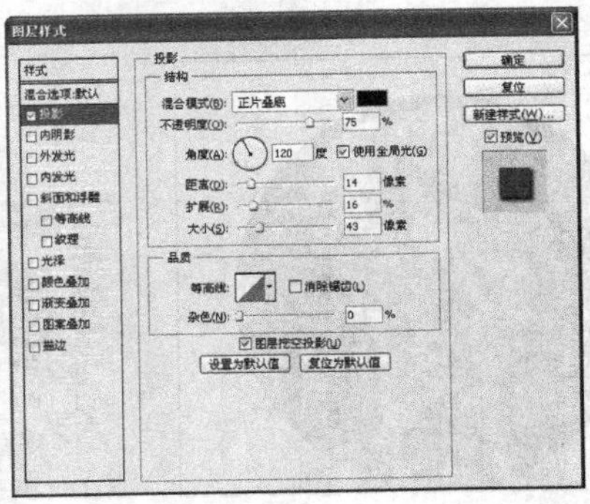

09 内发光效果的添加。在图层面板中单击“添加图层样式” 按钮，在弹出的“图层样式”对话框中选择“内发光”选项，对其参数进行设置后单击“确定”按钮。效果如图所示。

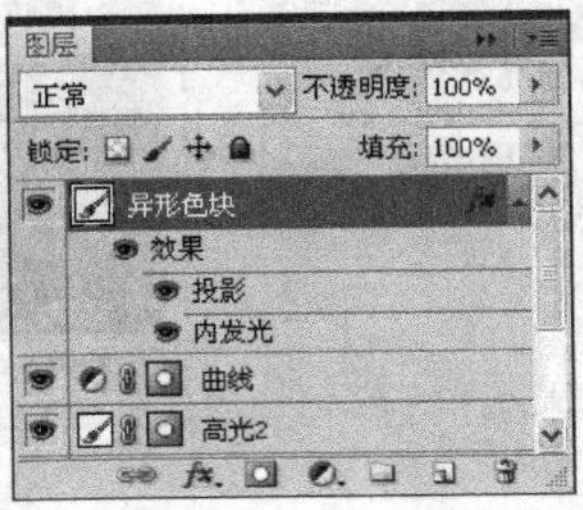

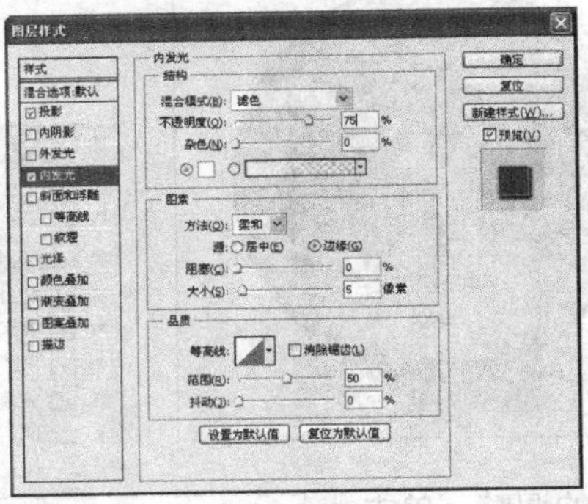

10 内阴影效果的添加。在图层面板中单击“添加图层样式” 按钮，在弹出的下拉列表中选择“内阴影”选项，在弹出的“图层样式”对话框中对其参数进行设置后单击“确定”按钮。最终效果如图所示。

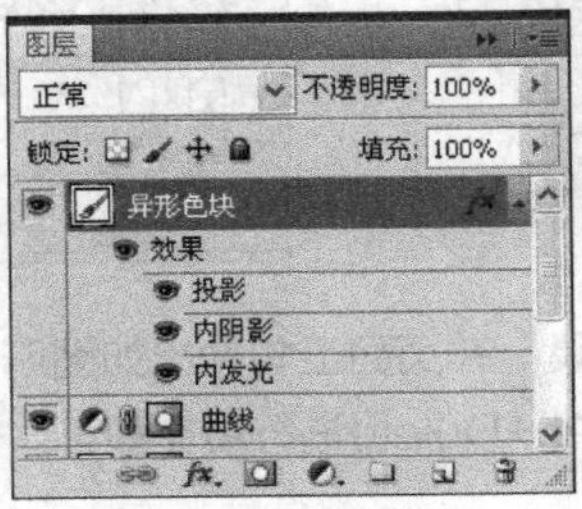

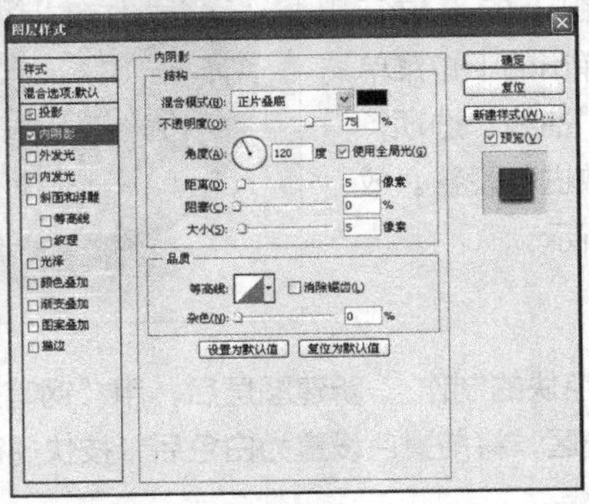

案例 6　上传界面

案例分析

本案例以黄色为主色，通过文件夹形状的绘制以及蓝色上传按钮、蓝色滚动条的设计，使整体上传界面简洁、清晰。除此之外，立体感以及层次感的打造也是重要的一部分，主要通过图层样式的变换等方式来实现。

技巧分析

本案例在具体操作中除了各种形状色块的绘制以外，图层样式的变换可以作为一个重要的知识点来了解。例如，投影、渐变叠加效果的添加等。正是由于各种特效的添加才使得最终的作品在色调上以及层次上更为丰富。

步骤演练

01 新建空白文档。执行“文件>新建”命令，在弹出的“新建”对话框中设置参数后单击“确定”按钮。新建一个空白页面。

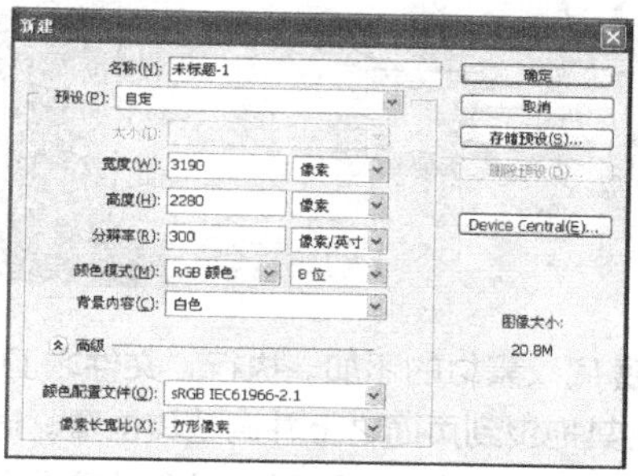

02 渐变背景的制作。新建图层后，单击工具箱中的“渐变工具”按钮，在属性栏中单击“点按可编辑渐变” 按钮，在弹出的“渐变编辑器”对话框中，设置参数，对新建的图层进行由浅绿至深绿色的渐变填充。效果如图所示。

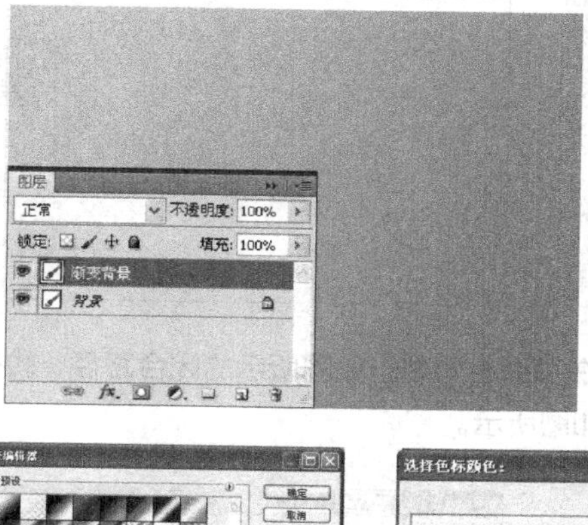

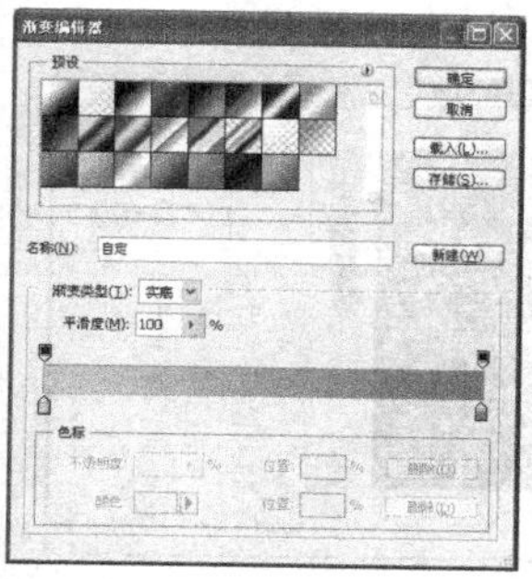

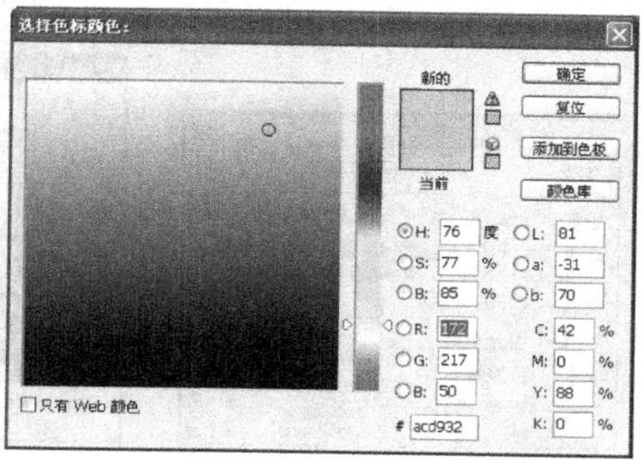

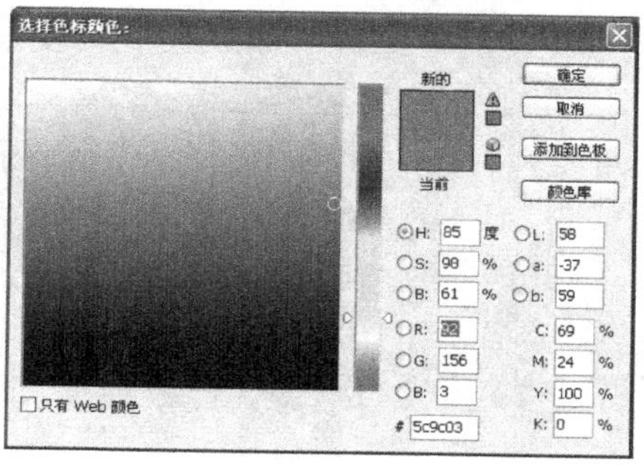

03 异形色块的制作。新建图层后，单击工具箱中的“钢笔工具”，在页面上勾勒出如图所示的闭合路径，转换为选区后将前景色设置为黄色。按快捷键Alt+Delete进行填充。在图层面板中将该图层的“不透明度”调整为98%。效果如图所示。

04 投影和描边效果的添加。在图层面板中单击“添加图层样式” 按钮，在弹出的下拉列表中分别选择“投影”和“描边”选项，在弹出的“图层样式”对话框中分别对其参数进行设置后单击“确定”按钮。效果如图所示。

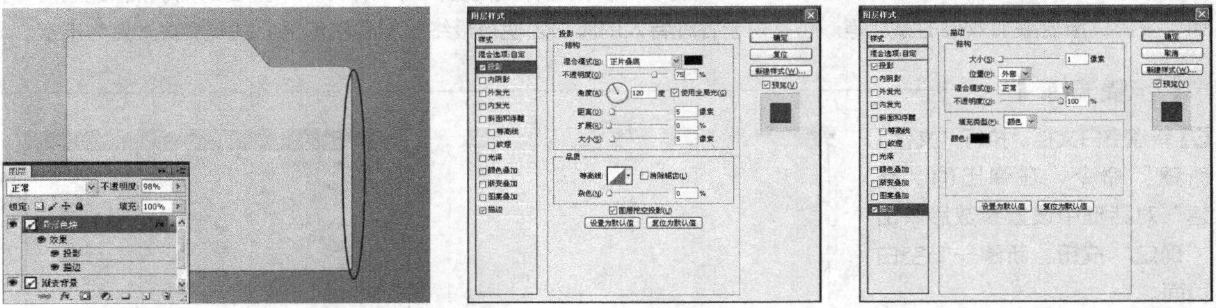

05 底纹素材的添加。执行“文件>打开”命令，在弹出的“打开”对话框中选择“底纹 素材.png”文件，单击将其拖曳到页面之上并调整其位置。通过执行创建剪贴蒙版的方式将素材图层置入到刚才制作好的异形色块中。在图层面板中将该图层的混合模式更改为“正片叠底”，“不透明度”为19%。效果如图所示。

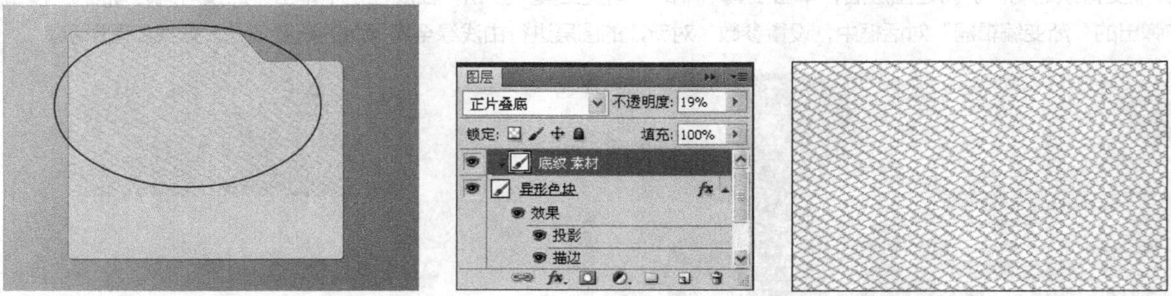

06 异形色块2的制作。新建图层后，单击工具箱中的“钢笔工具”，在页面上勾勒出如图所示的闭合路径，转换为选区后将前景色设置为白色。按快捷键Alt+Delete进行填充。效果如图所示。

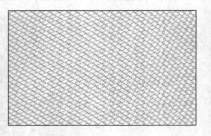

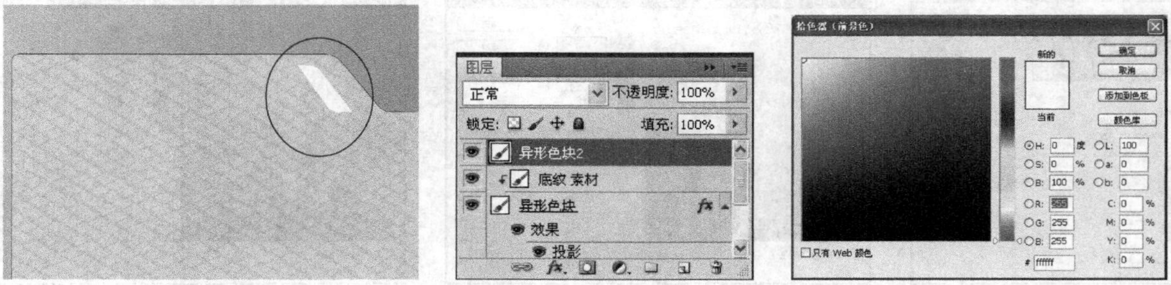

07 描边效果的添加。在图层面板中单击“添加图层样式” 按钮，在弹出的下拉列表中选择“描边”选项，在弹出的“图层样式”对话框中对其参数进行设置后单击“确定”按钮。效果如图所示。

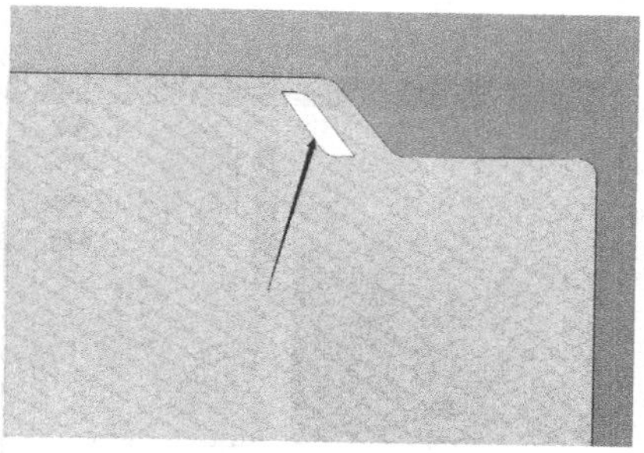
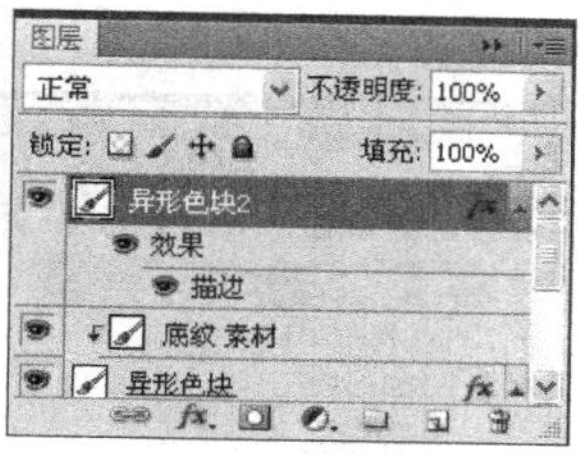

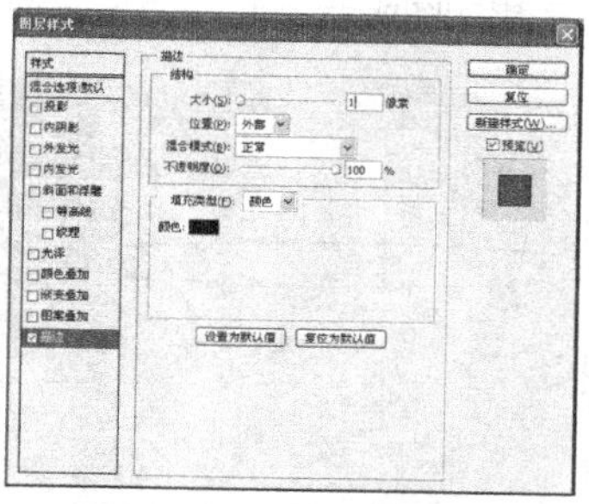

08 异形色块3的制作。新建图层后，单击工具箱中“钢笔工具”，在页面上勾勒出如图所示的闭合路径，转换为选区后将前景色设置为黄色。按快捷键Alt+Delete进行填充即可。效果如图所示。

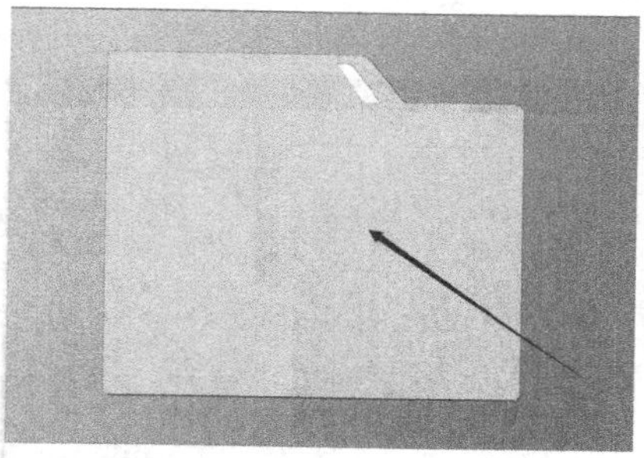
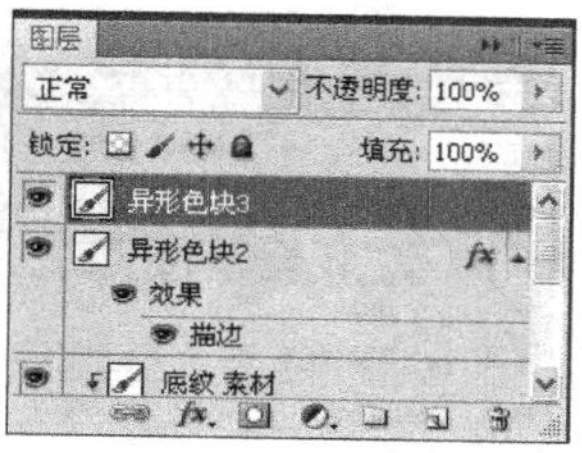

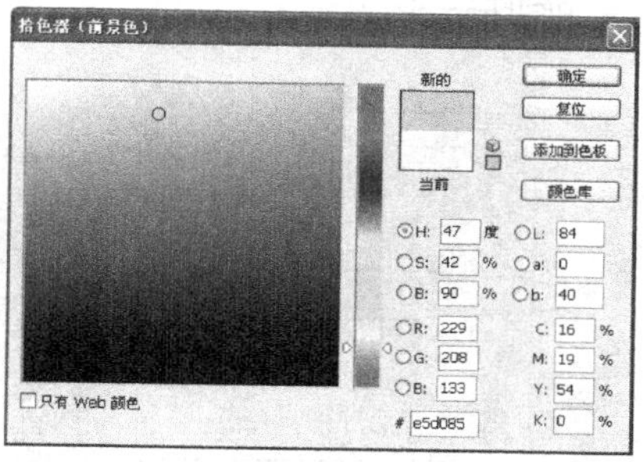

09 投影和描边效果的添加。在图层面板中单击“添加图层样式” 按钮，在弹出的下拉列表中分别选择“投影”和“描边”选项，在弹出的“图层样式”中分别对话框中对其参数进行设置后单击“确定”按钮。效果如图所示。

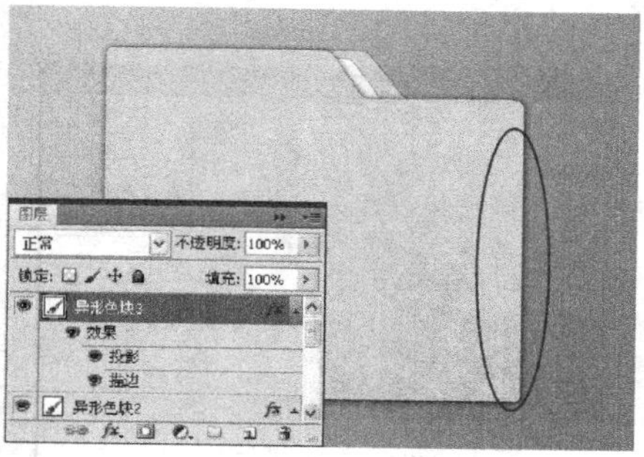
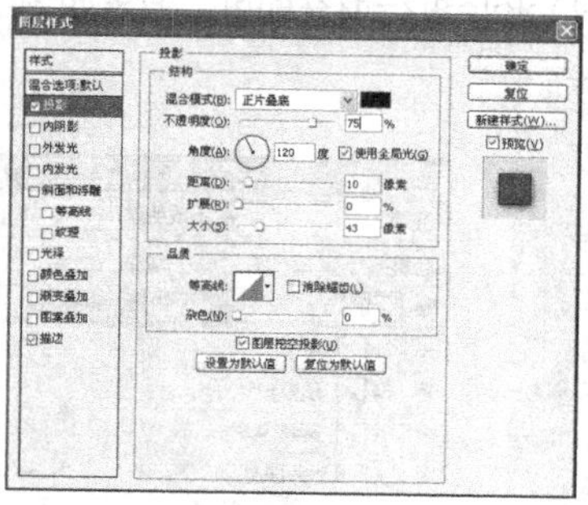
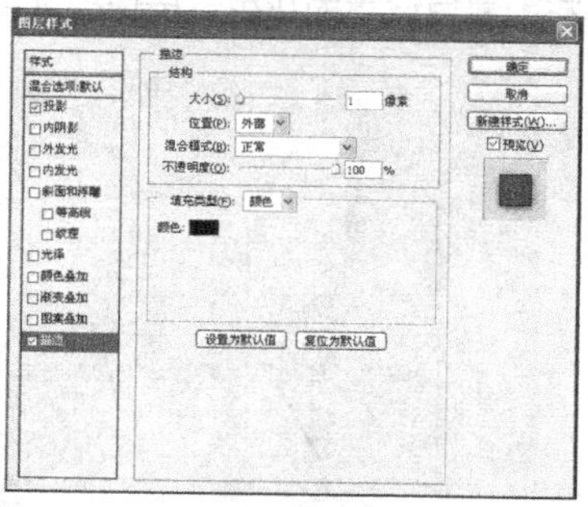

10 网纹素材的添加。执行“文件>打开”命令，在弹出的“打开”对话框中选择“网纹 素材.png”文件，单击将其拖曳到页面之上并调整其位置。通过执行创建剪贴蒙版的方式将素材图层置入刚才制作好的异形色块中。在图层面板中将该图层的混合模式更改为“正片叠底”，“不透明度”为14%。效果如图所示。

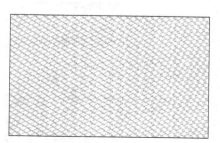

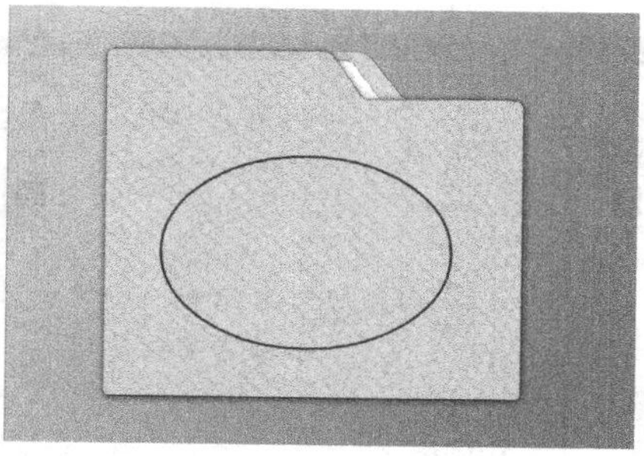
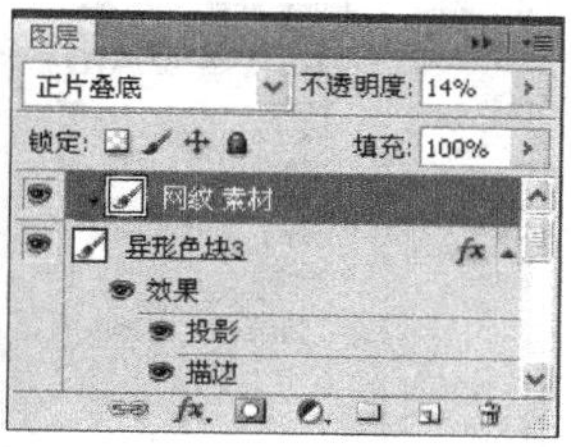

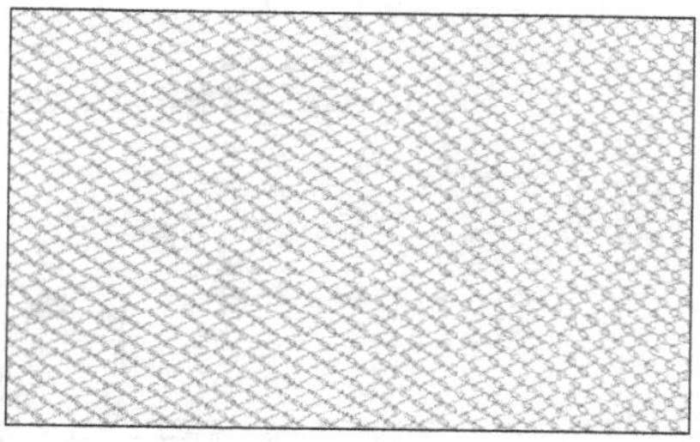

11 线条1的制作。新建图层后，单击工具箱中的“矩形选框工具”，在页面上绘制出如图所示的线条选区。将前景色设置为浅绿色后按快捷键Alt+Delete进行填充即可。再通过创建剪贴蒙版的方式将制作好的线条1置入异形色块中。效果如图所示。

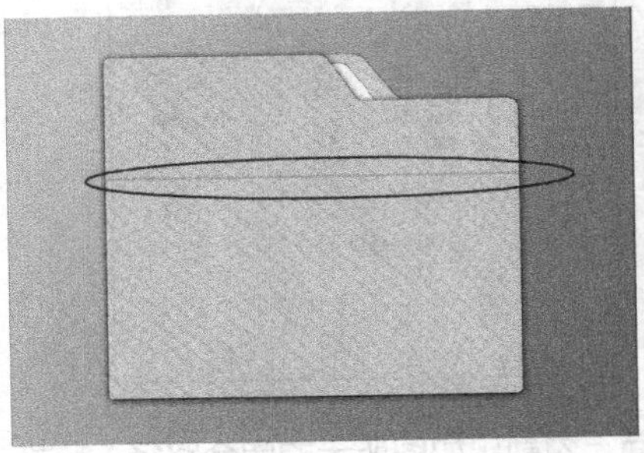
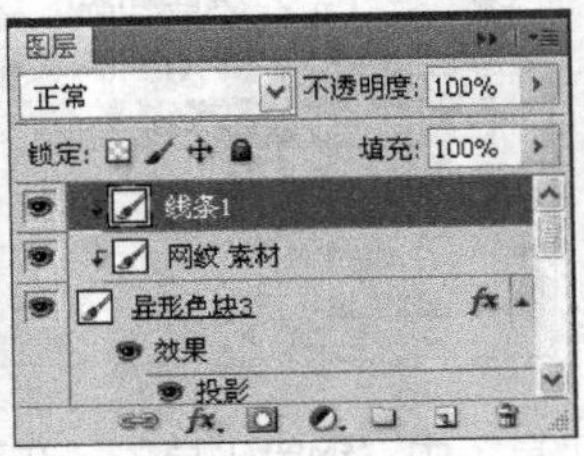

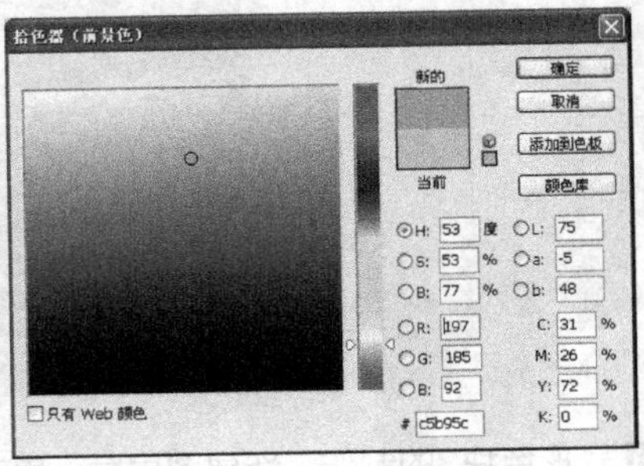

12 线条2的制作。按照上述方式继续进行线条2的制作，并通过创建剪贴蒙版的方式将该线条置入异形色块中。效果如图所示。

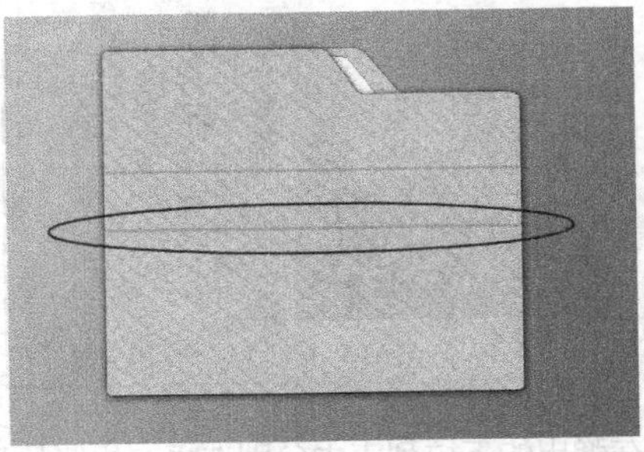
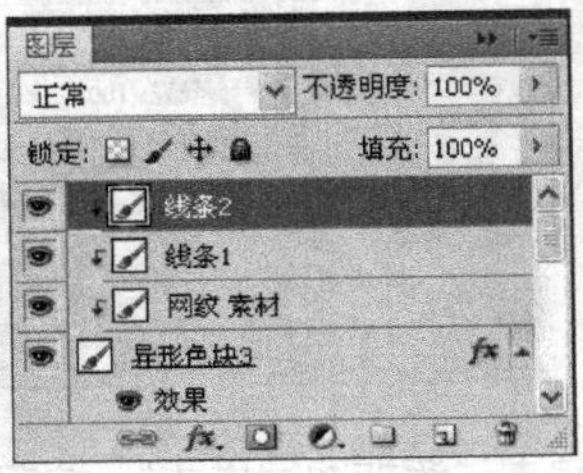

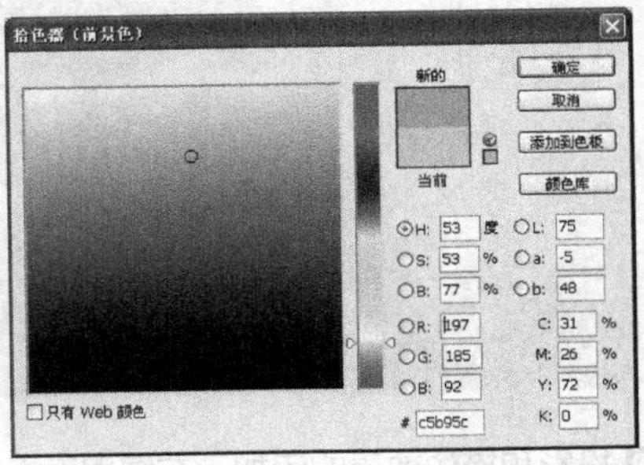

13 进度条色块的制作。新建图层后，用“圆角矩形工具”在页面上勾勒出如图所示的闭合路径，转换为选区后将前景色设置为灰色，按快捷键Alt+Delete进行填充即可。效果如图所示。

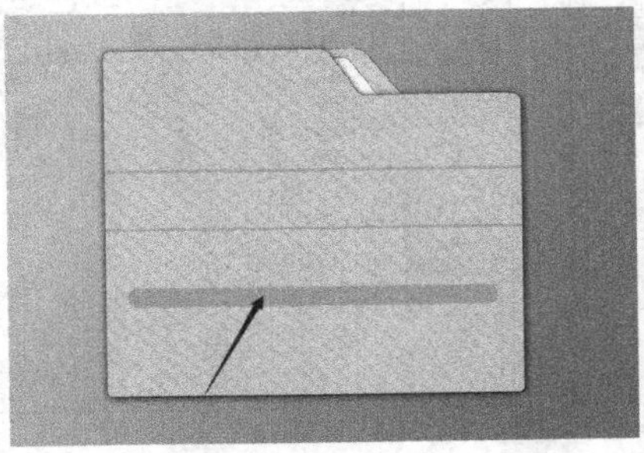
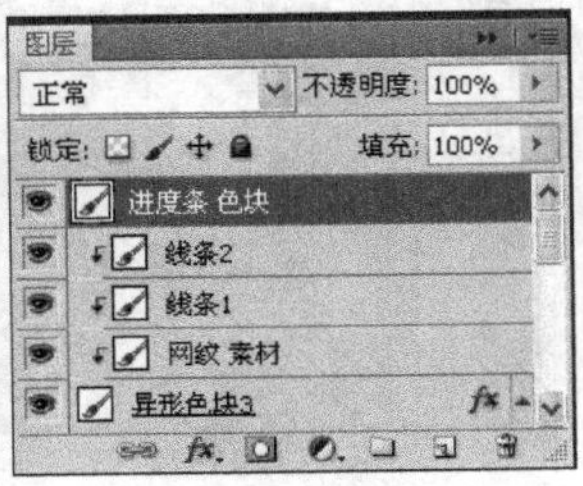

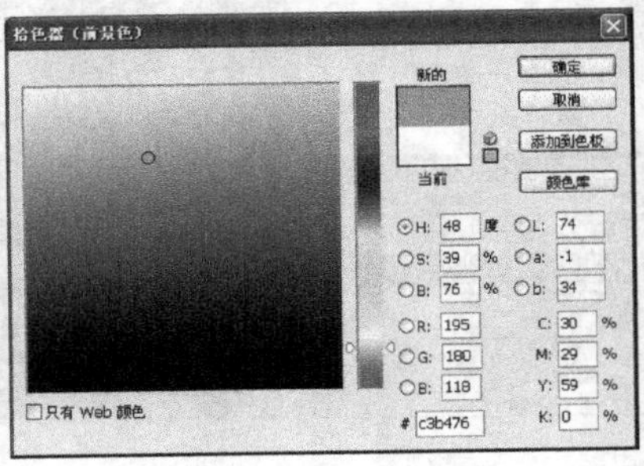

14 投影和内阴影效果的添加。在图层面板中单击“添加图层样式” 按钮，在弹出的下拉列表中分别选择“投影”和“内阴影”选项，在弹出的“图层样式”对话框中分别对其参数进行设置后单击“确定”按钮。效果如图所示。

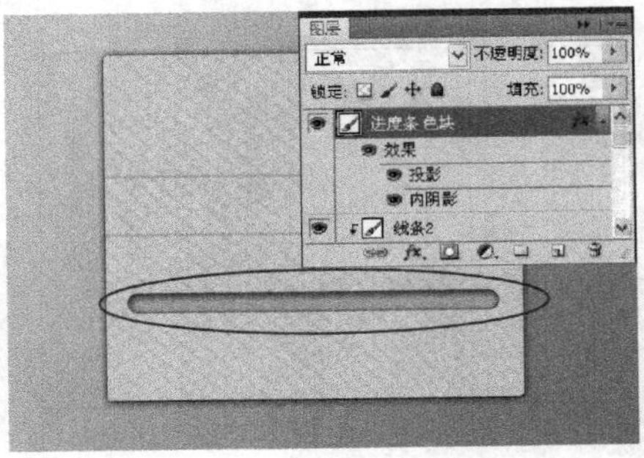

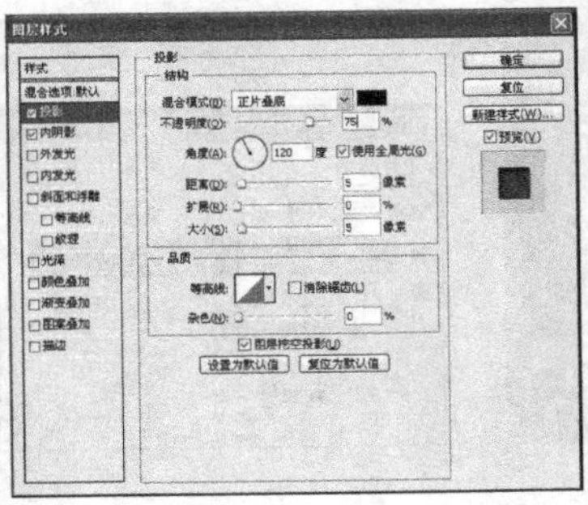

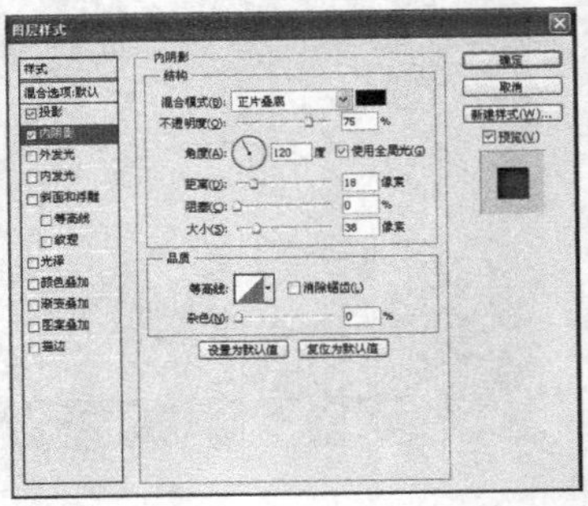

15 进度条色块2的制作。新建图层后，用“圆角矩形工具”在页面上勾勒出如图所示的闭合路径，转换为选区后填充由浅蓝至深蓝色的渐变。效果如图所示。

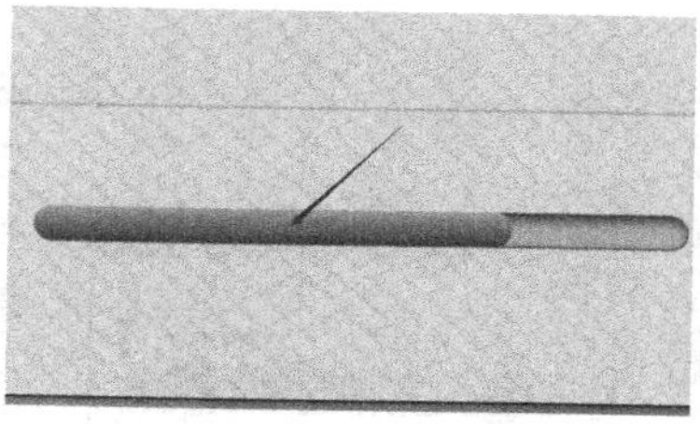

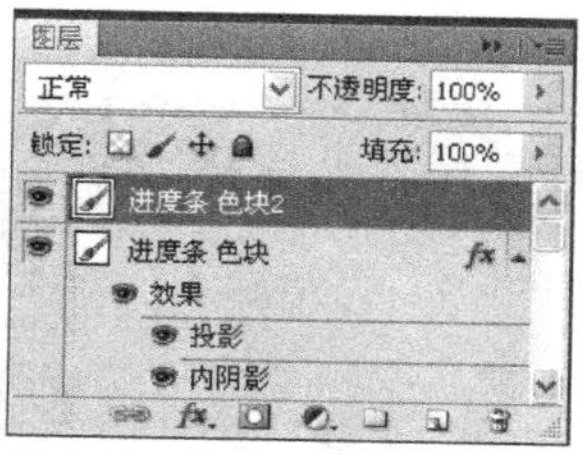

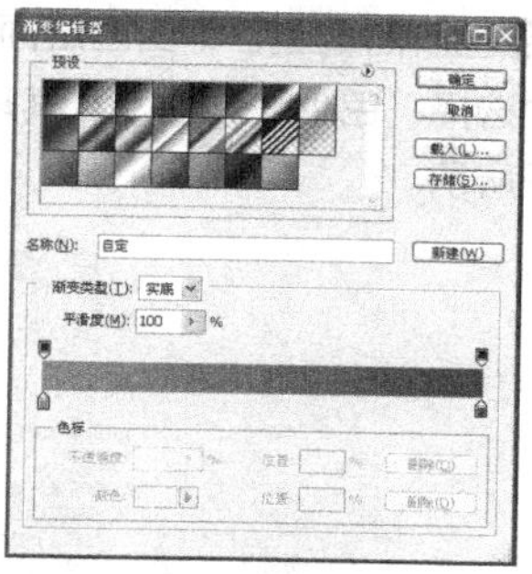

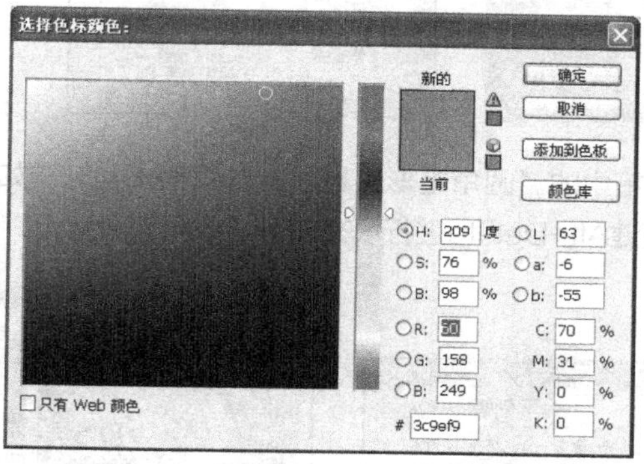

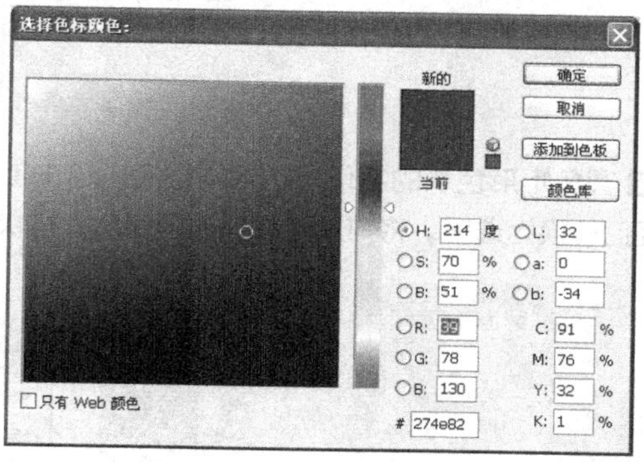

16 描边效果的添加。在图层面板中单击“添加图层样式” 按钮，在弹出的下拉列表中选择“描边”选项，在弹出的“图层样式”对话框中对其参数进行设置后单击“确定”按钮。效果如图所示。

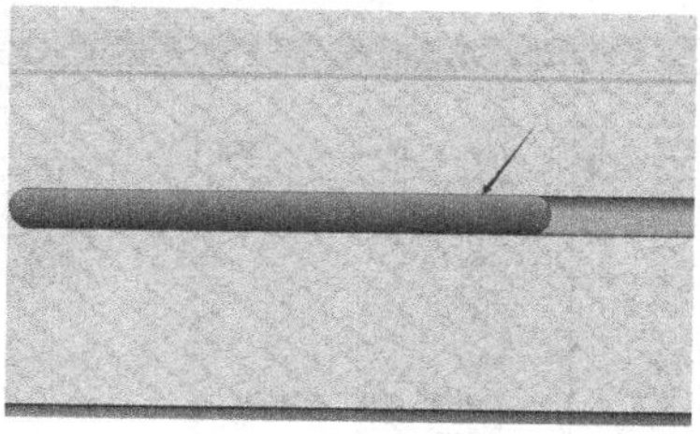

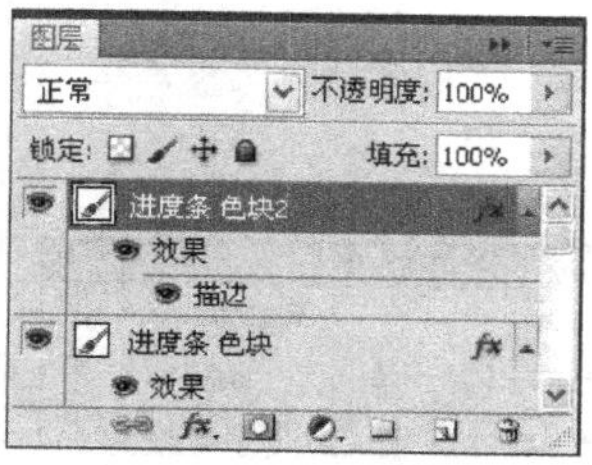

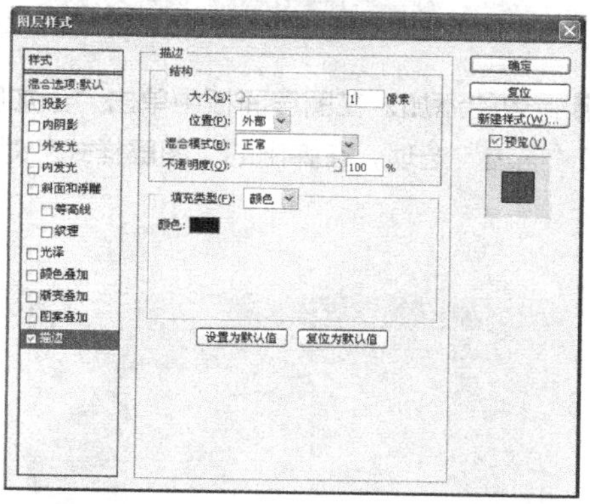

17 渐变效果的制作。新建图层后，单击工具箱中的“渐变工具”按钮，在属性栏中单击“点按可编辑渐变” 按钮，在弹出的“渐变编辑器”对话框中设置参数，为新建图层填充黑色至透明的渐变色。再通过创建剪贴蒙版的方式将该渐变图层置入进度条色块2中。效果如图所示。

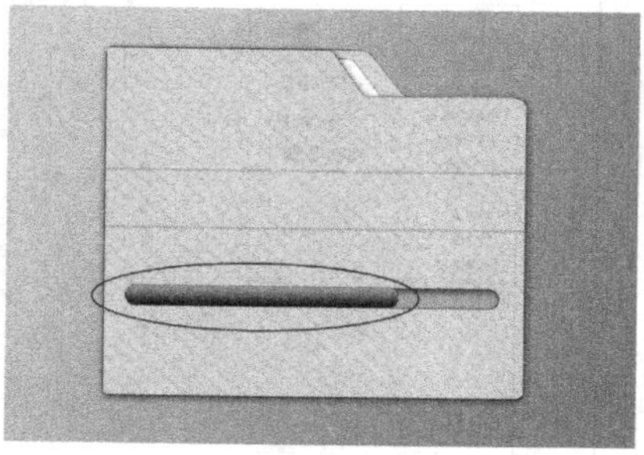

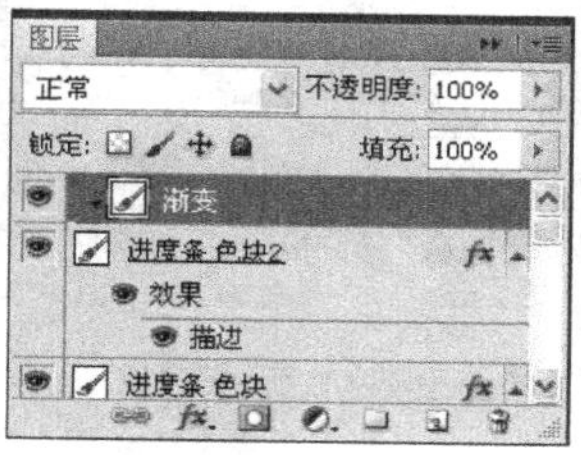

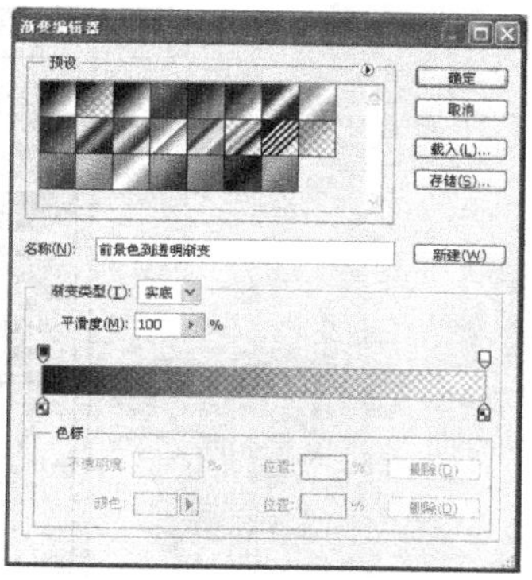

18 色阶的调整。单击图层面板下方“创建新的填充”或者“调整图层”按钮下的下拉三角，在弹出的下拉菜单中选择“色阶”选项，对其参数进行设置。再通过创建剪贴蒙版的方式将色阶调整图层置入目标图层中。效果如图所示。

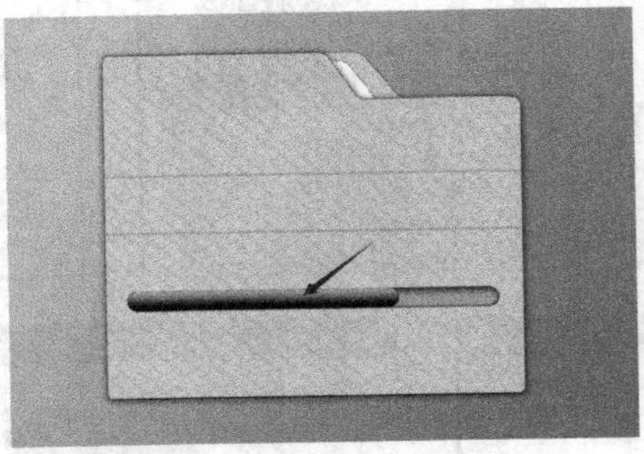
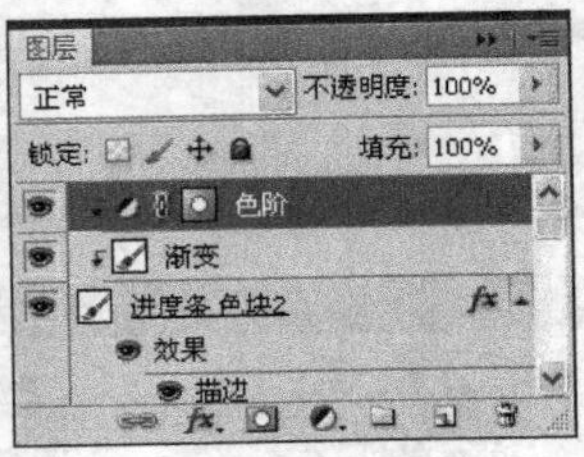

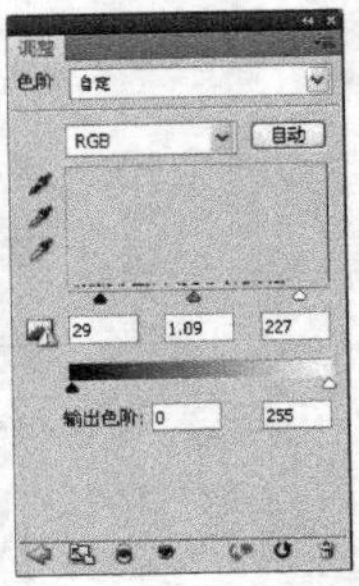

19 圆角矩形色块的制作。新建图层后，单击工具箱中的“圆角矩形工具”，在页面上勾勒出如图所示的闭合路径后转换为选区。将前景色设置为蓝色后，按快捷键Alt+Delete进行填充即可。效果如图所示。

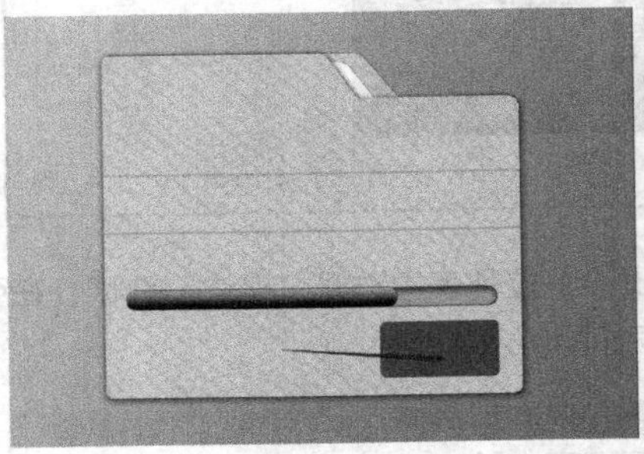
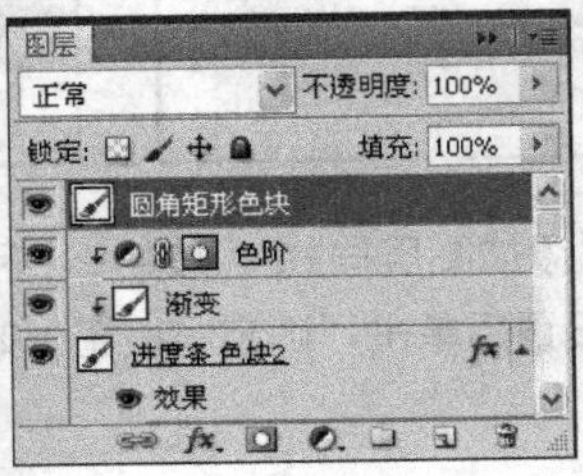

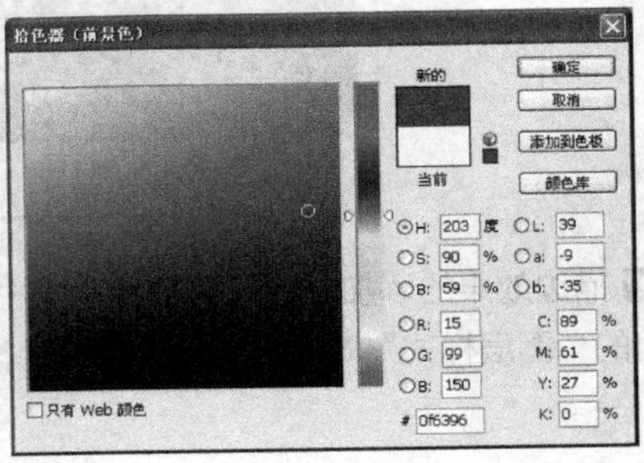

20 特效的添加。在图层面板中单击“添加图层样式” 按钮，在弹出的下拉列表中分别选择“投影” “内发光”和“描边”选项，在弹出的“图层样式”对话框中分别对其参数进行设置后单击“确定”按钮。效果如图所示。

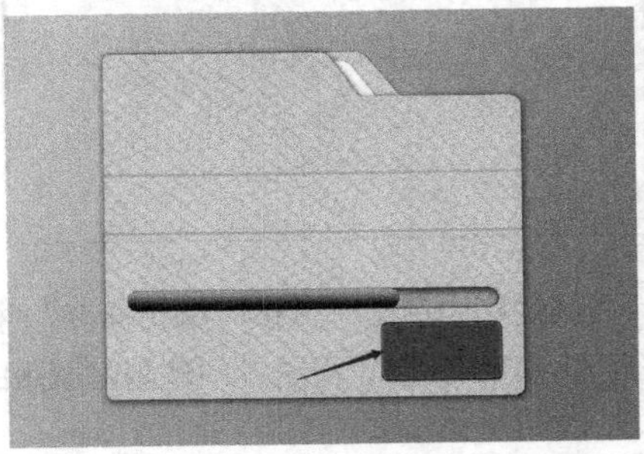
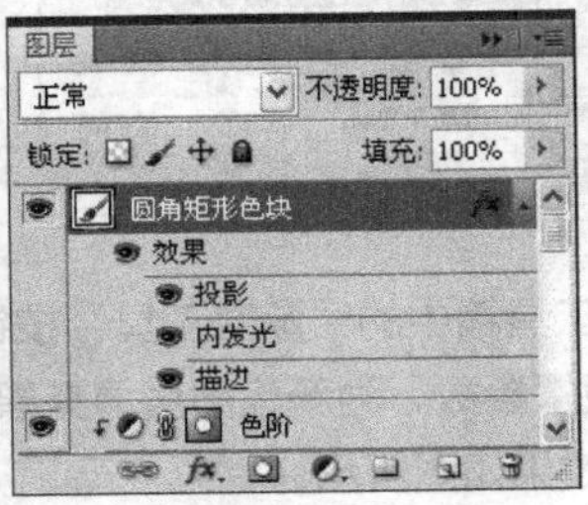

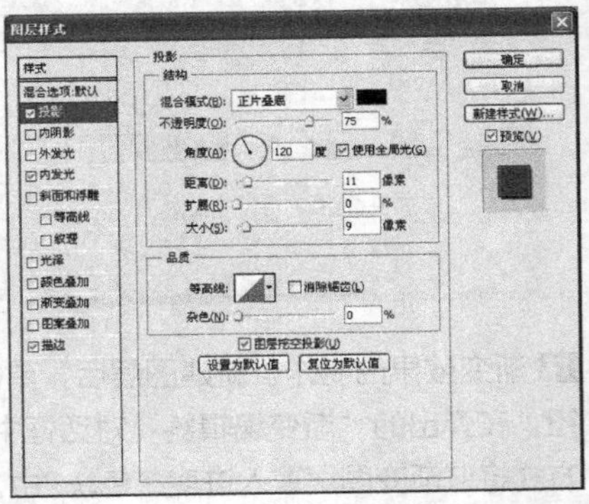
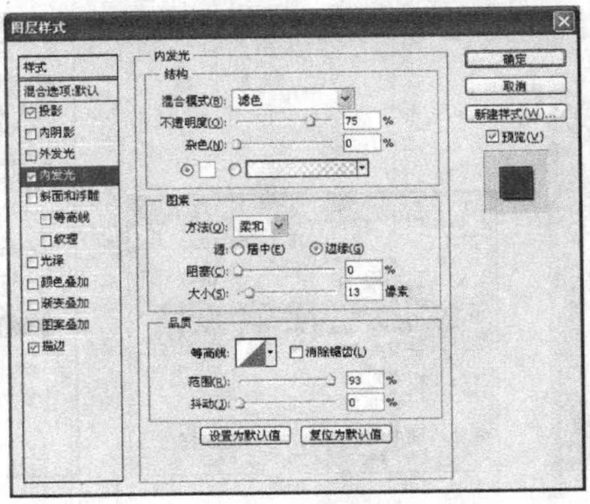
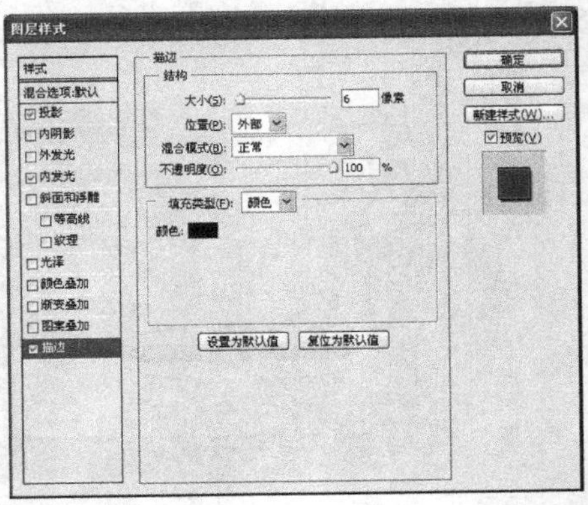

21 文字的制作。单击工具箱中的“文字工具” 按钮，在页面中绘制文本框并输入对应文字内容。执行“窗口>字符”命令，在弹出的“字符”面板中对其参数进行设置后单击“确定”按钮。效果如图所示。

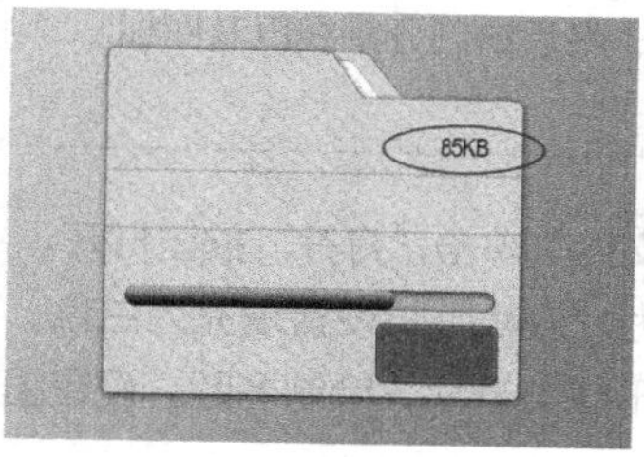

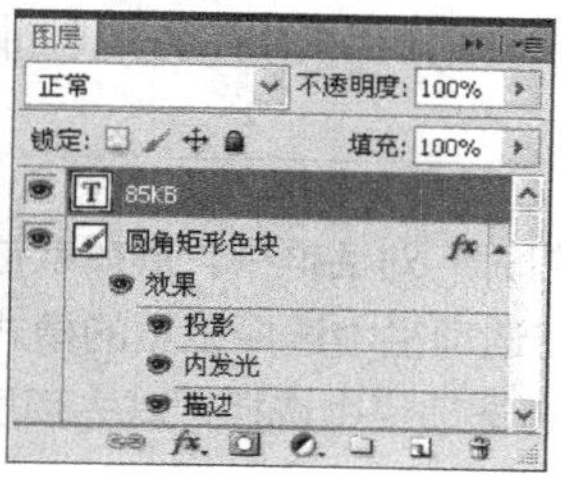

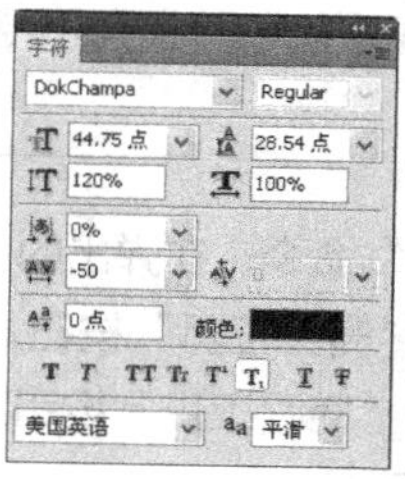

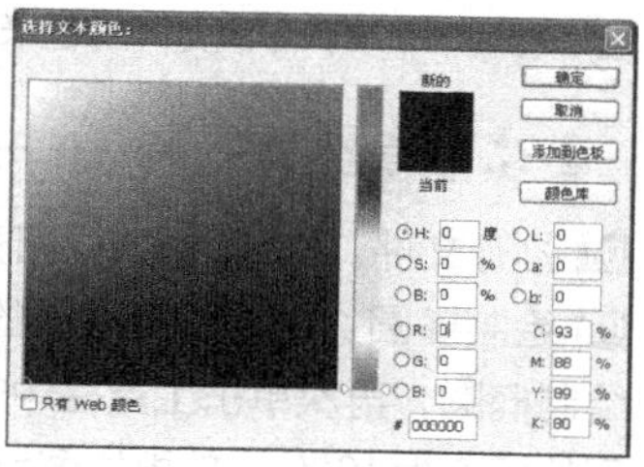

22 其他文字效果的制作　按照上述方式继续制作其他文字效果。效果如图所示。

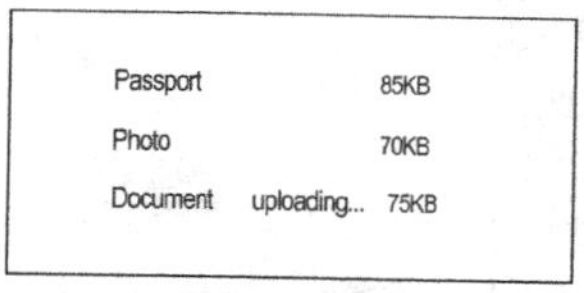

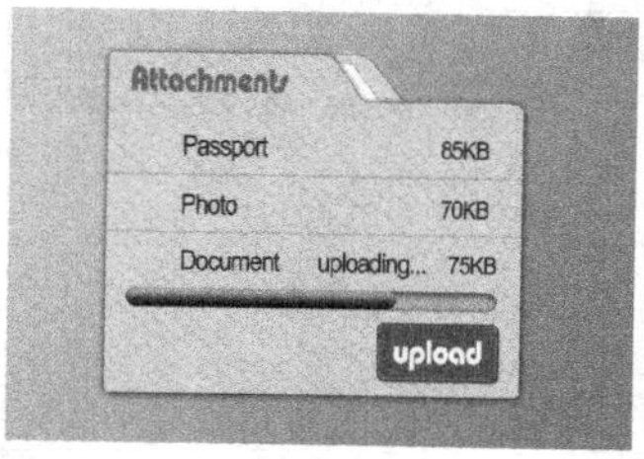

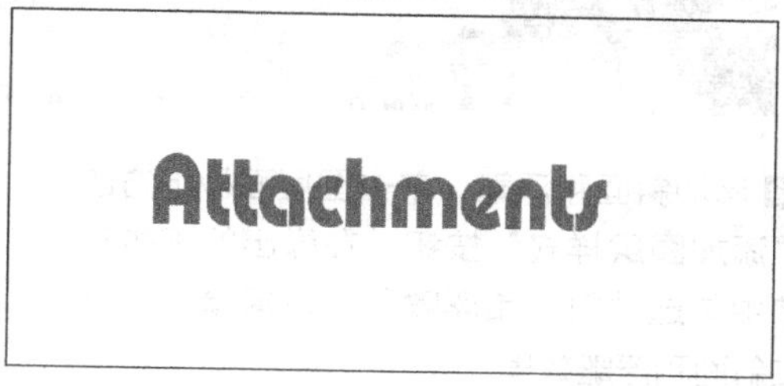

23 锐化。按快捷键Ctrl+Shift+Alt+E盖印可见图层，得到“盖印”图层。执行“滤镜>锐化>USM锐化”命令，在弹出的“USM锐化”对话框中对其参数进行设置后单击“确定”按钮。最终效果如图所示。

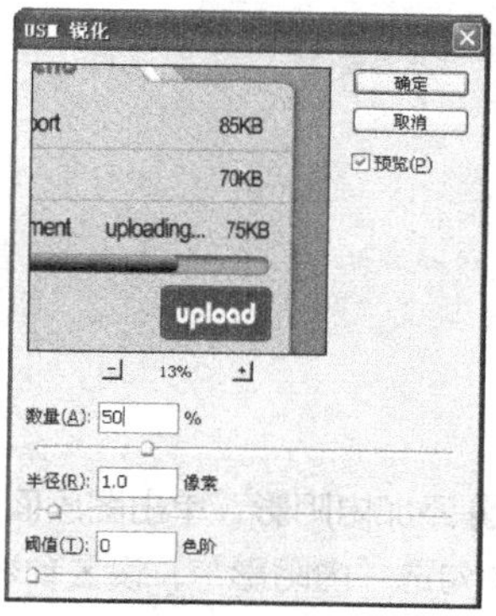

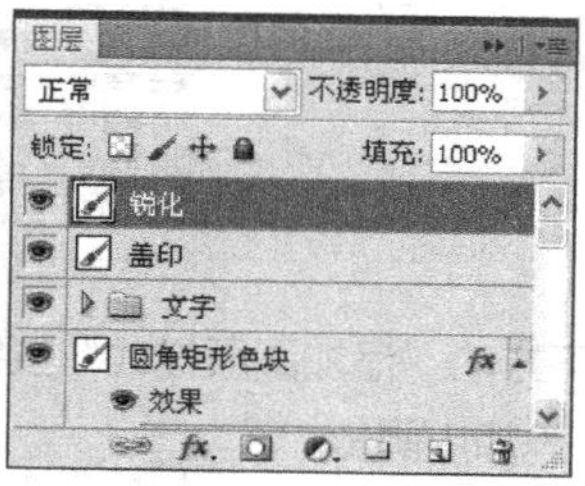

案例 7　菜单界面按钮

案例分析

半透明的菜单给人以晶莹剔透、时尚前卫的感觉，特别是经过细致处理的小按钮和小图像是页面的关键。下面就来学习一下这种半透明、晶莹剔透的菜单界面按钮的制作。

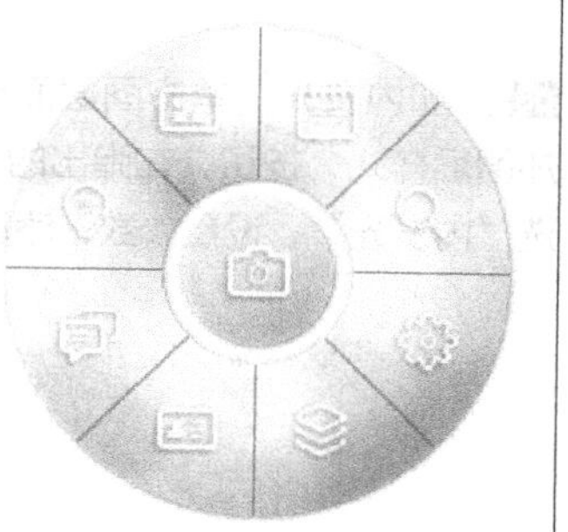

技巧分析

本例制作的是半透明效果的菜单界面按钮，设计师首先采用椭圆工具的加减运算绘画出圆环造型，通过调整透明度、添加图层样式等使其看起来半透明而且具有弧度，其次绘制出有立体感的中间圆，最后绘制分割线以及图标。

步骤演练

01 打开文件。执行“文件>打开”命令，在弹出的“打开”对话框中，选择素材文件，单击“打开”按钮打开。

02 绘制椭圆。单击工具栏中的“椭圆工具”按钮，在选项栏中选择工具的模式为“形状”，设置填充为白色，绘制椭圆，再次单击工具栏中的“椭圆工具”按钮，在选项栏中选择“减去顶层形状”选项，绘制椭圆，设置图层的填充为40%。效果如图所示。

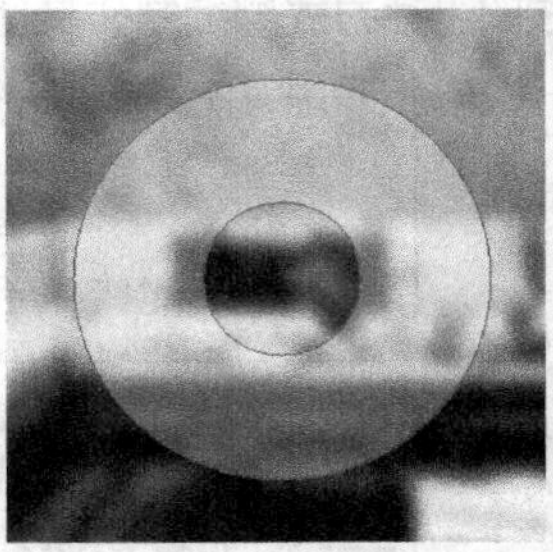

03 添加斜面和浮雕。单击图层面板下方的“添加图层样式”按钮，在弹出的下拉菜单中勾选“斜面和浮雕”，设置参数，添加斜面和浮雕效果 。

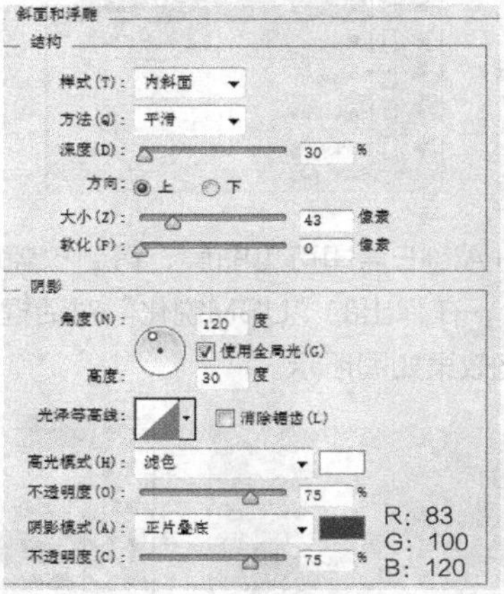

04 添加内阴影。单击图层面板下方的“添加图层样式”按钮，在弹出的下拉菜单中勾选“内阴影”，设置参数，添加内阴影。

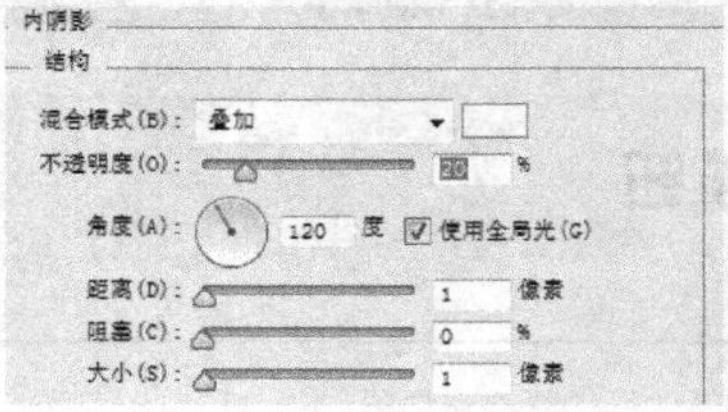

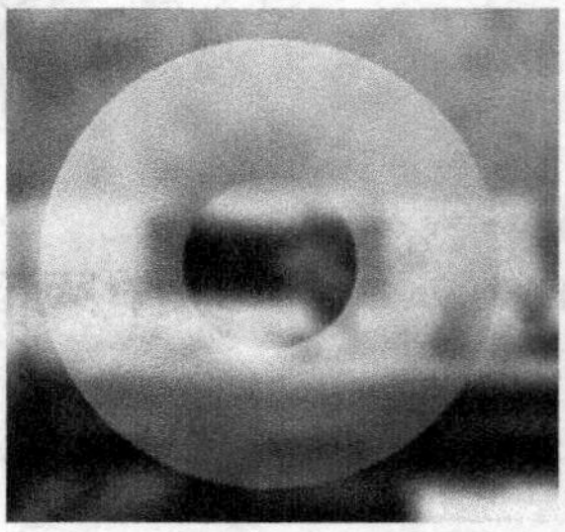

05 添加内发光。单击图层面板下方的“添加图层样式”按钮，在弹出的下拉菜单中勾选“内发光”，设置参数，添加内发光。

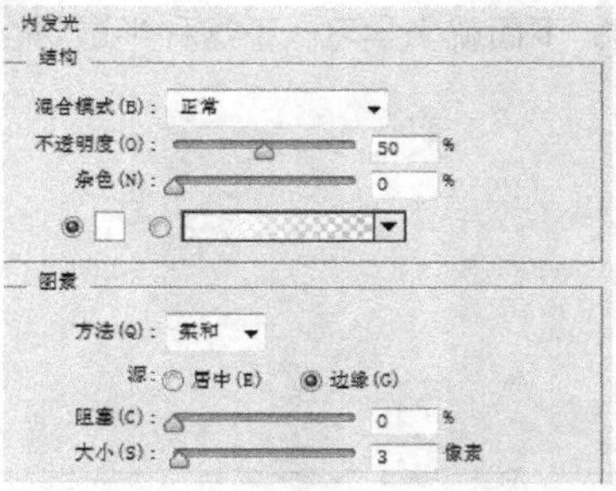

06 添加光泽。单击图层面板下方的“添加图层样式”按钮，在弹出的下拉菜单中勾选“光泽”，设置参数，添加光泽。

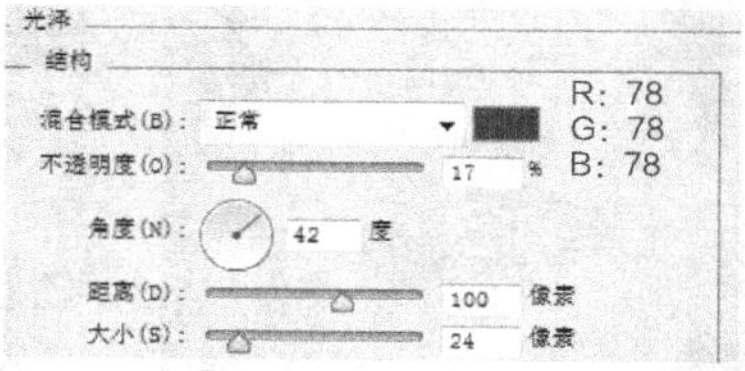

07 添加渐变叠加。单击图层面板下方的“添加图层样式”按钮，在弹出的下拉菜单中勾选“渐变叠加”，设置参数，添加渐变叠加 。

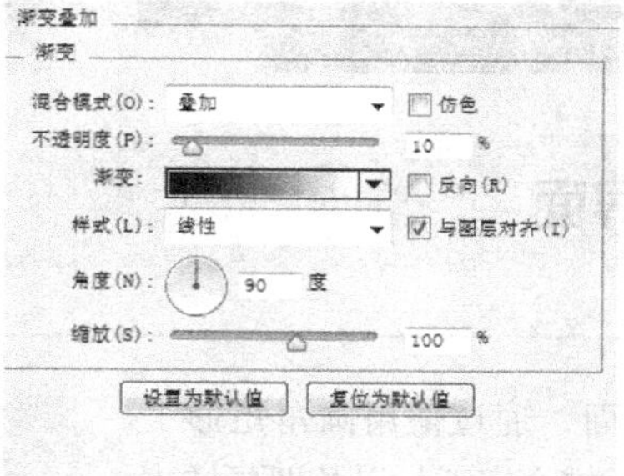

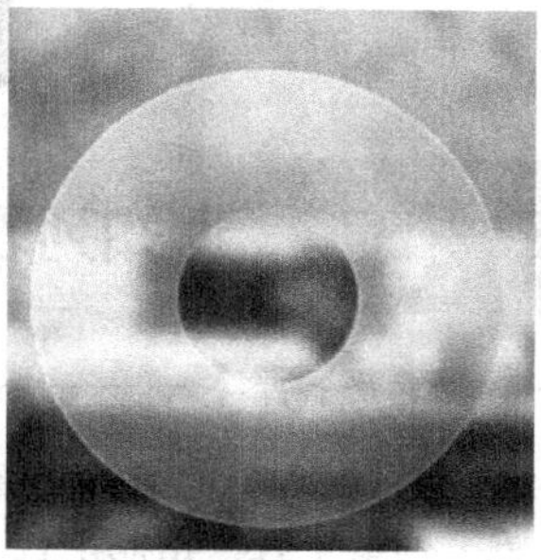

08 添加外发光。单击图层面板下方的“添加图层样式”按钮，在弹出的下拉菜单中勾选“外发光”，设置参数，添加外发光。

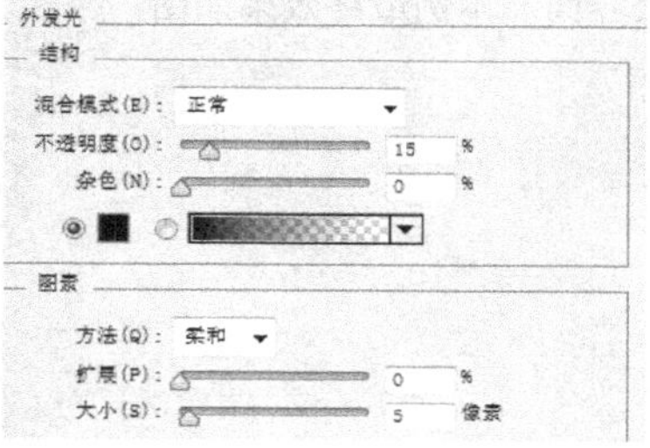

09 添加投影。单击图层面板下方的“添加图层样式”按钮，在弹出的下拉菜单中勾选“投影”，设置参数，添加投影。

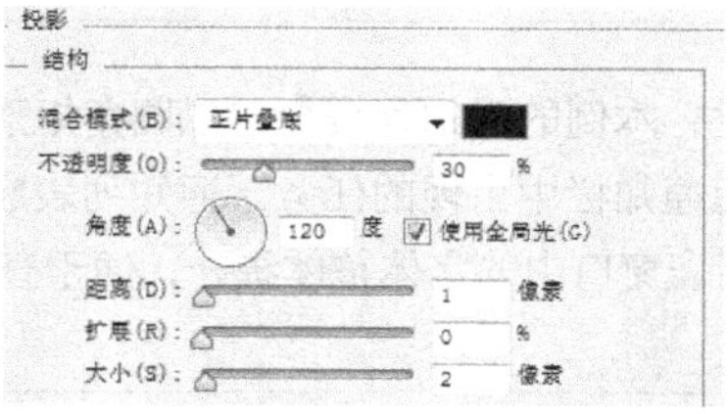

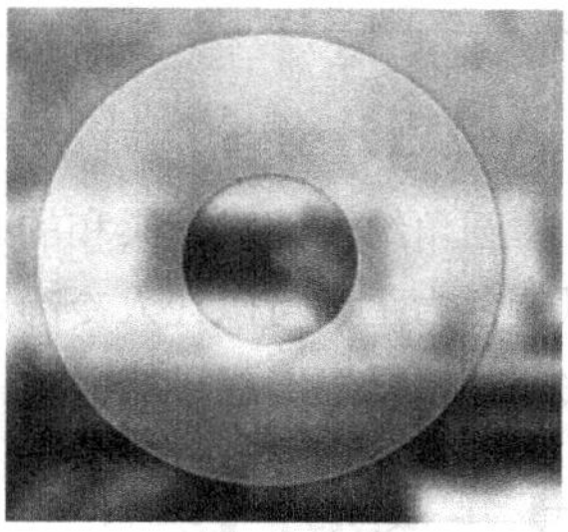

10 绘制椭圆。利用相似方法绘制椭圆，复制“椭圆1”图层的图层样式。

11 绘制椭圆。单击工具栏中的“矩形工具”按钮，在选项栏中选择工具的模式为“形状”，设置填充为灰色（R：81 G：81 B：81），绘制矩形，设置图层的填充为60% 。

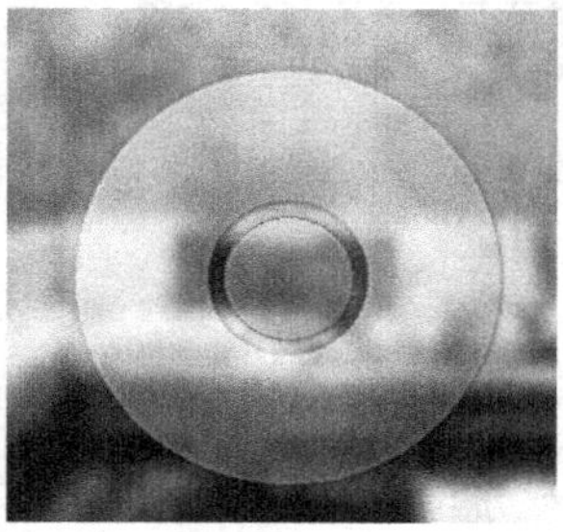

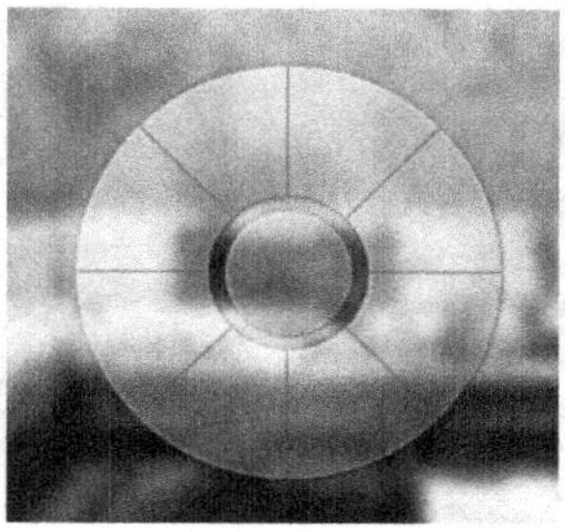

12 导入素材。执行“文件>打开”命令，在弹出的“打开”对话框中，选择素材文件，单击“打开”按钮打开，将其拖曳至场景文件中，移动到合适位置 。最终效果如图所示。

案例 8 通知列表界面

案例分析

本例将制作通知列表界面，通过使用圆角矩形工具、钢笔工具、矩形工具、横排文字工具以及图层样式制作具有立体美感的通知列表界面。本例最终效果如图所示。

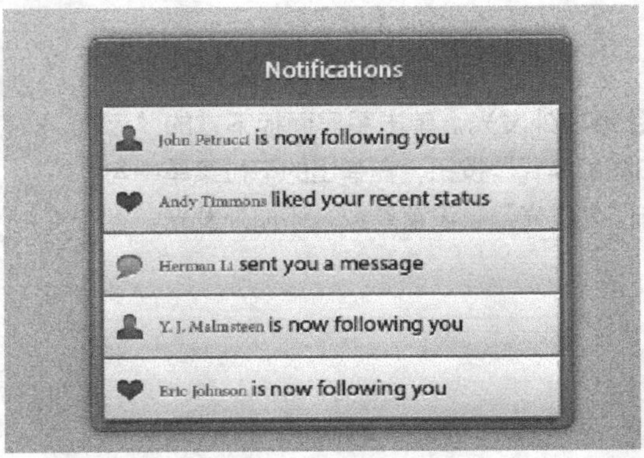

技巧分析

圆角给人圆滑、柔和的感觉，本例的通知列表窗口以圆角矩形为基本图形，非常合适。通知列表界面的背景以蓝色为主，可以让人冷静处理通知栏中出现的任务。通知列表应该不带有其他多余的装饰，是简单大方的，因此标题栏只出现醒目的标题；列表窗口中的字体整体统一，便于查阅。

步骤演练

01 背景的制作。执行“文件>新建”命令，设置宽度和高度为400像素×300像素、分辨率为300像素/英寸的文档，设置前景色的颜色，按快捷键Alt+Delete为背景填充颜色。

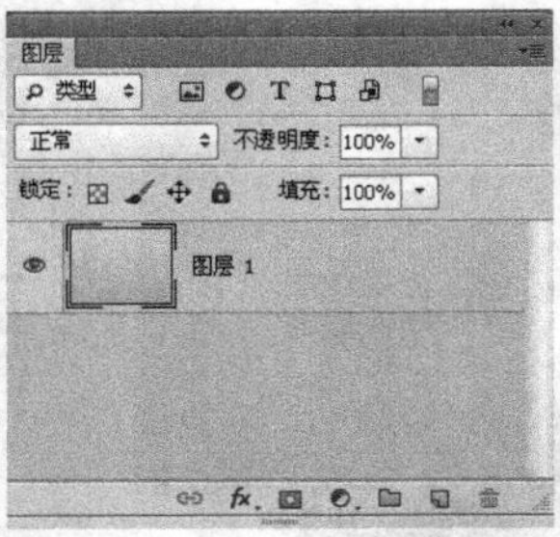

02 杂色的添加。复制“图层 0”图层，得到“图层0副本”图层，单击鼠标右键，选择“转换为智能对象”命令，执行“滤镜>杂色>添加杂色”命令，设置参数，为背景添加杂色。

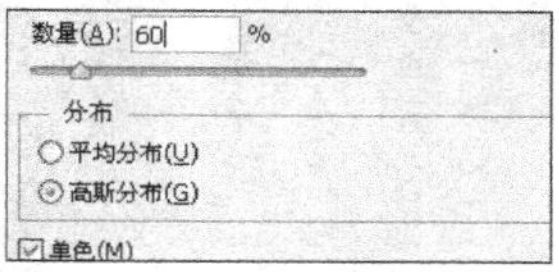

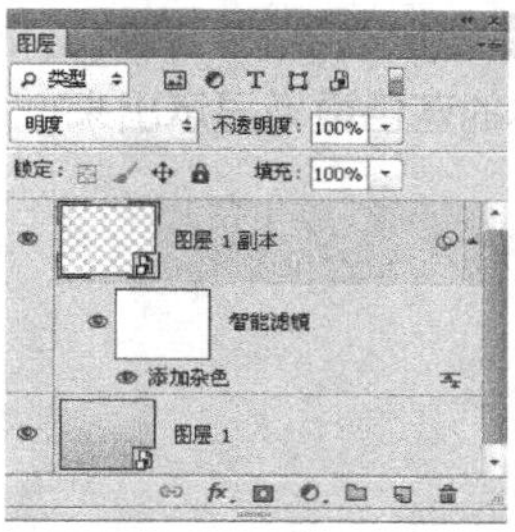

03 绘制矩形框。选择“圆角矩形工具”，设置前景色为蓝色，在图像上绘制，将“填充”降低为0%，效果如图所示。

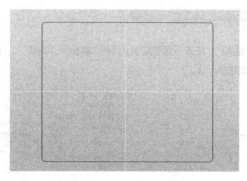

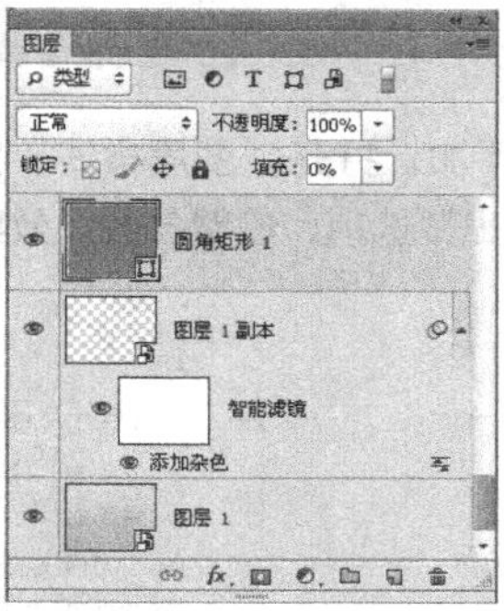

04 添加外发光效果。打开“图层样式”对话框，选择“外发光”选项，设置参数。

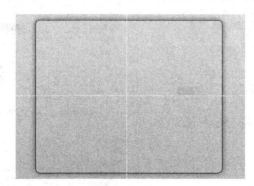

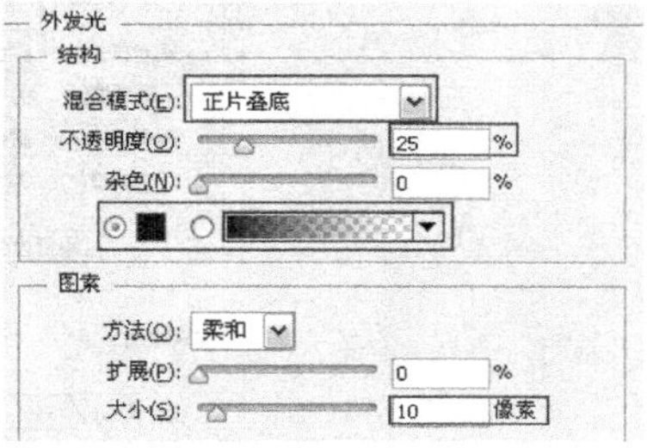

05 色块的修整。为该图层添加图层蒙版，选择“圆角矩形工具”，在图像上建立圆角矩形框，为其填充黑色，使其隐藏。

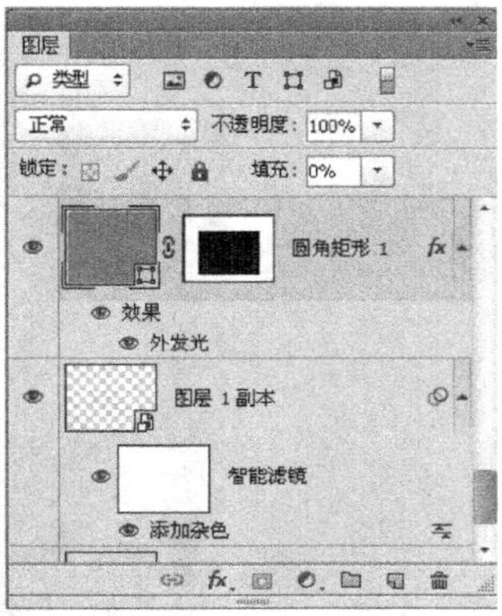

06 色块的复制与调整。将该圆角矩形进行复制，将“图层”面板中的“填充”参数还原到100%，使圆角矩形原本的蓝色重新显示出来。

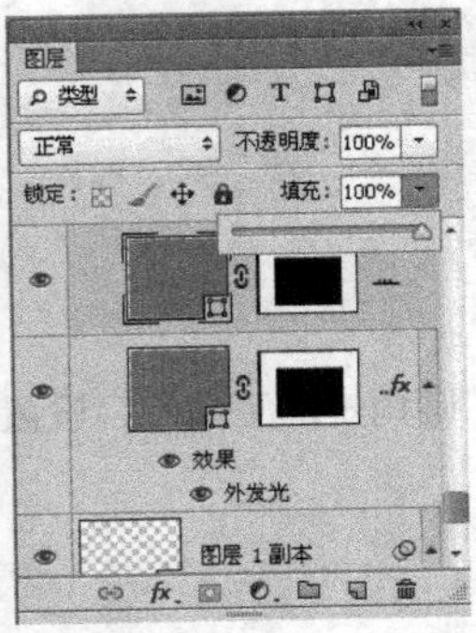

07 特效的添加。打开“图层样式”对话框，在左侧列表中选择“斜面和浮雕”“内阴影”“光泽”“图案叠加”“外发光”选项，设置参数。效果如图所示。

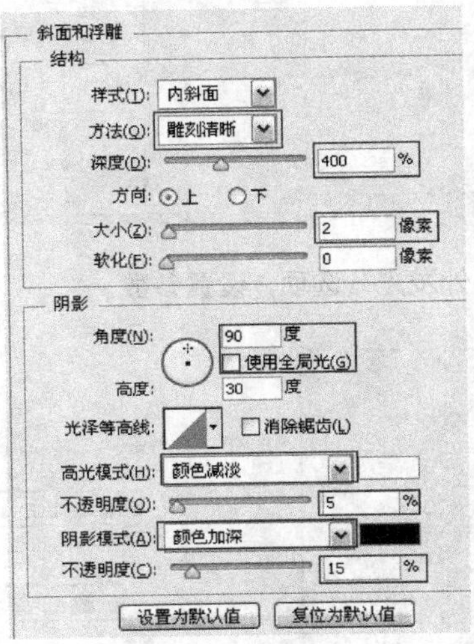

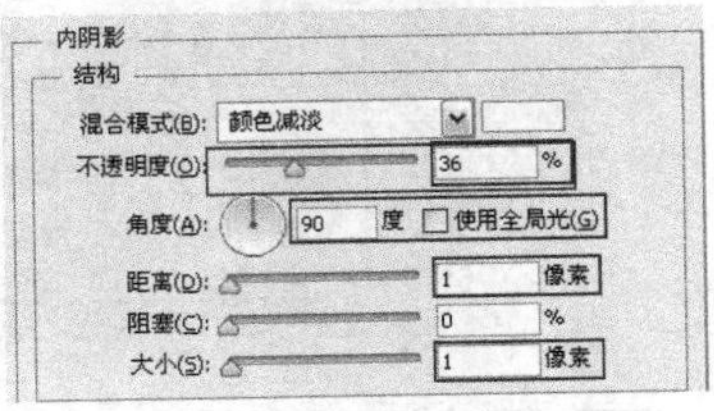

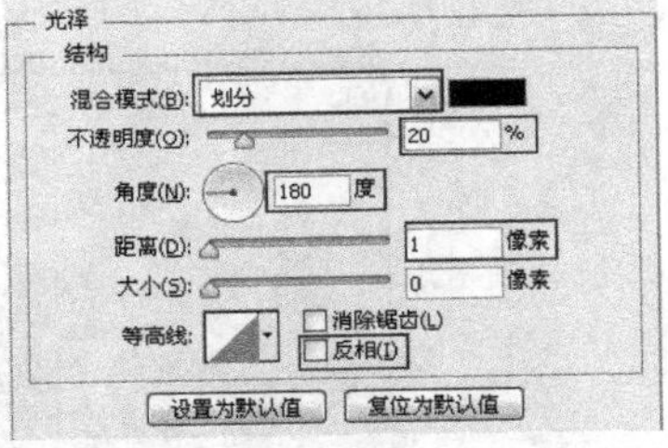

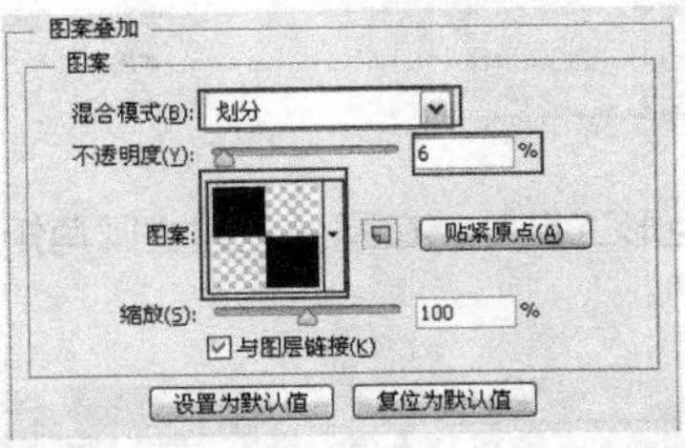

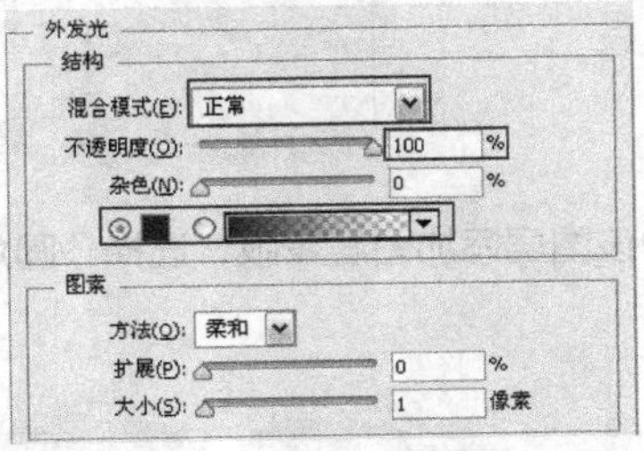

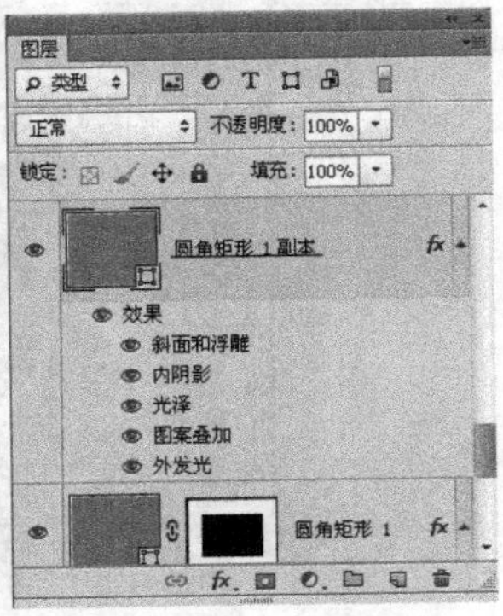

08 矩形色块的制作。选择“矩形工具”，在图像上绘制矩形框，将“填充”减低为0%。

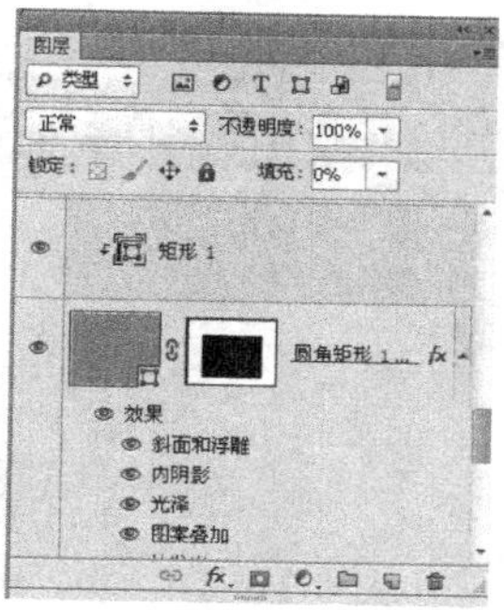

09 特效的添加及图层的调整。打开“图层样式”对话框，选择“渐变叠加”选项，设置参数，为图像添加效果，然后将该图层选中，单击鼠标右键，选择“创建剪贴蒙版”命令，效果如图所示。

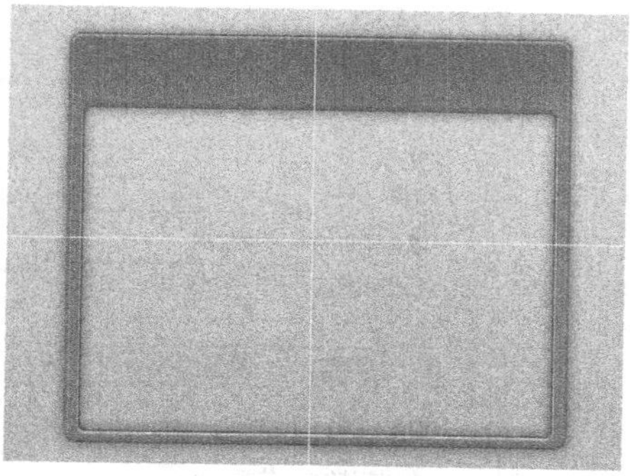

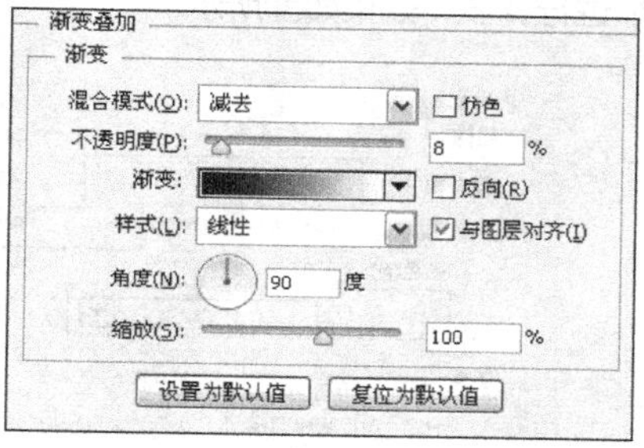

10 渐变叠加效果的添加。选择“矩形工具”，在图像边框的左侧框架上绘制矩形框，为其添加“渐变叠加”选项效果。

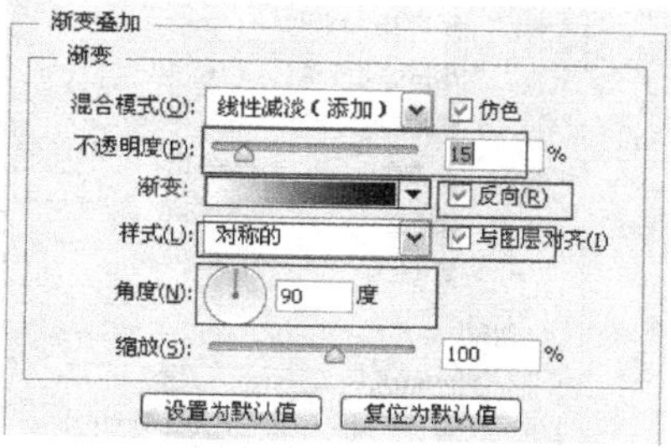

11 高光的制作。将该图层复制3次，为右侧框架和上下框架分别添加高光，可执行“自由变换”命令进行调整。

12 圆角矩形色块的制作。选择“圆角矩形工具”，在选项栏中设置半径为3像素，在图像上进行绘制。

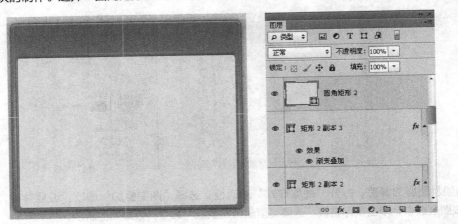

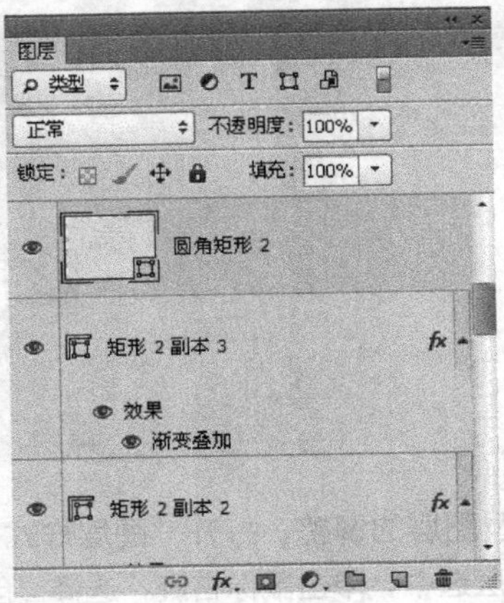

13 特效的添加。添加内部效果，打开“图层样式”对话框，选择“内发光”“外发光”“斜面和浮雕”“等高线”选项进行调节，效果如图所示。

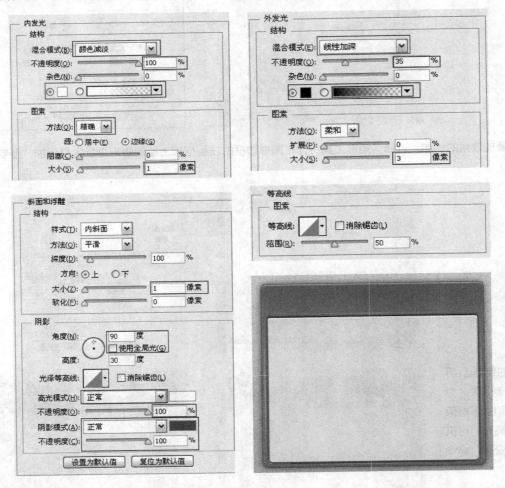

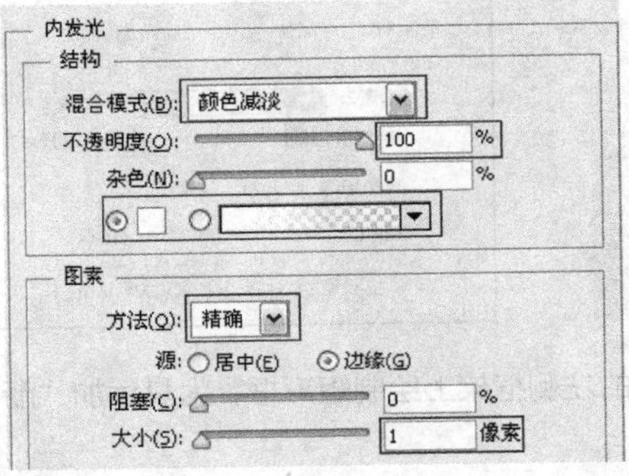

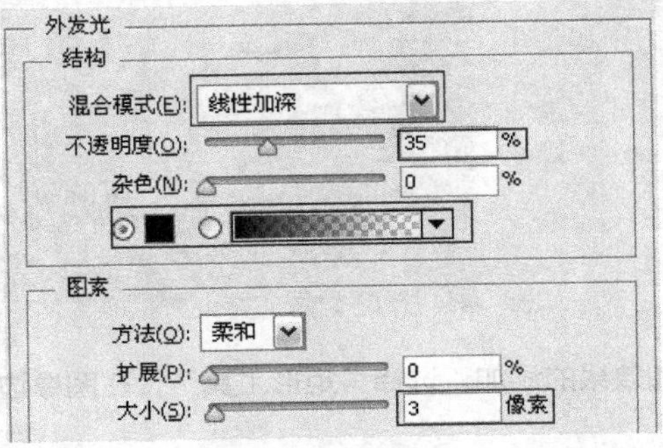

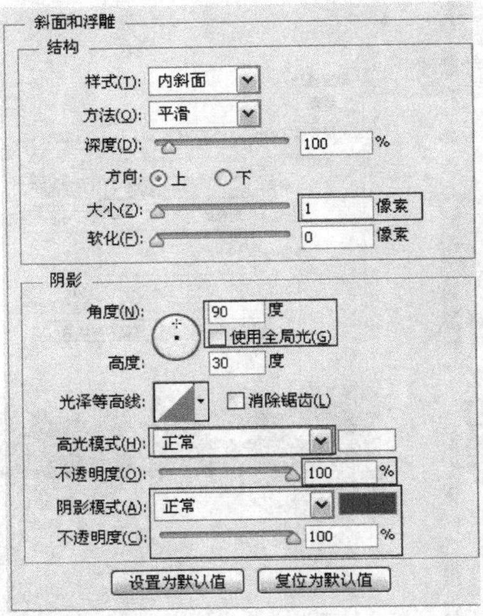

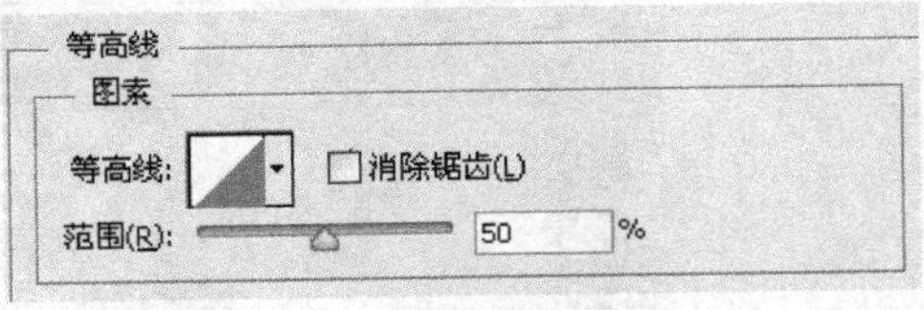

14 图层的复制及特效的添加。将该图层进行复制，打开“图层样式”对话框，重新设置“斜面和浮雕”“等高线”“内阴影”“内发光”等参数，效果如图所示。

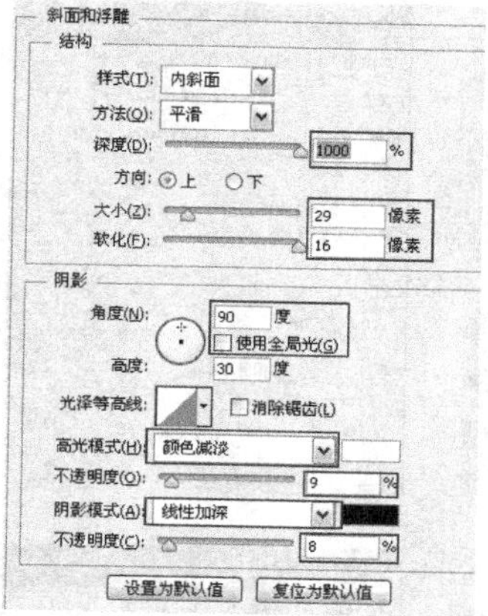

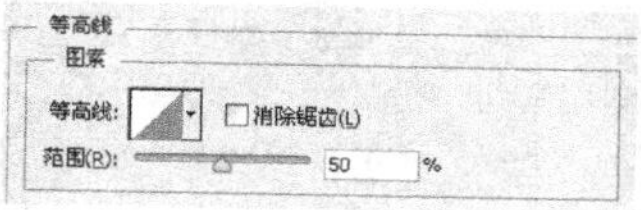

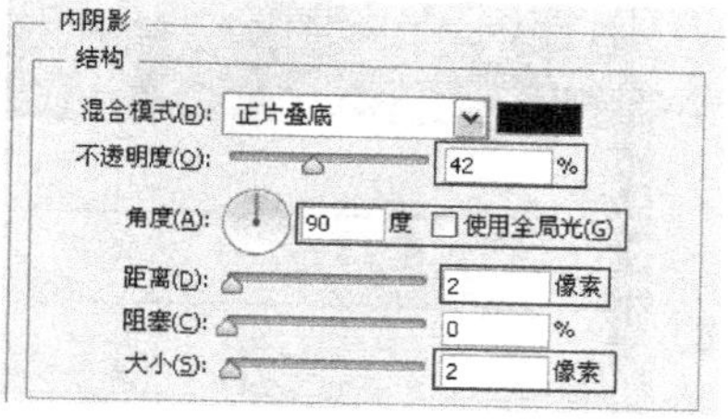

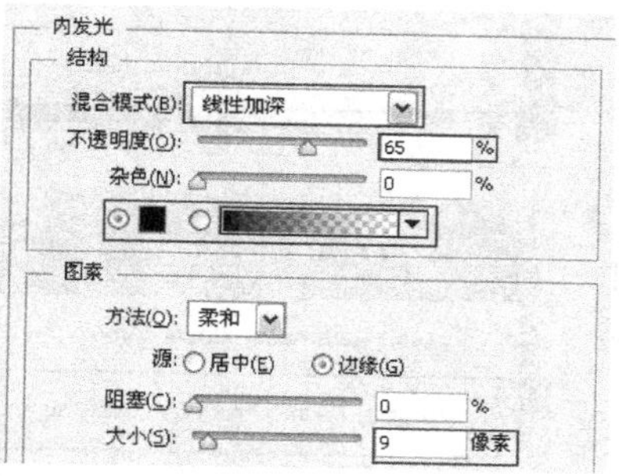

15 矩形色块的制作及特效的添加。选择“矩形工具”，在图像上进行绘制，打开“图层样式”对话框，在左侧列表中分别选择“斜面和浮雕”“渐变叠加”选项，调节参数，为矩形框添加立体效果。

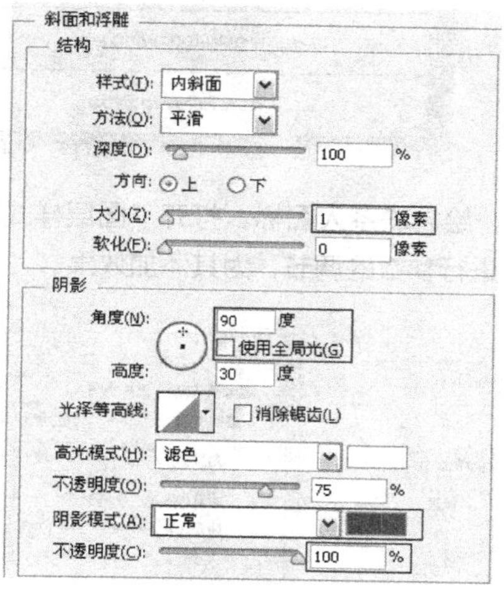

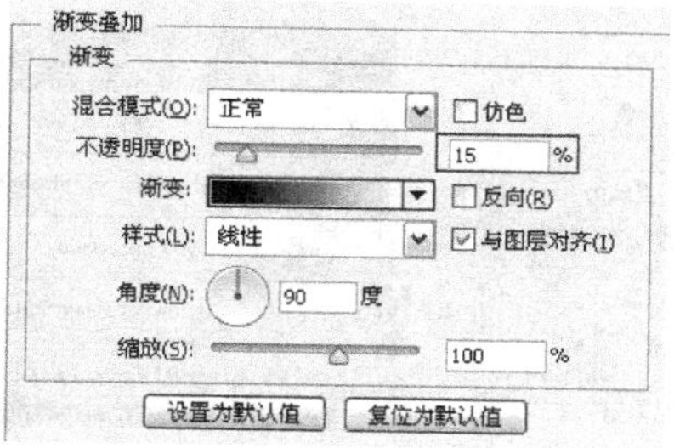

16 绘制高光。选择“矩形工具”，设置前景色为黑色，在刚才绘制的矩形框的底部进行绘制，完成后将该图层的不透明度降低为50%，图像效果如图所示。

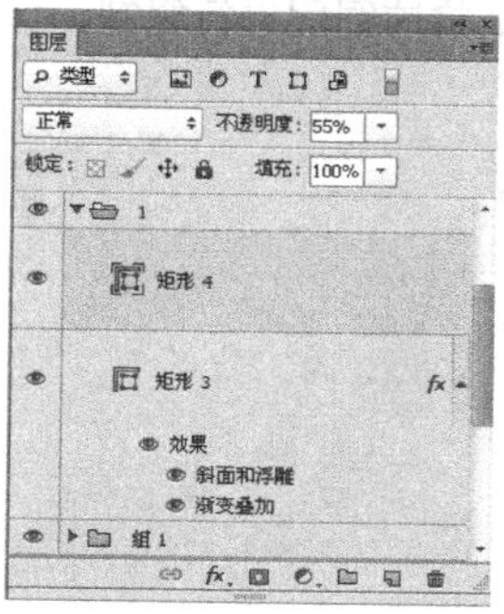

17 复制多个列表框。将刚才绘制的列表框移至组内，将组进行多次复制，在图像上移动位置，形成列表框形式。

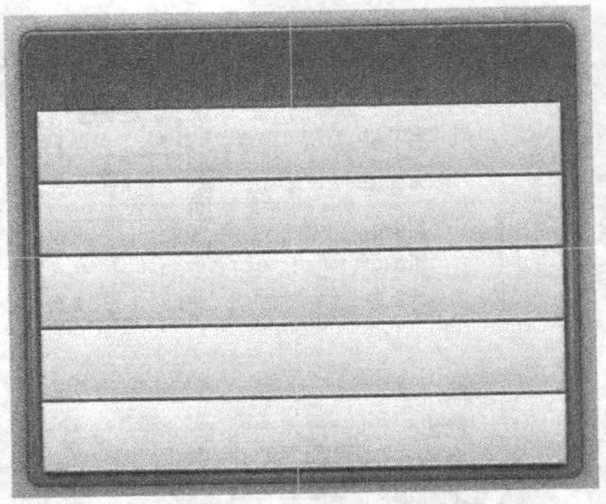

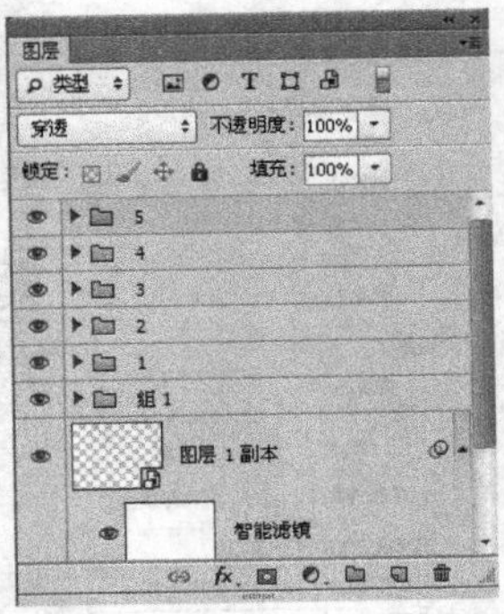

18 输入文字。选择“横排文字工具”，在图像上输入文字，改变文字的大小和位置。

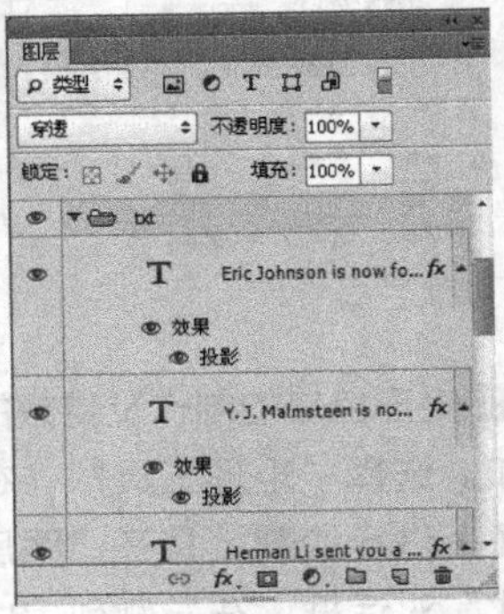

19 绘制联系人图标。选择“钢笔工具”，绘制联系人图标，打开“图层样式”对话框，在左侧列表中分别选择“投影”“内阴影”“渐变叠加”选项，进行参数的调节，为其添加效果。

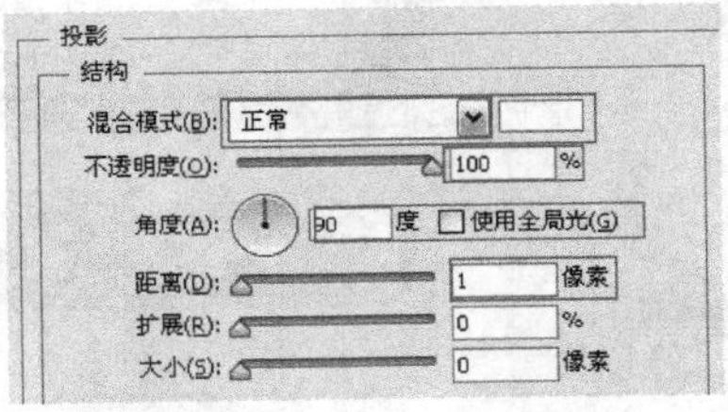

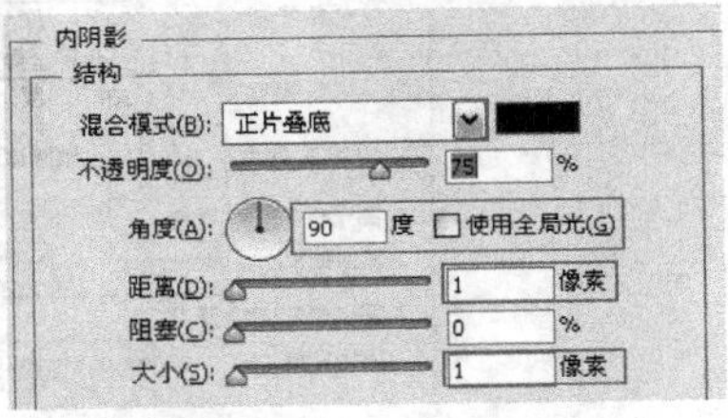

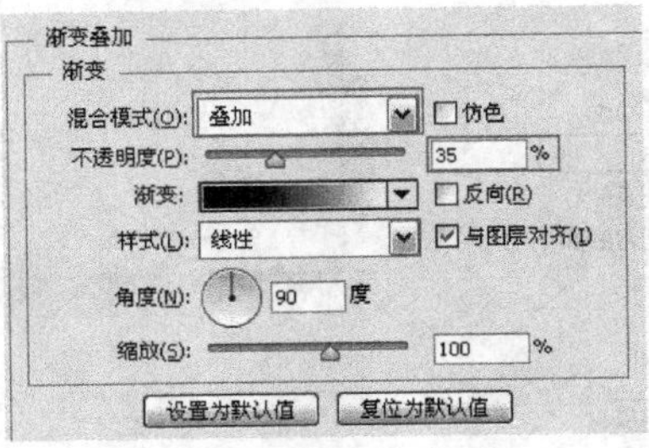

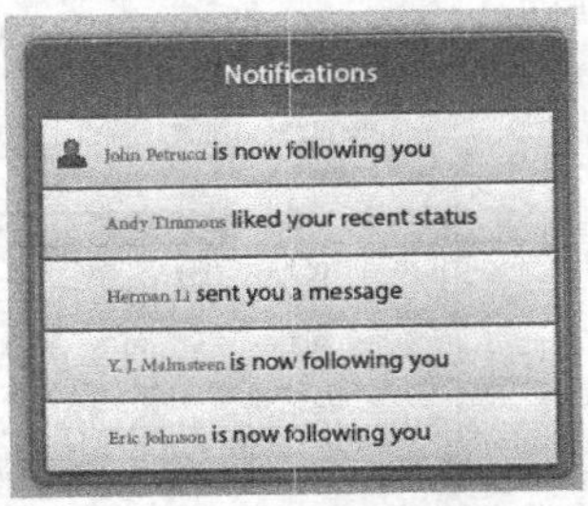

20 复制图标。将该图层进行复制，移动位置。

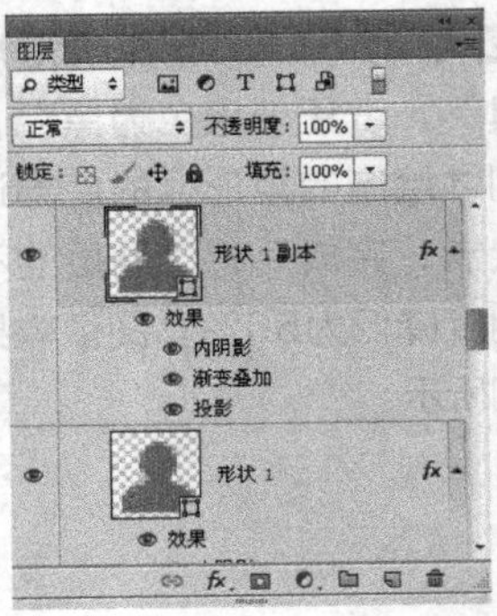

21 绘制其他图标。选择“钢笔工具”，绘制图标，将联系人图标图层的图层样式进行拷贝，粘贴到该图层。

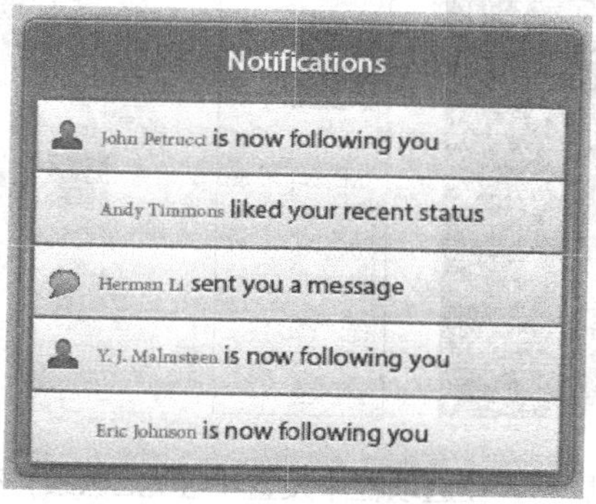

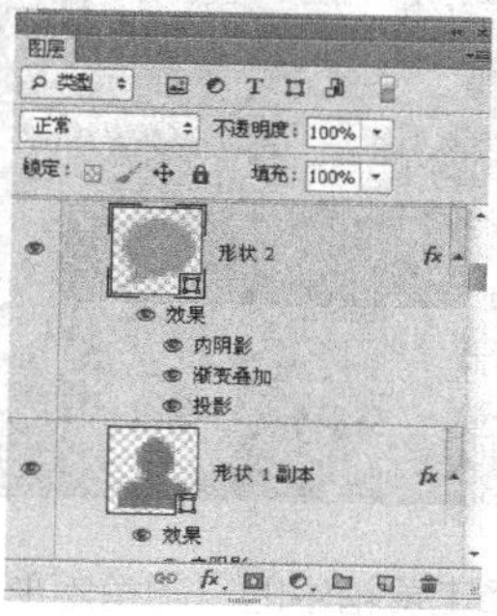

22 绘制心形图标。选择“自定义形状工具”，选择心形形状，在图像上进行绘制，使用同样的方法为其粘贴图层样式效果，将心形图层进行复制，移动位置。最终效果如图所示。

8.2 课后练习——制作导航界面

案例分析

本例将制作导航界面，通过使用矩形工具、钢笔工具、横排文字工具以及图层样式制作画面丰富、简单大方的导航界面。本例最终效果如图所示。

技巧分析

导航界面以矩形展开，上面有导航列表和文字说明。界面采用黑色和红色为主色调，黑色给人神秘的感觉，而红色给人生动、有表现力的感觉，很符合导航界面的用色。为导航界面提供文字说明，字体要端正、清楚明了。

步骤演练

01 背景的制作。执行“文件>新建”命令，设置宽度和高度为360像素×275像素、分辨率为300像素/英寸的文档，设置前景色的颜色，按快捷键Alt+Delete为背景填充颜色。

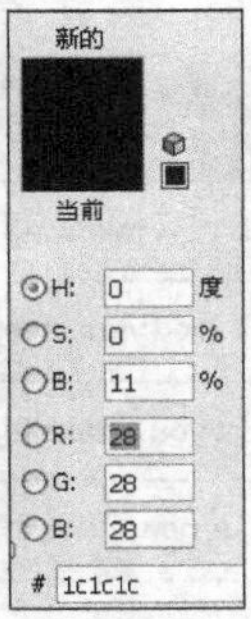

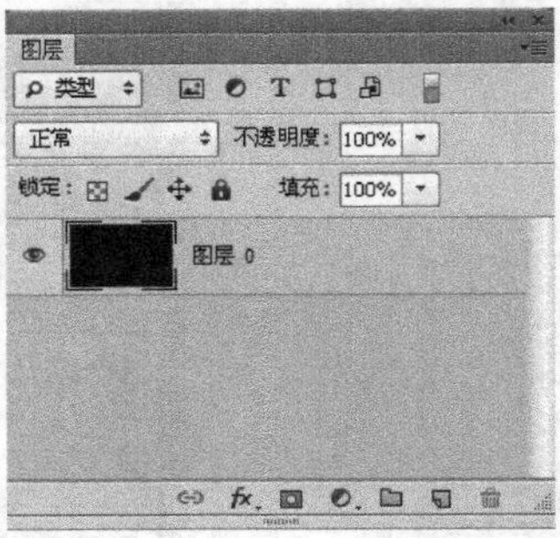

02 建立圆角矩形。选择工具箱中的“圆角矩形工具”，在选项栏中设置半径为2像素，在图像上绘制形状。效果如图所示。

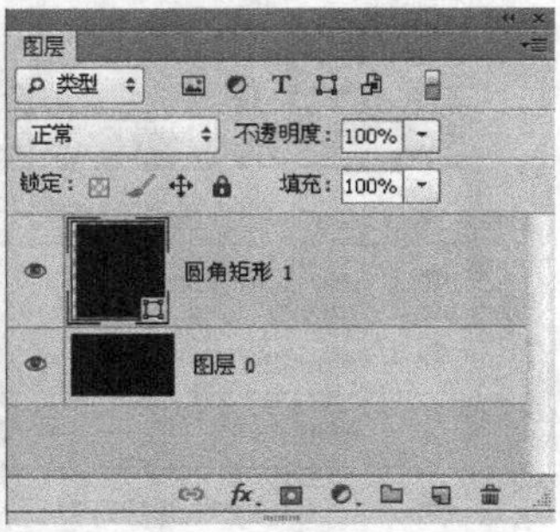

03 添加投影。打开该图层的“图层样式”对话框，在左侧列表中选择“投影”选项，设置参数，为矩形框添加效果。

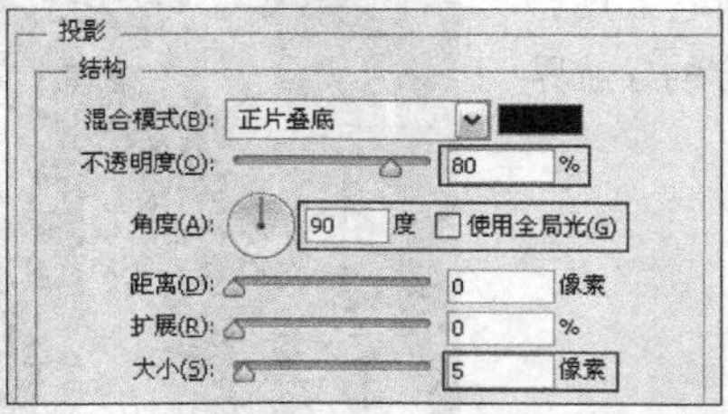

04 列表框的绘制。选择“矩形工具”，在图像上绘制列表框。

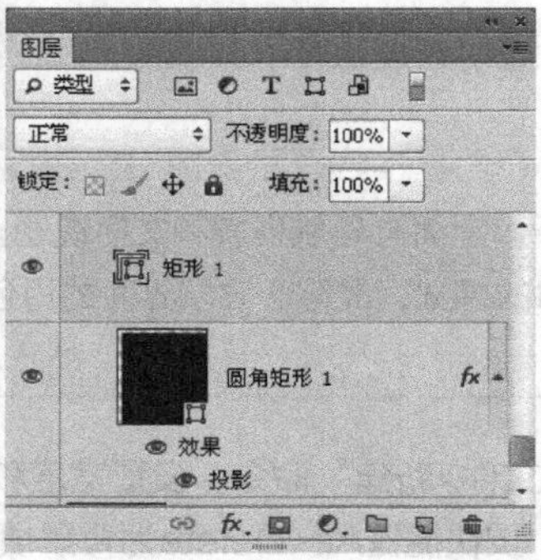

05 特效的添加。打开“图层样式”对话框，选择“内阴影”“渐变叠加”选项，设置参数，单击“确定”按钮，选择“矩形 1”图层，单击鼠标右键，选择“创建剪贴蒙版”命令，将多余的图像进行隐藏。

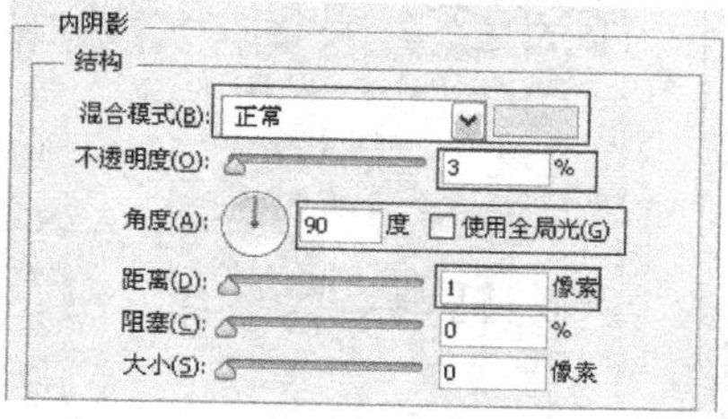

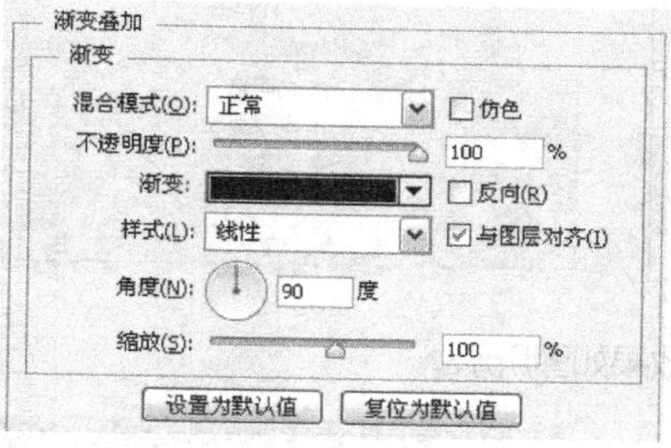

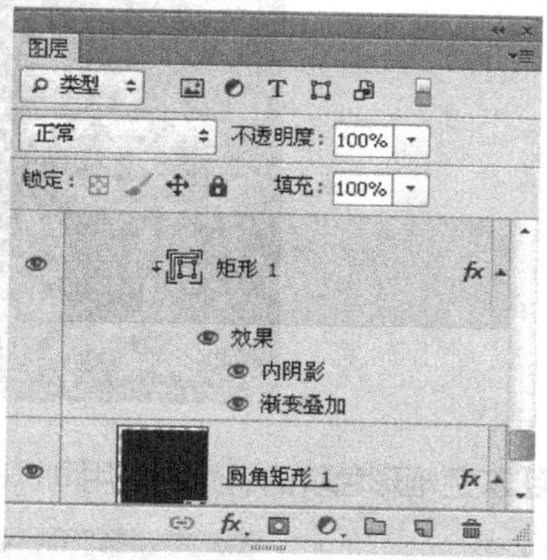

06 重新设置图层样式。将“矩形 1”图层进行复制，得到“矩形 1 副本”图层，打开“图层样式”对话框，选择“内阴影”“投影”“渐变叠加”选项，设置参数。

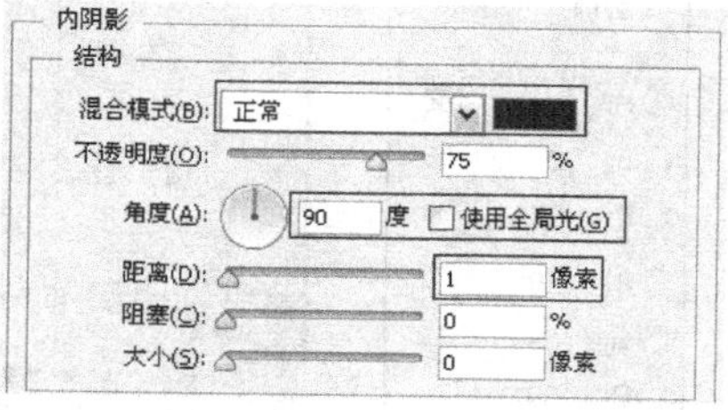

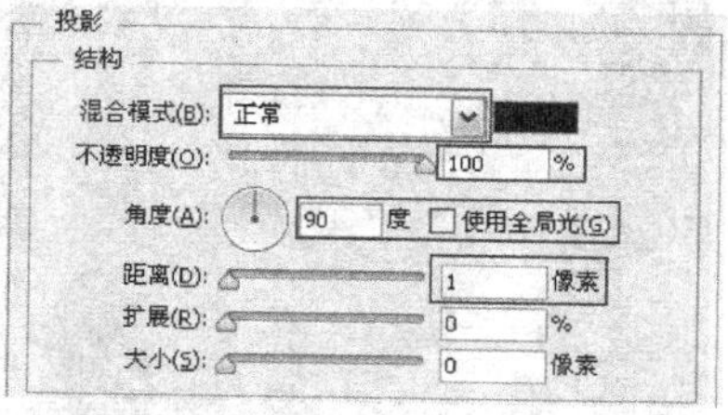

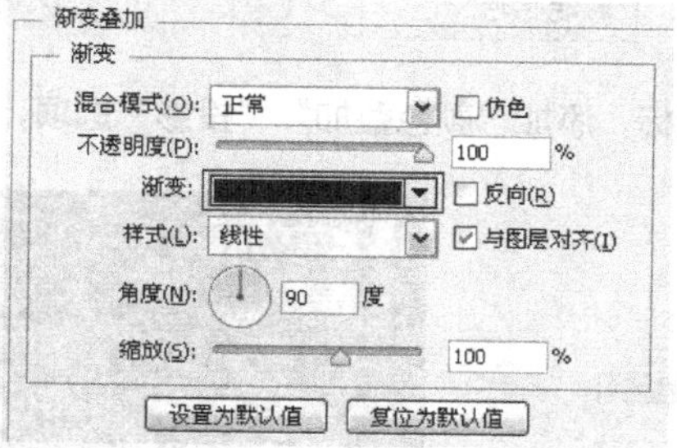

07 复制列表。按住Alt键的同时移动矩形框，可将列表进行复制，效果如图所示。

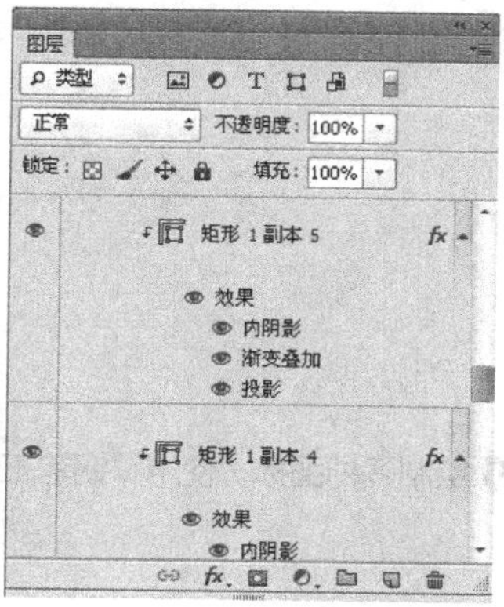

08 红色矩形色块的制作。单击工具箱中的前景色图标，打开“拾色器（前景色）”对话框，设置参数，改变前景色为红色，选择“矩形工具”，在图像上方绘制红色矩形框，效果如图所示。

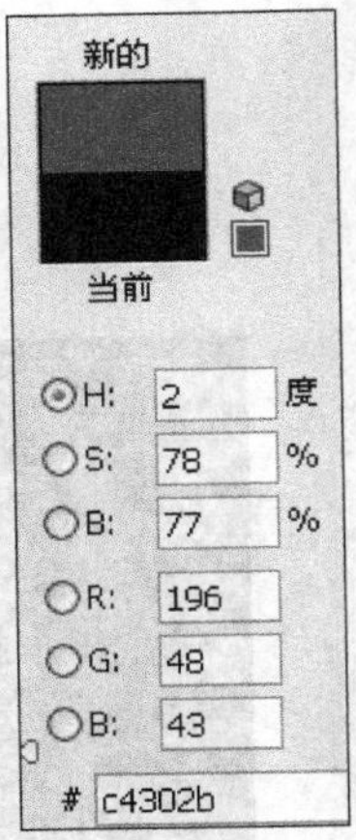

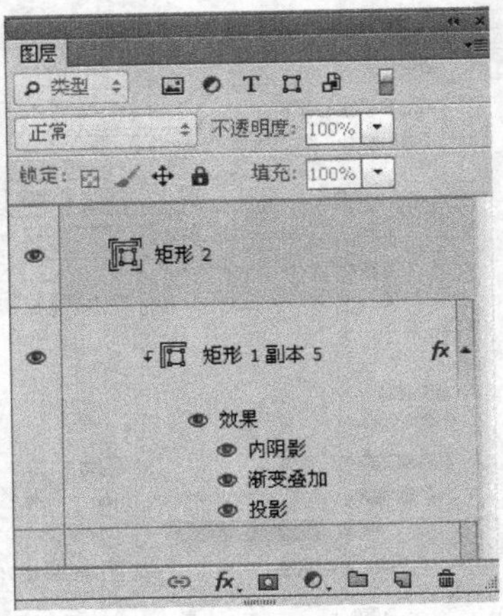

09 灰色矩形色块的制作。使用同样的方法设置前景色为灰色，绘制矩形框，效果如图所示。

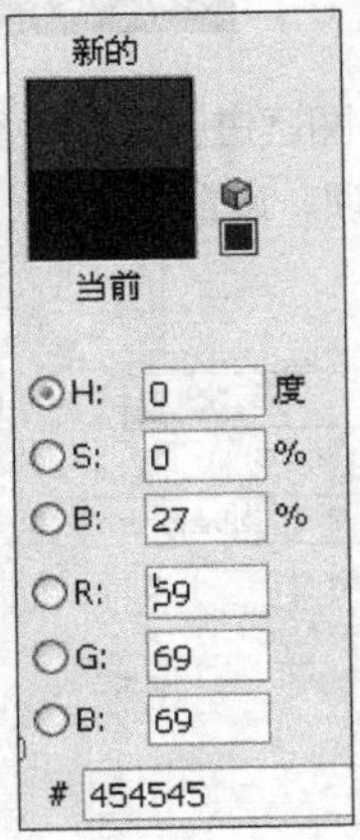

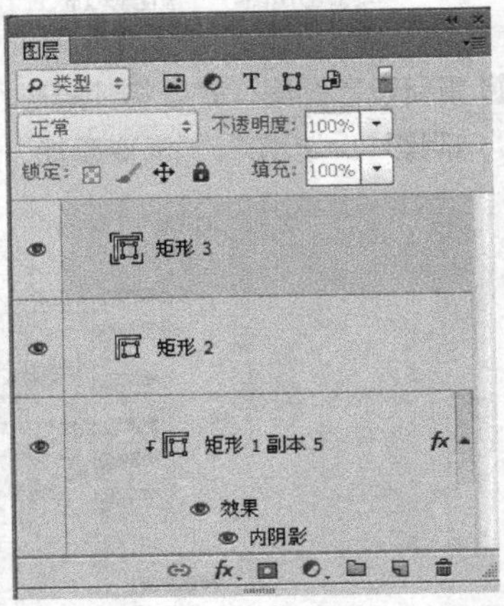

10 绘制“短信”图标。 使用“钢笔工具”绘制短信图标，添加“颜色叠加”“投影”选项，效果如图所示。

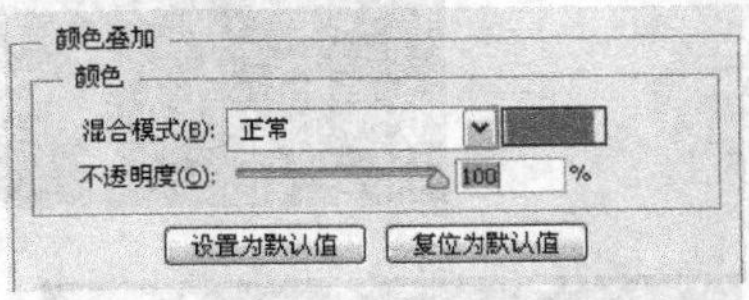

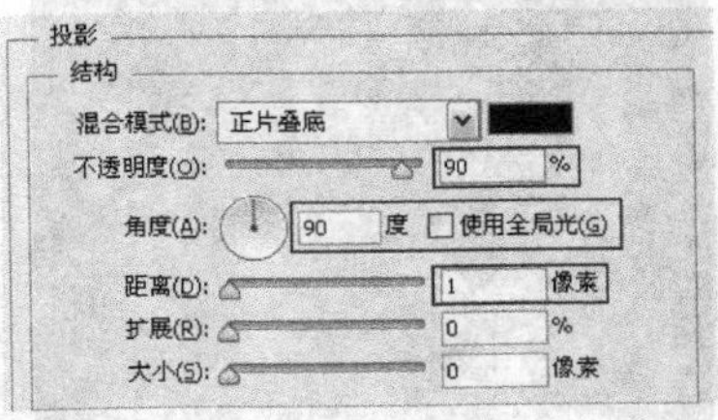

11 绘制多种图标。使用“钢笔工具”绘制“设置”“联系人”等图标，并为其粘贴图层样式效果。效果如图所示。

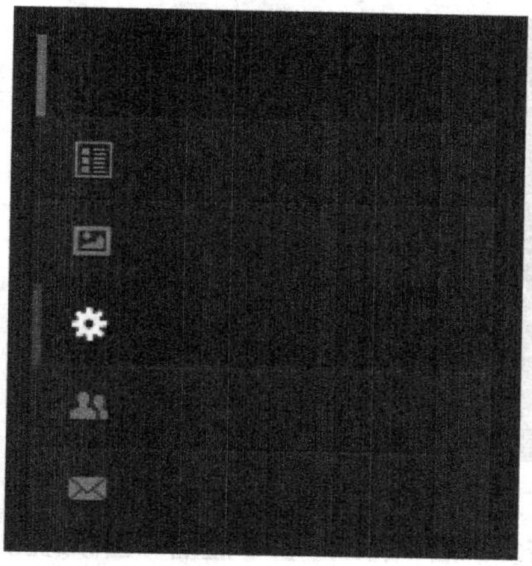

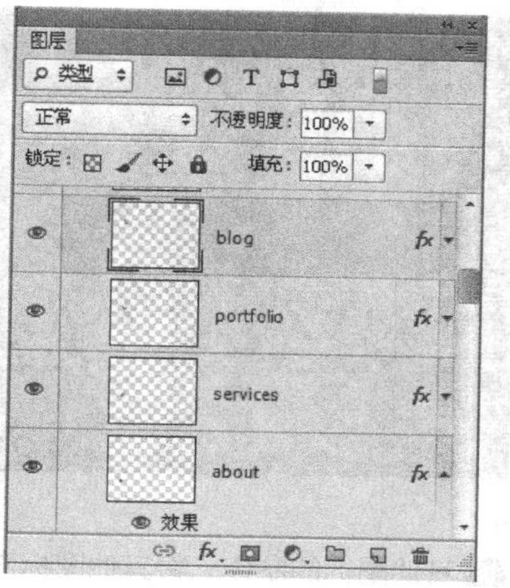

12 绘制“首页”图标。使用“钢笔工具”绘制“首页”图标，选择“颜色叠加”“投影”选项，为“首页”图标添加效果。

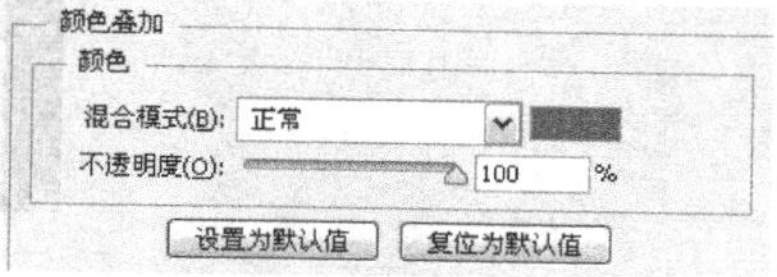

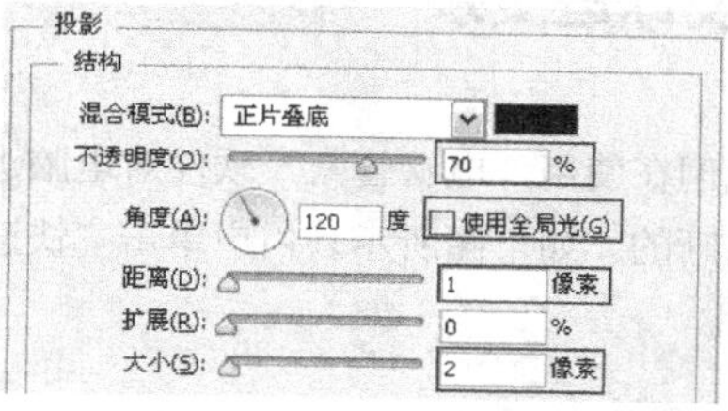

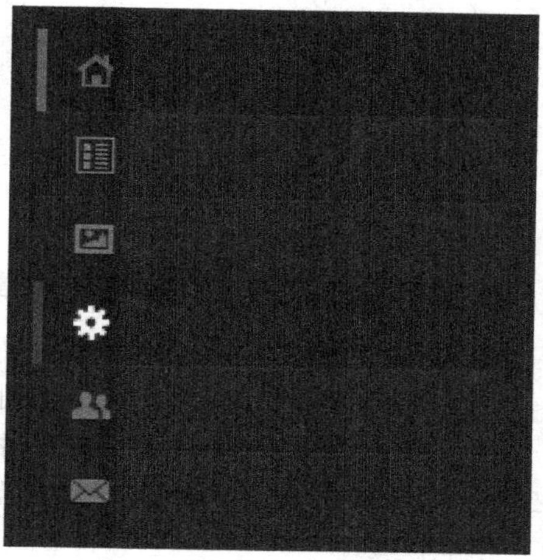

13 添加文字。选择“横排文字工具”，选择自己认为合适的字体、大小等输入文字。效果如图所示。

14 色块的复制与调整。将列表框全部选中，按住Alt键进行移动，并进行复制，按快捷键Ctrl+T，改变列表框的宽度。

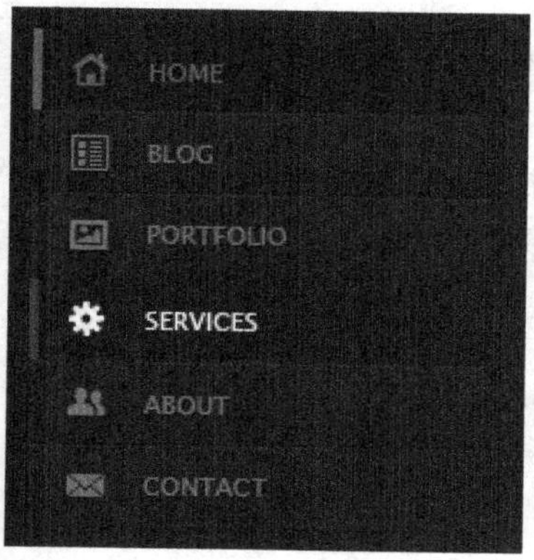

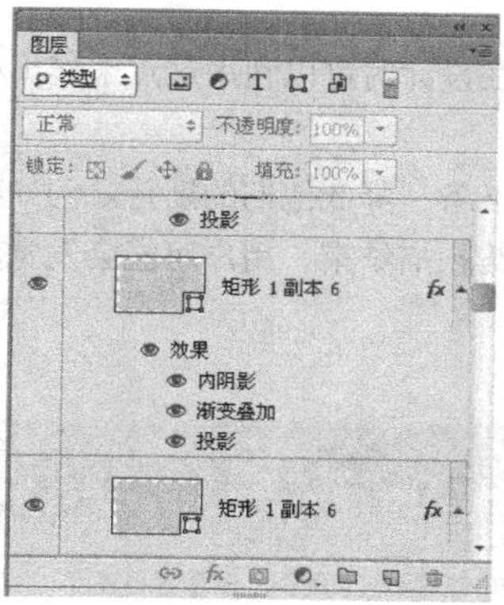

15 “短信”图标的制作　。选择“钢笔工具”绘制“短信”图标，为其添加“颜色叠加”“投影”效果。

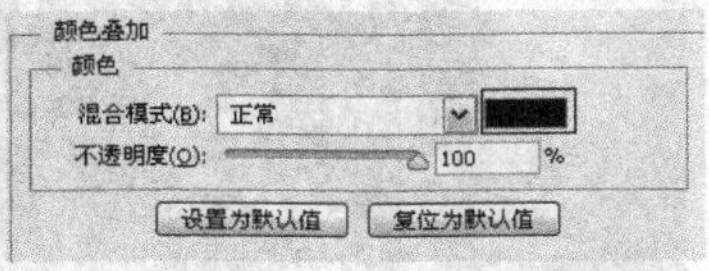

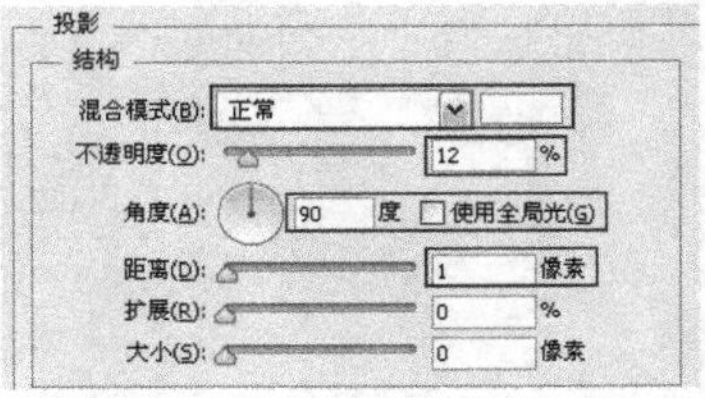

16 其他图标的制作。将其他图标进行复制后，将上一步“短信”图标的图层样式进行复制、粘贴即可。最终效果如图所示。

8.3 课后思考——如何合理地设计进度条

1. 提供清晰的体验模式

进度条是条理清晰和可以理解的。比如我们在使用“电脑管家”软件对电脑进行扫描时出现的进度条指示，一直到等待扫描结束的整个过程，都是非常清晰的。如下图所示，用户单击“快速扫描”，出现的等待进度条，这样的操作模式是符合用户记忆、容易理解的。

2. 符合或者超越期待

我们常常会认为等待会是个漫长的过程。在设计时可以利用这点来作出符合或者超越用户期待的假象，这样可以对提升用户体验有所帮助。

我们可以在扫描开始之前让用户有所心理准备，降低他们的期待。例如在扫描前通过弹框的方式提醒用户：扫描过程较为漫长，请您耐心等待。这样到最终扫描结束，用户可能会发觉其实扫描并不是那么的漫长，这也就变相的超越了用户的期待。

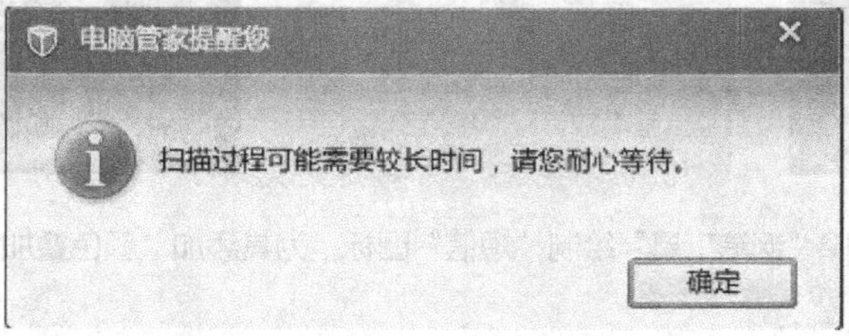

3. 积极的开始，美好的结尾

一个漫长的等待过程，在记忆中感受的重要程度排序为：结尾、开始、中间过程。其中结尾的感受对整个等待过程体验的影响是最大的，如果能在结尾时增加一些有趣且愉快的成分，即使整体过程是不愉快的，用户仍然会对整个过程产生愉快的感受。开始的感受仅次于结尾，假如刚开始的时候就给用户造成不愉快的感觉，那么对这个过程的影响也是非常重大的，因为用户就带着不愉快的感受来审视接下来的过程，这样无疑会使用户对整个过程感到很糟糕。

在进度条设计上同样可以在开始与结尾处做些优化处理，带给用户愉快的感受。在扫描刚开始的时候，我们对进度条做了假移动的处理，进度条一开始会比较快地移动起来，但是移动的这段距离与实际的扫描比率是没有关系的。比如，有100个文件需要扫描，进度条每移动1%的距离代表扫描了一个文件。假移动就是让进度条一开始快速地移动10%的距离，其实在后台并没有扫描10个文件，可能只是扫描了1个文件。这样的做法会给用户一个积极的起步感，用户看到已经开始扫描了，可能就会去做其他事情。

美好的结尾通常在人的记忆中会有很强的影响力。在电脑管家这个软件中，扫描结束后会自动跳转到结果页面，在这个页面上会展现此次扫描的详细结果并且给予用户很强的成就感，比如没有发现病毒会用显眼的绿色对号，肯定的文本让用户确信自己的电脑是安全的。如果扫描出病毒或漏洞等问题，界面上会给用户明确的清除、修复等按钮和其他特殊情况处理途径，让用户很方便地解决问题并使电脑恢复正常。当用户解决完所有问题后，会给出漏洞修复完成、垃圾清理完成等明确的提示，使用户产生成就感和安全感。

生活中需求大于资源是常态，我们必须面对各种排队等待。希望以上的几点设计改造能对大家的设计工作有所帮助，让等待不再那么无奈，让用户不再那么烦躁。

第 09 章

制作手机软件界面

本章介绍

本章主要围绕手机软件界面的制作展开话题，通过手机软件界面的概念、不同操作系统下手机软件的区别以及如何进行合理布局软件界面等问题展开探讨，使读者对本章内容有更深层次的认识。另外，在案例的编排上主要涉及美拍、计算器以及天气预报等手机软件界面的制作。

教学目标

- 理解手机软件界面的概念
- 了解各个操作系统下手机软件的区别
- 掌握合理布局软件界面的相关技能

9.1 手机软件界面的概念

我们要想真正进入 APP 界面的领域中，就必须要弄清楚智能手机与 APP 客户端、智能手机的操作系统、智能手机 APP 的布局说明和 APP 界面的分类等问题。接下来，我们将带着这些问题来学习本章节的内容。

界面就是在你使用工具完成任务的过程中，你所做的操作以及工具的响应的总和。所以用户界面设计，不仅要考虑如何摆放按钮和菜单，还要考虑程序、设备与用户如何互动。但是由于用户看不到隐藏在背后的代码，所以界面就代表了产品的全部。因此，比较科学的做法就是先设计界面，再做代码。

ios手机系统的主界面

9.2 苹果、安卓和WP系统软件的区别

精湛的技巧和理解用户与程序的关系是设计出一个有魅力的UI的前提。一个有效的用户界面应该时刻关注着用户目标的实现，这就要求包括视觉元素与功能操作在内的所有东西都必须要完整一致。

当用户来到你的站点，他的脑子里会保持着自己的思维习惯，为了避免把用户的思维方式打乱，你的UI就需要和用户保持一致。你不仅可以将按钮放到不同页面相似的位置，使用相契合的配色；还可以使用一致的语法和书写习惯，让你的页面拥有一致的结构。例如你的某个品目下的产品可以拖放到购物车，那么你站点中所有产品都应该可以这样操作。

微淘界面设计风格高度一致

当在设计UI之前，你应当考虑到自己的站点是否容易导航。一个优秀的UI，用户不仅能自由掌控自己的浏览行为，还要确保他们能从某个地点跳出或毫无障碍地退出。而这些在用户离开前弹出窗口的行为，正是用来判断UI易用性的标准。

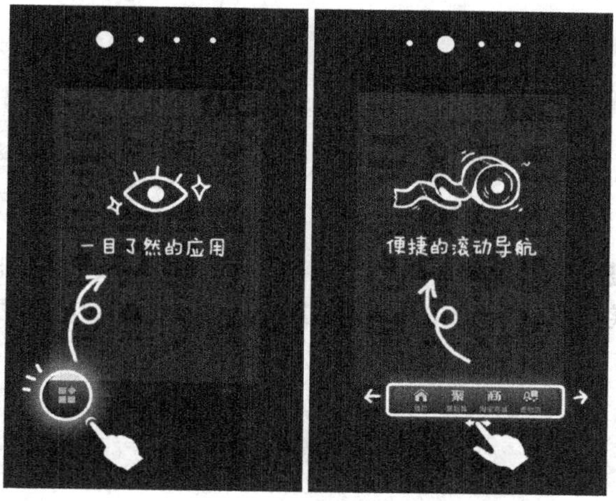

友好的用户界面

案例 1 制作美拍界面

案例分析

本案例以美拍界面的制作为例，为读者展示手机软件界面的做法。美拍以黑、紫以及洋红等为主要的色彩元素，再通过光影的塑造，打造出压暗四周、突出主体的视觉效果，使美拍的LOGO更为醒目与突出。以上分析的这几点可以作为该案例制作的基本思路。

技巧分析

本例制作中除了素材的添加、各种形状色块的绘制以外，渐变色的应用、曲线、色阶的调整等可以作为该案例中的重点知识来掌握。该案例将重点放在了颜色的过渡以及层次感的塑造上。

步骤演练

01 新建空白文档。执行“文件>新建”命令，在弹出的“新建”对话框中设置参数后单击“确定”按钮。新建一个空白页面。

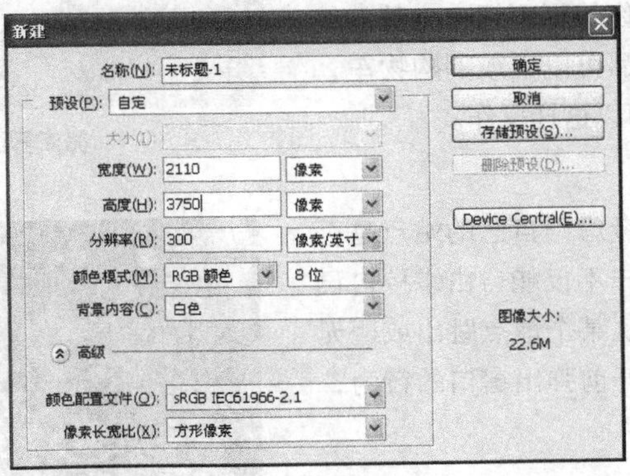

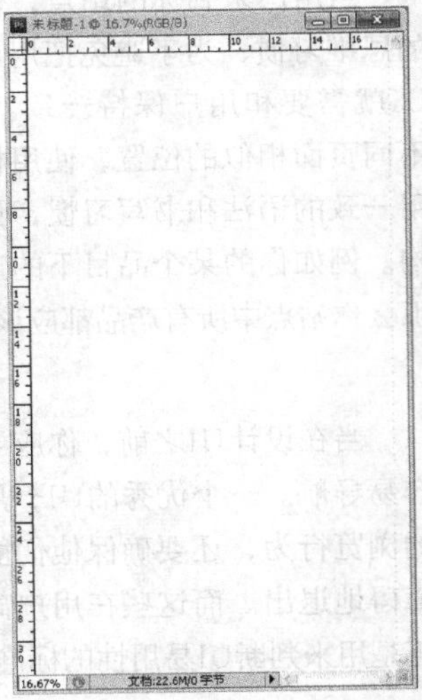

02 背景素材的添加。执行“文件>打开”命令，在弹出的“打开”对话框中选择“纹理 素材.png”文件，单击将其拖曳到页面之上并调整其位置，将该图层的“不透明度”调整为9%。效果如图所示。

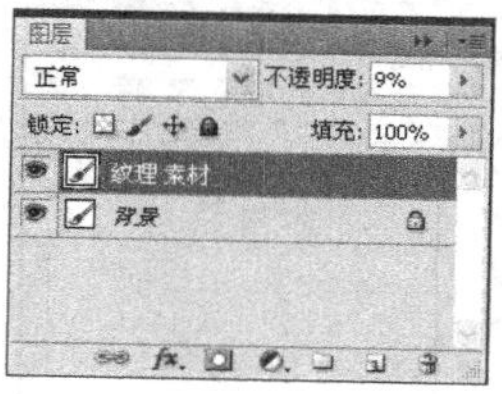

03 渐变效果的制作。新建图层后，单击工具箱中的“渐变工具”按钮，在属性栏中单击“点按可编辑渐变” 按钮，在弹出的“渐变编辑器”对话框中设置参数，分别对画面上下边缘做黑色至透明的渐变处理。效果如图所示。

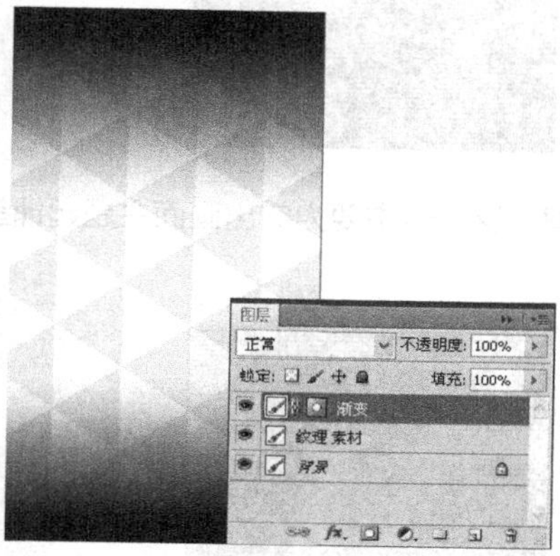

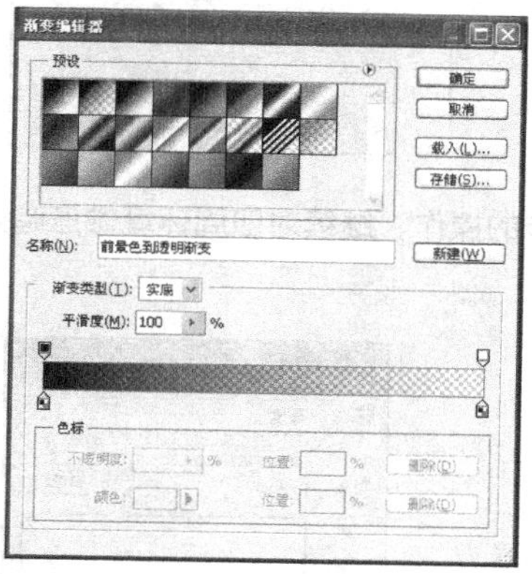

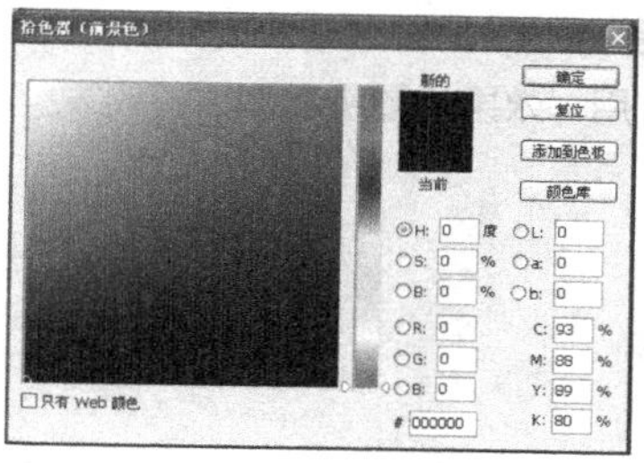

04 渐变效果2的制作。新建图层后，单击工具箱中的“渐变工具”按钮，在属性栏中单击“点按可编辑渐变” 按钮，在弹出的“渐变编辑器”对话框中设置参数，对画面进行渐变效果的处理。完成之后在图层面板中将该图层的混合模式更改为“正片叠底”。效果如图所示。

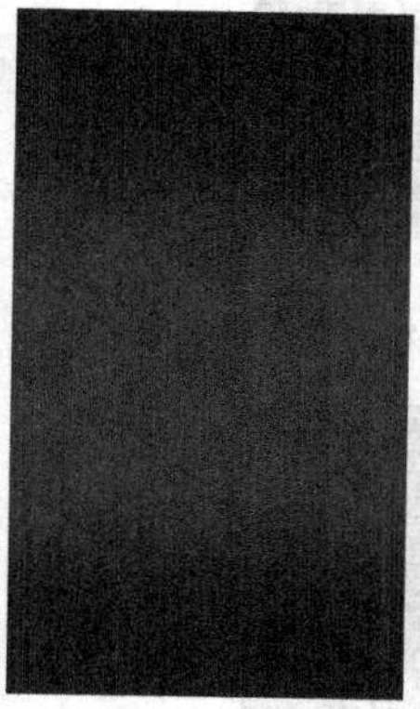

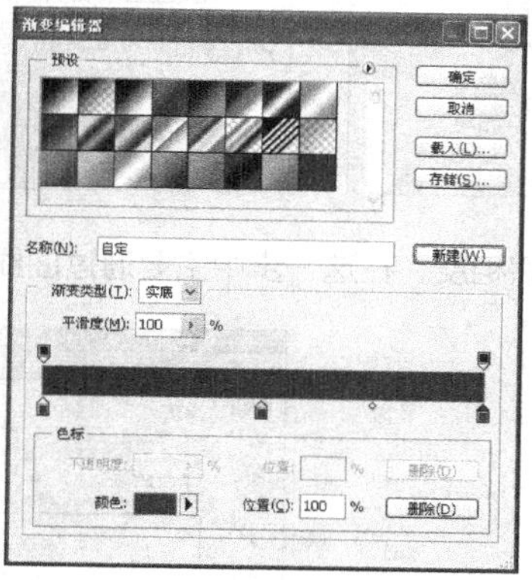

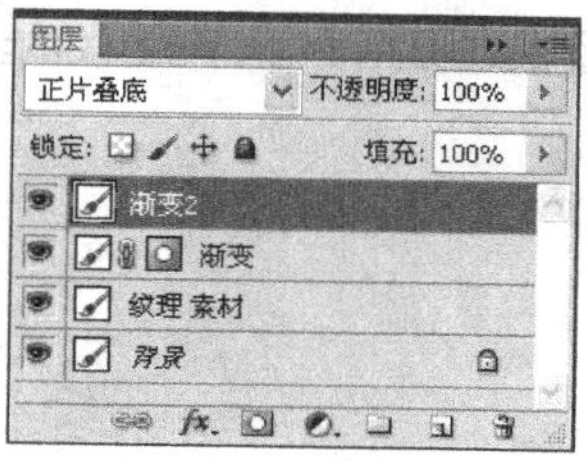

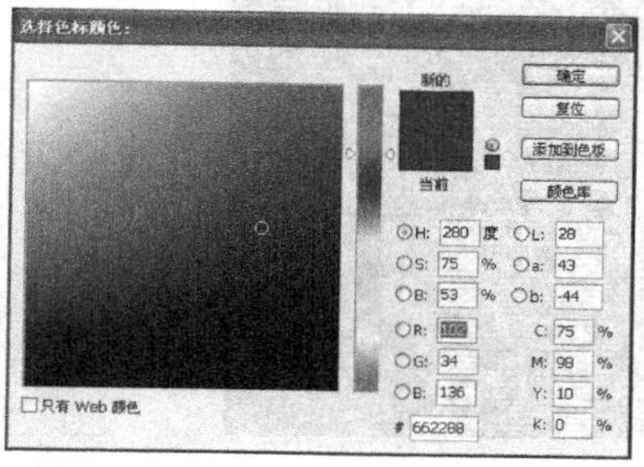

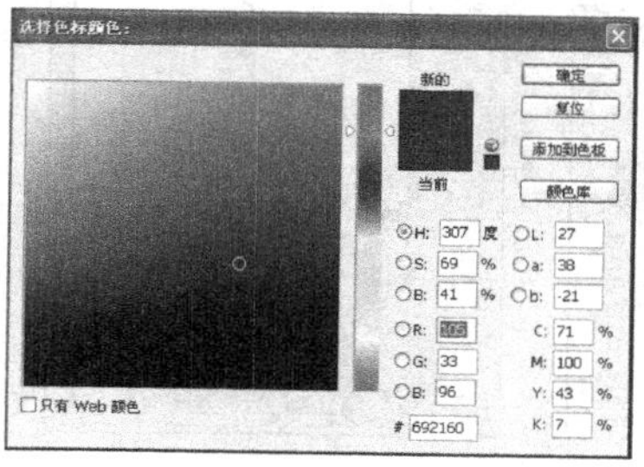

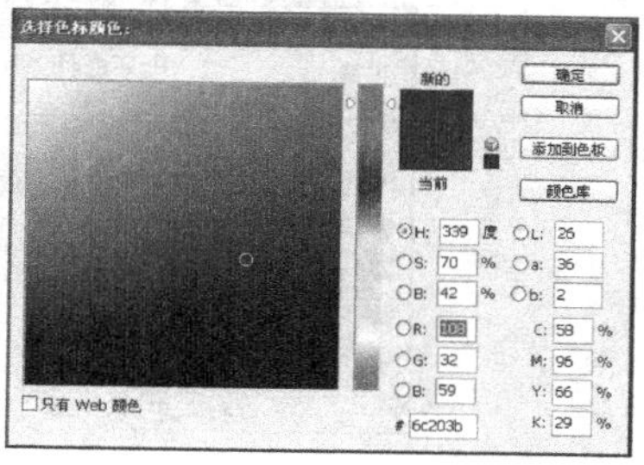

05 曲线压暗四周。单击图层面板下方“创建新的填充”或者“调整图层”按钮下的下拉三角，在弹出的下拉菜单中选择“曲线”选项，对其参数进行设置。再通过画笔擦除蒙版的方式用画笔工具擦除曲线在画面中不需要作用的部分即可。效果如图所示。

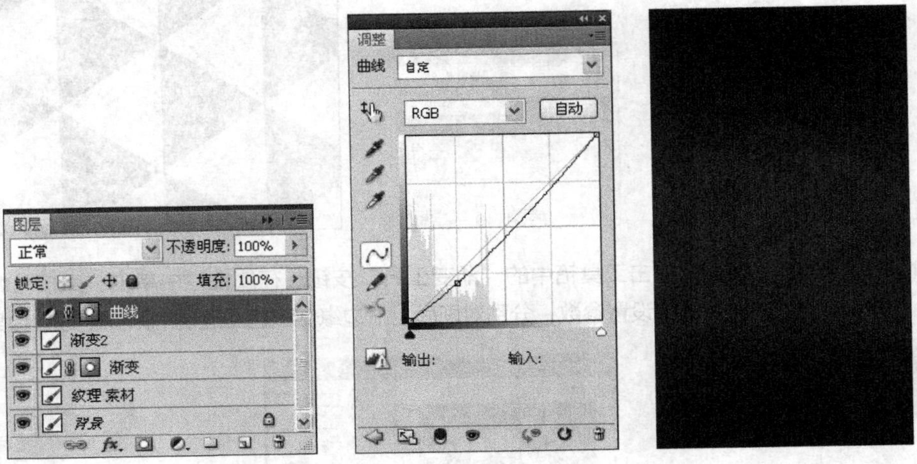

06 继续用曲线压暗四周。重复上一步的操作，继续对四周环境做压暗处理。这一步主要为突出画面主题起铺垫作用。效果如图所示。

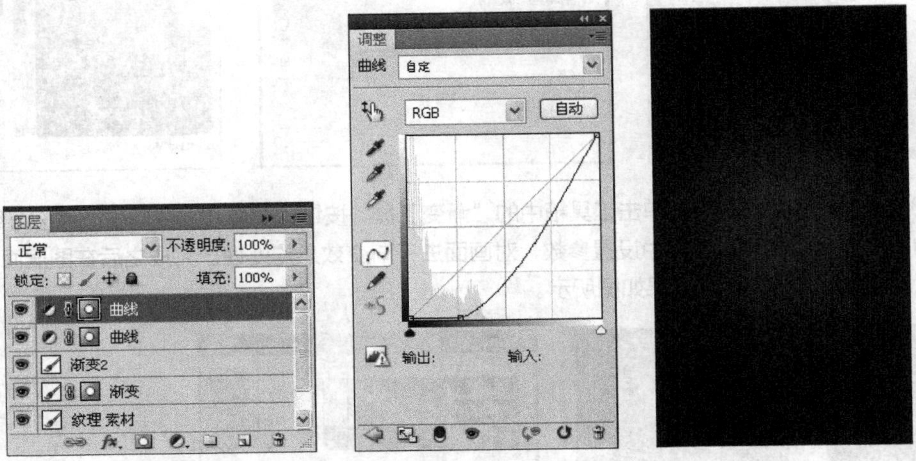

07 曲线提亮中心。与上述的步骤相反，在这一步中主要通过曲线来提亮画面的中心部分，使主题更加突出。

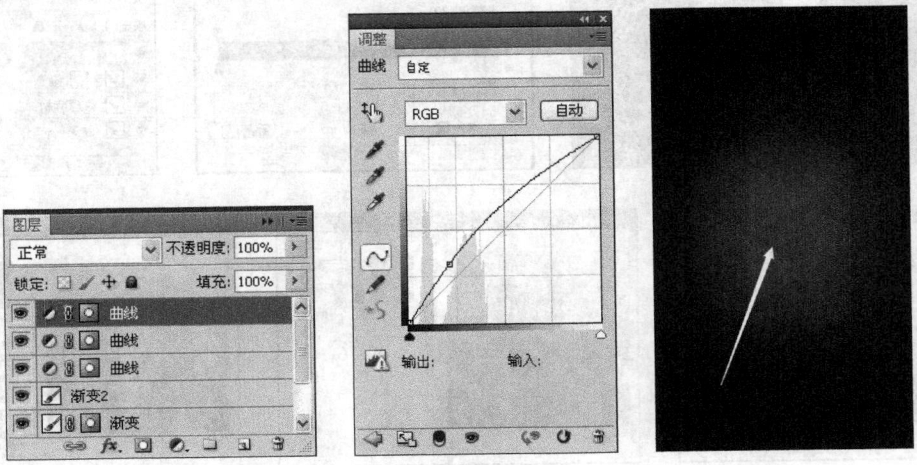

第09章

08 色阶提亮中心。单击图层面板下方“创建新的填充”或者“调整图层”按钮下的下拉三角，在弹出的下拉菜单中选择“色阶”选项，对其参数进行设置。然后通过画笔擦除蒙版的方式来擦除色阶在画面中不需要作用的部分即可。效果如图所示。

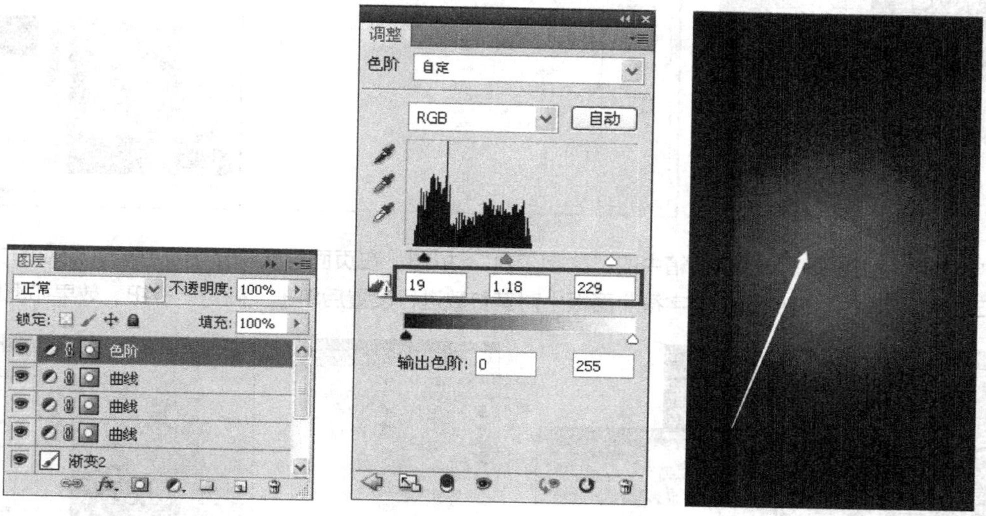

09 矩形色块的制作。新建图层后单击工具箱中的“矩形选框工具”，在页面上绘制出如图所示的矩形选区，将前景色设置为枚红色后，按快捷键Alt+Delete进行填充即可。效果如图所示。

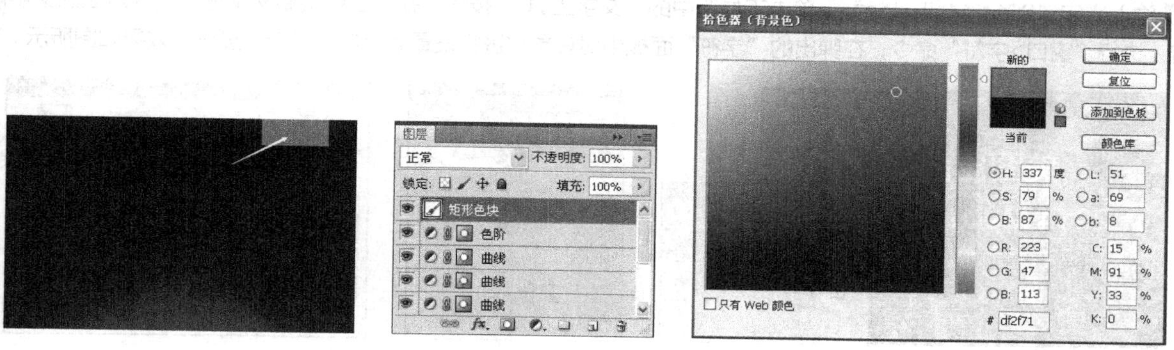

10 输入文字“meitu”。单击工具箱中的“文字工具” 按钮，在页面中绘制文本框并输入对应的文字内容。执行“窗口>字符”命令，在弹出的“字符”面板中对其参数进行设置后单击“确定”按钮。效果如图所示。

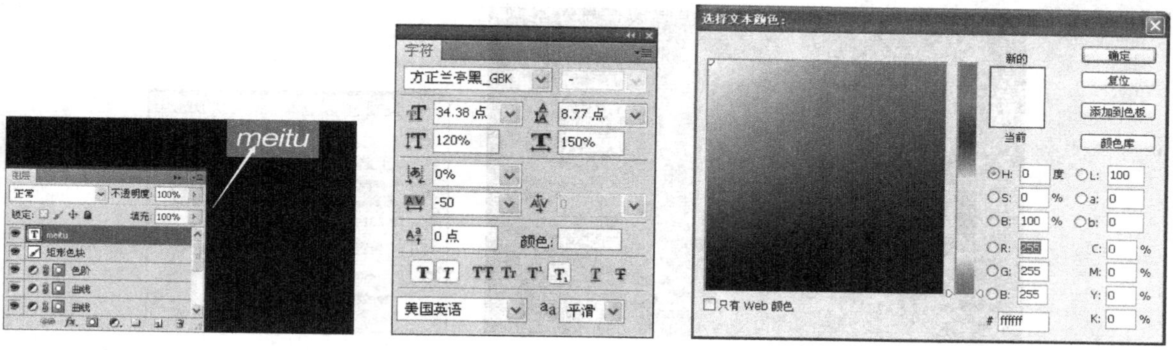

11 投影效果的添加。在图层面板中单击“添加图层样式” 按钮，在弹出的下拉列表中选择“投影”选项，在弹出的“图层样式”对话框中对其参数进行设置后单击“确定”按钮。效果如图所示。

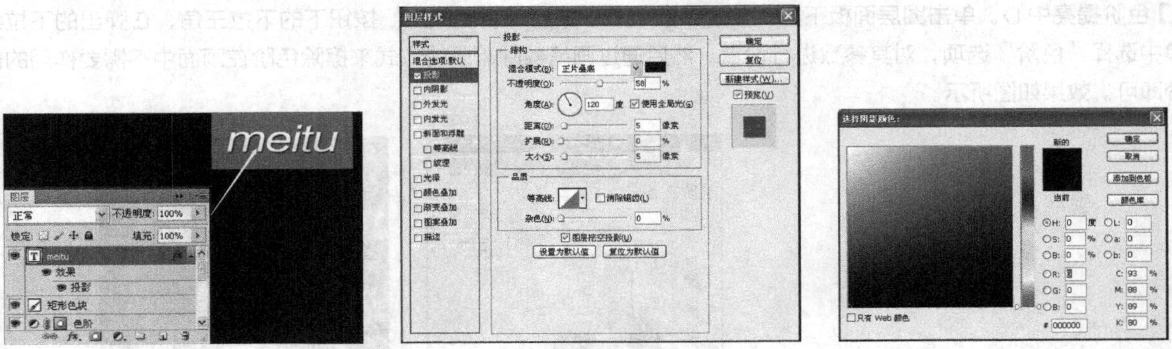

12 输入文字“美图出品”。单击工具箱中的“文字工具”按钮，在页面中绘制文本框并输入对应的文字内容。执行“窗口>字符”命令，在弹出的“字符”面板中对其参数进行设置后单击“确定”按钮。效果如图所示。

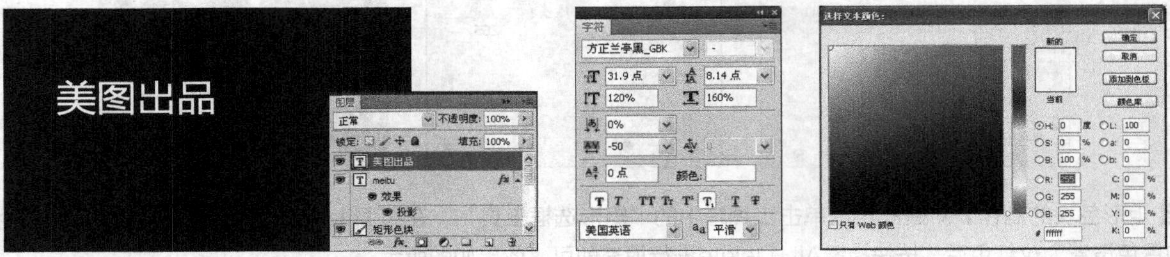

13 输入文字“2014 Meitu,Inc”。单击工具箱中的“文字工具”按钮，在页面中绘制文本框并输入对应的文字内容。执行“窗口>字符”命令，在弹出的“字符”面板中对其参数进行设置后单击“确定”按钮。效果如图所示。

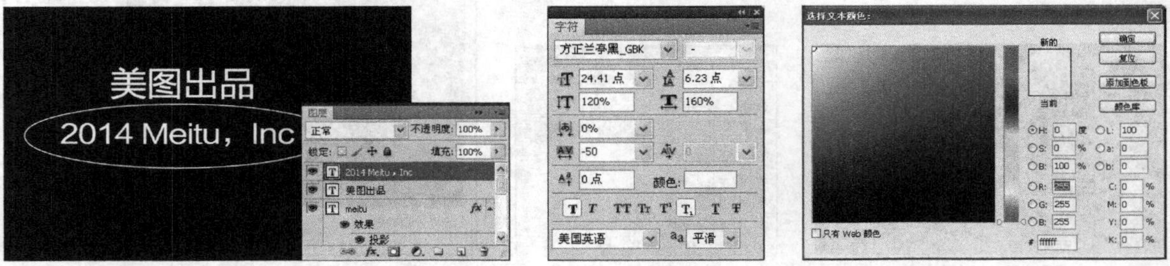

14 美拍LOGO素材的添加。执行“文件>打开”命令，在弹出的“打开”对话框中选择“美拍LOGO 素材.png”文件，单击将其拖曳到页面之上并调整其位置。效果如图所示。

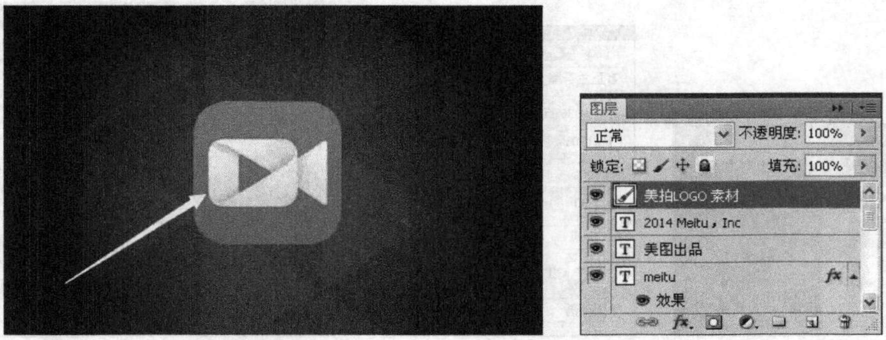

15 输入文字“美拍”。单击工具箱中的“文字工具”按钮，在页面中绘制文本框并输入对应的文字内容。执行“窗口>字符”命令，在弹出的“字符”面板中对其参数进行设置后单击“确定”按钮。效果如图所示。

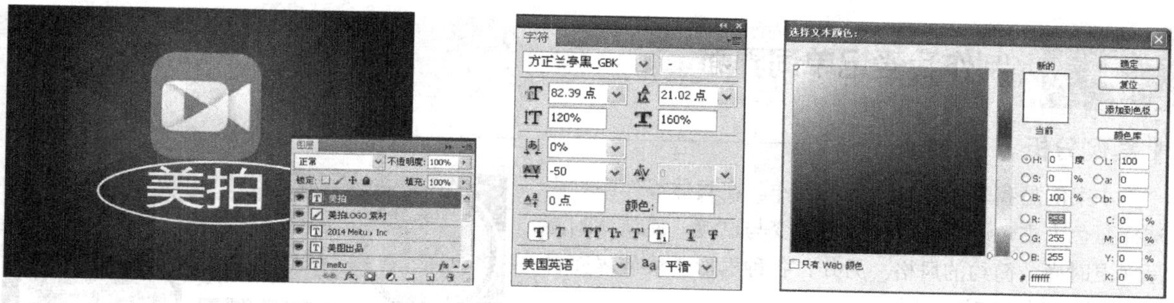

16 输入文字“公测版”。单击工具箱中的“文字工具” 按钮，在页面中绘制文本框并输入对应的文字内容。执行“窗口>字符”命令，在弹出的“字符”面板中对其参数进行设置后单击“确定”按钮。效果如图所示。

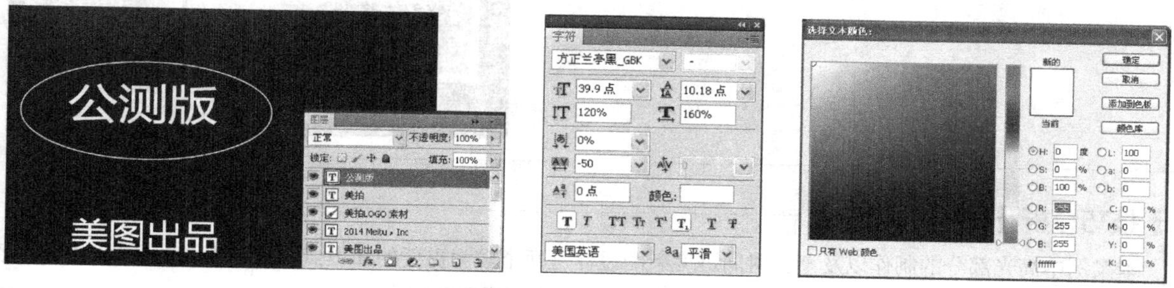

17 渐变线条的制作。新建图层后单击工具箱中的“矩形选框工具”，在页面上绘制出线条的选区。然后选择由洋红至蓝色的渐变色进行填充。完成之后再通过添加图层蒙版并结合渐变工具为该线条制作出两侧渐隐的效果。最终效果如图所示。

案例 2 制作我爱记单词界面

案例分析

本案例是我爱记单词界面的制作。在具体操作中首先选择蓝色为主色调，通过颜色的渐变与过渡，使整体画面呈现出时尚、简约的风格。另外，各种异形色块使界面看起来更加生动、有趣。

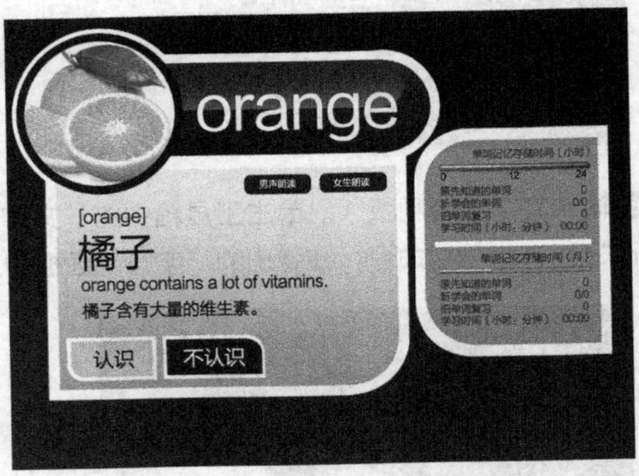

技巧分析

本案例中高光部分的制作以及渐变时间进度条的设计是两个较为重要的知识点，其中涉及图层蒙版结合渐变工具的应用、图层混合模式的更改以及图层样式的变换等一系列重要知识点。

步骤演练

01 新建空白文档。执行“文件>新建”命令，在弹出的“新建”对话框中设置参数后单击“确定”按钮。新建一个空白页面。

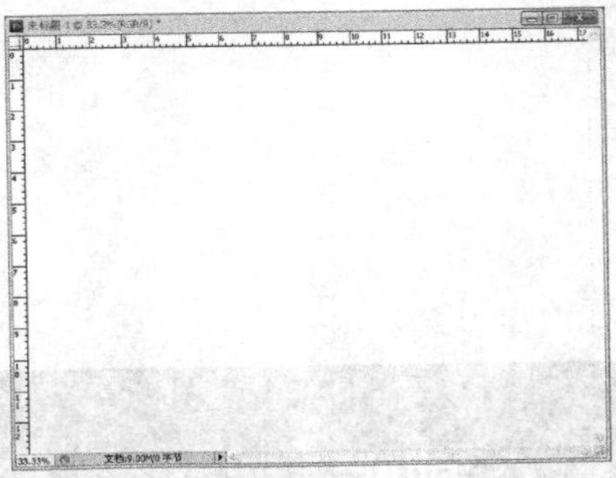

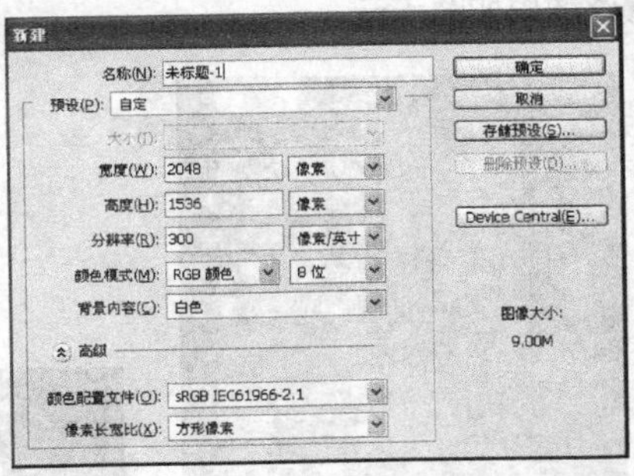

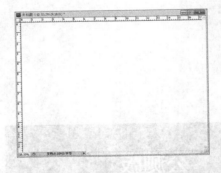

02 渐变背景的制作。新建图层后单击工具箱中的“渐变工具”按钮，在属性栏中单击“点按可编辑渐变” 按钮，在弹出的“渐变编辑器”对话框中设置参数，新建图层进行蓝色渐变的填充。效果如图所示。

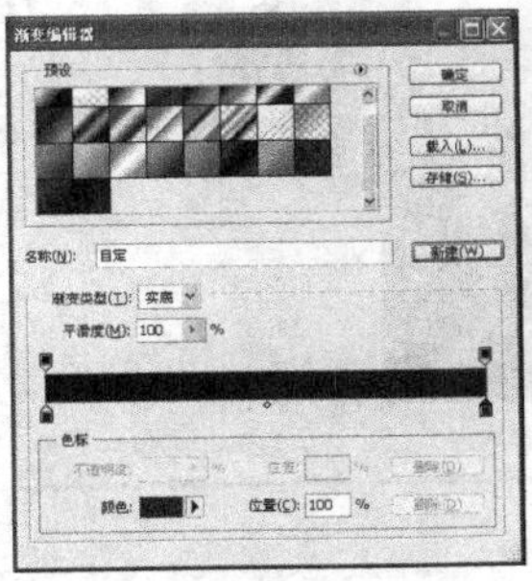

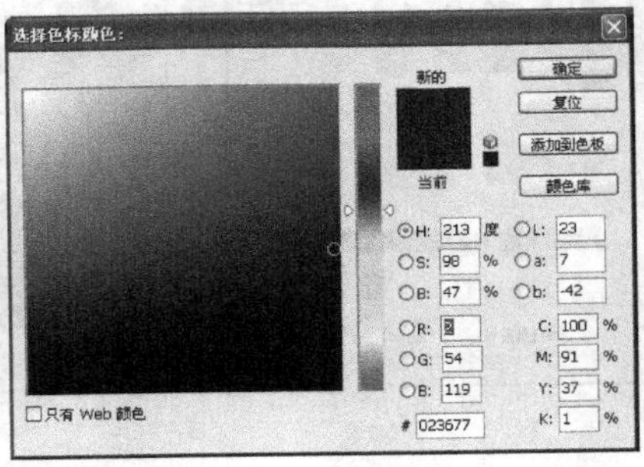

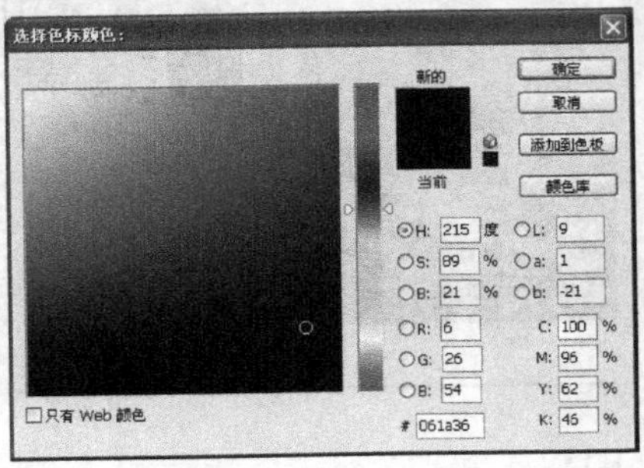

03 异形色块的制作。新建图层后，单击工具箱中的“钢笔工具”，在页面上勾勒出如图所示的闭合路径，转换为选区后将前景色设置为白色，按快捷键Alt+Delete进行填充即可。效果如图所示。

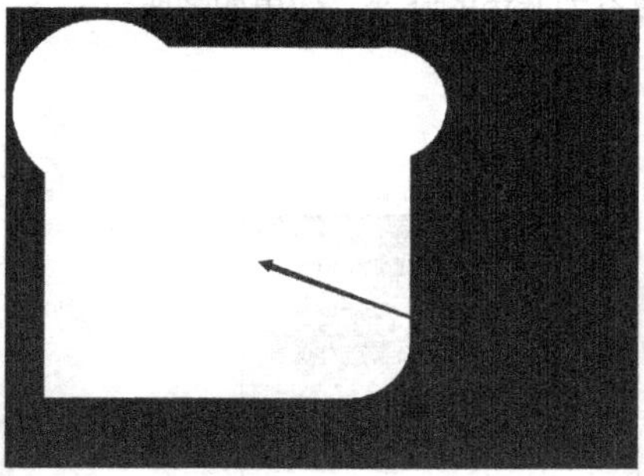

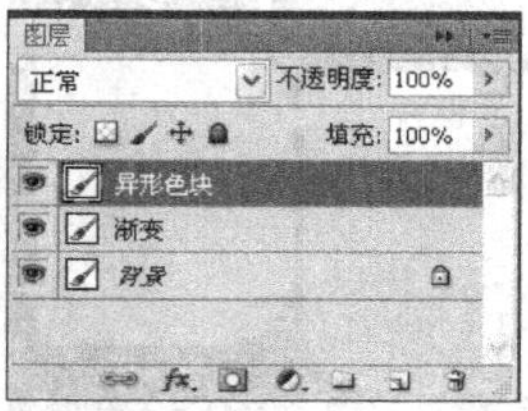

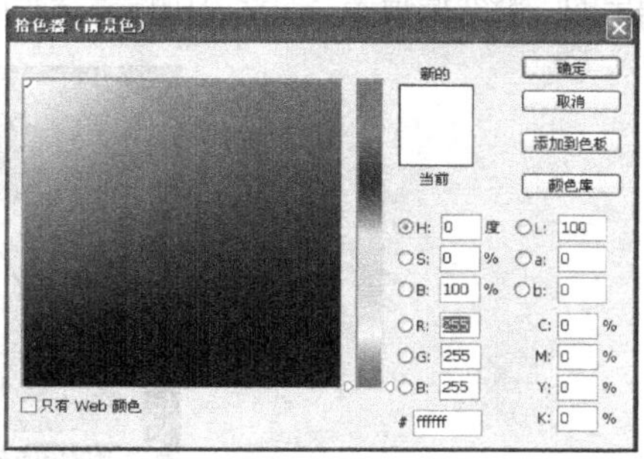

04 异形色块2的制作。新建图层后单击的工具箱中“钢笔工具”，在页面上勾勒出如图所示的闭合路径，按快捷键Ctrl+Enter转换为选区。单击工具箱中的“渐变工具”按钮，在属性栏中单击“点按可编辑渐变”按钮，在弹出的“渐变编辑器”对话框中设置参数后单击“确定”按钮，将选区填充为灰色的渐变。效果如图所示。

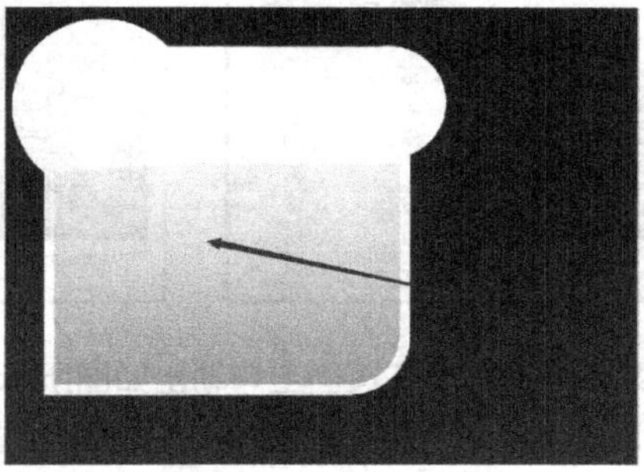

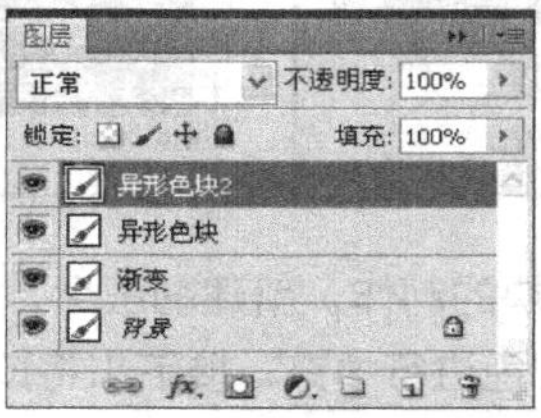

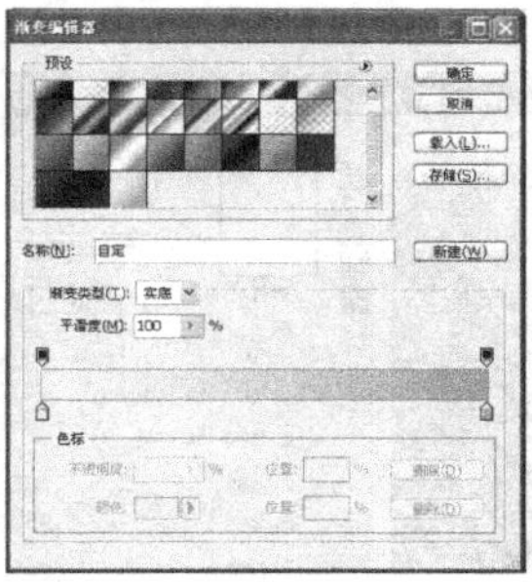

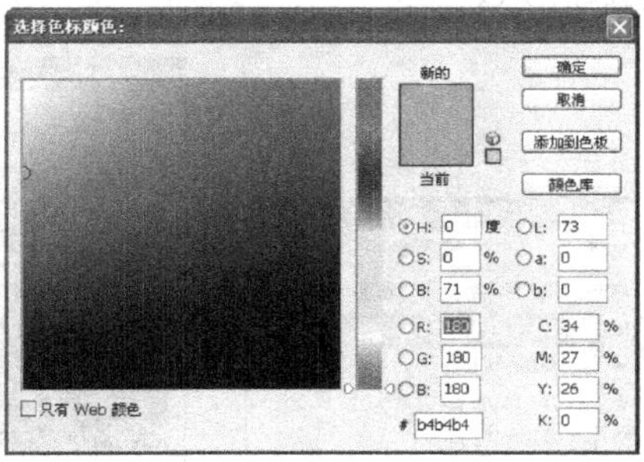

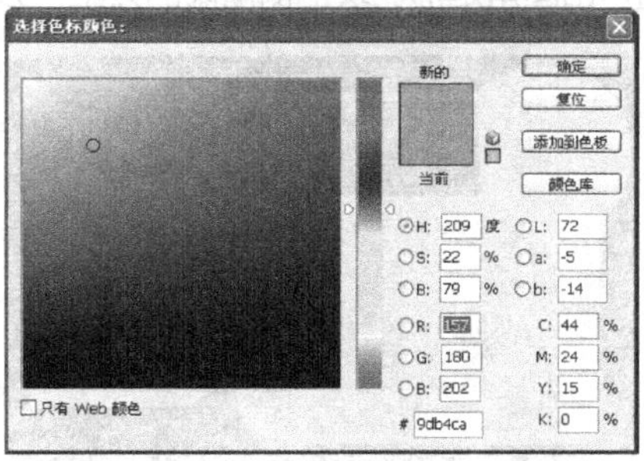

05 异形色块3的制作。新建图层后，单击工具箱中的“钢笔工具”，在页面上勾勒出如图所示的闭合路径，转换为选区后将前景色设置为白色，按快捷键Alt+Delete进行填充即可。效果如图所示。

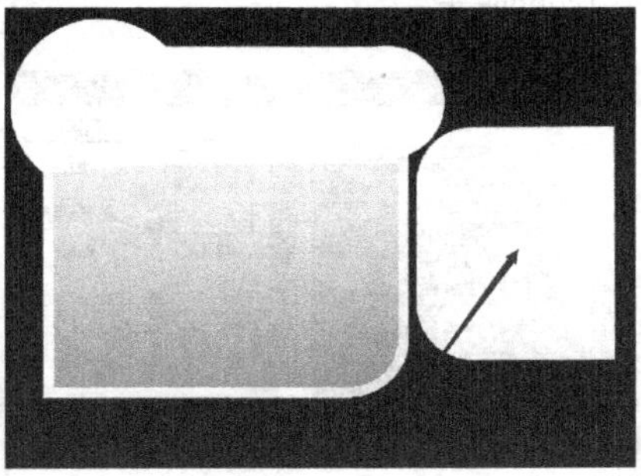

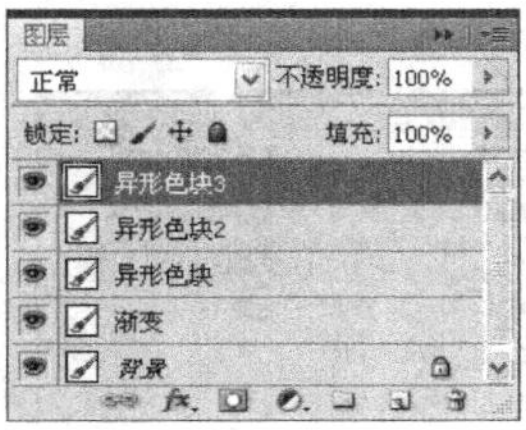

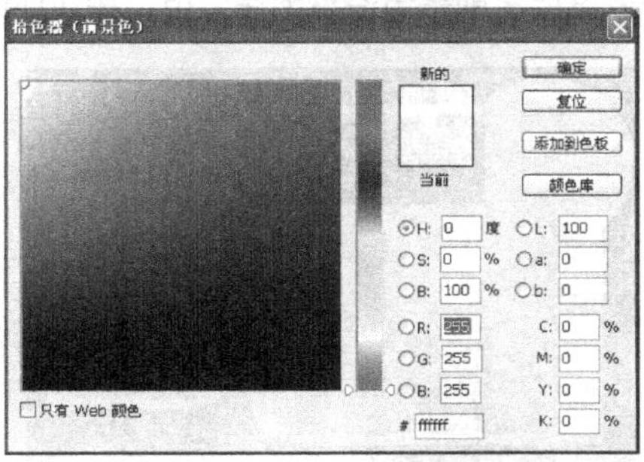

06 异形色块4的制作。新建图层后，单击工具箱中的“钢笔工具”，在页面上勾勒出如图所示的闭合路径，按快捷键Ctrl+Enter转换为选区。单击工具箱中的“渐变工具”按钮，在属性栏中单击“点按可编辑渐变”按钮，在弹出的“渐变编辑器”对话框中设置参数后单击“确定”按钮，将选区填充为蓝色的渐变。效果如图所示。

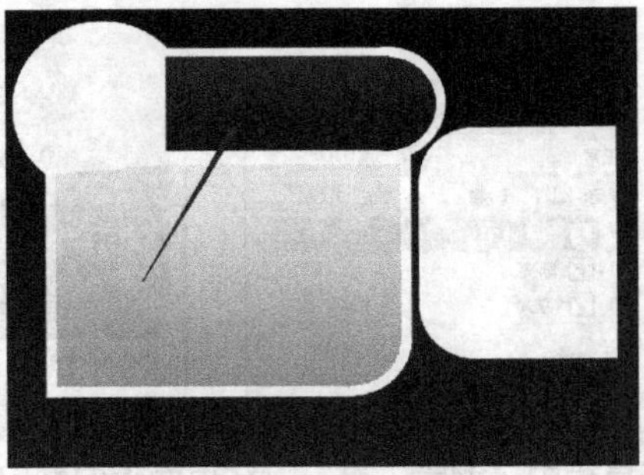

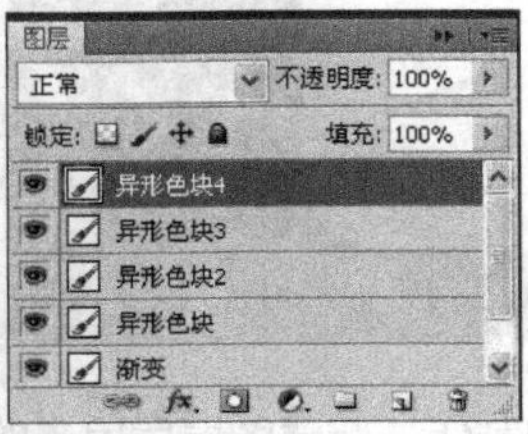

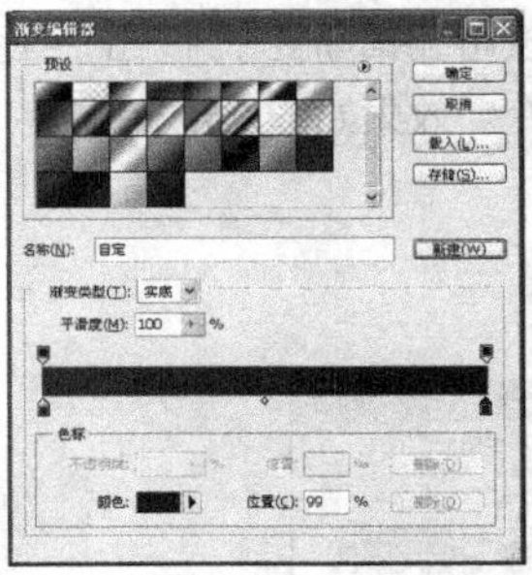

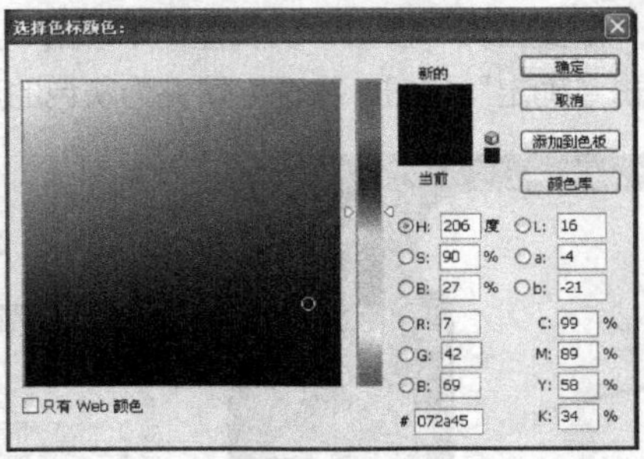

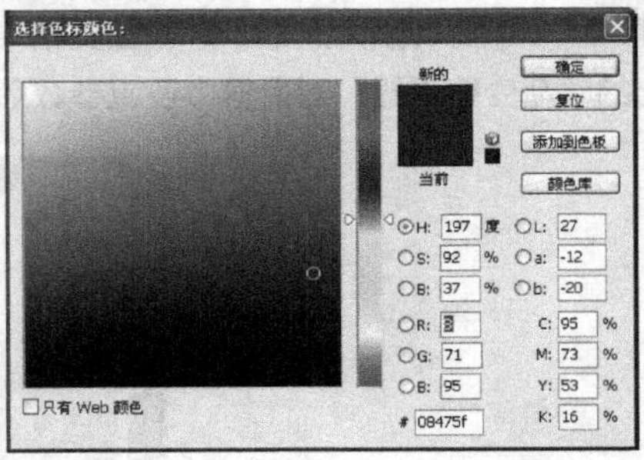

07 圆角矩形色块的制作。新建图层后，用圆角矩形工具在页面上勾勒出如图所示的闭合路径，转换为选区后将前景色设置为白色进行填充。接下来将该图层的“不透明度”调整为62%。再通过添加图层蒙版并结合渐变工具制作出圆角矩形色块上侧渐隐的效果。效果如图所示。

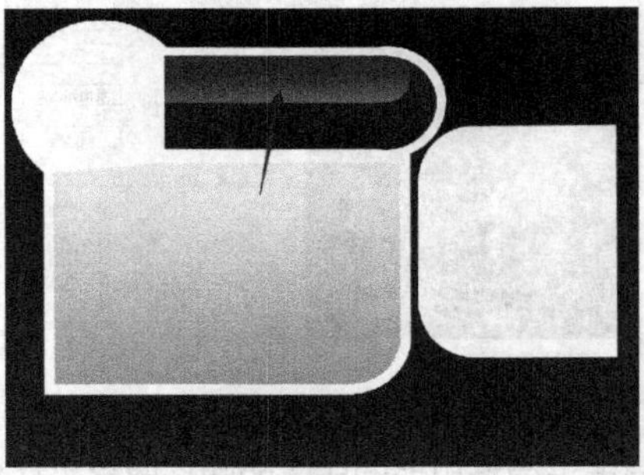

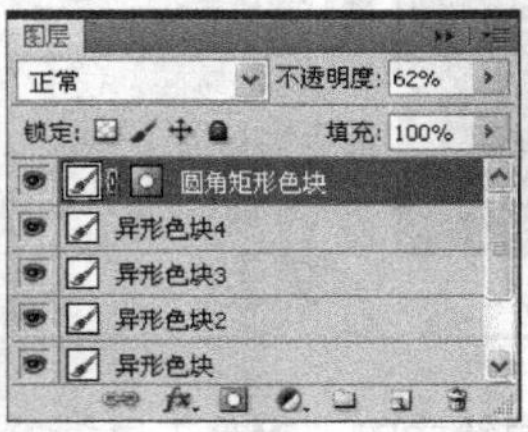

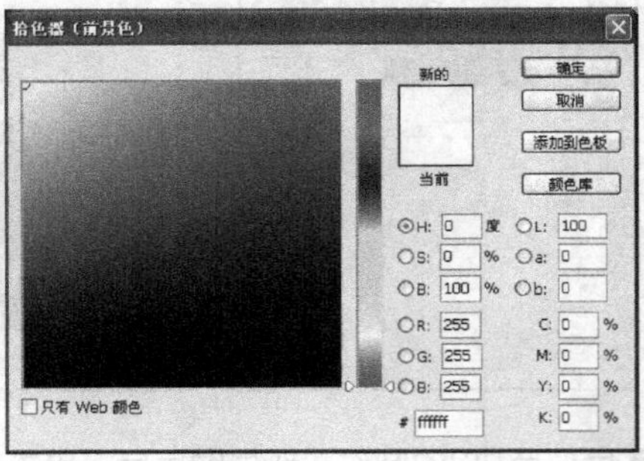

08 异形色块5的制作。新建图层后，单击工具箱中的“钢笔工具”，在页面上勾勒出如图所示的闭合路径，转换为选区后将前景色设置为浅蓝色，按快捷键Alt+Delete进行填充即可。效果如图所示。

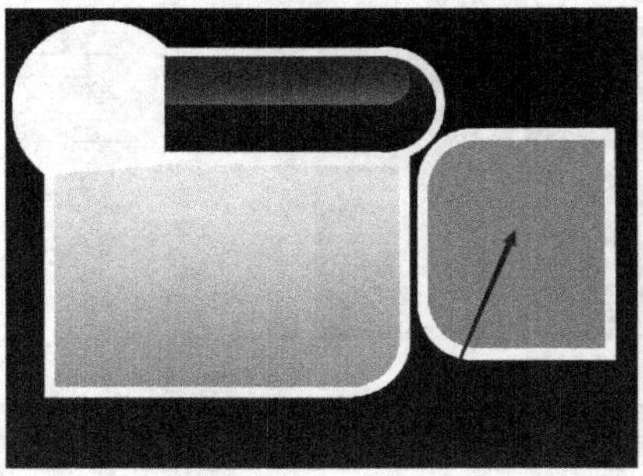

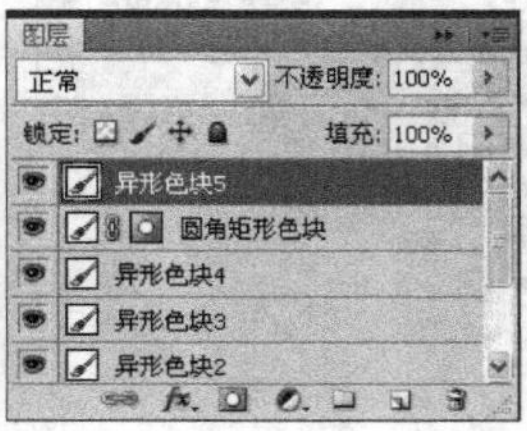

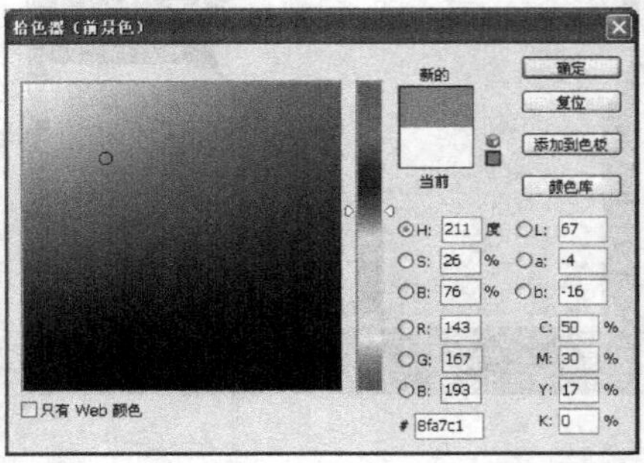

第09章

09 圆形色块的制作。新建图层后，用“椭圆选框工具”在页面上绘制出如图所示的圆形选区，将前景色设置为深蓝色后按快捷键Alt+Delete进行填充即可。效果如图所示。

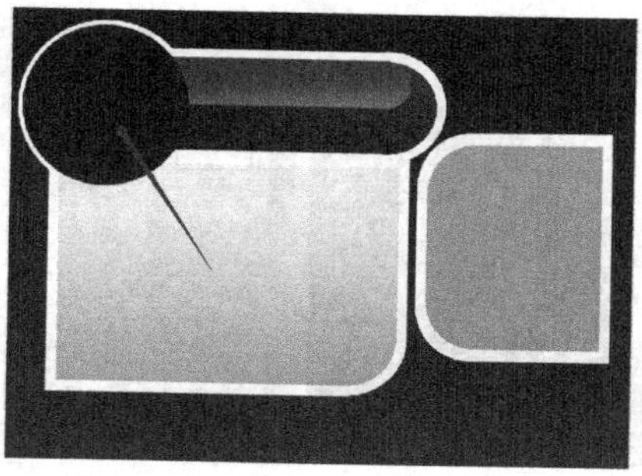

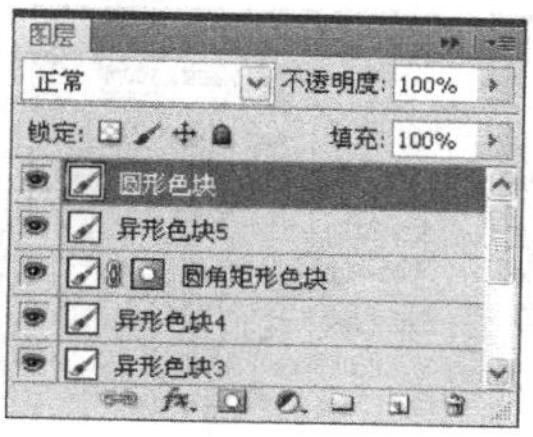

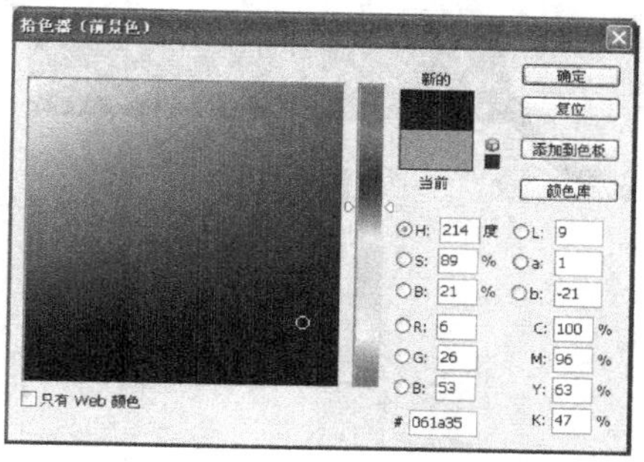

10 圆形色块2的制作。按照上述方式继续进行圆形色块2的制作。效果如图所示。

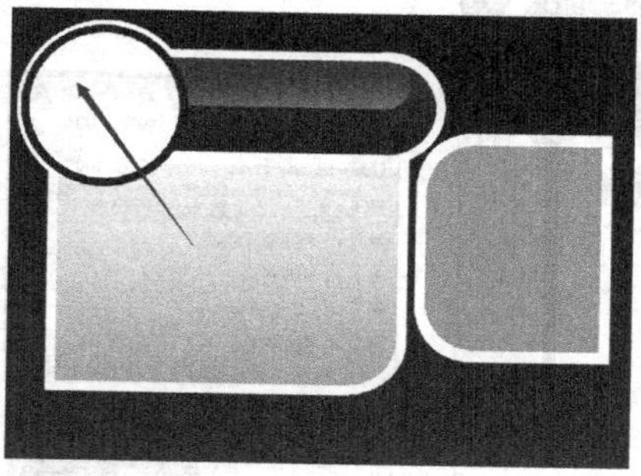

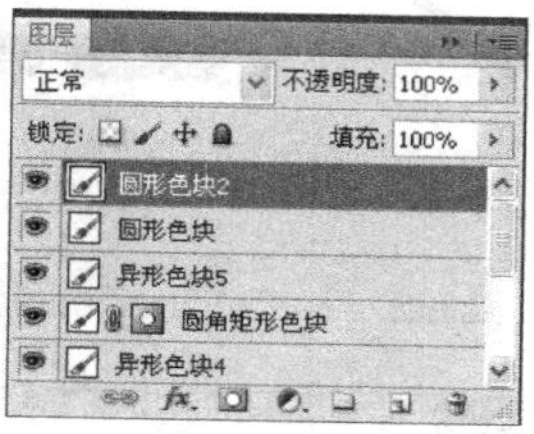

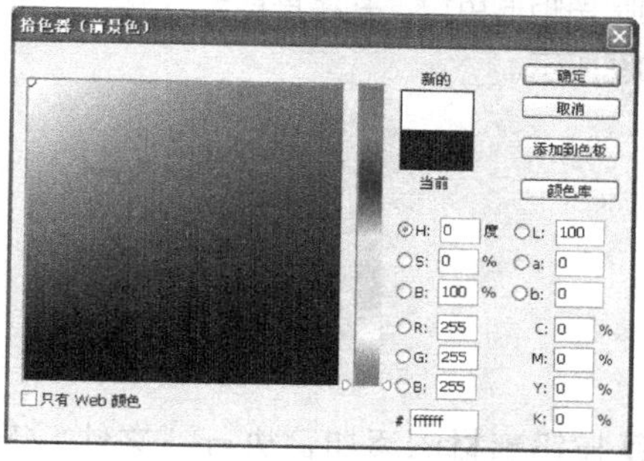

11 橘子素材的添加。执行“文件>打开”命令，在弹出的“打开”对话框中选择“橘子 素材.png”文件，单击将其拖曳到页面之上并调整其位置。再通过创建剪贴蒙版的方式将添加的橘子素材置入制作好的圆形色块中。效果如图所示。

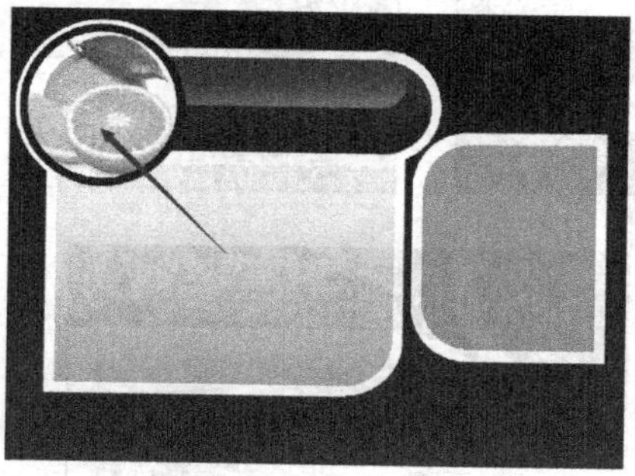

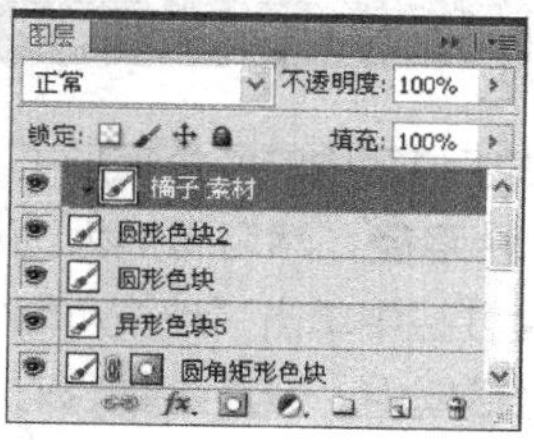

12 矩形色块的制作。新建图层后，单击工具箱中的矩形选框工具，在页面上绘制出如图所示的矩形选区。将前景色设置为白色后，按快捷键Alt+Delete进行填充即可。效果如图所示。

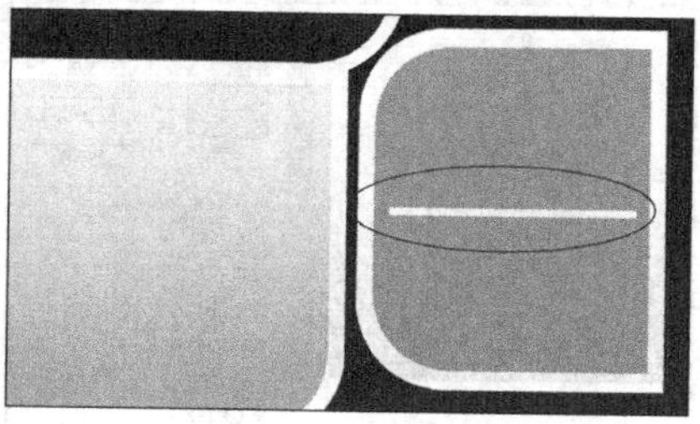

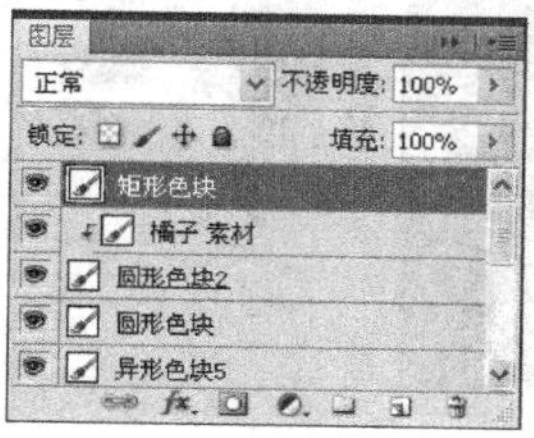

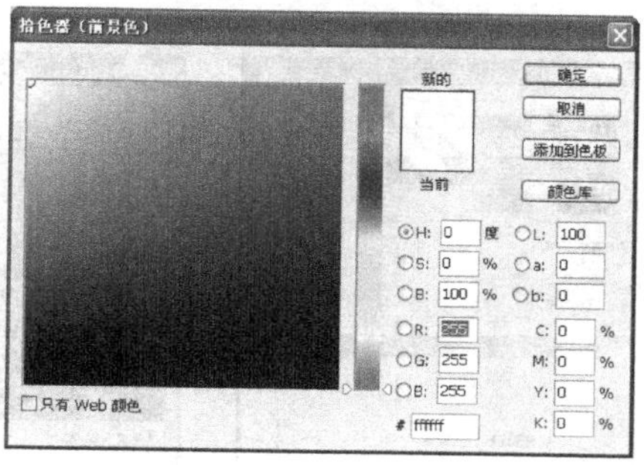

13 圆角矩形色块的制作。新建图层后单击工具箱中的圆角矩形工具，在页面上勾勒出如图所示的圆角矩形闭合路径，转换为选区后将前景色设置为深蓝色。然后，按快捷键Alt+Delete进行填充。效果如图所示。

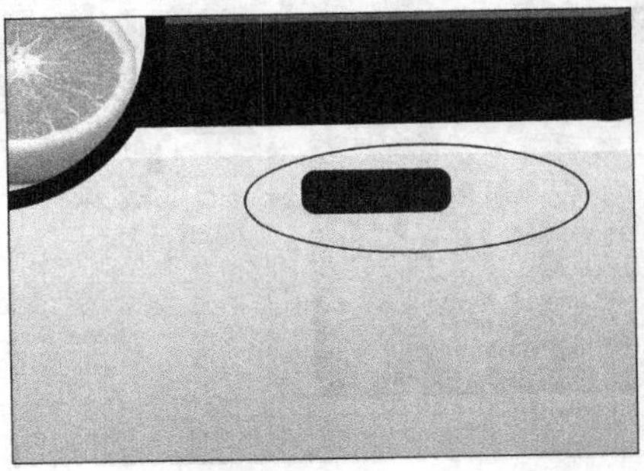

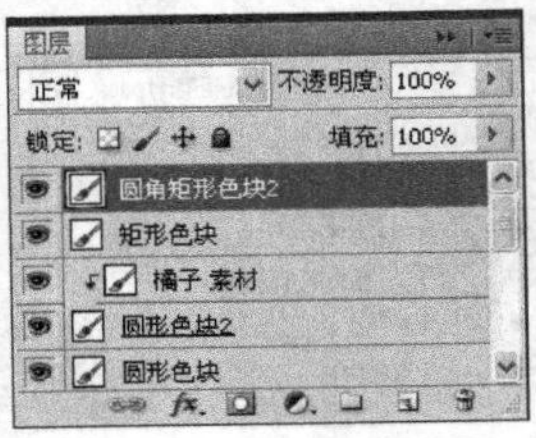

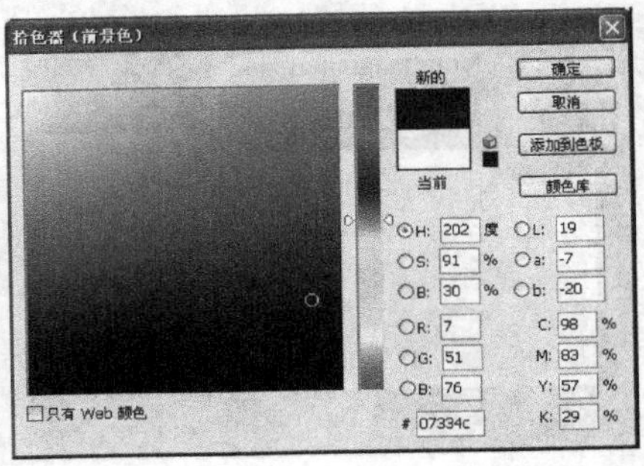

14 复制圆角矩形色块。复制刚才制作好的圆角矩形色块，并将其移至右侧。效果如图所示。

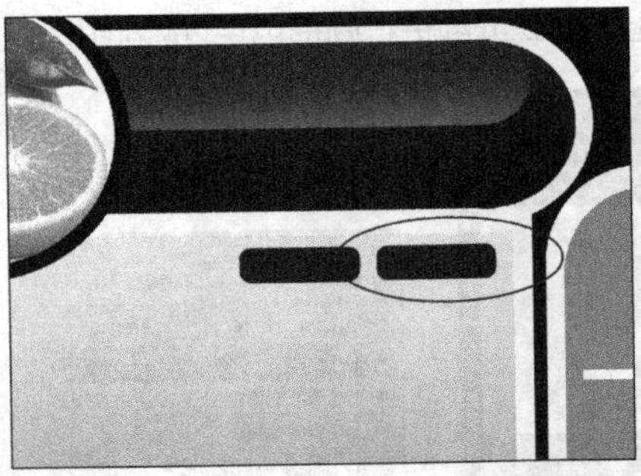

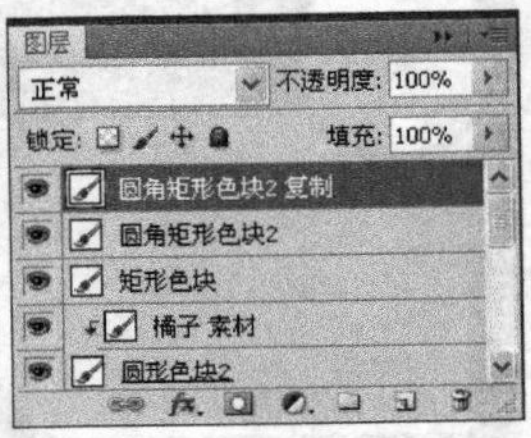

15 按钮素材的添加。执行“文件>打开”命令，在弹出的“打开”对话框中选择“按钮 素材.png”文件，单击将其拖曳到页面之上并调整其位置。

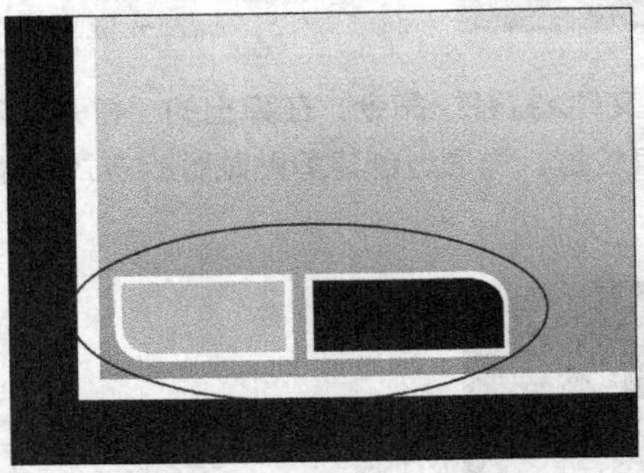

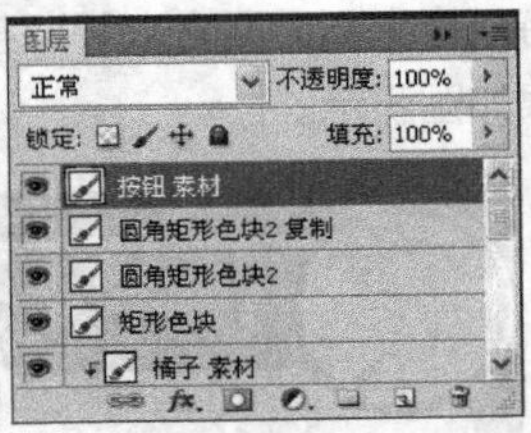

16 圆角矩形色块3的制作。新建图层后，单击工具箱中的圆角矩形工具，在页面上勾勒出如图所示的圆角矩形闭合路径，然后转换为选区。单击工具箱中的“渐变工具”按钮，在属性栏中单击“点按可编辑渐变”按钮，在弹出的“渐变编辑器”对话框中，设置参数，对选区进行绿色至蓝色的渐变填充。效果如图所示。

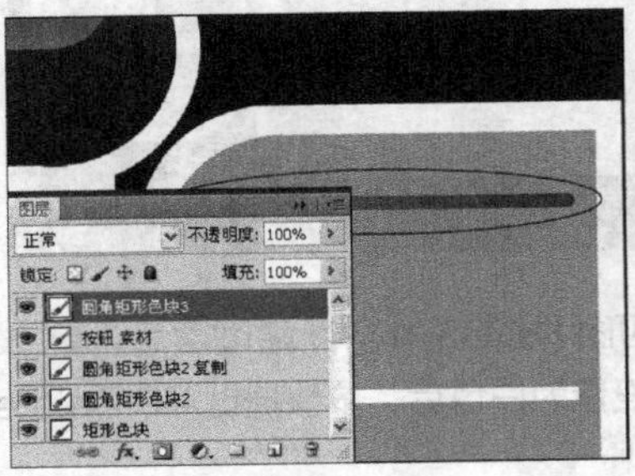

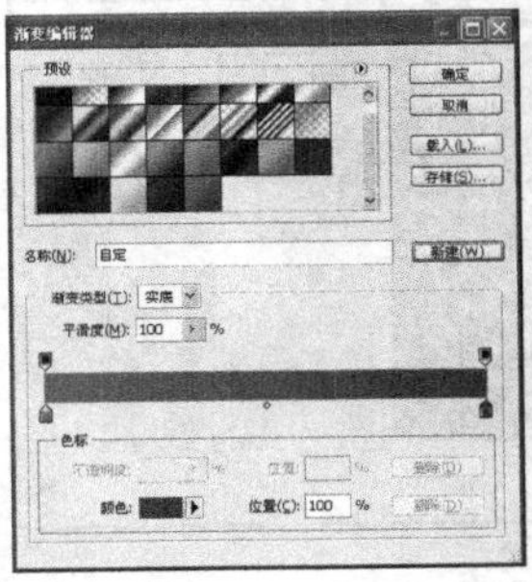

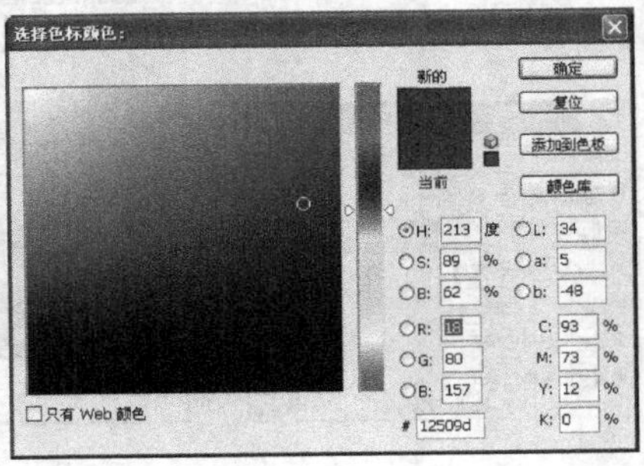

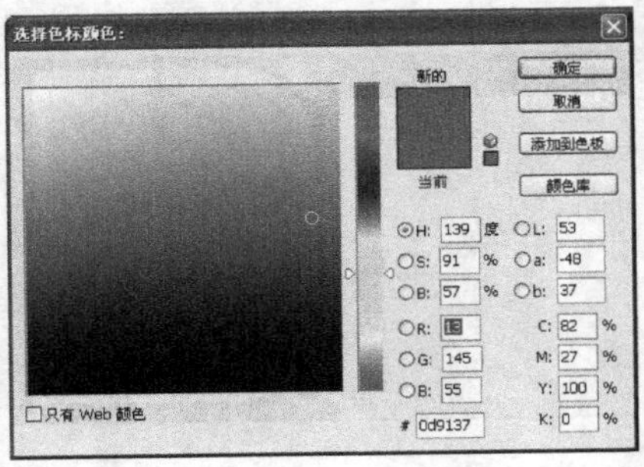

17 投影效果的添加。在图层面板中单击“添加图层样式” 按钮，在弹出的下拉列表中选择“投影”选项，在弹出的“图层样式”对话框中对其参数进行设置后单击“确定”按钮。效果如图所示。

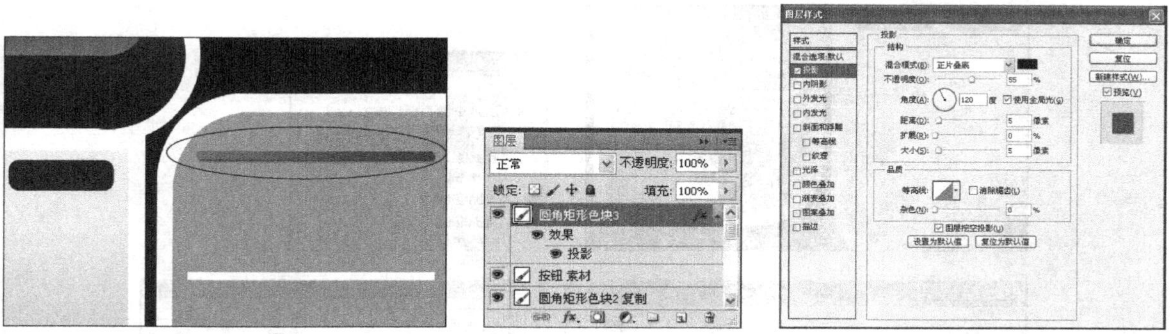

18 圆角矩形色块4的制作。首先制作一个白色的圆角矩形色块，具体形状如图所示。再在图层面板中将该图层的混合模式更改为“叠加”。效果如图所示。

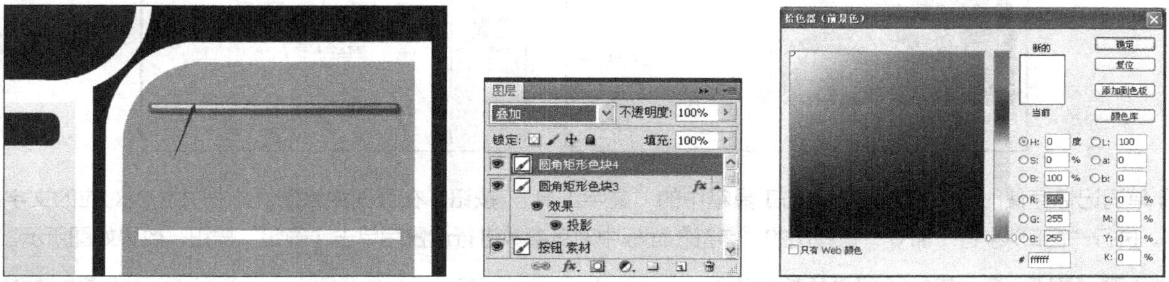

19 圆角矩形边线素材的添加。执行“文件>打开”命令，在弹出的“打开”对话框中选择“圆角矩形边线 素材.png”文件，单击将其拖曳到页面之上并调整其位置。效果如图所示。

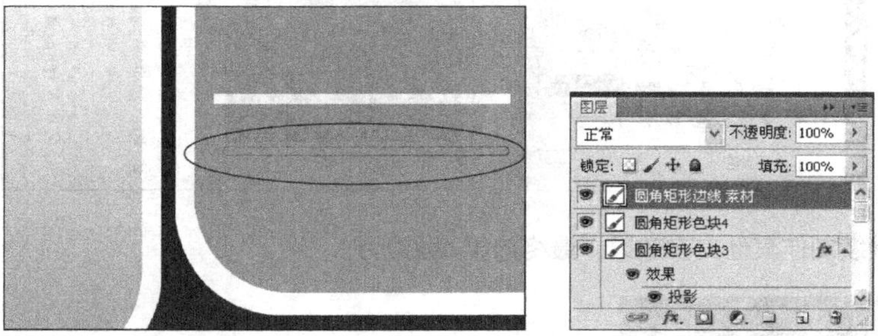

20 圆角矩形色块5的制作。新建图层后，单击工具箱中的圆角矩形工具，在页面上勾勒出如图所示的圆角矩形闭合路径，转换为选区后将前景色设置为绿色。然后，按快捷键Alt+Delete进行填充。效果如图所示。

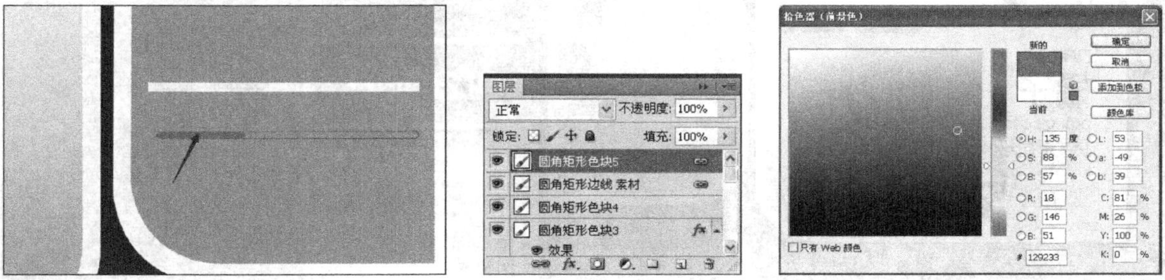

21 圆角矩形色块6。按照上述方式继续制作圆角矩形色块6，并通过添加图层样式的方式为该色块添加投影的效果。效果如图所示。

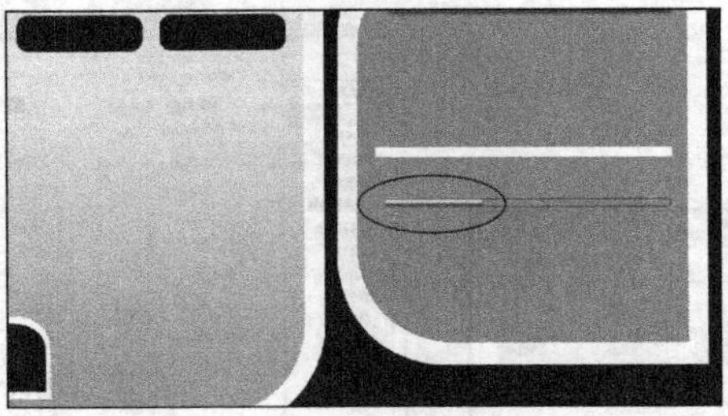

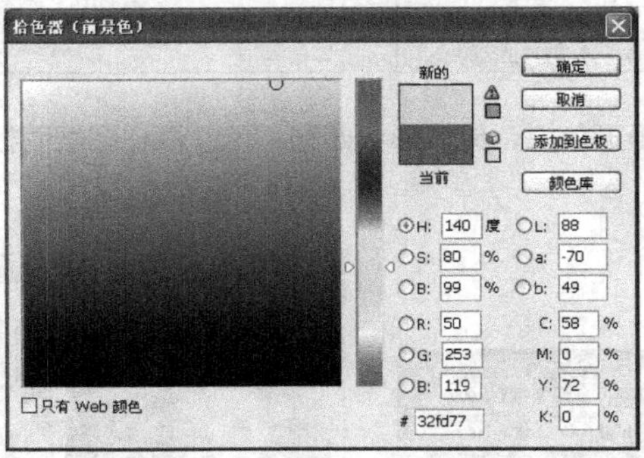

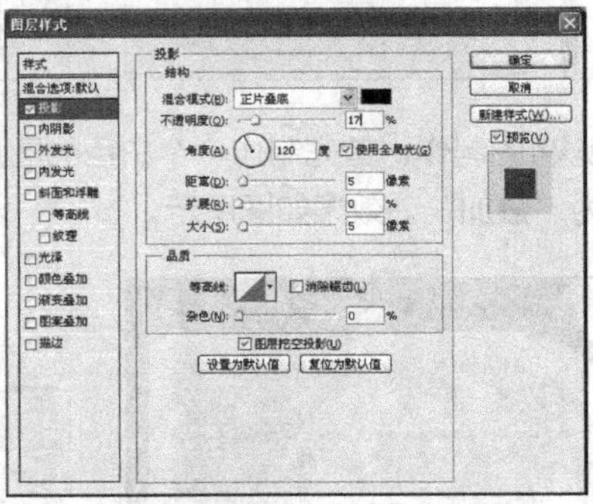

22 单词记忆存储时间（小时）。单击工具箱中的“文字工具” 按钮，在页面中绘制文本框并输入对应的文字内容。执行“窗口>字符”命令，在弹出的“字符”面板中对其参数进行设置后单击“确定”按钮。效果如图所示。

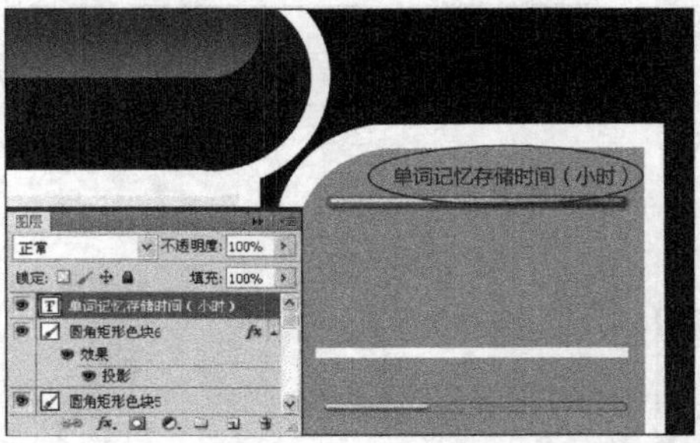

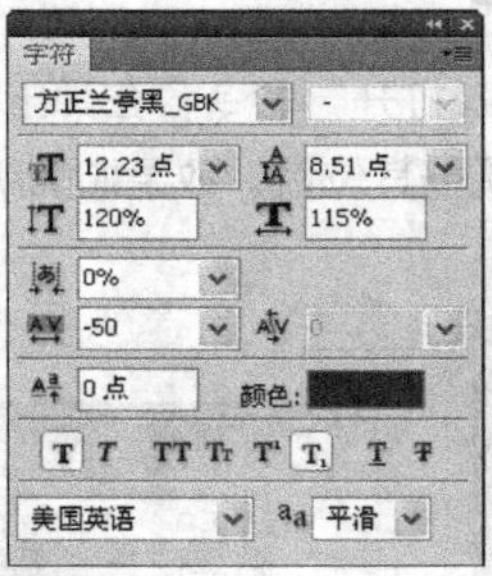

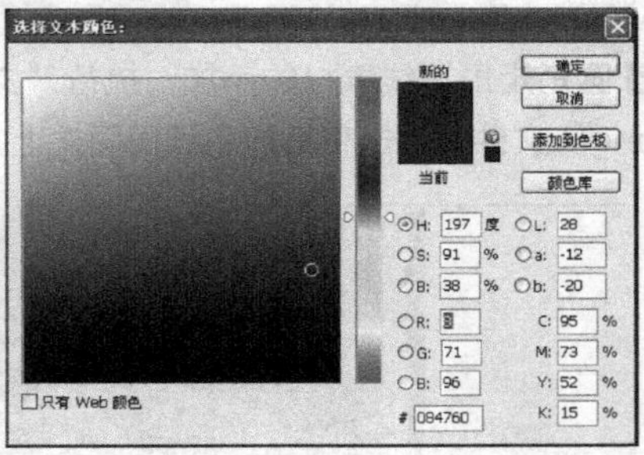

23 其他文字效果的制作。按照上述方式继续制作其他文字效果。最终效果如图所示。

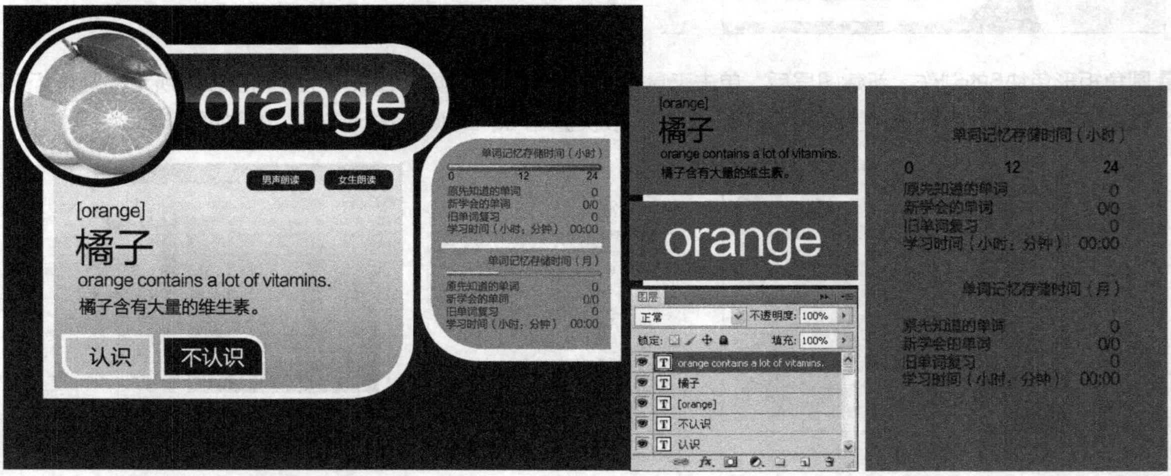

案例 3
制作计算器界面

案例分析

本案例主要讲解计算器界面的制作方法，整体画面色调较深，更体现出简约与利落的设计风格。再通过不同颜色按钮的设计，使其具有极强的金属质感。

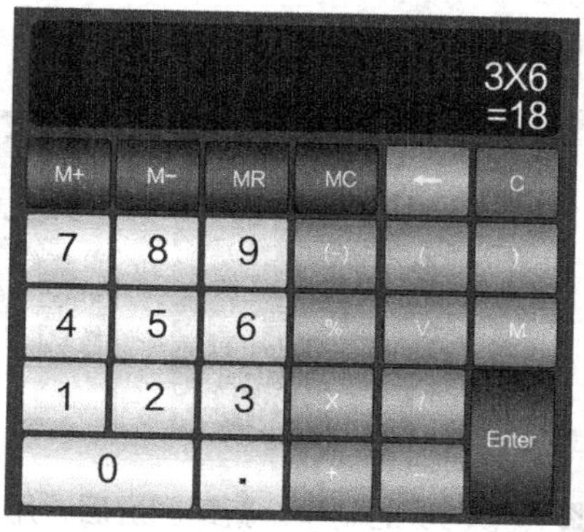

技巧分析

按钮的设计可以作为该案例中的一个重要知识点来学习，通过不同规格圆角矩形色块的绘制以及图层样式的变换等，为色块增添了投影、描边以及渐变叠加等效果。

步骤演练

01 新建空白文档。执行“文件>新建”命令，在弹出的“新建”对话框中设置参数后单击“确定”按钮。新建一个空白页面。

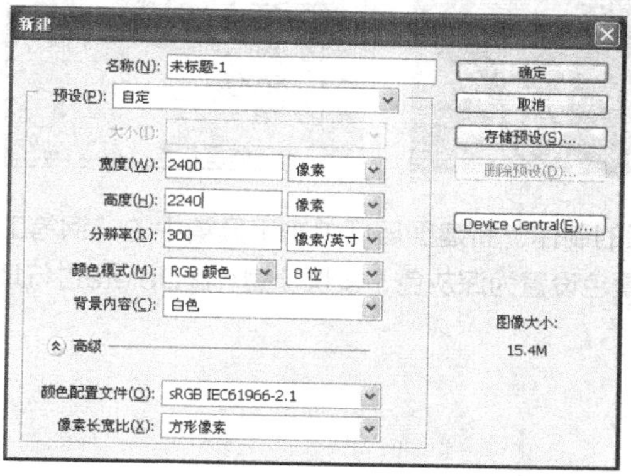

02 纯色背景的制作。新建图层后，将前景色设置为深灰色，按快捷键Alt+Delete进行填充即可。效果如图所示。

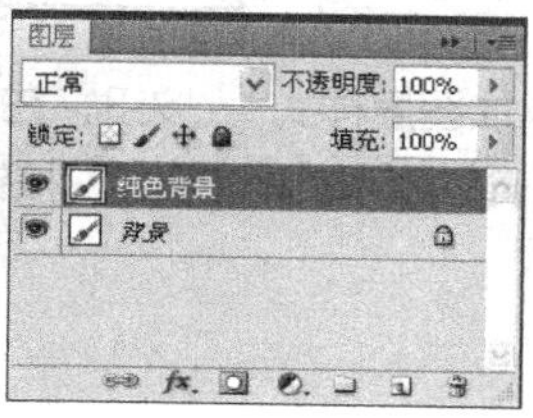

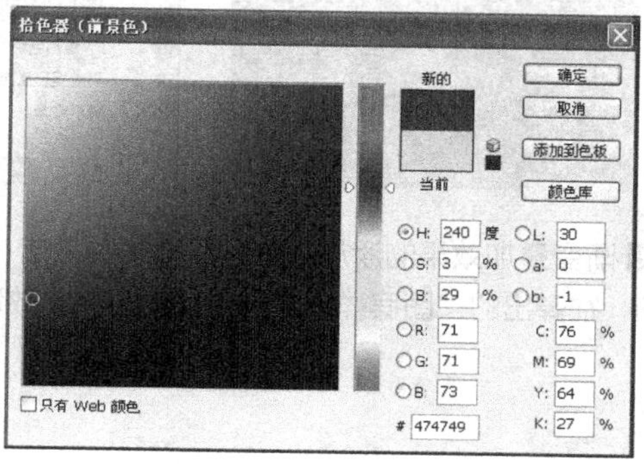

03 圆角矩形色块的制作。新建图层后，用“圆角矩形工具”在页面上勾勒出如图所示的闭合路径，转换为选区后将前景色设置为深灰色，按快捷键Alt+Delete进行填充即可。效果如图所示。

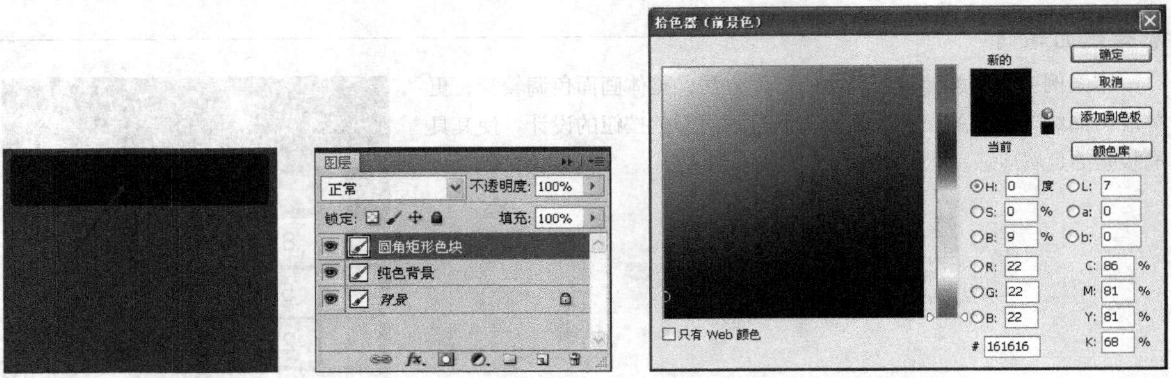

04 矩形色块的制作。新建图层后，用“矩形选框工具”在页面上绘制出矩形选区，将前景色设置为深灰色后按快捷键Alt+Delete进行填充即可。再通过创建剪贴蒙版的方式将制作好的深灰色矩形色块置入圆角矩形色块中。效果如图所示。

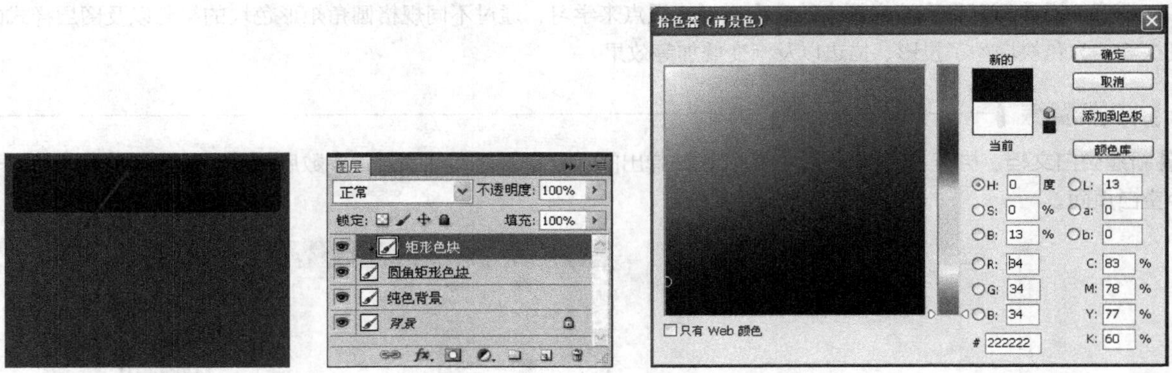

05 橘色按钮的制作。新建图层后单击工具箱中的“钢笔工具”，在页面上勾勒出如图所示的闭合路径，转换为选区后将前景色设置为深灰色，按快捷键Alt+Delete进行填充即可。效果如图所示。

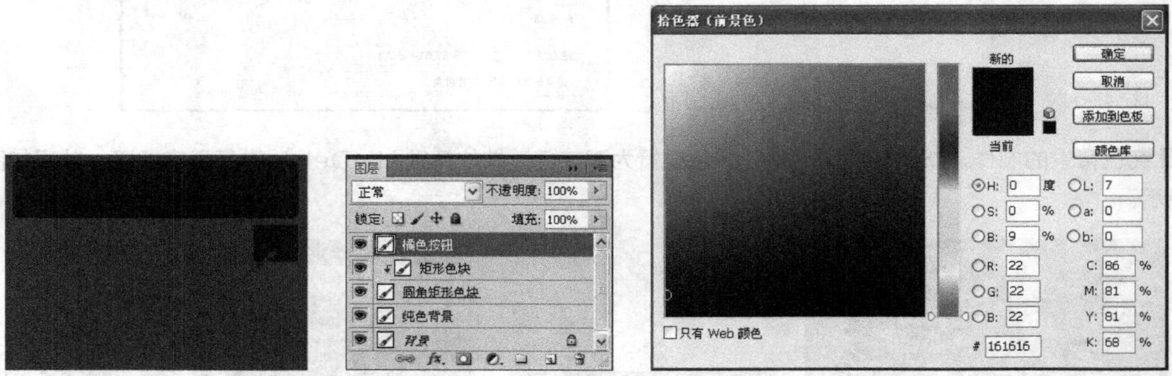

06 渐变叠加效果的添加。在图层面板中单击“添加图层样式” 按钮，在弹出的下拉列表中选择“渐变叠加”选项，在弹出的“图层样式”对话框中对其参数进行设置后单击“确定”按钮。效果如图所示。

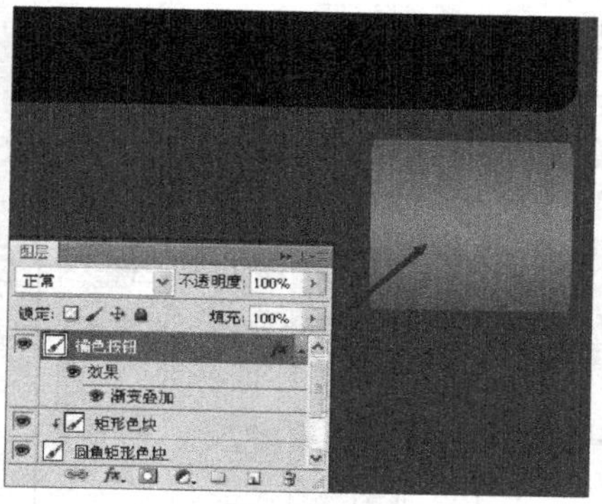

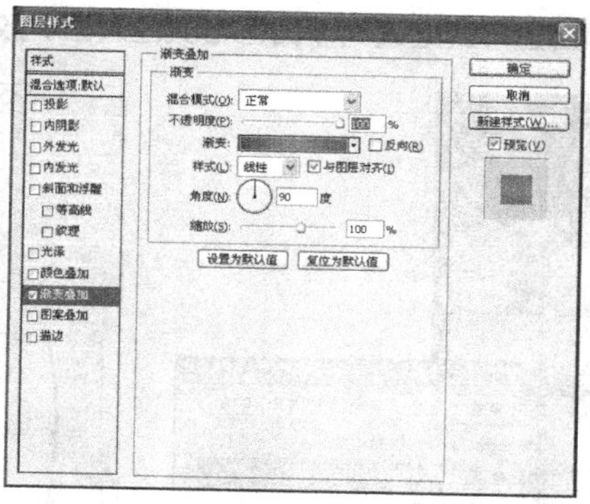

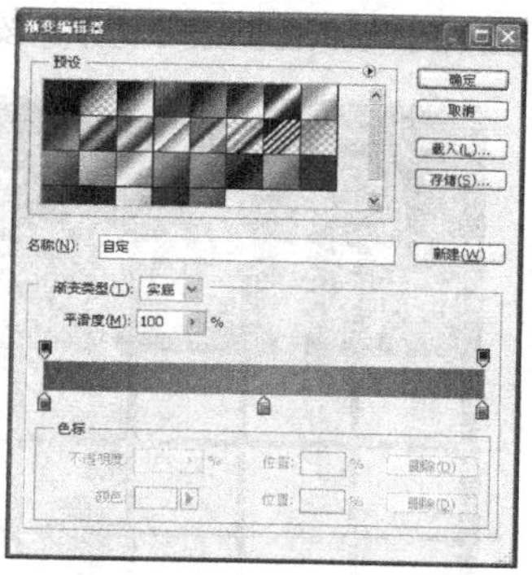

07 描边效果的添加。在图层面板中单击“添加图层样式” 按钮，在弹出的下拉列表中选择“描边”选项，在弹出的“图层样式”对话框中对其参数进行设置后单击“确定”按钮。效果如图所示。

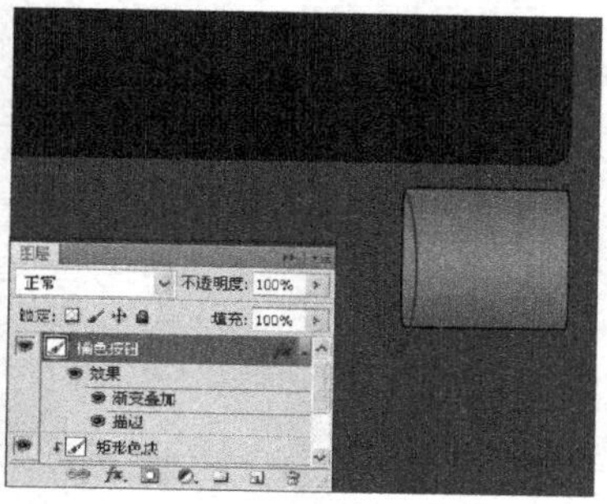

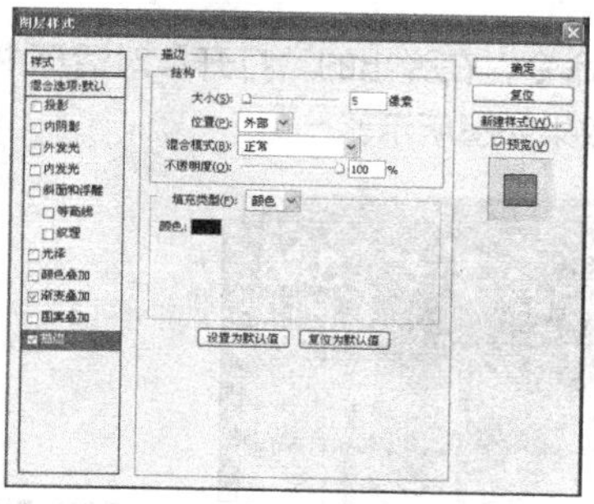

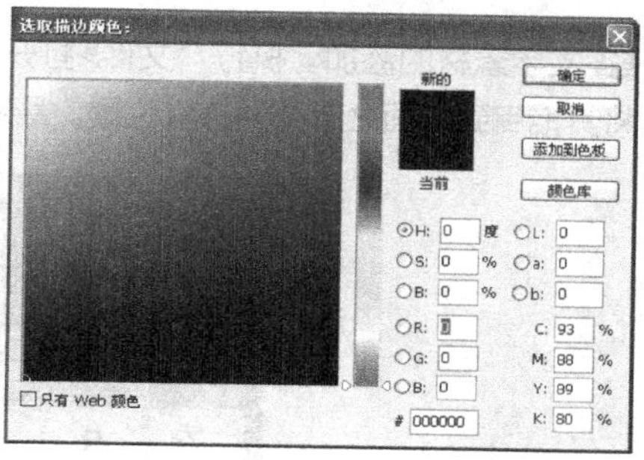

08 蓝色按钮的制作。按照上述方式首先制作一个如图所示的色块，再通过添加图层样式的方式为制作好的色块添加渐变叠加和描边的特效。效果如图所示。

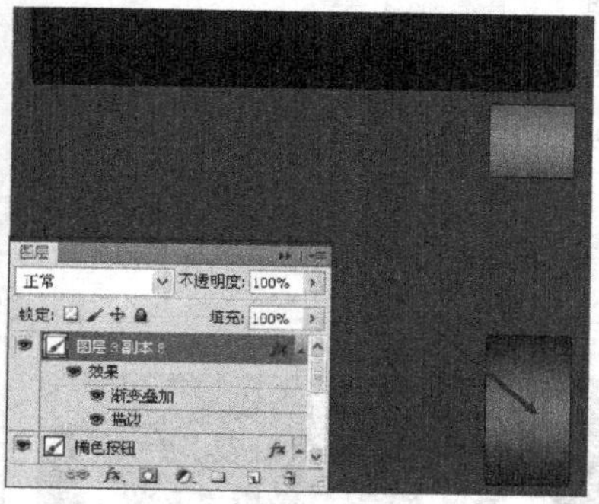

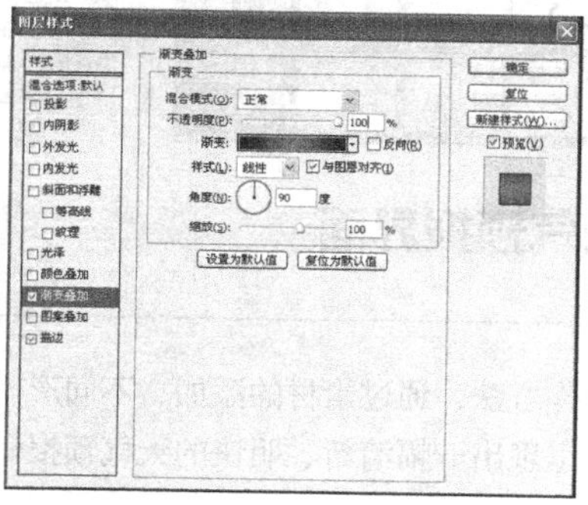

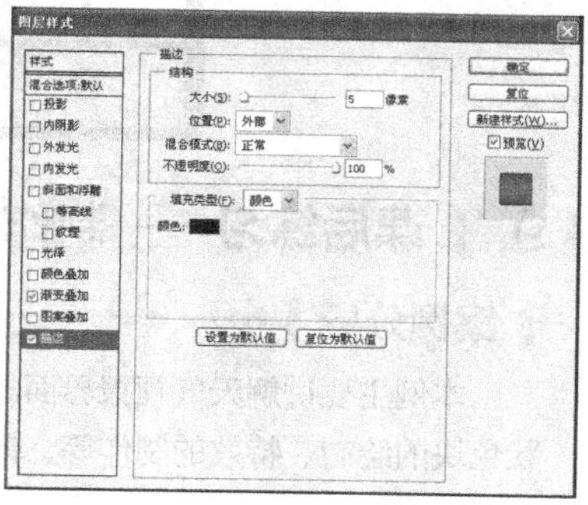

09 其他蓝色按钮的制作。按照上述方式继续制作其他蓝色按钮。效果如图所示。

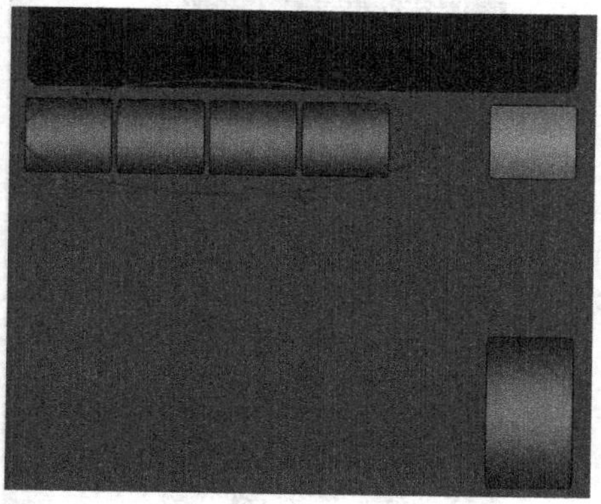

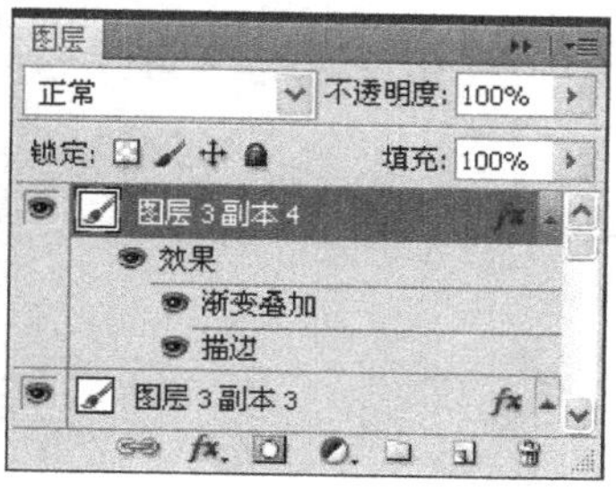

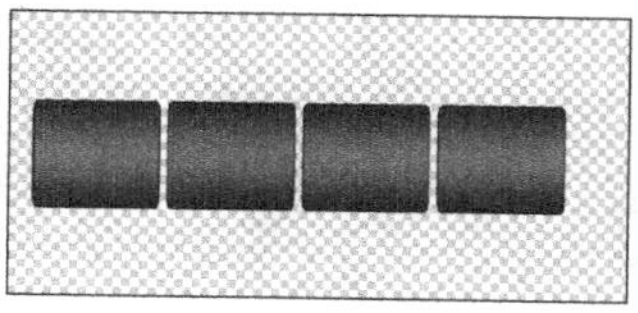

10 白色与灰色按钮的制作。按照上述方式继续制作白色与灰色按钮。效果如图所示。

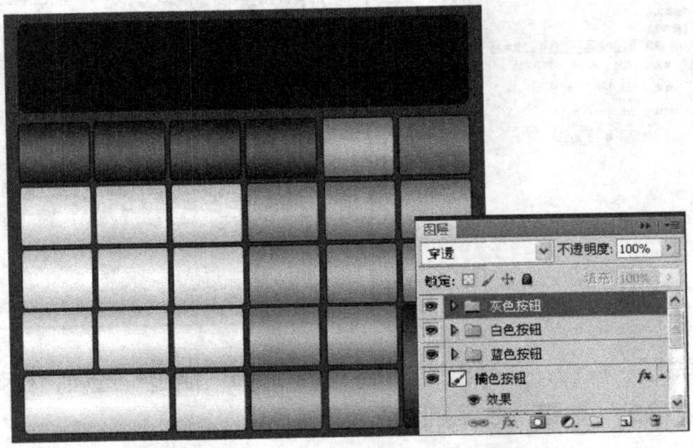

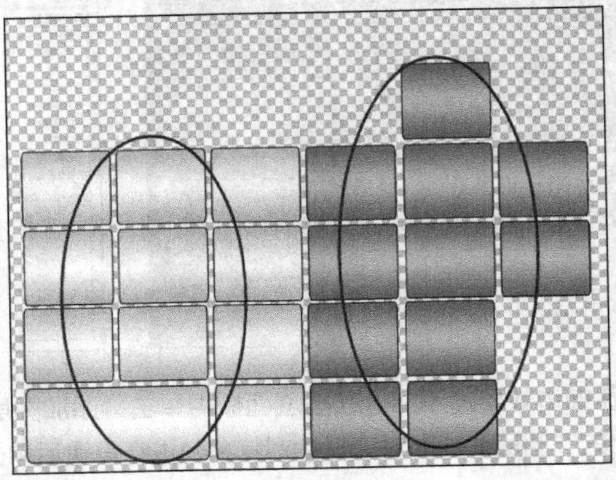

11 文字素材的添加。执行“文件>打开”命令，在弹出的“打开”对话框中选择“文字 素材.png”文件，单击将其拖曳到页面之上并调整其位置。最终效果如图所示。

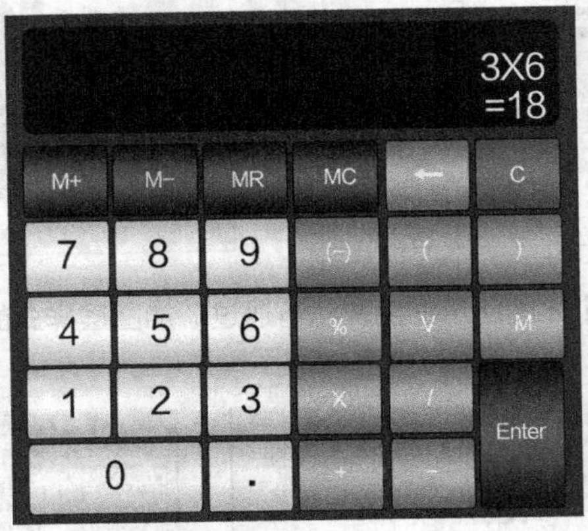

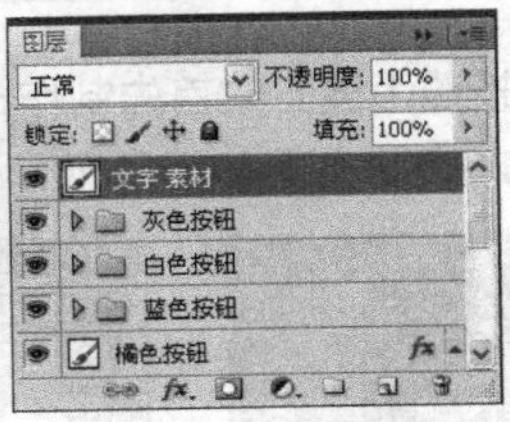

9.3 课后练习——制作天气预报界面

案例分析

本例主要讲解天气预报界面的制作方法，通过素材的添加、不同形状色块的绘制、特效的制作等，最终呈现出一幅清新、明快的天气预报软件的界面。

技巧分析

该案例的半透明色块的制作以及特效的添加可以作为重点来了解。尤其是通过添加图层样式的方式为不同规格的色块制作投影、描边等效果，使整体画面的层次感有所增强。

步骤演练

01 建立文件。执行“文件>新建”命令，设置宽度和高度为360像素×275像素、分辨率为300像素/英寸的文档，设置前景色的颜色，按快捷键Alt+Delete为背景填充颜色。

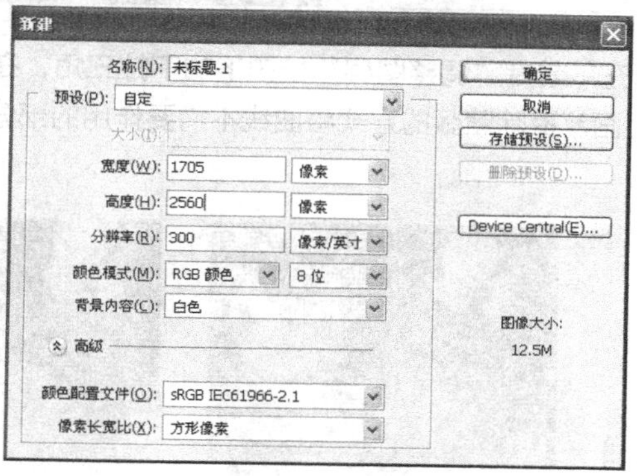

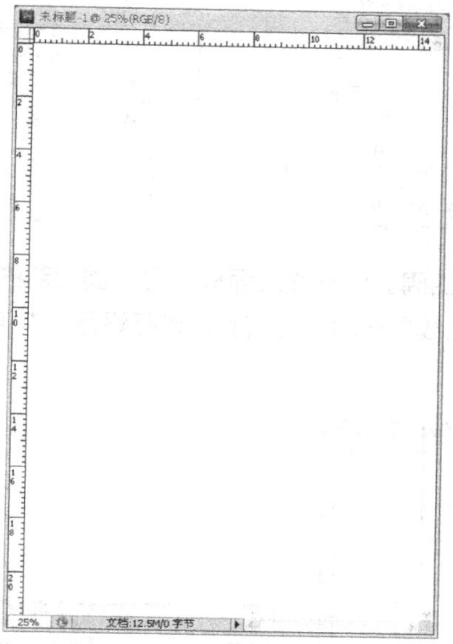

02 背景素材的添加。执行“文件>打开”命令，在弹出的“打开”对话框中选择“背景 素材.png”文件，单击将其拖曳到页面之上并调整其位置。效果如图所示。

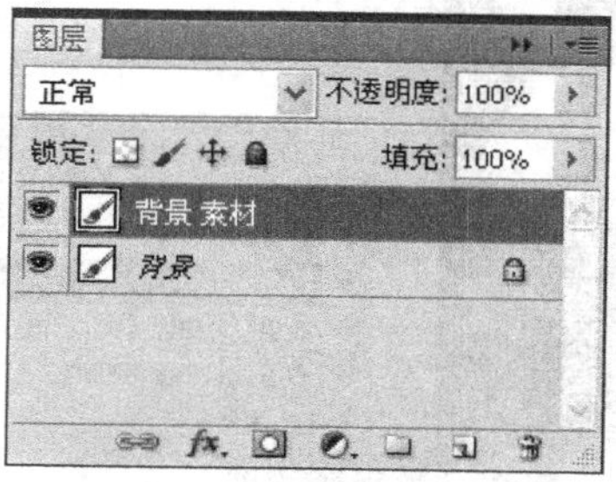

03 色相饱和度的调整。单击图层面板下方“创建新的填充”或者“调整图层”按钮下的下拉三角，在弹出的下拉菜单中选择“色相饱和度”选项，对其参数进行设置。效果如图所示。

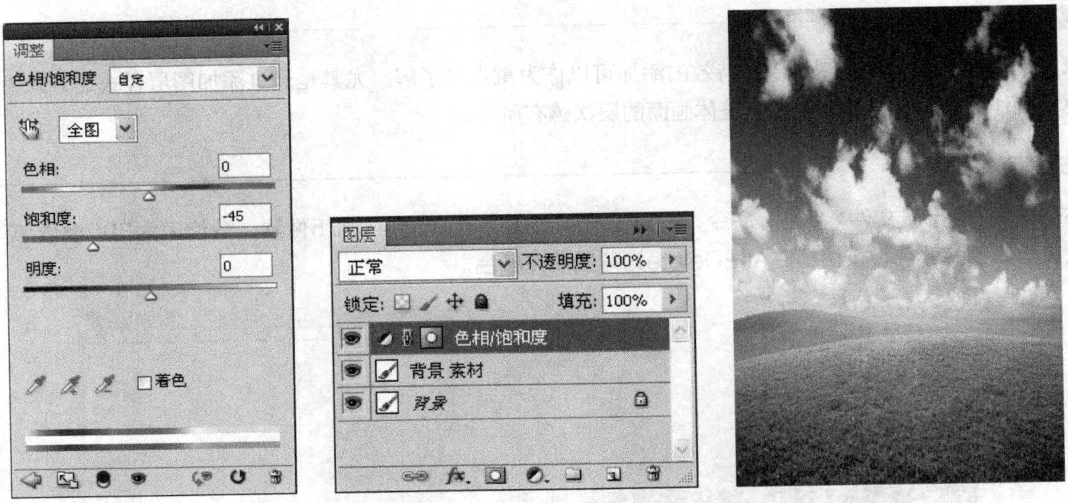

04 曲线压暗四周。单击图层面板下方“创建新的填充”或者“调整图层”按钮下的下拉三角，在弹出的下拉菜单中选择“曲线”选项，对其参数进行设置。并通过画笔擦除蒙版的方式将曲线不需要作用的部分进行擦除。效果如图所示。

05 天气素材的添加。执行“文件>打开”命令，在弹出的“打开”对话框中选择“天气 素材.png”文件，单击将其拖曳到页面之上并调整其位置。效果如图所示。

06 投影效果的添加。在图层面板中单击“添加图层样式”按钮，在弹出的下拉列表中选择“投影”选项，在弹出的“图层样式”对话框中对其参数进行设置后单击“确定”按钮。效果如图所示。

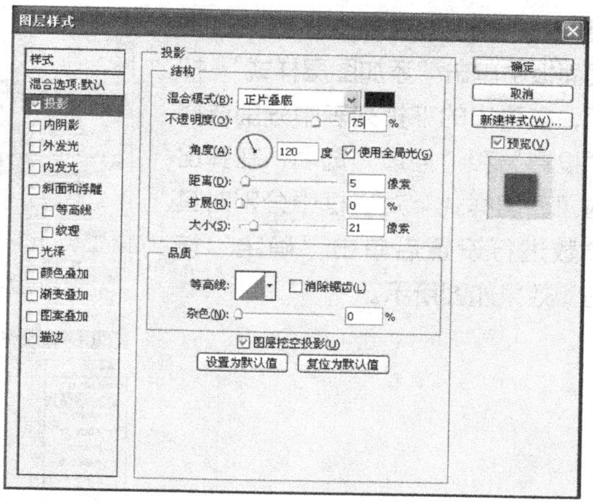

07 描边效果的添加。在图层面板中单击“添加图层样式”按钮，在弹出的下拉列表中选择“描边”选项，在弹出的“图层样式”对话框中对其参数进行设置后单击“确定”按钮。效果如图所示。

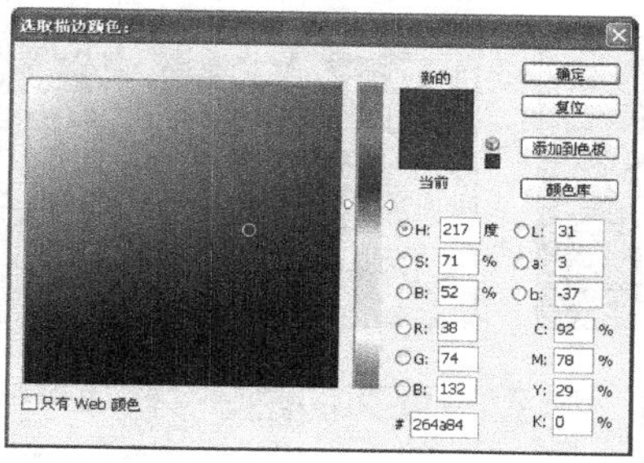

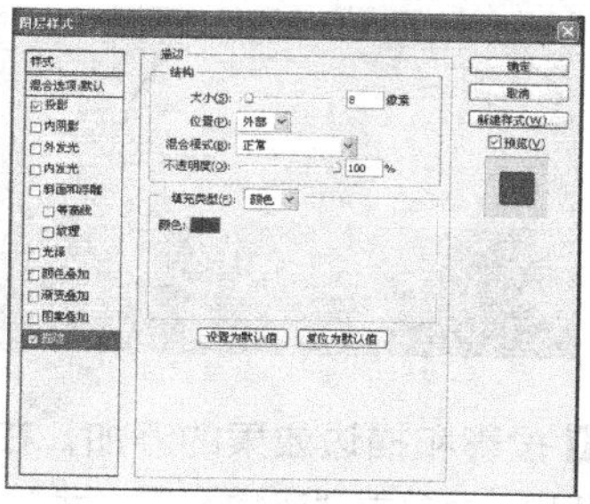

08 圆角矩形色块的制作。新建图层后，单击工具箱中的“圆角矩形工具”，在页面上绘制出如图所示的闭合路径。转换为选区后将前景色设置为白色，并按快捷键Alt+Delete进行填充即可。再将该图层的“不透明度”调整为55%。效果如图所示。

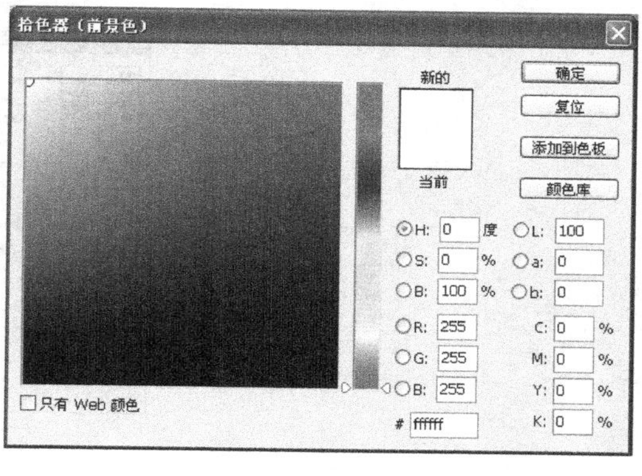

09 投影和描边效果的添加。在图层面板中单击“添加图层样式”按钮，在弹出的下拉列表中分别选择“投影”和“描边”选项，在弹出的“图层样式”对话框中分别对其参数进行设置后单击“确定”按钮。效果如图所示。

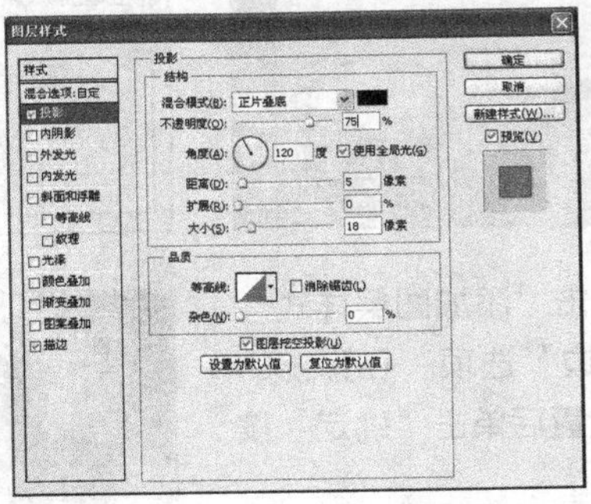

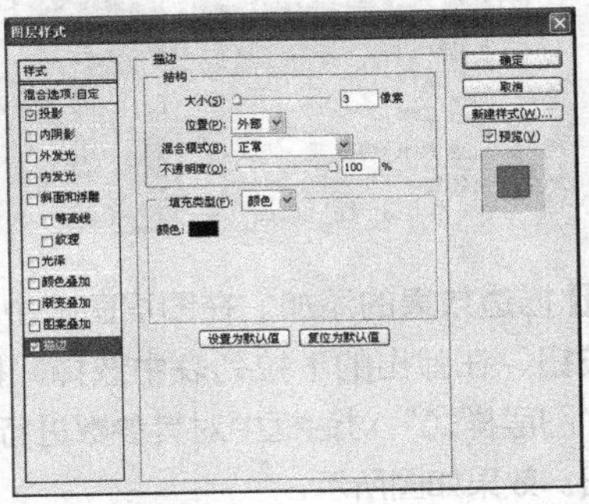

10 圆角矩形色块2的制作。新建图层后，单击工具箱中的“圆角矩形工具”，在页面上绘制出如图所示的闭合路径。转换为选区后将前景色设置为白色，并按快捷键Alt+Delete进行填充即可。再将该图层的“不透明度”调整为55%。效果如图所示。

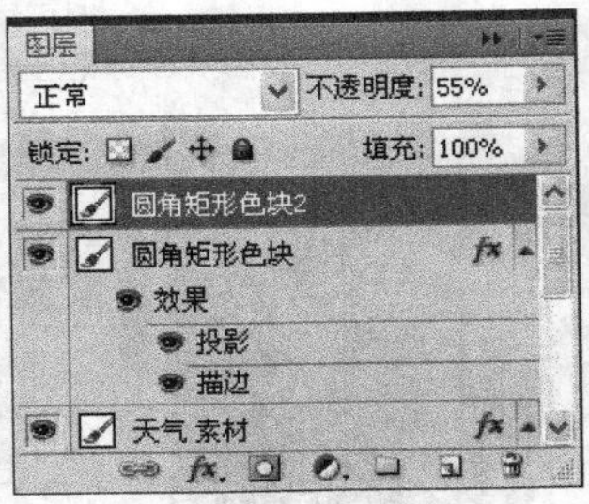

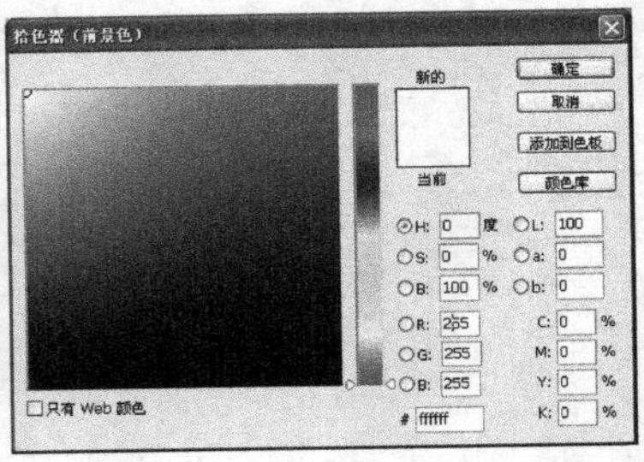

11 投影和描边效果的添加。在图层面板中单击“添加图层样式”按钮，在弹出的下拉列表中分别选择“投影”和“描边”选项，在弹出的“图层样式”对话框中分别对其参数进行设置后单击确定。效果如图所示。

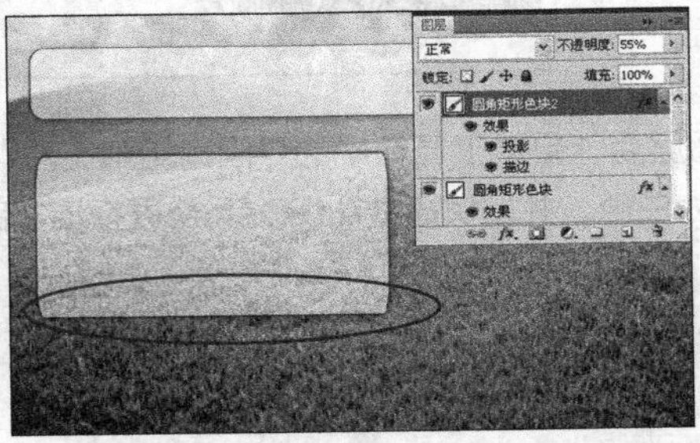

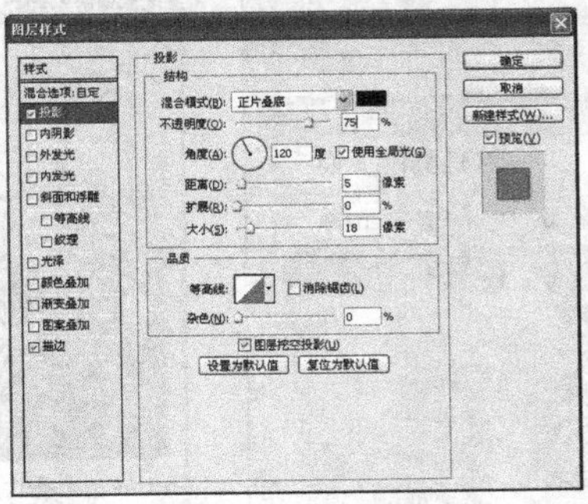

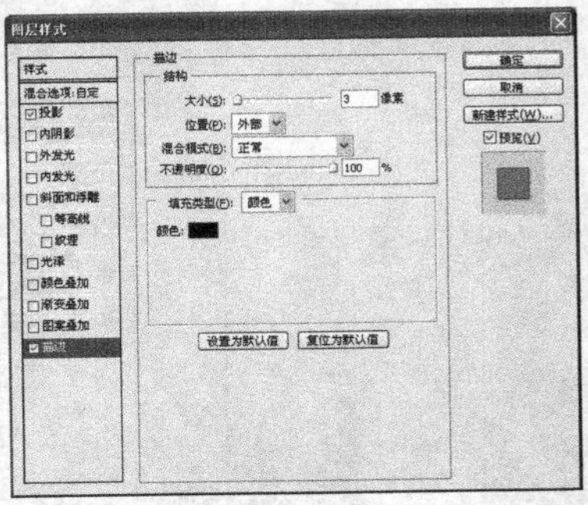

第09章

12 其他圆角矩形色块的制作。按照上述方式继续制作其他圆角矩形色块。效果如图所示。

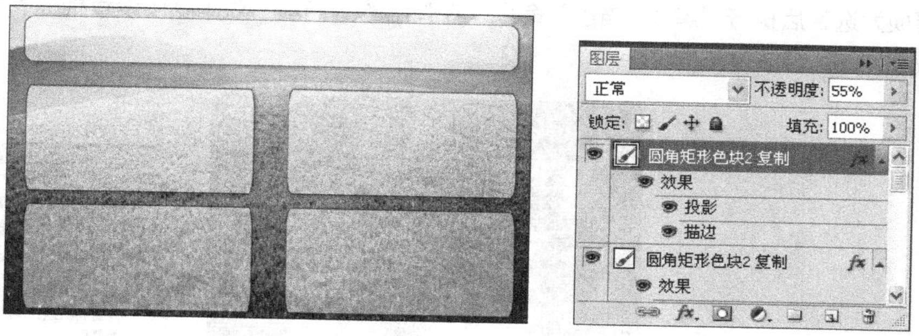

13 天气素材2的添加。执行“文件>打开”命令，在弹出的“打开”对话框中选择“天气 素材2.png”文件，单击将其拖曳到页面之上并调整其位置。效果如图所示。

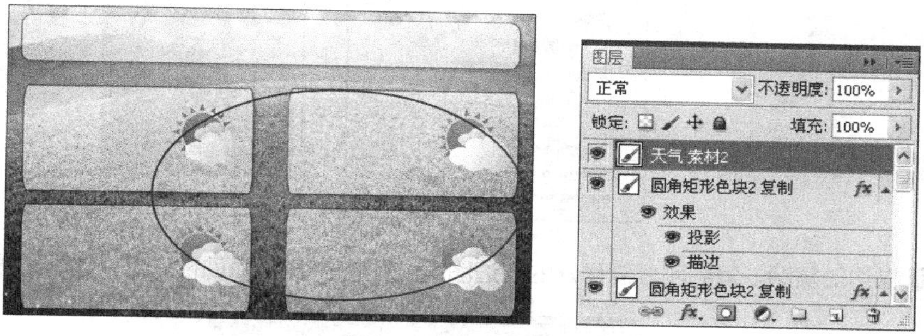

14 矩形色块的制作。新建图层后，单击工具箱中的“矩形选框工具”，在页面上绘制出如图所示的矩形选区。将前景色设置为蓝色后按快捷键Alt+Delete进行填充即可。效果如图所示。

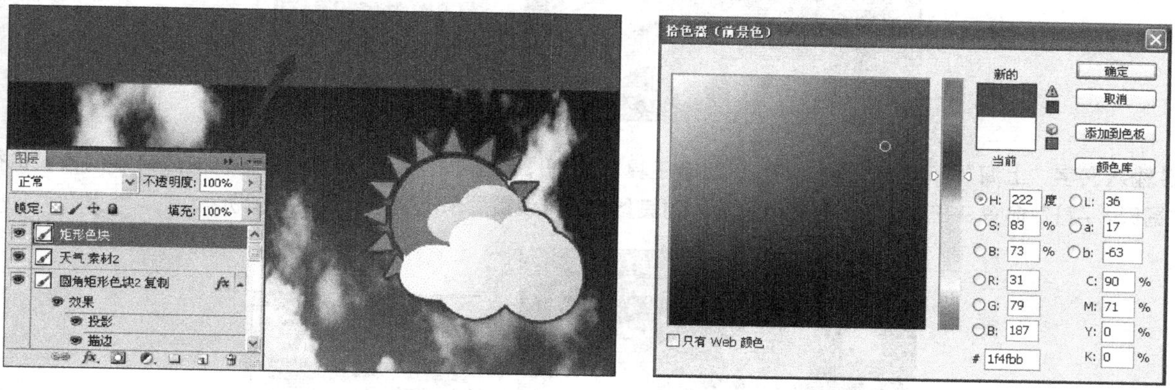

15 设置不透明度。在图层面板中将该图层的“不透明度”调整为47%。效果如图所示。

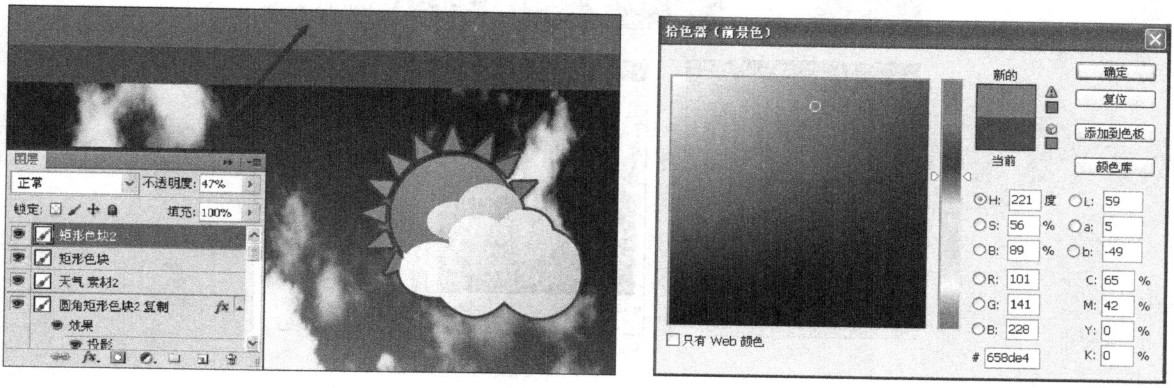

16 描边的制作。新建图层后，单击工具箱中的“圆角矩形工具”，在页面上绘制出如图所示的闭合路径，将其转换为选区后执行“编辑>描边”命令，在弹出的“描边”对画框中设置相关参数，再单击“确定”按钮即可。效果如图所示。

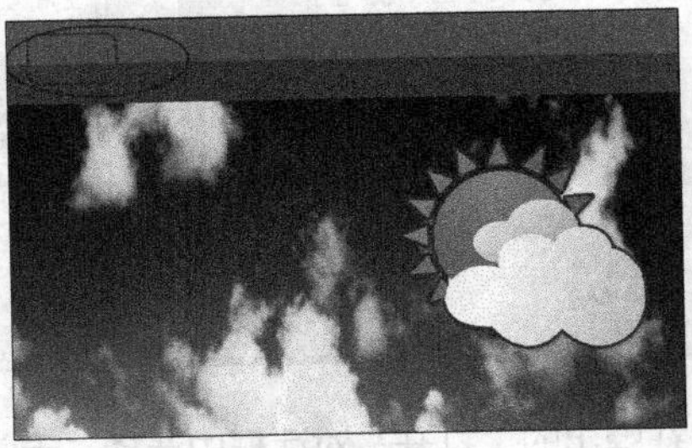

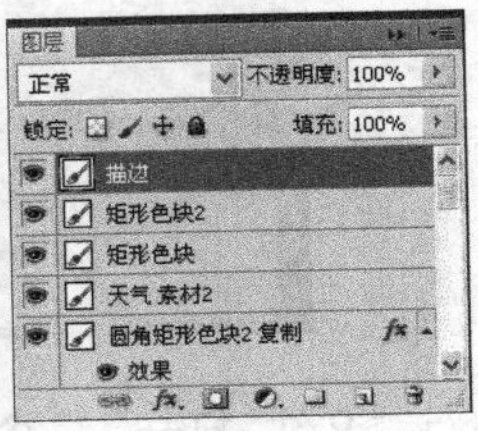

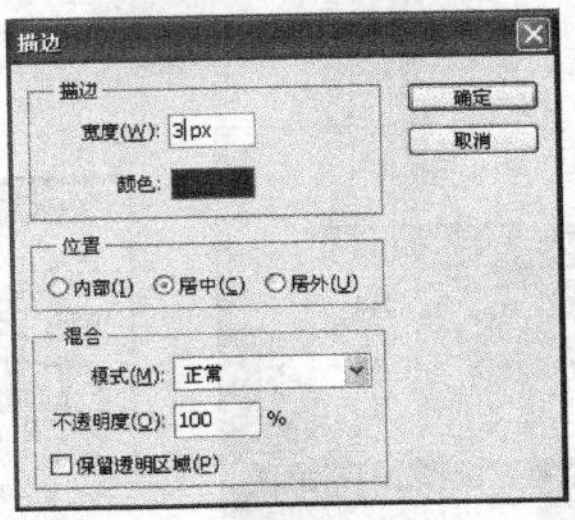

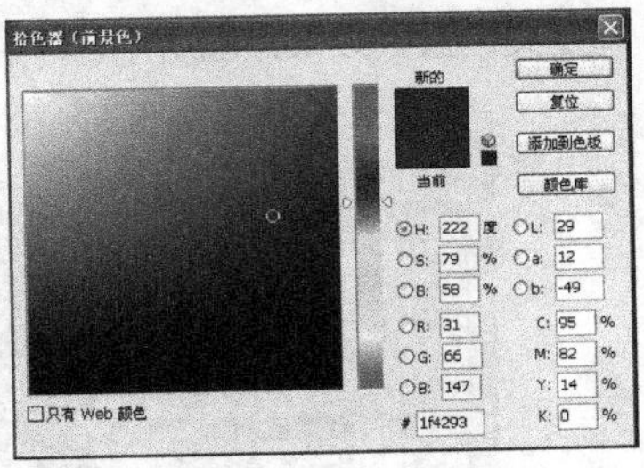

17 描边的复制。复制刚才制作好的描边图层，并将其移至页面的右侧。效果如图所示。

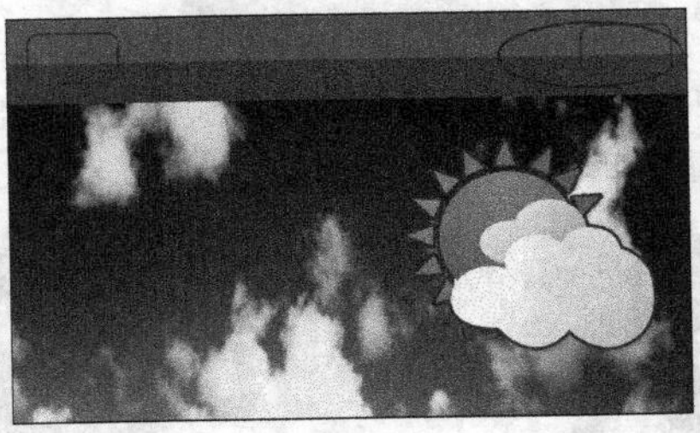

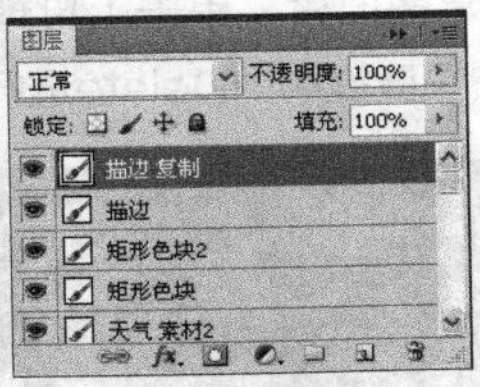

18 输入文字“上海”。单击工具箱中的“文字工具” 按钮，在页面中绘制文本框并输入对应文字内容。执行“窗口>字符”命令，在弹出的“字符”面板中对其参数进行设置后单击确定。效果如图所示。

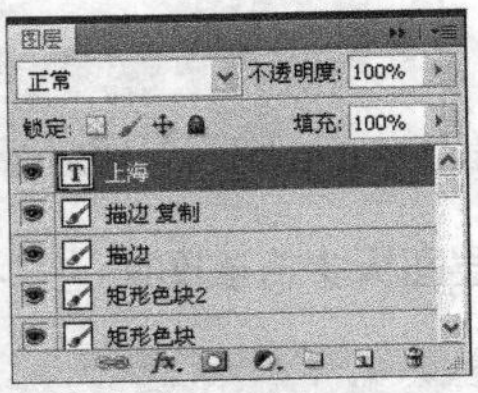

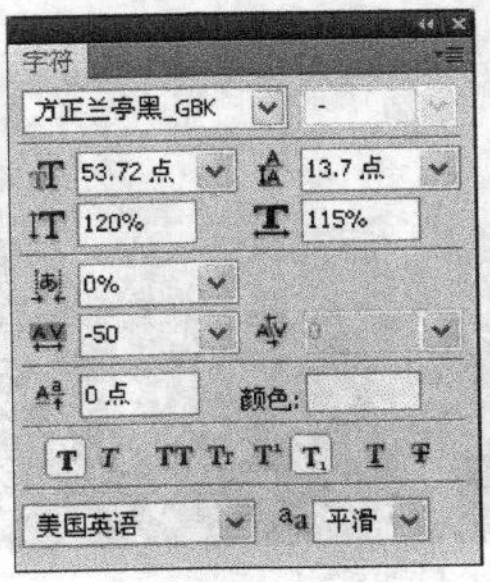

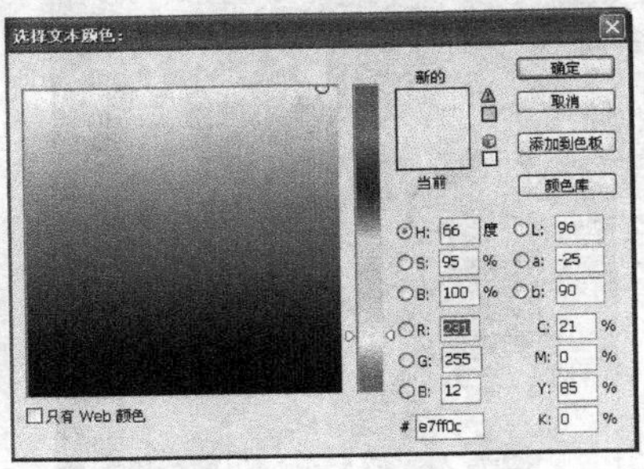

19 描边效果的添加。在图层面板中单击“添加图层样式”按钮，在弹出的下拉列表中选择“描边”选项，在弹出的“图层样式”对话框中对其参数进行设置后单击确定。效果如图所示。

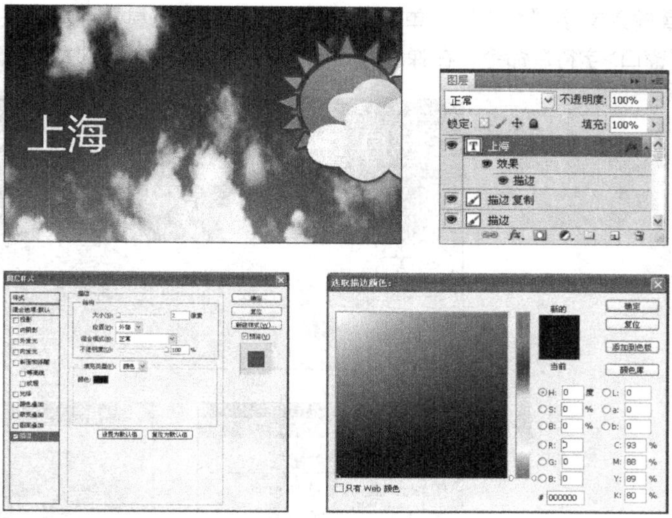

20 输入文字“（1/1）”。单击工具箱中的“文字工具” 按钮，在页面中绘制文本框并输入对应文字内容。执行“窗口>字符”命令，在弹出的“字符”面板中对其参数进行设置后单击确定。然后在图层面板中单击“添加图层样式” 按钮，在弹出的下拉列表中选择“描边”选项，在弹出的“图层样式”对话框中对其参数进行设置后单击确定。效果如图所示。

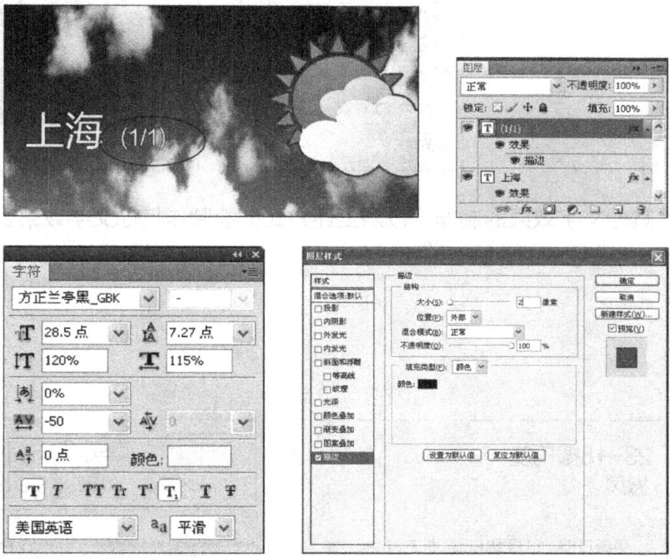

21 输入文字“多云”。按照上述方式继续进行文字效果的制作，并通过添加图层样式的方式为该文字添加描边的效果。效果如图所示。

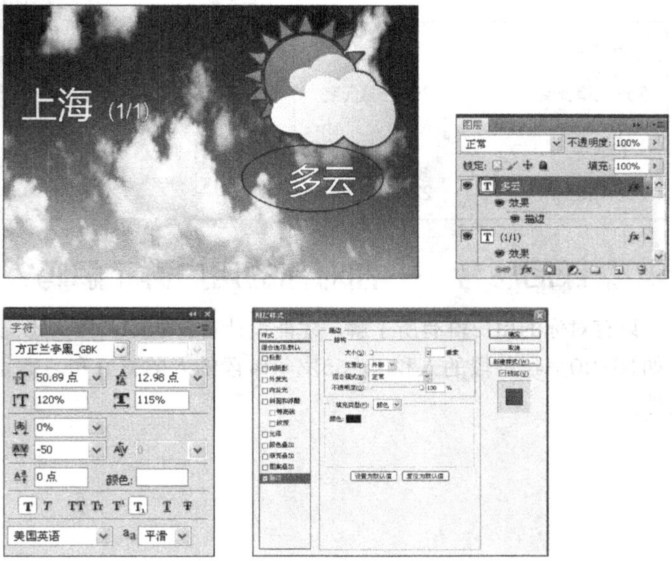

22 输入文字“今天”。单击工具箱中的“文字工具” 按钮，在页面中绘制文本框并输入对应文字内容。执行“窗口>字符”命令，在弹出的“字符”面板中对其参数进行设置后单击确定。效果如图所示。

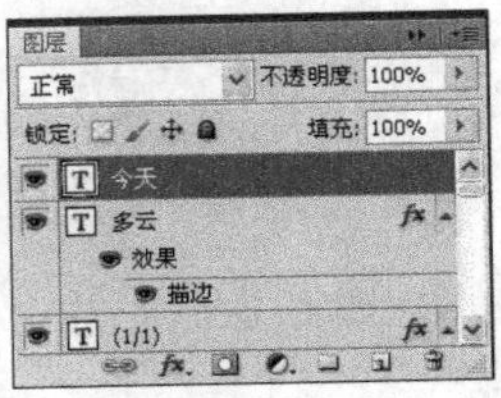

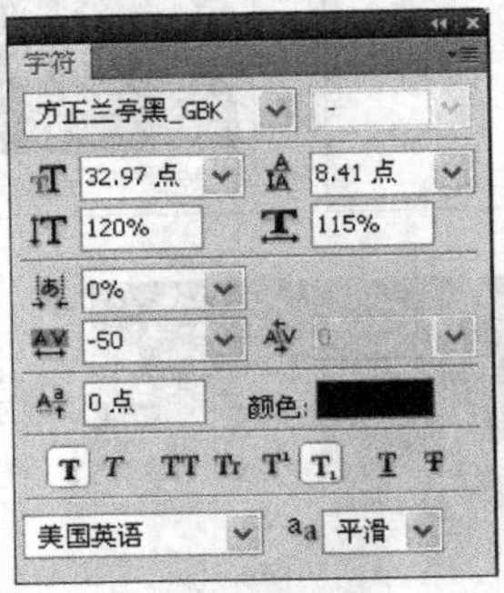

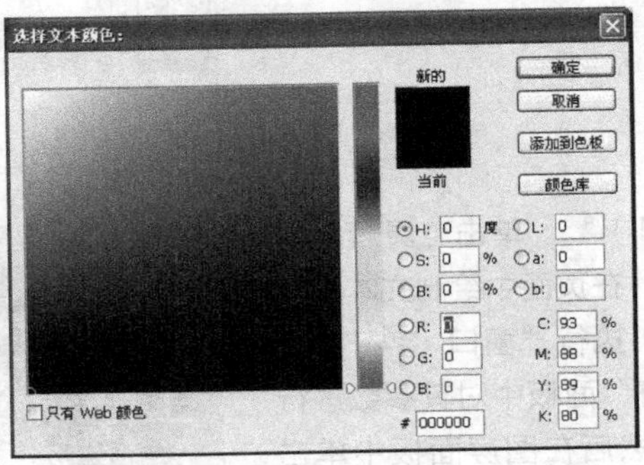

23 其他文字效果的制作。按照上述方式继续制作其他文字效果。最终效果如图所示。

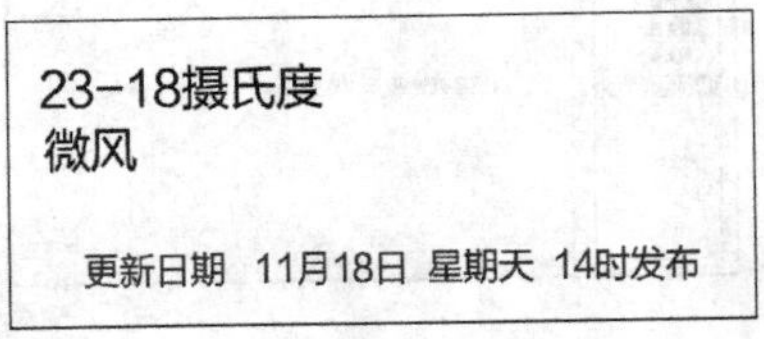

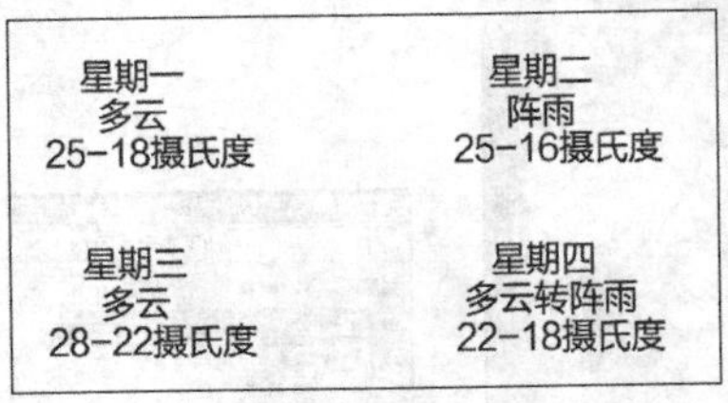

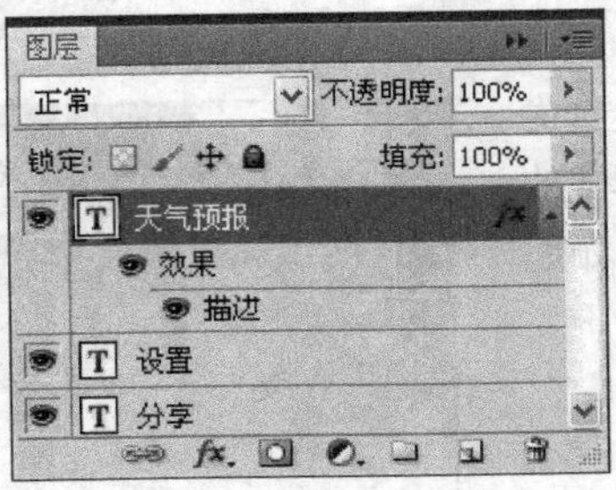

9.4 课后思考——你对你的用户群了解吗?

只有对你的用户群有所了解，才能设计有效的UI。因为不同的用户阶层对不同的设计元素有着不同的理解，比如16~20岁年龄段的人和35~55岁年龄段的人的喜好和习惯肯定有很大的不同，所以你的UI设计必须要有针对性。

bizzibrains

kidSAFE
I imagine
options

适合儿童的界面设计（简单、活泼）

中国电信 12:50
iLady优家画报
The Lady | 朱珠 可爱比美丽更重要
朱珠就像一朵刚刚苏醒过来的玫瑰，她的魅力让女人惭愧，男人迷恋。
Weekly Topic | 春夏潮流趋势指南
什么穿法将会成为主流？总结每季的流行

2014 SPRING/ SUMMER
TRENDS REPORT
2014春夏潮流趋势指南
什么穿法将会成为主流？什么风格又在这一季强势回归？总结每一季的流行趋势是一项浩大又有趣的工程，或许你会觉得这一个个主题有些似曾相识，却又能在设计师每一次不同的小细节里发现另一个世界。

Dress in Flowers
乱花渐欲迷人眼
——如何挑选印花单品

适合年轻人的界面设计（亮丽）

老年保健

中国电信 12:49
全部
老人保健
老年生活
骨提取纯胶原肽粉
2/6
8种性格能让你增寿
长寿与遗传基因、生活习惯等息息相关。此外，性格特征也...
物品移位最好提前与老人沟通
陈老伯最近总是感觉不舒服、难受，原来是家人觉得老书桌...
住大房子 老人易抑郁
行业资讯
企业黄页
供求商机
圈子
更多内容

中国联通 下午11:14
NATURE MOBILE
TREES
Species Guide
Quiz Game
More Trees

适合中老年人的界面设计（规整）

第10章

制作播放器界面

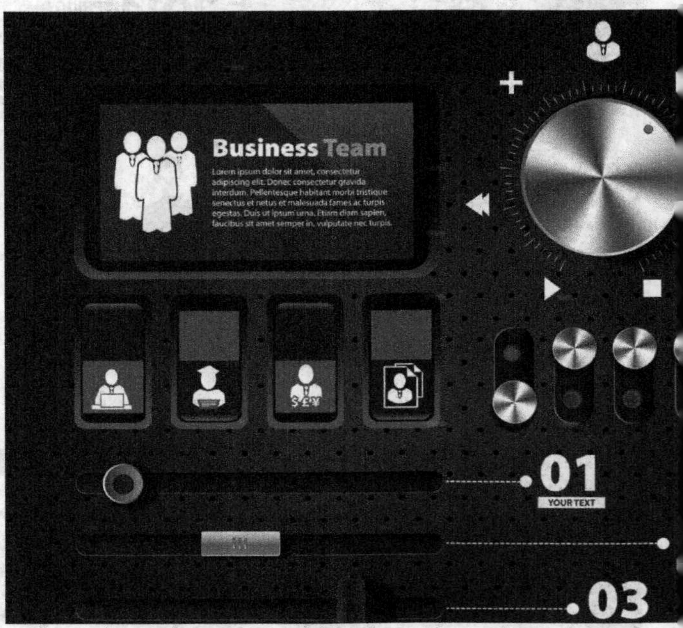

本章介绍

本章主要围绕播放器界面的制作来展开话题，通过了解播放器界面制作的概念并欣赏不同风格的播放器，使读者更确切地了解播放器界面制作的相关知识。除此以外，通过实例的详解可以学习到如何具体地制作视频播放器、打造具有震撼效果的金属质感的播放器等。

教学目标

- 理解播放器界面制作的概念
- 欣赏不同风格的播放器效果

10.1 各种风格的播放器界面

界面UI设计中细节的力量在网页设计/UI设计中有着无穷的魅力。很多时候就是一种描述不出来的颜色、一些1像素的高光，或者是一种质感，打动了你。作为界面UI设计师，我们需要不断地努力，常问自己一个问题，我是否有了掌控视觉设计的细节到比较准确地实现目标的设计方案，从而引导用户的心理感受的能力？下面我们就列举几个优秀播放器的特点，以此来阐述播放器界面的设计方法。

10.2 宽大的背景面板

宽大的背景面板让这个设计方案有一种一整块的感觉，好像一个简单的遥控器，玻璃质感、高饱和度的蓝色让重要的控制按钮醒目易见，音量调节界面的设计很有特点。

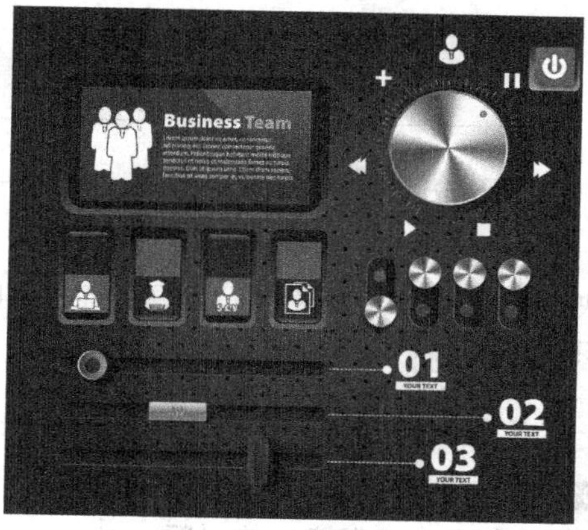

10.3 突出的质感

细看控制条背景有一种金属拉丝般的质感，进度条的滑动按钮也是金属的质感，底部的1像素高光让边缘有了凸出的感觉，播放进度条中间更深层次的1个像素的凹陷给设计添加了更丰富的细节。

10.4 浓郁的色调

浓得化不开的黑色是这个设计给人的直观感受，面板顶部凹陷的刻痕给面板厚重、实在的感觉。3种设计方案让我们看到了控制按钮不同的组合方式。

10.5 清晰的边缘

细微的浅灰色渐变、边缘2个像素的内发光、各控制按钮的内阴影、1像素的边缘高光的组合是最常见到的设计方案之一，很经典，并且让这个播放器界面的边缘看上去非常锋利，像能划破手指一般。

案例 1 制作视频播放器图标

案例分析

本例将制作一款视频播放器，整体画面以洋红色为主色调，通过形状色块的制作、高光效果的绘制以及投影等效果的添加，最终打造出通透、立体的播放器效果。

技巧分析

在制作中需要掌握的知识有以下几点：首先是各种色块的制作，包括圆角矩形色块、三角形色块以及异形色块等，其中涉及圆角矩形工具以及钢笔工具的应用等；另外图层样式的变换也可以作为该案例中的一个重要的知识点来学习。

步骤演练

01 新建空白文档。执行“文件>新建”命令，在弹出的“新建”对话框中设置参数后单击确定。新建一个空白页面。

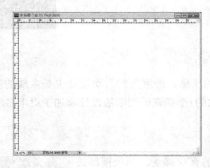

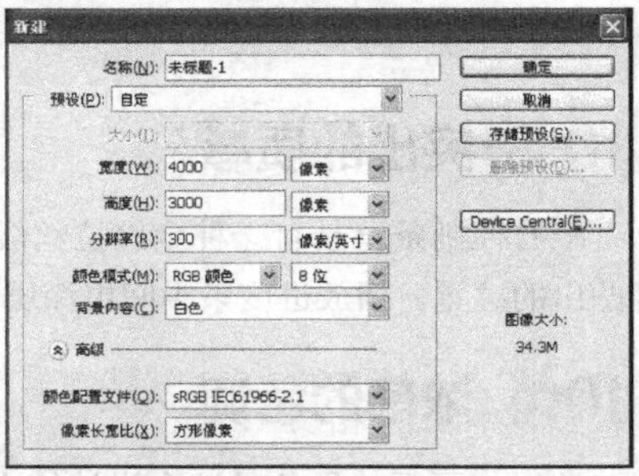

02 渐变背景的制作。新建图层后，单击工具箱中的“渐变工具”按钮，在属性栏中单击“点按可编辑渐变” 按钮，在弹出的“渐变编辑器”对话框中，设置参数后单击确定，将新建的图层填充为紫色的渐变。效果如图所示。

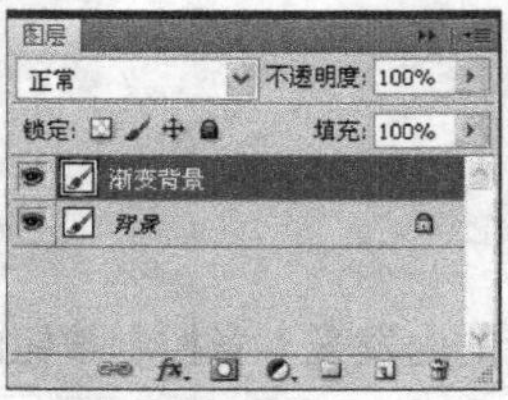

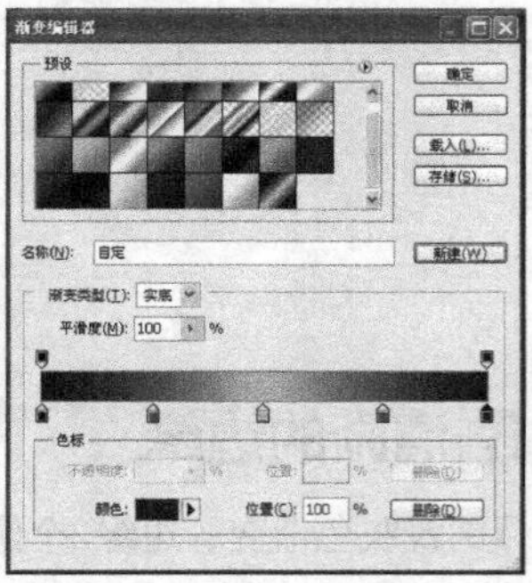

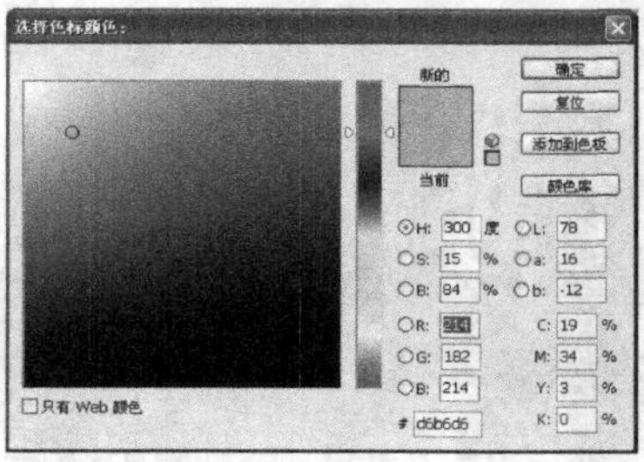

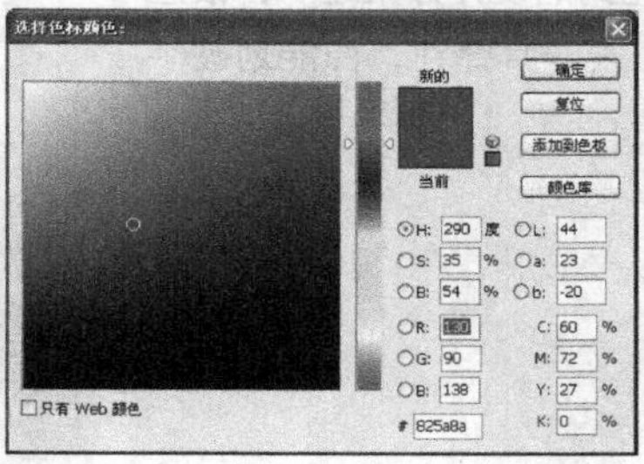

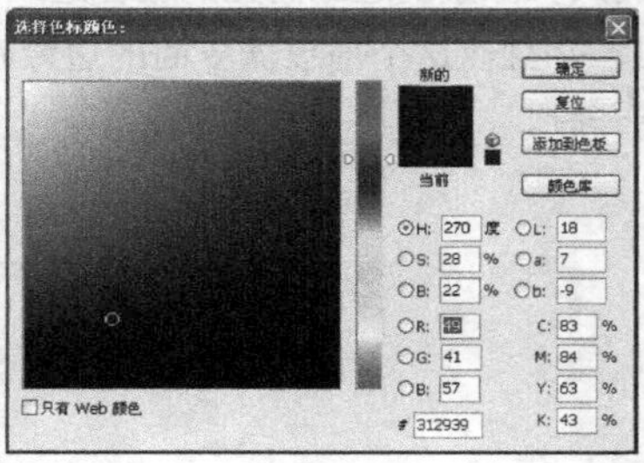

03 圆角矩形色块的制作。新建图层后，用“圆角矩形工具”在页面上绘制出如图所示的闭合路径，转换为选区后将其填充为红色的渐变色。效果如图所示。

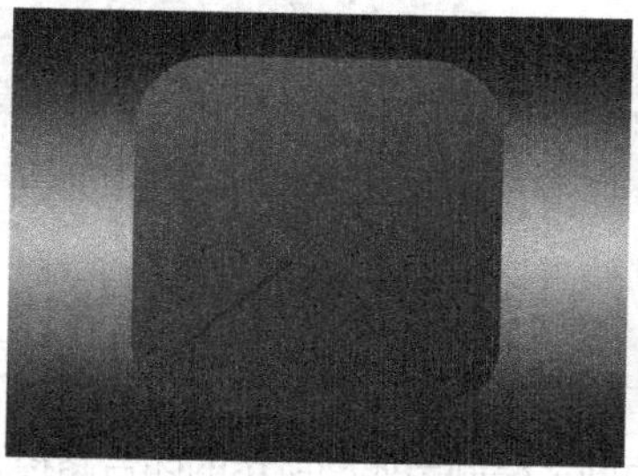

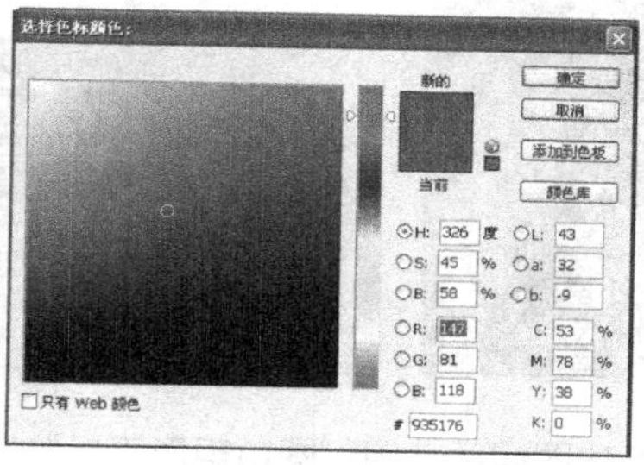

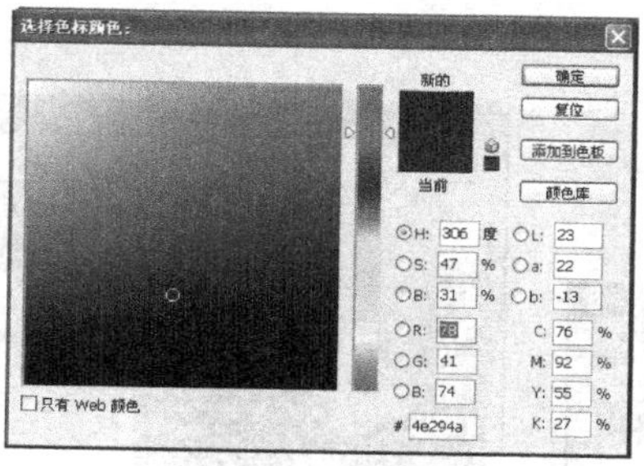

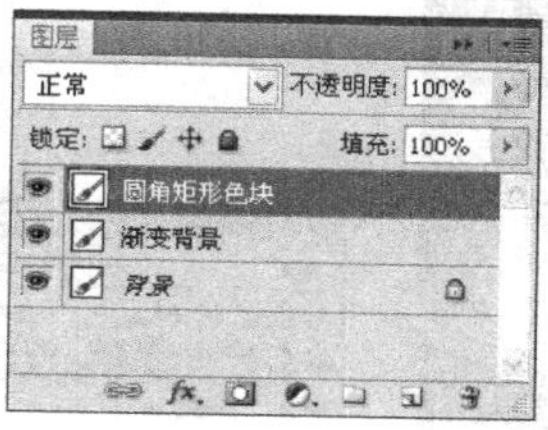

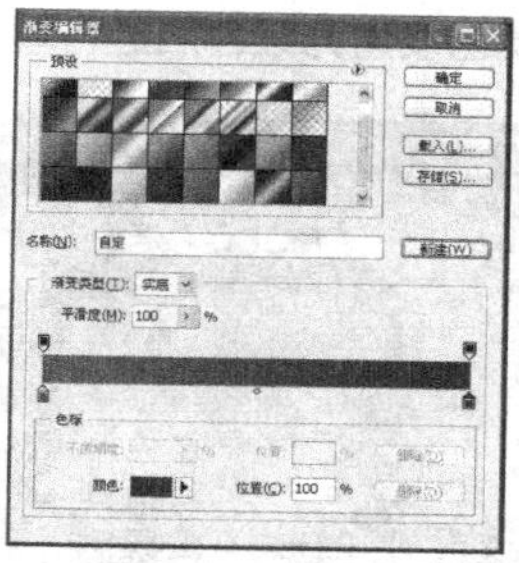

04 投影效果的制添加。在图层面板中单击“添加图层样式” 按钮，在弹出的下拉列表中选择“投影”选项，在弹出的“图层样式”对话框中对其参数进行设置后单击确定。效果如图所示。

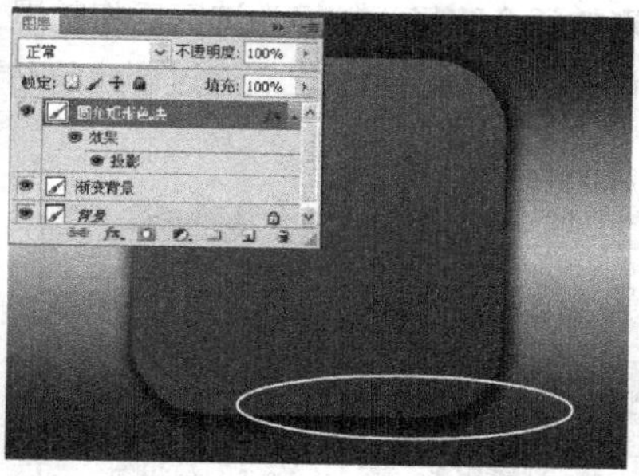

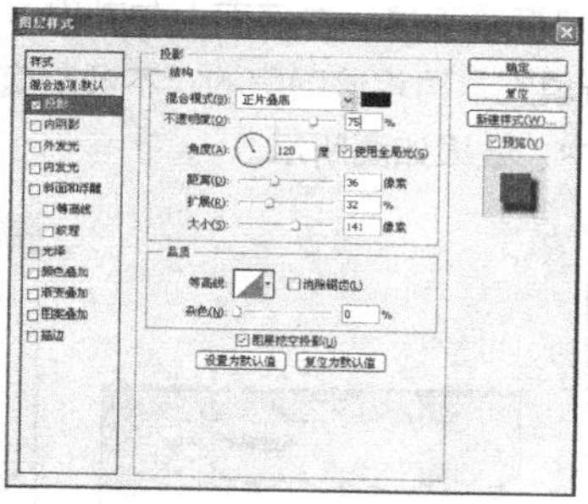

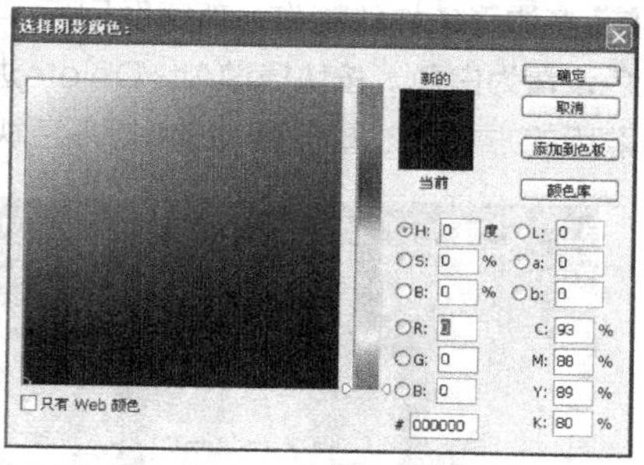

05 曲线的调整。单击图层面板下方“创建新的填充”或者“调整图层”按钮下的下拉三角，在弹出的下拉菜单中选择“曲线”选项，对其参数进行设置。再通过创建剪贴蒙版的方式将曲线置入圆角矩形色块中。

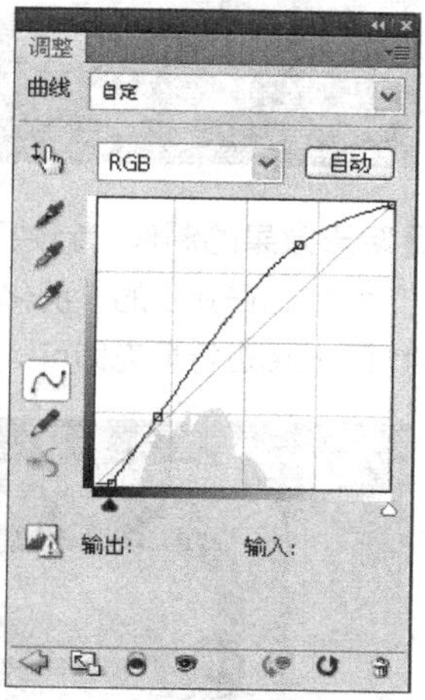

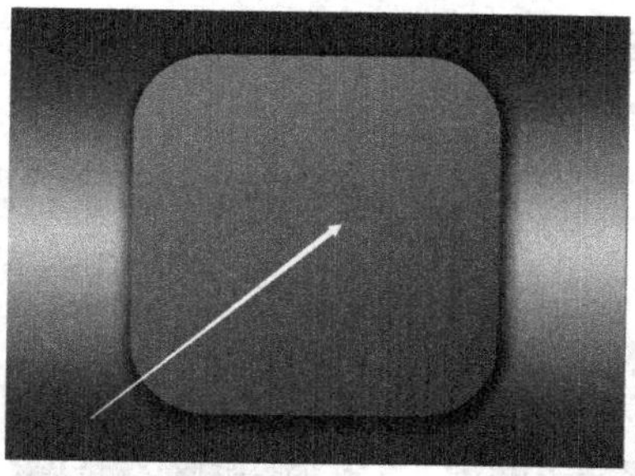

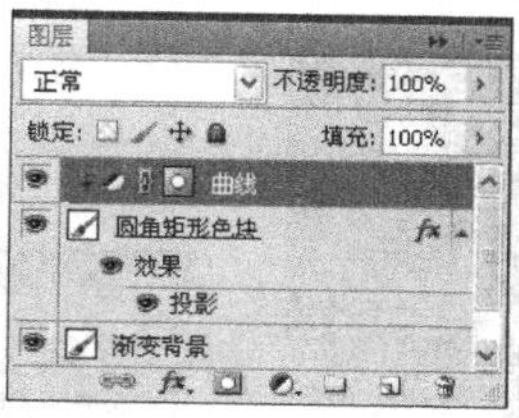

06 异形色块的制作。新建图层后，用“钢笔工具”在页面上勾勒出如图所示的闭合路径，转换为选区后将前景色设置为深紫色，按快捷键Alt+Delete进行填充即可。效果如图所示。

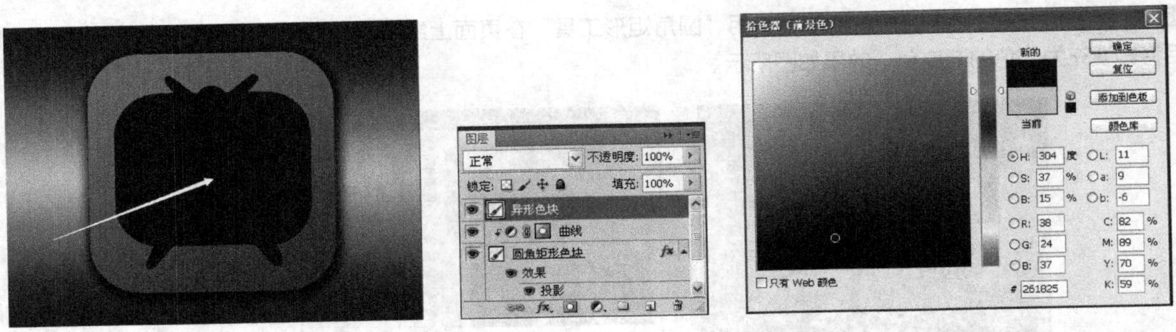

07 圆角矩形色块2的制作。新建图层后，用“圆角矩形工具”在页面上绘制出如图所示的闭合路径，转换为选区后将前景色设置为红色后进行填充。效果如图所示。

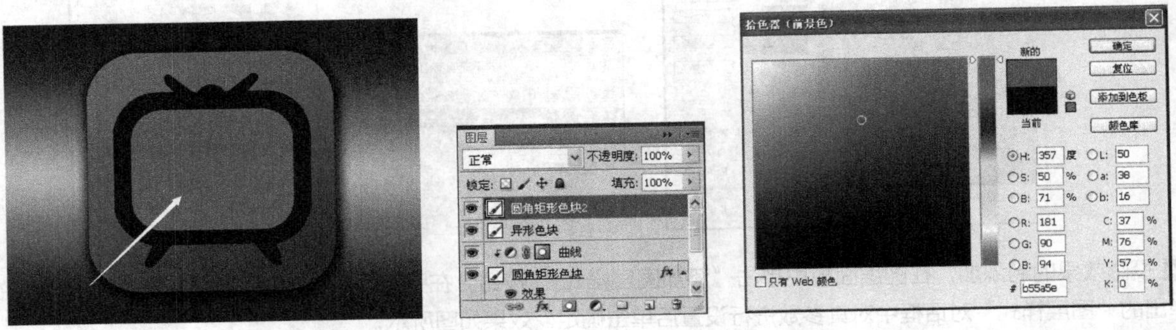

08 多边形色块的制作。新建图层后，用“钢笔工具”在页面上勾勒出多边形的闭合路径，转换为选区后将前景色设置为白色。按快捷键Alt+Delete进行填充，再将该图层的“不透明度”调整为59%。完成之后通过创建剪贴蒙版的方式将该图层置入圆角矩形色块2中。效果如图所示。

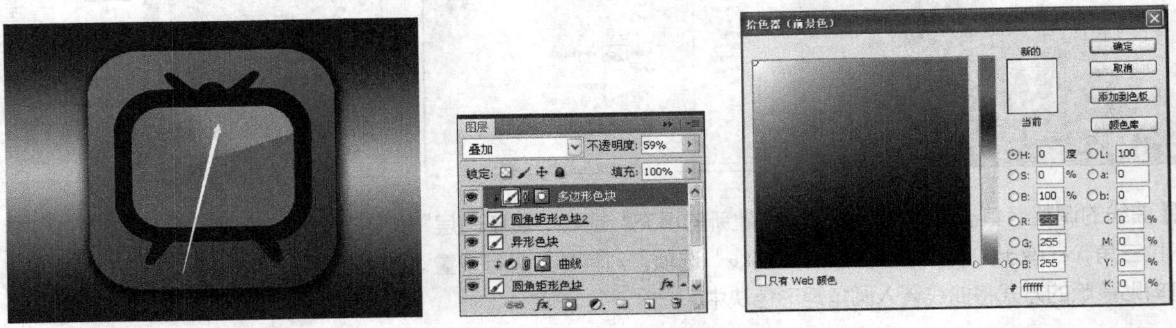

09 阴影效果的制作。新建图层后，用“椭圆选框工具”在页面上绘制出椭圆选区，然后执行“选择>修改>羽化”命令，在弹出的“羽化选区”对话框中对羽化参数进行设置后单击确定。将前景色设置为深紫色后按快捷键Alt+Delete进行填充即可。效果如图所示。

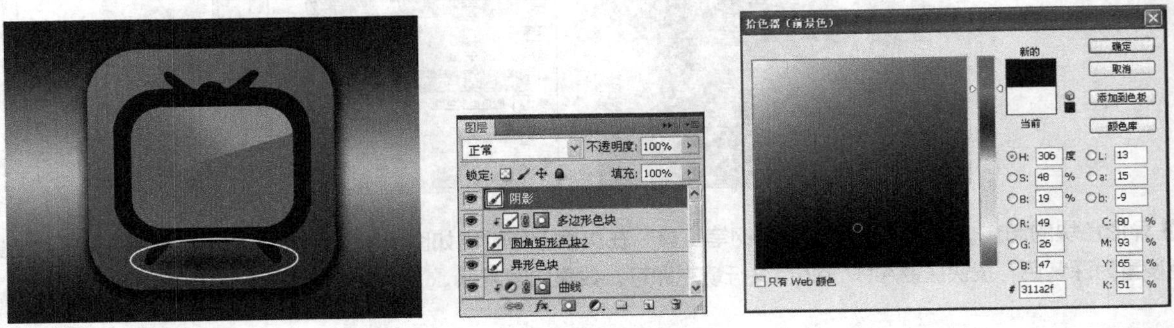

10 三角形色块。新建图层后，用“钢笔工具”在页面上勾勒出如图所示的闭合路径，转换为选区后将前景色设置为白色。按快捷键Alt+Delete进行填充。效果如图所示。

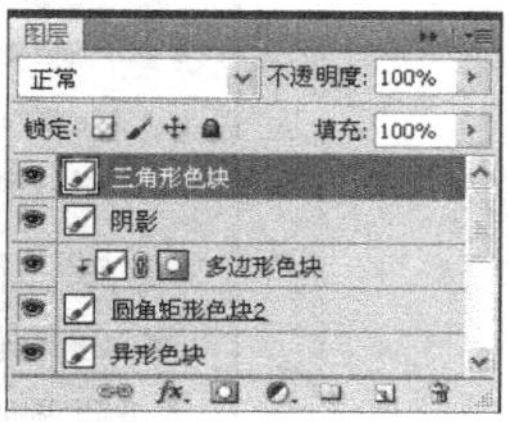

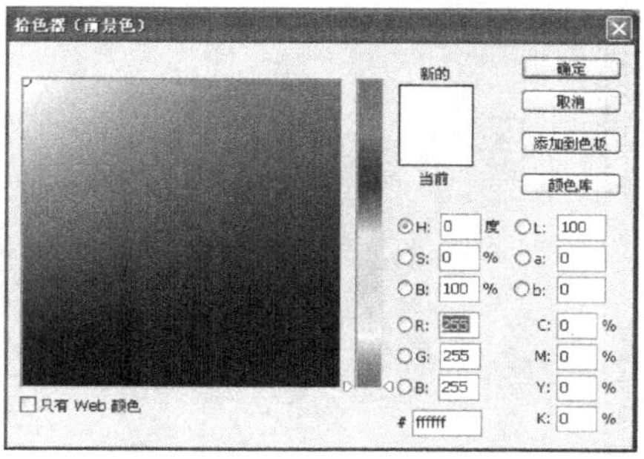

11 色阶的调整。单击图层面板下方“创建新的填充”或者“调整图层”按钮下的下拉三角，在弹出的下拉菜单中选择“色阶”选项，对其参数进行设置。最终效果如图所示。

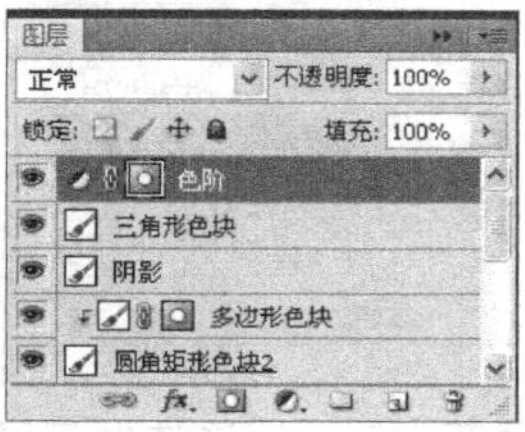

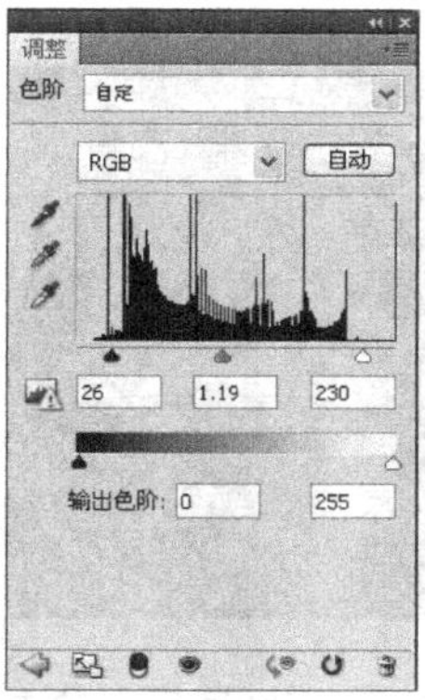

案例 2 制作震撼的金属质感的播放器图标

案例分析

该案例中播放器的制作色调较深，配合银灰色的金属边框以及荧光绿效果的播放按钮，使整体设计呈现出震撼的金属质感。除此之外，高光部分的制作可以作为一个亮点，高光效果使播放器看起来更加晶莹剔透、更时尚。

技巧分析

本例制作中除了素材的添加、圆形色块的制作、三角形异性色块的绘制等，通过图层样式的变换来营造出更强的层次感也可以作为该案例中的重要知识点来学习。另外，高光效果的制作也是需要格外注意的部分。

步骤演练

01 新建空白文档。执行“文件>新建”命令，在弹出的“新建”对话框中设置参数后单击确定。新建一个空白页面。

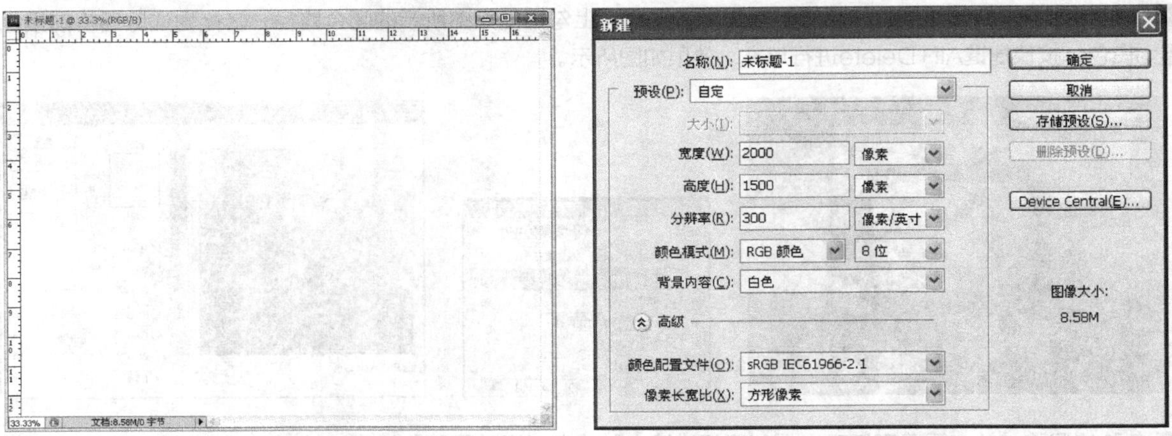

02 纯色背景的制作。新建图层后，将前景色设置为深蓝色，按快捷键Alt+Delete进行填充即可。效果如图所示。

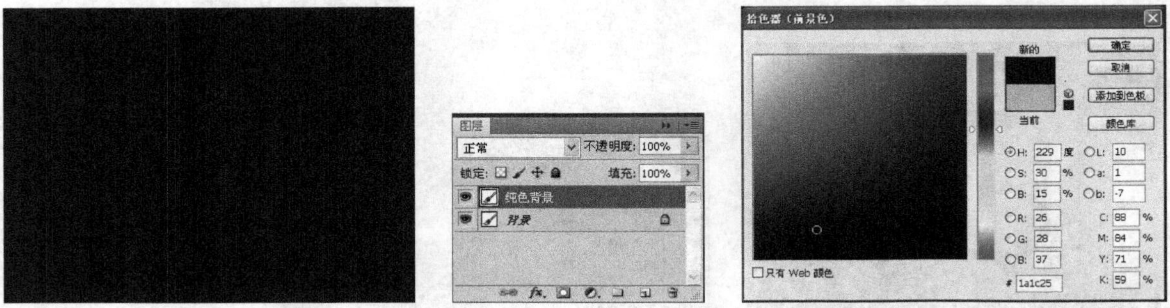

03 圆形色块的制作。新建图层后，单击工具箱中的“矩形选框工具”，在页面上绘制出如图所示的圆形选区。将前景色设置为红色后按快捷键Alt+Delete进行填充即可。效果如图所示。

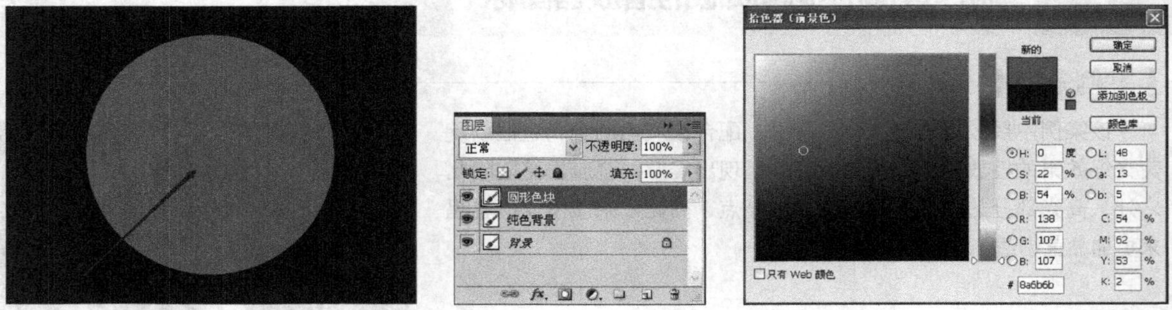

04 网纹素材的添加。执行“文件>打开”命令，在弹出的“打开”对话框中选择“网纹 素材.png”文件，单击将其拖曳到页面之上并调整其位置。再通过创建剪贴蒙版的方式将网纹素材置入圆形色块图层中。效果如图所示。

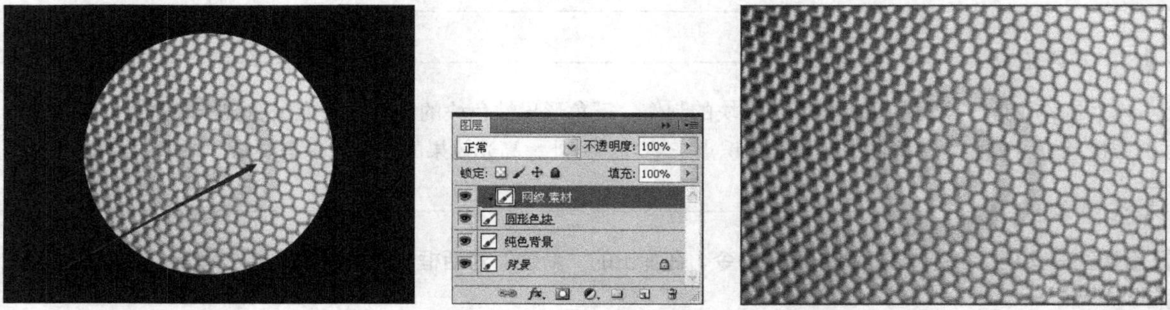

第10章

05 纯色色块的制作。新建图层后制作一个圆形褐色色块，并将该图层的“不透明度”调整为70%。接下来通过创建剪贴蒙版的方式将其置入圆形色块图层中。效果如图所示。

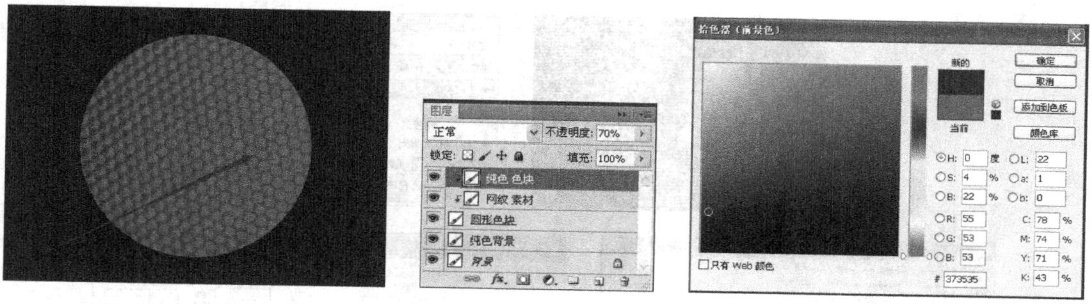

06 曲线的调整。单击图层面板下方“创建新的填充”或者“调整图层”按钮下的下拉三角，在弹出的下拉菜单中选择“曲线”选项，对其参数进行设置。效果如图所示。

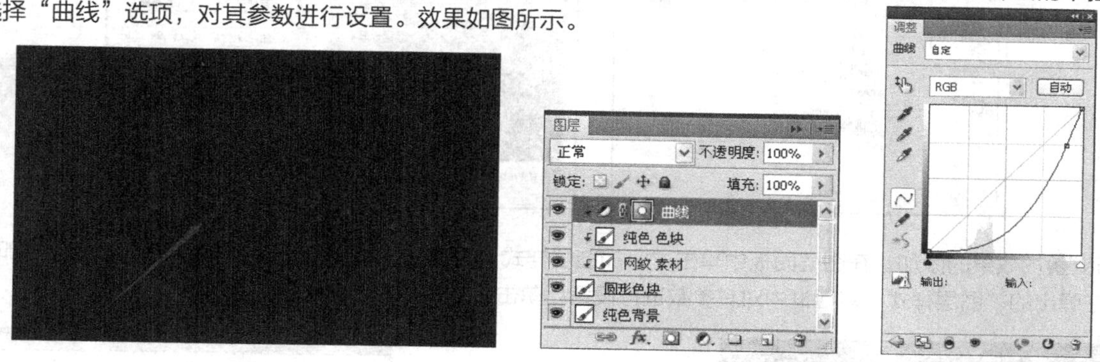

07 高光的制作。新建图层后，单击工具箱中的“钢笔工具”，在页面上勾勒出如图所示的闭合路径。转换为选区后将前景色设置为白色进行填充，并将该图层的“不透明度”调整为36%。再通过添加图层蒙版并结合渐变工具制作出上侧渐隐的高光效果。效果如图所示。

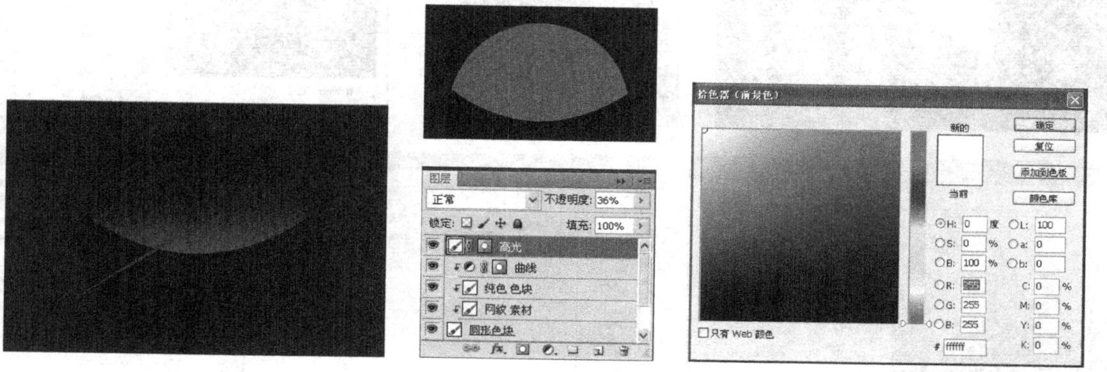

08 三角形色块的制作。新建图层后，单击工具箱中的“钢笔工具”，在页面上勾勒出如图所示的闭合路径。转换为选区后将前景色设置为深灰色进行填充。效果如图所示。

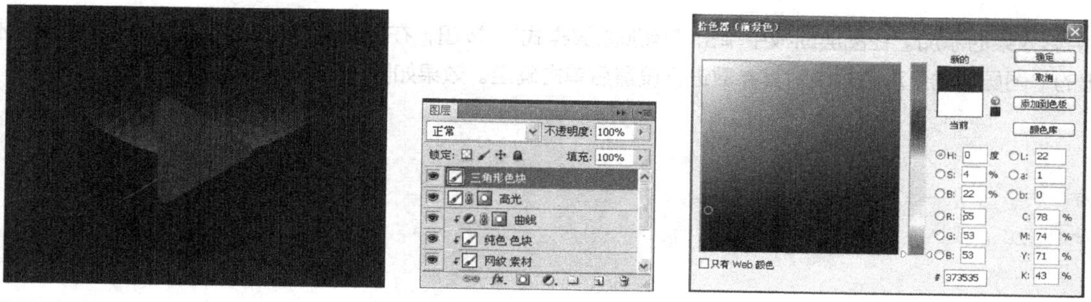

09 投影效果的添加。在图层面板中单击“添加图层样式” 按钮，在弹出的下拉列表中选择“投影”选项，在弹出的“图层样式”对话框中对其参数进行设置后单击确定。效果如图所示。

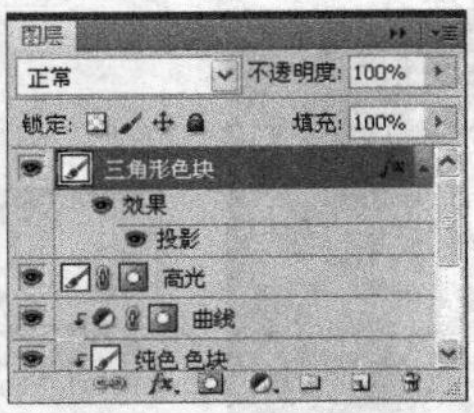

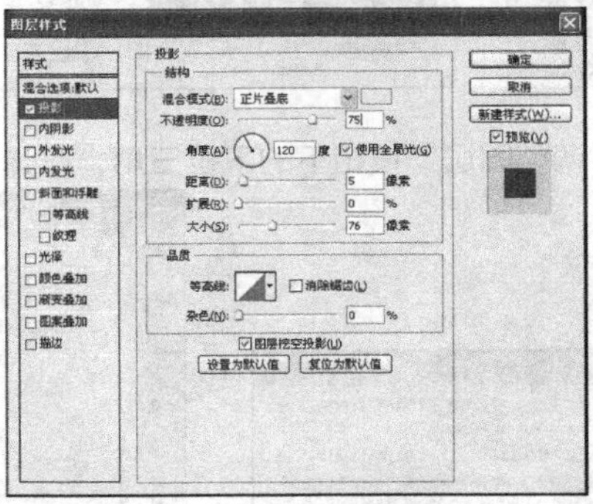

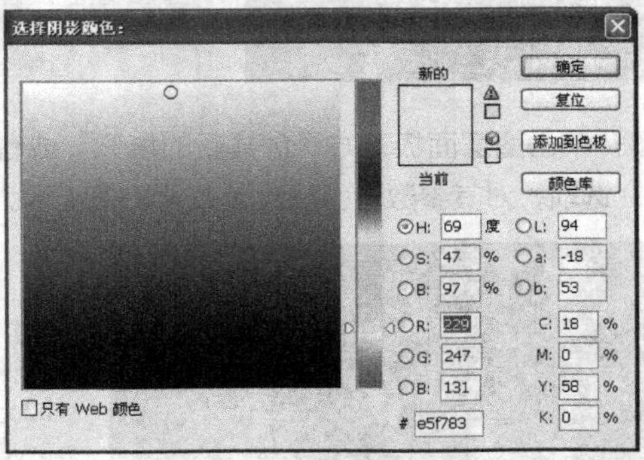

10 渐变叠加效果的添加。在图层面板中单击“添加图层样式” 按钮，在弹出的下拉列表中选择“渐变叠加”选项，在弹出的“图层样式”对话框中对其参数进行设置后单击确定。效果如图所示。

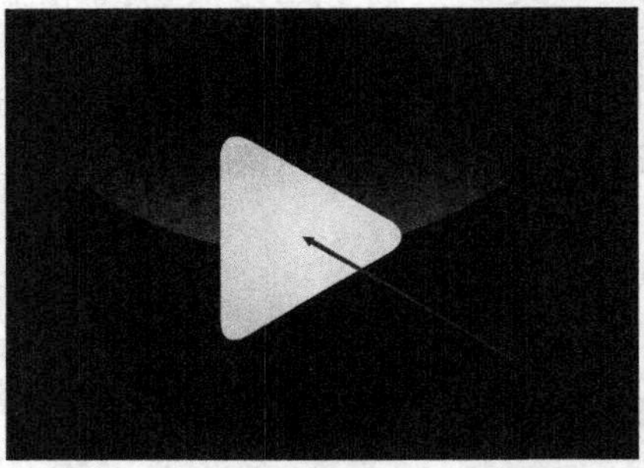

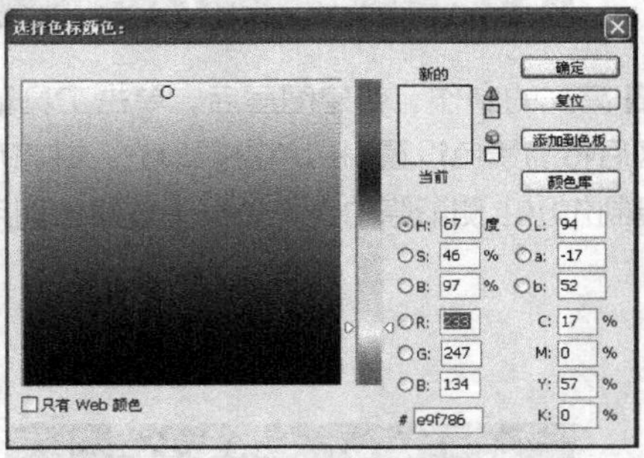

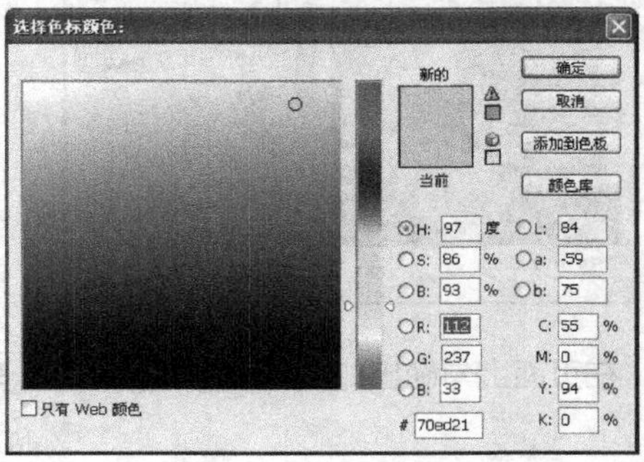

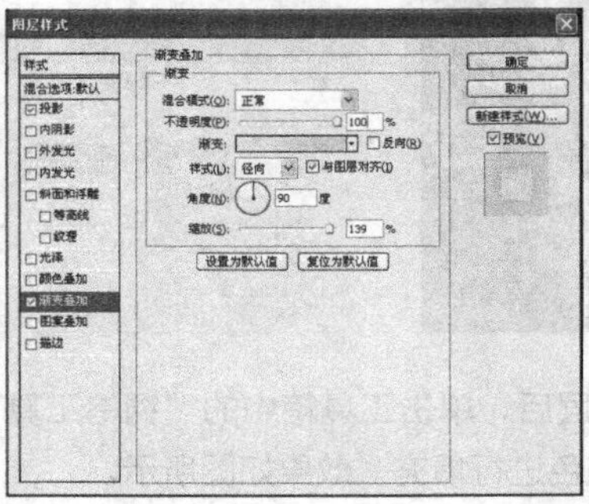

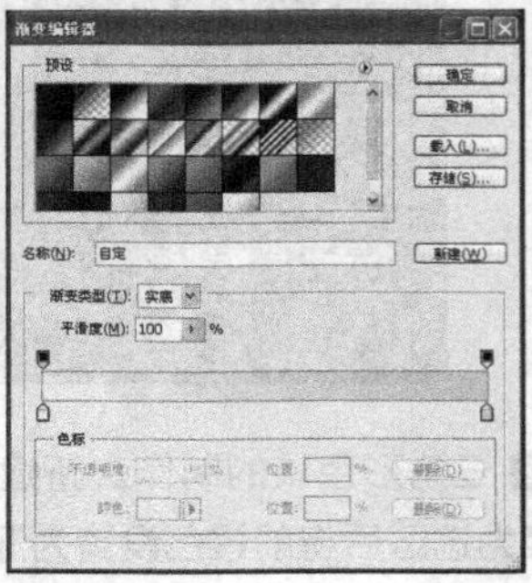

11 内阴影效果的添加。在图层面板中单击“添加图层样式” 按钮，在弹出的下拉列表中选择“内阴影”选项，在弹出的“图层样式”对话框中对其参数进行设置后单击确定。效果如图所示。

第10章

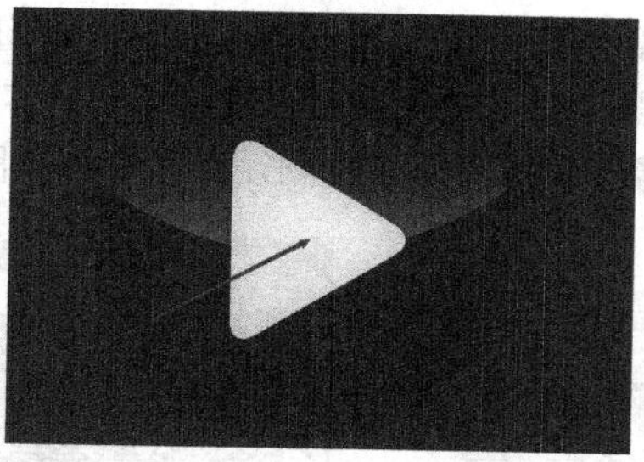

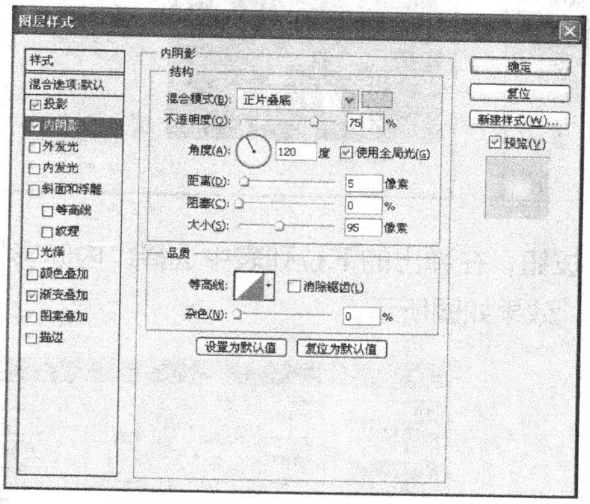

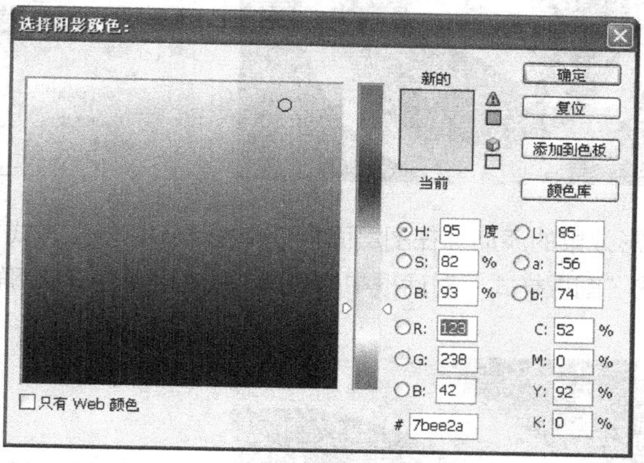

12 环形色块的制作。新建图层后，单击工具箱中的“椭圆选框工具”，在页面上绘制出圆形选区。将前景色设置为浅灰色后按快捷键Alt+Delete进行填充，这样浅灰色的圆形色块就制作好了。接下来在制作好的圆形色块上再次绘制出圆形选区，按快捷键Delete将选区部分删除，就得到了如图所示的环形色块。效果如图所示。

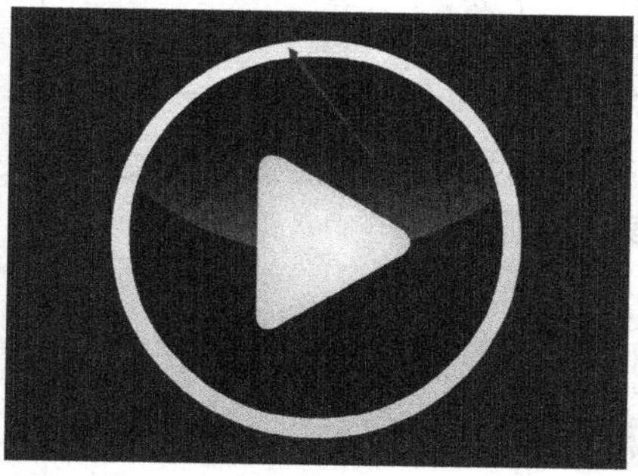

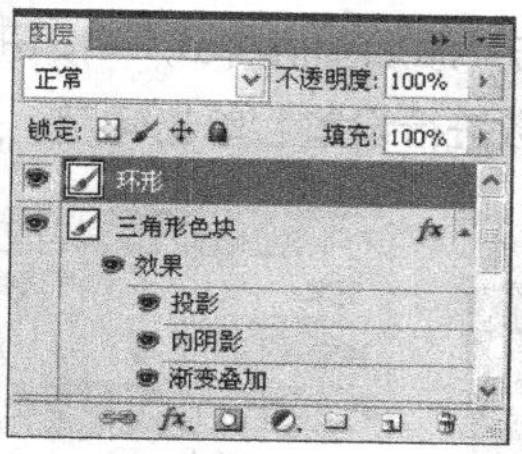

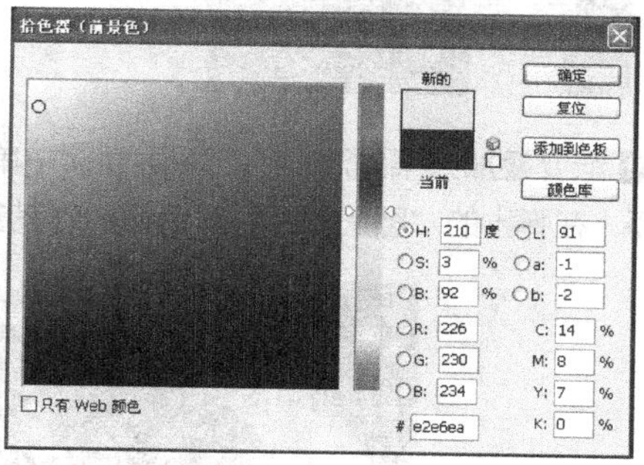

13 内阴影效果的添加。在图层面板中单击“添加图层样式” 按钮，在弹出的下拉列表中选择“内阴影”选项，在弹出的“图层样式”对话框中对其参数进行设置后单击确定。效果如图所示。

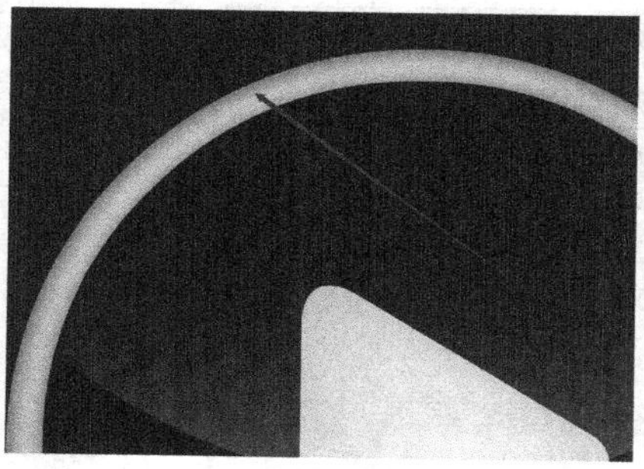

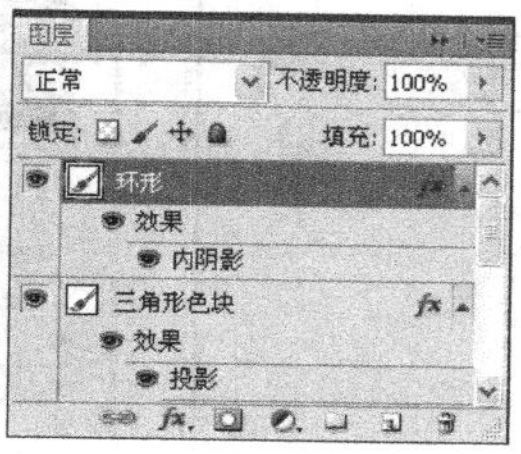

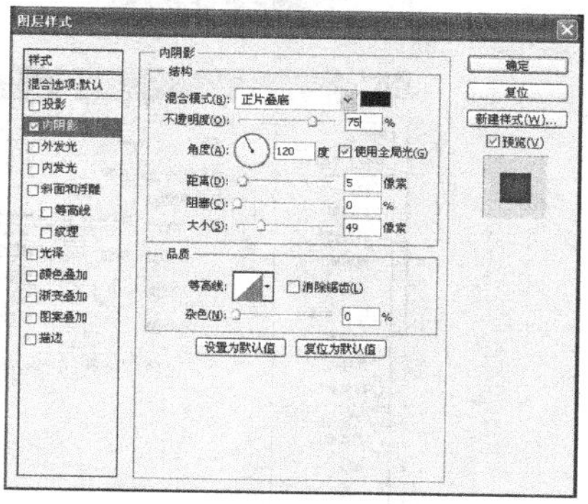

14 环形2的制作。新建图层后，单击工具箱中的“椭圆选框工具”，在页面上绘制出圆形的选区。将前景色设置为灰色后按快捷键Alt+Delete进行填充，这样灰色的圆形色块就制作好了。接下来在制作好的圆形色块上再次绘制出圆形选区，按快捷键Delete将选区部分删除，就得到了如图所示的环形色块。效果如图所示。

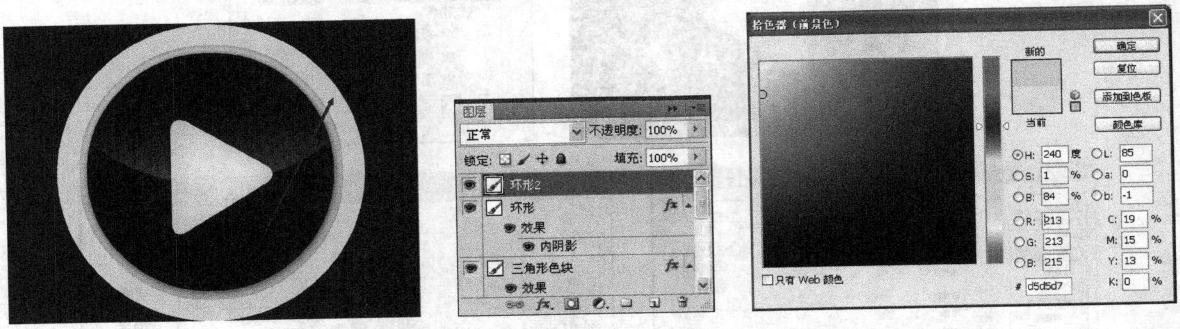

15 内阴影效果的添加。在图层面板中单击“添加图层样式” 按钮，在弹出的下拉列表中选择“内阴影”选项，在弹出的“图层样式”对话框中对其参数进行设置后单击确定。效果如图所示。

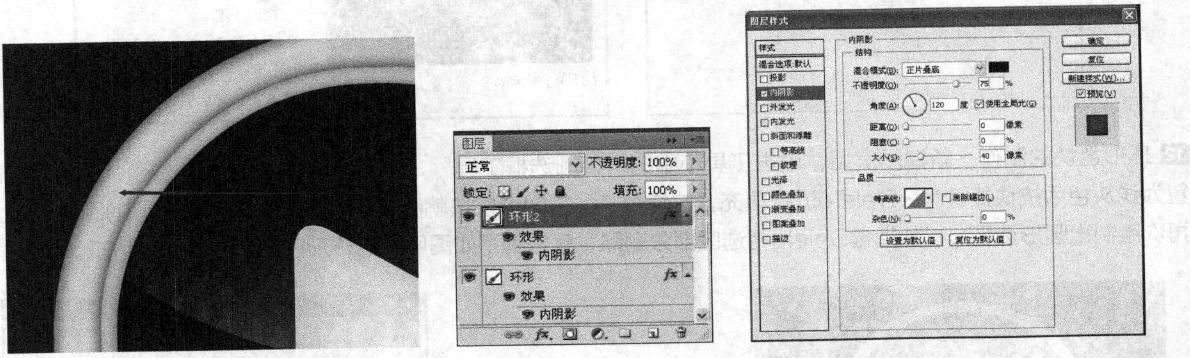

16 渐变叠加效果的添加。在图层面板中单击“添加图层样式” 按钮，在弹出的下拉列表中选择“渐变叠加”选项，在弹出的“图层样式”对话框中对其参数进行设置后单击确定。效果如图所示。

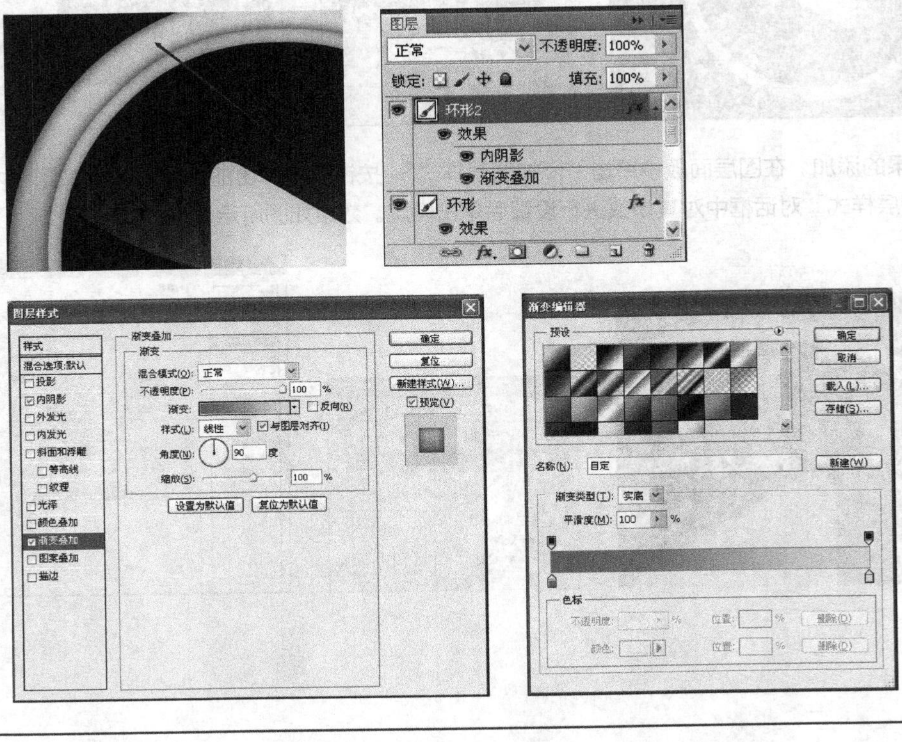

17 曲线的调整。单击图层面板下方“创建新的填充”或者“调整图层”按钮下的下拉三角，在弹出的下拉菜单中选择“曲线”选项，对其参数进行设置。最终效果如图所示。

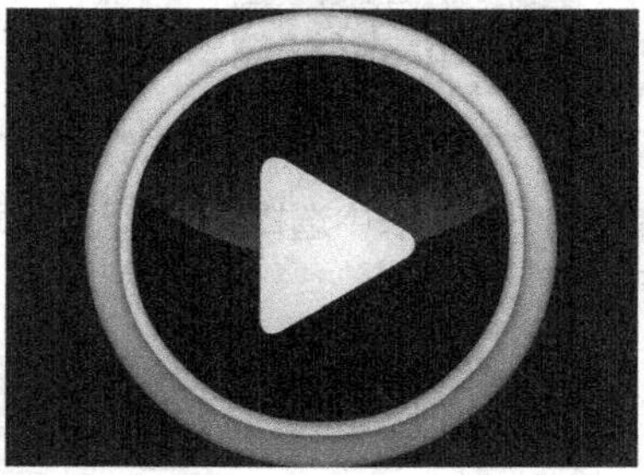

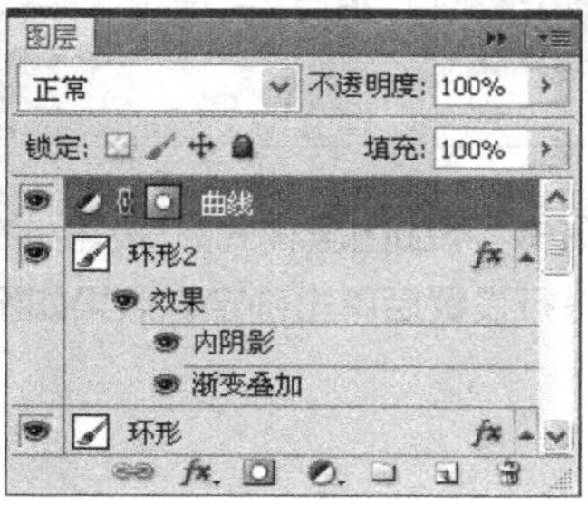

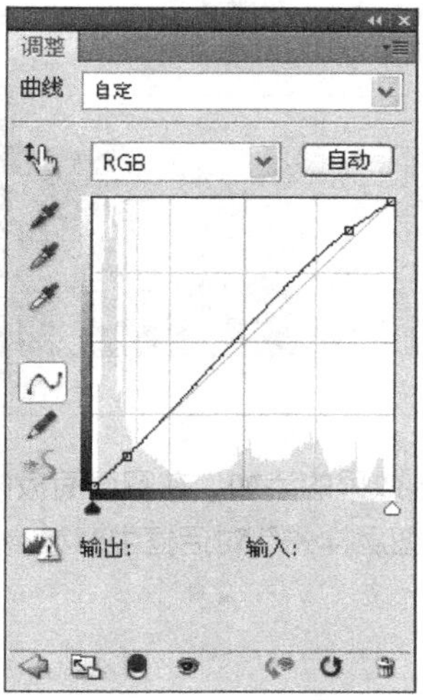

10.6 课后练习——制作播放器皮肤

案例分析

绿色渐变的播放器皮肤给人以清新、时尚的感觉。在制作过程中，大量色块的绘制以及线条的勾勒，使整个设计简约而明快。投影效果的添加以及内发光等特效的处理使播放器在细节上呈现出更好的质感。

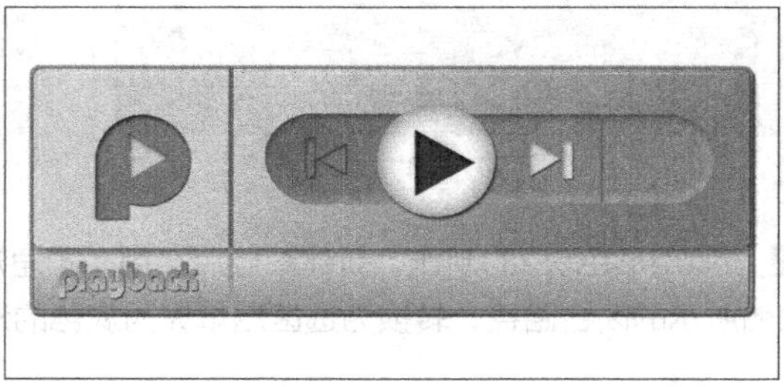

技巧分析

在制作过程中需要注意的一点是，恰当地应用内阴影以及内发光的特效可以制作出逼真的凹陷效果。除此之外，投影效果的制作在立体感的塑造上也起到了不可忽视的作用。因此我们应该认识到图层样式的变换在手机UI设计中的重要作用。

步骤演练

01 新建空白文档。执行“文件>新建”命令，在弹出的“新建”对话框中设置参数后单击确定。新建一个空白页面。

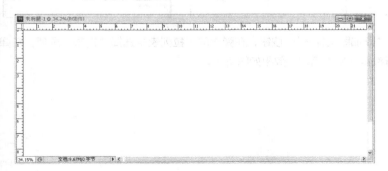

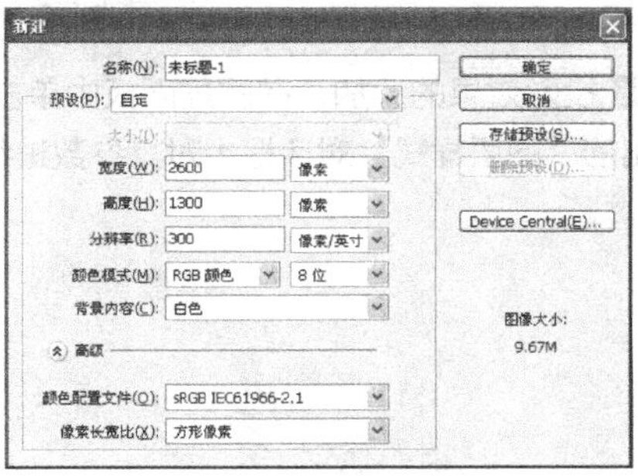

02 圆角矩形色块的制作。新建图层后，用“圆角矩形工具”在页面上勾勒出如图所示的闭合路径，转换为选区后将前景色设置为绿色。按快捷键Alt+Delete进行填充即可。效果如图所示。

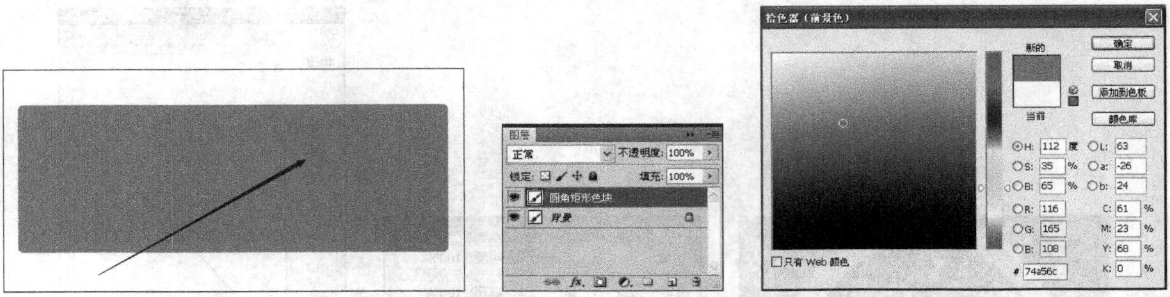

03 投影效果的添加。在图层面板中单击“添加图层样式” 按钮，在弹出的下拉列表中选择“投影”选项，在弹出的“图层样式”对话框中对其参数进行设置后单击确定。效果如图所示。

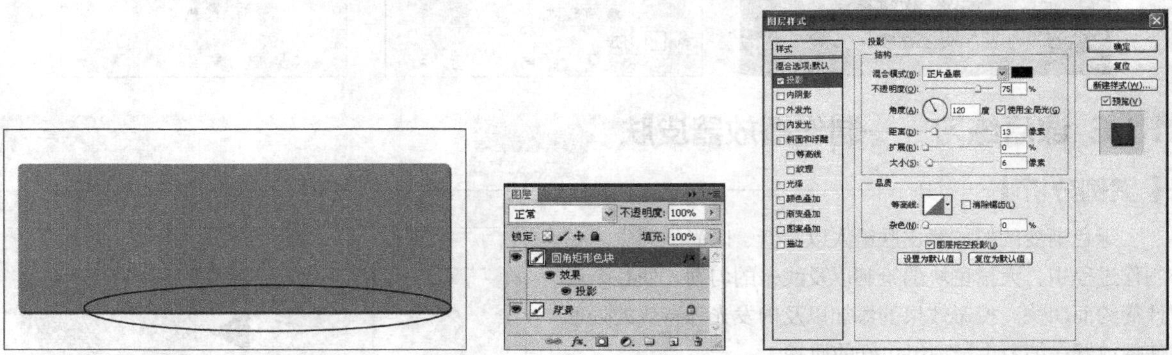

04 圆角矩形色块2的制作。新建图层后，用“圆角矩形工具”在页面上勾勒出如图所示的闭合路径，转换为选区后填充为灰色的渐变色。效果如图所示。

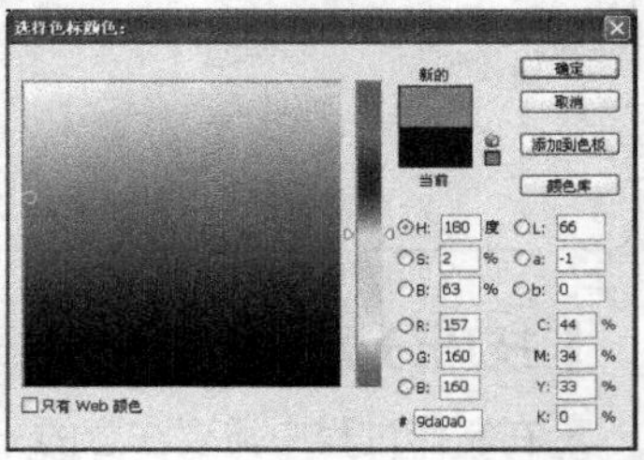

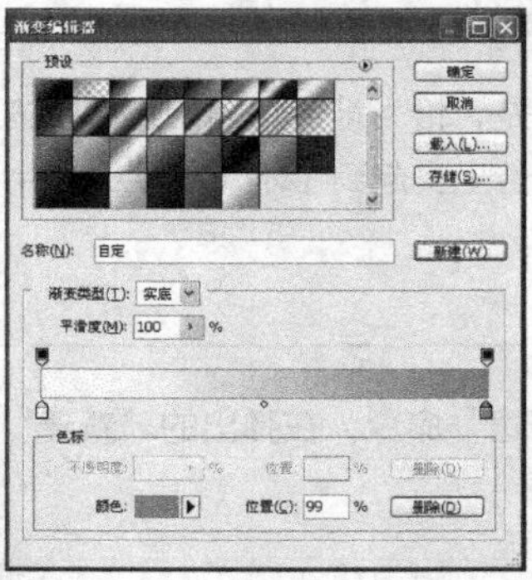

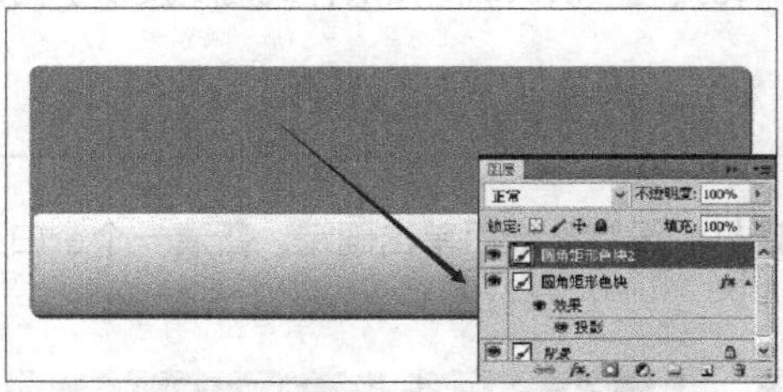

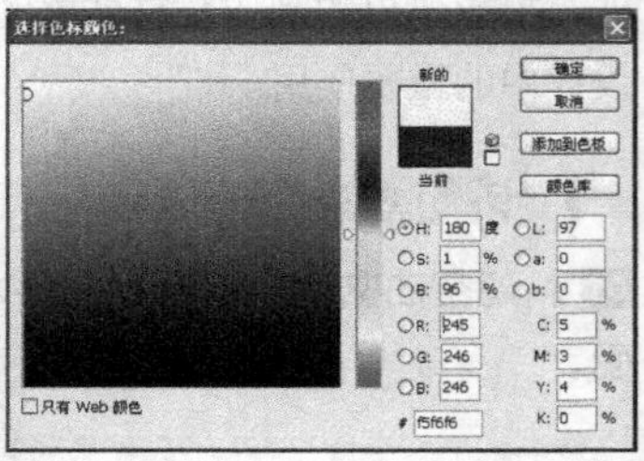

05 投影效果的添加。在图层面板中单击“添加图层样式” 按钮，在弹出的下拉列表中选择“投影”选项，在弹出的“图层样式”对话框中对其参数进行设置后单击确定。效果如图所示。

第10章

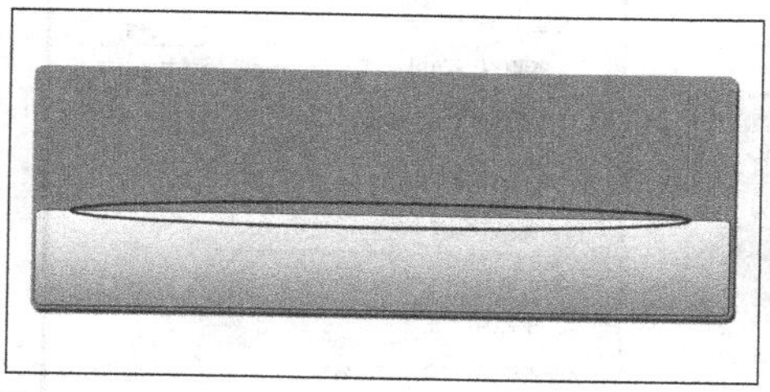

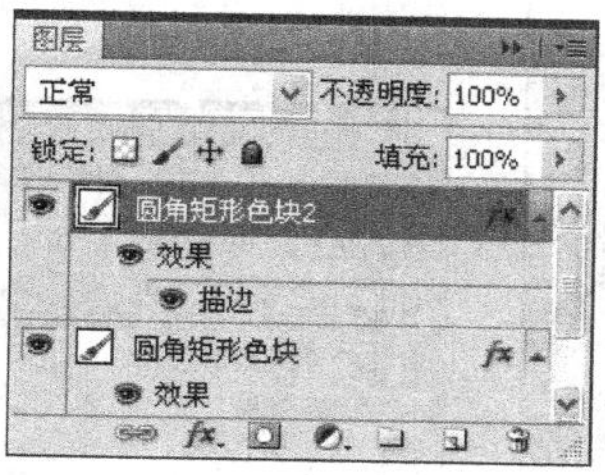

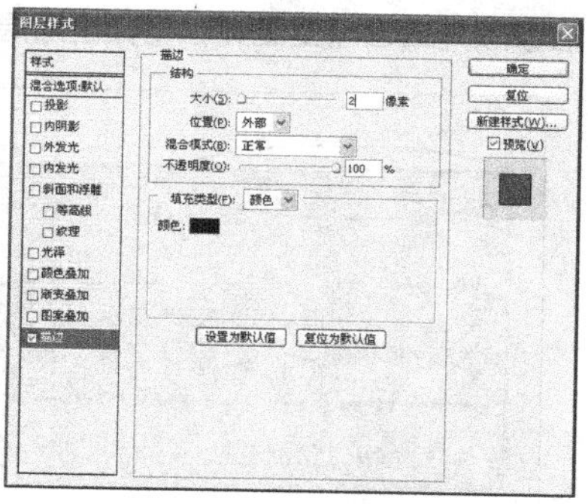

06 圆角矩形色块3的制作。新建图层后用“圆角矩形工具”在页面上勾勒出如图所示的闭合路径，转换为选区后填充为绿色的渐变色。效果如图所示。

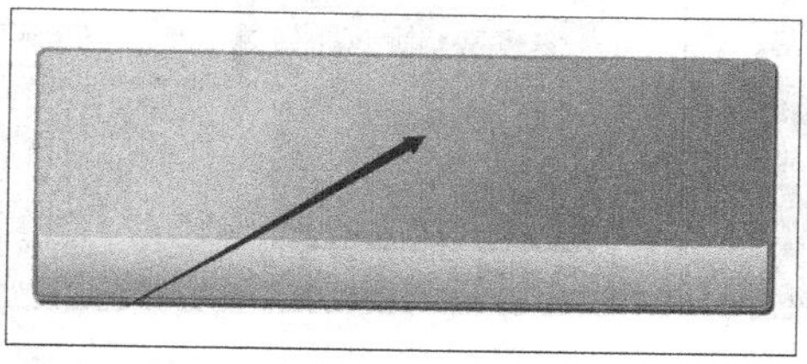

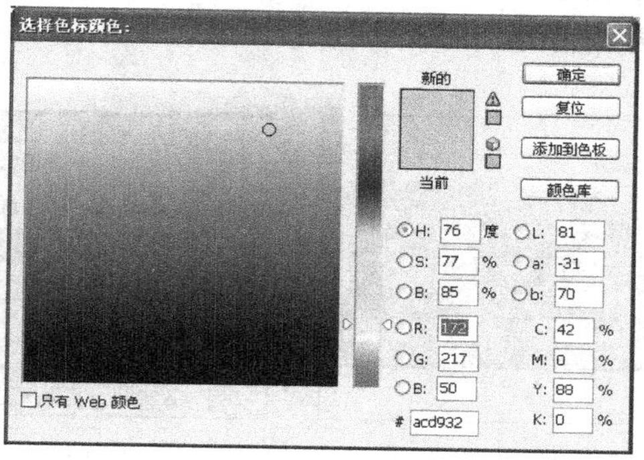

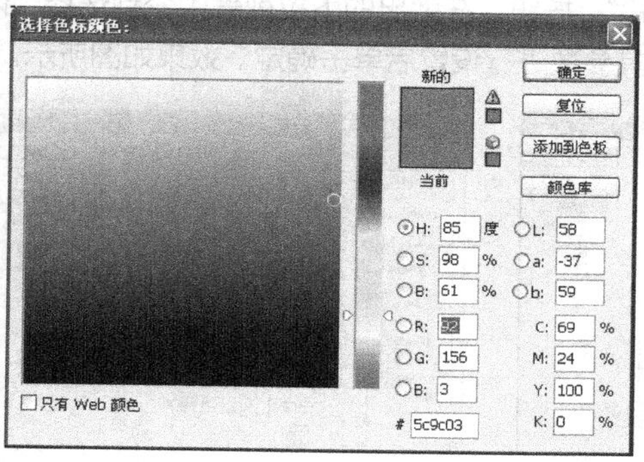

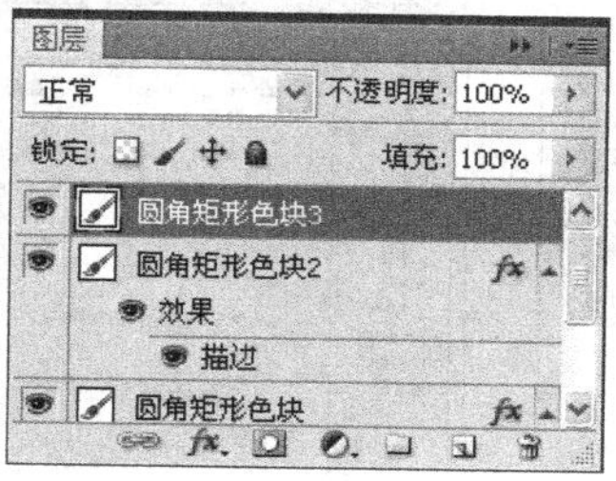

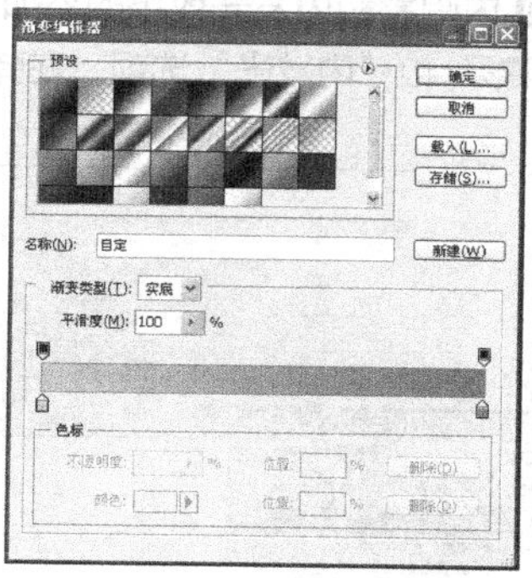

07 投影和描边效果的添加。在图层面板中单击“添加图层样式” 按钮，在弹出的下拉列表中分别选择“投影”和“描边”选项，在弹出的“图层样式”对话框中分别对其参数进行设置后单击确定。效果如图所示。

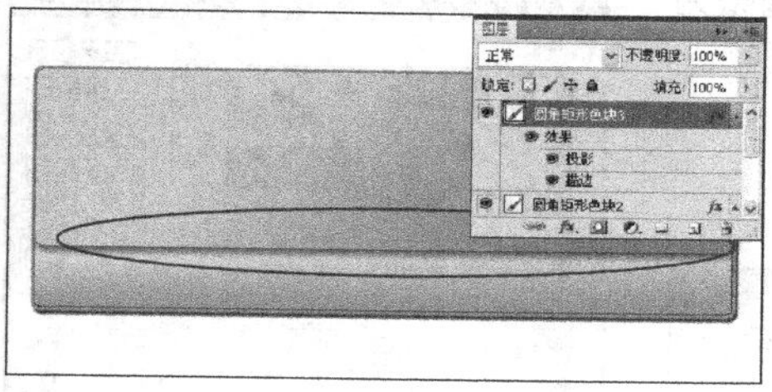

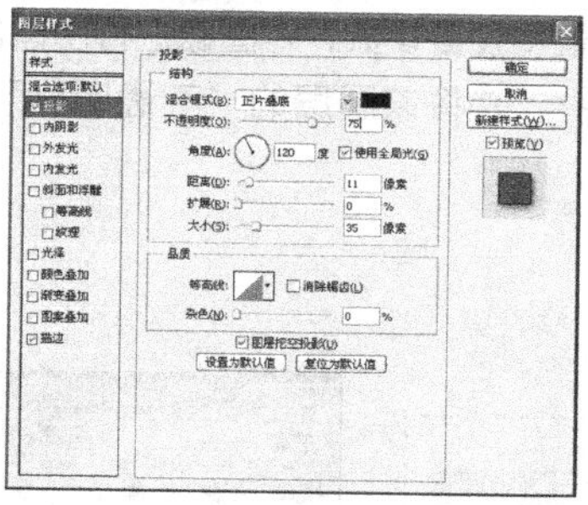

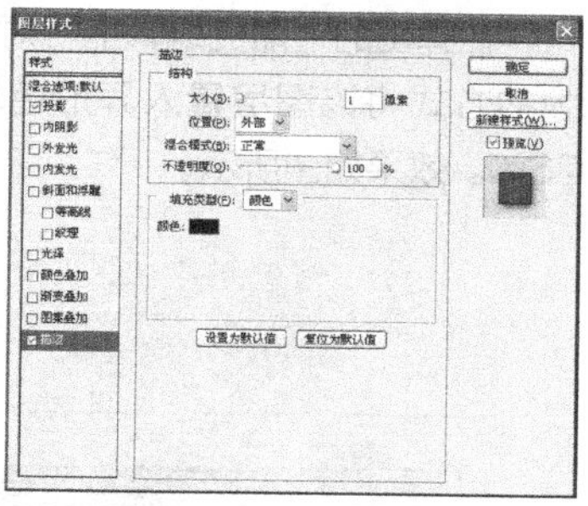

08 描边效果的制作。新建图层后，用“圆角矩形工具”在页面上勾勒出边线的路径，转换为选区后执行“编辑>描边”命令，在弹出的“描边”对话框中对其参数进行设置后单击确定，制作出黄色的描边效果。再通过添加图层蒙版并结合渐变工具，制作出渐隐的描边效果。效果如图所示。

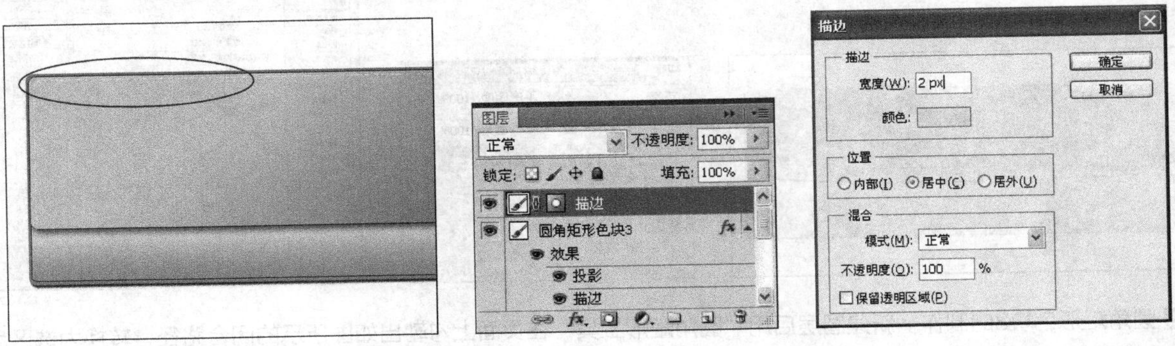

09 异形色块的制作。新建图层后，用“钢笔工具”勾勒出如图所示的闭合路径，转换为选区后将前景色设置为绿色进行填充。效果如图所示。

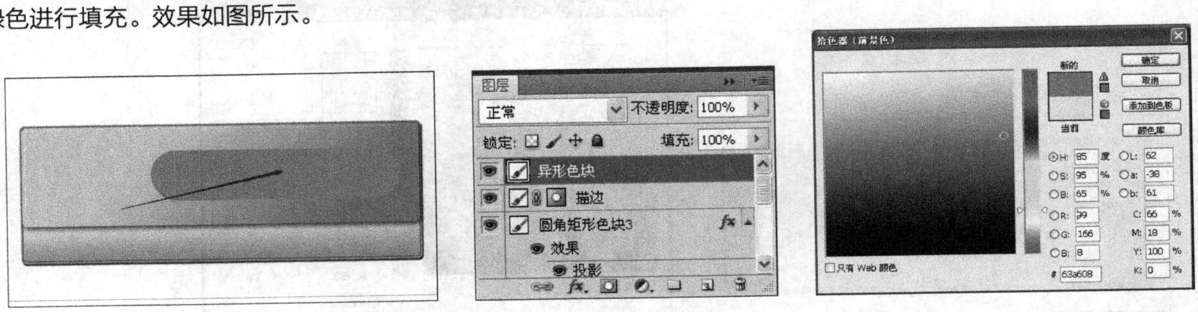

10 内阴影和内发光效果的添加。在图层面板中单击“添加图层样式” 按钮，在弹出的下拉列表中分别选择“内阴影”和“内发光”选项，在弹出的“图层样式”对话框中分别对其参数进行设置后单击确定。效果如图所示。

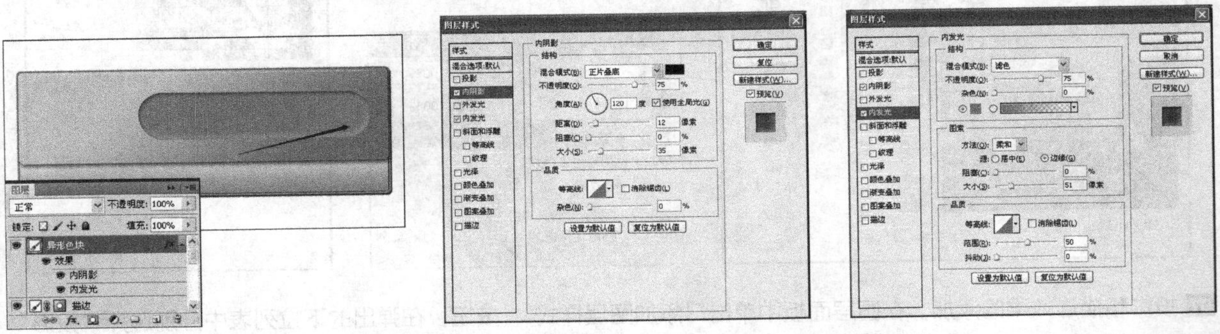

11 渐变效果的制作。新建图层后，单击工具箱中的“渐变工具”按钮，在属性栏中单击“点按可编辑渐变” 按钮，在弹出的“渐变编辑器”对话框中设置参数，对图像进行由黑色至透明的渐变处理。接下来通过创建剪贴蒙版的方式将该图层置入异形色块中，并将该图层的“不透明度”调整为26%。效果如图所示。

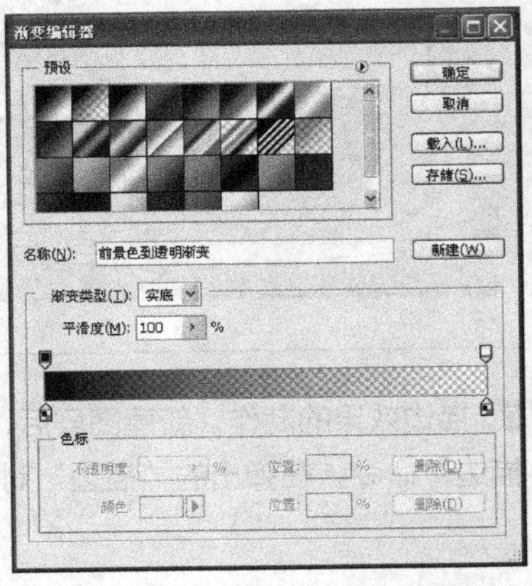

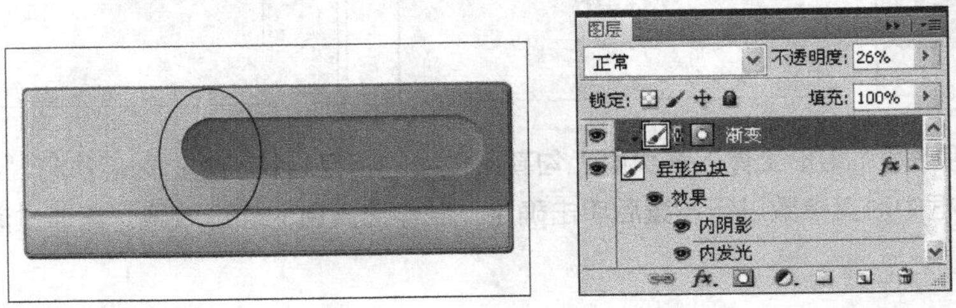

12 圆形色块的制作。新建图层后，单击工具箱中的“椭圆选框工具”，在页面上绘制出如图所示的圆形选区。将前景色设置为白色后按快捷键Alt+Delete进行填充即可。效果如图所示。

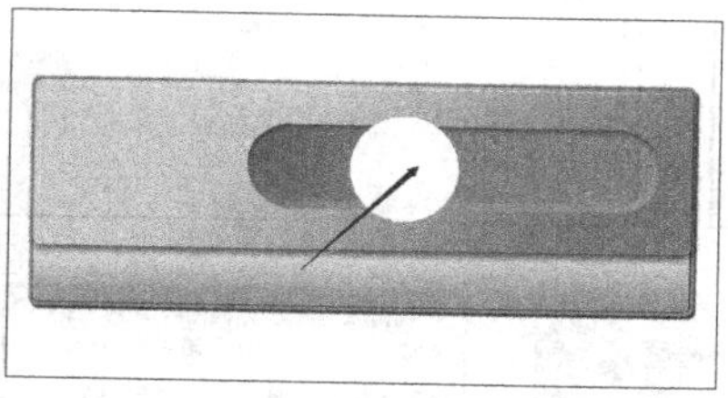

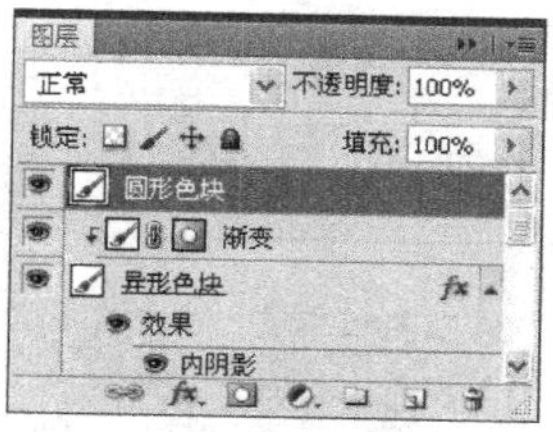

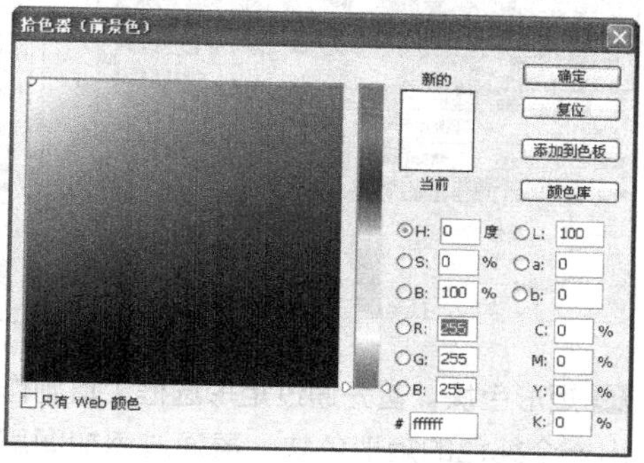

13 投影和渐变叠加效果的添加。在图层面板中单击“添加图层样式” 按钮，在弹出的下拉列表中分别选择“投影”和“渐变叠加”选项，在弹出的“图层样式”对话框中分别对其参数进行设置后单击确定。效果如图所示。

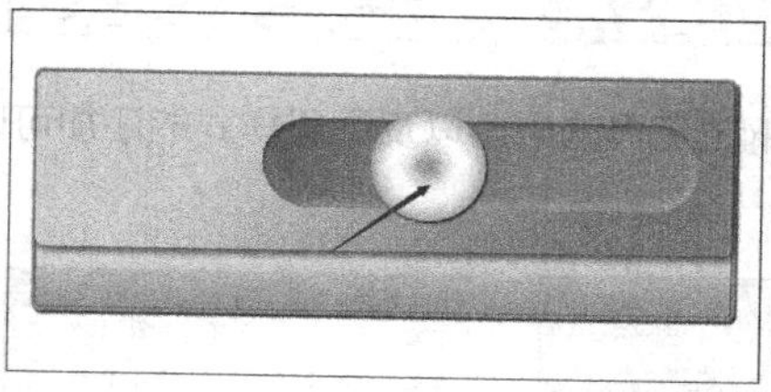

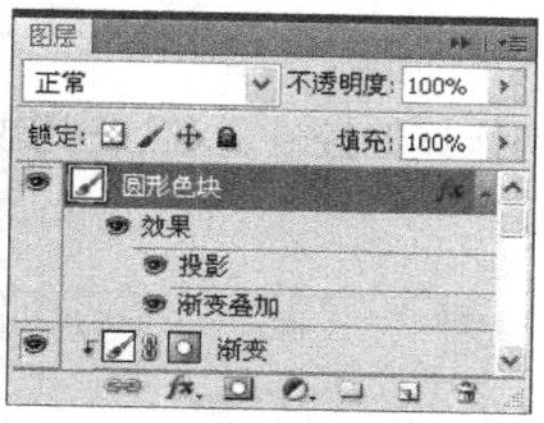

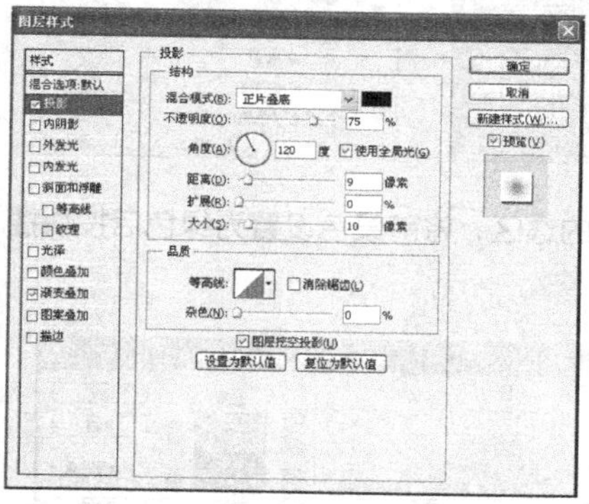

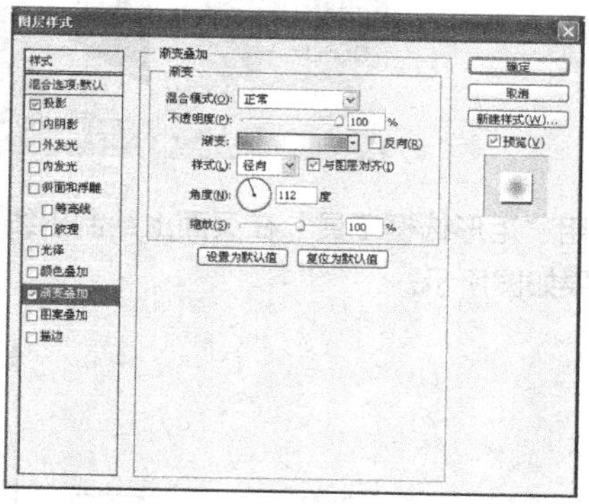

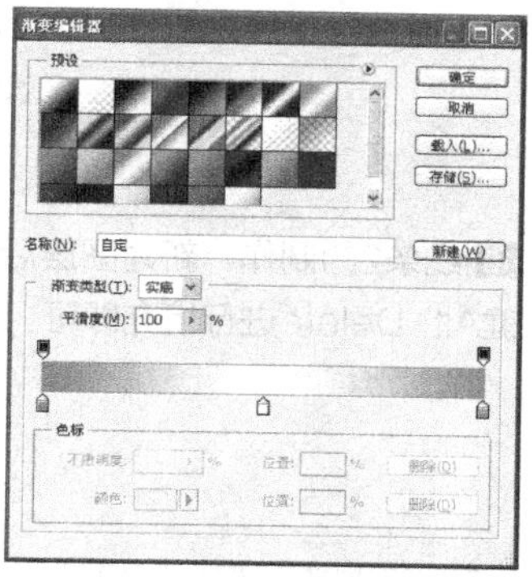

14 三角形色块的制作。新建图层后，用“钢笔工具”在页面上勾勒出如图所示的三角形闭合路径，转换为选区后将前景色设置为深灰色，按快捷键Alt+Delete进行填充即可。效果如图所示。

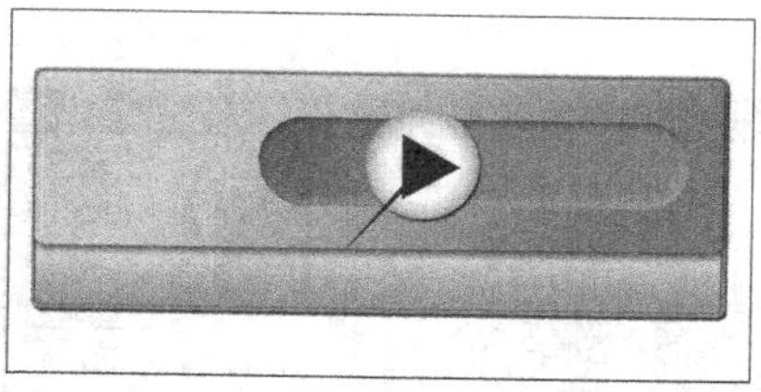

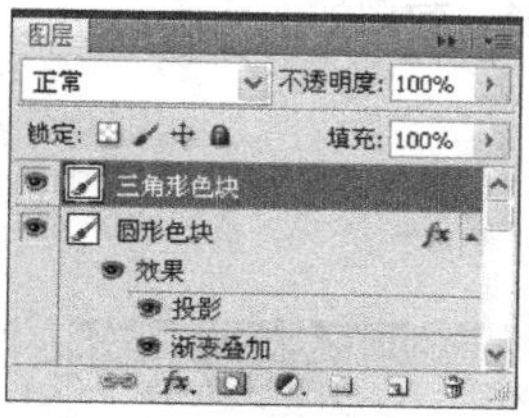

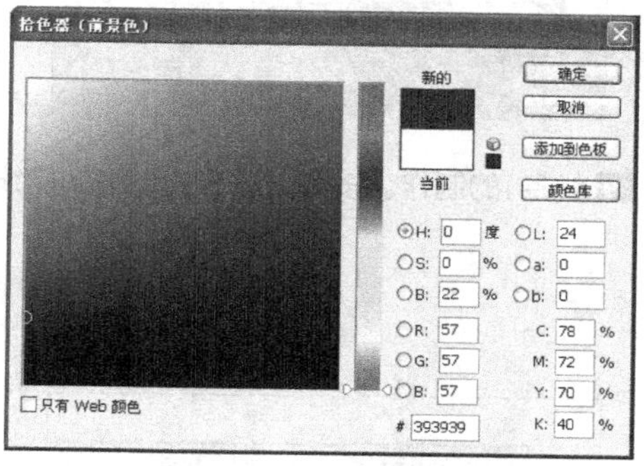

15 内阴影和外发光效果的添加。在图层面板中单击“添加图层样式” 按钮，在弹出的下拉列表中分别选择“内阴影”和“外发光”选项，在弹出的“图层样式”对话框中分别对其参数进行设置后单击确定。效果如图所示。

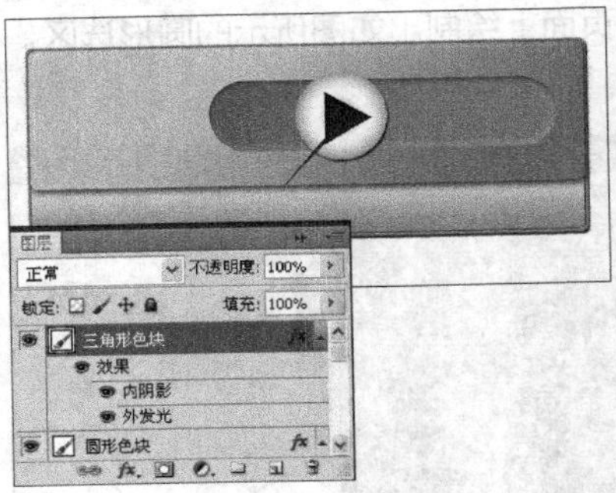

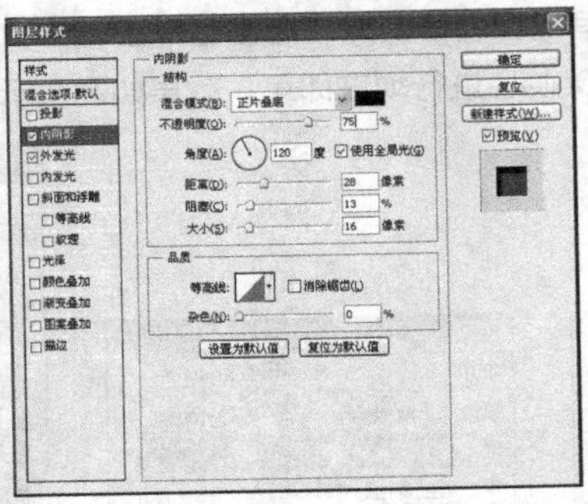

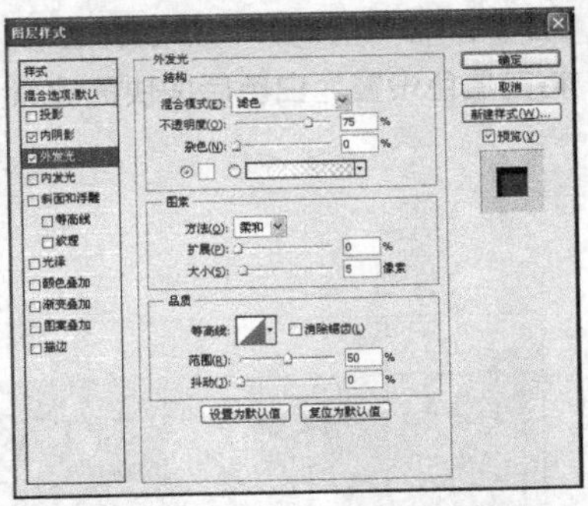

16 矩形色块。首先通过矩形选框工具制作出一个纯色的矩形色块。再通过添加图层样式的方式为该色块添加投影和内阴影的效果，使其立体感与层次感更强。效果如图所示。

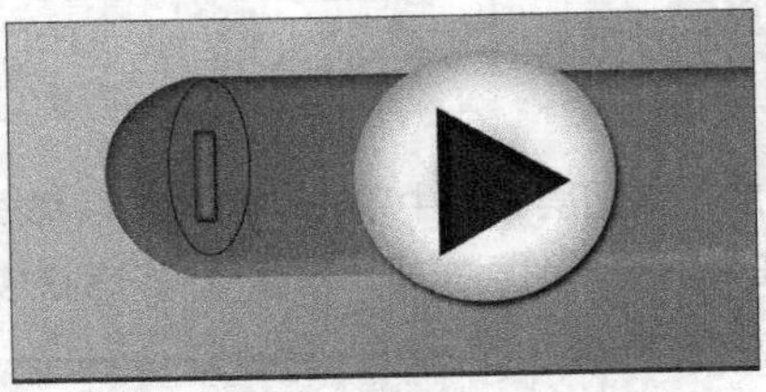

17 继续制作其他控件。按照上述方式继续制作其他控件，在这一步中钢笔工具的应用以及图层样式的添加可以作为重点来操作。效果如图所示。

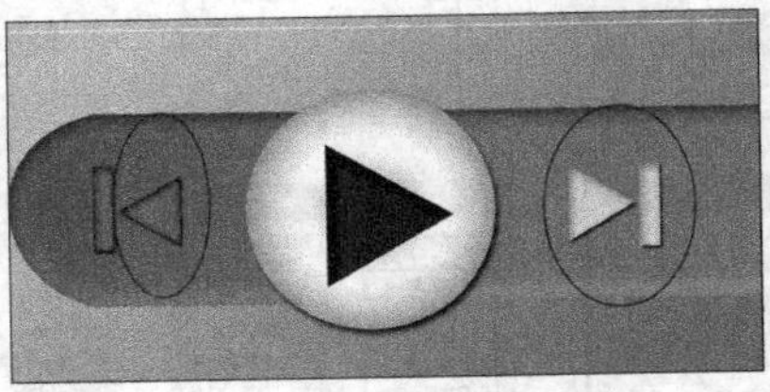

18 线条2的制作。新建图层后，用“矩形选框工具”在页面上绘制出线条的选区，将前景色设置为绿色后按快捷键Alt+Delete进行填充即可。效果如图所示。

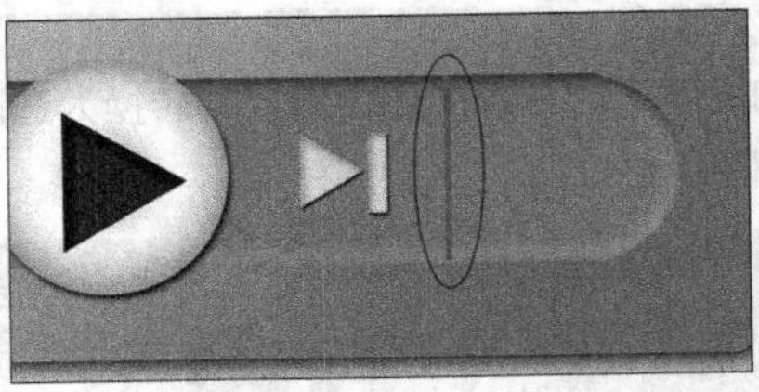

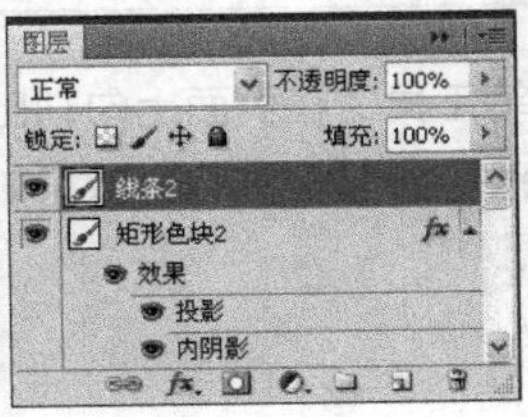

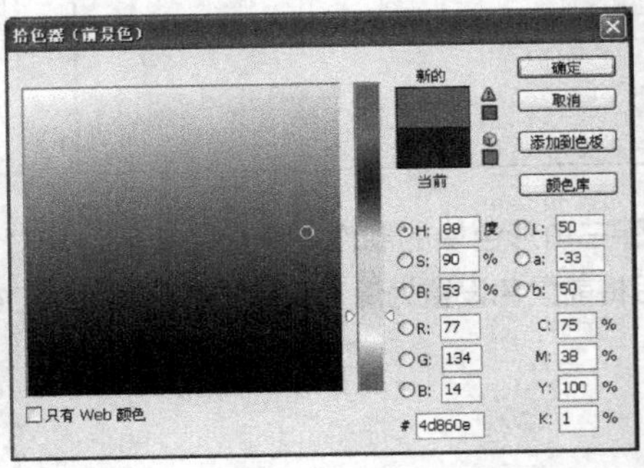

19 线条1的制作。按照上述方式继续制作线条1。效果如图所示。

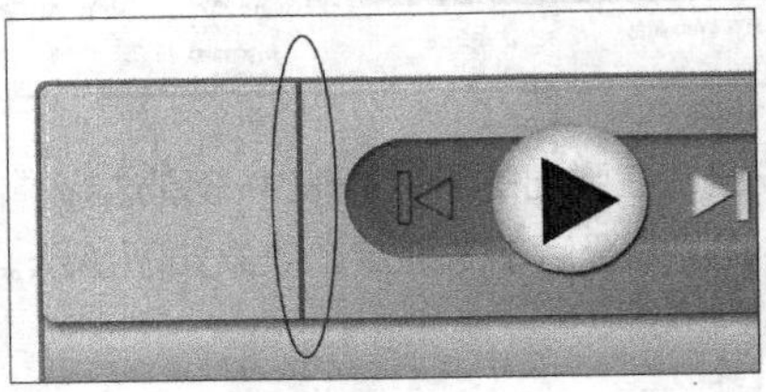

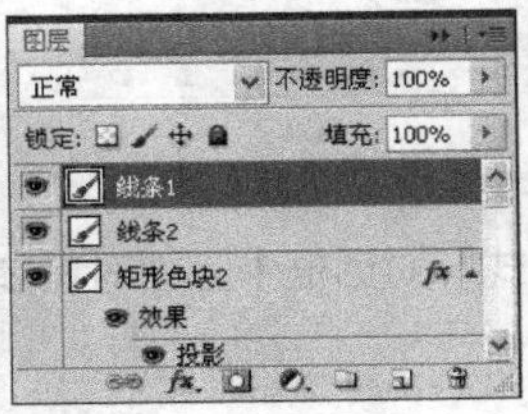

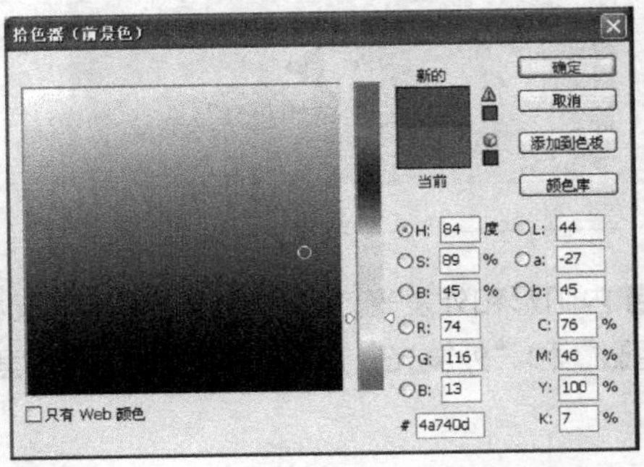

20 线条3的制作。按照上述方式继续制作线条3。效果如图所示。

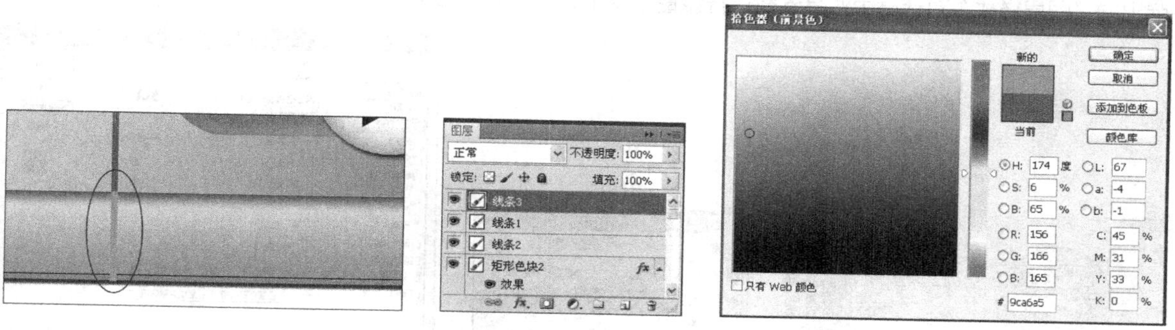

21 异形色块的制作。新建图层后用“钢笔工具”在页面上勾勒出如图所示的闭合路径，转换为选区后将前景色设置为绿色。按快捷键Alt+Delete进行填充即可。效果如图所示。

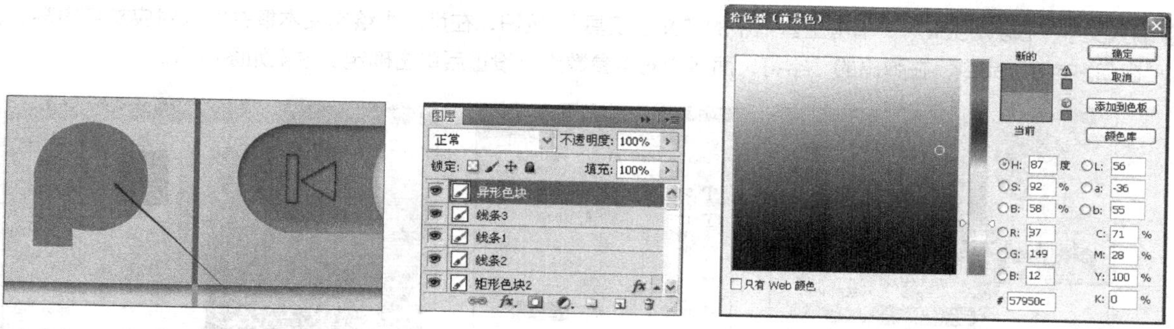

22 投影和内阴影效果的添加。在图层面板中单击“添加图层样式” 按钮，在弹出的下拉列表中分别选择“投影”和“内阴影”选项，在弹出的“图层样式”对话框中分别对其参数进行设置后单击确定。效果如图所示。

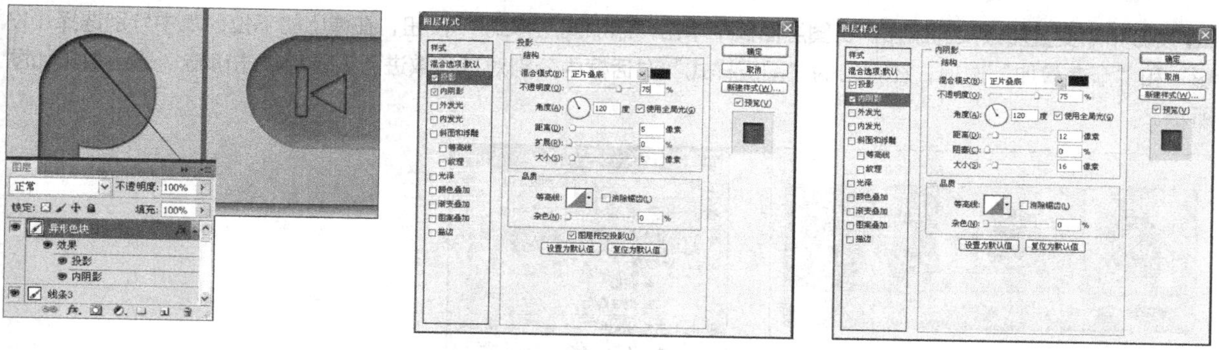

23 三角形色块4的制作。新建图层后，用“钢笔工具”在页面上勾勒出如图所示的三角形闭合路径，转换为选区后将前景色设置为果绿色，按快捷键Alt+Delete进行填充即可。效果如图所示。

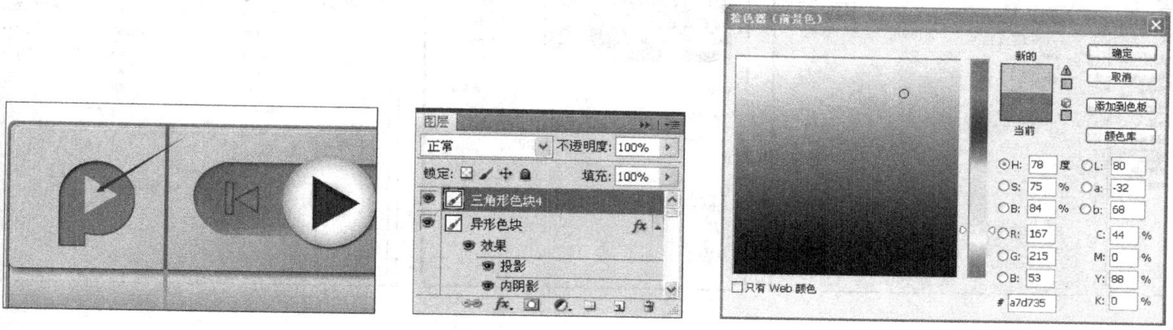

24 内阴影效果的添加。在图层面板中单击“添加图层样式” 按钮，在弹出的下拉列表中选择“内阴影”选项，在弹出的“图层样式”对话框中对其参数进行设置后单击确定。效果如图所示。

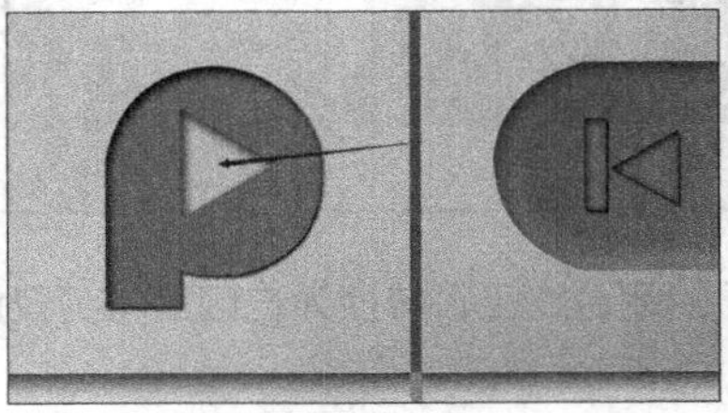

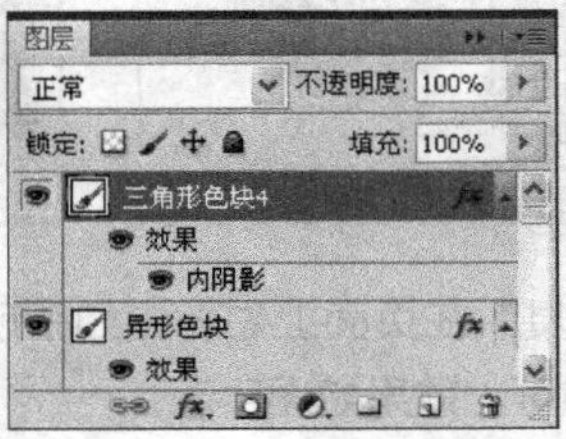

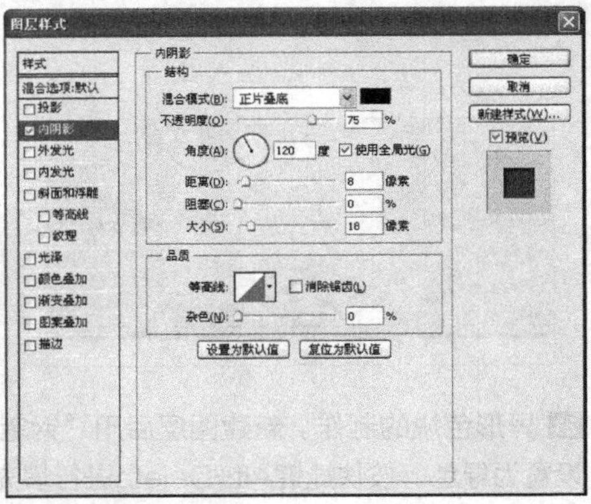

25 输入文字“playback”。单击工具箱中的“文字工具” 按钮，在页面中绘制文本框并输入对应文字内容。执行“窗口>字符”命令，在弹出的“字符”面板中对其参数进行设置后单击确定。效果如图所示。

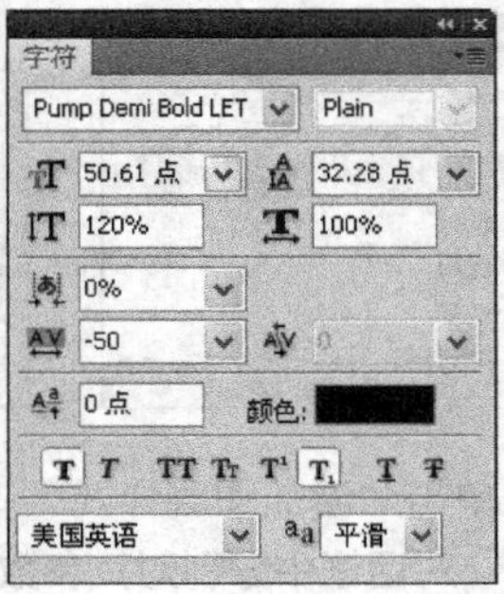

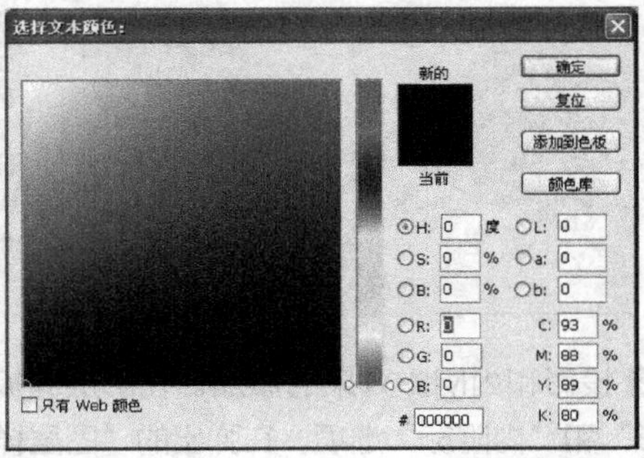

26 投影和渐变叠加效果的添加。在图层面板中单击“添加图层样式” 按钮，在弹出的下拉列表中分别选择“投影”和“渐变叠加”选项，在弹出的“图层样式”对话框中分别对其参数进行设置后单击确定。最终效果如图所示。

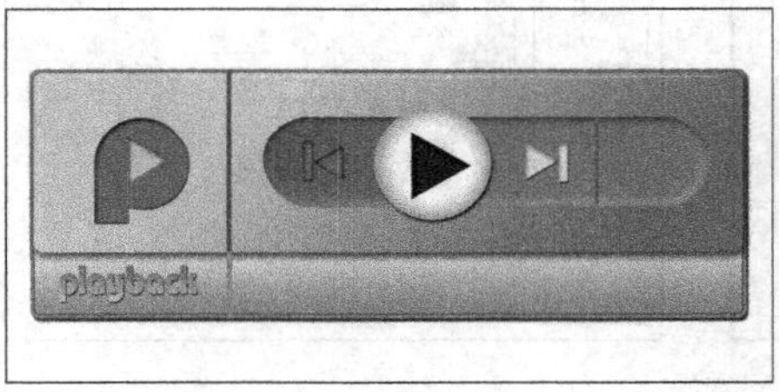

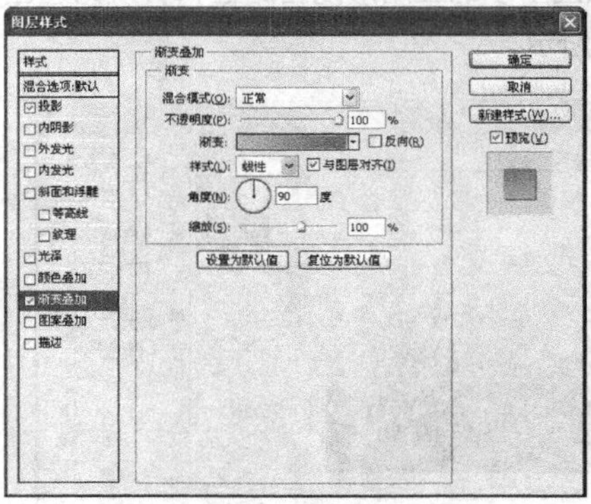

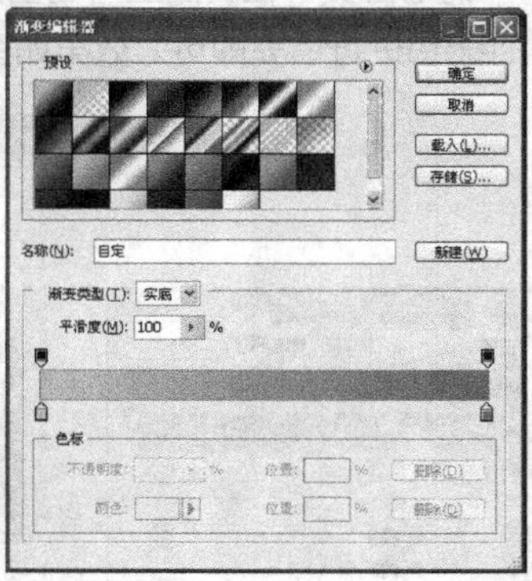

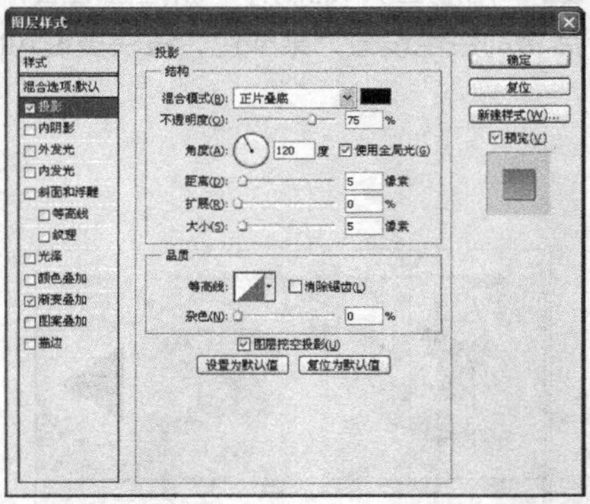

10.7 课后思考——UI设计师如何自我提升？

在职业发展道路上，你遇到过困难、面临过瓶颈吗？如果有，那么“如何自我提升”便成为值得探讨、研究与相互学习的热点话题了。让我们从美术职业发展的角度上来探讨一下如何自我提升吧。

伴随“如何提升自我”这个问题的提出而来的疑问有很多，如什么是美术人员必备的素质？如何打造对玩家和游戏有意义的作品？如何提升美术技能？很多人会告诉你“不断的动手练习啊”“不断的实战演练啊”及“不断的吸取经验教训啊”等。虽然这基本上是对的，但答案不止于此。

提升过程必然是苦闷的。所以，在开始谈论自我提升这条道路之前，我想与大家分享一条非洲人的智慧箴言：“很不幸，种树的最佳时机是 20 年以前；幸运的是，现在就是下一个最佳时机。”

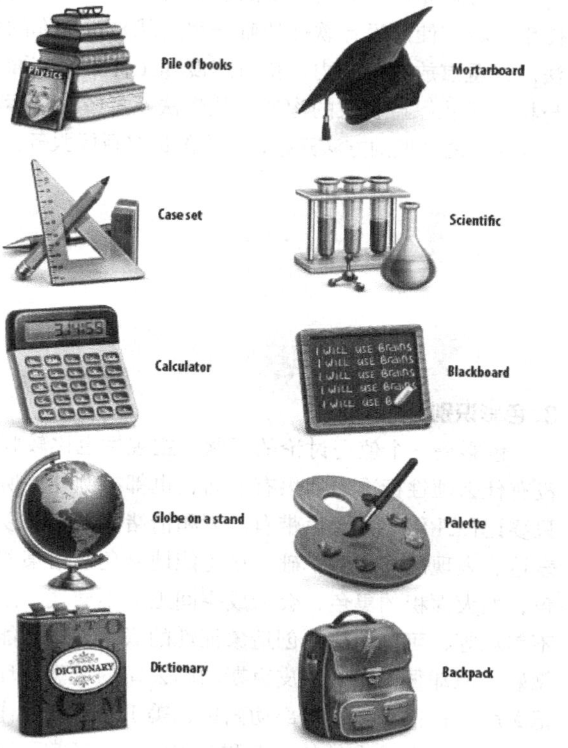

1. 形状/轮廓

我们通过物体的边缘来感知物体。所以为了清楚的表达，你应该首先考虑轮廓，确保通过轮廓可以识别物体。为了增加趣味，物体应该让人容易理解，不引起困惑。在保持美术风格的同时，你应该努力让观者只看轮廓就能识别道具和角色。

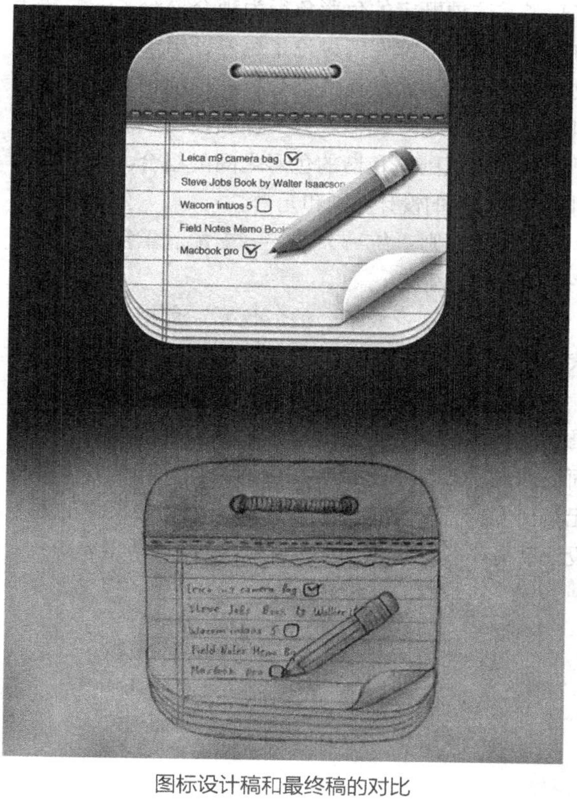

图标设计稿和最终稿的对比

2. 美术基础

作为设计师，画出好图的基本功应该是必需的。使用工具、使用设计软件的唯一用途就是执行你的想法。把重点放在想象力、执行速度和工作合作方面，与相关团队保持有效的沟通。从想法、意图、目标和设计原则的合理的方法开始，为你的最终目标服务。

一个图标的草图设计稿

3. 色彩识别

色彩是一个值得讨论的话题，主观性也比较强。没有什么硬性标准，如果有的话，也都有例外。所以只要记住几件事：颜色带有温度和情绪范围，要以所表达、表现的意图为基础，尽可能地避免使用某些颜色，如大面积的黑色，会造成空间上的不透气，画面不美观等，可以用颜色创造象征性的联系。这可能很微妙，但却很强大，如皮克斯动画公司的《飞屋环游记》就用得很好。在那部动画里，美工用紫红色作为Ellie的象征色，在她的穿着和使用的物品经常可以看到紫红色；当粉红色的阳光消失在窗户的反光中，她离开了，这种既定的色彩象征为观众描绘了一幅凄美的画面。很多书都专门讨论了色彩，但学习色彩的有效方法是看电影，然后仔细分析其中的色彩运用及对剧情表达的作用。我们不只关注和谐的色彩搭配，还要注意剧情氛围与和谐的色彩之间的组合。以下我们列举了最常用的设计原则和元素。

●设计原则：统一、冲突、支配、重复、交替、平衡、和谐、渐变。

●设计元素：线条、值、色彩、色相、纹理、形状、轮廓、尺寸、方位。

利用以上原则和元素，一定会帮助你构思出清楚准确的画面。可以借助这些工具从设计的角度看待画面当你觉得对基本形状、比例满意后，再从各个独立元素出发，把注意力放在正题画面上。如果你的基本设计草稿都不耐看，那么就谈不上什么细节了。

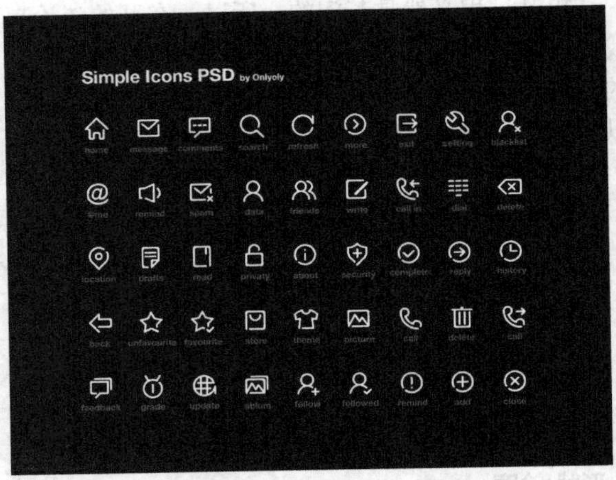

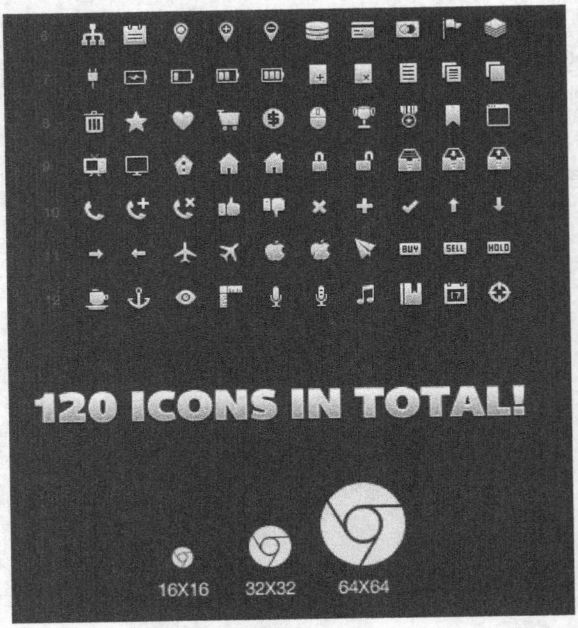

几组简洁的图标设计

4. 引导视觉

在美术概念中，构成大概是最难理解的。如果我可以将它表述成一句简单的话，那我会说，构成是通过画面引导视觉的艺术。假设不存在失败的构成，只有误用的构成——太紧密或太松散。在某个情节中引用的构成放到另一个情景中可能就不可用了。构成的唯一目的就是让玩家读并且理解预期的空间和剧情。最常用的办法是使用冲突和对比，形状上的冲突、颜色上的视觉冲突及方向线带来的视觉引导等。人的眼睛通常最先注意到框架内的最高对比区域。当你确定焦点，请确保其他元素不会产生冲突或干扰观者的注意力。所有元素的分层结构应该最终引向一个焦点。人们往往误解了构成，把它简单地理解为黄金分割，事实上构成的内涵远不止于此。

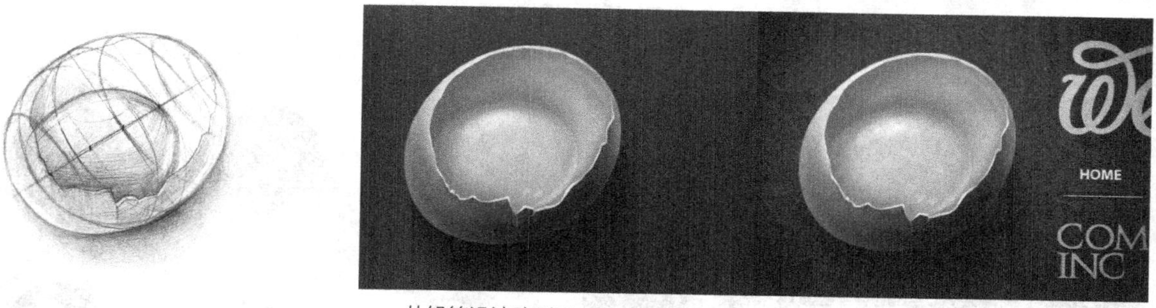

从铅笔设计稿到Photoshop上色稿

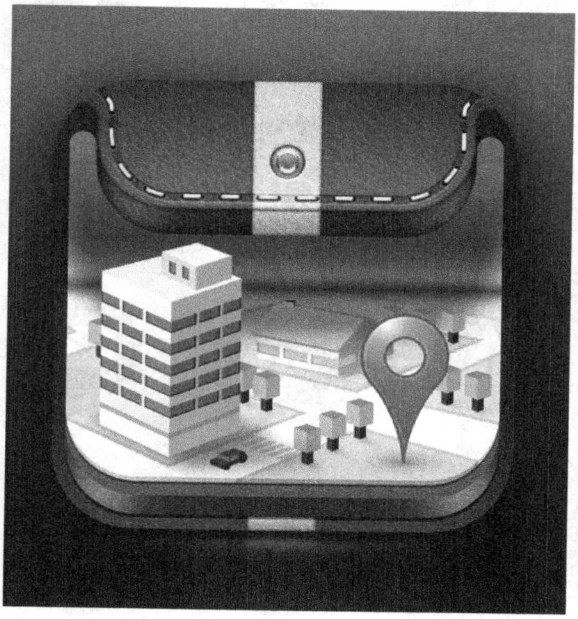

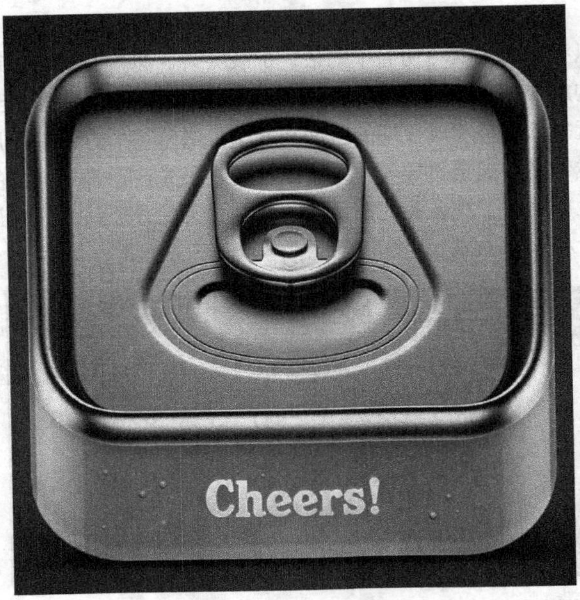

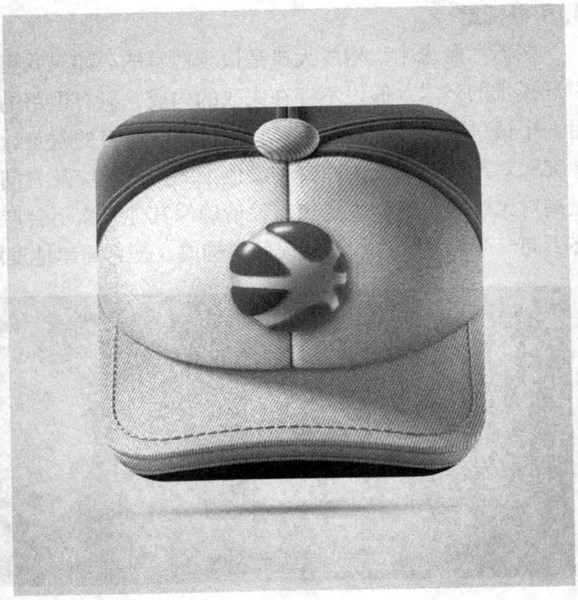

不同质感的图标设计

不同尺寸的图标设计完成稿

第 11 章

制作手机游戏界面

本章介绍

本章主要讲解手机游戏界面制作的相关知识，其中包含手机游戏界面的概念、不同风格手机游戏界面的欣赏以及如何让作品更具有吸引力等重要知识。另外，在案例中通过威龙战士以及大鱼吃小鱼游戏界面的制作，使读者对手游界面的制作有更为具体的了解。

教学目标

- 理解手机游戏界面的概念
- 欣赏不同风格的手机游戏界面
- 掌握如何使我们的作品更具有吸引力的相关知识

11.1 手机游戏界面概述

手机游戏界面制作是对创意要求最高的，游戏主面板所涵盖的界面信息普遍包括：角色信息、功能图标栏、快捷任务栏、快捷操作图标、行动方向键（操作罗盘）、活动图标栏以及聊天信息栏。以上各界面也因游戏种类不同而各有取舍及合并。

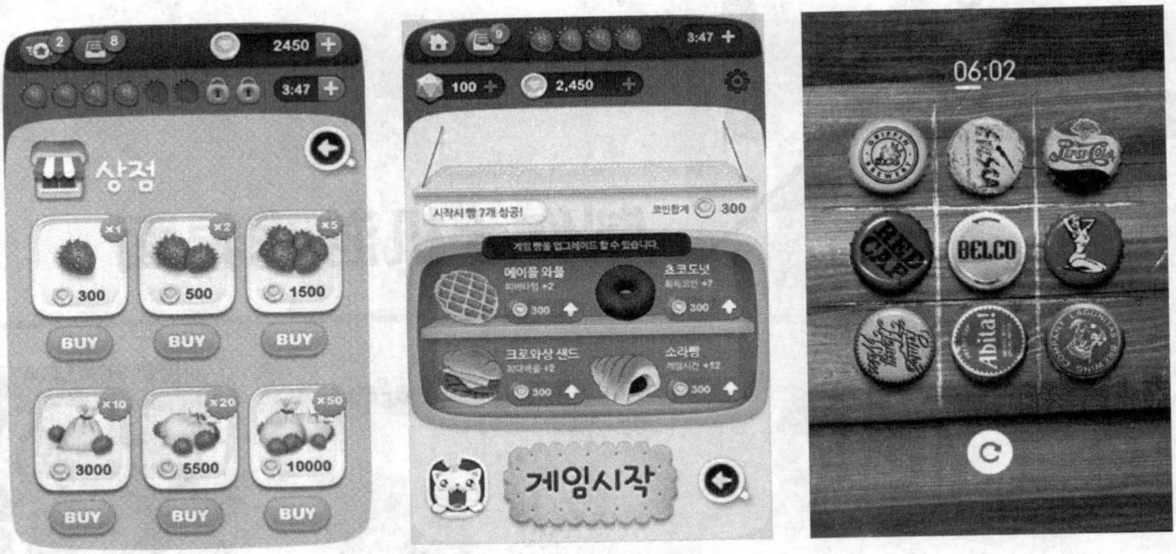

不同类型的手机游戏界面

11.2 手机游戏界面的设计方法

界面设计是创造游戏最困难的阶段之一。如今市面上充斥着各种不同的屏幕，而在这些较小的屏幕空间里，设计师更是需要谨慎思考每个屏幕的像素问题（特别是针对于iPhone，iPad以及Android游戏）的一些方法。

1. 选择平台

界面设计师必须先明确自己的界面能够支持的平台，可以在发布时先只支持iOS和Android，然后再升级支持其他平台。

2. 明确定向

这是一个很明显但是容易被忽视的步骤。你的界面是支持竖屏还是横屏模式，或者两者均可？这是在进行各种设计之前必须仔细思考的问题。选择一种合适的定向能够节省许多时间。因为在横屏模式中，玩家能够更好地操纵游戏。但是设计师们并不能因此而懈怠，因为市场上还存在着各种不同的手机玩家，他们也拥有各自的喜好。设计师应该亲自实践哪种定向更适合自己的游戏，并坚持自己的判断。

3. 参照其他游戏

市场上已经出现了许多优秀的游戏，设计师应该多参考这些游戏，获得游戏界面截图，然后花点时间仔细琢磨对方设计师的想法，并思考这种设计是否也适用于自己的游戏。

4. 选择功能

接下来便需要选择屏幕的功能。界面主要有两种功能：一是提供信息，二是允许用户做某些操作。而设计师的工作便是明确需要在屏幕上呈现何种信息以及用户能够采取何种行动。要考虑游戏界面应该拥有哪些按钮并呈现出哪些信息。

5. 创造设计

最后就需要用Photoshop软件进行制作了。在游戏设计中，不管你是否做出了慎重的思考，当你真正落实行动时，总会出现一些漏洞，这时候必须要使用矢量图。

案 例　制作威龙战士游戏界面

案例分析

该案例主要讲解了威龙战士游戏界面的制作流程，除了具有代表性的背景素材的添加外，开始游戏的按钮制作可以作为重点来学习。除此之外需要注意的是各个素材的添加以及素材之间的相互搭配，最终使整体画面呈现出色调统一、风格一致的效果。

技巧分析

本例除了整体画面的设计制作外，可以将重点放在“开始”按钮的绘制上，如圆形色块的制作、光效的塑造等，最终使该按钮看起来更具有立体感与层次感。

步骤演练

01 新建空白文档。执行“文件>新建”命令，在弹出的“新建”对话框中设置参数后单击确定。新建一个空白页面。

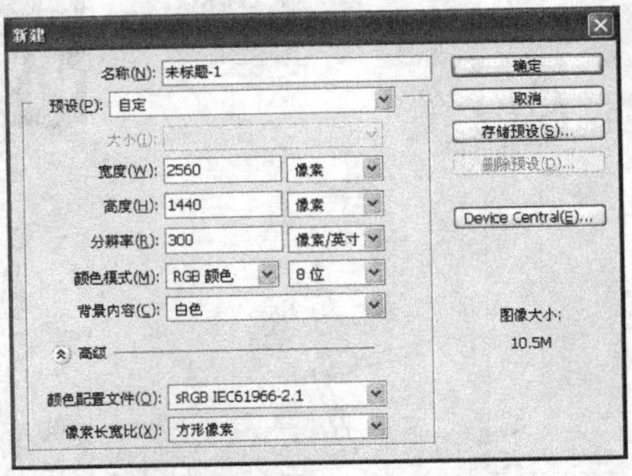

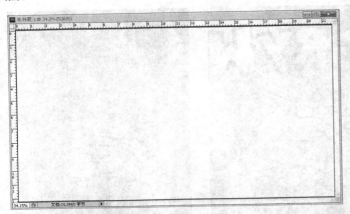

02 背景素材的添加。执行“文件>打开”命令，在弹出的“打开”对话框中选择“背景 素材.png”文件，单击将其拖曳到页面之上并调整其位置。效果如图所示。

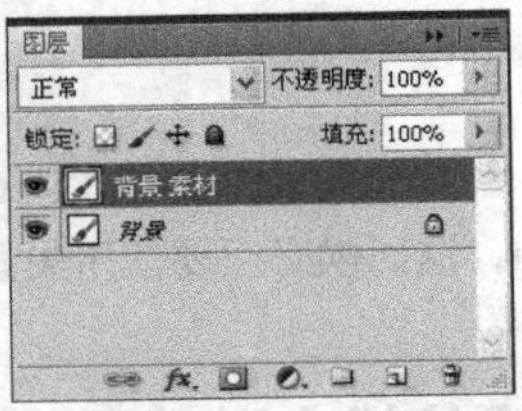

03 曲线的调整。单击图层面板下方“创建新的填充”或者“调整图层”按钮下的下拉三角，在弹出的下拉菜单中选择“曲线”选项，对其参数进行设置。效果如图所示。

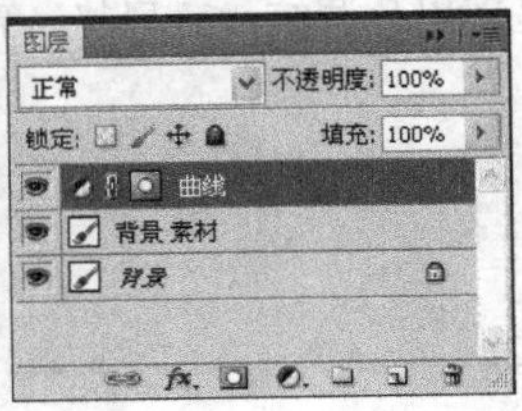

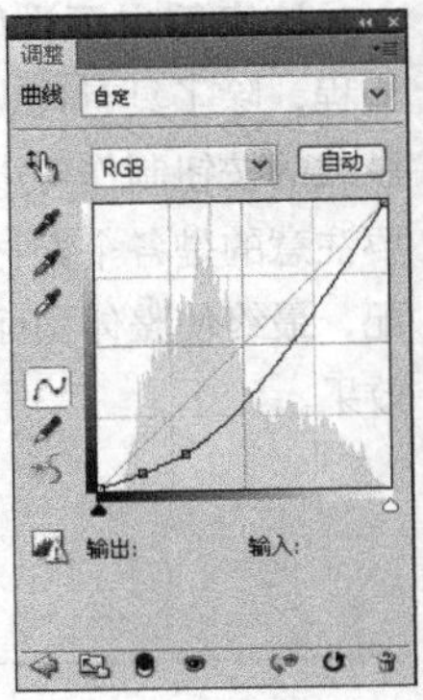

04 渐变色块的制作。单击工具箱中的“矩形选框工具”，在页面上绘制出矩形选区。将前景色设置为黑色后按快捷键Alt+Delete进行填充，再将该图层的“不透明度”调整为38%。完成之后通过添加图层蒙版并结合渐变工具制作出两侧渐隐的效果。效果如图所示。

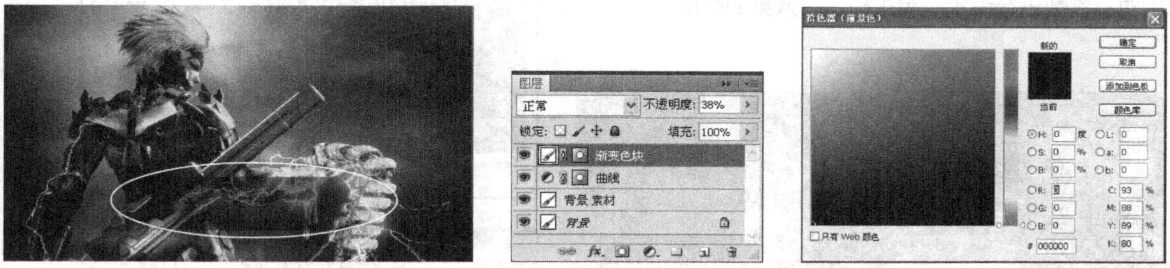

05 渐变线条的制作。单击工具箱中的“矩形选框工具”，在页面上绘制出线条选区。将前景色设置为金黄色后按快捷键Alt+Delete进行填充。完成之后通过添加图层蒙版并结合渐变工具制作出两侧渐隐的效果。效果如图所示。

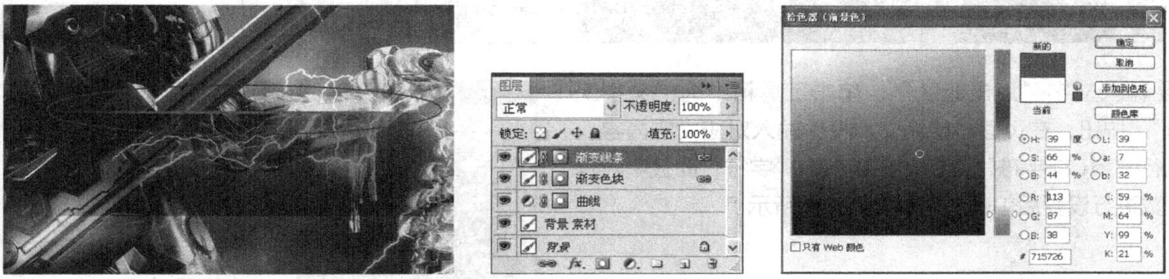

06 复制渐变线条。复制刚才制作好的渐变线条，并将其调整至页面的下方。效果如图所示。

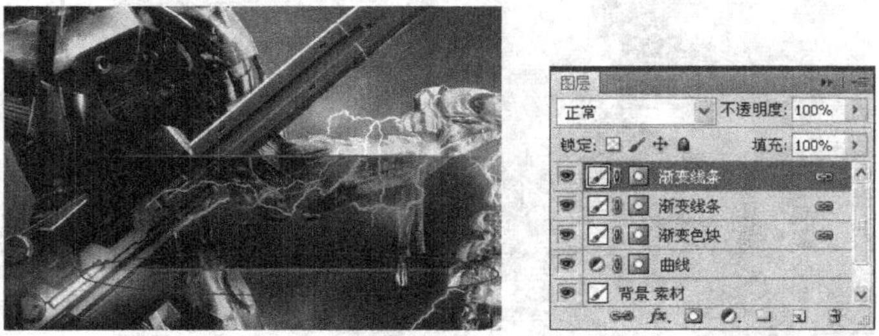

07 输入文字“上次登录：威龙战士”。单击工具箱中的“文字工具” 按钮，在页面中绘制文本框并输入对应文字内容。执行“窗口>字符”命令，在弹出的“字符”面板中对其参数进行设置后单击确定。效果如图所示。

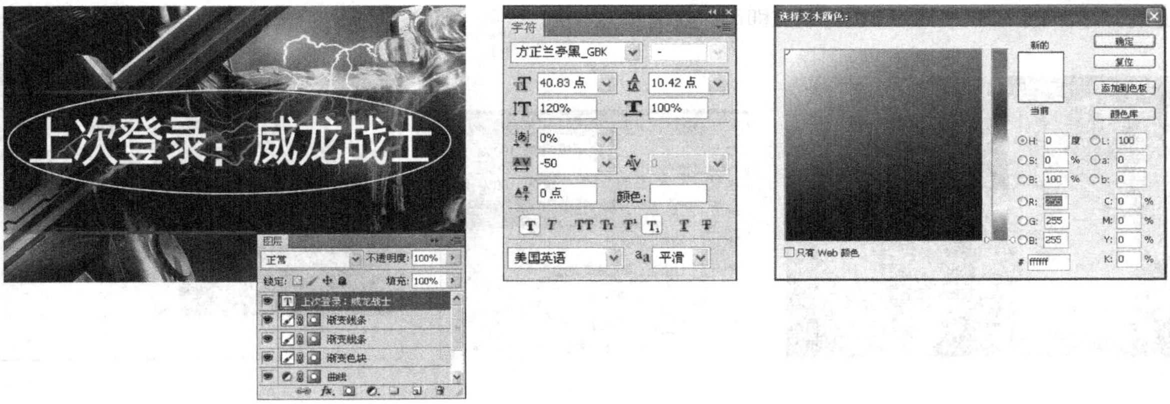

08 输入文字“上次登录：威龙战士”单击工具箱中的“文字工具” 按钮，在页面中绘制文本框并输入对应文字内容。执行“窗口>字符”命令，在弹出的“字符”面板中对其参数进行设置后单击确定。效果如图所示。

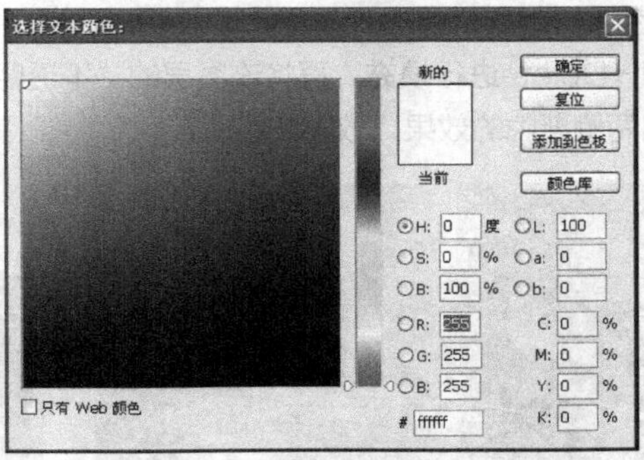

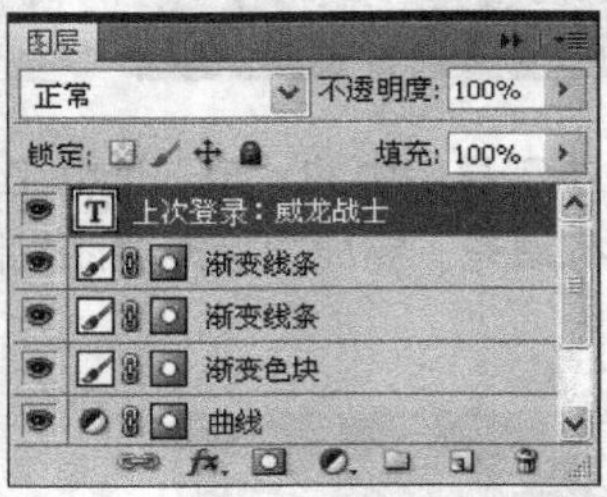

09 输入文字“点击选区”。单击工具箱中的“文字工具” 按钮，在页面中绘制文本框并输入对应文字内容。执行“窗口>字符”命令，在弹出的“字符”面板中对其参数进行设置后单击确定。效果如图所示。

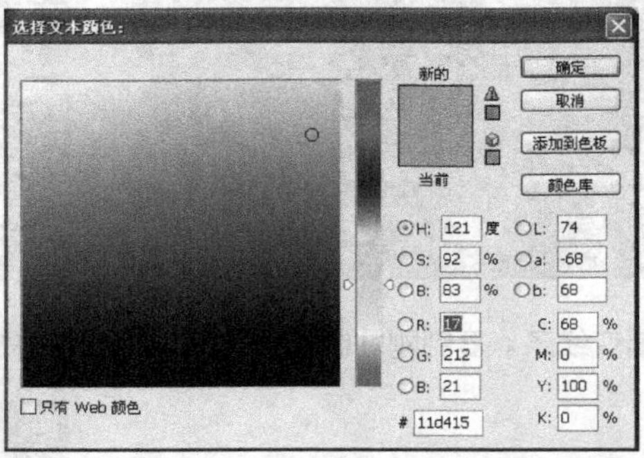

10 圆形色块的制作。新建图层后单击工具箱中的“椭圆选框工具”，在页面上绘制出圆形选区后将前景色设置为蓝色，按快捷键Alt+Delete进行填充即可。效果如图所示。

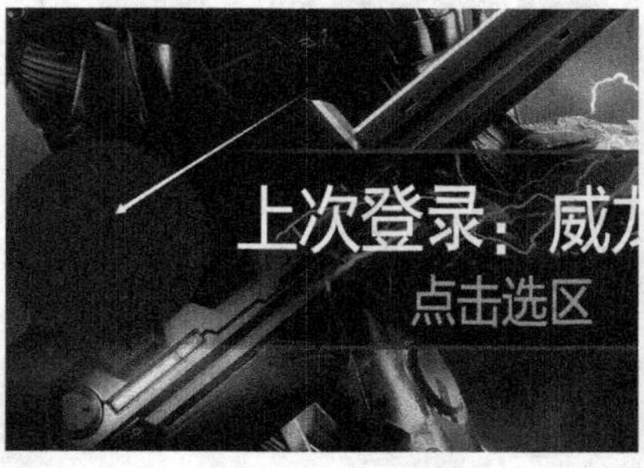

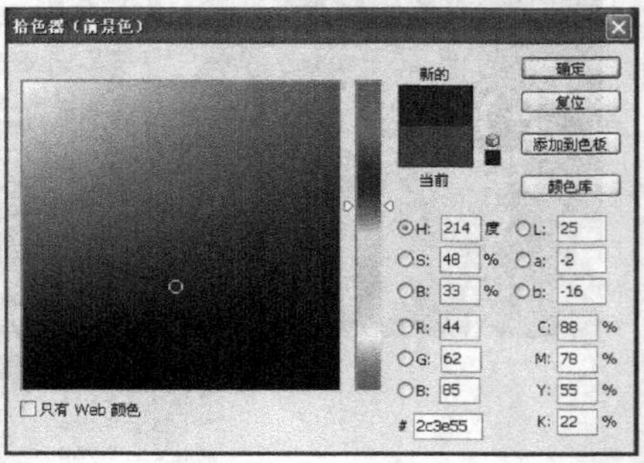

第11章

11 投影效果的添加。在图层面板中单击“添加图层样式”按钮，在弹出的下拉列表中选择“投影”选项，在弹出的“图层样式”对话框中对其参数进行设置后单击确定。效果如图所示。

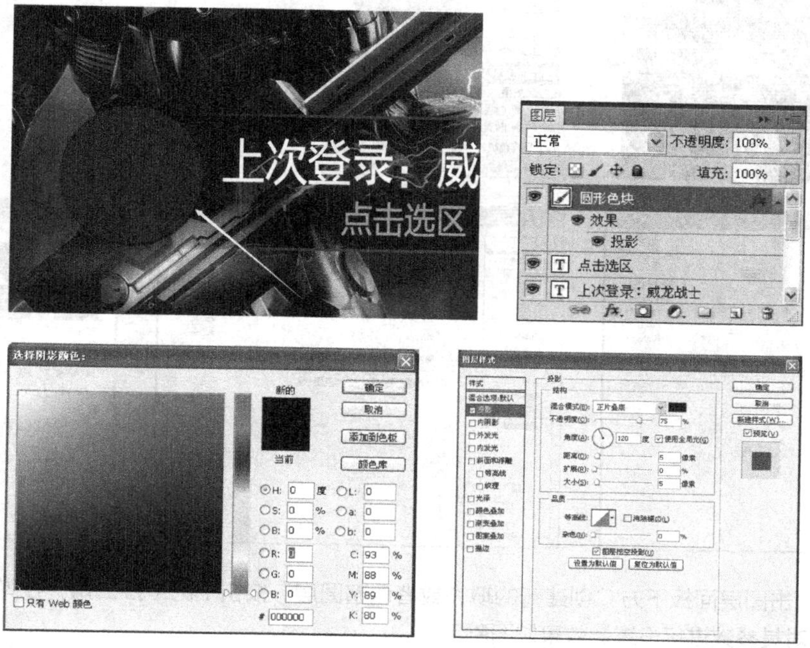

12 圆形色块2的制作。新建图层后，单击工具箱中的“椭圆选框工具”，在页面上绘制出圆形选区后将前景色设置为浅灰色，按快捷键Alt+Delete进行填充即可。效果如图所示。

13 圆形色块3的制作。新建图层后，单击工具箱中的“椭圆选框工具”，在页面上绘制出圆形选区后将前景色设置为蓝色，按快捷键Alt+Delete进行填充即可。效果如图所示。

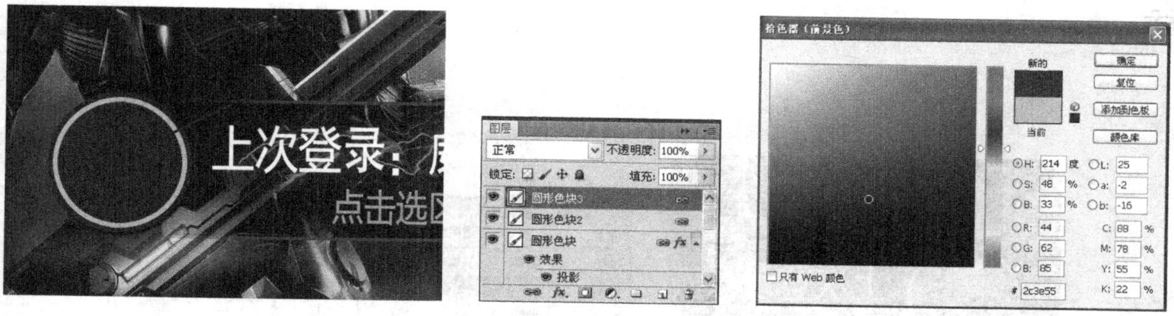

14 内阴影和渐变叠加效果的添加。在图层面板中单击“添加图层样式”按钮，在弹出的下拉列表中分别选择“内阴影”和“渐变叠加”选项，在弹出的“图层样式”对话框中分别对其参数进行设置后单击确定。效果如图所示。

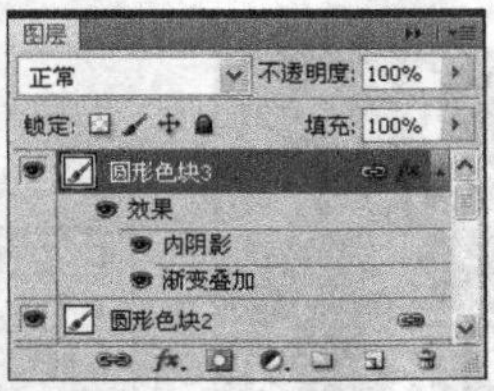

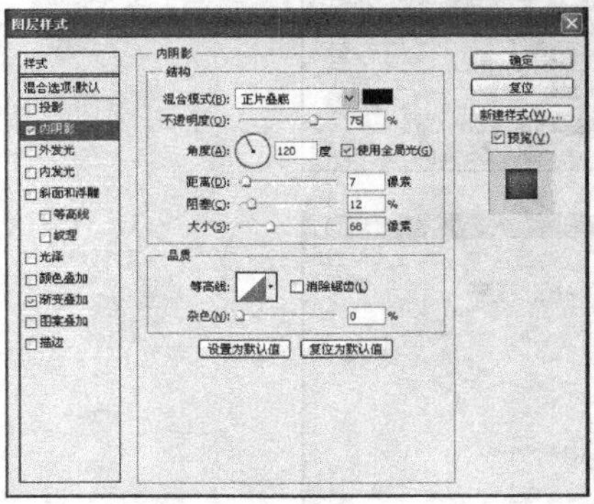

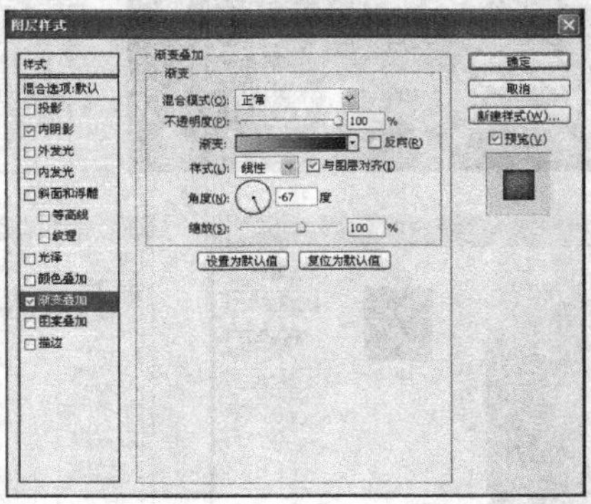

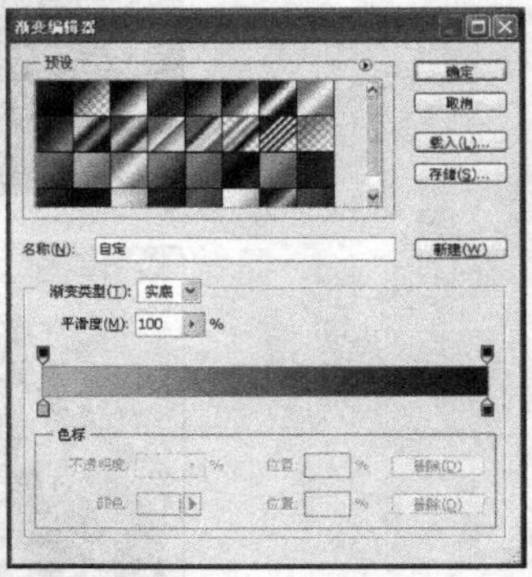

15 曲线的调整。单击图层面板下方“创建新的填充或者调整图层”按钮下的下拉三角，在弹出的下拉菜单中选择“曲线”选项，对其参数进行设置。效果如图所示。

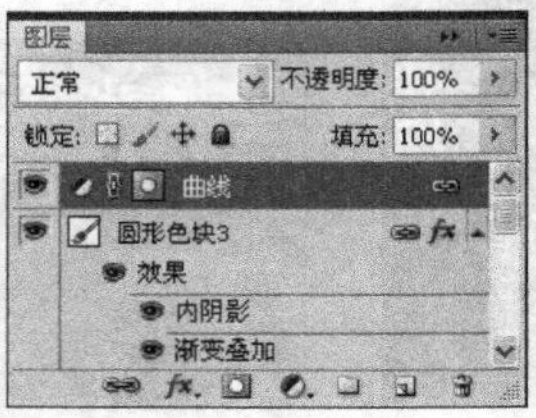

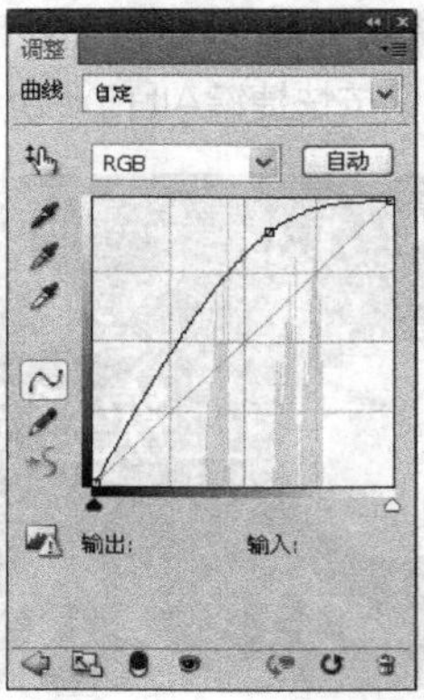

16 曲线的调整。单击图层面板下方“创建新的填充”或者“调整图层”按钮下的下拉三角，在弹出的下拉菜单中选择“曲线”选项，对其参数进行设置。再通过画笔擦除蒙版的方式来擦除曲线不需要作用的部分。效果如图所示。

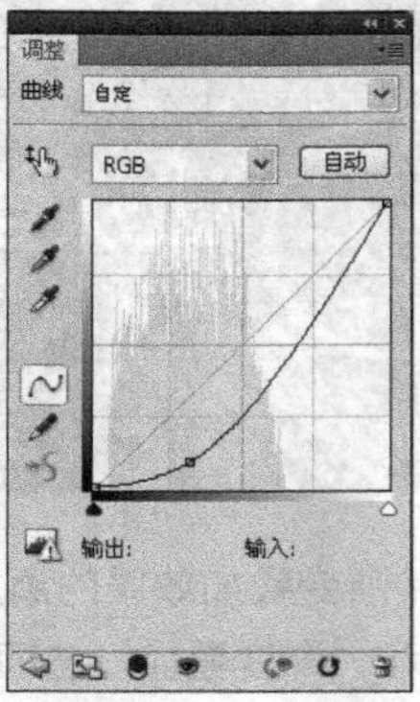

17 输入文字“开始游戏”。单击工具箱中的“文字工具”按钮，在页面中绘制文本框并输入对应文字内容。执行“窗口>字符”命令，在弹出的“字符”面板中对其参数进行设置后单击确定。效果如图所示。

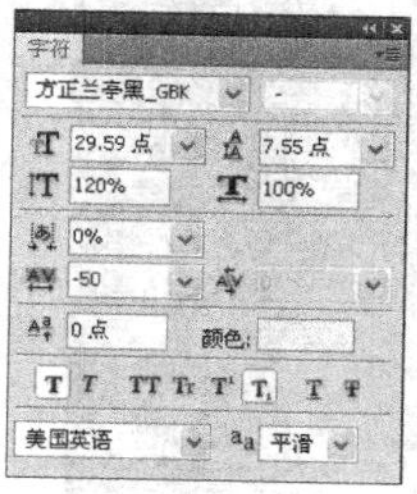

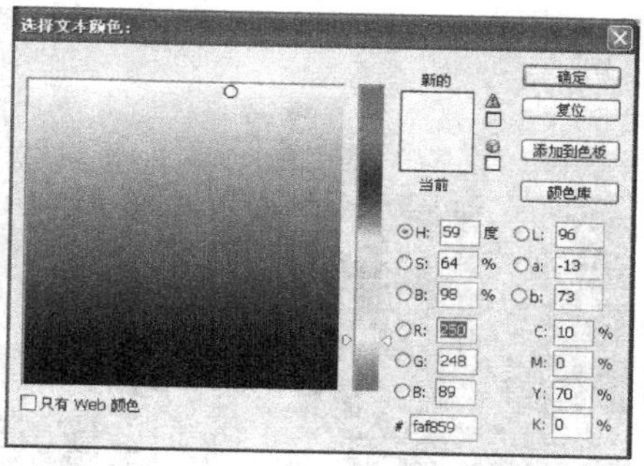

18 投影效果的添加。在图层面板中单击“添加图层样式”按钮，在弹出的下拉列表中选择“投影”选项，在弹出的“图层样式”对话框中对其参数进行设置后单击确定。效果如图所示。

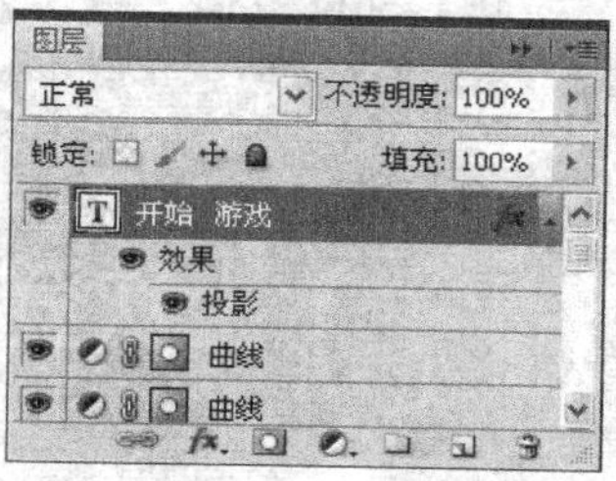

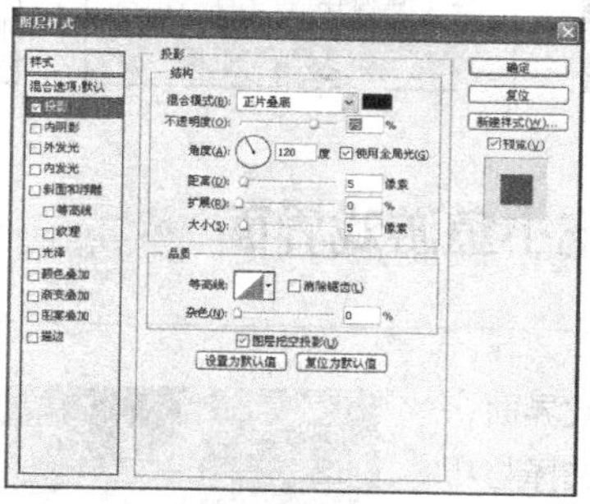

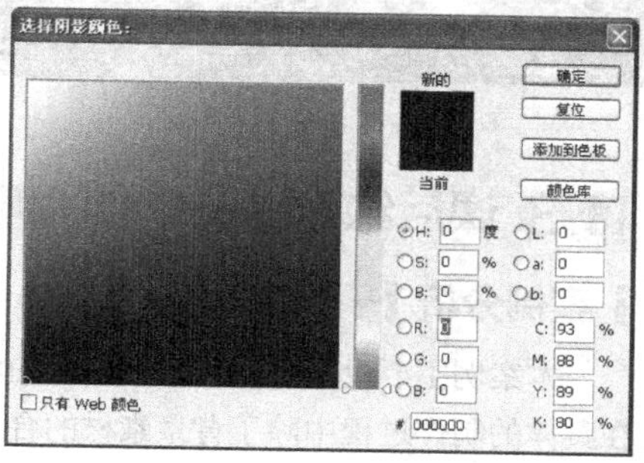

19 描边效果的添加。在图层面板中单击“添加图层样式”按钮，在弹出的下拉列表中选择“描边”选项，在弹出的“图层样式”对话框中对其参数进行设置后单击确定。效果如图所示。

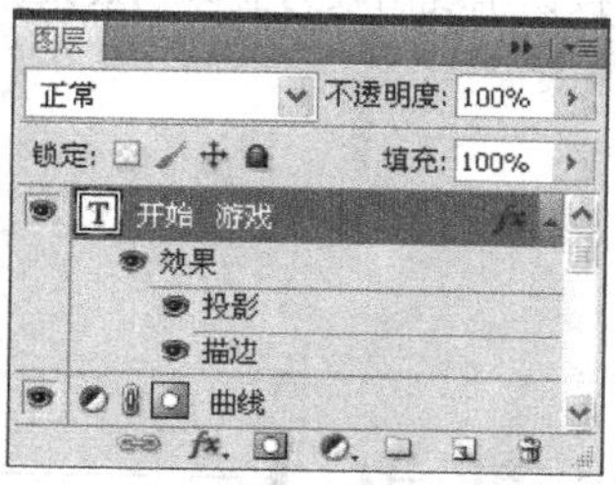

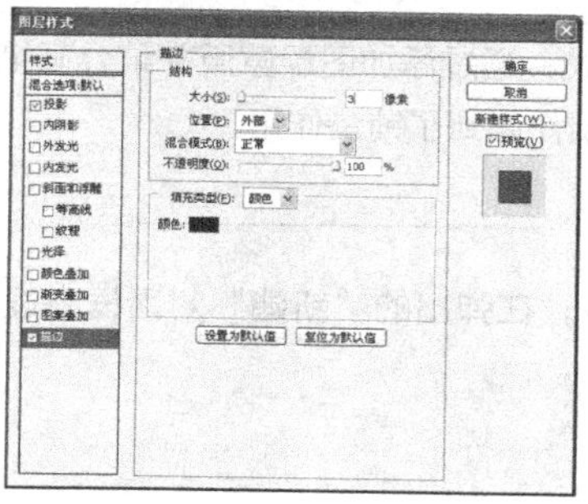

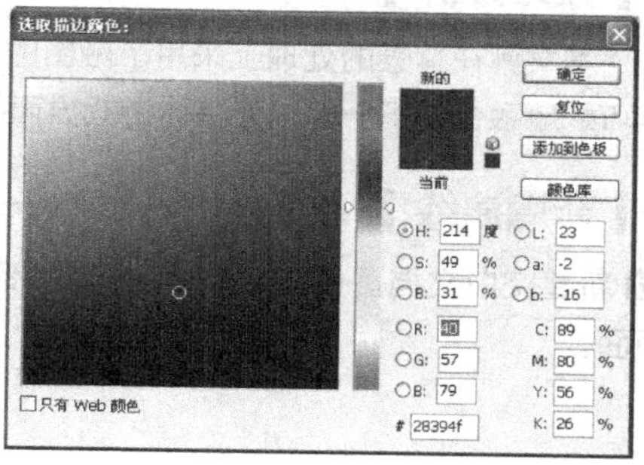

20 内阴影效果的添加。在图层面板中单击“添加图层样式”按钮，在弹出的下拉列表中选择“内阴影”选项，在弹出的“图层样式”对话框中对其参数进行设置后单击确定。最终效果如图所示。

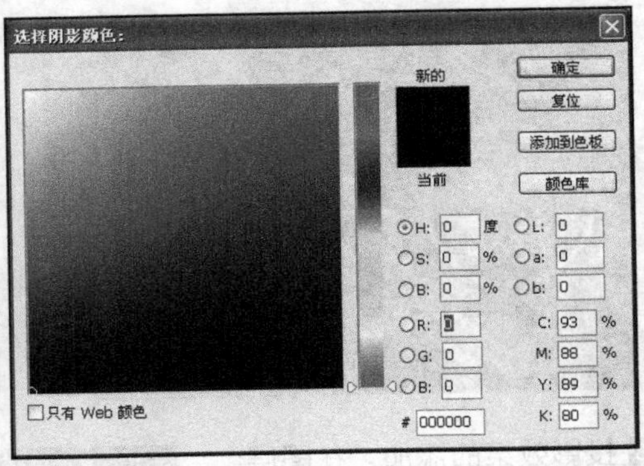

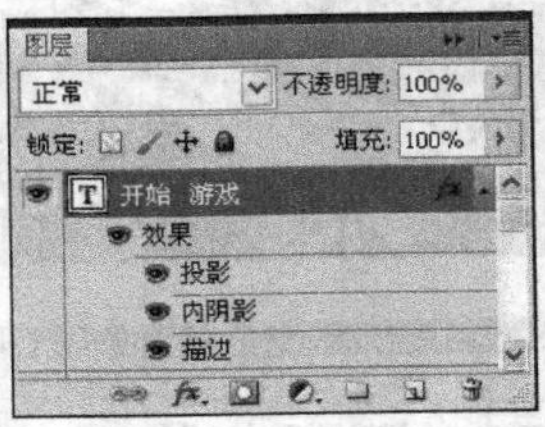

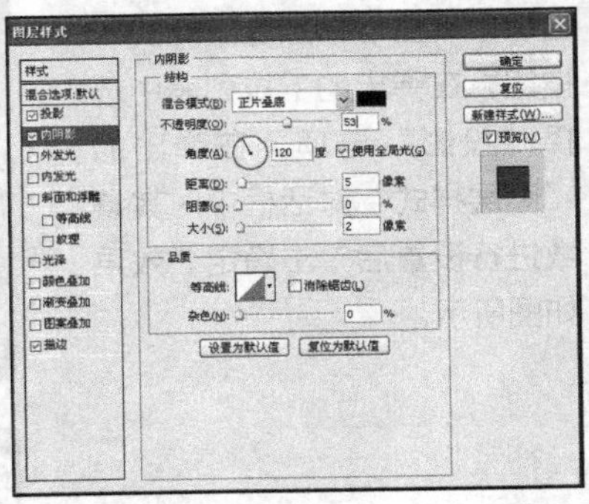

11.3 课后练习——制作大鱼吃小鱼游戏界面

案例分析

本案例主要设计制作大鱼吃小鱼的游戏界面，在具体的制作过程中除了背景素材的合理选择与巧妙搭配之外，将重点放在了按钮的制作上。通过圆角矩形色块的制作以及图层样式的灵活变换，使按钮呈现出较为立体的效果，使整体画面更富有层次感。

技巧分析

本案例在背景的处理上采用了融图的方式，通过添加图层蒙版并结合画笔工具，使鱼儿背景与丰富的海底世界巧妙地融合在了一起，为整体游戏界面的制作起到了铺垫作用。

步骤演练

01 新建空白文档。执行“文件>新建”命令，在弹出的“新建”对话框中设置参数后单击确定。新建一个空白页面。

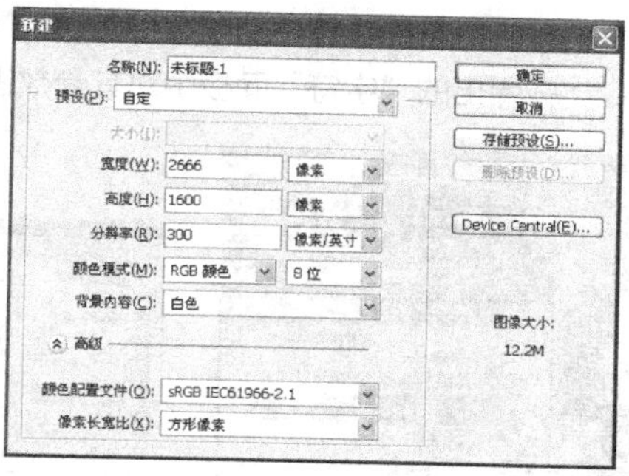

02 背景素材的添加。执行“文件>打开”命令，在弹出的“打开”对话框中选择“背景 素材.png”文件，单击将其拖曳到页面之上并调整其位置。效果如图所示。

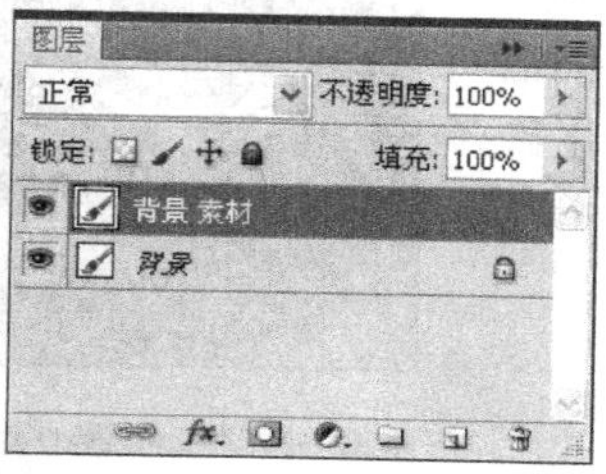

03 海底素材的添加。执行“文件>打开”命令，在弹出的“打开”对话框中选择中“海底 素材.png”文件，单击将其拖曳到页面之上并调整其位置。单击图层面板下方的“添加图层蒙版”按钮，添加图层蒙版，并单击工具箱中的“画笔工具”按钮，擦除图像不需要作用的部分。效果如图所示。

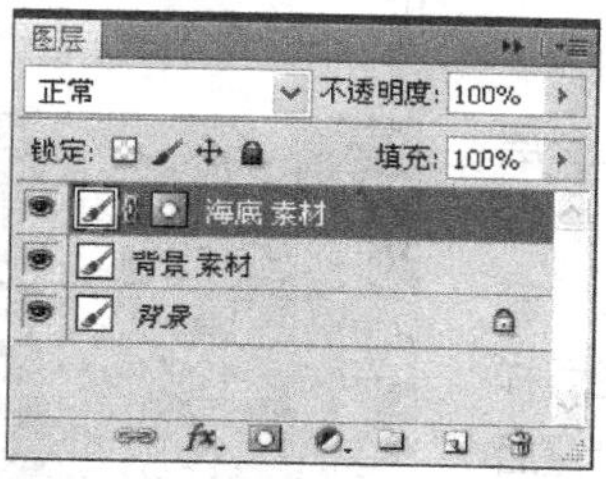

04 曲线压暗四周。单击图层面板下方“创建新的填充”或者“调整图层”按钮的下拉三角，在弹出的下拉菜单中选择“曲线”选项，对其参数进行设置。再通过画笔擦除蒙版的方式擦除曲线在画面中不需要作用的部分即可。效果如图所示。

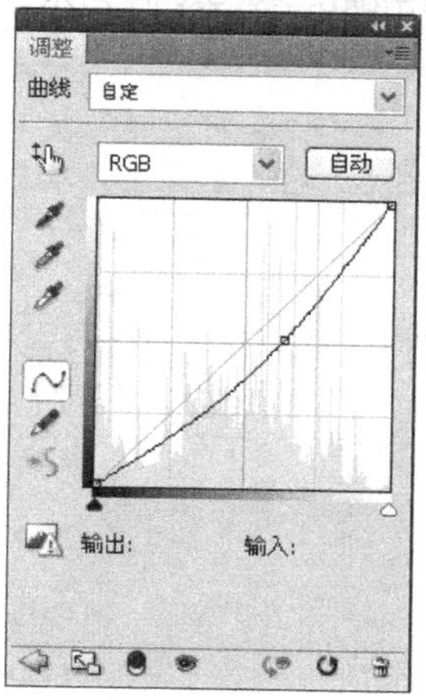

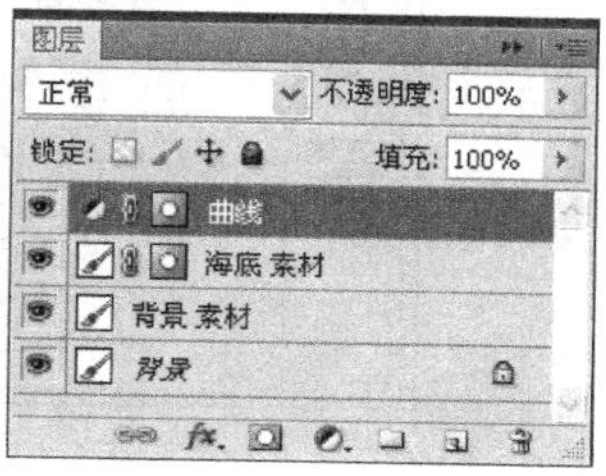

05 输入文字“大鱼吃小鱼”。单击工具箱中的“文字工具” 按钮，在页面中绘制文本框并输入对应文字内容。执行“窗口>字符”命令，在弹出的“字符”面板中对其参数进行设置后单击确定。效果如图所示。

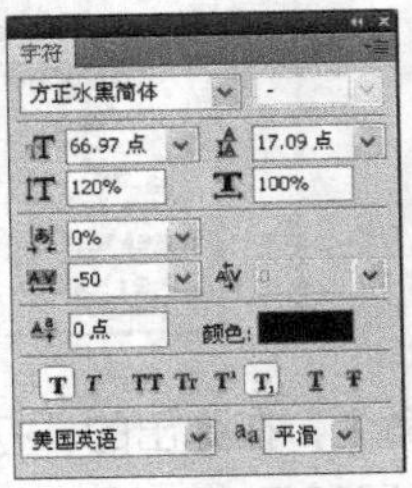

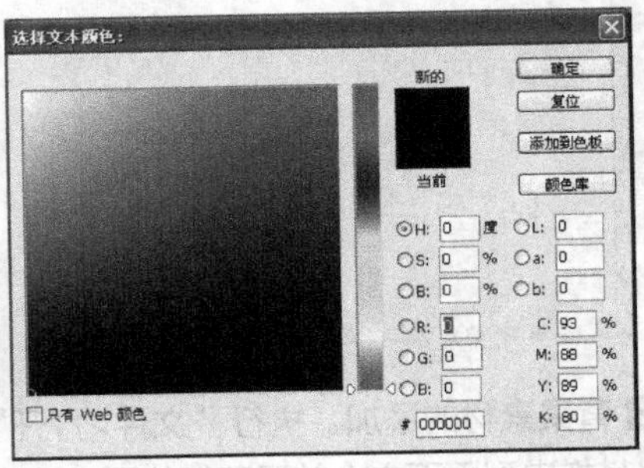

06 描边效果的添加。在图层面板中单击“添加图层样式” 按钮，在弹出的下拉列表中选择“投影”选项，在弹出的“图层样式”对话框中对其参数进行设置后单击确定。效果如图所示。

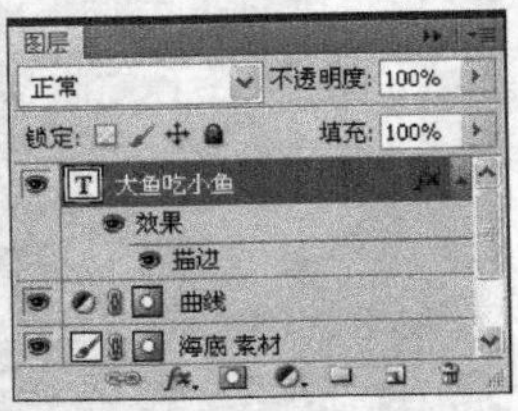

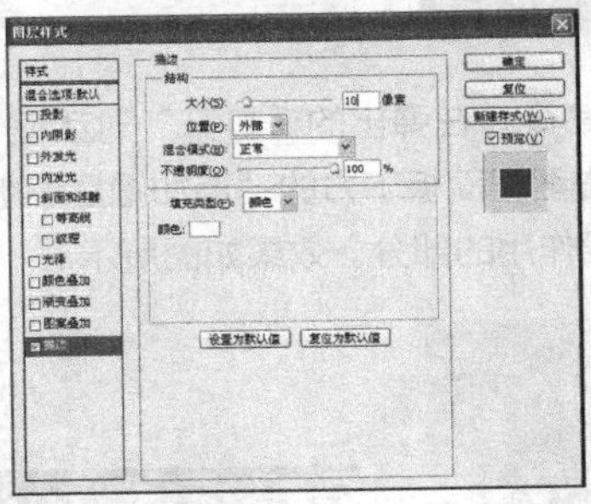

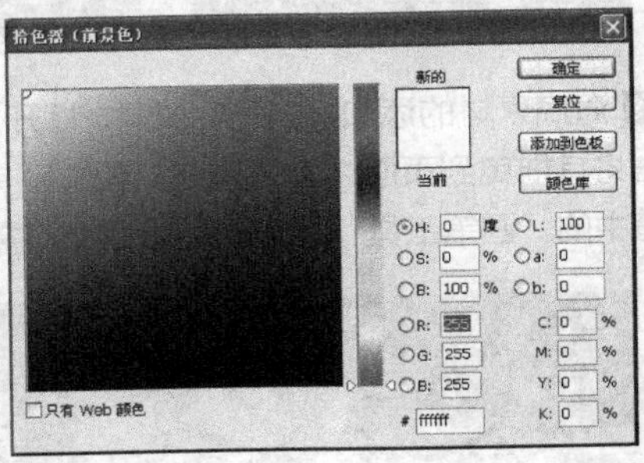

07 颜色叠加效果的添加。在图层面板中单击“添加图层样式” 按钮，在弹出的下拉列表中选择“颜色叠加”选项，在弹出的“图层样式”对话框中对其参数进行设置后单击确定。效果如图所示。

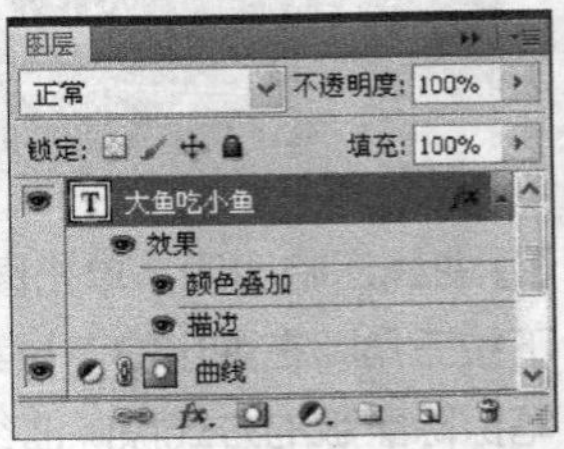

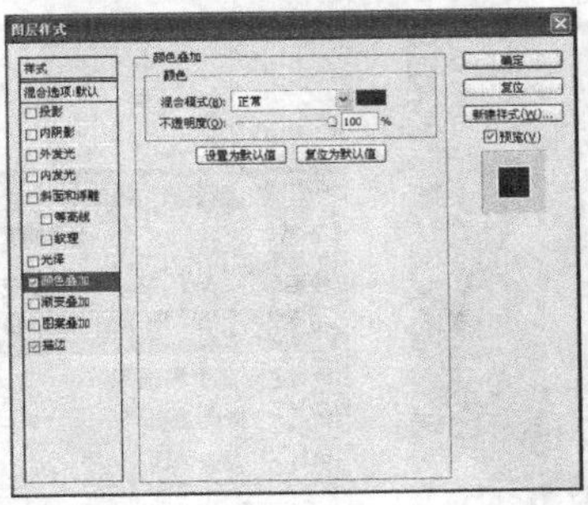

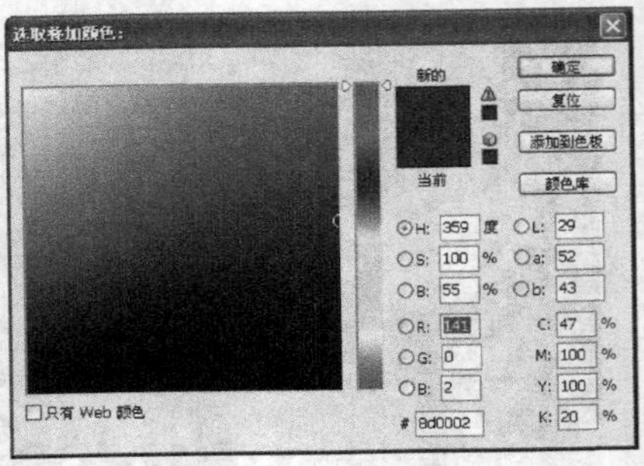

第 11 章

08 圆角矩形色块的制作。新建图层后，用“圆角矩形工具”在页面上勾勒出如图所示的闭合路径，转换为选区后单击工具箱中的“渐变工具”按钮，在属性栏中单击“点按可编辑渐变” 按钮，在弹出的“渐变编辑器”对话框中设置参数后单击确定，对选区进行绿色渐变的填充。效果如图所示。

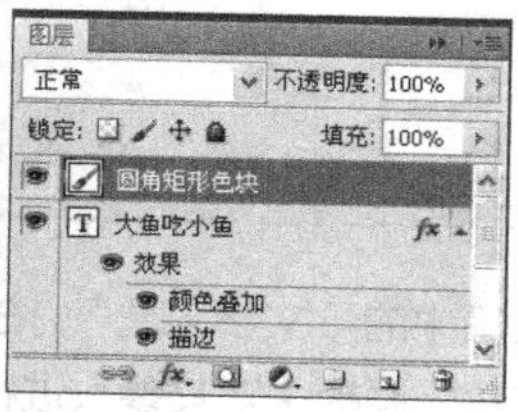

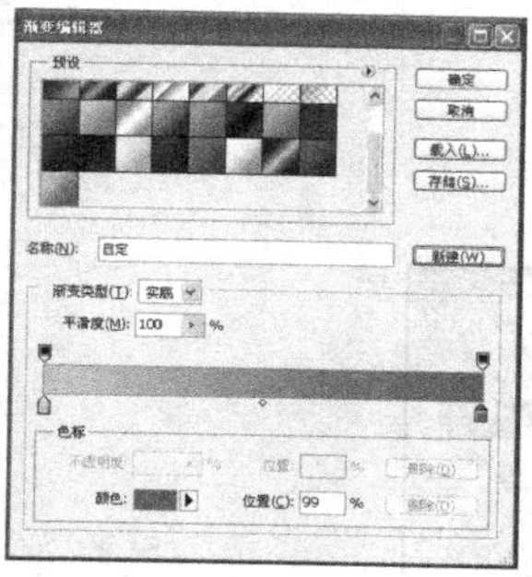

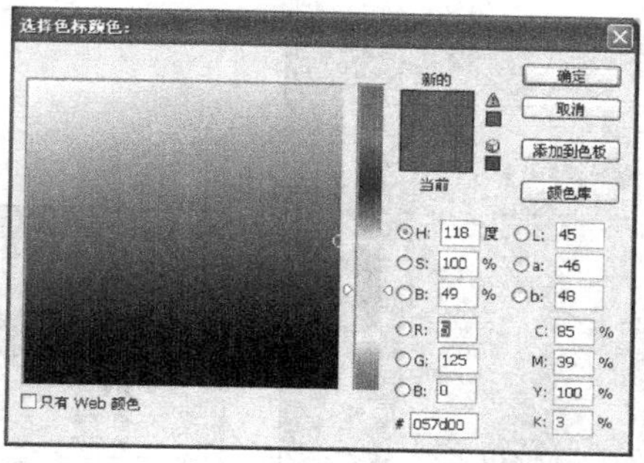

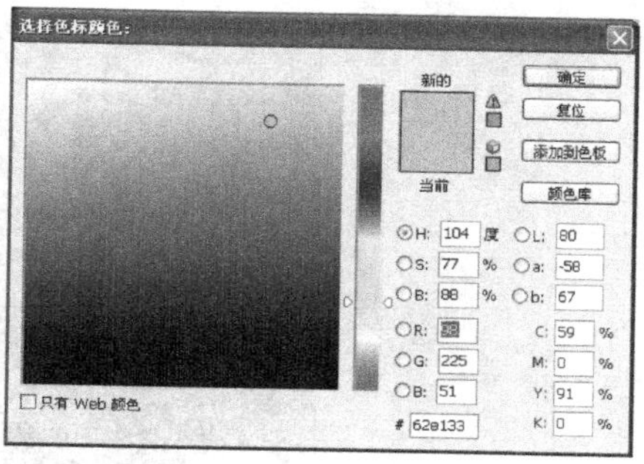

09 投影效果的添加。在图层面板中单击“添加图层样式” 按钮，在弹出的下拉列表中选择“投影”选项，在弹出的“图层样式”对话框中对其参数进行设置后单击确定。效果如图所示。

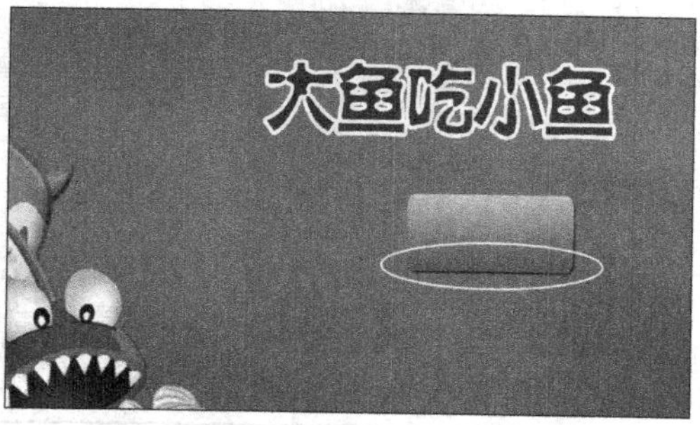

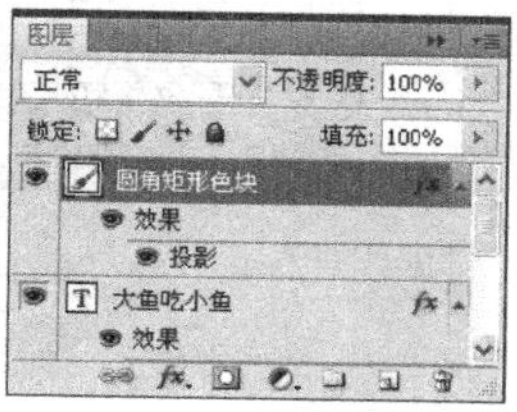

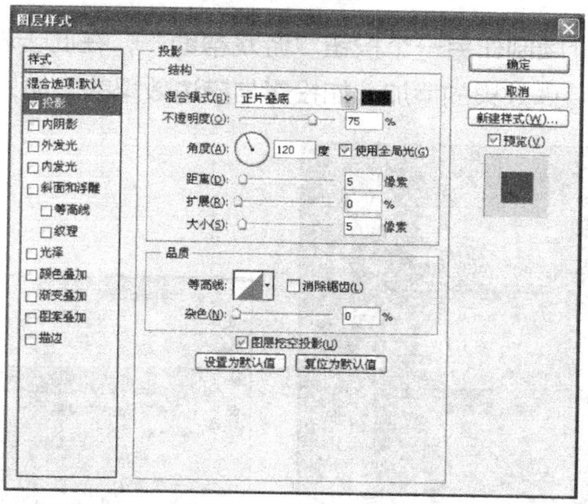

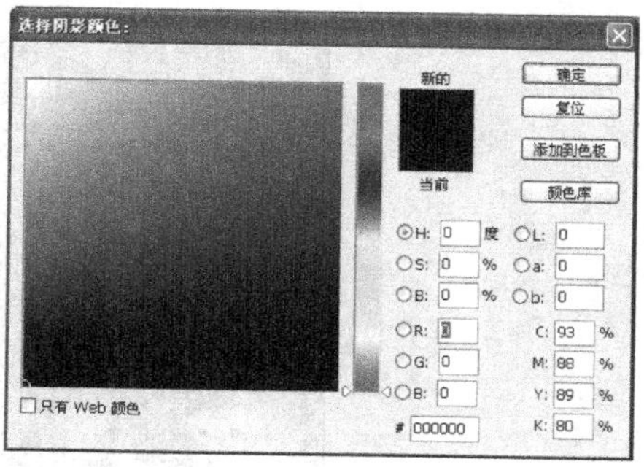

10 圆角矩形色块的复制。复制刚才制作好的圆角矩形色块，对其进行适当的缩小处理。完成之后在图层面板中单击“添加图层样式”按钮，在弹出的下拉列表中选择“描边”选项，在弹出的“图层样式”对话框中对其参数进行设置后单击确定。效果如图所示。

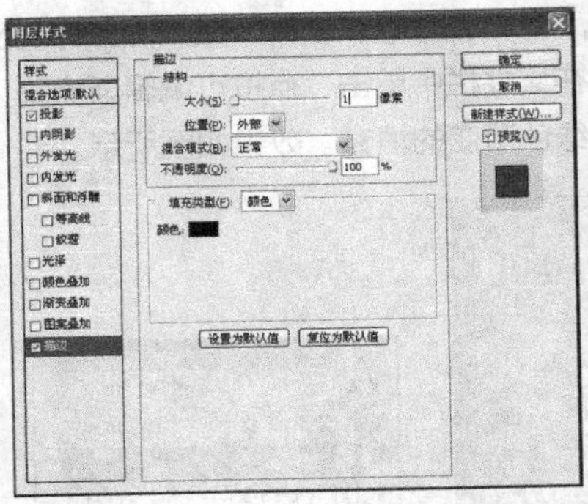

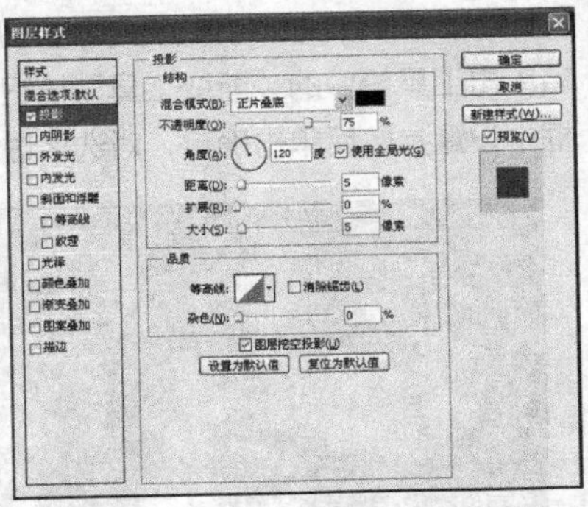

11 输入文字“开始游戏”。单击工具箱中的“文字工具” 按钮，在页面中绘制文本框并输入对应文字内容。执行“窗口>字符”命令，在弹出的“字符”面板中对其参数进行设置后单击确定。效果如图所示。

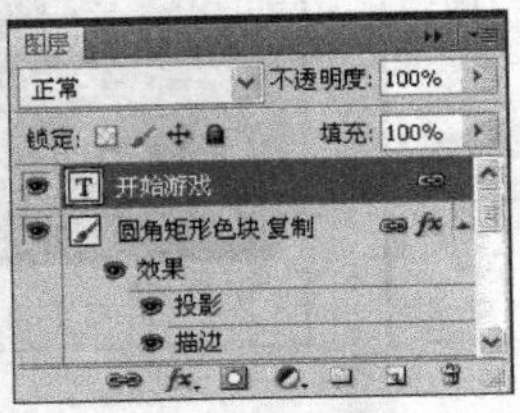

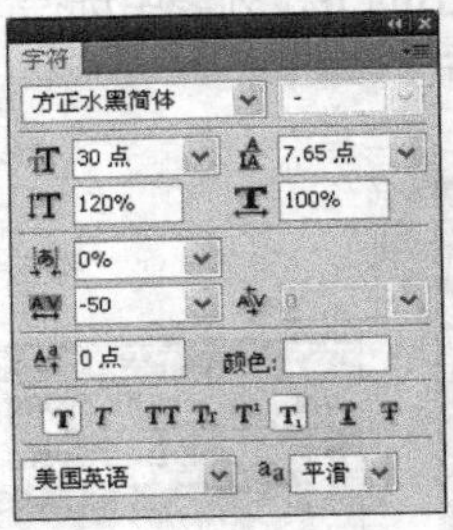

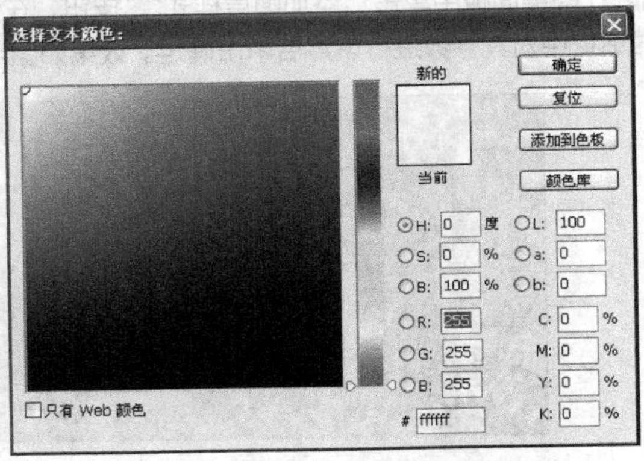

12 输入文字“游戏帮助”。按照上述方式继续制作另一个按钮“游戏帮助”，在此步骤中包括了两个圆角矩形色块的制作以及文字的制作。除此之外还有特殊效果的添加，如投影与描边效果的添加。效果如图所示。

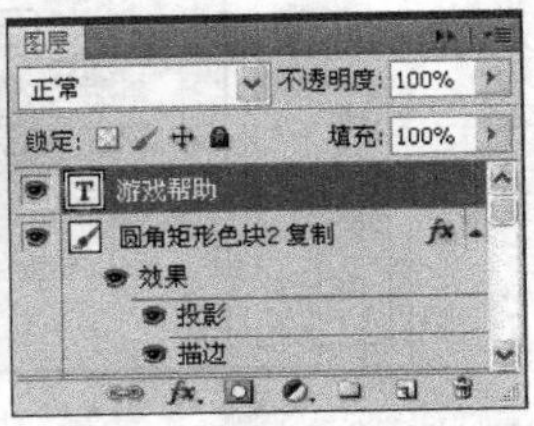

13 输入文字“English”和“关于”。按照上述方式继续制作其他的按钮“English”和“关于”，在此步骤中包括了两个圆角矩形色块的制作以及文字的制作。除此之外，还有特殊效果的添加，如投影与描边效果的添加。效果如图所示。

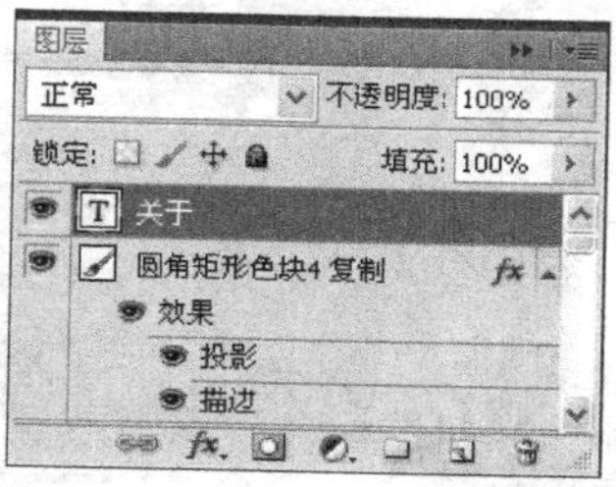

14 曲线的调整。单击图层面板下方“创建新的填充”或者“调整图层”按钮下的下拉三角，在弹出的下拉菜单中选择“曲线”选项，对其参数进行设置。再通过画笔擦除蒙版的方式擦除曲线在画面中不需要作用的部分即可。效果如图所示。

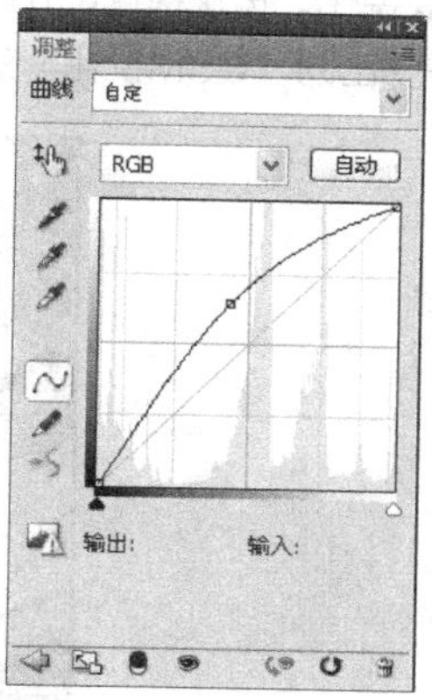

15 可选颜色的调整。单击图层面板下方“创建新的填充”或者“调整图层”按钮下的下拉三角，在弹出的下拉菜单中选择“可选颜色”选项，对其参数进行设置。效果如图所示。

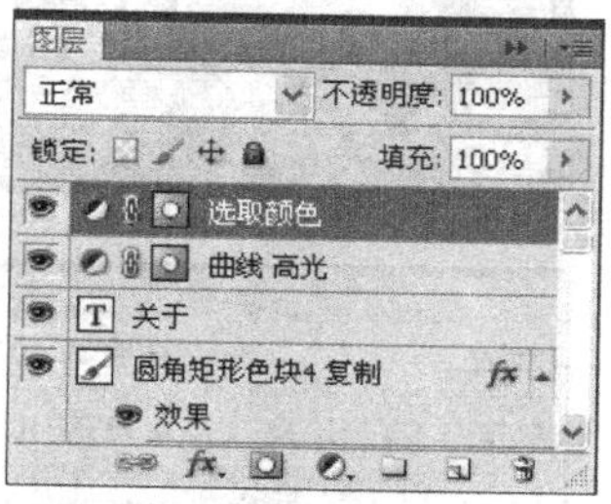

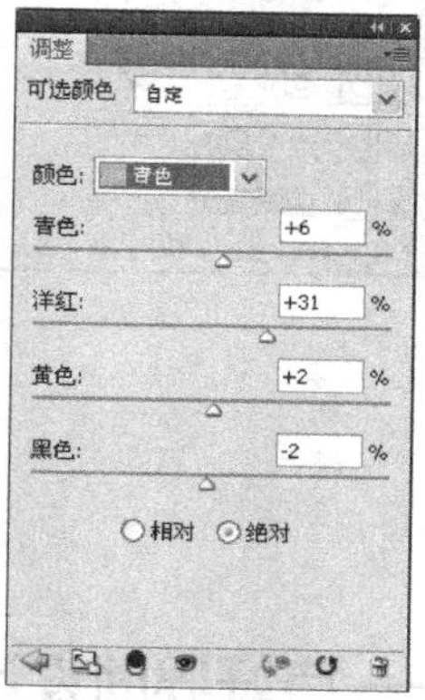

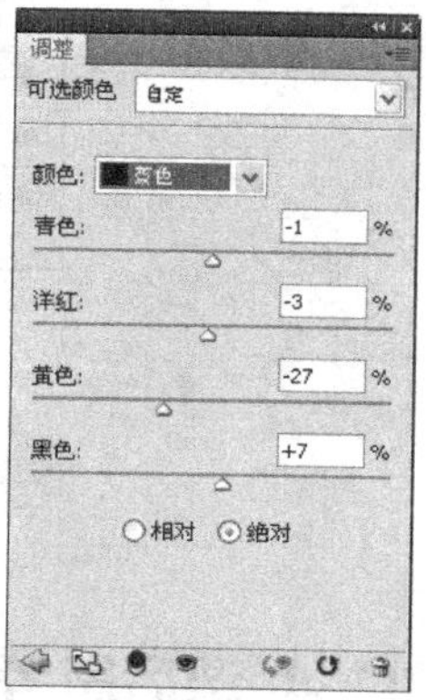

16 色阶的调整。单击图层面板下方“创建新的填充”或者“调整图层”按钮下的下拉三角，在弹出的下拉菜单中选择“色阶”选项，对其参数进行设置。效果如图所示。

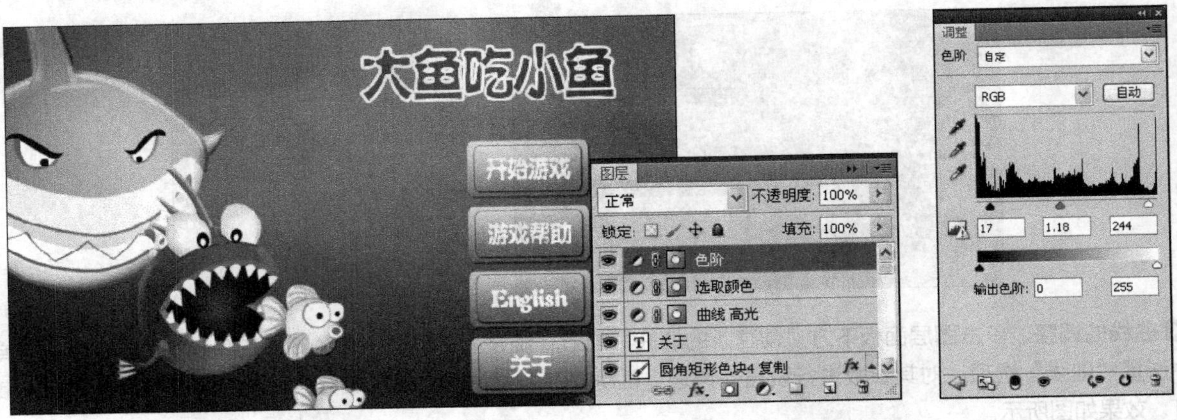

17 锐化。按快捷键Ctrl+Shift+Alt+E盖印可见图层，得到“盖印”图层。执行“滤镜>锐化>USM锐化”命令，在弹出的“USM锐化”对话框中对其参数进行设置后单击确定。最终效果如图所示。

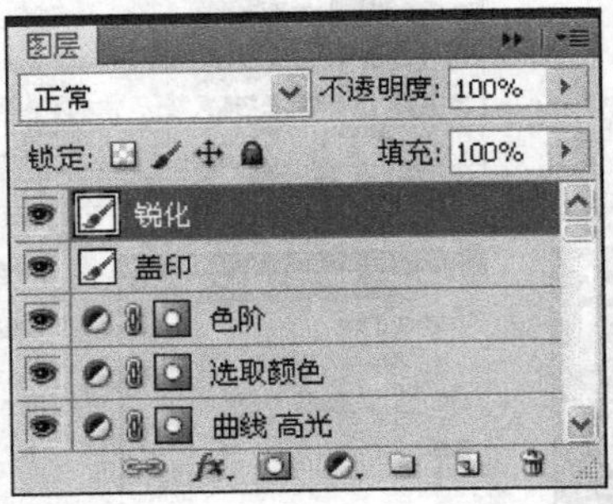

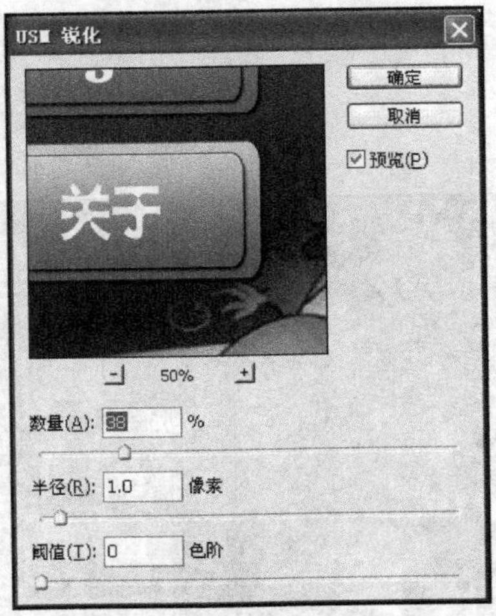

11.4 课后思考——良好界面设计的几大特点

1. 简约而不简单

简约而不简单，看上去非常简洁，其实往往都是非常讲究的。

运用图形，将高水平的插画与界面完美的融合。小到图标，大到模块乃至整个页面，处处流露出设计功底，最大限度地呈现有效信息，良好的引导用户。

2. 完美的栅格

下面这几个界面层次感较强，张弛有度，页面整体非常棒，完美的比例让人顿觉眼前一亮，即使看不懂外文也会被它深深地吸引，设计上有非常多值得我们参考和学习的地方。栅格安排控制的非常合理，几乎所有的浏览器下都能显示到两行的栅格内容。版式非常灵活和自然，无论是哪种屏幕分辨率下，设计师都进行了自然的重组和排序，而且对于内容也没有丝毫的影响，不必考虑太多对于响应式实现的过多准备，实际效果非常好。

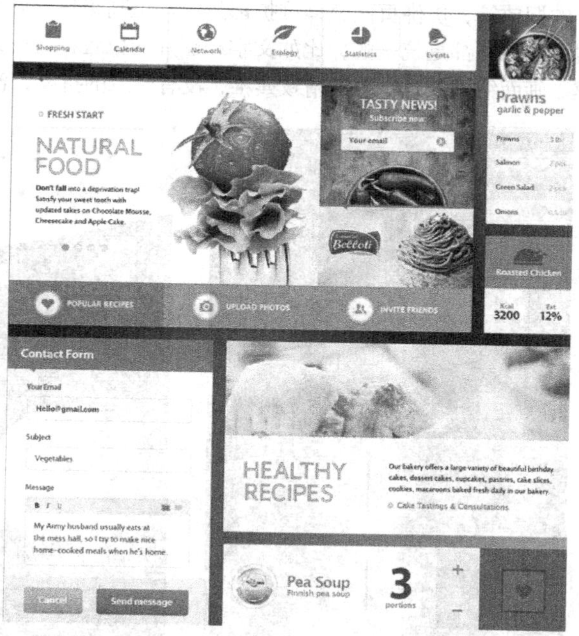

3. 舒服的配色

配色是一门艺术，一般采用的是高级灰，所谓高级灰就有“色相”和“纯度”的蓝灰色，根据东方人的审美，背景宜采用浅灰和白色层叠，将黑色的标题文字和彩色的图片映衬的非常清晰，没有拖泥带水，字字在目，整个软件的线框和背景都要保持一致。文字标题全是图片，更加强调视觉体验。

好的作品肯定是将颜色完美地融合到界面里，让用户享受服务的同时，也能感受到一丝美感。

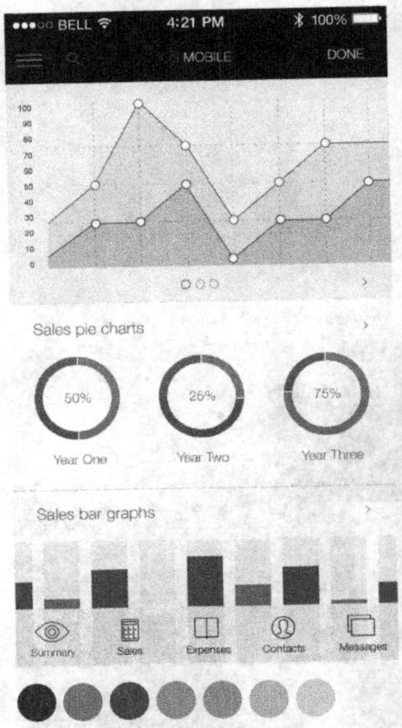

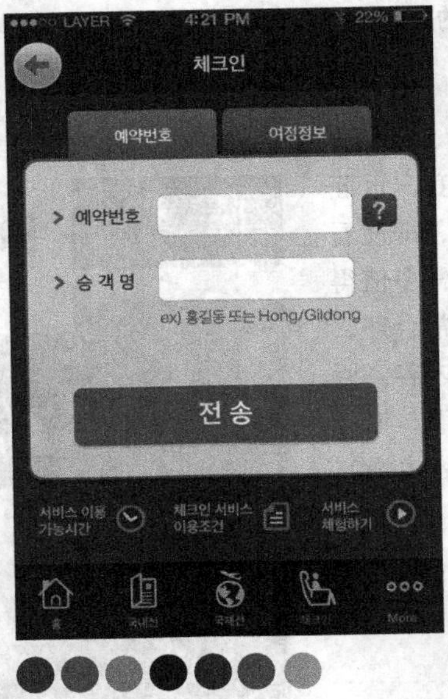

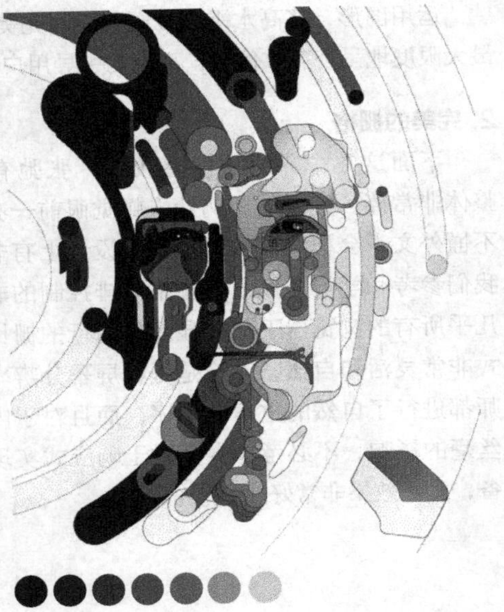

4. 细腻的细节

手机UI应该着重细节的处理，因为本身尺寸就很小。下面这些界面的细节处理让人佩服，如图片的处理、文字的摆放等，仿佛页面整体维护都是由一位高级设计师在负责，而非“编辑”。仔细一看，页面中所有的图片广告视觉语言都是统一的，比如文字和图片的位置都是一致的，同板块图片的底色高度统一，给人一种严谨的整洁感。画面细腻养眼，图标精致典雅，没有刻意的拼凑，没有过分的修饰，让人百看不厌。

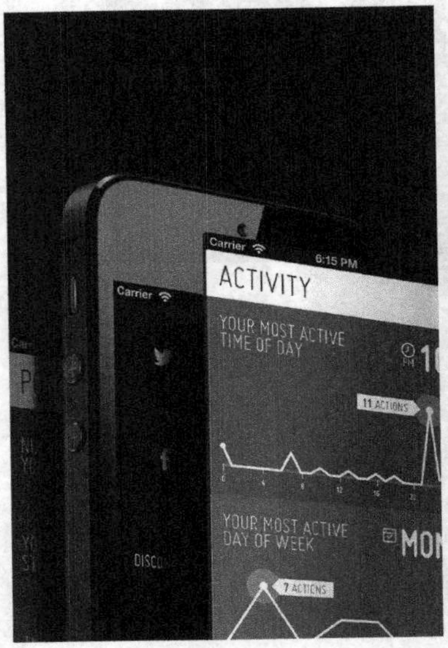

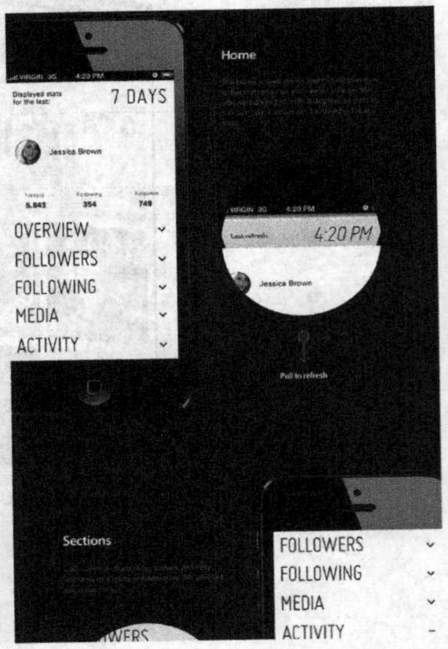

第11章

第 12 章

制作智能手机UI整体界面

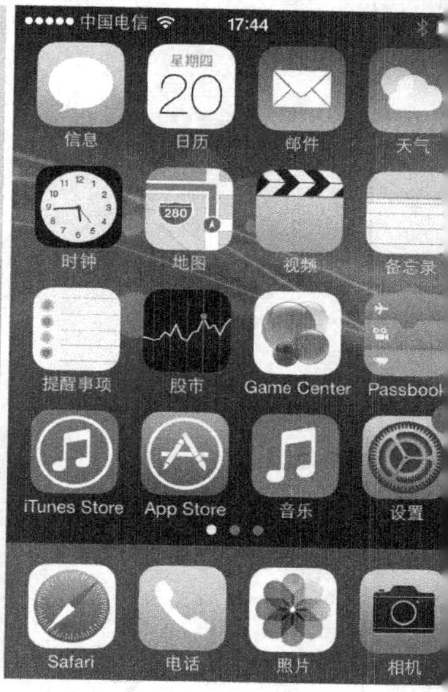

本章介绍

本章主要讲解智能手机UI界面制作的相关知识，其中包含界面设计的核心、不同操作系统下手机界面的区别以及合理规划手机UI界面风格的技巧等。除此之外，在案例的设计中分别从几种不同操作系统的角度对手机界面进行制作，使读者更为直观地了解本章所学知识。

教学目标

- 理解界面设计的核心内容
- 掌握不同操作系统下手机界面的制作
- 掌握合理规划手机界面风格的相关技巧

12.1 界面设计的核心

设计者想要设计出符合大众口味的、能真正吸引大众眼球的设计必须包括以下3个重要的设计手机APP界面核心点。

1. 设计手机APP界面要重视色彩搭配

大家都知道手机的屏幕很小，但是这么小的屏幕却并不只有你设计的图标，因此设计者必须要让用户在打开手机面对几百个图标时，记住你设计的图标而不是别人的，所以图标本身要足够抢眼。

而图标是否抢眼，最重要的就是色彩的搭配，要让图标看起来醒目、简洁、明快。举例说，百度新闻客户端的图标颜色原来是蓝色，后来他们发现蓝色的图标在手机屏幕里基本被忽略了，因此他们把整个色系都改了，换成红底白字，就是希望用户打开手机时一眼就能找到这个图标。

手机APP设计应该简化再简化，让图标更直观

除了将颜色搭配得出彩外，使图标简化、变得更直观，也是APP图标设计的重要核心内容。

苹果设计宣传师麦克·史登（Mike Stern）曾经表示，一款应用图标不仅能诱使消费者去购买应用，更能提高用户与应用的互动积极性。如果用户每次看见同一款图标都会有眼前一亮的感觉，那么他们持续使用这款应用的频率会更高。

他认为，如果能在设计中避免使用文本就再好不过了。与一长串文字或字母相比，单字或单字母的图标设计更深得人心。

2. 设计APP界面应该构建族群效应

手机APP的图标最重要的设计目标之一就是让用户在下载时第一眼就认出它的功能是什么，在下载后能够迅速从茫茫的APP海中选中它。于是一种约定俗称的图标设计方式出现了，这就相当于同一类APP属一个族群，因此在设计上具有共同点。

当然，有人也在诟病这种现象，认为这是设计师缺乏创意的表现，但从某种程度上来看，这种惯性的延续有助于帮助一款应用在短时间内呈现出自己的主要功能。

12.2 Apple和Android移动端尺寸指南

这是有关Apple的设计，包括各种界面尺寸、图标尺寸、图形部件的大小等。

屏幕尺寸 1Point=1/72 英寸（pt）

iPhone 4/4s
320 X 480pt

iPhone 5/4s
320 X 568pt

iPad mini
768 X 1024pt

iPad2
768 X 1024pt

图标尺寸

界面图标：
工具栏 / 导航栏
20 X 20pt
标签栏
30 X 30pt

应用图标：
应用商店（App Store）
20 X 20pt
快捷搜索
29 X 29pt
应用图标和网页快捷方式
57 X 57pt

视网膜支持：
为了支持视网膜分辨率，所有的定制图标和图形比过去变大两倍。如果使用 Photoshop 绘图软件，你需要将尺寸放大 2 倍，然后再缩放到常用尺寸下进行设计。

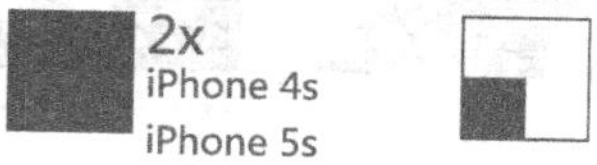

2x
iPhone 4s
iPhone 5s
New iPad

1x
iPhone 4
iPad iPad2
iPad mini

这是有关Android的设计，包括各种界面尺寸、图标尺寸、图形部件的大小等。

屏幕尺寸 设备独立像素（dip/dp）

小屏
320 X 426pt

正常
320 X 470pt

平版（大）
480 X 640pt

平版（超大）
720 X 960pt

图标尺寸

界面图标：
操作栏
24 X 24pt
内容显示
12 X 12pt

应用图标：
应用商店（Google Play）
512 X 512pt
启动图标
48 X 48pt

多种屏幕密度支持：
为了支持所有不同屏幕密度的设备运行，Android 将它们归为 4 类：LDPI、MDPI、HDPI 以及 XHDPI。下图展示的图像支持最常见的屏幕密度 MDPI，调整你的设计尺寸，直到容易输出各种不同尺寸的图为宜。

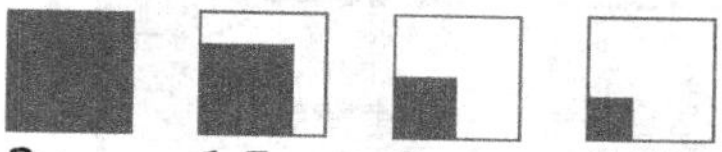

2x
XHDPI
320dpi

1.5x
HDPI
240dpi

1x
MDPI
160dpi

0.75x
LDPI
120dpi

12.3 iOS 扁平化系统的特色

自从WWDC大会上iOS 7系统问世以来，对iOS 7系统所拥有的堪称“翻天覆地”的变化，专业人士、媒体、普通用户以及果粉们褒贬不一。虽然全新iOS 7系统的扁平化设计风格在表面上带来了与之前全然不同的简约风格，但是iOS 7整个系统在设计理念、设计风格和系统功能上，都有了很大的改变，包括字体、图标等设计的诸多经典元素，都和iOS 6不一样，给用户带来异样的体验。

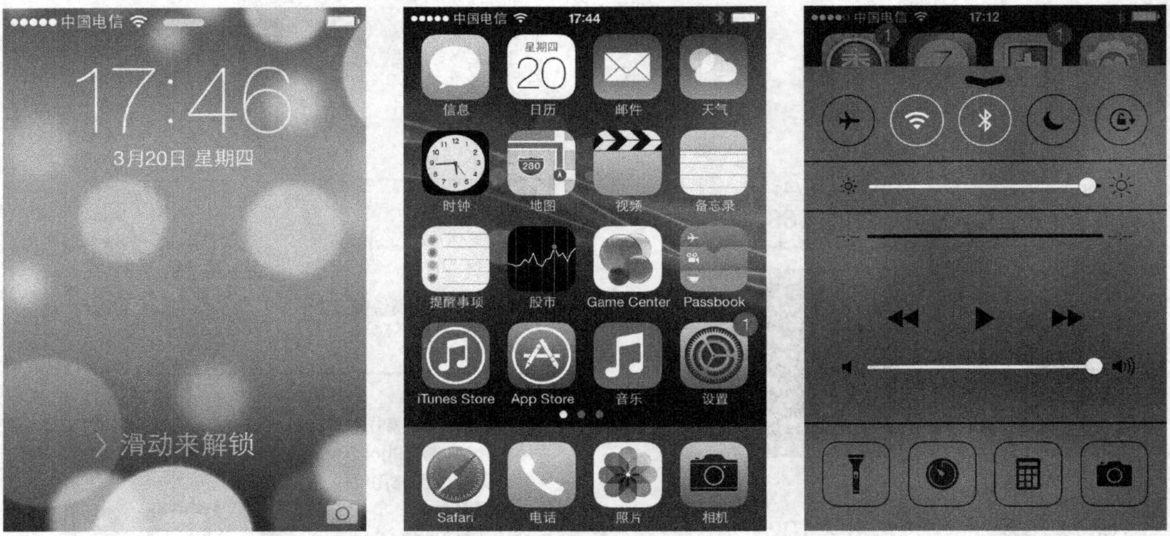

iOS 7的界面设计

1. 设计理念

iOS 7的图标不仅改变为简洁的扁平化效果，而且新用户界面对外部复杂环境的适应能力也极大地增强了。比如iOS 7系统不仅有根据用户的时差角度调整界面的加速器，还为了方便用户辨识屏幕，利用手机内置的光线感应仪让图标和背景自动适应不同的光线强度，控制面板的文本和色彩也能够按照主题背景图片的色彩自动进行调整。

2. 界面分层和深度

相比iOS 6而言，iOS 7整个系统的图标和应用的细节被简化，而iOS 7所处的系统底层却变得更加复杂。我们发现，iOS 7的文本不再以图形形式出现，并且它新采用的Helvetica Neue Ultra Light字体也被直接显示在屏幕上。这样一来，看上去更加简洁直观。但是由于图形不能以按钮作为基准位置，而是要帮助用户定位漂浮在空间中的文本，所以在图形设计方面，面临着很大的挑战。

另外，iOS 7系统的屏幕本身也呈现出一种图像密集多层化效果。我们从上面分解的三维投影图上可以看到3个非常清晰的层次。底层是背景图片，中间层是应用程序，顶层是控制中心的背景，其具有模糊效果的面板层。乔纳森认为，多层的设计将会给用户带来一种新的质感、新的体验。

3. 字体的改变

iOS 7系统全新启用的Helvetica Neue Ultra Light 字体是原来iOS标准字体Helvetica Neue的瘦身版，Neue字体也是Helvetica字体和变体 Ultra Light 成为计算机时代的经典字体。在 iOS 系统中，干净和优雅是Neue 字体的代名词。

但是iOS 7系统所使用的Ultra Light也有很大的使用风险。因为在大多数背景下，Ultra Light字体很难辨识。要是iOS 没有了字体曾经放置的边框和背景，字体就显得很暗淡。也就是说，在模糊背景下，这种字体很漂亮，要是用户更换了背景，字体效果就会变得很糟糕。

iOS 7的字体设计

4. 图标风格颠覆性变化

从表面上看，iOS 7系统与iOS 6系统最大的不同就是来自于图标的变化。新系统的图标放弃了之前非常具有质感的偏立体设计，而采用了“扁平化”简洁干净的设计风格。有的人说，苹果正在向微软Windows Phone系统风格靠拢，因为苹果放弃使用原本的skeuomorphic风格，而开始进行平面化图标设计风格。

其实，在整个iOS 7系统中，不仅仅是应用图标的扁平化和简单化，整个新系统的UI也改变了苹果之前的拟物化设计，减少了许多装饰。总而言之，苹果公司的审美观正在发生变化。

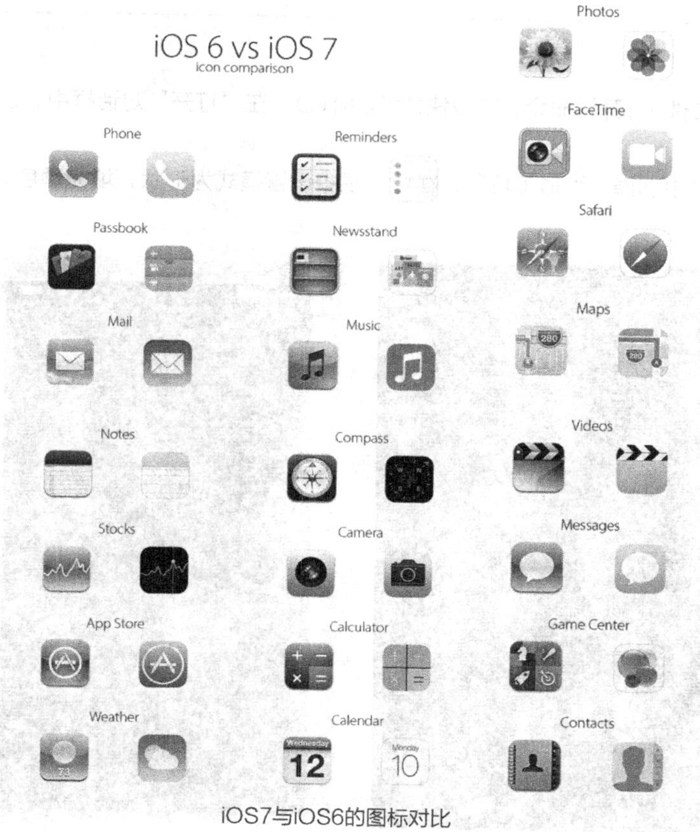

iOS7与iOS6的图标对比

案例 1 苹果手机界面总体设计

案例分析

本例将制作一组iOS系统的扁平化风格界面，这里选择一个电影网站作为制作案例。

技巧分析

灰色和土黄色搭配可以产生华丽的金色幻觉，这种搭配经常应用于影视游戏网站。

步骤演练

制作底板

01 打开文件。执行“文件>打开”命令，或按快捷键Ctrl+O，在“打开”对话框中，选择“12-6-1.jpg”素材打开。

02 绘制矩形。在工具栏中选择“矩形工具”，在状态栏中设置模式为形状，填充颜色为R25 G23 B17，在画面中绘制矩形。

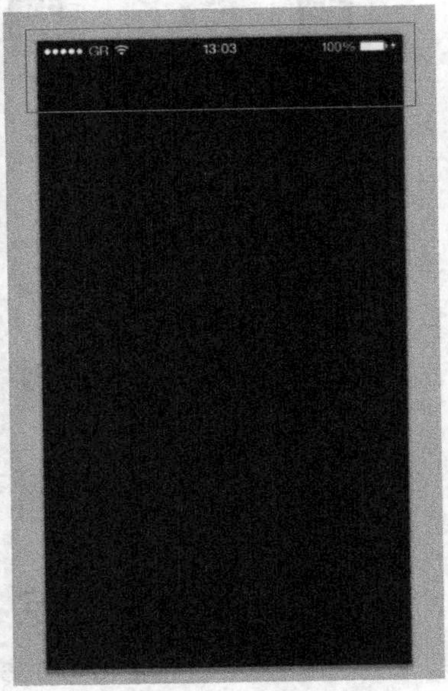

03 绘制图标1。选择“椭圆工具”，在状态栏中设置模式为形状，填充颜色为R: 224 G: 186 B: 103，按Shift键在画面中绘制圆。“矩形工具”“圆角矩形工具”在状态栏中设置模式为形状，填充颜色为R: 250 G: 207 B: 114，半径为10像素。绘制搜索、菜单图标，选择“横版文字工具”，在状态栏设置合适的字号、字体，单击画面输入文字。

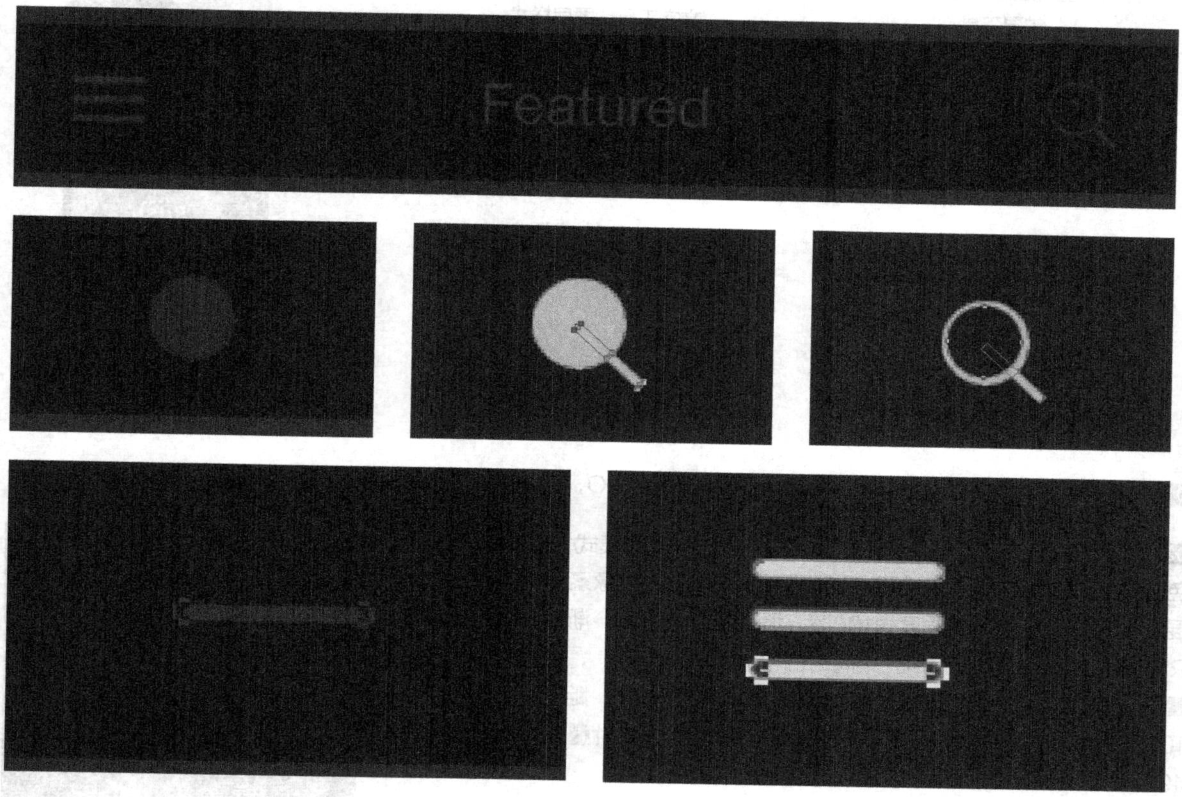

04 绘制图标2。选择“圆角矩形工具”，在状态栏中设置模式为形状，填充颜色为R: 58 G: 59 B: 45，在画面中绘制圆角矩形。选择“矩形工具”，在状态栏设置减去顶层形状，在圆角矩形上绘制矩形。将圆角矩形图层复制一层，在工具栏中设置前景色为R: 250 G: 207 B: 114，按快捷键Alt+Delete填充颜色。选择“矩形工具”，在状态栏设置与形状区域相交，在圆角矩形上绘制矩形。

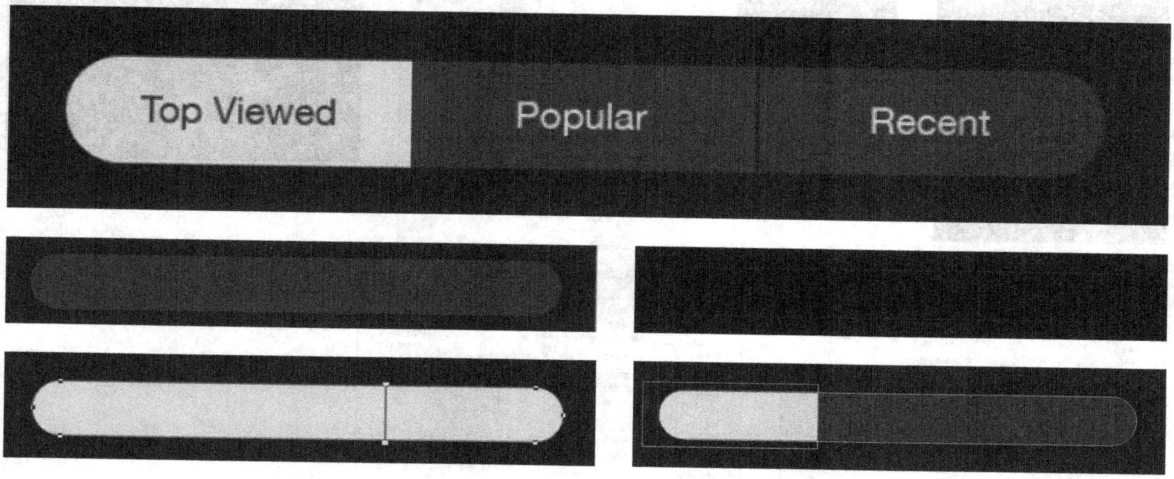

制作大图滑动界面

设计规范	
尺寸规范	640 像素×1136像素
主要工具	文字工具、图层样式

01 打开文件。执行“文件>打开”命令，或按快捷键Ctrl+O，在“打开”对话框中，选择“12-6-2.jpg”素材打开。

02 绘制图标。选择“矩形工具”，在状态栏中设置模式为形状，填充黑色，在画面中绘制矩形。选择“描边”，设置大小为1像素，位置为内部，混合模式为正常，不透明度为100%，填充类型为渐变，渐变两边的颜色为R：250　G：207　B：114，中间白色。选择“内阴影”，混合模式为正片叠底，颜色为黑色，不透明度为44%，角度为90°，距离为0，阻塞为100%，大小为2像素。选择“投影”，混合模式为正片叠底，不透明度为49%，角度为90°，距离为0，大小为54像素。

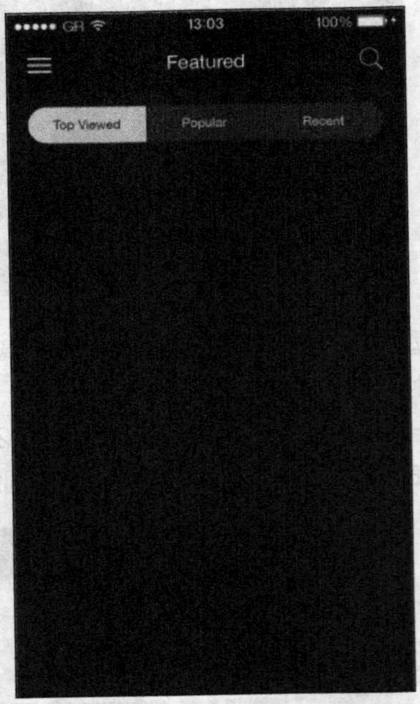

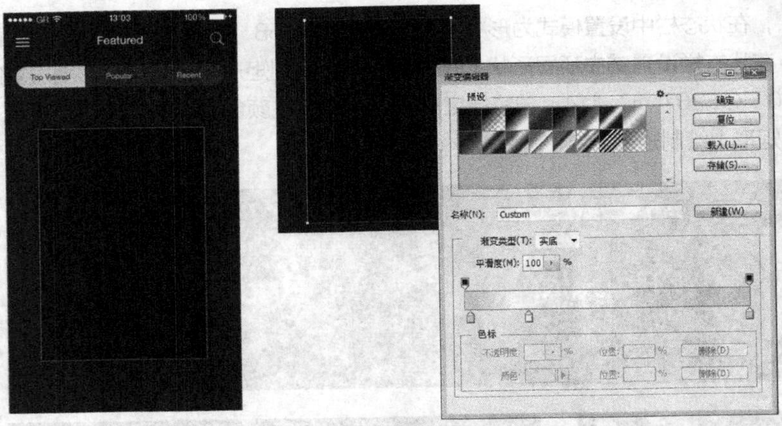

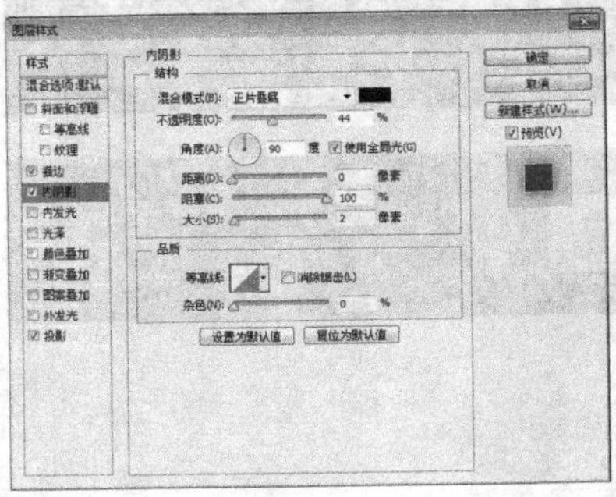

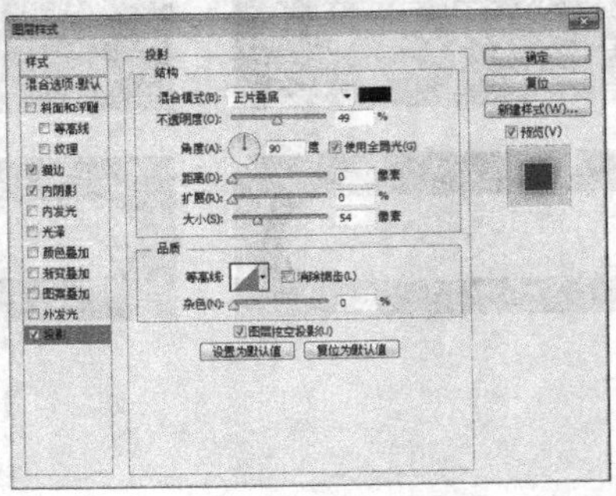

03 透视效果。选中矩形图层，按快捷键Ctrl+J复制一层，将复制的矩形图层放在矩形图层下方，按快捷键Ctrl+T，变换位置、大小。在画面中单击鼠标右键，选择“透视”选项，将一条边制作成透视效果，按Enter键结束。将矩形拷贝图层复制一层，按快捷键Ctrl+T，右键单击画面，选择“垂直翻转”选项，移动到对应位置，按Enter键结束。

04 添加海报。执行“文件>打开”命令，在“打开”对话框中选择“12-6-3.jpg”素材打开，将其拖曳至场景文件中，按快捷键Ctrl+T，自由变换到合适的大小，按Enter键结束。将图层移动到矩形图层上，按Alt键在两个图层间单击，使12-6-3图层只作用于矩形图层。用同样的方法制作海报。

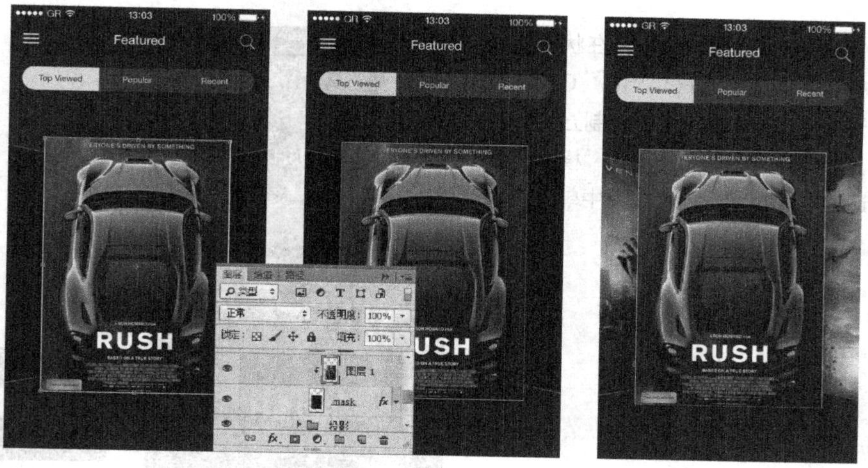

05 绘制浮动菜单。选择“椭圆工具”，在状态栏中设置模式为形状，填充黑色，按Shift键在画面中绘制圆。选择“描边”，设置大小为2像素，位置为外部，混合模式为正常，不透明度为100%，颜色为R: 250　G: 207　B: 114。选择“投影”，混合模式为正片叠底，不透明度为12%，距离为4像素，大小为8像素，单击“确定”按钮结束。在图层面板上方设置填充为80%，在画面中将圆移动到合适位置。

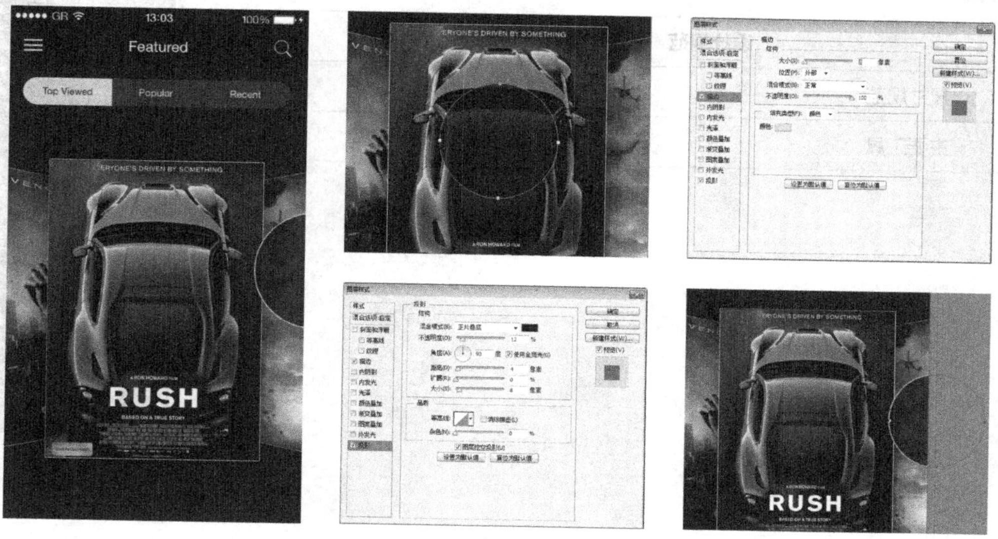

06 绘制浮动图标。选择椭圆图层，更改填充为100%，按快捷键Ctrl+J复制一层，按快捷键Ctrl+T自由变换合适位置、大小，按Enter键结束。选择“矩形工具”，在状态栏中设置模式为形状，填充颜色为R：250 G：207 B：114，在画面中绘制矩形。选择“直接选择工具”，选中矩形，按快捷键Shift+Alt复制矩形。

07 绘制五角星。选择“多边形工具”，在状态栏中设置模式为形状，填充颜色为R：250 G：207 B：114，勾选星形，边为5，在画面中绘制五角星。复制五角星图层，制作更多五角星。选择“横版文字工具”，设置合适的字体、字号，在画面中单击输入文字。

制作日历界面

设计规范	
尺寸规范	640像素×1136像素
主要工具	文字工具、图层样式

第12章

01 打开文件。执行“文件>打开”命令，或按快捷键Ctrl+O，在“打开”对话框中，选择“12-6-2.jpg”素材打开。

02 绘制圆点。选择“椭圆工具”，在状态栏中设置模式为形状，填充颜色为R:250　G:207　B:114，按Shift键在画面中绘制圆，将圆图层复制一层，放在对应位置。选择“横版文字工具”，在状态栏设置合适的字体、字号，在画面中单击输入文字。

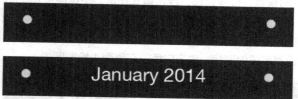

03 绘制直线。选择“椭圆工具”，在状态栏中设置模式为形状，填充颜色为R:58　G:55　B:49，在画面中绘制直线。将直线图层复制多层，放到相应位置，自由变换合适位置、大小。

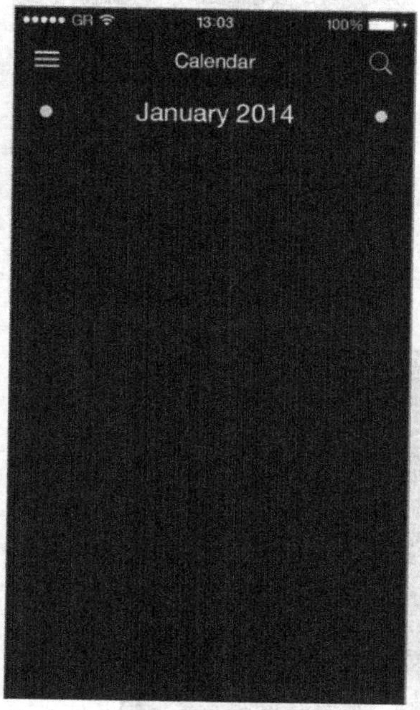

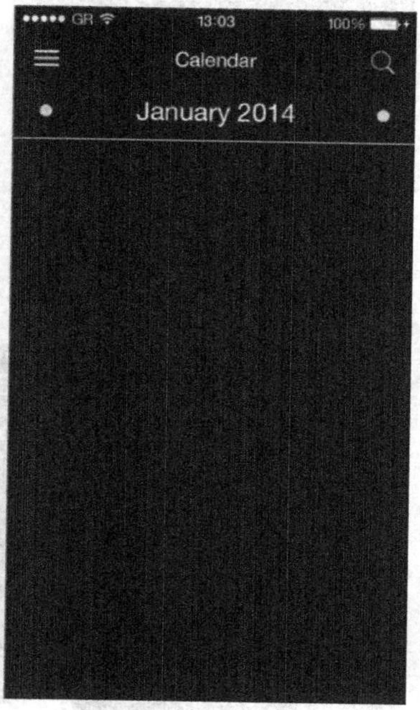

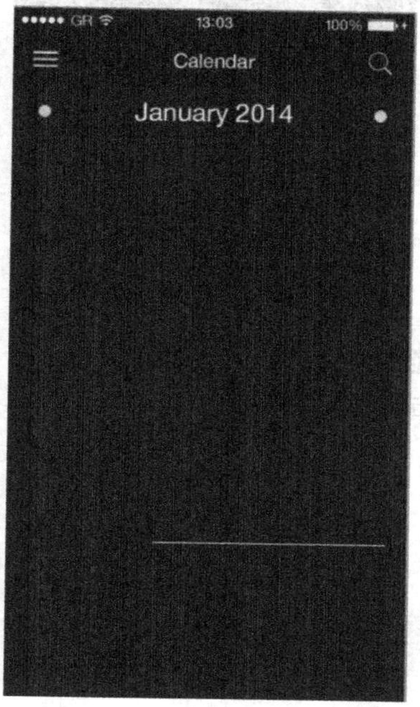

04 制作日历。选择“横版文字工具”，在状态栏中设置字体为HelveticaNeue，字号4.86点，填充颜色为R:106　G:98　B:83，在画面中单击输入文字。新建图层，选择“横版文字工具”，在画面中单击输入数字，更改数字29、30、1、2的颜色为R:58　G:55　B:49,数字10的颜色为背景色，其余数字颜色为R:250　G:207　B:114。选择“椭圆工具”，在状态栏中设置模式为形状，填充颜色为R:250　G:207　B:114，按Shift键在画面中数字10的上方绘制圆，将圆图层移动到数字图层下方。

05 制作图标。选择圆图层，按快捷键Ctrl+J将圆图层复制一层，在图层面板中设置填充为0。双击图层，选择“描边”，设置大小1像素，位置外部，混合模式正常，不透明度100%，颜色R：250 G：207 B：114，单击“确定”按钮结束，将复制的圆图层移动到对应位置上。选择“矩形工具”，在状态栏中设置模式为形状，填充颜色为R：155 G：89 B：182，在画面中绘制矩形。将矩形图层复制多层，放在相应位置上。选择“椭圆工具”，在状态栏中设置模式为形状，填充白色，在画面中绘制圆形。

06 制作海报简介。利用上一案例的方法制作海报简介。

制作侧拉菜单界面

设计规范	
尺寸规范	640像素×1136像素
主要工具	文字工具、图层样式

01 打开文件，执行“文件>打开”命令，或按快捷键Ctrl+O，在“打开”对话框中，选择“12-6-9.jpg”素材打开。

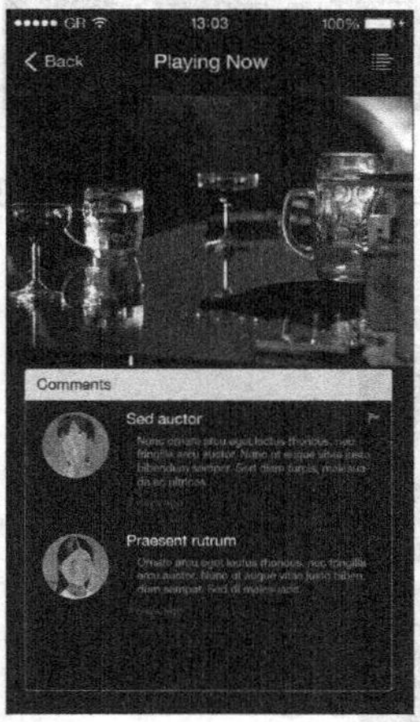

02 绘制侧拉菜单背景。选择“矩形工具”，在状态栏中设置模式为形状，填充黑色，在画面中绘制矩形。选择“矩形工具”，在状态栏中设置模式为形状，填充R:58 G:55 B:49，在画面中绘制直线。将直线图层复制多层，放在相应位置上。

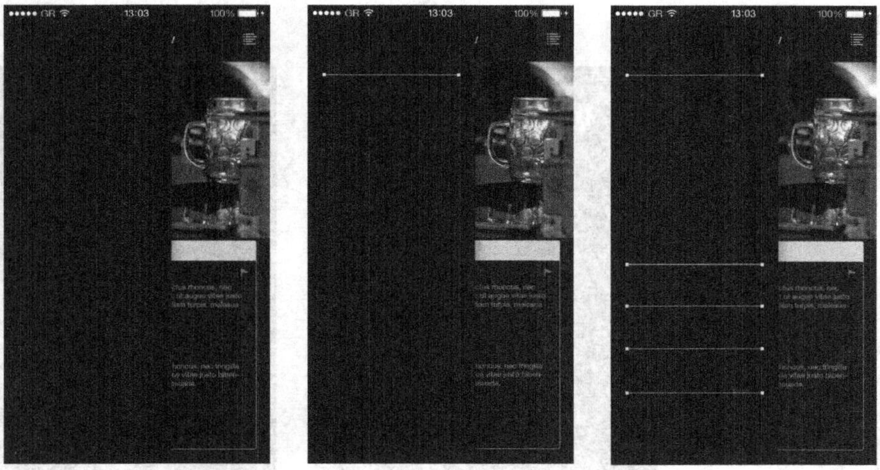

03 绘制图标。选择“椭圆工具”，在状态栏中设置模式为形状，填充R:155 G:89 B:182，按Shift键在画面中绘制圆。按快捷键Ctrl+C和快捷键Ctrl+V，将圆复制一层，按快捷键Ctrl+T，再按快捷键Shift+Alt向圆心等比例缩放圆，在状态栏中更改选项模式为“减去顶层形状”。利用相似方法绘制完整图标。

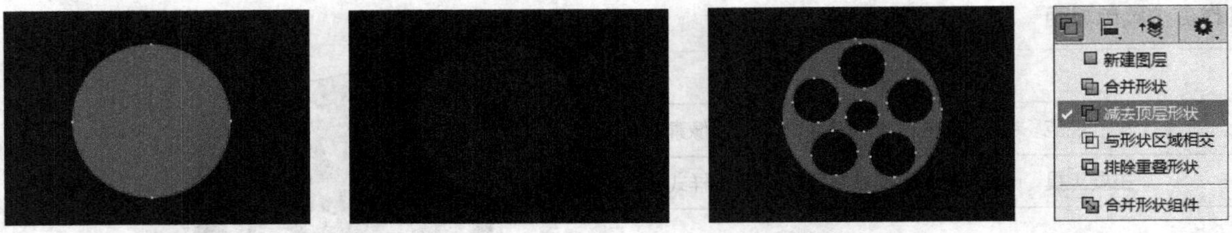

04 绘制更多图标。利用相似的方法绘制更多图标。

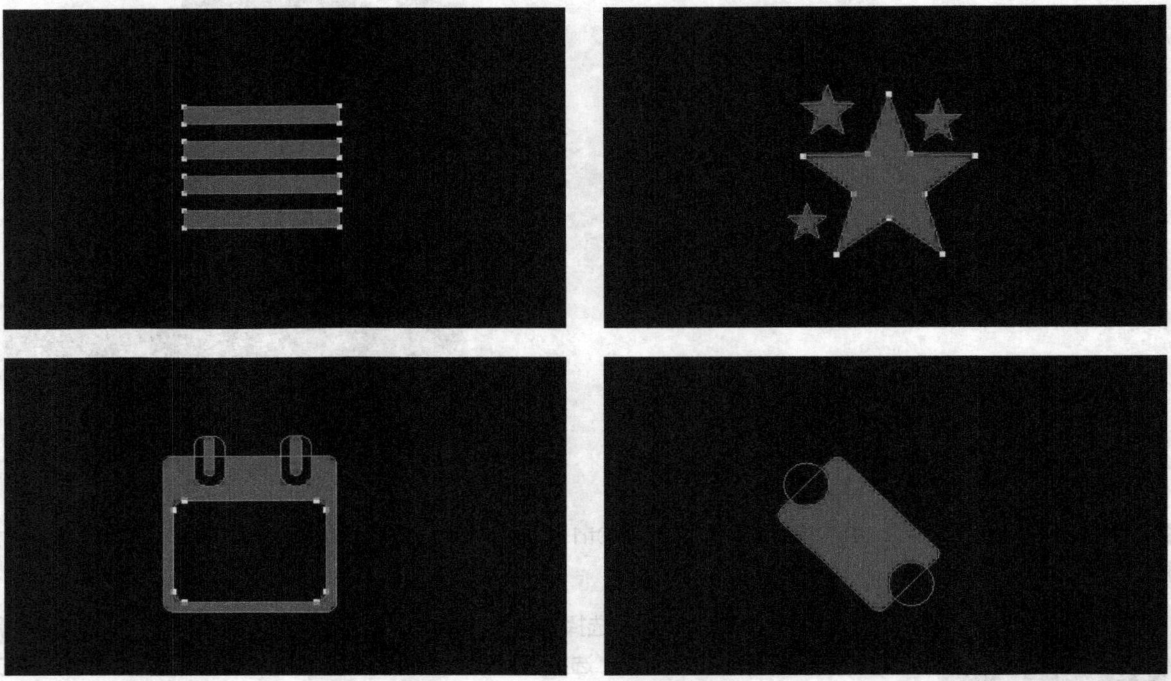

05 添加文字。选择“横版文字工具”，在状态栏中设置合适的字体、字号、颜色，在画面中单击输入文字，如图所示。

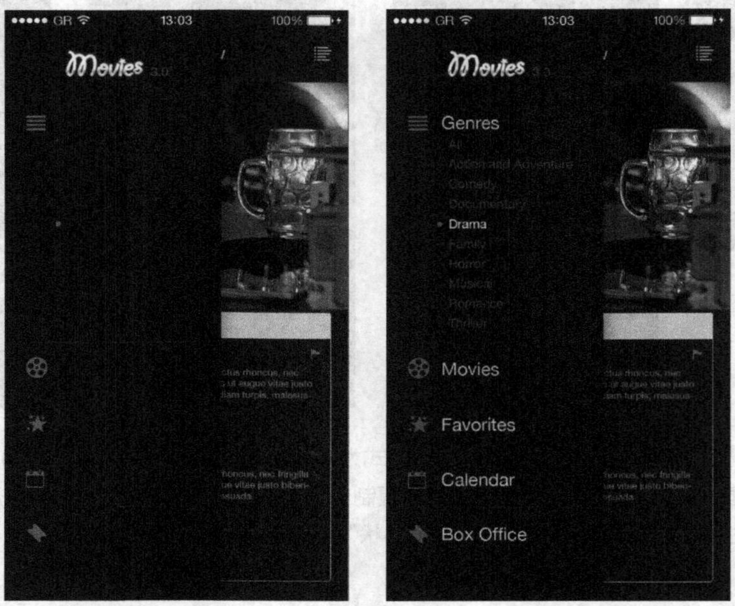

展示

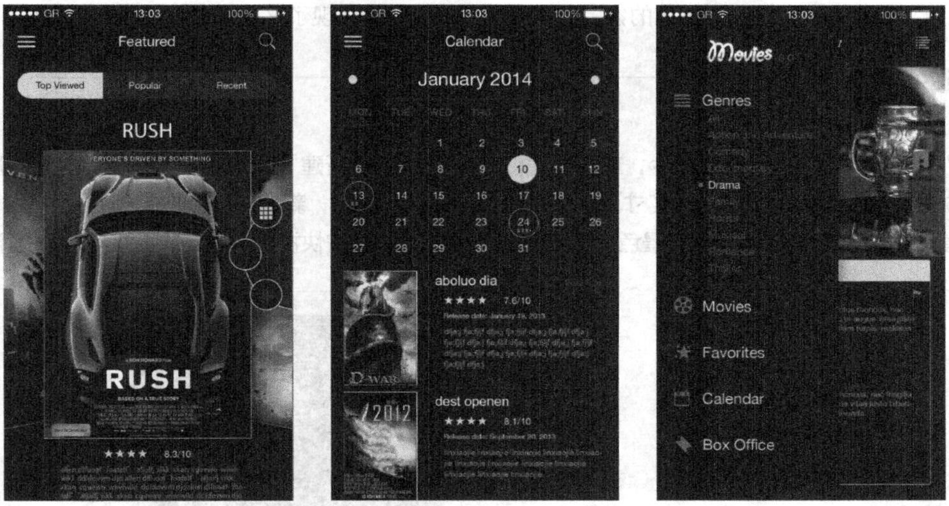

案例 2 Android手机界面总体设计

案例分析

Android手机界面UI的特点是界面细腻精致，3D视觉效果强，精准的拖曳操控让手机的使用更简单、更直观。本例将制作一款简约的蓝灰色手机界面。

技巧分析

蓝灰色给人以严肃、正式、机械化的氛围，本例的手机界面就体现了这种氛围。

步骤演练

制作登录界面

01 新建文件。执行“文件>新建”命令，或按快捷键Ctrl+N，在“新建”对话框中，设置宽度和高度分别为640像素×1136像素，分辨率为326像素/英寸，完成后单击“确定”按钮，新建一个空白文档。

02 填充背景颜色。在工具栏中设置前景色为R:38 G:38 B:38，按快捷键Alt+Delete为背景图层添加颜色。

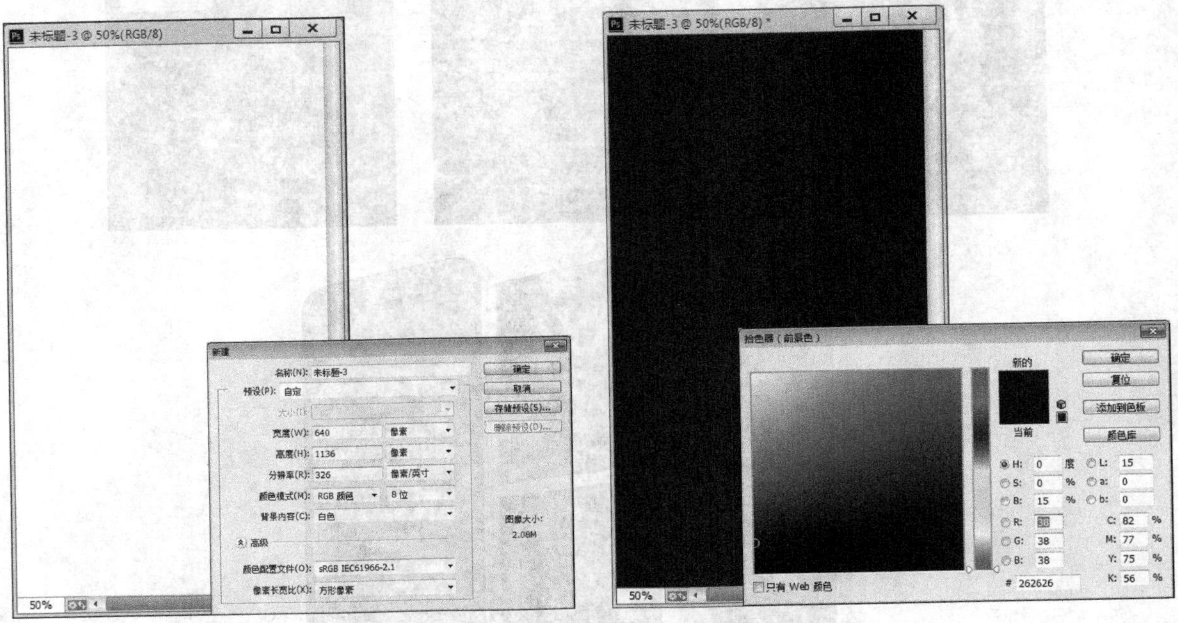

03 导入素材。执行“文件>打开”命令，将素材添加至页面上。在图层面板中设置图层的图层样式为滤色。在工具栏中设置前景色为黑色，新建图层，将图层1放在刚才添加的图层下，按快捷键Alt+Delete，为图层1填充黑色，设置图层1的填充为50%。在工具栏中选择“矩形工具”，在状态栏中设置模式为形状，填充R:119 G:168 B:209，在画面中绘制直线。

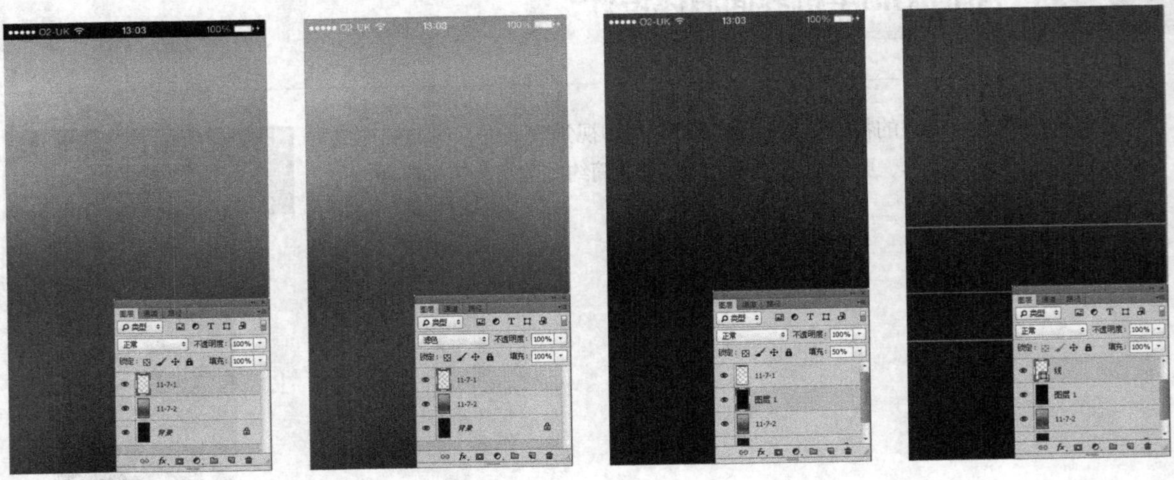

04 制作圆环。在工具栏中选择“椭圆工具”，在状态栏中设置模式为形状，填充为无，描边0.3点，颜色R:250 G:204 B:61，按Shift键在画面中绘制圆。选择“椭圆工具”，在状态栏中设置叠加模式为减去顶层形状，在画面中绘制同心圆。新建图层，在工具栏中选择“椭圆工具”，在状态栏中设置模式为形状，填充R:250 G:204 B:61，描边为无，按Shift键在画面中绘制圆。选择“椭圆工具”，在状态栏中设置叠加模式为减去顶层形状，在画面中绘制同心圆。选择“钢笔工具”，在状态栏中设置叠加模式为减去顶层形状，在画面中绘制形状。

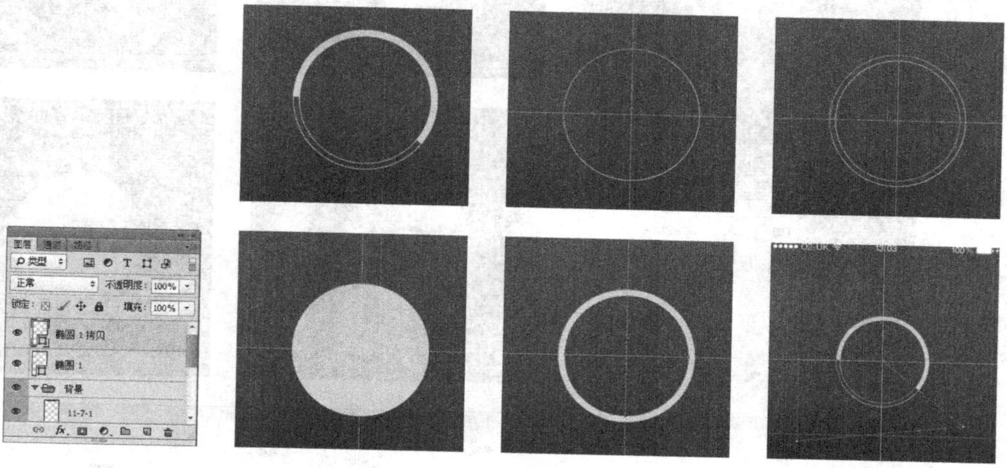

05 绘制刻度。选择“矩形工具”，在状态栏中设置模式为形状，填充白色，在画面中绘制竖线。选择“路径选择工具”，选中直线，按快捷键Ctrl+C、快捷键Ctrl+V复制直线，按Shift键将直线移动到对应位置。按Shift键,同时选中两条直线，按快捷键Ctrl+C、快捷键Ctrl+V复制直线，按快捷键Ctrl+T，自由变换旋转45°，按Enter键结束。连续按快捷键Shift+Ctrl+Alt+T，将直线复制并旋转。利用同样方法制作小刻度，在图层面板中设置图层的填充为20%。

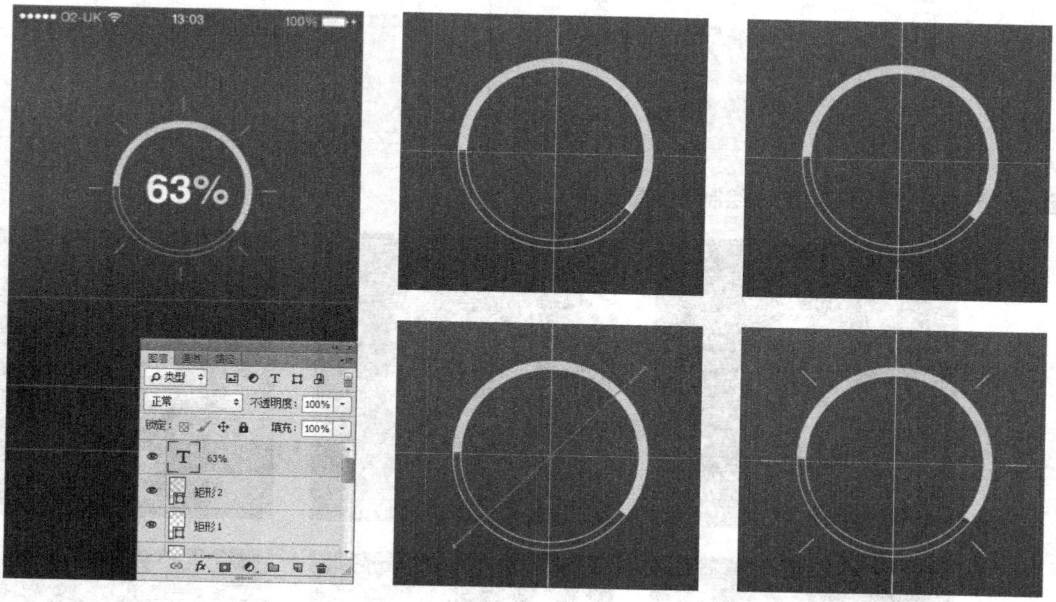

06 制作图标。在工具栏中选择“椭圆工具”，在状态栏中设置模式为形状，填充无，描边0.3点，颜色R:0 G:201 B:115，按Shift键在画面中绘制圆。取消选中椭圆形状，选择“钢笔工具”，在状态栏中设置叠加模式为减去顶层形状，在画面中绘制形状。在工具栏中选择“椭圆工具”，在状态栏中设置叠加模式为合并形状，在画面中绘制同心圆。选择“椭圆工具”，在状态栏中设置叠加模式为减去顶层形状，在画面中绘制同心圆。选择“内阴影”，设置混合模式为线性减淡（添加），颜色白色，不透明度12%，角度120°，距离1像素，大小0。选择“投影”，设置混合模式为正片叠底，颜色黑色，不透明度10%，角度120°，距离9像素，大小12像素。

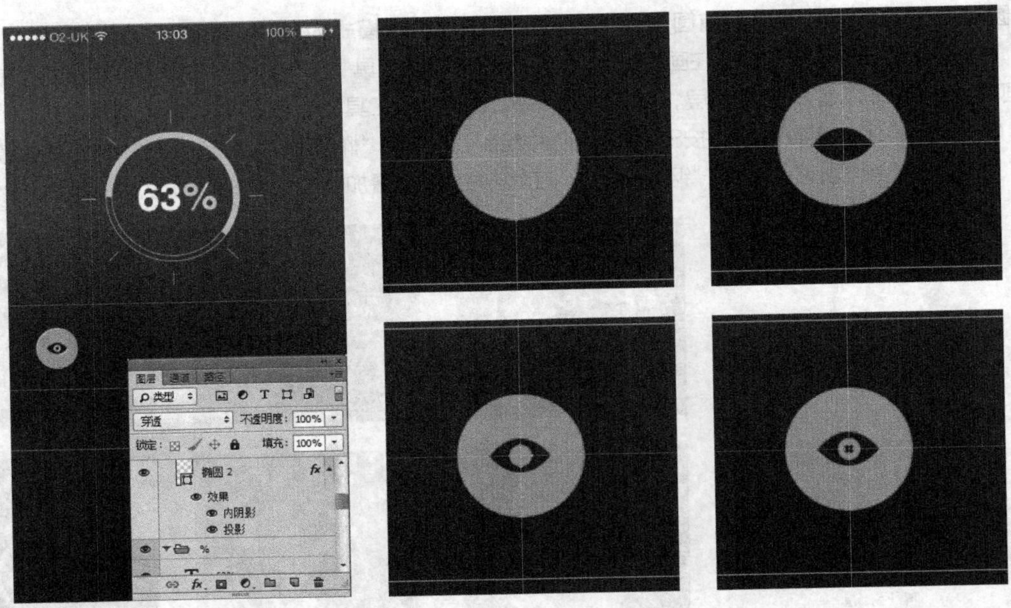

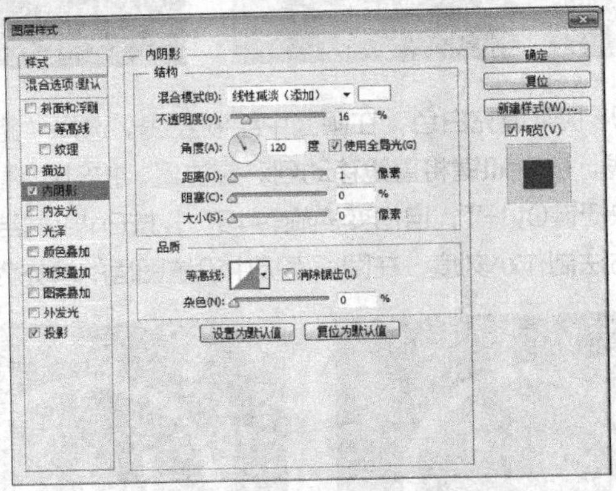

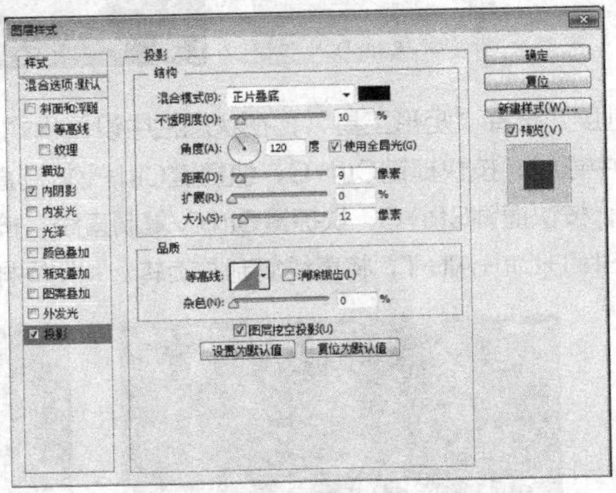

07 制作更多图标。用类似方法绘制更多图标。

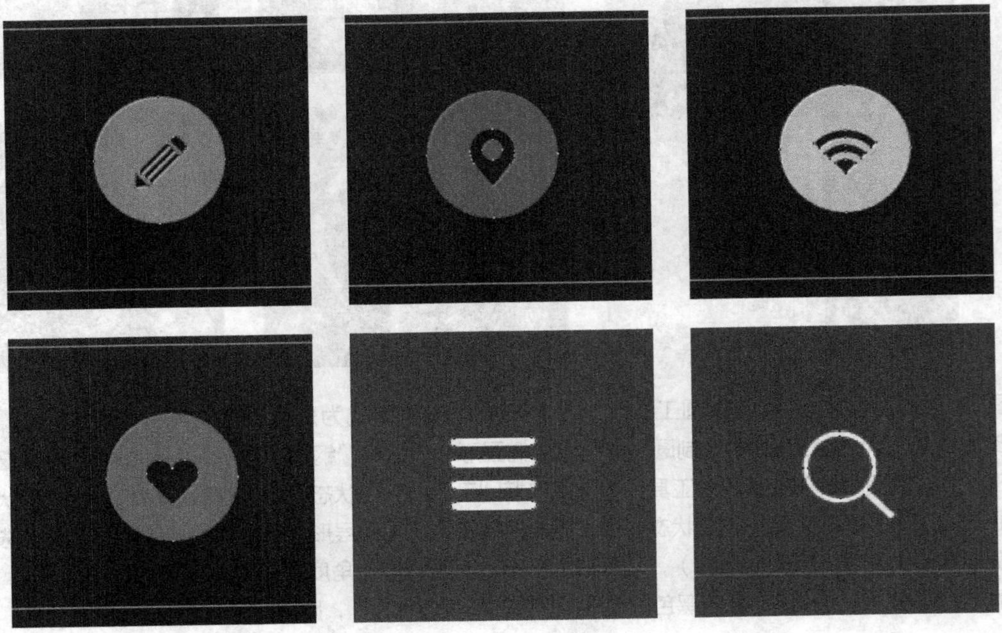

08 制作星形。在工具栏中选择“圆角矩形工具”，在状态栏中设置模式为形状，填充无，描边0.3点，颜色白色，在画面中绘制圆角矩形。取消选中圆角矩形形状，选择“多边形工具”，在状态栏中设置叠加模式为减去顶层形状，勾选星形，边为3，在画面中绘制五角星。设置圆角矩形图层的填充为20%。新建图层，在工具栏中选择“多边形工具”，在状态栏中设置模式为形状，填充R:250 G:204 B:61，在画面中绘制五角星。

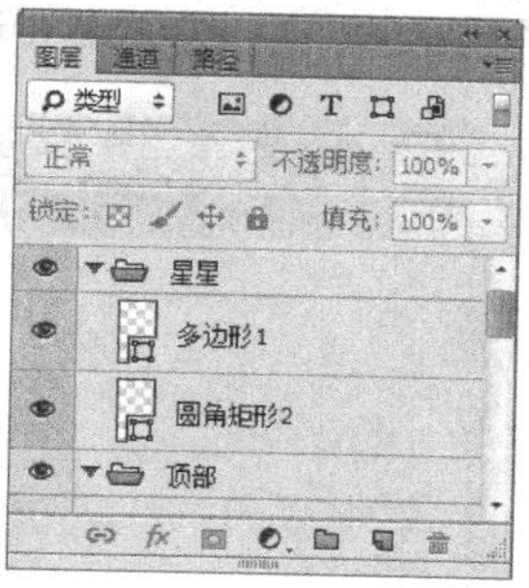

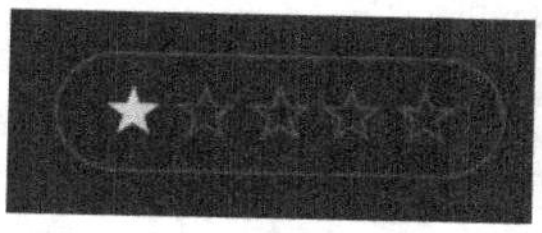

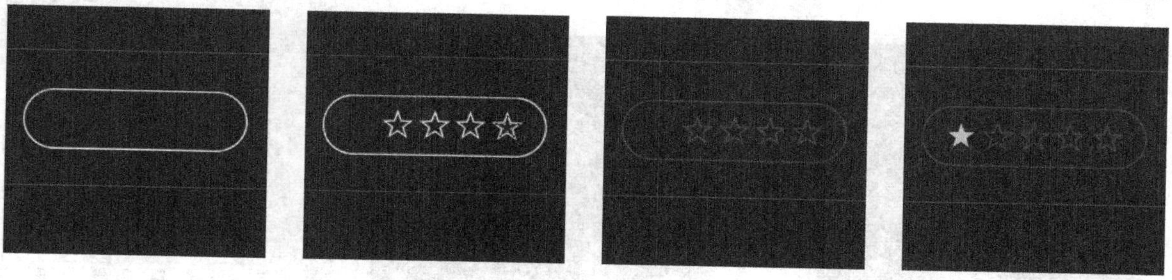

09 制作更多形状。利用相似方法制作更多形状。

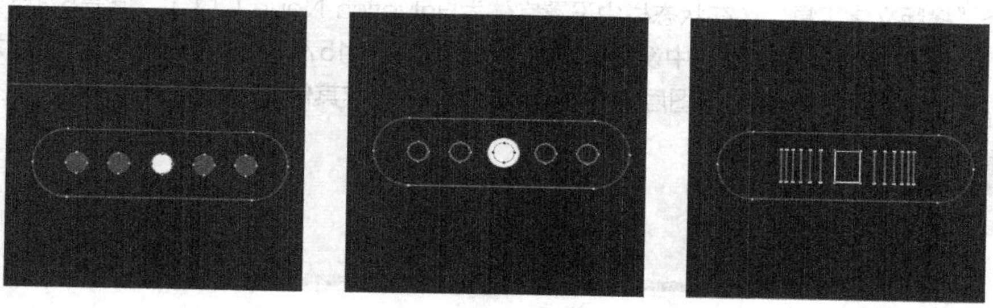

制作日历界面

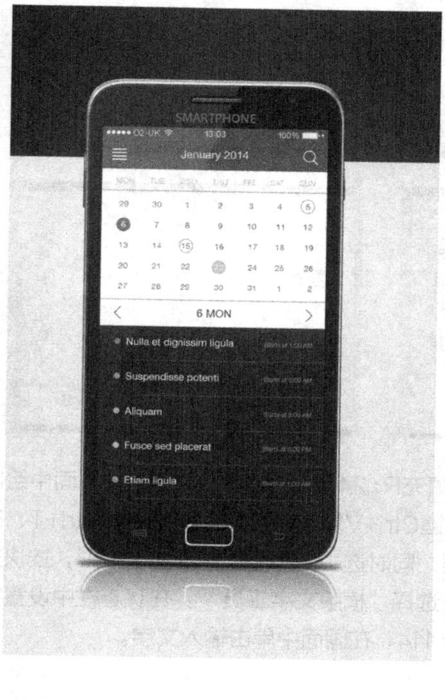

01 打开文件。执行“文件>打开”命令，或按快捷键Ctrl+O，在“打开”对话框中，选择需要的素材，并将其添加到页面上。

02 绘制矩形。在工具栏中选择“矩形工具”，在状态栏中设置模式为形状，填充白色，在画面中绘制矩形。选择“矩形工具”，在状态栏中设置叠加模式为减去顶层形状，在画面中绘制直线。

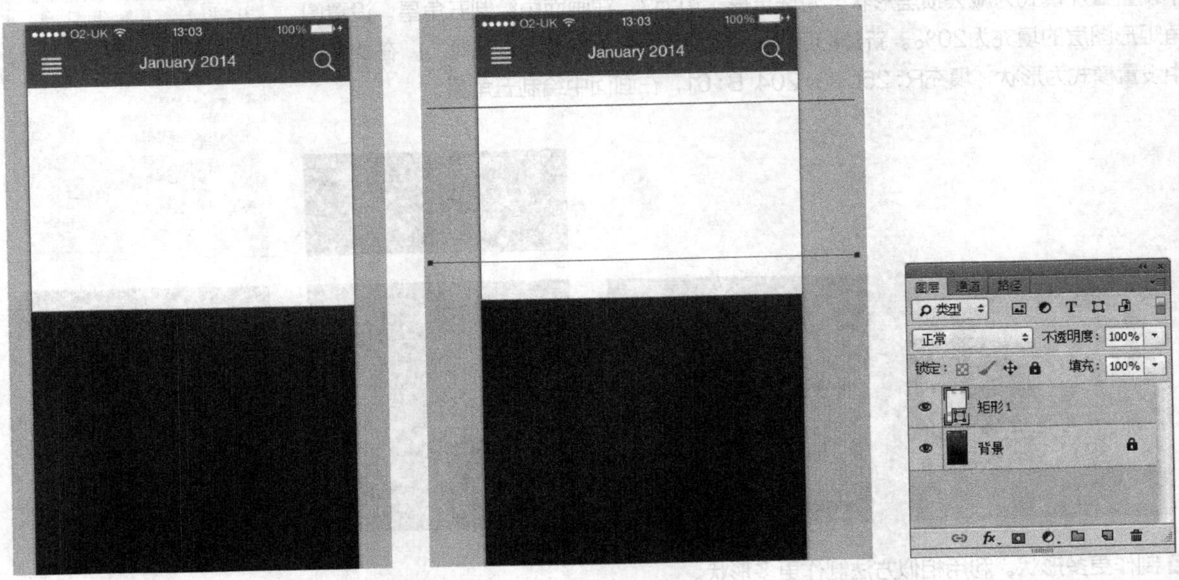

03 制作日历。在工具栏中选择“横版文字工具”，在状态栏中设置字体为Helvetica Neue（TT），字号5.3点，在画面中单击输入文字。选择“椭圆工具”，在状态栏中设置模式为形状，填充R：157　G：97　B：181，描边为无，按Shift键在画面中绘制圆，将所有图层移动到文字图层下方。利用相似方法制作其他椭圆效果。

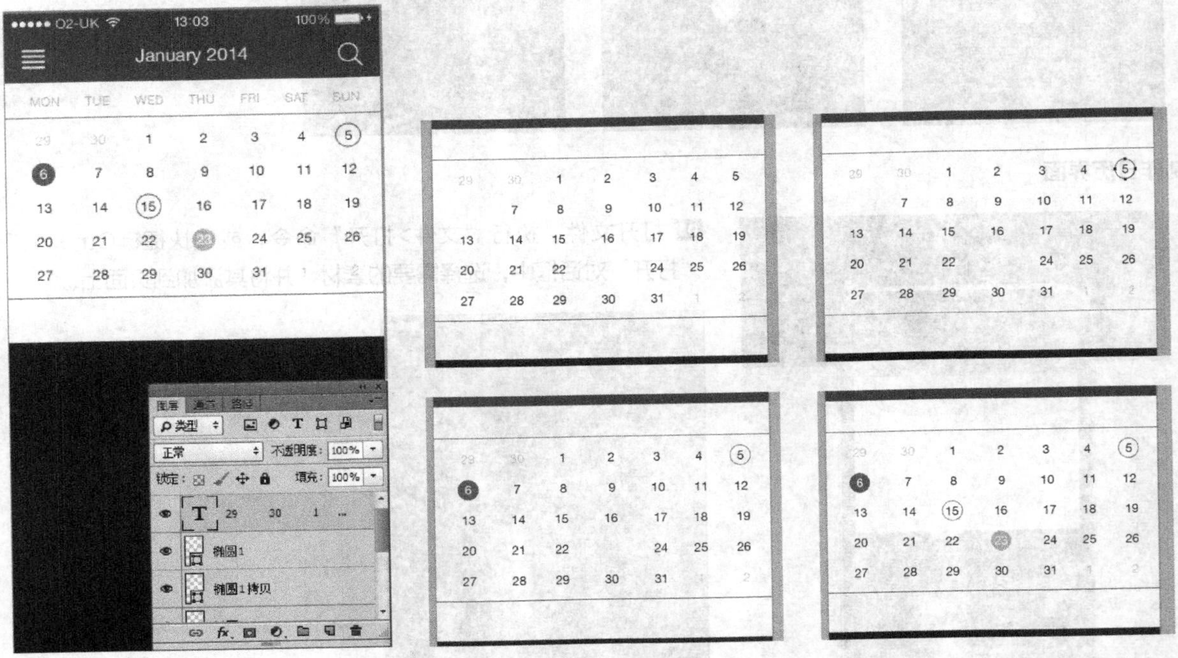

04 制作翻页按钮。选择“矩形工具”，在状态栏中设置模式为形状，填充R：24　G：73　B：114，在画面中绘制矩形，按快捷键Ctrl+T旋转，按Enter键结束。按快捷键Ctrl+C、快捷键Ctrl+V复制矩形，再按快捷键Ctrl+T，在画面中右键单击选择垂直翻转，移动到合适位置。将矩形图层复制一层，同时选中同一图层中的两个矩形，按快捷键Ctrl+T，在画面中右键单击选择水平翻转，将按钮移动到合适位置。选择“横版文字工具”，在状态栏中设置字体Helvetica Neue（TT），字号为6.85点，颜色为R：24　G：73　B：114，在画面中单击输入文字。

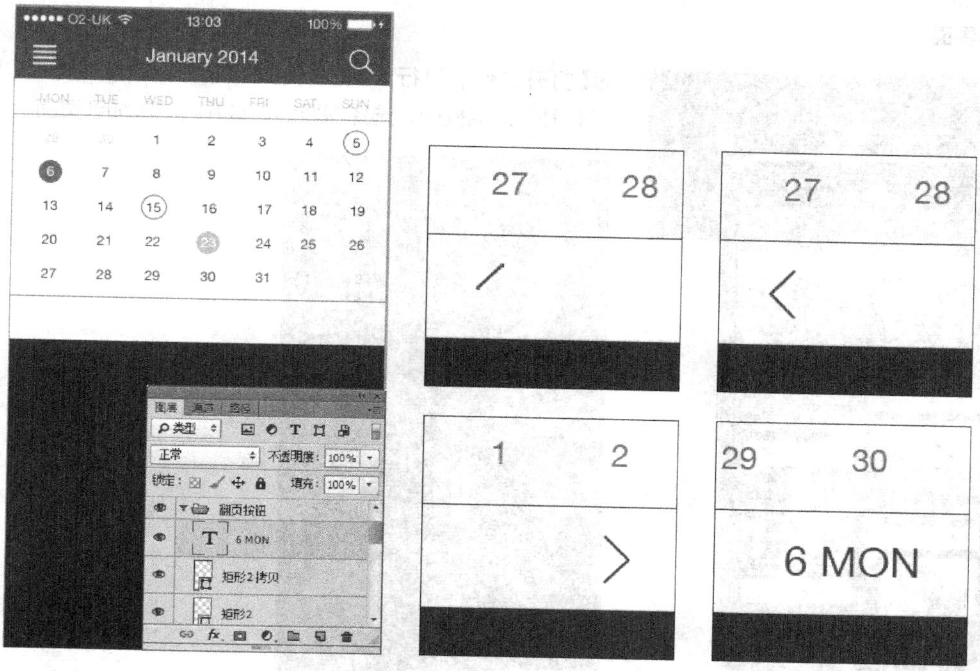

05 绘制备注栏。选择“椭圆工具”，在状态栏中设置模式为形状，填充R：157　G：94　B：181，在画面中绘制椭圆。选择“横版文字工具”，在状态栏中设置字体Helvetica Neue（TT），字号6.4点，颜色白色，在画面中单击输入文字。新建图层，在状态栏中设置字体Helvetica Neue（TT），字号3.98点，颜色R：125　G：154　B：178，在画面中单击输入文字。选择“矩形工具”，在状态栏中设置模式为形状，填充白色，在画面中绘制矩形，在图层面板中设置图层的填充为30%。

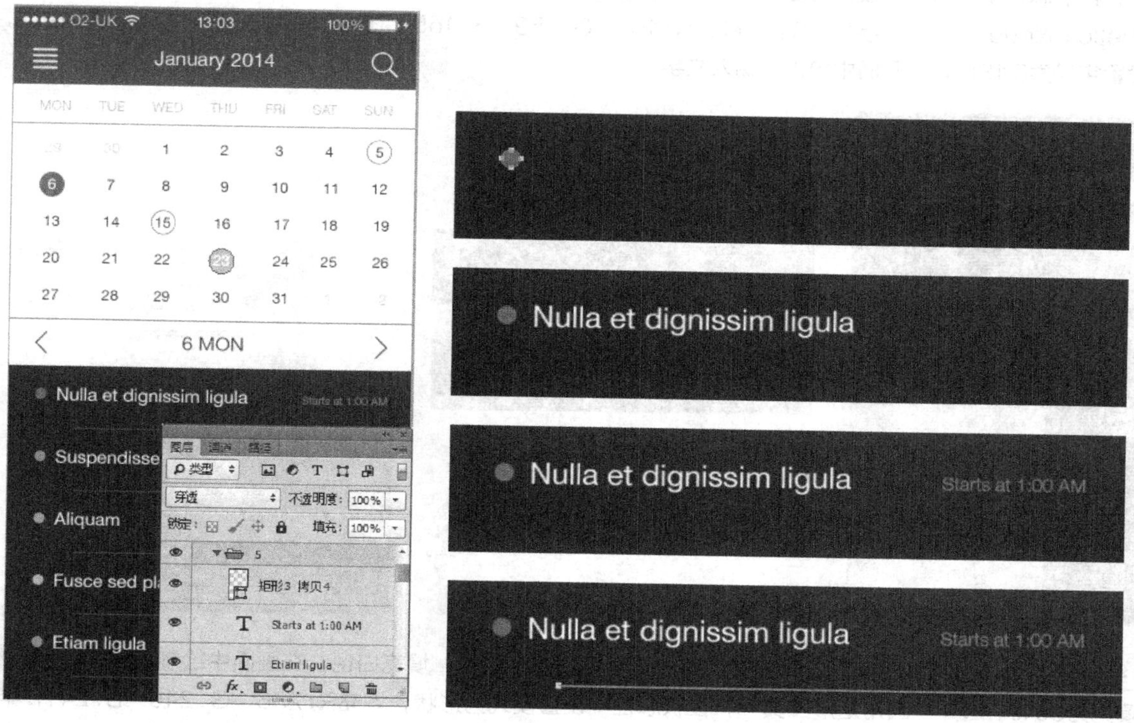

制作时间轴界面

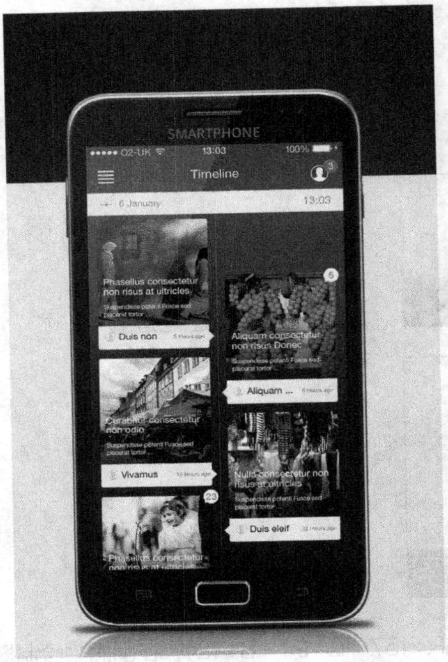

01 打开文件。执行“文件>打开”命令，或按快捷键Ctrl+O，在“打开”对话框中，选择需要的素材并将其添加到页面上。

02 绘制矩形。选择“矩形工具”，在状态栏中设置模式为形状，填充颜色为R:236 G:240 B:241，在画面中绘制矩形。新建图层，选择“矩形工具”，在状态栏中设置模式为形状，填充R:151 G:159 B:165，在画面中绘制矩形。单击“矩形工具”在状态栏中设置叠加模式为减去顶层形状，在画面中绘制矩形。单击“矩形工具”，在状态栏中设置叠加模式为合并形状，在画面中绘制矩形。选择“横版文字工具”，在状态栏中设置字体Helvetica Neue（TT），字号5.3点，颜色R:151 G:159 B:165，在画面中单击输入文字。新建图层，重新设置字号为6.18点，在画面中单击，输入文字。

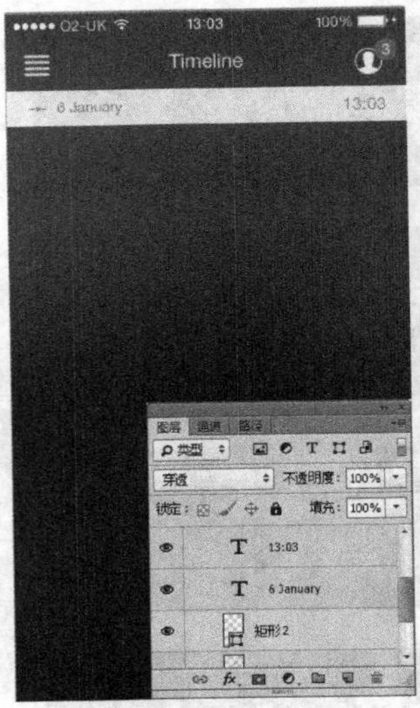

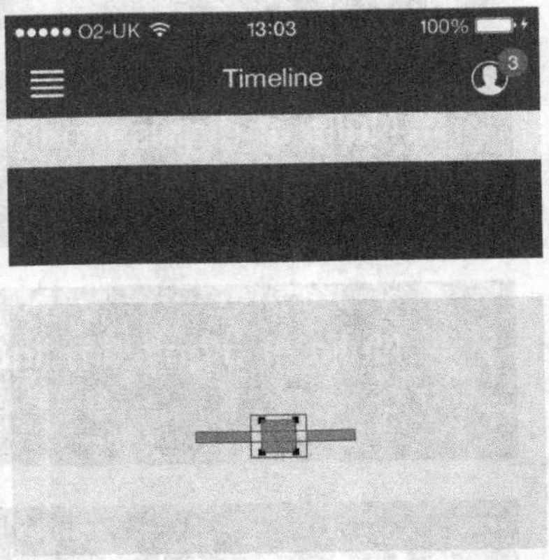

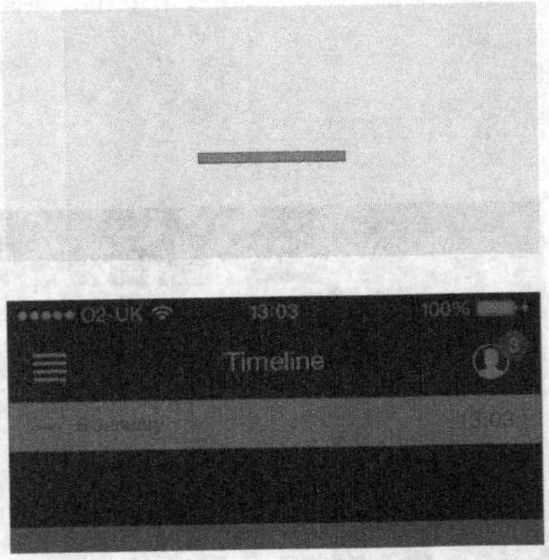

03 绘制对话框。选择“矩形工具”，在状态栏中设置模式为形状，填充白色，在画面中绘制直线，设置直线图层填充为30%。选择“圆角矩形工具”，在状态栏中设置模式为形状，填充R:236 G:240 B:241，半径5像素，在画面中绘制圆角矩形。选择“多边形工具”，在状态栏中设置叠加模式为合并形状，取消勾选星形，边为3，在画面中绘制三角形。

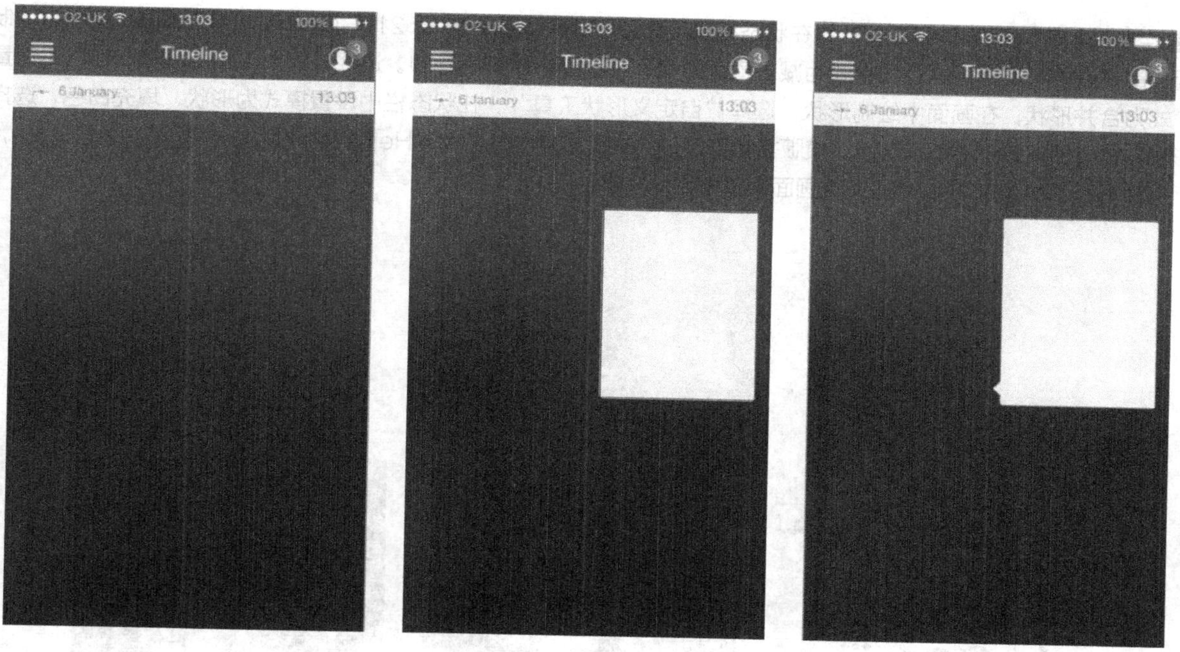

04 导入素材。选择“钢笔工具”，在状态栏中设置模式为形状，在画面中绘制形状。双击形状图层，选择渐变叠加，设置混合模式正常，不透明度63%，由黑色到透明的渐变，样式线性，角度90°，缩放77%。执行“文件>打开”命令，选择“12-9-5.jpg”素材打开，将其拖曳至场景文件中，按快捷键Ctrl+T，自由变换大小、位置，按Alt键，在素材图层和形状图层中单击，使素材图层只作用于形状图层。

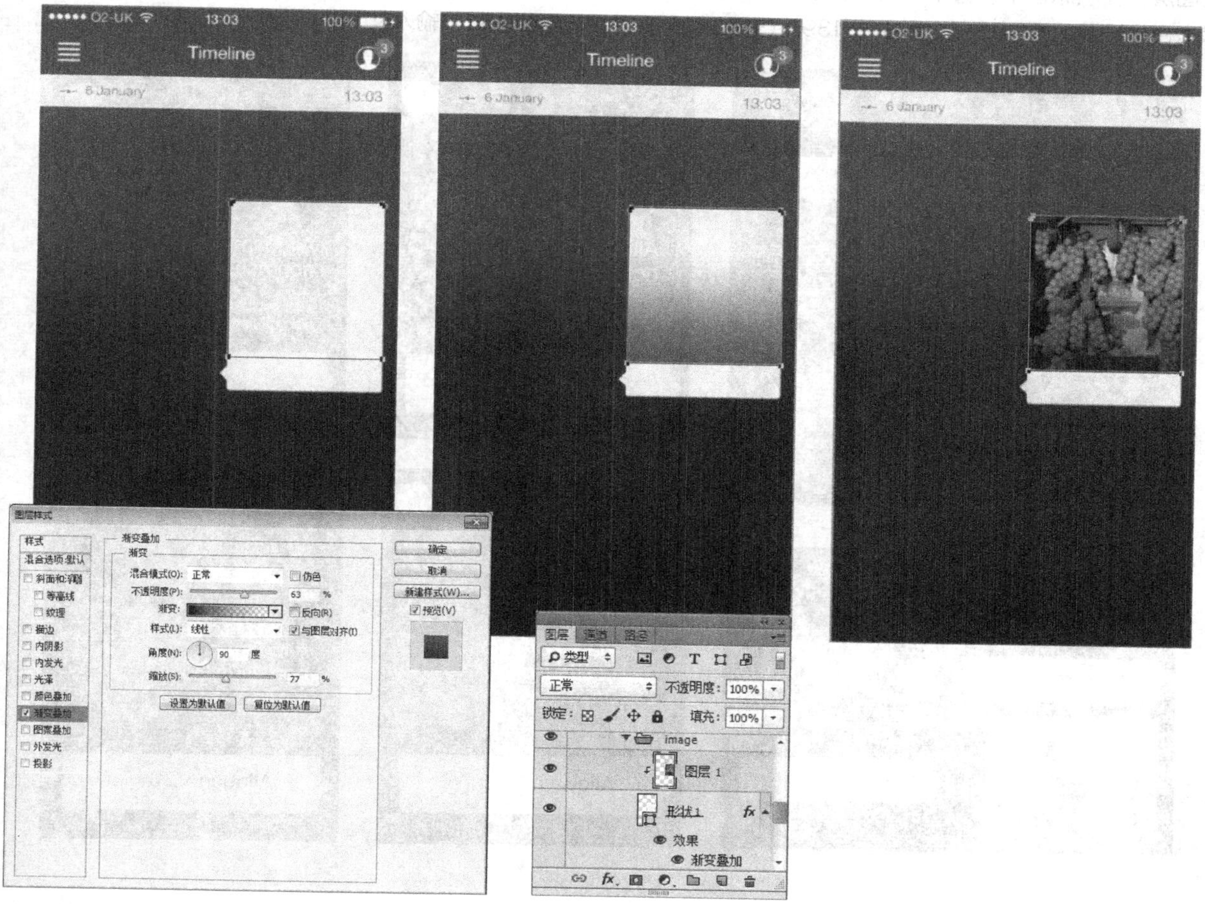

05 绘制形状。选择“椭圆工具”，在状态栏中设置模式为形状，填充R:211　G:211　B:211，在画面中绘制圆，重新设置状态栏中的叠加模式为减去顶层形状，在画面中绘制同心圆。选择“钢笔工具”，在状态栏中设置模式为合并形状，在画面中绘制形状。选择“自定义形状工具”，在状态栏中设置模式为形状，填充白色，选择形状，在画面中绘制形状。选择“横版文字工具”，在状态栏中设置字体Helvetica Neue（TT），字号5.3点，颜色R:136　G:136　B:132，在画面中单击输入文字。

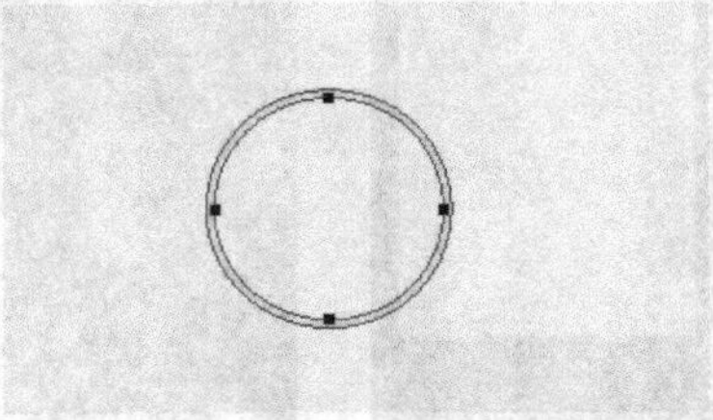

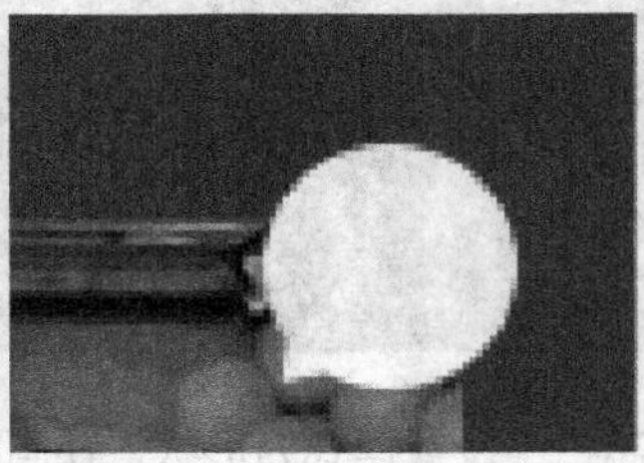
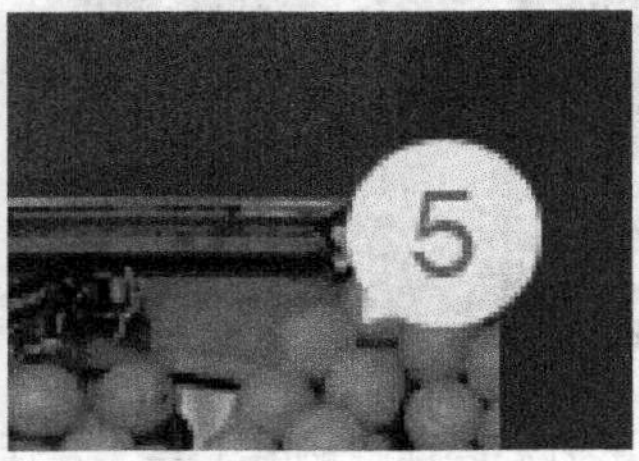

06 添加文字。选择“横版文字工具”，在状态栏中设置字体为Helvetica Neue（TT），字号5.3点，颜色白色，在画面中单击输入文字。新建图层，在状态栏中设置字号为3.53点，颜色白色，在画面中单击输入文字。新建图层，在状态栏中设置字号为5.3点，颜色为R:27　G:40　B:50，在画面中单击输入文字。新建图层，在状态栏中设置字号3.09点，颜色R:139　G:43　B:146，在画面中单击输入文字。

第12章

07 绘制刷新界面。选择“矩形工具”，在状态栏中设置模式为形状，填充黑色，在画面中绘制矩形。选择“钢笔工具”，在状态栏中设置模式为形状，填充R:82 G:93 B:101，在画面中绘制形状。选择“钢笔工具”，在状态栏中设置叠加模式为减去顶层形状，在画面中绘制形状。

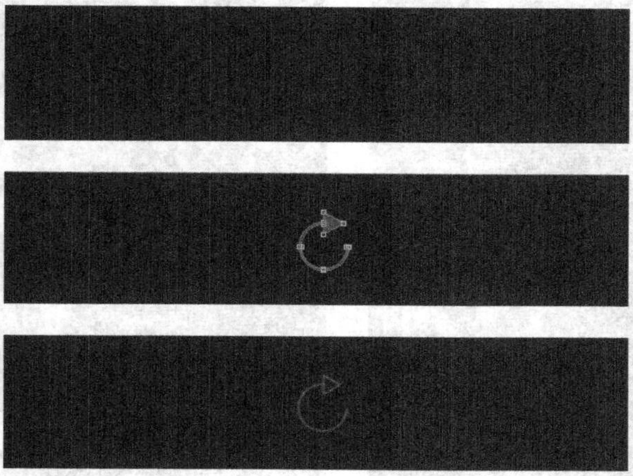

制作侧拉菜单

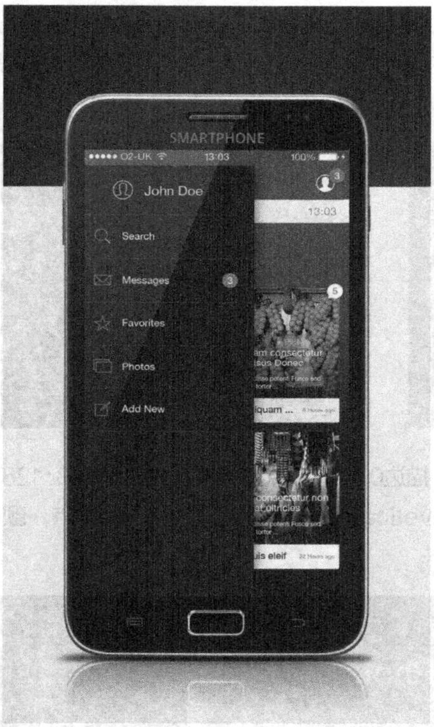

01 打开文件。执行“文件>打开”命令，或按快捷键Ctrl+O，在“打开”对话框中选择需要的素材，将其添加到页面上。

02 绘制背景。选择“矩形工具”，在状态栏中设置模式为形状，填充R:38　G:41　B:45，在画面中绘制矩形。选择“矩形工具”，在状态栏中设置模式为形状，填充R:68　G:78　B:73，在画面中绘制直线。选择“矩形工具”，在状态栏中设置叠加模式为合并形状，在画面中绘制直线。

03 绘制用户图标。选择“椭圆工具”，在状态栏中设置模式为形状，填充为无，描边为0.4点，颜色为R:241　G:196　B:15，按Shift键在画面中绘制圆。选择“钢笔工具”，在状态栏中设置叠加模式为合并形状，在画面中绘制形状。选择“横版文字工具”，在状态栏中设置字体Helvetica Neue（TT），字号7.3点，颜色白色，在画面中单击输入文字。

04 绘制图标。选择“钢笔工具”，在状态栏中设置模式为形状，填充无，描边0.4点，颜色R:111　G:119　B:126，在画面中绘制形状。选择“横版文字工具”，在状态栏中设置字体Helvetica Neue（TT），字号5.52点，颜色白色，在画面中单击输入文字。

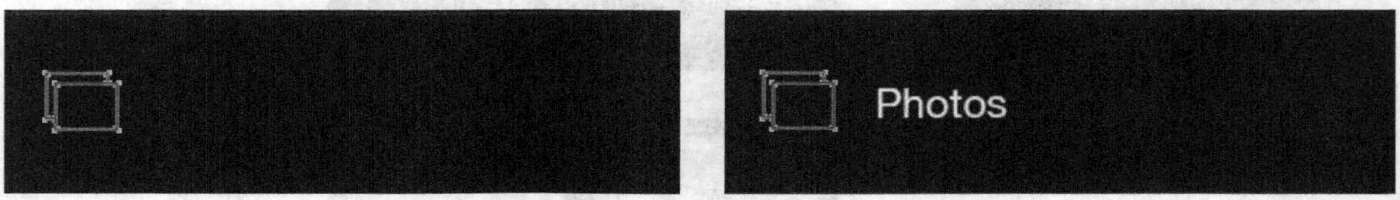

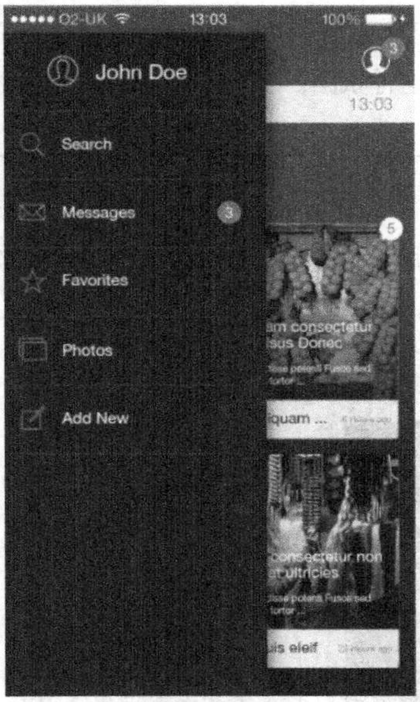

05 绘制更多图标。利用相似的方法制作更多图标。

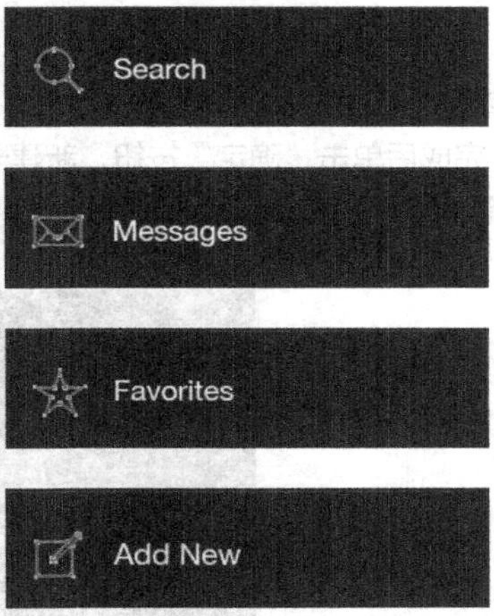

界面展示示意图

案例 3　Windows Phone手机界面总体设计

案例分析

Windows Phone是微软发布的一款手机操作系统，它将微软旗下的Xbox LIVE游戏、Zune音乐与独特的视频体验整合至手机中。2010年10月11日晚上9点30分，微软公司正式发布了智能手机操作系统Windows Phone，同时将谷歌的Android和苹果的iOS列为主要竞争对手。2011年2月，诺基亚与微软结为全球战略同盟并深度合作、共同研发，建立庞大的手机系统。本例将设计一组Windows Phone风格的界面。

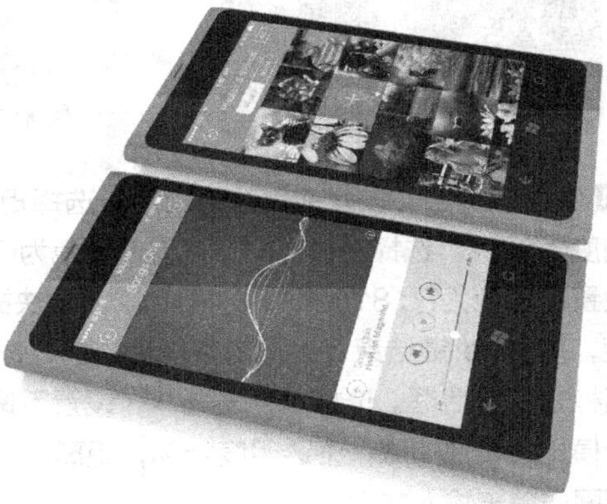

技巧分析

白色与蓝色搭配，有一种清新、欢快、舒服、放松的氛围，本例就体现了这种氛围。

步骤演练

音乐播放界面

01 新建文档。执行“文件>新建”命令，或按快捷键Ctrl+N，打开“新建”对话框，设置宽度和高度分别为640像素×1136像素，分辨率为72像素/英寸，完成后单击“确定”按钮，新建一个空白文档。

02 填充颜色。设置前景色为黑色，按快捷键Alt+Delete为背景填充黑色。

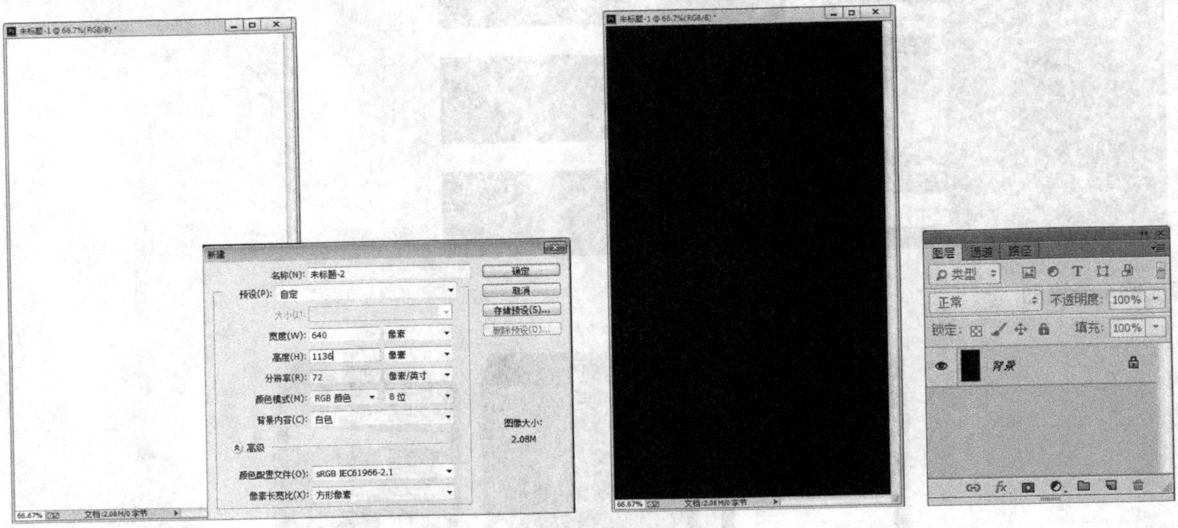

03 导入素材。执行“文件>打开”命令，在弹出的“打开”对话框中选择需要的素材文件，单击“打开”按钮，将其拖曳至页面中，设置图层的不透明度为33%。继续打开另一个素材文件，将其拖曳至页面中，设置图层的图层样式为为柔光。

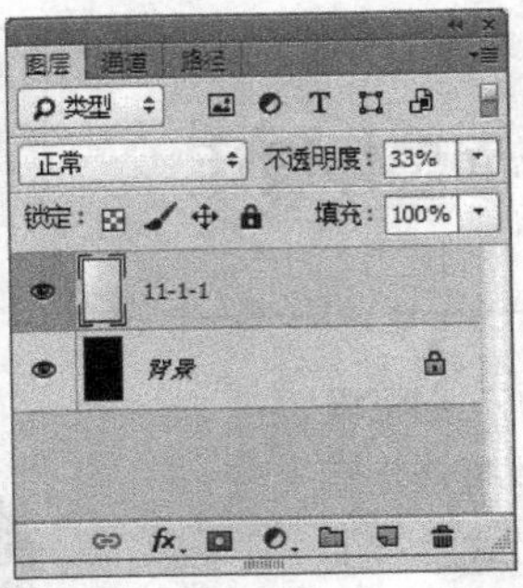

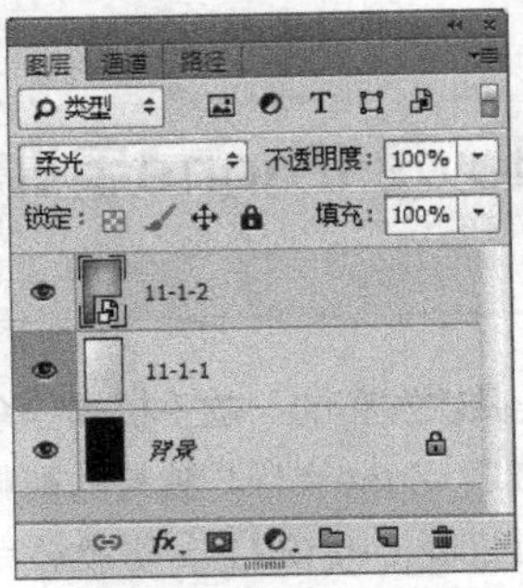

04 制作进度条。设置前景的为白色，选择矩形工具，在状态栏中设置模式为形状，绘制矩形，设置图层的不透明度为80%。选择矩形工具，设置前景色为R:101 G:112 B:122，绘制矩形进度条。将进度条图层复制一层，设置前景色为R:81 G:196 B:212，按快捷键Alt+Delete，填充颜色，按快捷键Ctrl+T组合键缩放到一半长度，按Enter键结束。设置前景色为白色，选择“椭圆工具”绘制圆，制作滑块效果。双击椭圆图层，打开“图层样式”对话框。选择“外发光”，设置不透明度为10%，颜色为黑色，大小为2像素。选择“投影”，设置混合模式为线性加深，不透明度15%，距离2像素，大小1像素。选择“横版文字工具”，设置合适字体、字号，在画面中单击输入文字。

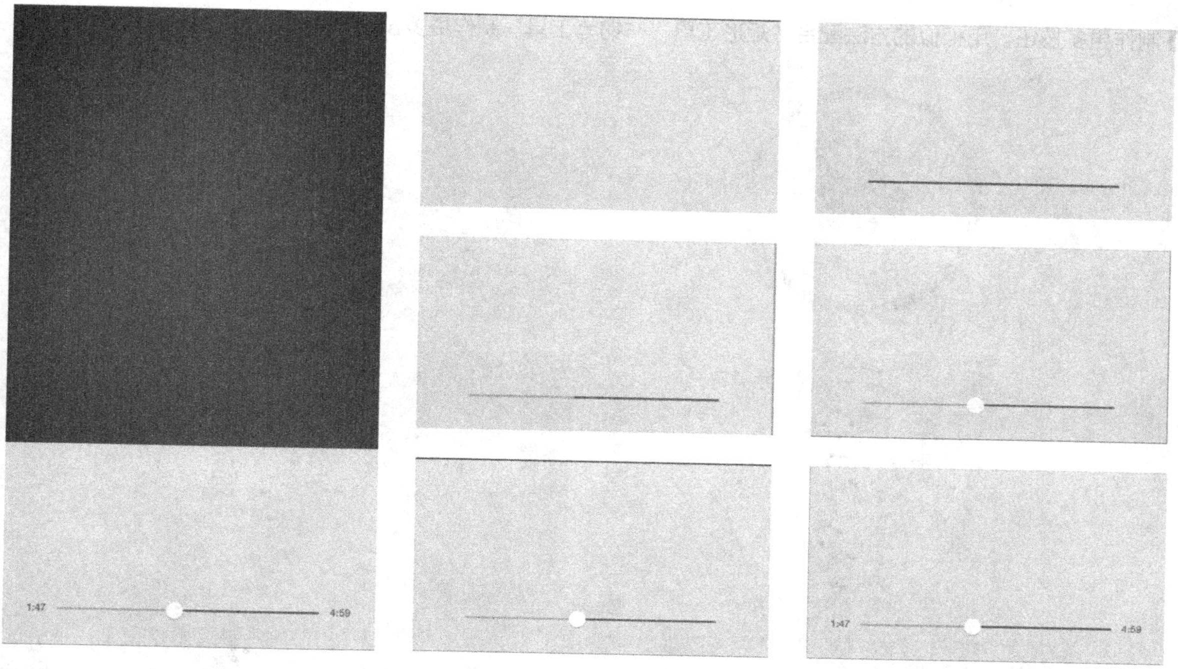

05 绘制播放按钮。设置前景色为R：81 G：196 B：212，选择椭圆工具，在状态栏中设置模式为形状，按Shift键绘制圆。按快捷键Ctrl+C，再按快捷键Ctrl+V复制圆，按快捷键Ctrl+T自由变换，按快捷键Shift+Alt同时向圆心等比例缩放，按Enter键结束。在状态栏中设置模式为“减去顶层形状”。选择“多边形工具”，在状态栏中设置边为3，模式选项为“合并形状”，在画面中绘制三角形，按快捷键Ctrl+T自由变换大小、位置，按Enter键结束。选择“路径选择工具”，按Shift键同时选中按钮的所有路径，按快捷键Ctrl+T自由变换播放按钮的大小、位置，按Enter键结束。

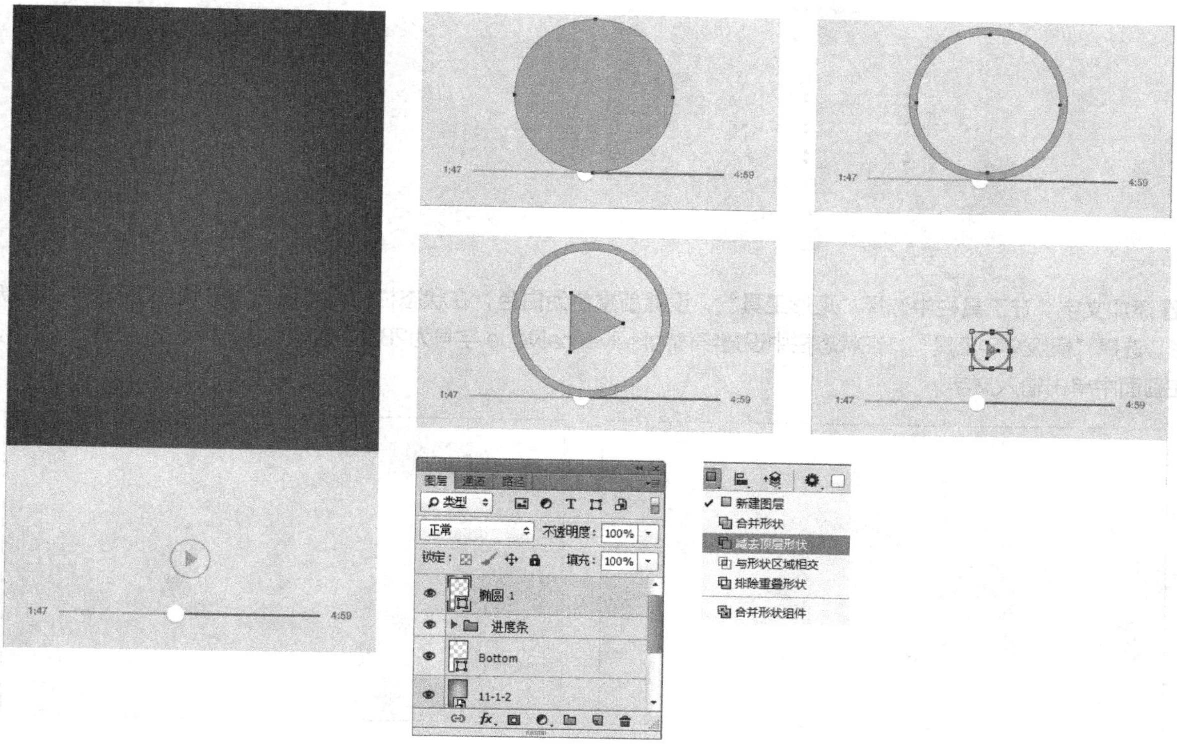

06 制作更多按钮。用相似的方法配合“矩形工具”“钢笔工具”制作更多按钮。

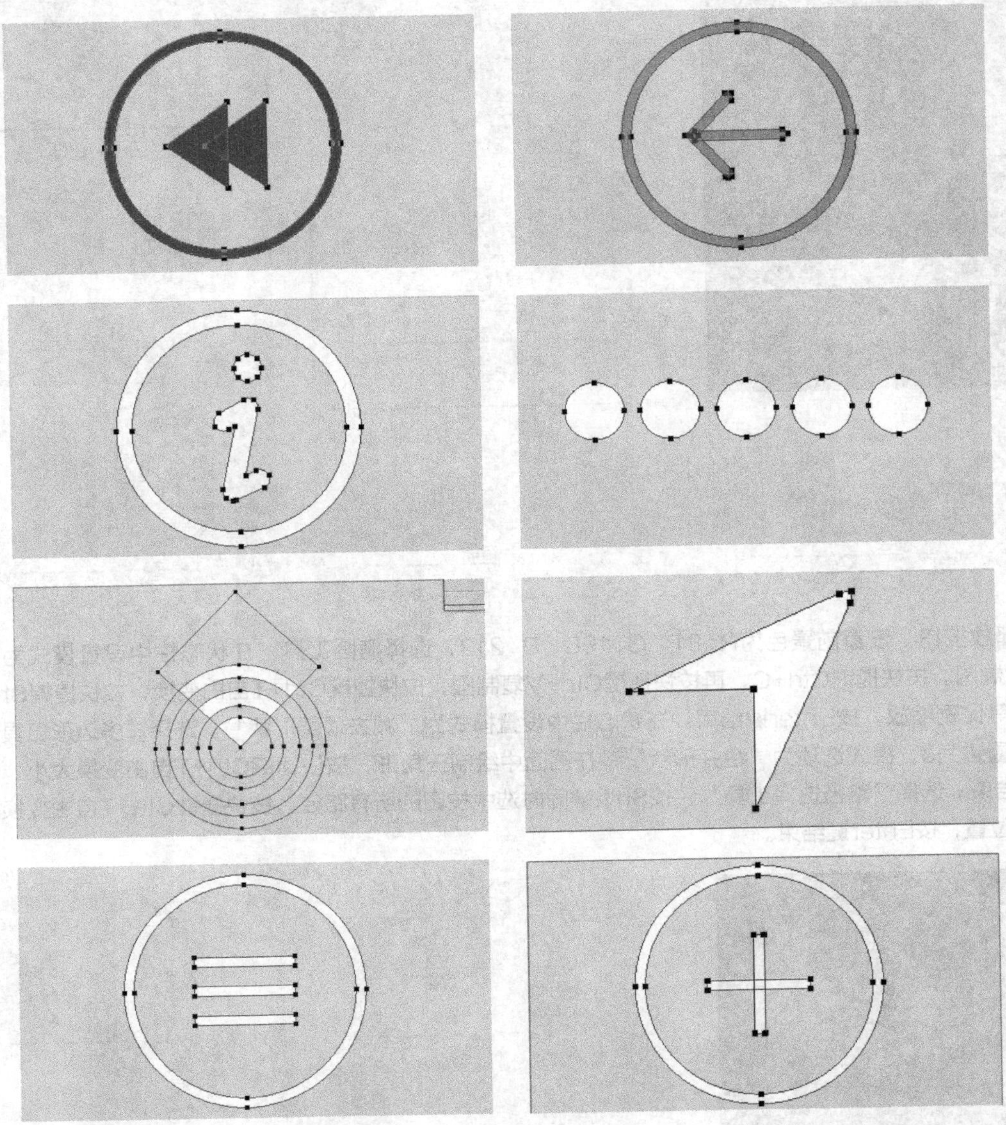

07 添加文字。在工具栏中选择“矩形工具”，设置前景色为白色，在状态栏中设置模式为形状，在画面中绘制矩形。选择“横版文字工具”，在状态栏中设置字体为HelveticaNeue,字号为28点，前景色为R:75 G:193 B:210，在画面中单击输入文字。

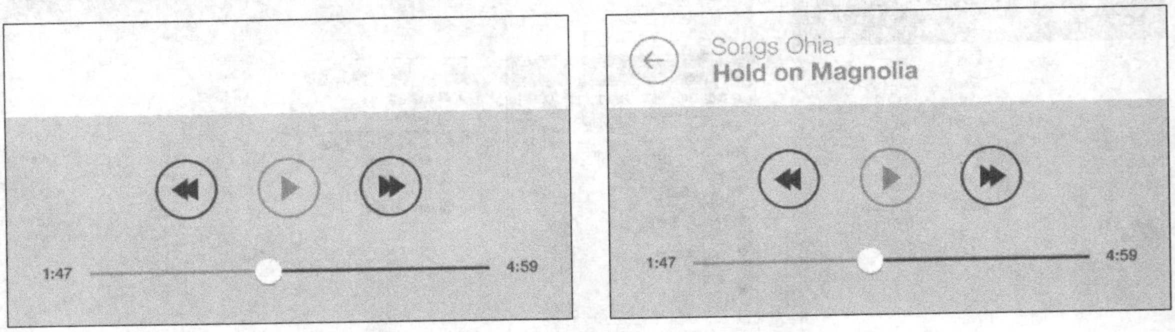

08 绘制曲线。新建图层，在工具栏中选择“钢笔工具”，在状态栏中设置模式为路径，在画面中绘制曲线，可结合Alt键改变路径节点。选择“画笔工具”，设置前景色为白色，在状态栏中设置画笔大小为4像素，硬度为100%，在图层面板中单击“路径”按钮，右键单击路径图层，选择“描边路径”命令。在“描边路径”对话框中选择画笔，取消勾选“模拟压力”，单击“确定”按钮结束。

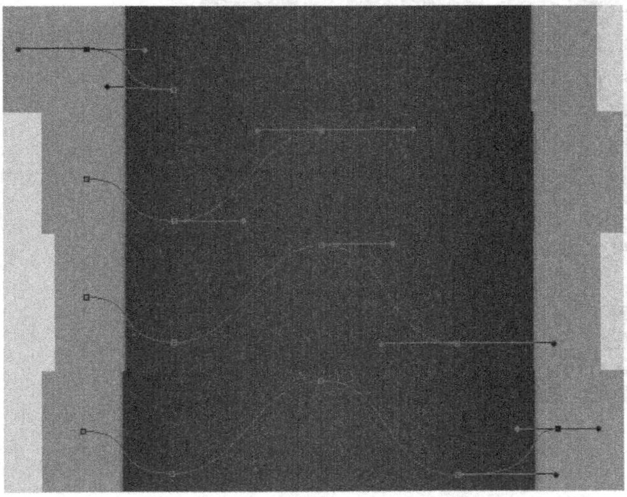

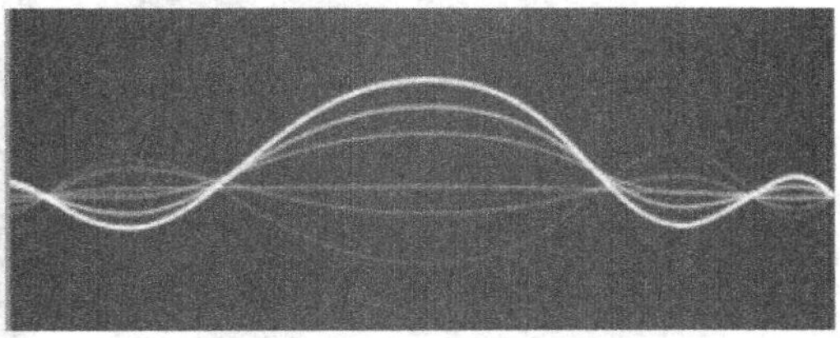

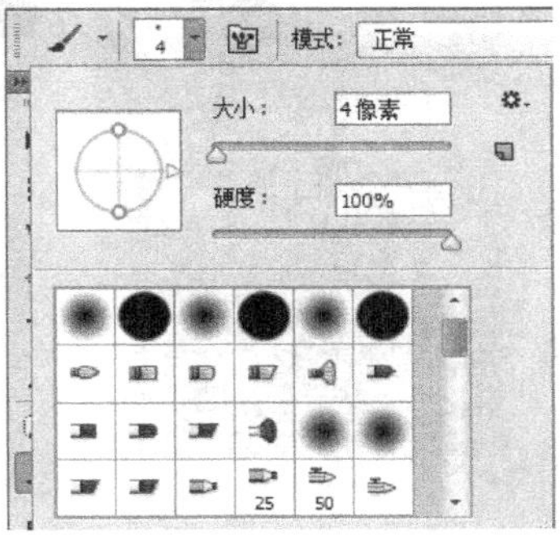

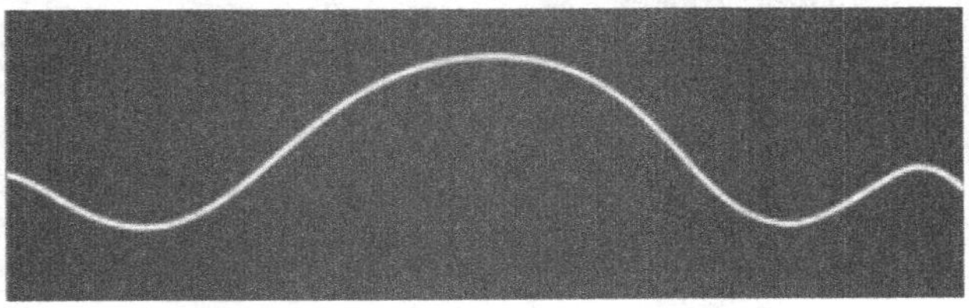

09 添加文字。在工具栏中选择“矩形工具”，设置前景色为R:75 G:193 B:210，在状态栏中设置模式为形状，在画面中绘制矩形。双击图层添加图层样式，选择投影，设置不透明度为60%，角度为90°，距离为2像素，大小为5像素，单击“确定”按钮结束。选择“横版文字工具”，在状态栏中设置字体为HelveticaNeue,字号分别为40点、28点、25点，前景色为白色，在画面中单击输入文字。

10 绘制电池图标。在工具栏中选择“圆角矩形工具”，在状态栏中设置模式为形状，填充无，描边白色，大小1像素，半径2像素，在画面中绘制圆角矩形。在状态栏中设置填充白色，描边无，在上一圆角矩形内绘制圆角矩形。在工具栏中选择“椭圆工具”，在状态中设置模式为合并形状，在画面中绘制圆。在工具栏中选择“直接选择工具”删除圆形左边锚点。

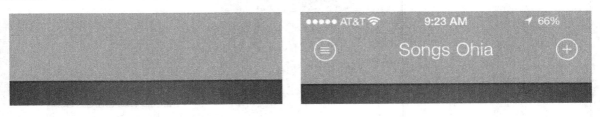

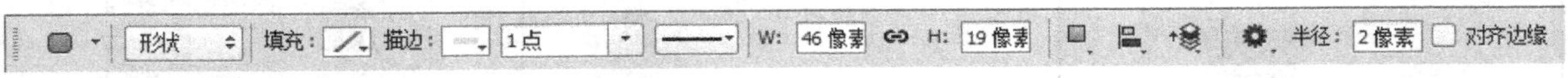

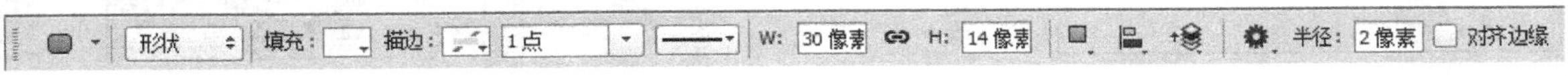

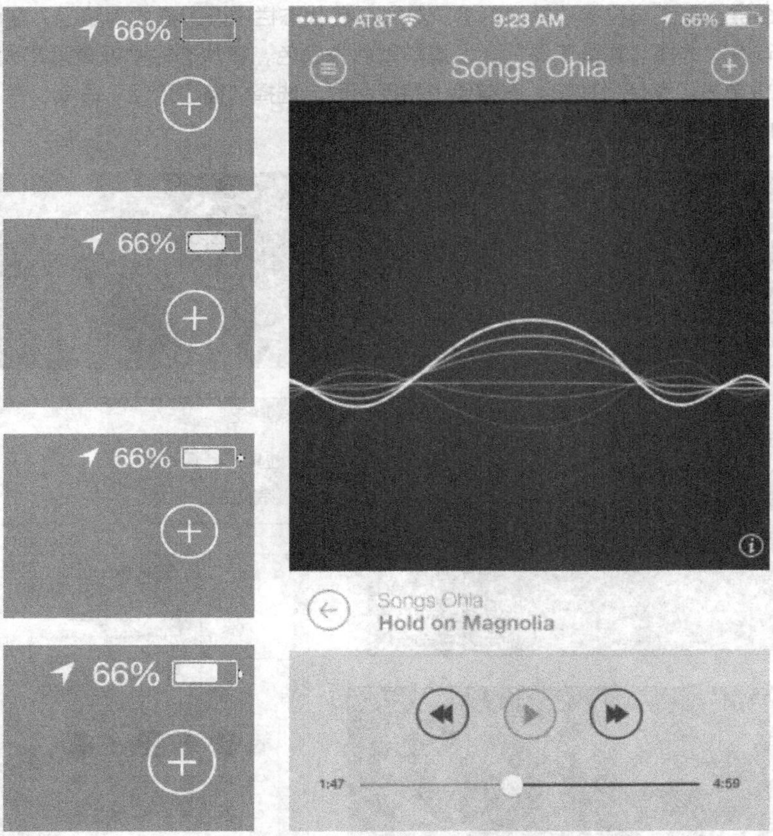

制作日历界面

01 打开素材。执行“文件>打开”命令，或按快捷键Ctrl+O，打开“打开”对话框，选择所需的素材，单击“打开”按钮打开。

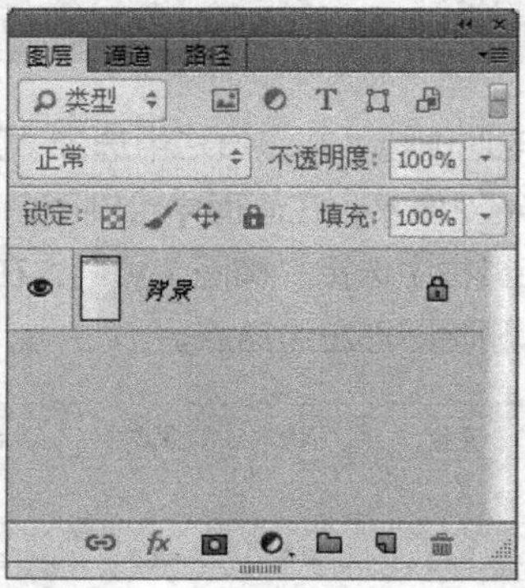

02 绘制圆角矩形。在工具栏中选择“圆角矩形工具”，在状态栏中设置模式为形状，填充白色，描边R:186　G:193　B:197，大小为1像素，半径为10像素，在画面中绘制圆角矩形，将圆角矩形复制一层。打开素材，将其拖曳至场景文件中，按快捷键Ctrl+T自由变化到合适位置，将素材复制一层放到合适位置。在工具栏中选择“横版文字工具”命令，在状态中设置字体为Myriad Pro，字号为22点，颜色为R:101　G:112　B:122。

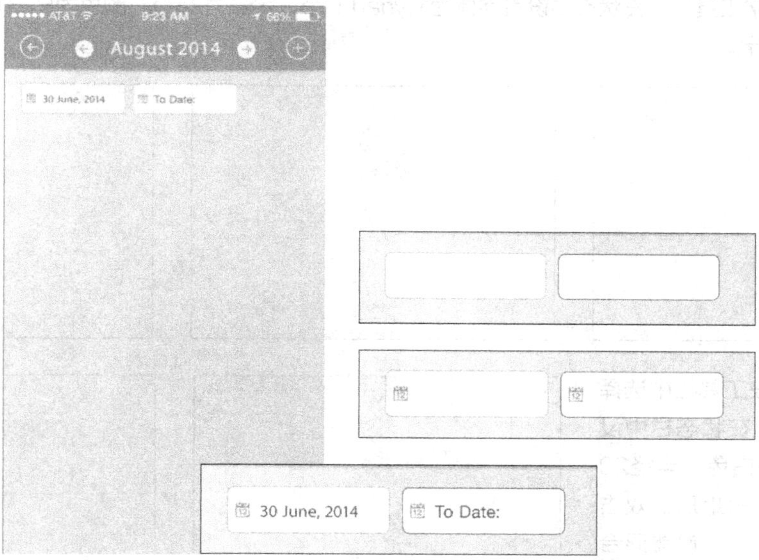

03 绘制圆角矩形。在工具栏中选择“圆角矩形工具”，在状态栏中设置模式为形状，填充R:81　G:196　B:212，描边无，半径10像素，在画面中绘制圆角矩形。在工具栏中选择“横版文字工具”，在状态中设置字体为Myriad Pro，字号为28点，颜色为白色。

04 绘制日历方格。在工具栏中选择“矩形工具”，在状态栏中设置模式为形状，填充白色，在画面中单击鼠标右键，在弹出的“创建矩形”对话框中设置宽度为80像素，高度为80像素，单击“确定”按钮完成绘制，将矩形移动到合适位置。按快捷键Shift+Alt+Ctrl将矩形复制3个。在工具栏中选择“横版文字工具”，在状态中设置字体为Myriad Pro，字号为24点，颜色为R:178 G:183 B:188，在画面中单击输入文字。用相似的方法制作完整日历方格。

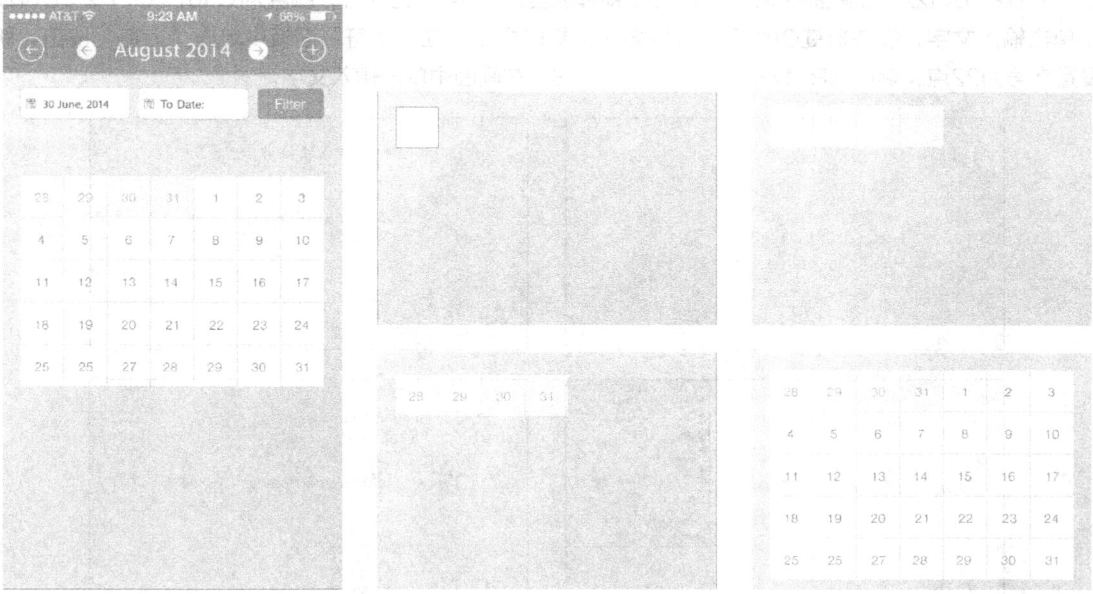

05 绘制日历细节。在工具栏中选择“矩形工具”，在状态栏中设置模式为形状，填充无，描边R:249 G:91 B:84，大小2像素，在画面中绘制矩形。在状态栏更改描边的颜色为R:81 G:196 B:212，在画面中绘制矩形。在工具栏中选择“横版文字工具”，在状态中设置字体为Myriad Pro，字号为24点，颜色为R:81 G:196 B:212，在画面中单击输入文字。

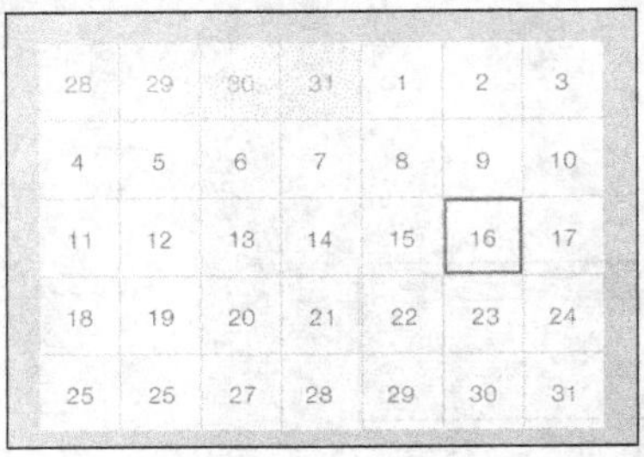

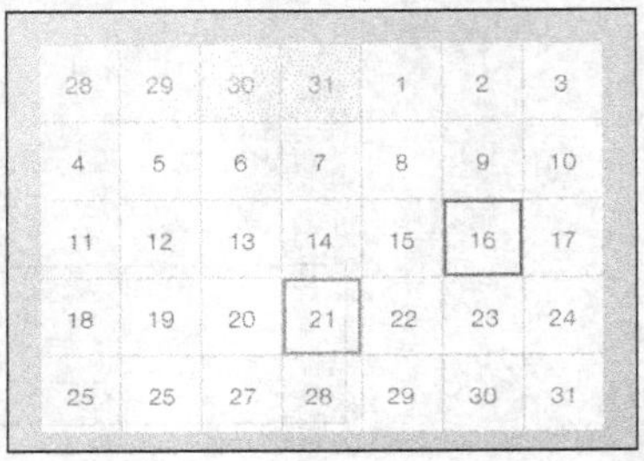

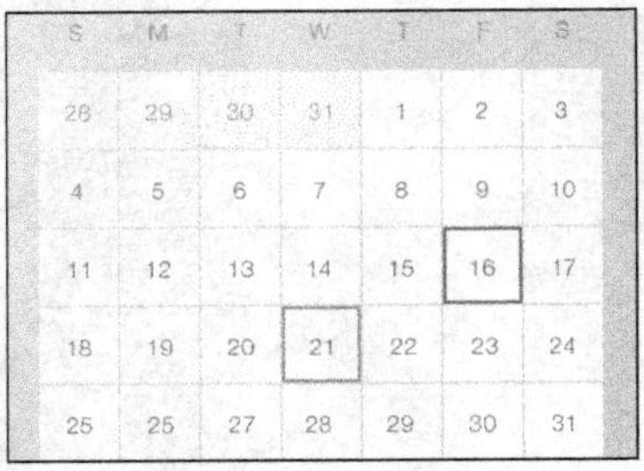

06 绘制圆角矩形。在工具栏中选择“圆角矩形工具”，在状态栏中设置模式为形状，填充白色，半径20像素在画面中绘制圆角矩形。双击图层，选择“外发光”，设置混合模式为正常，不透明度10%，颜色黑色，扩展0，大小2像素。

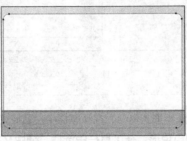

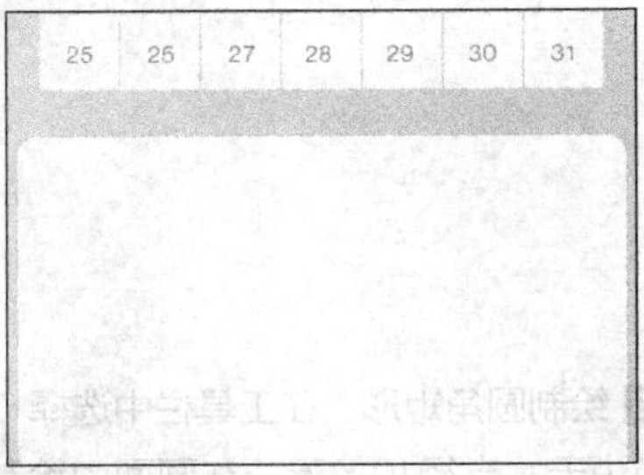

07 绘制直线。选择“直线工具”，在状态栏中设置模式为形状，填充颜色为R:225 G:229 B:231，在画面中绘制直线。

08 输入文字。在工具栏中选择“横版文字工具”，在状态栏中设置字体为Myriad Pro，字号为72点，颜色为R:81 G:196 B:212，在画面中单击输入文字。新建图层，在状态中设置字体为Myriad Pro，字号为24点，颜色为R:101 G:112 B:122，在画面中单击输入文字。新建图层，设置字号为40点，颜色为R:101 G:112 B:122，在画面中单击输入文字，按快捷键Ctrl+T，选中要做上标的文字，在“字符”面板中单击“上标”按钮。新建图层，设置字号为22点，颜色为R:178 G:183 B:188，在画面中单击输入文字。

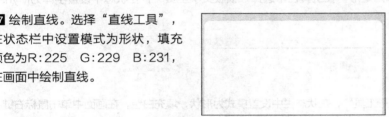

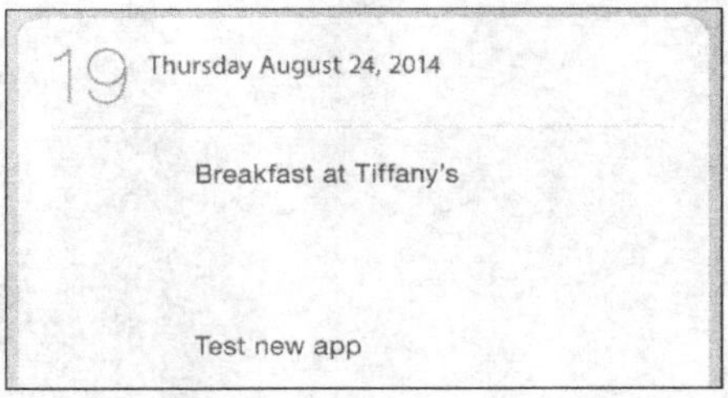

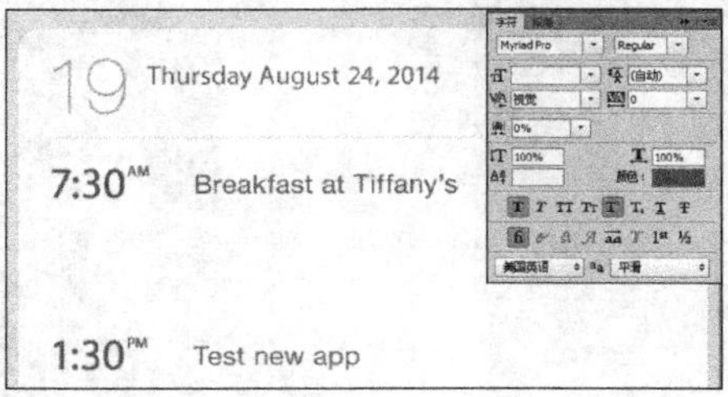

09 制作小图标。在工具栏中选择“圆角矩形工具”，在状态栏中设置模式为形状，填充颜色为R:81　G:196　B:212，描边为无，半径为10像素，在画面中绘制圆角矩形。选择“矩形工具”，在状态栏中设置模式为“减去顶层形状”，在圆角矩形上绘制横向矩形。在圆角矩形上绘制纵向矩形，按Ctrl键将其移动到合适位置。

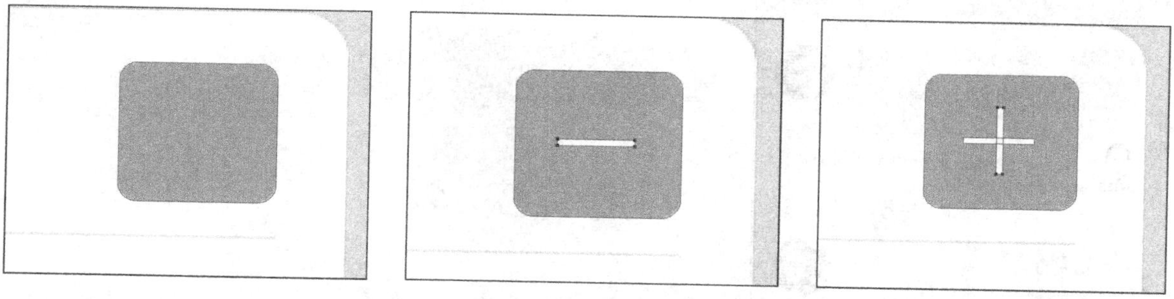

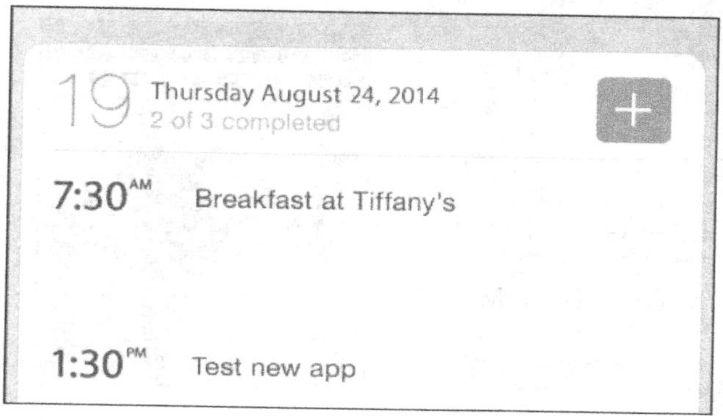

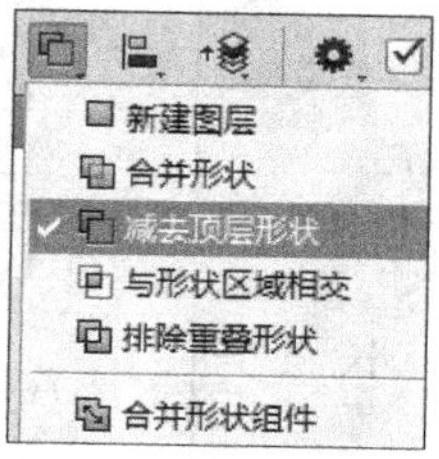

10 制作更多小图标。用相似的方法制作更多小图标。

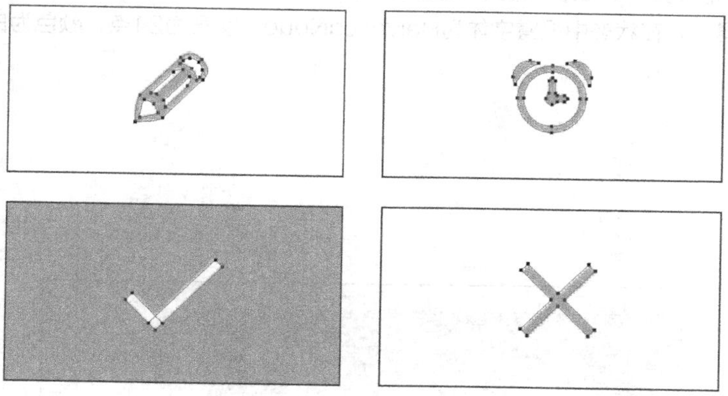

最终效果展示

制作对话框

01 打开素材。执行“文件>打开”命令，或按快捷键Ctrl+0，打开“打开”对话框，选择所需素材，单击“打开”按钮打开。

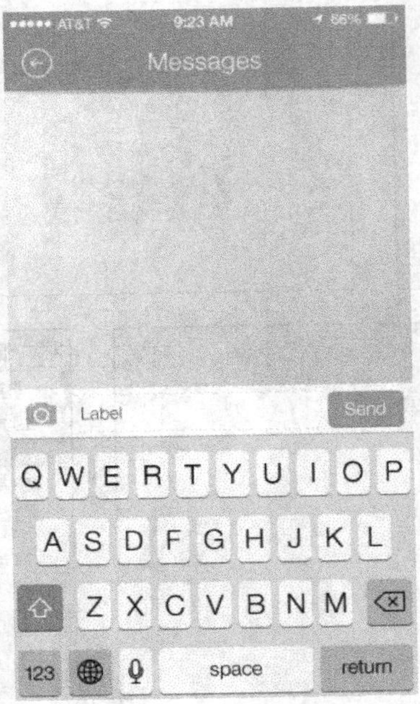

02 绘制对话框。在工具栏中选择“圆角矩形工具”，在状态栏中设置模式为形状，填充R:81 G:196 B:212，半径6像素，在画面中绘制矩形。选择“多边形工具”，在状态栏中设置模式为“合并形状”，边为3，在画面中绘制三角形。在工具栏中选择“横版文字工具”，在状态中设置字体为HelveticaNeue，字号为24点，颜色为白色，在画面中单击输入文字。

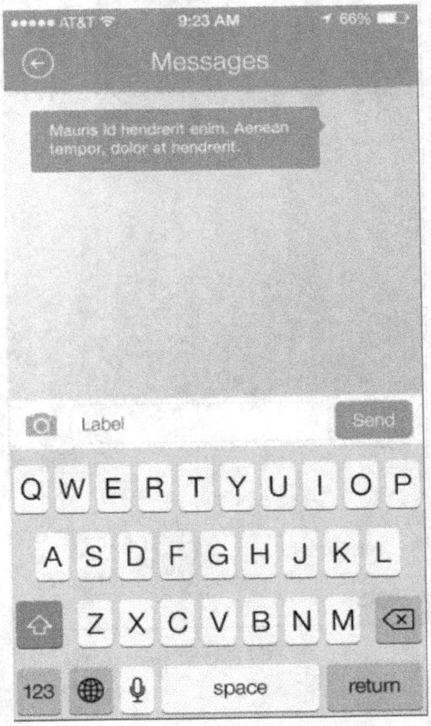

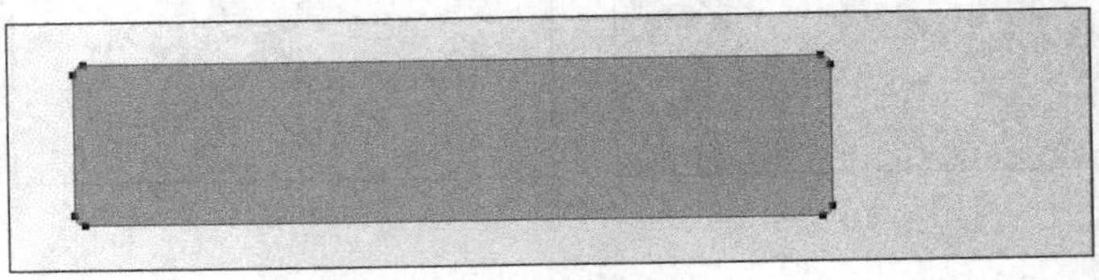

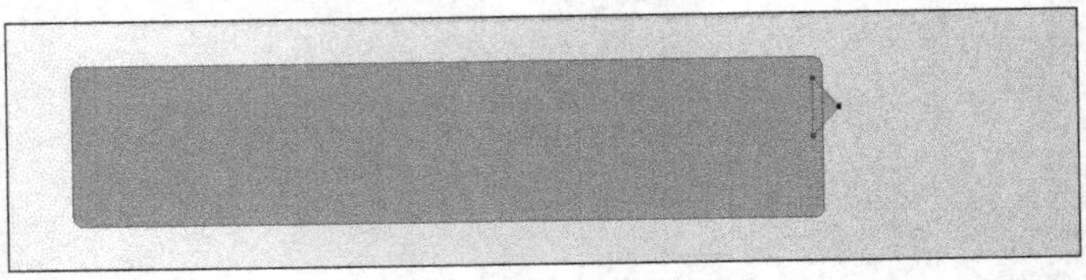

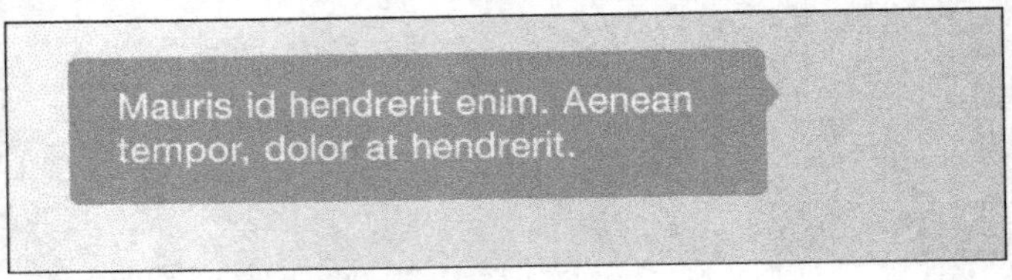

03 制作头像。在工具栏中选择“椭圆工具”，在状态栏中设置模式为形状，按Shift键同时在画面中绘制椭圆。双击椭圆图层，选择投影，设置混合模式为正常，不透明度为12%，角度90°，距离1像素，大小2像素，单击“确认”按钮结束。执行“文件>打开”命令，在“打开”对话框中选择“12-3-2.jpg”素材打开，将其拖曳至场景文件中，按快捷键Ctrl+T自由变化合适的大小、位置。按Alt键在素材图层和椭圆图层中间单击，令素材图层只作用于椭圆图层。

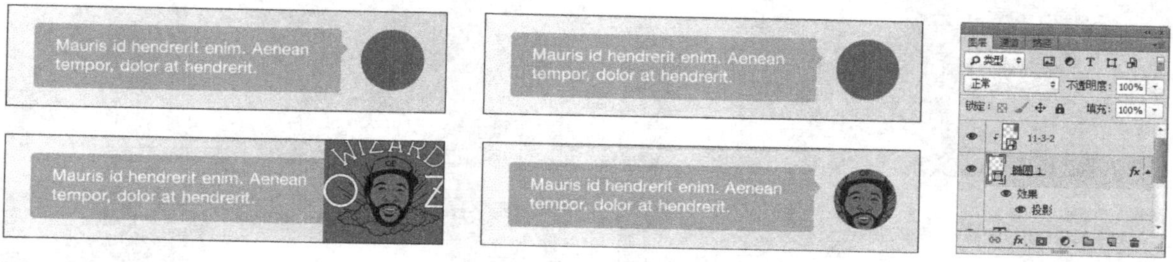

04 更多效果。用本例方法制作更多效果。

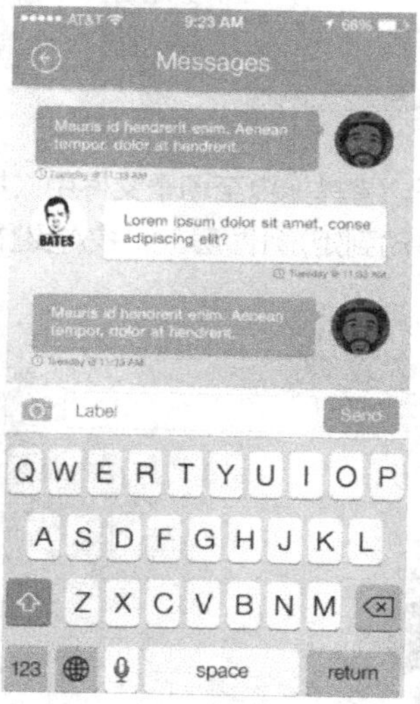

界面展示示意图

制作图库界面

01 打开素材。执行“文件>打开”命令，或按快捷键Ctrl+0，打开“打开”对话框，选择所需的素材，单击“打开”按钮打开。

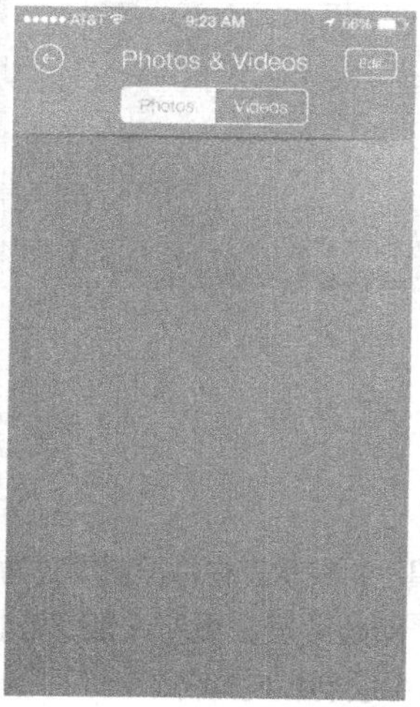

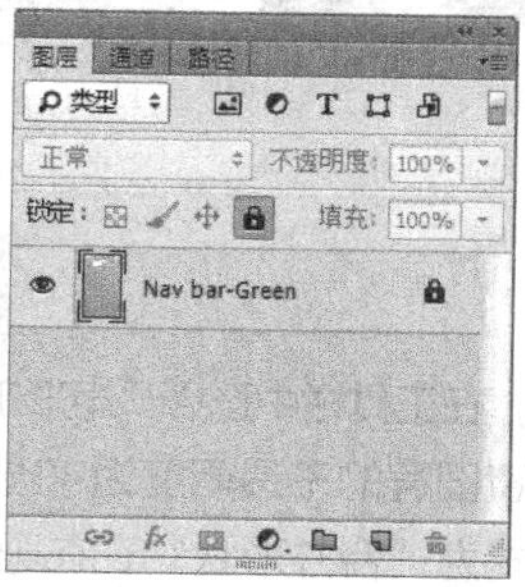

02 绘制矩形。在工具栏中选择“矩形工具”，在状态栏中设置模式为形状，按Shift键同时在画面中绘制矩形。按快捷键Shift+Alt，将矩形复制并平移两次。选中3层矩形图层，按快捷键Ctrl+T，自由变化到适应画面的大小。给中间的矩形填充颜色，将3个矩形区分开。

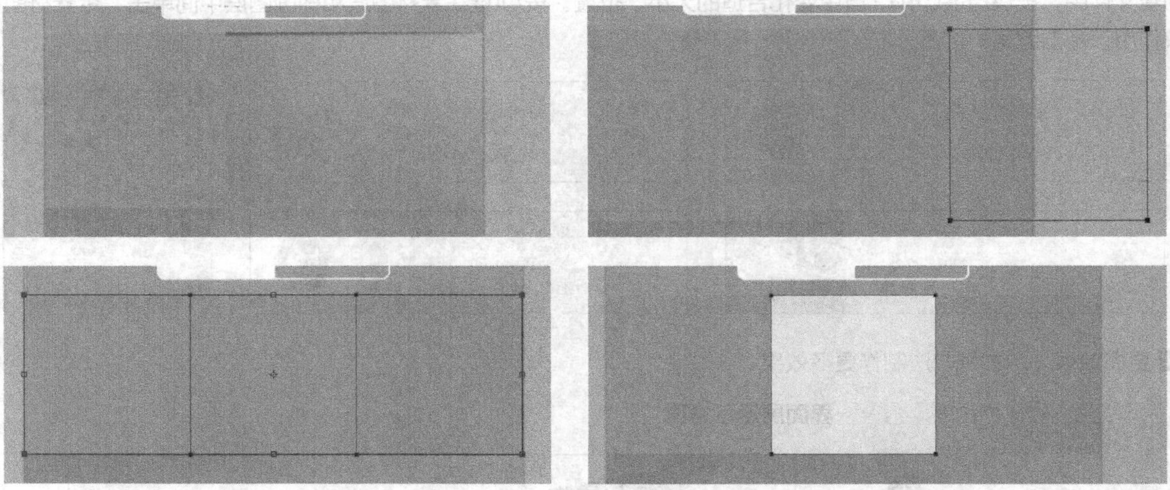

03 添加素材。执行“文件>打开”命令，在“打开”对话框中，选择所需素材打开，将其拖曳至场景文件中。按快捷键Ctrl+T，自由变化素材大小、位置，按Enter键结束。将添加的素材图层移动到矩形1图层上，按Alt键在两个图层间单击，使素材图层只作用于矩形1图层。

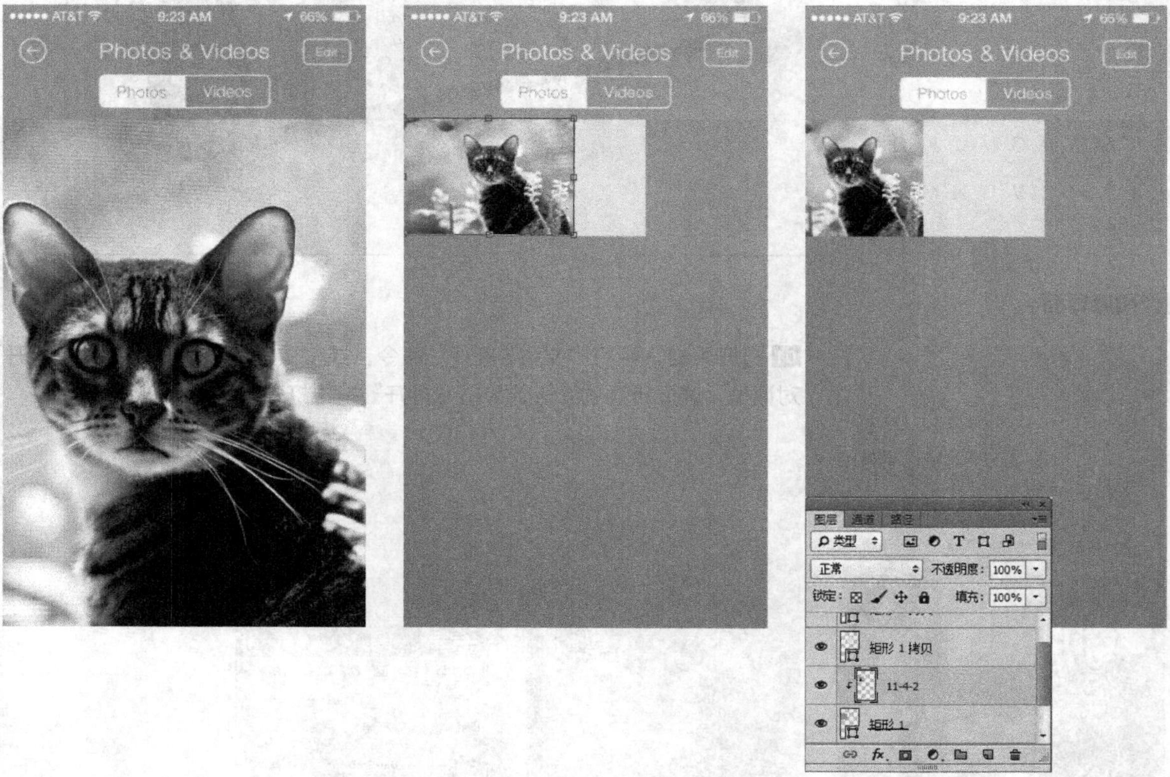

04 绘制图标。新建图层，在工具栏中选择“矩形工具”，在状态栏中设置模式为形状，填充R:81 G:196 B:212，在画面中绘制矩形，设置图层的不透明度为90%。新建图层，重新设置状态栏，填充白色，在画面中绘制横向矩形。设置状态栏中的模式为“合并形状”，在画面中绘制纵向矩形。

05 添加细节。在工具栏中选择“钢笔工具”，在状态栏中设置模式为形状，填充白色，在画面中绘制心形。选择“横版文字工具”，在状态栏中设置字体为HelveticaNeue，字号为22号，颜色为白色，在画面中单击输入文字。

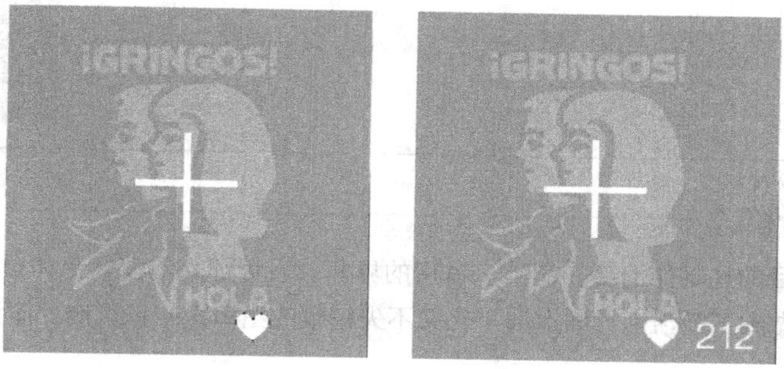

06 本例制作完成。

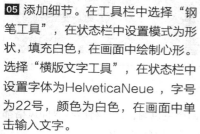

12.4 课后练习——制作一组清新的界面设计

案例分析

简洁、易用、友好、直观，这些词语经常被提及，但在执行过程中经常被遗忘。这是因为软件功能的复杂性所导致的。如何处理软件的复杂功能，往往可以决定它的命运。一个复杂的界面会让用户不知如何操作。如果减少复杂的操作过程并精简操作界面，那该软件的用户体验就大大地提升了。

技巧分析

本例的目的是制作清新、简洁、易用的界面。设计师采用蓝紫色和白色两个主色调，通过将所有界面风格都保持一致，做到了简洁。界面上扁平化又不失精致的图标，一目了然、简洁明了，做到了易用。

步骤演练

01 新建文件。执行“文件>新建”命令，在弹出的“新建”对话框中，新建一个宽度和高度分别为1280像素×1920像素的空白文档，完成后单击“确定”按钮结束，单击图层面板下方的“添加图层样式”按钮，在弹出的下拉菜单中勾选“渐变叠加”，设置参数，添加渐变叠加效果。

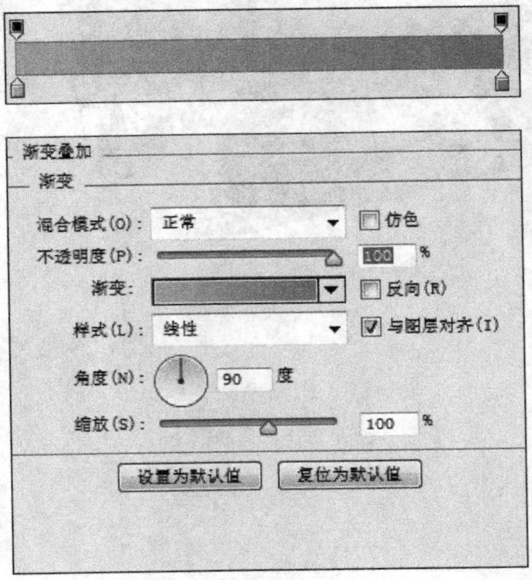

02 绘制矩形。单击工具栏中的“矩形工具”按钮，在选项栏中选择工具的模式为“形状”，设置填充为蓝色（R：93 G：131 B：152），绘制矩形，单击工具栏中的“画笔工具”按钮，在选项栏中选择“柔角画笔”，设置填充为蓝色（R：99 G：137 B：158），绘制光斑 。

03 绘制上标。单击工具栏中的“矩形工具”按钮，在选项栏中选择工具的模式为“形状”，设置填充为蓝色（R：116 G：160 B：185），绘制矩形，单击“钢笔工具”按钮，在选项栏中选择工具的模式为“形状”，设置填充为白色，绘制形状 。

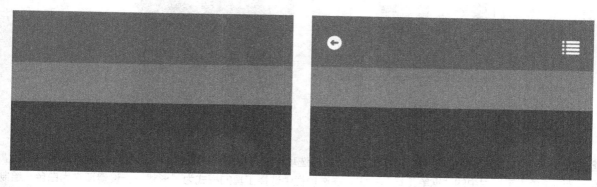

04 添加描边效果。单击图层面板下方的“添加图层样式”按钮，在弹出的下拉菜单中勾选“描边”，设置参数，添加描边效果，添加文字 。

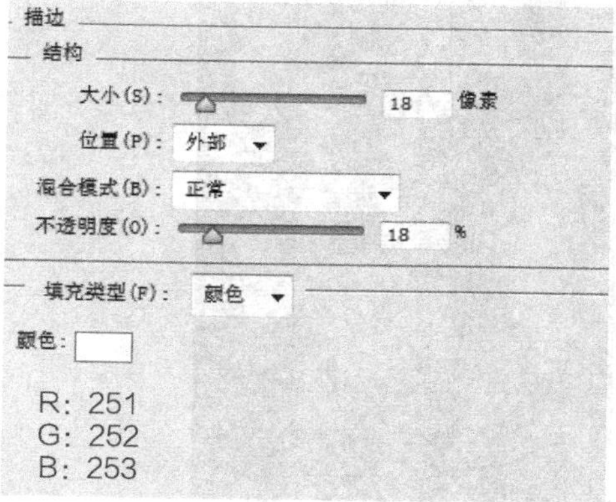

05 绘制上标。单击工具栏中的“矩形工具”按钮，在选项栏中选择工具的模式为“形状”，设置填充为蓝色（R：107 G：148 B：171），绘制矩形，单击“圆角矩形工具”按钮，在选项栏中选择工具的模式为“形状”，设置填充为蓝色（R：89 G：128 B：147），半径10像素，绘制圆角矩形。

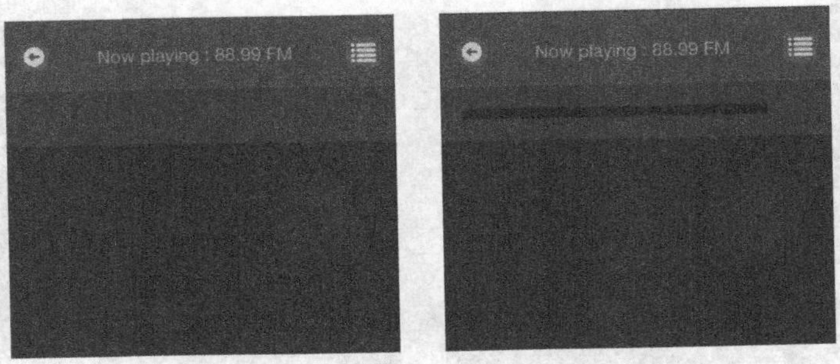

06 添加图案叠加。单击工具栏中的“圆角矩形工具”按钮，在选项栏中选择工具的模式为“形状”，设置填充为白色，半径10像素，绘制圆角矩形，单击图层面板下方的“添加图层样式”按钮，在弹出的下拉菜单中勾选“图案叠加”，设置参数，添加图案叠加效果。

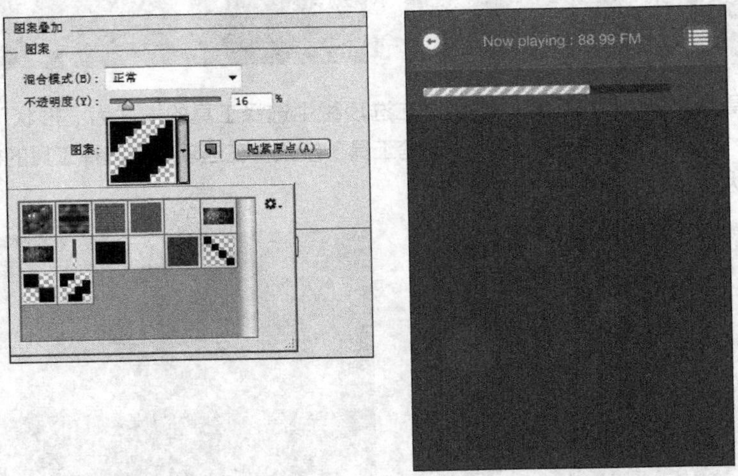

07 绘制图标。单击工具栏中的“椭圆工具”按钮，在选项栏中选择工具的模式为“形状”，设置填充为白色，绘制椭圆，单击工具栏中的“钢笔工具”按钮，在选项栏中选择工具的模式为“形状”，设置填充为白色，绘制形状 。

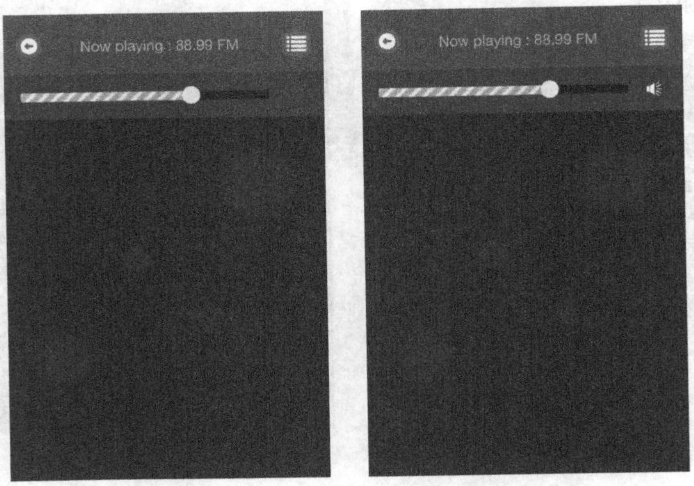

08 绘制下标。单击工具栏中的“矩形工具”按钮，在选项栏中选择工具的模式为“形状”，设置填充为蓝色（R：107　G：148　B：171），绘制矩形，单击“钢笔工具”按钮，在选项栏中选择工具的模式为“形状”，设置填充为白色，绘制形状。

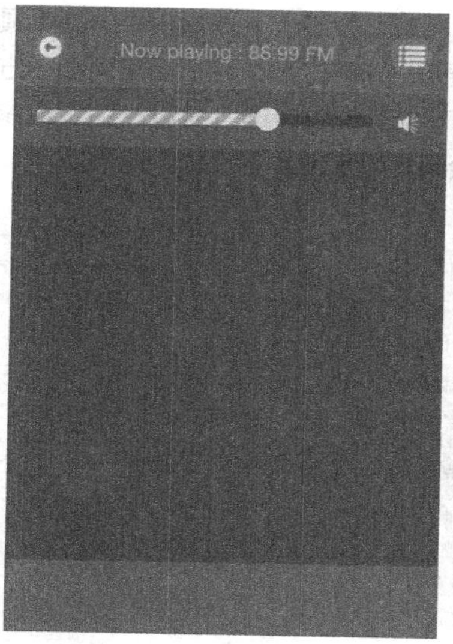

09 绘制椭圆。单击工具栏中的“椭圆工具”按钮，在选项栏中选择工具的模式为“形状”，绘制椭圆，设置图层的填充为0，单击图层面板下方的“添加图层样式”按钮，在弹出的下拉菜单中勾选“描边”和“内发光”，设置参数，添加描边、内发光效果。

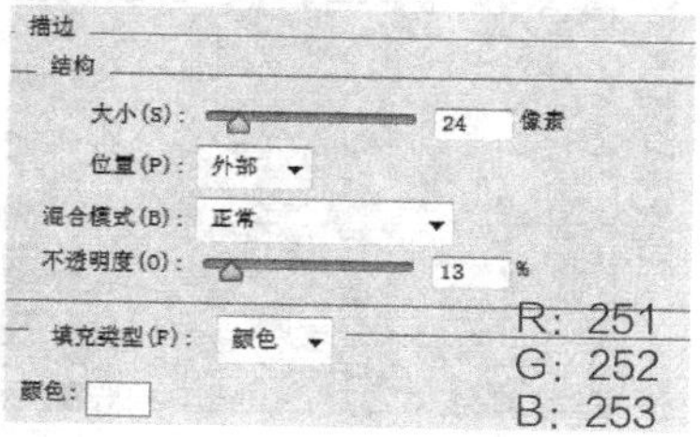

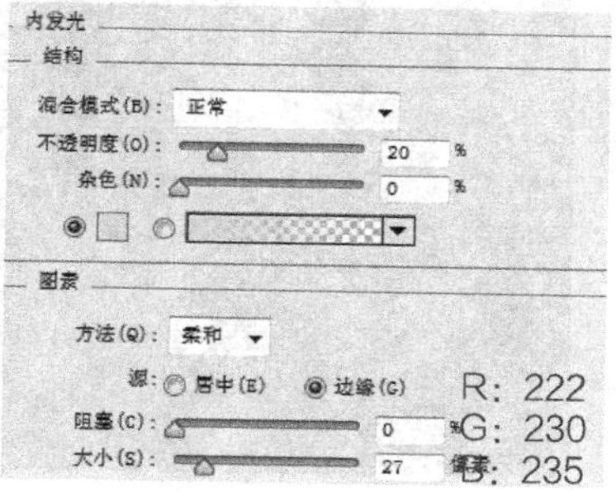

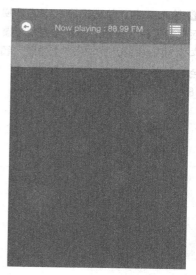

10 添加外发光。单击图层面板下方的“添加图层样式”按钮，在弹出的下拉菜单中勾选“外发光”，设置参数，添加外发光效果，利用相似的方法绘制其他效果。

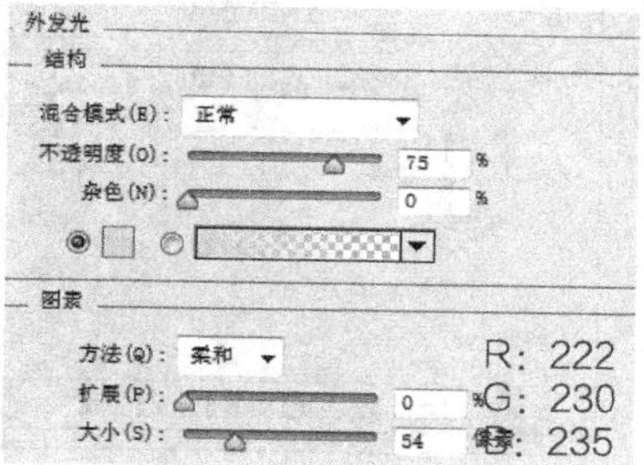

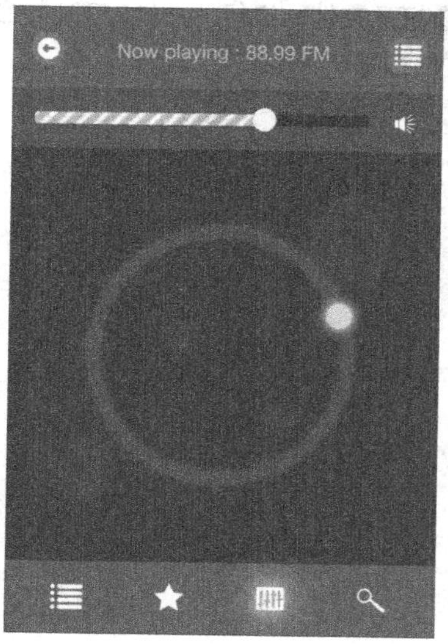

11 绘制椭圆。单击工具栏中的“椭圆工具”按钮，在选项栏中选择工具的模式为“形状”，绘制椭圆，设置图层的填充为0，单击图层面板下方的“添加图层样式”按钮，在弹出的下拉菜单中勾选“描边”，设置参数，添加描边效果，利用同样的方法绘制其他效果。

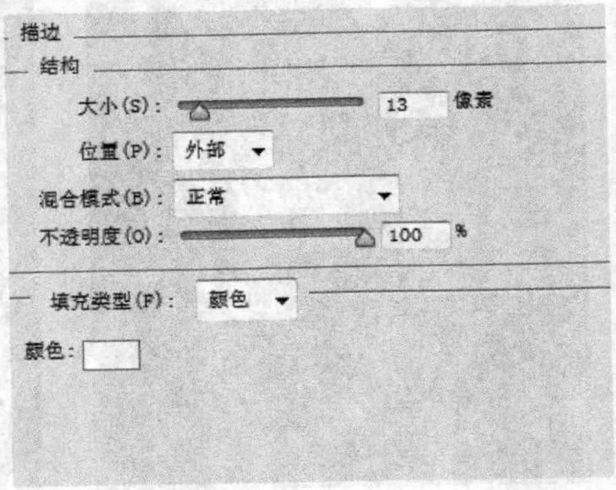

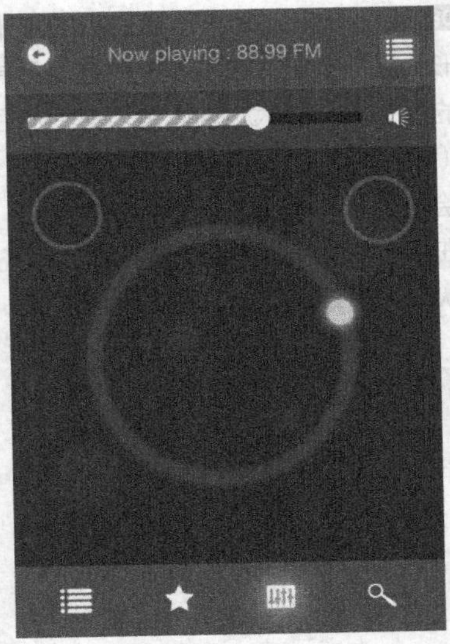

12 输入文字。单击工具栏中的“横版文字工具”按钮，在状态栏中设置字体为Fixedsys，字号为170点，颜色为白色、浅蓝色（R：165　G：187　B：198），输入文字。

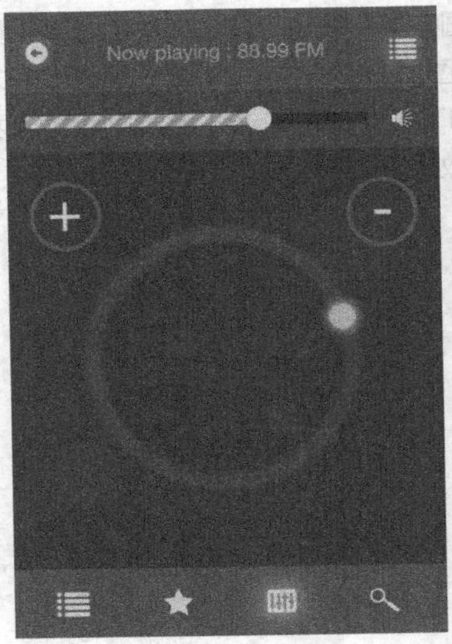

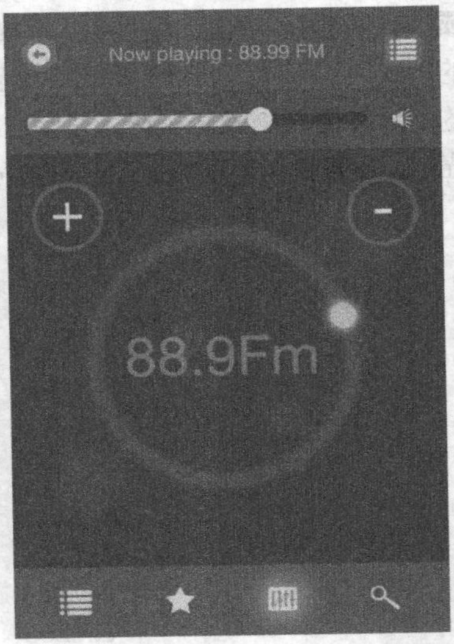

13 打开文件。执行“文件>打开”命令，弹出“打开”对话框，选择素材文件打开。

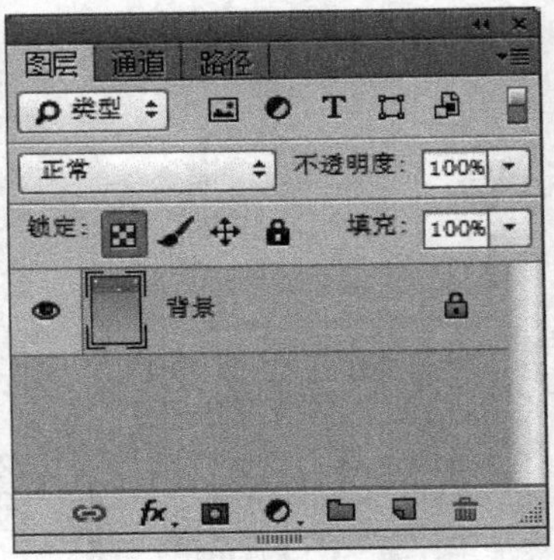

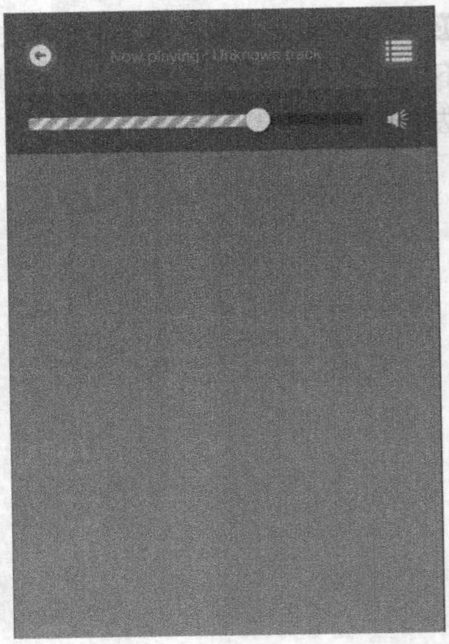

第12章

14 添加描边效果。单击工具栏中的“椭圆工具”按钮，在选项栏中选择工具的模式为“形状”，设置填充为蓝色（R：134　G：179　B：204），绘制椭圆，单击图层面板下方的“添加图层样式”按钮，在弹出的下拉菜单中勾选“描边”，设置参数，添加描边效果，利用相同的方法绘制更多效果。

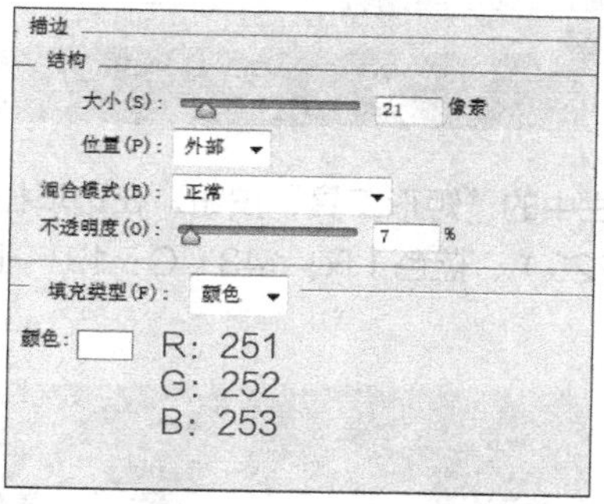

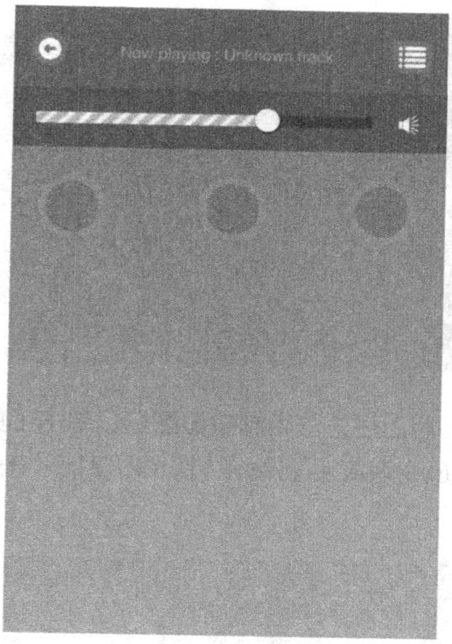

15 绘制图标。单击工具栏中的“钢笔工具”按钮，在选项栏中选择工具的模式为“形状”，设置填充为白色，绘制形状，利用相同的方法绘制更多效果。

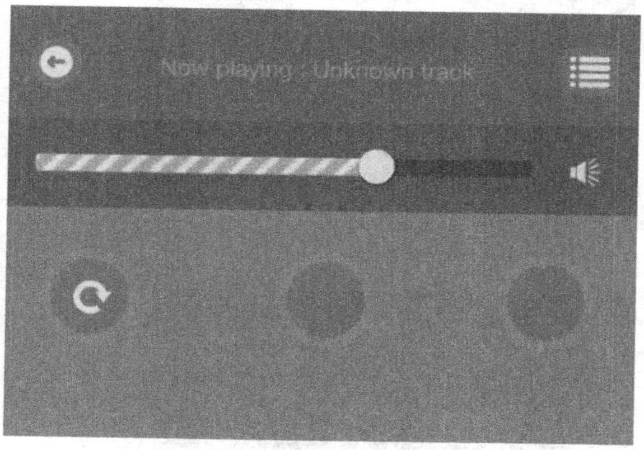

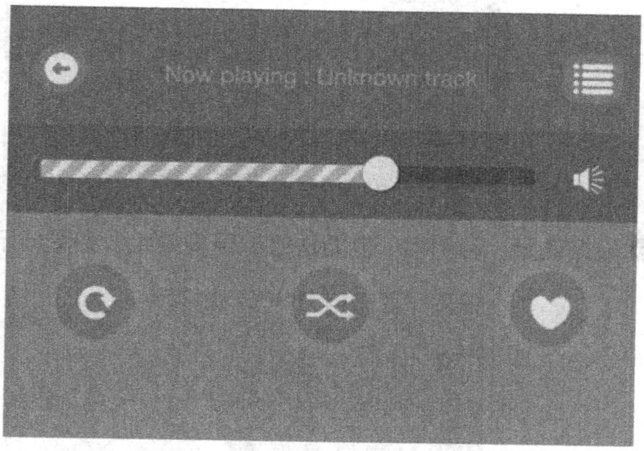

16 绘制矩形。单击工具栏中的“矩形工具”按钮，在选项栏中选择工具的模式为“形状”，设置填充为白色，绘制矩形，单击工具栏中的“横版文字工具”按钮，在状态栏中设置字体为Helvetica Neue Bold，字号为30点，颜色为白色，输入文字。

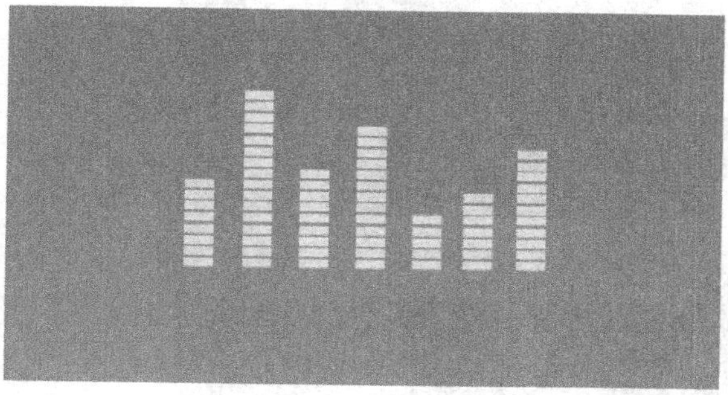

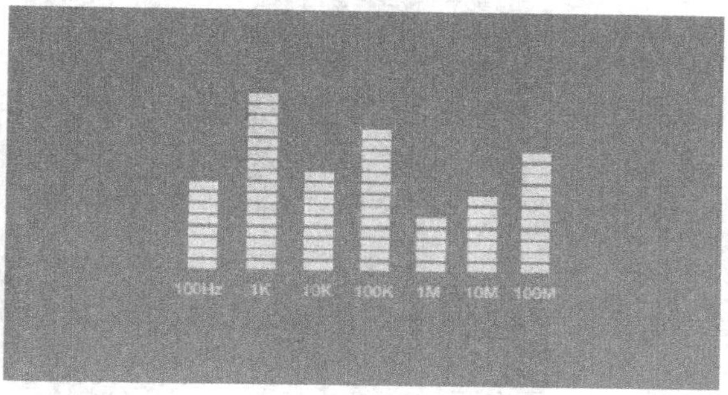

17 绘制矩形。单击工具栏中的“矩形工具”按钮，在选项栏中选择工具的模式为“形状”，设置填充为蓝色（R：116　G：160　B：185），绘制矩形，单击工具栏中的“钢笔工具”按钮，在选项栏中选择工具的模式为“形状”，设置填充为白色，绘制形状。

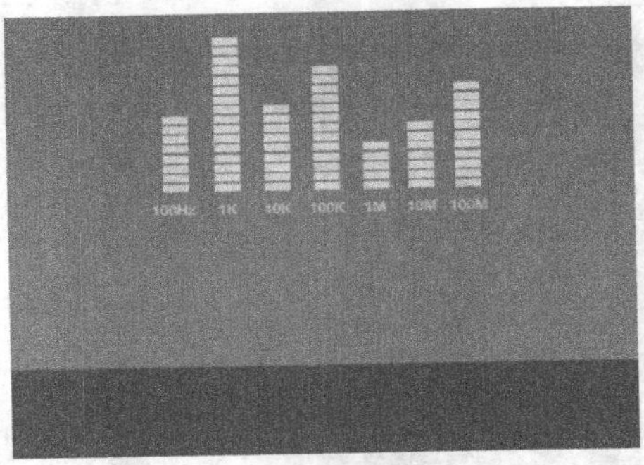

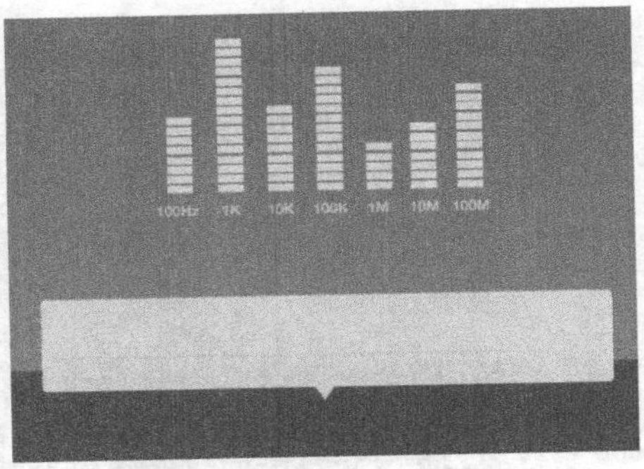

18 绘制进度条。利用上述方法绘制按钮图标，单击工具栏中的“矩形工具”按钮，在选项栏中选择工具的模式为“形状”，设置填充为灰色（R：211　G：215　B：220）、蓝色（R：143　G：191　B：217），绘制矩形，添加文字。

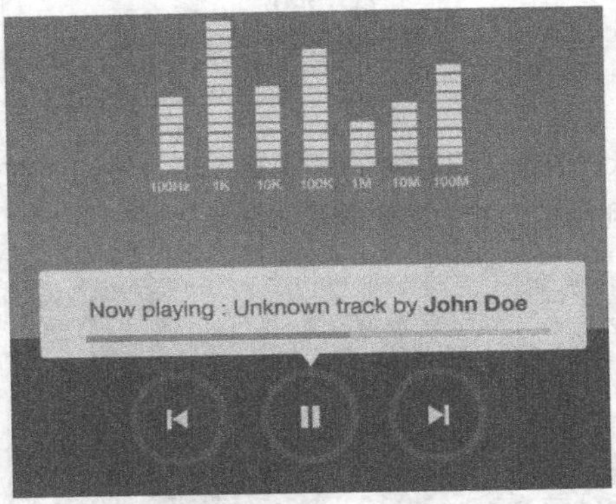

19 最终效果。利用相似的方法绘制更多效果，如图所示。

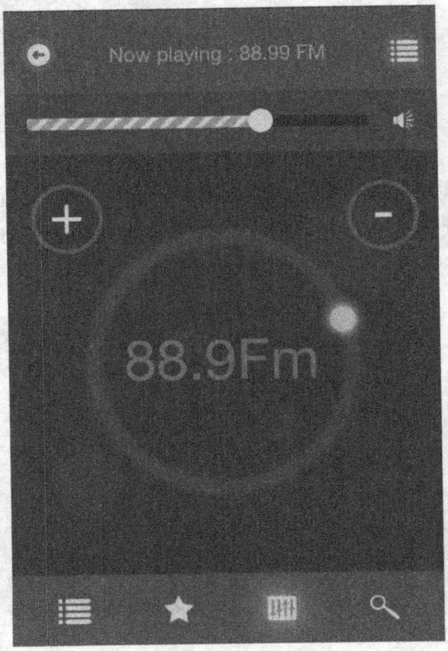

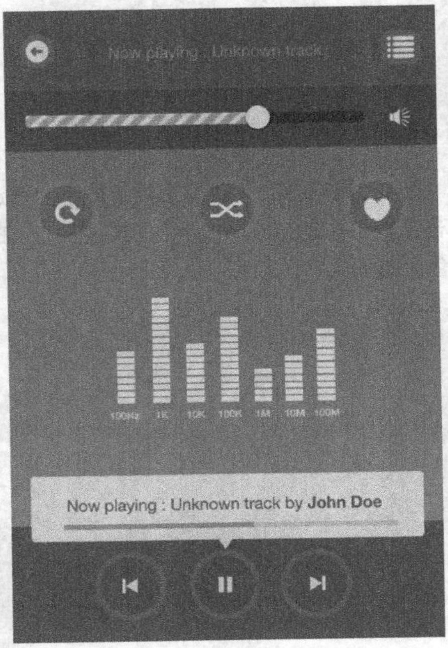

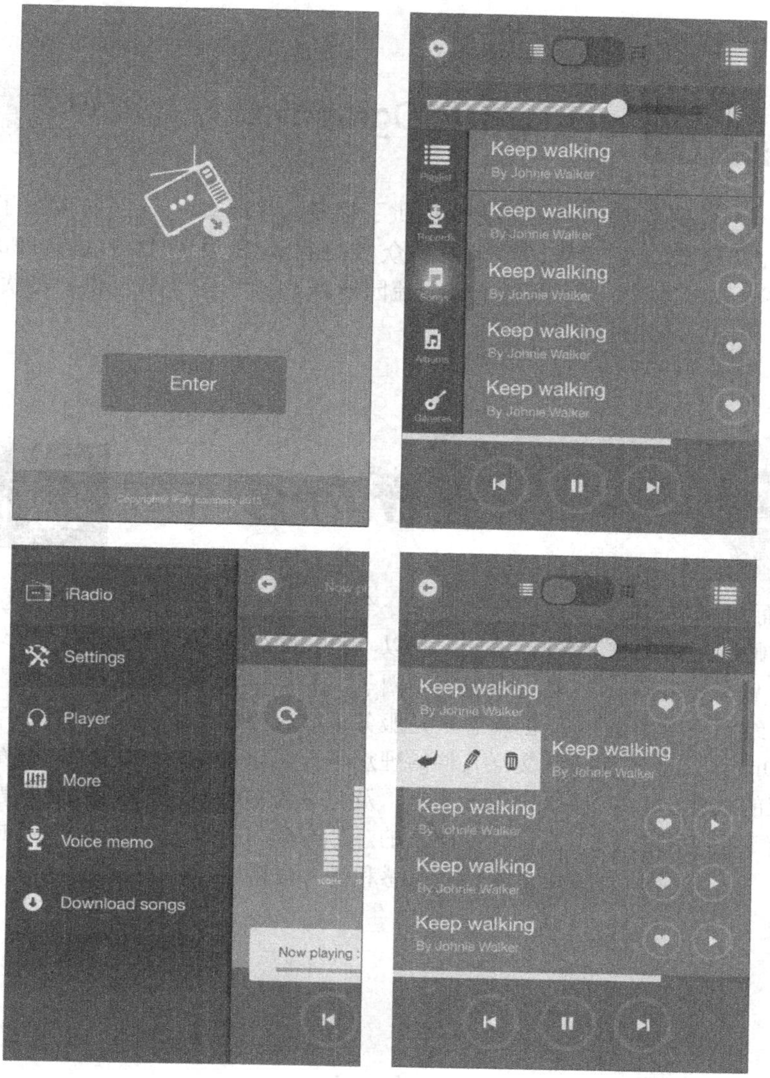

12.5 课后思考——借助设计资源来提高自身能力

最后本书提供了一些论坛和网上下载资源，请搜集一些自己比较满意的素材进行模仿练习，并思考这些优秀作品好在哪里？如何提高我们自身的设计和制作水平？

图库资源

花瓣 huaban.com

用户可以将网上看见的一切信息都保存下来，简单上手，玩味无限。通过专属于“花瓣网”的浏览器插件——“采集到花瓣”快速完成信息的收集。

堆糖

堆糖网是一个全新社区，主题是收集发现喜爱的事物，以图片的方式来展示和浏览。堆糖提供超快捷的图文收集工具，一键收集分享兴趣，还有各种兴趣主题小组。

APP - mobile design -

优秀网页设计联盟，SDC（Superior Design Consortium）是有着专业设计师交流氛围的设计联盟。坚持开放、分享、成长的宗旨，为广大设计师及设计爱好者提供免费的交流互动平台。

源文件下载

免费素材下载网是一个提供多种素材的站点，免费 PSD 下载、免费模版、背景、插图及矢量图等。

该网站分类提供了很多 PSD 源文件，是国内外众多商业级 UI 设计师的作品交流园地。

该网站罗列了大量的 App UI 素材并提供 PSD 源文件的免费下载，供网友欣赏、学习和交流。

论坛交流

Dribbble 是一个面向创作家、艺术工作者及设计师等创意类作品的网站，提供作品在线服务，供网友在线查看已经完成的或正在创作的作品。Dribbble 还针对手机推出了相应的软件，可以通过苹果应用商店下载使用很多移动应用。

Iconfans，是一个专业界面交互设计论坛，它以“设计师”为中心，本着“小圈子，大份量”的原创理念，是服务于所有爱好设计交互人群的理想平台。该论坛以学习、交流，及分享为核心，为设计师朋友的工作与学习提供更多的创作灵感和参考资料。

Uimaker 是为 UI 设计师提供 UI 设计资源学习分享的专业平台，拥有 UI 教程、UI 素材、ICON、图标设计、手机 UI、UI 设计师招聘、软件界面设计、后台界面及后台模版等相关内容，在这里你可以找到很多设计灵感。

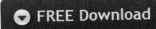